国家科学技术学术著作出版基金资助出版

高通量测序技术

主　编　李金明

科学出版社

北　京

内 容 简 介

本书从临床实验室一线应用的角度，系统阐述了高通量测序技术的基础理论及临床应用。全书共18章，内容包括测序技术的发展历程及趋势，文库构建原理及特点，高通量测序原理及特点，生物信息学分析原理及特点，数据库，高通量测序实验室设计，高通量测序仪及其发展，高通量测序临床应用的质量保证，以及高通量测序在染色体非整倍体无创产前筛查、胚胎植入前遗传学检测、单基因遗传病检测、遗传性肿瘤诊断和治疗、肿瘤靶向治疗、临床药物基因检测、病原微生物检测、表观遗传检测、免疫组库和转录组学等领域的应用等。

本书资料翔实、新颖，知识性、科学性和实用性强，特别适合作为临床实验室一线人员、各级临床医师和医学院校师生的参考书，也可作为推广高通量测序技术临床应用的培训教材。

图书在版编目（CIP）数据

高通量测序技术 / 李金明主编 . —北京：科学出版社，2018.12
ISBN 978-7-03-059306-1

Ⅰ . ①高…　Ⅱ . ①李…　Ⅲ . ①基因组 - 序列 - 测试 - 研究
Ⅳ . ① Q343.1

中国版本图书馆 CIP 数据核字（2018）第 244389 号

责任编辑：杨卫华 / 责任校对：张小霞
责任印制：赵　博 / 封面设计：龙　岩

科学出版社出版
北京东黄城根北街16号
邮政编码：100717
http://www. sciencep. com
天津市新科印刷有限公司印刷
科学出版社发行　各地新华书店经销
*
2018年12月第　一　版　开本：787×1092　1/16
2024年 9 月第十三次印刷　印张：40　插页：12
字数：908 000

定价：158.00 元

（如有印装质量问题，我社负责调换）

《高通量测序技术》编写人员

主　编　李金明

副主编　张　瑞

编　者　（以姓氏笔画为序）

王　萌　李子阳　李文丽　李金明

杨　玲　杨　新　汪　维　张　括

张　瑞　张　燕　张红云　张嘉威

林贵高　易　浪　高　芃　黄　杰

彭绒雪　韩彦熙　楚玉星　戴平平

前　言

高通量测序（high-throughput sequencing，HTS）即下一代测序（next generation sequencing，NGS），又称为大规模平行测序（massively parallel sequencing，MPS），最早是从焦磷酸测序的原理上发展起来的，目前较为成熟的应用平台主要有 Ion Torrent、Illumina 和 Complete Genomics（CG）的各种型号。自 10 余年前其首次出现以来，技术日趋成熟。因为高通量测序一次可检测大量靶基因及其变异位点，检测灵敏度和特异性高，兼具定性和定量检测，并且检测费用与同样数量的基因和位点检测相比较低，因而在无创产前筛查（noninvasive prenatal screening，NIPS）、肿瘤基因突变、遗传病、胚胎植入前遗传学筛查（preimplantation genetic screening，PGS）和胚胎植入前遗传学诊断（preimplantation genetic diagnosis，PGD）、病原微生物及宏基因组学（metagenomics）等领域展现了极为广阔的临床及科研应用前景，成为目前 DNA 和 RNA 序列分析最高效的工具，也是精准医学时代研究和临床疾病诊疗的支撑技术，使得基因组学和转录组学迅速由概念走向临床疾病诊疗实践，预示着疾病诊疗分子时代的到来。

高通量测序技术的特点之一是操作步骤多、程序复杂，既包括实验室内的标本预处理、核酸提取及其片段化（基因组检测时）、建库、扩增、靶序列富集、混样（pooling）、测序前准备及测序，即湿桌实验过程（wet bench process）；也包括测序后的数据质量分析、比对、变异识别、注释和结果报告与解释等生物信息学分析流程（bioinformatics pipeline），即干桌实验过程（dry bench process）。上述任一环节出现问题，均会影响检测结果的准确性，进而影响临床决策。同样，我国精准医学的研究计划也涉及大量对特定疾病和人群生物样本的高通量测序分析研究，若上述环节出现问题，将导致研究失去可靠价值。

如何避免假阳性结果是所有高灵敏检测方法需要高度关注的问题。严格有序的实验室各功能区的物理分隔及持续的通风换气是避免因“基因或核酸”气溶胶导致实验室和标本间交叉污染的前提硬件条件；在日常工作中，严格遵循各功能区物品专用、各功能区域的单一工作流向、及时的实验室清洁，以及生物信息学分析流程中适当的数据库和滤过策略的使用等，是防止假阳性的软件要素。

假阴性结果通常容易被忽视，但在精准医学尤其是精准肿瘤学的临床实践中，假阴性结果与假阳性结果对临床疾病诊疗决策具有同等的危害性。临床标本的采集、运送和保存过程中处理不当，核酸提取过程中靶核酸的丢失和提取试剂中可抑制后续检测过程（如扩增）的试剂（如有机溶剂）残留，因仪器设备维护和校准不到位所致的加样不准、光路不正、温度不均一等，均有可能造成假阴性结果。因此，涉及上述各个关键环节的具有可操作性的标准操作程序（standard operation procedure，SOP）的制订，以及工作人员在日常工作中的严格遵循，是避免假阴性结果产生的必要条件。

本书主要针对目前在国内外临床实验室使用最广泛及最具临床和科研应用前景的高通量测序技术，从测序技术的历史、发展和趋势，高通量测序的建库方法、数据库、生物信息学分析，各种高通量测序技术的原理及其特点，临床高通量测序实验室的设计及各区相应仪器设备的配备，各类高通量测序仪器的特点，临床高通量测序的质量保证，以及主要临床高通量测序现有或未来可能有应用前景领域的特点、临床意义及检测过程中质量保证应关注的细节等进行了论述，以期为从事临床和科研高通量测序的实验室技术人员提供参考性建议。

从事基础和临床科学研究的人员也可从本书得到相应的启发，因为一个成功的科研与实验过程中严格的质量控制是分不开的，尤其是精准医学科学研究通常离不开高通量测序的应用。试想一个采用高通量测序进行的基础或临床科学研究工作，如果从标本采集、运送和保存，到防污染的实验室功能分区，测序过程（湿桌实验和干桌实验）的方法学性能确认，仪器设备的操作、维护和校准，人员培训，SOP 的可操作性及实际遵循，质量控制（室内质量控制和室间质量评价）等都处于不规范、不标准的状况，有可能得到真实的科研结果吗？结果也一定是不能重复和再现的，也就失去了其科学价值。大量证据表明，如果没有严格的质量控制，科研人员将会在实验室中得到的"假阳性"或"假阴性"结果，作为一个重大发现去发表，不但浪费了宝贵的时间和经费等资源，还会误导同行，并且可能会造成难以挽回的后果。有些涉及仲裁、具有重大影响的检测部门，则会因为"假阳性"或"假阴性"结果，对国家、社会和人民造成严重损失。上述方面国内外均有典型案例。

在编写本书 3 年余时间中，我国从事高通量测序的同道给了我们一些很好的启发，也是业内同行的建议及对高通量测序规范化和标准化的渴求，促使我们开始尝试并努力完成本书的撰写，并力求以最容易理解的方式来撰写，力求做到最好。

感谢本书所有编者的辛苦付出！尤其要感谢在本书编写过程中，丁健生、陈坤、周利、史吉平、胡丐锋、周琼、刘云青、鲁添、韩东升等博士研究生、硕士研究生，临床分子与免疫室的谢洁红老师，在文字、体例和插图校对、编辑过程中所做的大量认真细致的工作！感谢国家科学技术学术著作出版基金为本书出版提供保障；感谢北京医院学术专著出版基金对本书的资助！

由于编者水平有限，书中难免存在不足之处，敬请同道批评指正，以便再版时更正。

李金明

2018 年 7 月 8 日

目　录

第一章 测序技术的发展历程及趋势

自从 DNA 双螺旋结构被解析以来，人们一直致力于探究基因组的复杂性和差异性。测序技术面世至今的几十年发生了诸多技术革新和大规模增长，经历了从以 Sanger 测序为代表的第一代测序、大规模平行测序［又称高通量测序（high-throughput sequencing，HTS）］和第三代测序技术的发展。迄今为止，高通量测序［也称下一代测序（next generation sequencing，NGS）］技术日趋成熟，正进入临床疾病的诊疗应用阶段，尤以 Illumina、Ion Torrent 和 CG 三大平台为代表。本章就整个测序技术的发展历程、主要原理、应用领域及发展前景进行介绍。

第一节　概　　述

核酸（nucleic acid）是生命体遗传信息的主要载体。1953 年 Watson 和 Crick 关于 DNA 双螺旋结构的发现表明，几乎所有基因的三维结构基本一致，A、T、C、G（RNA 中为 A、U、C、G）4 种碱基数量和排列顺序的变化造就了生命体的多样性。因此 DNA 和 RNA 序列被称为遗传密码，是分析基因结构、功能及其相互关系的基础，也是临床疾病分子诊断最精确的判定依据。基因测序技术正是解读这些生命密码的基本手段。

1977 年 Sanger 和 Gilbert 分别提出双脱氧链终止法（dideoxy chain-termination method/ Sanger sequencing）和化学降解法（chemical degradation method/Maxam-Gilbert method），标志着第一代测序技术的诞生。由于对核酸测序技术做出的重大贡献，Sanger 和 Gilbert，以及发现 DNA 重组技术的 Berg 分享了 1980 年的诺贝尔化学奖。此后，随着研究工作的日益深入，自动化测序、焦磷酸测序、高通量测序、甲基化修饰测序等技术应运而生。2005 ～ 2007 年，以基于边合成边测序原理的 Roche 公司的 454 技术和 Illumina 公司的 Solexa 技术，以及基于边连接边测序原理的 Life Technologies 公司的 SOLiD 技术为标志的第二代高通量测序技术诞生，测序的规模化进程有了突破性的进展。尽管高通量测序技术很大程度上增加了测序通量、降低了测序成本，并且极大地推进了相关研究的进展，但是模板扩增和序列读长（即读段长度，指在单次测序反应中产生的碱基数）短始终是其难以克服的技术瓶颈。2008 年至今，随着物理、化学、材料和生命科学的不断发展和融合，以单分子测序和长读长为标志的第三代测序技术应运而生。第三代测序技术读长可达上百 kb，无须 PCR 扩增即可实现对 DNA 分子的实时检测。

自 1952 年 Alfred D. Hershey 和 Martha Chase 证实 DNA 是遗传物质以来，整个测序技术的发展历程见图 1-1。

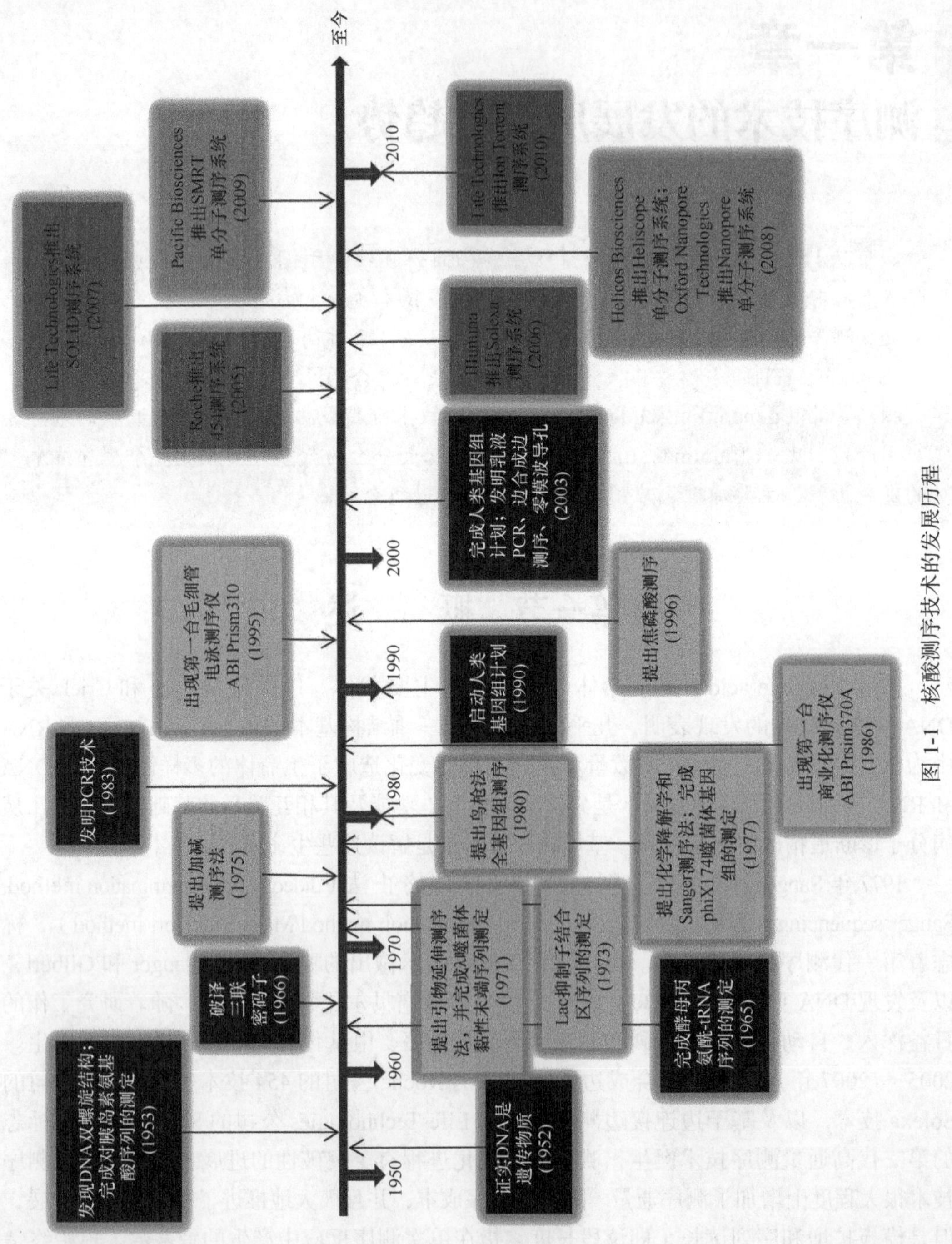

图 1-1 核酸测序技术的发展历程

第二节　第一代测序技术

核酸测序技术的萌芽期最早可追溯到20世纪50年代，即Whitfeld等使用化学降解法测定无支链的RNA序列[1]。该方法利用磷酸单酯酶的脱磷酸作用和高碘酸盐的氧化作用从多聚核苷酸链末端逐一解离寡核糖核酸，并用色谱法测定其种类。但是由于操作复杂，并未被广泛应用。20世纪60年代中期，Robert等利用小片段重叠法，耗时7年首次完成对酵母丙氨酰-tRNA序列76个核苷酸序列的测定[2]。70年代初，华裔分子生物学家吴瑞提出位置特异性引物延伸策略，并于1971年首次成功测定了λ噬菌体12个碱基的黏性末端序列[3]，这是文献记录的最早的DNA序列分析方法[4]，但仅限于测定DNA短序列。1973年，Gilbert和Maxam利用化学降解法测定出Lac抑制子结合区24个碱基的DNA序列[5]。Sanger紧随其后于1975年报道了更为简易的加减测序法（plus-minus sequencing）[6]。1977年Sanger在加减测序法的基础上创建了双脱氧链终止测序法[7]。同年，Gilbert和Maxam在原有方法的基础上合创了化学降解测序法[8]。上述两种测序方法原理虽大相径庭，但是都生成了相互独立的若干组带放射性标记的寡核苷酸混合物，这些混合物有共同的起点，随机终止于一种或多种特定的碱基。通过对各组寡核苷酸混合物进行聚丙烯酰胺凝胶电泳（polyacrylamide gel electrophoresis，PAGE）即可从放射自显影片上直接读出DNA核苷酸顺序。

由此，人类获得了探究生命体遗传信息的能力，并以此为开端步入基因组学时代。随着现代分子生物学技术的不断发展，经典的Sanger测序法不断改进和优化，并发展为自动化测序，为人类基因组计划（Human Genome Project，HGP）做出了重大贡献。这一时期还出现了如鸟枪法（shotgun method）、杂交测序（sequencing by hybridization，SBH）法等新一代测序方法，为DNA序列分析提供了强有力的支持。

一、Maxam-Gilbert化学降解测序法

Maxam-Gilbert化学降解测序法，即先对DNA片段的5′或3′末端进行放射性标记，再采用特异性化学试剂修饰和裂解特定的碱基位点，从而得到一系列有着共同放射起点但长度不一的DNA片段混合物。这些以特定碱基结尾的DNA片段依据断裂点的位置决定其片段长度及聚丙烯酰胺凝胶电泳的排布，最后经放射自显影技术检测末端标记的分子，自下而上直接识读DNA碱基序列（图1-2）。

（一）待测DNA末端放射性标记及纯化

待测样本既可以为单链DNA也可以为双链DNA。一般使用^{32}P标记链的5′或3′末端[8]。放射性核素标记的方法通常有3种：①用T4噬菌体多核苷酸激酶和γ-^{32}P-ATP标记待测样本的5′末端；②用末端转移酶和α-^{32}P-dNTP标记待测样本的3′末端；③用DNA聚合酶Klenow片段和α-^{32}P-dNTP标记有5′突出端的待测DNA样本的3′末端，这种方法能直接制备单侧末端标记的DNA。

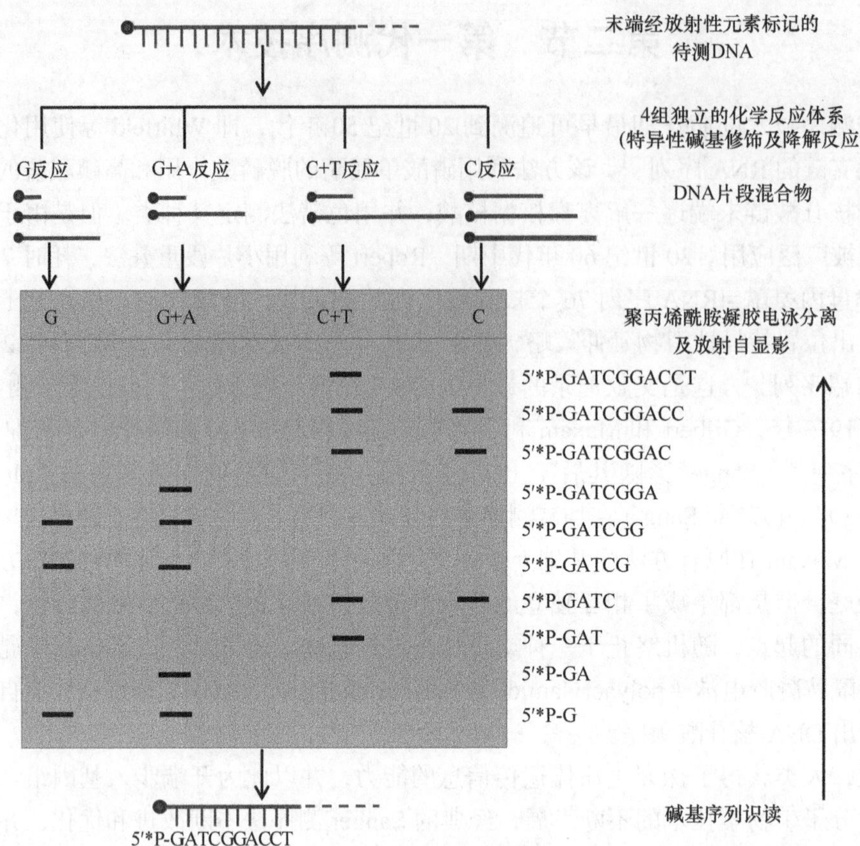

图 1-2 Maxam-Gilbert 化学降解测序法原理

使用前两种标记方法会使双链 DNA 的每一条链均有末端标记，进行碱基特异性化学降解后，产生两套互相重叠但有不同末端标记的 DNA 片段混合物。因此，必须分离两个标记的末端或互补双链，得到只有一端标记的 DNA 片段，才能进行测序反应。可以使用两种不同的限制性核酸内切酶切割，得到两个大小不同的末端 DNA 双链片段，然后用聚丙烯酰胺凝胶电泳进行分离，或者将双链 DNA 变性处理为单链后用聚丙烯酰胺凝胶电泳进行分离[8]。

（二）特异性碱基修饰及降解反应

将放射性核素标记后的待测 DNA 片段分成 4 个或 5 个（A ＞ C 反应可以不做）独立的反应体系，进行特定碱基的化学修饰（表 1-1）[8, 9]。被修饰的碱基容易与其糖基分离，邻近的磷酸二酯键容易断裂，从而产生各种特定大小的 DNA 片段，这个过程即为碱基特异性切割。

1. G 反应 硫酸二甲酯在 N7 位置甲基化 G，在 N3 位置甲基化 A。甲基化修饰后的糖苷键极易发生水解，中性环境下加热即可断裂，释放戊糖基团。通过碱催化的 β- 消除反应，导致 DNA 链的断裂。由于 G 的 N7 原子甲基化速率比 A 的 N3 原子快 5 倍以上，中性条件下 G 的水解速率也比 A 快得多[9]。现行的化学裂解反应均采用六氢吡啶与 DNA

中的甲基化碱基反应，这种反应对甲基化的G是特异的，因此获得的是含有G末端的DNA混合片段。

表1-1 化学降解测序法碱基特异性化学修饰及反应

碱基体系	化学修饰试剂	修饰反应	主链断裂剂	断裂部位
G	硫酸二甲酯	甲基化鸟嘌呤	六氢吡啶	G
G+A	哌啶甲酸	脱嘌呤	六氢吡啶	G和A
C+T	肼	断开嘧啶环	六氢吡啶	C和T
C	肼（高盐）	断开胞嘧啶环	六氢吡啶	C

2. G+A反应 甲酸可使嘌呤环上的N原子质子化，糖苷键不稳定而发生脱嘌呤反应，得到一系列A和G混合的末端片段。

3. T+C反应 肼在碱性条件下使T和C的嘧啶环断裂。在六氢吡啶的作用下，通过β-消除反应，碱基两端的磷酸基团以磷酸分子的形式释放出来，从而导致该位置DNA链发生断裂，得到一系列T和C混合的末端片段。

4. C反应 高盐（如2 mol/L NaCl）条件抑制了T和肼的反应，只有C与肼特异性反应，得到一系列C末端片段。

（三）DNA碱基序列的识读

聚丙烯酰胺凝胶电泳将DNA链按大小分开，经放射自显影显示末端标记的碱基。自胶片底部向顶部逐一读取条带。每组测序图谱为4条或5条（A > C反应可以不做）泳道。因为化学降解反应并非绝对的碱基特异性反应，在识读时需要从G+A泳道中扣除G泳道的条带而推断A碱基，从C+T泳道中扣除C泳道的条带而推断T碱基，即如果G+A泳道中出现一条带，且G泳道中有相同大小的带，则为G碱基，如果G泳道中没有相同大小的条带则为A碱基。类似地，在C+T泳道中出现的条带，检查C泳道中有无同样大小的条带，如果有即为C碱基，无则为T碱基（见图1-2）。

在测序的初始阶段，化学测序法由于仅需要简单的化学试剂和普通的实验条件，无须特异性寡核苷酸引物及高质量的大肠杆菌DNA聚合酶Ⅰ大片段（Klenow片段），并且其测序的重复性高，因此较Sanger测序法容易被普通的实验室和研究人员掌握。化学测序法的整个测序过程无须酶促反应，避免了合成时可能造成的错误。该测序法可以对DNA甲基化的修饰进行分析，对G+C含量较高的DNA片段的测序尤其适用。

但是，化学测序法对待测DNA纯度要求很高（盐浓度可干扰肼对T的修饰，也可抑制A+G反应中的去嘌呤过程）。由于碱基堆积力和空间位阻的作用影响双链中个别碱基的甲基化反应（如在GGA序列中，中间G的甲基化反应受到抑制）[8]。受制于当时聚丙烯酰胺凝胶电泳的分辨能力，最多能识读200～250个核苷酸序列。除此之外，化学降解测序法自建立以来没有很大的改进，由于操作繁琐、化学试剂毒性大、放射性核素标记效率偏低等原因未能成为主流的测序技术，目前仅在分析某些特殊DNA序列，以及

DNA 和蛋白质相互作用中的 DNA 一级结构时才使用。

二、Sanger 双脱氧链终止法

20 世纪 70 年代，Sanger 将其注意力从 RNA 序列研究转向了 DNA，并于 1975 年和 Coulson 一起提出加减测序法[6]。利用该方法他们完成了第一个基因组——噬菌体 phi × 1 745 386 个碱基序列的测序工作[10]。

加减测序法首次运用特异性引物，以放射性核素标记的 dNTP 为原料，在 DNA 聚合酶的作用下进行 DNA 链的延伸反应和碱基特异性链终止反应。合成的 DNA 产物一部分用于“加法”系统进行降解反应，另一部分用于“减法”系统进行合成反应。用于“加法”系统的产物再分成 4 份，每份中仅加入一种脱氧核苷三磷酸（deoxynucleoside triphosphate，dNTP）（此处以 dTTP 为例）。由于 DNA 聚合酶具有 3′ → 5′ 的外切酶活性，合成产物就从 3′ → 5′ 方向发生降解，降解过程中如遇到加入的 dTTP 的位置，降解反应即停止，因而所有 DNA 片段均以 T 碱基结尾。同理，可分别制备以 A、C、G 结尾的 DNA 片段。经聚丙烯酰胺凝胶电泳和放射自显影推断碱基序列。由于当时技术上的原因，只用“加法”系统往往不能得到完全正确的结果，因此又设计了“减法”系统。“减法”系统也是将产物分成 4 份，每份中加入 3 种 dNTP，缺少一种（此处以缺少 dTTP 为例）。合成反应在遇到应该加入 dTTP 的位置时即停止。由此即可得到均以 T 前一个位置结尾的 DNA 片段混合物，同样可以推断 T 的位置。尽管采取双系统相互验证的测序模式，但结果依然不尽如人意。由于反应速度上的差异，有些片段可能多一些，有些片段可能少一些，这就导致了重读和漏读现象。加减测序法的可能误差为 1/50[6]。

基于加减测序法，Sanger 和 Coulson 在测序体系中引入双脱氧核苷三磷酸（dideoxynucleoside triphosphate，ddNTP）作为链终止剂，并于 1977 年创建了更加快速且准确的双脱氧链末端终止测序法，又称 Sanger 测序法或酶法。这是 DNA 测序进程中的重大突破。

其原理是以待测单链 DNA 为模板，以 dNTP 为底物，在寡核苷酸引物的引导下依据碱基互补配对原则，利用 DNA 聚合酶催化 dNTP 的 5′ 磷酸基团与引物的 3′-OH 末端生成 3′，5′- 磷酸二酯键。通过磷酸二酯键的形成，新的互补 DNA 链得以从 5′ → 3′ 方向不断延伸。ddNTP 作为链终止剂通过 5′ 三磷酸基团渗入正在延伸的 DNA 链中，由于较 dNTP 在 3′ 位置缺少一个羟基（图 1-3），而不能与后续的 dNTP 形成 3′，5′- 磷酸二酯键，进而终止 DNA 链的延伸[11]。最终产生 4 组分别终止于 3′ 末端每一个 A、T、C、G 位置上的 DNA 片段混合物。由于对引物进行了事先标记（后来改进为对 ddNTP 进行荧光素标记），可以实现 4 个测序反应在同一反应管中进行[12]，所以通过高分辨变性聚丙烯酰胺凝胶电泳和放射自显影技术即可直接读出新合成链的 DNA 碱基顺序，进而推断互补待测 DNA 链的碱基序列。Sanger 双脱氧链终止测序法的原理如图 1-4[7] 所示。

dNTP
ddNTP
A/T/C/G

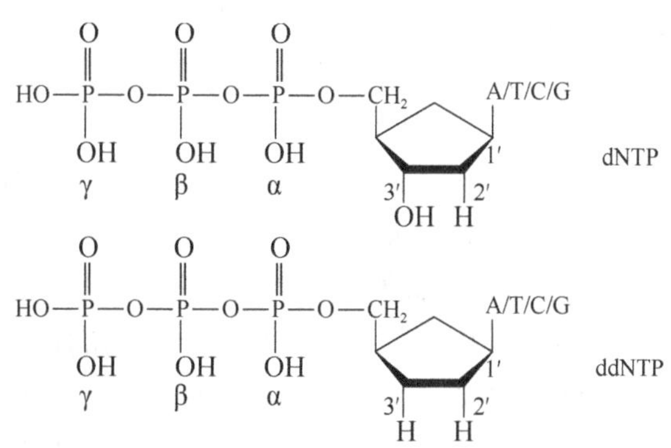

图 1-3　dNTP 和 ddNTP 分子结构式

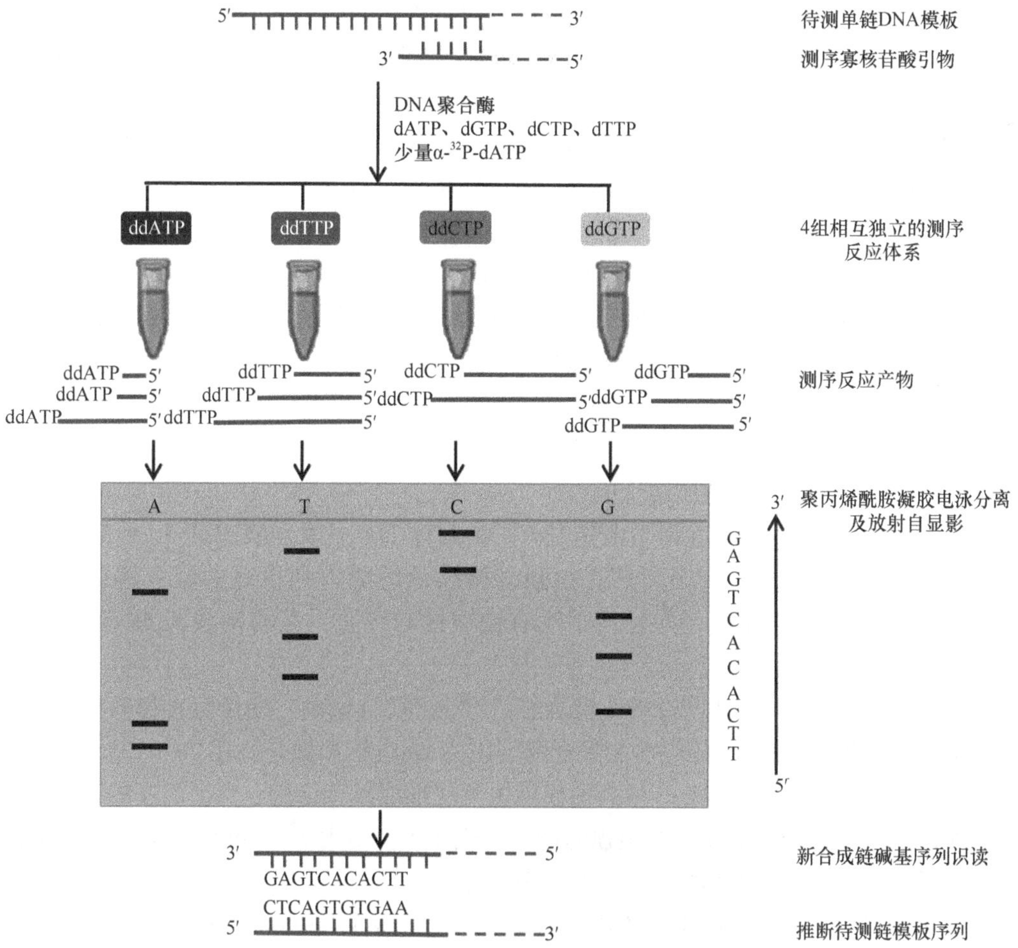

待测单链DNA模板
测序寡核苷酸引物
DNA聚合酶
dATP、dGTP、dCTP、dTTP
少量α-32P-dATP
ddATP
ddTTP
ddCTP
ddGTP
4组相互独立的测序
反应体系
测序反应产物
聚丙烯酰胺凝胶电泳分离
及放射自显影
A
T
C
G
GAGTCACACTT
新合成链碱基序列识读
CTCAGTGTGAA
推断待测链模板序列

图 1-4　Sanger 双脱氧链终止测序法原理

测序体系

1. 待测 DNA 模板　纯化的单链 DNA 和经热变性或碱变性的双链 DNA 均可以作为测序模板。

（1）单链 DNA 模板：Sanger 测序法的经典测序反应是将靶 DNA 片段克隆于 M13mp 载体，从重组克隆噬菌体颗粒中分离得到单链 DNA 模板，再按 Sanger 法进行测序[13]。

（2）双链 DNA 模板：将靶 DNA 片段克隆到质粒载体上，对双链质粒进行热变性或碱变性处理，再与寡核苷酸引物一起退火，最后按 Sanger 法进行测序。双链模板测序省略了经 M13mp 载体亚克隆获取单链模板的过程。模板质量和聚合酶种类是决定双链模板测序至关重要的因素。适合做双链模板的质粒应该具有较高的拷贝数并有插入失活的选择标志，并且具有配套的通用引物结合区。最常用的载体系统是 pUC 系列、pGEM 系列及 Bluescript 系列等。尽管如此使用双链 DNA 作为测序模板，但依然很难获得如单链模板那样满意的结果。

2. 测序引物 无论是对单链 DNA 模板还是对变性的双链 DNA 模板进行测序，均需要与模板链特定序列互补的寡核苷酸引物来引导 DNA 链的合成。一般来说，通用引物的长度以 15 ～ 30bp 为宜。

3. DNA 聚合酶 如前所述，高质量的 DNA 聚合酶是测序质量的保证，尤其对于双链 DNA 模板测序其更是至关重要的因素之一。常用的 DNA 聚合酶有以下几种。

（1）大肠杆菌 DNA 聚合酶 I 大片段（Klenow 片段）：是 Sanger 建立该测序法时使用的聚合酶。该酶是大肠杆菌 DNA 聚合酶 I 去除 5′→3′ 核酸外切酶活性后，保留 5′→3′ 聚合酶和 3′→5′ 核酸外切酶活性的大片段肽段。但是该酶催化持续 DNA 链合成的能力较差，通常只能得到 200 ～ 300bp 的核苷酸序列[7]；而且由于 3′→5′ 核酸外切酶活性的存在，随机从模板上解离而终止链延伸，通常会产生较高的本底和假带。该酶对同聚核苷酸段或其他含牢固二级结构的区域复制效能低下。但是其价格低、易获取，对已知序列亚克隆的鉴别仍具有一定的应用价值。

（2）测序酶：是一种经过化学改造的 T7 噬菌体 DNA 聚合酶，其 3′→5′ 核酸外切酶活性基本被消除[14]。测序酶具有很强的持续延续能力和很高的聚合速度，可以在很短时间内完成测序反应，并且几乎没有错误性的终止，是检测较长 DNA 片段的首选酶。

（3）*Taq* DNA 聚合酶 / 耐热 DNA 聚合酶：对于 GC 含量高、变性后自身容易形成复杂二级结构的模板，应使用 *Taq* DNA 聚合酶。因为 *Taq* DNA 聚合酶在 70 ～ 75℃时活性最高，在这一温度下即使是 GC 含量高的模板也无法形成复杂结构，保证测序的准确性。除此之外，*Taq* DNA 聚合酶还具有很强的持续合成能力。使用 *Taq* DNA 聚合酶进行测序，放射自显影之后可以得到连续数百个清晰的碱基条带。

测序体系中除了上述成分外还需要加入 DNA 合成所需的 dNTP 及链终止所需的 ddNTP。通过优化每个测序反应体系中 dNTP 和 ddNTP 的比例，使新合成链在对应待测模板链的每个 A、T、C、G 位置均可能发生终止反应。

4. 放射性核素标记 利用放射性核素对新合成的 DNA 链进行标记使其在变性聚丙烯酰胺凝胶电泳后可被检测到。由于 dNTP 参与 DNA 新链的合成，并且只有 α- 磷酸键保留在新链上，所以 Sanger 建立该测序法时使用 α-^{32}P-dNTP 作为新合成链的标记[7]。但是由于 ^{32}P 发射的高能 β 线曝光时间短（10 ～ 30 分钟）、分辨率低、放射自显影后图谱条带宽且扩散，限制了测序的准确性。另外，^{32}P 对标记 DNA 辐射损伤较大，易导致 DNA 样本的分解，只能保存 1 ～ 2 天，一般要求在反应后 24 小时内进行电泳，否则不能获得理想的测序结果。近年来 ^{35}S 标记方法被广泛采用，由于 ^{35}S 发射的 β 线较弱，可延长曝光时间至 1 ～ 10 天，分辨率较高、本底低，放射自显影后产生的条带窄且清晰，对标记 DNA 的损伤较小，测序产物在 -20℃条件下可保存数周，而分辨率并不下降。

5. 测序产物凝胶电泳及识读　通过变性聚丙烯酰胺凝胶电泳分离不同大小的 DNA 片段，再通过放射自显影技术获取片段位置，由底端向上依次识读新合成链的 5′→3′ 方向的碱基序列。最后通过碱基互补配对原则推断待测 DNA 链的碱基序列。识读时亦可从特征序列开始，如连续的同聚核苷酸（如 TTTTT、AAAAA）或交替出现的嘌呤和嘧啶（如 GTGTGTGT），一旦找到这种序列，便可较快地确定靶序列的位置。

在 Sanger 测序法刚刚问世的年代，由于需要经克隆制备单链模板，并且需要特异性寡核苷酸引物和高质量的 DNA 聚合酶，相关技术不易被普通的实验室和一般实验人员掌握；该方法受酶促反应影响，可能在新链合成过程中掺入错误的碱基而影响测序结果，尤其对富含 GC 序列的 DNA 模板测序困难，可测定的碱基序列长度有限——一次终端反应可以读取 500 个碱基左右的单链 DNA 序列，而对双链 DNA 模板读长仅为 200 ～ 300 个碱基。Sanger 测序法自面世以来，经过 40 年的不断更新和完善（如使用荧光标记替代放射性标记，使用毛细管电泳替代传统的平板凝胶电泳等），其读长可达 1000bp，测序准确性高达 99%[15]。*Eco*R Ⅰ限制性核酸内切酶和单链 DNA 噬菌体载体的结合可以将随机打断的 DNA 片段分别测序，再拼接成完整的 DNA 片段，实现了 DNA 大分子的测序，并提高了测序的速度 [13]。

Sanger 测序法是最经典的一代测序技术，是大规模基因组测序的基础，时至今日依然是基因序列测定的金标准。在精准医学（precision medicine）时代，Sanger 测序法仍可作为实时荧光 PCR 检测技术和高通量测序技术的验证方法而继续发挥其重要作用。Sanger 测序法还为我们打开了合成测序的大门，为基于可逆末端终止测序技术的 Illumina 测序平台的诞生奠定了基础。

三、自动化测序

1983 年，随着 PCR 技术的问世及其应用范围的不断扩大，Sanger 双脱氧链终止测序法逐渐发展成为热循环测序或线性扩增测序 [16]，即在原有 Sanger 测序法的基础上使用 *Taq* DNA 聚合酶，利用热循环仪的高效能自动循环，在单一引物的引导下进行 DNA 双链模板的扩增。由于热循环法对 DNA 模板进行线性扩增，即使在少量双链 DNA 模板存在的情况下也可以获得清晰可见的电泳条带。这就解决了 Sanger 测序法中低浓度样本无法连接到克隆载体上的问题，大大提高了 Sanger 测序的敏感性和应用范围。热循环测序为 DNA 测序的自动化奠定了一定的基础。

而真正打开 DNA 测序自动化大门的是 20 世纪 80 年代荧光素标记替代 ^{32}P 或 ^{35}S 单一放射性核素标记，荧光信号接收器和计算机信号分析系统替代放射自显影技术 [12]。荧光标记分为单色荧光标记和多色荧光标记，其中单色荧光标记要求4个测序反应在不同的测序反应管中进行，并且于4个不同的泳道中电泳。而多色荧光标记则实现了4个测序反应在一个泳道中同时电泳，避免了不同泳道间迁移速率的差异，提高了测序的准确度，同时大大减少了加样的工作量[17]。使用多色荧光基团可标记引物的5′端或标记4种ddNTP，使之与测序产物之间形成专一的对应关系，链延伸终止后通过荧光谱带区分不同的碱基信息。荧光标记引物法使荧光标记和终止反应分别发生在同一段DNA的两端，4个测序反应在4个反应管中进行后合并在同一泳道中进行电泳。而荧光标记ddNTP法使标记和终止过程合二为一，实现了4个测序反应在同一反应管中进行且同时电泳，并且消除了测序过程中聚合酶暂停的假象[12]。荧光信号检测系统和计算机信号分析系统的出现使得同时快速分析多个样本成为可能，大大降低了时间和人力的消耗。

1986年美国应用生物系统公司（Applied Biosystems，ABI）推出首台商用自动测序仪ABI Prism 370A，每天可读取1000个碱基，但该测序仪仍然使用板凝胶作为电泳的基质[17, 18]。1992年，加州大学伯克利分校Mathies等首先提出毛细管阵列电泳（capillary array electrophoresis，CAE），并采用共聚焦荧光扫描装置进行检测。25支毛细管并列电泳，每支毛细管在1.5小时内可读取350bp，DNA序列的分析速度可达6000bp/h[19, 20]。1995年ABI公司推出第一台单道毛细管电泳测序仪ABI Prism 310，采用毛细管电泳技术替代传统的聚丙烯酰胺凝胶电泳，应用ABI公司专利的四色荧光基团标记的ddNTP，通过单引物PCR生成3′末端，相差1个碱基的分别为四色荧光染料标记的单链DNA混合物，当大小不同的DNA分子通过毛细管读窗时，激光检测器窗口中的电荷耦合元件图像传感器（charge-coupled device，CCD）对荧光分子进行逐个检测，激发的荧光经光栅分光，被CCD检测系统识别，分析软件可自动将不同荧光转变为DNA序列（图1-5，见彩图1）。测序结果以凝胶电泳图谱、荧光吸收峰图或碱基排列顺序等多种形式输出。测序时间缩短至2.5小时，PCR片段大小分析和定量分析时间为10～40分钟。此后，ABI公司又相继推出了373型、377型、310型、3700型、3100型、3730型、3130型、和3500型等DNA测序仪。依据毛细管的道数不同（常见道数为4道、8道、16道、24道、48道和96道），测序仪的通量各异。其中最出色的产品是ABI公司的3730XL，该测序仪可以在2～3小时内进行96个测序反应，读长最多可达900个碱基。

DNA自动化测序仪的出现使测序数据的产出呈现指数增长，至1986年GenBank中的数据就已经接近1000万。自动化测序的应用使人类基因组计划提前于预期完成。目前，DNA测序已经实现了从加样到结果报告的全程自动化，大大减少了测序的时间和劳动强度。虽然不同自动化测序系统之间差异显著，但大都沿用Sanger测序双脱氧链终止原理进行反应，主要差别在于荧光标记物的使用、反应产物的标记方式及测序通量。

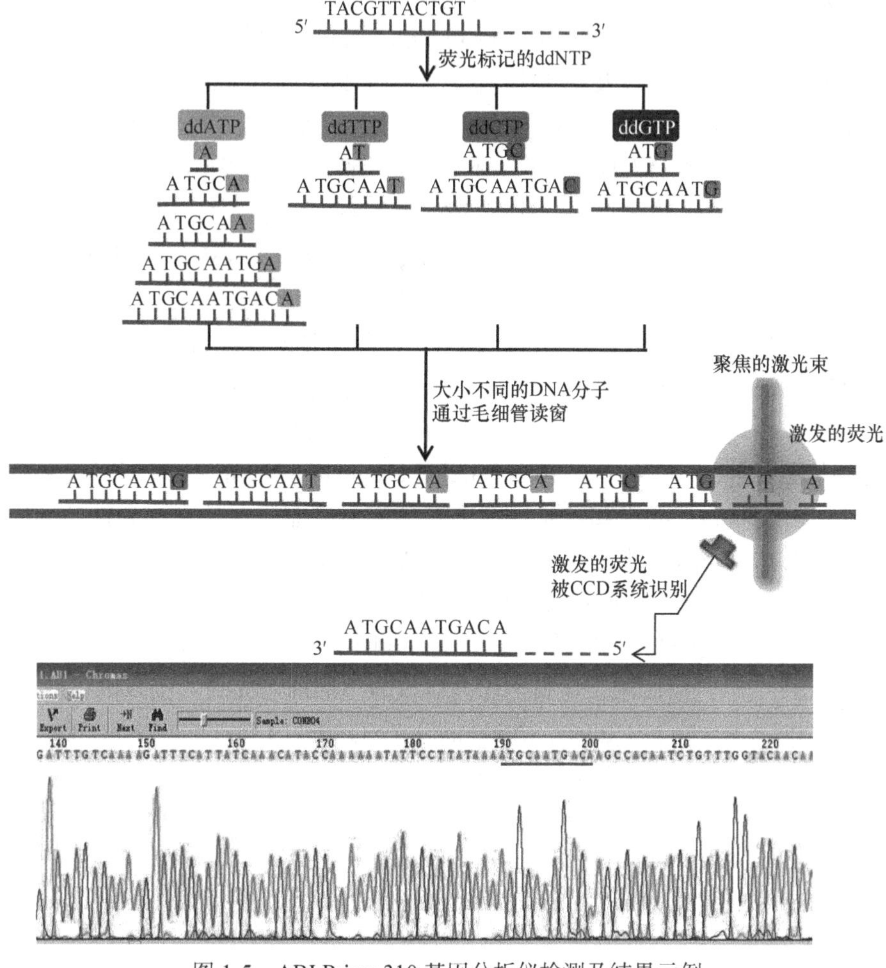

图 1-5　ABI Prism 310 基因分析仪检测及结果示例

第三节　第二代测序技术

随着历时 13 年耗资近 3 亿美元的人类基因组计划的完成，生命科学划时代地进入后基因组时代，即功能基因组时代。人们期待在基因图谱中找到疾病发生的确切机制，并且依据个人基因组图谱实施精准医疗计划。虽然第一代测序技术具有长读长和准确率高等优势，但其测序成本高、耗时久、通量低等缺点导致其不能满足深度测序和重复测序等大规模基因组测序的需求，从而促使人们探究新的更高效的测序技术。

1996 年 Ronaghi 和 Uhlen 建立了焦磷酸测序（pyrosequencing）[25]，其与第一代测序技术最大的不同是边合成边测序。2005 年 454 Life Sciences 公司划时代地推出了基于焦磷酸测序原理的 Genome Sequencer 20 测序系统，这在测序史上是具有里程碑意义的大事件，其改变了测序的规模化进程，成为第二代高通量测序的先行者。Illumina 公司和 Life Technologies 公司分别于 2006 年和 2007 年相继推出 Solexa 高通量测序系统和 SOLiD 高通量测序系统[21]。上述3种高通量测序系统的出现标志着新一代高通量测序技术的诞生。同属高通量测序技术的还包括2010年Life Technologies公司收购Ion Torrent后推出的Ion PGM/Ion Proton测序系统，以及华大基因收购美国Complete Genomics（CG）公司后于2014年推出的基于CG平台的BGISEQ-1000/500测序系统。由于2009年以后出现了以单分子实时测序和纳米孔技术为代表的第三代测序，所以通常我们将2005年出现的高通量测序技术称为第二代测序技术。第二代测序技术的核心思想是边合成边测序（sequencing by synthesis，SBS）或边连接边测序（sequencing by ligation，SBL），即通过捕捉新合成的末端标记来确定DNA的序列。其最显著的特点是高通量和自动化。不同于第一代测序技术对模板进行体外克隆后进行单独反应，第二代测序技术将模板DNA打断成小片段并通过桥式PCR（bridge PCR）或乳液PCR（emulsion polymerase chain reaction，emPCR）对文库进行扩增[22, 23]，同时对几十万到几百万条DNA模板进行测序，所以第二代高通量测序又称为大规模平行测序（massively parallel sequencing，MPS）。第二代测序技术的出现使得对一个物种的基因组和转录组深度测序成为可能，保持高准确性的同时，大大降低了测序的成本，提高了测序速度。以人类基因组为3Gb（gigabases），一台96道毛细管测序仪通量为48 000bp/run计算，大概需测序62 500次才能完成人类基因组1× 的测序[21]。每个测序反应按2小时计算，假设每台测序仪每天测序10次，每周工作7天，整个过程约需要17年，而使用高通量测序技术仅需1周即可完成人类基因组测序。

下面将对454（Roche）、Solexa（Illumina）、SOLiD（Life Technologies）、Ion Torrent（Life Technologies）、CG（华大基因）5种主流二代测序平台进行简要的概述。各测序平台详细的检测原理、流程及特点将在第三章详述。

一、焦磷酸测序

在Sanger测序问世后约20年的时间里，几乎所有的核苷酸序列都是由其测出的。但是其通量已经达到了极限，每个反应步骤需要花费很长时间，难以实现基因组水平的大规模测序。另外，在实际工作中，需要对已知序列的DNA片段进行重新测序，而这种分析往往仅需要检测几十个碱基即可。在这种情况下，花费数十小时获取几百个碱基的数据就没有太大的意义了[15]。

焦磷酸测序是一种由DNA聚合酶（DNA polymerase）、ATP硫酸化酶（ATP sulfurylase）、荧光素酶（luciferase）和三磷酸腺苷双磷酸酶（apyrase）催化的新型酶级联化学发光测序技术，通过对DNA合成反应中释放的生物光信号完成实时检测，开创了边合成边测序的先河，其测序原理如图1-6所示。引物和单链模板DNA退火后，在DNA聚合酶的作用下催化dNTP的聚合反应。若dNTP与模板配对，DNA聚合酶将其掺入到引物延伸链中，并释放等摩尔数的焦磷酸（PPi）。在三磷酸腺苷（adenosine triphosphate，ATP）硫酸化酶催化作用下，无机焦磷酸转变为ATP。在ATP存在的情况下荧光素酶催化荧光素氧化产生光信号，并被高灵敏度的CCD实时检测。ATP和未掺入的dNTP由三磷酸腺苷双磷酸酶降解，淬灭光信号，并再生反应体系。dNTP的聚合反应与光信号的释放偶联起来，一一对应，最终通过对荧光信号及其峰值的读取实现待测DNA模板准确、快速、实时测序。焦磷酸测序技术无须任何特殊形式的荧光标记，无须电泳，操作极为简便，测序速度也得到了很大的提升。其测序的重复性和准确性可与Sanger测序法媲美，而速度快100倍，尤其适用于对已知DNA短序列（20～50bp）进行快速测序。

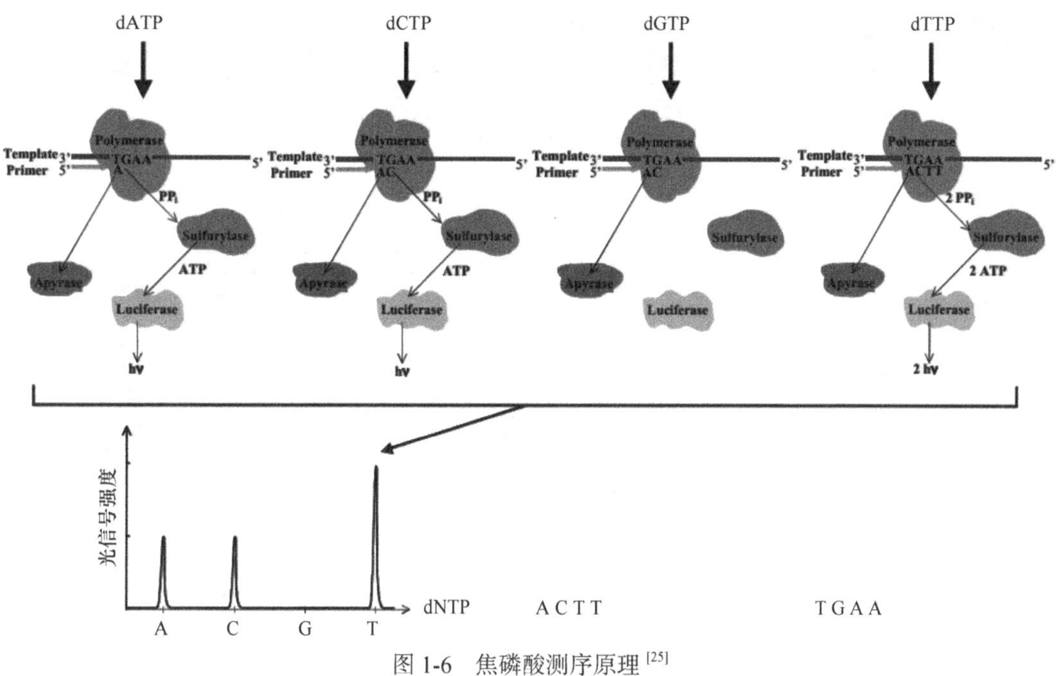

图1-6　焦磷酸测序原理[25]

Template，模板；Primer，引物；Polymerase，DNA聚合酶；Sulfurylase，硫酸化酶；Apyrase，三磷酸腺苷双磷酸酶；Luciferase，荧光素酶

二、454/Roche测序系统

2005年美国人Rothberg创立了454 Life Sciences公司，率先推出基于焦磷酸测序原理的Genome Sequencer 20高通量测序系统并将其商业化。他们将焦磷酸测序技术与乳液PCR及光纤芯片技术相结合，发展成大规模平行焦磷酸测序技术，实现了测序过程的高通量[26]。乳液PCR技术即将带有接头的单链DNA固定在捕获磁珠上，随后扩增试剂将磁珠乳化形成油包水的混合物，这样就形成许多一个磁珠携带一个独特单链DNA片段的PCR微反应器，对于每一个片段而言，扩增后都产生了几百万个拷贝。这样既实现了整个DNA文库的平行扩增，同时又保证了扩增的特异性。随后，乳化的磁珠混合物被打破，携带扩增DNA片段的磁珠放入PTP（PicoTiterPlate，PTP）板中进行测序。PTP板是一个60mm×60mm的光纤板，包含约160万个微反应器的小室，每个小室（直径29μm）只能容纳一个磁珠（直径28μm），这些小室中载有测序反应所需的各种酶和底物[26]，并且不会随dNTP的加入和流走而造成流失。放置在4个独立试剂瓶里的4种dNTP依照T、A、C、G的顺序依次循环进入PTP板，开始测序反应。如果发生碱基配对，就会释放一分子的焦磷酸，在各种酶的作用下，经过一个合成反应和一个化学发光反应，最终将荧光素转化成氧化荧光素，同时释放出光信号并被高灵敏度的CCD捕获，测序流程同焦磷酸测

序（图 1-7）。

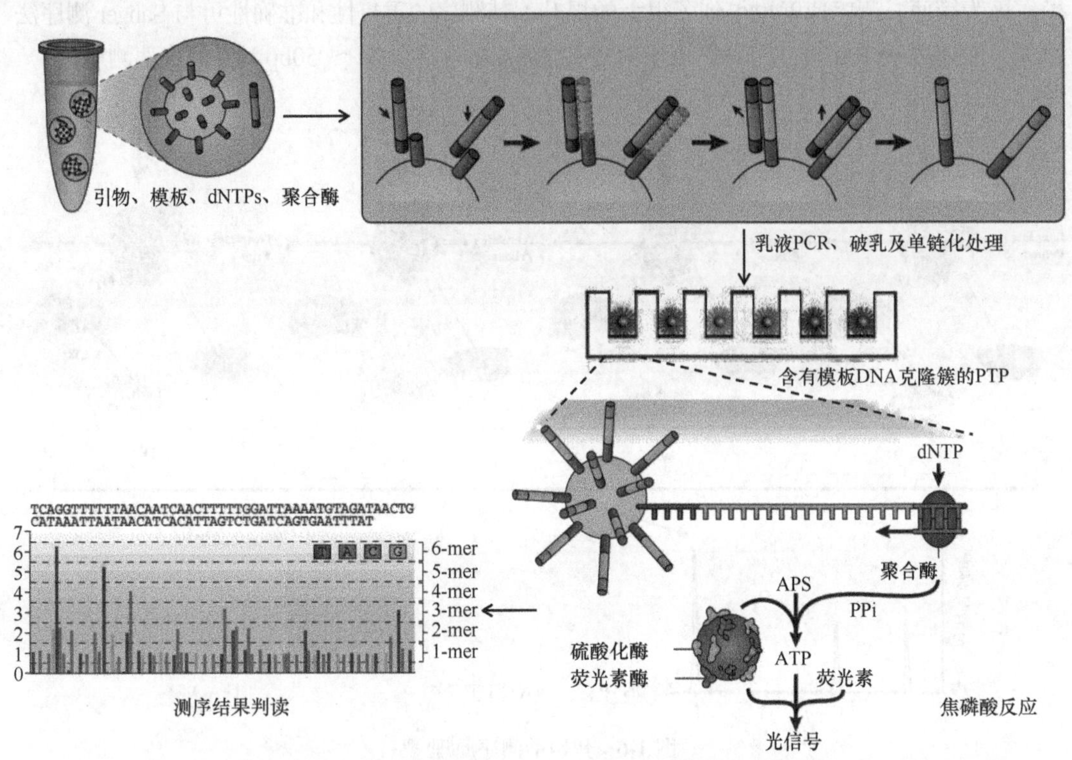

图 1-7　454 Life Sciences /Roche 焦磷酸反应原理 [26, 29]

2007 年 454 Life Sciences 被 Roche 公司正式收购后又推出性能更优的第二代测序系统——Genome Sequencer FLX System（GS FLX）。该系统读长超过 400bp，10 小时运行可获得 100 万条序列读长，4 亿～ 6 亿个碱基信息，且准确率达到 99% 以上 [24]。同年利用该测序仪，Baylor 医学院和 454 Life Science（Roche）发布了 DNA 双螺旋发现者之一——Watson 个人基因组完整序列。这是利用高通量测序技术完成的第一个个体因组序列，其测序总花费不到 100 万美元，耗时近 2 个月 [27]。相较第一代测序法检测个体基因组 DNA，其测序速度大大提高，测序成本大大降低。2008 年，再次推出 GS FLX Titanium 系列试剂和软件，以提高 GS FLX 的通量、读长和准确率。2010 年又推出新一代测序仪 454 GS Junior，简化了文库制备，平均读长为 400bp，10 小时运行可获得 10 万条序列读长，约为 GS FLX 的 1/10，准确率依然保持在 99% 以上，适合更小规模的实验室。

454 高通量测序系统在读长上具有明显的优势，使得后续的拼接工作更加高效和准确。是基因组从头测序、转录组分析、基因组结构分析等应用最理想的选择。但是由于使用的是焦磷酸测序原理，对瞬时发光进行检测，限制了其更大的通量，并且对于同聚物的检测不够准确，同聚物越长，可能产生的误差越大。除此之外，和其他高通量测序平台相比，其测序成本要高很多，在激烈的市场竞争中，并没有发挥出其先行优势。2013 年 Roche 公司宣布正式关闭 454 测序业务。

三、Ion Torrent/Life Technologies 测序系统

2007 年 Rothberg 离开 454 Life Sciences 公司后立即创立了 Ion Torrent 公司，并开发出基于半导体芯片的新一代革命性高通量测序平台。由于对高通量测序发展做出的重大贡献（先后研发出 454 高通量测序系统和 Ion Torrent 测序系统，并开创了个人基因组测序的先河），Rothberg 被称为生物界的传奇。

Ion Torrent 测序系统是第一个没有光学感应的高通量测序平台[28, 29]。该测序平台使用的依然是 SBS 的理念，在文库制备上基本是 454 测序平台的延续，但测序过程不再检测荧光素或生物素来源的光信号，而是通过检测 dNTP 结合时释放出的 H^+ 来获取序列的碱基信息（图 1-8）。Ion Torrent 芯片是布满小孔的高密度半导体芯片，应用了互补型金属氧化半导体（complementary metal-oxide-semiconductor，CMOS）技术。每一个小孔相当于一个测序反应池，内置 pH 敏感型晶体管（pH-sensitive field effect transistor，pHFET）。当 dNTP 结合到 DNA 链上时，释放的 H^+ 导致反应体系中 pH 发生改变，通过 pHFET 晶体管传感器的电流发生相应的改变，传感器将化学信号转变为数字信息即完成一次检测。当连续相同的 dNTP 结合到 DNA 链上时，释放更多的 H^+，传感器对电流的感应可能出现偏差，因此对连续碱基数量的判断存在偏差，这一情况和 454 测序系统类似。Ion Torrent 系统检测的优势在于其使用的是未经任何修饰的天然 dNTP，因此更有利于酶促反应的进行，可以产生较长的读长（400bp），试剂成本相对于其他测序系统要低，并且该测序系统无须 CCD 扫描、荧光激发等环节，几秒钟就可检测合成插入的碱基，大大缩短了运行时间，操作也更为简易，整体上机测序可在 2 ～ 3.5 小时完成，实现了 Rothberg 成立 Ion Torrent 之初要在几小时内让使用者知道自己全部“生命密码”的初衷[30]。

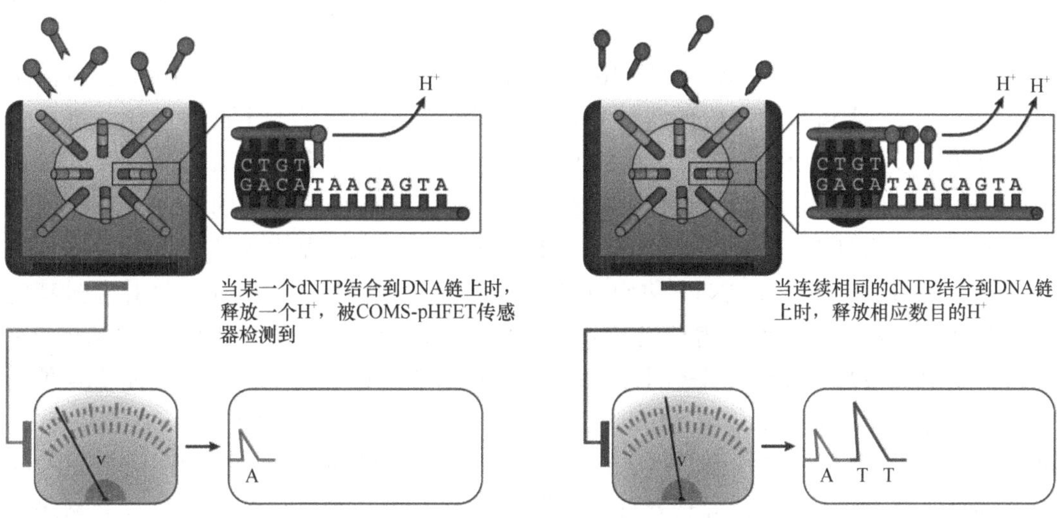

图 1-8　Ion Torrent/Proton 半导体测序原理[24, 28]

2010 年 Life Technologies 在收购 Ion Torrent 后，迅速推出了 Ion PGM 测序仪。这个被命名为“个人基因组测序仪”（personal genome machine，PGM）的设备是世界上第一

台依靠硅晶体管的 DNA 解码器，能够在 2 小时内准确地读取 1000 万个遗传代码。由于无须标记、激光和成像等设备，价格较其他测序仪低很多，售价仅为 5 万美元，在当时被认为是市场上最小、最廉价的基因解码器。这种经济、快速的测序仪有利于测序技术的普及，也为临床基因快速检测带来了希望。随着 Ion314—Ion316—Ion318 芯片的次代更迭，其传感器数目从 120 万个增加至 1200 万个，这使 Ion PGM 通量提高了 100 倍以上。2012年 9 月，发布了产量更高的 Ion Proton，错误率仅为 1.2%，可以实现以 1000 美元对人全基因组进行测序。

2013 年 Thermofisher 收购 Life Technologies，于 2015 年 9 月发布 S5 系列 Ion S5/ the S5 XL。S5 系列操作更加简便，与 Ion Chef 文库制备试剂盒和芯片上样设备结合使用，从 DNA 样本制备到数据产出整个过程仅需 24 小时。

四、Solexa/Illumina 测序系统

自 454 技术作为高通量测序的先锋成功面世以来，各种高通量测序平台如雨后春笋一般大量涌现，其中最重要的是 Solexa 技术。2006 年 Solexa 公司推出了 Genome Analyzer，简称 GA。其最早期的版本一次运行可获得 1GB（gigabyte）的数据，因此也有 1GB Analyzer 的含义。2007 年 Illumina 公司以 6 亿美元的高价收购了 Solexa，并使其商品化。

Solexa 测序系统依然以边合成边测序作为基本设计理念，并使用桥式 PCR 和可逆性末端终结（reversible terminator）作为其核心技术。桥式 PCR 扩增是指当制备好的单链 DNA 文库通过流动池（Flowcell）时，与芯片表面的单链引物互补，一端被固定在芯片上，另一端随机和附近的另外一段引物互补，也被固定，形成“桥”。将桥型 ssDNA 扩增为桥型 dsDNA，再将桥型 dsDNA 变性释放出互补单链，锚定到附近的固相表面再形成 ssDNA。经过 30 轮扩增—变性循环，最终形成约 1000 拷贝的单克隆 DNA 簇，达到测序反应所需信号强度的模板量。随后扩增子被线性化，进行边合成边测序反应。在 Sanger 测序法的基础上，Solexa 测序系统采用特异性荧光标记 4 种不同的 dNTP，由于这些 dNTP 的 3′-OH 末端带有可化学切割的部分，每轮反应只能添加一个 dNTP，其他没有被结合的 dNTPs、DNA 聚合酶及荧光基团被移除，并开始新一轮的反应，这些 dNTP 称为可逆终止子 [31]。根据捕捉的荧光信号并经过特定的计算机软件处理，从而获得待测 DNA 的序列信息。测序原理如图 1-9（见彩图 2）所示。在绝大多数 Illumina 平台上，每种 dNTP 结合一种荧光基团，因此需要 4 种不同的激光通道。而 NextSeq 和 Mini-Seq 则使用的是双荧光基团系统 [24]。在 Solexa 的测序过程中，无论是单端测序（single-end sequencing）还是双端测序（paired-end sequencing），都会用到特异选择性链切断的过程。单端测序切断一次，双端测序两条链先后各切断一次。使用对读测序模块（paired-end module），Solexa 读取长度可达 2×75bp，但和 454 测序系统相比，后续拼接工作的计算量和难度依然较大。由于 Solexa 技术在合成过程中每次只能添加一个 dNTP，因此很好地解决了同聚物测定的准确性问题。

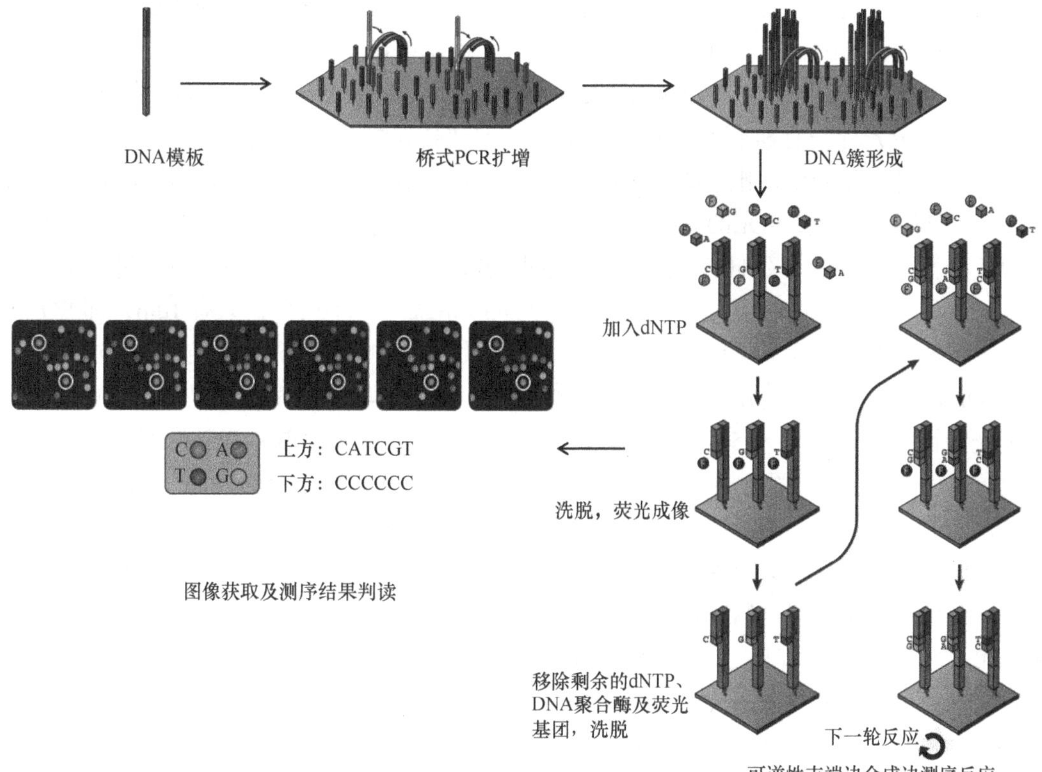

图 1-9　Illumina/Solexa 边合成边测序测序原理 [24, 31]

Illumina 平台已在第二代测序市场中占主导地位 [24]，Genome AnalyzerIIx 和 Hiseq 高通量测序仪是全球使用量最大的第二代测序仪。2010 年至今，Illumina 公司相继推出 HiSeq 2000（2010 年）、MiSeq（2011 年）、HiSeq 2500（2012 年）、MiSeq DX（2013 年）、HiSeq X Ten（2014 年）、NextSeq 500（2014 年）、HiSeq X Five（2015 年）、HiSeq 3000（2015 年）、HiSeq 4000（2015 年）、NextSeq 550（2015 年）、MiSeq FGx（2015 年）、MiniSeq（2016 年）和 NovaSeq 系列（2017 年）。由此可见，Illumina 短读长测序产品覆盖了从台式低通量到大型超高通量，并且各平台之间具有高度的互补性和交叉性 [24]。其中 2014 年推出的 HiSeq X 系列最多可以在一年内产生 1800 余个 30× 覆盖度的人类基因组数据量，使 1000 美元基因组测序成为现实。2017 年推出的 NovaSeq 系列运行速度大于现有仪器的 70%，只需 1 小时即可完成全基因组测序，被认为是 Illumina 迄今为止推出的最强大的测序仪，预示着 100 美元基因组测序时代的到来。

五、SOLiD/Life Technologies 测序系统

在第一代测序时代，美国 ABI 公司一直是行业的龙头老大，其垄断地位无人能撼，从早期的 370A 到全自动化的 3730XL，ABI 的第一代测序仪被广泛应用到基因组学研究的各个方面。然而在第二代测序技术迅猛发展之初，ABI 起步较晚，直到 2007 年才推出了它的 SOLiD 测序平台。就通量而言，SOLiD 3 系统是革命性的，单次运行可产生 50GB

的序列数据，相当于17倍人类基因组覆盖度。此后SOLiD不断升级，SOLiD 5平台的测序通量已达到30GB/天，成本低于60美元/Gb，准确率高达99.99%[24]。

寡聚物连接检测测序（sequencing by oligo ligation detection，SOLiD）基于连接酶法，以四色荧光标记寡核苷酸的连接合成反应取代传统的聚合酶连接反应。依据检测需求不同可以将待测DNA制备成片段文库（fragment library）或配对末端文库（mate-paired library）。与454类似，SOLiD同样采用乳液PCR的方式进行模板的扩增。PCR完成之后，使模板变性，富集带有延伸模板的微珠，去除多余的微珠。微珠上的模板经过3′修饰，可以与玻片（slide）共价结合。但这些微珠比454系统的要小得多，只有1μm，即SOLiD系统每张玻片能容纳比454 PTP平板更高密度的微珠，在同一系统中可轻松实现更高的通量。SOLiD系统测序反应并没有采用之前测序时常用的DNA聚合酶，而是采用了连接酶。链荧光探针（3′-XXnnnzzz-5′）与一段通用引物（n）相连，按照碱基互补配对原则与单链DNA（模板链）配对（图1-10）。探针的5′末端分别标记了CY5、Texas Red、CY3、6-FAM4种颜色的荧光染料，分别对应数字3、2、1、0。这个8碱基的单链荧光探针是双碱基编码探针，即第1、2位碱基（XX）是确定的，3～5位（nnn）为随机碱基，6～8位（zzz）为可以和任何碱基配对的特殊碱基。当荧光探针能够与模板链配对而连接时，就会发出代表第1、2位碱基的荧光信号。在记录荧光信号后，通过化学方法在第5和第6位碱基之间进行切割，这样就能移除荧光信号，以便进行下一个位置的连接。因此，每次连接反应都加入5个碱基，最后一次连接反应后（一般片段文库是7次连接反应，双端测序文库是5次连接反应）将新合成的链变性、洗脱。接着用引物n-1（在引物n的基础上将测序位置向3′端移动了一个碱基的位置）进行第2轮测序，直至第5轮测序（单向测序），最终可以完成所有位置的碱基测序，并且每个位置的碱基均被测2次。按照第0、1位，第1、2位……的顺序把对应于模板序列的颜色信息连起来，需要到由“0、1、2、3……”组成的SOLiD原始颜色序列。这就是SOLiD独特的两碱基测序法。

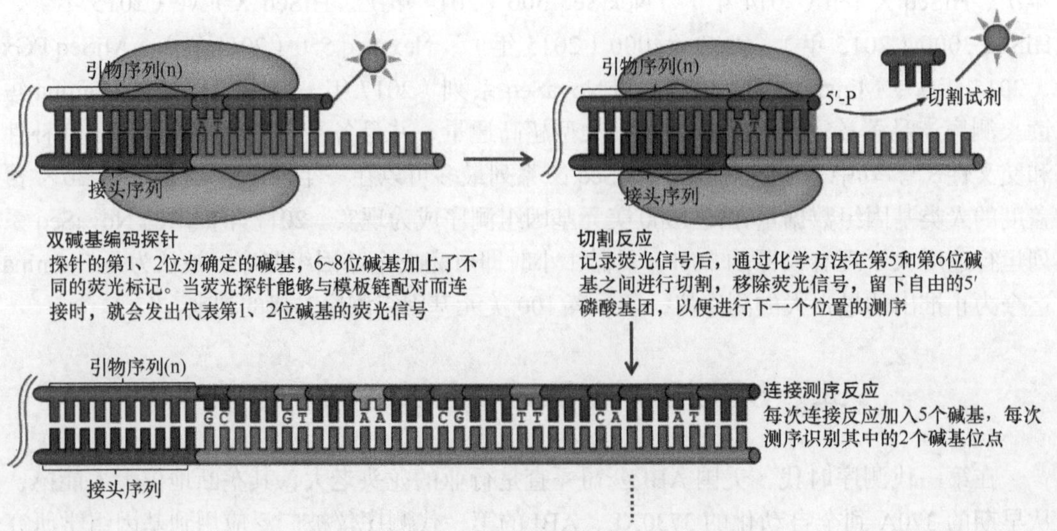

图1-10 Life Technologies SOLiD 边连接边测序原理[24]

SOLiD 测序系统将目标序列的所有碱基都读取了 2 遍，因此其最大的优势就是高准确率（99.999%）[24]。由于 SOLiD 系统不采用 PCR 反应进行 DNA 合成与测序，因此对于高 GC 含量的样本具有非常大的优势。但是该技术的最大读长只能达到 75bp，使得其在基因组拼接和结构变异研究中的可操作性大大降低 [24]。在荧光解码阶段，鉴于其是双碱基确定一个荧光信号，因而一旦发生错误就容易产生连锁的解码错误。除此之外，SOLiD 技术还受制于其工业生产，最终在巨大的市场压力下不再开发新的仪器而退出第二代测序的舞台。

六、Complete Genomics/BGI 测序系统

美国 Complete Genomics（CG）公司成立于 2005 年，是全球首家提供人类基因组测序服务的生命科学公司。DNA 纳米球（DNA nanoball，DNB）芯片及组合探针锚定连接（combinatorial probe anchor ligation，cPAL）技术是 CG 公司独有的两种测序相关技术，测序准确度为 99.9998%，市场价格低，具有相当大的竞争优势。华大基因（BGI）于 2013 年正式收购 CG，这场收购被中国业内人士誉为“中国从美国拿走了基因测序行业的‘可口可乐’配方”。2014 年 7 月 2 日，国家食品药品监督管理总局（China Food and Drug Administration，CFDA）首次通过第二代基因测序诊断产品 BGISEQ-1000（基于 CG 的测序平台）的注册申请。2015 年和 2016 年 BGI 相继推出 BGISEQ-500 和 BGISEQ-50 桌面型高通量测序系统。

CG 平台采用高密度 DNB 技术，在芯片上嵌入 DNA 纳米球，然后用非连续、非连锁 cPAL 技术读取碱基序列。利用 4 种不同颜色标记的探针读取接头附近的碱基，每次最多读取 10 个连续碱基且每次测序相互独立，即测序结果不受前一个碱基测序结果的影响，避免发生错误累积。在测序时，加入的锚定序列与接头互补配对，然后 DNA 连接酶将 4 种不同颜色标记的探针杂交到模板的相应碱基上，通过对荧光基团的成像来判断碱基类型 [32]。获取图像后，全部的探针 - 锚定分子复合物被移除，新的探针 - 锚定分子复合物被结合 [24]。cPAL 技术可大大减少探针和酶的浓度，而且与边合成边测序不同，cPAL 每个循环可一次性读取数个碱基，这样消耗的测序试剂和成像时间都大大减少。测序原理如图 1-11（见彩图 3）所示。

目前，该高通量测序平台的读长为 28 ～ 100bp，这使得基因组拼接的可操作性大大降低，限制了其在结构变异研究中的应用 [24]。即使 BGI 将 cPAL 方法改进成联合探针 - 锚定分子合成法（combinatorial probe–anchor synthesis，cPAS）来增加读长，但就目前来说，该方法仍有一定的局限性。

目前，第二代测序技术在满足通量的同时，由于技术本身的局限性，读取的单一序列长度为 75 ～ 100bp。Roche 公司的 454 GS FLX 测序仪读长可达 500 ～ 700bp，但是其通量仅为 700Mb 左右。这就形成现阶段高通量测序的技术瓶颈——通量高的读长短，读长长的通量低。通量决定了测序所需的时长和成本，而读长则决定了对获取的 DNA 片段进行拼接还原基因组真实情况的难度。我们可以将拼接的过程想象成一个拼图游戏，将获取的每一个 DNA 序列信息想象成一块拼图。每一块拼图越大，则越容易拼接成原图。

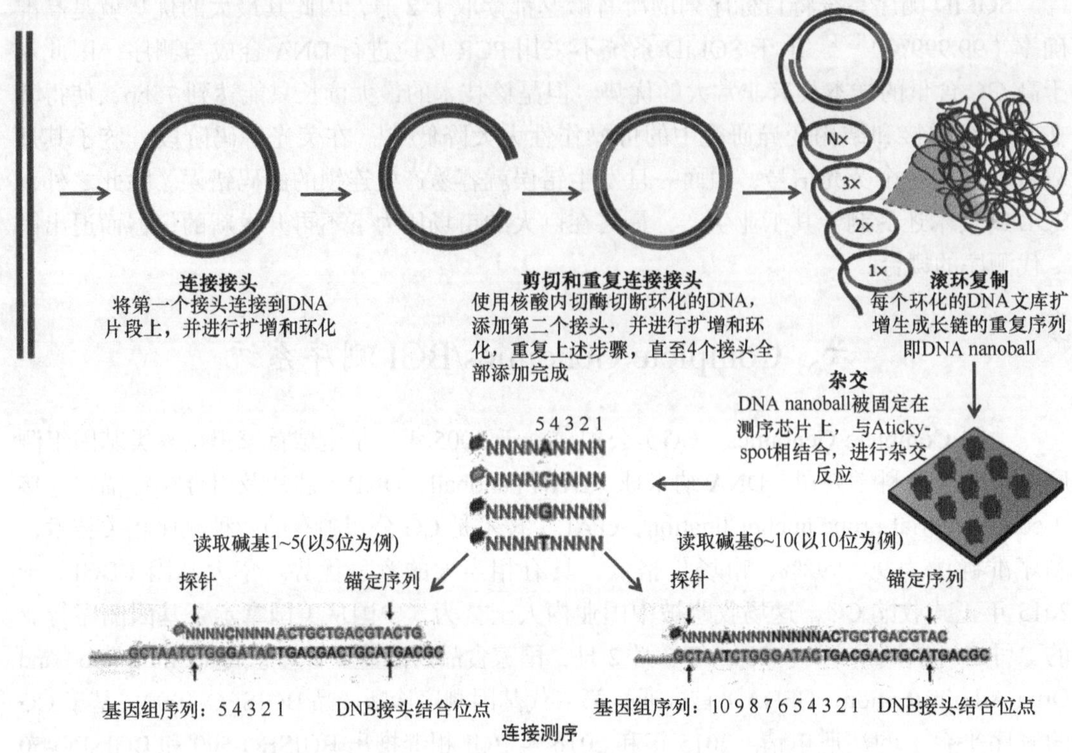

图 1-11 Complete Genomics/BGI 边连接边测序原理 [24, 32]

这就很好地解释了为什么测序技术要在追求通量的同时还要不断追求大片段、长读长。除此之外，现有的第二代测序技术是通过采集荧光信号进行识别的，因此需要进行扩增建库，即单分子模板在固相（微球或芯片表面）进行扩增反应。这一部分是第二代测序技术中最容易产生人为干扰的部分，由于操作人员水平不同，即使是相同的仪器在不同实验室中的性能表现也参差不齐。此外，将扩增产物作为测序模板，扩增的过程可能产生错误、信息缺失（如甲基化）和序列偏向性，导致原始样本中拷贝数很少的片段在扩增反应之后被湮灭，原始序列中的某些修饰信息也可能在扩增过程中被抹杀。虽然研究人员在软件和算法的研发方面做了很多努力，但第二代测序数据分析的局限性依然存在。

利用第二代测序技术，临床实验室可以进行疾病靶向测序、外显子测序和全基因组测序。但是二代测序检测相较传统的分子检测技术要复杂许多。目前国家卫建委与国家药品监督管理局已经启动了第二代测序临床检测监管和标准化工作，以支持精准医疗的发展。

第四节 第三代测序技术

理想的测序方式应该是对原始的 DNA 模板进行直接、准确测序且不受读长的限制。早在 20 世纪 80 年代，研究人员已经开始为实现这个目标而努力 [33]。虽然其中的很多尝试都失败了，但是单分子实时（single molecule real-time，SMRT）测序技术和纳米孔

（nanopore）测序技术最终实现了长读长、单分子测序，再次颠覆了测序领域。以不经扩增的单分子测序和长读长为标志的测序技术称为第三代测序，这些技术一次可读取长达数万碱基的片段，大大降低了拼接难度，更重要的是大大减少了过去无法定位的漏洞。有学者称“第三代测序技术的出现照亮了过去从未看到的基因组的黑暗角落”。但目前的第三代测序技术因高错误率仍未找到很好的解决办法，离临床实际应用仍有相当长的距离。

一、Pacific Biosciences SMRT 测序技术

SMRT 测序技术由 Webb 和 Craighead 提出，Korlach、Turner 和 Pacific Biosciences（PacBio）将其进一步发展[34, 35]，并于 2009 年作为 PacBio 测序平台推出。

PacBio SMRT 技术使用了一个特制的流动单元（SMRT cell），其中包含了成千上万底部透明的皮升孔（picolitre wells）——零模波导（zero-mode waveguide，ZMW）孔，这是 PacBio SMRT 技术的关键点之一[34]，它可以将反应信号从周围游离的 dNTP 的强大荧光背景中区别出来（图 1-12）。ZMW 孔外径只有 100 余纳米，还不足检测激光波长的 1/2[33]，激光从底部打上去后不能穿透小孔进入上方溶液区，能量被限制在小孔内，恰好足够覆盖待测部分，使得信号仅来自这个小反应区域，孔外过多游离的 dNTP 依然留在黑暗区，从而实现将背景荧光降到最低。不同于短读长的边合成边测序技术需要使用聚合酶结合 DNA 后沿着模板链进行扩增，PacBio SMRT 技术将聚合酶固定在孔的底部，DNA 链通过 ZMW 即完成单分子的检测。不同荧光标记的 dNTP 结合在每个孔的单分子模板上时可激发出不同波长的荧光，根据荧光的波长与峰值可判断加入的 dNTP 种类[35]。另外，可以通过检测两个相邻碱基之间的测序时间来实现碱基修饰（如甲基化等）的检测，即如果碱基存在修饰，则通过聚合酶时的速度会减慢，相邻两峰之间的距离增大。聚合酶

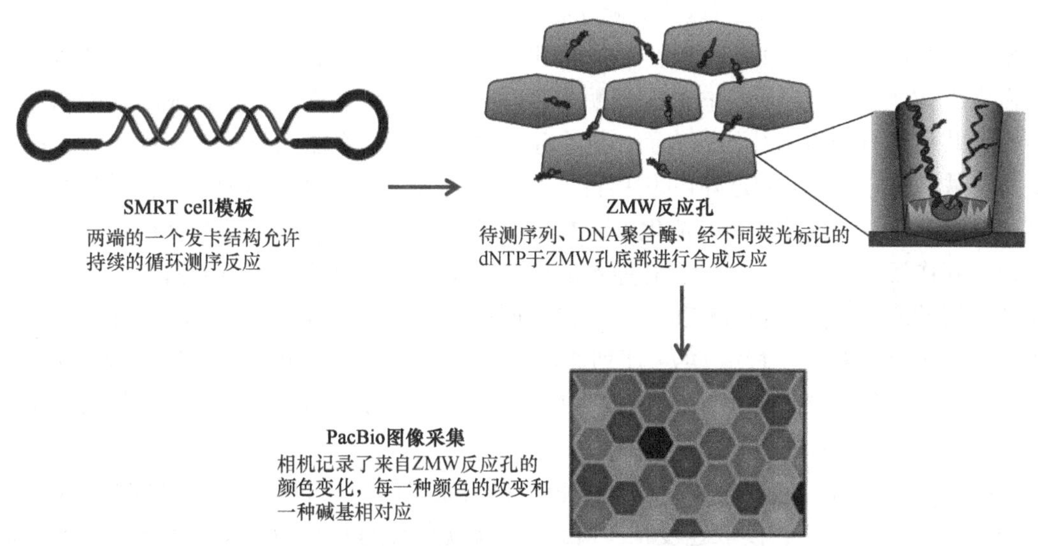

图 1-12　Pacific Biosciences 单分子实时测序原理[24]

在结合 dNTPs 的过程中切割 dNTP 结合的荧光基团，使荧光基团在第二个标记的碱基进入 ZMW 孔前将前一个荧光基团去除。PacBio SMRT 技术的另一个关键点在于使用的工程化 DNA 聚合酶具有很高的活性，可以实现长读长检测，通常可以读取 10kb，一些读长（reads）可达到 100kb[33]。

SMRT 技术的测序速度很快，每秒约 10 个碱基，通量可达 7GB/ 天。但是由于是单分子测序，反应中产生的每个错误都会被忠实地记录下来，难以分辨，这就形成了目前此款测序仪最致命的问题——准确性仅为 85%，虽然可以通过重复测序进行一定程度的纠正，但相较于第二代测序技术 99.5% 以上的准确性，这确实是其最大的短板[36]。

二、Oxford Nanopore Technologies Nanopore 测序技术

Nanopore 测序概念于 20 世纪 80 年代首次被提出[33, 37]。它基于物理电学，利用单链 DNA 分子通过纳米孔时对局部电流的改变来完成碱基序列的测定。但是由于存在 DNA 分子在电场力作用下通过纳米孔的速度过快、纳米孔长于 DNA 分子而难以区别单个核苷酸种类、检测单个核苷酸通过造成的电流的最小分辨率不足以完成检测等问题[38]，从纳米孔测序概念的提出到真正实现花费了几十年的时间，其中包括加入干预酶降低 DNA 在纳米孔中的运转速度，提高对核孔蛋白的鉴定能力及增强分析结果信号能力等工作[39]。随着这些难题的不断解决和技术的持续优化，纳米孔测序被重新关注和应用。Bayley 于 2005 年成立 Oxford Nanopore Technologies（ONT）公司，2014 年第一个消费级别的纳米孔测序仪的原型机——MinION 在 ONT 诞生，一经推出就引起科学界的极大关注，并被认为是最有前景的单分子测序仪。2014 年埃博拉病毒爆发时，在位于日内瓦的欧洲移动实验室的主持下，研究人员借助 MinION 测序仪对埃博拉病毒的传播及进化史进行了深入的研究[40]。

ONT 单分子测序技术与以往的测序技术皆不同，它不是通过检测光、颜色或 pH 来实现碱基序列的读取，而是基于电信号的测序技术[39]。如图 1-13 所示，ONT 测序技术以 α-溶血素来构建生物纳米孔，核酸外切酶依附在孔一侧的外表面，一种合成的环糊精作为传感器共价结合到纳米孔的内表面，这个系统被镶嵌在一个脂质双分子层内。为了提供既符合碱基区分检测又满足外切酶活性的物理条件，脂质双分子层两侧为不同的盐浓度，在合适的电压下，核酸外切酶消化单链 DNA，单个碱基落入孔中，并与孔内的环糊精短暂地相互作用，影响了流过纳米孔原本的电流，A 与 T 的电信号大小很相近，但 T 在环糊精停留的时间是其他核苷酸的 2 ～ 3 倍，所以每个碱基都因其产生电流干扰振幅是特有的而被区分开来[41]。特定 DNA 序列通过纳米孔会产生特定的电压改变，称为 k-mer。相比于 1 ～ 4 种可能的信号，ONT 技术拥有 1000 多种可能的 k-mer，尤其是天然 DNA 序列中存在修饰碱基时[24]。

ONT 技术测序的主要特点是超长读长（目前获得的最长的序列达到 900kb，超越了 PacBio 的测序读长）、读取速度快（MinION 流动单元每秒可以读取 500bp）、高通量（PromethION 包含 48 个独立流动单元，最多可以在 2 天内输出 2 ～ 4TB 的数据量）和便携性（ONT MinION 只有 USB 设备大小，又称为掌上测序仪，在电脑上即可对数据进

行读取）[33]。除此之外，由于纳米孔本身的优势，使得成千上万个超长碱基构成的DNA链在一个单通道中就能够被解码和识别，而不需要将长链分割成小短链，因此其样本制备过程简单；能够直接读取甲基化的C，而无须像传统方法那样对基因组进行亚硫酸盐处理，对在基因组水平直接研究表观遗传相关现象有极大的帮助。同时由于该技术拥有超过1000种独立的信号，其错误率也较高（主要表现为对Indel的检测）。由于修饰的碱基会改变原有的k-mer设定的电压变化，所以碱基的修饰对ONT而言同样是一大挑战。幸运的是，最近一系列对试剂及算法的改进使得ONT技术检测的准确性有了很大的提升[42]。

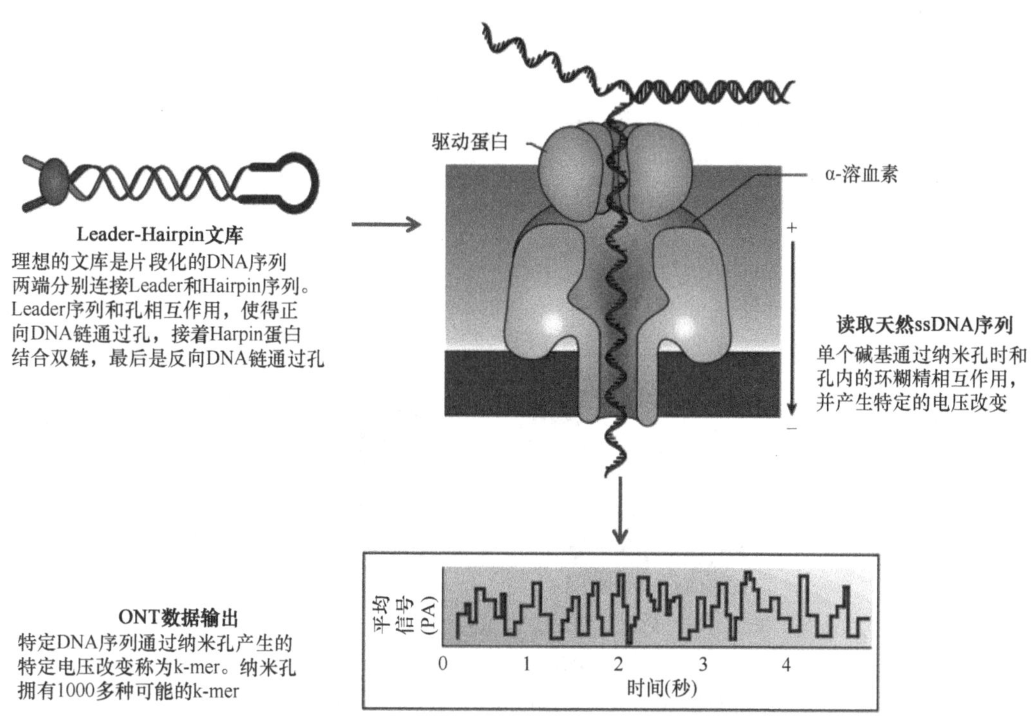

图1-13　Oxford Nanopore Technologies 纳米孔测序原理[24]

第五节　测序技术的应用

测序技术面世至今其应用范围不断扩大，从考古学到犯罪调查、临床应用（产前诊断、遗传病筛查、肿瘤基因突变检测、病原感染检测等），再到基因调控研究、宏基因组学（metagenomics）研究，以及作为未来的“分子计数器”等（图1-14，见彩图4）。

在最初的25年时间里，DNA测序的最主要目的就是对部分或完整的人基因组进行测序。继人类基因组计划后的下一个明确的目标就是对人类基因组进行重测序，构建人类基因组变异库。通过对基因序列已知的个体进行全基因组测序，并在个体或群体水平上进行差异性分析，以实现全基因组水平上检测疾病相关的常见、低频，甚至是罕见的突变及结构变异等。千人基因组计划（1000 Genomes Project）于2008年正式启动，2010

年发布了从179个个体中获得的全基因组测序原始数据及697个个体的靶向测序数据[43]，到2015年研究人员已经构建了26个不同人群的2504个个体的基因组群体数据[43, 44]。但这还不是该项目的终点，更多的人基因组数据正在构建中。千人基因组计划为从种群的角度观察人类变异和肿瘤遗传异质性提供了依据，种群水平的测序已经成为更好地解读人类疾病的重要工具。

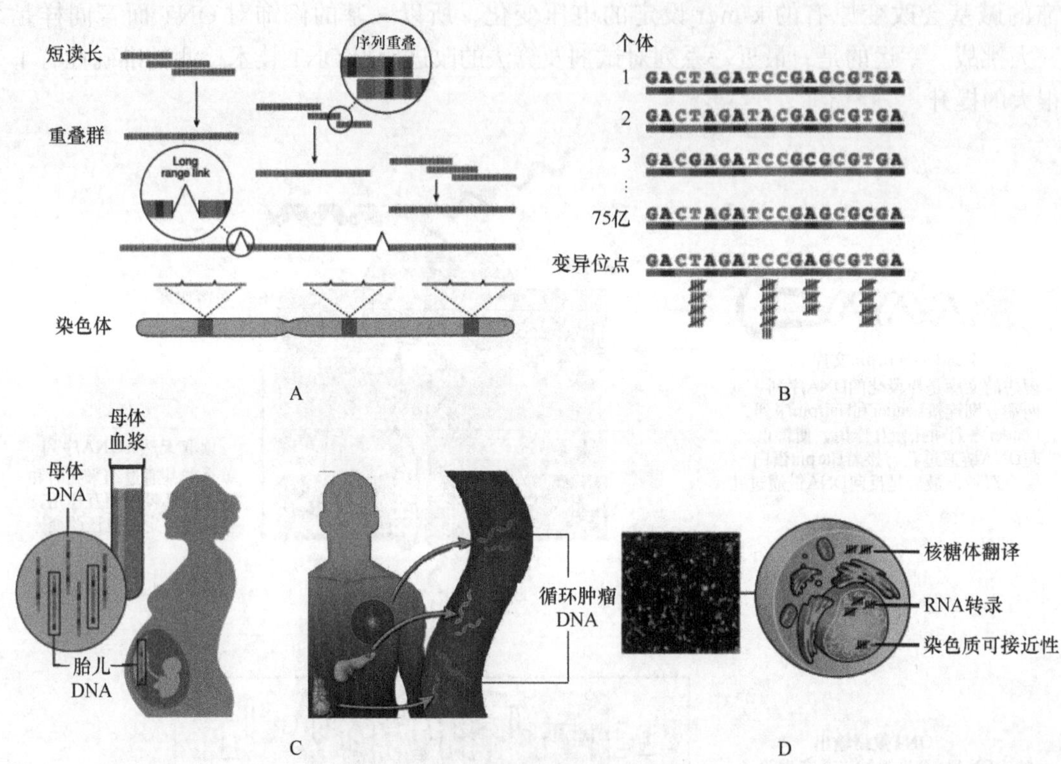

图1-14 DNA测序技术的应用[33]

A. 基因组组装；B. 个人基因组重测序；C. 临床应用；D. 分子计数器

与全基因组测序相比，全外显子测序成本更低，仅需花费几百美元；而且由于其需要的样本量相对较少，一次测序可同时检测多个样本，可增加测序深度，这就增加了基因组研究的广度及深度。全外显子测序早期应用于快速发现新基因、诊断孟德尔遗传性疾病（又称单基因病）。Iossifov等对超过2500个自闭症患儿进行全外显子测序，在超过30%的样本中发现了错义突变、基因干扰突变及拷贝数变异，该研究和其他相关研究一起绘制了自闭症可能病因的框架[45]。Griffith等认为10 000× 的测序深度可以鉴定肿瘤中的稀有突变[46]，但是这个深度和测序成本对于全基因组和全外显子测序而言实在过高。而且对于那些急性感染、严重神经系统疾病或侵袭性极大的肿瘤患者而言，数周的全基因组数据分析足以使患者错过最佳治疗时间。此时，靶向测序在实体肿瘤及血浆循环肿瘤DNA的检测中就凸显了重要作用。目前Ion AmpliSeq Panel和Illumina TruSight One Sequencing Panel均可实现肿瘤相关基因的靶向测序。通过肿瘤靶向测序可以快速对肿瘤相关基因进行检测和分析，明确患者携带的突变类型而制订个体化的靶向治疗方案；通过对循环肿瘤 DNA 或循环肿瘤细胞的检测实现肿瘤非侵入性诊断和实时监测而及时调整治疗方案。

测序技术在基因调控的研究中也有广泛的应用，蛋白 -DNA 之间的相互作用可以通过染色质免疫共沉淀结合测序即 ChIP-Seq 的方式进行 [47]。随着新一代测序技术的迅猛发展，宏基因组学的研究也有了极大地进展。科研人员可以对环境中全部微生物构建宏基因组文库，并进行全基因组测序，通过大量的数据分析，获取全面的微生物群落结构及基因功能组成等信息。

第六节 测序技术的发展及展望

在过去的 40 年里，测序平台不断更迭。1985 年之前几乎所有的测序都是在 Sanger 测序法的基础上完成的；到 2000 年通过四色荧光标记和毛细管电泳技术测序实现了测序的自动化；2010 年至今各种高通量测序技术（短读长和长读长）均已快速发展并逐渐成熟。Illumina HiSeq X 系列和 ONT PromethION 正在朝着测序成本和数据产出的极限大步迈进 [24]。

2004 年美国国家人类基因组研究所（National Human Genome Research Institute，NHGRI）启动了基因组测序计划（Genome Sequencing Program，GSP），出资 2.2 亿美元资助超过 40 个学术机构和 27 个商业机构 [33]，旨在迅速降低基因组测序费用，扩大基因组信息在医学研究和医疗服务中的应用。从 NHGRI 发布的官方数据（图 1-15）可见 [48]，2004 年 GSP 计划开始启动时的基因组测序费用仍高于 1000 万美元。2007 年起测序的重心从基于 Sanger 测序的毛细管电泳平台转向第二代测序平台，测序费用降至 100 万美元以下。2007 ～ 2012 年，每个碱基的测序费用下降了 4 个数量级，已经超过了经济学上的“摩尔定律”效应 [33]。2015 年，基因组测序费用基本已降至 1000 美元。生物科学、物理学、材料学等学科的不断发展和融合，为测序技术的发展带来了更加强有力的推动作用，使其继续向 100 美元基因组测序的趋势发展。

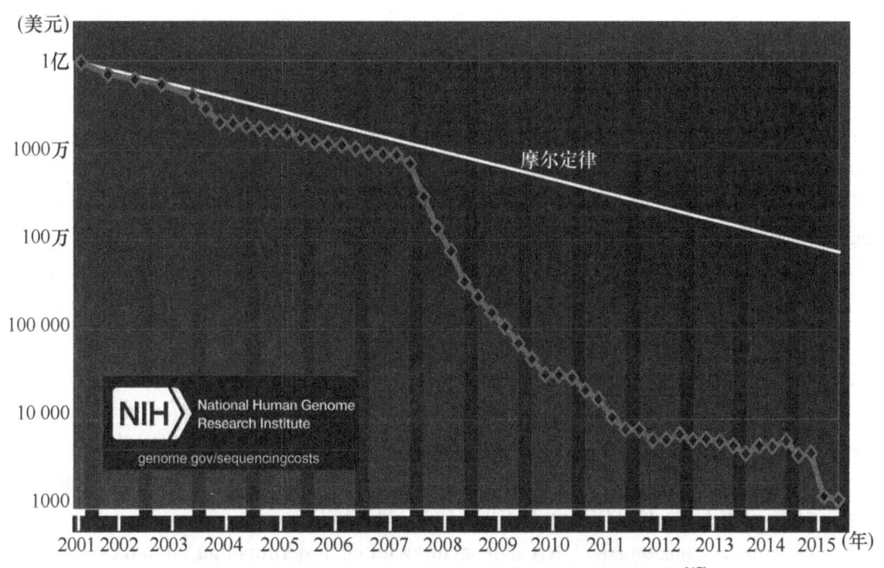

图 1-15　2001 ～ 2015 年单个基因组测序费用变化 [47]

虽然测序技术呈现出层出不穷的发展态势，但就目前的研究现状而言，在通往理想和完美测序技术的道路上，有如下亟待解决的关键问题：①对人类基因组测序的能力已经大大超过解读遗传变异的能力。全世界每年产出超过 15PB 的数据量，数据冗余对分析方法和结果解读提出了严峻的挑战[49]。②距离完整解读全基因组序列信息还有很远的距离。虽然短读长高通量测序技术已经相对成熟，并且检测的准确性可观，但是如果将基因组 DNA 打断成片段来解读，就必须保证序列的读取质量（帮助精确判定片段之间的重叠）、读出长度（决定组装的连续性）和读取深度（保证重叠群序列的覆盖度），如何平衡这三个参数就成为短读长高通量测序不得不面对的至关重要的问题。除此之外，单分子测序虽有了一定的进展，读长可达几十到几百 kb，但其测序的准确度仍需要进一步提升。③现有测序技术的局限性不能满足实际应用的需求。不同种群之间和同一种群之内的基因组序列都有不同程度的变化，从百分之几到千分之几不等，必须测定成千上万个个体的基因组序列，才能为发现基因多态性和基因突变提供更加全面的依据，这就对测序的通量提出了很高的要求。DNA 分子并不是仅由简单的 4 种碱基组成，还有甲基化、羟甲基化和糖羟甲基化等修饰存在，并且它们在 DNA 分子上还表现出很强的不均一性，现有的测序技术还不能直接对这些修饰进行测定。另外，我们只能通过 DNA 序列测定技术来间接地测定各种活性 RNA 分子，但是 RNA 不仅有上百种化学修饰，而且在不同细胞、不同状态都有所不同。因此，单分子水平的 DNA 和 RNA 测序成为基因组学研究和分子生物学研究的新需求[33]。

未来的测序技术一定会向着更精准、更微观、更高通量和更廉价的方向前进。不同代次的测序技术依然会长期共存和共同发展，力求通过各自的性能优势而互补不足；另外，随着人类探求生命奥秘需求的不断增加和研究工作的不断深入，新的测序原理和技术也将不断产生，以满足不同学科领域的应用需求，而这一切依赖于也同样驱动着今后更多相关技术的发展和进步。

（韩彦熙　李金明）

参考文献

[1] Whitfeld PR. A method for the determination of nucleotide sequence in polyribonucleotides. The Biochemical Journal，1954，58：390-396.

[2] Holley RW，Everett GA，Madison JT，et al. Nucleotide sequences in the yeast alanine transfer ribonucleic acid. Journal of Biological Chemistry，1965，240：2122-2128.

[3] Wu R，Taylor E. Nucleotide sequence analysis of DNA. Ⅱ. Complete nucleotide sequence of the cohesive ends of bacteriophage lambda DNA. Journal of Molecular Biology，1971，57：491-511.

[4] Xue Y，Wang Y，Shen H. Ray wu，fifth business or father of DNA sequencing? Protein & Cell，2016，7：467-470.

[5] Gilbert W，Maxam A. The nucleotide sequence of the lac operator. Proceedings of the National Academy of Sciences of the United States of America，1973，70：3581-3584.

[6] Sanger F，Coulson AR. A rapid method for determining sequences in DNA by primed synthesis with DNA polymerase. Journal of Molecular Biology，1975，94：441-448.

[7] Sanger F，Nicklen S，Coulson AR. DNA sequencing with chain-terminating inhibitors. Proceedings of the

National Academy of Sciences of the United States of America，1977，74：5463-5467.

[8] Maxam AM，Gilbert W. A new method for sequencing DNA. Proceedings of the National Academy of Sciences of the United States of America，1977，74：560-564.

[9] Maxam AM，Gilbert W. Sequencing end-labeled DNA with base-specific chemical cleavages. Methods in Enzymology，1980，65：499-560.

[10] Sanger F，Air GM，Barrell BG，et al. Nucleotide sequence of bacteriophage phi x174 DNA. Nature，1977，265：687-695.

[11] Chidgeavadze ZG，Beabealashvilli RS，Atrazhev AM，et al. 2′，3′-dideoxy-3′ aminonucleoside 5′-triphosphates are the terminators of DNA synthesis catalyzed by DNA polymerases. Nucleic Acids Research，1984，12：1671-1686.

[12] Prober JM，Trainor GL，Dam RJ，et al. A system for rapid DNA sequencing with fluorescent chain-terminating dideoxynucleotides. Science，1987，238：336-341.

[13] Sanger F，Coulson AR，Barrell BG，et al. Cloning in single-stranded bacteriophage as an aid to rapid DNA sequencing. Journal of Molecular Biology，1980，143：161-178.

[14] Tabor S，Richardson CC. DNA sequence analysis with a modified bacteriophage t7 DNA polymerase. Proceedings of the National Academy of Sciences of the United States of America，1987，84：4767-4771.

[15] Ahmadian A，Ehn M，Hober S. Pyrosequencing：history，biochemistry and future. Clinica Chimica Acta，2006，363：83-94.

[16] Sears LE，Moran LS，Kissinger C，et al. Circumvent thermal cycle sequencing and alternative manual and automated DNA sequencing protocols using the highly thermostable ventr （exo-）DNA polymerase. BioTechniques，1992，13：626-633.

[17] Smith LM，Sanders JZ，Kaiser RJ，et al. Fluorescence detection in automated DNA sequence analysis. Nature，1986，321：674-679.

[18] Kaiser RJ，MacKellar SL，Vinayak RS，et al. Specific-primer-directed DNA sequencing using automated fluorescence detection. Nucleic Acids Research，1989，17：6087-6102.

[19] Kambara H. Development of capillary array DNA sequencers for genome analysis. Chemical Record，2010，10：8-16.

[20] Karger BL，Guttman A. DNA sequencing by CE. Electrophoresis，2009，30（S10）：S196-202.

[21] van Dijk EL，Auger H，Jaszczyszyn Y，et al. Ten years of next-generation sequencing technology. Trends in Genetics，2014，30：418-426.

[22] Adessi C，Matton G，Ayala G，et al. Solid phase DNA amplification：characterisation of primer attachment and amplification mechanisms. Nucleic Acids Research，2000，28：E87.

[23] Dressman D，Yan H，Traverso G，et al. Transforming single DNA molecules into fluorescent magnetic particles for detection and enumeration of genetic variations. Proceedings of the National Academy of Sciences of the United States of America，2003，100：8817-8822.

[24] Goodwin S，McPherson JD，McCombie WR. Coming of age：ten years of next-generation sequencing technologies. Nature Reviews Genetics，2016，17：333-351.

[25] Ronaghi M，Uhlen M，Nyren P. A sequencing method based on real-time pyrophosphate. Science，1998，281：363-365.

[26] Margulies M，Egholm M，Altman WE，et al. Genome sequencing in microfabricated high-density picolitre reactors. Nature，2005，437：376-380.

[27] Wheeler DA，Srinivasan M，Egholm M，et al. The complete genome of an individual by massively parallel DNA sequencing. Nature，2008，452：872-876.

[28] Rothberg JM，Hinz W，Rearick TM，et al. An integrated semiconductor device enabling non-optical genome sequencing. Nature，2011，475：348-352.

[29] Heather JM，Chain B. The sequence of sequencers：the history of sequencing DNA. Genomics，2016，107：1-8.

[30] Hui P. Next generation sequencing：chemistry，technology and applications. Topics in Current Chemistry，2014，336：1-18.

[31] Turcatti G，Romieu A，Fedurco M，et al. A new class of cleavable fluorescent nucleotides：Synthesis and optimization as reversible terminators for DNA sequencing by synthesis. Nucleic Acids Research，2008，36：e25.

[32] Drmanac R，Sparks AB，Callow MJ，et al. Human genome sequencing using unchained base reads on self-assembling DNA nanoarrays. Science，2010，327：78-81.

[33] Shendure J，Balasubramanian S，Church GM，et al. DNA sequencing at 40：past，present and future. Nature，2017，550：345-353.

[34] Levene MJ，Korlach J，Turner SW，et al. Zero-mode waveguides for single-molecule analysis at high concentrations. Science，2003，299：682-686.

[35] Eid J，Fehr A，Gray J，et al. Real-time DNA sequencing from single polymerase molecules. Science，2009，323：133-138.

[36] Flusberg BA，Webster DR，Lee JH，et al. Direct detection of DNA methylation during single-molecule，real-time sequencing. Nature Methods，2010，7：461-465.

[37] Deamer D，Akeson M，Branton D. Three decades of nanopore sequencing. Nature Biotechnology，2016，34：518-524.

[38] Loose MW. The potential impact of nanopore sequencing on human genetics. Human Molecular Genetics，2017，26：R202-207.

[39] Bayley H. Nanopore sequencing：from imagination to reality. Clinical Chemistry，2015，61：25-31.

[40] Quick J，Loman NJ，Duraffour S，et al. Real-time，portable genome sequencing for ebola surveillance. Nature，2016，530：228-232.

[41] Feng Y，Zhang Y，Ying C，et al. Nanopore-based fourth-generation DNA sequencing technology. Genomics，Proteomics & Bioinformatics，2015，13：4-16.

[42] Jain M，Fiddes IT，Miga KH，et al. Improved data analysis for the MinION nanopore sequencer. Nature Methods，2015，12：351-356.

[43] Abecasis GR，Altshuler D，Auton A，et al. A map of human genome variation from population-scale sequencing. Nature，2010，467：1061-1073.

[44] Sudmant PH，Rausch T，Gardner EJ，et al. An integrated map of structural variation in 2504 human genomes. Nature，2015，526：75-81.

[45] Iossifov I，O'Roak BJ，Sanders SJ，et al. The contribution of de novo coding mutations to autism spectrum disorder. Nature，2014，515：216-221.

[46] Griffith M，Miller CA，Griffith OL，et al. Optimizing cancer genome sequencing and analysis. Cell Syst，2015，1（3）：210-223.

[47] Park PJ. Chip-seq：Advantages and challenges of a maturing technology. Nature Reviews Genetics，2009，10：669-680.

[48] https：//www.genome.gov/sequencingcostsdata/.

[49] Chrystoja CC，Diamandis EP. Whole genome sequencing as a diagnostic test：challenges and opportunities. Clinical Chemistry，2014，60：724-733.

第二章
文库构建原理及特点

与传统 Sanger 测序的长读长、低通量不同，新一代高通量测序技术是将基因组 DNA 先片段化形成短 DNA 分子，再将片段化的基因组 DNA 连接上通用接头，随后应用不同的方式以产生上百万甚至更多的单分子多拷贝 PCR 克隆阵列（文库构建），之后进行大规模平行的引物杂交与酶的延伸反应，然后对每一步反应产生的信号进行检测以获取测序的数据（测序），经过计算机分析获得完整的 DNA序列信息（数据分析），最终实现一次对几十万到几百万条 DNA 分子进行序列测定。虽然目前高通量测序技术已经逐步自动化及简便化，但其上游的样本制备环节（尤其是文库构建）仍是一项费时费力且重复性不高的工作。对于基因组从头测序、基因组重测序、RNA-seq、宏基因组测序及 ChIP-Seq 等不同应用而言，均需要先将各种不同的起始研究材料转化成为适合上机的标准 DNA 文库，随后才可进行后续测序过程。因此，在高通量测序过程中，构建基因文库不仅是整个测序进程中的第一个步骤，同时也是极为关键的步骤。基因文库质量的优劣将直接影响后续的测序及生物信息学分析过程。由于测序文库构建原理不同、步骤较多，其影响因素也很多，因此实验室工作者需要对测序文库构建知识有深入的了解。

本章将着重从测序文库构建的原理、特点及影响因素等方面对高通量测序 DNA 文库和 RNA 文库构建过程分别进行介绍。同时，由于文库构建之前的核酸样本提取也是影响测序的重要环节，因此本章也对样本提取进行了一定的描述。实验室可通过本章内容进一步深入了解测序建库的目的及流程，并深入了解建库过程中可能引入的测序偏倚（bias）。需说明的是，本书主要介绍第二代测序，第三代测序技术的文库构建内容并未在本章进行阐述。

以往若需对核酸分子进行 Sanger 测序，需在反应体系中加入相应的测序引物。而在高通量测序技术中，测序引物、分子标签及扩增引物等序列均以接头（adapter）序列的形式固定在待测分子的两端。一个制备好的高通量测序文库就是含有一系列双链 DNA 分子的“海洋”，其中每一条 DNA 分子的 5′ 端和 3′ 端均连有固定的接头序列，而中间的序列则可以根据实验需求而随意变化。所以测序文库的构建是围绕如何给未知序列的上下游加上特定的接头序列而展开的。

第一节　文库构建原理

为了将不同待测目的片段进行区分并将其更好地锚定在测序芯片上，同时大批量扩增出足量的测序模板，在进行上机测序之前，需要将待测DNA分子连上特定的检测接头序列，即进行测序文库构建。测序文库是指连有相应接头的一系列DNA片段，其长度和接头序列都适于测序仪进行处理。尽管目前高通量测序正逐步朝着自动化及简单化方向发展，但测序前的文库构建仍是一个相对繁琐的步骤。对于不同的测序类型，包括全基因组测序、外显子测序、转录组测序及染色质沉淀测序等均需要不同的、特定的文库，以进行后续上机测序。经研究证实，选择合适的文库构建方法可以制备出含有尽可能少偏倚的上机样本，从而尽可能地减少测序误差[1-3]。

根据测序的样本类型不同，构建的测序文库可分为DNA类文库及RNA类文库，其文库构建基本原理介绍如下。

一、DNA类文库

目前高通量测序技术可检测的DNA样本主要来源于组织、细胞或各类微生物的基因组DNA，以及各类体液的小片段DNA（如血浆中的循环游离肿瘤DNA、母体血浆中的胎儿游离DNA等）。虽然这些DNA样本看似类型不同，但在进行高通量测序DNA文库制备时，其制备步骤基本相仿：首先是对样本DNA进行提取，再将其片段化（小片段DNA样本的文库构建无须片段化），通过凝胶电泳或磁珠选择合适大小的片段，随后对DNA进行末端修复、5′端磷酸化，并在其3′端加适当的接头，扩增并定量形成最终的文库[4, 5]。

（一）DNA提取方法

DNA提取目前可用的方法主要为有机溶剂提取法、离心柱提取法及磁珠吸附提取法。

1. 有机溶剂提取法　即酚/氯仿提取法。其主要利用DNA易溶于水而不溶于有机溶剂、蛋白质在有机溶剂存在时可变性沉淀的原理，根据核酸和蛋白质对酚和氯仿变性作用的反应性不同分离核酸与蛋白质后，在高盐条件下利用乙醇沉淀以收集DNA。该方法可对较大块的组织样本进行提取，并获得相对较高的产量和质量。然而该方法也同样费时费力，无法大批量提取且难以自动化，因此在高通量测序中应用较为有限。

2. 离心柱提取法　该方法主要利用了DNA分子固相结合的原理，将DNA吸附于离心柱的吸附膜（如玻璃纤维素膜）上，同时离心去除蛋白质及RNA等其他分子。该方法可对多种样本类型进行提取，并获得优质DNA（基因组DNA及小片段DNA均可）以供后续测序使用。由于离心柱法操作简便易行且可自动化，适于大规模和高通量的处理，因此在高通量测序检测中应用广泛。但是，当起始材料过多（如较大的组织样本）或不完全均质化时可导致吸附膜堵塞，从而导致产量降低或潜在的污染。

3. 磁珠吸附提取法　生物磁珠即具有细小粒径的超顺磁微球，其具有丰富的表面活性基团，可以与各类生化物质偶联，并在外加磁场的作用下实现分离。根据磁珠上包被的基团不同，生物磁珠可分为环氧基磁珠、氨基磁珠、羧基磁珠、醛基磁珠、巯基磁珠及硅基磁珠[6]。其中，环氧基磁珠、氨基磁珠及羧基磁珠可用于各类蛋白或抗体的分离，巯基磁珠可用于重金属物质的分离。而用于DNA分离提取的磁珠则为硅基磁珠，其提取原理为利用氧化硅纳米微球的超顺磁性，在Chaotropic盐（盐酸胍、异硫氰酸胍等）和外加磁场的作用下，DNA分子可被特异高效地吸附[6, 7]。该方法较离心柱提取法消除了样本堵塞吸附膜的影响，同时操作简便且易于自动化，因此该方法目前在高通量测序检测中的使用比例大幅提升[3]。除此之外，由于纳米级别的硅基磁珠可在溶液中均匀散在分布，因此其与DNA分子接触面积较离心柱法更大，故磁珠吸附法可更好地吸附小片段DNA分子，适用于血浆肿瘤游离DNA等小片段DNA分子的提取[7]。

（二）DNA片段化方法

在对样本进行DNA提取后，需对提取的DNA样本进行片段化以符合各测序平台的读长。目前DNA片段化主要通过物理方法（如超声打断、雾化等）及酶消化方法（即非特异性核酸内切酶消化法）实现。

1. 超声打断法　以Covaris超声破碎系统较为常用[1, 3]。其利用几何聚焦声波能量，通过＞400 kHz的球面固态超声传感器将波长为1 mm的声波能量聚焦在样品上，在等温条件下核酸样本可被断裂成小片段分子并同时保证完整性。配合专门设计的Adaptive Focused Acoustic（AFA）管，Covaris超声破碎仪可精确地将DNA打断成100～1500 bp或2～5 kb的片段（miniTUBE）。而对于那些需要更长DNA片段的测序，g-TUBE可通过离心产生剪切力以产生6～20 kb的片段。

2. 非特异性核酸内切酶消化法　除了超声打断法外，非特异性核酸内切酶处理也是DNA片段化的常用方法。例如，NEB公司推出的NEB Next dsDNA Fragmentase，其为两种酶的混合物：一种在dsDNA上产生随机切割，另一种识别随机切割位点并切割互补的DNA链，从而产生100～800 bp的双链DNA断裂。Illumina公司Nextera系列文库构建试剂盒中所使用的转座酶Tn5也可通过转座子序列的特异性识别而产生约300 bp大小的切割。

经研究证实，超声法及酶切法对DNA的片段化作用均较为高效，其中Covaris超声破碎系统可得到较酶切法更窄的DNA片段分布；而酶切法虽然片段分布不如超声打断集中，但其在操作过程中的样本丢失量更低。一般情况下，对裸露DNA进行片段化并不容易引起大的测序偏倚。但需注意的是，在ChIP-Seq中，染色质超声打断具有偏好性，即常染色质较异染色质更易被超声剪切。因此，有学者提出，在进行ChIP-Seq时，可采取重复片段化以消除此类偏倚。非特异性核酸内切酶实际上也具有一定的偏好性（易切割AT），因此酶切法所制备的片段化DNA可能存在GC含量轻度升高，以及形成人工造成的插入和缺失（Indels）的情况，在检测过程中应予以注意[8]。

（三）DNA 片段大小的选择

片段化后的 DNA 样本可通过凝胶电泳或磁珠吸附以筛选合适大小的 DNA 片段，进而进行下一步文库制备。当样本浓度足够且质量尚可时，实验室可使用 Agencourt AMPure XP 磁珠（Beckman Coulter 公司）进行片段大小选择。但当样本质量不高时，如福尔马林固定石蜡包埋（formalin-fixed and paraffin-embedded，FFPE）样本应选择凝胶电泳进行片段回收，如 E-Gel SizeSelect 凝胶或 Pippin Prep 试剂盒。值得注意的是，由于胶回收过程中的加热步骤可使某些 AT 富集区变性从而无法连接接头。因此为了避免 GC 偏倚，在胶回收过程中应避免加热，改用室温搅拌溶解的方式。

（四）文库构建

回收纯化后的 DNA 片段应进行末端修复及 5′ 端磷酸化以利于后期连接反应，并随后在其 3′ 端加上适当的接头。末端修复常通过 T4 DNA 聚合酶及 Klenow 酶实现，也可采用 *Taq* DNA 聚合酶直接替代 Klenow 酶。加接头的目的是为了将待测的目的片段锚定在测序芯片 / 半导体磁珠上。同时，接头旁的附加引物可大批量扩增足量的测序片段模板，从而提高检出效率。根据检测平台及测序原理不同，接头序列中的引物序列及条形码序列也各不相同。目前，添加接头序列的方式有两种：一种为 TA 克隆式连接；另一种为 PCR 方式连接。两种方式均具有相对良好的连接效率，在不同文库构建方式下有不同的应用。

目前市场上有越来越多的公司提供接头添加试剂盒，当下主流的文库构建试剂盒厂商有 Illumina 公司、Thermo Fisher 公司、Agilent 公司、Bioo Scientific 公司、KAPA Biosystems 公司及 NEB 公司等。其中，Illumina 公司目前生产的 DNA 文库构建试剂盒可主要分为 TruSeq 系列及 Nextera 系列。TruSeq 系列采用超声打断方法对 DNA 进行随机打断，然后通过 TA 克隆方式连接相应接头，片段筛选后进行 PCR 扩增放大。TruSeq DNA 建库方法由于对基因组的覆盖度较高，同时对 DNA 的质量要求较低，自动化程度高，因此常用于普通基因组的文库构建。例如，TruSeq Nano DNA Sample Prep Kit 仅需要相对较少的起始样本（100 ～ 200 ng DNA）即可制备片段大小为 350bp 或 550bp 的文库以适用于 NextSeq 500、HiSeq、HiScanSQ、Genome Analyzer 和 MiSeq 等多种 Illumina 高通量测序系统以进行全基因组测序。但 TruSeq 系列文库构建试剂盒操作步骤较多，实验耗时偏长。而 Nextera 系列则为运用高活性的携带有特定转座子序列的转座酶，从而一次性完成 DNA 的片段化和加接头步骤，具有简便、快速和低建库起始量的优点，但其插入序列具有偏好性，同时对 DNA 的浓度及纯度准确性均有较高的要求。因此 Nextera 系列文库构建试剂盒特别适于样品量有限的应用，如肿瘤活检、降解的 DNA 或纯化后的 DNA 样本。除了 Illumina 公司的文库构建试剂盒外，目前实验室常用的 DNA 文库构建试剂还有 Agilent 公司推出的 SureSelect XT Kit、HaloPlex HS Kit；Thermo Fisher 公司推出的 Ion Xpress Plus Fragment Library Kit、Ion AmpliSeq Library Kit；Bioo Scientific 公司推出的 NEXTflex Rapid Illumina DNA-Seq Library Prep Kit；KAPA Biosystems 公司推出的 KAPA Hyper Prep Kits 及 NEB 公司推出的 NEB Next DNA Sample Prep Master Mix Set、

NEB Next Ultra DNA Library Prep Kit 等。

二、RNA 类文库

DNA 是生物遗传信息的主要载体，但若需要将遗传信息向表型转化，作为中间桥梁的 RNA 有着不可或缺的重要地位。与 DNA 分子相比，RNA 的分子质量相对较小且种类繁多。除了信使 RNA（mRNA）、转运 RNA（tRNA）及核糖体 RNA（ribosome RNA，rRNA）这三种参与蛋白质合成的主要 RNA 外，小分子细胞核 RNA（snRNA）、小分子胞质 RNA（scRNA）、小分子核仁 RNA（snoRNA）、染色质 RNA、反义 RNA 及各种病毒 RNA 等也在遗传信息表达和调控过程中各自发挥着重要作用。正因为 RNA 分子有众多的分类，因此，与 DNA 测序直接提取 DNA 样本进行文库构建不同，在决定如何制备 RNA 类文库前，首先需要考虑测序实验的主要目的，并根据实验研究对象的不同选择不同类型的 RNA 样本及文库构建方式。如果研究目的是探索整体的转录事件，则需提取完整且纯净的总 RNA，同时文库应捕获整个转录组，包括编码、非编码、反义及基因间 RNA，并保证尽可能完整。如果研究目的仅是 mRNA 转录本，则提取时需去除 rRNA 干扰，且文库构建时只需要筛选富集带有 poly（A）尾的 RNA。若研究目的聚焦如 miRNA、snoRNA、piRNA、snRNA 等小分子 RNA，则需要在构建文库之前通过片段选择以富集小分子 RNA。如果是环状 RNA 测序，则需要先使用 RNase R 降解线性 RNA 分子，再进行建库测序。此外，根据研究目的不同，还有诸如 RIP-seq、CLIP-seq 等不同应用，具体文库的构建方式需要针对不同的应用场景进行优化。

（一）RNA 提取方法

以转录组测序为例，制备 RNA-Seq 文库的通用步骤第一步为对样本进行总 RNA 或 mRNA 提取。目前总 RNA/mRNA 提取的方法有 Trizol 提取法、离心柱提取法及磁珠吸附提取法[9]。

1. Trizol 提取法　该方法主要利用了 Trizol 试剂含有苯酚、异硫氰酸胍等物质，能迅速破碎细胞并抑制细胞释放的核酸酶的特点，在异丙醇作用下可完整沉淀样本中总 RNA 分子。该方法最为经典、传统，且可适用于大多数样本类型，尤其是较难裂解的组织样本。但需注意的是该方法在操作过程中也可能会引入影响后续 PCR 酶促反应的抑制剂（如血液中的血红蛋白，植物样本中的腐殖酸、黄腐酸等，以及在实验过程中带入的 EDTA、肝素、氯酚、氯仿等）。这些抑制剂如不去除，将会对后续的反转录、末端修复、加 A、接头连接及 PCR 扩增等产生影响，最终影响获得的测序数据[9]。

2. 硅胶膜特异性吸附的离心柱提取法　该方法采用一系列裂解液裂解组织或细胞，并同时抑制 RNA 酶，硅胶膜特异性吸附 RNA 后多次漂洗去除 DNA、蛋白质及其他杂质，最后经低盐溶液洗脱 RNA。与 Trizol 提取法相比，硅胶膜特异性吸附的离心柱提取法操作更为简便快速且易于自动化，适于大规模和高通量的处理，因此目前在高通量测序检测中应用逐渐广泛。

3. 磁珠吸附提取法　根据使用的磁珠类型不同，该方法可分别对样本的总 RNA 及

mRNA 进行提取。磁珠法提取样本总 RNA 的原理与磁珠法提取样本 DNA 的原理基本相同，均为利用硅基磁珠对核酸的亲和吸附能力，在高盐环境和外加磁场的作用下对核酸进行分离。但与 DNA 提取不同的是，在使用磁珠对 RNA 进行提取前，需采用特殊的裂解液对样本进行前处理以去除 RNase 并分离 RNA 层以进行后续的总 RNA 提取[10, 11]。而与硅基磁珠提取样本又有所不同，磁珠法提取样本 mRNA 使用的是包被有亲和素的磁珠。将待提取的样本与生物素标记的 oligo（dT）探针进行退火结合后再与包被有亲和素的磁珠相互作用即可达到分离 mRNA 的目的[10, 11]。采用磁珠法提取 RNA 较离心柱提取法消除了样本堵塞吸附膜的影响，同时操作更为便捷。但由于 RNA 吸附磁珠制备要求和成本较高，目前市面上商品化试剂盒种类并不多，因此普及程度尚不如离心柱法。

（二）干扰 RNA 去除

由于直接对样本总 RNA 进行测序将产生许多无用的 rRNA 冗余信息，因此在提取到合适标准的总 RNA 后，需对占提取总 RNA 80% ～ 90% 比例的 rRNA 进行干扰去除。目前去除 rRNA 干扰的方式有两大类：一类为 poly（A）纯化法；另一类则为 rRNA 直接去除法。

1. poly（A）纯化法 该法去除 rRNA 干扰的原理是基于大部分真核生物中的 mRNA 及长链非编码 RNA（lncRNA）均带有 poly（A）尾结构。该方法可通过使用带有 oligo（dT）的磁珠直接进行靶向杂交富集；也可通过使用 oligo（dT）引物进行反转录以扩增捕获带有 poly（A）尾的 RNA。但由于此单向扩增过程具有 3′ 端转录偏好性，故易产生偏倚，并且 oligo（dT）引物也可能与 RNA 链中的 poly（A）区域结合而产生偏倚扩增。因此，该方法仅适用于低 RNA 样本量时的 rRNA 去除。不仅如此，poly（A）纯化法对于不含有 poly（A）尾的转录本，以及存在部分降解的总 RNA 样本（如 FFPE 样本）并不合适[12]。

2. rRNA 直接去除法 针对不含有 poly（A）尾的转录本、存在部分降解的总 RNA 样本（如 FFPE 样本）及原核生物样本，去除总 RNA 中的 rRNA 则需利用 rRNA 直接去除法。目前 rRNA 直接去除的途径有多种，如 rRNA 特异探针杂交消减法（Epicentre 公司的 Ribo-Zero rRNA Removal Kit，Invitrogen 公司的 RiboMinus Bacteria Transcriptome Isolation kit）、依赖于双链特异核酸酶的 cDNA 均一化法（Evrogen 公司的 Trimmer-Direct cDNA Normalization Kit）、选择性引物扩增法（NuGEN 公司的 Ovation Prokaryotic RNA-seq System）及 5′ 单核苷酸依赖的外切酶处理法（Epicentre 公司的 mRNA-ONLY ™ Prokaryotic mRNA Isolation Kit）[13]。其中，依赖于双链特异核酸酶的 cDNA 均一化法通过使用 DSN 并利用 DNA 复性动力学的优势，可特异性地降解大部分双链高丰度 cDNA 分子（如 rRNA、tRNA、mtRNA 和大多数高转录信使的 cDNA 克隆）并留下完整的单链 cDNA 分子[14]。但该方法需要较高的总 RNA 样本量，因此在临床使用时存在一定的局限性。

（三）文库构建

在完成 rRNA 清除后，针对去除 rRNA 后获得的 mRNA 进行文库构建，通常有两种思路：一种是先对 mRNA 进行 oligo（dT）结合反转录，再针对 cDNA 进行片段化；另一种是先进行 mRNA 片段化处理，再结合随机引物进行反转录。目前研究显示，先对 mRNA 进行打断再进行反转录构建的文库最终获得的测序 reads 主要是针对基因本体；而先进行反转录再进行打断处理获得的测序 reads 则对转录本的 3′端具有较强的偏好性[15]。因此，在 RNA-seq 中建议采用先对 mRNA 进行打断再反转录处理的文库构建方法。

目前 mRNA 进行片段化的处理方法有碱处理法、二价阳离子溶液处理法（Mg^{2+}、Zn^{2+}）及酶（RNase Ⅲ）处理法。其中，前两种处理法应在较高的温度（如 70℃）下进行，以减少 RNA 结构的改变[13]。

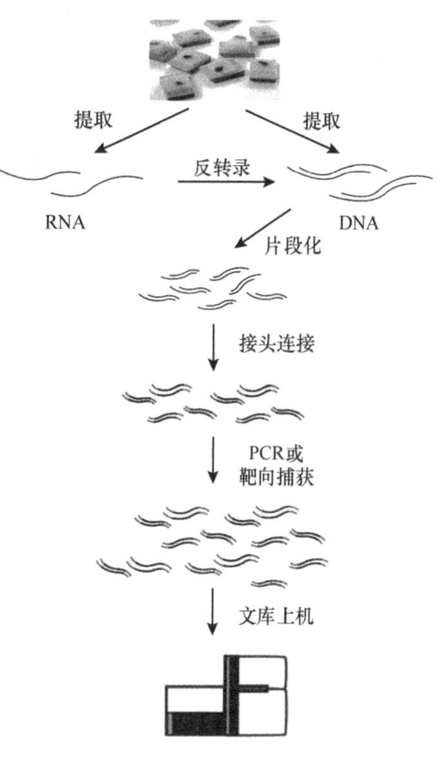

图 2-1 高通量测序文库构建的基本流程

在完成 cDNA 反转录过程后，后续的末端修复、5′端磷酸化，以及加接头、扩增并定量最终文库的处理均与 DNA 类文库构建过程类似（图 2-1）。在完成文库定量及标准化处理后，RNA 文库即构建完成。表 2-1 汇总了当前实验室常用的一些 RNA 类文库构建试剂盒。由于在不同实验目的下 RNA 类文库构建方式各异，故其具体原理将在第二节中详细介绍。

表 2-1 常见文库构建试剂盒

生产公司	文库构建试剂盒	DNA 类文库					RNA 类文库	
		全基因组文库	de novo 文库	外显子组文库	靶向测序文库	ChIP-Seq 文库	转录组文库	小 RNA 文库
Illumina	TruSeq Nano DNA Library Prep Kit	√	√					
	TruSeq DNA PCR-Free Library Prep Kit	√	√					
	TruSeq ChIP-Seq Library Prep Kit					√		
	TruSeq Exome Library Prep Kit			√				
	TruSeq Custom Amplicon/ Enrichment Kit				√			
	Nextera DNA Library Prep Kit	√	√					

（续表）

生产公司	文库构建试剂盒	DNA 类文库					RNA 类文库	
		全基因组文库	de novo 文库	外显子组文库	靶向测序文库	ChIP-Seq 文库	转录组文库	小 RNA 文库
Illumina	Nextera XT DNA Library Prep Kit	√	√	√	√			
	Nextera Mate Pair Library Prep Kit	√	√					
	Nextera Rapid Capture Exome and Expanded Exome Kit			√				
	Nextera Custom Enrichment Kit				√			
	TruSeq RNA Library Prep Kit						√	
	TruSeq Small RNA Library Prep Kit							√
	TruSeq Stranded Total RNA Library Prep Kit						√	
Thermo Fisher	Ion Xpress ™ Plus Fragment Library Kit	√	√		√			
	Ion AmpliSeq ™ Library Kit				√			
	Ion AmpliSeq ™ Exome RDY Kit			√				
	SOLiD ™ Fragment Library Kit	√	√		√			
	SOLiD ™ Mate-Paired Library Kit	√	√					
	SOLiD® ChIP-Seq Kit					√		
	Ion Total RNA-Seq Kit						√	
	SOLiD® Total RNA-Seq Kit						√	√
Agilent	OneSeq DNA Target Enrichment Kit				√			
	SureSelect XT NGS Library Prep Kit			√	√			
	SureSelect DNA Target Enrichment Kit				√			
	HaloPlex HS Target EnRichment System				√			
	HaloPlex Exome Target EnRichment System			√				

续表

生产公司	文库构建试剂盒	DNA 类文库					RNA 类文库	
		全基因组文库	de novo 文库	外显子组文库	靶向测序文库	ChIP-Seq 文库	转录组文库	小 RNA 文库
Agilent	SureSelect Strand Specific RNA Library Prep Kit						√	
Bioo Scientific	NEXTflex Rapid DNA-Seq Library Prep Kit（for Illumina）	√	√	√	√	√		
	NEXTflex Rapid DNA-Seq Library Prep Kit（for Illumina）				√			
	NEXTflex Rapid Directional RNA-Seq Kit（for Illumina）						√	
	NEXTflex® Small RNA-Seq Kit（for Illumina）							√
	NEXTflex ChIP-Seq Kit（for Illumina）					√		
	NEXTflex DNA-Seq Library Prep Kit（for Ion Torrent）	√	√	√	√	√		
KAPA Biosystems	KAPA Hyper Prep Kit	√	√	√	√	√	√	
	KAPA Stranded RNA-Seq Kit with RiboErase						√	
	KAPA Stranded mRNA-Seq Kit							√
NEB	Next Ultra II DNA Library Prep Kit（for Illumina）	√	√	√	√	√		
	Next Ultra RNA Library Prep Kit（for Illumina）						√	
	Next Fast DNA Library Prep Kit（for Ion Torrent）	√	√	√	√	√		

第二节 文库构建的分类及特点

由前所述，根据测序的样本类型不同，构建的测序文库可分为 DNA 类文库及 RNA 类文库。其中 DNA 类文库根据研究目的不同又可分为全基因组测序文库、de novo 测序文库、外显子文库、靶向测序文库及其他文库；RNA类文库可分为转录组文库、小 RNA

文库及环状 RNA 文库等 [16]。以上文库在文库片段大小、接头设计、扩增过程、捕获途径及探针类型等方面均各不相同，具有各自相应的特点。

一、DNA 类文库

目前，DNA 类文库根据研究目的不同可分为全基因组测序文库、de novo 测序文库、外显子文库、靶向测序文库及其他文库，本节中我们将对以上文库各自的特点及具体的操作进程进行详细的阐述。

（一）全基因组测序文库

全基因组测序（whole genome sequencing，WGS），是指对某种生物基因组中的全部基因进行测序，即把细胞内完整的基因组序列从第一个 DNA 分子开始直到最后一个 DNA 分子完完整整地检测出来，并按顺序排列好。全基因组测序覆盖面广，能检测个体基因组中的全部遗传信息；并且准确性高，其准确率可高达 99.99%。使用高通量测序技术分析全基因组可提供所有基因组改变的碱基序列图谱，包括单核苷酸变异（single nucleotide variation，SNV）、插入和缺失（Indels）、拷贝数变异（copy number variation，CNV）及结构变异（structure variation，SV）[17]。目前可应用于人类、动植物及微生物，尤其可应用于鉴定遗传疾病、查找驱使肿瘤发展的突变及追踪疾病的暴发等方面。

在过去，全基因组测序主要有两种策略：一种是分级鸟枪法测序；另一种是全基因组鸟枪法测序。分级鸟枪法测序为先构建物种基因组的物理图谱，然后从物理图谱中挑选出一组重叠效率较高的克隆群进行鸟枪法随机测序。由于在测序中每个克隆均相互独立，且计算机在处理时相对简便，同时补洞阶段难度降低，因此在最初国际合作的人类基因组计划中，该方法被广泛应用。全基因组鸟枪法测序为直接将全基因组随机打断成小片段 DNA 以构建质粒文库，然后进行测序。该方法的优点在于省去了复杂的构建物理图谱过程，但对计算性能要求较高，需要实现将短序列片段精准地比对到参考基因组上。随着近年来计算机性能的快速发展，以及拼接功能的不断提高，全基因组鸟枪法测序的瓶颈被逐渐克服，因此该方法在不断完善的过程中应用也越来越普遍，并在进一步优化的过程中逐步取代了分级鸟枪法测序。

随着高通量测序仪的发明应用，全基因组鸟枪法测序的思路也被持续沿用于全基因组高通量测序：全基因组随机打断成一定长度的 DNA 片段后加上适宜的接头序列以构建全基因组测序文库，之后对文库进行双端测序。目前，根据文库构建时 DNA 断裂的方式及长度，全基因组测序文库构建有多种策略。最常用的全基因组测序文库类型为短插入片段（250 ～ 300 bp）文库。而其他全基因组测序文库，包括 mate-pair 测序文库、长插入片段（850 ～ 1000 bp）测序文库及长程测序（long range sequencing，LRS）文库，可补充性用于识别基因组结构变异及各类突变 [18]。其中，LRS 还可用于相位分析 [18]。

表 2-2 汇总了当前实验室常用的一些全基因组测序文库构建试剂盒。这些试剂盒在

DNA 上样量、片段化方式、接头、标签形式及 PCR 时使用的酶类型等方面均各有不同。需注意的是，由于全基因测序需要对大量的片段化 DNA 进行两端准确测序，因此其较常在文库构建及测序过程中出现错误，即使由经验丰富的实验室开展也会有不可避免的偏倚产生。因此在拥有大量高质量基因组 DNA 样本（＞ 1 μg）的情况下，为尽可能避免检测本身带来的错误，全基因组测序文库制备过程推荐采用无 PCR（PCR-Free）方法（如 Illumina 公司的 TruSeq DNA PCR-Free Sample Prep Kit）（图 2-2）[20]。PCR-Free 的全基因组测序文库可以进一步降低文库的偏向性、减少 gap 产生，得到更完整的数据，从而检出最大数量的变异，强化高 GC 含量区域覆盖度。但当样本量并不充足时，短 / 长插入片段文库则成为较 PCR-Free 全基因组测序文库的更佳选择。

下面以 KAPA Hyper 文库制备试剂盒为例对短 / 长插入片段全基因组测序文库构建过程进行介绍。

1. DNA 样本提取　采用 KAPA Hyper 文库制备试剂盒制备全基因组测序文库前首先需根据样本类型使用合适的方法提取基因组 DNA。在提取某些特殊组织（如富含核酸酶的胰腺组织等）的 DNA 时需参考文献和经验建立相应的提取方法，以获得可以利用的 DNA 大分子。尤其是当组织中富含多糖及酚类物质时，需对多糖及酚类物质进行清除。对于构建短插入片段全基因组测序文库而言，需要 200 ng 高质量 DNA 用于下游操作；对于构建长插入片段全基因组测序文库而言，需要 220 ng 高质量 DNA。但当 DNA 样本质量不佳（如降解的 DNA 样本）时，由于 DNA 样本完整性降低，可构建的长片段文库会相应减少，有效数据也相应减少，因此若需构建长插入片段全基因组测序文库，则需要进一步提高上样量以保证后期测序数据的可靠性。

2. DNA 片段化　将足量的 DNA 样本用 TE buffer 稀释至终体积为 55 μl 后，采用 Covaris E220 超声打断仪将 DNA 样本打断成 250 ～ 300 bp 大小的片段（短插入片段文库）或 850 ～ 900 bp 大小的片段（长插入片段文库）以进行后续文库构建步骤。打断后样本可采用 Agilent 4200 或 2100 生物分析仪或 1.5% 琼脂糖凝胶电泳以验证 DNA 片段大小分布是否正确。

3. 末端修复及磷酸化　打断后的 DNA 片段使用具有核酸外切酶活性的 T4 DNA 聚合酶及 Klenow 片段将 DNA 末端悬垂结构补平为平末端，同时采用 T4 PNK 对 DNA 片段进行 5′ 端磷酸化。

4. 接头连接　完成 3′ 端加“A”后，按照 1 ： 300 的摩尔比（DNA 插入片段：接头），向打断的 DNA 片段中加入 5μl 30μmol/L 的 Agilent XT2 接头储存液以进行短插入片段文库的接头连接。对于长插入片段，推荐加入 5μl 6μmol/L 的 Agilent XT2 接头储存液。一般对于 200 ng 的 DNA 样本而言，接头连接反应进行 15 分钟即可。但对于较低的 DNA 上样样本（＜ 100ng）则需要适当延长反应时间。完成接头连接后，按 1 ： 1.8 的体积比（样本： AMPure XP 磁珠）进行短插入片段文库的纯化（长插入片段文库推荐 1 ： 0.8 磁珠纯化）。

5. 文库扩增富集及纯化　对于短插入片段文库而言，完成接头连接后的文库接着再进行 7 轮高保真 PCR 扩增 [98℃ 45 秒；（98℃ 15 秒；65℃ 15 秒；72℃ 60 秒）×7；72℃ 2 分钟]，并完成磁珠纯化（推荐体积比同前），即制备成为可用于上机测序的文库样本。对于长插入片段文库而言，在完成接头连接纯化后还需再完成 1 次高保真 PCR 预扩增（98℃ 60 秒；63℃ 30 秒；72℃ 60 秒；72℃ 2 分钟），随后进行琼脂糖凝胶回收以筛选合适大小的 DNA 片段（约 975 bp）。磁珠纯化后（推荐体积比同前）再次进行 6 轮左右的（根据 DNA 上样量而定）高保真 PCR 扩增 [98℃ 45 秒；（98℃ 15 秒；63℃ 30 秒；72℃ 60 秒）×6；72℃ 2 分钟] 及第二次磁珠纯化，此时才可完成长插入片段全基因组测序文库构建（图 2-2，见彩图 5）[18]。

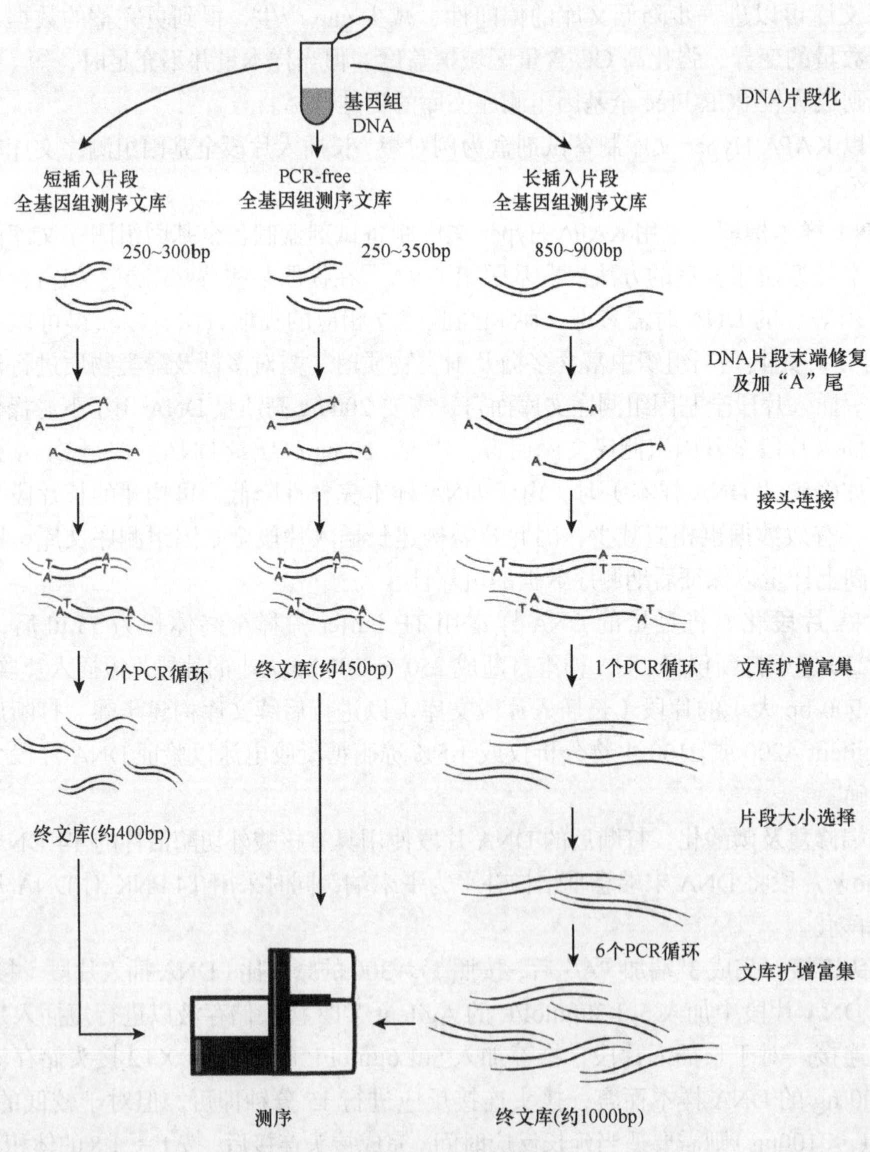

图 2-2 常见全基因组测序文库构建流程

（二）de novo 测序文库

全基因组 de novo 测序又称从头测序，即不需要任何基因序列信息即可对某物种进行测序，最后通过生物信息学的分析方法对测得的序列进行拼接、组装，从而获得该物种完整基因组图谱的方法。其目前可用于测定基因组序列未知或没有近缘物种基因组信息的某物种，绘制出基因组图谱，从而达到破译物种遗传信息的目的，对于后续研究物种起源、进化及特定环境适应性，以及比较基因组学研究都具有很重要的意义。

物种的基因组根据其复杂程度可分为简单基因组和复杂基因组。简单基因组主要是指重复序列比例低于 50% 的单倍体或高度纯合的二倍体；而复杂基因组主要是指重复序列比例高于 50%，杂合度大于 0.5% 的二倍体或多倍体基因组。由于全基因组 de novo 测序无可参比序列，因此与全基因组重测序相比，除了需要对基因组进行大小、GC 含量、杂合度及复杂度进行评估外，还需在测序后对下机数据进行纠错、Conting/Scaffold 组装及 gap 填充。由于 Conting/Scaffold 间的距离不同，为了将这些不同距离的 Conting/Scaffold 良好地拼接组装起来，de novo 测序在文库构建时即需要采取构建不同长度的插入片段文库的策略。在对简单基因组进行测序时，目前常采用 mate-pair 测序文库以保证足量的后续测序信息进行准确拼接（小片段为 200 bp，500 bp，800 bp；大片段为 1 kb，2 kb，5 kb，10 kb，20 kb，40 kb）；而如果是杂合度较高或重复序列较多的物种，则需要采用 BAC-by-BAC 或 fosmid pooling 的 long-read 文库构建策略以实现成功测序[17]。当前，市面上有许多适用于各测序平台的全基因组 de novo 测序文库构建试剂盒，表 2-2 汇总了当前实验室常用的一些 de novo 测序文库构建试剂盒。这些试剂盒多与全基因组测序文库构建试剂盒通用，在 DNA 上样量、片段化方式、接头及标签形式，以及 PCR 时使用的酶类型等方面也各有不同。目前，对于人类基因组 de novo 测序，mate-pair 文库为最常用的策略。mate-pair 测序文库可将较短的序列高度准确地组装成长的测序序列，长短片段相结合进行分析，使得文库具有较高的复杂性，故可对基因组进行准确分析。

下面以 Illumina 公司的 Nextera Mate Pair Library Prep Kit 为例进行更为详尽的 mate-pair 文库构建流程介绍。

1. DNA 样本提取　采用 Nextera Mate Pair Library Prep Kit 制备 de novo 测序文库前，首先需根据样本类型使用合适的方法提取基因组 DNA（＞1 ～ 4 μg）。植物 DNA 可采用 SDS 法，动物血液样本或组织样本 DNA 可采用酚 - 氯仿抽提或商品化试剂盒提取，真菌及细菌样本可采用 CTAB 法或商品化试剂盒提取。所提取的 DNA 应保证较高的纯度，没有蛋白、多糖和 RNA 的污染；保证较高的浓度；并保证较高的完整性，即 DNA 样品无明显降解。同时，由于 Nextera Mate Pair Library Prep Kit 使用酶切法进行片段化处理，因此提取的 DNA 应采用 Qubit 进行精确定量，且浓度最少不应低于 1 μg。当 DNA 样本出现部分降解时，在 Tagmentation 阶段所加入的转座子酶需适量减少以防止产生 over-tagmentation。

表 2-2 常见全基因组文库 /de novo 文库构建试剂盒比较

	Illumina					Thermo Fisher		KAPA Biosystems	NEB
	TruSeq Nano DNA 文库构建试剂盒	TruSeq DNA PCR-Free 文库构建试剂盒	Nextera DNA 文库制备试剂盒	Nextera XT DNA 文库制备试剂盒	Nextera Mate Pair 文库制备试剂盒	Ion Xpress Plus 片段化文库制备试剂盒	SOLiD 片段化文库制备试剂盒	KAPA Hyper 文库制备试剂盒	Next Ultra II DNA 文库制备试剂盒
起始样本量	100 ～ 200 ng	1 ～ 2 μg	50 ng	1 ng	1 ～ 4 μg	100 ng	10 ng	200 ～ 250 ng	500 pg ～ 1 μg
打断方式	超声打断	超声打断	酶消化	酶消化	酶消化及超声打断	酶消化	超声打断	超声打断	超声打断
PCR 过程	有	无	有	有	有	有	有	有	有
文库产量	较高	较低	较高	较高	较低	较高	较高	较高	较高
特点	适用于样本材料不多的情况；片段筛选无须切胶回收	适用于拥有足够样本的情况；基因组覆盖均一度良好；去除了 PCR 产生的偏向性；高 GC/AT 区域覆盖度较好	适合全基因组重测序	适合小基因组重测序；适用于低起始样本量检测；可用于单细胞测序	适合小基因组 de novo 组装；2 ～ 15kb 基因组间隔大小；实现高基因组多样性及文库复杂性	适用于 Ion PGM 系统或 Ion Proton 上进行 Ion Torrent 高通量测序	适用于 SOLiD 高通量测序平台	适用于多种 Illumina 高通量测序平台；可用于样本材料不多的情况	仅需要极少样本材料，适用于低起始样本量检测；适用于多种 Illumina 高通量测序平台；可用于难以建库的 FFPE 样本

2. 试剂版本选择　Nextera Mate Pair Library Prep Kit 有无胶回收版本及有胶回收版本。在进行文库构建之前，需要根据后续测序应用来选择是否需要进行切胶回收。无胶回收版本试剂盒操作更为简便快速，仅需要较为少量的 DNA 样本（1 μg）即可产生具有高度复杂性的文库。但未经胶回收的 mate-pair 文库片段大小分布比较广泛（2 ～ 15 kb，中位片段大小为 2.5 ～ 4 kb），而经胶回收的 mate-pair 文库则可根据需求自行选择分布较窄的文库片段。

3. Tagmentation 反应　完成试剂盒选择及基因组 DNA 提取后，需将得到的基因组 DNA 采用 Nextera Mate-Pair Tagment 酶进行随机片段化（2 ～ 10 kb 范围可选）。由于 Nextera Mate-Pair Tagment 酶为一种改良后的 Tn5 转座酶，因此根据转座酶的特性，其在进行 DNA 切割的同时还可在片段两端连接上特定的生物素化 mate-pair 连接接头。该接头在后续操作中可用于纯化 mate-pair 文库片段。

4. 链置换反应　由于 Nextera Mate-Pair Tagment 酶将在切割后的片段处形成一个短单链缺口，因此需用链置换 DNA 聚合酶进行缺口修复以进行下一步的环化。完成链置换反应后，按 1 ∶ 0.8 的体积比（样本 ∶ AMPure XP 磁珠）向链置换反应样本中加入 AMPure XP 磁珠以进行大片段 DNA 的纯化，并去除＜ 1500 bp 的 DNA 分子。

5. 切胶回收（仅针对有胶回收版本试剂盒）　切胶回收步骤可较 AMPure XP 磁珠回收纯化更为准确地进行 DNA 片段大小选择。所选择的片段大小需依据实验目的及酶切结果共同决定。与无胶回收版本操作相比，其可产生片段更大、分布更集中的 mate-pair 文库样本。但是构建越大片段的 mate-pair 文库其操作难度越大，最终文库产量也越低、文库复杂性越差。因此，若需要进行切胶回收构建 mate-pair 文库，DNA 样本的起始量、DNA 定量及凝胶片段大小选择均需要严格把控。切胶回收步骤至少应回收到 150 ～ 400 ng 目的 DNA，若产量不足应适当扩大切胶范围。

6. DNA 环化　AMPure XP 磁珠纯化 DNA 样本及切胶回收后，DNA 样本在加入连接酶后 30℃反应过夜，可产生长 DNA 片段的首尾平末端环化连接。需注意的是，在进行此步骤之前，需使用 Agilent 生物分析仪或 Qubit 荧光定量仪对 AMPure XP 磁珠纯化后样本或切胶回收后样本进行 DNA 精确定量。AMPure XP 磁珠纯化后样本至少需要含有 250 ～ 700 ng DNA；而切胶回收后样本至少需要 150 ～ 400 ng DNA。过多的 DNA 量虽然可以增加文库产量及文库多样性，但也会产生较多的嵌合 read 对；相反，过少的 DNA 量虽然可减少嵌合 read 对的影响，但会使文库产量及多样性降低。在 300 μl 的环化反应中，推荐使用不超过 600 ng 的 DNA 量即可。

7. 消化线性 DNA 分子　环化反应后，可加入 DNA 外切酶对残留的线性 DNA 分子进行进一步的消化去除处理，以防止干扰后续反应。

8. 环化 DNA 分子切割及纯化　环化的 DNA 分子经 Covaris 超声打断形成更小且两端带有突出悬挂臂的 DNA 片段（300 ～ 1000 bp），随后通过带有链霉亲和素的磁珠将带有生物素标记的片段捕获以进行后续 mate-pair 文库构建。

9. DNA 末端修复、磷酸化、加“A”尾及接头连接 打断后的 DNA 片段使用具有核酸外切酶活性的 T4 DNA 聚合酶及 Klenow 酶将 DNA 末端悬垂结构补平为平末端，同时采用 T4 PNK 对 DNA 片段进行 5′ 端磷酸化。完成 3′ 端加“A”后，向打断的 DNA 片段中加入 1 μl DNA Adapter Index 进行接头连接，接头连接反应一般进行 10 分钟即可。由于此步骤进行时 DNA 片段一直以生物素 - 亲和素形式连接在磁珠上，因此在每一步操作后直接进行磁珠洗涤即可完成纯化过程。

10. 文库扩增富集及纯化 完成 TruSeq 接头连接后的 mate-pair 文库接着再进行 10 轮高保真 PCR 扩增 [98℃ 30 秒；（98℃ 10 秒；60℃ 30 秒；72℃ 30 秒）×10；72℃ 5 分钟] 并完成磁珠纯化即制备成为可用于上机测序的 mate-pair 文库样本（图 2-3，见彩图 6）。

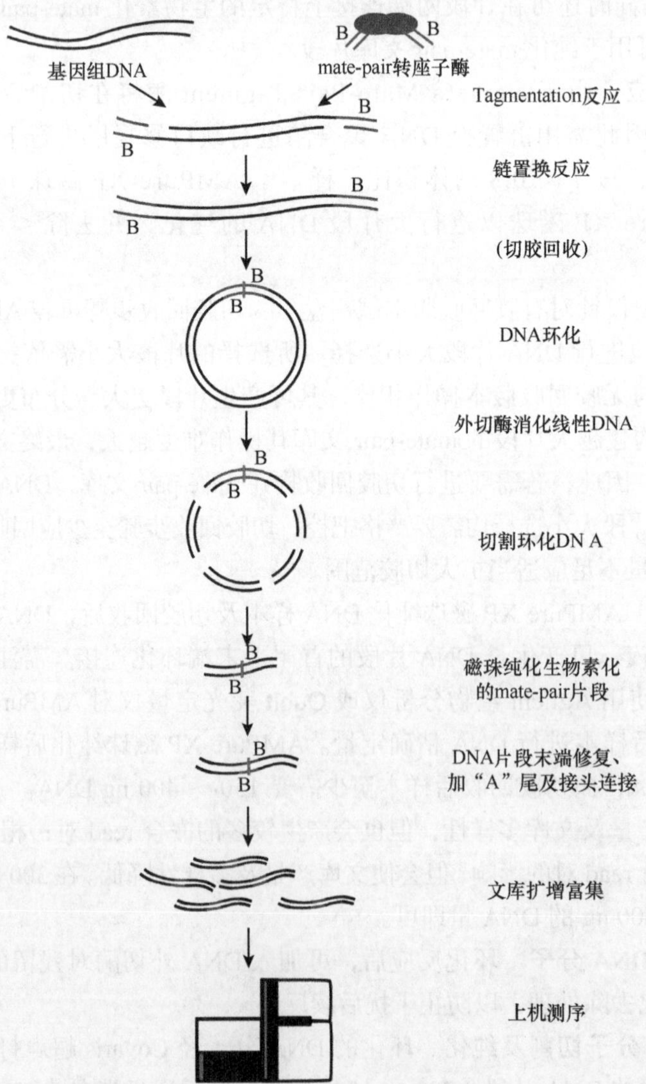

图 2-3 mate-pair 文库构建流程

（三）全外显子测序文库

外显子组（人类基因组的蛋白编码区域）代表了不到 2% 的人类基因组，却包含约 85% 的已知致病变异，这使得全外显子组测序可在一定程度上替代全基因组测序。在不适合或不需要使用全基因组测序的情况下，外显子组测序亦能高效地鉴定变异，可广泛应用于群体遗传学、遗传病和癌症研究等方面[16]。由于其只对基因组的编码区域进行测序，这样便将检测关注点集中到最可能影响表型的基因，因此外显子组测序可较全基因组测序大大缩短检测周转时间及节约成本。在检测编码外显子中的变异时，外显子组测序能够将靶向序列扩大到非翻译区（untranslated region，UTR）和 microRNA，从而提供一个更为全面的基因调控视野[21-23]。

全外显子测序本质上即为目标区域是基因组上全部外显子的靶向富集测序，但与目标区域靶向测序不同的是，全外显子测序所需靶向的区域更广且所需的探针量也更多。以 Roche 公司的 NimbleGen SeqCap EZ Exome Library 文库制备试剂盒为例，该试剂盒使用了超过 200 万个 DNA 寡核苷酸探针以捕获目标区域，产物可覆盖 20 000 个以上基因区域。通过对全外显子组文库进行测序，其可检测数千个基因以全面了解样本的遗传图谱并寻找未知基因或分析已知与疾病相关的基因。

对于外显子组测序技术而言，靶向捕获的效率和捕获区间可对其产生显著的影响。其中，捕获效率是指目标区域外显子占探针实际捕获到的区域大小的比例，此为评价外显子捕获试剂盒的重要指标。若试剂盒的捕获效率很低，则探针会容易捕获到很多外显子以外的区域，导致测序数据浪费及偏移。同时，捕获效率也影响着实际测序时的测序深度（有效测序深度 = 实际测序数据量 × 捕获效率 / 捕获区间）。例如，使用 Agilent SureSelect Human All Exon V5 试剂盒时，捕获区间为 50M，捕获效率为 50%，若需保证有效测序深度达到 100×，则实际测序数据量需达到 10G 以上。目前市场上的外显子捕获试剂盒有很多，常见的有 Agilent 公司的 SureSelect 和 HaloPlex 系列、Illumina 公司的 Nextera 和 TruSeq 系列、Roche 的 NimbleGen 系列及 Thermo Fisher 的 Ion AmpliSeq 系列（表 2-3）。但每款试剂盒都有各自的优缺点，且均不能完全捕获所有的外显子。

与全基因组测序文库相比，全外显子测序文库由于增加了预捕获扩增及磁珠捕获靶向富集，因此其生成的数据更集中、更易于管理，也因此可更简单快速地进行变异分析并同时保证全面覆盖编码区域。但也正因为全外显子测序文库经过了多次靶向富集，目标区域捕获不均，出现捕获偏差的现象也更为突出。对此，可通过增加测序深度、获得更多序列信息进行统计分析以尽可能减少偏差的产生。除此之外，全外显子组测序文库在基因结构变异（如 CNV、Indels 等）与非编码区变异研究中也具有一定的局限性。尽管如此，由于外显子是与疾病及表型相关的最具特征性的区域，并且迄今为止较难评价非编码区域对疾病的影响，所以对于疾病基因诊断及致病基因研究，目前全基因组外显子测序仍然不失为一个良好的选择。

表 2-3 常见外显子捕获试剂盒比较

	Agilent	Roche	Illumina	Thermo Fisher
技术原理	液相捕获	液相捕获	液相捕获	PCR 扩增
探针类型	RNA 探针：与 DNA 形成 RNA-DNA 结构	DNA 探针	DNA 探针	DNA 探针
探针长度	114 ～ 126 bp	55 ～ 105 bp	95 bp	—
捕获效率	高	较高	略差	略差
捕获区间	Agilent SureSelect V5 试剂盒 50M，V6 试剂盒 60M，加 UTR 共 91M	NimbleGen SeqCap EZ Exome Library 试剂盒 64M，加 UTR 共 96M	Illumina Nextera Rapid Capture Exome 45M，加 UTR 共 62M	—
特点	采用的 RNA 探针比 DNA 探针更加稳定；单样本捕获避免混样不均	多样本混样捕获；重叠探针	多样本混样捕获；可捕获未翻译区域序列	小区间具有优势，但大片段外显子捕获效率差

下面以 Agilent 公司的 SureSelect Human All Exon V6 为例对全外显子组测序文库进行文库构建流程介绍。

1. DNA 样本提取 与 Roche 公司的 NimbleGen SeqCap EZ Exome Library 的文库制备过程及 Illumina 公司的 Nextera Exome Enrichment Kit 和 TruSeq Exome Enrichment Library Prep Kit 的靶向富集过程类似，SureSelect Human All Exon V6 制备全外显子测序文库的第一步是根据样本类型选择合适的方法提取基因组 DNA（＞ 200 ng）。提取时应尽量保证基因组 DNA 的完整性、浓度及纯度，尤其是当组织中富含多糖及酚类物质时，需对多糖及酚类物质进行清除。

2. DNA 片段化 将足量的 DNA 样本用 TE buffer 稀释至终体积为 50 μl 后，采用 Covaris E 系列或 S 系列超声打断仪将 DNA 样本打断成 150 ～ 250 bp 大小的 DNA 片段，以进行后续文库构建步骤。一般样本打断处理时间为 6 分钟，若起始样本为部分降解的 DNA 样本（如 FFPE 样本），则将打断处理时间降低至 4 分钟。打断后样本可采用 Agilent 2100 生物分析仪进行毛细管电泳以验证 DNA 片段大小分布是否正确。

3. 末端修复及磷酸化 打断后的 DNA 片段使用具有核酸外切酶活性的 T4 DNA 聚合酶及 Klenow 酶以将 DNA 末端悬垂结构补平为平末端，同时采用 T4 PNK 对 DNA 片段进行 5′ 端磷酸化。完成末端修复及磷酸化后的样本按 1 ∶ 1.8 的体积比（样本∶ AMPure XP 磁珠）进行片段纯化。

4. 加“A”尾 纯化后的 DNA 片段在无外切活性的 Klenow 酶及 dATP 作用下，进行 3′ 端“A”尾添加。随后再次使用 AMPure XP 磁珠对 DNA 片段进行纯化。

5. 接头连接 向 DNA 片段中加入含有 1 ∶ 10 倍稀释的 SureSelect Adapter Oligo 的接头连接反应液（对于 FFPE 样本，SureSelect Adapter Oligo 无须进行稀释）。一般对于 200 ng 的 DNA 样本而言，接头连接反应 20℃进行 15 分钟即可。完成接头连接后，再次按 1 ∶ 1.8 的体积比（样本∶ AMPure XP 磁珠）进行片段文库纯化。

6. 靶向捕获前文库扩增及纯化 完成接头连接后的文库接着再进行 10 轮高保真 PCR 扩增 [98℃ 2 分钟；（98℃ 30 秒；65℃ 30 秒；72℃ 60 秒）×10；72℃ 10 分钟] 并完成磁珠纯化（推荐体积比同前）以增加目的 DNA 模板量并添加 SureSelect Indexing。纯化后文库样本采用 Agilent 2100 或 4200 生物分析仪进行毛细管电泳以验证 DNA 文库片段大小分布在 225 ～ 275 bp。

7. 杂交捕获 在进行杂交捕获前，文库样本至少需要保证具有 3.4 μl 含 750 ng 以上的 DNA，即 DNA 文库浓度高于 221 ng/μl。向每个 DNA 文库中加入 5.6 μl 配制好的 SureSelect Block Mix 后，将各管密封置于 65℃保持 5 分钟以上进行 SureSelect Index 封闭。随后按说明书上的比例将 SureSelect Hyb 1-4（含有设计合成好的生物素化探针）及 RNase Block 混合后加入各 DNA 文库中，65℃孵育 16 ～ 24 小时以进行变性靶向杂交。完成杂交处理的样本与亲和素连接磁珠相结合以进行富集。

8. 靶向捕获后文库扩增及纯化 完成特异靶向富集的 DNA 片段在 SureSelect Indexing 引物存在下，再次进行 10 ～ 12 轮高保真 PCR 扩增 [98℃ 2 分钟；（98℃ 30 秒；57℃ 30 秒；72℃ 60 秒）×（10 ～ 12）；72℃ 10 分钟] 并完成磁珠纯化（推荐体积比同前）后即完成了外显子组测序文库的构建（图 2-4，见彩图 7）。

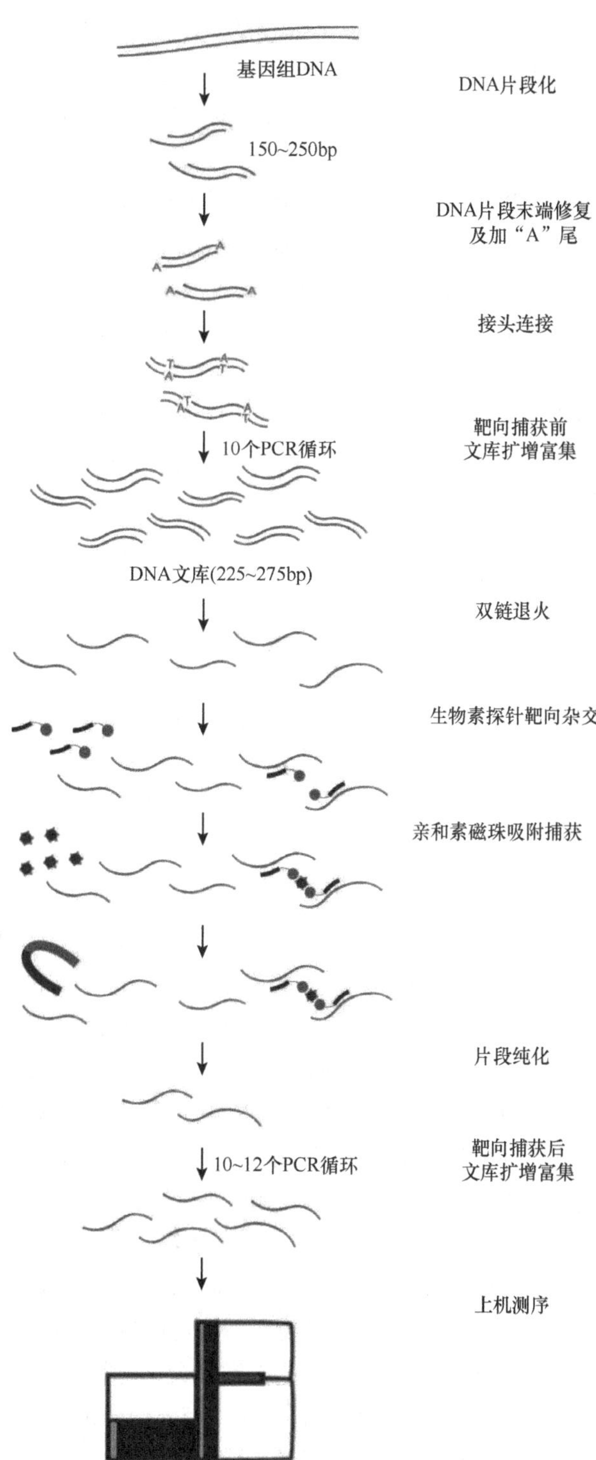

图 2-4 全外显子测序文库 / 靶向杂交捕获文库构建流程

（四）靶向测序文库

由于全基因组测序及全外显子组测序成本相对昂贵，并且常会得到较多的检测者并不关注的序列信息，因此为了降低成本并聚集检测重点感兴趣的序列信息，可采用较全外显子组更进一步聚焦的“靶向富集测序”策略，目前靶向测序的应用越来越广泛。靶向测序即对关键基因或区域进行高深度测序（500～1000×或更高），从而识别罕见变异或为针对疾病相关基因的研究提供准确且易于解读的结果。该策略有效地降低了测序成本，提高了测序深度，能够更经济、高效、精确地发现特定区域的遗传变异信息。通过研究大量样本的靶向目标区域，有助于发现和验证疾病相关候选基因或相关位点，在临床诊断及药物开发等方面有着巨大的应用潜力。

目前进行靶向富集的策略有多种，包括基于PCR扩增的方法、基于分子倒置探针（molecular inversion probe，MIP）的方法及基于杂交捕获的方法[24]。其中基于MIP方法构建的文库可直接上机测序，但由于其构建得到的文库均一性差且探针成本高，因此该方法目前已鲜有使用。下面主要对基于PCR方法和基于杂交捕获方法的靶向文库构建进行介绍。

1. 基于PCR扩增的方法 基于PCR扩增方法的靶向文库构建策略为过去20年间测序前样本制备最常用的方法。常规的PCR反应通常为设计一对特异性引物，通过PCR产生相应的扩增子，然后进行Sanger法测序以完成目的片段测序，此方法在20年前得到广泛应用。尽管Sanger测序仪发展到可一次上样384孔，但是其相对于人类基因检测规模仍为杯水车薪。随后发展的多重PCR方法虽可一次产生大量扩增子，并在连接接头后可成功应用于高通量测序平台，但由于存在引物相互干扰及非特异性扩增等问题，基于多重PCR方法的靶向文库构建在当时仍不可行。扩增子法是近年来高性能计算机参与引物设计后产生的测序前样本制备策略，该方法使用高度特异的寡核苷酸库将目标区域扩增放大并纯化后，连接接头构建形成文库（图2-5，见彩图8）。扩增子测序方法可使研究人员一次对26～1536个靶点进行测序，每个靶点分布150～450 bp，具体靶扩增数量视文库构建试剂盒而定。目前两家主要的高通量测序平台生产商Illumina公司和Thermo Fisher公司均推出了自己的扩增子引物设计平台（DesignStudio及Ion Ampliseq Designer）。研究者可通过公司提供的引物设计软件平台，完成多重PCR的引物组设计，并在设计好的反应体系中一次完成数千个目标区域的扩增富集。

基于扩增子法的靶向测序文库仅需少量的上样样品即可实现目标区域稳定而准确的富集，有很高的特异性、准确性及均一性。当靶向基因数较少（如数个基因、靶向目的序列仅为30～50个）时，扩增子文库具有较高的质量，因此该方法适用于小基因panel的检测。尽管基于扩增子法的靶向测序十分高效，但由于引物合成花费高且设计难度大，因此其仍难以应用于扩增效率不稳定区域（如高GC含量区及高重复序列区）的测序、大片段（数Mb）DNA测序及未知融合基因测序。不仅如此，当应用于血浆游离DNA检测时，由于cfDNA的平均长度为145～165bp，而扩增子法最短设计为120～150bp，此时许多cfDNA模板将无法有效扩增。因此，对于检测低频体细胞突变，基于PCR扩增的捕获方法与杂交捕获法相比存在显著的缺陷。同时由于并非所有引物均可产生相应的扩增，若临床样本DNA完整度较低或PCR引物中覆盖有SNP或小Indels，引物将发生错配或不结合，从而导致等位基因丢失，扩增子覆盖度降低；若大Indels恰好缺失了引物区域或大程度地改变了扩增子长度，则无法检出Indels；若突变点位于扩增子末端，随着测序质量下降，其还可能出现错误结果。所以在此情况下，需通过改善引物设计、条件优化及长短 PCR 相结合等方式进一步改进。

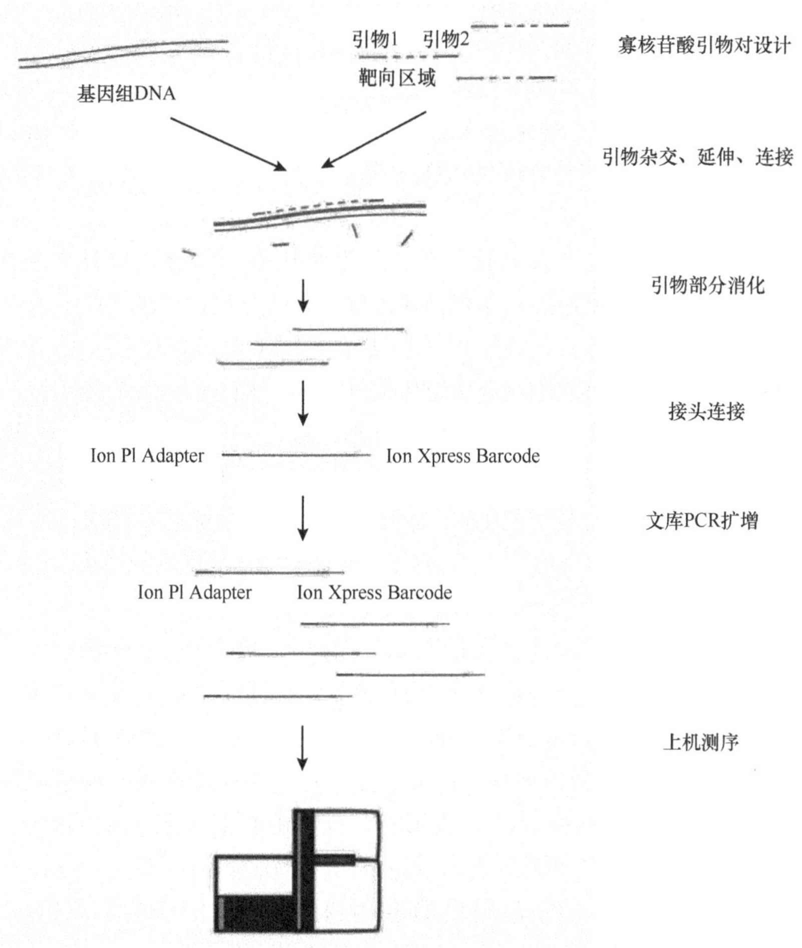

图 2-5 靶向扩增子测序文库构建流程

2. 基于杂交捕获的方法 基于杂交捕获的靶向文库策略与全外显子组测序文库构建策略相同，均是采用生物素标记探针在杂交过程中将目标区域进行捕获，然后通过磁铁沉降将其分离后与接头连接构建而成的文库，靶区域的片段大小决定了最终使用的探针量。该策略在测序前样品制备过程中主要包括 4 个环节：样品文库构建、探针和样品文库杂交、洗脱及捕获后扩增（见图 2-4）。目前基于杂交捕获的靶向文库构建有两类。早期的杂交捕获方式为基于固态芯片基础上的探针，即阵列捕获。其原理为将鸟枪法片段文库与固定的探针杂交，洗去非特异片段后再将靶向 DNA 最终洗脱。以 Roche NimbleGen 公司的 HD1 芯片为例，文库 DNA 与含有 385 000 条长 60 ～ 90 bp 的等温探针的单个微阵列相结合，最终可捕获 4 ～ 5 Mb 的目标区域。阵列捕获法较 PCR 扩增法更快速简便，但由于其需要价格昂贵的仪器、大量的起始样本量，并且难以大通量操作，因此阵列捕获法现已基本被淘汰。为克服阵列捕获的难题，2009 年 Agilent 公司发布了基于液体的靶向捕获方法，即将探针结合在悬浮于液体中的磁珠上以容纳更长更多的探针，也称为液相捕获法。

其基础原理与阵列捕获法相同，但阵列捕获所需的DNA模板远多于探针，而液相捕获则为探针数量远大于DNA模板，因此液相捕获仅需少量DNA上样量。同时由于液相捕获可在96孔板中进行，故其无须特殊的仪器即可大通量操作。研究证实，液相捕获法均一性和特异性均良好，因此目前国内外的杂交捕获产品生产商所提供的产品均采用基于磁珠的液相捕获技术。目前常用的杂交捕获试剂盒主要包括Illumina TruSeq/Nextera Custom Enrichment Kit、NimbleGen SeqCap EZ Choice Library Kit 及 Aglient SureSelect Target Enrichment Kit。不同厂家产品之间的区别主要在于捕获探针的长度及核酸类型（DNA或RNA）。

杂交捕获文库与扩增子文库相比，其捕获效率更高、特异性好且重复性佳，经特异性设计的探针组对目标区域的捕获率可达100%。根据实验设计的不同，靶向捕获方法可捕获20 kb～62 Mb的区域，其较扩增子法更为适用于低频体细胞突变检测[25]。同时，由于杂交捕获探针通常在结合目标区域的同时也捕获到目标区域两侧的序列，故杂交捕获法靶向测序还可检测一般难以捕获的目标序列。另外，由于DNA打断样本具有随机性，每个捕获片段均不同，因此在识别PCR冗余数据时，杂交捕获法更精确。但杂交捕获文库也存在缺点，若捕获的两侧序列为非目标序列，则将降低目标序列的总体覆盖度；同时，捕获探针对样本碱基构成十分敏感，当AT含量高时可由于较差的退火效果而造成序列信息丢失，GC含量高时可由于形成二级结构而造成序列信息丢失。

由于靶向杂交捕获文库构建试剂盒与基于杂交捕获的全外显子组测序文库构建试剂盒仅为靶向探针序列不同，故在此不再赘述基于杂交捕获的靶向文库构建流程，详细内容可参见前述SureSelect Human All Exon V6文库构建步骤。下面以Thermo Fisher公司的Ion AmpliSeq Library Kit为例，对基于扩增子法的靶向测序文库进行构建流程介绍。

（1）DNA样本提取：与杂交捕获法相同，在使用Ion AmpliSeq Library Kit进行文库构建之前，首先需要根据样本类型选择合适的方法提取基因组DNA（1～100 ng），提取时应尽量保证基因组DNA的完整性、浓度及纯度。若初始样本为FFPE样本，Thermo Fisher公司还提供了Ion AmpliSeq Direct FFPE DNA Kit以省略DNA提取步骤来直接进行切片样本文库构建。完成DNA样本提取后，建议使用TaqMan RNase P Detection Reagents试剂盒或Qubit dsDNA HS Assay试剂盒对样本进行定量检测，以明确提取的DNA样本质量是否适用于后续文库制备操作。

（2）引物对设计：研究人员可在Ion Ampliseq Designer上完成靶向目标区域的引物对设计。其设计原则为成对引物的退火温度相近、引物间不形成二聚体结构、引物特异性强且位置明确。除此之外，Thermo Fisher公司还提供了一系列预设引物对panel，如针对肿瘤热点突变的Ion AmpliSeq Cancer Hotspot Panel、针对药物基因组的Ion AmpliSeq Pharmacogenomics Panel以及针对肿瘤多基因位点的Ion AmpliSeq Comprehensive Cancer Panel等。

（3）引物杂交结合及靶向扩增：将含有设计好的靶向寡核苷酸引物、Ion AmpliSeq HiFi Mix预混液与最多不超过6 μl的基因组DNA一同加入96孔杂交板中，置于完成预热的PCR仪上，99℃孵育2分钟以激活HiFi DNA聚合酶，之后99℃孵育15秒以解旋双链，随后根据引物对数目调节温度至60℃孵育4分钟、8分钟或16分钟以进行靶区域

oligo 引物杂交、退火及延伸。

（4）引物序列部分消化：为后续进行接头连接，向每管扩增产物中加入 2 管扩 FuPa Reagent 以进行引物序列的部分消化。50℃孵育 10 分钟后 55℃继续孵育 10 分钟，随后 60℃孵育 20 分钟并在 10℃维持（至多 1 小时）。

（5）接头连接及纯化：向完成引物序列消化的样本板中先后依次加入 Ion P1 Adapter、Ion Xpress Barcode、Switch Solution 及 DNA 连接酶，22℃孵育 30 分钟，68℃孵育 5 分钟，最后 72℃孵育 5 分钟以完成接头连接。完成接头连接后的样本采用 AMPure XP 磁珠按 1 ： 1.5 的体积比（样本： AMPure XP 磁珠）进行进一步纯化。

（6）文库 PCR 扩增及纯化：向纯化后的文库样本中加入 50 μl Platinum PCR SuperMix High Fidelity 及 2 μl Library Amplification Primer Mix。将体系充分混匀后置于 PCR 仪上进行高保真 PCR 扩增 [98℃ 2 分钟；（98℃ 15 秒；64℃ 1 分钟）×5；10℃ ∞]。完成 PCR 扩增后的样本采用 AMPure XP 磁珠进行进一步纯化后即完成靶向扩增子文库的构建（见图 2-5）。

（五）ChIP-Seq 文库

染色质免疫共沉淀（chromatin-immunoprecipitation，ChIP），因其能真实、完整地反映结合在 DNA 序列上的靶蛋白的调控信息，故可用于全基因组 DNA 与蛋白质间相互作用的研究。通过在特定时间点上用甲醛交联等方式“固定”细胞内所有 DNA 结合蛋白的活动，再进行后续的裂解细胞、断裂 DNA，将蛋白质 -DNA 复合物与特定 DNA 结合蛋白的抗体孵育，然后将与抗体特异结合的蛋白 -DNA 复合物洗脱下来，最后将洗脱得到的特异 DNA 与蛋白解离、纯化进行下游分析，最终可得到特定蛋白与 DNA 间相互作用的关系。由于传统的 ChIP 实验涉及步骤多、结果重复性较低，且需要大量起始材料；最终洗脱的 DNA 中包含大量的非特异结合的假阳性结合序列；并且难以区分个别细胞与总体细胞的表型。因此，配合使用芯片或高通量测序技术检测这些 DNA 片段就形成了 ChIP-chip 技术和 ChIP-Seq 技术。

ChIP-Seq 是将高通量测序技术与 ChIP 实验相结合分析全基因组范围内 DNA 结合蛋白结合位点、组蛋白修饰、核小体定位或 DNA 甲基化的高通量方法，其可应用到任何基因组序列已知的物种，并能确切得到每一个片段的序列信息。相对于 ChIP-chip 技术，ChIP-Seq 是一种无偏向检测技术，能够完整显示 ChIP 富集 DNA 所包含的信息。ChIP-chip 技术的缺点在于它是一个“封闭系统”，只能检测有限的已知序列信息，相比之下，ChIP-Seq 的优势在于其强大的“开放性”，强大的发现和寻找未知信息的能力。因此，ChIP-Seq 与传统的 ChIP-chip 技术相比具有更加显著的优势 [26-28]。

目前常见的两种 ChIP-Seq 文库构建策略有 N-ChIP 和 X-ChIP。N-ChIP 为采用核酸酶消化染色质，适用于研究 DNA 与高结合力蛋白的相互作用，如组蛋白修饰等方面的研究；而 X-ChIP 则采用甲醛或紫外线进行 DNA 和蛋白交联，通过超声波片段化染色质，适合用于研究 DNA 与低结合力蛋白的相互作用，如大多数非组蛋白方面的蛋白研究。目前，大多数 ChIP-Seq 实验都使用超声的方法打断 DNA，形成 200 ～ 1000 bp 的弥散片段，即采用 X-ChIP 文库构建策略。由于 ChIP-Seq 文库对 DNA 输入需求量要求较低，故可兼容不同起始量的DNA样品。与传统的ChIP-chip相比，其灵敏度及分辨率极高、灵活性很强，且不受由核酸非特异杂交带来的噪声信号干扰。通过大规模平行测序提供全基因组图谱，其可在任何生物体的整个基因组中捕获转录因子或组蛋白修饰的DNA靶点，实现经济且精确的分析。

下面以Illumina公司的TruSeq ChIP Library Preparation Kit为例，对ChIP-Seq测序文库进行更为详尽的构建流程介绍。

1. ChIP-DNA样本提取 与之前文库制备不同，ChIP-Seq的起始DNA样本为ChIP-DNA。ChIP-DNA提取的一般流程：①使用甲醛（终浓度1%）在37℃下处理细胞10分钟以固定DNA与蛋白之间的交联；②加入SDS裂解液在超声处理下裂解破碎细胞；③去除杂质后加入目的蛋白的相应抗体，使之与靶蛋白-DNA复合物相互结合；④加入Protein A以便沉淀结合抗体-靶蛋白-DNA复合物；⑤采用多种洗涤液对沉淀的复合物进行反复洗涤以除去一些非特异性结合；⑥在洗脱液作用下进行洗脱，得到富集的靶蛋白-DNA复合物；⑦在NaCl（终浓度为0.2mol/L）的作用下65℃解交联过夜，最终纯化富集得到ChIP-DNA片段。得到的ChIP-DNA应进行精确的定量检测（推荐使用Qubit或PicoGreen方法）及片段大小分布检测（推荐Agilent 2100生物分析仪）。在进行ChIP-Seq文库构建前，应保证具有5～10 ng高质量的片段大小为200～800 bp的起始ChIP-DNA样本。

2. 末端修复及磷酸化 纯化后的ChIP-DNA片段使用具有核酸外切酶活性的T4 DNA聚合酶及Klenow酶将DNA末端悬垂结构补平为平末端，同时采用T4 PNK对DNA片段进行5′端磷酸化。按1：1.6的体积比（样本：AMPure XP磁珠）向末端修复后ChIP-DNA样本中加入AMPure XP磁珠以进行片段纯化。

3. 接头连接 纯化后的ChIP-DNA片段在无外切酶活性的Klenow酶及dATP作用下进行3′端“A”尾添加。完成3′端加“A”后，向纯化的DNA文库中加入2.5 μl RNA Adapter Index 30℃孵育10分钟以进行文库接头连接。孵育完成后按1：1的体积比（样本：AMPure XP磁珠）向文库中加入AMPure XP磁珠以进行DNA片段纯化。

4. 片段选择性回收 为去除接头连接步骤中残留的多余接头及接头二聚体，使用2%的琼脂糖凝胶对250～300 bp的DNA条带进行切胶回收。需注意的是，由于加热步骤可导致某些AT富集区变性，因此在胶回收过程中使用室温涡旋溶解的方式。

5. 文库扩增富集及纯化 回收后的文库由于DNA模板量较低，故需再进行18轮高保真PCR扩增[98℃ 30秒；（98℃ 30秒；60℃ 30秒；72℃ 30秒）×18；72℃ 5分钟]以增加上机测序的DNA模板量。完成磁珠纯化（样本：AMPure XP磁珠体积=1：1）后即制备成可用于上机测序的ChIP-Seq文库样本（图2-6，见彩图9）。

二、RNA类文库

在本章第一节中，我们已提到RNA类文库往往需根据实验目的及RNA样本类型选择构建方法，故在此将RNA类文库分为转录组文库和小RNA类文库这两大类分别进行阐述。

（一）转录组文库

转录组即某个物种或特定细胞在某一功能状态下产生的所有 RNA 的总和，其中不仅包括编码 RNA，还包括非编码 RNA、反义 RNA 及基因间 RNA 等。由于转录组是连接生物基因组遗传信息与发挥生物功能的蛋白质组之间的纽带，因此对转录组进行研究是探究细胞表型和功能的一个重要手段。在对转录组的研究中，转录组测序是近年来新兴的一项重要检测技术手段。广义上的转录组测序是指利用高通量测序技术对总 RNA 反转录后的 cDNA 进行测序，以全面、快速地获取某一物种特定器官或组织在某一状态下的几乎所有转录本，并分析其基因表达情况、SNP 状态、全新转录本、全新异构体、剪接位点、等位基因特异性表达和罕见转录等全面的转录组信息[29-33]。但由于一般实验中抽提到的总 RNA 中 95% 都是序列保守、表达稳定的核糖体 RNA（rRNA），因此在对总 RNA 样本进行转录组测序后，往往会得到很多不重要的 rRNA 数据信息，甚至会掩盖 RNA 中信息含量最丰富的 mRNA 测序数据。因此，目前许多研究所提及的转录组测序常为狭义的转录组测序，即 mRNA 测序。

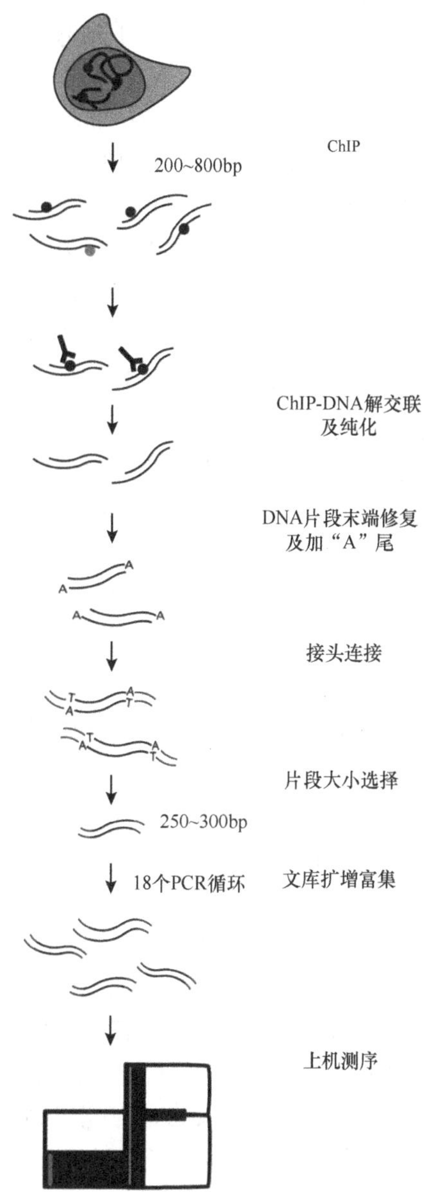

图 2-6　ChIP-Seq 测序文库构建流程

与全基因组测序相同，转录组测序也可根据所研究物种是否有参考基因组序列分为转录组 de novo 测序（无参考基因组序列）和转录组重测序（有参考基因组序列）。两者仅在测序数据生物信息学分析方面有差异，而在文库构建过程中无差别。转录组测序文库构建流程的差异主要也由转录组测序的目的及实验的样本类型决定。例如，当实验样本为原核生物 RNA 时，由于原核生物的 mRNA 没有 poly（A）尾结构，故此时需通过 5′ 单核苷酸依赖的外切酶处理法或选择性引物扩增法以进行 rRNA 去除；而当实验样本为真核生物 RNA 时，由于真核生物 mRNA 具有 poly（A）尾，因此在真核生物转录组文库构建中可通过对 poly（A）尾进行捕获，从而达到富集 mRNA 的目的；当实验样本为 FFPE 样本时，由于其样本 RNA 常已断裂降解，无法通过 oligo（dT）对 mRNA 片段进行完全捕获，因此此时也需通过依赖于双链特异性核酸酶的 cDNA 均一化法等 rRNA 直接去除法以达到富集 mRNA 的目的。除此之外，根据实验目的不同，当目的实验需得到 RNA 链特异性信息时，在转录组测序文库构建时需采用双端连接特异接头或第二条

cDNA 链合成时添加 dUTP 的方法得到具有特异链信息的测序结果；当转录组测序是为了分析选择性剪切时，由于 poly（A）纯化法具有 3′ 端偏好性，因此文库构建时需采用 rRNA 直接去除法。

目前，各大测序试剂厂商均上市了一系列针对不同实验目的的转录组测序文库构建试剂盒。以 Illumina 公司为例，TruSeq RNA 系列文库构建试剂盒中，TruSeq RNA V2 文库构建试剂盒可通过 poly（A）纯化法进行常规的差异基因表达分析；TruSeq Stranded mRNA 文库构建试剂盒由于在第二条 cDNA 链合成时添加了 dUTP，因此适用于 RNA 链特异性信息分析研究；TruSeq Stranded Total RNA 文库构建试剂盒由于覆盖所有编码 RNA 及非编码 RNA，因此适用于对各类 RNA 信息的分析研究。下面以 TruSeq RNA V2 文库构建试剂盒为例进行更为详尽的文库构建流程介绍。

1. 总 RNA 样本提取 采用 TruSeq RNA V2 文库构建试剂盒制备转录组测序文库前，首先需根据组织种类、样本类型使用合适的方法提取总 RNA。一般为采用 Trizol 等变性剂破碎细胞或组织，然后经氯仿等有机溶剂抽提纯化。在提取过程中需注意对样品细胞或组织进行有效的破碎，使蛋白复合体高效变性并分离，以及肝素等杂质的去除（肝素将严重影响后续反转录过程）。同时，由于自然环境中 RNA 酶无处不在，在 RNA 提取时尤其需注意抑制 RNA 酶的活性。当提取的为人类组织 / 细胞总 RNA 时，则至少需要 0.1 ～ 1 μg 高质量的总 RNA 样本以进行后续的下游操作。在完成 RNA 提取后，推荐使用 Agilent 2100 生物分析仪对 RNA 样本的质量、纯度及完整性进行评判，人源 RNA 样本 RNA 完整性指数（RIN）需大于 8。

2. 纯化并片段化 mRNA 将足量的总 RNA 样本用无核酸酶超纯水稀释至终体积为 50 μl 后，向其中加入 50 μl 结合有 oligo（dT）的 RNA 纯化磁珠。65℃孵育 5 分钟使 mRNA 变性，待温度降至 4℃后再将样本管取出恢复至室温以促进磁珠- mRNA 结合。使用磁珠洗涤液完成洗涤后，将样本置于 80℃孵育 2 分钟以洗脱磁珠上结合的 mRNA。当温度降至 25℃时向其中加入 50 μl 磁珠结合缓冲液以再次进行磁珠 - mRNA 结合。二次洗涤后，向样本管中加入含有片段化成分及反转录随机引物的洗脱液，并将样本置于 94℃孵育 8 分钟以最终洗脱得到纯化且片段化的 mRNA 样本。

3. 第一链 cDNA 合成 完成 mRNA 的纯化及片段化过程后，向其中加入含有反转录酶成分的第一链反转录反应液，按（25℃ 10 分钟；42℃ 50 分钟；70℃ 15 分钟）进行第一条 cDNA 链反转录。

4. 第二链 cDNA 合成 完成第一条 cDNA 链反转录后立即进行第二条 cDNA 链反转录。向其中加入第二链反转录反应液后，16℃孵育 1 小时以进行第二条 cDNA 链反转录过程。完成第二链 cDNA 合成后，按 1 ∶ 1.8 的体积比（样本∶ AMPure XP 磁珠）进行 cDNA 文库纯化。

5. 末端修复、3′ 端加 “A” 及接头连接 纯化后的 cDNA 文库与其他 DNA 类文库类似，使用具有核酸外切酶活性的 T4 DNA 聚合酶及 Klenow 酶将 DNA 末端悬垂结构补平为平末端，同时采用 T4 PNK 对 DNA 片段进行 5′ 端磷酸化。在完成 3′ 端加 “A” 后，向 cDNA 文库中加入 2.5 μl RNA Adapter Indexes 以进行转录组文库的接头连接。其中，在每步完成后均需进行 AMPure XP 磁珠纯化（推荐比例同前）。

6. 文库扩增富集及纯化 完成接头连接后的 cDNA 文库接着再进行 15 轮高保真 PCR 扩增 [98℃ 30 秒；（98℃ 10 秒；60℃ 30 秒；72℃ 30 秒）×15；72℃ 5 分钟；10℃ ∞] 并完成磁珠纯化（推荐体积比同前）即制备成为可用于上机测序的转录组文库样本，终文库片段大小为 200 ～ 400bp（图 2-7，见彩图 10）。

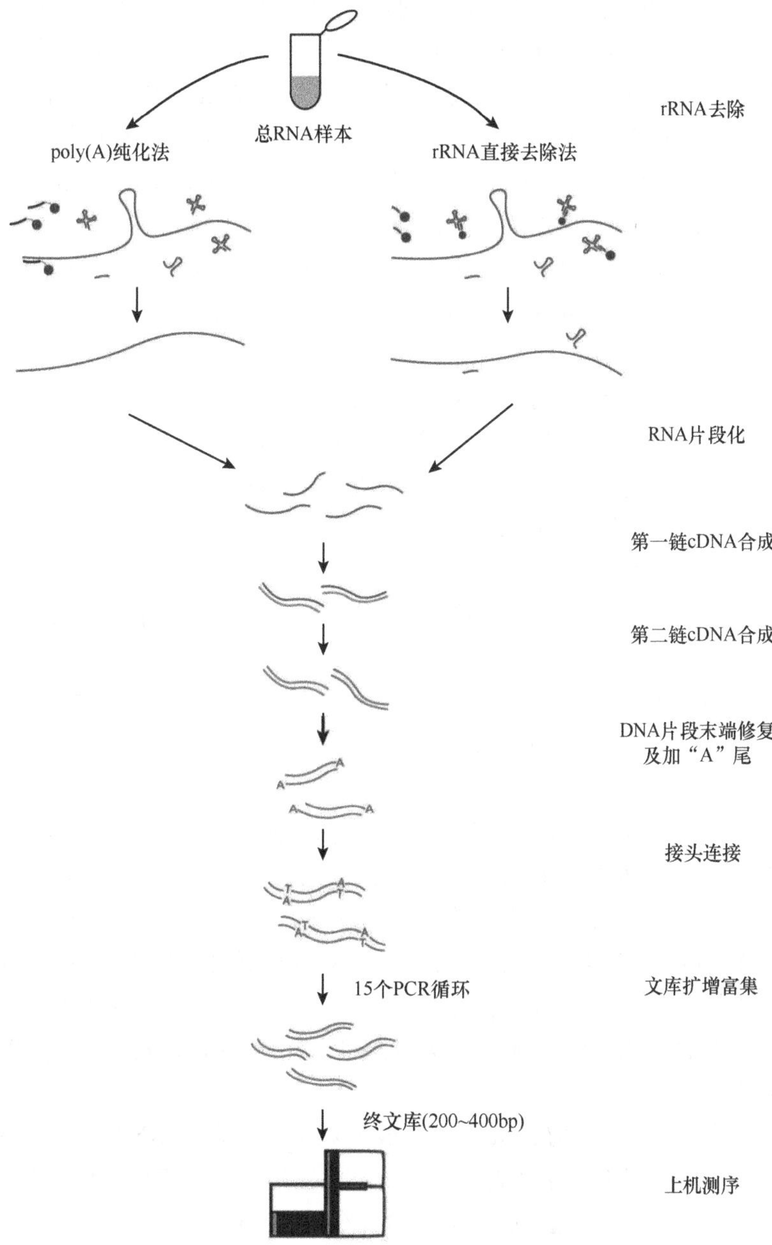

图 2-7 转录组测序文库构建流程

（二）小 RNA 文库

小 RNA（microRNAs、siRNAs 和 piRNAs）是一类片段长度＜30 nt 的非编码 RNA 分子。

虽然这些小 RNA 不能直接编码翻译形成蛋白质，但是它们却可以在转录后水平上通过碱基互补配对的方式识别并降解靶向 mRNA，从而抑制 mRNA 的翻译过程。因此，小 RNA 分子在基因表达调控、生物个体发育、代谢及疾病的发生等生理过程中起着重要作用。其中最熟知的 miRNA 是真核生物中普遍存在的一类长度为 21 ～ 25 nt 的内源性非编码小 RNA。miRNA 参与许多重要的生理和病理过程，如发育、病毒防御、造血过程、细胞增殖凋亡及肿瘤发生等。60% ～ 70% 的人类蛋白编码基因均受 miRNA 的调控。miRNA 编码基因常位于基因间或内含子区域。其最初由 300 ～ 1000 nt 的长链 RNA 初始转录物经蛋白复合体 DGCR8/Drosha 剪切成为长 70 ～ 100 nt、具有特殊茎环结构的双链 miRNA 前体，随后经 Dicer 酶切割进入 RNA 诱导的沉默复合体（RNA-induced silencing complex，RISC），成为成熟的 miRNA。近年来，研究发现 miRNA 的异常表达是许多复杂疾病发生的重要原因。随着实验技术的不断发展，有越来越多的 miRNA 得以发现及鉴定。分析 miRNA 在疾病进展中的作用机制、探寻不同样本中 miRNA 差异表达的根本原因一直是当前小 RNA 研究的重点内容。

在高通量测序技术出现前，小 RNA 分子的检测多采用基因组数据库类聚、定位及改良定向克隆方法筛选识别。此方法不仅工作量巨大，同时许多小 RNA 很可能从单克隆筛选过程中遗漏。随着高通量测序技术的进展，基于高通量测序平台的小 RNA 测序技术突破了目前研究手段上的局限。通过高通量测序对小 RNA 进行大规模测序分析，可以从中获得物种全基因组水平的小 RNA 图谱，实现包括新小 RNA 分子的挖掘、作用靶基因的预测和鉴定、样品间差异表达分析、小 RNA 聚类和表达谱分析等科学应用 [34-36]。

由于大多数小 RNA 都具有携带天然的磷酸化 5′ 端及 3′ 端羟基基团这一特点，因此小 RNA 测序时其文库构建流程较转录组测序文库构建更为简单——无需进行再次末端磷酸化处理。同时，由于小 RNA 片段长度过短，无法使用反转录随机引物直接进行反转录，因此小 RNA 文库需先进行两端文库接头连接，再进行反转录过程。但是这种先进行接头连接的策略往往会带来接头二聚体的问题。接头二聚体问题虽然在其他文库中也存在，但其对于小 RNA 测序文库的影响最严重。这是由于接头二聚体的大小常与连接接头后的小 RNA 片段大小相仿，采用低分辨率的琼脂糖凝胶电泳或磁珠吸附往往无法对两者进行区分筛选。为解决接头二聚体问题，大部分试剂盒选择联合使用高分辨率凝胶电泳及切胶回收以去除二聚体；部分试剂盒则选择在添加 5′ 接头之前，先去除反应中过量的 3′ 接头；还有部分试剂盒利用化学修饰的接头以阻断二聚体的形成（如 QIAGEN 的 QIAseq miRNA Library Kit）。

综上，目前小 RNA 文库构建试剂盒一般的策略为：在小 RNA 两端先后连接 3′ 端 RNA 接头及 5′ 端 RNA 接头，在完成第一条 cDNA 链反转录后直接进行 PCR 文库扩增，最后通过高分辨率凝胶电泳筛选回收合适片段大小的文库样本。

下面以 Illumina 公司的 TruSeq Small RNA Library Prep kit 为例对小 RNA 测序文库构建流程进行更为详细的介绍。

1. 总 RNA 样本或小 RNA 样本提取 由于本文库构建的目的是将小 RNA 中包含的信息转化为可上机读取的基因片段，因此在使用 TruSeq Small RNA Library Prepkit 进行文库构建前，首先需要将细胞或组织样本中 18 ～ 30 nt 范围的小 RNA 提取出来。但由于小

RNA 在纯化过程中常会使样品本身产生损失，因此该试剂盒也可使用总 RNA 样本。在进行总 RNA 或小 RNA 提取时，需注意肝素等杂质的去除（肝素将严重影响后续反转录过程）。若使用纯化的小 RNA 作为起始样本，其纯化来源的总 RNA 需要 1 ～ 10 μg。同时，由于不同组织中小 RNA 的含量有很大差异，故需要优化不同组织来源 RNA 样本的上样量。当提取的为人类脑组织总 RNA 时，至少需要 1 μg 高质量的总 RNA 样本以进行后续的下游操作。在完成 RNA 提取后，推荐使用 Agilent 2100 生物分析仪对 RNA 样本的质量、纯度及完整性进行评判，人源 RNA 样本 RNA 完整性指数（RIN）需大于 8。

2. 接头连接　稀释后的足量 RNA 样本加入 RNA 3′ 端接头在 70℃孵育 2 分钟以去除 RNA 二级结构，随后立即冰浴。在向其中加入含有 T4 RNA 连接酶的连接反应液后 28℃孵育 1 小时以进行 RNA 3′ 端接头连接。完成孵育后加入反应终止液 28℃反应 15 分钟，以去除过量的 RNA 3′ 端接头。完成 RNA 3′ 端接头连接后通过同样的方法连接 RNA 5′ 端接头。

3. 反转录扩增　向完成接头连接后的 RNA 样本中加入含有多重分析的条形码且与两端接头相互补的 RNA RT Primer 储存液，70℃孵育 2 分钟以去除 RNA 二级结构。随后冰浴加入反转录酶及 dNTP，50℃反应 1 小时以进行反转录扩增过程。

4. 文库扩增富集　完成反转录后的 cDNA 文库需再进行 11 轮高保真 PCR 扩增 [98℃ 30 秒；（98℃ 10 秒；60 ℃ 30 秒；72 ℃ 15 秒）×11；72 ℃ 10 分钟] 以扩大 cDNA 模板信号。

5. 文库纯化　完成扩增后的文库进行 6% 的高分辨率聚丙烯酰胺凝胶电泳，145V 电泳 60 分钟后切割回收目的大小片段以纯化小 RNA 文库（147 nt 的电泳条带主要含有约 22 nt 的成熟 miRNA；157 nt 的电泳条带主要含有约 30 nt 的 piRNA、miRNA 及一些调节性小 RNA）。回收纯化后的文库样本经质量控制验证及标准化后即制备成为可用于上机测序的 small RNA 文库样本（终文库片段大小为 145 ～ 160 bp）（图 2-8，见彩图 11）。

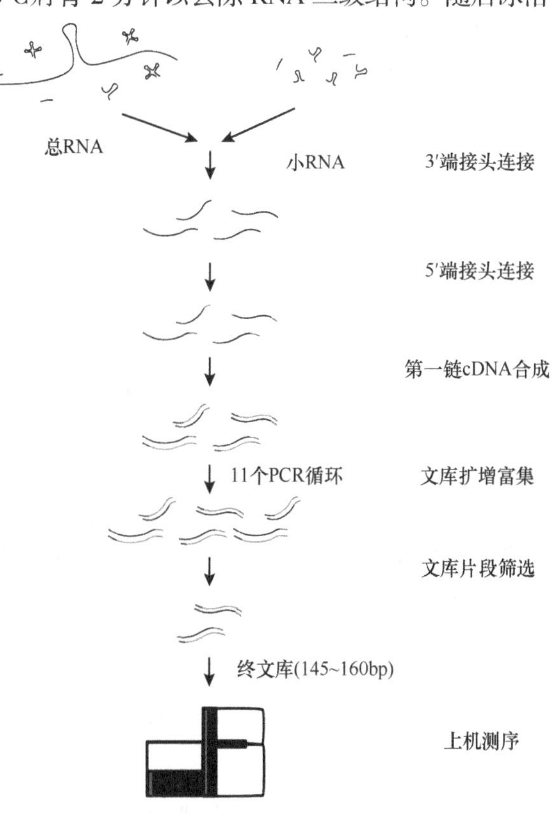

图 2-8　小 RNA 测序文库构建流程

第三节　文库制备的质量评价及影响因素

高通量测序文库制备的目标是在 DNA 或 cDNA 片段上连接特定的接头，使其能够在各高通量测序平台上测序。文库制备的流程看似简单，但其中存在诸多影响因素，而文库的质量和数量对最终测序结果具有重要影响。以 Illumina 测序为例，当上机前文库浓度偏低时，扩增所形成的DNA样本簇将减少，测序数据量也将减少，可能导致测序失败；而当上机前文库浓度过高时，文库样本流经Flowcell时将产生过多的结合，从而导致簇生成过密，最终在一级生物信号分析时无法区分各簇的荧光信号，从而造成测序失败。因此，在上机测序前，对文库进行质量控制检测以评估文库质量与数量是一项关键步骤。目前评估文库质量和数量的主要参数为文库片段大小及浓度。除此之外，文库的转化率和复杂度也会对检测的准确性产生影响。

一、文库片段大小

文库片段大小可通过琼脂糖凝胶电泳或微流控芯片技术进行检测。其中琼脂糖凝胶电泳能够获得文库的片段大小范围，但不能确定文库片段大小的精确分布。该方法灵敏度低，且无法检测含量较低的小片段和大片段，检测繁琐费时，效率低下。而微流控芯片技术，如Agilent 2100和Caliper芯片生物分析仪，可通过收集荧光信号对文库片段的大小进行更精确的测定。因此，在进行初次片段大小选择时可使用琼脂糖凝胶电泳，但在上机前文库测定时则需使用灵敏准确的微流控芯片。文库测定时可根据需求选择不同灵敏度的芯片。当实测片段大小与预期片段大小偏差＜10%，且引物二聚体浓度小于一定比例（与插入片段大小相关）时，即可认为文库片段大小合格。

二、文库浓度

文库浓度检测主要依赖于Qubit荧光计、实时荧光定量PCR（qPCR）及生物分析仪等检测手段。Qubit是新一代核酸和蛋白定量仪，采用Molecular Probes荧光染料检测特定目标分子的浓度。其能够对DNA和RNA进行准确定量，一般应用于文库峰分布较为广泛的情况。而实时荧光定量PCR技术，是指在PCR反应体系中加入荧光基团，利用荧光信号累积实时监测整个PCR进程，最后通过特定数学原理对未知模板进行定量分析。实验室可在方法建立和性能确认过程中建立文库量的最低要求，qPCR浓度或Qubit定量大于相应值时认为文库量合格。如前所述，Agilent 2100等生物分析仪可通过毛细管电泳时收集荧光信号对文库每一个核酸片段进行精确测定，因此该方法适用于·文库峰较为尖锐的情况。

三、文库的转化率和复杂度

文库转化率为测得产量与理论最高产量之间的比值，即有多少起始样本被最终转化为两端接有接头的片段。转化率很大程度上受到连接效率的影响，因此为保证良好的转化率，需对文库制备过程中的酶及缓冲液进行优化。不仅如此，在计算过程中，还需要考虑PCR的扩增效率及纯化过程中产生的损失。此外，由于qPCR文库定量无法区分特异文库和接头二聚体，故qPCR方法不适用于接头二聚体浓度高的文库。对于此类文库，建议使用电泳方法来定量，如QIAGEN公司的QIAxcel或Agilent的2100生物分析仪。当PCR扩增效率为95%，而纯化过程损失20%的样品时，其理论最高产量可通过以下公式进行计算：

$$理论最高产量 = 输入量 \times 1.95^{(PCR循环数)} \times 0.8^{(clean\ up数)}$$

保证良好的连接效率不仅可提高转化率，还可以尽可能地提高文库复杂度。在文库制备过程中，若转化率高，偏向性少，则能从样品中捕获更多的特异分子，即文库复杂度高。复杂度高的文库数据集中的重复读取更少，可以带来更多有意义的信息。而重复的读取不能带来有意义的信息，甚至可能导致变异频率改变。同时，低复杂性的文库在信号读取时往往产生簇信号混杂，易产生低质量的测序数据。因此，在数据分析时保证一定的文库复杂度显得尤其重要。输入样品量越低或高通量测序扩增循环数越多，高通量测序文库的复杂程度就越低。因此，对于低于ng级的样品，需尽可能地提高连接效率及转化率，从而尽可能地捕获有限样品中的最大复杂度。对于扩增子文库，可在上机前进行多种扩增子文库混合以保证上机测序文库的复杂性。除此之外，在扩增时使用 Kapa HiFi（Kapa Biosystems 公司）或 AccuPrime *Taq* DNA Polymerase High Fidelity（Thermo Fisher 公司）等酶类可减少极端 GC 含量导致的扩增偏向，从而减少 PCR 偏向性对文库复杂度产生的影响。对于一些已知低复杂性文库样本，还可选择与 30% ～ 50% 的平衡样本同时混合检测。除了以上质量指标外，测序 reads 在基因组或目标区域内的分布均一程度及文库制备的准确程度也是衡量文库质量的重要指标[37]。reads 覆盖越均匀，则达到特定深度所需的测序数就越少。而高通量测序文库制备的准确性越高，变异报告的可信度也越高。实验室在建立方法过程中，这些关键的质量指标都必须考虑，才能获得更好的结果。

（彭绒雪）

参考文献

[1] Head SR，Komori HK，LaMere SA，et al. Library construction for next-generation sequencing：overviews and challenges. Biotechniques，2014，56（2）：61-64，66，68，passim.

[2] Kulski JK. Next-Generation Sequencing—An Overview of the History，Tools，and “Omic” Applications. IntechOpen，2016.

[3] van Dijk EL，Jaszczyszyn Y，Thermes C. Library preparation methods for next-generation sequencing：tone down the bias. Exp Cell Res，2014，322（1）：12-20.

[4] Podnar J，Deiderick H，Hunicke-Smith S. Next-generation sequencing fragment library construction. Curr Protoc Mol Biol，2014，107（107）：7.17.1-7.17.16

[5] Linnarsson S. Recent advances in DNA sequencing methods - general principles of sample preparation. Exp Cell Res，2010，316（8）：1339-1343.

[6] Seiler C，Sharpe A，Barrett JC，et al. Nucleic acid extraction from formalin-fixed paraffin-embedded cancer cell line samples：a trade off between quantity and quality? BMC Clin Pathol，2016，16（1）：17.

[7] Stemmer C，Beau-Faller M，Pencreac'h E，et al. Use of magnetic beads for plasma cell-free DNA extraction：toward automation of plasma DNA analysis for molecular diagnostics. Clin Chem，2003，49（11）：1953-1955.

[8] Glanville J，D'Angelo S，Khan TA，et al. Deep sequencing in library selection projects：what insight does it bring? Curr Opin Struct Biol，2015，33146-33160.

[9] Sultan M，Amstislavskiy V，Risch T，et al. Influence of RNA extraction methods and library selection schemes on RNA-seq data. BMC Genomics，2014，15675.

[10] Shi X，Chen CH，Gao W，et al. Parallel RNA extraction using magnetic beads and a droplet array. Lab Chip，2015，15（4）：1059-1065.

[11] Adams NM，Bordelon H，Wang KK，et al. Comparison of three magnetic bead surface functionalities for RNA extraction and detection. ACS Appl Mater Interfaces，2015，7（11）：6062-6069.

[12] Chen Z，Duan X. Ribosomal RNA depletion for massively parallel bacterial RNA-sequencing applications. Methods Mol Biol，2011，733：93-103.

[13] Hrdlickova R，Toloue M，Tian B. RNA-Seq methods for transcriptome analysis. Wiley Interdiscip Rev RNA，2017，8（1）.

[14] Zhao W，He X，Hoadley KA，et al. Comparison of RNA-Seq by poly （A）capture，ribosomal RNA depletion，and DNA microarray for expression profiling. BMC Genomics，2014，15419.

[15] Adiconis X，Borges-Rivera D，Satija R，et al. Comparative analysis of RNA sequencing methods for degraded or low-input samples. Nat Methods，2013，10（7）：623-629.

[16] Brunstein J. Next generation sequencing and library types. Med Lab Obs，2014，46（10）：30-32.

[17] Cunningham SA，Chia N，Jeraldo PR，et al. Comparison of whole-genome sequencing methods for analysis of three methicillin-resistant staphylococcus aureus outbreaks. J Clin Microbiol，2017，55（6）：1946-1953.

[18] Keats JJ，Cuyugan L，Adkins J，et al. Whole genome library construction for next generation sequencing. Methods Mol Biol，2018，1706151-1706161.

[19] Hoople GD，Richards A，Wu Y，et al. Gel-seq：whole-genome and transcriptome sequencing by simultaneous low-input DNA and RNA library preparation using semi-permeable hydrogel barriers. Lab Chip，2017，17（15）：2619-2630.

[20] Olova N，Krueger F，Andrews S，et al. Comparison of whole-genome bisulfite sequencing library preparation strategies identifies sources of biases affecting DNA methylation data. Genome Biol，2018，19（1）：33.

[21] Suren H，Hodgins KA，Yeaman S，et al. Exome capture from the spruce and pine giga-genomes. Mol Ecol Resour，2016，16（5）：1136-1146.

[22] Marosy BA，Craig BD，Hetrick KN，et al. Generating exome enriched sequencing libraries from formalin-fixed，paraffin-embedded tissue DNA for next-generation sequencing. Curr Protoc Hum Genet，2017，92：18.10.1-18.10.25.

[23] Chen R，Im H，Snyder M. Whole-exome enrichment with the Illumina TruSeq exome enrichment platform. Cold Spring Harb Protoc，2015，2015（7）：642-648.

[24] Mamanova L，Coffey AJ，Scott CE，et al. Target-enrichment strategies for next-generation sequencing. Nat Methods，2010，7（2）：111-118.

[25] Altmuller J，Budde BS，Nurnberg P. Enrichment of target sequences for next-generation sequencing applications in research and diagnostics. Biol Chem，2014，395（2）：231-237.

[26] Sundaram AY，Hughes T，Biondi S，et al. A comparative study of ChIP-seq sequencing library preparation methods. BMC Genomics，2016，17（1）：816.

[27] Diaz RE，Sanchez A，Anton Le Berre V，et al. High-resolution chromatin immunoprecipitation：ChIP-Sequencing. Methods Mol Biol，2017，162461-162473.

[28] Bolduc N，Lehman AP，Farmer A. Preparation of low-input and ligation-free ChIP-seq libraries using template-switching technology. Curr Protoc Mol Biol，2016，116：7.28.1-7.28.26.

[29] Guo Y，Zhao S，Sheng Q，et al. RNAseq by total RNA library identifies additional RNAs compared to Poly（A）RNA library. Biomed Res Int，2015，2015862130.

[30] Podnar J，Deiderick H，Huerta G，et al. Next-generation sequencing RNA-Seq library construction. Curr Protoc Mol Biol，2014，106：4.21.1-19.

[31] Liu M，Wu X，Li QQ. DNA/RNA hybrid primer mediated poly（A）tag library construction for Illumina sequencing. Methods Mol Biol，2015，1255175-1255184.

[32] Cao J，Li QQ. Poly（A）tag library construction from 10 ng total RNA. Methods Mol Biol，2015，1255185-1255194.

[33] Kukurba KR, Montgomery SB. RNA sequencing and analysis. Cold Spring Harb Protoc, 2015, 2015（11）: 951-969.

[34] Matts JA, Sytnikova Y, Chirn GW, et al. Small RNA library construction from minute biological samples. Methods Mol Biol, 2014, 1093123-1093136.

[35] Cheng L, Hill AF. Small RNA library construction for exosomal RNA from biological samples for the Ion Torrent PGM and Ion S5 System. Methods Mol Biol, 2017, 154571-154590.

[36] Billmeier M, Xu P. Small RNA profiling by next-generation sequencing using high-definition adapters. Methods Mol Biol, 2017, 158045-158057.

[37] Sims D, Sudbery I, Ilott NE, et al. Sequencing depth and coverage: key considerations in genomic analyses. Nat Rev Genet, 2014, 15（2）: 121-132.

第三章
高通量测序原理及特点

高通量测序又称下一代测序（NGS），其较传统的 Sanger 测序（又称为第一代测序）具有划时代的意义。自从以 Roche（454）、Illumina（Solexa）和 ABI（SOLiD）为代表的第二代测序技术诞生以来，便迅速引发了测序技术创新发展的激烈竞争。近年来，各种测序技术及仪器不断推出，包括第三代测序技术的诞生和发展，测序通量不断提升，测序成本也不断降低。尽管高通量测序仪器不断推陈出新，但只要理解了高通量测序的基本原理与方法，较好地把握高通量测序的发展脉络，则有助于更好地理解其他章节的内容。本章将着重对目前常用的高通量测序技术的基本原理与特点进行介绍。

第一节　Illumina 测序

Illumina 公司的新一代测序仪 Genome Analyzer（GA）最早由 Solexa 公司在 2006 年研发，并在 2007 年被 Illumina 公司斥巨资收购。该平台利用其专利核心技术——“DNA 簇”和“可逆性末端终结（reversible terminator）”实现了自动化样本制备和基因组数百万碱基的大规模平行测序。该平台最初的读长很短（36bp 或更少），但随着技术发展，其读长也逐渐延长[1]。2009 年推出的 Genome Analyzer IIx 即可支持 100bp 以上的配对末端读长，其每次运行的数据量也由原来的 1GB 提高到 85GB。2010 年 Illumina 推出了 HiSeq 2000，采用与 GA 相同的测序策略，并将数据量由最初每次运行 200GB 提高到 600GB。2011 年，新型便携式测序仪 MiSeq 问世，该款尤其适用于扩增子和细菌样本的测序[2]。2015 年 1 月，Illumina 再次推出四款新的测序系统，即 HiSeq X Five、HiSeq 3000、HiSeq 4000 和 NextSeq 550 系统。HiSeq3000/4000 采用 HiSeq X 上的测序芯片，可低成本开展个人基因组、外显子组测序；而 Nexseq550 则可在测序的同时扫描基因芯片。2017 年 1 月 9 日，Illumina 公司发布了 NovaSeq 系列，包括 NovaSeq 5000 和 6000 系统，这是一种全新的可扩展测序架构，旨在将来使基因组测序的价格进一步大幅度降低。关于 Illumina 现有各型测序仪上市时间及技术特点详见第七章。

一、基本原理

Illumina的核心原理为边合成边测序（sequencing by synthesis，SBS），主要有以下4个步骤。

1. DNA文库构建　利用超声波将待测DNA链片段化，片段长度为200～500 bp，并在片段两端加上特定的接头如P5和P7。此建库方式步骤较为繁琐、耗时较长，目前也可利用转座子Tn5进行高通量测序建库。Tn5用于高通量测序建库的体外转座要素包含转座子的末端序列、靶DNA、转座酶和Mg^{2+}（激活剂）；将P5、P7端部分接头序列（Adapter 1/2）加转座子末端序列设计合成供体DNA，转座酶识别转座子末端形成带有P5、P7端部分接头的Tn5转座复合体。该复合体通过识别受体DNA的靶序列，切断受体DNA，插入携带的供体DNA，从而形成一端带有P5部分接头（接头1），一端带有P7部分接头（接头2）的DNA，然后经过PCR加上标签序列（barcode，也称为index），以及接头其余部分，形成含P5端与P7端完整接头的DNA文库（图3-1A，见彩图12）。

2. Flowcell（流动池）吸附　Flowcell中随机分布着不同的寡核苷酸序列（P5′和P7′），可分别与待测DNA上的接头P5和P7互补结合。为了同时检测多个样品时区分不同样本的DNA产生的reads，分别在每个待测DNA样本中加入不同的index，由此通过测序之前确定的标签与样本DNA的关系可以分别获取不同样本DNA的测序数据；其中Flowcell是一种有2个或8个泳道（lane）的玻璃板，每个泳道根据不同需求可以检测一个或多个样本（图3-1B，见彩图12）。

3. 桥式PCR扩增　目的在于将碱基信号强度放大，以达到测序需要的信号要求。待测DNA序列通过接头序列与Flowcell上的序列杂交互补，以待测DNA序列为模板进行互补链延伸，然后模板链被切断并被洗下去除；随后互补链与Flowcell上的接头序列杂交互补，进行链的合成，这个过程就是桥式PCR。接下来合成的双链再经过解链，与Flowcell上接头杂交，延伸并不断重复多个循环，最终每个DNA片段都在各自的位置上集中成束，每一束含有多个DNA模板片段的拷贝。Flowcell中每个lane有两列，每列有60个tile，在每个tile中可生成不同的DNA簇（cluster）（图3-1C，见彩图12）。

4. SBS　即通过捕捉新合成的末端的标记来确定DNA的序列。采用的是可逆阻断技术，反应体系包含DNA聚合酶、接头引物和带有特异荧光标记的4种dNTP，这些dNTP 3′端经过化学保护，每次只能添加一个dNTP。随后洗脱反应，加入激发荧光所需的试剂并用激光进行激发，采集荧光信号分析后识别碱基，再加入化学试剂淬灭荧光信号并除去dNTP 3′端的保护，进行下一轮反应。每个tile在每个循环中拍照4次，每个碱基1次（图3-1D，见彩图12）。传统Illumina测序平台使用四通道SBS测序技术。测序仪有红、绿波长两根激光管，并配两片滤色片。激光光源与滤色片两两组合，形成4种不同波长的激发光，分别用于激发DNA分子中的A、G、C、T 4种碱基。在四通道SBS测序中，4种dNTP分别用不同的荧光信号修饰，必须经过4次图像采集才能对4种碱基进行识别。当前Illumina开发的双通道SBS测序技术中，采用了混合荧光素标记，只需要2次图像采集就可以对4种碱基识别。相比于四通道SBS测序，双通道SBS测序在保证数据质量的基础上也实现了测序速度的成倍提高。

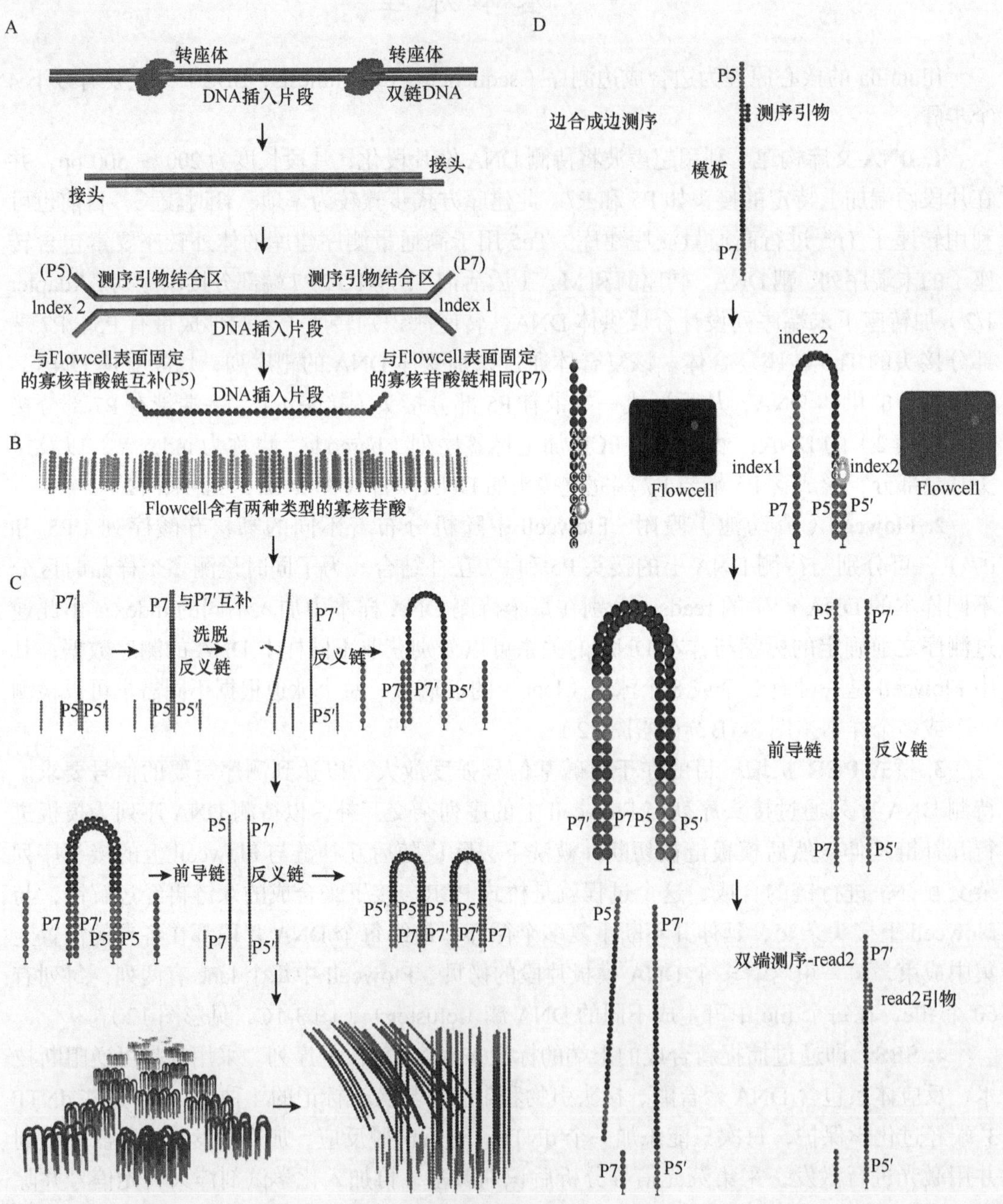

图 3-1　Illumina 测序原理示意图

上述内容是针对 Illumina 双端（paired-end，PE）测序介绍的，即可以通过正反两个方向进行测序。双端测序不仅解决了一次测序不能测很长片段的问题，又能发现新的结构变异。而单端（single-end，SE）测序与双端测序的区别主要是在文库构建方面，只需将 index、测序引物结合位点（sequencing primer binding site）及特定接头添加到片段化的 DNA 一端，另一端直接连接接头序列，固定在 Flowcell 上后通过桥式 PCR 扩增生成

DNA 簇后即可进行单端测序。

Illumina 这种一次只添加一个 dNTP 的测序原理使其能够很好地解决由于相同碱基聚合导致测序不准确的问题（如 DNA 链中含有 AAAAAA 这种重复性序列时，大部分测序平台都易出现多读或少读一个碱基的错误）。目前 Illumina 测序的错误率可低至 0.1%（如 HiSeq 系列），主要错误来源是碱基替换[3]。

二、检测流程

以靶向测序为例，基本检测流程如下。

（一）文库制备

组织 DNA 提取后利用超声波将基因组 DNA 碎片化为 200 ～ 300 bp 的碱基长度，而对于血浆游离 DNA 则可直接进入末端修复和加尾过程，即在片段两个末端加上接头引物。

1. 末端修复和加“A”尾　将 DNA 片段与末端修复 -A 尾酶混合液及相应缓冲液在 20℃孵育 30 分钟，然后在 65℃孵育 30 分钟，产生末端修复的 5′- 磷酸化、3′- dA 尾 dsDNA 片段。目的是先将 DNA 片段的黏性末端修复成平末端，再加入“A”尾，以便为下一步添加接头。

2. 接头连接　将末端修复和加“A”尾后产物、接头、连接缓冲液、DNA 连接酶及无核酸水混合进行接头连接，分别在两端添加测序引物结合位点（sequencing primer binding site）、index 及特定接头序列；两个不同的特定接头序列分别和 Flowcell 上的接头互补和相同，而 index 分别与两个特定接头相连。

3. PCR 扩增　反应体系包括接头连接后的纯化产物、P5 index 引物、P7 index 引物等。经过数个 PCR 循环加入 index。

4. 样本文库质控　通过 Qubit 荧光计检测文库浓度，Agilent 2100 生物分析仪检测文库片段大小。

（二）桥式 PCR 扩增

文库构建好后，DNA 碎片通过与 Flowcell 表面的接头配对并被吸附在 Flowcell 的表面。桥式 PCR 以待测 DNA 序列为模板进行扩增，最终每个 DNA 片段都在各自的位置上集中成束，每一束含有多个 DNA 模板片段的拷贝。

（三）测序反应

采用 SBS 的方式。反应体系中包含 DNA 聚合酶、接头引物和带有特异荧光标记的 4 种 dNTP，这些 dNTP 3′ 端经过化学保护，每次只能添加一个 dNTP。随后洗脱反应，加入激发荧光所需的试剂并用激光进行激发，通过对荧光信号的采集分析识别碱基，再加入化学试剂淬灭荧光信号并除去 dNTP 3′ 端的保护，进行下一轮反应[1, 4]。

（四）数据分析

自动读取碱基，数据被转移到自动分析通道进行二次分析（图 3-2）。

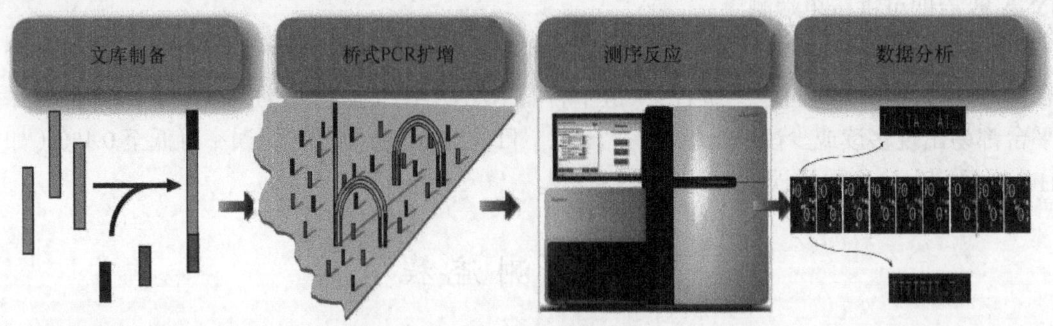

图 3-2 Illumina 测序检测流程

高通量测序检测的数据分析需应用各种软件，如 BWA 可用于与参考人基因组比对，SAM tools 用于多重连接过程，包括添加和合并 index 等，Genome Analysis Toolkit 用于局部比对和碱基质量分数的再校准，识别胚系及体细胞中单个核苷酸变异（single nucleotide variation，SNV）及小的插入 / 缺失变异，CONTRA 可用于拷贝数变异（copy number variant，CNV）检测等。

三、技术特点

（一）技术优点

1. 可扩展的超高通量，Genome Analyzer IIx 系统每次运行最高可获取 95 GB 的高质量过滤数据，相当于人类基因组的 30 倍覆盖度；2017 年推出的 NovaSeq 6000 系统最高每个流动槽输出数据量可达 3000 GB。

2. 需要样品量少，最低仅需要 100 ng 即可满足测序需求。

3. 简单、快速、自动化，减少了手工操作误差和污染的可能性，降低了时间和费用。

4. 测序技术新颖，利用可逆荧光标记终止子，可在 DNA 链延伸的过程中检测单个碱基掺入，并减少掺入的误差，支持大规模平行测序；同时 SBS 确保了高质量数据。

5. 单个或双末端支持，文库构建过程简单，减少了样品分离和制备时间。

6. Illumina 测序所采用的 SBS 策略（一次只添加一个 dNTP）使其能够很好地解决相同碱基聚合导致测序不准的问题，例如，DNA 链中含有 AAAAAA 重复性序列时，大多测序平台都易出现多读或少读一个碱基的错误。

7. 错误率低，可低至 0.1%，主要错误来源是碱基替换。

（二）技术缺点

基于可逆反应，随反应轮数增加，效率降低，信号衰减，且读取序列较短，给从头测序（de novo sequencing）拼接带来困难。

第二节 Ion Torrent 半导体测序

Ion Torrent 测序的核心技术是利用半导体技术将化学信号和数字信息结合起来，在二者之间建立直接的联系，从而进行测序信息读取转化。待测文库上机后，文库中的DNA链固定于半导体芯片的微孔中。随后测序芯片微孔中依次掺入ACGT。随着每个碱基的掺入，若发生dNTP的结合，其将释放氢离子（H^+）。而在氢离子穿过每个微孔底部时，可引起电势的改变并可以被检测到。通过对氢离子的检测并转化为电信号，最终可实现实时碱基判读。目前Life Technologies（2014年已被Thermo Fisher Scientific收购）测序仪主要有以下几种。

1. PGM平台 是Life Technologies公司于2010年底推出的首款半导体个人基因组测序仪（Ion PGM），主要可用于小基因组和外显子的测序[5]。目前根据不同需求，研究者可选用Ion 314、Ion 316和Ion 318芯片。当读长为200bp时，Ion 314芯片可在2.3小时完成运行；而当读长为400bp时，Ion 314芯片运行时间也仅为3.7小时，并能生成达100MB的数据，而Ion 318芯片需要7.3小时，可生成数据量达1GB。

2. Ion Proton System平台 是2012年Life Technologies公司推出的又一款基于Ion Torrent技术的个人基因组测序仪。目前这款测序仪有两种芯片，最先推出的是Ion Proton Ⅰ芯片，适用于外显子组测序。2015年推出Ion Proton Ⅱ芯片可用于全基因组测序。官方提供的数据显示，该芯片单次运行能得到40GB的数据，约350Mb读段，读长集中在115bp。目前已经进行了PⅡ芯片的应用测试，其数据产量可达PⅠ芯片的5倍，而且成本显著降低，PⅡ芯片运行一次花费不到1000美元，并且单次运行可多重分析24组AmpliSeq转录组样本或6组RNA-seq样本。通过对母体血液中的游离DNA进行分析测试，结果显示：使用插入片段长度为120bp的文库，对21组样品进行多重分析，可鉴定出染色体非整倍体。

3. Ion S5和Ion S5 XL 2015年9月1日，Thermo Fisher Scientific发布了新产品S5系列Ion S5/ the S5 XL，相较于Proton和PGM系统，新系列更容易操作，15分钟内就可以安装测序程序，从DNA到得到数据，只需要24小时。目前可用的芯片包括Ion 520、Ion 530、Ion 540。

不同型号的测序仪性能特点及适用范围详见本书第七章。

一、基本原理

Ion Torrent测序采用的同样是SBS策略，与Illumina测序不同的是，其主要是基于DNA在合成时释放的氢离子引发pH变化获取碱基信息进行测序。主要步骤如下。

1. 文库构建 在样本DNA片段两端加上平端接头（P1）和X或A接头，这与Illumina建库接头时3′端为黏性末端不同。其中，X或A接头是后续测序的起始端，而P1接头则与测序微珠相连。X接头带有标签序列，而A接头不含有标签序列。因此用X接头可以把一个芯片的测序通量分配给几个文库，即可以同时检测多个文库，测序完成后通过标签将不同文库分开。而A接头则可以直接测到样本，可以充分利用测序读长，但由于没有标签，所以一张芯片只能检测一个样本（图3-3A）。在Ion Torrent测序中，AmpliSeq文库是一种常见的文库，该文库是通过多重PCR扩增出DNA，再加上接头建立的文库（图3-3B）。为了避免检测PCR扩增产物时两端已知的引物序列浪费测序读长和数据量，在 PCR 引物上特别设计了一种化学修饰，可以通过切断该修饰将 PCR 扩增产物上大部分引物序列切掉，从而在测序的时候尽可能多地获得样本序列。

2. 乳液 PCR（emulsion PCR） 又称为油包水 PCR，其反应体系包括油相和水相。其中水相是核心，油相起到分隔作用。水相中包含多种 PCR 反应的关键成分如文库、引物、酶、测序微珠等。测序微珠是后续测序的核心载体，直径非常小，表面共价连接有众多 PCR 引物，这些引物序列可与文库中的 P1 接头互补。每一个油包水 PCR 都会包含大量的测序微珠。水相中含有的游离 PCR 引物的 5′ 端用生物素进行了标记。该引物序列和文库的 A 或 X 接头相同。因此当含有多种成分的水相中加入油，通过油相将水相分隔成多个的小水珠，每个小水珠都可能含有 0 到多个文库分子和 0 到多个测序微珠。引物、酶和 dNTP 是过量的，于是每个小水珠中都会有足量引物、酶和 dNTP 等。因此在整个油包水 PCR 反应当中，文库分子和测序微珠是限量因素。当一个小水珠中同时有文库分子和测序微珠时，那么它就会发生 PCR 反应，如果缺少文库分子或测序微珠，就不会发生 PCR 反应。经过 PCR 反应，微珠表面会扩增出大量 PCR 产物，且由于其通过共价连接在微珠上，所以在冲洗时可以稳定地保留在微珠上，成为后续测序的模板。

3. 微珠富集 乳液 PCR 结束后，通过链霉亲和素化的磁珠与 PCR 反应微珠混合，由生物素 - 链霉亲和素结合使发生了 PCR 扩增的微珠与磁珠相结合。再经过磁铁吸附，磁珠则可将扩增了 DNA 的微珠富集，而没有与磁珠相结合的微珠被洗脱入上清液。最后经过专门的洗脱液，将磁珠富集的测序微珠洗脱下来继而可进入后续测序步骤。油包水 PCR 反应是一个对操作很敏感的实验步骤，为了提高实验结果的一致性，以及减少人工消耗，Thermo Life 公司还在 Ion Torrent 平台上推出了半自动的油包水 PCR 反应仪“One Touch”和全自动的油包水 PCR 反应仪“Ion Chef”。

4. 测序反应 Ion torrent 采用的是一种布满含有 Ion Sphere 微粒小孔的高密度半导体芯片，每个微孔里微球表面可固定约 100 万个 DNA 分子拷贝，其中每个小孔既是测序微珠的容器，又同时是一个微型的 pH 计。在测序芯片表面，分次分别流过 4 种 dNTP，微珠表面的核酸进行 SBS 反应。当一个脱氧核苷酸在 DNA 合成酶的催化下合成到一条 DNA 链上时，其可释放一个焦磷酸，同时也释放一个氢离子，此时该孔溶液的 pH 发生变化（图 3-3C，图 3-3D）。当离子传感器检测到 pH 变化后，即刻便从化学信息转变为数字电子信息。如果碱基不匹配，则无氢离子释放，也就没有电压信号的变化（图 3-3E）。如果 DNA 链含有两个连续相同的碱基，则记录的电压信号是双倍的（图 3-3F）。在测序序列最前面的 4 个碱基分别是 A、C、G、T，即核心序列（key sequence）。因为每个微珠上 DNA 链数目变化范围很大，所以采用核心序列的 4 个碱基所测到的 pH 变化强度可用于确定整个微珠的信号强度基线。在有了标准的信号强度后，随后测得的信号再与这 4 个信号强度对比，如果是 1 倍的强度表明有一个碱基，如是 2 倍的强度表明串联了相同的碱基，依次类推。这种方法属于直接检测 DNA 的合成，因此无须 CCD 扫描、荧光激发等环节，而是利用半导体传感器记录反应体系内的 pH 变化来判定核苷酸类型，几秒钟就可检测合成插入的碱基，大大缩短了运行时间，因此也称为半导体测序技术 [4, 6]。

接头 A P1
或
带标签X的接头P1
连接接头
A　P1　无标签文库
X　P1　有标签文库

A

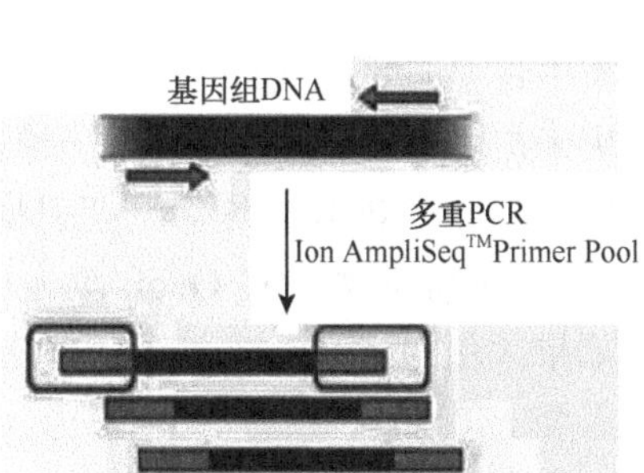

B

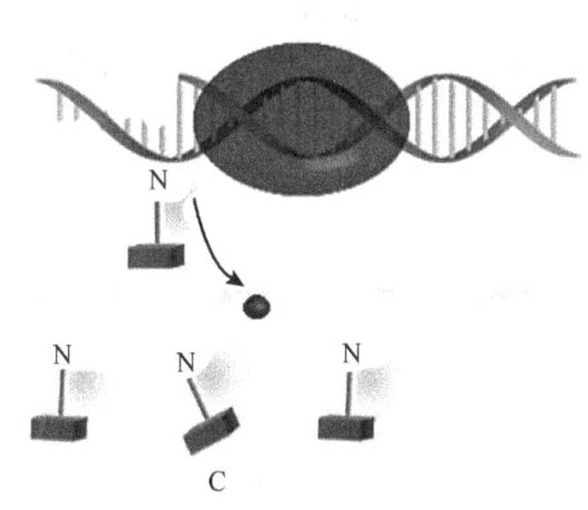

C

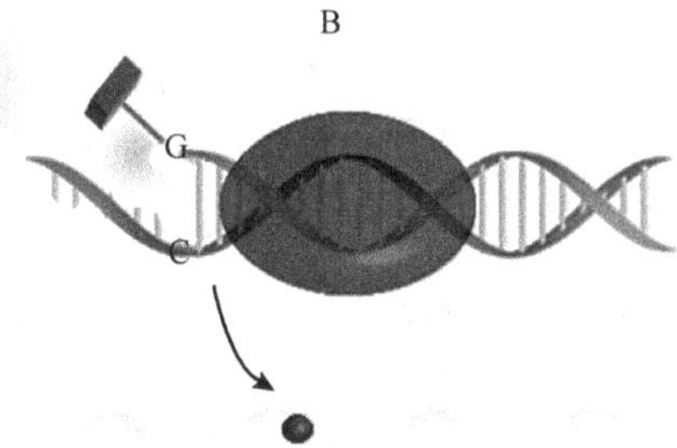

D

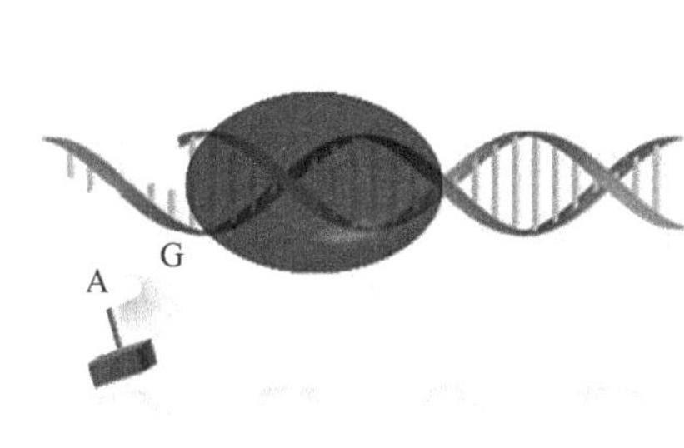

E

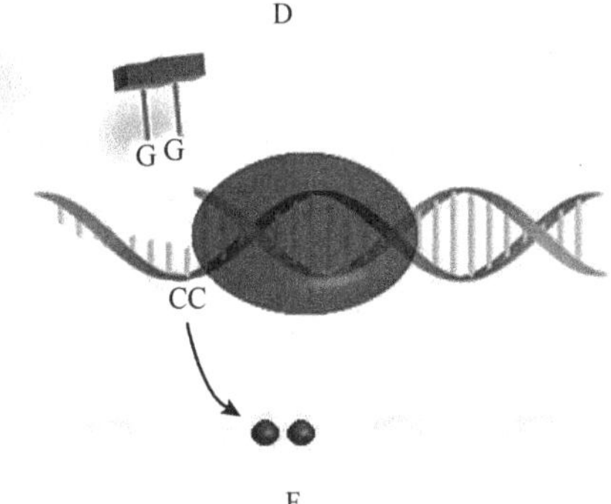

F

图 3-3　Ion Torrent 测序技术的原理示意图

A. 文库构建时，在样本 DNA 片段两端加上平端接头（P1）和 X 或 A 接头，X 接头带有标签序列，而 A 接头不含有标签序列；B. 在测序中，通过多重 PCR 扩增出 DNA，再加上接头建立文库；C. 当 DNA 聚合酶把核苷酸聚合到延伸中的 DNA 链上时，会释放一个氢离子；D. 释放氢离子导致 pH 发生改变，池底的离子感受器接受到信号，并把化学信号直接转化为数字信号，电压发生改变；E. 如果没有聚合链接反应，则没有氢离子释放，也没有电压变化；F. 如果 DNA 链含有两个连续相同的碱基，则记录电压信号是双倍的

二、检测流程

（一）文库准备

Ion Torrent 测序是基于扩增子富集技术即 Ion AmpliSeq 技术进行的，并应用该技术构建高通量测序文库。其独特的靶向选择技术使得极低的 DNA 或 RNA 输入样本量（如 5 ～ 10 ng DNA）即可达到热点区域或靶向基因全覆盖。靶向序列的选择可以通过预定的基因盘或利用 Ion AmpliSeq 设计工具自行设计选择。AmpliSeq 的核心就是通过多重 PCR 方法，一

次从样本中将要测的多个DNA片段扩增出来，然后转化成文库进行测序。其中扩增的循环数取决于扩增子的数目，即扩增子越多，扩增循环数越少。

靶向序列经过PCR扩增后，把引物消化掉并连接上文库接头，然后进行纯化。在进入模板准备步骤前需要通过Qubit荧光计、Agilent 2100生物分析仪及定量PCR进行文库定量。如果采用的是Ion Chef系统，则可以通过自动化Ion AmpliSeq文库构建，处理时间也仅需要15分钟。

（二）模板准备

把文库连接到测序磁珠上，通过油包水PCR进行扩增。扩增后对阳性ISP进行回收和富集，进而加载到芯片上继续后续测序过程。Ion Chef系统可以自动完成模板准备和芯片加载过程。

（三）运行测序

测序仪产生的数据会自动传输到Torrent服务器。

（四）数据分析

综合使用Ion Torrent的开源数据分析软件Torrent Suite及其功能丰富的插件系统，结合Torrent Browser软件及多种第三方软件，可实现从测序仪上的信号捕获和转换、测序数据结果的可视化展示直到深入的生物学意义的完整分析方案。

其中几个因素对有效数据具有重要的影响：①Ion球形颗粒（Ion sphere particles，ISP）的密度，芯片上有磁珠的孔占的比例决定了该指标的高低；②磁珠上是否有DNA链，此过程受磁珠纯化过程的影响；③单克隆、多克隆磁珠的比例，因为只有单克隆磁珠才能产生有用的数据；④磁珠上是否带有有用的样本序列。另外文库中的引物二聚体序列也会造成无效数据等。

三、技术特点

（一）技术优点

1. 测序速度快，实验周期短，从处理样品到获得结果只需要不到1天的时间。

2. 适合各种通量需求的测序芯片，可根据实验测序通量的要求选择不同的离子半导体芯片，获得最小10 MB、最大1 GB以上的高准确度序列。

3. 具有良好的测序覆盖均衡度，可以检测到以往用其他技术无法检测的区域，降低获得最佳结果所需的测序深度。

4. 具有理想的测序读长，目前测序最大读长可达600 bp。

（二）技术缺点

如果单个碱基出现多次重复（如GGGGGG），会导致在一个循环里产生大量的氢离子，引起pH的剧烈变化，从而导致信号不准确，因此测量时单个碱基重复出现可能导致误差。

这个劣势是由于技术原理导致的，是限制该测序技术发展的一个主要原因[3]。但目前 Ion Torrent 经过改进，推出了 Hi-Q 酶，该酶聚合反应非常快，可以使 PH 变化产生更高、更尖的峰，从而更利于判读并提高准确性。

第三节　Complete Genomics 测序平台

美国 Complete Genomics（CG）公司成立于 2006 年，2013 年由华大基因正式收购。2014 年 7 月 2 日，由当时国家食品药品监督管理总局首次通过第二代基因测序诊断产品 BGISEQ-1000（基于 CG 测序平台）的注册申请。但 BGISEQ-1000 是一个大型平台，对实验室环境要求苛刻，而且难以小型化，因此华大基因在 2015 年推出了首款桌面型高通量测序系统 BGISEQ-500后，在 2016 年接着推出其自主研发的高通量台式测序系统 BGISEQ-50。后者更小巧，更易于安放，而且适用范围广泛，对环境适应性更好。

除了科研服务，CG 平台还可用于临床诊断服务。Gilissen 等[7]最新发表在 *Nature* 上的文章证明，利用 CG 平台进行全基因组测序相比其他检测手段在诊断重度智力障碍方面具有更高的灵敏度。

一、基本原理

CG 测序平台（以 BGISEQ-500 为例）包含五大关键技术：DNA 纳米球（DNB）技术、规则阵列（patterned array）、联合探针锚定聚合（combinatorial probe-anchor ligation，cPAL）技术、多重置换扩增的双末端（multiple displacement amplification-pair end，MDA-PE）测序方法及 sCMOS 技术。主要步骤如下。

1. DNB 形成　基因组 DNA 首先经过片段化处理，加上接头序列，并环化形成单链环状 DNA，随后使用滚环扩增（rolling circle amplification，RCA）技术将单链环状 DNA 扩增 2 ～ 3 个数量级，产生的扩增产物称为 DNB。

2. DNB 装载　DNB 经过 DNB 装载技术固定在阵列化的硅芯片上。测序芯片的规则阵列，采用先进的半导体精密加工工艺，使硅片表面形成 DNB 结合位点阵列，从而实现 DNB 的规则排列吸附。该硅片最后被分切成 25mm×75mm 的小片，成为测序芯片的基底。

3. 联合探针锚定聚合（cPAS）　首先 DNA 分子锚和荧光探针在 DNB 上进行聚合，随后高分辨率成像系统对光信号进行采集，光信号经过数字化处理后即可获得待测序列，采用 MDA-PE 进行测序。

4. MDA-PE 法测序　具有合成快、准确度高等优点。测序步骤主要包括：随机六碱基引物在多个位点与模板 DNA 退火，然后通过有较高连续合成能力及链置换能力的 DNA 聚合酶（如 Phi 29 DNA 聚合酶）在 DNA 多个位点同时起始复制，沿着 DNA 模板合成 DNA，同时取代模板互补链，被置换的互补链又成为新模板进行后续扩增，以此获得大量高分子质量的 DNA。完成第一链测序后，在该酶的作用下，形成第二链，并通过 DNA 分子锚，进行第二链测序。DNB 通过线性扩增可增强信号，并降低单拷贝的错误率。此外，DNB 大小与芯片上活性位点的大小相匹配，每个位点结合一个 DNB，在保证测序精度的情况下提高了测序芯片的利用效率。

5. 成像检测 通过高性能 sCMOS 技术进行成像检测。

二、检测流程

下面以 BGISEQ-500 进行人全基因组测序为例介绍检测流程。

（一）文库构建

基因组 DNA 样品通过超声波随机打断，经片段选择后得到 150 ～ 250bp 的片段。DNA 片段经过末端修复，3′ 端加上“A”尾，两端再加上文库接头，连接接头后的文库进行线性扩增制备成杂交文库。杂交文库与外显子芯片进行捕获富集，洗脱未富集片段后进行扩增。随后扩增产物进行单链分离和环化处理，环化文库经滚环复制生成 DNB。构建的文库需检测浓度，浓度必须符合上机标准（图 3-4 A）。

（二）DNA 纳米阵列组装

单链环状 DNA 分子滚环复制生成的 DNB 经过 DNB 装载技术固定在阵列化的硅芯片上，形成纳米芯片，由于一个 DNB 结合到芯片上的小孔后会排斥其他 DNB 的结合，因此每个小孔只能容纳一个 DNB，以此保证信号点之间不产生相互干扰。DNA 纳米芯片的占用量超过 90%，每一个制备好的芯片可容纳 1800 亿个碱基用于成像，阵列化测序芯片和 DNB 测序技术的结合使得成像系统像素和测序芯片的面积得到最大化利用（图 3-4B，图 3-4C）。

（三）cPAL 技术

首先 DNA 分子锚和荧光碱基在 DNB 上聚合，采用 MDA-PE 进行测序，通过高分辨率成像系统对光信号进行采集，光信号经过数字化处理后即可获得待测序列（图 3-4D）。

（四）成像、组装和数据分析

BGISEQ-500 测序仪使用了基于 Scientific CMOS 技术的高灵敏相机，因此噪声更小。测序得到的原始图像数据经碱基识别（base calling）软件转化为原始序列数据（raw reads），数据以 FASTQ 文件格式存储。经与人参考基因组（如 GRCh37/HG19）比对得到 BAM 格式的最初比对结果文件。经过去重、局部重比对和碱基质量值重校正等，再对每个样品的测序深度、覆盖度、基因组比对率等指标进行统计分析。在整个分析流程中还需设置严格的数据质控体系。

三、技术特点

与其他二代测序技术相比，DNB 测序技术在降低试剂耗费的同时增加了数据产出，提高了测序准确性，具有几个优势：① DNB 通过增加待测 DNA 的拷贝数而增强了信号强度，从而提高测序准确度；②不同于 PCR 指数扩增，滚环扩增过程中的扩增错误不会积累；③ DNB 与芯片上活化位点的大小相同，每个位点只固定一个 DNB，保证信号点之间不产生相互干扰；④阵列化测序芯片和 DNB 测序技术的结合使成像系统像素和测序芯片的面积得到最大化利用。

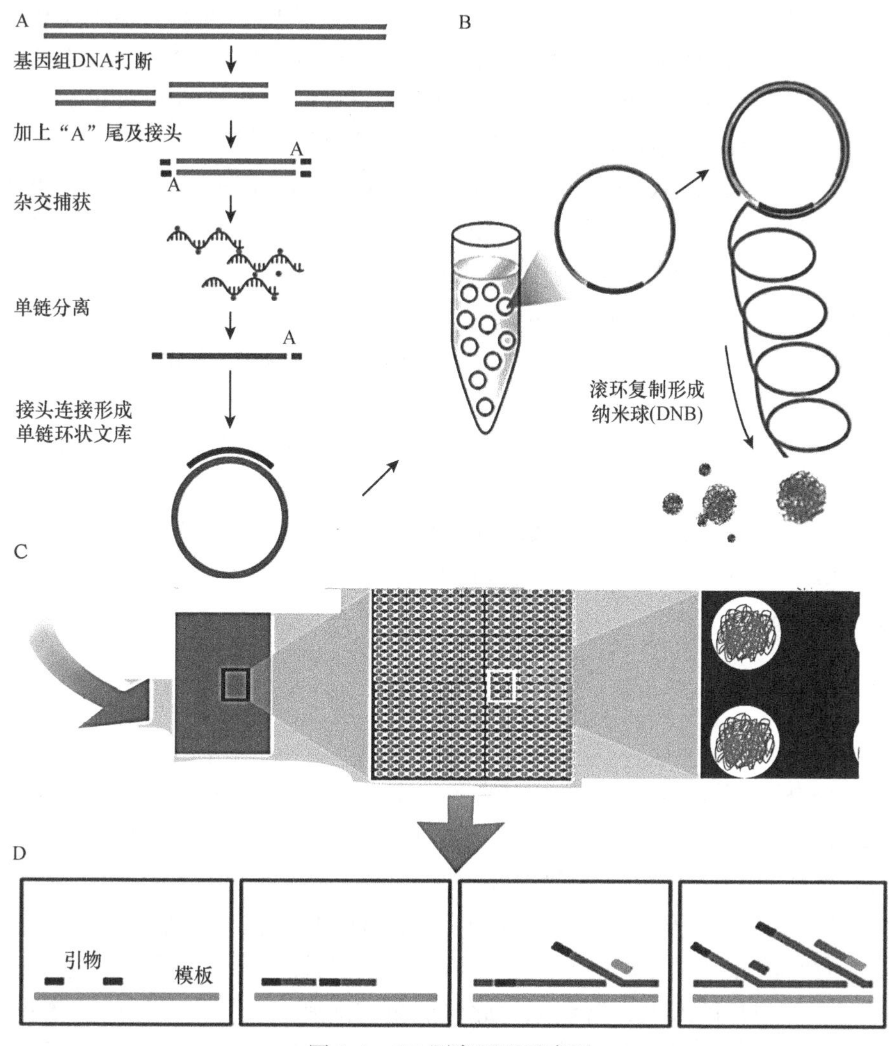

图 3-4　CG 测序原理示意图

该测序技术在检测 SNV 方面与 Illumina 平台相比准确性更高。有研究发现，在 3 739 701 个 SNV 位点中，Illumina 和 CG 平台一致性位点有 3 295 023 个（88.1%），Illumina 特异性的位点是 345 100 个，CG 平台特异性位点是 99 578 个。通过 Sanger 测序随机验证，15 个 Illumina 特异性的位点有 2 个得到验证，18 个 CG 特异性位点有 17 个得到验证，表明 CG 平台特异性 SNP 位点较 Illumina 具有更高的准确性 [8]。

第四节　单分子测序

高通量测序是一类基于非 Sanger 测序原理的技术，其现已逐渐应用于个体化医疗和遗传诊断等方面的临床服务。而在2008年，另一类基于非Sanger原理、利用单个分子信号检测的DNA测序技术也随即问世，这类DNA测序技术称为单分子测序（single molecule sequencing，SMS）或第三代测序（third generation sequencing，TGS）。这些新技术包括HeliScope单分子测序、PacBio的单分子实时（single molecule real-time，SMRT）测序和Oxford的纳米孔测序等。本节仅介绍SMRT测序技术。推出HeliScope单分子测序仪的Helicos BioSciences公司已于2012年正式宣布破产，而Oxford的纳米孔测序技术完全不同于前两种测序技术，将单独在第五节进行介绍。

2009年，Pacific Biosciences公司研发了SMRT DNA重测序技术，并推出了PacBio RS Ⅱ单分子实时测序系统[9]，使得研究者第一次能利用单个DNA聚合酶对天然DNA合成进行大规模平行、连续的实时观察。该技术采用四色荧光标记的dNTP和称为零模波导（zero-mode waveguide，ZMW）的纳米结构，以SBS方法为基础，以实现对单个DNA分子进行实时测序。SMRT测序技术的一大优势是超长的读长，如PacBio RS Ⅱ测序平台能够得到的最大读长为30 kb，平均读长约为8.5 kb，是目前所有商品化测序仪中读长最长的[10]；SMRT技术的测序速度很快，每秒可通过约10个dNTP。除了可进行DNA测序外，未来通过检测核酸并结合动力学还可帮助获取天然DNA链的表观遗传学信息（如甲基化模式）。目前SMRT技术应用越来越广泛，其可应用于包括串联重复测序、高度多态的区域测序、假基因识别、肿瘤基因检测及生殖基因组学研究等方面。

一、基本原理

ZMW是一种孔状纳米光电结构，其直径为50～100 nm，深度为100 nm。通过微加工使其在二氧化硅基质的金属铝薄层上形成微阵列，光线进入ZMW后会呈指数级衰减，使得孔内只有靠近基质的部分才能被照亮。DNA聚合酶被固定在ZMW的底部，加入模板、引物及四色荧光标记的dNTP。当DNA合成进行时，连接上的dNTP由于在ZMW底部停留的时间较长（约200ms），且ZMW外径比检测激光波长小，激光从底部打上去后并不能穿透小孔进入上方溶液区，此时能量被限制在一个小范围内（体积约20×10^{-21}L），该范围正好可以覆盖需要检测的部分，因此只有在这个小反应区域可以检测到信号，而孔外过多的游离核苷酸仍然处于黑暗中，如此将荧光信号与本底噪声区分开。在dNTP的磷酸基团上连接着荧光基团，在加入下一个碱基进行延伸时，上一个dNTP磷酸基团上连接的荧光基团被切除，从而保证了检测的连续性，提高了检测速度。SMRT的测序原理如图3-5所示。在SBS过程中，DNA聚合酶和模板结合，在碱基配对阶段，不同碱基的加入会发出不同的光，根据光的波长与峰值可判断进入的碱基类型[6]，因此可以通过连续实时检测每个纳米孔的荧光信号获取待测核酸序列[11, 12]。如果碱基存在修饰，如甲基化修饰，则通过聚合酶时速度会减慢，相邻两峰之间距离增大，可由此检测甲基化信息。

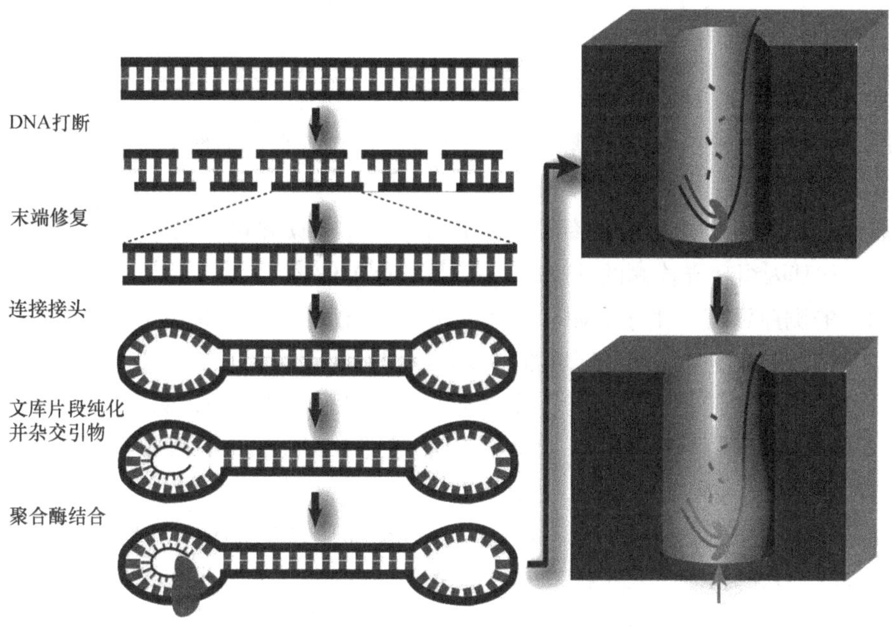

图 3-5　SMRT 技术原理示意图

二、检测流程

（一）文库制备

包括待测 DNA 样本的片段化和连接反应。将待测基因（全基因组 DNA、cDNA 或目标扩增产物）片段化，由于测序读长很长，所以可以做大片段（3 ～ 10kb）文库；把片段的黏性末端变成平端，两端再分别连接环状单链，单链两端分别与双链正负链连接，得到一类似哑铃（“套马环”）的结构，称为“SMRT Bell”，然后对文库片段进行纯化。

（二）引物退火 + 聚合酶结合

当引物与模板的单链环部位退火后，这个双链部位就可以结合到已固定在 ZWM 底部的聚合酶上。

（三）测序反应

向反应中加入正常离子，DNA 聚合反应即可开始。模板双链被打开呈环形，接着先后合成正链、单链区、合成负链。聚合酶每合成一圈，对于目标序列就相当于 2× 测序深度。由于合成产物和天然产物一致，聚合酶可以循环合成很多圈（重复多次），对于目标序列，就可以得到很高的测序深度，因此对于低频片段仍然可以获得很高的准确度，又称为环形一致（circle consensus）序列模式，该模式适用于稀有突变及某些需要高精确度的测序。基于此原理，对于稀有突变的检测，单分子测序比高通量测序灵敏度和准确度更高。

三、技术特点

（一）技术优点

1. 最长的平均读长 可获得具有均一覆盖度的最长的平均读长（平均 15 kb 以上，最长可超过 100 kb）。

2. 高准确率 尽管测序错误率较高，但由于测序错误随机分布，通过多次测序，对基因组组装和基因组变异检测的准确率最高可达 99.999%[13, 14]。

3. 均一的测序深度 由于 SMRT 技术在测序中无序列偏好性，因此整个基因组区域包括回文序列，复杂度低或高的区域都可以获得均一的测序深度。

4. 可检测表观遗传特征 可以直接检测广泛存在的碱基修饰，除了 5- 甲基胞嘧啶修饰以外，还可检测 N6- 甲基腺嘌呤、N4- 甲基胞嘧啶及其他碱基的修饰等；可以统一分析基因组学和表观遗传学数据。

5. 循环一致性测序（circular consensus sequencing，CCS）模式 是目前唯一可生成分子内一致性序列的技术，对于样本中含量很低的 DNA 分子，也可以得到高度精确的碱基序列，因此已经被利用于检测急性髓性白血病中的低频突变 [15]。

（二）技术缺点

SMRT 的技术缺点也是第三代测序技术的通病，即其测序错误率可达 13% ～ 15%。但与第二代测序产生的具有偏向性的错误不同，SMRT 技术产生的测序错误可在 reads 中随机分布。因此，此类技术的缺陷可通过多次测序用以纠错，从而可达到较高的准确率。

第五节 纳米孔单分子测序

2012 年 3 月，英国牛津纳米孔技术（Oxford Nanopore Technologies，ONT）公司揭开了其纳米孔测序平台的神秘面纱，并在 2013 年 11 月启动 MinION 测序仪的早期试用计划。而罗氏决定到 2016 年中淘汰其收购的 454 生命科学的测序技术后，于 2014 年收购了 ONT 公司 Genia Technologies，并开始与 ONT 在纳米孔测序领域展开竞争。

基于纳米孔的测序技术起源于库尔特计数和离子通道技术 [16]。该技术采用电泳方法，借助电泳驱动单个分子逐一通过纳米孔以实现测序过程。由于纳米孔的直径非常细小，仅允许单个核苷酸聚合物通过，因而可在此基础上使用多种方法进行高通量检测。纳米孔测序作为一种新型测序方法，具有诸多优点，如无须进行扩增或标记，使 DNA 测序更为经济、快速、可靠；与传统的直接测序、Sanger 合成测序法及大型高通量测序仪相比价格更低 [17]、需用样本量少。理论上，纳米孔测序仪只需要不到 1μg（即从不足 10^6 个细胞中提取的基因组拷贝）基因组 DNA 样品就可获得 6 倍的序列覆盖量。当然在实际操作过程中可能需要 10^8 个基因组拷贝，这样才能保证在 25 ～ 50μl 的操作体系中达到足够的检测浓度。纳米孔测序的测序距离长，因为纳米孔测序仪对通过的每个碱基进行测序，与前后的测序结果均无关。因此从原则上来说，使用纳米孔测序技术时，只要 DNA 链不发生断裂，并且能一直通过纳米孔，就可以一直检测下去。到目前为止，人们已经证明，长达 25kb 的单链 DNA 能够一次性通过生物纳米孔，长达 5.4kb 的单链 DNA 能够一次性通过固态纳米孔。

目前用于 DNA 测序的纳米孔大致可分为两类，即生物纳米孔和固态纳米孔。由于 DNA 链的直径非常小（双链 DNA 直径约为 2 nm，单链 DNA 直径约为 1 nm），所以对所采用的纳米孔的尺寸有严格的要求。目前，生物纳米孔多采用金黄色葡萄球菌α-溶血素，而固态纳米孔则主要是用硅及其衍生物制成，两种纳米孔将在下文详细介绍。

一、纳米孔分类

（一）生物纳米孔

生物纳米孔即跨膜蛋白通道，通常插入到双层脂膜中，并可以通过现代分子生物技术进行修饰（如通过核苷酸序列变异改变特异部位的氨基酸残基）[17]。目前生物纳米孔被广泛应用于单分子检测、疾病诊断和 DNA 测序中，纳米科技的发展也促进了固态纳米孔传感器的产生 [18]。固态纳米孔可与其他装置（如场效晶体管等）一起被整合在芯片上，从而可以生产出微型便携的 DNA 测序装置。近来更是提出了将生物纳米孔和固态纳米孔的优点集于一身的混合纳米孔。纳米孔测序技术发展非常迅速，基于纳米孔技术的单分子 DNA 测序的仪器目前已经上市 [19]。本部分将介绍三种生物纳米孔。

1. α-溶血素（α-hemolysin，α-HL）　也称为α-毒素，是由金黄色葡萄球菌产生的一种外毒素。α-溶血素为 232.4 kDa 的跨膜通道，呈蘑菇形七聚体，包含一个帽子结构（直径 3.6 nm）和β-桶状结构（直径 2.6 nm）（图 3-6）[20]。α-HL 单元在体内能很快插入到平面双分子层并形成一个最窄处仅为 1.4 nm 的纳米通道，该尺寸与单链 DNA 分子非常接近（直径约 1.3 nm），所以可将折叠卷曲的核苷酸链解开，并使其只能以单链的形式通过蛋白孔道，由此通过孔内的离子流识别单个核苷酸 [21]。但α-HL 纳米孔有限的孔径（1.4 nm）也限制了它在 ssDNA、RNA 及小分子分析中的应用。并且由于β-桶状结构过长，α-溶血素型纳米孔难以从单一长链 DNA 分子中直接区分单个核苷酸。

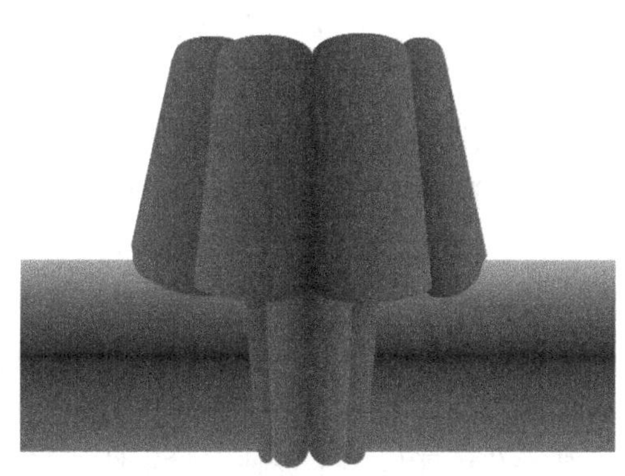

图 3-6　α-溶血素结构示意图

2. 耻垢分枝杆菌孔蛋白 A（*Mycobacterium smegmatis* protein A，MspA）　呈八聚体，可同时读取 4 种核苷酸的信息 [22]。该八聚体通道最小直径为 1 nm，比α-HL 更小。因此，它能提高单链 DNA 测序的空间分辨率。另外，MspA 能在极端实验条件下（如 pH 0 ～ 14，100℃ 30 分钟）仍能保持通道的活性 [23]。有研究表明，应用 MspA 纳米孔能够准确地对长达 4.5 kb 的 phiX174 基因组进行测序 [24]。

3. 噬菌体 phi29　噬菌体 phi29 是另一种生物纳米孔，其可允许双链 DNA 通过 [25]。在溶液中噬菌体 phi29 的接头蛋白易于自我组装成稳定的可重复结构（整体长度约为 7nm，孔一端直径为3.6 nm，另一端为6 nm）[26]。phi29接头通道的特性可以在电压-150～+150 mV，以及一个很宽的pH范围下保持[27]。与α-HL和MspA相比，phi29孔直径更大，能允许更大分子的检测，如双链DNA、DNA复合物和蛋白质，而且相对更大一些的phi29孔还能进行灵活的生物化学修饰[17]。

牛津纳米孔技术（ONT）公司研制的基于纳米孔的DNA测序系统包括GridION和MinION系统。GridION系统设计为运行时间可变，可根据数据需求从数分钟到数天不等。而ONT公司推出的纳米孔测序仪器小型化的产品MinION是第一台商业化的纳米孔测序仪，为一次性使用的DNA测序装置，大小如USB存储盘，用于常规DNA测序。其测序长度已经达到5.4 kb甚至10 kb，比其他测序技术中数百个碱基的平均读长要长很多，但是分析的错误率超过90%[19]。Nicholas J. Loman等[28]认为，新开发的工具能让纳米孔测序得到提升。Miten Jain等对MinION进行的评估显示，以高覆盖度对噬菌体基因组进行测序时，检测单核苷酸多态性的精确度达99%。研究人员认为，MinION产生了足够高质量的数据，可用于微生物变异检出和诊断，而且MinION也顺应了测序仪更小巧、更便宜的潮流，能进入更多的科研实验室和临床环境。这意味着实时的病原体检测、医院的床边测序及实时的环境监控将很快成为现实。另外，MinION还有望实现直接的RNA测序和蛋白测序[29]。MinION是向单分子测序方向上迈进的一步，虽然还有很长的路要走，如大幅度降低出错率[19]，但其本身已经促进了基于纳米孔的DNA测序技术的发展。尽管MinION的单个流动槽生成数据量可高达20 GB，但仍然无法满足高通量实验室的需求。因此，Oxford Nanopore于2017年3月推出了GridION X5。GridION X5系统的测序部分包含5个流动槽，这些流动槽可单独使用或协同使用，并通过USB连接到计算机。仍然与所有的纳米孔测序一样没有固定的运行时间，碱基检出速度可达1000 bp/s，48小时内可生成100 GB的数据，并具有全面的数据处理能力。

（二）固态纳米孔

随着精细技术的发展，固态纳米孔已经逐渐引起人们的关注。尤其固态纳米孔具备很多优越性，如化学稳定性、热稳定性、机械稳定性、尺寸可调性及集成性等。而且固态纳米孔还能应用于各种实验条件，并通过传统的半导体加工技术大量生产。因此近年来固态纳米孔作为一种新的方法已经应用于各个领域，包括DNA测序、蛋白检测、分子迁移过程及疾病诊断等[30]。制备纳米孔的材料包括氮化硅（Si_3N_4）、二氧化硅（SiO_2）、氧化铝（Al_2O_3）、氮化硼（BN）、石墨烯、聚合物膜和杂化材料等。目前已有超薄膜的化学气相沉积及生物分子穿过石墨烯纳米孔的研究。

1. Si_3N_4和SiO_2纳米孔 Si_3N_4和SiO_2膜由于低应力性、高化学稳定性而被广泛用作基质，其可通过电子或离子束及其他方式进行纳米孔雕刻[31]。Si_3N_4和SiO_2基质在高浓度电解质溶液中仍具有良好性能，浸于电解质溶液中的时间长时，Si_3N_4和SiO_2孔径会发生改变[32]。目前Si_3N_4和SiO_2纳米孔已开始用于DNA分子检测。

2. Al_2O_3膜 与SiO_2和Si_3N_4膜相比，Al_2O_3膜在电性能上有所改善，信噪比更高，在DNA迁移中噪声更低。原子层沉积能用于制造单原子层厚度的Al_2O_3膜，而聚焦离子束和透射电子显微镜可在金属氧化物薄膜上制造纳米孔[16]。由于带正电的Al_2O_3表面和带负电的 dsDNA 分子之间存在强烈的静电作用，DNA 通过 Al_2O_3 纳米孔时速度要慢于 Si_3N_4 纳米孔[31]。

3. 单层膜 尽管用绝缘膜制造的固态纳米孔已被广泛用于 DNA 和蛋白易位过程，但它们缺乏足够的时空分辨率来获得单碱基水平的分子信息。石墨烯膜是单个碳原子层，具有出众的电性能和机械性能，可用来替换传统固态膜；氮化硼可通过透射电子显微镜的电子束制造纳米孔。应用超薄膜纳米孔的一个独特优势是该膜最薄的地方（0.335 nm）与 DNA 链的两个碱基间的距离相同，因此单层膜在 DNA 测序中可达到超高分辨率[30]。

4. 混合生物 / 固态纳米孔 当前固态纳米孔的主要缺陷是对尺寸相近的目标分子缺乏化学鉴别能力，而这一缺陷可以通过表面变性或将特异性识别序列和受体附加于纳米孔而得到改善[33, 34]。用发夹 DNA 或其他受体功能化的纳米孔在测序应用中能识别区分核苷酸[35]。这种合成纳米孔可用流体脂质双分子层包被，从而控制蛋白易位，而包被层的厚度和表面化学成分可通过各种脂质进行精确地控制。还可以通过囊泡融合技术在单一 Al_2O_3 纳米孔传感器上形成高阻抗的流体脂质双分子层[35]，这些纳米孔传感器具有出众的电气性能、更强的机械稳定性，因而能广泛应用于纳米生物科技。

二、基本原理

与其他测序方法不同，纳米孔测序基本原理可以简单描述为单个碱基通过纳米尺度的通道时，引起通道电学性质的变化。理论上，4 种不同碱基（A、C、G、T）化学性质的差异会导致它们穿越纳米孔时引起的电学参数变化量不同，对这些变化进行检测可得到相应碱基的类型。下面将根据所采用的纳米孔测序技术的不同分别阐述其检测原理。

（一）利用核酸链穿越纳米孔时引起的电流强度改变测序

用纳米孔膜将一个盛满电解质溶液的容器隔成两半，施加较小的电压（如 100mV），再用标准的电生理检测手段对通过纳米孔的电流大小进行测量。目前是将 α- 溶血素用作孔道蛋白。单链核苷酸分子穿过蛋白孔道时核酸链堵塞纳米孔会造成局部电流改变，相比没有分子穿过时的电流强度有所减小，因此可以通过检测这种改变进行测序。但由于这种电流改变的差异是由占据 α- 溶血素蛋白跨膜区的 10 ～ 15 个核苷酸组成的核苷酸链引起，因此无法区分单个核苷酸引起的电流改变。

（二）核酸外切酶测序

如图 3-7 所示，将核酸外切酶通过接头连接在 α- 溶血素纳米孔的顶端，外切酶将逐个切下 DNA 链末端的脱氧核苷酸（deoxyribonucleoside monophosphate，dNMP），然后 dNMP 进入纳米孔中，通过氨基化环精配体，引起相应的电流改变，从而被

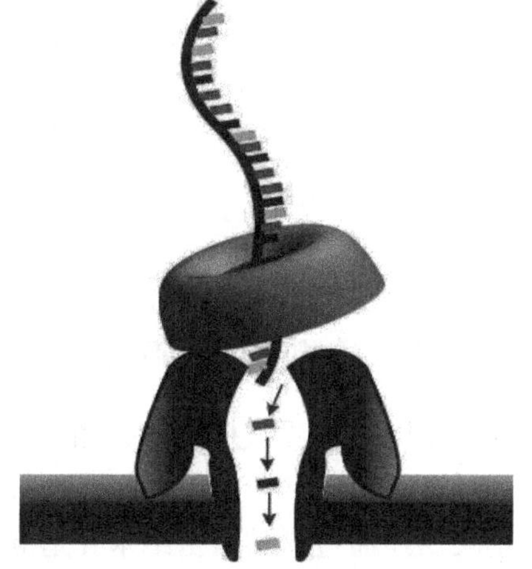

图 3-7 核酸外切酶测序

检测出来，将氨基化环糊精配体共价结合到α-溶血素孔道内。当一个dNMP通过固定于脂质双分子层中的α-溶血素氨基化环糊精孔道时，跨孔电流强度会发生4种改变，即每一种dNMP通过纳米孔道时都会引起一种特定形式的电流强度改变，因此，可以通过测量电流强度的改变来判断究竟是哪一种碱基（A、T、G、C）通过纳米孔。另外，因为碱基堵塞纳米孔和未堵塞之间电流强度差异大，改变非常明显，所以可以据此准确判断通过纳米孔的碱基数。

（三）结合信号转换和光学读取技术的纳米孔测序

用两种不同的12碱基寡聚体A和B，按照4种不同的组合方式（AB、BA、AA、BB）将A、B组合起来，这样就可以对DNA链中每一个核苷酸进行替换。因为单个核苷酸通过纳米孔的速度太快，无法进行检测，所以将单核苷酸替换为较长的寡聚体可减缓通过速度，方便检测。同时，通过这种信号转化可将DNA链中原来的4种信号A、T、G、C简化为A、B两种信号。如图3-8所示，使用两种能分别与A、B互补的长12bp的分子信标与经过上述信号转化之后形成的新DNA链杂交。分子信标由于自我猝灭机制的作用，在溶液中的荧光背景信号极低。同样，当分子信标与新DNA链杂交后，由于邻近信标间存在相互猝灭作用，所以荧光信号依然很弱。但当杂交链通过直径小于2nm的纳米孔时，与新DNA链互补结合的寡聚体会脱落，并释放出荧光信号，只需依次检测这些荧光信号就能对原始DNA链进行测序。

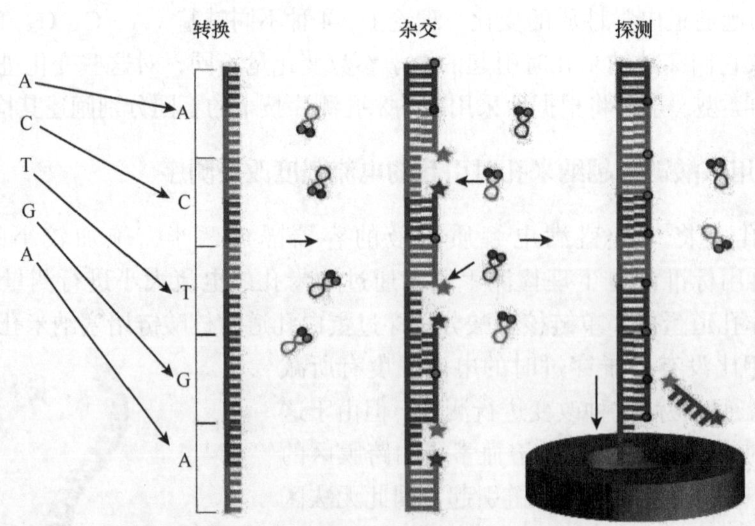

图3-8 使用合成DNA和光读取技术测序

（四）检测横向隧穿电流或电容法进行测序

单链DNA通过嵌有探针的固态纳米孔时，通过每一个碱基的横向电流各不相同，故根据电流情况判断是哪种碱基通过，进而对单链DNA进行测序（图3-9）。这种方法与前文所述通过碱基堵塞纳米孔道导致电流减小幅度的差异来判断碱基的方法不同，它是通过在纳米孔道中装载一对电极，对通过纳米孔的碱基施加横向电流，因此通过的碱基不同，产生的横向电流也不同，由此判断是哪种碱基通过。

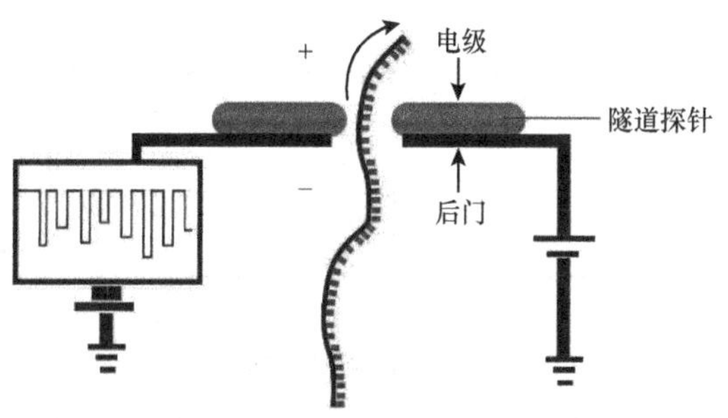

图 3-9　借助横向隧穿电流测序

三、面临的挑战与发展前景

虽然纳米孔测序的优点十分明显，与前几代技术相比，在成本、速度方面有很大优势，但是目前仍处于起步阶段，从测序原理到制造工艺都存在许多问题，许多技术也只停留在理论阶段。面临的问题有：①如何减慢 DNA 通过纳米孔的速度，使每一个碱基通过纳米孔的时间从微秒级上升至毫秒级。②如果纳米孔测序仪采用溶血素七聚体，那就需要与之相配套的稳定载体。目前，这方面的工作也取得了一定的进展。不过从长远来说，人工合成的固态纳米孔似乎更有优势。人们可以通过监测隧穿电流或电容的改变来“读取”每一个通过纳米孔的碱基，不过这种方法是否切实可行还需要进一步验证。③不论用哪种检测方法，DNA 分子在通过纳米孔时发生的随机运动都会增加背景噪声。

如果纳米孔测序技术能得到进一步提高，如能检测快速通过纳米孔的碱基，则该技术还是具有非常好的应用前景的。而且只要所测序列是随机的，而不是具有位点依赖性的，那么只要测序深度足够，就可以达到尽可能高的准确度。当前已有研究应用 MinION 纳米孔测序仪对参照基因人 GM12878 Utah / Ceph 细胞系基因组进行测序，产生的数据量达到 91.2GB，理论测序深度也达到约 30×，同时读长可以达到超长水平（N50 ＞ 100 kb，读长可达 882 kb）[36]。

目前，如前几节内容所述，虽然新一代测序仪的测序长度较短，但它们具有高通量的优势，因此可以将纳米孔测序技术和这些高通量测序技术结合起来，以弥补新一代测序仪在测序长度方面的不足。各测序平台测序基本原理及特点比较见表 3-1。考虑到未来的测序技术的发展趋势，测序长度是至关重要的一个指标，因此还需要进一步研究，以明确纳米孔测序技术在检测单链 DNA 时测序的极限长度。

表 3-1　各测序平台测序基本原理及特点比较

平台	核心原理	扩增原理	检测对象	读长（bp）	数据量	运行时间	错误率
MiniSeq	SBS	桥式扩增	荧光信号	75/150（PE）	1.6 ～ 7.5GB	7 ～ 24 小时	＜ 1%，碱基替换
MiSeq	SBS	桥式扩增	荧光信号	25 ～ 300（PE/SE）	44MB ～ 15GB	4 ～ 56 小时	0.1%，碱基替换
NextSeq	SBS	桥式扩增	荧光信号	75/150（PE）	16 ～ 120GB	11 ～ 29 小时	＜ 1%，碱基替换
HiSeq	SBS	桥式扩增	荧光信号	36/50/100（PE）	9GB ～ 1.8TB	7 小时至 11 天	0.1%，碱基替换
Ion PGM	SBS	乳液 PCR	H^+，pH	200/400（SE）	最大 2GB	3 ～ 23 小时	1%，插入 / 缺失
Ion Proton	SBS	乳液 PCR	H^+，pH	200（SE）	可达 10GB	2 ～ 4 小时	1%，插入 / 缺失
Ion S5	SBS	乳液 PCR	H^+，pH	200/400/600	0.3 ～ 50GB	3 ～ 21.5 小时	
BGISEQ500	DNB /cPAS	滚环复制	荧光信号	50 ～ 100（SE/PE）	8 ～ 40GB/40 ～ 200GB	24 小时	≤ 0.1%，AT 偏倚

续表

平台	核心原理	扩增原理	检测对象	读长（bp）	数据量	运行时间	错误率
SMRT	SBS	NA	ZMW/荧光信号	10～15kb（最长>60kb）	500MB～1GB	4小时	13%～15%，单次读取缺失/插入

综上所述，纳米孔测序技术具有非常诱人的应用前景，因此值得继续努力研究。而且随着研究的深入，该技术将有所突破并发挥真正的应用价值[22]。

（杨　新）

参考文献

[1] Kircher M，Kelso J. High-throughput DNA sequencing—concepts and limitations. Bioessays，2010，32：524-536.

[2] Liu L，Li Y，Li S，et al. Comparison of next-generation sequencing systems. J Biomed Biotechnol，2012，2012：251364.

[3] Goodwin S，McPherson JD，McCombie WR. Coming of age：ten years of next-generation sequencing technologies. Nat Rev Genet，2016，17：333-351.

[4] Masoudi-Nejad A，Narimani Z，Hosseinkhan N. Next Generation Sequencing and Sequence Assembly-Methodologies and Algorithms. New York：Springer，2013.

[5] Rothberg JM，Hinz W，Rearick TM，et al. An integrated semiconductor device enabling non-optical genome sequencing. Nature，2011，475：348-352.

[6] Hui P. Next generation sequencing：chemistry，technology and applications. Top Curr Chem，2014，336：1-18.

[7] Gilissen C，Hehir-Kwa JY，Thung DT，et al. Genome sequencing identifies major causes of severe intellectual disability. Nature，2014，511：344-347.

[8] Lam HY，Clark MJ，Chen R，et al. Performance comparison of whole-genome sequencing platforms. Nat Biotechnol，2012，30：78-82.

[9] Eid J，Fehr A，Gray J，et al. Real-time DNA sequencing from single polymerase molecules. Science，2009，323：133-138.

[10] Wong L-JC. Next generation sequencing translation to clincal diagnostics. Research Gate，2013.

[11] Korlach J，Marks PJ，Cicero RL，et al. Selective aluminum passivation for targeted immobilization of single DNA polymerase molecules in zero-mode waveguide nanostructures. Proc Natl Acad Sci U S A，2008，105：1176-1181.

[12] Munroe DJ，Harris TJ. Third-generation sequencing fireworks at Marco Island. Nat Biotechnol，2010，28：426-428.

[13] Carneiro MO，Russ C，Ross MG，et al. Pacific biosciences sequencing technology for genotyping and variation discovery in human data. BMC Genomics，2010，13：375.

[14] Koren S，Schatz MC，Walenz BP，et al. Hybrid error correction and de novo assembly of single-molecule sequencing reads. Nat Biotechnol，2012，30：693-700.

[15] Zhang X，Davenport KW，Gu W，et al. Improving genome assemblies by sequencing PCR products with PacBio. Biotechniques，2012，53：61，62.

[16] Venkatesan BM，Dorvel B，Yemenicioglu S，et al. Highly sensitive，mechanically stable nanopore sensors for DNA analysis. Adv Mater，2009，21：2771.

[17] Feng Y，Zhang Y，Ying C，et al. Nanopore-based fourth-generation DNA sequencing technology.

Genomics Proteomics Bioinformatics，2015，13：4-16.

[18] Storm AJ，Chen JH，Ling XS，et al. Fabrication of solid-state nanopores with single-nanometre precision. Nat Mater，2003，2：537-540.

[19] Mikheyev AS，Tin MM. A first look at the Oxford nanopore MinION sequencer. Mol Ecol Resour，2014，14：1097-1102.

[20] Song L，Hobaugh MR，Shustak C，et al. Structure of staphylococcal alpha-hemolysin，a heptameric transmembrane pore. Science，1996，274：1859-1866.

[21] Kang XF，Gu LQ，Cheley S，et al. Single protein pores containing molecular adapters at high temperatures. Angew Chem Int Ed Engl，2005，44：1495-1499.

[22] Branton D，Deamer DW，Marziali A，et al. The potential and challenges of nanopore sequencing. Nat Biotechnol，2008，26：1146-1153.

[23] Abiola O，Angel JM，Avner P，et al. The nature and identification of quantitative trait loci：a community's view. Nat Rev Genet，2003，4：911-916.

[24] Laszlo AH，Derrington IM，Ross BC，et al. Decoding long nanopore sequencing reads of natural DNA. Nat Biotechnol，2014，32：829-833.

[25] Wendell D，Jing P，Geng J，et al. Translocation of double-stranded DNA through membrane-adapted phi29 motor protein nanopores. Nat Nanotechnol，2009，4：765-772.

[26] Xiang Y，Morais MC，Battisti AJ，et al. Structural changes of bacteriophage phi29 upon DNA packaging and release. EMBO J，2006，25：5229-5239.

[27] Haque F，Geng J，Montemagno C，et al. Incorporation of a viral DNA-packaging motor channel in lipid bilayers for real-time，single-molecule sensing of chemicals and double-stranded DNA. Nat Protoc，2013，8：373-392.

[28] Loman NJ，Watson M. Successful test launch for nanopore sequencing. Nat Methods，2015，12：303-304.

[29] Jain M，Fiddes IT，Miga KH，et al. Improved data analysis for the MinION nanopore sequencer. Nat Methods，2015，12：351-356.

[30] Traversi F，Raillon C，Benameur SM，et al. Detecting the translocation of DNA through a nanopore using graphene nanoribbons. Nat Nanotechnol，2013，8：939-945.

[31] Haque F，Li J，Wu HC，et al. Solid-state and biological nanopore for real-time sensing of single chemical and sequencing of DNA. Nano Today，2013，8：56-74.

[32] Hall AR，Scott A，Rotem D，et al. Hybrid pore formation by directed insertion of alpha-haemolysin into solid-state nanopores. Nat Nanotechnol，2010，5：874-877.

[33] Bai J，Wang D，Nam SW，et al. Fabrication of sub-20 nm nanopore arrays in membranes with embedded metal electrodes at wafer scales. Nanoscale，2014，6：8900-8906.

[34] Venkatesan BM，Bashir R. Nanopore sensors for nucleic acid analysis. Nat Nanotechnol，2011，6：615-624.

[35] Iqbal SM，Akin D，Bashir R. Solid-state nanopore channels with DNA selectivity. Nat Nanotechnol，2007，2：243-248.

[36] Jain M，Koren S，Miga KH，et al. Nanopore sequencing and assembly of a human genome with ultra-long reads. Nat Biotechnol，2018，36：338-345.

第四章 高通量测序的生物信息学分析原理及特点

随着高通量测序技术的快速发展，其已由实验室研究逐步应用于临床。高通量测序检测对临床患者的诊断、治疗及预后判断具有重要的指导意义。高通量测序检测流程可分为“实验室操作”（又称为“湿实验”）和“生物信息学分析”（又称为“干实验”）两个部分。作为高通量测序检测技术的重要组成部分，生物信息学分析在整个基因检测过程中起着非常重要的作用。高通量测序技术离不开生物信息学分析，同时，生物信息学的发展也促进了高通量测序技术在临床中的应用。随着各种新的生物信息学分析软件算法的开发，高通量测序检测在临床应用的准确性和应用范围也在不断增加。

生物信息学包含的范围很广，从早期以DNA序列分析和数据库的建立到现在的比较基因组学、功能基因组学、代谢网络分析、基因表达谱分析、蛋白质结构与功能分析及药物靶点筛选等都属于生物信息学的范畴。本章主要针对高通量测序检测数据的生物信息学分析原理、分析环境的搭建、临床高通量测序检测生物信息学分析流程、高通量测序检测生物信息学分析流程的性能确认等进行介绍。

第一节 概 述

生物信息学是一门新兴的交叉学科。随着生物信息学的发展，目前其主要围绕基因的功能研究领域来进行。高通量测序，也称下一代测序（NGS），已应用于临床实验室检测，作为一项新的技术，与传统基因检测方法最大的不同之处就是其需要复杂的生物信息学分析将大量的原始序列信息转化为可靠的变异信息。作为NGS的重要组成部分，生物信息学分析对检测结果起着至关重要的作用。

一、生物信息学简介

从细胞水平进入分子水平以来，生命科学领域的发展日新月异，生命科学在分子水平上进行了广泛而深入地研究，生物化学、分子生物学、免疫学及遗传学领域的研究中涌现出大量的数据资料。面对各种各样的生物学原始实验数据,如何对其进行分析以揭示其蕴含的生物学意义,成为生命科学领域的一大挑战。随着计算机技术、网络通信技术的飞速发展，计算机技术不断地被运用到分子生物学等学科的研究中,于是产生了一门新兴的学科——生物信息学（bioinformatics）。生物信息学是一门以生物学、计算机科学、数学为主的多学科交叉的新兴学科（图 4-1），主要以计算机科学和数学为研究手段对生命科学领域研究出来的大量实验数据进行获取、加工、存储、检索、比较、分析，从而达到更好地解释数据的目的。生物信息学的出现极大地推动了分子生物学的发展，在生物学、医学领域都有着十分广泛的应用。

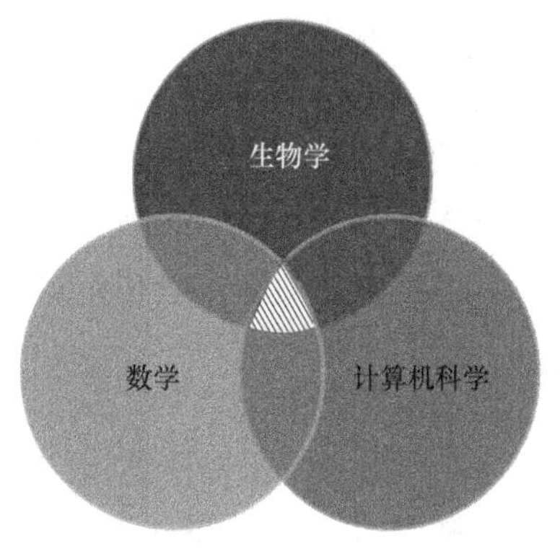

图 4-1　生物信息学是计算机科学、数学与生物学之间的桥梁

▧代表生物信息学

生物信息学的出现可以追溯到 1956 年，在美国田纳西州加特林堡（Gatlinburg）召开的“生物学中的信息理论讨论会”上，首次产生了生物信息学的概念。这也拉开了生物信息学的序幕。20 世纪 60 年代，一些计算生物学家已开始进行相关研究，虽然当时没有具体地提出生物信息学的概念，但是做了许多生物信息搜集和分析方面的工作。在这个时期,生物大分子携带信息成为分子生物学的重要理论[1]。同时,随着生物化学技术的发展,产生了大量的生物分子序列（如蛋白质序列、DNA 序列）数据，于是促使一部分科学家应用计算机技术解决生物学问题，特别是与生物分子序列相关的问题。他们开始研究生物分子序列,如何根据序列推测结构和功能。在人们发现同源蛋白序列之间存在相似性后,出现了探究蛋白质序列之间相似性的序列比对算法，通过序列比较确定序列的功能及序列分类关系成为序列分析的主要工作。这一时期出现了一系列著名的序列比对算法，如 FASTA、BLAST 等[2, 3]。与此同时，生物分子序列的收集也是这个时期的一项重要工作，20 世纪 80 年代后，出现了一批生物信息数据库，如核酸数据库 GenBank、蛋白质数据库 SWISS-PROT，以及 1988 年美国国立卫生研究院和美国国家图书馆成立的美国国立生物技术信息中心（NCBI）。这些数据库的出现对生命科学研究产生了深远的影响。这是生物信息学形成的早期阶段。

20 世纪 90 年代后，科学家们开始大规模的基因组研究。1986 年，出现基因组学（genomics）概念,即研究基因组的作图、测序和分析的科学。1990 年,人类基因组计划（human genome project，HGP）启动，该计划被誉为生命科学的“阿波罗登月计划”。美国、英国、法国、德国、日本和中国科学家共同参与了这一价值达到 30 亿美元的计划。这个计划的目的是揭开组成人体约 3 万个基因的 30 亿个碱基对的全序列。生物信息学在人类基因组研究计划中起了重要的推动作用，同时这也是在生物信息学形成和发展中具有决定性意义的事件。

二、生物信息学的研究范围

生物信息学的发展大致经历了前基因组时代、基因组时代和后基因组时代。20 世纪

90 年代之前为“前基因组时代”，该阶段主要是各种序列比对算法的建立、生物数据库的建立、检索工具的开发、DNA 和蛋白质序列的分析等。20 世纪 90 年代后至 2001 年，即人类基因组计划期间，为基因组时代，该阶段以进行大规模基因组测序、基因识别和发现等为主要任务。随着人类基因组计划的完成及相关转录组、蛋白质组、代谢组、表观基因组等计划的开展和 NGS 技术的发展，目前的生物信息学研究已从早期以数据库的建立和 DNA 序列分析为主的阶段转移到后基因组时代，基因组学研究的重心由基因组的结构向基因的功能转移，从而产生了比较基因组学、功能基因组学、代谢网络分析、基因表达谱分析、蛋白质结构与功能分析及药物靶点筛选等领域。

随着 NGS 技术的不断发展，NGS 基因检测目前已经广泛地运用到临床的诊疗当中，基因突变的 NGS 检测对临床患者的诊断、治疗及预后判断具有重要指导意义。作为生物信息学的一个分支，“高通量测序生物信息学分析”对于 NGS 基因检测结果的准确性具有决定性意义[4]。因此本章主要针对 NGS 基因检测的生物信息学分析进行阐述。转录组测序生物信息学分析请参见第十八章高通量测序在转录组学中的应用。

第二节　生物信息学数据存储格式

生物信息学领域的研究对象主要是各种序列数据、注释数据等大数据，各种各样的生物医学大数据必然涉及各种数据的存储。每个行业都有其行业标准，同样为方便数据的分析，生物信息学涉及的数据也都有其特定的存储格式标准。这些存储格式标准是进行后续生物信息学分析的必备知识，本节将对常用的几种生物信息学数据存储格式进行介绍。

一、FASTA　文　件

序列数据（如 DNA 序列、RNA 序列、氨基酸序列等）的特点是有一定的顺序关系。FASTA 就是对这类有顺序的序列数据进行存储的一种格式。在这种格式中，碱基或氨基酸用单个字母来表示，且允许在序列前添加序列名及注释。常用的参考基因组序列、转录本序列、编码 DNA 序列（coding DNA sequence，CDS）、蛋白质序列等文件都是使用 FASTA 格式存储的，其后缀有 .fasta，.fa 或 .fa.gz（gz 压缩）。图 4-2 为 FASTA 文件格式，这是一个蛋白编码基因的转录本序列。

FASTA 格式主要由两部分构成：序列注释信息和具体的序列信息。序列注释信息独占一行，开始于一个标识符：“>”，然后是一些描述信息，注明序列的名称和其他的描述信息。为了保证后续分析软件能够区分每条序列，单个序列的标识必须具有唯一性。紧接的下一行是具体的序列信息，只允许使用既定的核苷酸或氨基酸编码符号。这里的序列信息是有顺序的，从第一个字符开始编号 1，随后按照顺序进行排列，直到将所有的序列信息列完。通常核苷酸符号大小写均可，而氨基酸用大写字母。对于核酸序列，除了 A、C、G、T、U 分别代表各种核酸之外，R 代表 G 或 A（嘌呤）；Y 代表 T 或 C（嘧啶）；K 代表 G 或 T（带酮基）；M 代表 A 或 C（带氨基）；S 代表 G 或 C（强）；W 代表 A

或 T（弱）；B 代表 G、T 或 C；D 代表 G、A 或 T；H 代表 A、C 或 T；V 代表 G、C 或 A；N 代表 A、G、C、T 中任意一种。对于氨基酸序列，除了 20 种常见氨基酸的标准单字符标识之外，B 代表 Asp 或 Asn；U 代表硒代半胱氨酸；Z 代表 Glu 或 Gln；X 代表任意氨基酸。

```
>NM_001005484
ATGGTGACTGAATTCATTTTTCTGGGTCTCTCTGATTCTCAGGAACTCCA
GACCTTCCTATTTATGTTGTTTTTTGTATTCTATGGAGGAATCGTGTTTG
GAAACCTTCTTATTGTCATAACAGTGGTATCTGACTCCCACCTTCACTCT
CCCATGTACTTCCTGCTAGCCAACCTCTCACTCATTGATCTGTCTCTGTC
TTCAGTCACAGCCCCCAAGATGATTACTGACTTTTTCAGCCAGCGCAAAG
TCATCTCTTTCAAGGGCTGCCTTGTTCAGATATTTCTCCTTCACTTCTTT
GGTGGGAGTGAGATGGTGATCCTCATAGCCATGGGCTTTGACAGATATAT
AGCAATATGCAAGCCCCTACACTACACTACAATTATGTGTGGCAACGCAT
GTGTCGGCATTATGGCTGTCACATGGGGAATTGGCTTTCTCCATTCGGTG
AGCCAGTTGGCGTTTGCCGTGCACTTACTCTTCTGTGGTCCCAATGAGGT
```

图 4-2　FASTA 文件格式

二、FASTQ　文　件

FASTQ 是基于文本，保存生物序列（通常是核酸序列）和其测序质量信息的标准格式。其序列及质量信息都是使用一个 ASCII 字符标示，最初由 Sanger 开发，目的是将 FASTA 序列与质量数据放到一起，目前已经成为高通量测序结果的标准存储格式。FASTQ 文件大小依照不同的测序数据量而有很大差异，范围可从几 MB 到上百 GB。文件后缀通常都是 .fastq，.fq 或 .fq.gz（gz 压缩）。FASTQ 文件格式如图 4-3 所示。

```
@FCHV3N7BCXY:1:1101:1219:81350#TCACCTCA/1
GGATTACTTGAGCCCAGGAGTTTGAGGTTGTAGTGAGCTGTGTATNNTTGT
NTCAAGTAAGAATTTNTNAGTTTTTATTATAANANAATTAGCACAATNN
+
cccccHhhhhhhhhhhhhghhggggghfghhhhggghhhhhhghgBB[[cd
B[[fghhhhhhhghgB[B[[cffgghhhhhghB[B[[dghhhhhhhdBB
```

图 4-3　FASTQ 文件格式

FASTQ 文件中每个序列通常有 4 行（表 4-1）：

（1）第一行是序列标识及相关的描述信息，以“@”开头，是这一条 read 的名字，是根据测序时的信息转换过来的，它是每一条 read 的唯一标识符，同一个 FASTQ 文件中不会重复出现，甚至不同的 FASTQ 文件中也不会有重复。

（2）第二行是测序 read 的序列信息，由 A，C，G，T 和 N 5 种字母构成，N 代表测序时那些无法被识别出来的碱基。

（3）第三行以“+”开头，后面的信息同第一行或什么也不加（节省存储空间）。

（4）第四行是 read 的质量信息，与第二行的序列相对应，每一个碱基都有一个质量评分，用 ASCII 码表示。

表 4-1 FASTQ 文件序列标识

标识	含义
FCHV3B7BCXY	测序仪名称
1	Flowcell lane 编号，“1”表示 Flowcell 中的第 1 个 lane
1101	表示该 read 在 lane 中的位置，位于 1101 区域（tile\）
1219	表示该 read 所在 tile\ 的 x 坐标
81350	表示该 read 所在 tile\ 的 y 坐标
#TCACCTCA	样本 barcode 序列（0 表示没有添加 barcode）
/1	配对 reads 的编号，/1 或 /2（仅适用于双端测序）

碱基质量值（Phred quality score，用 Q 表示），即碱基错误率 P 的对数值，它描述的是每个测序碱基的可靠程度（表 4-2）。例如，如果该碱基的正确率是 99%，则质量值就是 20（俗称 Q20）；如果是 99.9%，则质量值就是 30（俗称 Q30）。计算公式为：$Q=-10\log_{10}P$。在 Illumina 测序平台中，P 值是由测序后碱基识别（base calling）软件算法根据测序图像数据点的清晰程度计算出来的，P 值与测序时的多个因素有关，体现了该碱基被识别错误的可能性。为什么要用 ASCII 码来代表碱基质量值，而不直接使用数字？这是因为一个碱基对应一个质量值 Q，但 Q 值可以是一位数也可以是两位数，使用数字需在每个质量值之间加上一个分隔符，这样更占存储空间，也无法与第二行的碱基对齐。因此使用 ASCII 码来表示。需要注意的是，ASCII 码虽然能够从小到大表示 0 ～ 127 的整数，但是并非所有的 ASCII 码都是可见的字符，所有小于 33 的 ASCII 码所表示的都是不可见字符（如空格、换行符等），因此，通常都会将所有质量值加上一个整数以避开所有这些不可见字符。早期根据测序仪公司的标准不同加的整数也不同。因此就形成了后来的 Phred33（加 33）和 Phred64（加 64）质量值体系。Illumina 测序仪早期使用的是 Phred64 质量值体系，但目前最新的测序仪都统一使用 Phred33 质量值体系。

表 4-2 碱基质量得分与错误概率和正确率的对应关系

碱基质量得分	碱基错误概率	碱基正确率
10	1 / 10	90 %
20	1 / 100	99 %
30	1 / 1000	99.9 %
40	1 / 10000	99.99 %
50	1 / 100000	99.999 %

三、BAM & SAM 文件

当测序得到的 FASTQ 文件比对到基因组之后，我们通常会得到一个以 SAM 或 BAM 为扩展名的文件。SAM 的全称是 sequence alignment/map format。而 BAM 就是 SAM 的二进制文件（B 取自 binary），BAM 存储空间更小（大小约为原来的 1/6）。SAM 是一种序列比对存储格式，由 Sanger 制定，是以制表符为分割符的文本格式，主要用于表示测序序列比对到基因组上的结果。由于 SAM 格式可记录最全面的序列比对信息，且后续开发了各种简单易用的 SAM 格式处理软件，现在基本上所有的短序列比对数据都是用 SAM 格式存储，目前已成为默认标准。

SAM 由头文件（header）和比对结果（record）两部分组成。头文件由数行以 @ 起始的注释构成，用不同的 tag 表示不同的信息，主要有 @SQ：比对的参考序列信息；@RG：序列分组的信息，一般设置为测序的 lane ID；@PG：比对程序使用的参数；@SM：样本 ID 信息。SAM 文件比对结果如图 4-4 所示。

```
FCHAJD5ADXX:2:2106:8306:50788#CAGCGGCG  99      chr10   60312   0
     100M    =         60377   165      GCATAATTTGTGCAGTTGAGCGCATGTTCT
GTTGATCAGCATTTATGGTGGTTGGTAGTGGAAAAGATTTTTAGAATATGTGGATTTTCGGGATATTCC
C    bbbeeeeeggegfgighhiiiihhiiiiiiiihiiTYcffhfhhhchhiXaf_eghbggefffih
iiefgggggedeeeedbcdddccccccccccdcdc    XA:Z:chr18,+14726,100M,1;
     MD:Z:34T65      RG:Z:NCCL       NM:i:1  AS:i:95 XS:i:95
```

图 4-4 SAM 文件格式

首先，每个 read 只占一行，只是它被分成了很多列，从左到右一共有 12 列，分别记录了以下内容。

（1）序列或读段（read）的名称，如 FCHAJD5ADXX：2：2106：8306：50788#CAGCGGCG。

（2）SAM 标记（flag），如 99。

（3）read 比对到的染色体（chromosome），如 chr10。

（4）read 在参考序列的 5′ 端起始位置，如 60312。

（5）MAPQ（mapping quality）描述比对的质量，数字越大，特异性越高，如 0。

（6）CIGAR（compact idiosyncratic gapped alignment report）表示 read 比对的具体情况，记录插入、缺失及错配等比对信息，如 27S20M3I50M，前 27 个碱基被比对到其他位置，随后的 20 个碱基比对上，接着有 3 个碱基插入，最后是 50 个碱基比对上。

（7）配对 mate 序列比对到的染色体号（“=”表示与该序列的在同一条染色体上；“*”表示该条序列无配对序列）。

（8）配对 mate 序列所在染色体上的位置。

（9）DNA 模板的长度。

（10）read 序列信息，如 GCATAATTTGTGCAGTTGAGCGCATGTTCTGTTGATCAGCATTTATGGTGGTTGGTAGTGGAAAAGATTTTTAGAATATGTGGATTTTCGGGATATTCCC。

（11）read 碱基质量信息，如 bbbeeeeeggegfgighhiiiihhiiiiiiihiiIYcffhfhhhchhiXaf_eghbg gefffihiiefgggggedeeeedbcdddccccccccccccdcdc。

（12）比对程序的标记（tag）信息，如 XA：Z：chr18，-14791，100M，0；MD：Z：100；NM：i：0；AS：i：100；XS：i：100；RG：Z：NCCL。

SAM flag（第二列）为二进制数字，描述序列的比对模式、方向等信息。不同的数字代表不同的含义（表 4-3）。SAM 文件中的 flag 可同时表示多种含义，其数值则为多个 flag 值之和。根据 SAM 文件中 flag 的数值，即可知道该 read 的具体属性组合。具体 SAM 文件中 flag 的数值含义可通过以下网址进行查询：https：//broadinstitute.github.io/picard/explain-flags.html。

表 4-3　SAM 文件 flag 含义

SAM flag	字节	含义
1	0×1	双端测序中的其中一条 read
2	0×2	该条 read 和其配对 read 完美比对到参考基因组
4	0×4	该条 read 没有比对上参考基因组
8	0×8	该条 read 的配对 read 没有匹配到参考基因组
16	0×10	该条 read 反向比对到参考基因组
32	0×20	该条 read 的配对 read 反向比对到参考基因组
64	0×40	该条 read 属于双端测序中的 read 1
128	0×80	该条 read 属于双端测序中的 read 2
256	0×100	该条 read 比对到参考基因组的其他位置
512	0×200	该条 read 比对质量不合格
1024	0×400	该条 read 是 PCR 或测序重复（duplication），即 PCR 扩增中来源于同一序列的 read 或仪器本身导致的重复序列。
2048	0×800	表示该条 read 被截断的部分比对到基因组的位置

注：通过 samtools view 命令的 –f（满足）、-F（不满足）和 -c（计数）参数，可以实现各种过滤和统计，例如，samtools view -f 4 可提取出未比对上的 reads，samtools view -c -F 4 可统计出比对上的 reads 数。

CIGAR（第六列）：表示 read 比对的具体情况，CIGAR 的详细含义见表 4-4。

表 4-4　SAM 文件 CIGAR 含义

标识	含义
M	Match or Mismatch，指能比对上的碱基数（完全匹配或错配）
I	Insertion，指该位置插入碱基数
D	Deletion，指该位置缺失碱基数
N	Skipped，指比对时跳过这段区域
S	Soft clipping，指一条 read 未比对上当前基因组位置的部分，如果有多个 reads 存在这种情况且这些 reads 的 Soft clipping 碱基都能够比对到基因组的另一位置，那么就可能存在 SV
H	Hard clipping，指一条 read 中未比对上当前基因组位置的碱基被剪切掉，不存在于该序列中

四、VCF 文 件

VCF 格式文件是用于描述单核苷酸变异（single nucleotide variation，SNV）、插入或缺失（insertion/deletion，Indel）、结构变异（structure variation，SV）、拷贝数变异（copy number variant，CNV）等变异的一种文件格式。目前大多数的变异检测软件输出的变异结果都是以 VCF 格式存储的（图 4-5）。

```
chr1    2488006 .   TTCTCTT T   .   .   DP=150;CtrlDP=200;Type=DEL  GT:AD:DP    0/1:148,2:150   0/0:198,2:200
chr1    2488126 .   GG  G   .   .   DP=1872;CtrlDP=598;Type=DEL GT:AD:DP    0/1:1867,5:1872 0/0:596,2:598
chr1    2492169 .   GG  G   .   .   DP=1387;CtrlDP=581;Type=DEL GT:AD:DP    0/1:1383,4:1387 0/0:579,2:581
```

图 4-5　VCF 文件格式

它分为两部分，第一部分为说明文件，第二部分为突变信息。说明文件各行均以 2 个“#”符号开头，其中提到的内容是为了解释下面“正文”INFO 列中可能要出现的一些标签和 FORMAT 列中对基因型的表示。突变信息分为 10 列，对前 7 列说明如下。

（1）CHROM：表示变异位点存在于哪条染色体，如果是人类全基因组即 chr1…chr22、chrX、chrY、chrM。

（2）POS：变异位点相对于参考基因组所在的位置，如果是 Indel，就是第一个碱基所在的位置。

（3）ID：如果识别出来的单核苷酸多态性（single nucleotide polymorphism，SNP）存在于 dbSNP 数据库中，就会显示 dbSNP 中相应的 rs 编号。

（4）REF 和 ALT：在变异位点处，参考基因组中所对应的碱基和研究对象基因组中所对应的碱基。

（5）QUAL：可以理解为所识别出来的变异位点的质量值。表示在该位点存在变异的可能性；该值越高，则变异的可能性越大。

（6）FILTER：理想情况下，QUAL 值应该是用所有的错误概率模型计算出来的，可以代表正确的变异位点，但是实际上是做不到的。因此，还需要对原始变异位点做进一步过滤。无论用什么方法对变异位点进行过滤，过滤之后，在 FILTER 一栏都会留下过滤记录。如果通过了过滤标准，则这些通过标准的好的变异位点的 FILTER 一栏就会注释一个 PASS；如果没有通过过滤，就会在 FILTER 一栏提示除了 PASS 的其他信息；如果这一栏是一个“.”，说明没有进行过任何过滤。

第三节　高通量测序生物信息学分析环境搭建

随着以NGS技术为代表的生物组学技术的发展，生物科学研究产生的数据规模越来越大。新的技术及其产生的大规模数据使得生命科学研究中生物信息学分析的重要性越来越高。生物信息学分析平台是数据分析工作的基础，它应能满足对海量临床基因组学数据进行存储、分析所需要的硬件及专业软件要求。生物信息学分析平台应是每个临床基因检测实验室标配的设备。

一般而言，生物信息学分析平台需要至少一台服务器或计算机集群，并在上面部署必需的生物信息学分析软件，搭建相应的分析流程和相关数据库，以满足生物信息学分析在计算方面的硬件和软件要求。此外，每个临床高通量测序检测实验室还必须配备专业的生物信息学分析人员以保证数据分析的准确性。

一、生物信息学分析环境的软硬件

（一）计算机硬件的选择

由于NGS的数据量非常庞大，对于大多数的计算工作，个人计算机已无法完成，这就需要具备高性能处理速度的计算机服务器来完成。NGS数据分析所需的硬件系统根据不同的计算规模，可分为工作站、塔式服务器、机架式服务器及计算机集群服务器4种类型（图4-6）。计算平台的硬件选择，首先要明确本实验室样本规模，并估算计算资源的需求来确定选择何种服务器类型，并选择CPU、内存及存储设备等。此外还应考虑未来需求可能增加的情况。

图4-6　计算机服务器类型

A. 工作站；B. 塔式服务器；C. 机架式服务器；D. 计算机集群服务器

NGS基因检测数据的分析主要消耗的计算资源为处理器（CPU）、内存和存储。以一个人全基因组测序数据分析为例，一般标准测序深度为30×，而人类基因组约为30亿个碱基，即共需检测约900亿个碱基，再加上每个碱基对应的质量值及每条read的序列标识，一个全基因组测序原始数据文件占用的存储空间约为200GB，原始测序数据在序列比对等过程中产生的中间文件也会消耗大量的存储空间。此外，参考基因组文件、构建的比对索引文件、各种数据库注释文件等都会占用一部分存储空间，因此需要的存储空间至少是1TB。比对软件BWA和变异识别软件GATK对内存的最低要求不高，6GB即可，但数据分析消耗的时间会很长，目前的很多生物信息学分析软件都采用并行加速算法，即通过更多地调用CPU、内存等计算资源，缩短数据分析所用时间，这对于临床NGS基因检测尤为重要。因此CPU、内存和存储空间应根据各实验室搭建的生物信息学分析流程对计算资源的消耗情况，以及该实验室基因检测的样本量来决定，计算平台的搭建应在满足日常分析需求的基础上，尽可能能适当增加计算资源配置。

对于服务器类型的选择，塔式服务器噪声小、无需特殊管理维护、不需要专门的服务器机房，其缺点是配置有一定的上限，但对于一般的临床基因检测实验室，塔式服务器的性能足以完成临床基因检测的生物信息学分析工作。而机架式服务器和计算机集群服务器的升级扩展比较容易，配置可以升到很高，其缺点是噪声大、需要专门的服务器机房、需要专业计算机人员进行管理维护，成本较高。机架式服务器和计算机集群服务器一般适合样本量巨大的大型NGS基因检测中心。

（二）系统的安装及配置

绝大部分的生物信息学分析软件和运行环境都基于Linux操作系统，这是因为早期的生物信息学分析比对软件在20世纪90年代就已开发使用，很多软件都是基于Linux系统编写的，早期的生物信息科学家已经习惯使用Linux操作系统，以至于后来软件的升级和开发也都是基于Linux系统。另外，Windows操作系统的图形化界面会占据更大的内存，计算速度也会受到影响，生物信息学分析数据量较为庞大，需要消耗大量的计算资源，对于计算机资源的利用，Linux操作系统具有明显的优势，目前生物信息学分析平台主要使用Linux操作系统，从事生物信息学分析的人员必须掌握Linux操作系统的基本操作。

Linux操作系统存在着不同的发行版本（在Linux内核的基础上，各厂商结合自己开发的软件发布各自开发的发行版，并提供技术支持），包括Ubuntu、CentOS及RedHat等。实际上这些系统都来自统一的Linux内核，多数的命令和操作方式都是一样的，都能够满足生物信息学分析的需求。每种操作系统都有其特色，具体选择以实际情况及需求来决定。

1. RedHat 具有出色的稳定性和兼容性，每个版本都使用了比较成熟的库与内核，所以比较适合做服务器和工作站，但系统的后续更新与服务需要付费。

2. CentOS 是利用RedHat开放的源代码重新编译的系统，虽然不如RedHat，但同样具有较好的稳定性，并且免费使用。

3. Ubuntu 基于debian，桌面环境以gnome为主，是目前最流行的Linux个人桌面。

它的优点是配置起来非常简单，安装系统之后，只要硬件不是太新，基本不用进行其他配置，硬件都可以识别并安装驱动。该系统适合生物信息学分析初学者，便于操作。

（三）Linux 系统的连接

前文已经介绍过，实际上大部分的数据分析计算工作都是在 Linux 服务器上以命令行的方式完成的，生物信息学分析人员一般使用个人电脑的 Windows 操作系统远程连接服务器的 Linux 系统来进行分析操作，这就需要使用终端客户端软件，如 Xshell、PuTTY、SecureCRT 等。其中 Xshell 是一个强大的安全终端模拟软件，支持 SSH1、SSH2 及 Windows 平台的 TELNET 协议。Xshell 通过互联网到远程主机的安全连接及其创新性的设计和特色帮助用户在复杂的网络环境中享受他们的工作。其可以在 Windows 界面下用来访问远端不同系统下的服务器，从而比较好地达到远程控制终端的目的。Xshell 是一款付费商业软件，但如果是个人或学校使用，在安装时可以选择使用地为家庭或学校，即可获得免费授权。Xshell 下载网址：https：//www.netsarang.com/。

使用终端模拟软件即可在 Windows 系统下完成对 Linux 服务器软件命令行的操作，同时方便查阅资料。Xshell 的使用需要输入登录主机的 IP 地址，选择协议连接类型 SSH，输入用户账号、密码，完成登录（图 4-7）。

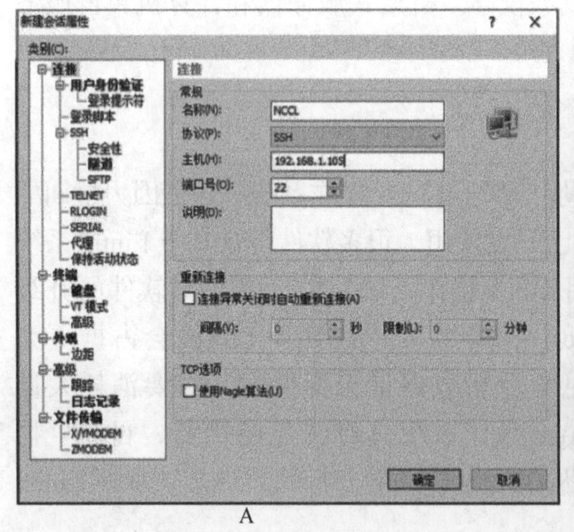

A

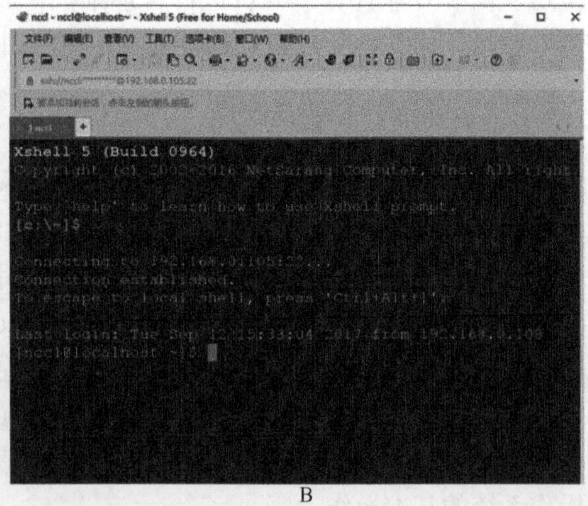

B

图 4-7　Xshell 登录配置界面

下载完成之后解压，直接执行主程序即可安装。安装完成后选择新建选项来建立与服务器主机的连接。如图 4-7A，先输入主机 IP 地址，端口（port）通常是 22。接着点击连接，会依次提示输入服务器账号和密码（服务器管理员提供），即可登录主界面（图 4-7B）。第一次连接服务器在输入服务器账号和密码时，可以选择记住用户名和密码，这样以后连接同一台服务器就不需要再次输入账号和密码。

在进行 NGS 数据生物信息学分析时，经常需要向服务器传输数据或从服务器下载数据到个人电脑，这就需要用到 FTP 数据传输软件。目前有很多 FTP 数据传输软件，比较常用的有 FileZilla。FileZilla 是一个免费开源的 FTP 数据传输软件，分为客户端版本和服务器版本，具备所有的 FTP 软件功能。可控性、有条理的界面和管理多站点的简化方式使得 FileZilla 客户端版成为一个方便、高效的 FTP 客户端工具。FileZilla 下载网址：https：//filezilla-project.org/。

打开软件，可点击站点管理→新建站点或在主界面上输入 FTP 的主机名、用户名及密码，点击连接即可进入，进入后左侧是本地目录和文件列表，右侧为 FTP 服务器的目录文件列表，一般主机目录如图 4-8 所示。

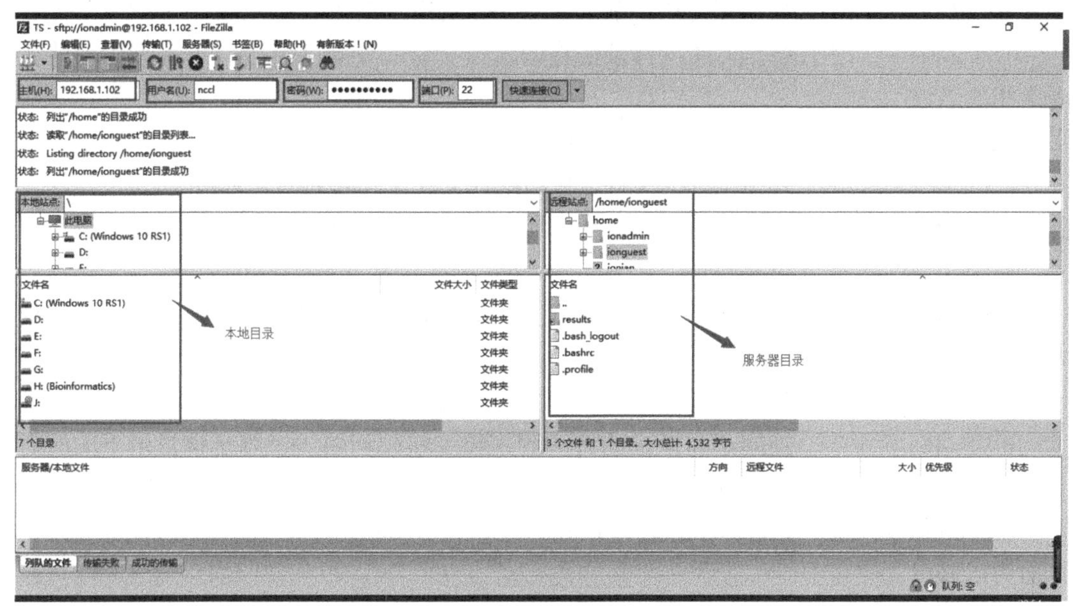

图 4-8　FileZilla 连接服务器操作界面

（四）Linux 系统的基本命令操作

要想具备生物信息学分析的能力，Linux 操作系统的基本命令操作是必不可少的。对于 Linux 操作系统的学习，不论是书店还是网上都有相关的资源教程。对于初学者，只需要熟练掌握基本的操作命令。深究那些高深、复杂的操作命令会减弱学习的兴趣，这些命令可能永远都不会用到。当然，如果有兴趣和能力可以继续深入地对 Linux 操作进行学习。基于这些原因，下面主要以实用为导向，简单介绍在 NGS 生物信息学分析过程中需要用到的 Linux 操作命令。

Linux 操作系统与常用的 Windows 操作系统存在巨大的不同，Linux 的结构由很多文件块区组成，在登录 Linux 之后，基本上都是在一个个文件夹里进行操作。Linux 是一个命令行组成的操作系统，Linux 命令有许多强大的功能：从简单的文件夹操作、文件存取，到进行复杂的多媒体图像和流媒体文件的制作都离不开命令行。因此，可以说，命令是学习 Linux 系统的基础，学习 Linux 很大程度上就是学习命令。在学习 Linux 命令之前，首先介绍一个名词“控制台”（console）或“终端”（terminal），其就是我们通常见到的使用命令行操作界面。我们所做的一切操作都是在终端上完成的。前面介绍的 Xshell 就是一款终端模拟器（见图 4-7）。

1. 文件、目录操作命令

（1）cd 命令：是一个基本的、经常使用的命令，用于切换目录。它的参数是要切换到的目录的路径，可以是绝对路径，也可以是相对路径。

1）cd dir　　切换到当前目录下的 dir 目录

2）cd ./dir　　切换到当前目录下的 dir 目录，“.”表示当前目录

3）cd ../dir　　切换到上层目录中的 dir 目录，“..”表示上一层目录

4）cd ~　　切换到用户目录，如是 root 用户，则切换到 /root 下

（2）ls 命令：用于查看文件与目录信息的命令。它的参数非常多，下面列出一些笔者常用的参数。

1）ls　　以默认方式显示当前目录文件列表

2）ls -a　　列出全部的文件，包括隐藏文件也一起列出（常用）

3）ls -l　　显示文件属性，包括大小、日期、符号连接、是否可读写及是否可执行

4）ls -lh　　显示文件的大小，将文件容量以较易读的方式（GB、KB 等）列出来

5）ls -lt　　显示文件，按照修改时间排序

6）ls -R　　连同子目录的内容一起列出（递归列出），等于该目录下的所有文件都会显示出来

（3）cp 命令：用于复制，可以把一个或多个文件一次性复制到当前目录或其他目录，同时可以修改文件名。

1）cp file1 file2　　将文件 file1 复制为 file2

2）cp -r /root/source .　　将 /root 下的文件 source 复制到当前目录

（4）rm 命令：用于删除文件或文件夹。

1）rm file　　删除文件 file

2）rm -f file　　删除的时候不进行提示

3）rm -rf dir　　删除当前目录下名称为 dir 的整个目录

（5）tar 命令：用于对文件进行压缩或解压缩。

1）tar -c　　新建压缩文件

2）tar -x　　解压缩的功能，可以搭配 -C（大写）指定解压的目录，注意 -c，-x 不能同时出现在同一条命令中

3）tar -j　　通过 bzip2 的支持进行压缩 / 解压

4）tar -z　　通过 gzip 的支持进行压缩 / 解压

5）tar -v　　在压缩 / 解压缩过程中，将正在处理的文件名显示出来

6）tar -C dir　　指定压缩 / 解压缩的目录 dir

（6）其他常用文件、目录操作命令

1）mkdir　　创建文件夹

2）mv　　移动文件、目录或改名。该命令可以把一个或多个文件一次移动到一个文件夹中，但是最后一个目标文件一定要是

	“目录”
3）diff	删除当前目录下名为 dir 的整个目录
4）pwd	显示当前目录路径
5）find	检索文件和目录
6）grep	检索文字

2. 查看编辑文件命令

1）cat	显示文件的内容（全部显示）
2）more	分页显示文件内容
3）tail	显示文件的最后几行；tail -n 100 file.txt 显示 file.txt 文件的最后 100 行
4）head	显示文件的前几行；head -n 100 file.txt 显示 file.txt 文件的前 100 行
5）vi	编辑文件，输入命令的方式为先按“ESC”键，然后输入：w（写入文件）；：w!（不询问方式写入文件）；：wq 保存并退出；：q 退出；：q! 不保存退出
6）sed	检索文字
7）touch	创建一个空文件；touch file.txt 创建一个空文件，文件名为 file.txt
8）wc	显示文件的行数，字节数或单词数

3. 基本系统命令

1）man	查看某个命令的帮助
2）w	显示登录用户的详细信息
3）who	显示登录用户
4）last	查看最近登录系统的用户
5）data	系统日期设定 date　显示当前日期时间 date -s 20：30：30　设置系统时间为 20：30：30 date -s 2002-3-5　设置系统时期为 2003-3-5
6）reboot/halt	重新启动系统
7）shutdown	关闭，再启动系统 shutdown-r now　重新启动系统，停止服务后重新启动系统 shutdown -h now　关闭系统，停止服务后再关闭系统

4. 监视操作系统状态命令

1）top	查看系统 CPU、内存等使用情况
2）ps	显示进程信息；ps ux 显示当前用户的进程
3）kill	“杀掉”某个进程，进程号可以通过 ps 命令得到；kill -9 1001 将进程编号为 1001 的程序“杀掉”
4）free	查看内存和 swap 分区使用情况

5）uptime 现在的时间，系统开机运转到现在经过的时间，连线的使用者数量，最近 1 分钟、5 分钟和 15 分钟的系统负载

6）vmstat 监视虚拟内存使用情况

5. 磁盘操作命令

1）mount 使用 mount 命令就可在 Linux 中挂载各种文件系统

2）mkswap 使用 mkswap 命令可以创建 swap 空间

3）fdisk 对磁盘进行分区

4）mkfs 格式化文件系统，可以指定文件系统的类型，如 ext2、ext3、fat、ntfs 等

6. 用户和组相关命令

1）groupadd 添加组；如 groupadd test1——添加 test1 组

2）useradd 添加用户；如 useradd user1——添加用户 user1，home 为 /home/user1，组为 user1

3）passwd 更改用户密码；如 passwd user1——修改用户 user1 的密码

4）userdel 删除用户；如 userdel user1——删除 user1 用户

5）chown 改变文件或目录的所有者；如 chown user1 /dir——将 /dir 目录设置为 user1 所有

6）chmod 改变用户权限；如 chmod 666 file——将文件 file 设置为可读写

二、生物信息学分析常用软件

（一）基于 Windows 的生物信息学分析常用软件

由于生物信息学分析中 Linux 操作系统的使用主要是命令行模式，一般人们对于文件的查看习惯于图形化界面，而大部分常见的生物数据文件格式为具有统一标准的纯文本格式，如 FASTA 格式、FASTQ 格式、SAM 格式、VCF 格式、BED 格式等。这些类型的数据文件一般都比较巨大，在 Windows 操作系统下需要特殊的文本编辑器来查看和修改。此外，前文介绍的基于 Windows 的 FTP 数据传输软件和连接 Linux 服务器终端模拟软件也是生物信息学分析必备的软件。

基于 Windows 的文本编辑软件有很多种，如 Notepad++、EditPlus、Sublime Text 等。

1. Notepad++ 是 Windows 操作系统下的一套文本编辑器（软件版权许可证：GPL），有完整的中文化接口及支持多国语言编写的功能（UTF8 技术）。其还具有以下特性（图 4-9）：①所见即所得功能、语法高亮、字词自动完成功能，支持同时编辑多重文档，支持自定义语言；②对于 HTML 网页编程代码，可直接选择在不同的浏览器中打开查看，以方便进行调试；③自动检测文件类型，根据关键字显示节点，节点可自由折叠 / 打开，可显示缩进引导线，使代码富有层次感；④可打开双窗口，在分窗口中又可打开多个子窗口；⑤可显示选中文本的字节数，并非普通编辑器所显示的字数；⑥提供了一些实用工具，如邻行互换位置、宏功能等。

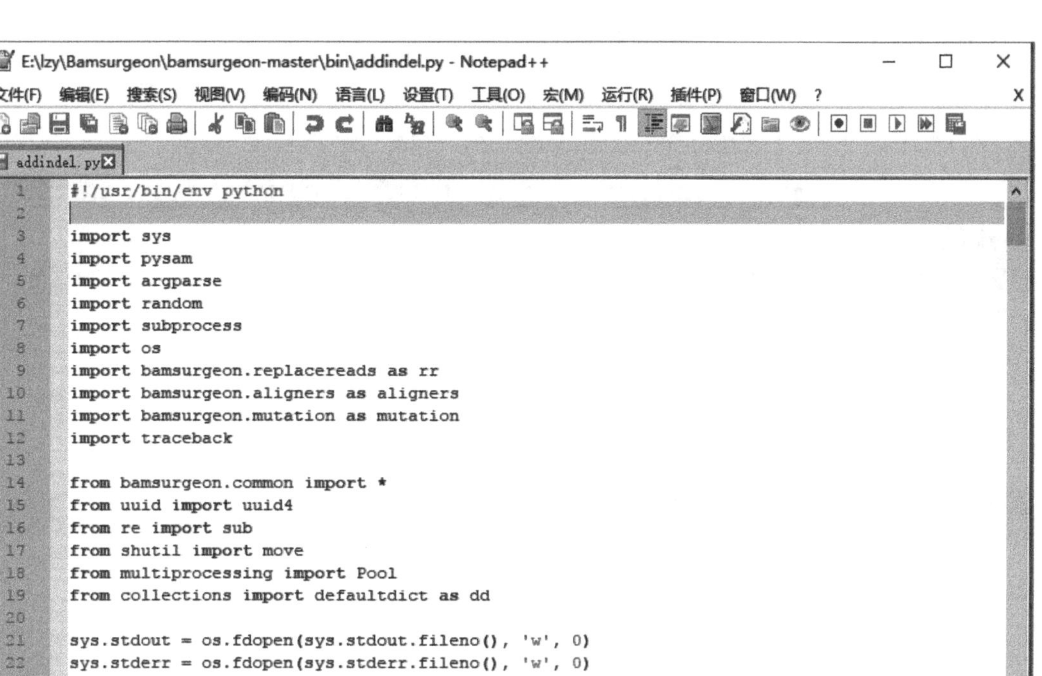

图 4-9　Notepad++ 代码编写功能

2. EditPlus　是由韩国 Sangil Kim（ES-Computing）公司出品的一款小巧，但是功能强大的可处理文本、HTML 和程序语言的 Windows 编辑器（图 4-10）。该软件拥有无限制的撤销与重做、英文拼写检查、自动换行、列数标记、搜寻取代、同时编辑多文件、全屏幕浏览功能。而它还有一个好用的功能，就是有监视剪贴板的功能，同步于剪贴板可自动粘贴进 EditPlus 的窗口中，省去了粘贴的步骤。此外，EditPlus 还具有其他方便使用的功能，包括可以设置工程并进行多文件查找、自动完成、设置标记方便跳转。其特点主要有以下几个方面：①默认支持 HTML、CSS、PHP、ASP、Perl、C/C++、Java、JavaScript 和 VBScript 等语法高亮显示，通过定制语法文件，可以扩展到其他程序语言，在官方网站上可以下载（大部分语言都支持），② EditPlus 提供了与 Internet 的无缝连接，可以在 EditPlus 的工作区域中打开 Internet 浏览窗口，③提供了多工作窗口；不用切换到桌面便可在工作区域中打开多个文档，④正确地配置 Java 的编译器“Javac”及解释器“Java”后使用 EditPlus 的菜单可以直接编译执行 Java 程序。

总之，EditPlus 功能强大，界面简洁美观，且启动速度快；中文支持比较好；支持语法高亮；支持代码折叠；支持代码自动完成（但其功能比较弱），不支持代码提示功能；配置功能强大，且比较容易，扩展也比较强。如同 PHP、Java 等程序的开发环境，根据资料，几分钟就可以完成配置，很适合初学者学习使用。具有不错的项目工程管理功能。

内置浏览器功能，这对于网页开发者很方便。

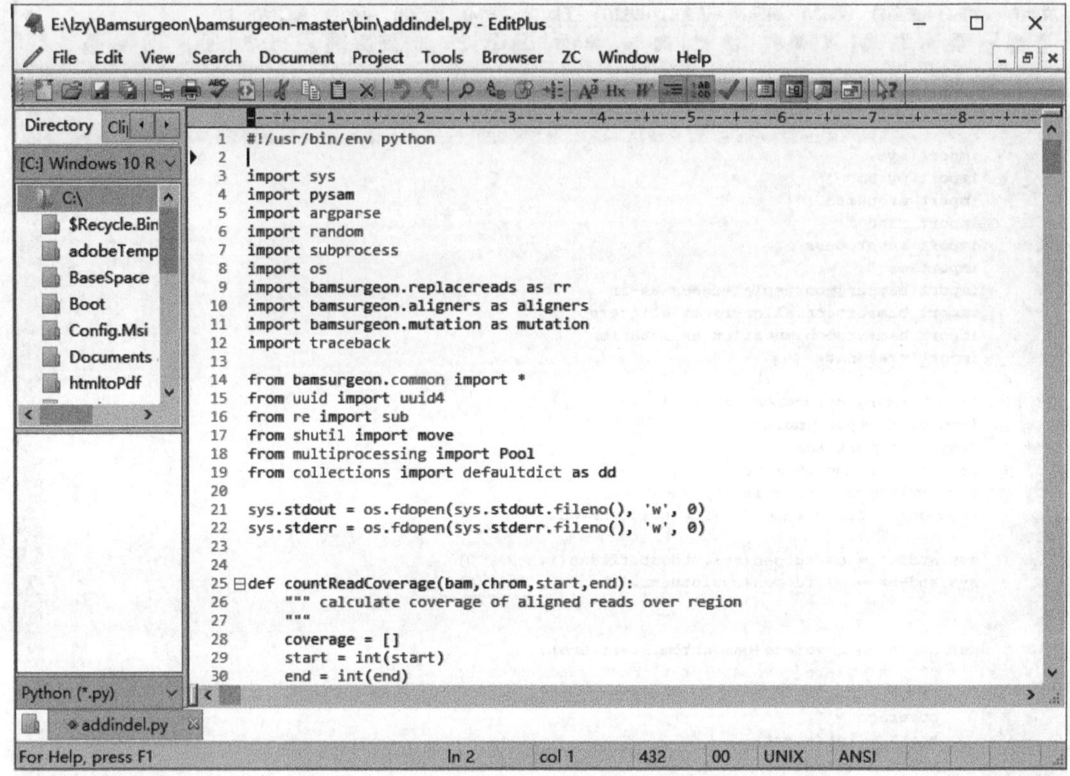

图 4-10 EditPlus 代码编写功能

3. Sublime Text 是一个代码编辑器，支持多种编程语言的语法高亮，拥有强大的代码自动完成功能，还拥有代码片段（Snippet）的功能，可以将常用的代码片段保存起来，在需要时随时调用。支持 VIM（VIM 是 Linux 系统内置的一款文本编辑器，具有代码补全、编译及错误跳转等方便编程的功能，在程序员中广泛使用）模式，可以使用 VIM 模式下的多数命令。

该编辑器在界面上比较有特色的是支持多种布局和代码缩略图，右侧的文件缩略图滑动条方便观察当前窗口在文件中的位置。也提供了 F11 和 Shift+F11 进入全屏免打扰模式。代码缩略图、多标签页和多种布局设置在大屏幕或需同时编辑多文件时尤为方便；全屏免打扰模式有助于更加专心于编辑。代码缩略图的功能在更早的编辑器 TextMate 中就已经存在（TextMate 已经开源）。Sublime Text 2 支持文件夹浏览，可以打开文件夹，在左侧会有导航栏，方便同时处理多个文件。多个位置同时编辑，按住 Ctrl 键，用鼠标选择多个位置，可以同时在对应位置进行相同操作。图 4-11 为 Sublime Text 界面展示。

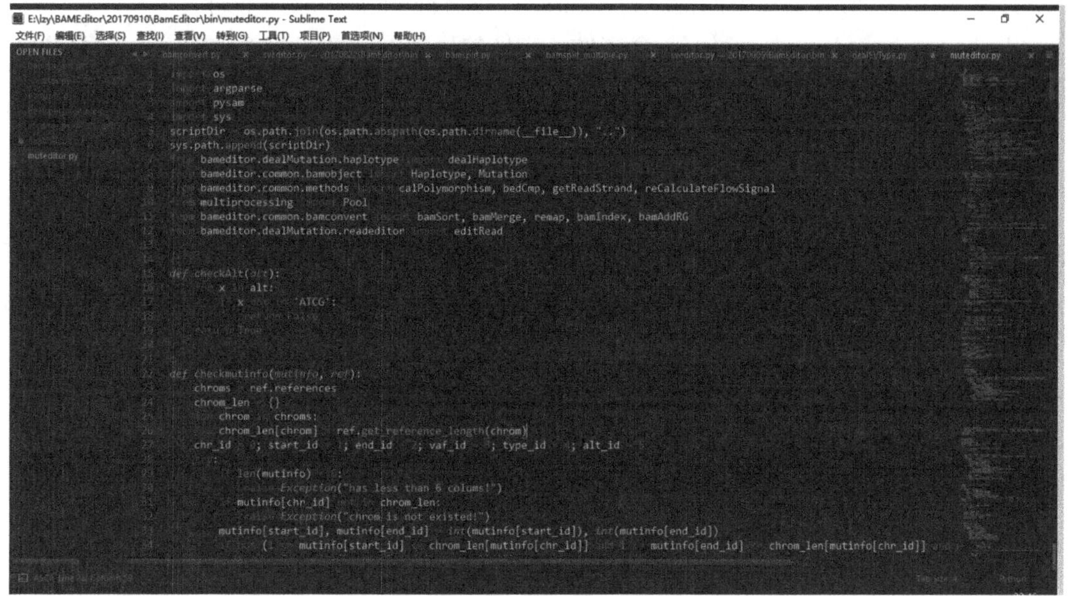

图 4-11　Sublime Text 代码编写功能

此外，Sublime Text 还具有编辑状态恢复的能力，即当修改了一个文件，但没有保存，这时退出软件，软件不询问用户是否要保存，因为无论是用户自发退出还是意外崩溃退出，下次启动软件后，之前的编辑状态都会被完整恢复，与退出前一样。

（二）基于 Linux 的生物信息学分析常用软件

用于 NGS 基因检测的生物信息学分析软件主要包括 NGS 数据质控软件、序列比对软件、变异识别和注释软件等。

1. NGS 数据质控软件　测序数据的质量是影响数据分析的关键，高通量的数据分析首先要进行的就是质量控制，这些过程包括去接头、过滤低质量 reads、去除低质量的 3′ 和 5′ 端，去除 N 较多的 reads，以及查看数据质量，而针对 NGS 数据的质控软件有很多，比较常用的有 FastQC、Fastx_toolkit。

（1）FastQC：作为最经典的一款查看测序数据质量的质量控制软件，其可对 NGS 数据进行快速的基本信息统计，并给出相应的图表报告。

使用方法如下：fastqc [-o output_dir] [--（no）extract] [-f fastq|bam|sam] [-c contaminant file] seqfile1 … seqfileN

[-o]　　= outdir FastQC；生成的报告文件的储存路径，生成的报告的文件名是根据输入来定的。

[-e]　　= extract；生成的报告默认会打包成 1 个压缩文件，使用这个参数是让程序不打包。

[-t]　　= threads；选择程序运行的线程数，每个线程会占用 250MB 内存。

[-c]　　= contaminants；污染选项，输入的是一个文件，格式是 Name [Tab] Sequence，里面是可能的污染序列，如果有这个选项，FastQC 会在计算

时评估污染的情况，并在统计时进行分析，一般用不到。

[-a] = adapters；输入一个文件，文件的格式 Name [Tab] Sequence，储存的是测序的 adpater 序列信息。

[-q] = quiet；安静运行模式，一般不选该选项时，程序会实时报告运行的状况。

FastQC 结果的详细解释见本章第四节相关内容。FastQC 软件下载地址为：http：//www.bioinformatics. babraham.ac.uk/projects/fastqc/。

（2）Fastx_toolkit：为一个软件套装，里面包含许多功能不同的软件，下面逐个讲解其参数及使用方法。

1）fastq_quality_converter [-h] [-a] [-n] [-z] [-i INFILE] [-f OUTFILE] ——直观观察质量值

[-h] = 打印帮助

[-a] = 输出 ASCII 的质量得分（默认）

[-n] = 输出质量值数据

[-z] = GZIP 压缩输出

[-i INFILE] = 输入 fasta/fastq 格式的文件

[-o OUTFILE] = 输出 fasta/fastq 文件

2）fastq_masker [-h] [-v] [-q N] [-r C] [-z] [-i INFILE] [-o OUTFILE] ——过滤低质量碱基

[-q N] = 质量阈值，质量值低于阈值将被过滤掉，默认值为 10

[-r C] = 用 C 替代低质量的碱基，默认用 N 来替代

[-z] = 输出用 GZIP 压缩

[-i INFILE] = 输入 FASTA 文件

[-o OUTFILE] = 输出文件

[-v] = 详细 - 报告序列编号，如果使用了 -o 则报告会直接在 STDOUT 中；如果没有则输入到 STDERR

3）fastq_quality_filter [-h] [-v] [-q N] [-p N] [-z] [-i INFILE] [-o OUTFILE] ——过滤低质量序列

[-q N] = 限定需要留下的碱基的最小质量值

[-p N] = 每个 reads 中至少有百分之多少的碱基需要有 -q 的质量值

[-z] = 输出用 GZIP 压缩

[-v] = 详细 - 报告序列编号，如果使用了 -o 则报告会直接在 STDOUT 中，如果没有则输入到 STDERR

4）fastq_quality_trimmer [-h] [-v] [-t N] [-l N] [-z] [-i INFILE] [-o OUTFILE]——修剪 reads 的末端

[-t N] = 从 5′ 端开始，低于 N 的质量的碱基将被修剪掉

[-l N] = 修剪之后的 reads 的长度允许的最短值

[-z] = 输出用 GZIP 压缩

[-v] = 详细 - 报告序列编号，如果使用了 -o 则报告会直接在 STDOUT 中；如果没有则输入到 STDERR

5）fastq_to_fasta [-h] [-r] [-n] [-v] [-z] [-i INFILE] [-o OUTFILE]——将 fastq 转换成 fasta

[-r] = 序列用序号重命名

[-n] = 保留有 N 的序列，默认不保留

[-v] = 详细 - 报告序列编号，如果使用了 -o 则报告会直接在 STDOU 中；如果没有则输入到 STDERR

6）fastx_trimmer [-h] [-f N] [-l N] [-t N] [-m MINLEN] [-z] [-v] [-i INFILE] [-o OUTFILE]——从 3′ 开始到 5′ 哪些部分保留

[-f N] = 截取的起始位点，默认第一个

[-l N] = 截取的结束位点，默认全部碱基都保留

[-t N] = 序列尾部修剪掉 N 个碱基

[-m MINLEN] = 去掉长度小于 MINLEN 的序列

7）fastx_quality_stats [-h] [-N] [-i INFILE] [-o OUTFILE]——统计 fastq 文件的质量值

[-i INFILE] = 输入 fastq 文件

[-o OUTFILE] = 输出的文本文件名

[-N] = 使用新的输出格式，默认使用旧格式

8）fastq_quality_boxplot_graph.sh [-i INPUT.TXT] [-t TITLE] [-p] [-o OUTPUT] ——绘制碱基质量分布盒式图

[-p] = 产生 .PS 文件，默认产生 png 图像

[-i INPUT.TXT] = 输入文件为 fastx_quality_stats 的输出文件

[-o OUTPUT] = 输出文件的名字

[-t TITLE] = 输出图像的标题

9）fastx_nucleotide_distribution_graph.sh [-i INPUT.TXT] [-t TITLE] [-p] [-o OUTPUT]——绘制碱基分布图

[-p] = 产生 .PS 文件，默认产生 png 图像

[-i INPUT.TXT] = 输入文件为 fastx_quality_stats 的输出文件

[-o OUTPUT] = 输出文件的名字

[-t TITLE] = 输出图像的标题

10）fastx_clipper [-h] [-a ADAPTER] [-D] [-l N] [-n] [-d N] [-c] [-C] [-o] [-v] [-z] [-i INFILE] [-o OUTFILE]——去掉接头序列

[-a ADAPTER] = 接头序列（默认为 CCTTAAGG）

[-l N] = 忽略那些碱基数目少于 N 的 reads，默认为 5

[-d N] = 保留接头序列后的 N 个碱基默认 -d 0

[-c] = 放弃那些没有接头的序列

[-C] = 只保留没有接头的序列

[-k] = 报告只有接头的序列

[-n] = 保留含有 N 的序列，默认不保留

[-M N] = 要求最小能匹配到接头的长度 N，如果和接头匹配的长度小于 N 则不修剪

[-i INFILE] = 输入文件

[-o OUTFILE] = 输出文件

Fastx_toolkit 软件下载地址为：http：//hannonlab.cshl.edu/fastx_toolkit/。

2. NGS 序列比对软件

（1）序列比对的意义：序列比对（alignment or mapping）在生物信息学中一直是一个重要的研究方向。早期的生物信息学以序列比对算法的建立为主。早期的序列比对的目的是确定两个或多个 DNA、RNA 或蛋白质序列之间的相似性及同源性，将其按照一定的规律排列，找出并标注相似之处，常用于研究由共同祖先进化而来的物种序列，特别是蛋白质或 DNA 等生物序列。近十几年来，随着 NGS 技术的出现，无论是对基因变异的检测还是基因表达定量，首先要做的就是把 NGS 产生的大量短序列快速且准确地比对并定位到参考基因组的相应位置。面对这一问题，传统的比对工具，如 BLAST，无法胜任这一工作。因为 BLAST 等传统比对工具的任务是找到最多的匹配信息，而短序列比对工具的目的则是快速地从众多潜在匹配中找到最优的比对位置。将大量短序列准确地比对到参考基因组上，对于后续的变异识别或基因表达定量至关重要。

（2）BLAST 序列比对软件：BLAST（Basic Local Alignment Search Tool）[3] 是由美国国立生物技术信息中心（NCBI）开发的一种基于序列相似性的局部序列比对软件，可识别特定序列的分类和可能的同源性。BLAST 主要用于蛋白质序列之间或核酸序列之间的两两比对，通过比较两个序列之间的相似区域和保守性位点，寻找二者可能的分子进化关系。BLAST 共有 5 种比对方式，即 blastn、blastp、blastx、tblastn、tblastx。

1）blastn：核酸序列到核酸数据库中的一种查询。库中存在的每条已知序列都将同所查序列作一对一的核酸序列比对。

2）blastp：蛋白质序列到蛋白质数据库中的一种查询。库中存在的每条已知序列将逐一与每条所查序列作一对一的序列比对。

3）blastx：核酸序列到蛋白质数据库中的一种查询。首先将核酸序列翻译成蛋白质序列（每条核酸序列会产生 6 条可能的蛋白质序列），再对每一条作一对一的蛋白质序列比对。

4）tblastn：蛋白质序列到核酸数据库中的一种查询。与 blastx 相反，它是将库中的核酸序列翻译成蛋白质序列，再同所查序列作蛋白与蛋白比对。

5）tblastx：核酸序列到核酸数据库中的一种查询。此查询将库中的核酸序列和所查的核酸序列都翻译成蛋白质序列，这样每次比对会产生 36 种比对阵列，这是最耗费时间的一种比对方法。

BLAST 分为在线版和本地版两种方式。在线版只需要进入 BLAST 运行网站（https：//blast.ncbi.nlm.nih.gov/Blast.cgi）即可使用，不需要任何安装（图 4-12）。

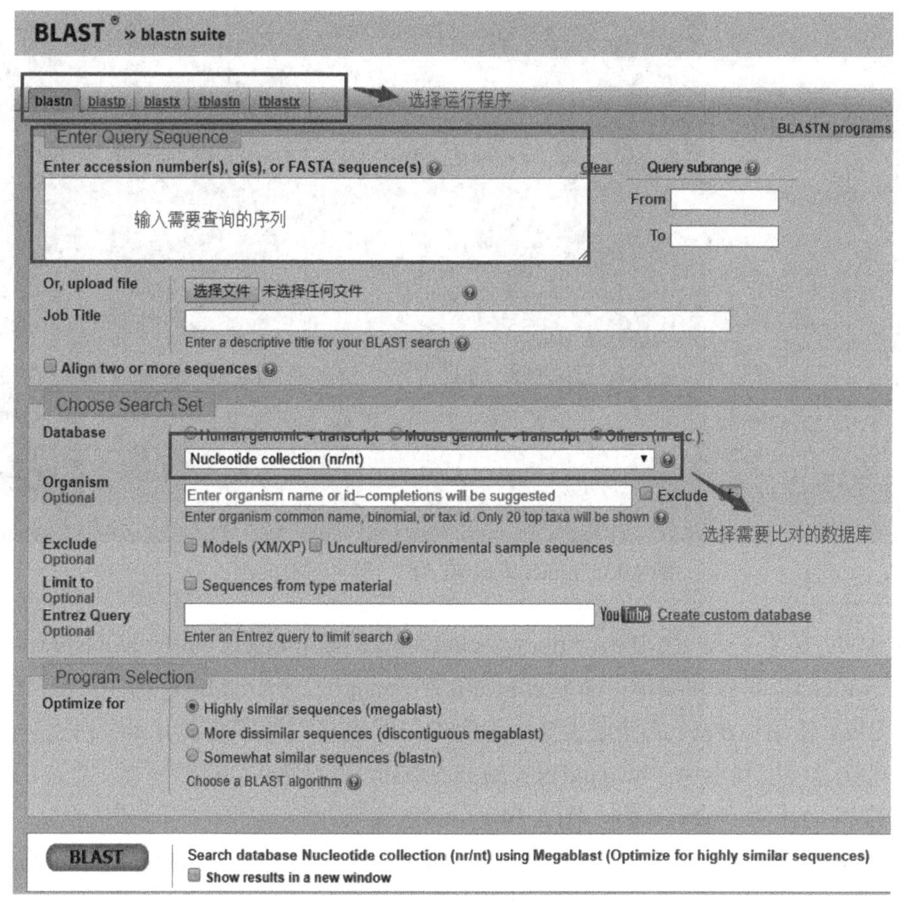

图 4-12　NCBI BLAST 使用界面

本地运行 BLAST 程序则需要在本地服务器端安装 BLAST 程序，其安装步骤如下。

1）下载 BLAST+ 程序：首先从以下链接 ftp：//ftp.ncbi.nlm.nih.gov/blast/executables/blast+/LATEST/ 进入 blast 程序下载网页，选择 Linux 版本、64 位，即可将 blast 程序文件 blast-2.2.30+-x64-Linux.tar.gz 下载到本地服务器上。

2）安装 BLAST 程序：在 Linux 下，依次执行如下命令 # tar -zxvf ncbi-blast-2.2.30+-x64-Linux.tar.gz（解压后可通过绝对路径直接使用）。安装完成后即可使用命令行进行本地 blast 序列比对（图 4-13）。

（3）NGS 数据序列比对软件：目前有大量的短序列比对软件被开发出来，且各具优点[5]。其中 BWA（Burrows-Wheeler Aligner）[6] 是目前最常用的 NGS 短序列比对软件，BWA 采用的是基于 BWT 的序列比对算法，对参考基因组进行压缩并建立索引，将测序数据短 reads 通过查找和回溯定位到参考基因组上，可允许一定的错配，同时支持单端和双端测序数据的比对。BWA 主要用于 NGS 短序列与参考基因组之间的定位比对，比对前需首先对参考序列建立索引文件。

```
[nccl@localhost ~]$ blastn -help
USAGE
  blastn [-h] [-help] [-import_search_strategy filename]
    [-export_search_strategy filename] [-task task_name] [-db database_name]
    [-dbsize num_letters] [-gilist filename] [-seqidlist filename]
    [-negative_gilist filename] [-entrez_query entrez_query]
    [-db_soft_mask filtering_algorithm] [-db_hard_mask filtering_algorithm]
    [-subject subject_input_file] [-subject_loc range] [-query input_file]
    [-out output_file] [-evalue evalue] [-word_size int_value]
    [-gapopen open_penalty] [-gapextend extend_penalty]
    [-perc_identity float_value] [-qcov_hsp_perc float_value]
    [-max_hsps int_value] [-xdrop_ungap float_value] [-xdrop_gap float_value]
    [-xdrop_gap_final float_value] [-searchsp int_value]
    [-sum_stats bool_value] [-penalty penalty] [-reward reward] [-no_greedy]
    [-min_raw_gapped_score int_value] [-template_type type]
    [-template_length int_value] [-dust DUST_options]
    [-filtering_db filtering_database]
    [-window_masker_taxid window_masker_taxid]
    [-window_masker_db window_masker_db] [-soft_masking soft_masking]
    [-ungapped] [-culling_limit int_value] [-best_hit_overhang float_value]
```

图 4-13　Linux 本地 BLAST+ 软件运行界面

1）BWA 安装：下载 BWA https：//sourceforge.net/projects/bio-bwa/files/bwa-0.7.16a.tar.bz2/download；解压和编译：tar jxvf bwa-0.7.16a.tar.bz2 && cd bwa-0.7.16a & make。

2）BWA 使用：BWA 的使用主要分为两步，即建立参考序列索引和序列比对。

A. 建立参考序列索引：bwa index reference.fasta。

B. BWA 的比对方法有 3 种（图 4-14）。

ⅰ：BWA – backtrack（aln）适用于 Illumina 且序列长度短于 100bp 的序列比对。

ⅱ：BWA – SW（bwasw）适用于比较长的序列比对（70bp ～ 1Mb）。

ⅲ：BWA – MEM（mem）适用于比较长的序列比对（70bp ～ 1Mb）。

其中，MEM 是最新算法，速度更快，准确率更高，是目前常用的比对方法。

单端测序数据：bwa mem ref.fa reads.fq ＞ aln-se.sam。

双端测序数据：bwa mem ref.fa read1.fq read2.fq ＞ aln-pe.sam。

除 BWA 之外，还有许多短序列比对软件，如 Bowtie、TMAP、NovoAlign 等[5]。Bowtie 凭借其速度上的优势广泛应用于 ChIP-Seq 和 RNA-seq 的分析中。TMAP 则主要是针对 Ion Torrent 测序平台开发的短序列比对软件，目前也主要用于 Ion torrent 测序平台数据的比对。NovoAlign 是一款商用软件，序列存在 Indel 时仍有较高的准确性。但由于 NovoAlign 是付费软件，故限制了其广泛应用。

3. SAM/BAM 文件处理软件　NGS 数据完成比对后一般产生 SAM 格式的比对文件，在变异识别之前还需要对 SAM 格式文件进行一系列的处理，如转换成 BAM 格式文件、对 BAM 格式文件进行排序、统计测序深度及覆盖度等。目前最常用的软件为 Samtools。

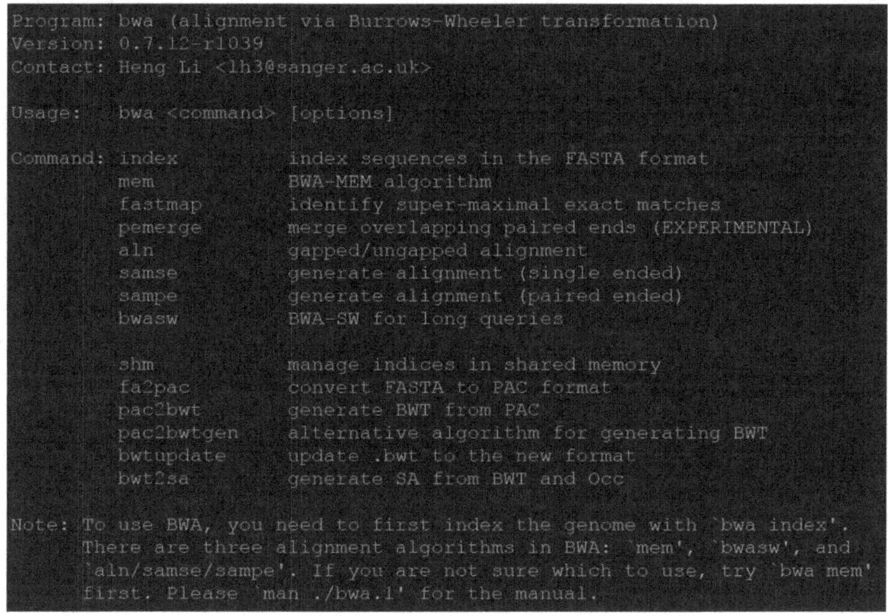

图 4-14　BWA 使用界面

（1）Samtools 软件的主要功能如下。

1）view：BAM 与 SAM 文件之间格式转换及序列提取。

2）sort：对 BAM 格式文件进行排序。

3）merge：合并多个比对的 BAM 格式文件。

4）index：BAM 格式文件建立索引。

5）faidx：建立 FASTA 索引，提取部分序列。

6）mpileup：生成 bcf 文件或 mpileup 文件，用于后续变异的识别。

（2）Samtools 最常用的 3 个功能就是格式转换、排序及序列提取。

1）格式转换：samtools view -bS sample.sam ＞ sample.bam

该命令可将 SAM 格式文件转换成 BAM 格式。

2）排序：samtools sort sample.bam -o sample_sorted.bam

该命令可将 BAM 格式文件按照一定的顺序进行排列，排序方式有两种：①默认方式，按照染色体的位置进行排序；②加上参数 -n 则是根据 read 的名称进行排序，如 samtools sort –n sample.bam -o sample_sorted.bam。

3）序列提取：samtools view -h -b -f 4 sample_sorted.bam ＞ sample_unmapped.bam

该命令可根据 BAM 文件中第二列 flag 包含的比对信息将 BAM 格式文件中未比对到参考基因组的 reads 提取出来。使用的是 -f（提取含有 flag 信息的 reads）或 -F（去除含有 flag 信息的 reads）命令参数。前文介绍了 SAM/BAM 格式文件的第二列 flag 包含了大量的比对信息，跟据 flag 信息可使用 Samtools 进行各种处理。

Samtools 包含的命令很多，除了上述的常用命令外，还具有很多强大的功能，熟悉掌握其用法可帮助我们简单快速地对 NGS 数据进行分析，本文仅对 Samtools 的使用方法进行简单介绍，详细使用方法请参考 Samtools 官方使用手册 http：//www.htslib.org/doc/samtools.html。与 Samtools 具有类似功能的软件还有美国 Broad 研究所开发的 Picard 软件。

4. NGS 变异识别软件 NGS 基因变异的识别一直是一个难点，由于变异类型多样，各种软件针对不同类型的变异都各有优缺点，因此，单一软件不可能准确地将所有突变鉴定出来。例如，MuTect 软件利用贝叶斯分类算法对体细胞突变进行识别，它能够利用正常配对样本信息敏感地检测出低频体细胞突变，但 MuTect 只能对 SNV 进行识别，且当配对样本含有肿瘤细胞污染时会降低其敏感性。而 SomaticSniper 则能够在配对样本含有肿瘤细胞污染时更好地对体细胞突变进行识别，但是其对于低频体细胞突变的敏感性较差。临床基因检测变异的识别需使用不同的软件组合，建立一套完整的生物信息学分析流程，并经过性能确认验证已达到最好的变异识别效果。下面将对经典的 GATK 软件进行简要介绍。

GATK（Genome Analysis Toolkite）[7]，是由 Broad 研究所开发的用于 NGS 数据分析的软件套装，GATK 包含一系列分析工具，主要用于从 NGS 数据中进行变异的识别，包括 SNV、Indel、CNV。需要注意的是，GATK 的测试主要使用的是人类全基因组和外显子组的测序数据，而且全部是基于 Illumina 数据格式，目前还没有提供其他格式文件（如 Ion Torrent）的分析方法。此外，GATK 不断在更新和修正，因此，在使用 GATK 进行变异检测时，最好下载最新版本。GATK 官网：https：//software.broadinstitute.org/gatk/。

GATK 的数据分析流程包括：原始数据的比对处理、变异检测、变异过滤及注释 3 个步骤（图 4-15）。具体分析流程见本章第四节“高通量测序检测数据分析原理和基本流程”。

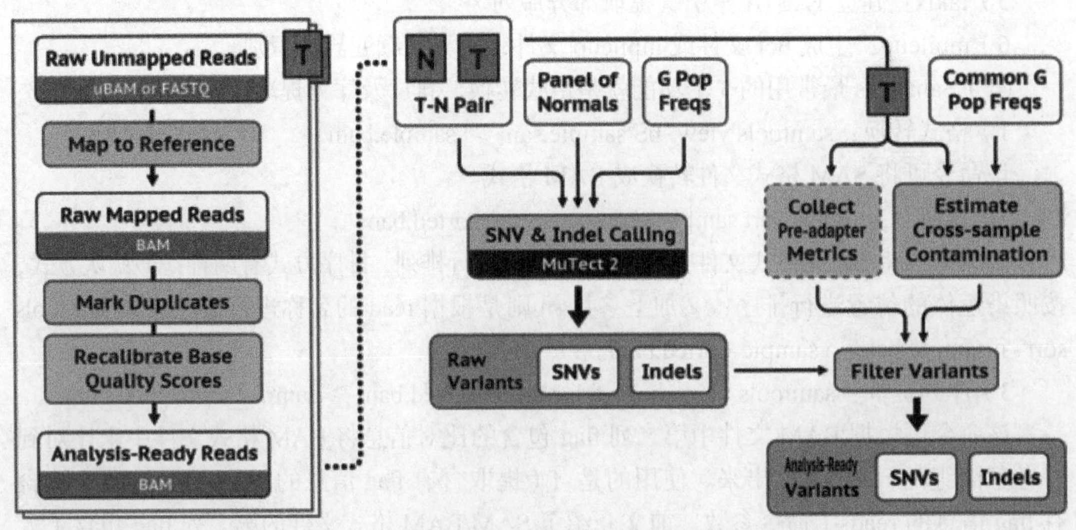

图 4-15 GATK4 体细胞突变检测数据分析流程

图片摘自 http：//www.broadinstitute.org/gatk/guide/topic?name=best-practices

需要注意的是，GATK 目前仅支持 Linux 和 MacOSX 系统，无法在 Windows 系统下运行。推荐下载最新版，目前已更新到 GATK 4.0.4，与之前的 GATK 3 相比，GATK 4 更加简单，功能也增加了结构变异检测和一些其他功能，并且集成了 MuTect2 和 Picard 的所有功能。

第四节　高通量测序检测数据分析原理和基本流程

临床 NGS 基因检测的目的是对患者基因发生的变异进行检测，并将变异注释及报告解读用于指导临床诊断和治疗，这些变异包括 SNV、Indel（≤ 50bp）、CNV 和 SV。高通量测序变异检测的原理和数据分析流程是从事 NGS 基因检测人员必需的知识。

一、高通量测序检测数据分析原理

NGS 变异检测的基本原理是对样本 DNA 随机打断后进行 NGS 并获得大量短片段 reads，再通过生物信息学分析软件（如 BWA 等）将测得的 reads 比对到参考基因组，得到每一条 read 在参考基因组上的位置信息。虽然 NGS 得到的是大量的短片段 DNA 序列，但由于样本 DNA 是通过随机打断后进行测序的，因此比对到参考基因组后，每一个位点都会被多次测到，如图 4-16 箭头所指示的位点，综合多个 reads 的比对信息即可得知该位点碱基的变异情况。随后通过生物信息学分析即可对变异进行识别。

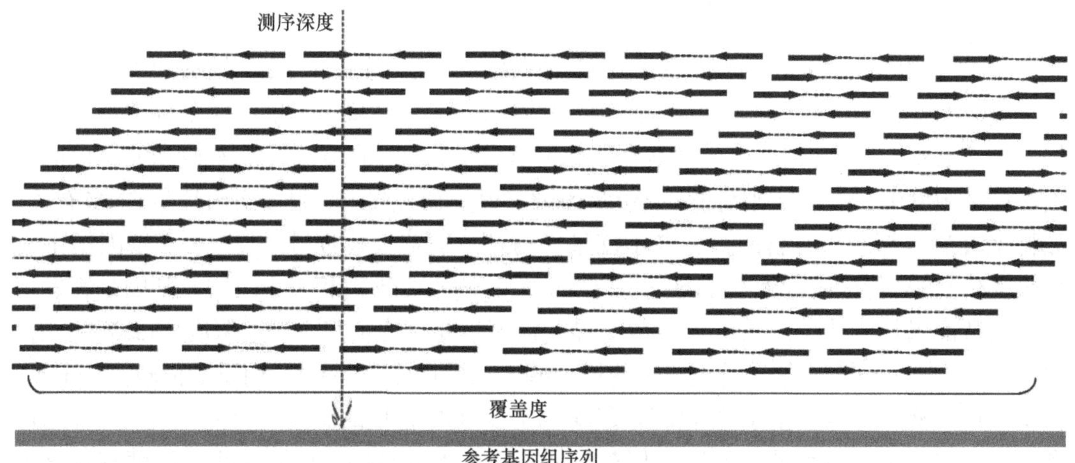

图 4-16　NGS 短序列比对策略

（一）SNV 数据分析原理

测序数据比对到参考基因组后即可获得每条 read 在基因组上的比对信息，包括比对到参考基因组上的位置，每一条测序 reads 序列与参考基因组序列的匹配情况，是否有错配（mismatch）、插入（insertion）、缺失（deletion）等信息。如图 4-17（见彩图 13）红色箭头所指示的位点，参考基因组序列为碱基 G，而测序所得到的 reads 在该位点既有

A（7 条 reads）也有 G（10 条 reads），因此样本中该位点发生了 G > A 突变，而突变等位基因频率（variant allele frequency，VAF = mutant reads / total reads）约为 7/（7+10）= 41.17%。在对 NGS 数据进行生物信息学分析时，变异检测软件将对比到参考基因组上的 reads 信息进行统计分析并根据测序 reads 的碱基质量情况、比对情况等进行综合评判，最终计算出各位点突变情况。目前有多款变异检测软件可用来进行变异识别，如 Varscan、SomaticSniper、Strelka 和 MuTect 等。

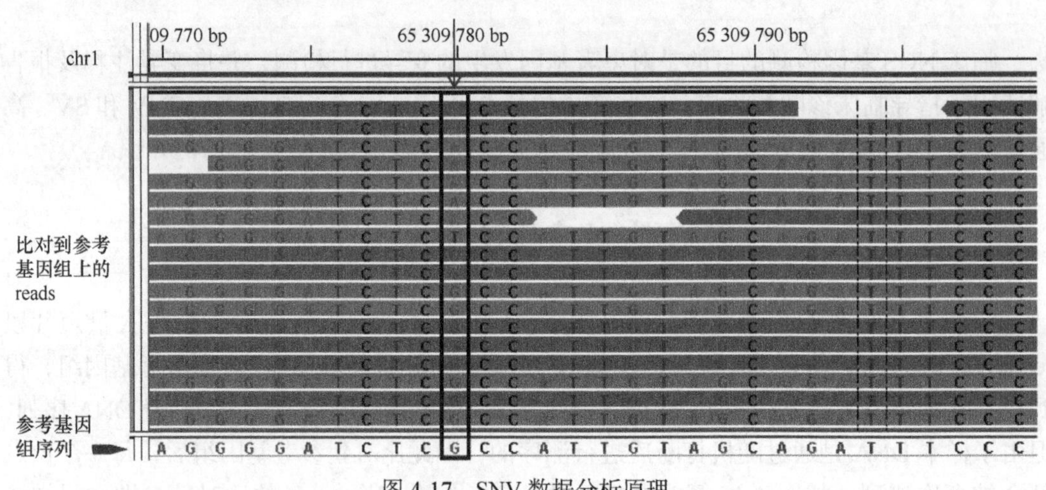

图 4-17 SNV 数据分析原理

（二）CNV 数据分析原理

CNV 是指人类基因组范围内某些区域由于发生了重复（duplication）或缺失而导致的该区域内 DNA 拷贝数增加或减少的现象。拷贝数变异是结构变异引起的一种现象。基因组发生了 CNV 意味着基因组上的某些区域可能发生了重复或缺失，若某些功能重要的基因所在区域发生了 CNV，则可能会导致疾病的产生。研究发现，很多疾病都与 CNV 有关，如帕金森病、糖尿病、自闭症、老年痴呆、精神分裂症及癌症等 [8-13]。在人基因组中大多数发生 CNV 的区域都大于 1kb[14, 15]。CNV 的检测主要是判断某一区域或基因是否发生了拷贝数的增加或减少。NGS 拷贝数变异的检测主要方法是基于测序深度（read depth，RD）。对 CNV 进行评估，首先要过滤掉一些比对质量差的 reads，用质量值较高的 reads 计算出原始测序深度，由于测序深度受 DNA 序列 GC 含量的影响，研究发现 [16]，在 GC 含量过高或过低的区域测序深度会相对较低，因此不能直接使用原始测序深度判断是否存在 CNV，目前大多数 CNV 分析软件都会根据序列的 GC 含量信息对测序深度进行 GC 校正，最后通过聚类进行归一化分析（normalization）判断是否存在 CNV，如图 4-18A，经过 GC 校正和归一化处理后，发生 CNV 的区域 RD 会相应减少或增加，并可通过可视化展示，如图 4-18B。对于全基因组测序，由于不涉及靶向捕获过程，且基因组的所有区域都进行了测序，因此需要预先设定发生 CNV 的区域或窗口（windows）大小。对于全外显子组测序或靶向测序，由于捕获区间内外深度偏好不一致，而且每个区间长短不一，所以目前一般不采用固定长度的窗口，多数软件使用的是在每个外显子区域范围对 CNV

进行判断，实际中窗口的设置应根据具体 CNV 检测软件设计时所采用的方式。

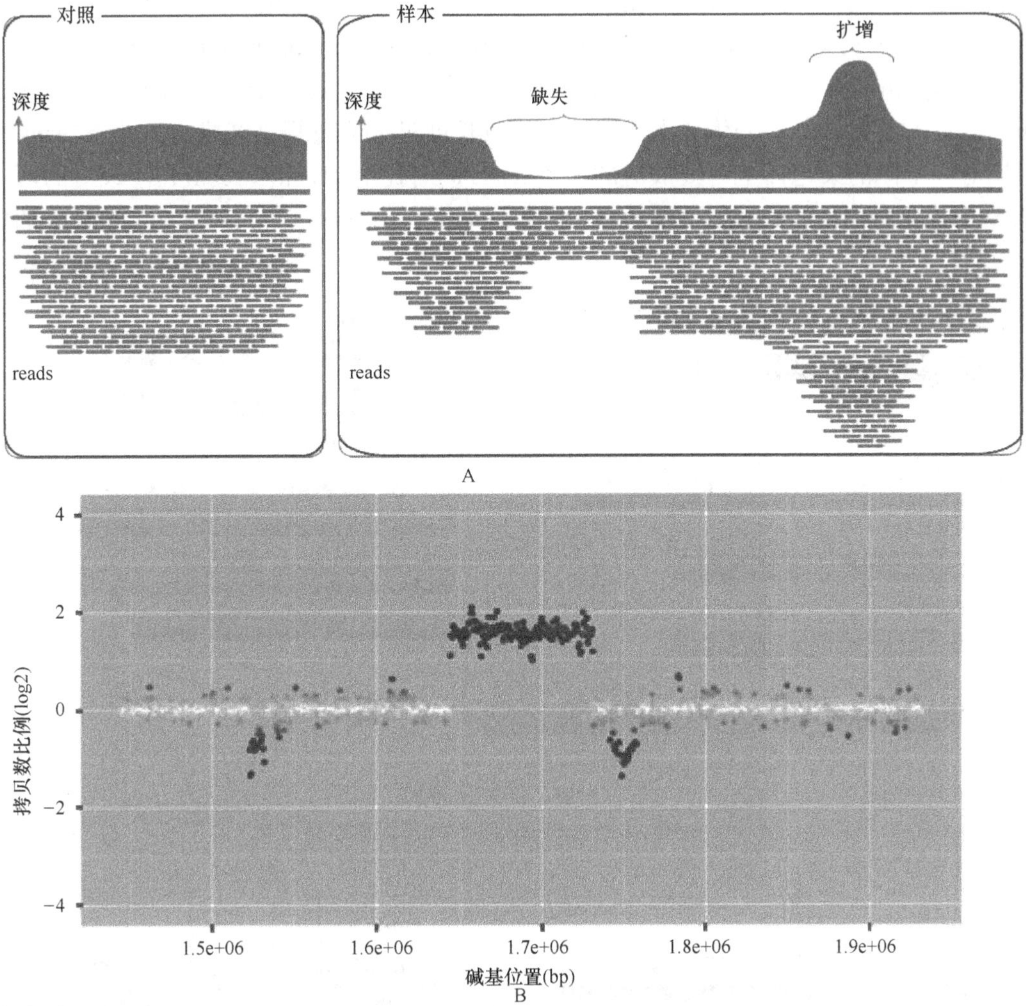

图 4-18　CNV 数据分析原理

A. 发生缺失或扩增区域的测序 reads 覆盖模式图；B. CNV 可视化图

另外一种方法就是根据测序样本的 SNP 信息进行判断。选取一些在对照样本（control）中基因型为杂合的 SNP 点，然后计算实验样本（case）中这些点的 SNP 频率，判断在 case 中该杂合位点 SNP 变异频率是否发生偏移。例如，control 中 A ： G=1 ： 1，case 中 A ： G=1 ： 2。通过这种方法判断出，SNP 频率发生偏移的区间准确地说是发生了杂合缺失（loss of heterozygote，LOH）。发生 LOH 的区间不一定会发生 CNV，发生 CNV 的区间也不一定会发生 LOH，但该方法与其他方法可相互参考、验证。

（三）SV 数据分析原理

基因组发生的结构变异可分为大片段的插入、缺失、倒位（inversion）、易位（translocation）等（图 4-19）[17]。基因组发生结构变异会导致基因融合（gene fusion）及拷贝数变异。由于 NGS 产生的是短 reads，而结构变异一般比较大，因此对于 NGS 数据

SV 的生物信息学分析，一种方法就是利用发生结构变异断点（breakpoint）位置的 reads 信息来进行判断。如图 4-20，根据测序 reads 比对到参考基因组的情况，可将比对到断点位置的 reads 分为 split reads 和 discordant paired reads。split reads 是指一条 read 一部分比对到基因组的某一位置，另一部分比对到另一个位置。discordant paired reads 是指 pair end reads 关系异常，可分为 4 类：①插入片段长度过大或过短；②成对的两条 reads 分别比对到不同的染色体上；③成对的两条 reads 同时比对到正链或负链；④成对的两条 reads 中，比对到负链的 read 在染色体上的位置靠前，比对到正链的 read 在染色体上的位置靠后。

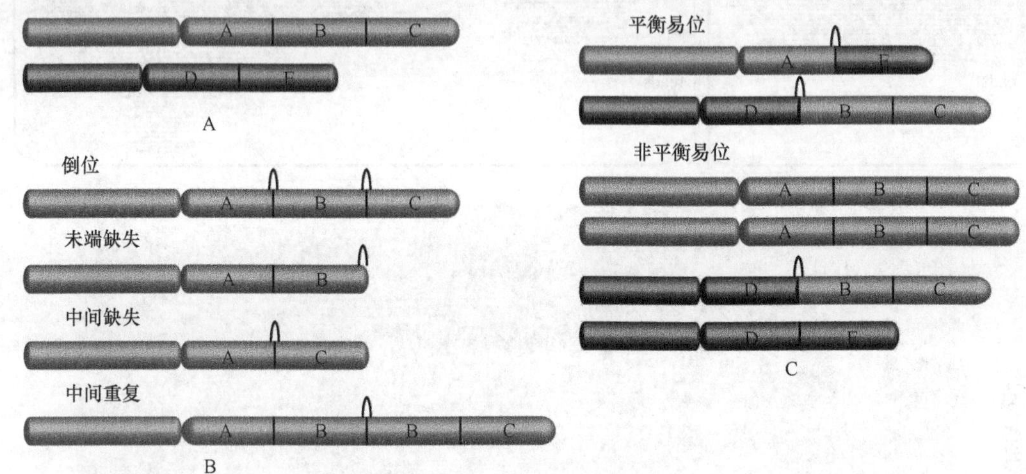

图 4-19 SV 产生原理

A. 正常染色体；B. 染色体内结构变异；C. 染色体间结构变异

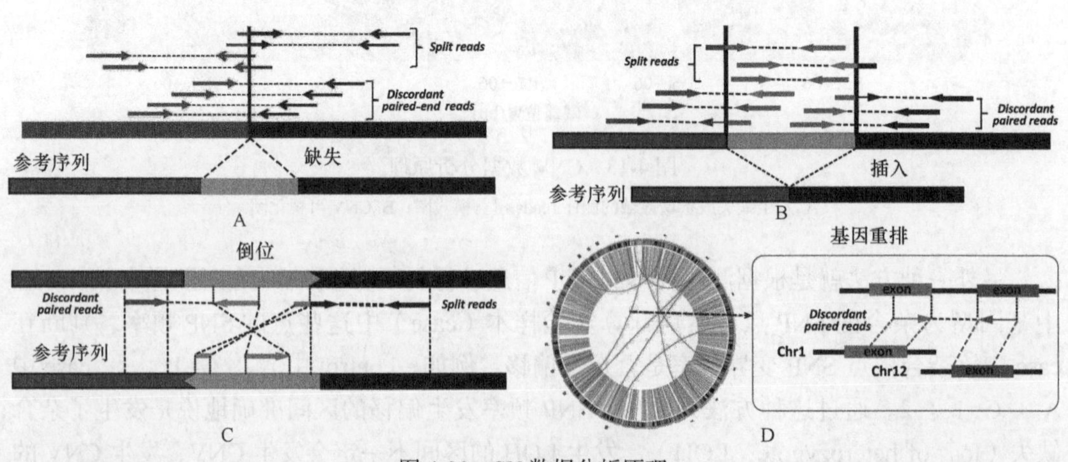

图 4-20 SV 数据分析原理

A. 发生大片段缺失变异时断点位置比对的 reads 分类情况；B. 发生倒位变异时断点位置比对的 reads 分类情况；C. 发生大片段插入变异时断点位置比对的 reads 分类情况；D. 染色体间发生基因融合和重排时 reads 的情况

此外，还可以利用局部 de novo 组装的方法，将短 reads 组装成长序列，再将组装后的长序列比对到参考基因组，即可准确判断出结构变异发生的位置。目前出现的一系列 SV 变异鉴定算法都是基于上述分析原理进行设计的。

二、高通量测序检测生物信息学分析流程

生物信息学分析流程（bioinformatics pipeline），是指将各种不同的生物信息学分析软件、参考数据库信息通过计算机编程按照一定的方式结合在一起，从而使用高性能计算机完成从原始数据到得出检测结果的整个数据分析过程（图 4-21）。一个完整的生物信息学分析流程要通过性能确认预先设定好软件的每个分析参数及相关质控阈值，并且能够自动完成从数据的质量控制到结果报告的整个过程。每一个应用于临床基因检测的生物信息学分析流程还需要包含必要的质量控制点来对整个生物信息学分析过程进行监测，从而保证分析结果的准确性，以便出现异常结果时进行原因分析。

NGS 基因检测会产生大量原始序列数据，需要使用各种不同的分析软件，通过多个分析步骤对原始数据进行处理，导致生物信息学分析流程非常复杂。根据检测基因范围不同，NGS 基因检测方法可分为 3 个层面：①靶向测序（targeted sequencing）；②全外显子组测序（whole exome sequencing，WES）；③全基因组测序（whole genome sequencing，WGS）。此外，由于使用的 NGS 平台不同，产生的测序数据类型也会有一定的差别，如 Illumina 和华大的 CG 平台产生的测序数据主要包含序列信息和相应的碱基质量值，而 Ion Torrent 平台产生的测序数据除了序列信息和相应的碱基质量值外，还包含测序碱基信号值（flow signal），并且 flow signal 对后续的数据分析具有重要作用。因此针对不同的测序平台、测序方法（TGS、WES、WGS），其数据分析流程及所使用的软件会有所差别，但其主要分析步骤是一样的，包括原始数据的质量控制、数据比对、数据比对后处理、变异识别、变异注释及变异过滤（图 4-21）。下面将以 Illumina 测序平台的全外显子组测序的数据分析流程为例进行详细的介绍。

（一）原始数据的生成和质量控制

根据 Illumina 测序仪原理，测序过程中首先产生的是代表碱基信息的光学信号，要想得到 DNA 的序列信息，首先要进行碱基识别（base calling），即将测序仪记录的光学信号转化为碱基信息（reads）。由于目前测序仪的通量较大，一般会同时将多个样本进行混合测序，因此还需要通过文库制备时对样本加入的分子标签（barcode）对样本进行分选（de-multiplex）。随后生成的就是每个样本的 FASTQ 格式原始数据。

从第三章“高通量测序原理及特点”中我们知道，现在的 NGS 技术无论是以 Illumina 测序平台为代表的边合成边测序技术还是基于半导体芯片的 Ion torrent 测序平台，测序过程都有着一定的错误率。测序数据的质量会影响下游分析，要想有一个准确的分析结果，必须要有一个能满足分析要求、质量好的测序数据，为了得到可靠的分析结果，对于不同的测序平台，其错误率、错误的分布模式是不同的[18]，因此在进行分析前首先要对数据有一个全面的了解并进行质量控制（quality control，QC）[19]。

一般测序得到的下机数据为原始数据（raw data），在数据分析之前需要对其进行质量控制（即除去不好的序列，保留好的序列。包括剪切接头序列和末端低质量的碱基，

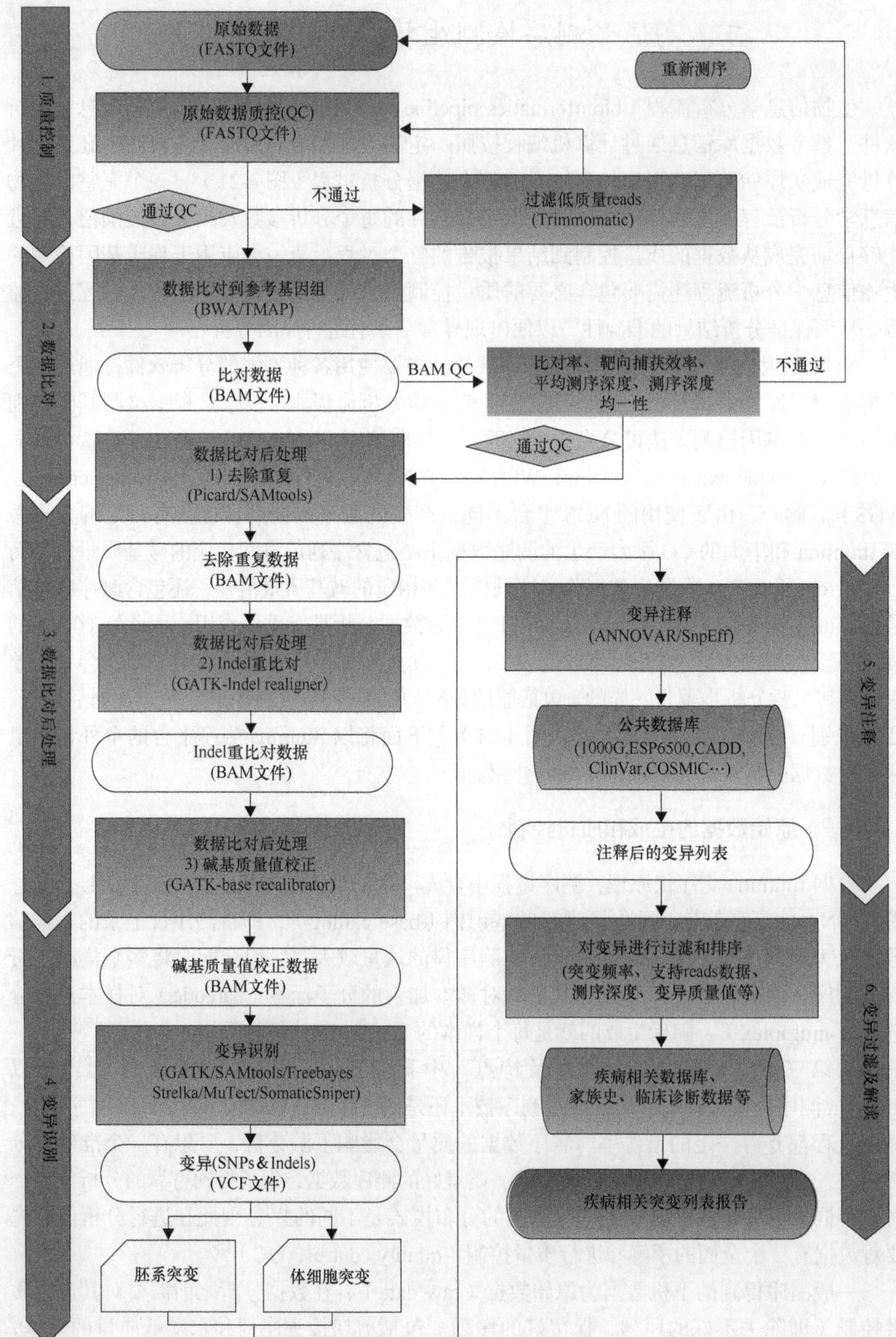

图 4-21 临床高通量测序检测生物信息学分析流程

筛除低质量的序列、污染序列和过短序列），以保证数据满足后续的分析（质量控制标准由检测方法建立时确定）。质控流程：拿到数据后，首先利用测序数据质控软件，如FASTQC查看数据质量，根据FASTQC的结果报告判断应该进行哪些数据过滤。在进行数据过滤后，要对过滤后的数据重新进行质量评估，确定各种污染和低质量碱基或接头序列已经清除。质量控制的主要指标：①测序数据量，根据靶向panel的大小，在进行方法学性能确认时，综合测序深度和测序覆盖度的均一性，建立一个测序数据量的阈值；②碱基质量值，测序碱基质量表明测序发生错误的概率，可通过过滤去除；③碱基分布，碱基分布检查用于检测有无AT、GC分离现象，由于所测的序列为随机打断的DNA片段，因随机性打断及碱基互补配对原则，理论上，G和C、A和T的含量在每个测序循环中应分别相等；④GC含量，外显子为49%～51%，基因组为38%～39%，正常GC含量的差异不超过10%[19]。

1. 测序数据量　统计reads数是否达到性能确认时建立的标准（一般reads长度都是预先确定的）。

2. 碱基质量值

（1）每个位置上的碱基质量值（per base sequence quality）分布：在一些生物信息学分析中，如以检测差异表达为目的的RNA-seq分析，一般要求碱基质量在Q20以上就可以了。但以检测突变为目的的数据分析中，一般要求碱基质量在Q30以上。在图4-22（见彩图14）中我们可以看到A图中所有的碱基质量值基本都在30以上，而且波动很小，说明质量很稳定，测序结果质量较高；而B图中read各个位置上的碱基质量分布波动都比较大，尤其是第20个碱基往后很多read的碱基质量值都低于20，说明这个数据的测序结果很差。遇到这种情况，最好是重新测序。但如果将这些低质量的数据全都过滤之后，数据量能够达到质控标准，则勉强可以继续分析。

对于Illumina测序平台，测序质量分数的分布有两个特点。

1）测序质量分数会随着测序的进行而降低。这是由于在测序过程中，DNA链不断地从5′端一直向3′端合成并延伸。但在合成的过程中随着DNA链的增长，DNA聚合酶的效率会不断下降，特异性也开始变差，这就会使得越往后碱基合成的错误率越高。

2）有时每条序列前几个碱基的位置测序错误率较高，质量值相对较低。这是由于测序反应刚开始，还不够稳定导致的。

（2）每条序列的平均碱基质量值（per sequence quality scores）：通过序列的平均质量报告，我们可以查看是否存在整条序列所有的碱基质量都普遍过低的情况。一般来说，当绝大部分序列的平均质量值的峰值大于30（一般要求85%以上，具体标准需要进行性能确认来建立）时，可以判断序列质量较好。如图4-23A，可以判断样品中没有显著数量的低质量序列。但如果曲线如图4-23B所示，在质量较低的坐标位置出现另外一个或多个峰，说明测序数据中有一部分序列质量较差，需要过滤掉。

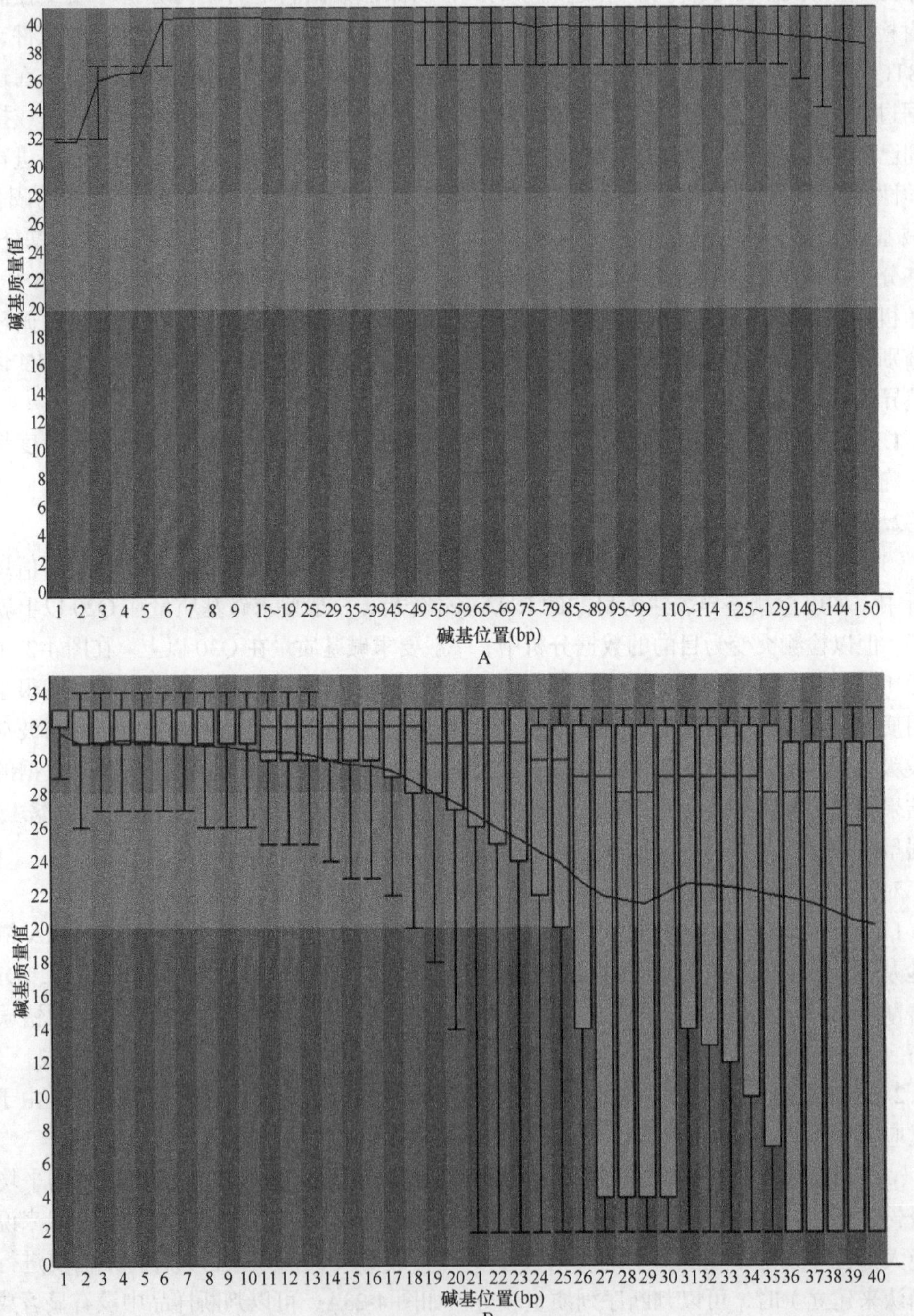

图 4-22　碱基质量分布图

箱线图（box-whisker plot）：柱形区域表示 25 % ～ 75% 的范围，下面和上面的线分别表示 10% 和 90% 的点。蓝线表示均值，红线表示中位数。碱基的质量值越高越好。背景颜色将图分成三部分：碱基质量很好（绿色）、碱基质量一般（黄色）及碱基质量差（红色）

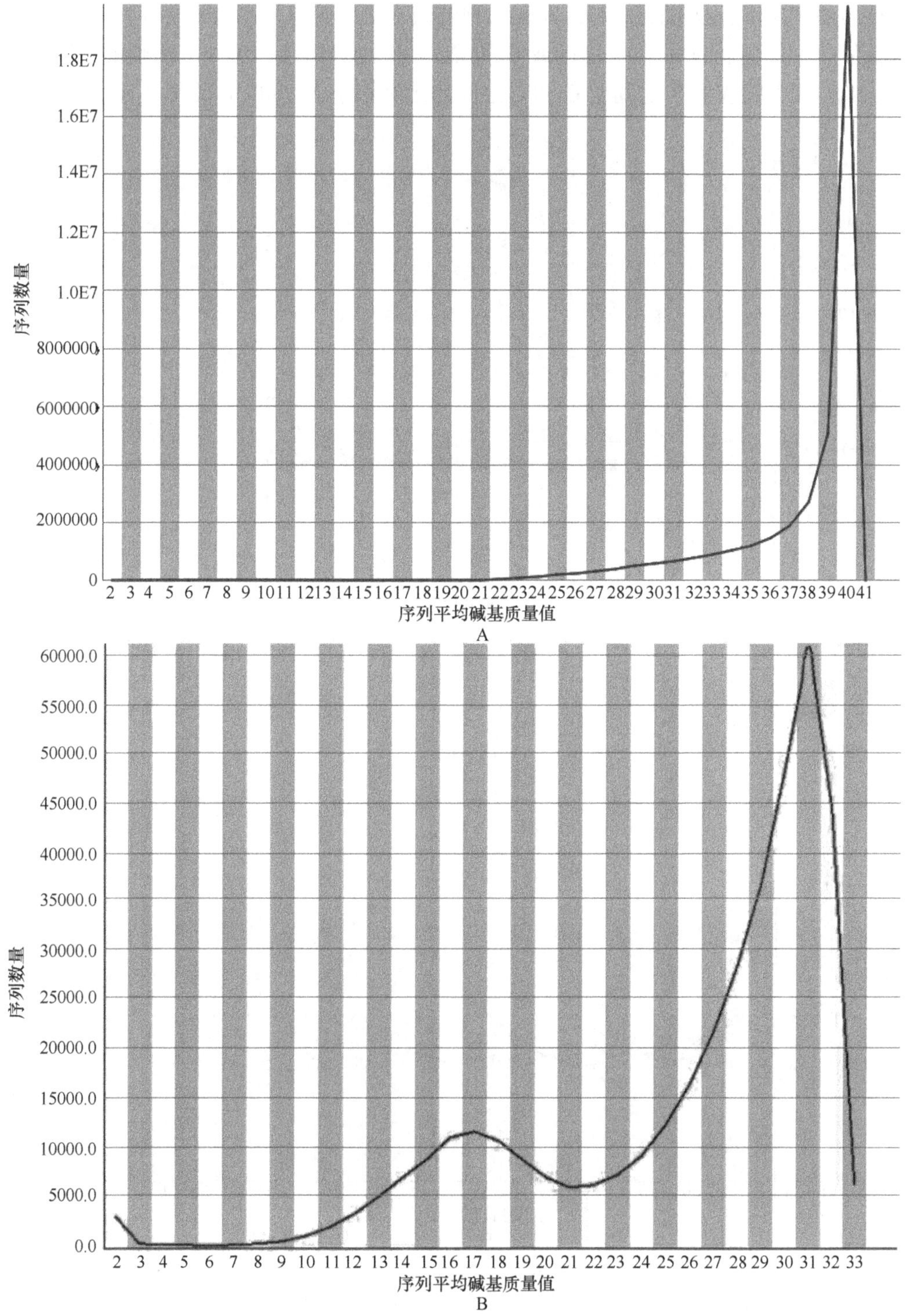

图 4-23　序列平均碱基质量值（average quality per read）

3. 碱基分布　一个完全随机的文库内每个位置上 4 种碱基的比例应该大致相同，因此图 4-24（见彩图 15）中的 4 条线应该相互平行且接近。在 reads 开头出现碱基组成偏离往往是建库操作造成的；在 reads 结尾出现的碱基组成偏离往往是测序接头污染造成的。如果任何一个位置上的 A 和 T 之间或 G 和 C 之间的比例相差 10 % 以上则报“警告”；任何一个位置上的 A 和 T 之间或 G 和 C 之间的比例相差 20 % 以上则报“不合格”。

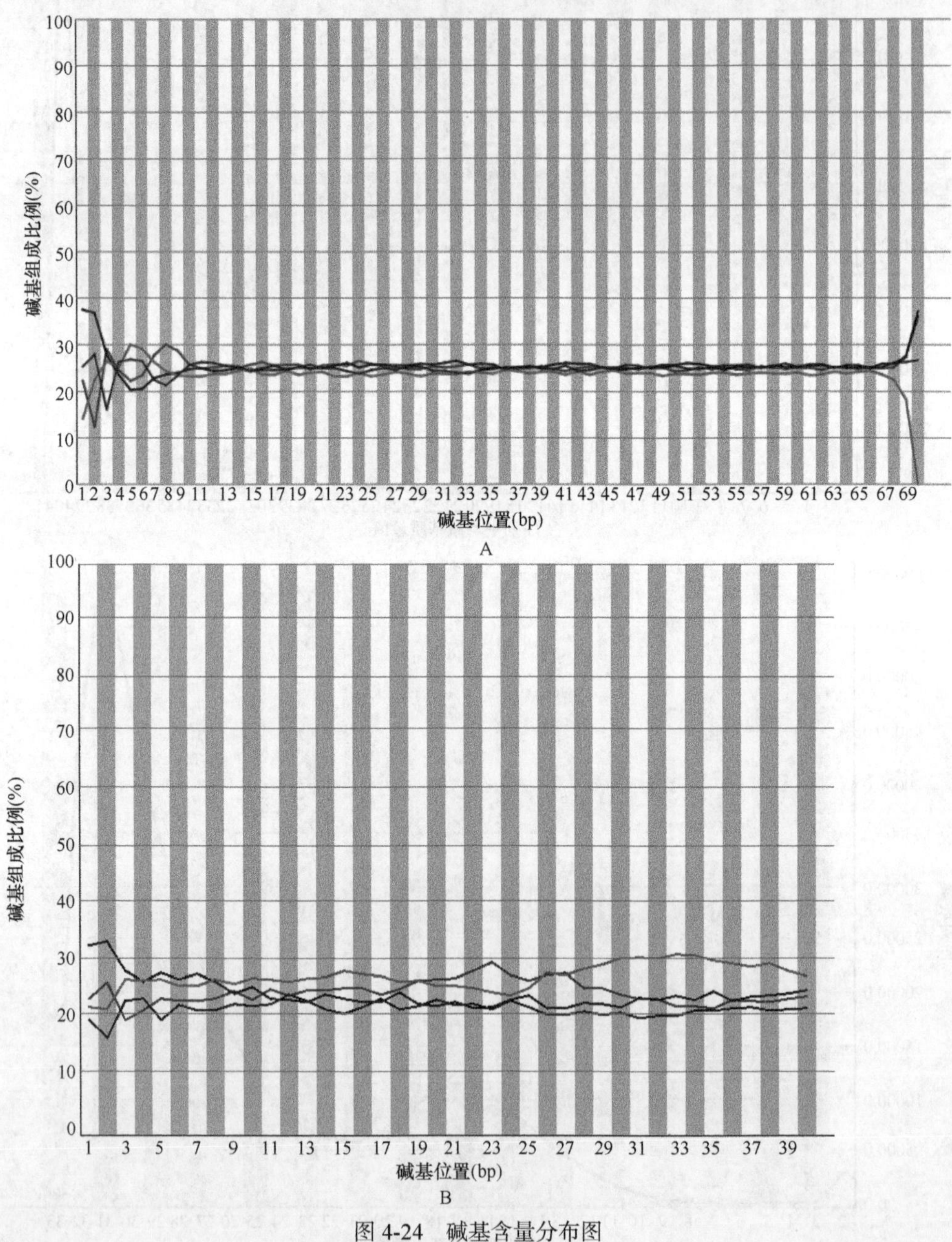

图 4-24　碱基含量分布图

红线为 G（%），蓝线为 A（%），绿线为 T（%），黑线为 C（%）

4. GC 含量分布检查　检测每一条序列的 GC 含量。在一个正常的随机文库中，GC 含量的分布应接近正态分布，且中心的峰值和所测基因组的 GC 含量一致（图 4-25A）。由于软件并不知道所测物种真实的 GC 含量，图中的理论分布（黑线）是基于所测数据计算得来的，如果样品的 GC 含量分布图（灰线）不是正态分布，如图 4-25B 出现两个或多个峰值，表明测序数据中可能有其他来源的 DNA 序列污染，或者有接头序列的二聚体污染。这种情况下需要进一步确认这些污染序列的来源，然后将污染清除。

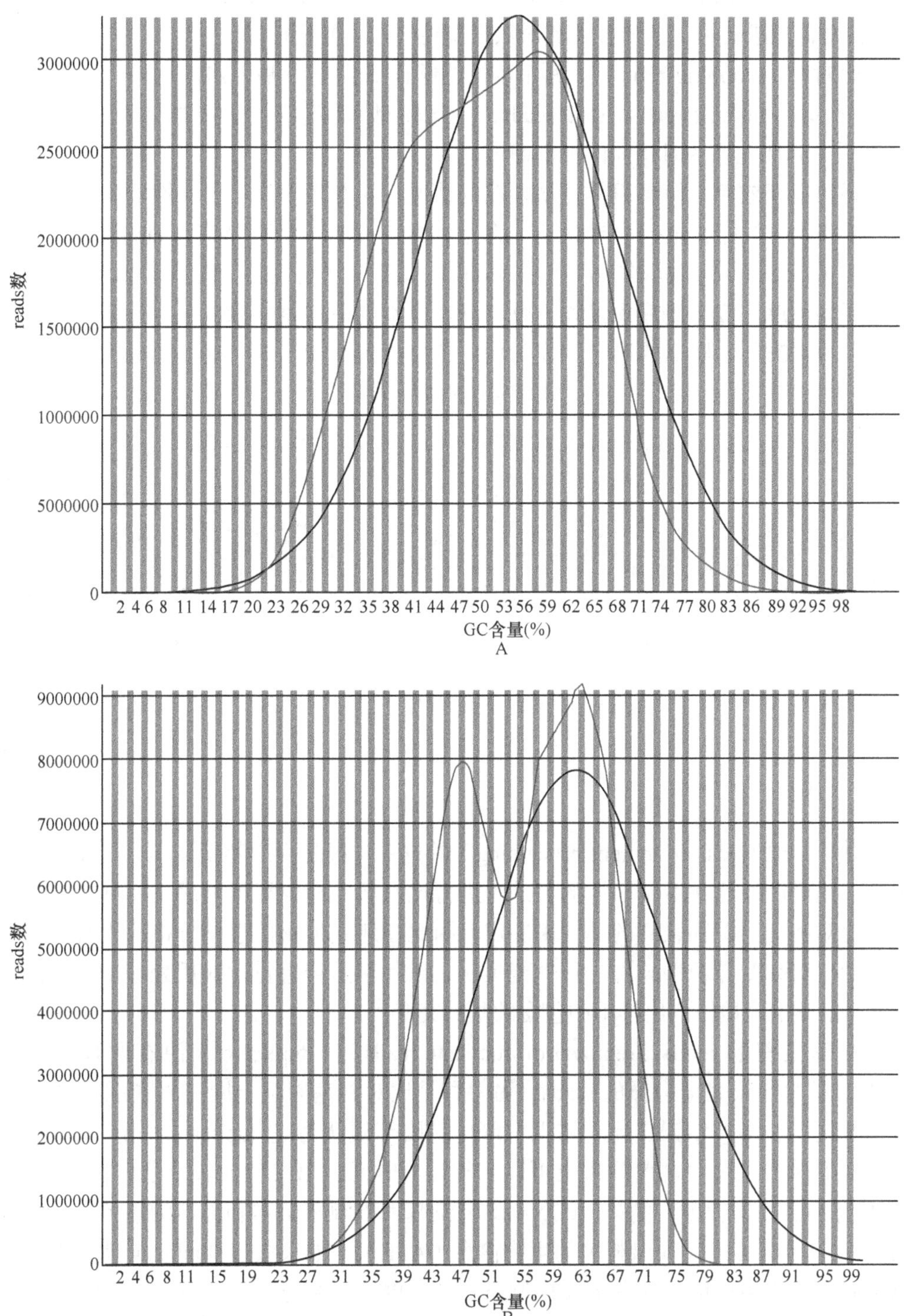

图 4-25 GC 含量分布图

——正态分布；——GC 含量

（二）数据比对

通过质控的数据需使用NGS数据比对软件将测序reads比对到参考基因组（如Hg19），得到SAM格式文件，随后将SAM转换成BAM格式，比对完成后，统计BAM文件的比对信息进行第二次质控（比对数据质控），主要指标如下。

1. 比对率（mapping ratio） 测序数据能够比对到参考基因组的比例；计算公式为mapping ratio = mapped reads / total reads，一般比对率要达到95%；根本指标为mapped reads的量达到性能确认时建立的标准即可。

2. 靶向捕获效率 衡量目标区域捕获的情况，捕获效率应不少于性能确认时建立的标准，捕获效率与捕获试剂盒有关，一般为50%～60%。计算公式为target ratio = reads on target / mapped reads。根本指标为reads on target的量达到性能确认时建立的标准即可。

3. 平均测序深度与测序深度均一性 统计样本的平均测序深度，并计算测序深度的均一性（图4-26）。样本的测序深度与均一性应达到性能确认时建立的标准，某些区域的测序深度如果未达到标准，应采用其他方法进行验证。

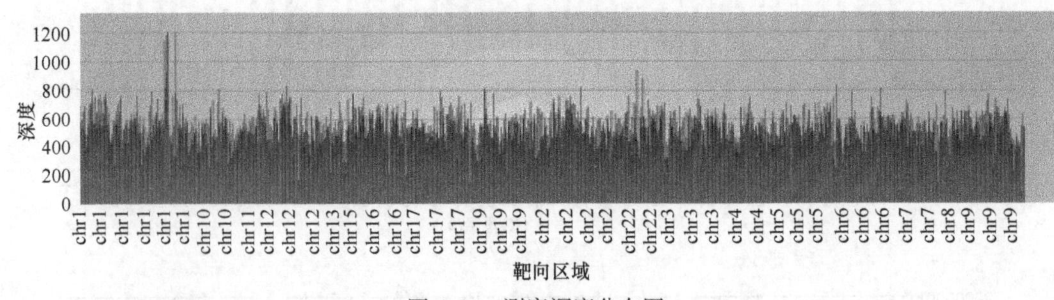

图4-26 测序深度分布图

（三）比对后处理

比对后处理（post-alignment processing）的过程一般是由生物信息学分析流程建立时决定的，比对后处理并不是必需的。是否进行比对后处理要根据测序文库制备的方法和使用的比对和变异识别软件的不同来决定，因此在建立生物信息学分析流程时需要根据所使用的比对和变异识别软件进行性能确认，以判断是否进行比对后处理步骤。但首要的目的是能够准确地检测出样本中包含的基因突变[20]。

1. 去除重复的reads（removal of duplicate reads） duplicate来源有两种：一种是由于PCR扩增导致完全一样的reads；另一种是比对到基因组上同一位置不同的reads，由于质量问题、测序错误、比对错误、等位基因等被认为是duplicate。第一种duplicate去除比较简单，在比对之前除去也可以节省比对时间；第二种比较复杂，对于DNA和RNA都有不去除的理由，例如，cDNA的等位基因来源于父本和母本的重组，而等位基因的SNP差异有可能表现出相关的生物信息（ASE），如果去掉duplicate就会丢掉一些信息。此外，使用扩增子捕获的文库制备方法，PCR之后会产生大量的duplicate，因此不能去除。

duplicate 的判断：比对到完全相同位置的序列。

duplicate 的影响：这些重复序列的存在会造成等位基因频率的计算，以及基因型识别不准确。

2. Indel 局部重比对（local realignment around known Indels）　在比对软件将序列比对到参考基因组的过程中，它是将每个序列单独和参考基因组进行比对，有时无法确定 Indel 处是 Indel 还是多个 SNVs，因为在 Indel 附近的比对会出现大量的碱基错配，这些碱基的错配很容易被误认为 SNV，从而导致 Indel 区域不能正确地比对到参考基因组，即使有一些 reads 能够正确地比对到 Indel，但那些恰恰比对到 Indel 开始或结束位置的 reads 也会有很高的比对错误率。这样不但会导致一些 Indel 无法识别，还会导致假阳性 SNV 的识别。Indel 局部重比对可以对此类区域进行重新比对，原理是通过将比对到可疑区域内的所有序列同时和参考基因组重新比对，使得该区域内所有序列错配的碱基数目总和最小，即将 Indel 附近的比对错误率降到最低。研究表明，Indel 局部重比对确实有利于 Indels 的检出，但对于 SNV 的识别并没有太大影响 [20]。

3. 碱基质量值重新校正（base quality score recalibration）　对原始比对结果的另一个质量控制是对碱基的质量值进行重新校正。为什么要对碱基质量进行重新校正呢？因为由于各种系统误差，测序仪报告的碱基质量不精确，比实际质量分数偏高或偏低（如在 reads 碱基质量值被校正之前，我们要保留质量值在 Q25 以上的碱基，但是实际上质量值在 Q25 的碱基的错误率为 1%，即质量值只有 Q20，由此影响后续变异检测的可信度）。系统误差和随机误差不同，不像随机误差，它其实是一种错误，这可能来自测序反应中的物理化学因素，也可能是测序仪本身存在的缺陷所致。碱基质量值校正的原理：利用机器学习的方法建立误差模型，根据建立的模型对碱基质量值进行调整。调整后更精确的碱基质量值能够提高后续变异识别的准确率，减少假阳性和假阴性的变异识别。碱基质量值的校正一般使用 GATK 的 recalibration 功能。需要说明的是，碱基质量值校正不能纠正碱基，即我们无法通过此方法确定一个低质量的 A 是否应该为 T，但可以告诉变异识别软件，它可以在多大程度上信任这个碱基 A 是正确的。同理，碱基质量值校正对于变异检出的影响还需要结合具体使用的变异识别软件即所检测变异类型来判断。

（四）变异识别

经过数据的比对及比对后处理，接下来需要做的就是将所有的变异识别（variant calling）出来。这些变异即所有与参考基因组序列不同的位点，包括 SNVs、Indels、SVs、CNVs。根据不同的突变类型需使用不同的软件相互配合才能更准确地识别所有变异。变异识别完成之后还需要再一次对数据进行质量控制，即计算转换（transitions，Ti）/ 颠换（transversions，Tv）值。Ti 指嘌呤与嘌呤、嘧啶与嘧啶之间的转换；Tv 指嘌呤与嘧啶之间的转换（图 4-27）。Ti/Tv 值可在一定程度上反映样本测序质量。需要注意的是，Ti/Tv 值主要用于全基因组测序和全外显子组测序数据的质量判断。

Ti/Tv 值是根据变异识别得到的所有变异中 Ti 与 Tv 计算的。全基因组：Ti/Tv ≈ 3，外显子：Ti/Tv = 2 ～ 3。因此，Ti/Tv ＞ 3 或 ＜ 2 时，表示数据质量出现问题或变异检测软件算法有缺陷，需根据实际情况决定重新测序或使用其他方法进行验证。

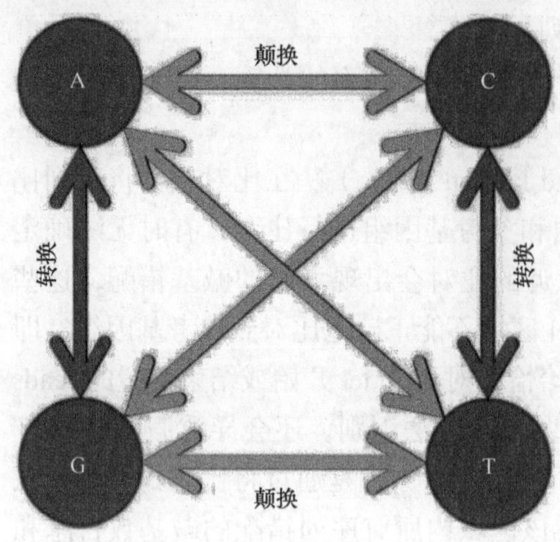

图 4-27 转换与颠换示意图

对于肿瘤组织，如果有配对样本，该步骤还可以通过配对样本检测到的突变信息将识别的所有变异分为体细胞突变和胚系突变。

（五）变异注释

在完成变异识别后，需对所有识别出的突变位点进行注释（annotation）。通过注释信息可获得该位点的临床意义，以及利用注释信息进行后续过滤。变异注释主要是使用各种已知数据库的突变信息进行注释，主要的数据库如下所述。

（1）人群数据库：dbSNP，1000 Genomes Project（千人基因组计划），ExAC（Exome Aggregation Conso-rtium）。

（2）癌症数据库：COSMIC，My Cancer Genome，ClinicalTrials.gov，Personalized Cancer Therapy Knowledge Base，ICGC（国际癌症基因组联盟），TCGA（癌症基因组计划），cBioPortal（由凯特琳癌症中心开发，整合了 126 个肿瘤基因组研究的数据，包括 TCGA 及 ICGC 等大型研究），Pediatric Cancer Genome Project（小儿癌症基因组计划），各种临床疾病指南等。

（3）其他数据库：各种突变类型的数据库（ClinVar，HGMD，LOVD 等），通过生物信息学的方法对突变的致病性进行预测的数据库（如 sift，MutationTaster，dbNSF，VEP 等），实验室内部数据库，NCCN（National Comprehensive Cancer Network）指南及临床试验用药指导数据库（ClinicalTrials.gov）等。

常用高通量测序生物信息学分析软件见表 4-5。

表 4-5 常用高通量测序生物信息学分析软件

软件	网址
质量控制	
FastQC	https：//www.bioinformatics.babraham.ac.uk/projects/fastqc/
Trimmomaic	https：//github.com/timflutre/trimmomatic
fastx_toolkit	http：//hannonlab.cshl.edu/fastx_toolkit/
测序数据比对	
BWA	http：//bio-bwa-sourceforge.net
Bowtie	http：//bowtie-bio.sourceforge.net
Maq	http：//maq.sourceforge.net/
Novoalign	www.novocraft.com/products/novoalign/
SAM\BAM 文件处理	
Samtools	http：//www.htslib.org/

续表

软件	网址
Picard	https：//broadinstitute.github.io/picard/
GATK	https：//software.broadinstitute.org/gatk/
SNV 和 Indel 变异识别	
Varscan2	https：//github.com/Jeltje/varscan2
Mutect2	https：//software.broadinstitute.org/gatk/documentation/tooldocs/3.8-0/org_broadinstitute_gatk_tools_walkers_cancer_m2_MuTect2.php
FreeBayes	https：//github.com/ekg/freebayes
GATK	https：//software.broadinstitute.org/gatk/
CNV 变异识别	
CNVkit	http：//cnvkit.readthedocs.io/en/stable/index.html
CONTRA	https：//github.com/sheenams/CONTRA
XHMM	https：//atgu.mgh.harvard.edu/xhmm/
SV 变异识别	
Lumpy	https：//github.com/arq5x/lumpy-sv
CREST	https：//github.com/youngmook/CREST
Manta	https：//github.com/Illumina/manta
novoBreak	https：//github.com/abjonnes/novoBreak
变异注释	
ANNOVAR	http：//annovar.openbioinformatics.org/en/latest/
SnpEff	http：//snpeff.sourceforge.net/SnpEff.html
VEP	https：//github.com/Ensembl/ensembl-vep

注：目前已开发出大量的生物信息学分析软件，表中仅列出了一些常用的软件。

（六）变异过滤及解读

由于软件算法及测序系统错误的存在，通过生物信息学分析初步分析识别出的变异包含大量的假阳性位点，因此在变异被识别之后需要对其进行进一步过滤，以去除假阳性位点。变异的过滤主要根据各实验室建立的内部标准来进行，以尽可能去除假阳性位点，同时保留真阳性位点。随后还需要专业临床医师或遗传咨询医师根据患者的临床诊断及病史信息对检测出的变异进行解读并发出报告[21, 22]。

1. 变异过滤　需根据检测方法进行性能确认时建立的标准进行过滤，主要过滤标准如下。

（1）突变位点覆盖的 reads count 即测序深度。

（2）该位点突变的 reads 数及突变等位基因频率（VAF）。

（3）碱基比对质量值（mapping quality，MAPQ）：一般 MAPQ ＞ 30，具体值参考性能确认时建立的指标。

（4）链偏好性：计算突变 reads 在 DNA 双链的分布情况，理论上突变 reads 位于正负链的比例为 1 ∶ 1，如果偏差过大则表明测序过程出现问题，该突变位点不可信，需要通过另外一种方法（如 Sanger 测序或 dPCR）进行验证。

（5）体细胞（somatic）与胚系（germline）突变的鉴别：对于体细胞突变和胚系突变的鉴别，目前主要有以下两种策略：①在对肿瘤样本进行检测的同时对该患者正常配对样本（正常癌旁组织或外周血白细胞）进行检测，根据配对样本与肿瘤样本中鉴定出的突变信息鉴别筛选；②仅对肿瘤组织进行检测，当无配对样本时，需实验室建立一系列的标准来对体细胞突变和胚系突变进行鉴别。主要过滤标准有突变频率（胚系突变的频率约为 50% 或 100%）和利用现有的人群数据库（dbSNP、千人基因组计划、实验室内部自建等）已标注的胚系突变信息进行过滤，但需要注意的是，这些数据库包含的胚系突变信息可能不全或有错误之处。因此在无配对样本时，实验室需要对建立的鉴定标准进行验证，确保准确鉴别体细胞突变和胚系突变。

对于是否使用配对样本对体细胞突变和胚系突变进行鉴别，不同的实验室可能有不同的观点，但都应遵循保证准确检测的原则。使用配对样本进行过滤的好处是能够准确地将体细胞突变和胚系突变区分开来，但同时也增加了检测成本。仅对癌症组织进行测序的策略可降低检测成本，减轻患者的负担，但检测实验室应建立准确的鉴定标准，保证正确区分体细胞突变和胚系突变。

2. 变异解读 临床 NGS 基因检测涉及的疾病很多，如肿瘤、遗传病、感染性疾病、器官移植、产前筛查等 [23-27]。临床基因检测对疾病的诊断、治疗、预后监测、预防、遗传咨询等均具有重要参考价值。作为基因检测的结论，临床 NGS 基因检测的报告和解读是其临床应用的核心依据。因此，临床 NGS 基因检测的报告和解读应按照统一的标准，且报告的内容要明确、简洁、准确可靠。目前国内外有关学会已出台了相关基因检测临床应用的专家共识与指南 [21, 22, 28]，本书第八章“高通量测序临床应用的质量保证”中将进行详细的介绍，在此就不再赘述。

第五节　生物信息学分析流程的性能确认

目前，所有基于高通量测序的基因检测方法都属于实验室自建方法（laboratory developed test，LDT）。在临床实验室完成高通量测序检测方法的研发之后，以及用于临床应用之前，需要建立一系列的分析性能指标并对其进行性能确认，以确定该方法能够提供准确的检测结果并满足临床预期用途。性能指标主要包括：精密度、准确度、分析敏感性和分析特异性、检测下限及检测范围等。对于高通量测序检测方法的性能确认，本书第八章“高通量测序临床应用的质量保证”中将进行详细的介绍，本节则主要对高通量测序检测中生物信息学分析流程的性能确认进行介绍。

一、生物信息学分析流程性能确认的必要性

根据检测流程，NGS 基因检测主要分为两个部分（图 4-28）：①NGS 实验室操作部分，又称为“湿实验”（wet bench process），包括样本采集、DNA 的提取、目标区域靶向富集（基于 PCR 的扩增子靶向捕获技术或基于核酸杂交的探针捕获技术）、测序文库制备、上机测序。②生物信息学分析部分，又称为“干实验”（dry bench process），通过将不同的生物信息学分析软件进行组合建立生物信息学分析流程（bioinformatics pipeline），主要流程包括碱基识别、样本分选、原始数据的质量控制、参考序列比对、变异检测、变异注释及过滤、临床报告解读等。作为高通量测序检测的重要组成部分，生物信息学分析流程对检测结果起着至关重要的作用。目前，应用于临床基因检测的生物信息学分析流程都是实验室内部自建或第三方服务厂商（测序仪厂商或提供生物信息学分析服务的公司）提供。而不同的实验室使用的测序仪型号、靶向 panel（检测的基因及突变类型）、文库制备、试剂及临床预期用途都有所不同，这也就决定了不可能有通用的生物信息学分析流程。在生物信息学分析流程建立时，实验室需设置各种质量控制标准，只有测序数据质量达到这些标准才能够准确检出预期的所有突变，如测序数据的质量（包括碱基质量值、GC 含量、reads 长度分布等）是否达标？变异分析时测序深度至少达到多少才可以准确检出突变？突变频率的检测下限为多少？此外，哪些区域（如重复区域、GC 含量较高的区域等）检测出的突变不可靠，还需要人工确认？能否正确检出特殊类型

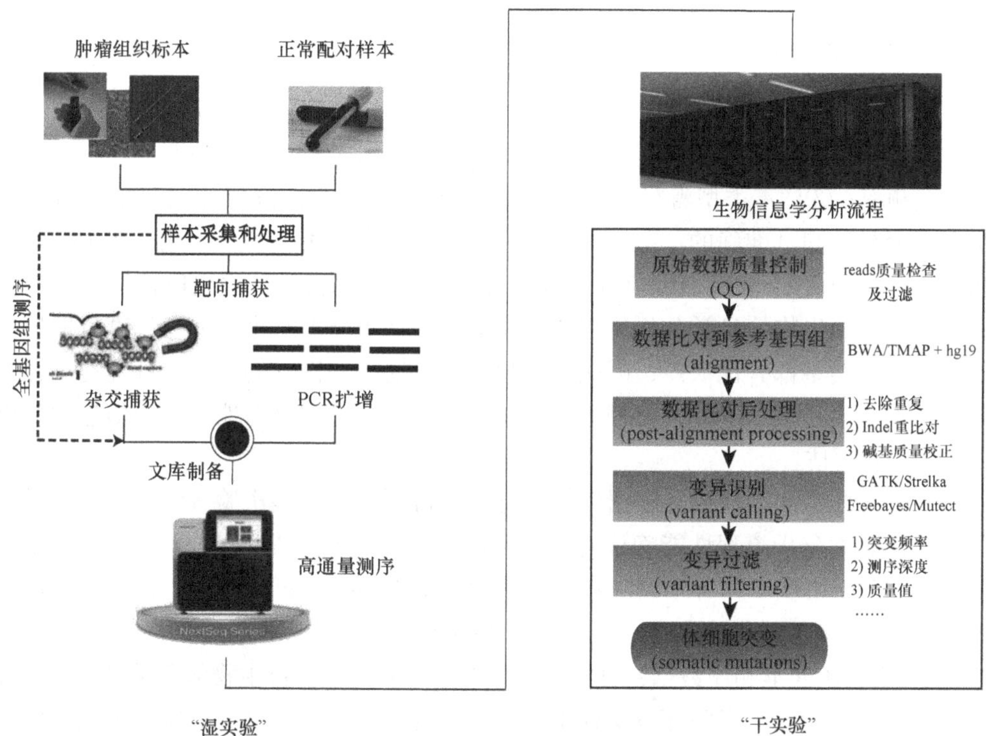

图 4-28　高通量测序检测流程

的突变（如复杂突变、较长的 Indel 等）？这些都需要进行性能确认才能确保实验室自建或第三方提供的生物信息学分析流程能够准确地检测出所有可能的突变。因此，单独对生物信息学分析流程进行性能确认是很有必要的[29]。

二、生物信息学分析流程的性能确认

生物信息学分析流程的性能确认，指使用本实验室内部建立的生物信息学分析流程对生物信息学分析参考数据（benchmark data）进行分析，评估在已建立的质量控制标准下的分析结果是否达到预期目的（通常使用准确度、分析敏感性和特异性、精密度及检测限等进行评估）。如未达到预期目的，则需要寻找原因，进一步优化分析流程，之后再次进行性能确认，直到满足要求。生物信息学分析流程性能确认的最终目的是确保检测范围内的所有突变都能够准确检出。需要注意的是，一旦完成性能确认，生物信息学分析流程所有软件、参数都不能修改，如果需要进行软件更新或参数修改，则必须再次进行性能确认。由于生物信息学分析流程的数据是“湿实验”部分产生的，特定的“湿实验”流程产生的测序数据会产生特定的测序错误谱（error profile），而生物信息学分析流程的建立需将该因素考虑进去。生物信息学分析流程的性能确认需以“湿实验”部分为基础，即生物信息学分析流程性能确认的样本需要针对相应的“湿实验”流程产生的测序数据进行。因此，生物信息学分析流程性能确认的前提是“湿实验”部分已完成性能确认。

（一）样本的选择

1. 样本的来源 理想状态下，用于生物信息学分析流程性能确认的样本应该满足以下要求：①尽可能接近临床真实样本测序数据；②样本应包含所有预期检测到的突变类型及突变频率；③样本类型需与日常检测的样本类型一致（如 FFPE 样本）；④样本包含的突变完全是已知且准确的。在实际情况中，这些要求很难达到。因此，在生物信息学分析流程性能确认中，我们要尽可能满足上述要求。根据目前的研究现状[30]，有两种类型的样本可用于生物信息学分析流程的性能确认：真实样本测序数据和计算机模拟测序数据。但每种类型都有优缺点，因此，实验室可根据每种样本的特点，合理地选择一种或几种样本对生物信息学分析流程进行性能确认，从而更加全面地对生物信息学分析流程的性能进行评估。

（1）真实样本测序数据：根据生物信息学分析流程与“湿实验”流程之间的关系，用于生物信息学分析流程性能确认的最佳样本应为经过相应“湿实验”流程测序产生的数据。其中包括真实临床样本测序数据和参考物质（reference material，已知序列信息的细胞系 DNA 或人工制备的含有特定突变的 DNA 样品）测序数据。

1）真实临床样本测序数据：真实临床样本测序数据是进行生物信息学分析性能确认最好的样本，由于其来自临床真实样本，故最具有代表性。但真实临床样本很难包含所有的突变类型（如基因融合和某些罕见的复杂突变等），突变频率和突变数量也是不可控的；并且临床样本的复杂性导致其包含的突变位点是未知的，还需要使用其他方法如

Sanger 测序等对其进行验证，故将会增加成本。

2）参考物质测序数据：使用已知序列信息的细胞系 DNA 或人工制备的含有特定突变的 DNA 样品的测序数据能够接近临床真实样本特点，相比于临床真实样本，我们可以使用参考物质样本得到想要的突变数目、突变频率及突变类型，且参考物质包含的所有突变信息都是已知的，因此，参考物质测序数据同样适用于生物信息学分析流程的性能确认。但参考物质的制备较为繁琐，成本较高；此外，某些突变类型目前还很难进行人工制备（如拷贝数变异和基因融合）。目前，很多 NGS 基因检测性能确认使用的是参考物质样本[31-33]。

（2）计算机模拟测序数据：除了真实样本测序数据，使用计算机模拟软件产生的测序数据也可以用于生物信息学分析流程的性能确认。早期的生物信息学软件开发使用的测试数据大多是使用计算机模拟测序数据来进行验证的[34]。关于计算机模拟测序数据，目前主要分为两种方法。

1）从头模拟（de novo simulating）：即通过提供的参考基因组序列，使用特定的算法完全由计算机模拟的方式完成测序数据的生成。该方法不需要进行测序，简单、方便、成本低，虽然现有的一些模拟软件可以对不同 NGS 平台的特定错误分布模式，以及任意类型的突变进行模拟，但仍无法对整个“湿实验”测序流程的特点进行模拟。目前，该方法主要用于生物信息学分析软件的开发与优化，这类软件包括 Varsim[35]、Wessim[36] 等。

2）测序数据编辑（reads editing）：即对已测序完成的原始数据的特定位点进行直接修改，简单来说就是将真实样本（如 NA12878 细胞系或正常组织的 FFPE 样本）的测序原始数据使用比对软件比对到参考基因组，这样就获得了每一个 read 在基因组上的坐标信息，通过软件对某一个位点上覆盖的 read 进行定点编辑，从而得到特定的突变（图 4-29）。该方法既能很好地反映“湿实验”测序过程的错误分布模式，又不受突变类型的限制，简单、方便、成本低。因此更适合于生物信息学分析流程的性能确认，这类软件包括 BAMSurgeon[37]、Mutationmaker[38]。

BAMSurgeon 为美国加州大学圣克鲁兹分校的研究人员开发的一款突变模拟软件。BAMSurgeon 通过对真实测序数据特定位点覆盖的 reads 进行编辑修改引入指定突变，该方法既可保留“湿实验”部分文库制备及测序过程中产生的错误分布模式，同时还可对数据文件的任意位点进行编辑，从而保证模拟数据更加接近真实。该软件的特点：目前仅对 SNV 及 Indel 的引入有较好的效果，不能对靶向测序进行 SV 的模拟，不能引入复杂突变（complex variants）和 CNV。软件地址为：https：//github.com/adamewing/bamsurgeon/。

Mutationmaker 为美国病理学家协会（College of American Pathologists，CAP）开发的一款基于测序数据 reads 编辑的突变模拟软件，该软件目前只能对 SNV 与 Indel 进行编辑，无法对 CNV 和 Fusion 进行模拟，并且该软件未公开发布。

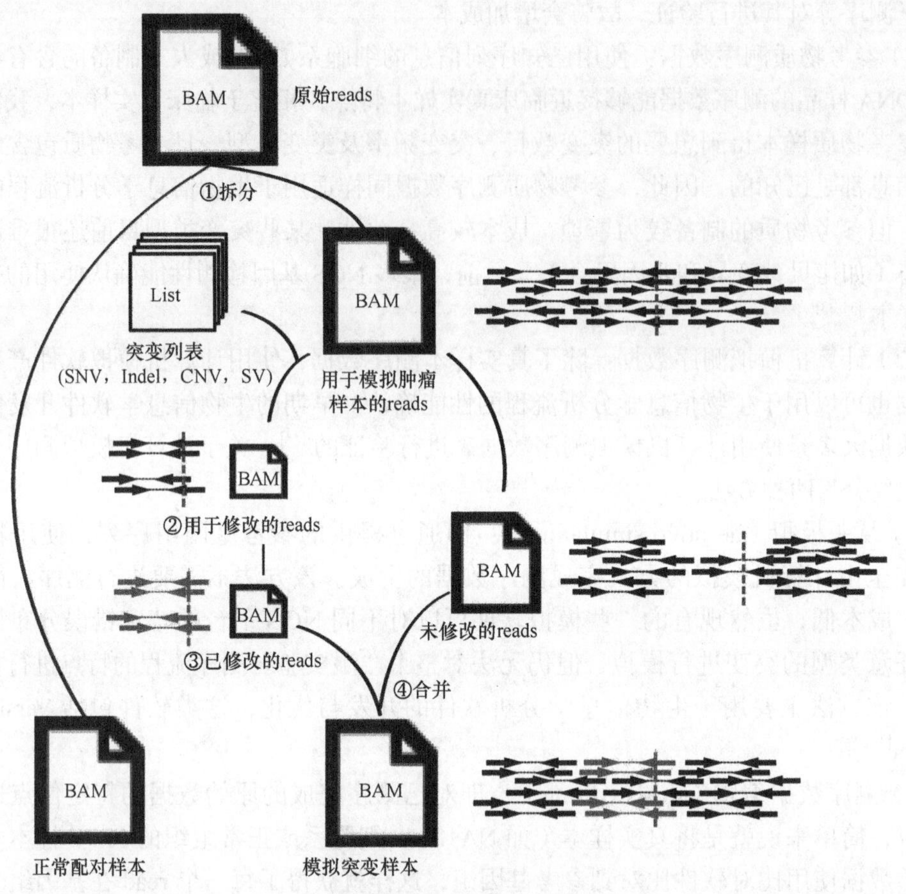

图 4-29 测序数据突变编辑原理

①首先将原始测序数据比对到参考基因组，这样就获得了每一个 read 在基因组上的坐标信息，再将比对到参考基因组上的测序数据分为 2 个文件；②根据预先设置的突变位点基因组坐标和突变频率，选取相应的 read；③对选取的 read 特定位点的碱基进行修改；④将修改后的 read 再合并到剩余测序数据中，即可得到突变模拟数据

真实样本测序数据对于应用于临床基因检测的生物信息学分析流程的性能确认是必不可少的，因为真实样本测序数据是最接近日常检测样本的数据。因此，要尽量使用临床样本测序数据或参考物质测序数据对生物信息学分析流程进行性能确认，同时可以使用计算机模拟数据对真实样本测序数据有缺陷的方面（如缺少包含基因融合和复杂突变的样本）进行补充，但目前还没有文献报道使用计算机模拟数据对临床生物信息学分析流程进行性能确认的研究。由于测序数据编辑的计算机模拟数据是对真实测序数据的直接编辑，该方式保留了“湿实验”部分文库制备及测序过程中产生的错误分布模式，同时可以对各种类型及不同频率的突变进行模拟，并且操作简便、成本低。因此这一类型的计算机模拟数据也有望用于生物信息学分析流程的性能确认。

2. 样本数量 对于样本数量的选择目前没有统一标准，要根据选择的样本类型、包含的突变数量和类型，以及是否满足性能确认的统计要求等进行判断。原则是能够全面地对该检测方法的各个方面进行准确的性能评价，例如，应包含所有检测类型的突变位点、突变位点具有不同的突变频率、突变位点应位于不同复杂度的基因组区域（低复杂区域、高度重复区域、高 GC 含量区域）、不同的测序深度的样本等。

3. 突变位点的选择　NGS 基因检测与以往的单突变位点检测方法不同，基于 NGS 的基因检测包含的位点很多（即使是很小的 panel），因此不可能对所有的位点都进行性能确认，但需要选择足够多的具有代表性的热点突变以保证所有具有临床意义的突变都能够被检出。突变位点的选择需要结合临床预期用途及突变的检测范围，可根据不同的属性将突变位点进行分类，每一类选取代表性的位点进行性能验证，如具有临床意义的热点突变、高 GC 含量区域的突变、高重复区域的突变、测序深度在质量控制标准临界值的突变、位于突变频率检测限的突变等。需要注意的是，每一种突变都需要进行性能确认（不同类型的突变可同时进行检测，但最后统计性能指标时应按突变类型分类进行），可能的突变类型包括 SNV、Indel、CNV、SV 及复杂突变（complex variant）。如图 4-30，复杂突变是指在相近的区域发生多个突变，并且这些突变位点可位于相同的 reads（即同时发生），造成一种氨基酸的改变，也可位于不同的 reads（可由肿瘤的异质性、胚系嵌合突变等导致）。

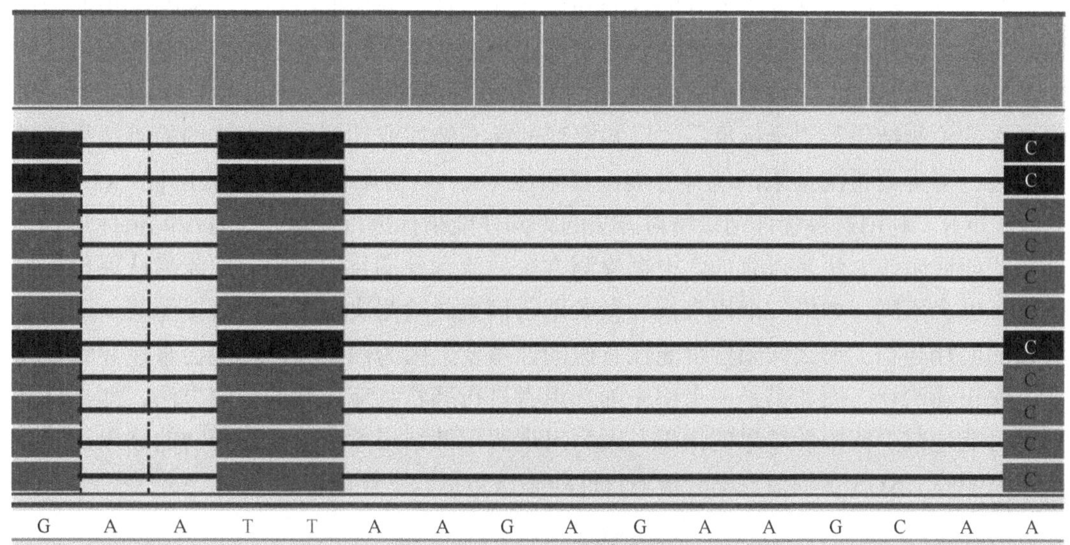

图 4-30　复杂突变

图中所示为复杂突变 NM_005228.3（EGFR）：c.2237_2251 delAATTAAGAGAAGCAAinsTTC（p.Glu746_Thr751delinsValPro）。该突变是由于缺失 AATTAAGAGAAGCAA，同时在相应的位置插入 TTC 而导致的复杂突变，且位于同一个单倍体中，最终导致一种氨基酸的改变

（二）质量控制标准

在建立生物信息学分析流程的过程中，需要确立必要的质量控制标准（最小或最大的质量指标值），包括 reads 质量、GC 含量、比对率、reads 比对质量、最低测序深度、最小突变频率、链偏倚（strand bias）等。实验室需要根据检测方法的特点及临床预期用途对这些质量控制标准建立阈值（thresholds）。每一个质量控制标准可建立不同水平的阈值，如高度可信（pass）、报警（warning）、不可信（fail）。当某一位点出现报警时，即表明该位点无法判断阴阳性，需要对该突变位点进行再次审核，以决定是否使用

其他方法进行验证。在数据分析过程中，一般每一个位点都需要满足以上相应的质量控制标准的阈值才能保证后续分析结果的准确性。这些过滤标准是在整个基因检测方法建立阶段，结合“湿实验”和生物信息学分析流程不断调整参数、优化而建立的。因此，在进行性能确认时，需要对位于质量控制标准临界点的突变进行性能确认。例如，如某一NGS基因检测方法建立的质量控制标准为最小测序深度100×，可检测的最小突变频率为1%，在进行性能确认时，就需要对测序深度100×及突变频率为1%的位点进行性能确认，从而保证在日常的检测过程中能够准确检出测序深度≥100×及突变频率≥1%的突变位点。而对于那些测序深度<100×及突变频率<1%的突变位点，由于其质量控制标准不满足要求，这些突变位点为不确定或不可信位点。对于不确定位点，需要借助其他的检测方法再次进行验证。而如果大范围的区域出现质量控制标准不合格的情况，很有可能表明包括样本处理及测序过程的“湿实验”出现问题。

（三）分析性能指标

在进行生物信息学分析流程的性能确认之前，首先要根据检测方法和临床预期用途确定需要对哪些性能指标进行评估。对于基因检测，主要为定性分析，一般性能确认的性能指标包括准确度、分析敏感性和特异性、精密度、检测限及可报告范围等。如图4-31，将样本的检测结果与“金标准”（已知突变的参考物质或其他参考方法的检测结果）进行比较，可得到检测结果的统计分类：真阳性（A）、假阳性（B）、假阴性（C）、真阴性（D）。利用这些统计结果可对方法的不同性能指标进行计算，只有性能指标达到预期值才能证明该方法是可靠的。根据检测方法的流程预期目的不同，性能确认评价指标的选择也会不同。如果一个用来指导患者用药信息的检测决定患者能否接受某一廉价且有效的治疗药物，那么假阳性可能没有假阴性重要，因为假阴性的产生会直接导致该患者无法正确治疗。而如果是一个用来筛选患者进行药物临床试验的检测方法，那么就需要尽可能地减少假阳性结果的出现，因为出现假阳性结果意味着会给药物的临床试验结果带来偏差。NGS生物信息学分析流程性能确认包括以下性能指标[27]。

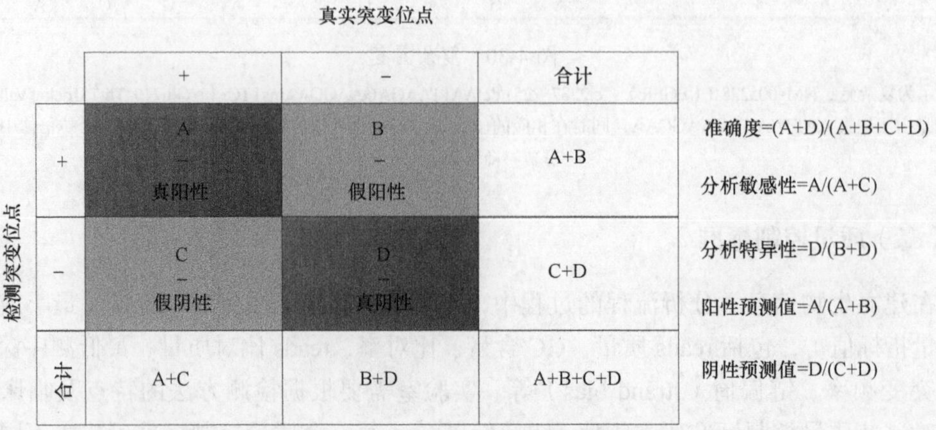

真实突变位点

检测突变位点	+	−	合计
+	A 真阳性	B 假阳性	A+B
−	C 假阴性	D 真阴性	C+D
合计	A+C	B+D	A+B+C+D

准确度=(A+D)/(A+B+C+D)

分析敏感性=A/(A+C)

分析特异性=D/(B+D)

阳性预测值=A/(A+B)

阴性预测值=D/(C+D)

图4-31　检测结果的分类统计

1. 可报告范围（reportable range） 指该检测方法可测定的基因区域。不同的检测方法根据预期用途设置检测范围，如有的检测方法包含某几个基因的热点突变，即仅对这些热点突变进行检测，不关心其他位点，那么可报告范围包含的位点仅为有限的热点突变。而有的检测方法是对几十或几百个基因的所有外显子序列都进行检测，那么可报告范围包含的位点可能就是上百万个位点。可报告范围在方法学建立之初就需要根据临床预期用途来确定。可报告范围限定了性能确认评价的范围，因此首先需要明确检测方法的可报告范围。

2. 精密度（precision） 包括重复性（repeatability）和重现性（reproducibility），是保证准确度的先决条件。重复性指在同一条件下（如相同环境、相同操作人员、相同检测流程、相同仪器）对同一样本进行多次检测，检测结果的一致性程度。重现性指在不同条件下（如不同操作人员、不同时间、不同仪器）对同一样本进行检测，检测结果的一致性程度。评价重复性或重现性可以计算突变定性结果（阳性 / 阴性）的一致率。如果对突变频率的检测值有要求，还可以计算突变频率的变异系数（CV）。由于生物信息学分析流程不涉及人员操作误差，因此不需要对精密度进行评估。

3. 准确度（accuracy） 表示测量结果与真实结果之间的符合程度，其计算公式为：accuracy =（A + D）/（A+B+C+D）。在方法学或与“金标准”的比较研究中与总符合率（overall percent agreement，OPA）意义相同。

准确度的计算在 NGS 检测中可能出现偏倚现象，因为真阴性（TN）位点的判断存在一些问题。NGS 检测一般包含的检测范围很大。人基因组共有约 30 亿个碱基，即使是靶向 panel 测序，其包含的位点量也是巨大的（如 MSK-IMPACT 检测 panel 包含 468 个基因的 6284 个外显子的所有位点），并且一些突变涉及的碱基数目也是不同的，如 SNV 仅涉及单个碱基的变异，而 Indel 则涉及 2 ～ 50 个不等的碱基变异，这就导致了真阴性位点数量无法界定。同时一般发生突变的位点是较少的，这就导致真阴性位点与真阳性位点数量差距较大，存在不平衡现象，如对某检测方法进行性能确认时选择的突变位点为 1000 个，而该检测方法的可报告范围包含的位点达 100 万个，此即不平衡现象。所以，NGS 基因检测的性能确认一般不对准确度进行计算，如在肿瘤高通量测序检测性能确认指南（Guidelines for Validation of Next-Generation Sequencing Based Oncology Panels）中推荐使用阳性符合率（positive percent agreement，PPA）和阳性预测值（positive predict value，PPV）作为 NGS 基因检测性能确认的性能指标。但有两种情况例外：①如果某些 NGS 基因检测方法的可报告范围仅包含有限的热点突变（如 10 ～ 1000 个热点突变位点），则准确度的计算才是有意义的。②有些方法（如 MSK-IMPACT）在进行性能确认时选定某些位点作为代表，仅对这些选择的位点作为真阴性进行计算。但需要注意的是，选择的这些位点要有代表性，由于人类基因组的复杂性，不同的位点复杂程度不同（如高重复区域、高 GC 含量区域等），检测的难度也不一样。只有选择的位点能够全面代表整个可报告范围内的所有位点时，该方式才是可行的。

4. 分析敏感性（analytical sensitivity） 可用来衡量某种试验检测出阳性突变位点的能力，其计算公式为：sensitivity = A /（A + C）。在方法学或与“金标准”的比较研究中与阳性符合率（PPA）意义相同。分析敏感性反映的是假阴性的检出情况。分析敏感性的评价需要所有突变位点都已知，因此评价分析敏感性的样本可以采用计算机模拟数据、参考物质测序数据、临床样本测序数据（使用参考方法进行验证）。

首先要明确的是分析敏感性评价的是生物信息学分析流程对阳性突变的检出能力，因此需要对不同情况下的突变位点的分析敏感性进行分类计算，也可从总体上进行计算。生物信息学分析流程对不同突变频率、不同测序深度、不同基因组区域突变的检出能力均有所不同。因此需要分类进行分析敏感性的计算，下面以 SNV 不同突变频率位点分析敏感性的计算为例介绍如何对分析敏感性进行性能确认。

根据本节叙述的样本选择原则，尽管临床肿瘤患者的样本测序数据是最佳选择，但要想获得满足上述所有性能确认目的的样本很难，因此，可使用计算机模拟数据进行性能确认。尽量选择具有临床意义的突变，根据复杂程度将靶向基因组区域分为低复杂区域、高 GC 区域、高重复区域，每个区域选择的突变数至少为 50[从统计学角度，对于呈正态分布的样本，样本量＞ 50 即可获得稳定的置信水平和参考范围（reference range）]。使用模拟软件，如 BAMSurgeon，将上述选择的位点按照 2%、5%、10% 进行模拟，最后得到 2% 突变的样本、5% 突变的样本和 10% 突变的样本见表 4-6，然后使用需要进行性能确认的生物信息学分析流程对样本进行检测，统计不同频率下的分析敏感性。此时，还可将敏感性＞ 95% 的最小突变频率作为检测限，这也是有时可将分析敏感性当作检测限来对待的原因，如表 4-7 所示，在整体情况下对分析敏感性进行统计，尽管整体分析敏感性达 97.1%，但其中突变频率＜ 2% 的位点，分析敏感性仅为 93.3%，而突变频率为 2% ～ 5% 的位点分析敏感性达 98.0%，因此可判断，该检测方法对突变位点的检测下限为 2%。此外，还应该根据基因组区域复杂度的不同，对不同复杂度的基因组区域的分析敏感性进行统计验证。除突变频率外，生物信息学分析流程还应该对不同测序深度的位点进行分析敏感性的评估，从而得出获得可信结果所需要的最低测序深度，评估方法与突变频率类似。

表 4-6 性能确认突变位点的选择示例

突变类型	样本	突变频率	突变数目	基因组区域
SNV	样本 1	＜ 2%	50	低复杂区域
			50	高 GC 区域
			50	高重复区域
	样本 2	2% ～ 5%	50	低复杂区域
			50	高 GC 区域
			50	高重复区域
	样本 3	＞ 10%	50	低复杂区域
			50	高 GC 区域
			50	高重复区域

表 4-7　分析敏感性统计结果（不区分基因组区域）

突变类型	突变频率 < 2%			突变频率 2% ~ 5%			突变频率 > 10%			总体		
	TP	FN	敏感性	TP	FN	敏感性	TP	FN	敏感性	TP	FN	敏感性
SNV	140	10	93.3%	147	3	98.0%	150	0	100%	437	13	97.1%
Indel	135	15	90%	146	4	97.3%	150	0	100%	431	19	95.8%

5. 分析特异性（analytical specificity）　是衡量试验正确地判定未突变位点的能力，其计算公式为：specificity = D / （B+ D）。在方法学或与“金标准”的比较研究中与阴性符合率（negative percent agreement，NPA）意义相同。与准确度类似，分析特异性的计算也会受到真阴性位点的干扰而产生偏倚，因此，在进行生物信息学分析流程的性能确认时也很少对分析特异性进行评价。

6. 阳性预测值（PPV）　在 NGS 检测中，阳性预测值指方法检测出的阳性突变中真阳性突变的比例。PPV 在 NGS 基因检测中是衡量检测方法分析效能的另一项重要指标。需要注意的是，在传统的单位点检测方法的性能验证中，PPV 的计算是以样本为单位计算的；而在 NGS 检测中，PPV 则是根据样本包含的所有突变位点数来进行计算。其计算公式为：PPV = A / （A + B）。PPV 反映的是 NGS 基因检测方法假阳性位点的检出情况。

同分析敏感性类似，PPV 也需要对不同情况下的突变位点的分析敏感性进行分类计算。阳性预测值的统计分析方法也与分析敏感性类似，检测样本如表 4-6，检测结果统计如表 4-8，所计算的 PPV 应达到预期要求。

表 4-8　阳性预测值统计结果

突变类型	突变频率 < 2%			突变频率 2% ~ 5%			突变频率> 10%			总体		
	TP	FP	PPV	TP	FP	PPV	TP	FP	PPV	TP	FP	PPV
SNV	147	10	93.6%	148	2	98.7%	150	0	100%	445	12	97.4%
Indel	146	12	92.4%	149	5	96.7%	149	1	99.3%	444	18	96.1%

7. 检测限（limit of detection，LoD）　对于高通量测序检测，检测限指该检测方法能够准确检出突变位点的最小突变频率。如前所述，其是通过计算不同突变频率位点的分析敏感性来进行判断的。一般要求最小突变频率位点的分析敏感性达到 95% 以上。

（李子阳）

参考文献

[1] Hagen JB. The origins of bioinformatics. Nat Rev Genet，2000，1：231-236.

[2] Pearson WR，Lipman DJ. Improved tools for biological sequence comparison. Proc Natl Acad Sci U S A，1988，85：2444-2448.

[3] Altschul SF，Gish W，Miller W，et al. Basic local alignment search tool. J Mol Biol，1990，215：403-410.

[4] Oliver GR，Hart SN，Klee EW. Bioinformatics for clinical next generation sequencing. Clinical Chemistry，2015，61：124-135.

[5] Fonseca NA，Rung J，Brazma A，et al. Tools for mapping high-throughput sequencing data. Bioinformatics，2012，28：3169-3177.

[6] Li H，Durbin R. Fast and accurate long-read alignment with Burrows-Wheeler transform. Bioinformatics，2010，26：589-595.

[7] DePristo MA，Banks E，Poplin R，et al. A framework for variation discovery and genotyping using next-generation DNA sequencing data. Nat Genet，2011，43：491-498.

[8] Wang L，Nuytemans K，Bademci G，et al. High-resolution survey in familial Parkinson disease genes reveals multiple independent copy number variation events in PARK2. Hum Mutat，2013，34：1071-1074.

[9] Grayson BL，Smith ME，Thomas JW，et al. Genome-wide analysis of copy number variation in type 1 diabetes. PLoS One，2010，5：e15393.

[10] Pinto D，Pagnamenta AT，Klei L，et al. Functional impact of global rare copy number variation in autism spectrum disorders. Nature，2010，466：368-372.

[11] Brouwers N，Van Cauwenberghe C，Engelborghs S，et al. Alzheimer risk associated with a copy number variation in the complement receptor 1 increasing C3b/C4b binding sites. Mol Psychiatry，2012，17：223-233.

[12] Kirov G. The role of copy number variation in schizophrenia. Expert Rev Neurother，2010，10：25-32.

[13] Shlien A，Malkin D. Copy number variations and cancer. Genome Med，2009，1：62.

[14] Feuk L，Carson AR，Scherer SW. Structural variation in the human genome. Nat Rev Genet，2006，7：85-97.

[15] Wheeler DA，Srinivasan M，Egholm M，et al. The complete genome of an individual by massively parallel DNA sequencing. Nature，2008，452：872-876.

[16] Yoon S，Xuan Z，Makarov V，et al. Sensitive and accurate detection of copy number variants using read depth of coverage. Genome Res，2009，19：1586-1592.

[17] Liu P，Carvalho CM，Hastings PJ，et al. Mechanisms for recurrent and complex human genomic rearrangements. Curr Opin Genet Dev，2012，22：211-220.

[18] Bragg LM，Stone G，Butler MK，et al. Shining a light on dark sequencing：characterising errors in Ion Torrent PGM data. PLoS Comput Biol，2013，9：e1003031.

[19] Guo Y，Ye F，Sheng Q，et al. Three-stage quality control strategies for DNA re-sequencing data. Brief Bioinform，2014，15：879-889.

[20] Tian S，Yan H，Kalmbach M，et al. Impact of post-alignment processing in variant discovery from whole exome data. BMC Bioinformatics，2016，17：403.

[21] Li MM，Datto M，Duncavage EJ，et al. Standards and guidelines for the interpretation and reporting of sequence variants in cancer：a joint consensus recommendation of the Association for Molecular Pathology，American Society of Clinical Oncology，and College of American Pathologists. J Mol Diagn，2017，19：4-23.

[22] Green RC，Berg JS，Grody WW，et al. ACMG recommendations for reporting of incidental findings in clinical exome and genome sequencing. Genet Med，2013，15：565-574.

[23] Roychowdhury S，Chinnaiyan AM. Translating cancer genomes and transcriptomes for precision oncology. CA Cancer J Clin，2016，66：75-88.

[24] Porto G，Brissot P，Swinkels DW，et al. EMQN best practice guidelines for the molecular genetic diagnosis of hereditary hemochromatosis（HH）. Eur J Hum Genet，2016，24：479-495.

[25] Field N，Cohen T，Struelens MJ，et al. Strengthening the Reporting of Molecular Epidemiology for Infectious Diseases（STROME-ID）：an extension of the STROBE statement. Lancet Infect Dis，2014，14：341-352.

[26] Burgunder JM，Schols L，Baets J，et al. EFNS guidelines for the molecular diagnosis of neurogenetic

disorders: motoneuron, peripheral nerve and muscle disorders. Eur J Neurol, 2011, 18: 207-217.

[27] Mack SJ, Milius RP, Gifford BD, et al. Minimum information for reporting next generation sequence genotyping (MIRING): guidelines for reporting HLA and KIR genotyping via next generation sequencing. Hum Immunol, 2015, 76: 954-962.

[28] Richards S, Aziz N, Bale S, et al. Standards and guidelines for the interpretation of sequence variants: a joint consensus recommendation of the American College of Medical Genetics and Genomics and the Association for Molecular Pathology. Genet Med, 2015, 17: 405-424.

[29] Gargis AS, Kalman L, Berry MW, et al. Assuring the quality of next-generation sequencing in clinical laboratory practice. Nat Biotechnol, 2012, 30: 1033-1036.

[30] Roy S, Coldren C, Karunamurthy A, et al. Standards and guidelines for validating next-generation sequencing bioinformatics pipelines: a joint recommendation of the Association for Molecular Pathology and the College of American Pathologists. J Mol Diagn, 2017, 20 (1): 4-27.

[31] Wang SR, Malik S, Tan IB, et al. Technical validation of a next-generation sequencing assay for detecting actionable mutations in patients with gastrointestinal cancer. J Mol Diagn, 2016, 18: 416-424.

[32] Thomas M, Sukhai MA, Zhang T, et al. Integration of technical, bioinformatic, and variant assessment approaches in the validation of a targeted next-generation sequencing panel for myeloid malignancies. Arch Pathol Lab Med, 2017, 141: 759-775.

[33] Yang X, Chu Y, Zhang R, et al. Technical validation of a next-generation sequencing assay for detecting clinically relevant levels of breast cancer-related single-nucleotide variants and copy number variants using simulated cell-free DNA. J Mol Diagn, 2017, 19: 525-536.

[34] Escalona M, Rocha S, Posada D. A comparison of tools for the simulation of genomic next-generation sequencing data. Nat Rev Genet, 2016, 17: 459-469.

[35] Mu JC, Mohiyuddin M, Li J, et al. VarSim: a high-fidelity simulation and validation framework for high-throughput genome sequencing with cancer applications. Bioinformatics, 2015, 31: 1469-1471.

[36] Kim S, Jeong K, Bafna V. Wessim: a whole-exome sequencing simulator based on in silico exome capture. Bioinformatics, 2013, 29: 1076-1077.

[37] Ewing AD, Houlahan KE, Hu Y, et al. Combining tumor genome simulation with crowdsourcing to benchmark somatic single-nucleotide-variant detection. Nat Methods, 2015, 12: 623-630.

[38] Duncavage EJ, Abel HJ, Merker JD, et al. A model study of in silico proficiency testing for clinical next-generation sequencing. Arch Pathol Lab Med, 2016, 140: 1085-1091.

第五章 数据库

近年来，随着高通量测序技术的快速发展，伴随着生物信息学（bioinformatics）这一学科的应用，数据库在医学研究和高通量测序的临床应用中均起到了重要作用。建立高质量的数据库可以为研究人员提供便捷的数据分析服务与数据共享平台，为揭示各类疾病的分子机制奠定基础。利用数据库中的突变信息可以明确其临床意义，给予相应药物或临床试验信息，为患者的治疗提供帮助，从而实现真正的"精准医学"。

本章首先通过介绍生物信息学数据库的产生背景、特点和分类等，使读者从宏观上了解关于生物信息学数据库的相关知识。然后分别对应高通量测序过程的各个环节，介绍与其相关的生物信息学数据库，如序列比对类数据库、突变过滤类数据库、突变注释与解读类数据库等。本章还列举了部分功能明确且应用较普遍的数据库，并对这些数据库建立的过程、使用方法和功能等进行了介绍。希望通过本章的介绍，实验室人员对高通量测序检测过程中可能使用到的数据库有基本了解。每种数据库有其不同的功能和应用范围，实验室应根据检测的预期用途，选择适合的数据库或对数据库进行组合应用。

第一节　概　　述

生物信息学是研究生物信息采集、处理、存储、传播、分析和解释等的学科，也是当今生命科学和自然科学的重大前沿领域之一，同时也是21世纪自然科学的核心领域之一，是高通量测序密不可分的组成部分。以下将从生物信息学数据库产生背景、特点和分类等方面进行基本介绍。

一、生物信息学基本介绍

从20世纪80年代末开始，伴随着人类基因组计划的启动，生物信息学[1]这一由生物学、化学、物理学、数学、信息科学和计算机科学等多学科交叉产生的新兴学科蓬勃发展，并被许多著名科学家称为21世纪自然科学的核心领域。它以核酸和蛋白质等生物大分子数据库及其相关的图书、文献、资料为主要研究对象，以数学、信息学、计算机科学为主要研究手段，以计算机、网络、应用软件为研究工具，对庞大的生物原始数据进行获取、管理、存储、检索、注释与分析，使之成为具有明确生物学意义的生物信息，并进一步通过对生物信息的查询、搜索、对比、分析，获取基因编码、基因调控、核酸和蛋白质结构功能及其相互作用的知识，从而达到揭示数据所蕴含的生物学意义的目的。

二、生物信息学数据库的产生背景及特点

随着基因分子领域及生物信息学领域的不断发展和完善，研究人员可以不断获得大量生物信息的原始数据。传统的研究分析模式已经不能适应这种以指数方式增长的数据资源，因此建立了生物信息学数据库，以将这些数据资源有效地储存、管理和维护，以便进一步分析、处理和利用。生物信息学数据库有以下 5 个主要特点。①多样性：生物信息学各类数据库几乎覆盖了生命科学的各个领域，如核酸序列数据库、蛋白质序列数据库、蛋白质的三维结构数据库和文献数据库，多达数百种。②时效性：数据库的更新周期越来越短，有些数据库每天都有更新。数据的规模也以指数形式增长。③交叉性：许多数据库具有相关的内容和信息，数据库之间相互引用。④网络化：生物信息学数据库可以在互联网上免费检索分析及下载[1]。⑤工具化：数据库除了提供数据之外，不同的数据库还会提供不同的分析工具，方便研究者进行数据分析[2]。

三、生物信息学数据库的分类

随着生物信息学的蓬勃发展，生物信息学数据库的数量也在不断递增，内部结构也不断复杂化，功能也越来越细化。按照处理对象分类，生物信息学中的数据库主要有 4 种类型：核酸序列数据库、蛋白质序列数据库、蛋白质结构数据库和基因组数据库。根据建库的方式，现有的生物信息数据库也可以大致分为 4 类：一级数据库、二级数据库、专家库和整合数据库。一级数据库是最基础的数据资源数据库，一般是国家或国际组织建设和维护的数据库。二级数据库是在一级数据库的基础上，将部分数据从一级数据库中提取并经过重新整合、修正后的数据库。该类数据库结构设计精巧，数据量相对较少，但质量较高，针对性较强。专家库是一种特殊的二级数据库，是经过人工校对标识之后建立的。这种数据库质量很高，操作简便，但更新速度较慢。整合数据库是将不同数据库的数据资源按照某个目的整合而成的数据库，许多实验室自建数据库实质上就是整合数据库。

四、高通量测序相关生物信息学数据库的分类

高通量测序的生物信息学分析流程包括序列比对、突变识别、突变过滤、突变注释及突变报告与解读（图 5-1）。在每个过程中都需要相应的生物信息学数据库参与帮助分

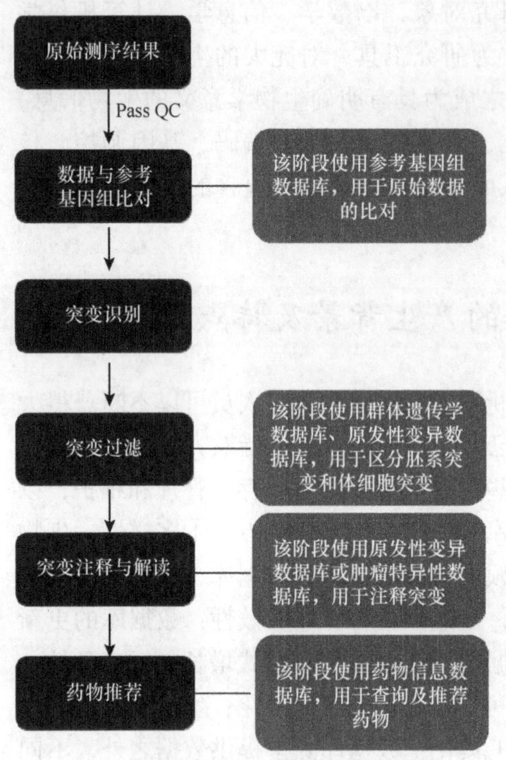

图 5-1　高通量测序生物信息学流程图

析测序结果。以下将简单按照高通量测序分析流程介绍相应的数据库。

（一）序列比对

此过程是将原始测序数据与参考基因组进行比对。所用的数据库主要包括 GenBank、UCSC Genome Browser、HomoloGene、RefSeq 等。

（二）突变识别

此过程是从测序结果中检出与参考基因组序列不同的所有变异位点，包括单核苷酸变异（single nucleotide variation，SNV）、小插入/缺失（insertion or deletion，Indel）、拷贝数变异（copy number variation，CNV）和基因重排（gene arrangement）等。目前常用的突变识别软件有 GATK、Varscan、SomaticSniper、Strelka 和 MuTect 等。

（三）突变过滤

此过程包括两个环节：①根据各类筛选条件，如突变频率、测序深度、碱基质量等，用于过滤无意义或假阳性的突变；②根据分析目标过滤，如过滤人群中单核苷酸多态性（single nucleotide polymorphism，SNP）。常用的突变过滤过程的数据库有千人基因组计划（1000 Genomes Project）、单核苷酸多态性数据库（Single Nucleotide Polymorphism Database，dbSNP）、基因组结构变异数据库（Database of Genomic Structural Variation，dbVar）和人类外显子数据库（Exome Aggregation Consortium，ExAC）等。除此之外，人类基因突变数据库（Human Gene Mutation Database，HGMD）、人类孟德尔遗传数据库（Online Mendelian Inheritance in Man，OMIM）等原发性变异数据库也可用于区分胚系突变（germline mutation）与体细胞突变（somatic mutation）。

（四）突变注释与解读

此过程是使用各种突变信息数据库对检测出的突变进行注释。注释的信息主要为基因组坐标、基因及转录本信息、命名术语、数据库注释信息（是否为 SNP 或致病性预测）、相关疾病研究、参考文献等。在此过程所用到的数据库主要是各种突变相关性数据库，如 ClinVar、COSMIC 等。

（五）药物推荐

此过程主要是通过分析整合注释结果，利用药物相关的生物信息数据库给予临床充分的药物信息以用于药物指导。

第二节 序列比对类数据库

在高通量测序序列比对的过程中需要用到参考基因组。通常从世界各国的人类基因组研究中心、测序中心构建的各种人类基因组数据库中获取参考基因组。此外，除人类基因组参考序列外，目前还可以获得小鼠、河鲀鱼、拟南芥、水稻、线虫、果蝇、酵母和大肠杆菌等各种模式生物的基因组信息。

一、GenBank 数据库

GenBank 数据库[3]（https：//www.ncbi.nlm.nih.gov/genbank/）包含了所有已知的核苷酸序列和蛋白质序列，以及与它们相关的文献链接和生物学注释。在高通量测序过程中可用于获取参考序列的信息及突变位点的比对。

（一）GenBank 数据库的基本介绍

由美国国立生物技术信息中心（National Center for Biotechnology Information，NCBI）建立并维护的 GenBank 数据库是一个提供 260 000 个物种的综合性核苷酸数据库，每条数据记录包含了对序列的简要描述、科学命名及物种分类名等。数据资源由测序工作者提交的序列数据、测序中心提交的大量表达序列标签（expressed sequence tag，EST）、基因组考察序列（genome survey sequence，GSS）、全基因组鸟枪法序列（whole-genome shotgun sequence）、其他测序数据，以及与其他数据机构协作交换的数据集合而成，可以从 NCBI 的 FTP 服务器上免费下载。此外，NCBI 还提供数据查询、序列相似性搜索及其他分析服务等。自 1988 年，GenBank 与欧洲生物信息学研究所（the European Bioinformatics Institute，EBI）的 EMBL 数据库（http：//www.ebi.ac.uk/embl）、日本国立遗传研究所（National Institute of Genetics，NIG）的 DDBJ 数据库（http：//www.ddbj.nig.ac.uk/embl）建立了合作关系，共同成立了国际核酸序列联合数据库中心。这三个数据库分别收集所在区域的有关实验室和测序机构发布的核酸序列信息，每天共享并更新各自收集到的数据，以确保数据同步。

（二）GenBank 数据库的功能

1. 用于查找基因组或特定基因来获取相应参考序列 GenBank 可通过输入某物种基因组或基因的信息来获取相应参考序列。该参考序列信息可用于高通量测序生物信息学分析中进行测序结果的比对。

2. 提交获取的基因序列 通过 GenBank 网站提供的软件可将获取的研究序列提交到该数据库中，从而获得相应序列号供他人使用。

二、UCSC Genome Browser 数据库

UCSC Genome Browser 数据库[4, 5]（http：//genome.ucsc.edu/）覆盖包括人类等在内

的多个物种的基因组信息，可以简单快速地定位某一段序列在基因组中的位置，可应用于高通量测序中序列比对这一环节。

（一）UCSC Genome Browser 数据库的基本介绍

UCSC Genome Browser 由加州大学圣克鲁斯分校（University of California Santa Cruz，UCSC）创立并维护，该站点包含人类、小鼠和大鼠等多个物种的基因组草图，并提供一系列网页分析工具。研究人员可以通过该数据库迅速地浏览基因组的任何一部分，并同时得到与该部分有关的基因组注释信息，如已知基因、预测基因、EST、信使 RNA、CpG 岛、克隆组装间隙和重叠、染色体带型等。

（二）UCSC Genome Browser 数据库的功能

1. 快速浏览整个基因组序列。

2. 目的基因信息的检索及序列比对：通过 UCSC 数据库可以在基因组中查找特定的基因序列，同时该数据库整合了大量基因组注释数据，支持数据库检索和序列比对。可用于高通量测序中某些特定突变信息的查找和比对。

3. 定位已知序列的位置信息：可通过 UCSC 数据库迅速获取已知目标序列在基因组中的位置，即通过该序列进行基因定位。由于整合了大量的基因组注释数据，因此在高通量测序中还可用于获取基因组位置信息及进行基因注释。

三、HomoloGene 数据库

HomoloGene 数据库[6]（https：//www.ncbi.nlm.nih.gov/homologene）可以自动检索并获取真核生物基因组中的同源基因信息；可下载转录本、蛋白质和基因组序列信息，用于高通量测序中基因组与参考序列的比对。

（一）HomoloGene 数据库的基本介绍

HomoloGene 是一个在 20 种完全测序的真核生物基因组中自动检索同源基因的系统，包括直系同源与旁系同源。HomoloGene 数据库结果报告包括基因同源性和来自 OMIM 数据库、小鼠基因组信息学（Mouse Genome Informatics，MGI）、斑马鱼信息网络（Zebrafish Information Network，ZFIN）、酵母基因组数据库（Saccharomyces Genome Database，SGD）、直系同源基因簇（Clusters of Orthologous Groups，COG）和果蝇数据库（FlyBase）的基因表型信息。

（二）HomoloGene 数据库的功能

1. 获取基因相关信息 该数据库能下载其包含的转录体、蛋白质和基因组序列信息，在高通量测序中序列比对及突变结果注释环节发挥作用。

2. 获取基因组中特定基因的上游和下游序列 该数据库还可下载基因组中已知目标基因的上下游序列信息。

四、RefSeq 数据库

Reference Sequences（RefSeq）数据库[7, 8]（https：//www.ncbi.nlm.nih.gov/refseq/rsg/）收录注释过的非冗余的基因组 DNA、转录体、蛋白质序列。这些序列均为中心法则中自然存在的分子，提供从染色体到 mRNA 到蛋白质的参考序列标准。

（一）RefSeq 数据库的基本介绍

目前，RefSeq 数据库共收录了来自 5400 个不同物种的 300 万条核酸序列和 560 万条蛋白质序列。该数据库可以通过 Entrez 核酸和蛋白质数据库搜索到 RefSeq 序列，也可以通过 NCBI FTP 站点进入 RefSeq 数据库。

（二）RefSeq 数据库的功能

该数据库为人类基因组的序列比对提供了基础，可在高通量测序结果分析过程中为相关突变分析提供参考标准。同时在基因表达研究和发现基因多态性中提供了参考标准。

第三节 突变过滤类数据库

在高通量测序生物信息学分析过程中，突变过滤过程包括两个环节：①根据各类筛选条件，如突变频率、测序深度、碱基质量等，以过滤无意义或假阳性的突变；②根据分析目标过滤，主要是过滤人群中的 SNP。突变过滤类数据库是基于大样本人群的数据库，可提供基因多态性、人群等位基因频率等信息，用于区分测序结果中真实的突变与 SNP。

SNP 主要是指在基因组水平上由单个核苷酸的变异引起的 DNA 序列多态性。它是人类可遗传变异中最常见的一种，在人类基因组中广泛存在，约每 1000 个核苷酸就会出现 1 个 SNP，占所有已知多态性的 90% 以上。

以肿瘤基因突变检测为例，对于有配对样本的肿瘤组织可通过过滤配对样本中存在的 SNP 获取肿瘤样本中真实的突变信息。当分析无配对样本肿瘤组织中的突变信息时，可通过查询该类数据库中的人群 SNP 信息，过滤存在于肿瘤组织中的 SNP，以获取真实的突变信息。如未进行 SNP 过滤，则会产生大量的假阳性结果，严重影响后续对突变的解释及相关药物的报告。最常用的突变过滤类数据库包括千人基因组计划单核苷酸多态性数据库、基因组结构变异数据库及人类外显子数据库等。

一、千人基因组计划

由于 DNA 测序技术的迅猛发展，使研究人员可对人基因组进行测序，进而绘制遗传病图谱。千人基因组计划（1000 Genomes Project）（http：//www.1000genomes.org/）旨在对全球各地的 2500 个人的 DNA 进行比较和测序。

（一）千人基因组计划的基本介绍

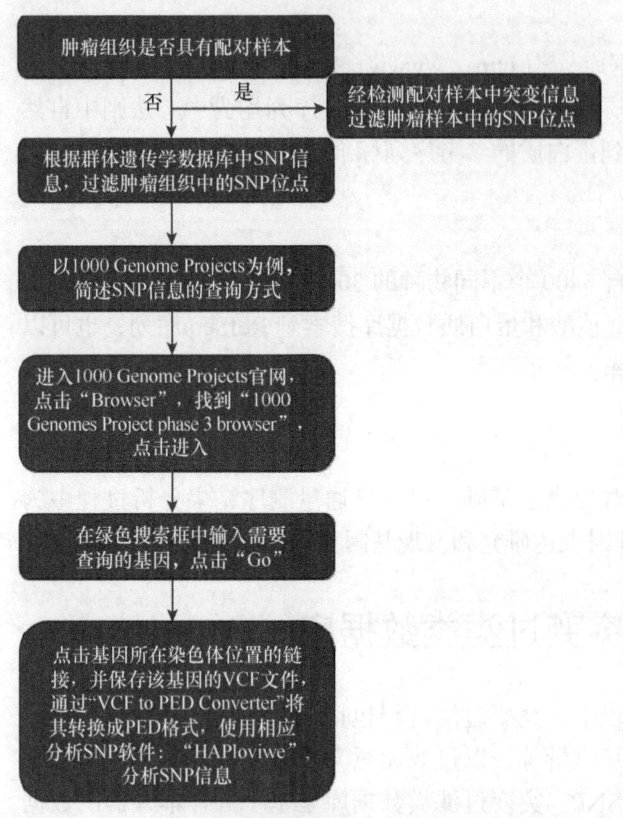

图 5-2 千人基因组计划数据库查询基因多态性流程图

千人基因组计划[10]是2008年初由英国Sanger研究所、美国国立人类基因组研究所和中国华大基因研究所共同启动的，以二代测序技术为主导的人类基因组计划三期工程，其目的是确定大多数在人群中频率至少为1%的遗传性变异，其样本来自26个种系的超过2500名无相关表型信息的个体。测序结果发现，人体的基因组由约30亿DNA碱基对组成，个体之间约有300百万不同的碱基对的差异，即SNP，95%的SNP已经被绘制进基因图谱。基因图谱还表明，每个人平均发生75种与遗传病有关的变异，而且有250～300种变异可能导致人体某种功能丧失。千人基因组计划的实施为人类探索遗传病及其相关突变奠定了基础。其数据库查询基因多态性流程见图5-2。

（二）千人基因组计划的功能

千人基因组计划项目的开展，不仅加速了对常见疾病易感基因的发现，还将加深对人类基因组结构差异的认识，为解释人类重大疾病的发病机制，开展疾病个性化预测、预防和治疗奠定了基础。千人基因组计划完成了基因组学从基础向应用的过渡，有效地推进了临床转化医学的兴起和发展。

二、dbSNP 数据库

dbSNP数据库（http：//www.ncbi.nlm.nih.gov/snp）[11]是由NCBI与人类基因组研究所合作建立的，它是存储归纳单碱基替换，以及短片段插入、缺失多态性信息的资源库。由于开发dbSNP数据库是为了补充和辅助GenBank数据库，因此它包含了所有生物体的核苷酸序列。

（一）dbSNP 数据库的基本介绍

dbSNP数据库收录的是SNP信息，如单碱基替换、缺失或插入信息，共收录有将近1800万条人类SNP信息和3300万条其他物种的SNP信息。此外，dbSNP数据库还收录确认信息、种群特异性等位基因频率（population-specific allele frequencies）信息和个体基因型信息，并接受来自公共实验室和个人提交的信息。

（二）dbSNP 数据库的功能

dbSNP 数据库的主要功能是数据查询。dbSNP 现已并入 NCBI 的 Entrez 系统，能使用与其他 Entrez 数据库（如 PubMed 和 GenBank）相同的查询方式来查询数据，从而获取基因序列的 SNP 信息。dbSNP 数据库查询基因多态性流程见图 5-3。

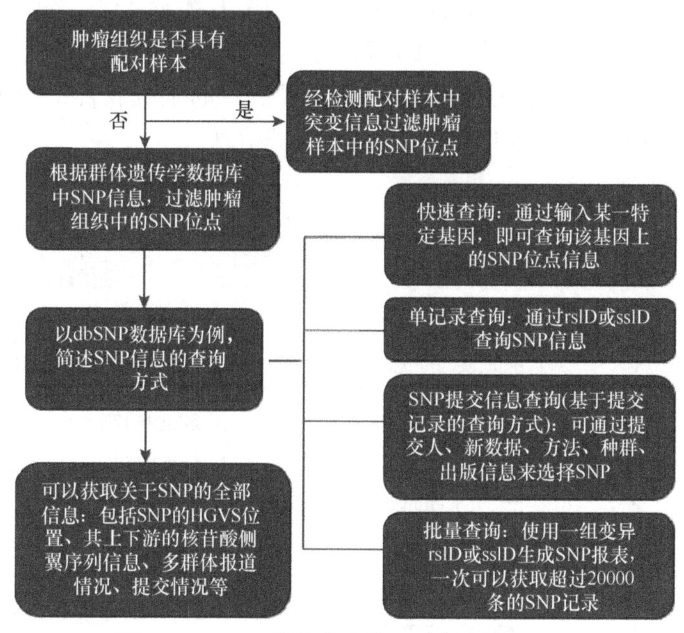

图 5-3 dbSNP 数据库查询基因多态性流程图

三、dbVar 数据库

dbVar 数据库（http：//www.ncbi.nlm.nih.gov/dbvar）[12] 是由 NCBI 与人类基因组研究所合作建立的关于基因组结构变异的数据库，它是存储归纳基因组结构变异，如大片段插入、缺失、重复、倒置、替换、移动元件插入易位和复杂的染色体重排等信息的资源库。

（一）dbVar 数据库的基本介绍

dbVar 数据库是收录基因组结构变异信息的数据库，其收录三种特定信息。

1. 研究（study）信息 所有结构变异信息都以 study 的形式被提交至 dbVar，每个研究对应唯一的 nstd 或 estd 号。每一项研究是由同一作者在相同时间、相同地点使用一套连贯的方法进行，并分析得出的结果。

2. 变异区域（variant regions）信息 指包含结构变异的基因组区域位置，以启动和停止的坐标表示。变异区域信息仅代表基因组上的标记，用以观察发生结构变异的区域，类似于 dbSNP 数据库中使用的 ss-ID 号。

3. 变异识别（variant calling）信息 指在研究中观察到的结构变异，并基于原始数据分析得出的信息，可提示结构变异的位置、类型和大小等。

此外，dbVar数据库与基因组变异存储数据库（Database of Genomic Variants Archive，DGVa）具有紧密的合作关系。这两个数据库都可接受数据的提交，并使用相同的数据模型和提交模板。每月定期进行数据同步后，两个数据库具有相同的数据信息。

（二）dbVar数据库的功能

dbVar数据库的主要功能是数据查询（图5-4）及数据提交。截至2018年3月，dbVar数据库收录了约5 227 682个结构变异区域信息和34 870 865个结构变异识别信息。现已开发了一系列与dbVar搜索系统和文件格式兼容的工具软件，如Tabix、Variation Viewer、Variation Reporter等用来获取结构变异相关信息。

Variant Region ID	Type	Number of Variant Calls	Study ID	Organism	Clinical Assertion	Location	Genes in region
nsv3170215	copy number variation	1	nstd156	human		NCBI36 (hg18) chr16: 2,016-78,516 , GRCh38.p2 chr16: 12,016-88,517 , GRCh37.p13 chr16: 62,016-138,516	SNRNP25, MPG, 8 more genes
nsv3157837	copy number variation	2	nstd151	human		GRCh37 (hg19) chr16: 97,427-110,542 , GRCh38 (hg38) chr16: 47,427-60,544	POLR3K, RHBDF1, 1 more genes
nsv3156739	copy number variation	1	nstd151	human		GRCh37 (hg19) chr16: 66,914-112,900 , GRCh38 (hg38) chr16: 16,914-62,902	SNRNP25, POLR3K, 5 more genes
nsv3156422	copy number variation	3	nstd151	human		GRCh37 (hg19) chr16: 106,536-133,446 , GRCh38 (hg38) chr16: 56,536-83,447	SNRNP25, MPG, 1 more genes
nsv3156396	copy number variation	18	nstd151	human		GRCh37 (hg19) chr16: 97,427-135,781 , GRCh38 (hg38) chr16: 47,427-85,782	MPG, POLR3K, 3 more genes
nsv3156082	copy number variation	9	nstd151	human		GRCh37 (hg19) chr16: 107,083-115,018 , GRCh38 (hg38) chr16: 57,083-65,020	RHBDF1, SNRNP25
nsv3155631	copy number variation	1	nstd151	human		GRCh37 (hg19) chr16: 112,533-135,781 , GRCh38 (hg38) chr16: 62,535-85,782	NPRL3, RHBDF1, 1 more genes

图5-4 dbVar数据库结果查询界面

四、ExAC 数据库

ExAC 数据库（http：//exac.broadinstitute.org）是目前最大的人类外显子数据库，包含上千万个 DNA 突变，且很多都是罕见变异，因此它对罕见遗传病的临床研究和诊断有重大意义。在肿瘤基因突变检测时可通过人群等位基因突变频率的信息区别体细胞突变和胚系突变。此外，该数据库还可用于单基因遗传病的研究。

（一）ExAC 数据库的基本介绍

ExAC[13, 14] 数据库是一个专门研究外显子组测序数据的联盟机构整合了多个外显子组测序计划建立的数据库。截至 2014 年 12 月 3 日，数据库收录了 91 796 个样本的外显子测序数据，其中包括 61 486 个独立个体的数据，这些个体来源于大量的疾病特异性研究和群体遗传学研究，能够用于严重疾病研究的等位基因突变频率的参数设置。为了更好地统计变异频率，ExAC 以 GRH37/hg19 基因组作为人类基因组参考序列，使用相同的测序数据预处理及变异检测分析流程对外显子测序数据进行全面处理分析（图 5-5）。

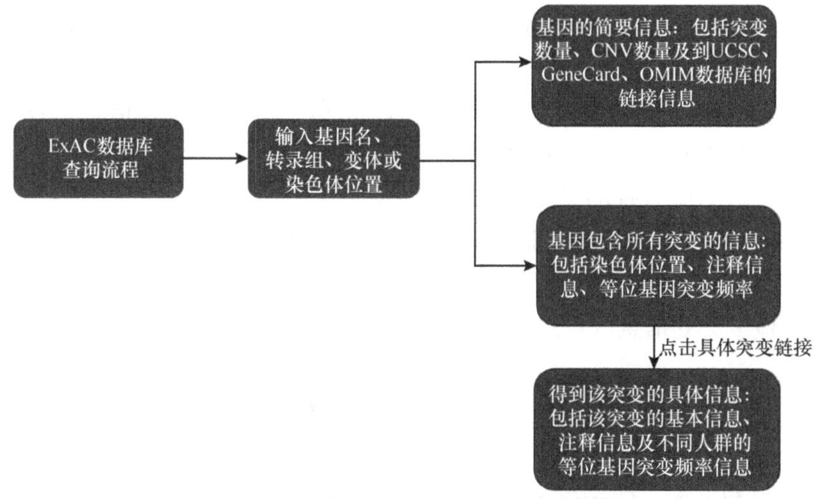

图 5-5　ExAC 数据库查询基因多态性流程图

（二）ExAC 数据库的功能

ExAC 数据库对患者基因突变的临床评估有很大的帮助。经基因测序后，许多 DNA 突变可被检出，其中大多是罕见或未被研究的突变，因此我们无法确定它们的临床意义。通过参考 ExAC 数据库中基因突变频率，研究人员可以排除常见突变，从而迅速锁定真正致病的突变，进行相关研究工作。

第四节　突变注释与解读类数据库

突变注释过程是使用各种变异信息类数据库对检测出的突变进行注释。注释的信息包括基因组坐标、突变基因、转录本信息、具体的碱基改变或结构改变等，并按照人类基因组变异协会（Human Genome Variation Society，HGVS）命名法将检出突变进行统一命名注释列出。

若为遗传病相关疾病研究，根据美国医学遗传学与基因组学学会（the American College of Medical Genetics and Genomics，ACMG）遗传病学突变分类指南[15]将检出突变分为不同等级，再根据原发性变异数据库中提示的信息进行突变解读，进一步进行致病性预测及相关疾病的研究。最常用的原发性变异数据库是OMIM数据库和HGMD数据库。

若为肿瘤体细胞突变检测相关研究，在进行突变注释过程获取突变列表后，首先使用原发性变异数据库排除胚系突变。列出的所有体细胞突变，根据AMP、ASCO和CAP指南将其划分为不同等级，具有明确临床意义和潜在临床意义的突变给予进一步解读，如诊断、靶向药物推荐、预后监测等，以指导临床决策。此时，需用到的数据库主要是肿瘤特异性数据库，如My Cancer Genome、Personalized Cancer Therapy、cBioPortal、Integrative Cancer Genomics等。

此外，在突变解读药物推荐环节也会使用到临床试验数据库，如ClinicalTrials.gov、中国临床试验注册中心，以及药物-基因数据库，如PharmGKB、Genomics of Drug Sensitivity in Cancer。

需要注意的是，数据库因其建立目标不同，其收录的突变注释信息也各不相同。有些数据库只针对各类肿瘤，其只收录肿瘤相关的体细胞突变信息，如My Cancer Genome数据库。但有些数据库收录的突变注释信息不对应某一种或某一类型的疾病，如ClinVar数据库。该数据库由各临床检测实验室、研究实验室或注册用户提交的突变注释信息组成。因此，体细胞突变及胚系突变的注释信息都可以在数据库中检索查询。在实际应用过程中，实验室要根据检索突变信息的目的来选择合适的数据库。

一、原发性变异数据库

原发性变异数据库（Constitutional Variant Databases）可用于遗传性疾病的研究。但在肿瘤基因突变检测的生物学分析过程中，会在过滤环节用到该类数据库，以区分胚系突变与体细胞突变。

（一）OMIM数据库

OMIM数据库（http：//omim.org/）[16, 17]是目前分子遗传学中最重要的生物信息学数据库之一。该数据库主要着眼于遗传性的基因疾病，可提供关于基因序列、图谱、文献等其他数据库关于该类注释的详尽信息。

1. OMIM数据库的基本介绍 OMIM数据库由约翰霍普金斯大学（Johns Hopkins University）的Victor A. McKusick小组负责维护。其是关于人类基因、遗传表型及两者之间关系的一个数据库，综合了大量生物医药文献中的重要信息，包含将近20 000个词条，涵盖超过12 500个已知的基因位点和表型数据。该数据库区别于HGMD提供基因所有的变异位点信息，大多数 OMIM 基因更关注于疾病基因的第一个突变、对应表型最常见的突变及具有不寻常特征的突变。不寻常特征的突变包括具有特殊突变类型的突变、具有特殊突变致病机制或具有特殊突变遗传模式的突变（如在相同基因中，部分突变为显性遗传模式，部分为隐性遗传模式）等。OMIM 中已知分子机制的表型大部分为单基因遗传疾病，其所对应的基因变异在各人群中的突变频率大部分也低于 1%，为罕见突变，即表明 OMIM 中所收录的大部分疾病表型所对应的基因变异一旦被检测到就有较高的疾病风险。除此之外，OMIM 提供较为全面的疾病临床表型谱，临床医师和研究者可根据患者的表型信息为其诊断的疾病提供依据。OMIM 数据库查询流程详见图 5-6。

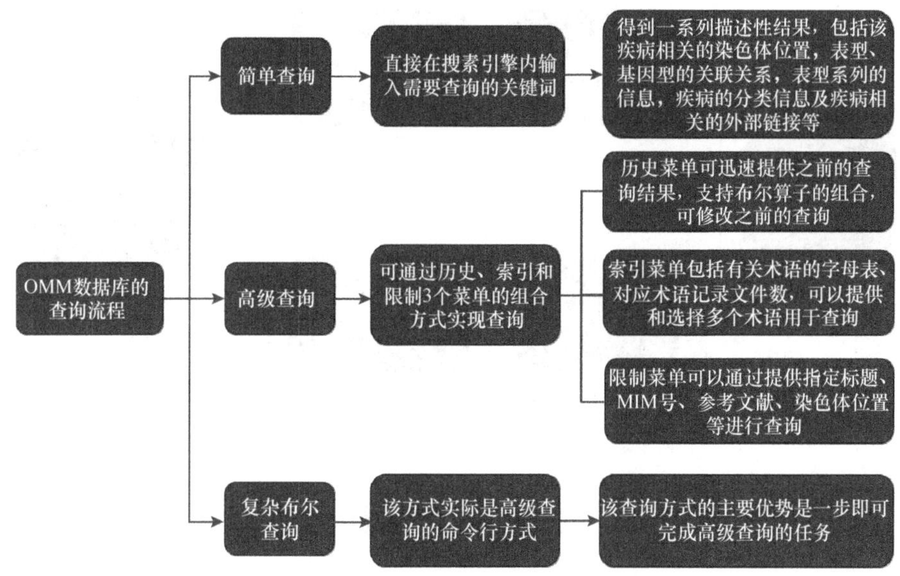

图 5-6 OMIM 数据库查询流程图

2. OMIM 数据库的功能 OMIM 包含了支持基因与疾病关系、疾病机制的代表性基因变异信息，包括对某特定遗传病详细的描述、基因名称、遗传方式、基因定位、基因多态性及详细的参考文献信息。

（二）HGMD 数据库

HGMD 数据库（http：//www.hgmd.cf.ac.uk/ac/index.）是目前收录人类突变信息最全的数据库。其通过使用计算机和人工收集的方法从约 250 种期刊中收集与人类遗传疾病相关的突变信息。

1. HGMD 数据库的基本介绍 HGMD 数据库[18, 19]是由英国卡尔地夫医学遗传研究所构建，其数据主要是由遗传病导致的胚系突变信息。截至 2014 年 12 月 18 日，HGMD 收录疾病相关突变数量已经超过 10 万个。HGMD 中记录的突变信息包括突变类型列表、对应的疾病列表和相应的参考文献。其中突变类型包括在编码区、调控区和剪接区域中的大片段插入、缺失，小片段插入、缺失，基因组重组，重复变异，致病性点突变，致病性移码突变，影响可变剪接的突变和与疾病相关的多态性位点。由于其免费版本只能在线查找基因变异信息，搜索功能很少且不能实时更新，因此建议使用 HGMD 数据库获取信息时通过注册登录。

2. HGMD数据库的功能 该数据库全面收集引起人类遗传疾病相关的基因突变信息。因此，数据库具有以下功能。

（1）数据库可以简单快速地提供全面的基因突变信息（图5-7），数据覆盖率广，可确认经高通量测序生物信息学分析的突变来源，有助于区分体细胞突变和胚系突变。

（2）可以获取某个特定基因或疾病的致病突变谱信息，数据质量高且及时更新数据。

（3）可以快速查询与人类遗传病相关的突变信息，并具有相关文献链接，极大节省了研究人员查阅文献的时间和精力。

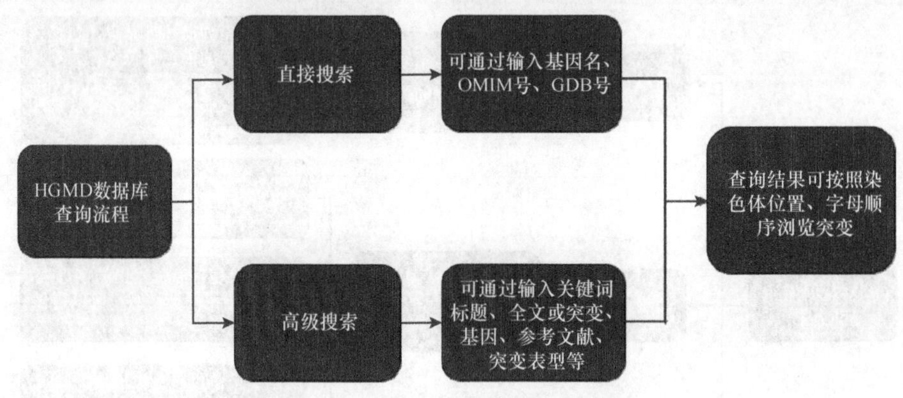

图5-7 HGMD数据库查询流程图

二、肿瘤相关性数据库

近年来，随着高通量测序和生物信息学的发展与普及，与肿瘤相关的生物学数据呈指数级增长，利用生物信息技术收集、存储、分析并共享与肿瘤相关的生物学数据正逐渐成为肿瘤研究中必不可少的技术手段。高质量的肿瘤相关生物信息学数据库不仅为研究人员提供便捷的数据分析服务与数据共享平台，而且方便研究人员从海量数据中挖掘出驱动基因与突变，用以阐明肿瘤发生发展的分子机制。在肿瘤基因突变检测的生物信息学分析过程中，该类数据库在对检出突变注释、突变结果报告及靶向药物推荐环节中起关键作用。常见的肿瘤突变相关信息查询数据库包括My Cancer Genome，Personalized Cancer Therapy等。Clinicaltrials.gov，PharmGKB，My Cancer Genome，Personalized Cancer Therapy等数据库还提供了常见肿瘤相关突变的靶向药物信息。此外，cBioPortal，IntOgen等公用数据库整合了大量肿瘤基因组数据资源，为肿瘤相关突变提供了丰富的信息。下面通过详细列举并介绍几个肿瘤相关的生物信息学数据库，以期不同数据库的功能与特点。

（一）ClinVar数据库

ClinVar数据库是一个由各临床实验室、研究实验室、组织机构或个人提交的突变注释信息汇总生成的数据库，具有检索突变、突变注释与分级的相关证据查询及信息下载等功能。其覆盖包括人类基因组任何区域（含线粒体）中突变的解释，包含胚系突变或体细胞突变的注释信息。该数据库可以提供大量与肿瘤相关的体细胞突变注释、证据信息及文献链接，但其不仅局限于肿瘤相关的突变信息查询。

1. ClinVar 数据库的基本介绍 为了促进对人类基因型与医学临床表型之间关系的深入研究，美国国家生物技术信息中心（NCBI）于 2013 年 4 月正式启动 ClinVar （https：//www.ncbi.nlm.nih.gov/clinvar/）。ClinVar[20-22] 是一个可以用于解读突变临床意义的公共数据库，覆盖包括人类基因组任何区域（含线粒体）中突变的解释，包含胚系突变或体细胞突变，突变类型包括 SNV、Indel、CNV 和基因重排等。到目前为止，ClinVar 包含超过 125 000 个突变注释，26 000 多个基因具有相应解释信息。

2. ClinVar 数据库的功能

（1）检索功能：ClinVar 可通过输入基因或 HGVS 进行基因相关突变的检索（图 5-8）。

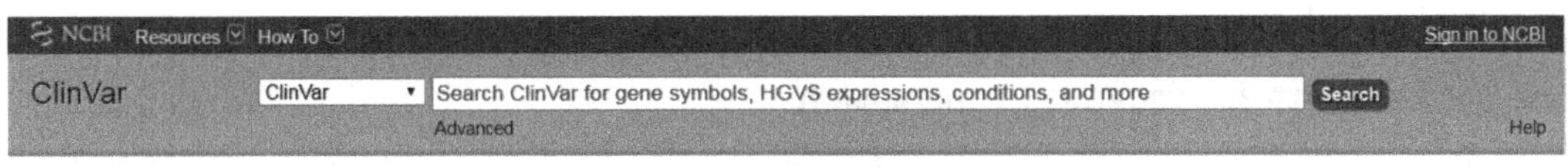

图 5-8 ClinVar 数据库检索功能界面

（2）归档功能：ClinVar 是一个归档数据库，保存每个提交者的提交记录。对于同一突变，ClinVar 保留来自不同提交者针对这一突变自己的解释和支持证据。此归档功能允许用户检索某突变在不同时间点、不同提交者的突变解读信息（图 5-9）。

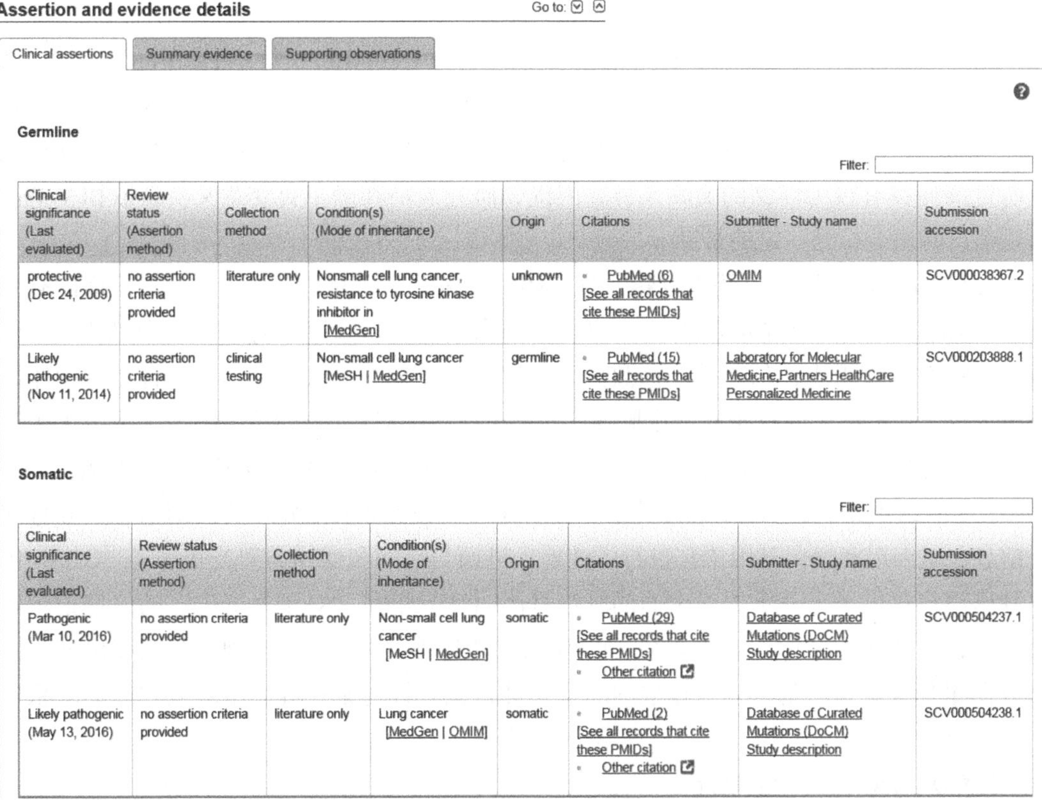

Assertion and evidence details — Go to:

Clinical assertions | Summary evidence | Supporting observations

Germline

Filter:

Clinical significance (Last evaluated)	Review status (Assertion method)	Collection method	Condition(s) (Mode of inheritance)	Origin	Citations	Submitter - Study name	Submission accession
protective (Dec 24, 2009)	no assertion criteria provided	literature only	Nonsmall cell lung cancer, resistance to tyrosine kinase inhibitor in [MedGen]	unknown	• PubMed (6) [See all records that cite these PMIDs]	OMIM	SCV000038367.2
Likely pathogenic (Nov 11, 2014)	no assertion criteria provided	clinical testing	Non-small cell lung cancer [MeSH | MedGen]	germline	• PubMed (15) [See all records that cite these PMIDs]	Laboratory for Molecular Medicine,Partners HealthCare Personalized Medicine	SCV000203888.1

Somatic

Filter:

Clinical significance (Last evaluated)	Review status (Assertion method)	Collection method	Condition(s) (Mode of inheritance)	Origin	Citations	Submitter - Study name	Submission accession
Pathogenic (Mar 10, 2016)	no assertion criteria provided	literature only	Non-small cell lung cancer [MeSH | MedGen]	somatic	• PubMed (29) [See all records that cite these PMIDs] • Other citation	Database of Curated Mutations (DoCM) Study description	SCV000504237.1
Likely pathogenic (May 13, 2016)	no assertion criteria provided	literature only	Lung cancer [MedGen | OMIM]	somatic	• PubMed (2) [See all records that cite these PMIDs] • Other citation	Database of Curated Mutations (DoCM) Study description	SCV000504238.1

图 5-9 ClinVar 数据库的证据归档功能

（3）提交、更新与下载功能：ClinVar 接受全世界的临床检测实验室、数据库、权威指南或个人提交的关于突变的解读信息。通过注册审查的提交者需提供关于突变的信息，包括突变名称、突变条件、突变解读、解读支持证据等。ClinVar 中的提交记录（submissions to ClinVar，SCV）可以由提交者随时更新。同时，该数据库支持科研人员将数据下载到本地，开展更为个性化的研究。

（4）突变和疾病关联可信度评判功能：ClinVar 采用星标系统（star-based system）评估某个突变与特定疾病的关联程度（图 5-10）。四星级为最高等级，关联可信度达到三星级以上则表明该突变已通过专家小组的评估审核，可以确定该突变和疾病之间存在关联性。但 ClinVar 数据库中只有少量此类突变。绝大部分的突变为一星突变，这表明这类突变只基于单个提出注释功能的研究。而没有等级的突变，则为提交者没有提交关于此突变的解释和支持证据。

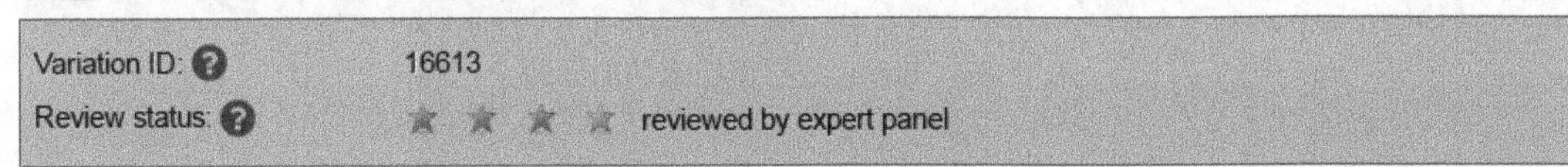

图 5-10　ClinVar 数据库星标系统

（二）COSMIC 数据库

由于 Catalogue of Somatic Mutations in Cancer（COSMIC）数据库（http：//cancer.sanger.ac.uk/cosmic）涵盖了世界上最全面的肿瘤体细胞突变的相关信息，因此在高通量测序结果分析过程的突变过滤及突变注释环节中起到重要作用。同时，该数据库针对某一特定突变具有较为详细的文献来源，因此，研究人员在确定突变意义及获取相关靶向药物信息时也会得到一定的帮助。

1. COSMIC 数据库的基本介绍　COSMIC 数据库[23-25]是世界上最大、最全面的有关肿瘤体细胞突变及其影响的资源，主要提供多种肿瘤细胞基因组中的 CNV、甲基化、基因融合、SNP 及基因表达信息等。该数据库储存了肿瘤相关的候选基因，包含肿瘤中体细胞突变目录，描述了超过 100 万个肿瘤样本中的 2 002 811 个点突变，涉及大部分人类基因。除此之外，COSMIC 还提供了超过 6×10^6 个非编码点突变、10 534 个基因融合、61 299 个基因组重排、695 504 个拷贝数异常、60 119 787 个表达异常的详细信息，并且这些信息在基因组和编码基因中都进行了注释，进而与疾病和变异类型关联起来。COSMIC 给肿瘤用户提供了十分重要而全面的肿瘤基因组变异信息，对于突变位点的信息记录较为详细，包括样品名称、具体的突变内容、组织类型、涉及的肿瘤种类和文献出处等。该数据库既有对某一基因突变现象的综合统计，也有针对某一肿瘤组织或肿瘤细胞系的所有突变信息统计。

2. COSMIC 数据库的功能

（1）检索功能：COSMIC 网站首页中的搜索框是进入 COSMIC 数据库最简单的方式。

在此之下，三条独立途径可对 COSMIC 数据库进行部分分析访问。“COSMIC”显示了整个项目中提供的所有数据，包括细胞系、全基因组和所有全基因组和基因特异性相关文献。“COSMIC Whole Genomes”可提供来自全基因组或外显子研究的突变数据，提供了广泛的肿瘤基因组数据的观点。“COSMIC Cell Line Project”显示了常见肿瘤细胞系的基因组分析结果，目前已达 1015 个，但预计将增长到 1500 个。此外，“Drug Sensitivity”是与 COSMIC Cell Line Project 相关的药物筛选项目。“Mutational Signatures”是对肿瘤基因组中突变模式和致病因素的评估。“Cancer Browser”可浏览 COSMIC 中描述的疾病，并提供突变基因和突变频率的详细信息。“Genome Browser”可在基因组中进行 COSMIC 检索，显示出许多类型的编码和非编码突变数据信息。

（2）下载功能：为了深入挖掘 COSMIC 中的信息，数据库可以以多种格式下载，用户需要注册后登录。对于点突变数据，用 VCF 格式。对于更复杂的数据集成，数据库采用其原生 Oracle 格式，作为 'exp' 转储或 'datapump' 格式。除了下载文件之外，“COSMICMart”还可用于直接编程。

（三）My Cancer Genome 数据库

精准医学的发展改变了临床传统肿瘤治疗模式，目前对肿瘤发病机制的研究越来越深入，对肿瘤中具体基因和蛋白质的研究，以及这些基因、蛋白质与相关细胞信号转导通路关系的思考也越来越多。由此促进了针对细胞信号通路转导过程的肿瘤靶向治疗方法。随着精准医学研究的发展，靶向治疗模式已经从单基因 / 单一药物靶向发展为基于整个信号通路的靶向。My Cancer Genome（https：//www.mycancergenome.org）数据库是一个基于精准医学资源知识的公共数据库，在高通量测序突变结果解释和靶向用药方面会给予一定的帮助。

1. My Cancer Genome 数据库的基本介绍 2011 年 1 月范德比特 - 英格拉姆肿瘤中心（Vanderbilt-Ingram Cancer Center，VICC）开发了一种精准医学资源知识的公共数据库，即 My Cancer Genome 数据库 [26]。该数据库由 Mia Levy 博士和 William Pao 博士，以及来自世界各地的医师和科学家撰写内容并创建，使用超过 800 个肿瘤相关基因来识别 20 个肿瘤相关信号转导通路，根据这些信号通路进行肿瘤靶向治疗。My Cancer Genome 数据库将肿瘤突变与治疗相匹配，为医师、患者和研究者快速提供肿瘤相关基因突变、临床意义、靶向治疗及临床试验的最新信息。

2. My Cancer Genome 数据库的功能 My Cancer Genome 具有检索肿瘤相关基因及驱动突变的功能，同时它还可为研究人员提供针对特定肿瘤类型的信号通路信息、靶向药物信息及相关临床试验信息等。

（1）检索肿瘤相关基因及突变：My Cancer Genome 是一个可以让临床医师或研究人员快速浏览肿瘤相关基因及靶向药物的数据库。因此，该数据库的检索功能非常容易操作，在首页中的检索框中点击肿瘤名称，则收录在该数据库中的关于该肿瘤的相关基因都可被检索出来，可查询到与该肿瘤发生发展机制相关的基因及常见突变的具体信息，包括信号通路信息、靶向用药信息及相关临床试验。

以图 5-11 为例，通过在首页检索“Lung Cancer”即可跳转至该页面，该页面中包含针对“lung cancer”的基因信息，每个基因包含针对该基因的相关突变信息，包括该突变的基本情况、用药信息、文献摘要及文本链接。

图 5-11　My Cancer Genome 数据库功能图（1）

（2）检索突变其他方面信息：研究者可以通过输入肿瘤类型、临床试验阶段、疾病、基因及药物特征等条件进行检索，筛选临床试验信息。符合检索条件的信息会被清晰地列出，通过点击链接可以查看详细情况。

以图 5-12 为例，研究者在检索页面中选择“Clinical Trials”，页面右侧区域具有筛选条件，包括“临床试验招募情况”“临床试验分期”“疾病”“基因”“药物分类”。选取相关筛选条件，即可获取相关信息。

（四）Personalized Cancer Therapy 数据库

随着基因测序技术的发展及对肿瘤生物学领域的深入研究，利用肿瘤 DNA 测序可以发现在肿瘤治疗过程中产生的基因突变，为个体化肿瘤治疗提供了坚实的基础，个体化肿瘤治疗的数据库也随之产生。

1. Personalized Cancer Therapy 数据库的基本介绍　Personalized Cancer Therapy[27]（https：//pct.mdanderson.org）是为医生和患者开发的个体化肿瘤治疗数据库，是根据具体的肿瘤生物标志物来评估肿瘤治疗方案。建立该数据库的目的是为实施个体化肿瘤治疗提供知识资源，并将有关肿瘤 DNA、RNA、蛋白质和代谢组学的信息与预测的治疗效果相结合，为所有肿瘤患者和医师提供科学依据，并指导个性化肿瘤治疗方案。旨在没有FDA 批准药物的情况下，依据不同的生物标志物将患者入组到不同的临床试验中，根据对肿瘤治疗反应最好的生物标志物来选择治疗方法，以便于实施个性化肿瘤治疗，从而改善患者预后。安德森癌症中心个体化癌症研究所负责统计整合可用于肿瘤相关异常基因和基因产物的信息及其在肿瘤治疗方面的应用。它为医师和患者提供了一个非常详细的知识资源，以适用于临床个体化肿瘤治疗。

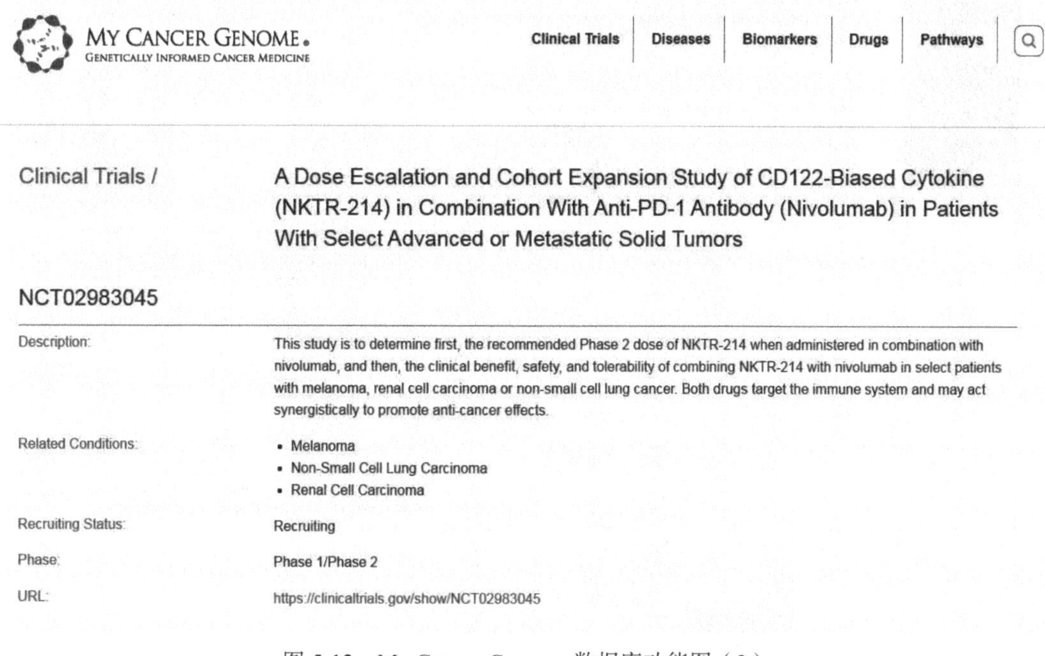

图 5-12 My Cancer Genome 数据库功能图（2）

2. Personalized Cancer Therapy 数据库的功能 用户需在网站注册后才能查询该网站中所有信息。在网站首页检索框内输入需要查询的基因，则可查询到该基因的相关信息，包括信号通路途径、频率和预后情况、治疗、药物及临床试验等。还可对该基因进行特定突变检索，可以查询到关于特定突变的用药信息及相关文献。

以图 5-13 为例，在首页中输入基因信息“*EGFR*”，即可获取关于 *EGFR* 基因的总体信息及信号通路途径图。在首页的左侧具有信息链接，包括“具体基因突变信息（Alterations）”、“频率与预后信息（Frequencies and Outcomes）”、“治疗信息（Therapeatic impllcations）”、“药物信息（Drugs）”及“临床试验信息（Clinical Trials）”等。

（1）检索特定基因驱动突变信息：点击“突变信息”，输入想要查询的突变，即可获得关于该基因的染色体概况图及一些简要信息（图 5-14）。

Personalized Cancer Therapy
Knowledge Base for Precision Oncology

Request an appointment | You can help: Give Now

Home | Who We Are | What We Do | Vision and Mission | Knowledge Base Generation | Contact Us | Survey

welcome RUI | Sign Out

Overview
Alterations
Frequencies and Outcomes
Therapeutic Implications
Drugs
Clinical Trials
About
Survey

Overview

Epidermal growth factor receptor (EGFR; also known as HER1/ERBB1) is a member of the receptor tyrosine kinase (RTK) subclass I, consisting of an extracellular ligand-binding region, a single membrane-spanning region and a cytoplasmic tyrosine-kinase-containing domain. It belongs to the ErbB family of cell membrane receptors, which includes also includes ERBB2 (HER2/Neu), ERBB3 (HER3) and ERBB4 (HER4) (Yarden et al., 2001;Hynes and Lane, 2005; da Cunha Santos et al., 2011). At least six EGFR ligands have been described: EGF, transforming growth factor-a (TGF-a), heparin-binding EGF (HB-EGF), amphiregulin, betacellulin and epiregulin. Once activated by extracellular binding of ligands, EGFR can transmit an intracellular signal through multiple signaling cascades, including RAS/RAF/MAPK, PI3K/AKT/mTOR, and STAT (Mitsudomi and Yatabe, 2010). Activation of these signals lead to increased proliferation, migration, differentiation and reduced cell death (Scagliotti et al., 2004; Mosesson and Yarden, 2004).

Modified On Tue, 24 Mar 2015 19:37:29 GMT

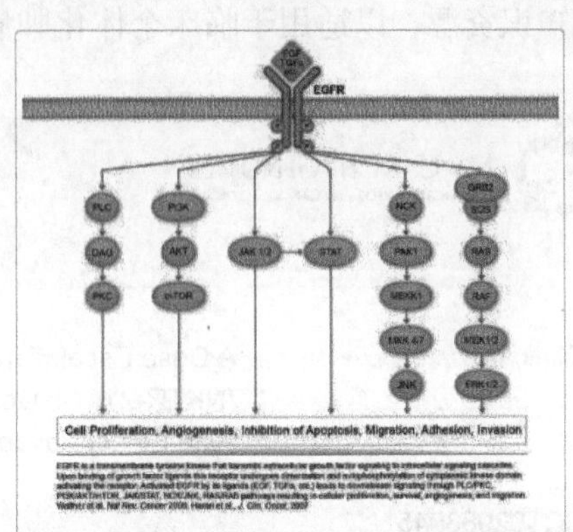

图 5-13　Personalized Cancer Therapy 数据库搜索界面

Below is a list of *EGFR* alterations with known functional and /or therapeutic significance:

EGFR_G719C | Select Alteration

This alteration has not been functionally characterized. However, NSCLC patients harboring this alteration show increased response to gefitinib therapy (Lynch et al., 2004).

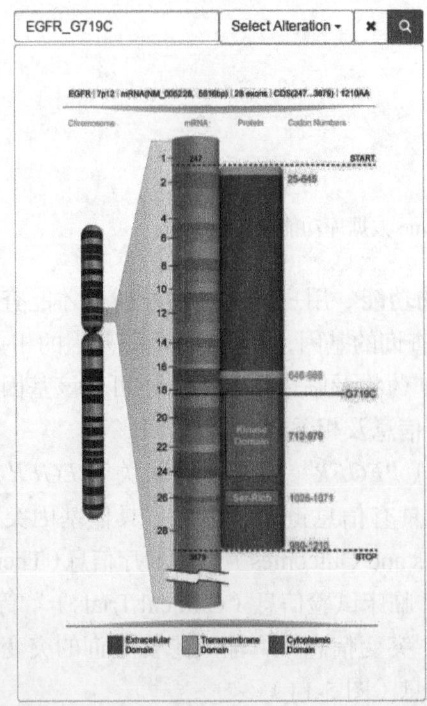

View full-size EGFR_G719C image

EGFR_G719C Frequencies

CBIO	COSMIC
0 / 10773 (0%)	82 / 126184 (<1%)

图 5-14　Personalized Cancer Therapy 数据库功能图（1）

（2）检索基因频率及预后信息：此外，该数据库汇总了关于与查询突变相关肿瘤的信息，如图 5-15 所示，输入“*EGFR*”，可查询到与 *EGFR* 基因有关的肿瘤信息，以及在该肿瘤中 *EGFR* 基因的突变频率与驱动突变类型，并提供相关文献链接。

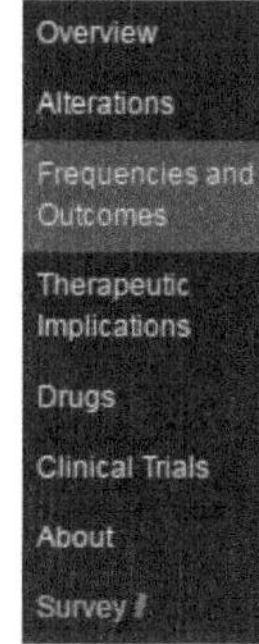

EGFR Alteration Frequencies and Outcomes

Amplification, Overexpression and Somatic Mutations:

Lung Cancer:

EGFR is a major driver oncogene in NSCLC. Activating mutations of *EGFR* have been reported in 10-15% of NSCLC patients. *EGFR* mutations are significantly more common in adenocarcinoma than in squamous cell carcinoma (Shigematsu et al., 2005; Kosaka et al., 2004). Additionally, *EGFR* mutations are more frequent in female, never or light smokers (Kosaka et al., 2004; Tokumo et al., 2005; Tam et al., 2006). Two hotspots within the kinase domain of EGFR, exon19 deletions and exon 21 L858R substitutions, represent 85% of all mutations in NSCLC. Increased *EGFR* gene copy number is observed in up to 50% NSCLC, the frequencies vary considerably between studies due to method of detection as well as inconsistency in definition of copy number gain (Hirsch et al., 2008; Wulf et al., 2012).

Glioblastoma:

Amplification of *EGFR* gene followed by EGFR overexpression is the most common alteration in glial tumors (34-54%) (Ekstrand et. al., 1991). A significant number of these tumors are also shown to have *EGFR* rearrangements, with del2-7 *EGFR* (*EGFRvIII*) being the most common ((Wikstrand et. al., 1997, Johns et al., 2010), which has been suggested to be a negative prognostic indicator of survival (Shinojima et. al., 2003). However, anti-EGFR therapies have only had a modest effect in GBM patients, which may be a result of acquired mutations conferring resistance to EGFR tyrosine kinase inhibitors (TKIs) (Lo 2010). The mutations are likely not secondary mutations within *EGFR* as seen with NSCLC (Marie et. al., 2005), but rather activating mutations in downstream mediators of EGFR signaling (Lo 2010). Additionally, in-frame fusions involving *EGFR* are reported in 7.6% (14/185) of GBM samples, *EGFR-SEPT14* fusion being the most common (Frattini et al., 2013)..

Esophageal and Gastric Cancer:

Sixty to seventy percent of esophageal squamous cell carcinoma show EGFR overexpression, 28% of which result from *EGFR* gene amplification (Ayyappan et al., 2013; Hanawa et al., 2006). Poor response to chemo/radiotherapy and poor overall survival is shown as a result of EGFR overexpression (Wang et al., 2007). *EGFR* gene amplification with increased EGFR expression is reported in 52% of gastric cancer specimens and is associated with lymph node metastasis (Yk et al., 2011).

图 5-15　Personalized Cancer Therapy 数据库功能图（2）

（3）获取基因治疗信息：Personalized Cancer Therapy 数据库将基因相关靶向治疗药物按照图 5-16 所示规则分成 3 个等级，每个等级又细化分为 A 级和 B 级。等级 1A 是 FDA 批准的针对某一特定类型肿瘤的某种突变的靶向药物；等级 1B 是权威指南、大量临床研究、meta 分析及专家共识等提供的靶向药物。等级 2A 是根据大序列队列研究或案例分析后列出的药物；等级 2B 是在其他类型肿瘤中针对某种突变产生作用的药物。等级 3A 是在小型队列研究或个别案例中对某肿瘤治疗有效的药物；等级 3B 是在临床前研究阶段的药物。数据库针对等级分类标准列出基因靶向药物信息，使研究者能够快速准确获取不同等级的靶向药物，以用于肿瘤精准治疗（图 5-16，图 5-17）。

（4）查询与基因相关的药物信息：该数据库还提供不同靶向药物的汇总功能。图 5-18 所示为针对 *EGFR* 信号通路的靶向药物信息汇总表，包括药物名称、靶向位点、药物进展及临床试验分期情况等，简单扼要地为研究者提供清晰的药物信息。

证据等级

肿瘤中某特定生物标志物对应的药物有效性

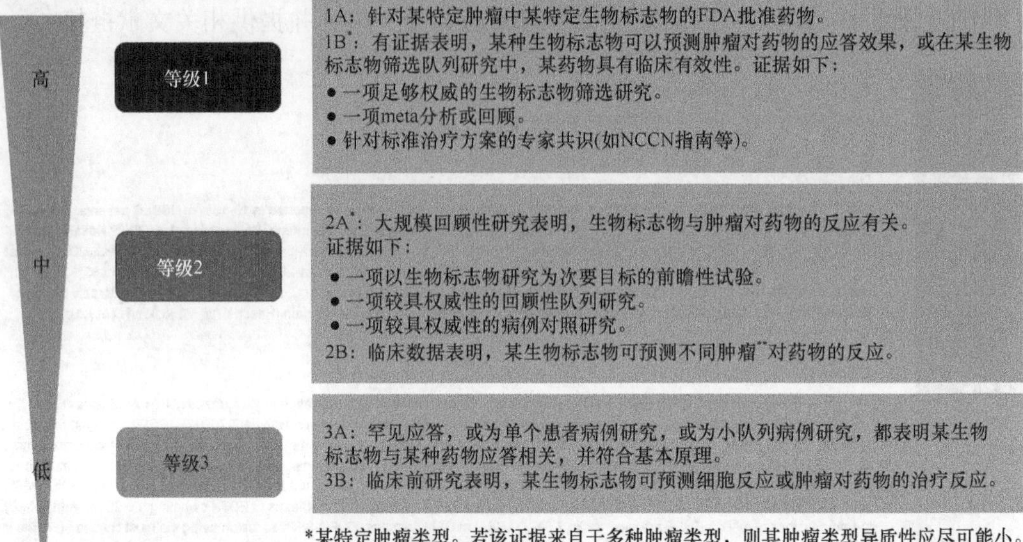

图 5-16 Personalized Cancer Therapy 数据库靶向药物等级分类

Therapies that are sensitized by *EGFR* alterations:

Level 1A Evidence

- *Afatinib:* Afatinib is FDA approved for metastatic NSCLC as a first line treatment in patients with *EGFR* exon 19 deletions or exon 21 (L858R) substitution mutations. The safety and efficacy of afatinib for other *EGFR* mutations has not been well established. FDA approval is based on a multi-center international open-label randomized trial of 345 patients with metastatic NSCLC carrying *EGFR* mutations (exon 19 deletion, L858R or other). Patients treated with afatinib had a 11.5 months median PFS as compared to 6.9 months in patients treated with chemotherapy. Objective response rates were 50.4% in patients treated with afatinib and 19.1% in patients treated with chemotherapy (Sequist et al., 2013, Yang et al., 2013).

- *Cetuximab:* Cetuximab is a human-mouse chimeric monoclonal antibody that binds to the extracellular domain of the EGFR and inhibits activity. Cetuximab is FDA approved for use in combination with FOLFIRI for first-line treatment of patients with *KRAS* wild-type, EGFR expressing metastatic colorectal cancer. In an open-label phase III trial (FLEX study), chemotherapy-naïve, EGFR-expressing, 1125 stage III/IV NSCLC patients were randomly assigned to chemotherapy plus cetuximab or just chemotherapy alone. Addition of cetuximab to chemotherapy significantly improved overall survival (11.3 vs 10.1 months, $P = 0.044$) (Pirker et al., 2009). Upon further prospective analysis of the tumor samples, it was noted that higher EGFR expression is associated with improved survival rates in the cetuximab group (Pieker et al., 2012). However, in colorectal cancer EGFR positivity measured by IHC has little or no predictive value in terms of cetuximab activity (Chung et al., 2005).

- *Erlotinib:* Erlotinib is FDA approved for the first-line treatment of patients with metastatic NSCLC whose tumors have *EGFR* exon 19 deletions or exon 21 (L858R) mutations. FDA approval is based on EURTAC study, a phase 3 randomized, prospective, placebo-controlled, that evaluated the first-line use of erlotinib vs. platinum based chemotherapy in 174 NSCLC patients with *EGFR*-activating mutations (exon 19 deletion or exon 21 L858R mutation). Erlotinib demonstrated a significant improvement in PFS as compared to chemotherapy (10.4 vs 5.2 months), with ORR of 65% for erlotinib arm and 16% for chemotherapy arm (Rosell et al., 2012). Another phase III trial (OPTIMAL) tested erlotinib vs chemotherapy as first-line treatment for patients with confirmed activating *EGFR* mutations (exon 19 deletion or exon 21 L858R mutation). Patients treated with erlotinib showed significant PFS benefit (13.1 vs 4.6 months) (Zhou et al., 2011).

- *Panitumumab:* It is FDA approved for the treatment of patients with EGFR expressing metastatic colorectal cancer with disease progression on or following flouropyrimidine-, oxaliplatin-, and irinotecan-containing chemotherapy regimens. It is a fully humanized monoclonal IgG2 antibody, directed against EGFR. FDA approval is based on an open-label phase III trial (Van Cutsem et al., 2007) that compared panitumumab plus best supportive care and best supportive care alone in chemotherapy-refractory metastatic colorectal cancer patients. 463 patients with 1% or more EGFR tumor cell staining were randomly assigned two therapies. Panitumumab significantly improved PFS (Mean PFS 13.8 vs 8.5 weeks) with manageable toxicity.

Level 1B Evidence

- Currently there is no level 1B evidence for *EGFR* alterations that predict therapeutic response.

图 5-17 Personalized Cancer Therapy 数据库功能图（3）

Clinically Available Drugs targeting EGFR Signaling

View How Are Drugs Retrieved

Name	Aliases	Targets	FDA Indications	Development	Phase
Afatinib	Afatinib Dimaleate, BIBW 2992MA2, BIBW2992 MA2, Gilotrif	EGFR_L858R, EGFR_T790M, EGFR_Wildtype, ERBB2	GILOTRIF is indicated for the first-line treatment of patients with metastatic non-small cell lung cancer (NSCLC) whose tumors have epidermal growth factor receptor (EGFR) exon 19 deletions or exon 21 (L858R) substitution mutations as detected by an FDA-approved test. Limitation of Use: The safety and efficacy of GILOTRIF have not been established in patients whose tumors have other EGFR mutations. GILOTRIF is indicated for the treatment of patients with metastatic squamous NSCLC progressing after platinum-based chemotherapy.	FDA Approved	Market
Brigatinib	AP 26113, AP-26113, AP26113, Alunbrig, Dual ALK/EGFR Inhibitor AP26113	ABL1, ALK, AURKA, CAMK2D, CAMK2G, CHEK1, CHEK2, CSF1R, EGFR, EML4-ALK, ERBB4, FER, FES, FGFR1, FGFR2, FGFR3, FGFR4, FLT3, FLT4, FPS, FYN, HCK, IGF1R, INSR, JAK2, LCK, LYN, PTK2B, RET, ROS1, SRC, TYK2, YES1	ALUNBRIG is a kinase inhibitor indicated for the treatment of patients with anaplastic lymphoma kinase (ALK)-positive metastatic non-small cell lung cancer (NSCLC) who have progressed on or are intolerant to crizotinib. This indication is approved under accelerated approval based on tumor response rate and duration of response. Continued approval for this indication may be contingent upon verification and description of clinical benefit in a confirmatory trial.	FDA Approved	Market
Ceritinib	LDK 378, LDK-378, LDK378, Zykadia	ALK, AURKA, EGFR, FGFR2, FGFR3, FGFR4, FLT3, IGF1R, INSR, JAK2, LCK, LYN, NPM1-ALK, RET, ROS1_Fusion, TSSK3	ZYKADIA is indicated for the treatment of patients with metastatic non-small cell lung cancer (NSCLC) whose tumors are anaplastic lymphoma kinase (ALK)-positive as detected by an FDA-approved	FDA Approved	Market

图 5-18 Personalized Cancer Therapy 数据库靶向药物信息汇总

（5）获取临床试验信息：数据库还提供针对基因的相关临床试验信息，在“drugs”中输入药物名称，“location”输入临床试验开展的国家。如图 5-19 所示，详细的临床试验信息以列表形式呈现。

（五）cBioPortal 数据库

许多大样本肿瘤基因组计划，如肿瘤基因组图谱（Cancer Genome Atlas，TCGA）和国际肿瘤基因组联盟（International Cancer Genome Consortium，ICGC）得到了大量有关肿瘤基因组的资料，但是对于大资料信息的整合、探索和分析是一个比较困难的过程，而 cBio Cancer Genomics Portal （http：//cbioportal.org/）数据库的出现解决了这些问题。

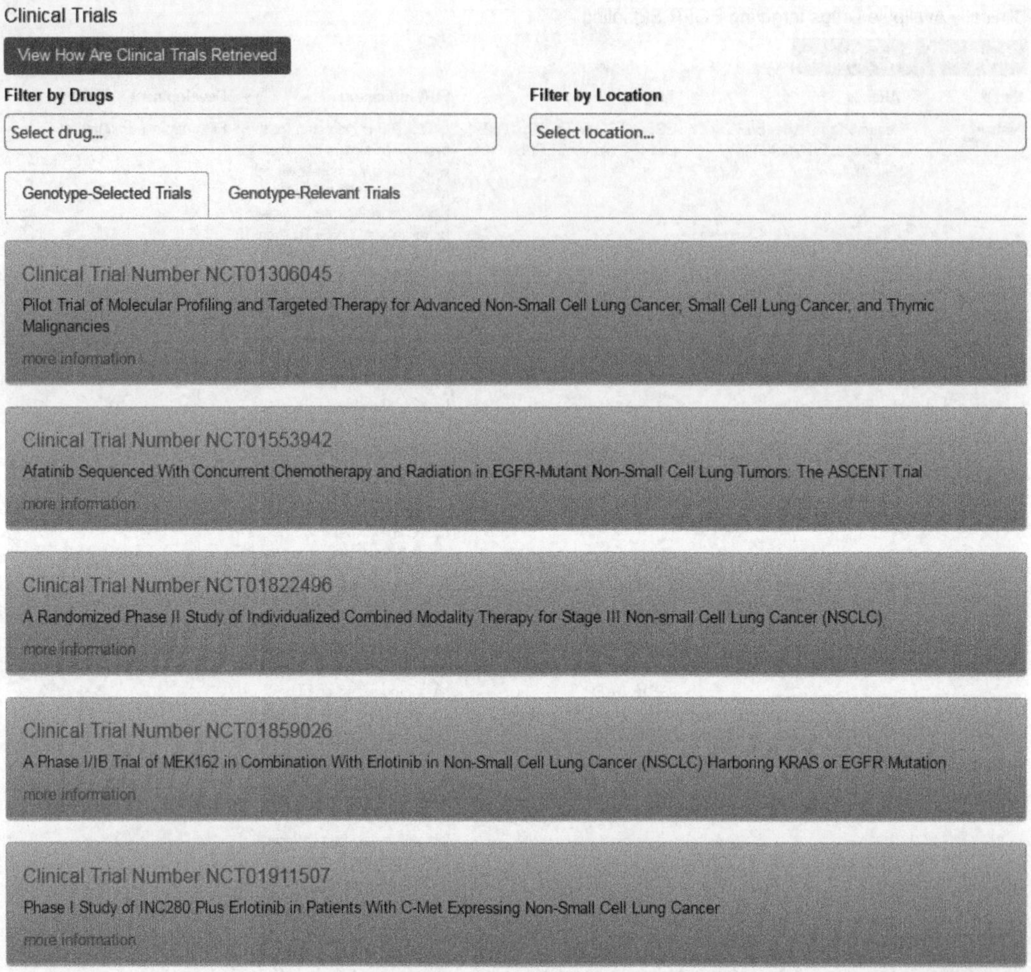

Clinical Trials

View How Are Clinical Trials Retrieved

Filter by Drugs

Select drug...

Filter by Location

Select location...

Genotype-Selected Trials

Genotype-Relevant Trials

Clinical Trial Number NCT01306045

Pilot Trial of Molecular Profiling and Targeted Therapy for Advanced Non-Small Cell Lung Cancer, Small Cell Lung Cancer, and Thymic Malignancies

more information

Clinical Trial Number NCT01553942

Afatinib Sequenced With Concurrent Chemotherapy and Radiation in EGFR-Mutant Non-Small Cell Lung Tumors: The ASCENT Trial

more information

Clinical Trial Number NCT01822496

A Randomized Phase II Study of Individualized Combined Modality Therapy for Stage III Non-small Cell Lung Cancer (NSCLC)

more information

Clinical Trial Number NCT01859026

A Phase I/IB Trial of MEK162 in Combination With Erlotinib in Non-Small Cell Lung Cancer (NSCLC) Harboring KRAS or EGFR Mutation

more information

Clinical Trial Number NCT01911507

Phase I Study of INC280 Plus Erlotinib in Patients With C-Met Expressing Non-Small Cell Lung Cancer

more information

图 5-19 Personalized Cancer Therapy 临床试验信息汇总

1. cBioPortal 数据库的基本介绍 cBioPortal 数据库[28, 29]是一个多维肿瘤基因组学数据集的交互式探索的公用数据库，是一个肿瘤基因组数据探索、可视化及分析平台，在发现肿瘤相关突变、分析基因的生物学功能及提供靶向药物信息等方面具有推动作用。cBioPortal 数据和分析来源于多个网站，如 TCGA（https：//tcga-data.nci.nih.gov/tcga/），the ICGC（http：//dcc.icgc.org/），the Broad Institute's Genome Data Analysis Center（GDAC）Firehose（http：//gdac.broadinstitute.org），the IGV，UCSC Genome Browser，IntOGen，Regulome Explorer（http：//explorer.cancerregulome.org）及 Oncomine（Research Edition）等，涵盖了 28 000 例标本的数据，并提供了许多图形化的结果，显著降低了复杂基因组数据和肿瘤研究人员之间的障碍，可以从大规模肿瘤基因组学项目中快速、直观、高质量地获取分子谱和临床特征，从而使复杂的肿瘤基因组学更易理解和接受。cBioPortal 把复杂的数据在基因水平上进行整合和简化，每个样本都可以查询特定的生物学特性，包括体细胞突变、DNA 拷贝数改变、mRNA 和 microRNA 表达、DNA 甲基化水平及蛋白丰度等信息。用户可选取特定的样本形成数据集，并定义一系列感兴趣的基因，分析这些基因在样本中的各种信息。在结果中除了汇总信息外，还会针对每个基因给出突变及拷贝数变异在样本中的分布、突变位点、频率、共表达基因及生存曲线等信息。此外，cBioPortal 针对用户已选择的基因列表，可提供已知相关药物的网络图，用于提示药物信息。cBioPortal 无须注册就能直接使用，还提供了一些小工具方便用户生成图表。

2. cBioPortal 数据库的功能

（1）比较多个肿瘤样本中多个基因的基因组改变：OncoPrint 界面（图 5-20）是一组简明而紧凑的图形摘要，包含基因组的变异信息和氨基酸改变等，可链接到某个患者样本或细胞系的信息，还可帮助确定基因之间的排斥性或共生性等。

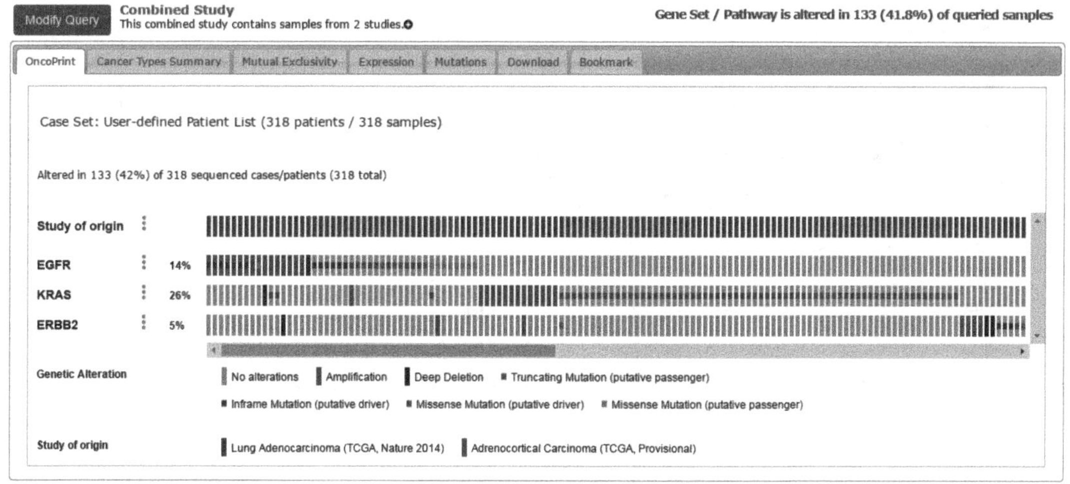

图 5-20 OncoPrint 界面

（2）明确基因的相互排斥性：cBioPortal 数据库中的“Mutual Exclusivity”可以发现既往不了解的一些肿瘤发病机制，这些机制可能在肿瘤的形成或进展中起到重要作用（图 5-21）。

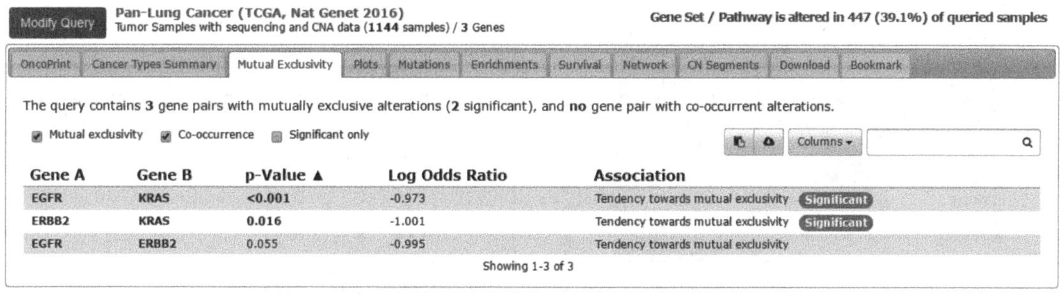

图 5-21 Mutual Exclusivity 界面

（3）相关性分析：cBioPortal 提供了离散基因和连续基因的可视化分析，如 mRNA、蛋白丰度及 DNA 甲基化的相关性（图 5-22）。

（4）蛋白质变化：cBioPortal 数据库中“Protein Changes”显示蛋白和磷酸化蛋白改变情况。确定与检索基因的基因组改变相关的蛋白和磷酸化蛋白，并可生成蛋白丰度与查询基因的 mRNA 表达的散点图（图 5-23）。

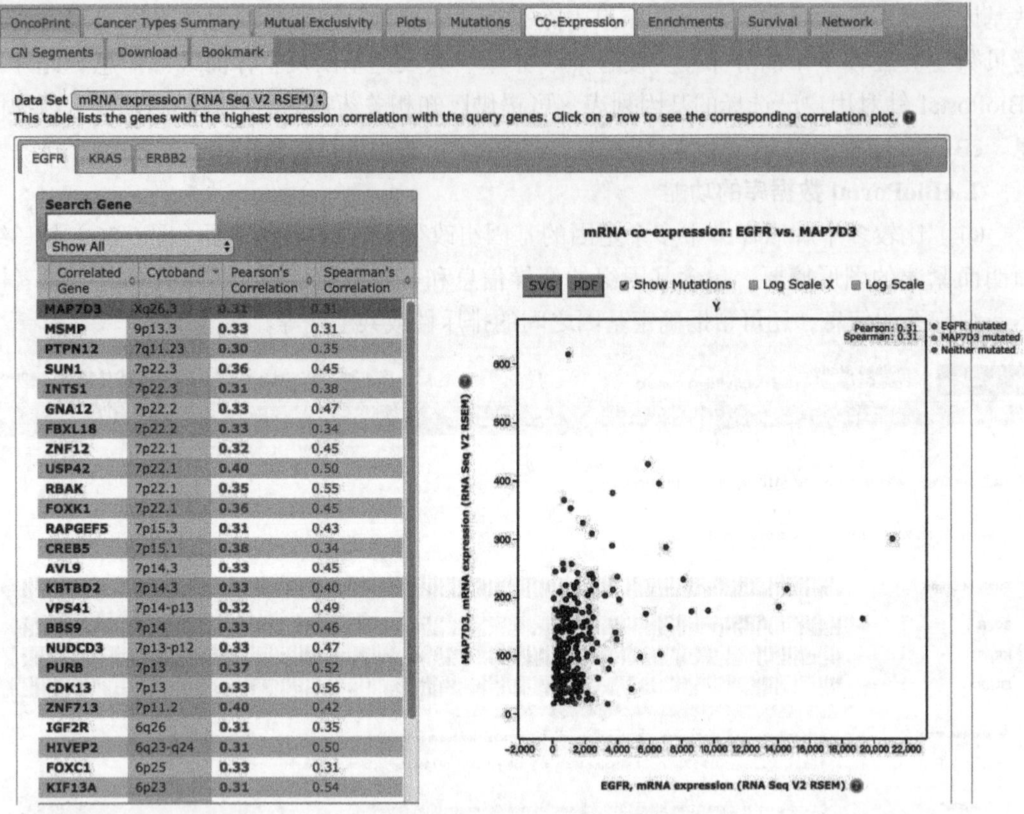

图 5-22 mRNA Expression 界面

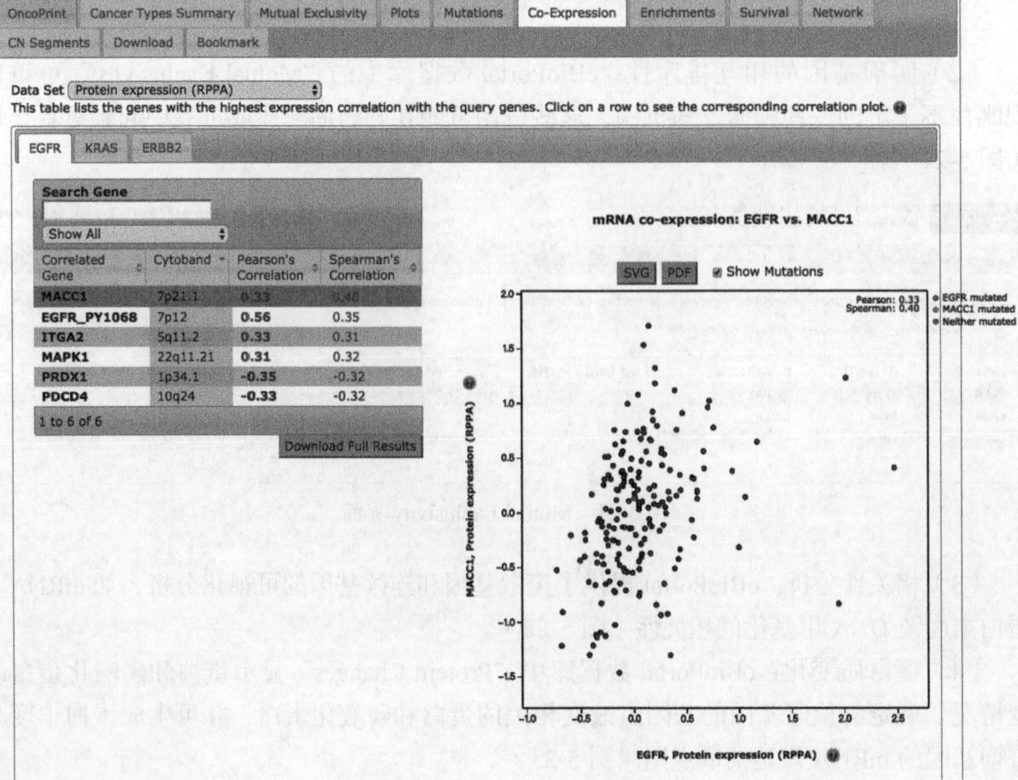

图 5-23 Protein Changes 界面

（5）对于突变的总结：cBioPortal 数据库中的“Mutation”提供了突变的图形化和表格化结果（图 5-24）。

图 5-24　Mutation 界面

（6）预测生存期：如果生存数据可用，在具有或没有突变的肿瘤样本中，总体生存期和无进展生存期的差异均可被计算出来（图 5-25），结果显示为 Kaplan-Meier 散点图，并可计算 *P* 值。

（7）网络图：网络图提供了肿瘤中各信号通路改变的相关分析（图 5-26），包含了人类参考蛋白质数据库（Human Reference Protein Database，HPRD），Reactome，美国国立癌症研究所（National Cancer Institute，NCI）-Nature，斯隆 - 凯特林纪念癌症中心（the Memorial Sloan-Kettering Cancer Center，MSKCC）和 Cancer Cell Map（http：//cancer.cellmap.org）中研究的所有途径。Network 默认自动包含检索基因的邻近基因。如果邻近基因有 50 个以上，以基因组变异频率进行排序后显示 50 个高度变异的邻近基因，用以突出与肿瘤高度相关的基因。cBioPortal 包含的基因靶向药物信息可以从以下资源中获得：DrugBank，KEGG Drug，NCI Cancer Drugs（http：//www.cancer.gov/cancertopics/druginfo/alphalist）及 Rask-Andersen 等。可以显示美国 FDA 批准的药物、NCI Cancer Drugs 确认的肿瘤药物或检索基因包含的所有药物信息。

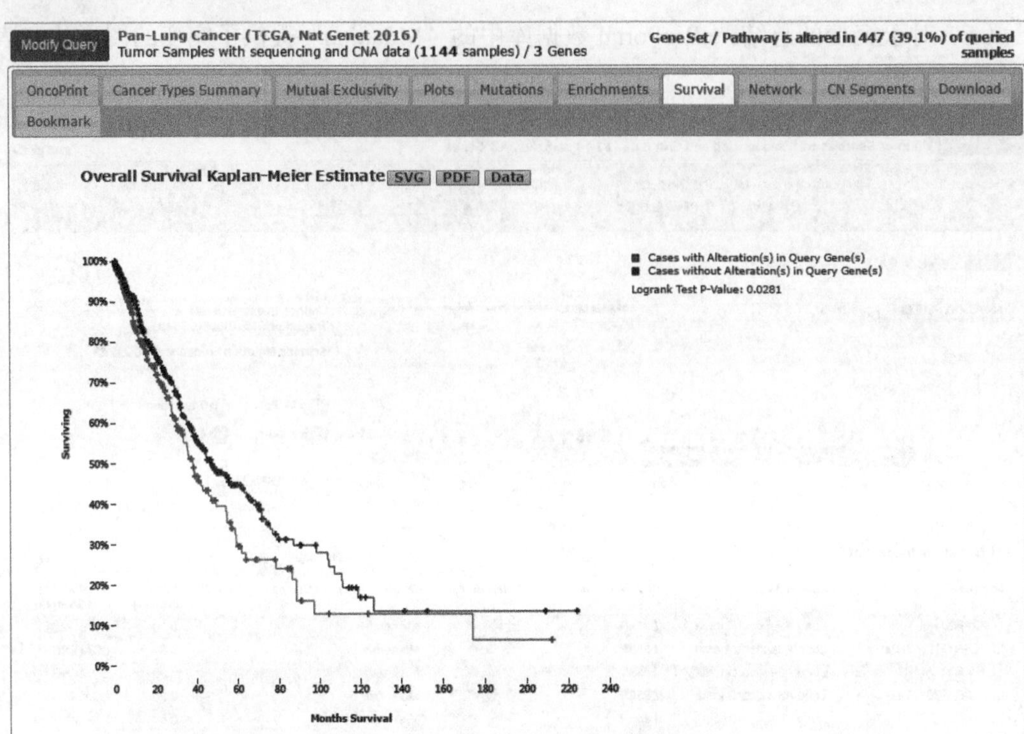

	#total cases	#cases deceased	median months survival
Cases with Alteration(s) in Query Gene(s)	349	102	37.83
Cases without Alteration(s) in Query Gene(s)	605	170	46.91

图 5-25 Survival 界面

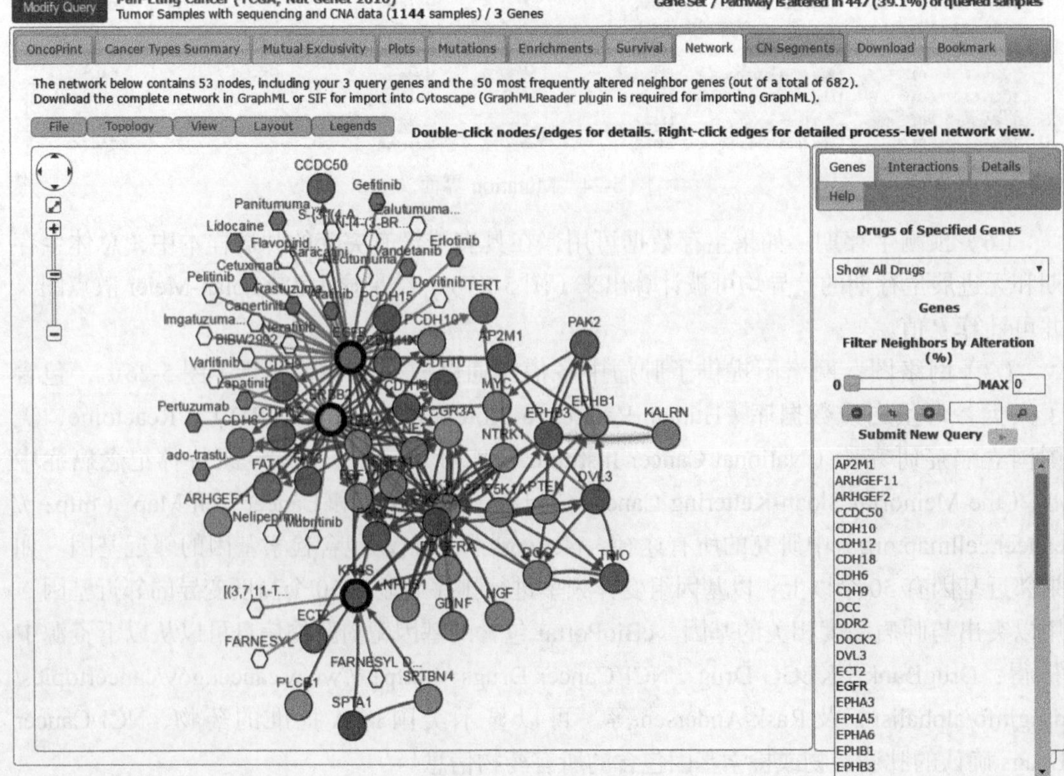

图 5-26 Network 界面

（8）跨癌种查询：可以查看多种或一种肿瘤不同基因的变异和频率。

（9）查看肿瘤研究数据：cBioPortal 可以进行特定基因检索，查看一种肿瘤研究的数据。这些数据包括患者的临床资料、肿瘤信息（病史、病程等）、基因组数据、最新的突变基因等。

（10）查看单一肿瘤的基因组改变（患者视图）：可显示关于该肿瘤样本的所有相关数据，包括临床特征、突变程度、拷贝数变化、突变、扩增和缺失基因的细节等。用于获取针对个体样本中包含的肿瘤信息情况（图 5-27）。

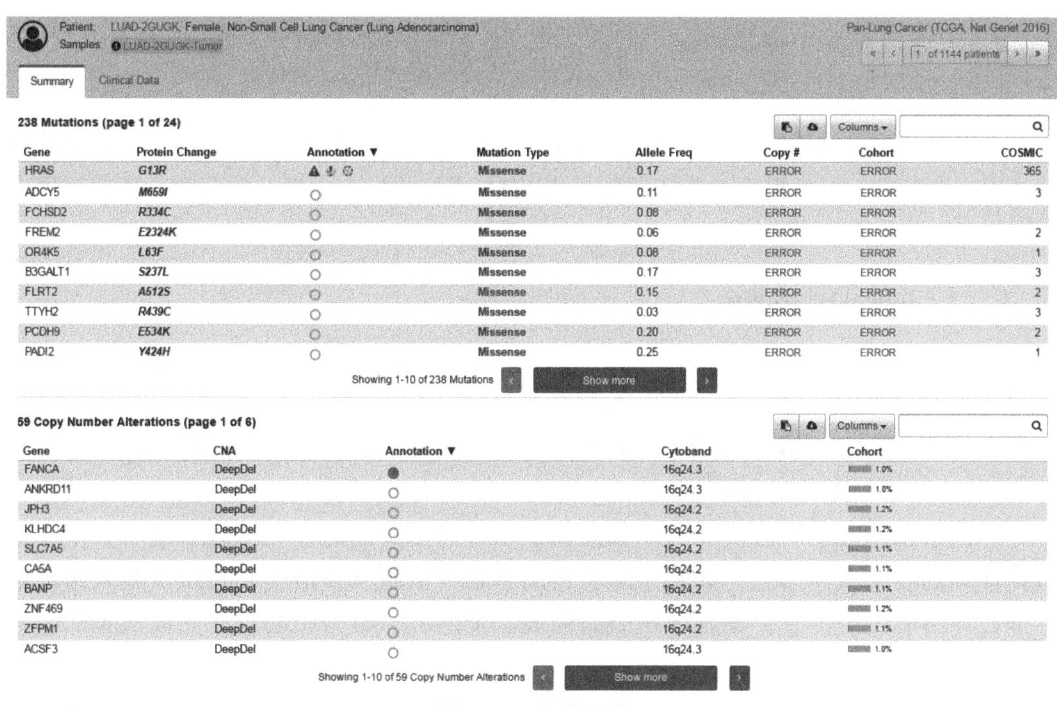

Gene	Protein Change	Annotation	Mutation Type	Allele Freq	Copy #	Cohort	COSMIC
HRAS	G13R		Missense	0.17	ERROR	ERROR	365
ADCY5	M659I		Missense	0.11	ERROR	ERROR	3
FCHSD2	R334C		Missense	0.08	ERROR	ERROR	
FREM2	E2324K		Missense	0.06	ERROR	ERROR	2
OR4K5	L63F		Missense	0.08	ERROR	ERROR	1
B3GALT1	S237L		Missense	0.17	ERROR	ERROR	3
FLRT2	A512S		Missense	0.15	ERROR	ERROR	2
TTYH2	R439C		Missense	0.03	ERROR	ERROR	3
PCDH9	E534K		Missense	0.20	ERROR	ERROR	2
PADI2	Y424H		Missense	0.25	ERROR	ERROR	1

Gene	CNA	Annotation	Cytoband	Cohort
FANCA	DeepDel		16q24.3	1.0%
ANKRD11	DeepDel		16q24.3	1.0%
JPH3	DeepDel		16q24.2	1.2%
KLHDC4	DeepDel		16q24.2	1.2%
SLC7A5	DeepDel		16q24.2	1.1%
CA5A	DeepDel		16q24.2	1.1%
BANP	DeepDel		16q24.2	1.1%
ZNF469	DeepDel		16q24.2	1.2%
ZFPM1	DeepDel		16q24.2	1.1%
ACSF3	DeepDel		16q24.3	1.0%

图 5-27 患者视图

（六）IntOGen 数据库

肿瘤发生与大量基因突变有关，大规模的肿瘤基因数据分析在肿瘤发生机制的研究工作中非常重要。

1. IntOGen 数据库的基本介绍 IntOGen（Integrative Cancer Genomics）[30, 31]（http：//www.intogen.org/）是一个整合大量肿瘤基因组数据资源的数据库。目前，该数据库包含 118 个 mRNA 表达谱的研究和覆盖 64 个不同肿瘤部位的 188 个基因组研究。其数据来源包括基因表达谱数据库（Gene Expression Omnibus，GEO）、ArrayExpress、COSMIC、Progenetix、Sanger Cancer Genome Project 和 TCGA 等数据库收集的肿瘤基因组研究。

2. IntOGen 数据库的功能 该数据库的主要作用是挖掘出某种特定肿瘤中基因的驱动突变。在数据分析过程中，该数据库首先通过生物信息学功能预测软件在大量肿瘤样本中确定突变率较高的基因，按照国际肿瘤疾病分类（International Classification of

Disease for Oncology，ICD-O）统计注释的样本中检测到的突变基因。通过分析这些突变基因，找到每个研究中显著改变的信号通路。通过分析这些来自不同研究但具有相同改变的信号通路，找到其共同的肿瘤类型。通过这种数据分析过程，可以帮助研究者快速找到针对某一种特定肿瘤的驱动基因。在高通量测序检测过程中会发现很多突变，其中具有致病或用药意义的突变应该引起极大关注。该数据库通过预测并挖掘特定肿瘤样本中具有重要意义的驱动基因帮助科研工作者进行研究并分析其作用，以用于精准医学研究领域。

三、临床试验数据库

在高通量测序结果解释报告用药信息的过程中，对于特定疾病中具有临床意义的用药基因突变位点，不仅需要为临床医师提供 FDA 或权威指南中提及的药物，还应该提供不同临床试验阶段的药物信息。

（一）ClinicalTrials.gov

ClinicalTrials.gov[32, 33] 是国际上最大的临床试验注册中心。创建该数据库的最初目的是帮助那些患有致命性疾病的患者找到愿意参与和合适的试验项目。

1. ClinicalTrials.gov 的基本介绍 ClinicalTrials.gov（https：//clinicaltrials.gov）是由美国国立医学图书馆与 FDA 于 1997 年开发，2002 年 2 月正式运行的公共临床试验数据库。该数据库收录了全世界由国家拨款或私募经费资助的各项试验目录。数据库中包括详细的临床试验信息，如临床试验目的、临床试验干预措施和临床试验入组资格标准；详尽的组织信息，如临床试验时间表、赞助者、参与中心及已完成试验的基本结果。

2. ClinicalTrials.gov 的功能 随着该数据库的发展与完善，目前其主要功能表现在以下两个方面。

（1）为患者、医师和研究人员提供各种临床试验信息的检索查询（图 5-28）。

（2）为研究人员或研究机构提供临床试验注册服务。该数据库免费提供注册或检索服务，是目前国际上最重要的临床试验注册机构之一。

（二）中国临床试验注册中心

中国临床试验注册中心（Chinese Clinical Trial Register，ChiCTR）[34, 35]（www.chictr.org）为卫健委下属的国家临床试验中心，注册于 2004 年，由四川大学华西医院筹建，2005 年 10 月开始正式接受临床试验注册。ChiCTR 的注册程序和内容完全符合 WHO 国际临床试验注册平台和国际医学期刊编辑委员会的标准，是 WHO 一级注册机构，同时也是一个非营利性学术机构。

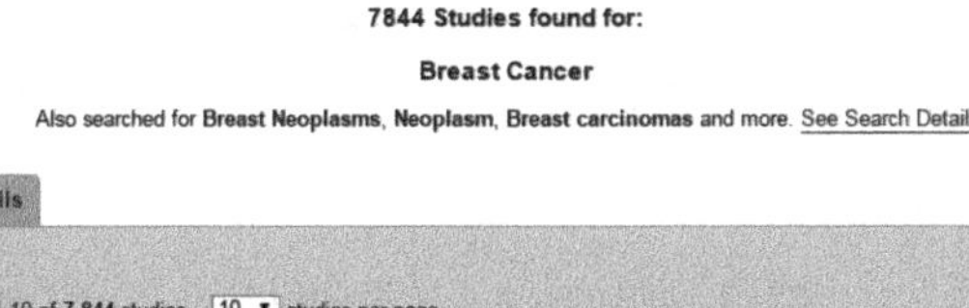

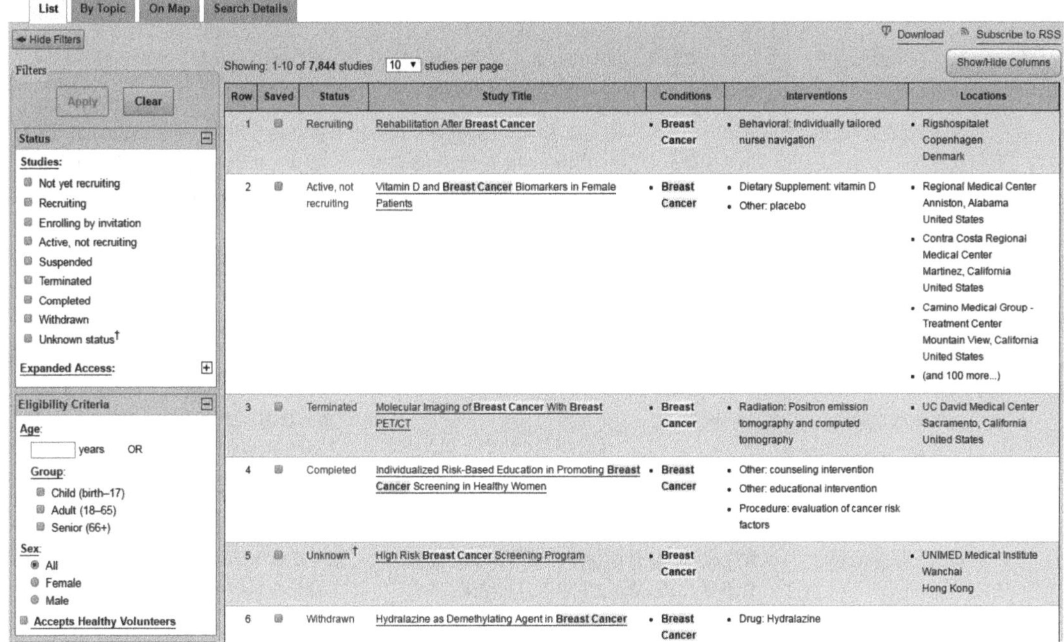

图 5-28 ClinicalTrails.gov 检索功能界面

1. ChiCTR 的基本介绍 ChiCTR 接受在中国和全世界实施的临床试验注册，将临床试验的设计方案及一些必要的研究信息向公众公开，同时将注册试验信息提交给 WHO 国际临床试验注册平台供全球共享。该平台注册的基本流程与 WHO 一级注册机构基本相似，包括：①获取登录权限；②登录注册系统，完成注册信息表，提交数据；③提交所需文件；④完成注册；⑤同步更新试验实施信息；⑥发表实验结果等过程。但是，ChiCTR 在注册语言要求、注册时间限制、注册信息更新等方面与其他 WHO 一级注册机构具有一定的区别，其具有特有的试验编号系统以与其他注册中心区别。ChiCTR 的注册范围包括所有在人体中和采用取自人体的标本进行的研究，包括：①干预措施的疗效试验；②安全性相关对照试验；③疾病预后研究；④病因学研究；⑤诊断技术、试剂、设备的诊断性试验等。

2. ChiCTR 的功能 目前该数据库主要功能包括：①可接受包括干预研究在内的各类临床试验注册；②用户可通过 ChiCTR 网站免费检索已申请注册和已获注册的临床试验；③具有验证试验者所提交试验信息真伪及协调重复研究的程序机制；④具有防止资料损坏或丢失的安全措施。

中国临床试验注册中心与美国 ClinicalTrials.gov 注册平台的比较见表 5-1。

表 5-1 中国临床试验注册中心与美国 ClinicalTrials.gov 注册平台的比较 *

序号	比较内容	中国临床试验注册中心	ClinicalTrials.gov 注册平台
1	目前已有注册国家数量	20	196
2	接受注册研究类型	干预性、观察性、诊断性、相关因素、预防性、流行病学、病因学、预后研究、基础科学研究	干预性研究、观察性研究、拓展性应用
3	注册试验时间限制	招募第一个参与者前完成注册，在完成中文注册申请表后，必须于 2 周内完成英文注册申请表	必须在招募到第一个受试者的 21 天内完成，可以在伦理委员会 / 机构审查委员会批准前完成
4	注册语种要求	中国大陆和台湾实施的临床试验均需采用中、英文双语注册，香港特别行政区和其他国家实施的临床试验可只采用英语注册	英语
5	注册号获取时间	如资料合格，审核完成后，自提交注册表之日起 2 周内获得注册号	2 ～ 5 个工作日
6	注册临床试验信息更新	暂无明确要求	“招募状态”或“试验完成状态”信息发生了改变，应当在信息发生改变的 30 天内进行更新；其他信息的改变则至少每 12 个月更新 1 次
7	试验结果登记时间	试验完成后，统计学结果需上传到临床试验公共管理平台 ResMan，1 年后公布结果。	通常在临床试验结束后的 1 年内，特殊情况可以推迟提交
8	要求提交重要文件	伦理审查批件复印件、研究计划书全文、受试者知情同意书	伦理号
9	质量控制措施	要求按照 GCP 规范制订研究计划书、病例观察表及知情同意书，凡研究计划书达不到 GCP 规范要求者，一律不接受注册	FDAAA 法案 801 条款新增监督保障措施，以保障制度的有效运行，并制定惩罚措施，若行为被界定为违法行为，将处以罚款
10	注册研究审核	中国临床试验注册中心审核专家随时对完成的注册申报表进行审核，如果资料有任何不清楚者，机构会通过电子邮件或电话与申请者联系，商量、讨论或要求提供更为完善的资料	临床试验注册不需要对数据进行准确性审核，将此项工作交由各临床试验所属的卫生机构负责，只有 NLM 收到国内 / 国际卫生机构的试验真实性证明时，才将此项临床试验对公众公布
11	机构信息更新周期	每 4 周更新一次	每周二晚更新
12	中国累计注册数量	9354 项	9143 项
13	全球累计注册数量	10 295 项	237 43 项

* 统计截止日期均为 2017 年 2 月 25 日。

资料来源：邬兰，田国祥，王行环 . 2017. 临床试验的注册及注册平台比较分析 . 中国循证心血管医学杂志，9（2）：129-134.

四、药物相关数据库

药物相关数据库是收集与药物基因组相关信息的数据库，可用于检索药物与相关基因的信息，为临床医师提供参考。

（一）PharmGKB 数据库

药物遗传学和药物基因组学（Pharmacogenetics and Pharmacogenomics Knowledge Base，PharmGKB）数据库[36]是研究者研究遗传变异如何影响药物反应的一个交互式工具。

1. PharmGKB 数据库的基本介绍 PharmGKB 数据库（https：//www.pharmgkb.org）由美国国立卫生研究院创建，收集与药物基因组相关的基因型和表型信息，并将这些信息进行系统归类。截至 2016 年 7 月，该数据库收录了与 3579 种药物和 3410 种疾病相关 27 007 个基因的资料。

2. PharmGKB 数据库的功能 ①可明确药物的基因检测信息；②可检索药物与其相关基因信息；③提供药物剂量参考指南；④提供了 128 个药物代谢通路，并可查询药物代谢通路的相关信息。

（二）Genomics of Drug Sensitivity in Cancer 数据库

肿瘤基因组中的变异会影响临床治疗的效果，同时，不同的基因靶点对药物的反应也具有很大差异。肿瘤药物敏感性基因组学（Genomics of Drug Sensitivity in Cancer，GDSC）数据库[37]是收集肿瘤细胞对药物敏感性和反应的一类数据库，其对发现潜在的肿瘤治疗靶点也起到重要作用。

1. GDSC 数据库的基本介绍 GDSC 数据库（https：//www.cancerrxgene.org）是由英国桑格研究院开发的，是一个公共数据库。其数据信息来自 75 000 项实验，在超过 700 余种肿瘤细胞系中阐述了 138 种抗肿瘤药物的反应。该数据库中收录的细胞系中的肿瘤基因组突变信息来自 COSMIC 数据库，包括肿瘤基因中的体细胞突变信息、拷贝数变异信息、肿瘤组织类型及转录信息等。用户可以在数据库中从“Compound”“Cancer Feather”“Cell Line”3 个角度进行检索（图 5-29），获取相关信息。

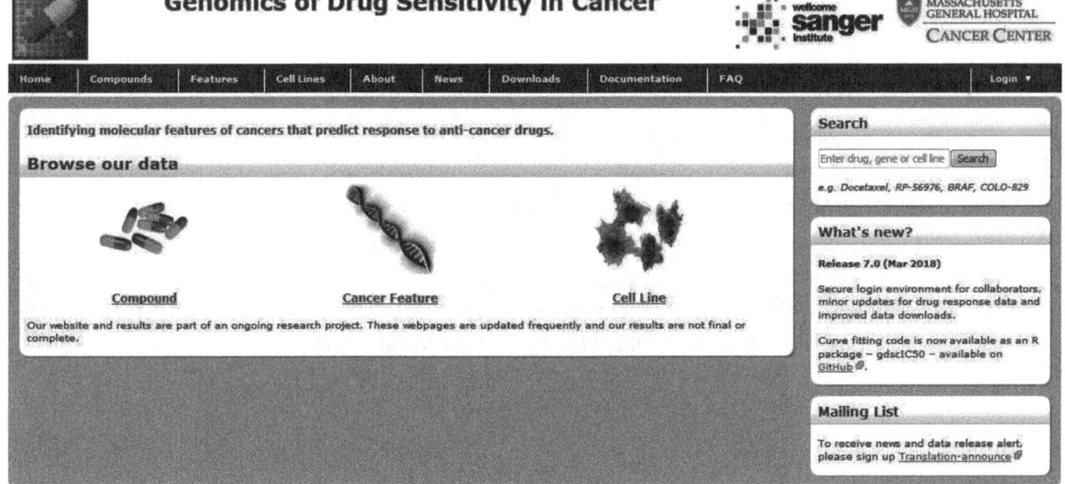

图 5-29　GDSC 数据库检索界面

2. GDSC 数据库的功能 该数据库主要是可获取关于肿瘤细胞系与其相关药物敏感性的数据库。在针对某一药物的“Compound”界面（图 5-30），可以获取各肿瘤细胞系针对这一药物的敏感性数据、肿瘤细胞系中的基因组变异信息、肿瘤组织中针对这一药物的 50% 抑制浓度（IC_{50}）信息、基因相关的多因素方差分析及药物敏感性的弹性网络分析信息。在针对某一基因的“Features”界面（图 5-31），通过选择某一特定肿瘤类型，可获取这一基因与其相关药物反应的多因素方差分析信息。“Downloads”界面可下载下述信息：①用于多因素方差分析的细胞系组织类型、药物敏感性及基因组相关数据信息；②多因素方差分析结果；③针对特定肿瘤类型的方差分析结果，用于检测肿瘤组织类型对药物应答的影响；④弹性网络分析结果；⑤用于弹性网络分析的细胞系基因组及转录信息；⑥持续更新的肿瘤细胞系列表（图 5-32）。

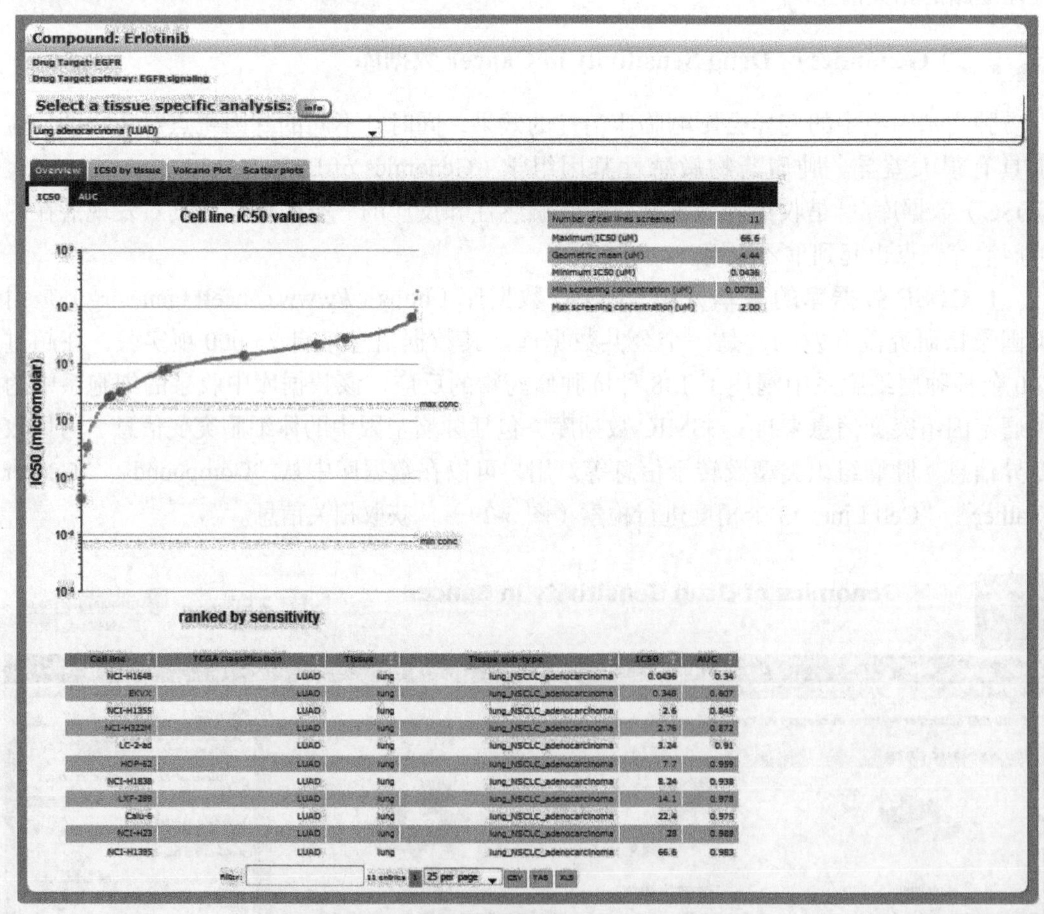

图 5-30 GDSC 数据库的“Compound”界面

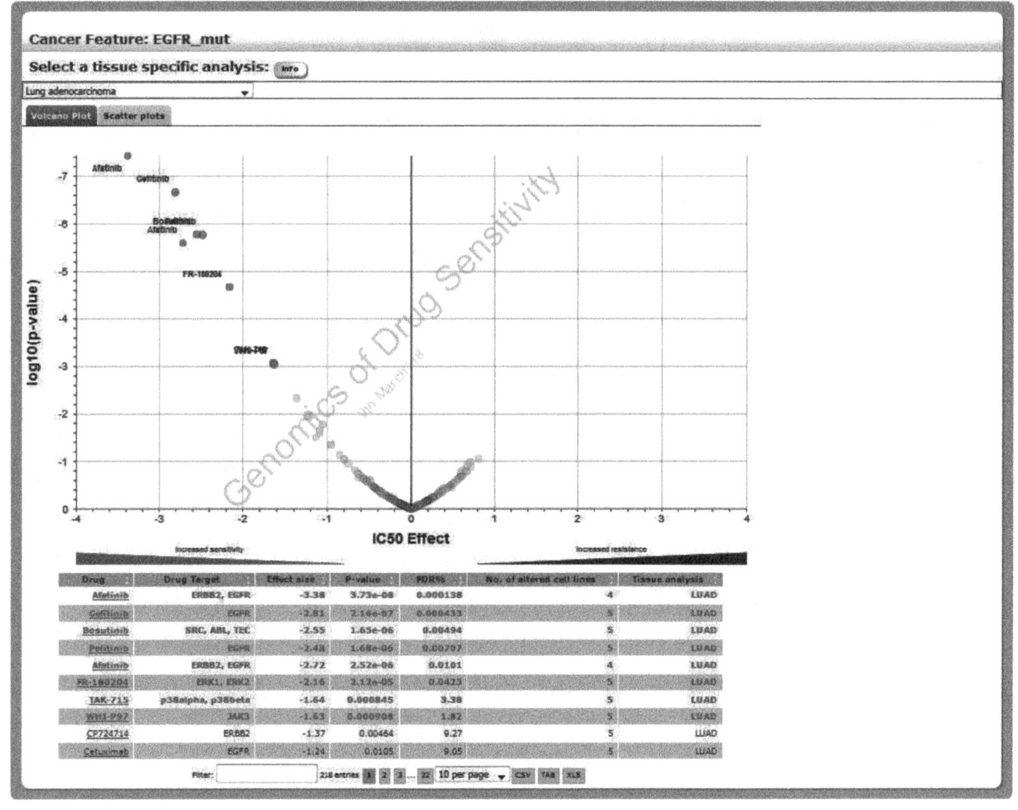

Drug	Drug Target	Effect size	P-value	FDR%	No. of altered cell lines	Tissue analysis
Afatinib	ERBB2, EGFR	-3.38	3.73e-08	0.000138	4	LUAD
Gefitinib	EGFR	-2.81	2.16e-07	0.000433	5	LUAD
Bosutinib	SRC, ABL, TEC	-2.55	1.65e-06	0.00494	5	LUAD
Pelitinib	EGFR	-2.48	1.68e-06	0.00707	5	LUAD
Afatinib	ERBB2, EGFR	-2.72	2.52e-06	0.0101	4	LUAD
FR-180204	ERK1, ERK2	-2.16	2.12e-05	0.0423	5	LUAD
TAK-715	p38alpha, p38beta	-1.64	0.000845	3.38	5	LUAD
WHI-P97	JAK3	-1.63	0.000908	1.82	5	LUAD
CP724714	ERBB2	-1.37	0.00464	9.27	5	LUAD
Cetuximab	EGFR	-1.24	0.0105	9.05	5	LUAD

图 5-31 GDSC 数据库的“Features”界面

Cancer Cell Lines

Enter drug, gene or cell line Search

For this analysis, we have determined the relative sensitivity (Z Score) of a cell line to a given drug compared to all other cell lines.

All A B C D E F G H I J K L M N O P Q R S T U V W X Y Z Other

Show 25 entries Filter: Export: CSV TSV

Name	COSMIC ID	TCGA Classification	Tissue	Tissue sub-type
H-EMC-SS	907290	UNCLASSIFIED	Bone	Chondrosarcoma
H2369	1290808	MESO	Lung	Mesothelioma
H2373	1290809	MESO	Lung	Mesothelioma
H2461	1290810	MESO	Lung	Mesothelioma
H2591	1240131	MESO	Lung	Mesothelioma
H2595	1240132	MESO	Lung	Mesothelioma
H2596	1240133	UNCLASSIFIED	Lung	Mesothelioma
H2722	1290812	MESO	Lung	Mesothelioma
H2731	1240134	MESO	Lung	Mesothelioma
H2795	1290813	MESO	Lung	Mesothelioma
H2803	1240135	MESO	Lung	Mesothelioma
H2804	1240136	MESO	Lung	Mesothelioma
H2810	1240137	MESO	Lung	Mesothelioma
H2818	1290814	MESO	Lung	Mesothelioma
H2869	1240138	MESO	Lung	Mesothelioma
H290	1240139	MESO	Lung	Mesothelioma
H3118	1240140	UNCLASSIFIED	Aero digestive tract	Head and neck
H3255	1247873	LUAD	Lung	Lung NSCLC adenocarcinoma
H4	907042	LGG	Nervous system	Glioma
H513	1240141	MESO	Lung	Mesothelioma
H9	907043	UNCLASSIFIED	Blood	Lymphoid neoplasm other
HA7-RCC	753558	KIRC	Kidney	Kidney
HAL-01	949153	ALL	Blood	Lymphoblastic leukemia
HARA	1240142	LUSC	Lung	Lung NSCLC squamous cell carcinoma
HC-1	907044	UNCLASSIFIED	Blood	Hairy cell leukaemia

Showing 1 to 25 of 103 entries First Previous 1 2 3 4 5 Next Last

图 5-32 GDSC 数据库的“Cell Line”界面

第五节 实验室自建数据库

随着高通量测序基因突变检测项目在临床实验室的普及，通过查询搜索众多数据库来获取相关突变信息已愈发不能满足实验室对突变数据的需求。因此，在进行高通量测序基因突变检测生物信息学分析过程中，许多实验室通过不断累积检测样本的突变信息，根据检出的大量突变信息建立实验室内部数据库，即自建数据库，更好地对检出突变进行分析解读及报告。

由于在生物信息学分析过程中产生的数据类型多种多样，并且研究分析人员对不同环节数据库的需求目的也各不相同。因此，设计出高质量的自建数据库是一个非常复杂的过程。以肿瘤体细胞突变检测生物信息学分析中突变过滤为例，传统过滤 SNP 和胚系突变的方法包括两种：一种是利用相关数据库过滤（如 dbSNP，1000 Genomes Project 数据库等）；一种是通过分析与肿瘤组织配对的正常组织或血液中突变信息，对肿瘤组织中的 SNP 或胚系突变进行过滤。当实验室自建数据库时，通过不断收录肿瘤患者样本中的突变信息，进而不断扩充该地区的人群 SNP 和胚系突变信息建立属于本实验室的突变过滤数据库，当累积到一定数量的样本突变信息时，利用实验室自建的突变过滤数据库就可以迅速地检测样本中 SNP 及胚系突变的过滤。此外，在肿瘤体细胞突变相关靶向药物推荐方面，由于靶向药物信息庞杂且更新速度非常迅速，所以更需要实验室自建数据库对已经查取的针对特定突变的药物信息进行存储、扩充及不断更新。当实验室检出具有临床意义或具有潜在临床意义的体细胞突变时，可迅速从实验室自建药物信息数据库中调取相关药物信息，为临床医师报告全面、准确的靶向药物，以利于患者治疗。

实验室在构建与高通量测序相关的生物信息类自建数据库的过程中，要注意整合高通量测序各个环节所需要的数据信息，达到最优效果。以构建肿瘤体细胞突变检测生物信息学自建数据库为例（图 5-33），该数据库应由几大类型的数据信息组成：①序列比对类数据；②突变过滤类数据；③突变解读及用药类数据；④突变注释类数据。除上述几种基本数据类型外，实验室还应根据本实验室具体的需求目的扩充相应数据。此外，数据库除了为研究人员提供数据之外，还应提供不同的分析工具，方便用户进行数据分析。由于实验室自建数据库中原始数据主要来源于患者的真实基因突变信息，因此在使用计算机软件建立实验室内部数据库时应建立对原始数据的保护措施，以防流失。同时，数据库管理者需及时更新自建数据库内各个类型的数据信息，以确保数据的即时有效性。

数据库的发展速度非常快，但也存在诸多问题。大多数据库对于数据的创新性、精确性和准确性没有权威评价，导致数据过多、数据重复、分类不明确等问题。因此需要数据库设计人员在数据库结构设计、数据处理、数据提取、数据的重新组合、专一性等方面进行更进一步的完善。

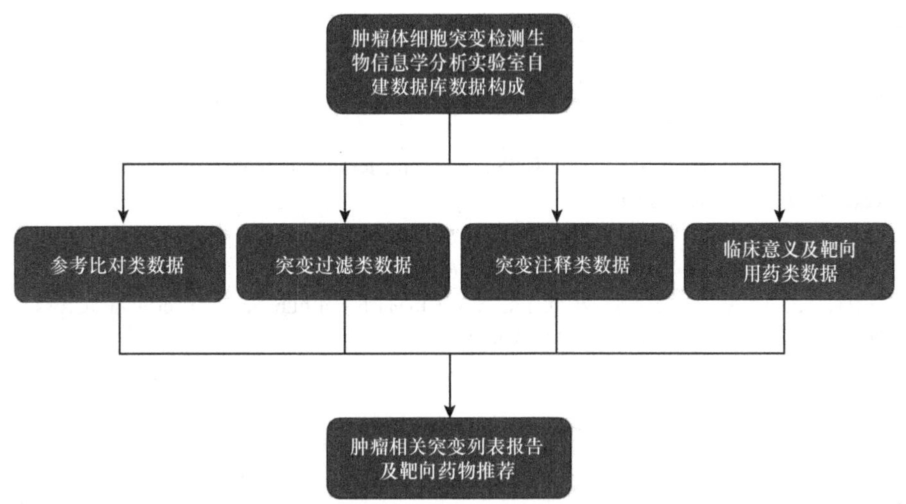

图 5-33 以肿瘤体细胞突变检测生物信息学数据分析为例，实验室自建数据库的数据构成图

总之，测序结果在进行生物信息学分析的过程中，需要涉及大量的数据库。以肿瘤体细胞突变高通量测序检测为例，经高通量测序后的原始基因序列，首先使用比对软件，如 BWA，将原始基因序列与基因组数据库或参考序列数据库进行比对，需要的数据库包括 GenBank、UCSC Genome Browser、HomoloGene 和 RefSeq 等。序列比对完成后，使用一些变异识别软件，如 GATK、Varscan、SomaticSniper 等将突变识别出来。随后使用突变注释数据库对检测出的突变进行注释，注释的信息包括基因组坐标、基因及转录本信息、命名术语、数据库注释信息（是否为 SNP 或致病性预测）等。随后使用群体遗传学数据库，如 dbSNP、1000 Genomes Project，计算并过滤一些人类基因组中的 SNP 位点。接着使用原发性变异数据库，如 HGMD、OMIM 等，以区分体细胞突变和胚系突变。按照检测要求，将突变逐一排列，并进行结果的解释。此环节会用到突变注释数据库、肿瘤相关性数据库、药物数据库、临床试验信息相关数据库等。需要说明的是，由于目前数据库种类繁多，功能不一，且突变数量庞大，无法在一个数据库中兼顾所有信息，因此使用时，各数据库应相互补充，取各自之所长，以提高突变结果报告和解释的准确性和全面性。

（高 芃）

参考文献

[1] Roos DS. Bioinformatics-trying to swim in a sea of data. Sciences，2001，291：1260-1261.

[2] Li MM，Datto M，Duncavage EJ，et al. Standards and guidelines for the interpretation and reporting of sequence variants in cancer：a joint consensus recommendation of the Association for Molecular Pathology，American Society of Clinical Oncology，and College of American Pathologists. J Mol Diagn，2017，19：4-23.

[3] Benson DA，Cavanaugh M，Clark K，et al. GenBank. Nucleic Acids Res，2013，41：D36-D42.

[4] Karollchik D，Hinrichs AS，Kent WJ. The UCSC genome browser. Curr Protoc Bioinformatics，2012，Chapter 1：Unit1.4.

[5] Karolchik D，Hinrichs AS，Furey TS，et al. The UCSC table browser data retrieval tool. Nucleic Acids Res，2004，32：D493-D496.

[6] NCBI Resource Cooridinators. Database resources of the National Center for Biotechnology Information. Nucleic Acids Res，2014，42：D7-D17.

[7] Pruitt KD，Brown GR，Hiatt SM，et al. RefSeq：an update on mammalian reference sequences. Nucleic Acids Res，2014，42：D756-D763.

[8] Pruitt KD，Tatusova T，Klimke W，et al. NCBI reference sequences：current status，policy and new initiatives. Nucleic Acids Res，2009，37：D32-D36.

[9] Kinsella RJ，Kähäri A，Haider S，et al. Ensembl BioMarts：a hub for data retrieval across taxonomic space. Database（Oxford），2011，2011：bar030.

[10] The 1000 Genomes Project Consortium. A global reference for human genetic variation. Nature，2005，526：68-74.

[11] Sherry ST，Ward MH，Kholodov M，et al. dbSNP：the NCBI database of genetic variation. Nucleic Acids Res，2001，29：308-311.

[12] Church DM，Lappalainen I，Sneddon TP，et al. Public data archives for genomic structural variation. Nat Genet，2010，42：813-814.

[13] Bahcall OG. Genetic variation：ExAC boosts clinical variant interpretation in rare diseases. Nat Rev Genet，2016，17：584.

[14] Song W，Gardner SA，Hovhannisyan H，et al. Exploring the landscape of pathogenic genetic variation in the ExAC population database：insights of relevance to variant classification. Genet Med，2016，18：850-854.

[15] Richards S，Aziz N，Bale S，et al. Standards and guidelines for the interpretation of sequence variants：a joint consensus recommendation of the American College of Medical Genetics and Genomics and the Association for Molecular Pathology. Genet Med，2015，17：405-424.

[16] Amberger JS，Bocchini CA，Schiettecatte F，et al. OMIM.org：Online Mendelian Inheritance in Man（OMIM®），an online catalog of human genes and genetic disorders. Nucleic Acids Res，2015，43：D789-D798.

[17] Hamosh A1，Scott AF，Amberger JS，et al. Online Mendelian Inheritance in Man（OMIM），a knowledgebase of human genes and genetic disorders. Nucleic Acids Res，2005，33：D514-D517.

[18] Stenson PD，Ball EV，Mort M，et al. The Human Gene Mutation Database（HGMD）and its exploitation in the fields of personalized genomics and molecular evolution. Curr Protoc Bioinformatics，2012，Chapter 1：Unit1.13.

[19] Stenson PD，Mort M，Ball EV，et al. The Human Gene Mutation Database：building a comprehensive mutation repository for clinical and molecular genetics，diagnostic testing and personalized genomic medicine. Hum Genet，2014，133：1-9.

[20] Landrum MJ，Lee JM，Benson M，et al. ClinVar：public archive of interpretations of clinically relevant variants. Nucleic Acids Res，2016，44：D862-D868.

[21] Landrum MJ，Lee JM，Riley GR，et al. ClinVar：public archive of relationships among sequence variation and human phenotype. Nucleic Acids Res，2014，42：D980-D985.

[22] Harrison SM，Riggs ER，Maglott DR，et al. Using ClinVar as a resource to support variant interpretation. Curr Protoc Hum Genet，2016，89：8.16.1-8.16.23.

[23] Forbes SA，Beare D，Boutselakis H，et al. COSMIC：somatic cancer genetics at high-resolution. Nucleic Acids Res，2017，45：D777-D783.

[24] Forbes SA，Beare D，Bindal N，et al. COSMIC：high-resolution cancer genetics using the catalogue of somatic mutations in cancer. Curr Protoc Hum Genet，2016，91：10.11.1-10.11.37.

[25] Forbes SA，Beare D，Gunasekaran P，et al. COSMIC：exploring the world's knowledge of somatic mutations in human cancer. Nucleic Acids Res，2015，43：D805-D811.

[26] Kusnoor SV，Koonce TY，Levy MA，et al. My Cancer Genome：evaluating an educational model to introduce patients and caregivers to precision medicine information. AMIA Jt Summits Transl Sci Proc，2016，2016：112-121.

[27] Yusuf RA，Rogith D，Hovick SR，et al. Attitudes toward molecular testing for personalized cancer therapy. Cancer，2015，121：243-250.

[28] Cerami E，Gao J，Dogrusoz U，et al. The cBio cancer genomics portal：an open platform for exploring multidimensional cancer genomics data. Cancer Discov，2012，2：401-404.

[29] Gao J，Aksoy BA，Dogrusoz U，et al. Integrative analysis of complex cancer genomics and clinical profiles using the cBioPortal. Sci Signal，2013，6：pl1.

[30] Perez-Llamas C，Gundem G，Lopez-Bigas N. Integrative cancer genomics （IntOGen）in Biomart. Database（Oxford），2011，2011：bar039.

[31] Gonzalez-Perez A，Perez-Llamas C，Deu-Pons J，et al. IntOGen-mutations identifies cancer drivers across tumor types. Nat Methods，2013，10：1081-1082.

[32] Doods J，Dugas M，Fritz F. Analysis of eligibility criteria from ClinicalTrials.gov. Stud Health Technol Inform，2014，205：853-857.

[33] O'Reilly EK，Hassell NJ，Snyder DC，et al. ClinicalTrials.gov reporting：strategies for success at an academic health center. Clin Transl Sci，2015，8：48-51.

[34] 吴泰相，李幼平，刘关键，等. 临床试验注册制度与循证医学. 中国循证医学杂志，2007，7（4）：239-243.

[35] 邬兰，田国祥，王行环，等. 临床试验的注册及注册平台比较分析. 中国循证心血管医学杂志，2017，9（2）：129-134.

[36] Thorn CF，Klein TE，Altman RB. PharmGKB：the pharmacogenomics knowledge base. Methods Mol Biol，2013，1015：311-320.

[37] Yang W，Soares J，Greninger P，et al. Genomics of Drug Sensitivity in Cancer（GDSC）：a resource for therapeutic biomarker discovery in cancer cells. Nucleic Acids Res，2013，41：D955-D961.

第六章 高通量测序实验室设计

与传统的分子诊断技术相比，高通量测序更加复杂，通常包括实验室检测（样本处理及核酸提取、文库制备及富集、质检和测序）和生物信息学分析两大部分[1]。在实验室检测过程中，通常涉及 PCR 扩增及核酸纯化富集等过程，任何样本源性污染、barcode 源性污染、扩增产物污染或气溶胶污染均可能导致假阳性或假阴性结果的出现。因此，合理规划设计、严格执行物理分区，以及实验室通风设计的充分性，对保证高通量测序实验室日常检测质量至关重要。

实验室分区的一般原则：各区独立、注意风向、因地制宜、方便工作。除此之外，各实验室应依据自己的检测平台数量、检测流程、检测项目多少及工作量大小制订切实可行的分区及各区面积大小安排的方案。具体的区域数目和空间大小同样是个体化的，以“工作有序、互不干扰、防止污染、报告及时”为基本准则。本章拟针对高通量测序实验室分区规划设计的一般原则和各功能区所需仪器设备的基本配置进行详尽阐述，并以 Illumina 平台和 Ion Torrent 平台为例加以具体说明。

第一节　高通量测序实验室分区设计

合理有效的高通量测序实验室分区设计是保证高通量测序检测质量的核心前提条件之一，为避免临床实验室在高通量测序实验室分区设计中的一些误区，本节将从实验室设计的基本思路、基本分区原则、实验室环境条件要求等方面进行全面介绍，并通过列举实例进行具体说明，以便大家更好地理解其基本原则。

一、高通量测序实验室设计的基本思路

随着高通量测序技术临床应用迅速发展和精准医学研究的推进，近年来，全国专门从事基因检测的独立医学检验实验室如雨后春笋般层出不穷。当前，各级医院的临床医学实验室（如新成立的精准医学中心等）也在开展或筹备临床高通量测序检测。从全国已建高通量测序实验室来看，普遍存在的问题是：①实验室各区域面积过小，仪器设备难以有效放置和（或）人员操作不便；②区域设计与所开展或拟开展的检测不匹配，通常是区域数量过少；③在实验室建设时，未充分考虑实验室的通风及对温湿度的要求；

④过度追求实验室洁净，将实验室做成“十万级”甚至“万级”；⑤从试剂准备区到后续多个区域的实验室各区间不明缘由的压力梯度递减。

出现上述问题的根本原因是，这些实验室通常在并不清楚要做什么具体的检测项目、具体采用什么样的技术平台、什么样的技术流程、可能有多少检测项目，以及有多大的工作量时就开始建设实验室。通常认为最多的区域是 8 个，就建了一个有 8 个分区的实验室。这样建成的实验室带有极大的盲目性，很可能建成的实验室因为上述列出的问题而在实际测序工作中很难或无法有效使用。那么，高通量测序实验室设计的基本思路应该是怎样的呢?

（一）高通量测序检测项目目的明确

建设任何一个实验室都应该目的清晰明确，高通量测序只是一项技术，不能成为目的，临床实验室的建设是为临床疾病诊疗服务的，高通量测序检测项目与其他临床实验室检测项目一样普遍都是为了临床疾病的筛查、诊断或辅助诊断、治疗药物的选择、疗效及耐药监测和预后等，但具体应用则涉及具体的疾病，如染色体病、遗传病、肿瘤、传染病等，高通量测序一般有如下临床应用领域，但特定的高通量测序实验室必须明确在实验室究竟想开展哪一类或哪几类检测项目。

1. 无创产前筛查和无创产前诊断　无创产前筛查（noninvasive prenatal screening，NIPS）亦称无创产前检测（noninvasive prenatal testing，NIPT），染色体非整倍体（T21、T18 和 T13）NIPS 是目前高通量测序技术在临床检测中应用最成功和最简单的一个领域。其采用母体血浆游离 DNA（cfDNA）进行检测，通过计数母体 cfDNA[含有母体本身和胎儿游离 DNA（cffDNA）] 中 T21、T18、T13 的 DNA 序列数量与正常二倍体的差异来发现异常的非整倍体。目前国内已有多家厂家的商品试剂及仪器获得国家药品监督管理局批准。

通过母体血浆 cfDNA 进行单基因遗传病的无创产前诊断（noninvasive prenatal diagnostics，NIPD）将来也有广阔的应用前景。

2. 胚胎植入前遗传学筛查和胚胎植入前遗传学诊断　胚胎植入前遗传学筛查（preimplantation genetic screening，PGS）和胚胎植入前遗传学诊断（preimplantation genetic diagnosis，PGD）属于第三代试管婴儿技术，其目的是帮助人类选择生育最正常的后代，以及提高患者的临床妊娠概率。PGS 是指胚胎植入着床前，对早期胚胎进行染色体数目和结构异常的检测，从而选择植入正常的胚胎。采用试管婴儿方式获得的胚胎有 40% ～ 60% 的概率存在染色体异常，且与孕妇年龄大小呈正相关。此外，染色体异常也是导致妊娠失败的主要原因。PGS 目前也有一些正在向国家药品监督管理局尝试申报的体外诊断产品，但只限于 21、18 和 13 号染色体非整倍体异常的检测，采用的原理和方法同 NIPS。

PGD 主要用于检查胚胎是否携带有一些单基因缺陷引发的疾病，如血友病、地中海贫血等，可通过高通量测序进行诊断，从而避免植入携带相应基因缺陷的胚胎。

3. 肿瘤基因突变检测　近年来，随着肿瘤靶向药物的大量出现、伴随诊断概念的兴起，以及“篮子试验”研究的发现，使得用于靶向治疗选择和治疗耐药监测的多基因多位点的高通量测序变得越来越重要，并写入相关肿瘤（如非小细胞肺癌等）的临床诊疗指南中。

肿瘤基因突变的高通量测序检测是临床检测中有着广阔应用前景的领域，同时也是最难把握的一个领域。

4. 单基因遗传病和罕见病的基因检测 单基因遗传病和罕见病如地中海贫血、Duchenne 型肌营养不良（DMD）、Becker 型肌营养不良和遗传性耳聋等的基因检测，既往较常用 Sanger 测序、PCR- 杂交（基因芯片、膜上或乳胶颗粒上杂交）、多重连接探针扩增（multiplex ligation-dependent probe amplification，MLPA）等，但这些方法往往不能覆盖所有可能的或大部分已发现的突变，通常只是少量的常见的突变，更谈不上一些未知突变及相关基因改变的检测。高通量测序则可以很容易地解决这些问题。

5. 病原微生物和宏基因组检测 病原微生物如特定的病毒、细菌和真菌等，通常采用实时荧光 PCR 进行定量或定性检测，即能获得很好的定量或定性检测结果，但有些病毒如人乳头状瘤病毒、乙型肝炎病毒等有多种基因型，采用高通量测序进行检测不失为一种快速、高效的检测方法。此外，未知病原体的感染，以前的方法只是培养或采用多重检测，如能检测到相应的致病病原体，则有很大的运气成分在其中。宏基因组检测则是通过高通量测序方法对特定环境如肠道、呼吸道、口腔等中的全部微生物的总 DNA 进行克隆，构建宏基因组文库，进行全基因组测序，获得海量数据，全面地分析微生物群落结构及基因功能组成等，从而发现特定的病原微生物或各种微生物的组成特征及其与特定疾病的关联。目前研究发现肠道微生态的改变与很多疾病及身体状态如糖尿病[2, 3]、神经精神疾病[4]、心血管疾病[5-8]、肿瘤及其治疗[9, 10]、机体免疫功能状态[11, 12]等有关，未来宏基因组学在临床有着广阔的应用前景。

（二）测序平台和检测技术流程明确

高通量测序平台有 Illumina、ThermoFisher 的 Ion Torrent 和华大基因的 Complete Genomics（CG），各检测平台的原理和特点详见本书第三章。

高通量测序根据其序列分析的广度通常可分为靶向测序、全外显子测序和全基因组测序，这通常与实验室分区设计关系不大，但上述测序的实验流程对实验室分区有决定性影响。高通量测序检测流程在大的方面可分为实验室内的分析操作——“湿桌实验过程”（wet bench process）和实验室外的“干桌实验过程”（dry bench process）。湿桌实验过程一般包括患者标本处理、核酸提取、片段化、接头连接、患者样本条码化（分子标签）、外显子或多基因盘靶基因富集、文库制备、上机测序等；干桌实验过程又称生物信息学分析流程（bioinformatics pipeline），包括对测序得到的短序列 reads 使用各种算法与参比人类基因组序列进行比对、核苷酸位点变异识别、变异的临床相关分析、变异注释和结果报告及解释等。与实验室分区设计关系最密切的是“湿桌实验过程”的相关步骤，与生物信息学分析过程关系不大。生物信息学分析过程只需数据存储区域及数据分析所需的硬件和软件等即可。

“湿桌实验过程”中的患者标本处理如组织标本的石蜡包埋、切片、染色、镜下检查等，血液标本的离心分离，以及标本的储存；组织样本的核酸提取及其片段化过程，血液样本的核酸提取及其质检；文库制备（加接头和标签、建库方法）；靶基因富集及测序等均与实验室分区设计相关。核酸是手工提取还是自动化提取决定核酸提取区域面积及实验室台面的大小，要根据核酸提取仪的通量及体积来决定；血浆样本的离心分离可能既涉及低速又涉及高速离心过程，离心机有台式也有落地式，大小也不同，这对实验室的面积会有一定要求，而且还要避免因离心过程产生的震动而对其他仪器稳定性造成的影响，因此可能需要更多独立的实验台面或空间。文库构建是采用多重 PCR，还是采用杂交捕获方法，对实验室分区要求也有差异，多重 PCR 建库不涉及提取核酸的片段化过程，杂交捕获则需先对核酸进行片段化处理，而片段化有酶消化和超声打断两种方式。超声波可通过机械、热和空化效应发挥作用，在医学上可用于诊断和治疗，体外实验表明超声波可能导致染色体畸变和 DNA 损伤，长期且高频的超声波可能对人体危害更大，但是目前缺乏临床证据支持，因此尚存在争议[13-15]。但建议采用超声打断方法进行片段化处理设置单独的实验区域。后续的靶基因富集涉及的扩增环节与分区亦有关。

（三）高通量测序检测项目种类数量和预计的日常工作量明确

实验室开展高通量测序检测项目种类如产前筛查、单基因遗传病、肿瘤基因突变、传染病病原体等的多少，每种检测项目日常工作量的大小，决定了实验室分区设计时区域的数量和各区域面积的大小。例如，染色体非整倍体 NIPS 高通量测序，如果一个实验室每天要检测的标本数量为 50 份，而另一个实验室每天要检测的标本达到 300 份，则两个实验室的区域数量及区域面积一定不同。再如，一个只进行 NIPS 高通量测序检测的实验室，不可能与一个除了做 NIPS 同时还做单基因遗传病，甚至与一个再加上肿瘤基因突变和病原体或宏基因组学检测的高通量测序实验室，在区域数量及区域面积上完全相同。

综上所述，要建设一个能满足实际临床需求且能保证检测质量的高通量测序实验室，首先要问为什么（why）要建这样一个实验室？要解决临床疾病诊疗中的什么问题（what）？进行临床调研了解实验室所面向的临床（本医院各相应科室或其他医院）近期、中期及可预见的较远期（when）有多大（how）的需求量？然后是要选择什么样（what）的技术平台和技术流程？进行实验室分区及功能与流程安排的方案设计；接着选择一个符合设计要求的实验室建设地点（where）；最后选择一个有经验的能保证质量的建设施工单位（who）进行建设（图 6-1）。

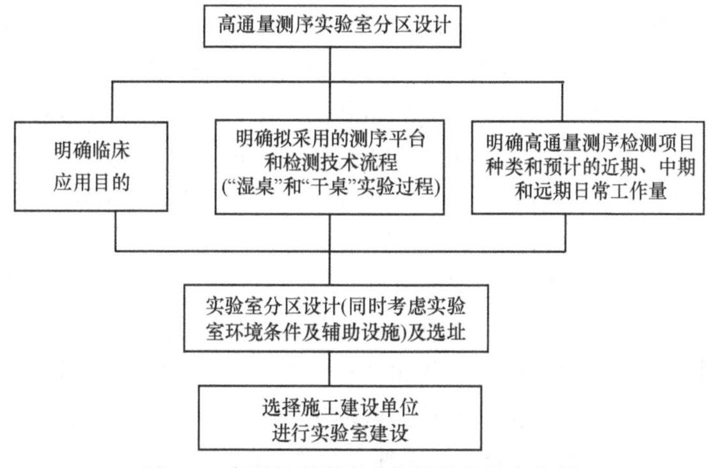

图 6-1　高通量测序实验室设计的基本流程

二、高通量测序实验室各功能区的基本分区原则

正如前文所述，目前高通量测序通常都涉及基因扩增，而且检测具有高灵敏的特点，实验室分区设计同样应遵循“各区独立，注意风向、因地制宜、方便工作”的十六字原则[13]。

1. 各区独立 其含义可用通俗的两句话来概括，①实验室各区域之间，无论是否在使用，其在物理上应处于永久性的分隔状态；②各区域间不能有空气的直接流通。因此，高通量测序实验室的各功能区应该进行严格的物理分区，而非简单的形式上的分区，如一个大房间内不同区域的安排，不同工作区之间的分隔不密、有缝隙，造成各区间空气相通等。高通量测序实验室应至少包括试剂准备区、标本与文库制备区、文库扩增与检测区和测序区等，依据不同的检测平台和检测项目，具体分区情况不同。需要注意的是，不可使用连通各区的中央空调，可以在各区内安装分体式空调或非连通的新式中央空调。不可采用家庭装修模式，即不可使用可能造成门下留有缝隙的上吊推拉门或平开门。若各区之间设置试剂物品传递窗，则该传递窗应为双开门，连锁装置设计为最优（即当传递窗一侧的门没有关好时，另一侧门不能打开），以避免传递窗封闭不严或物品传递过程中造成交叉污染。各分区可设置缓冲间以控制空气流向，防止实验室内外空气互通。

2. 注意风向 由于高通量测序涉及杂交捕获和文库扩增等步骤，对原始靶核酸有一个指数扩增的过程。因此，每次扩增后均有大量由标本（阴性和阳性）扩增而来的产物存在，并且在检测过程中微量离心管盖子的打开和关闭，以及在样本吸取过程中的吹打动作均会造成样本或产物气溶胶的形成，而极易对以后其他扩增反应造成污染。为防止这种污染的发生，就需要在严格进行分区的同时，注意实验室内空气的流向，防止扩增产物顺着空气气流进入上游扩增前的相对“洁净”区域。可以通过在每个区域设置缓冲间（正压或负压均可），隔绝实验室内外的空气。若缓冲间安装正压进气装置，则缓冲间的气压相对高于工作区和外界环境气压，使实验室内的空气不能流出，实验室外的空气不能流入；若缓冲间安装负压排风装置，则来自实验室内或实验室外的空气在缓冲间即可被抽走。正压或负压缓冲间均可避免工作区域内空气和外界环境空气的互通。现有很多基因扩增检测实验室在分区设计时除了缓冲间有正压或负压外，对各区内也设置不同的正压或负压，如试剂准备区为一定的正压（如 +10Pa），标本制备区正压稍弱于试剂准备区（如 +5Pa），其后的各区依次负压，这是完全没有必要的，因为缓冲间的正压和负压设计已经起到了将各区间空气流动有效分隔阻断的作用，而且由于区域较多，一直压力递减也是不合适的。有了缓冲间的正压或负压，各区内最重要的是通风换气，建议通风换气次数 >10 次 / 小时，如果一天内使用同一区域多于 2 次，则建议有更多的通风换气次数，有助于残留 DNA“污染”的清除。

3. 因地制宜 高通量测序实验室的分区设计没有固定模板，不是千篇一律的，必须依据具体情况具体分析。各区之间最重要的是物理分隔，既可以相互邻近，也可以分散在同楼层的不同处，甚至可以分散在不同的楼层[13]。对于新建实验室应尽可能做到合理、规范、易于管理。对于旧的实验室不必强求理想状态，可根据原有实验室的分布现状及空间大小进行合理安排，只要符合“各区独立，注意风向，方便工作”的原则即可。

4. 方便工作　对高通量测序实验室进行严格的分区设计是为了在物理上防止污染的发生。但同时也应最大限度地考虑各区域分隔设计及空间和区域面积大小的合理性，是否方便日常检测工作。如果分区设计造成日常工作的极大不便，规范的实验室管理就很难实施，从而难以达到防止出现实验室污染的目的。除此之外，大型仪器设备的进出是否方便也应是分区设计时要考虑的，否则会给后续的实验室仪器设备放置带来困扰，甚至不得不重新安排各功能区域，打乱初始的部署。

在十六字一般原则的基础上，各实验室应依据所使用的检测平台、检测流程、检测项目及具体工作量"个性化"地制订分区数量和各区域面积大小，以"工作有序、互不干扰、防止污染、报告及时"作为基本准则。

1. 工作有序　是保证实验室检测获得可靠结果的重要前提条件之一。试想如果一个实验室的区域和检测流程的安排，因为多个检测平台的存在、检测流程的差异而处于一种混乱状况，会大大增加出现差错的可能性。通常一个实验室不会只有一个检测项目或检测 panel，工作量的差异也可能较大，但作为高通量测序实验室，工作量过小，则起不到高通量检测的作用，工作量大，则意味着实验室仪器设备的数量增加，较大型自动化仪器设备配置，一天内各区域可能重复使用等，为保证工作有序，对区域面积大小，甚至区域数量，都会有额外的要求。例如，一个高通量测序实验室使用 Illumina 平台进行染色体非整倍体（T21、T18 和 T13）NIPS/NIPT，则至少需要 4 个区，即试剂准备区、标本与文库制备区、文库扩增与检测区、测序区。若使用 Ion Torrent 平台则需要 5 个区，即在文库扩增与检测区之后增加扩增二区，进行乳液 PCR 和文库富集的操作。

2. 互不干扰、防止污染和报告及时　一个高通量测序实验室由于检测项目和检测流程的不同而出现相互干扰的可能性必须要考虑，一旦工作出现相互干扰，也就很难防止"污染"的发生，也不太可能及时发出检测报告。例如，一个高通量测序实验室同时开展 NIPS/NIPT、遗传病和肿瘤基因突变（组织和血浆 ctDNA）检测，为了避免不同检测项目之间相互干扰，以及高浓度组织样本核酸提取及后续扩增和杂交捕获等过程中出现的气溶胶，对低浓度游离 DNA 样本核酸提取造成的交叉污染，还需要设置多个标本制备区及相应后续扩增等区域。又如，进行 NIPS/NIPT 的实验室，由于从血浆中提取的是母体血浆 cfDNA，其中胎儿 cffDNA 相对微量，为防止组织提取的高浓度 DNA 污染，造成胎儿 cffDNA 的百分比更低，出现假阴性结果，因此涉及高浓度组织或细胞 DNA 提取项目的标本制备区不可与其共用。此外，遗传病和肿瘤靶向药物治疗的高通量测序检测过程较 NIPS/NIPT 要复杂许多，需进行更加细致的区域划分，至少应包括试剂准备区、标本与文库制备区、杂交捕获区、文库扩增区和测序区等。若组织样本在测序前需要进行包埋处理及 HE 染色判断样本质量（肿瘤细胞含量及百分比），则应增设样本制备前区。若使用不同的杂交捕获方法对不同类型的样本进行捕获，为避免交叉污染，应设置多个杂交捕获区。在文库制备过程中，若需要进行不同目的核酸的多次扩增，则应将扩增区合理划分为扩增一区、扩增二区等。由于样本 DNA 提取、DNA 片段化后质量鉴定及 DNA 纯化和回收等步骤均需要用到电泳，从节省仪器设备费用的角度，可以考虑单独设置一个电泳区放置 Agilent 生物分析仪和（或）凝胶电泳仪，不同检测项目、不同检测平台的电泳可以在此区共同完成。此外，区域的设置也与日常工作量及检测过程的自动化程度相关。若工作量大，需要的区域相对就多，以避免相互干扰，保证报告及时发出。若自动化程度高，则可在一定程度上减少所需区域，可根据自动化仪器设备的引入做适当流程和区域的整合。至于区域面积的大小，道理同上。此外，实验室设计还要考虑高通量测序检测结果的确认方法运行的空间和区域问题，遗传病的靶向测序、全外显子和全基因组测序通常都会涉及一些测序区域出现的阳性序列结果的确认，确认方法一般采用 Sanger 测序，一代测序仪可与高通量测序仪放在一个区域，但 Sanger 测序前的扩增产物电泳及纯化可放在单独设置的电泳区内。除此之外，肿瘤基因突变的靶向测序、全外显子测序等也可能涉及确认实验，通常的确认方法为 PCR- 基因芯片、数字 PCR、ARMS、高分辨熔点曲线分析或另一种经过验证的高通量测序方法等，需要考虑这些确认实验相应仪器设备和工作流程有造成工作干扰和交叉污染发生的可能，从而合理安排这些仪器设备的放置区域和工作流程。

高通量测序实验室的每一区域都须有明确的标记，各区的仪器设备及工作服、鞋、实验记录本和笔等都必须专用，不得混淆。此外，每个工作区域内还应有固定于房顶的紫外灯和可移动紫外灯，以便于对工作后的区域进行照射，减少上一次标本检测遗留核酸及扩增产物的污染[16]。

三、较为理想的高通量测序实验室分区设计实例

怎样的区域划分才是较为理想的高通量测序实验室分区呢？通常来说没有固定的模板。只要在上述“三十二字”原则的基础上，依据具体的检测平台、检测技术流程、检测项目，合理设计和布局，防止污染的同时保证高效的日常工作就是理想的高通量测序实验室。下面分别以 Illumina 平台和 Ion Torrent 平台进行 NIPS/NIPT 和肿瘤基因突变检测为例，对高通量实验室分区设计加以实例阐述。

（一）无创产前筛查与产前诊断高通量测序实验室设计

1. Illumina 平台 图 6-2 展示的是较为理想的 Illumina 平台 NIPS/NIPT 实验室分区设计。有一个专用的走廊，分区设计依次为试剂准备区、标本制备区、文库制备区、文库扩增与检测区和测序区。这种分区是依据 Illumina 平台 NIPS/NIPT 工作技术流程及防止污染的理念来设计的。

试剂准备区应为最洁净的区域，从标本制备到测序反应每一步需要配制的试剂（商品试剂盒除外）都在该区完成，并且使用前应储存在该区。若这一区被污染，会影响整个操作流程及最终的测序结果，所以要将其单独分隔为一个区，并且列为第一区。

第二区是标本与文库制备区（图 6-2A）或标本制备区（图 6-2B）。外周血胎儿 cffDNA 浓度是非常低的，较易被污染，而起始模板 DNA 的质和量是影响测序结果的关键环节。若模板 DNA、接头或标签被污染，后续的所有步骤都无从谈起，所以与试剂准备区一样，对标本制备区防污染的要求也是非常高的，一定要和下游的扩增区分隔开。

标本量较少，标本制备区每天最多仅使用一次，则可将标本制备区和文库制备区合并；但如果标本量大，标本制备区使用次数会达两次以上，则为避免前次建库可能存在的已带标签的核酸标本气溶胶交叉污染，需将文库制备区单独设置为第三区（图 6-2B）。

文库扩增由于涉及 PCR 过程，会产生高浓度的扩增产物和气溶胶，要自成一区，用于文库定量的 qPCR 也可在该区完成。

测序仪对室内温湿度要求较高，并且受周围环境震动影响较大，所以应将测序区单独设置为一区。

此外，每个区域均设置有一个缓冲间，正压和负压均可（图 6-2 所示的缓冲间均为正压），用以维持空气流向，避免实验区的空气和外界环境空气互通，将扩增区产物带向扩增前的洁净区域。同时缓冲间还可以供工作人员更换工作服和工作鞋，顶上可装紫外灯。

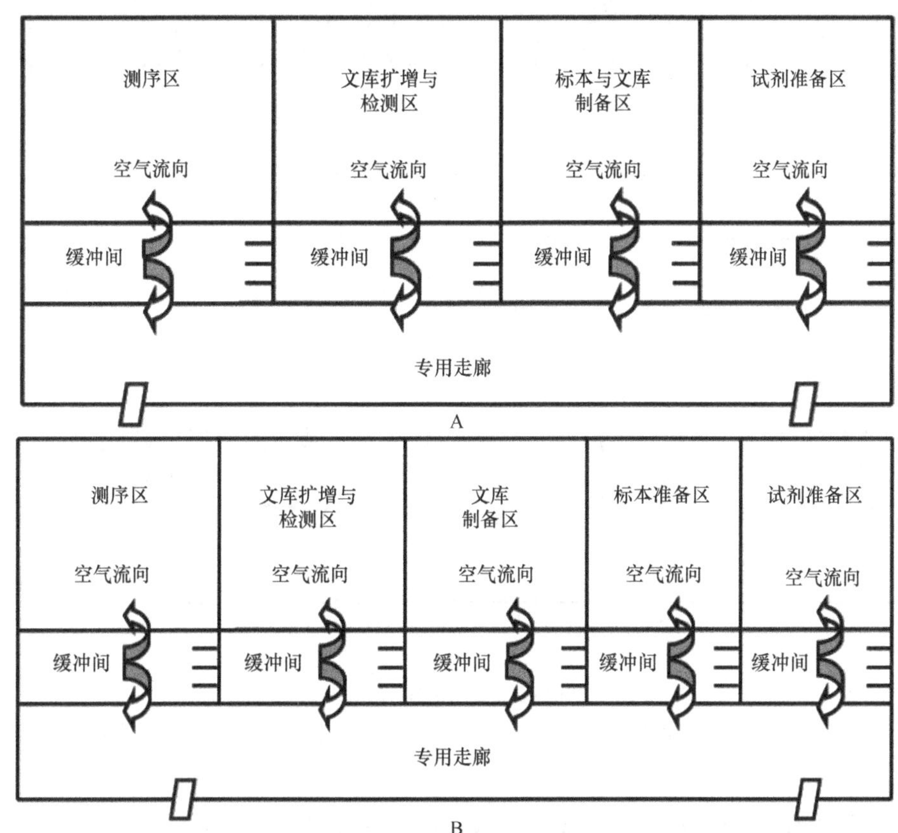

图 6-2　NIPS/NIPT 实验室分区设计（1）

A. Illumina 平台示例，工作量较小，二区使用 1 次 / 天；B. Illumina 平台示例，工作量大，二区使用≥ 2 次 / 天

2. Ion Torrent 平台　图 6-3 展示的是较为理想的 Ion Torrent 平台 NIPS/NIPT 实验室分区设计。同样设有一个专用的走廊，分区设计依次为试剂准备区、标本制备区、文库制备区、文库扩增与检测区、乳液 PCR 与文库富集区和测序区。Ion Torrent 平台 NIPS/NIPT 实验室分区设计与 Illumina 平台大体一致，不同的是由于文库扩增后测序前还需要乳液 PCR 过程，所以要另外设置一个扩增区，即扩增二区，用来进行乳液 PCR 及扩增后

文库纯化和富集。与前述 Illumina 平台一样，如标本量较少，标本制备区每天最多仅使用一次，则可将标本制备区和文库制备区合并，但如果标本量大，标本制备区使用次数会达两次以上，为避免前次建库可能存在的已带标签的核酸标本气溶胶交叉污染，需将文库制备区单独设置为第三区（图 6-3B）。

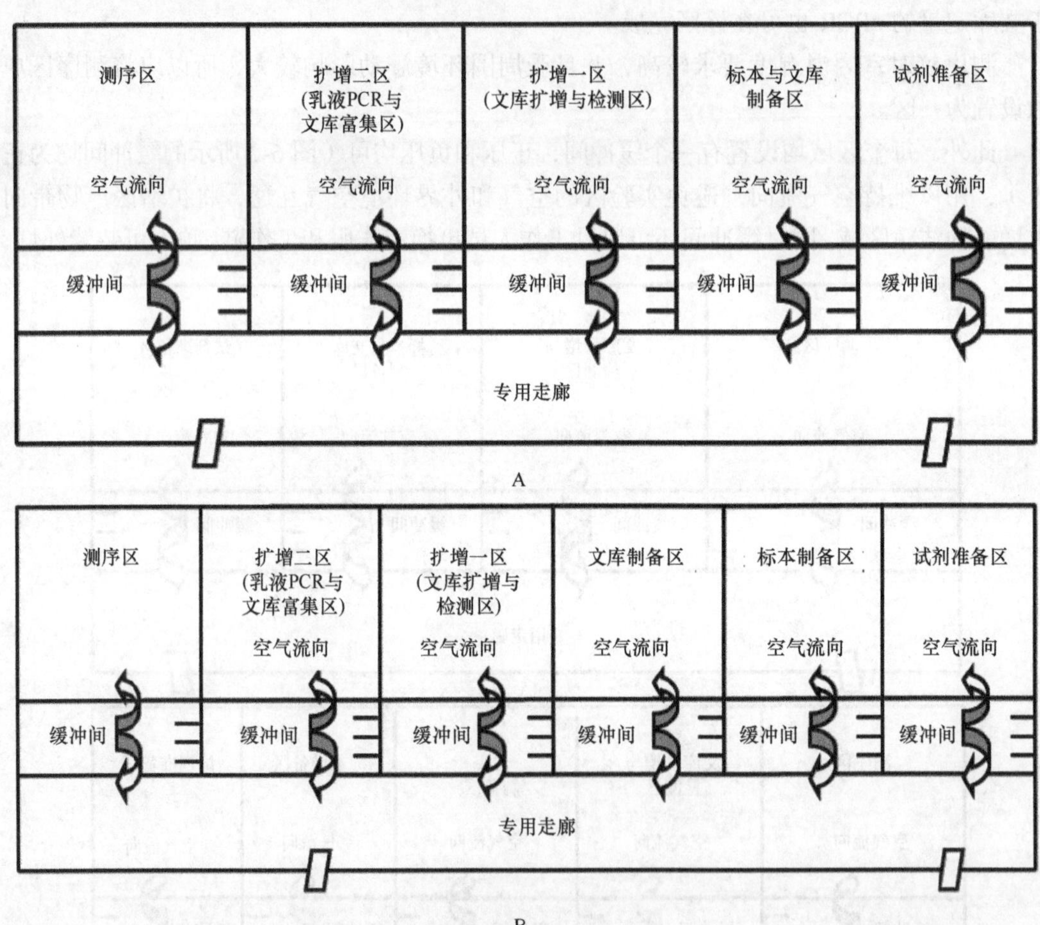

图 6-3 NIPS/NIPT 实验室分区设计（2）

A. Ion Torrent 平台示例，工作量较小，二区使用 1 次 / 天；B. Ion Torrent 平台示例，工作量大，二区使用≥ 2 次 / 天

（二）肿瘤组织基因突变检测高通量测序实验室设计

1. Illumina 平台 肿瘤组织基因突变检测流程比 NIPS/NIPT 要复杂得多，分区也相应增加。但是设计理念仍然遵循具体检测流程和防止污染的原则。图 6-4 展示的是较为理想的 Illumina 平台对组织样本进行肿瘤基因突变检测实验室分区设计（杂交捕获法）。有一个专用的走廊，分区设计依次为试剂准备区、标本制备区、打断区、文库制备区、扩增一区（文库预扩增和纯化）、杂交捕获区、扩增二区（文库扩增、富集和定量检测）、测序区、电泳区。

电泳区	测序区	扩增二区（文库扩增和富集）	杂交捕获区	扩增一区（文库预扩增和纯化）	文库制备区	打断区	标本制备区	试剂准备区
空气流向	空气流向	空气流向	空气流向	空气流向	空气流向	空气流向	空气流向	空气流向
缓冲间	缓冲间	缓冲间	缓冲间	缓冲间	缓冲间	缓冲间	缓冲间	缓冲间

专用走廊

图 6-4　肿瘤组织基因突变检测高通量测序实验室设计（Illumina 平台，杂交捕获）

图 6-5 所示为各个区域及其涉及的主要工作内容。试剂准备区为最洁净的区域，独立成区。标本制备区用于样本 DNA 提取。需要注意的是，新鲜组织样本、冰冻样本、细胞学样本、福尔马林固定石蜡包埋（formalin-fixed and paraffin-embedded，FFPE）样本等不可以和循环肿瘤 DNA（circulating tumor DNA，ctDNA）样本在同一个样本制备区进行 DNA 提取，因为组织样本的 DNA 含量远远高于 ctDNA 样本，若在同一区提取会造成样本间的交叉污染。FFPE 样本还需要设置样本制备前区，在此区进行样本的切片（4μm 石蜡组织切片用于 HE 染色，10μm 石蜡组织切片用于 DNA 提取）及 HE 染色判断样本的质量（肿瘤细胞的含量和百分比）。

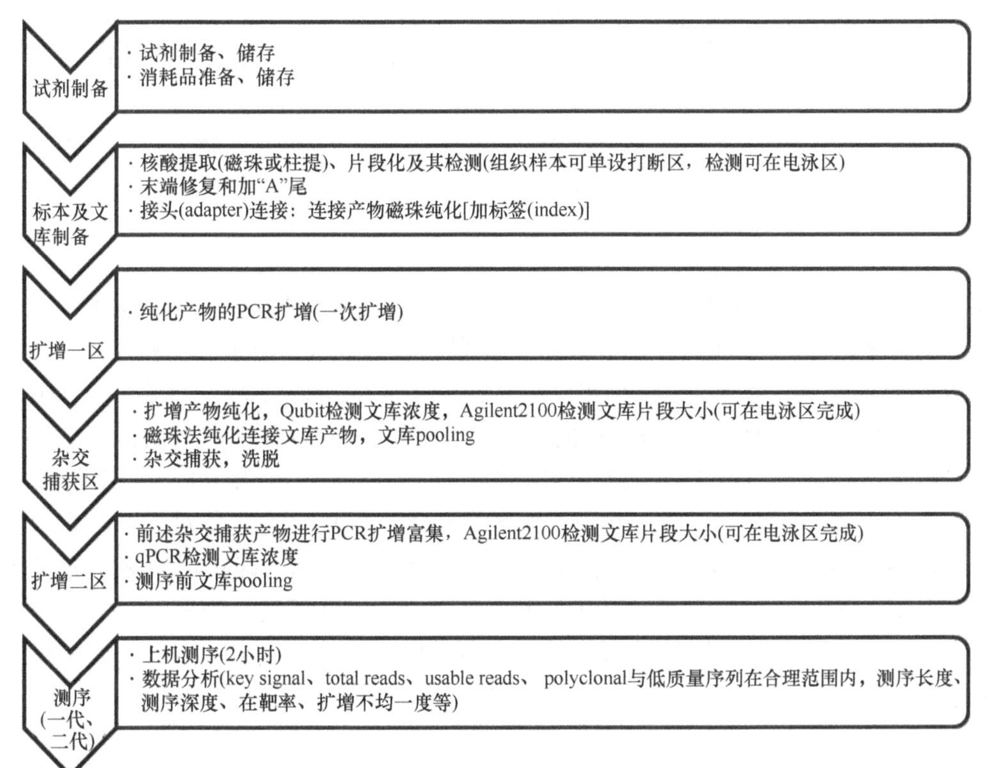

图 6-5　肿瘤组织基因突变检测高通量测序实验室各区主要工作内容（Illumina 平台，杂交捕获）

组织 DNA 样本需要经超声打断进行片段化处理，所以在标本制备区后设置打断区，

DNA 片段分析工作可在电泳区完成。

打断后的 DNA 片段修复末端补平、3′端加“A”尾、加接头和标签在文库制备区完成，之后对文库的预扩增、纯化工作在扩增一区完成。按操作流程，设置杂交捕获区进行目的序列的捕获、富集和纯化。若需进一步增加待测模板 DNA 的浓度，对捕获后的文库进行再次扩增，则需要设置扩增二区，以完成捕获文库的扩增和富集，并在此区完成终文库的 qPCR 定量和测序文库的 pooling 工作。终文库的测序需在独立区域完成。缓冲间的设置原则同前。

2. Ion Torrent 平台（多重 PCR） 图 6-6 所示为 Ion Torrent 平台基于多重 PCR 扩增富集技术对肿瘤基因突变检测的实验室分区设计。不同于杂交捕获技术，PCR 扩增技术先使用多重 PCR 对目的序列进行扩增，再进行文库制备和下游的测序分析工作。所以分区设计要依据实验流程做出相应的调整。分区设计依次为试剂准备区、标本制备区、扩增一区（多重 PCR 区）、文库制备区、扩增二区（乳液 PCR 与文库富集区）和测序区。

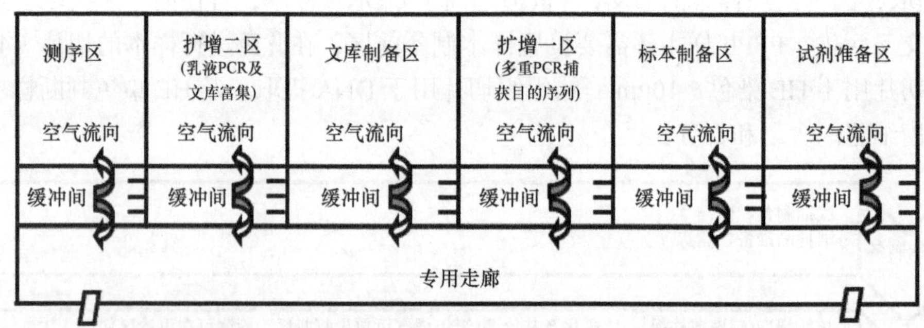

图 6-6 肿瘤组织基因突变检测高通量测序实验室设计（Ion Torrent 平台，多重 PCR）

图 6-7 显示的是各个区及其涉及的主要工作内容。试剂准备区和标本制备区须分别单独成区，具体原因不再赘述。设置扩增一区进行目的序列捕获及剩余引物的消化。设置文库制备区，对扩增后的目的序列连接相应的接头和标签，由于接头和标签对下游乳液 PCR 后目的序列的纯化、富集和测序后的数据分析至关重要，单独分隔一个区域进行文库制备，避免其受到任何扩增产物的污染。乳液 PCR 过程在油包水的微珠中进行，但是扩增完成后需要进行破乳、纯化和富集，这个过程在一个开放的八联管中进行，不可避免地会将高浓度的扩增产物及气溶胶释放到空气中，为避免对上下游实验区的污染，故将乳液 PCR 及文库富集过程在单独一个区域完成，即扩增二区。除了乳液 PCR 过程，文库的 qPCR 定量也可在扩增二区进行。如前所述，测序仪对室内温湿度要求较高，并且受周围环境震动影响较大，所以应将测序单独成区。缓冲间的设置原则同前。

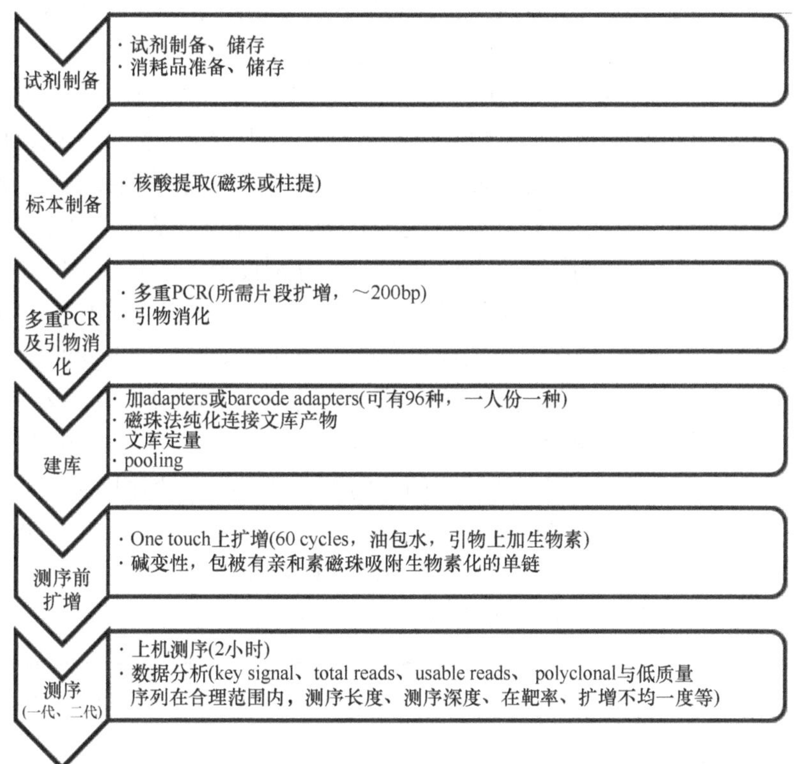

图 6-7　肿瘤组织基因突变检测高通量测序实验室各区主要工作内容（Ion Torrent 平台，多重 PCR）

以上仅是以 Illumina 平台（杂交捕获）、Ion Torrent 平台（多重 PCR）两种检测方式进行实验室分区的举例，但是不同实验室的检测方法可能有所不同。例如，实验室采用多重 PCR 建库，可以是 Ion Torrent 平台测序，也可以是 Illumina 平台测序，因此在测序前可能需要乳液 PCR，也可能不需要此过程。如果是多重 PCR 建库，采用 Illumina MiSeq 平台测序，可能只需要 5 个区，而不是 6 个区；同样的，如果是杂交捕获法建库，采用 Ion Torrent 平台测序，则可能需要 7 个区，而不是 6 个区，如果进行组织检测，还需要设置打断区，则为 8 个区。建库环节也各有不同，同样是多重 PCR 捕获再加标签，加标签可能通过 PCR（文库扩增）完成，也可能是通过 DNA 连接酶的非 PCR 反应加标签，然后再进行文库扩增，如果是后者加标签的步骤，可以放在扩增一区，也可以放在文库制备区；同样是使用杂交捕获法，在末端修复、加“A”尾、加入接头和纯化步骤后，加标签和预扩增也可能一起完成，这时加标签就不在标本和文库制备区完成，而是在扩增一区完成。实验室应依据“各区独立，注意风向、因地制宜、方便工作”和“工作有序、互不干扰、防止污染、报告及时”的原则进行具体分析。

（三）多检测项目、多检测平台共存的高通量测序实验室设计

多检测项目、多检测平台共存情况下的实验室设计要复杂许多，既要遵循“三十二字”基本原则，又要合理规化现有空间，最大限度地防止污染，保证日常工作的顺利进行。

图 6-8 是一个同时开展病原体检测、肿瘤基因突变组织学样本和 ctDNA 样本检测项目的实验室。所使用的检测平台包括实时荧光定量 PCR、一代测序（Sanger 测序）和二代测序（Illumina 杂交捕获靶向测序）。其中试剂准备区为不同检测项目、不同检测平台共享区域，面积应该相对较大。其左侧的标本制备三区用于病原体 DNA 的提取，定量检测过程则可以在扩增四区进行。试剂准备区右侧为肿瘤组织样本基因突变靶向测序（基于 Illumina 杂交捕获平台）区域。图 6-8 的下侧为 ctDNA 样本靶向测序（基于 Illumina 杂交捕获平台）区域。为避免待测样本间的交叉污染，分别设置标本制备一区和二区、文库制备一区和二区、扩增一至四区、杂交捕获一区和二区来完成组织样本和 ctDNA 样本的提取和文库制备过程。扩增四区即组织样本文库扩增和富集区，可以同时作为 Sanger 测序中测序 PCR 反应和产物纯化及病原体实时荧光定量 PCR 检测分析区。文库构建完成后或测序 PCR 产物纯化之后的测序工作均可在测序区完成。无论是一代测序仪还是二代测序仪，对环境的要求均较高，同一区域内的任何震动和温湿度变化均会对其造成干扰，影响检测的准确性，所以测序区应依据要摆放的测序仪型号和数量留出足够的空间。电泳区是一代测序扩增产物电泳纯化和二代测序判断 DNA 提取质量、片段大小分析等步骤的公共区域，可放置 Agilent 生物分析仪和凝胶电泳成像仪等。

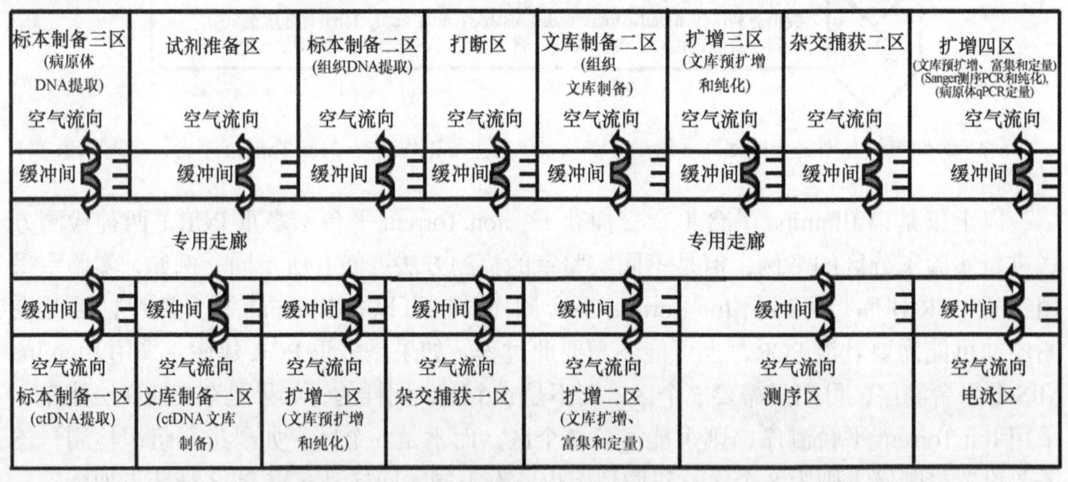

图 6-8　多检测项目、多检测平台共存情况下的高通量测序实验室设计示例

图 6-8 所示的是理想空间状态下的分区设计，各实验室需要针对开展的项目、使用的检测平台及实际拥有的空间面积对分区进行合理的设计，适当的情况下各区可以合并。需要强调的是，在整个操作流程中一定要有“防污染”的意识，尤其是在共用区域工作时。例如，加样时，使用带滤芯的吸头而非普通吸头，减少由于吸样时气溶胶产生所致的交叉污染；用涡旋震荡的方式替代吹打的方式进行样本混匀；样本瞬时离心后再进行开盖等操作。

综上所述，一个基本符合要求的高通量测序实验室在分区上至少要满足以下几点要求：①各分区在物理空间上必须完全独立，无论在空闲时还是在使用中，应始终处于完全分隔的状态，绝对不可以有空气的直接流通；②应在标本制备区、文库扩增区、电泳区等任何可能出现“污染物”的区域安装有效的通风设施，合理设置缓冲间，使可能存在污染的实验区内的空气流出实验室外，同时控制外部可能污染实验区的气流进入；③任何可移动的仪器设备、工作服及各种实验记录本、记号笔、清洁用品等必须专用，不得混淆[16]。

高通量实验室规范化分区的根本目的是为了提供物理上的阻隔，防止各区域之间的交叉污染，但并不需要实验室一味地追求装修上的豪华和档次。各实验室在实际工作中不可能只是进行某一项检测，在多项检测同时进行时，需要依据各实验室的实际情况采取“量体裁衣”的设计方案。保证检测结果的准确性，除了实验室规范化分区外，实验室日常工作中的严格管理和工作人员对规程的遵循更是核心之所在。

四、高通量测序实验室的通风、清洁和温湿度等要求

高通量测序实验室分区设计完成后，还应注意各实验区域通风、清洁、温湿度等要求。高通量测序实验室宜建设为恒温恒湿实验室，实验时应监测环境温湿度，保证 2 小时温度波动小于 2℃，并定期进行环境质评等[18]。

（一）通风

实验室各区域内的通风换气对减少实验室前一次检测过程中遗留或扩增产物的污染非常重要，如果实验室设有通风系统，建议各区域内的通风换气＞ 10 次 / 小时。如果实验室没有通风系统，则各区域必须有外通的窗户，可在窗户上安装由室内向室外排出空气的排风扇。

（二）清洁

高通量测序实验室需要保证对实验各区域每天进行必要的清洁工作，以保持各区域的洁净。与一般实验室的洁净度要求相同，实验室在设计及建设中没有必要装修成超净或层流实验室。只要严格控制每个区域的送排风，防止各区域间空气流通，避免扩增产物顺着空气气流进入非扩增的“洁净”区域即可。当然，对进入实验室的空气适当进行过滤，有助于仪器设备处于良好的状况。

（三）温度

实验室所有的仪器设备放置及运行均有相应的温度区间要求，在仪器设备的说明书中均会体现。仪器设备在运行的过程中会产热甚至过热，而温度过高会影响仪器的性能，因此，实验室应有相应的温度控制措施。越是精密的仪器设备对仪器运行过程中温度波动范围的要求越高，如 Illumina 测序仪的房间温度应控制在 18 ～ 22℃，温度的波动＜ 2℃。

此外，阳光直射也会导致热量增加，影响仪器运行，因此测序仪应该放置在远离阳光直射的位置；若房间内条件不允许，则操作期间推荐使用遮光板或其他遮光制品。

（四）湿度

湿度是测序仪运行和文库制备过程中至关重要的影响因素之一。放置测序仪的房间

应保持湿度为 20% ~ 60%，以使仪器获得最佳性能。位于高海拔和（或）低湿度地区的实验室应注意在文库制备的过程中对需要干燥的步骤依据湿度差异进行优化。

（五）震动

震动过程会产热，缩短设备寿命。同一区域中其他仪器设备的工作、房门的打开和关闭、不稳定的工作台面及周围环境都可能导致震动的产生。测序仪对于震动尤其敏感，往往会在附近仪器设备工作时报错。所以在测序仪运行时要尽量减少周围环境中震动的发生，同时建议实验室购买减震垫，以降低可能影响测序仪运行的高频震动。测序仪应放置在远离人员活动高频区（如远离房间门口的区域），以避免由于人员频繁通过造成震动和意外碰撞等问题。

第二节　高通量测序实验室各功能区主要功能及基本仪器设备配置

高通量测序实验室要分成不同的功能区，各功能区的主要用途是什么？使用时需注意哪些方面？以及各区需配备哪些仪器设备？很好地回答这些问题，对于完成一个功能完善的高通量测序实验室的建设是至关重要的。

一、各功能区在高通量测序中的功能及注意事项

无论是 NIPS/NIPT 还是遗传病诊断或是肿瘤基因突变检测，试剂准备区、标本与文库制备区、文库扩增与检测区、测序区都是必不可少的，其他区域的设置依据具体的实验流程各异。下面将具体介绍各分区在高通量测序中的作用（图 6-9 所示为 NIPS/NIPD 高通量测序实验室各分区所对应的检测流程），以及需要配置的基本仪器设备（表 6-1），从而为实验室更好地设计分区提供参考。

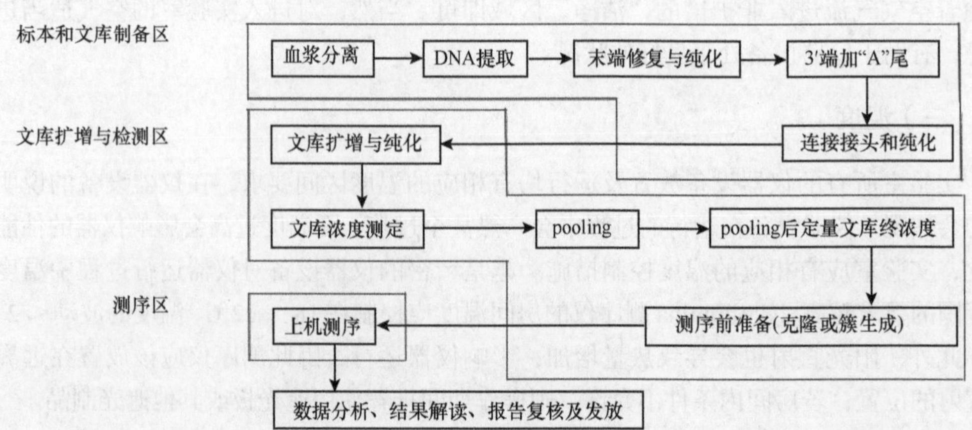

图 6-9　NIPS/NIPD 和肿瘤基因突变检测高通量测序实验室各分区对应的检测流程

表 6-1　各分区所需基本仪器设备

区域名称	仪器设备名称		
试剂准备区	生物安全柜	纯水仪（18.2MΩ）	天平
	pH 计	离心机	涡旋振荡器
	紫外灯	冰箱	移液器
标本制备前区	生物安全柜	切片机	光学显微镜
	紫外灯	冰箱	移液器
标本和文库制备区	生物安全柜	磁力架或真空泵	金属浴或水浴温控仪
	核酸定量仪	涡旋振荡器	离心机
	紫外灯	冰箱	移液器
打断区	超声打断仪	凝胶电泳仪或生物分析仪	微型离心机
	制冰机	紫外灯	移液器
杂交捕获区	杂交仪或热循环仪	qPCR 仪	涡旋振荡器
	离心机	磁力架	制冰机
	移液器		
文库扩增区	Ion OneTouch 乳液 PCR 仪（Ion Torrent）或 Cluster Station/cBot 簇生成仪（Illumina）		
	磁力架	qPCR 仪	涡旋振荡器
	离心机	冰箱	移液器
测序区	测序仪	服务器	稳压电源
	离心机	移液器	
电泳区	凝胶电泳仪	生物分析仪	

（一）试剂准备区

高通量测序从标本制备开始直至上机测序反应的整个流程，除外商品试剂盒，还需要一些简单的试剂，如无核酸去离子水，缓冲液，75% 乙醇，焦碳酸二乙酯（DEPC）处理水或商品化的无 DNase 和 RNase 的水，NaOH 溶液，有机溶剂如无水乙醇（分子生物学级）、二甲苯等，这些辅助试剂的配制、分装和储存都要在试剂准备区完成。一些主要反应混合液的分装和储存也要在试剂准备区完成。除此之外，随着分子诊断在各个疾病领域的广泛应用，越来越多的实验室开始使用自配试剂，以减少对商品试剂盒的依赖。如果实验室使用的是商品化试剂盒，在真正开始临床常规检测之前需要进行性能验证（verification）；如果实验使用的是自配试剂，那么在真正开始临床常规检测之前需要进行性能确认（validation）[19, 20]。试剂准备区的空间大小可以依据具体使用情况，结合经济、合理原则做出适当的调整。

试剂准备区的仪器设备主要涉及微量可调移液器、纯水仪（18.2MΩ）、天平、pH 计、离心机、涡旋振荡器、紫外灯、冰箱、超净工作台等。天平、pH 计等高精密度仪器需要定期校准。试剂准备区是高通量测序实验室各分区中最为“洁净”的区域，不应有任何核酸的存在，包括试剂中所带的标准品和阳性对照品，这些标准品和阳性对照品均应直接放在标本制备区。试剂配制时，最好一次配制较大量，然后分装成小瓶保存，每次检测时，取出一小瓶使用，未用完的部分弃掉，不再重复使用，因为试剂在使用过程中有可能发生“污染”，下次再使用就有可能造成试剂源性的假阳性结果。每次工作结束后，应立即对工作区进行清洁[13]。试剂如果是从冰箱取出，首先应平衡至室温，如为冰冻状态，则应化冻后平衡至室温，开盖前混匀并快速离心，使液体在管盖上无残留。

此外，一些消耗品如非大量（大量的可储存在库房）的吸头、离心管等高压处理后使用前均应储存在该区。

（二）标本制备前区

若送检样本为 FFPE 样本，则需要设置样本制备前区，在此区进行样本的切片（4 μm 石蜡组织切片用于 HE 染色，10 μm 石蜡组织切片用于 DNA 提取）和 HE 染色判断样本的质量（估计肿瘤细胞的含量及百分比）。

标本制备前区的仪器设备主要有移液器、切片机、光学显微镜、紫外灯、冰箱、生物安全柜或通风橱等。切取不同标本时，应全面彻底清洁切片机上的相应区域，并更换一次性刀片，避免标本间的交叉污染。组织学样本质量则需要专业的病理医师进行判读，CAP 指南中明确规定：肿瘤细胞含量大于 50% 的样本为突变检测的理想样本；对于较高灵敏度的检测方法，允许肿瘤细胞含量在 10% 左右，如果肿瘤细胞数量不足，可以通过显微切割的方法进行富集[21, 22]。

（三）标本制备区

新鲜组织样本、冰冻样本、细胞学样本、FFPE 样本、外周血胎儿 cffDNA 样本和外周血 ctDNA 样本的核酸提取及其定量和纯度检测需要在此区完成。需要注意的是，外周血胎儿 cffDNA 和外周血 ctDNA 样本浓度很低，为避免组织学样本在提取过程中对其造成污染，应分别单独设置外周血胎儿 cffDNA 和外周血 ctDNA 样本制备区。

标本制备区的仪器设备主要有移液器、离心机（高速冷冻离心机、普通台式离心机、微量离心机等）、涡旋振荡器、真空泵、磁力架、金属浴或水浴温控仪、核酸定量仪（微量紫外分光光度计、荧光计或 qPCR 仪）、紫外灯、冰箱、生物安全柜等。进行核酸提取时，将标本从指定的标本接收及保存处带到标本制备区，并进行相关记录。标本制备应在生物安全柜内进行，如生物安全柜外接管道排风，可防止标本气溶胶的扩散。生物安全柜不应放在实验室门口等易受人员走动影响的地方，也不应直对分体式空调。标本制备全过程都应戴一次性手套，并经常更换，主要是因为在实验操作过程中，手套的污染很容易导致标本间的交叉污染。实验时使用的加样吸头必须带滤芯，并且要注意滤芯不能是后插入的，而应该是结合在吸头内壁上的疏水性膜滤芯，这样才能有效和可靠地防止气溶胶对加样器的污染。在标本制备过程中，通常会有温育步骤，金属加热模块应定期进行孔间温度差异的检验并校准，水浴应在每次使用时对所设置的温度使用已经过校准的温度计进行校准。经温育后的标本应冷却至室温后再离心，使得由于加热回流的标本液体能离心至离心管底部。

标本制备区内的仪器设备都应定期或有明显已知污染后，使用中性消毒剂如异丙醇、戊二醇等或 10% 次氯酸钠溶液消毒。虽然 10% 次氯酸钠溶液有助于扩增产物的降解，但其对金属表面有氧化作用，可腐蚀仪器，因此用其去除扩增污染后，应再用去离子水仔细擦拭仪器表面，去除残留的次氯酸钠。在高通量测序实验室各区中，标本制备区是唯一直接与临床标本接触的区域，因此要注意生物安全问题，应有洗眼器，并配备一个急救箱，箱内可放置 75% 乙醇、络合碘、棉签、创可贴等必要的急用药具[16]。

（四）打断区

常用的基因组 DNA 片段化处理方法主要分为酶消化法和超声打断法。当选择使用超声打断法处理基因组 DNA 时要在打断区完成，并用生物分析仪或凝胶电泳对 DNA 片段的大小和质量进行分析检测。高通量测序检测需要的 DNA 片段大小一般为 200 ～ 300bp。

打断区的仪器设备为超声打断仪、生物分析仪或凝胶电泳仪和制冰机等。若实验室设有电泳区则也可将生物分析仪和（或）凝胶电泳仪放置在电泳区进行检测。打断区单独设置主要是因为打断过程通常时间较长，该过程中产生的超声波对人体有一定的影响。如果在标本制备区内分隔一个能有效阻断声波的区域，亦可不单独设置。

（五）文库制备区

对于靶向测序来说，在建库中需要进行目标序列的捕获，即选择性地富集基因组中特定片段。捕获的方式一般分为 PCR 扩增捕获和杂交捕获两种。PCR 扩增捕获即通过多重 PCR 技术实现对目的序列的扩增。杂交捕获即根据核酸分子碱基互补原理实现对目的序列的捕获，依据杂交时状态不同又可以分为固相杂交和液相杂交两种。文库制备和靶向捕获在检测流程中有时不是完全分开的，而且也没有确定的先后之分。例如，可以先捕获，再加接头标签这种情况以扩增捕获较为常见；也可以先加接头标签，再进行捕获，这种情况以杂交捕获法较为常见。无论哪种方式，对产物的纯化过程通常是文库制备中必不可少的步骤。

总的来说，文库制备包括末端修复、加“A”尾，加接头、标签、靶向捕获、产物纯化等环节，方法流程不同，包含的步骤和顺序也有所不同。虽然称为“文库制备区”，但根据不同文库制备和捕获的方法可能是不止一个区域，如本章所介绍的肿瘤组织基因突变检测高通量测序实验室（Illumina 平台，杂交捕获）实际上就包括了文库制备区、扩增一区和杂交捕获区 3 个区域。需要说明的是，组织学样本需要进行片段化处理和片段大小分析后再进行文库构建，则对应标本制备区—打断区—文库制备区。血浆游离 DNA 样本无需片段化处理，没有打断区，样本提取和文库构建（DNA 片段末端修复、3′端加“A”尾等 PCR 前的过程）可在同一区域即标本与文库制备区完成。

文库制备区的仪器设备主要为移液器、离心机、涡旋振荡器、金属浴或水浴温控仪、离心机（台式高速离心机、迷你离心机）、热循环仪或杂交仪、磁力架、紫外灯、冰箱、通风橱或外接软管道的 A2 生物安全柜等。实验时使用的吸头必须为带滤芯吸头，并且应避免反复多次吹打步骤。

（六）文库扩增区

无论何种检测方式，通常需要在测序前对文库进行扩增、纯化、定量及文库混合（pooling），以满足测序的要求。因此移液器和PCR仪是该区必备的仪器，根据文库定量的方法不同，可以配备实时荧光定量PCR仪、生物分析仪或Qubit等仪器。此外，涡旋振荡器、离心机、磁力架、冰箱等也是需要配备的仪器。实时荧光定量PCR仪及热循环仪的电源应专用，并配备一个不间断电源或稳压电源，以防止电压波动对文库扩增造成影响。

该区的特殊之处在于，根据测序仪不同，也可能需要配备相应的仪器。例如，Miseq、NextSeq500系列及HiSeq系列的快速测序模式成簇过程与测序过程均可在测序仪上完成，无须在文库扩增区配置簇生成等仪器；HiSeq系列的快速测序模式中两条lane中样品不同，需要在cBot上完成簇生成[23]，则可以放置在文库扩增区。如果使用Ion Torrent平台，通常还需再配备Ion OneTouch乳液PCR仪。

由于本区会产生文库扩增产物和气溶胶，每次扩增后，需使用可移动紫外灯对扩增热循环仪进行照射，并用去离子水擦拭清洁仪器。

（七）测序区

扩增和定量后的文库在此区进行芯片的加载（loading），测序过程和数据产生过程也在此区进行。该区所需的仪器设备主要有高通量测序仪和（或）Sanger测序仪、服务器、稳压电源、移液器、离心机（高速离心机、芯片专用离心机）等。

此外，高通量测序会产生大量数据，实验室需要配备满足数据储存、分析需要的仪器设备，生物信息平台需要至少一台服务器或计算机群。根据计算规模不同，实验室可能使用塔式服务器或搭建计算机群，用于数据储存和数据计算。多数高通量测序实验室采用塔式服务器即可满足生物信息学分析要求，通过安装操作系统（如Linux）、系统配置、安装分析软件、数据库和建立分析流程，即可完成数据分析工作。如果使用计算机群，还要有机房、网络相关设备，由于机房还要配备稳定的供电和制冷设施等，因此还需要配备机柜、备用电源和空调等设备，在需要专用场地的情况下，除测序区外，还需要生物信息学分析区，该区域主要用于放置生物信息学分析平台相关硬件，不一定是生物信息学分析人员工作的区域。随着“云”的出现，生物信息云平台也开始出现，即在云计算技术支持下的云端服务，包括生物信息大数据的存储、分析和解读分析等。有的临床实验室开始使用“云计算”来进行高通量测序数据分析，但是生物信息云平台中数据的安全性存在一定问题。高通量测序数据包含患者信息，涉及隐私问题，但是云平台中的数据储存可通过数据复制进行数据转移，那么转移过程中数据是否完整？数据是否会发生丢失？数据保存在哪里？数据是否安全？系统受到攻击时，数据是否会泄露？保证数据安全是生物信息云平台进行临床应用前需要解决的问题[24]。

（八）电泳区

有些实验室依然使用琼脂糖凝胶电泳方法对提取后的DNA或超声打断后的DNA进

行片段分析，即在此区进行。使用生物分析仪对DNA进行片段化分析也可以在此区完成。电泳区需要的仪器设备为凝胶电泳仪和（或）生物分析仪。

需要注意的是，每个功能区须配备专门的仪器设备和实验用品，并且要有明确标记，以避免不同功能区之间的仪器设备及物品发生混淆，造成污染。进入各功能区时必须严格遵守单一方向顺序，以避免气流逆行，造成污染。

二、基本仪器设备简介

各实验区所需的仪器设备已在上文详细列出。不同测序仪的性能指标将在第七章高通量测序仪及其发展中进行详尽阐述和比对，各实验室可依据开展的检测项目和需求选择不同的测序仪，在此不再赘述。下面所述的是高通量测序中重要的辅助仪器设备。

（一）生物安全柜

生物安全柜（biosafety cabinet）应为外排式，须有外接管道排风，可采用30%外排、70%内循环的A2二级生物安全柜，不宜使用100%外排的B2生物安全柜，因其对实验室进风量要求高，也无必要。外排式生物安全柜有助于防止提取核酸时产生的含靶核酸的气溶胶在实验室内蓄积存留。在建设实验室时，一定要充分考虑实验室内进风的量和速度，并且所要安装的分体空调和进风口要避免干扰生物安全柜的使用[13]。

（二）核酸定量仪

精确定量起始DNA的浓度是至关重要的。足量的DNA是进行下游DNA测序的有力保证。微量紫外分光光度计、荧光计、实时荧光定量PCR仪均可实现DNA定量检测。核酸定量仪（nucleic acid quantitator）可放置在标本和文库制备区。

1. NanoDrop微量分光光度计　台式微量分光光度计（～$12 000）。能够在包括紫外及可见光区域的光谱范围内检测样品的吸光度信号。Nanodrop的检测浓度范围为2ng～15μg/μl。当样品浓度很低时，如从单个或少量细胞中提取的DNA或RNA，需要考虑其他的核酸定量方法，如荧光染料等方法。

2. Qubit荧光定量仪　便携台式荧光计（～$2500）。配套高灵敏的Qubit® 定量分析试剂盒，可精确定量微量DNA浓度（0.01ng/μl）。专门研制的荧光染料只有与样品中靶分子特异性结合时方可发射荧光信号，从而报告靶分子的浓度。比传统紫外吸光法特异性更高，测得的结果也更加精确。

3. 实时荧光定量PCR仪　有些实验室选择使用实时荧光定量PCR仪对DNA浓度进行测定。例如，可在ABI7500实时荧光定量PCR仪上使用标准品或商品化定量试剂盒对基因组DNA进行准确定量。

4. QIAxpert高速微流体分光光度计　台式分光光度计（～$10 000）。基于经典的光吸收原理实现对核酸的定量。QIAxpert的检测浓度范围为1.5～2000 ng/μl。每次运行通过一次性微流体16孔板可测定多达16份样本浓度。

5. Victor X多标记微孔板检测仪　台式多功能酶标仪（～$25 000）。在一个平台中实现包括荧光测定、时间分辨荧光测定、化学发光测定、紫外和可见光测定等在内的多种测定技术。一次运行最多可测定96份核酸样本的浓度，实现DNA浓度的高通量测定。

（三）核酸质量分析仪

核酸质量分析仪（nucleic acid quality analyzer）通过对DNA进行片段大小测定和定量分析，明确提取的DNA有无降解，打断后的DNA片段分布情况，以及构建的文库质量是否合格，可否用于下游测序检测。

1. Agilent 生物分析仪 Agilent Bioanalyzer 为台式生物芯片分析仪（～$17 000），可在芯片上实现毛细管电泳，大大减少了上样量，缩短了检测时间。一次运行最多可检测12个样品。TapeStation为台式凝胶电泳生物分析仪（～$26 000），使用ScreenTape预制胶可实现分析与样本前处理之间的切换。该系统通量更高，一次分析样品数量灵活性更好，可处理16联管或96孔微量滴定板中的样本，一次运行可检测1～96份样本。可检测浓度低至0.005ng/μl的核酸，分辨率为5bp。目前，Agilent生物分析仪取代了繁琐的凝胶电泳技术成为RNA样品质量控制的金标准，同时也是高通量测序和样本库质量控制的行业标准，在蛋白样品SDS-PAGE分析方面也可取代凝胶电泳技术。

2. QIAxcel 生物分析仪 与Agilent的Bioanalyzer和TapeStation类似，QIAxcel也是台式凝胶电泳生物分析仪（～$34 000）。同样使用即用型预制胶，免去了繁琐的制胶过程。卡夹基于高通量设计，在3～10分钟内即可完成12份样本的片段分析，最多可检测96份样本，每次建议上样量为12的倍数。可检测浓度低至0.1ng/μl的核酸，分辨率可达3～5bp。

（四）普通扩增仪

在文库的制备过程中涉及接头连接、目的序列捕获、文库扩增等步骤，因此需要配备扩增仪（thermocyclers）。没有对特定扩增仪的建议，但实验室应该针对本实验室的扩增仪制订规范化的操作流程。

（五）超声打断仪

目前主流的二代测序平台平均读长为100～400bp，而人类基因组DNA的长度从几十kb到几百Mb，甚至Gb不等。因此，获得适当大小的DNA片段是测序前样本文库制备的必要步骤。随机打断DNA的方法有很多种，比较常见的为酶切法和超声打断法[23]。酶切可使用片段化酶（如NEB公司的Fragmentase）或转座酶[23]。超声打断采用超声打断仪（ultrasonicator），基本原理是将电能转换为声能，这种声能使水（或其他液体）形成密集的小气泡，随着气泡震动和其猛烈的聚爆而产生机械剪切力，对基因组DNA进行物理性打断。根据不同的超声频率和强度可将DNA打断成相应大小的DNA片段，从而达到满足高通量测序的长度要求[25]。

1. Covaris 自动聚焦声波样本处理仪（～$28 000）。可以将基因组DNA打断成150bp～5kb大小的片段。超声效率高，连续工作效率好。

2. Bioruptor 非接触式全自动微量超声破碎仪（～$20 000）。可同时处理6～12

个样本，样本量可低至 5μl。随超声时间延长，破碎效率下降。

（六）杂交仪

杂交仪（hybridization oven）用于 DNA 文库制备过程中的杂交捕获步骤，也可以使用热循环仪进行温控，从而实现杂交捕获。

（七）加样器或自动化加样系统

专用单道加样器（pipettor）或排枪是高通量测序实验的必需品。主流的加样器品牌为 Eppendorf、Gilson 和 Rainin 等。为了降低加样过程中产生的气溶胶污染，应使用与加样器配套的带滤芯吸头。当上样工作量很大时，推荐使用自动化加样系统（pipetting robot）替代手动上样，以避免人为因素造成的误差。

其他常规仪器设备，如冰箱、离心机、涡旋振荡器等，实验室应依据自身情况和开展的检测项目配备相应的仪器设备。

（韩彦熙　张　瑞　李金明）

参考文献

[1] Aziz N，Zhao Q，Bry L，et al. College of american pathologists' laboratory standards for next-generation sequencing clinical tests. Archives of Pathology & Laboratory Medicine，2015，139：481-493.

[2] Wu H，Cai L，Li D，et al. Metagenomics biomarkers selected for prediction of three different diseases in Chinese population. BioMed Research International，2018，2018：2936257.

[3] Zhao L，Zhang F，Ding X，et al. Gut bacteria selectively promoted by dietary fibers alleviate type 2 diabetes. Science，2018，359：1151-1156.

[4] Auagliariello A，Del Chierico F，Russo A，et al. Gut microbiota profiling and gut-brain crosstalk in children affected by pediatric acute-onset neuropsychiatric syndrome and pediatric autoimmune neuropsychiatric disorders associated with streptococcal infections. Front Microbial，2018，9：675.

[5] Jie Z，Xia H，Zhong SL，et al.The gut microbiome in atherosclerotic cardiovascular disease. Nature Communications，2017，8：845.

[6] Dinakaran V，Rathinavel A，Pushpanathan M，et al. Elevated levels of circulating DNA in cardiovascular disease patients：metagenomic profiling of microbiome in the circulation. PLoS One，2014，9：e105221.

[7] Kelly TN，Bazzano LA，Ajami NJ，et al. Gut microbiome associates with lifetime cardiovascular disease risk profile among bogalusa heart study participants. Circulation Research，2016，119：956-964.

[8] Ehrlich SD. The human gut microbiome impacts health and disease. Comptes Rendus Biologies，2016，339：319-323.

[9] Wong SH，Kwong TNY，Wu CY，et al. Clinical applications of gut microbiota in cancer biology. Seminars in Cancer Biology，2018.

[10] Daniel SG，Ball CL，Besselsen DG，et al. Functional changes in the gut microbiome contribute to transforming growth factor β-deficient colon cancer. Msystems，2017，2（5）.

[11] Schirmer M，Smeekens SP，Vlamakis H，et al. Linking the human gut microbiome to inflammatory cytokine production capacity. Cell，2016，167：1125-1136.

[12] Ipci K，Altälntoprak N，Muluk NB，et al. The possible mechanisms of the human microbiome in allergic diseases. European Archives of Oto-Rhino-Laryngology，2017，274（2）：1-10.

[13] Miłowska K. Ultrasound—mechanisms of action and application in sonodynamic therapy. Postepy Hig Med

Dosw（Online），2007，61：338-349.

[14] Macintosh IJ，Davey DA. Relationship between intensity of ultrasound and induction of chromosome aberrations. Br J Radiol，1972，45（533）：320-327.

[15] Liebeskind D，Bases R，Elequin F，et al. Diagnostic ultrasound：effects on the DNA and growth patterns of animal cells. Radiology，1979，131（1）：177-184.

[16] 李金明 . 实时荧光 PCR 技术 . 第 2 版 . 北京：科学出版社，2017.

[17] Goodwin S，McPherson JD，McCombie WR. Coming of age：ten years of next-generation sequencing technologies. Nature Reviews Genetics，2016，17：333-351.

[18] APHI. Next generation sequencing implementation guide. https：//www.aphl.org/ Pages/default.aspx. 2016.

[19] Mattocks CJ，Morris MA，Matthijs G，et al. A standardized framework for the validation and verification of clinical molecular genetic tests. European Journal of Human Genetics，2010，18：1276-1288.

[20] Jennings LJ，Arcila ME，Corless C，et al. Guidelines for validation of next-generation sequencing-based oncology panels：a joint consensus recommendation of the Association for Molecular Pathology and College of American Pathologists. The Journal of Molecular Diagnostics，2017，19：341-365.

[21] Rekhtman N，Leighl NB，Somerfield MR. Molecular testing for selection of patients with lung cancer for epidermal growth factor receptor and anaplastic lymphoma kinase tyrosine kinase inhibitors：American Society of Clinical Oncology Endorsement of the College of American Pathologists/International Association for the Study of Lung Cancer/Association for Molecular Pathology Guideline. Journal of Oncology Practice / American Society of Clinical Oncology，2015，11：135-136.

[22] Han Y，Zhang R，Lin G，et al. Quality assessment of reporting performance for egfr molecular diagnosis in non-small cell lung cancer. The Oncologist，2017，22：1325-1332.

[23] 陈浩峰 . 新一代基因组测序技术 . 北京：科学出版社，2016.

[24] 陈禹保，黄劲松 . 高通量测序与高性能计算理论和实践 . 北京：北京科学技术出版社，2017.

[25] 刘莉扬，张博 . 超声波破碎仪在高通量测序中的应用 . 实验技术与管理，2012，7：49-53.

第七章
高通量测序仪及其发展

本书第三章详述了高通量测序原理，基于这些原理，各式高通量测序仪应运而生，极大地促进了高通量测序技术在生命科学研究、临床诊断和个体化诊疗中的应用，有助于人们以更低廉的价格，更全面、深入地分析基因组和转录组数据。目前，市面上有多种高通量测序仪，使用者可根据其特点选择最适合的测序仪，这些特点包括通量、读长、测序时间、读错率、类型及价格等。本章介绍主要的高通量测序平台的发展历史及其优缺点等。鉴于高通量测序平台发展日新月异，建议读者浏览厂家主页以了解关于测序仪的最新信息。此外，高通量测序仪属于高精密仪器，因此，要想确保仪器的正常使用、最大效率地发挥仪器的作用并延长仪器的使用寿命，实验室技术人员需掌握仪器的正确使用方法并充分了解使用过程中的注意事项。

自 2005 年，第一个商品化的二代测序仪上市至今，虽然只有 10 余年时间，但陆续有多个基于不同测序原理的高通量测序仪上市，应用这些高通量测序平台，对靶基因进行测序已经在临床诊断中显示了一定的前景。

第一节　高通量测序仪的发展历史

Sanger 测序技术发明于 20 世纪 70 年代，在此后的 30 年里，此项技术被广泛应用于突变检测、基因分型、基因表达的系列分析，并且凭借此项技术，完成了人类基因组计划，但是 Sanger 测序技术的最大缺点是低通量（< 100kb）和高价格，通常来讲基因组 DNA 少则几万，多则几十万个碱基，从效率和成本角度来讲，Sanger 测序技术无法满足基因组 DNA 测序的应用，高通量测序技术的发展弥补了 Sanger 测序的缺陷[1]。2005 年，第一个商品化的二代测序平台上市，此平台由 454 Life Sciences 研制（后被 Roche 收购），采用的技术是焦磷酸测序技术，即检测核苷酸掺入过程中释放的焦磷酸，这个测序平台现在被称为 Roche 454 GS 20 系统，当时这一系统读长为 100 ～ 150bp，后来这一系统被更高通量和更长读长的 GS FLX 系统替代。几乎在同一时期，另外两家生物技术公司也推出了各自的测序平台，即 Illumina（Solexa）GA（Genome Analyzer）和 Life Technologies

SOLiD。它们的测序范围为 10Mb 到大于 1Gb（gigabase），这些几乎同时期出现的测序仪引发了激烈的市场竞争。当时 GA 的通量仅为每个测序反应 1GB（gigabyte），读长仅为 36bp[2]，2010 年，Illumina 推出了 GA Ⅱ测序仪，通量提高到每个测序反应 85GB，读长为 150bp[3]。同年底，Life Technologies 公司推出了首款半导体测序仪——Ion Torrent PGM，与其他高通量测序平台不同，其应用离子半导体测序原理，检测合成反应过程中产生的 pH 变化，其通量依赖于芯片上的反应孔数量。2012 年，该公司又推出了一款新的测序仪 ——Ion Proton，Ion Proton 有两种不同的芯片，其中 Ion Proton Ⅰ芯片有 1.65 亿个反应孔，Ion Proton Ⅱ芯片有 6.60 亿个反应孔，就通量而言，Ion Proton 通量比 Ion Torrent 高 1000 倍 [4]。同样在 2010 年，美国 Pacific Biosciences 公司开发了 PacBio RS 高通量测序仪，2013 年又推出了 PacBio RS Ⅱ [5]，应用的技术为单分子实时（single-molecule real-time，SMRT）测序。

而 2015 年则是各测序平台推陈出新和繁荣发展的一年，Illumina 公司证明了超高通量的 HiSeq X 的测序能力和效率，同时自 HiSeq X 和 HiSeq 3000/4000 平台开始引入图案化流动槽（patterned flow cells）技术，为后续测序平台的开发铺平了道路。迄今为止，HiSeq X 仍然是通量最高的平台，也是在人类基因组水平准确测序且试剂成本低于 1000 美元的测序平台。Ion Torrent 发布了第三代测序仪 Ion S5 和 Ion S5 XL，它们的核心设备相同，区别在于 Ion S5 XL 增加了本地运算，提升了分析速度。这两种测序仪使用三种类型芯片，通量为 600MB ～ 15GB，读长为 200bp 或 400bp，通过使用 IonAmpliSeq 技术（通过多重扩增方法产生测序模板），在 Ion Chef 系统的辅助下，手工操作时间可缩短至 45 分钟。同年，Pacific Biosciences 公司宣布了该公司第二个商品化的测序平台 Sequel 的相关细节，较之前的 RS Ⅱ平台，数据通量提升了 6 ～ 7 倍，但成本减半。Oxford Nanopore 公司测序平台的应用也成功拉开了序幕，使用 MinION 测序仪的研究机构超过了 1000 家，2016 年更高通量的 PromethION 进入了实验阶段 [6]。

随着二代测序技术在科研、临床等领域的大规模推广，我国诊断试剂公司也不甘落后，开始着手推出高通量测序平台。华大基因于 2013 年正式收购美国上市测序公司 CG（Complete Genomics）。CG 平台采用了高密度 DNA 纳米芯片技术，在芯片上嵌入 DNA 纳米球，然后用复合探针 - 锚定分子连接（combinatorial probe-anchor ligation，cPAL）技术读取碱基序列。2014 年 7 月国家食品药品监督管理总局（CFDA）首次通过了华大基因第二代基因测序平台 BGISEQ-1000（基于 CG 的测序平台）和 BGISEQ-100（基于 Proton 的测序平台）的注册申请。2015 年 6 月，华大基因又推出的一款完全集成式的“超级测序仪”——Revolocity 测序仪，测序原理也是 cPAL 技术 [7]。2015 年 10 月，在第十届国际基因组学大会上，华大基因又发布了新型桌面化测序系统 BGISEQ-500。一些正在或曾经提供高通量测序仪的生产厂家概览见表 7-1[6]。

表 7-1　高通量测序仪生产厂家概览（在售）[6]

生产厂家	扩增技术	检测	测序化学	网址
Illumina	克隆扩增	光学	边合成边测序	http：//www.illumina.com
ThermoFisher Ion Torrent	克隆扩增	芯片	边合成边测序	http：//www.thermofisher.com
华大基因	克隆扩增	光学	探针锚定聚合技术	http：//www.genomics.cn
Oxford Nanopore	单分子	纳米孔	纳米孔	http：//www.nanoporetech.com
Pacific Biosciences	单分子	光学	边合成边测序	http：//www.pacb.com
停止销售				
Roche 454 GS FLX	克隆扩增	光学	边合成边测序	—
Illumina GA	克隆扩增	光学	边合成边测序	http：//www.illumina.com
Helicos BioSciences（Heliscope）	单分子	光学	边合成边测序	—
ThermoFisher Applied Biosystems（SOLiD）	克隆扩增	光学	边连接边测序技术	http：//www.thermofisher.com/us/en/home/brands/applied-biosystems.html

高通量测序技术可大致分为两类，即二代测序和三代测序技术。根据所使用的测序技术不同，测序仪可以被相应地分为二代测序仪和三代测序仪。这样分类较为笼统，实际上，要想区分目前在售或已经停售或尚未上市的测序仪，可以从 3 个方面考虑：①根据检测的是单个分子还是克隆扩增后的 DNA，前者主要是 Pacific Biosciences 和 Oxford Nanopore 测序平台，后者包括 Illumina、Ion Torrent、Roche 454 platforms、BGISEQ-1000 等测序平台；②根据测序碱基识别利用光学原理还是非光学原理，前者包括 Illumina、Pacific Biosciences（检测荧光修饰核苷酸）和 Roche 454（通过焦磷酸测序检测光信号）测序平台，后者包括 Ion Torrent（通过固相传感器检测聚合反应过程中产生的 H^+）和 Oxford Nanopore（通过纳米孔传感器检测 DNA）测序平台；③利用合成测序法，即通过聚合酶或连接酶不断延伸引物，最后对每一轮反应的结果进行信号采集、分析，获得序列结果还是直接检测 DNA 分子，前者包括 Illumina、Ion Torrent、Pacific Biosciences、Roche 454（利用聚合反应）和 SOLiD（利用连接介导的合成反应）测序平台，而 Oxford Nanopore 测序平台则直接检测 DNA 序列。根据测序化学和使用的检测方法不同，每个商品化的测序平台与其他测序平台相比既有相似点也有差别之处，导致了每个平台都有其自己的优势和缺陷，即在高通量水平、测序准确度、存储格式和技术方法上各有差异。通常来说，用来比较不同平台之间差异的最常用指标是 reads 长度和每批次运行产生的 reads 数，尽管使用这两个指标进行比较有其局限性，但不失为一种较直观的比较方式[6]。

目前，应用较广泛的还是二代测序平台，包括传统仪器和台式仪器两类。传统的二代测序仪以 Illumina GA/HiSeq 和 Life Technologies SOLiD/5500 等测序平台为代表。无论从技术层面还是从经济层面考虑，传统的二代测序平台每批次可产生百亿个测序数据，适用于大规模的测序研究，如全基因组测序（whole-genome sequencing，WGS）和全外显子测序（whole-exome sequencing，WES），其中全基因组测序已经被广泛应用于健康个体及肿瘤基因组测序，全外显子测序也已被用来鉴别引起遗传病或其他疾病的基因突变[1]。然而，如果只想对几百个基因而不是全基因组或全外显子组测序，如临床实验室想要对某个亟须基因诊断的患者样本进行数百或数千个靶基因测序时，这些传统的二代测序仪会因为通量太大而导致过度测序，过度测序不仅不会增加突变检测的准确性，反而会造成不必要的测序成本的浪费，因此，传统的二代测序仪不适合临床实验室使用。这时，中等通量的测序仪即台式测序平台可满足临床实验室的上述需求，如 Illumina MiSeq 和 Life Technologies Ion Torrent 测序平台，这些中等通量的台式测序仪通量为 10MB 至＞1GB 不等[1, 3, 8]。较为常用的两种台式测序仪 Ion Torrent PGM 和 Illumina MiSeq 的基本性能和技术指标比较见表 7-2[8]。其中，Ion Torrent 有 3 种不同的测序芯片，通量分别为＞10MB、＞100MB 和＞1GB，读长范围为 100 ～ 200bp，Illumina MiSeq 根据读长不同（35 ～ 150 bp），测序通量为＞ 100MB 至＞ 1GB[1, 3, 8]。在实际工作中，临床实验室可以根据各自给出测序报告的时间要求和样本量大小来选择适合自己的测序仪。

表 7-2　两种常用台式高通量测序仪的基本性能和技术指标比较[8]

仪器名称	Life Technologies Ion Torrent PGM	Illumina MiSeq
技术和通量		
检测对象	氢离子和 pH 变化	荧光发光
通量和测序时间	Chip 314：＞10MB（＜2 小时） Chip 316：＞100MB（＜2 小时） Chip 318：＞1GB（＜2 小时）	单向测序：1×35 bp，＞120 MB（4 小时） 双向测序：2×100 bp，＞680 MB（19 小时）；2×150 bp，＞1 GB（27 小时）
读长	100 ～ 200 bp；2012 年以后读长超过 400 bp	35 ～ 150 bp
测序 reads 数量 / chip（Ion Torrent）/Flowcell（MiSeq）	Chip 314（＞100 万个反应孔） Chip 316（＞600 万个反应孔） Chip 318（＞1100 万个反应孔） 占每个芯片反应孔的 30% ～ 40%	单向测序：＞340 万个反应孔 双向测序：＞680 万个反应孔
是否支持条形码方案	是	是
是否可以单向测序	是	是
是否可以双向测序	是	是
读取精度	＞99.5%	依据单向或双向测序和读长不同，比 Q30 高＞75% 到＞95% bases（Q30 准确性 = 99.9%）
样本制备		
测序文库制备（加样、扩增和样本回收）	自动化（Ion One Touch 系统）	自动化（克隆簇形成装置）
测序文库制备难度	中，因为乳液 PCR DNA 上样、PCR 产物大小和芯片上 DNA 的均匀性需要优化和控制	低，在固相表面形成克隆簇
应用		
诊断（如已知的癌症基因或遗传疾病致病基因测序）	可	可
靶向测序	可	可

续表

仪器名称	Life Technologies Ion Torrent PGM	Illumina MiSeq
外显子测序	否	否
小基因组的全基因组测序（如细菌基因组）	可	可
ChIP-Seq	否	否
miRNA 或 mRNA 测序	否	否

新一代测序平台的不断发展极大地促进了数据通量的增加和每个碱基测序成本的降低，然而高通量的二代测序平台读长通常为 35 ～ 300 bp，短读长仍然是其亟待解决的问题。随着测序化学的进一步优化和改进，短读长问题在一定程度上将有所改进。例如，Illumina 测序平台利用双端测序模式一定程度上弥补了读长短的缺陷，提高了比对准确性。尽管如此，仍不尽如人意，短读长技术在基因组学的应用方面有许多局限性。例如，de novo 测序就是二代测序面临的最大问题，其次是基因组结构变异的检测问题 [6]。这是因为二代测序技术与 Sanger 测序技术类似，均建立在 PCR 扩增反应的基础上，即依赖扩增步骤产生用于测序的 DNA 拷贝或片段，扩增步骤会导致扩增偏倚，DNA 合成的非同时性造成 DNA 链的相移，读取长度的限制使其在对未知基因组进行从头测序的应用受到限制，这部分工作仍然需要传统测序（读取长度达到 850 bp）的协助。基于此，可产生更长读长的第三代测序技术即单个 DNA 分子测序技术有了更广泛的发展空间，2007 年，Helicos BioSciences 公司推出首个单分子测序平台，遗憾的是，2012 年底，Helicos BioSciences 由于资金和销售等原因声明破产保护。目前第三代测序平台主要包括 Oxford Nanopore 纳米孔单分子测序平台和 Pacific BioSciences 单分子实时 DNA 测序平台，尽管二者使用了完全不同的检测方法，但是均跨过了测序依赖的基于 PCR 扩增的信号放大过程，真正达到了读取单个分子的能力，大大提高了反应速度，使高通量测序变得简便易行，因此称为第三代测序技术。如果说二代测序代表着大规模平行测序，那么三代测序则代表着高通量、单分子测序 [2, 3]。

第三代单分子测序平台的突出特点是继承了第二代测序平台高通量的特点，同时大大提高了反应读长和灵敏度。由于具有长读长的特点，测序平台在基因组测序中能降低测序后的重叠群数量，明显减少后续的基因组拼接和注释的工作量，从而节省大量的时间，测序速度更快的另一个原因是应用单分子测序平台进行的是实时测序，绕过了 DNA 扩增的过程。与二代测序平台相比，单分子测序平台的其他优势还包括更长的读长可增加从头组装的能力，同时使得单倍体型甚至全染色体直接检测成为可能；更高的准确性增加了罕见突变的检出能力；更少的原始样本的需求（理论上只需要一个分子即可进行测序）更加适于临床实验室对样本量有限的标本进行测序 [1]。但是，单分子测序技术还处于初步发展的阶段，还有很多有待完善的方面，其进一步发展也面临着来自各方面的挑战，如记录数据所用的工程学和光学方面的挑战，测序反应时需要的化学和生物工程领域的挑战，以及相比二代测序需要更多的数据处理能力等方面的挑战 [9]。

第二节　高通量测序仪简介

测序化学和测序技术的发展导致测序仪的更新速度从数年缩短到数月，测序费用不断降低，测序研究领域逐渐升温，测序仪更加普及，能够预计的是，高通量测序有望给生物学和生物医学研究领域带来技术性的变革，并成为一项广泛使用的常规实验手段。本节将从仪器基本组成、测序原理及测序步骤、适用范围、仪器的优点和不足方面对各公司高通量测序仪进行介绍。本节主要介绍目前市场上常用的测序仪，如Illumina、Life Technologies（ThermoFisher）和华大基因公司测序仪，一些高通量测序仪，因各种原因，其技术所有公司已经停止对其销售或技术支持，如Roche 454 GS FLX和GS Junior平台、Illumina GA Ⅱ测序仪、HeliScope单分子测序仪等，对于这些高通量测序仪本节将不再赘述，还有的高通量测序平台仍未上市，主要涉及第三代测序平台，如Oxford Nanopore和PromethION单分子测序仪，鉴于其在读长方面较二代测序仪的优势及其在未来的应用价值，因此本节也对这些测序平台进行了介绍。

一、Illumina公司的高通量测序仪

（一）Illumina HiSeq系列

Illumina于2010年推出Illumina HiSeq 2000测序平台，最初的通量为每个测序反应200 GB。不久后通过技术改进，通量提高到每个测序反应600 GB，每个测序反应所用时间为8天[2]。目前，Illumina HiSeq系列测序仪型号包括2500（图7-1）/3000/4000，测序时间为1～6天，该系列非常适合全基因组、转录组测序。2014年1月，Illumina宣布推出HiSeq X Ten测序平台，适用于大规模人群分析，该系统包括10个可平行测序的超高通量测序仪，此系统号称为首个将人类全基因组测序成本降至$1000或更低的测序平台。Illumina HiSeq系列相应技术参数见表7-3[10]。

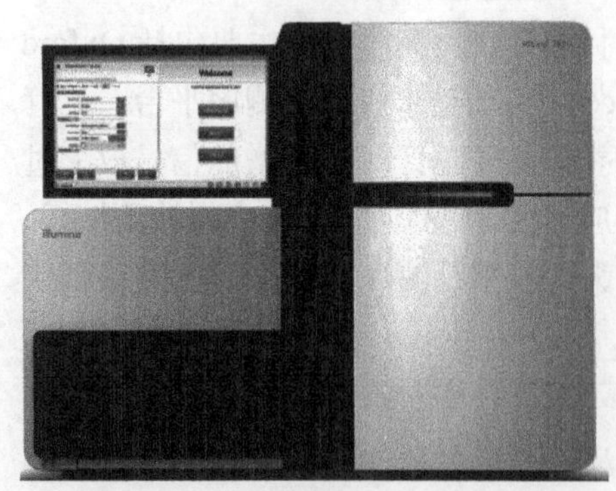

图7-1　HiSeq 2500测序仪[10]

表7-3　Illumina HiSeq系列相应技术参数[10]

仪器型号	HiSeq2500		HiSeq 3000	HiSeq 4000	HiSeq X Five	HiSeq X Ten
反应模式	快速	高通量	N/A	N/A	N/A	N/A
每个反应流通池数量	1/2	1/2	1	1/2	1/2	1/2
通量范围	10～300GB	50～1000GB	125～750GB	125～1500GB	900～1800GB	900～1800GB
测序时间	7～60小时	＜1～6天	＜1～3.5天	＜1～3.5天	＜3天	＜3天

续表

仪器型号	HiSeq2500		HiSeq 3000	HiSeq 4000	HiSeq X Five	HiSeq X Ten
每个流动槽 reads	300 百万	20 亿	25 亿	25 亿	30 亿	30 亿
最大读长	2×250 bp	2×125 bp	2×150 bp	2×150 bp	2×150 bp	2×150 bp
系统描述	强大、高效，适合大规模基因组测序		最大通量、最低价格，适合生产级规模基因组测序	最大通量、最低价格，适合生产级规模基因组测序	最大通量，适合生产级规模人类全基因组测序	最大通量、最低价格，适合产物规模人类全基因组测序

1. 仪器基本组成 ①试剂系统；②光学模块；③状态栏（三种颜色指示仪器状态）；④流控系统；⑤计算机和触摸屏；⑥数据采集和分析软件。

2. 仪器测序原理及测序步骤 测序原理为可逆性末端边合成边测序技术、四通道成像技术，每轮测序反应中存在 4 种核苷酸。主要步骤有：构建 DNA 文库、桥式 PCR 制备克隆簇、测序和数据分析，具体步骤参见本书第三章第一节。从样本制备到数据分析均在同一台仪器上完成。

3. 适用范围 HiSeq2500 适合大规模基因组学，HiSeq 3000/4000 适合生产级规模的基因组学，HiSeq X Five 适合生产级规模的人类全基因组测序，HiSeq X Ten 适合群体规模的测序。总体来说，HiSeq 系列适合全基因组测序、靶向重测序、全转录组测序、de novo 测序、表观遗传调控等[10]。

4. 仪器的优点和不足

（1）低成本，每 Mb 的测序价格低于之前 Illumina GA II。

（2）灵活性高，如 HiSeq 2500 有两个测序模式，快速运行模式和高产量运行模式；另外，除 HiSeq 3000 外 HiSeq 系列均能够同时处理一个或两个流动槽，用户可根据需要进行灵活选择。

（3）通量高，如 HiSeq 2500 系统可处理 10 个人类基因组或 150 个 5Gb 人类外显子；HiSeq 系列通量范围为 10 ～ 1500GB[10]。

（4）主要缺点是读长短和对每个测序反应产生的大量数据的存储和分析系统有待改进[10]。

（二）Illumina MiSeq

2011 年，Illumina 推出台式测序平台 MiSeq（图 7-2）[10]，与 HiSeq 分享主要的核心技术，但是体积和通量更小、价格低，MiSeq 更加便于扩增子和细菌样本测序，更加适合临床使用[2]。

图 7-2 Illumina MiSeq 测序仪[10]

1. 仪器基本组成 ①流动槽；②封闭式光学模块；③状态栏（三种颜色指示仪器状态）；④触摸屏；⑤外部 USB 接口；⑥试剂装置；⑦软件 [MiSeq Control Software（MCS）、Real-time Analysis（RTA）Software、MiSeq Reporter]。

2. 仪器测序原理及测序步骤 测序原理为四通道可逆性末端边合成边测序技术。测序步骤类似于 Illumina GA 测序仪，主要步骤：构建 DNA 文库、桥式 PCR 制备克隆簇、测序和数据分析，每轮反应完成后，MiSeq Reporter analysis 软件对结果进行二次分析，具体步骤参见本书第三章第一节。

3. 适用范围 快速简约，适合小型全基因组测序（微生物、病毒）、靶向基因测序（扩增子、基因集合）、16S 宏基因组、靶向基因表达谱、长片段扩增子测序、DNA- 蛋白互作分析及 miRNA 和小 RNA 分析等。

4. 仪器的优点和不足

（1）易于操作，运行时间快，但与 HiSeq 相比，每 Mb 测序成本高 [6]。

（2）体积小，将克隆簇扩增，将合成测序和数据分析整合为单台仪器，8 小时内可完成从 DNA 到数据分析的全过程 [10]。

（3）可进行双向扩增子测序 [8]。

（4）简化样本制备，制备速度快，如使用配套的 Nextera XT DNA 样本制备试剂盒仅需要 90 分钟，其中 15 分钟为人工处理时间。

（5）读长：2×300bp；reads：5×10^6；通量：15GB；样本数量：在单次运行中可对 96 个样品进行多重分析；运行时间：27 小时 [10]。

（6）缺点是不适合 WGS 和 WES；适用于临床应用、小基因组测序、克隆检测和 ChIP-Seq [3]。

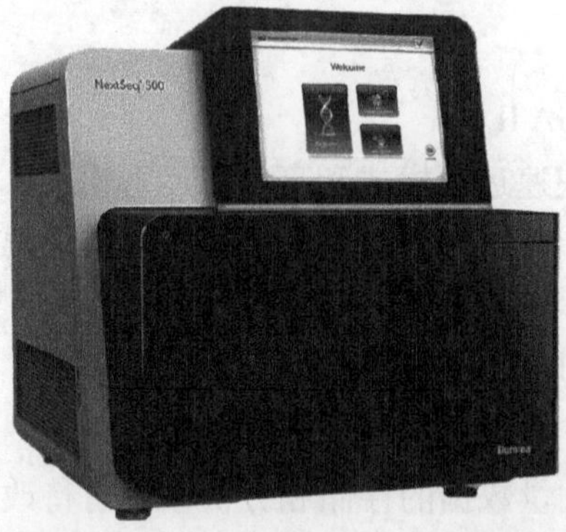

（三）Illumina NextSeq 500

NextSeq 500 是 Illumina 公司在 2014 年发布的一款高通量台式测序仪 [10]（图 7-3），其大小与 MiSeq 相当，性能却与 HiSeq 相当。它可在高通量和中通量两种模式下开展测序实验，在单次运行中可获得 16.25 ～ 120GB 的数据，可实现外显子组、转录组和全基因组测序。根据官网信息，目前 Illumina 公司不再接受 NextSeq 500 测序仪预定，但继续提供试剂盒和技术支持。

图 7-3 Illumina NextSeq 500 测序仪 [10]

1. 仪器基本组成 ①流动槽；②封闭式光学模块；③触摸屏；④外部 USB 接口；⑤试剂装置；⑥软件等。

2. 仪器测序原理及测序步骤 测序原理为改良的边合成边测序（两通道 SBS）化学原理。测序步骤：构建 DNA 文库、桥式 PCR 制备克隆簇、测序和数据分析。具体步骤参见本书第三章第一节。

3. 适用范围 适合大型全基因组测序（人类、植物、动物）、小型全基因组测序（微生物、病毒）、外显子组测序、靶向基因测序（扩增子、基因集合）、全转录组测序、基因表达谱（mRNA-Seq）、miRNA 和小 RNA 分析、DNA- 蛋白互作分析、甲基化测序和 16S 宏基因组测序等。

4. 仪器的优点和不足

（1）运行时间短，11 ～ 29 小时，最高产出 120GB，每次运行的最多 reads 数 4 亿，最大读长 2×150bp。

（2）150bp 测序时，＞75% 碱基质量高于 Q30；2×75bp 测序时，＞80% 的碱基高于 Q30。

（3）全基因组、外显子和 RNA 测序都可在一个平台上完成，还可用于细胞遗传学芯片扫描。

（4）测序原理为改良的边合成边测序（两通道 SBS）化学原理，减少了循环反应和数据处理的时间，但是性能有待提高。

（四）Illumina MiniSeq

在 2016 年 1 月召开的第 34 届 JP 摩根大通医疗年会上，Illumina 发布了小型台式测序仪 MiniSeq[10]（图 7-4），体积比 MiSeq 仪器小 44%。该系统基于 Illumina 已有的测序技术，采用双通道边合成边测序技术，流动槽和上样机制与 MiSeq 相似。

图 7-4 Illumina MiniSeq 测序仪 [10]

1. 仪器基本组成 ①流动槽；②计算机和触摸屏；③嵌入式的试剂卡盒；④数据采集和分析软件等。

2. 仪器测序原理及测序步骤 测序原理为可逆性末端边合成边测序技术。测序步骤：构建 DNA 文库、桥式 PCR 制备克隆簇、测序和数据分析。具体步骤参见本书第三章第一节。

3. 适用范围 快速简单，适合小型全基因组测序（微生物、病毒）、靶向基因测序（扩增子、基因集合）、靶向基因表达谱、长片段扩增子测序、16S 宏基因组测序和 miRNA 和小 RNA 分析等。

4. 仪器的优点和不足

（1）运行时间短，4 ～ 24 小时，最高产出 7.5 GB，每次运行的最多 reads 数 2500 万，最大读长 2×150bp。

（2）灵活，两种试剂可供选择，高通量试剂，最高可测 50M PE reads，长度为 2×150bp，数据量 7.5GB；中通量试剂，最高可测 16M PE reads（2×150bp），数据量 2.5GB。每次运行可检测 1 ～ 384 个样本，对于通量小的单位，不需要积累大量的样本再开机，每次所需要样本量为 1 ng ～ 1 μg。

（3）2×150 bp 测序时，＞80% 的碱基高于 Q30；2×75 bp 时，＞85% 的碱基高于 Q30。

（4）不适合 WGS 和 WES。

（五）Illumina NovaSeq 系列

在 2017 年 1 月召开的 JP 摩根大通健康年会上，Illumina 公司发布了可扩展的 NovaSeq 系列测序仪（图 7-5）。NovaSeq 系列包含两种仪器配置：NovaSeq 5000 测序系统和 NovaSeq 6000 测序系统。为了扩展通量，该系列有多种类型的流动槽和读长组合，

图 7-5 Illumina NovaSeq 测序仪[10]

用户可以根据实际需求同时运行 1 个、2 个或 4 个流动槽类型。S1 和 S2 流动槽适用于两种系统，S3 和 S4 流动槽适用于 NovaSeq 6000 系统。

1. 仪器基本组成 ①流动槽；②封闭式光学模块；③泵出系统；④触摸屏；⑤外部 USB 接口；⑥试剂装置；⑦软件。

2. 仪器测序原理及测序步骤 测序原理边合成边测序技术，整合了图案化流动槽技术，测序步骤：DNA 文库构建、桥式 PCR 制备克隆簇、测序和数据分析。具体步骤参见本书第三章第一节。

3. 适用范围 适用范围广，除靶向 DNA 测序、de novo 测序，宏基因组学、甲基化测序等之外、还适合于全基因组测序（包括人类、牲畜、植物和与疾病相关微生物）、全外显子组测序和全转录组测序。

4. 仪器的优点和不足

（1）可扩展，随着实验室的发展，NovaSeq 5000 系统已升级到 NovaSeq 6000 系统。

（2）通量高，NovaSeq 5000 系统可在 2.5 天内生成高达 2 TB 的数据和 16 亿条 reads，而 NovaSeq 6000 系统可在 2 天内带来高达 6 TB 的产出和 200 亿条 reads。

（3）灵活性，可以混合使用 4 种类型的流动槽（S1、S2、S3 或 S4），每次运行 1 个或 2 个流动槽，并有多个读长选择。

（4）与 HiSeq X 系统相比，NovaSeq 系列的图案化流动槽进一步缩小了纳米孔之间的间隔，提高了簇密度和数据产出。

（5）目前仅供研究使用，未用于诊断。

二、Life Technologies 公司的高通量测序仪

（一）Ion PGM

Ion Torrent 核心技术是使用半导体技术在化学和数字信息之间建立直接联系，即在半导体芯片的微孔中固定 DNA 链，随后依次掺入 A、C、G、T。随着每个碱基的掺入，释放出 H^+，在它们穿过每个微孔底部时能被检测到，通过对 H^+ 的检测，实时判读碱基。基于此技术，Ion Torrent Systems Inc 于 2010 年底推出了首款半导体个人化操作基因组测序仪：Ion Personal Genome Machine（PGM）（图 7-6），主要用于小基因组和外显子的测序，测序仪的核心是半导体芯片。因此该公司打出了“芯片就是测序仪”的口号，后该公司被 Life Technologies 收购[4]，现在归属于 Thermo Fisher 公司。

图 7-6 Ion PGM[4]

1. 仪器基本组成　包括测序仪、PGM Torrent Server 及 Ion 314、Ion 316、Ion 318 测序芯片，同时可选配 Ion OneTouch System2.0 或 Ion Chef System。

2. 仪器测序原理及测序步骤　测序原理为离子半导体测序技术，基于该测序原理，检测碱基掺入过程中释放的 H^+，不用荧光、化学发光和酶级联反应，无须光学检测和扫描系统，需要高敏的离子传感器，即离子敏感场效应晶体管（ion-sensitive field-effect transistor，ISFET）。主要步骤包括文库构建、模板制备、测序和数据分析，具体参见本书第三章第二节。文库构建时，Life Technologies 提供的文库方案有 Ion AmpliSeq Library kit、Ion TargetSeq Exome kit 等；模板制备时可利用 Ion Chef System 进行自动化的模板制备，包括乳化、混合物的制备和扩增、ISP 颗粒回收和芯片上样。

3. 适用范围　小基因组测序（如微生物和病毒的从头测序和重测序，线粒体测序等）、扩增子重测序（如 16S 宏基因组测序）、靶向重测序、基因组 / 全外显子验证等[4]。

4. 仪器的优点和不足

（1）消耗样本少：最低只需 10ng 的起始量。

（2）准确性：99.97%[7]。

（3）提供 3 种不同规格芯片：chip314，孔的数量＞100 万；chip316，孔的数量＞600 万；chip318，孔的数量＞1100 万，载有磁珠的孔为 30%～40%。因此，chip314 载有磁珠的孔为 30 万～40 万。可满足不同通量的测序需求：chip314（＞10MB/run，100bp），chip316（＞100MB/run，100bp），chip318（＞1000MB/run，200bp）[8]。

（4）流程简单，而且每一步都有相应的试剂盒。目前一个 run 的测序周期约为 2 小时，但是加上文库制备等整个测序过程需要 9 小时左右[4]。

（5）局限性之一为读长短（100～400bp），不利于基因组的 de novo 组装[8]。

（6）局限性还有单个碱基重复问题：如果单个碱基出现多次重复（如 GGGGGG），会导致在一个循环里面产生大量氢离子，引起 pH 的剧烈变化，从而导致信号不准确，因此在高度重复序列及同聚物检测技术方面有待提高[11]。

（二）Ion Proton

继 Ion PGM 之后，Life Technologies 公司于 2012 年宣布在中国推出新的台式基因测序仪 Ion Proton System（图 7-7），旨在一天内完成人类基因组的测序，采用的技术与 PGM 相同，为离子半导体测序技术。目前这款测序仪先后推出了 Ion Proton Ⅰ芯片（适合外显子组测序）和 Ion Proton Ⅱ芯片（适用于全基因组测序）。Ion PGM 和 Ion Proton 的测序通量依赖于芯片上孔的数量及载有与模板 DNA 片段连接的磁珠的孔的数量，因为芯片上反应孔数量的差异，Ion Proton 通量比 Ion PGM 高 1000 倍[4]。

图 7-7　Ion Proton 系统[4]

1. 仪器基本组成　包括测序仪、Torrent Server 及 Ion Proton Ⅰ、Ion Proton Ⅱ测序芯片，同时可选配 Ion OneTouch System2.0 或 Ion Chef System。

2. 仪器测序原理及测序步骤 测序原理为离子半导体测序技术。主要步骤与 Ion PGM 类似，包括文库构建、模板制备、测序和数据分析，具体参见本书第三章第二节。

3. 适用范围 适用于外显子（构成蛋白质的基因片段）测序，以及人类或植物基因组图谱绘制等大型测序工程[4]。

4. 仪器的优点和不足[4]

（1）采用 Ion Proton Ⅰ芯片完成转录组测序仅需数小时，采用 Ion Proton Ⅱ芯片则能在一天之内完成一个人的全基因组重测序（20×）；采用后光学原理直接检测氢离子，加快了测序时间。

（2）两种芯片可供选择：Ion Proton Ⅰ芯片有 1.65 亿个反应孔，适用于全外显子或全转录组测序；Ion Proton Ⅱ芯片有 6.60 亿个反应孔，适用于人类全基因组测序。

（3）通量：单次反应可产生 10 ～ 15Gb 碱基序列。

（4）支持条形码，可以在一张芯片上最多完成 96 个样品的测序。

（5）原始数据准确性≥ 99.7%。

（6）读长短：单端检测序列平均读长最长为 200bp。

（三）Ion GeneStudio S5 系列

图 7-8 Ion GeneStudio S5 系列[4]

2018 年 1 月，Ion GeneStudio S5 系列公司发布了下一代测序系统 Ion GeneStudioS5 系列（图 7-8），适用于靶向测序。Ion GeneStudio S5 系列能将多个 gene panel 和小的基因组结合起来，并简化操作流程和手动操作时间，目前支持 5 种不同的芯片类型。Ion S5 XL 与 Ion S5 相比，通量更高。

1. 仪器基本组成 包括测序仪及 Ion 510、Ion 520、Ion 530、lon540、lon550 测序芯片，Torrent Suite 软件和 Ion Reporter 服务器，同时配备 Ion Chef System。

2. 仪器测序原理及测序步骤 测序原理为离子半导体测序技术。主要步骤与 Ion PGM 类似，包括文库构建、模板制备、测序和数据分析，具体参见本书第三章第二节。

3. 适用范围 可用于以下研究领域：癌症、遗传病、液体活检、感染性疾病。适用于靶向 RNA 和 DNA 测序，微生物、转录组、外显子组和 RNA-seq[4]。

4. 仪器的优点和不足

（1）仪器运行速度快，测序仪运行时间 2.4 ～ 4 小时[7]。

（2）采用 Ion AmpliSeq 技术，所需样本量少，10ng 的 DNA 或 RNA 即可进行测序。

（3）数据分析工具和途径较少。

（4）读长：单端检测序列平均读长为 200bp、400bp 或 600bp。

（5）通量：根据选择的芯片不同，单次反应可产生 0.3 ～ 0.5 Gb 至 10 ～ 15 Gb 碱基序列。

三、华大基因高通量测序仪

（一）Revolocity 测序仪

华大基因于 2013 年正式收购美国上市测序公司 CG（Complete Genomics），2014 年 7 月华大基因的 BGISEQ-1000 基因测序仪、BGISEQ-100 基因测序仪经 CFDA 批准上市，BGISEQ-1000 基因测序仪基于 CG 平台，BGISEQ-100 基因测序仪基于 Ion Torrent 平台[7]。2015 年 6 月，推出的一款完全集成式的“超级测序仪”——Revolocity 测序仪（图 7-9），测序原理与 BGISEQ-1000 相同，为 cPAL 技术。据称，该测序系统一年可完成 10 000 个全基因组测序，并将增加到每年 30 000 个，该系统也支持全外显子组测序[12]。

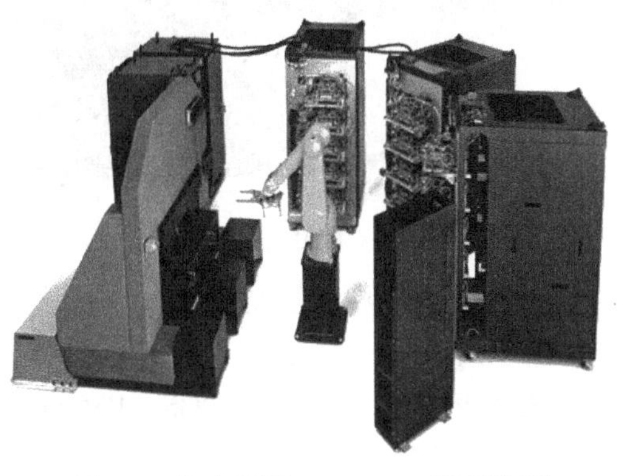

图 7-9　华大基因 Revolocity 测序仪[12]

1. 仪器基本组成　样本制备模块、文库构建模块、测序仪（包括高速照相机、机械手和液体处理系统）、配套的自动化信息分析系统。

2. 仪器测序原理及测序步骤　测序原理为 cPAL 技术。测序步骤如下[12]：

（1）DNA 提取：Revolocity 测序仪样本制备模块自动进行 DNA 的纯化，可使用一体化试剂盒。

（2）文库构建：自动化的文库构建模块将提取的基因组 DNA 加工成 mate-pair 文库，单链环状 DNA 分子通过滚环复制形成 DNA 纳米球，将纳米球加到微流体 Flow cell 上。

（3）测序：将 Flow cell 和 DNA 纳米球移至测序仪中，采用 cPAL 技术进行测序。

（4）数据分析：自动化信息分析系统能够通过自动化数据传输和分析处理 CG 测序仪的下机数据。

关于测序原理和步骤的详细信息参见本书第三章第三节。

3. 适用范围　全基因组测序和全外显子测序等[12]。

4. 仪器的优点和不足

（1）适用于大规模 WGS 和 WES，每年可进行 10 000 个 WGS 和 30 000 个 WES，扩展性超过了目前任何一款测序仪。

（2）每个基因组测序深度为 50×，从样本制备到给出测序结果时间少于 8 天。

（3）用于 WGS 时，50× 测序深度下对人类基因组测序拷贝数变异和结构变异为 96%。

（4）样本类型包括全血和唾液，样本制备模块可同时处理 96 份样本，减少了手工操作时间[12]。

（5）目前应用仅限于人类全基因组测序[13]。

（二）BGISEQ-500 测序仪

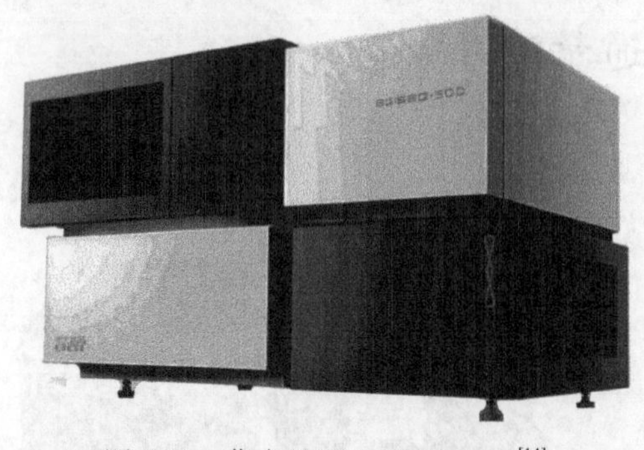

图 7-10　华大基因 BGISEQ-500[14]

2015 年，华大基因推出新型桌面化测序系统 BGISEQ-500（图 7-10），以 cPAL 技术和改进的 DNA 纳米球技术为核心技术。

1. 仪器基本组成　触控式操作系统、高分辨率成像系统、可选的配套的样本加载系统 BGIDL-50 和文库制备系统、自动化信息分析系统等。

2. 仪器测序原理及测序步骤　测序步骤包括 DNA 提取、文库构建、测序和数据分析。具体参见本书第三章第三节。

3. 适用范围　NIPT、PGS、PM-Seq、染色体异常检测、WGS、WES、RNA-seq（定量）、转录组测序、ChIP-Seq、small RNA 等。

4. 仪器的优点和不足

（1）85% 以上的数据高于 Q30 标准。

（2）多读长选择：SE50、PE50、SE100、PE100。平均有效 reads 数为 1300Mb，平均数据产量为 65 ～ 260GB。

（3）配备双芯片平台，每个芯片均可独立运行不同应用的测序样本[14]。

（4）全自动文库制备系统和全自动样本加载系统，最快完成周期可缩短至 24 小时内。

（5）目前应用仅限于中国大陆地区[13]。

四、Pacific Biosciences 公司的高通量测序仪

（一）PacBio RS 测序仪

PacBio RS 高通量测序仪于 2010 年由美国 Pacific Biosciences 公司开发，目前版本为 2013 年推出的 PacBio RS Ⅱ（图 7-11）[5]，应用的技术为 SMRT 技术，此项技术基于模拟 DNA 自然复制状态下的边合成边测序思想，以 SMRT 芯片为载体进行测序反应。此高通量测序仪读长长（＞ 3000 bp）、测序时间短，但是最大的缺点是仪器价格高、读错率高等[3]。未来随着试剂的不断优化，以及每个 SMRT Cell 可获得的数据量增加，单分子测序的原始准确度会逐步提高。

图 7-11　PacBio RS Ⅱ测序仪[5]

1. 仪器基本组成　集成的触摸屏界面（RS Touch）、系列软件（包括 PacBio RS Ⅱ仪器软件和 SMRT 分析软件）、试剂和样本 Drawer，SMRT Cell 和 Tip Drawer。

2. 仪器测序原理及测序步骤　测序原理为 SMRT 测序技术，流程包括样品制备和测

序步骤，样本制备过程包括 DNA 的打断、末端补齐和连接发夹接头，制成液滴后分散到不同的 ZMW 纳米孔中。测序反应以 SMRT 芯片为载体，当聚合反应发生时，被不同荧光标记的核苷酸激发，发出荧光，根据荧光的种类可以判定 dNTP 的种类。具体测序步骤参见本书第三章第四节。

3. 适用范围　de novo 从头组装、基因变异检测、甲基化分析、微生物测序和 RNA 直接测序等。

4. 仪器的优点和不足

（1）测序过程中省去了扫描和洗涤过程，测序时间较少（＜ 10 小时）。

（2）需要的样品量很少，样品准备中所用的试剂也很少。

（3）读长长，平均读长＞ 1kb，最大读长超过 10kb；读长长使其在序列拼接、定位，以及需要跨越重复区域的应用中有极大优势。尤其适合 de novo 测序，直接检测单倍体型。拼接过程中需要测序覆盖深度也随之下降，可对变异进行更准确的定位 [9]。

（4）很适合困难基因组的测序，如 GC 含量很高、AT 含量很高、多碱基串联重复（如 CGG 重复），能够检测到低频率（低至 1%）的罕见突变。

（5）读错率高（＞ 5%），主要为随机插入和缺失错误。插入错误源于有时酶随机地选择一些碱基，但并未真的将这些碱基掺入合成链中；缺失错误源于有时碱基掺入速度过快，超过了相机的拍摄帧数 [15]。

总之，其主要优势为：单分子实时测序、读长长、能够检测碱基修饰、测序时间短、每个样本测序成本适中等。主要不足：读错率高、每轮测序总 reads 低、每 MB 测序成本高、方法仍有待完善等 [16]。

（二）PacBio Sequel 测序仪

Sequel 测序仪是 Pacific Biosciences 公司的最新产品（图 7-12），于 2015 年 9 月推出，是具有超长读长（平均读长 10 ～ 15 kb，最长读长可达 60 kb）且无 PCR 扩增偏向性及 GC 偏好性的测序系统，仍然采用 SMRT 技术，但相对于 RS Ⅱ平台，其外观和性能均有改变，如其体积和重量仅为 PacBio RS Ⅱ的 1/3 左右，测序成本减半，每个 SMRT Cell 的产出数据通量也有了 7 倍左右的提升。

1. 仪器基本组成　Sequel 触摸屏界面，SMRT Link 软件（包括仪器软件和 SMRT 分析软件）、Sequel Workdeck（包括样本、SMRT Cells、试剂和耗材）。

2. 仪器测序原理及测序步骤　参见 PacBio RS 部分。

3. 适用范围　全基因组 de novo 组装、基因变异检测、全长转录组测序、表观遗传学测序等。

4. 仪器的优点和不足

（1）运行时间灵活（30 分至 10 时 /SMRT Cell）；规模灵活（1 ～ 16 个 SMRT Cell）；流程灵活，支持不同的样本类型。

图 7-12　PacBio Sequel 测序仪 [5]

（2）需要的样品量较少，为 10 ～ 100ng。

（3）读长长，平均读长＞ 20kb，最大读长超过 60kb。

（4）随机错误多，读错率高，准确性约为 85%。

（5）通量差于二代测序，目前平均每个 SMRT Cell 可产生 5 ～ 8GB 的数据，临床检测测序成本较高。

五、Oxford Nanopore Technologies 公司的高通量测序仪

Oxford Nanopore GridION 是一款应用纳米孔测序技术的测序仪 [17]，由英国牛津纳米孔技术（Oxford Nanopore Technologies，ONT）公司推出。此系统体积最小、价格低、通量高、读长长（0 ～ 10kb）[3]，根据公司网站介绍，GridION 的节点包含一次性样本盒，上有 2000 个纳米孔，既能单个节点使用，也可将几个节点整合到一起成簇使用，并且此款测序仪不需要专门的服务器，所有试剂放置在一次性样本盒中。目前可获得关于此系统的信息表明，尽管其读错率不会随着读长变长而增加，但是读错率较高（0 ～ 4 %）[17]。

ONT 公司推出 U 盘大小的便携式 MinION 纳米孔测序仪（图 7-13），其核心是一个有 2048 个纳米孔，分成 512 通道，由专用集成电路控制的流动槽，重量不到 100 g。2017 年 3 月，该公司又推出了一种新的桌面式纳米孔测序仪 GridIon X5 系统（图 7-14），包含 5 个 MinION 流动槽，可单独使用或协同使用，并通过 USB 连接到计算机，其通量介于现有的 MinIon 和高通量 PromethIon 平台之间，每运行 48 小时可生成 50 ～ 100Gb 测序数据。PromethIon 平台（图 7-15）是该公司为了满足科研人员对高通量的要求而开发的台式纳米孔测序仪，有 48 个流动槽，可单独运行也可并行，每个流动槽包括 3000 个通道（总通道数为 144 000 个），每天产生 6 TB 测序数据。该公司现在研发出比 MinION 更小的测序仪 SmidgION（图 7-16），其设计为可在任意地点利用智能手机操作。以上测序仪均采用纳米孔测序技术。纳米孔测序仪可对单分子 DNA、RNA 和蛋白质进行测序分析，但总体来说，纳米孔测序技术仍有待发展。

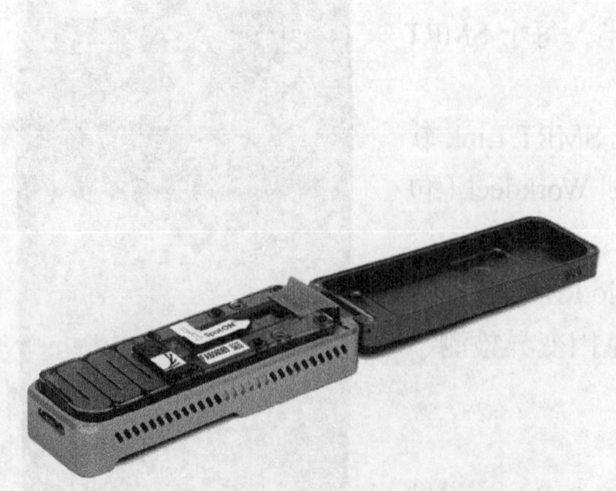

图 7-13　Oxford Nanopore MinION 测序仪 [17]

图 7-14　Oxford Nanopore GridIon X5 测序仪 [17]

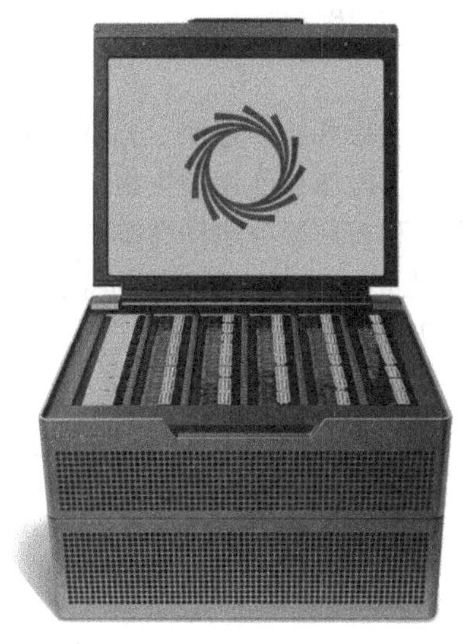

图 7-15　Oxford Nanopore PromethIon 测序仪 [17]

图 7-16　Oxford Nanopore 测序仪 [17]

1. 仪器基本组成　MinION 测序仪包括 MinION 装置、流动槽和试剂盒等。

2. 仪器测序原理及测序步骤　测序原理为水解测序法，测序步骤如下 [17]。

（1）样本制备：收集待测序的 DNA 样本，可以是人类 DNA、细菌或其他生物的 DNA。样本准备操作后，将 DNA 样本装入设计有一定数量的分隔的样本池的样本盒，每个池中有一个纳米孔，并在样品盒中装载样品运行所需的所有试剂。

（2）测序和数据分析：在 DNA 被测序之前，溶液中带电的分子以设定的速率穿过纳米孔，孔中结合一个核酸外切酶。测序开始后，lead adapter 带领 DNA 模板进入孔道，孔道中的核酸外切酶会“抓住”DNA 分子，顺序剪切掉穿过纳米孔道的 DNA 碱基，每一个碱基通过纳米孔时都会产生一个阻断，根据阻断电流的变化能检测出相应碱基的种类，模板 read 和互补链 read 依次通过纳米孔，组合成 2D read；也可只测序模板 read，形成 1D read，通量更高，但是测序准确性低于 2D read。

其他关于纳米孔测序技术的相关知识参见本书第三章第五节。

3. 适用范围　DNA 序列分析、RNA 序列分析（直接分析和 cDNA 分析）、蛋白质分析、检测和定量 microRNA [17]。

4. 仪器的优点和不足

（1）仪器构造简单，使用成本低，不需要对核苷酸进行标记，也不需要复杂的光学探测系统（如激光发射器和 CCD 信号采集系统等），可直接对 RNA 分子进行测序。

（2）可直接检测每一个碱基的特征性电流，因而能对修饰过的碱基进行测序，更加适用于表观遗传学研究 [9]。

（3）缺点是它采用的是水解测序法，不能进行重复测序，因而无法达到一个满意的测序精确度 [9]；读错率较高 [17]。

第三节　测序仪的选择

高通量测序测序仪选择原则主要基于仪器性能指标和临床需要。总体来说，临床实验室需要多种用途、性能稳定、性价比高和具有便于操作者使用的生物信息学工具的测序仪，同时，对临床实验室而言，优秀的技术支持和售后服务也同样重要。从本章第二节我们可以知道，高通量测序仪有很多种，各有特点，一些常见测序仪的特点见表 7-4[15]。临床实验室可以综合考虑以下几个方面进行选择 [18]。

表 7-4　常见高通量测序仪的主要优点和缺点 [15]

仪器名称、型号	主要优点	主要缺点	适用范围
Illumina MiniSeq	仪器价格低，易于操作，数据价格比 MiSeq Nano & Micro kits 低	限于 PE150，试剂盒成本较高	微生物、病毒全基因组测序，靶向基因测序（扩增子、基因集合），靶向基因表达谱、miRNA 和小 RNA 分析等
Illumina MiSeq	中等价格；对于台式测序平台，每 Mb 测序成本较低，在所有 Illumina 测序仪中运行时间最快，读长最长	与 HiSeq 相比，reads 相对少，每 Mb 测序成本较高	微生物、病毒全基因组测序，靶向基因测序，16S 宏基因组、靶向基因表达谱，DNA- 蛋白互作分析及 miRNA 和小 RNA 分析等
Illumina NextSeq 500	易于操作，中等的仪器和运行成本	Version2 新测序技术未达到 MiSeq 和 HiSeq 使用的测序化学性能	大型全基因组测序（人类、植物、动物），小型全基因组测序（微生物、病毒），外显子组测序，靶向基因测序（扩增子、基因集合），全转录组测序，基因表达谱（mRNA-seq）、miRNA 和小 RNA 分析，DNA- 蛋白互作分析，甲基化测序和 16S 宏基因组测序等
Illumina HiSeq 2500	每 Mb 数据成本较低，灵活性高，有两个测序模式，快速运行模式（2 lane）和高产量运行模式（8 lane），多种可能的读长	仪器成本高，每个测序反应成本高，对人员培训要求较高，不能同时运行快速运行模式和高产量运行模式	适合大规模基因组学，包括全基因组测序、靶向重测序、全转录组测序、de novo 测序、表观遗传调控等
Illumina HiSeq 4000	模式化流通槽，每 read 和每 Mb 成本低	与 HiSeq 2500 类似，但是价格稍高，灵活性差	适合生产级规模的基因组学，包括全基因组测序、靶向重测序、全转录组测序、de novo 测序、表观遗传调控等
Illumina HiSeq X Five 或 Ten	目前每 read 和每 Mb 测序成本最低	大量的数据存储，目前仅用于 ≥ 30× 的数人类基因组重测序	适合群体规模的测序，包括全基因组测序、靶向重测序、全转录组测序、de novo 测序、表观遗传调控等
Ion Torrent – PGM	仪器成本低，仪器升级通过芯片升级实现（芯片就是测序仪），仪器简单，三种读长不同的芯片可供选择	与 Illumina 相比读错率更高；与 MiSeq 相比手工操作的时间更长，每 Mb 成本更高，reads 更少；更小的用户群	微生物和病毒的从头测序和重测序、线粒体测序、16S 宏基因组测序、靶向重测序、基因组 / 全外显子验证等

续表

仪器名称、型号	主要优点	主要缺点	适用范围
Ion Torrent – Proton	更高通量基础上中低等的仪器成本，价格与 MiSeq 类似，但是 P Ⅱ 和 P Ⅲ 芯片可给出更多 reads	与 Illumina 相比，读错率更高，手工操作时间更长，更少的总体碱基信息，每 Mb 信息成本更高，更小的用户群	根据芯片不同，适用于全外显子或全转录组测序或人类全基因组测序
Ion Torrent – S5/S5 xl	与 MiSeq 相比价格更有竞争力，在 Ion Torrent 所有仪器中应用前景较好	暂无分子生态学用户，数据分析工具和途径较少	适用于靶向 RNA 和 DNA 测序，微生物、转录组、外显子组和 RNA-seq
PacBio– RS Ⅱ	单分子实时测序，目前所有平台中读长最长，能够检测碱基修饰，仪器运行时间短，每个样本测序成本适中等，适用于足够覆盖度的全基因组组装	读错率高，每轮测序总 reads 低，每 Mb 测序成本高，基础设施成本高，方法仍有待完善	de novo 测序、基因变异检测、甲基化分析、微生物测序和 RNA 测序等
PacBio – Sequel	仪器价格较低	新颖，相关信息有限，相对于其他平台每 Mb 和每 read 成本高，类似于 RS Ⅱ	全基因组 de novo 组装、基因变异检测、全长转录组测序、表观遗传学测序等
Oxford Nanopore minION	小型便携式 USB 仪器，超低的仪器价格，超长的 reads（多个 kb）	读错率接近 2012 年预期，每 read 成本高	DNA 序列分析、RNA 序列分析（直接分析和 cDNA 分析）、蛋白质分析、检测和定量 miRNA

一、检测耗时

对于临床实验室，报告的及时性尤为重要，这就需要所选择的高通量测序仪能够确保快速、合适的测序时间。例如，利用高通量测序仪检测和分析癌症体细胞突变，以便进行下一步的靶向治疗，这种类型的检测从 DNA 提取到临床报告发出必须在 5 天内完成，一些高通量测序平台，如 SOLiD 5500 系列和 HiSeq 2000 就不可能提供快速的检测时间。

二、灵　活　性

临床实验室选择高通量测序仪既要考虑价格因素，又要考虑其实用性。可以通过估计样本量多少，选择具有不同规格芯片或不同数量的流通池的高通量测序仪。

三、最短的停工时间

有时因某些因素造成测序仪不能每天连续运转，为了保证临床报告发出的及时性，临床实验室可考虑同时安装两台高通量测序仪，这样可以保证每天至少有一台仪器正常运行，最大限度地减少停工时间。这两台高通量测序仪不必是同样的仪器，但是彼此应该可以替换。例如，Ion Torrent 和 Ion Proton 两个平台采用同样的测序技术，并可利用同一个 Ion Chef 系统进行模板制备和芯片装载，再如，快速模式的 HiSeq 5500 可作为台式测序仪 MiSeq 的备用仪器等。

四、起始模板数量

通常来说，在癌症体细胞突变分析中 DNA 模板量有限。福尔马林固定石蜡包埋组织是 DNA 提取物的主要来源，但是福尔马林保存易造成 DNA 损伤，内含的 DNA 片段量少，而细胞学样本中更加不易获得足够的 DNA 模板，在这种起始模板数量情况下，基于 PCR 的靶序列扩增方法就要优于捕获的方法。

五、reads 数和 reads 长度

对于高通量测序平台，最重要的两个特性是 reads 数和 reads 长度，相对于其他特性如每次运行成本、每碱基价格、仪器运行时间、测序样本制备时间、样本制备成本、偏倚和误差模式等，更易于比较多种测序平台。图 7-17 给出了商品化的测序平台的 reads 长度[6]。

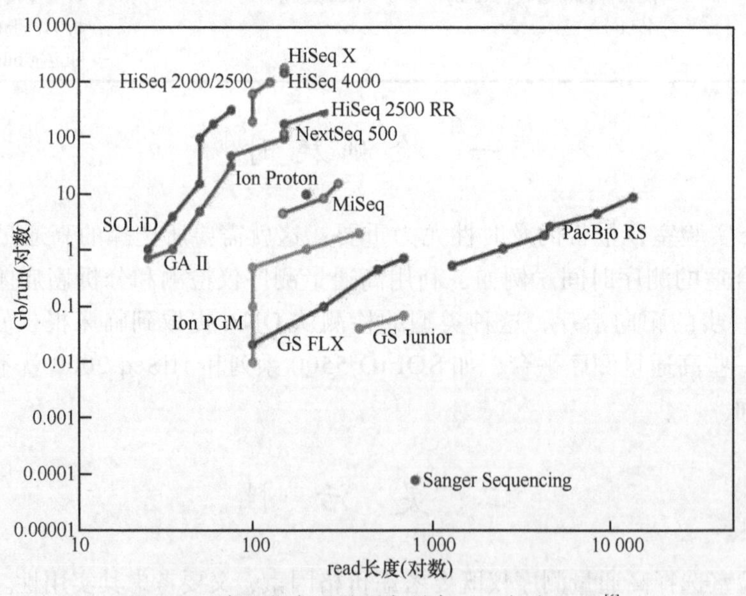

图 7-17　商品化高通量测序平台 read 长度比较[6]

第四节　高通量测序仪的使用与维护

高通量测序仪价格高，属于高精密仪器，通常需大规模的平行测序，测序反应将持续数小时甚至数天，因此，要想确保仪器的正常使用，最大效率地发挥仪器的作用并延长仪器的使用寿命，保证仪器放置的良好基础设施环境是运行的基础，同时实验室技术人员要掌握仪器的正确使用方法并充分了解使用过程中的注意事项。

一、使 用

实验室技术人员需经过专门的培训并仔细阅读仪器的使用说明书，充分了解仪器性能和使用注意事项，然后写出仪器的标准操作程序（standard operation procedure，SOP），也可拍成视频，还需制作仪器使用维护记录，将SOP和仪器使用维护记录放在仪器旁，以指导实验室技术人员正确使用和维护仪器，并记录仪器的使用和维护情况。使用时需要注意以下几点[18]。

（一）环境的温度和湿度控制

这两项指标是确保测序仪运行和最优测序反应的基础，必须严格控制。通常运行的室温和湿度参见不同测序仪的说明书，如Ion Proton温度要求为20～25℃，湿度要求为40%～60%[4]，MiSeq温度要求为22±3℃，湿度要求为20%～80%[10]。另外仪器要放在通风的地方，保证仪器电子元件散热。高通量测序仪要远离水源、暖气、腐蚀性物质、强磁场等环境。

（二）远离振动环境

除了运用“后光学原理”的Ion Torrent和Ion Proton外，其他绝大多数高通量测序平台原始数据的获得都依赖于超高密度扫描（super-density scanning）。这就要求高通量测序仪放置的环境需最大限度地保证不受振动的影响，如远离离心机放置。另外，测序仪需要放置在稳固的实验台面上，对试验台的要求各测序仪也有所不同，如Illumina GA和Illumina HiSeq要求放置在带有锁紧脚轮的可移动实验台面上，而Illumina MiSeq则要求放置在没有脚轮的实验台面上[10]。

（三）不间断的电源

测序反应所需时间长，甚至达到数天，因此，所有的高通量测序仪均需要配备不间断电源（uninterrupted power supply，UPS），最理想的UPS可由柴油发电机支持。各测序仪对线路电压有一定要求，如Illumina公司测序仪一般要求为100～240 Volts AC，50/60 Hz，20A，1500W[10]。

（四）超纯水供应

高通量测序仪尤其是运用后光学原理的Ion Torrent和Ion Proton用水需为1型超纯水[18.2 MΩ · cm，25℃，总有机碳量（total organic carbon，TOC）< 10 parts /10亿]，不可使用自来水或去离子水[4]。

（五）高端的信息网络

高通量测序仪能产生前所未有的数据量，这对数据分析、管理和存储都提出了巨大的挑战。将如此大量的数据从数据产生到有效的转化至分析和存储服务器，高端的网络系统必不可少。对于高通量测序仪，网络流量的基本门槛是1GB（1gigabyte = 1×10^9

bytes），利用光纤电缆将网络流量扩展到 10GB 更加适合升级需求。

（六）临床实验室分区设计

临床实验室的分区设计不仅要考虑如何为高通量测序仪提供一个最优的运行环境，同时也要兼顾防止实验室潜在污染和处于测序反应不同阶段的样本之间的交叉混淆。具体实验室分区设计请参阅本书第六章。

二、维　　护

仪器维护主要有两个方面：①临床实验室对高通量测序仪的日常维护，操作者为实验室技术人员；②仪器生产厂家对高通量测序仪的现场维护，操作者为仪器生产厂家的技术服务工程师。本部分分别以 Illumina MiSeq 和 Life Technologies Ion Proton 为例介绍一下这两方面的维护和仪器使用中的注意事项，其他测序仪维护和使用操作规程请参阅用户手册或咨询仪器生产厂家。

（一）Illumina MiSeq 测序仪实验室日常维护和使用时的注意事项

1. 使用MiSeq测序仪的临床实验室需自备一些试剂和耗材，以便进行测序仪日常维护，具体如表 7-5 所示，每次实验开始前需核对这些自备试剂和耗材是否准备充分 [10]。

表 7-5　使用 MiSeq 测序仪的实验室需自备的试剂和耗材

试剂名称	用途
1.0 N NaOH 存储液（分子生物级别）	样本文库和质控 DNA 变性
湿巾（70% 异丙醇或 70% 乙醇）	清洁流动槽支架
实验用纸、软布	清洁流动槽
一次性无粉手套	一般用途
擦镜纸（4 in×6 in）	清洁流动槽
离心管	变性和稀释样本文库，质控 DNA
吐温 20	仪器冲洗
水（实验室级别）	仪器冲洗

注：1in=2.54cm。

2. 每次测序反应结束后需冲洗管路，此外还需进行每月定期冲洗和停机超过 1 周后进行 standby（待命）冲洗；冲洗管路可防止管路中残余试剂，避免管路中盐累积和结晶，同时可减少前次反应引起的交叉污染 [10]。

3. 临床实验室需关注测序系统软件是否升级并实时更新，如用户系统与互联网连接，可自动更新仪器软件，如未连接，可手动更新软件 [10]。

4. 最好时刻保持开机状态，如必须关机，请参见用户手册，进行正确关机 [10]。

5. 使用实验室级别用水，如 Illumina PW1、18 Megohm（MΩ）、Milli-Q 水、

Super-Q 或分子生物级别水，不要使用自来水或去离子水[10]。

6.MiSeq 测序仪对振动敏感，运行开始后触碰仪器可能影响测序结果；选择“Start Run”后，不要再打开流动槽和试剂装置，除非要终止本次实验，否则不要触碰仪器控制屏[10]。

7. 废液瓶中可能含有甲酰胺，具有毒性，避免误食、吸入、皮肤接触和眼睛接触，按照规定程序处理废液[10]。

8. 其他注意事项参见厂家用户手册。

（二）Life Technologies Ion Proton 和 Ion Torrent 测序仪厂家工程师现场维护

1. 现场维护的目的　保证仪器、计算机和软件的使用性能[4]。

2. 现场维护前　维护之前保证测序仪正确关机，所有测序反应和结果分析均已结束，仪器上没有试剂，所有线路清洁干燥，并与临床实验室技术人员沟通测序仪使用中存在的问题[4]。

3. 服务器维护　检查测序仪和服务器的软件版本，如有最新版本，与实验室人员讨论是否要进行软件升级(因为系统验证问题，一些实验室可能不想更新至最新版本软件)[4]。

4. 测序仪维护　核对储气罐调节器设置在 30 psi；检查所有的吸液管接头，必要时进行维修；清洁触摸屏并确认触摸屏校准；清洁测序仪后部的风扇；用酒精和尼龙布清洁主板上的芯片仓；更换芯片密封圈；调节芯片密封圈压力；确保压力设置在 10.5±0.5；验证电子元件，并记录数值；流速校准，必要时进行调整，并记录数值等[4]。

5. Ion One Touch 系统维护　更换所有反应过滤管的 O 形圈；检查液体冷却系统的冷却液液面，必要时加注使其达到总容积的 3/4；清洁触摸屏；运行厂家测试并记录结果[4]。

（张　括）

参考文献

[1] Wei W，Choudhry H. Next Generation Sequencing in Cancer Research. New York：Springer，2013，5-6，16-24.

[2] Masoudi-Nejad A，Nariman Z，Rosenhan N. Next Generation Sequencing and Sequence Assembly-Methodologies and Algorithms. New York：Springer，2013，11-39.

[3] El-Metwally S，Ouda OM，Helmy M. Next Generation Sequencing Technologies and Challenges in Sequence Assembly. New York：Springer，2014，39-43，51-59.

[4] Thermosphere Inc. http：//www.thermofisher. com. Accessed 2017-08-24.

[5] Pacific biosciences Inc. http：//www.pacificbiosciences.com. Accessed 2017-08-22.

[6] Levy SE，Myers RM. Advancements in next-generation sequencing.Annu Rev Genomics Hum Genet，2016，17：95-115.

[7] http：//www.bgitechsolutions.com/science/cat-96-323.html. Accessed 2015-06-1.

[8] Ku CS，Wu M，Cooper DN，et al. Technological advances in DNA sequence enrichment and sequencing for germline genetic diagnosis. Expert Rev Mol Diagn，2012，12：159-173.

[9] 张得芳，马秋月，尹佟明，等 . 第三代测序技术及其应用 . 中国生物工程杂志，2013，33：125-131.

[10] Illumina Inc. http：// illumina.com. Accessed 2017-06-1.

[11] Somnath Datta. Statistical Analysis of Next Generation Sequencing Data. New York：Springer，2013，9.

[12] Complete Genomics Company. http：//www.completegenomics.com/revolocity/. Accessed 2015-06-1.

[13] Goodwin S，McPherson JD，McCombie WR.Coming of age：ten years of next-generation sequencing technologies. Nat Rev Genet，2016，17：333-351.
[14] http：//www.seq500.com/portal/Seq-500.shtml. Accessed 2018-03-29.
[15] 2016NGS Field Guide.http：//www.molecularecologist.com/next-gen-table-4-2016/. Accessed 2017-08-22.
[16] Oxford Nanopore Technologies. https：//www.nanoporetech.com. Accessed 2017-08-22.
[17] 2014NGSField Guide. http：//www.molecularecologist.com/next-gen-table-3c-2014.Accessed 2015-06-1.
[18] Yu B. Setting up next-generation sequencing in the medical laboratory. Methods Mol Biol，2014，1168：195-206.

第八章 高通量测序临床应用的质量保证

自2005年高通量测序技术出现，近十多年来其取得了快速的进展，不但为基因组学和转录组学等科学研究带来了革命，也因其检测通量的增加、检测准确性的提高及检测成本的降低，逐步进入临床应用，在相应疾病的临床诊疗中起到原有技术难以替代的重要作用。但是，新技术的应用也给临床规范化检测带来了挑战。如何保证高通量测序的规范化临床应用？这是本章要聚焦讨论的核心问题。本章从高通量测序临床应用的管理、高通量测序检测分析前、分析中和分析后的质量控制进行了全方位的介绍，包括美国和中国对临床实验室高通量测序检测的监管，美国和中国对高通量测序检测试剂的监管，高通量测序检测项目的申请，知情同意，样本的采集、运送、接收和保存的一般原则，各临床样本的采集、运送、接收和保存、标准操作程序，高通量测序检测体系性能确认或性能验证，仪器设备的使用和维护，人员培训及能力评估，参考物质，室内质量控制，室间质量评价，高通量测序检测结果的报告和解释、数据保存和处理，以及检测后样本的保存和处理等。本章侧重讨论高通量测序临床应用质量保证的一般原则和进行各方面质量控制的必要性，希望向实验室传递质量保证的理念。尽管也通过一些实例分析介绍了相应的具体做法，但是质量保证的手段不是唯一的，不同临床应用，由于预期用途不同，具体做法也会有所不同。

高通量测序技术在无创产前筛查（NIPS）及诊断、胚胎植入前筛查（PGS）和胚胎植入前诊断（PGD）、肿瘤基因突变、遗传病、病原微生物等领域正显示出越来越重要的作用，并成为精准医学研究及应用不可或缺的工具。并且，在肿瘤基因突变检测领域，出现了伴随诊断的概念，即一种药物的批准使用，伴随一个分子检测试剂，该药物的使用必须基于基因检测的结果来决定。肿瘤的难治源于其异质性，更深层次的是其基因突变的复杂性和多变性，因此，以高通量测序作为主要技术手段的多基因多突变位点的检测在精准肿瘤学中将起到最关键性的作用。没有精准的检测即没有精准的治疗。因此，高通量测序要有效地用于临床检测，必须从检测项目的申请、样本的采集运送保存及预处理、实验室防污染分区设计、仪器设备维护校准、商品试剂方法的性能验证（verification）和实验室自建方法的性能确认（validation）、人员培训（专业知识、相应疾病的临床诊疗指南、最新进展的文献学习、仪器设备维护操作、质量和安全意识等）、标准操作程序（standard operation procedure，SOP）（涉及样本采集、运送、保存、检测过程、生物信息学分析、报告等）、质量控制（室内质控和室间质评 / 能力验证）、结果的报告和解释等方面均应满足相应的要求。

第一节　高通量测序临床应用的管理

2013 年 11 月 19 日美国食品药品监督管理局（Food and Drug Administration，FDA）批准了包括 the Illumina MiSeqDx™ Cystic Fibrosis 139 Variant 和 MiSeqDx™ Cystic Fibrosis Clinical Sequencing Assay 两种针对囊性纤维化的高通量测序检测试剂，MiSeqDx™ 测序仪及通用测序试剂（universal sequencing reagents）成为全世界首个获得 FDA 批准的高通量测序平台和试剂，这也被认为是高通量测序走向临床应用的里程碑。但是高通量测序作为一种非常复杂的检测方法，能够一次对上百个基因、全外显子及全基因组进行检测，且涉及无创产前筛查、肿瘤、遗传病等多个领域的应用，其监管对任何一个国家来说都是巨大的挑战。对高通量测序的监管，主要在临床实验室和检测试剂两个方面。本节将美国和中国对临床实验室高通量测序检测的监管，以及对高通量测序检测试剂的监管作总体介绍。

一、美国和中国对临床实验室高通量测序检测的监管

临床实验室，顾名思义就是为临床疾病诊疗提供检测服务的实验室，这也是其与科研实验室的最大不同，其检测结果的正确及报告的及时与否直接决定患者的疾病诊疗的临床有效性，因此其必须在一定的规则下建立及运行。

（一）美国对临床实验室检测的监管

美国对于临床实验室的监管是在《临床实验室改进法案修正案》（Clinical Laboratory Improvement Amendment，CLIA）法规下进行的。1988 年美国国会通过了专门针对临床实验室检测质量管理的法律法规，即 CLIA’88。CLIA 是一部相当细致而完善的法律，覆盖了实验室质量管理的各方面，包括能力验证（即室间质量评价）计划、患者检测管理、质量评估、质控系统、人员要求等方面。CLIA 法案要求美国卫生与公共服务部（United States Department of Health and Human Services，HHS）对临床实验室进行认证。美国医疗保险和医疗补助服务中心（Centers for Medicare and Medicaid Services，CMS）与 FDA 和疾病预防控制中心（Centers for Disease Control and Prevention，CDC）合作，为 HHS 管理 CLIA 认证 [1]。

实验室检测质量的评估由 CMS、FDA 和 CDC 共同完成，各有分工。CMS 的职责是进行检查，确保法规得以执行，通过能力验证（proficiency test，PT）监督实验室检测能力，CMS 还通过美国病理学家学会（College of American Pathologists，CAP）对临床实验室依据 CLIA 进行认可。FDA 的职责是在《联邦食品、药品和化妆品法案》（Federal Food，Drug and Cosmetic Act，FFDCA）下对医疗器械进行监管，确保其安全性和有效性。FDA

还对临床实验室开展的项目进行分类，根据操作程序的复杂程度和方法学，以及对实验室人员和质量控制等要求的高低等，分为豁免检验项目、中度复杂检验项目和高度复杂检验项目。豁免检验项目为一些操作简单、结果出错可能性小或危害性小的实验，如尿妊娠实验、大便隐血实验等；中度复杂项目，为如需由专业人员操作的人工镜检（provider-performed microscopy，PPM）实验；Sanger 测序和高通量测序均属于高度复杂项目。对于高度复杂的项目，CLIA 规定了最低的质量标准，包括实验室基本标准、质量控制标准、能力验证要求、人员资质要求，以及检测分析前、分析中和分析后要求。CDC 则建立一些技术标准、实验室检测指南，管理 CLIA 专家委员会（CLIA Advisory Committee，CLIAC）等。CLIAC 为 HHS、CDC、FDA、CMS 等机构提供建议。除了 CLIA 认证以外，美国一些州会建立自己的实验室认可法规，如加利福尼亚州、佛罗里达州、纽约州、宾夕法尼亚州、乔治亚州、马里兰州和华盛顿州等。某些州，如纽约州和华盛顿州建立的法规比 CLIA 更加严格，因而获得 CLIA 认证豁免，通过相应州的法规认证即可。早在 2015 年 3 月，纽约州就对高通量测序检测建立了法规“NGS guidelines for somatic genetic variant detection”，对标准操作程序、质量控制、室内质控品、结果报告和性能确认等均给出了明确规定，如要求同时检测无模板样本（阴性质控）、含有已知突变的阳性样本（阳性质控）、标准细胞株提取的 DNA 来作为室内质控等，而 CLIA 本身并未给出类似细化和明确的法规要求。纽约州还要求纽约州以外的实验室，如果检测来源于纽约州的临床样本，同样需获得纽约州的认证。

（二）中国对临床实验室检测的监管

中国对于临床实验室检测的监管在《医疗机构临床实验室管理办法》（卫医发〔2006〕73 号）下进行，该管理办法由原卫生部发布，其中对临床实验室的定义为：对取自人体的各种样本进行生物学、微生物学、免疫学、化学、血液免疫学、血液学、生物物理学、细胞学等检验，并为临床提供医学检验服务的实验室。因此临床实验室不仅限于医院的检验科，而是所有为临床提供医学检验服务的实验室。管理办法中规定，临床实验室的监督管理工作由地方各级卫生行政部门负责。国家卫健委及省级卫生行政部门委托国家卫健委临床检验中心（原卫生部临床检验中心）（National Center for Clinical Laboratories，NCCL）、省级临床检验中心或其他有关组织对医疗机构临床实验室的检验质量和安全管理进行检查与指导。该管理办法对临床实验室的建设和规范提出了基本要求，包括临床实验室检验项目和技术的准入，分析前、分析中和分析后质量保证，室内质量控制、室间质量评价 / 能力验证及临床实验室安全管理等均给出了规定。

此外，中国对临床实验室基因扩增检测也有相应法规，即 2002 年由卫生部发布的《临床基因扩增检验实验室管理暂行办法》（卫医发〔2002〕10 号）及 2010 年发布的《医疗机构临床基因扩增检验实验室管理办法》（卫办医政发〔2010〕194 号），其中对临床基因扩增检验实验室的定义为：通过扩增检测特定的 DNA 或 RNA，进行疾病诊断、治疗监测和预后判定等的实验室。管理办法中要求凡是开展向患者收费的临床基因扩增检验项目的临床实验室必须按规范进行设置，要有严格的实验室分区，配备必要的仪器设备，人员需接受省级以上卫生行政部门指定机构技术培训合格后，方可从事临床基因扩增检验工作。同时，要建立实验室质量保证体系，并通过省级临床检验中心或省级卫生行政部门指定的其他机构组织的技术审核，才能开展临床基因扩增检验工作。医疗机构临床基因扩增检验实验室应当按照《医疗机构临床基因扩增检验工作导则》开展实验室室内质量控制，参加 NCCL 或指定机构组织的实验室室间质量评价。对于连续 2 次或 3 次中有 2 次发现临床基因扩增检验结果不合格的医疗机构临床基因扩增检验实验室，省级卫生行政部门应当责令其暂停有关临床基因扩增检验项目，限期整改。整改结束后，经指定机构组织的再次技术审核合格后，方可重新开展临床基因扩增检验项目。

（三）美国和中国对高通量测序实验室的监管

在美国，除了 CLIA 豁免的纽约州对肿瘤分子检测指南中高通量测序方法检测的最低质量值、质量控制、结果报告和性能确认等方面进行了一些补充规定以外，CLIA 并没有制定特别针对 NGS 检测的法规，因此目前 NGS 临床实验室监管是在 CLIA 法律中对一般实验室检测质量要求下进行的。另外，CLIA 不要求评价检测的临床有效性，而是注重于检测本身的准确性和可靠性，同时 CLIA 对 NGS 检测涉及的知情同意、遗传咨询等也没有规定。

在我国，2014 年国家食品药品监督管理总局办公厅、国家卫计委办公厅发布了《关于加强临床使用基因测序相关产品和技术管理的通知》（食药监办械管〔2014〕25 号），通知要求，卫计委负责基因测序技术的临床应用管理。卫计委确定的临床应用试点单位可以按照医疗技术临床应用管理的相关规定试用基因测序产品，并做好相应技术的验证与评价。同年，卫计委医政医管局发布了《关于开展高通量基因测序技术临床应用试点工作的通知》（国卫医医护便函〔2014〕407 号），批准了 18 家遗传病诊断专业、9 家产前筛查与诊断专业、6 家植入前胚胎遗传学诊断专业和 26 家肿瘤诊断与治疗专业的高通量测序检测试点单位。2016 年 11 月，国家卫计委办公厅发布了《关于规范有序开展孕妇外周血胎儿游离 DNA 产前筛查与诊断工作的通知》（国卫办妇幼发〔2016〕45 号），废止了《国家卫生计生委医政医管局关于开展高通量基因测序技术临床应用试点工作的通知》（国卫医医护便函〔2014〕407 号）中涉及产前筛查与诊断专业试点机构的有关规定，即产前筛查与诊断专业放开进行检测。总体来说，我国高通量测序实验室在《医疗机构临床基因扩增检验实验室管理办法》下进行监管，按照临床基因扩增检验实验室进行技术审核和准入。

（四）美国和中国对高通量测序实验室监管面临的挑战

尽管美国 CLIA 和我国《医疗机构临床基因扩增检验实验室管理办法》对实验室检测都提出了具体的要求，但是高通量测序检测有其特殊性和复杂性，如何把这些质量要求转变为对高通量测序的要求，是高通量测序监管中所遇到的挑战。为此，美国、英国等国外机构陆续出台了针对高通量测序检测的指南，如 CDC、美国医学遗传学与基因组学学会（the American College of Medical Genetics and Genomics，ACMG）、CAP 等均发布了高通量测序相关的指南及实验室认可检查条款，我国也发布了《测序技术的个体化医学检测应用技术指南（试行）》（表 8-1），主要关注的并非高通量测序检测的各方面，而是对高通量测序特有的一些质量控制问题进行建议，具体包括以下 8 个方面。

表 8-1　NGS 检测相关指南

发布机构	指南名称	年份	参考文献
US Centers for Disease Control and Prevention（CDC）	Assuring the quality of next-generation sequencing in clinical laboratory practice	2012	[2]
American College of Medical Genetics（ACMG）	ACMG clinical laboratory standards for next-generation sequencing	2013	[3]
Clinical and Laboratory Standards Institute（CLSI）	Nucleic Acid Sequencing Methods in Diagnostic Laboratory Medicine；Approved Guideline—Second Edition	2014	[4]
Association for Clinical Genetic Science（ACGS）	Practice guidelines for targeted Next Generation Sequencing analysis and interpretation.	2014	[5]
ACMG	Standards and guidelines for the interpretation of sequence variants：a joint consensus recommendation of the American College of Medical Genetics and Genomics and the Association for Molecular Pathology	2015	[6]
Wadsworth Centre；New York State Department of Health	"Next Generation" Sequencing（NGS）guidelines for somatic genetic variant detection	2015	[7]
College of American Pathologists（CAP）	College of American Pathologists' laboratory standards for next-generation sequencing clinical tests	2015	[8]
国家卫生健康委员会	测序技术的个体化医学检测应用技术指南（试行）	2015	[9]
EuroGentest and the European Society of Human Genetics	Guidelines for diagnostic next-generation sequencing	2016	[10]
Association of Molecular Pathology（AMP）&CAP	Guidelines for Validation of Next-Generation Sequencing-Based Oncology Panels：A Joint Consensus Recommendation of the Association for Molecular Pathology and College of American Pathologists	2017	[11]
AMP，ACMG，ASCO & CAP	Standards and Guidelines for the Interpretation and Reporting of Sequence Variants in Cancer	2017	[12]
AMP & CAP	Standards and Guidelines for Validating Next-Generation Sequencing Bioinformatics Pipelines：A Joint Recommendation of the Association for Molecular Pathology and the College of American Pathologists	2018	[13]

1. 标准术语　如测序深度（depth of coverage）、碱基识别（base calling）、覆盖均一性（uniformity of coverage）等。标准术语主要来源于美国临床实验室标准化研究所（Clinical and Laboratory Standards Institute，CLSI）2014 年发布的"Nucleic Acid Sequencing Methods in Diagnostic Laboratory Medicine；Approved Guideline—Second Edition（CLSI/NCCLS MM09-A2）"文件，而 CLSI 的主要工作目标是，通过制定临床检验导则或指南等标准

化文件，规范临床实验室的工作并使之标准化，以改善日常检验工作的质量。目前高通量测序相关的指南和文献中也多使用CLSI中规定的术语。

2. 检测项目的选择 近年来，美国一些商业实验室开展了直接针对消费者（direct to consumer，DTC）的检测。如果检测结果的意义不明确，存在结果解读的问题，有可能对被检者造成不可预知的困惑或伤害。我国也有类似问题，如“天赋基因”“疾病风险预测基因”“早期肿瘤基因”检测等，美国医学遗传学与基因组学学会发布的指南认为，对于疾病相关的多基因检测，没有临床意义的基因不能纳入检测当中。此外，有些项目在检测前需接受必要的遗传咨询，某些项目的检测需要规定其应用范围，需要有充分的临床证据和疾病诊疗相关性等，这些在指南中均进行了建议。这部分内容会在本章第二节“高通量测序检测分析前质量控制”中进行介绍。

3. 检测方法的建立 CLIA允许临床实验室修改FDA批准的诊断产品，以及研发自己实验室的检测方法，美国绝大部分的基因遗传相关检测均为实验室自配试剂（laboratory-developed tests，LDTs），而使用高通量测序的检测基本上都是LDT，所以对于高通量测序检测临床实验室，明确什么是LDT，如何建立LDT并进行性能确认显得极其重要。建立LDT的原则是在执业医师、实验室人员、遗传学和分子病理学专业人员的指导下，遵循必要的程序建立检测方法，并且在开展日常检测之前，对建立的检测方法进行性能确认（validation）。美国FDA和国际标准化组织将其定义为，通过检查和提供客观证据证明，对一特定预期用途的要求始终能得到满足。世界卫生组织将性能确认定义为，证明使用的一个程序、过程、系统设备或方法能按预期进行工作，以及取得预期结果的活动（或过程）。因此，性能确认是指对LDT精密度（重复性）、准确度、测定范围、线性范围（定量）、分析敏感性、分析特异性、抗干扰能力等性能指标进行确认，证明其能满足相应的临床应用目的。但是，传统试剂只检测一个或确定的几个指标，而高通量测序检测数十、数百个基因，涉及数百、数千乃至数十万个位点，那么具体到高通量测序检测，每个性能指标如何定义，如何评价？这是CLSI、CDC、CAP和ACMG等指南重点关注的方面。特别是CDC对应CLIA的要求，对各个性能指标在测序方法上代表的含义进行了逐一解读，一些高通量测序实验室的专家也在实践上对点突变、插入、缺失、拷贝数变异和融合基因等突变的高通量测序检测性能确认进行了探索，这部分内容会在本章第三节“高通量测序检测分析中质量控制”中进行介绍。

4. 检测过程的质量控制 实验室在日常检测过程中应当监测并记录关键环节的质量指标（quality metrics），如提取的DNA浓度、纯度、片段分布、建库质量、测序质量值、测序深度、比对质量值等。实验室还应当制备高通量测序检测相关室内质控品，进行室内质量控制，并参加能力验证、室间质量评价等，这些都是临床实验室检测质量保证中非常重要的部分，几乎所有的指南都关注了这一内容，其中CDC对高通量测序参考物质和能力验证进行了非常详尽的讨论，这部分内容会在本章第三节“高通量测序检测分析中质量控制”中进行介绍。

5. 人员要求 高通量测序技术相对于我们以前应用的分子检测技术要复杂得多，且包括实验室检测过程“湿实验”和生物信息学分析过程“干实验”两个部分，对数据解释也有很高的要求，因此通常建议高通量测序实验室根据不同的检测项目，配备多个层次、多个专业的技术人员，而不仅仅是实验操作人员，而且需要经过必要的培训和认证。几乎所有的指南都关注这一部分的内容，这部分内容会在本章第三节“高通量测序检测分析中质量控制”中进行介绍。

6. 生物信息学分析　与以往的基因检测相比，生物信息学分析既是高通量测序检测流程中最特殊，又是非常重要的一个环节，同时也是传统检测的实验室人员比较陌生的部分。生物信息学与传统实验一样，也需要建立标准的分析流程（pipeline），进行质量控制等，如何建立生物信息学分析流程、对流程进行性能确认、对数据文件进行管理及保存，也是高通量测序质量保证中面临的新问题，需要在传统检测的要求上制订适合高通量测序检测的具体细则。例如，对实验室数据保存，CLIA 要求分析文件和结果报告需保存至少 2 年；而英国皇家病理学院和生物医学科学研究所（the Royal College of Pathologists and the Institute of Biomedical Science）要求检测数据则需保存 25 年。但高通量测序从测序原始数据到变异识别，产生 FASTQ、BAM 等多个数据文件，文件远大于以往的分析数据，因此必须保存的文件类型及保存时间都需要另行规定和要求，以既能满足临床数据保存和查询的需要，又具有现实可行性。美国分子病理协会（Association of Molecular Pathology，AMP）、CAP、ACMG 和英国临床遗传科学协会（Association for Clinical Genetic Science，ACGS）等指南中对此进行了讨论。建立生物信息学分析流程和生物信息学分析的性能确认详见第四章，数据文件的保存会在本章第四节“高通量测序检测分析后质量控制”中进行介绍。

7. 结果报告和解释　临床检测结果报告中通常包括患者信息、样本信息、检测项目、检测方法、检测方法局限性、结果报告和解释、实验室建议等要素。高通量测序在各要素中都有其特殊之处，特别是结果的解释，对于NGS检测结果报告来说极其重要。例如，实验室检出的胚系突变，是致病性，可能致病性，没有明确临床意义，或者是良性的；体细胞突变临床意义是否明确？与哪些药物有关？有何种等级的临床证据？仅靠临床肿瘤医生自己判断是非常困难的。没有结果解释的高通量测序报告是不合格的结果报告，实验室需要将结果解释按照与检测本身同等重要来对待，在数据库和文献资料的基础上，建立结果解释的标准操作程序，对检出的基因突变进行准确、全面的解释。几乎所有的指南都关注这一部分内容，AMP、CAP 和 ACMG 曾发布体细胞突变和胚系突变结果报告和解释的指南，这部分内容会在本章第四节“高通量测序检测分析后质量控制”中进行介绍。

8. 伦理和隐私安全　一方面高通量测序经常涉及大量的人基因组信息的检测，而且产生的数据意义很多是未知的，也因此产生一些伦理和法律问题。知情同意和遗传咨询、患者信息保密等非常重要，这部分内容会在本章第二节“高通量测序检测分析前质量控制”和本章第四节“高通量测序检测分析后质量控制”中进行介绍。

二、美国和中国对高通量测序检测试剂的监管

应用于临床的检测试剂或系统必须进行有效的监管，这部分试剂或系统分为两大类：

商品化试剂或系统和 LDT。如前所述，LDT 属于临床实验室监管的部分，这里只介绍商品化试剂监管的情况。

（一）美国和中国对检测试剂的监管

在美国，1976 年的联邦食品、药品和化妆品医学产品法案修正案（Medical Device Amendments to the Federal Food，Drug and Cosmetic Act，FD&CA）授权美国 FDA 监管包括体外诊断产品（in vitro diagnostic device，IVD）在内的医学产品。IVD 定义为作为商品销售的，用于疾病诊断、治疗、预防、确定患者健康状态为目的的试剂、仪器和系统。根据检测结果可能对患者造成的风险分为三类，Ⅰ类为低风险，用于患者前不需要评估或批准；Ⅱ类为中度风险，进行一般和特定的控制，常需要通过进入市场前的告知方式或 510（K）过程由 FDA 进行评估；Ⅲ类为高风险，需要进入市场前批准（premarket approval，PMA）程序。

在中国，IVD 的监管由国家药品监督管理局负责，管理法规是以国务院令形式发布《医疗器械监督管理条例》（国务院令第 650 号），同样，IVD 按低、中和高风险分为三类，第一类实行产品备案管理，第二类和第三类实行产品注册管理。二类由省级食品药品监督管理部门负责注册，三类由 CFDA 负责注册。

（二）美国对高通量测序检测试剂的监管

2013 年，美国 FDA 批准了 the Illumina MiSeqDx™ Cystic Fibrosis 139 Variant 和 MiSeqDx™ Cystic Fibrosis Clinical Sequencing Assay 针对囊性纤维化的高通量测序检测试剂及通用测序试剂（universal sequencing reagents）。2016 年批准了 FoundationFocus CDx_{BRCA} test，用于检测 *BRCA* 突变的晚期卵巢癌患者，以指导 PARP 抑制剂 rucaparib 的用药，这也是第一个 FDA 批准的基于高通量测序的伴随诊断试剂。2017 年 6 月 FDA 批准了 $Oncomine^{Dx}$ Target Test，可检测 23 个基因，其中仅 *BRAF* V600E、*ROS1* 融合、*EGFR* L858R 和 19 外显子缺失，可以用于非小细胞肺癌（non small-cell lung cancer，NSCLC）患者靶向治疗 [达拉菲尼（dabrafenib）联合曲美替尼（trametinib）、克唑替尼（crizotinib）、吉非替尼（gefitinib）] 的伴随诊断；2017 年 11 月 15 日，FDA 批准了纪念斯隆凯特琳癌症研究中心（Memorial Sloan Kettering Cancer Center，MSK）的 IMPACT NGS 检测试剂，可检测 468 个基因[14]。15 天以后，FoundationOne CDx（F1CDx）获批[15]，可检测实体肿瘤的 324 个基因，通过与 FDA 已批准的 8 个其他伴随诊断试剂进行比较来评价试剂的临床有效性。F1CDx 可用于 5 种肿瘤类型（包括 NSCLC、结直肠癌、乳腺癌、卵巢癌和黑色素瘤）15 种靶向治疗的伴随诊断。这里需要特别说明的是，MSK-IMPACT 不包含任何伴随诊断，这与其他批准的高通量测序试剂不同。上述批准的肿瘤基因突变高通量测序检测试剂并不是可用于销售的体外诊断产品，均为 LDT，只能在申报批准的 CLIA 认证实验室内检测，FDA 批准是为了医疗保险报销。

高通量测序仪的风险评估分类有所变化。MiSeqDx™ 测序仪是最早审批的高通量测序仪，也是唯一一个作为Ⅲ类经过 PMA 程序审批的，之后的高通量测序仪均是按照Ⅱ类审批的，即免除了需要大量费用的 PMA 程序，如 2014 年批准的 Life Technologies 的 Ion PGM Dx 及 Vela Diagnostics 的 Sentosa SQ301 都是按照Ⅱ类的程序审批的。

（三）中国对高通量测序检测试剂的监管

中国要求产前基因检测在内的所有医疗技术，包括检测仪器、诊断试剂和相关医用软件等产品，如用于疾病的预防、诊断、监护、治疗监测、健康状态评价和遗传性疾病的预测，需经药品监管部门审批注册，并经卫生行政部门批准技术准入方可应用。高通量测序医疗器械分类原则为：

1. 作为Ⅲ类医疗器械管理的产品　高通量测序仪（不用于全基因组测序）及所有诊断试剂。

2. 作为Ⅰ类医疗器械管理的产品　测序反应系统的通用试剂（不用于全基因组测序）。

3. 需视情况确定类别的产品　胎儿染色体非整倍体（T21、T18、T13）基因检测（测序法）Z 值计算软件。如果软件仅使用通用函数计算，不按照医疗器械管理；如果使用企业特有算法，则作为Ⅱ类医疗器械管理。

2014 年 6 月 30 日，CFDA 批准了 BGISEQ-1000 基因测序仪、BGISEQ-100 基因测序仪和胎儿染色体非整倍体（T21、T18、T13）检测试剂盒（联合探针锚定连接测序法）、胎儿染色体非整倍体（T21、T18、T13）检测试剂盒（半导体测序法）医疗器械注册。这是 CFDA 首次批准注册的第二代基因测序诊断产品。CFDA 批准的高通量测序产品（截至 2017 年 8 月 9 日）包括试剂、仪器和软件等，具体见表 8-2。

表 8-2　CFDA 批准的高通量测序产品（截至 2017 年 8 月 9 日）

试剂名称	生产厂家	注册号	分类
胎儿染色体非整倍体（T21、T18、T13）检测试剂盒（半导体测序法）	博奥生物集团有限公司	国械注准 20153400300	Ⅲ类
胎儿染色体非整倍体（T21、T18、T13）检测试剂盒（半导体测序法）	华大基因生物科技（深圳）有限公司	国食药监械（准）字 2014 第 3401128 号	Ⅲ类
胎儿染色体非整倍体（T13/T18/T21）检测试剂盒（可逆末端终止测序法）	杭州贝瑞和康基因诊断技术有限公司	国械注准 20153400461	Ⅲ类
胎儿染色体非整倍体（T21、T18、T13）检测试剂盒（联合探针锚定连接测序法）	华大基因生物科技（深圳）有限公司	国食药监械（准）字 2014 第 3401129 号	Ⅲ类
胎儿染色体非整倍体 21 三体、18 三体和 13 三体检测试剂盒（半导体测序法）	中山大学达安基因股份有限公司	国械注准 20143401960	Ⅲ类
胎儿染色体非整倍体（T21、T18、T13）检测试剂盒（可逆末端终止测序法）	安诺优达基因科技（北京）有限公司	国械注准 20173400331	Ⅲ类
胎儿染色体非整倍体（T21、T18、T13）检测试剂盒（联合探针锚定聚合测序法）	华大生物科技（武汉）有限公司	国械注准 20173400059	Ⅲ类
基因测序仪（BioelectronSeq 4000）	博奥生物集团有限公司	国械注准 20153400309	Ⅲ类

续表

试剂名称	生产厂家	注册号	分类
基因测序仪（HYK-PSTAR-IIA）	深圳华因康基因科技有限公司	国械注准 20143402171	Ⅲ类
基因测序仪（BGISEQ-100）	武汉华大基因生物医学工程有限公司	国食药监械（准）字 2014 第 3401127 号	Ⅲ类
基因测序仪（BGISEQ-1000）	武汉华大基因生物医学工程有限公司	国食药监械（准）字 2014 第 3401126 号	Ⅲ类
基因测序仪（DA8600）	中山大学达安基因股份有限公司	国械注准 20143401961	Ⅲ类
胎儿染色体非整倍体基因检测软件	深圳华大基因生物医学工程有限公司	粤械注准 20172700433	Ⅱ类
BGISEQ-1000 测序反应通用试剂盒	华大生物科技（武汉）有限公司	鄂汉食药监械（准）字 2014 第 1400029 号	Ⅰ类
BGISEQ-100 测序反应通用试剂盒	华大生物科技（武汉）有限公司	鄂汉食药监械（准）字 2014 第 1400028 号	Ⅰ类
基因测序溶液试剂盒（高通量测序法）	深圳华因康基因科技有限公司宝安分公司	粤深药监械（准）字 2014 第 1400007 号	Ⅰ类
基因测序标本染色液（高通量测序法）	深圳华因康基因科技有限公司宝安分公司	粤深药监械（准）字 2014 第 1400002 号	Ⅰ类
基因测序标本溶液试剂盒（高通量测序法）	深圳华因康基因科技有限公司宝安分公司	粤深药监械（准）字 2014 第 1400004 号	Ⅰ类
磁珠样品固定试剂盒（高通量测序法）	深圳华因康基因科技有限公司宝安分公司	粤深药监械（准）字 2014 第 1400001 号	Ⅰ类
靶基因样品处理试剂盒（高通量测序法）	深圳华因康基因科技有限公司宝安分公司	粤深药监械（准）字 2014 第 1400005 号	Ⅰ类

（四）高通量测序检测试剂监管面临的挑战

总体来说，目前世界各国批准的高通量测序产品有限，中国虽然批准了一系列无创产前检测相关的产品，但是胎儿染色体非整倍体（T21、T18、T13）高通量测序检测试剂仅包括 T21、T18 和 T13 三个检测项目，其分析有效性和临床有效性的评价与传统检测项目差异不大。对于试剂审批而言，通常需要验证试剂或系统的分析有效性和临床有效性。大多数高通量测序临床应用所需的多基因检测试剂或系统的评价与传统检测试剂或系统相比有显著不同。

1. 分析有效性的评价 传统试剂只检测一个或确定的几个指标，通常要求评价每个指标的分析有效性。而高通量测序检测成百上千甚至数万数十万个位点，甚至全基因组测序进行 30 亿个碱基的检测，很难对人基因组 DNA 中每个突变位点的分析有效性进行评价。美国 FDA 在批准囊性纤维化检测相关的高通量测序仪及配套试剂时，并未对每个突变进行分析有效性的评价，而是对各种突变类型（如点突变、短片段缺失、短片段插入、融合基因、拷贝数变异等）作为亚类进行评价。在 FDA “Developing Analytical Standards for NGS Testing” 和 “Optimizing FDA's regulatory oversight of next generation sequencing diagnostic tests—preliminary discussion paper” 中，FDA 表示将选择代表性突变评价分析有效性，同时也会探索其他更好的评价方式。截至 2017 年 12 月，FDA 批准的高通量测序试剂基本上都是对部分代表性突变类型及部分临床常见且意义明确的突变提供分析有效性的证据。

2. 临床有效性的评价　高通量测序检测报告的变异可能是意义明确的，也可能是临床意义不明确的，在试剂临床有效性评价时会存在一些差异。FDA 通常将这两种情况区别对待。例如，FDA 批准的 the Illumina MiSeqDx™ Cystic Fibrosis 139 Variant 试剂，只报告一定数量的临床意义明确的突变；而 MiSeqDx™ Cystic Fibrosis Clinical Sequencing Assay，对临床意义明确或不明确的囊性纤维化基因突变都报告，但是对临床预期用途进行限定，其原则是尽可能有助于临床决策，同时也尽量减少对患者可能带来的风险。如果预期用途是用于伴随诊断，则必须提供临床有效性的证据；对于非伴随诊断检测，可由临床医师结合指南、临床研究证据支持的情况下进行临床应用。当然首先应当优先选择伴随诊断意义明确的药物，在这些药物都治疗失败的情况下，根据突变结果进行其他药物的选择，这也是给予患者尝试治疗的可能[16]。国家药品监督管理局目前开始接受肿瘤基因突变高通量测序检测试剂的注册，首先进行的也是对临床意义明确突变位点的临床有效性评估。

对于罕见突变临床有效性的评价，按照传统做法，要达到足够的临床样本例数可能非常困难，或者需要很长的时间，这也是美国众多实验室专家反对 FDA 对 LDT 监管的原因之一。而精准医学的研究中，突变的临床意义一般来源于大样本队列研究形成的临床试验结果及数据库和文献资料，那么这部分数据能否作为临床有效性的部分替代，以缩短临床有效性评价的时间？FDA 发布的“Optimizing FDA’s regulatory oversight of next generation sequencing diagnostic tests—preliminary discussion paper” 和“Use of Databases for Establishing the Clinical Relevance of Human Genetic Variants” 白皮书中认为，如 ClinGen 等高质量且经过专家评议的数据库，可以作为临床有效性的证据。

2017 年可以看作 FDA 对高通量测序临床检测试剂审批的里程碑，其原因不仅在于 FDA 加快了审批的速度（同一年 3 种高通量测序试剂获批），更重要的是 FDA 在一定程度上改变了审批的策略，特别体现在 F1CDx 和 MSK-IMPACT 的审批。F1CDx 的检测结果分为 3 类：①与伴随诊断相关的检测位点，需要分析有效性评价，而且每个伴随诊断用途均需要进行临床有效性评价；②具有明确临床意义证据的突变；③具有潜在临床意义的突变，对于第二种和第三种仅进行分析有效性评价，临床有效性可通过文献指南等进行确认。MSK-IMPACT 完全是非伴随诊断试剂，这些都体现了 FDA 对高通量测序临床有效性评价进行不同临床意义或预期用途区别对待的策略。

第二节　高通量测序检测分析前质量控制

分析前阶段是指从临床医师开具医嘱起，按时间顺序的步骤，包括检验项目的申请、患者准备、样本的采集、运送、实验室对样本的接收和预处理，以及样本的分析前保存。分析前质量控制是决定检验结果正确、可靠的前提，涉及实验室人员、临床医师、护士、护工及受检者本人等。分析前质量控制是整体质量控制中一个不容忽视的重要环节，为保证得到高质量的检测结果，必须有一个规范的分析前质量控制程序。

在《个体化医疗中的临床分子诊断》[17]中，对临床分子诊断分析前质量控制，包括临床分子诊断检测项目申请，临床分子诊断知情同意，临床分子诊断样本的采集、运送和保存，临床分子诊断样本接收与处理等有详细的介绍。高通量测序检测作为临床分子诊断的一种，分析前质量控制与临床分子诊断有共同之处，也有很多不同之处。本节仅介绍高通量测序检测分析前质量控制的一般原则和需要特别关注的关键点，对于各种临床样本的采集、运送和保存，样本的预处理，仅介绍肿瘤组织和血浆样本。

一、检测项目的申请

从临床医师开具检验申请单开始，检测项目的申请决定着患者将要进行何种检测及样本的采集类型，因此要求临床医师结合患者的临床症状科学合理地选择适合患者的检测项目。

（一）申请单

临床用于高通量测序检测的申请单通常有医疗文书的检验申请单和电子检验申请单。无论哪种形式，申请单均应当包含足够的信息，且填写规范。

1. 患者的信息 患者的唯一标识，包括患者的姓名、出生日期、性别、民族、住院号、就诊科室、床号，有条件的医院尽量使用条码或其他唯一标识；患者的相关临床资料，以无创产前胎儿染色体非整倍体游离 DNA 检测为例（表 8-3），包括患者必要的临床基本信息，如体重（孕妇体重指数高，由于血容量高，相对游离 DNA 浓度也会过低，造成假阴性）；临床诊断结果，如孕周（早于 12 周，胎儿游离 DNA 浓度可能过低，造成假阴性）；与检验有关的既往史，如异体输血、移植手术（外源的 DNA 可对游离 DNA 检测造成干扰）等；不良孕产史（染色体非整倍体检测无法判断其他遗传异常）；辅助检查，如 B 超结果为单胎、双胎（多胎妊娠可能造成假阴性），或者是否有其他异常（如染色体非整倍体以外的遗传异常）；夫妻双方染色体检查结果（母体嵌合，造成检测假阳性结果）。如果进行遗传学检测，可能需要提供家系信息。

2. 申请的检测项目 选择什么样的检测项目由临床医师申请检测的目的决定，因此，检测项目应当清楚明确，具有唯一性。例如，同样是非小细胞肺癌检测，可能为不同数量的基因检测，组合实验室应当给予每个检测项目一个清楚的名称，并且将检测内容和临床预期用途提供给临床医师，并进行充分沟通。

3. 样本的信息 包括样本编号、样本采集日期和时间、实验室接受样本的日期和时间；对于样本的类型，可以在申请单上提供常见样本类型的选择，如血液、活检组织、手术切除样本等，如为其他样本类型，应进行具体说明。血液、活检组织等是比较笼统的说明，对于 NGS 检测，常需要更详细的说明。如肿瘤体细胞突变检测，可能采用肿瘤组织 / 外周血单个核细胞配对样本，或者采用肿瘤组织，以周围正常组织配对检测，或者仅使用肿瘤组织，这些在样本信息中应当有所说明。又如，第三方实验室接收外送标本进行检测，如果肿瘤组织样本的病理学质检由外送单位完成，那么样本信息中应当对样本量、肿瘤细胞比例等分析前质量指标进行说明。如果进行遗传学检测，可能同时送检家系中多个成员的样本；单基因遗传病常染色体隐性突变的游离DNA检测，可能同时送检母亲血液（检测血浆游离DNA和单个核细胞）、父亲血液，也应当在申请单中详细说明；申请单上还应有样本是否合格的记录，如有无癌变组织、血液样本有无溶血、容器有无破损等。

表8-3 孕妇外周血胎儿游离DNA产前检测申请单[18]

孕妇外周血胎儿游离DNA产前检测申请单
（第一联参考模板）

标本采集时间：_______年_______月_______日_______时_______分 编号：_______
门诊号/住院号：_______
孕妇姓名：_______出生日期：_______年_______月_______日
末次月经：_______年_______月_______日 孕_______次；产_______次
孕周：_______周_______天 体重：_______公斤 身高：_______厘米
本次妊娠情况：自然受孕：是□否□ 促排卵：是□否□ IUI：是□否□ IVF：是□否□
临床诊断：____
既往史：异体输血：□无□有 移植手术：□无□有 异体细胞治疗：□无□有 干细胞治疗：□无□有
家族史：____
不良孕产史：□无□有
若有，自然流产_______次；死胎_______次；新生儿死亡_______次；畸形儿史_______次
辅助检查：1. B超：□单胎 □双胎 □多胎 □异常____________
2. 筛查模式：□未做 □NT筛查 □早孕期筛查 □中孕期筛查
□早中孕期联合筛查 超声NT测定孕周：____周____天 NT测定值____mm
母体血清筛查风险：□高风险□低风险 □临界风险
21三体综合征1/_______18三体综合征1/_______
3. 夫妻双方染色体检查结果：
孕妇染色体核型：□未做□正常□异常____________________
丈夫染色体核型：□未做□正常□异常____________________
手机/电话：__________通讯地址：__________电子邮箱：__________
送检单位：__________送检医师：__________联系电话：__________
申请日期：_______年____月____日

关于规范有序开展孕妇外周血胎儿游离DNA产前筛查与诊断工作的通知（国卫办妇幼发〔2016〕45号）

4. 申请信息 经授权有资格开具申请单的临床医师的签名、申请时间等，如为外送样本，还应当注明送检机构的基本信息，包括名称、联系人、联系方式等。

（二）高通量测序检验项目申请

在精准医学中，临床参考的检测指标往往不是单一的生物学指标，而是一系列检测指标的组合，可能也不仅限于基因组学，还包括甲基化、转录组学、蛋白质组学和代谢组学等，临床实验室在开展项目时应当充分与临床沟通其需求，包括两个方面：①根据临床实际需要建立检测项目或检测项目组合；②检验项目的信息与临床医师沟通，即将检测内容、临床应用价值、适用人群、检测范围、应用的局限性等预先告知临床医师。

1. 根据临床实际需要建立检测项目或检测项目组合 建立何种检测项目或检测项目的何种组合，是临床实验室面临的第一个问题。高通量测序技术检测范围的广泛性，使得其可以同时进行全基因组、全外显子或靶向成百上千个基因检测，但是能检测很多是否一定要检测很多呢？美国CAP对19家提供肿瘤高通量测序检测的实验室进行调查，共涉及611个检测基因，有393个基因仅有1个或2个实验室提供检测，而且这部分基因突变极其罕见。3个实验室均检测的基因有54个，4个实验室都检测的基因有43个，没有一个基因是所有实验室都检测的[19]。这与检测肿瘤的类型、实验室的检测目的不同有关，同时也反映了高通量测序检测的复杂性。

实验室应当明确，检测应当围绕临床疾病诊疗的特定需求进行，而不是从技术需求出发。检测基因的选择与检测目的有关，检测目的则来源于临床需求。举例来说，如果对较常见的遗传病进行检测，如地中海贫血，那么只需对目标区域进行检测，甚至可能不需要采用高通量测序方法。如果对罕见遗传病进行未知突变的检测，这时可进行外显子组测序，例如，美国贝勒医学院在62个患者中采用Roche NimbleGen外显子捕获试剂盒进行全外显子组捕获，然后进行平均测序深度为130×的高通量测序，发现86个突变，其中83%的常染色体隐性等位基因和40%的X染色体等位基因变异为首次发现[20]。如果进行肿瘤靶向治疗基因突变检测，检测目的是寻找患者是否带有对靶向治疗药物敏感或耐药的突变，从而帮助临床选择最适合的治疗药物，这时优先选择包含临床意义明确或有潜在临床意义突变的基因，对临床意义不太明确和完全不明确的基因不建议进行检测，因为这些基因对指导临床用药没有临床价值。美国医学遗传学与基因组学学会发布的高通量测序检测指南也指出，没有临床意义的基因不建议纳入检测当中[21]。检测基因越多，越会在建立方法时增加错误的可能，同时造成资源的浪费。如果一定要对临床意义不明的基因进行检测，需与临床医师沟通对这部分基因检测的目的，在经过患者知情同意的情况下开展，而且要在报告结果时注明仅供研究使用。

目前高通量测序方法也开始出现一些直接针对消费者（direct to consumer，DTC）的检测项目，例如，2018年3月7日美国FDA批准了23andMe针对*BRCA*基因3种突变（不是白种人人群中最常见的突变）检测的DTC产品，该产品为国内一些厂家所津津乐道，认为这说明了消费级产品的可用性。首先，23andMe的消费级产品所进行的检测指标是基于一定临床证据的，并在FDA的监管下进行，同时限制了其使用范围，并提示不建议消费者根据该检测做出治疗决定。其次，在检测结果缺乏有效解读的情况下，对消费者，特别是没有家族史的健康人群有多大临床意义有待于探讨。在我国，网络上和体检中心也充斥着各种营销式的所谓“消费级检测”。这种检测和美国FDA批准的消费级检测具有本质区别：①完全没有临床依据。例如“天赋基因”、所谓的“疾病风险预测基因”、“早期肿瘤基因”检测等，其结果对诊断、治疗和预后判断等完全没有临床指导价值；②虚假宣传检测的意义，欺骗消费者；③检测全过程无法追溯。例如，检测试剂的生产过程是否可控？检测过程是否有记录？消费者的样本是如何保存和处理的？检测数据的安全性和消费者的隐私如何保证？商家是否真的进行检测都无从考证。当然，有些消费者对此类检测抱有娱乐心态，但是对有些消费者可能造成不可预知的困惑或伤害，甚至成为诈骗的工具。医疗机构应禁止开展此类检测项目。

2. 检验项目的信息与临床医师沟通　有了检验项目后，让临床医师在正确的时间、为正确的目的、对正确的患者人群申请该检验项目，是临床实验室需要解决的第二个问题。因为是否申请该项目检测、在什么时间申请该项目检测，要由医生根据患者的情况做出决定，而如果医师不了解详情，就很可能做出错误的选择。

（1）正确的时间：外周血胎儿染色体非整倍体高通量测序检测，通常建议妊娠 12 周以后进行血液采集，此时孕妇血浆中胎儿游离 DNA 含量可达到检出水平，如果早于 12 周，可能由于胎儿游离 DNA 含量过低，造成检测失败或假阴性结果。

（2）正确的目的：临床实验室应当将不同基因或不同组合项目的指导意义告知临床医师。同样是基因突变或基因多态性检测，有多种临床预期用途，如治疗应答预测（*EGFR* T790M 突变预测吉非替尼耐药、*CYP2D6* 指导他莫昔芬治疗乳腺癌用药剂量）、预后判断（转移性乳腺癌预后相关基因 *ERBB*2 扩增或过表达）、肿瘤遗传易感性（乳腺癌和卵巢癌易感基因 *BRCA1* 和 *BRCA2*、黑色素瘤和胰腺癌易感基因 *CDKN2A* 和 *CDK4*）等。实验室也应告知临床医师检测的内容和检测局限性，如采用高通量测序进行肿瘤靶向治疗基因突变检测，应向临床医师明确说明可检测的基因、具体的检测范围和突变类型等。例如，染色体非整倍体的游离 DNA 检测，仅用于 21、18、13 三体遗传异常的筛查，在没有充分临床有效性证据的情况下，不用于其他检测（如其他常染色体或性染色体非整倍体、微重复和微缺失等），且对于 21、18、13 三体的产前检测只能作为筛查使用，染色体拷贝数变异、母体嵌合等均可能导致假阳性结果，阳性结果均需要进行介入性确认检测等。

（3）正确的人群：夫妇一方有明确染色体异常的不适用于胎儿染色体非整倍体游离 DNA 检测；采用高通量测序对单基因遗传病游离 DNA 进行检测，只能在有先证者和充分的遗传咨询情况下进行检测，检测结果不是对所有人群的筛查检测，是诊断性试验。

（三）患者的正确识别

患者的正确识别是非常重要的，是获得正确的临床样本的前提。在收集样本的容器上需要注明患者的唯一信息，通常情况下仅有患者的姓名是不够的，仍需要填写患者的住院号。在对患者进行取血或采样前，样本采集人员需要首先确定患者的身份。在对患者进行确认时，应准确核实患者的姓名、性别、住院号等信息。对于不能说话或意识不清醒的患者，应由相关陪同人员、医师或护士加以确认。如果有腕带，患者的腕带上通常附有上述信息，采血或取其他临床样本时样本采集人员应先确认这些信息。

需要注意的是，在临床样本采集过程中，将患者样本弄混弄错并不罕见，因此，临床实验室必须与样本采集人员共同商议建立严格的样本采集的 SOP，对样本采集人员进行必要的初次及持续培训，并密切关注样本的错误率，如在肿瘤基因突变高通量测序检测中，有肿瘤组织和血液配对样本时，可通过分析两者 SNP 的一致性，得到样本是否存在患者识别错误的信息。

二、知情同意

知情同意，即受检者有权利知晓自己的病情，并对医务人员采取的治疗措施和临床检测项目有决定取舍的权利。目前，知情同意已经被东西方医学界广泛接受，并得到受检者的认同。知情同意包括两个必要的、相互联系的部分：一个是知情同意文件，一个是知情同意过程。受检者的知情同意权，充分体现了对受检者人格尊严和个性化权利的尊重，也是伦理精神的体现，知情同意的主要作用是尊重受检者，保护受检者，预防其受害。接受高通量测序检测的不一定是患者，如风险预测的受检者可能没有临床表型，因此在这里称为受检者。高通量测序检测的知情权包括受检者有权选择他们希望了解哪些遗传检测结果；受检者有权选择对亲属、研究人员或第三方公开自己的哪些信息；父母有权选择了解子女的遗传信息等。高通量测序检测的知情同意是比较复杂的，因为这里涉及人的遗传信息检测（尽管高通量测序在病原微生物的检测中也有应用，但是对遗传信息的检测是目前最主要的应用）。

1. 遗传信息的特点 遗传信息具有几个与以往检测标志物不同的特点[22]：①每个人的遗传信息都是独一无二的（同卵双生除外）；②遗传信息可以预测疾病、对药物的敏感性等表型；③遗传信息通常终身不变（体细胞突变除外），而多数检测标志物都是一直在改变，如转氨酶、尿酸、血细胞计数等；④遗传信息只有通过检测才能获得，全基因组信息只有通过测序才能获得；⑤遗传信息的研究可能引起基因歧视等问题，在历史上就曾经出现过基于基因的“种族卫生”理论和“缺陷品种”思想；⑥遗传信息不仅会对个人产生影响，也可能对家庭、亲属都产生影响；⑦目前对于有些遗传信息的了解尚不清楚，随着科学的发展，对遗传信息的解读会发生改变；⑧带有遗传信息的样本很容易获得，唾液、毛发、血液样本中都可以提取DNA，并检测遗传信息。

美国临床肿瘤学会（American Society for Clinical Oncology，ASCO）在2003年对肿瘤易感性检测提出建议[23]，认为其受检者的知情同意应包括检测内容、阳性或阴性结果的临床意义；检测的局限性；如果不接受遗传检测，可以选择的其他方法；检测的优点，如方法的准确性和临床治疗或阻断的可决策性等；检测可能带来的风险，如由于某些异常的结果可能会受到歧视；检测相关的费用，包括检测本身和后续接受遗传咨询的费用等；实验室对信息的保密措施；检测产生的数据可能被使用，如可能被用于科学研究；如果后续需要追踪随访，应告知追踪随访的相关信息。

2. 高通量测序检测知情同意的内容 对于高通量测序检测，由于检测范围比以往遗传检测更广，有时会出现不能预测的检测结果，有的结果目前尚不能准确解读，尽管本书讨论的大部分是高通量测序检测在临床上的应用，但是有的临床应用还是具有部分研究性质，Ayuso等[24]在2013年建议高通量测序检测知情同意内容应包括以下方面。

（1）进行该检测的预期用途是什么？临床检测的预期用途应始终围绕疾病，包括疾病的筛查，如21三体综合征、18三体综合征和13三体综合征3种常见胎儿染色体非整倍体异常的筛查；诊断，如地中海贫血患者的基因诊断、检测病原体的传染病诊断等；治疗药物的选择，如非小细胞肺癌、结直肠癌和乳腺癌靶向治疗相关基因突变检测以指导临床用药等；疾病风险评估，如家族遗传性乳腺癌、卵巢癌的*BRCA1/2*基因变异检测；以及预后等。

（2）检测方法是怎么样的？该检测方法对相应上述临床预期用途有何优越性及局限性？在什么情况下可能产生假阴性或假阳性结果？阳性或阴性结果的临床意义是什么？

检测前要如何采集标本？患者需要做什么样的准备及配合？

（3）进行该检测对于临床诊断、治疗或预后可能有什么帮助？例如，有助于推荐更有效的治疗药物，有助于遗传病的诊断等。

（4）进行该检测可能产生什么不好的结果？例如，携带风险基因对有的受检者来说会产生精神压力，压力产生的程度根据不同受检者的心理情况可能不同；如果他人获知遗传信息，根据每个人对遗传知识了解的差异，可能会导致受检者受到歧视等。

（5）受检者可自行决定是否进行该检测。

（6）受检者可在什么时间范围内申请终止该检测？例如，检测开始前或检测报告发出前。

（7）受检者可以选择什么其他方法来代替该检测？例如，孕妇外周血胎儿染色体非整倍体异常检测，可以用超声联合生化标志物检测来代替，但是敏感性和特异性存在相应的差异，各自的优点和局限性是什么？结直肠癌靶向治疗相关基因突变检测，可以采用单基因检测方法，如可以采用实时荧光 PCR 来代替，但是需要的样本量、检测范围存在差异等。

（8）受检者的隐私信息会受到保护吗？例如，只有实验室被授权的人员才能有权限看到隐私信息，如果使用数据信息，应首先根据相关法规，如美国的《健康保险流通与责任法》（Health Insurance Portability and Accountability Act，HIPAA）进行“去识别化处理”（具体见本章第四节），但在我国相关的规则尚有待于建立；在经过受检者同意后才能够将检测结果告知他人（如亲属），或者用于科学研究。

（9）受检者的样本和检测数据会进行什么样的处理？例如，受检者的样本会保存多长时间，相应时间后根据相关法规（如《医疗废物管理条例》和《医疗卫生机构医疗废物管理办法》）进行处理；检测数据在本地保存，原始数据超过多少年将删除，受检者可要求获取原始数据，以便将来重新分析等。

（10）在进行全外显子和全基因组检测时，有时会出现与受检者申请检测适应证不符的致病性突变，如遗传病检测也可能检出药物代谢相关突变、肿瘤相关突变等（具体见本章第四节对“无关突变”结果报告的介绍），那么实验室对“无关突变”通常如何报告？受检者是否需要了解这部分突变信息？或者希望不被告知？

综上所述，知情同意书是知情同意过程中获得的结果，从这个意义上讲，知情同意过程比知情同意书更加重要。医生应向受检者介绍所进行的每一项检测的意义，以得到受检者的认同，同时便于受检者深入了解自身在接受一个什么样的医学检测过程。

三、样本采集、运送、接收和保存的一般原则

高通量测序检测中常涉及的临床样本有手术切除或活检组织、胸腔积液、腹水、脱落细胞、血浆、全血样本等，这些临床样本的处理和保存方法各不相同，由于高通量测序检测与一般的分子检测一样，都是对核酸（DNA 或 RNA）进行检测，因此核酸的稳定性、结构的完整性对检验结果有决定性的影响，同时，根据高通量测序检测自身的特点，在分析前质量保证环节有其特殊的要求，本部分重点介绍高通量测序检测特殊要求，其

他见《个体化医疗中的临床分子诊断》[17]。

临床实验室如果使用国家药品监督管理局批准的检测试剂，样本的采集、运送和保存应参考试剂说明书对样本采集的要求制订 SOP。例如，如果试剂说明书中要求使用血浆样本，那么就不要使用血清或胸腔积液、腹水等进行检测；如果试剂说明书要求血液样本采集后需在 6 小时内分离血浆，那么就要按此来制订样本采集和运送的程序，以满足此要求。目前高通量测序检测临床实验室更多地使用自建方法，实验室可参考指南的推荐或文献，决定采集标本的类型，并根据不同标本中分析物的稳定性及生物学特征等，制订样本的采集、运送和保存的 SOP，将其纳入到 SOP 的建立中，经过性能确认后，按照 SOP 规定的要求执行。

目前很多高通量测序实验室为第三方医学实验室，其并不直接采集患者样本，而是接收不同医疗机构检验科、病理科及各临床科室送检的样本。实验室通常对送检的样本"来者不拒"，完全忽视了样本采集、运送、接收和保存等环节的质量控制，有些实验室在结果报告单中注明"本检测结果仅对样本负责"，由此便认为分析前的质量控制与自己无关，这些都是非常错误的。即使是接收送检样本，也同样需要对分析前阶段进行质量控制。临床实验室应对接收的样本提出质量要求，建立样本采集和运送的标准操作程序，包括使用何种容器、使用何种样本保存液，样本采集的方法流程，采集中需注意的事项，样本运输条件，时间要求，生物安全要求，血液样本的量，是否需要离心，多长时间内需要进行多少转速或多少相对离心力（relative centrifugal force，RCF）的离心；肿瘤组织样本是否需要送检前进行病理学检查，对肿瘤细胞比例的要求等，同时实验室也需建立样本验收制度和不合格样本拒收制度等；样本接收后，如不能立即检测，应规定样本保存的条件及保存期限；检测完毕的标本，实验室也应保存一段时间，可根据不同项目的需要，决定保存时间及保存何种类型的样本（原始样本、已提取的核酸、经过反转录的 cDNA 样本等）。

（一）样本采集

实验室应向样本采集人员明确以下信息（如有可能体现在申请单中），具体包括采集时间、采集部位、样本类型、采集量、采样质量的要求、拒收样本的类型。

1. 患者准备 在对患者进行取血或采集其他类型样本前，检验人员需要首先确定患者的身份。在对患者进行确认时，应准确核实患者的姓名、性别、住院号等信息。对于不能说话或意识不清醒的患者，应由相关陪同人员、医师或护士加以确认。如果有腕带，患者的腕带上通常附有上述信息，采血或取其他临床样本时检验人员应先确认这些信息。

2. 样本采集和运送容器 样本采集时，应使用一次性无菌手套进行操作，所用的材料如注射器、棉签、拭子等均应为一次性使用，运输容器应为密闭的一次性无 DNase 和 RNase 的装置。采样所用的防腐剂、抗凝剂及相关试剂材料不应对核酸扩增及检测过程造成干扰。血液和骨髓穿刺样本通常需要先进行抗凝，抗凝剂的选择很重要。一般应使用 EDTA 和枸橼酸盐作为抗凝剂，肝素对 PCR 扩增有很强的抑制作用，而且在后续的核酸提取中很难去除，因此应尽量避免使用。如检测的靶核酸为胞内 RNA，试管内应含有一定量的 RNA 稳定剂。实验室对使用的采血管应进行性能确认，以确认采血管对样本的稳定性和检测结果没有影响。

3. 样本采集部位的选择　血液样本采集之前，采集人员应该按照严格的消毒规程对欲采血部位进行彻底消毒，凡位于体表的浅静脉均可作为采血部位，通常采用肘静脉，肘静脉不明显时，可用手背静脉或内踝静脉。幼儿可于颈外静脉采血。采血处应避免皮肤红肿、溃疡等现象。痰样本采集前必须先用清水漱口，去除口腔杂菌的污染；气管穿刺获取痰液仅适用于昏迷患者，由临床医师进行，并注意对穿刺周围皮肤的消毒；纤维支气管镜抽吸，通常在给患者行纤维支气管镜检查时抽取。选取肿瘤组织进行突变检测时，活检取材部位由临床医师决定，通常选择最易获得的肿瘤组织。

4. 样本类型和采集量　对样本类型和采集量的要求不是一概而论的，而是取决于检测方法，不同的检测方法对样本的要求不同。这一点适用于所有的分子诊断方法，但是高通量测序检测的复杂多样性也使其更加突出。

以肿瘤体细胞突变高通量测序检测为例，实验室需要的样本量与多个因素有关，包括建库的方法、测序所需要的最低文库量、最低检测限等。对于建库方法，杂交捕获法需要的 DNA 起始量通常高于多重 PCR 法；对于最低检测限，最低检测限为 1% 的方法需要的 DNA 量通常要高于最低检测限为 5% 的方法。例如，样本中为 10ng 的 DNA，每个细胞含 6.6pg 的 DNA，则为 1515 个细胞，如果按最低检测限为 5% 来计算，实验室需要具有在 75 个细胞（1515×5%）中可靠地检出基因突变的能力；同样是检测 1515 个细胞，如果按最低检测限为 1% 来计算，则实验室需要具有在 15 个细胞（1515×1%）中可靠地检出基因突变的能力。这里的计算是基于细胞提取、捕获建库或 PCR 扩增均没有损失，或者达到 100% 效率的情况下。如果增加 5 倍的样本量，从概率上说更容易实现突变的检出，因为含有突变的肿瘤细胞的绝对数量也增加了 5 倍。当然提高测序深度也可以提高检测低频突变的能力。总之，对 DNA 起始量的要求，是由整个检测系统决定的，实验室在建立方法时，需要通过性能确认来验证需要多少 DNA 起始量才能满足检测要求，继而决定对样本采集量的要求。

实验室检测的样本类型也与检测方法有关。检测方法不同，采集的样本也可能不同。例如，实验室进行肿瘤体细胞突变检测，如果只对热点（hot spot）突变进行检测，这部分突变临床意义明确，在正常人群不存在，那么可以只对肿瘤标本进行检测。但是如果检测所有体细胞突变，为正确识别体细胞突变，与人基因组 DNA 胚系突变相区分，需要采用肿瘤 - 正常样本配对检测，即以同一患者的正常组织或白细胞的基因组 DNA 作为背景 DNA（constitutional DNA），并将肿瘤组织 DNA 的测序结果与之比较相同突变或基因多态性进行减除。例如，MSK-IMPACT 采用肿瘤组织 / 周围的正常组织进行肿瘤 - 正常样本配对检测；也有实验室采集全血样本作为正常样本配对检测。有实验室认为，如果有完善的人群 SNP 数据库、准确的生物信息学分析，理论上可以只对肿瘤样本进行检测。最近的研究表明，造血细胞克隆可产生新的突变，如果不进行配对检测，这些突变会造成肿瘤体细胞突变的假阳性结果。例如，斯隆凯特琳癌症研究中心对 17 469 例肿瘤患者的检测结果表明，5.2% 的患者至少有一个造血细胞克隆相关的突变，所有检出的造血克隆突变（血液和肿瘤组织样本均检出）中有 98.7% 的突变是人群 SNP 无法过滤的[25]。因此，如果实验室检测所有体细胞突变，采用配对样本是非常必要的。

5. 样本采集中防污染 样本采集需要使用密闭的、一次性采样容器，样本采集所用的材料如注射器、棉签、拭子等应为一次性使用，运输容器应为密闭的一次性无菌装置，并确保无核酸酶。例如，在使用石蜡组织切片进行检测时，有些实验室仍同以往形态学镜下观察制备切片一样进行操作，不但重复使用同一刀片进行切片而且不同石蜡组织样本切片之间也不清洁刀架及碎屑，在铺片时，不同切片均在同一水浴中进行等，这样会导致样本之间交叉污染的发生。在高通量测序检测过程中，如果在加标签后发生污染，尽管结果无效，但有可能通过无模板质控品的室内质量控制，或者生物信息学分析识别；但如果在 DNA 加标签前发生污染（包括取样、预处理、提取等步骤），那么污染难以通过上述分析发现，从而将由于污染所致的错误检测结果报出，因此严格避免检测过程中的交叉污染对保证结果的准确性非常重要。例如，在取样时，不要同时将所有样本的盖子打开，而应打开一个，取样后盖好，再打开另一个取样，依次进行，以避免样本间的交叉“污染”。

（二）样本运送和保存

1. 样本运送和保存中的生物安全 样本一经采集，应尽快送到检测实验室，尤其是当样本采集区温度超过 22℃时，须及时将样本送往高通量测序实验室。应由专人送检，负责样本运送的人员应进行培训，掌握相关要求。

在运送工具的选择、样本的保存环境等方面应按照实验室 SOP 执行。运送过程中应防止样本容器破碎和样本丢失，注意样本的隔离、封装，容器的密闭。特别是对有高生物传染危险性的样本，应同时注意生物安全，严密包装，防止意外发生。盛放样本的容器中应该注明样本采集的日期和时间、运送时间、实验室接收时间、实验室接收时样本所处容器的内部温度。

样本的长距离运送应符合生物安全要求，具有高度传染性和严重危害公众健康的病原体运送更应该严格要求。采用三层容器对样本进行包装，随样本应附有与样本唯一性编码相对应的送检单。送检单应标明受检者姓名、样本种类等信息，并应放置在第二层和第三层容器之间。第一层容器：直接装样本，应防渗漏。样本应置于带盖的试管内，试管上应有明显的标记，标明样本的唯一性编码或受检者姓名、种类和采集时间。在试管的周围应垫有缓冲吸水材料，以免碰碎。第二层容器：容纳并保护第一层容器，可以装若干个第一层容器。要求不易破碎、带盖、防渗漏、容器的材料要易于消毒处理。第三层容器：容纳并保护第二层容器的运输用外层包装箱。外面要贴上醒目的标签，注明数量、收样和发件人及联系方式，同时要注明“小心轻放、防止日晒、小心水浸、防止重压”等字样，还应易于消毒。干血斑（dried blood spot，DBS）样品可室温（18 ～ 25℃）运送。每一件包装的体积以不超过 50ml 为宜。

2. 样本运送温度和时间的要求 在此仅介绍样本运送温度和时间的一般要求，以下关于 DNA 的部分指人基因组 DNA 或病原体 DNA，不适用于游离 DNA，游离 DNA 的相应要求见本节“各临床样本的采集、运送、接收和保存”部分。

对于靶核酸为 DNA 的样本，如果在无菌条件下采集，可以在室温下运送，建议采集后，8 小时内送至实验室。当欲检测的靶核酸为 RNA 时，如果样本能够在 10 分钟内运送到实验室，则可室温运送；如所需运送时间较长，则应将样本置于冰上，必须保证样本与冰屑充分接触，且冰屑应达到样本的高度，建议采集后 4 小时内送至实验室。如果样本中加入稳定剂如异硫氰酸胍盐（guanidinium isothiocyanate，GITC），在确认样本稳定的情况下，可在室温运送。

3. 样本保存温度和时间的要求　样本接收后，最好能立即进行检测，如果不能立即检测，必须对样本进行适当的保存，保存方式和期限视样本种类及检测目的不同而定。在此仅介绍样本保存温度和时间的一般要求，具体根据不同样本类型参见“各种临床样本的采集、运送、接收和保存”部分，以下关于 DNA 的部分指人基因组 DNA 或者病原体的 DNA，不适用于游离 DNA，游离 DNA 的相应要求见本节“各临床样本的采集、运送、接收和保存”部分。

通常而言，用于 DNA 检测时，样本可在 2 ～ 8℃保存 72 小时。用于 RNA 检测时，样本一旦采集送达实验室，如不能立即提取，应冻存于 -20℃以下条件。临床体液样本的长期保存（＞ 2 周）应保存于 -70℃。已提取纯化的 DNA 长期保存应置于 -20℃以下条件，已提取纯化的 RNA 最好在乙醇沉淀后保存在 -70℃。

四、各临床样本的采集、运送、接收和保存

（一）组织

1. 处理和保存　经手术切除和活检得到的组织样本制备成福尔马林固定石蜡包埋（formalin-fixed and paraffin-embedded，FFPE）标本，制备过程中使用的甲醛溶液是病理实验室最常用的组织固定液，为 37% 的多聚甲醛溶液，通常甲醛溶液使用浓度为 10%（即 4% 左右的多聚甲醛），其通过固定蛋白可很好地保持细胞形态，但是也会造成各种 DNA 交联、胞嘧啶脱氨（碱基 C 变为 T）、糖苷键水解导致末端碱基丢失，以及 DNA 片段化等，从而导致假阳性或假阴性结果。Williams 等[26] 报道在 FFPE 标本中阳性，而新鲜组织标本中阴性的突变，96% 都是 C-T 等的假突变。有研究发现，同一组患者 FFPE 和冰冻组织标本中，FFPE 标本的 *EGFR* T790M 阳性率为 41.7%，而冰冻组织标本仅 2.8%，其原因为 C-T 假突变导致了 *EGFR* c.2369C ＞ T（p.Thr790Met）的假阳性结果[27]。有临床实验室通过方法的优化来避免 FFPE 标本检测结果的影响。例如，提取时充分高温，可以有效减少交联，提高 DNA 的产量[28]；PCR 扩增前使用尿苷酶（UDG）处理，可减少 60% ～ 80% 的 C ：G ＞ T ：A 假突变[29]；在靶向富集时，使用短片段扩增，可以提高对片段化 DNA 的捕获效率，减少碱基缺失的影响，提高测序结果的可靠性[30]；在变异识别时，采用双端测序识别，或者标签溯源识别等，将有效减少单个碱基错误导致的假阳性[31] 等。

FFPE 处理的组织样本可在室温保存数年，而且通过切片和染色也易于观察，因此在临床普遍使用。相比较而言，冰冻组织样本提取的 DNA 不容易片段化，质量更高，但是采集和保存条件要求也更高。

2. 肿瘤组织大小　对高通量测序检测而言，选择足够数量的肿瘤细胞，保证提取

的 DNA 量能够满足检测要求是非常关键的。对组织样本大小的要求取决于实验室的检测平台和组织类型。一般来说，单个细胞中 DNA 量约为 6.6pg，以 Ion AmpliSeq Cancer Hotspot Panel 为例，最低 DNA 量为 10ng，约需要 2000 个细胞；如果某试剂需要 300ng DNA，则约需要 60 000 个细胞。如果肿瘤体积太小（＜ $10mm^2$），即使采用 10 ～ 20 张 FFPE 切片，也很可能无法提取到足够的 DNA[32]。不同组织中含有的细胞数不同，因此样本量的要求也取决于组织的来源。骨髓、淋巴结和脾等组织细胞数较多，样本的需要量相对较小。细胞含量较少的组织如肌肉、脂肪组织需要大于 1 ～ 2g，这种组织也不是临床进行基因组 DNA 检测的最佳选择。通常如果制备成 FFPE 样本，可能需要对多张石蜡切片进行提取，才能满足 DNA 要求。

3. 肿瘤细胞的比例 肿瘤细胞比例的要求取决于实验室检测平台。如果实验室高通量测序检测的分析敏感性为 5% ～ 10%，那么考虑到肿瘤的异质性及体细胞突变可能发生在其中一个等位基因上，因此组织样本中肿瘤细胞的比例应至少为 10% ～ 20%，否则很可能出现假阴性结果。那么如果实验室通过增加测序深度，使得分析敏感性达到 1%，那么对肿瘤细胞的比例要求可以相应降低 [33]。

4. 骨组织的脱钙 骨组织、骨肿瘤及钙化病灶中存有大量钙盐和无机盐，可影响使用常规方法制作切片，必须先用酸将钙盐除去，待组织软化后，才能进行常规制片。骨组织制片中脱钙是重要环节，也是技术难点。脱钙液通常含有一种强酸（硝酸或盐酸）、一种弱酸（苦味酸、醋酸或甲酸）或一种螯合剂（EDTA）[34]。在脱钙前，需要进行固定以保护组织的成分。使用强酸脱钙可以最快地去除骨组织中的钙盐，但是同时会破坏组织，并且降解 DNA，不利于高通量测序检测，特别是通过多重 PCR 建库的方法 [35]。弱酸脱钙尽管较慢，但相对温和，对组织和 DNA 的破坏较小。例如，使用甲酸脱钙，脱钙过程中可以通过肉眼或影像监测脱钙情况，以达到理想状态。研究报道，采用甲酸脱钙，用 Ion Torrent 测序平台，高通量测序检测成功率超过 70%[32]。螯合剂脱钙速度很慢，可能需要数周，限制了其在临床实验室的使用 [35]，但是对组织和 DNA 破坏极小，适用于高通量测序检测。具体使用何种脱钙方式，实验室可根据报告结果时间要求、检测平台、检测质量等综合考虑决定。

实体肿瘤高通量测序检测分析前因素总结见表 8-4。

表 8-4 实体肿瘤高通量测序检测分析前因素 [32]

分析前因素	可能的影响
组织处理和储存	**福尔马林固定石蜡包埋样本：**
	组织学评估的标准样本
	可室温长期保存
	甲醛溶液固定导致 DNA 片段化
	通过 HE 染色可估计 FFPE 切片中肿瘤细胞的比例
	冰冻组织：
	DNA 完整性好
	长期保存需置于 -80℃条件下
	无法准确估计组织样本中肿瘤细胞的比例

续表

分析前因素	可能的影响
肿瘤组织大小	取决于实验室的检测平台和组织类型
组织样本采集方式	**手术切除组织样本**：组织较大 **穿刺活检样本**：大小不一
肿瘤细胞的比例	肿瘤细胞的比例要求取决于实验室的检测平台及方法
骨组织脱钙	**强酸脱钙**： 快速 可进行组织学评价 不适合多重 PCR 建库的高通量测序方法 **弱酸脱钙**： 较慢 可进行组织学评价 适合多重 PCR 建库的高通量测序方法 **螯合剂脱钙**： 极慢 适合组织学评价 适合高通量测序检测

（二）血浆

血浆是高通量测序检测中重要的样本类型，其最大的特点是检测的不是人基因组DNA，而是血浆中的游离 DNA。游离 DNA 目前在临床上主要用于无创产前和肿瘤领域，尽管实时荧光 PCR 和数字 PCR 方法也可用于游离 DNA 检测，但是无创产前检测在临床的广泛应用主要起源于高通量测序的使用，而在肿瘤领域，由于检测通量高和多基因检测的特点，高通量测序也是重要的检测方法之一。

1. 游离 DNA 的发现　1948 年 Mandel 和 Metais 第一次发现了人血浆中存在游离 DNA（cell-free DNA，cfDNA）[36]；1977 年 Leon 等 [37] 在肺癌患者血浆中发现游离DNA，称为肿瘤游离 DNA（cell-free circulating tumor DNA，ctDNA）；1997 年卢煜明 [38] 在怀有男胎的孕妇血浆中分离并检出 Y 染色体序列，由此发现在孕妇血浆中含有游离胎儿 DNA（cell-free fetal DNA，cffDNA）片段，这些为 cfDNA 的临床应用提供了基础。

2. 游离 DNA 的来源和生物学特征　目前认为 cfDNA 主要来源于细胞凋亡，ctDNA有一部分也来源于坏死的肿瘤细胞。卢煜明等 [39] 通过对孕妇血浆 cfDNA 全基因组测序证实，cfDNA 片段分布与细胞凋亡产生的“ladder” DNA 分布一致，即主要为核酸酶消化的核小体单体及数倍于单体的片段。对健康人和肿瘤患者血浆 cfDNA 的研究也与此相似。总的来说，孕妇游离 DNA 片段主峰为 166bp，cffDNA 主峰为 145bp，ctDNA 主峰为166bp[40]，这与凋亡过程中核小体被降解的程度不同有关。

3. 血浆样本的采集、运送、接收和保存　在较早的时候，临床实验室专家对应当使用血浆还是血清用于游离 DNA 检测，曾有过不同意见 [41]。曾有研究表明，血清中游离DNA 浓度高于血浆 [42-46]，但后来证实这是由于在凝血过程中部分白细胞裂解，释放少量人基因组 DNA 所致 [47]，也就是说，使用血清样本会导致真正的游离 DNA 被人基因组

DNA 稀释，从而浓度进一步降低。目前较为公认的是，血浆是进行游离 DNA 检测最理想的样本 [48]。因此后续仅介绍血浆样本的采集、运送、接收和保存。

由于肝素可抑制 PCR 反应，因此不能作为抗凝剂使用。对肝素、枸橼酸钠和 EDTA 的比较表明，EDTA 是用于游离 DNA 检测进行血液样本采集最佳的抗凝剂，可保证游离 DNA 稳定 6 小时 [47]。因此通常建议采用 EDTA-K3 抗凝管进行样本采集。此外，使用含有稳定剂的采集管，如 Streck BCT 管，由于其可稳定母体白细胞不发生裂解，因此可保存采集的血液在室温稳定长达 14 天，而不影响游离 DNA 的浓度和 DNA 质量 [49]。下面介绍的均为实验室应用最普遍的 EDTA- K3 抗凝管进行样本采集、运送、接收和保存的要求，其他不同的采血管可参照厂家建议或相关研究资料。

（1）采集：采集血液样本时应注意避免溶血。研究表明 [50]，发生溶血的血浆样本，组蛋白水平增加。在采集样本后需要对血液样本进行血浆分离处理。目前推荐的处理方法为：进行两次离心，第一次为 1600*g* 离心 10 分钟，第二次为 16 000*g* 离心 10 分钟，而以往临床血浆的分离通常仅进行 1000*g* 左右的低速离心，这是用于游离 DNA 检测的血浆样本采集和处理的特点。研究显示，仅进行一次低速离心，不能够去除血浆中的所有细胞，而采用两次离心（第一次为 1600*g* 离心 10 分钟，第二次为 16 000*g* 离心 10 分钟），能够彻底去除血浆中的细胞（可达到 0.2μm 滤器进行血浆过滤的同等效果）[51]，因此进行两次离心是非常必要的。血浆分离最好在采集后 6 小时内完成，如果在样本采集处没有高速离心的条件，也可以先在第一次离心后暂时置于 -20℃或 -80℃条件下冻存，然后有条件时再进行第二次离心。在血浆分离前，血液样本保存在 4℃或室温条件下均可，避免血液样本发生剧烈振荡。如果在 6 小时内无法分离血浆，游离 DNA 的绝对数量没有改变，但是由于血液中白细胞 DNA 的释放，游离 DNA 的相对比例降低，此外，片段化程度也会有所增加。

（2）运送：采集样本后，于 4℃或室温运送至实验室，实验室需确保在采集后 6 小时内完成血浆的二次离心分离，运输过程中避免血液样本发生剧烈振荡。

（3）接收：实验室在血浆样本核酸提取后，进行高通量测序检测前，可对提取的游离 DNA 进行片段分布分析（目前实验室较多采用安捷伦 2100 生物分析仪），以监测是否存在大片段人基因组 DNA 污染，从而判断样本是否符合本实验室对样本的质量要求。如图 8-1A 所示，正常游离 DNA 应为 145bp 或 166bp 左右的单峰，并伴有少量的两倍、三倍核小体大小的片段，而图 8-1B 中有大量的大片段 DNA，可能来源于样本分析前过程中细胞破坏释放的人基因组 DNA。

（4）保存：血浆分离后，如果不能立即进行游离 DNA 提取，可放置在 -20℃或 -80℃条件下，如果可以提取，可暂时在 4℃保存 3 小时，游离 DNA 浓度和片段化程度均没有明显变化，37℃和室温保存均会对游离 DNA 浓度和片段化产生不同程度的影响，应避免血浆样本反复冻融超过 2 次 [52]。提取的游离 DNA 可保存在 -20℃或 -80℃条件，反复冻融不超过 3 次。根据游离 DNA 的检测项目不同，长期保存的条件也有所不同。如果游离 DNA 检测为浓度定量及片段化分析，应在 -20℃条件下保存已提取的游离 DNA 不超过 3 个月；如果是进行序列分析相关的检测，如肿瘤基因突变检测等，可在 -20℃或 -80℃条件下保存血浆或提取的游离 DNA 不超过 9 个月。

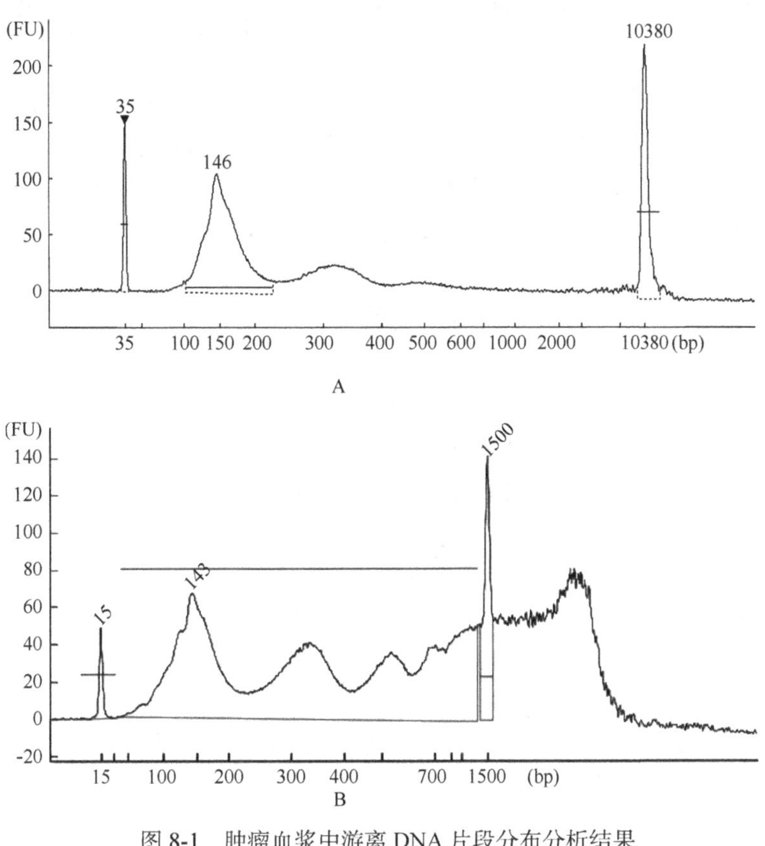

图 8-1　肿瘤血浆中游离 DNA 片段分布分析结果

A. 正常游离 DNA；B. 异常游离 DNA

4. 游离 DNA 的提取　游离 DNA 特殊的生物学特征也使得其在提取方面有与人基因组 DNA 完全不同的特点。由于 DNA 片段化，不同的提取试剂对小片段 DNA 的结合效率差别很大，因此不同方法提取游离 DNA 效率存在很大差异 [53]。有研究比较使用不同的血浆游离 DNA 提取试剂，同一份样本 cfDNA 量可低至 1.6ng/ml，最高可达 28.1ng/ml[54]。Malentacchi 等将一份健康人血浆在 53 家实验室进行提取，结果 cfDNA 定量结果为 2.87 ～ 224.02 ng/ml，仅有 12.5% 的实验室提取获得了理想的片段化 DNA（100 ～ 600bp）[55]。Fong 等采用 7 种提取试剂对相同体积血浆样本进行游离 DNA 提取，提取量最高可达 367.9ng，最低仅 8.9ng，且有 5 种试剂无法有效提取 100 ～ 400bp 大小的 DNA 片段 [56]，而血浆游离 DNA 大部分为 100 ～ 200bp。实验室应当重视游离 DNA 提取过程，评估提取试剂的有效性，不可用提取人基因组 DNA 的试剂进行游离 DNA 提取。欧盟实施的体外诊断分析前方法及程序的标准化及改进项目（standardisation and improvement of generic pre-analytical tools and procedures for in vitro diagnostics，SPIDIA）专门建立了游离 DNA 提取的室间质量评价，根据提取的 cfDNA 浓度和片段完整性来评价实验 cfDNA 的提取能力 [55, 57]。由此可见游离 DNA 提取在检测环节中的重要性。

第三节　高通量测序检测分析中质量控制

一般意义上讲，分析中质量控制通常包括实验室环境条件（分区、温湿度控制、防震、防尘等）、仪器设备的日常维护和定期校准、试剂方法的性能验证（批准的商品试剂）或性能确认（自建试剂方法）、人员培训及能力评估、标准操作程序的可操作性并全员遵循、室内质控及室间质量评价 / 能力验证及质量的持续改进等。

一、标准操作程序

2015 年 CAP 发布了针对高通量测序检测的 18 条 checklist[8]，其中"湿实验"和"干实验"过程的第一条都是建立标准操作程序，可见其对标准操作程序的重视程度。标准操作程序对于保证实验室检测结果具有核心作用，建立有可操作性的标准操作程序及全员遵循是实验室质量管理的灵魂[58]。实验室所有操作环节（包括人员、仪器、结果解释、数据管理等）的质量控制都通过质量管理和标准操作程序来实现。

质量体系是指实验室实施质量管理所需的组织结构、程序和资源。质量体系的基础是质量体系文件，是对质量体系的描述。质量体系文件主要由质量手册、质量体系程序文件、标准操作程序（SOP）、表格和报告等质量文件组成（图 8-2）。质量手册的基本定义是，阐明一个实验室的质量方针，并描述其质量体系的文件。例如，国家卫生健康委员会临床检验中心（以下简称临检中心）质量方针是"科学、公正、准确、及时、有效"，这 10 个字既是临检中心的质量目标、质量态度和对质量的承诺，也是对个人和单位的期望和要求。但要做到这 10 个字，需要采取一系列有计划的和系统的措施。质量手册的主要内容包括目录、批准页、前言、质量方针、组织结构、人员职责、实验室设施环境、仪器设备、溯源性、检验方法、样本管理、记录、报告等，是对上述各方面质量管理的一般性描述。程序文件则是对通用于整个实验室某些方面工作的文件化描述，主要包括实验室文件和档案等的管理、内审、管理评审、合同评审、预防措施、纠正措施、人员培训、投诉处理、保密、计算机安全、新项目开展、量值溯源、试剂仪器及实验用品的购买、样本管理、废物处理等方面。而 SOP 是最具体、最具有可操作性，也是使用频率最高的文件，与实验室的日常工作密切相关，如某个具体项目临床样本的收集、处理、保存、检测等，具体仪器的操作使用、校准和维护等。SOP 与程序文件之间的区别在于后者的原则性要强一些，针对的是一个系列或一个方面的工作，如果程序文件已明确叙述并很清晰，则不必再起草重复性的 SOP，如果特定程序文件未包括的，可在其涵括范围内补充一个或数个 SOP。临床基因扩增检验实验室的技术验收申请表重点提出的是对 SOP 的要求，少部分是程序文件，对实验室的质量手册未做要求，也是因为某

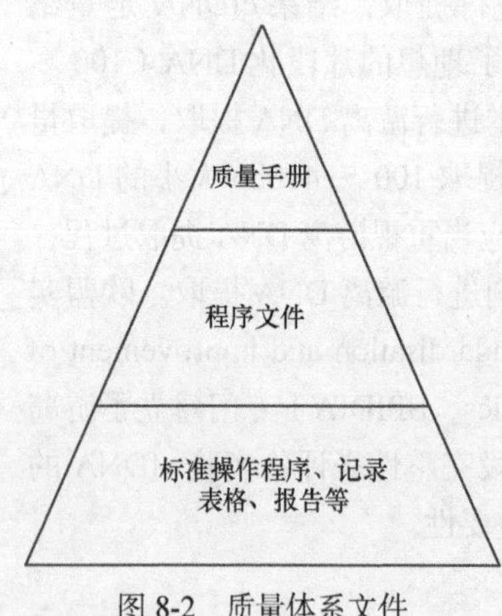

图 8-2　质量体系文件

一项目的检测仅是该实验室质量体系的一部分。在进行临床基因扩增实验室验收时，有时会看到该实验室的质量管理体系完全照搬其他实验室的情况。应该说，不存在两个实验室采用完全相同质量体系的可能，每个实验室都有自己特有的实验室设计、检测项目、检测方法、仪器平台、人员组成等，实验室管理者应当根据自身情况建立。

本节所描述的高通量测序检测 SOP，对大部分实验室而言，同样是实验室整体质量管理体系中的有机组成部分。在《实时荧光 PCR 技术》[58] 中，详细介绍了质量管理体系的建立和如何编写质量体系文件（特别是如何编写 SOP），质量管理的实质即“写你所应做的，做你所写的，记录你所做的和分析你所做的”，这一原则同样适用于高通量测序、仪器设备操作、人员培训、室内质控和室间质评等的 SOP 具体如何编写，此处不再赘述。这部分我们主要介绍高通量测序方法的建立和检测流程 SOP 的建立，临床实验室如何在高通量测序检测中做到“写你所应做的，做你所写的，记录你所做的和分析你所做的”。

实验室人员常不理解严格制订并在日常工作中遵循 SOP 的重要性，对于 SOP 存在很多疑问。例如，为什么一定要按照固定程序进行检测？不按照固定程序进行检测，结果就一定不正确吗？增加测序深度，检测的敏感性会提高，在实验室不考虑成本的情况下，对不确定的结果可以通过增加测序深度进行检测吗？在生物信息学分析过程中，IGV（integrative genomics viewer）上看到突变 reads，但是有的质量值不合格可以出报告吗？样本提取的 DNA 量不满足试剂要求，可以进行后续文库构建吗？什么情况下是一定不能出报告的？高通量测序检测得到特定突变阳性结果必须要进行确认试验吗？如果要进行确认试验，那么用什么方法进行检测确认才是正确的？对于高通量测序检测的 SOP 有没有强制性要求，比如什么是一定不能做的？什么是一定要做的？可不可以提供一个 SOP 的范本？我们会在“标准操作程序”这一部分逐一回答上述问题。首先要解决的是，为什么高通量测序要建立 SOP 并在整个检测过程中要求全员遵循 SOP 呢？

（一）建立并遵循标准操作程序的必要性

高通量测序实验室技术人员常认为只要实验室检测过程按照 SOP 操作就可以了，但是不一定需要遵循测序质量标准，尽管要求严格遵循制订的 SOP，但并不理解固定质量标准（如测序深度）的必要性。在这种情况下，实验室人员会产生错误的做法。例如，实验人员认为在测序中看到带有突变碱基的一个或数个 reads，便确定样本中含有该突变。在日常程序测序深度为 200× 时，有 10 个突变 reads，报告突变阳性；从而认为在 1000× 测序深度下，有 10 个突变 reads，同样也可以报告突变阳性。在临检中心组织的室间质评中，也经常出现实验室对于阳性判断值（cut-off value）以下的突变，在不经过其他方法确认的情况下，也照常报告阳性结果。这些都是错误的做法，说明这些实验室完全没有标准操作程序和性能确认的概念。因此在介绍高通量测序检测体系建立和性能确认之前，首先对临床实验室高通量测序定性检测 cut-off 值设定的原理进行说明。

1. 高通量测序定性检测 cut-off 值的设定 定性测定结果，顾名思义就是“有”与“无”

之分，在结果的报告上也就是“阳性”与“阴性”。要区别“阳性”与“阴性”，就必须在“阳性”与“阴性”之间有一条分界线，也就是“阳性判断值”（cut-off 值），这是定性测定报告结果的依据。但是，如图 8-3A（见彩图 16）所示，由于整个检测过程的每个环节都有系统偏差的可能，最终得到的结果实际上是各个环节偏差叠加后的结果，因此高通量测序的结果不是截然的“阳性”或“阴性”，而是“阳性”或“阴性”的可能性。cut-off 值向左或向右移动都会导致假阳性或假阴性结果的增加或降低。例如，某临床实验室进行肿瘤体细胞基因突变检测，如果将 cut-off 值从基因突变频率的 5% 调整为 2%，此时出现假阳性的可能性更高。同样的，临床实验室如果希望减少检测的假阳性，可以把 cut-off 值提高至 10%，但同时会漏掉更多的阳性样本，即检测的假阴性增加。因此，cut-off 值的设定，就是尽可能保证正确突变最大限度地检出，同时避免错误突变结果的报告。从图 8-3A（见彩图 16）中，我们也能看出，无论 cut-off 值如何设定，都无法保证 100% 正确的检出，在突变频率接近 cut-off 值的情况下，错误的可能性最大。尽管现在有一些方法通过加入标签来提高测序的准确性，但也只是将假阳性和假阴性尽可能降低，特异性和敏感性尽可能达到最好。

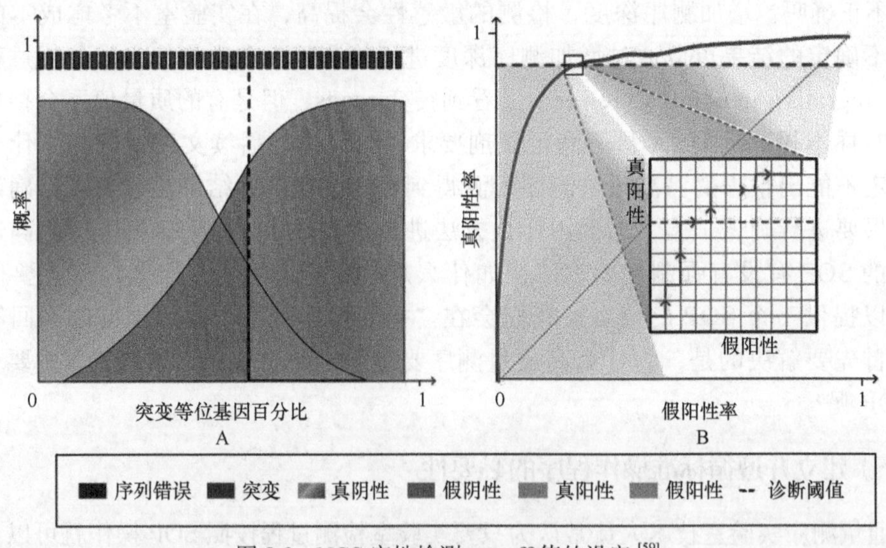

图 8-3 NGS 定性检测 cut-off 值的设定 [59]

A. 体细胞变异检测；B. ROC 曲线

测序深度的改变也可影响检测性能。例如，按照性能确认设定有效测序深度为 200× 时，有 10 个突变 reads，报告突变阳性，在不考虑概率及其他因素的情况下，认为突变频率 = 突变 reads/ 测序有效 reads（按照 200 计算）×100%=5%；在 1000× 测序深度下，有 10 个突变 reads，突变频率 = 突变 reads/ 测序有效 reads（按照 1000 计算）×100%=1%。如图 8-3A（见彩图 16），同样产生 10 个突变 reads，后者假阳性的可能性大为增高。有的实验室认为，在实际工作中，也有这种阳性结果最后证实确实为真正的突变的例子，那是因为确实存在真阳性的可能。但是，测序深度的改变首先改变了实验室性能确认得到的分析性能（如敏感性和特异性），也使得检测的可靠性发生改变。例如，假阳性率为 50%，与假阳性率为 1% 的试剂相比（表 8-5），在人群突变率为 1% 的情况下，后者的阳性预测值为 50%，而前者的阳性预测值仅为 1.96%，也就是说阳性结果证实为真阳性的结果在 100 个中仅为 1.96 个。所以，临床实验室看起来只是增加了测序深度一个条件，但是影响的却是整个试剂体系的检测性能，如假阳性率的增加，以及阳性预测值的降低。这也是各种高通量测序指南提出，如果实验室改变了检测条件和质量参数，需重新对方法的检测性能进行确认的原因。

表 8-5　不同特异性的高通量测序试剂阳性预测值和阴性预测值比较

结果	试剂 1		试剂 2	
	检出（+）	未检出（-）	检出（+）	未检出（-）
+	990	10	990	10
-	990	98010	49500	49500
敏感性	99%		99%	
假阴性率	1%		1%	
假阳性率	1%		50%	
特异性	99%		50%	
PPV	990/（990+990）=50%		990/（990+49500）=1.96%	
NPV	98010/（98010+10）=99.99%		49500/（49500+10）=99.98%	

实验室需要清楚，在临床常规工作中，要求的不是一次或部分可重复的结果，而是能够完全重复的最佳检测性能。最佳检测性能指的是，能最大限度地满足临床需求的性能。例如，如果实验室 A 进行肿瘤体细胞基因突变检测，在日常程序中对每种检测结果为阳性的位点都采用另一种方法确认（如另一种高通量测序检测），那么实验室 A 希望方法具有很高的敏感性，特异性可以较低，因为另一种检测方法可以弥补低特异性带来假阳性高、阳性预测值低的问题。所以，高敏感性就是实验室 A 追求的最佳检测性能。如果实验室 B 仅采用一种高通量测序试剂检测，此时如照搬实验室 A 追求高敏感性的方法，那么实验室 B 就不具有最大限度地满足临床需求的最佳检测性能。因为大量的假阳性，低阳性预测值，会给临床疾病诊疗带来严重困扰，甚至没有太大的临床指导价值。对于实验室 B，单一方法的检测需要更高的特异性。同样的，有的实验室本身设定，突变 reads 数≥ 10 个报告阳性，但实际检测中，不足 10 个，也会选择报告，这实际上是改变 cut-off 值的另一种表现，即降低 cut-off 值，以提高灵敏度，增加假阳性率。又如，实验室本身设定的质量标准，符合要求质量值的碱基百分比（如 Q20 百分比）需＞ 95%，但检测时，由于样本质量或建库的原因，Q20 百分比仅 90%，有的实验室人员遇到这种情况，会无视制订的质量标准要求，仍然继续进行后续的结果分析和报告，并且在最后的报告中也没有对该情况的说明。实际上，如图 8-3A（见彩图 16）所示，Q20 比例较低时，测序的错误率会升高，假阳性率也随之升高。

2. 使用 ROC 曲线设定 cut-off 值　ROC 是英文 receiver operating characteristic 的缩写，可直译为接收机工作特性，其最初主要用于通信领域。在临床实验室领域，ROC 不仅可用于不同实验方法之间的比较，而且可用于对实验项目临床准确性的评价，以及决定正常和异常的分界点。ROC 曲线描述的是特定实验方法的灵敏度（真阳性率）（true-positive rate，TPR）[= 真阳性数 /（真阳性 + 假阴性）] 与假阳性率（false-positive rate，FPR）[= 假阳性数 /（假阳性 + 真阴性）] 之间的关系，即以 FPR 为横坐标、TPR 为纵坐标所作的一条曲线（图 8-3B，见彩图 16）。根据这种关系，可确定区分正常与异常的分界点究竟在何处最为合适。ROC 曲线越向左上偏，则曲线下的面积越大，其识别能力即临床准确性越高。临床实验室可以通过假设不同 cut-off 值计算真阳性率和假阳性率来建立 ROC 曲线，选择最佳的 cut-off 值。

（二）高通量测序检测标准操作程序的建立

建立高通量测序检测通常包括核酸提取、片段化、文库制备、加入标签、混样、测序、生物信息学分析和结果报告等步骤，目前应用于临床的高通量测序检测试剂或系统分为两大类：经过国家药品监督管理局批准的商品化试剂或系统和实验室自建方法。在这里需要说明的是，LDT 有 3 种情况：①实验室通过购买试剂原材料，如引物、探针、扩增缓冲液、酶等，进行片段化、文库建立、测序并建立生物信息学分析系统。②未经国家药品监督管理局批准的商品试剂盒，即试剂、生物信息学分析完全采用商品化试剂，但试剂没有经过国家药品监督管理局批准。③实验室使用国家药品监督管理局批准的商品试剂盒，但是对其中的组分、操作或结果判断标准进行了修改。无论使用国家药品监督管理局批准的试剂，还是 LDT 试剂，实验室都需要建立严格的 SOP，不能随意改变。使用国家药品监督管理局批准试剂的实验室应根据试剂盒说明书建立检测的 SOP；使用 LDT 试剂的实验室需要首先建立试剂配制的 SOP，然后建立使用的 SOP。这部分的核心即“写你所应做的，做你所写的”。

1. “湿实验”标准操作程序的建立 高通量测序实验室会购买核酸提取试剂盒、文库制备试剂盒、通用测序反应试剂盒等，或者自行设计富集区域，合成相应的引物探针等，并且建立生物信息学分析的流程。那么实验室相当于自行制备了一个试剂盒，因此对试剂盒中所有试剂原料的来源、试剂配制的过程、基因检测的区域、仪器、软件及版本、对照品、室内质控等均需详细说明，以保证检测的各个环节可查可追溯，并进行详细记录。例如，进行靶向测序，在测序前要进行靶向捕获，捕获方法可能是杂交捕获法，也可能是多重 PCR 法。无论什么方法，实验室都需要在 SOP 中说明捕获的区域，包括可检测的基因（检测基因的一部分，需要说明基因的哪些外显子或区域），使用的靶向富集试剂，包括引物和探针等。除试剂配制的 SOP 外，还需要有检测过程的 SOP，并且每次检测都按照 SOP 来进行。临床实验室如果使用不同的样本类型，如活检组织、FFPE 样本、血浆样本，则需对每一种样本建立标准操作程序，FFPE 样本、血浆样本等在分析前、分析中过程均存在较大差别。

2. “干实验”标准操作程序的建立 “干实验”过程是高通量测序的一大特点。“干实验”过程由分析软件和算法组成，并且按照一定的流程进行。“干实验”是很多分子诊断实验室人员比较陌生的环节，其实每个软件和算法可以理解为传统检测的试剂或试剂盒，一定的分析流程对应传统检测的检测步骤，参数的设定对应传统检测反应条件的设置。因此，"干实验"过程与"湿实验"一样，也需要建立分析流程的SOP，通常来说，"干实验"包括测序数据的质控、数据比对、变异识别、变异的注释和解读。在建立"干实验"流程时，实验室先选择软件和算法进行组合来实现相应的功能，在此过程中，实验室需要使用已知结果的数据或模拟数据进行参数的调整和设定，并且确定一个整体的分析流程。然后采用更多的样本和数据进行性能确认，包括对点突变、缺失、插入、融合基因和拷贝数变异等不同突变类型的分析敏感性、分析特异性和重复性等。如果实验室认为建立的分析流程达到理想的性能指标，那么应该将分析流程建立成SOP，包括软件/算法、软件/算法的版本、分析参数、质量标准、数据库等，其目的是使数据分析具有可重现性和可溯源性。

"干实验"由于是软件操作，在日常检测时实验室人员往往更容易忽视"写你所应做的，做你所写的"。例如，实验室更换了建库试剂盒，通常会对SOP进行变更，但是如果软件算法做了修改，或者升级了新版本，可能不做修订。尽管软件版本的变更，实验室不需要重新进行性能确认，但是新版本的算法与旧版本有所不同，数据的重现性一定会受到影响，软件、版本、参数和数据库的改变，如同实验室更换了试剂盒，改变了反应条件，都需要对SOP进行修订，并注明修订时间，使每个数据结果都有据可查。

3. 质量标准的建立　在高通量测序中，需建立测序的质量标准，而且所有的性能指标均在相同的测序质量标准下进行评价。重要的质量标准有：测序深度、覆盖均一性、碱基识别质量值、比对质量值等。临床实验室需建立自己的质量标准，并在每一批检测过程中始终监测并记录，规定可接受的和不可接受的质量值，不符合质量标准的结果为检测失败，并在SOP中建立检测失败的进一步处理方法。质量标准一旦建立，临床实验室在所有的检测过程中均需在此条件下进行，不得随意改变。例如，实验室在建立LDT和性能评价时，要求的最低测序深度为500×，基于此质量标准，检测下限（检测突变等位基因百分比）为5%，那么在临床检测中，最低测序深度为500×的结果为有效结果，如果怀疑临床样本中有低于5%的突变，也不得随意增加测序深度。可评价更高测序深度下方法的检测性能，进行确认后，在SOP中建立采用该方法进行补充检测的程序。也可要求重新采集样本或建立采用其他更敏感方法重复检测的程序。

下面对高通量测序部分质量标准进行介绍，实验室可根据自身情况，如检测项目、富集方法、检测区域（如全基因组测序、全外显子组测序和靶向测序）等，建立相应的质量标准。

（1）样本制备、文库制备和上机测序样本量的监测：样本制备后，需要监测核酸浓度、核酸纯度和核酸的片段分布，因为高质量没有污染的核酸是高通量测序检测成功的前提条件。常用的监测核酸质量的方法有两种，①毛细管电泳（capillary gel electrophoresis），在监测片段分布和对文库质量评估中最为常用，如安捷伦生物分析仪（Agilent Bioanalyzer），特别是在进行游离DNA检测时，样本有可能在分析前过程中，存在细胞内释放的人基因组DNA的污染，由于游离DNA以166bp左右的小片段为主，因此如果毛细管电泳结果含有大量大片段DNA，样本质量即不符合要求。②荧光计，如Thermo Fisher Scientific Qubit Fluorometer和NanoDrop等。通过荧光进行定量，用于测定DNA或RNA的量和纯度，并在实验过程中监测核酸的质量。例如，纯度较好的DNA，

其 $OD_{260/280}$ 应为 1.6 ～ 2.2，$OD_{260/230}$ 为 1.6 ～ 3.0。

实验室应在方法性能确认中确定进行文库制备的 DNA 上样量（DNA input）和文库制备后进行杂交捕获上样量的要求，可采用实时荧光定量 PCR 或数字 PCR 对文库进行定量。因为上样量可影响检测的成功率，FoundationOne CDx（F1CDx）曾采用 5 个样本，使用 6 个不同量的文库构建前 DNA 和 6 个不同量的杂交捕获前 DNA 进行检测，每个样本每个上样水平重复 3 次，结果表明，在实验室设立的上样量标准内（文库构建前 DNA 上样量为 50 ～ 1000ng，杂交捕获前 DNA 文库加入量为 0.5 ～ 2.0μg，检测成功率为 93.34% ～ 100%，检测一致性为 99.5% ～ 100%，而高于或低于该浓度范围时，检测成功率和检测的一致性均有不同程度的下降，尤其当杂交捕获前 DNA 文库加入量为 0.375μg 时，检测失败率高达 80%（12/15）以上，0.25μg 所有样本检测结果均失败（表 8-6）。对于测序，文库上样量太高，会导致测序质量下降，上样量太低，测序深度和数据量达不到要求。

表 8-6　不同环节 DNA 上样量对检测的影响

检测环节	上样量	失败次数	一致的突变数量	总突变数量	一致率（95%CI）
文库构建前	25 ng	1/15	184	184	100.0%（98.0%，100.0%）
文库构建前	40 ng	0/15	192	192	100.0%（98.1%，100.0%）
文库构建前	50 ng	0/15	191	192	99.5%（97.1%，100%）
文库构建前	1000 ng	0/15	192	192	100.0%（98.1%，100.0%）
文库构建前	1200 ng	0/15	191	192	99.5%（97.1%，100%）
文库构建前	1500 ng	0/15	190	192	99.0%（96.3%，99.9%）
杂交捕获前	0.25 μg	15/15	0	0	所有样本均检测失败
杂交捕获前	0.375 μg	12/15	30	30	100.0%（88.4%，100.0%）
杂交捕获前	0.5 μg	1/15	166	166	100.0%（97.8%，100.0%）
杂交捕获前	2.0 μg	0/15	192	192	100.0%（98.1%，100.0%）
杂交捕获前	2.5 μg	0/15	192	192	100.0%（98.1%，100.0%）
杂交捕获前	3.0 μg	0/15	192	192	100.0%（98.1%，100.0%）

（2）测序数据分析：下文列举了 8 种常见的数据分析质量标准。

1）覆盖深度（depth of coverage）：指用于特定区域碱基识别的有效核酸测序片段，又称读段（reads）数目。为保证碱基识别的可靠性，高通量测序采用多次测序，因此会产生多个测序 reads。理论上说，针对某一区域的覆盖深度在一定范围内增加，可提高该区域位点的可信度。对覆盖深度的要求取决于检测方法应用的要求。例如，人全基因组测序一般为 30×，靶向测序可为 500× 以上，同一应用也会由于实验室的具体情况而对测序深度有不同要求。如肿瘤体细胞基因突变检测，不同实验室对检测下限的要求不同（如 1% ～ 5%）、样本中肿瘤细胞百分比的要求不同（如 10% ～ 50%）等，使得不同实验室对覆盖深度的要求也不相同（数百至数千 ×）。实验室需要进行性能确认，以确立对覆盖深度的要求，在检测中，需要监测目标区域是否满足该阈值。不符合的区域可不包括在检测范围内，或者建立这些区域的序列，用另一种方法（高通量测序或 Sanger 测序）检测的程序。需要注意的是，实验室在确立覆盖深度时需要明确指出是平均覆盖深度还是最低覆盖深度；还需要说明是测序原始数据（raw data）还是过滤之后的高质量测序数据（clean data），又或者是去除重复之后的数据计算的覆盖深度值，不同情况的值可能相差较大，只描述覆盖深度是不够的。

2）覆盖均一性（uniformity of coverage）：指基因组某一特定区域内测序的一致性。足够的测序深度和覆盖均一性是产生高质量测序数据的重要特征。实验室在进行目标区域的测序时，不同位置的测序深度会有所不同，探针捕获区域的起始位置，测序深度可能较低（图 8-4），通过设计叠加探针可以纠正这一问题[60]；特定基因组区域所需的覆盖深度可能受到序列结构的影响，如 GC 含量高的区域、碱基重复区域等，导致测序深度低于阈值。因此需要评估覆盖均一性。衡量覆盖均一性，可以计算大于最低测序深度的比例，或大于一定测序深度（如平均测序深度的 0.2、0.5、1 倍）的比例，如华盛顿大学医学院建立的肿瘤突变高通量测序检测试剂 Washington University Cancer Mutation Profiling（WUCaMP），其测序深度分布如图 8-5，平均测序深度为 1018×，≥ 50× 的为 96.9%，≥ 400× 的为 82.6%，≥ 1000× 的为 46.2%[61]；还可以计算变异系数（coefficient

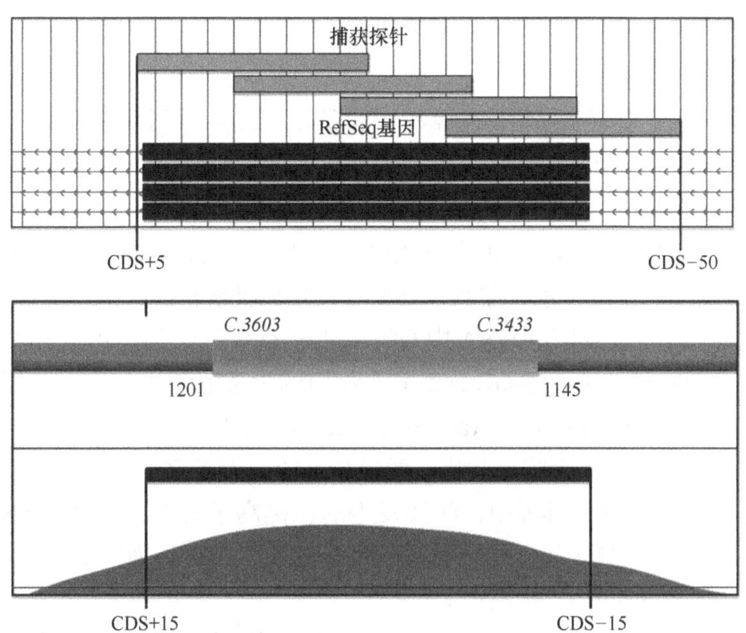

图 8-4　捕获探针对应的测序深度[60]

C.3603 ～ 3433 为靶向测序区域（CDS），探针设计区域为 CDS+5 ～ CDS−50。为保证测序深度，探针叠加设计，可见这一组探针的首尾测序深度低于中间区域

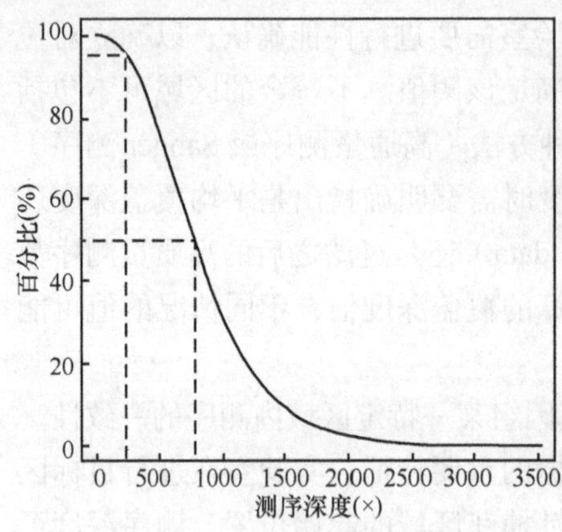

图 8-5 某测序试剂测序深度分布图 [61]

of variation，CV），CV 越小，均一性越高 [62]，这种方式常在拷贝数变异（copy number variation，CNV）的检测中使用。以 Kerkhof 等报道的高通量测序拷贝数变异为例 [63]，对多个样本进行 *BRCA* 基因和肿瘤基因 panel 检测的测序覆盖均一性参数见表 8-7，每批测序检测都需要监测覆盖均一性，如果覆盖均一性分布与性能确认时差异较大（变异较大），或者没有达到设定的要求，提示检测过程可能存在异常，也降低了结果的可靠性，应当寻找相应的原因。

表 8-7 *BRCA* 基因和肿瘤基因 panel 检测的测序覆盖均一性参数 [63]（拷贝数变异）

测序深度等参数	*BRCA* 基因 panel	肿瘤基因 panel
检测基因数（bp）	48	385
检测碱基数（bp）	17 769	90 140
最低测序深度阈值（×）	200	100
平均测序深度阈值（×）	1000	300
符合最低测序深度和平均测序深度要求的区域（%）	100	100
测序深度均值 ± 标准差（×）	7619±2749	726±291
最低测序深度的均值 ± 标准差（×）	6645±2441	578±235

注：测序深度均值 ± 标准差指某一批次所有检测样本的测序深度均值 ± 标准差；最低测序深度的均值 ± 标准差指某一批次所有检测样本的最低测序深度的均值 ± 标准差。

3）GC 含量（GC content）：可影响测序反应效率，从而影响该区域的覆盖均一性。GC 含量应在每个批次检测中进行监测，其波动提示该批次检测性能可能存在异常，应当寻找相应的原因。通常人基因组 DNA 中 GC 含量为 38% ～ 39%、外显子区域 GC 含量为 49% ～ 51%，其他物种如细菌等 GC 含量各有相应的参考范围。

4）转换 / 颠换比值（transition/transversion ratio，Ti/Tv）：转换是指一个嘌呤被另一个嘌呤，或一个嘧啶被另一个嘧啶替代。颠换指嘌呤与嘧啶之间的替代。Ti/Tv 应当与发表的数据相近。在遗传进化过程中，颠换发生的比例高于转换，在已知 SNP 中 Ti/Tv 为 2 ～ 4[64, 65]，是全基因组测序和全外显子测序的重要参数。Ti/Tv 如果过低或过高，均提示碱基的质量不高或可能存在检测错误。

5）碱基识别质量值（base calling quality scores）：指测序过程中，碱基识别的错误概率。

每个测序平台都会以对数值的形式给出碱基识别的错误率，也称为 Phred-like 质量值。Phred-like 质量值广泛应用于多个测序平台，通常称为 Q 值。由于不同测序平台之间计算方法不同，其 Q 值不一定是完全等价的，因此在更换不同测序平台时，需要重新进行性能确认。

在建立方法时，需要确立能够接受的最低碱基质量值。在生物信息学分析时，将低于设定值的 reads 进行过滤去除。如果读长足够长，对碱基质量值的要求可适当降低，比对长度的增加可以相对提高检测的准确性。每批实验均需监测碱基识别质量值。如本书“第四章高通量测序的生物信息学分析原理与特点”中介绍的，Q20 即该碱基的正确率为 99%，Q30 即该碱基的正确率为 99.9%。通常临床实验室高通量测序检测要求碱基质量值为 Q20 或 Q30 水平，实验室可将达到这一水平的百分比作为判断实验有效的指标，如要求“Q30 > 80%”。

6）比对质量值（mapping quality）：是指某个 read 正确比对到基因组位置的可能性。在建立方法时，需要确认在分析过程中，read 能够比对到正确的位置。在生物信息学分析时，需要将比对到错误位置的 reads 去除。在每一批实验中，都需要监测比对质量值。当比对质量值异常时，提示检测存在异常，应分析原因。例如，在靶向测序中，富集过程中非特异扩增、捕获非靶向的 DNA 序列或污染，都会导致比对质量值下降。

7）在靶率（on-target coverage）：指比对 reads 占产生 reads 的百分比，表示成功比对 reads 的比例。在每一批实验中都需要监测在靶率，并与性能确认的结果相比较。如果在靶率降低，提示检测存在异常。例如，非特异性扩增、污染和捕获特异性不高等，都会导致在靶率低。

8）重复 reads（duplicate reads）：指序列完全一样的 reads，这部分重复的 reads 需要去除，之后再进行分析。重复序列的频率在分析时需要进行统计。测序深度越高，越容易产生一定程度的重复（duplication），这是正常的现象，但如果重复的程度很高，提示可能有偏倚的存在（如建库过程中的 PCR），并导致检测结果的偏倚。

表 8-8 以某遗传病检测实验室进行胚系突变检测建立的质量要求为例，可以看到该实验室对分析前、分析中和分析后均有相应的质量标准监测，不但记录每个样本的质量值，而且定期进行统计，观察变化以进行改进。除前文所提到的质量标准外，该实验室使用的为 MiSeq 测序仪，因此还建立了簇生成密度的质量标准，避免密度过高导致检测结果的错误。具体可参见相应参考文献 [60]。

表 8-8　某遗传病检测实验室对高通量测序检测质量标准的要求 [60]

检测过程	质量标准	质量值监测指标（每年进行统计以改进质量）
分析前 QC		
拒收样本	样本类型、采集管错误；样本量不足；有血凝块；标识不清	样本拒收百分比
DNA 提取	$OD_{260/280}$ 为 1.6 ～ 2.2；$OD_{260/230}$ 为 1.6 ～ 3.0	DNA 提取失败百分比
分析中 QC		
文库制备 QC	DNA 打断后的大小和分布；捕获前文库 DNA 大小、分布和浓度；文库制备后大小、分布和浓度	文库制备失败百分比

续表

检测过程	质量标准	质量值监测指标（每年进行统计以改进质量）
测序 QC	簇生成密度：≤ 1350 k/mm²；碱基质量值：Q30 ＞ 80%；	测序失败百分比
生物信息学分析 QC	总 reads 数：＞ 4Mb；比对数：＞ 90%；平均覆盖深度：＞ 300×；≥ 30× 的碱基数：＞ 95%；	生物信息学分析失败百分比
分析后 QC		
平均报告周转时间	6 ～ 8 周	能在报告周转时间内完成检测的百分比
阳性和阴性病例数	不固定	每年监测变化趋势
需要修改的报告	不固定	每年监测变化趋势

（三）对检测过程的详细记录

这部分的核心即“记录你所做的”。实验室应对整个检测过程中的重要环节进行记录，记录是为了后续分析，使每个结果都可查可溯源。例如，样本加标签是高通量测序检测的特点和重要环节，实验室需要记录对每个临床样本加入的标签序列，这对样本溯源和异常结果的分析非常重要。前面提到的实验室建立的重要质量值，如 DNA 浓度、纯度、文库的浓度、定量结果、混样体积等必须记录；室内质控的结果、在控、失控及原因分析应记录等。这里需要强调“干实验”数据结果的保存，分析过程中的一些如 FASTQ、BAM、VCF 文件等是重新分析结果的重要依据，实验室应当建立数据保存机制，如保存什么文件、保存时间及数据的保密性等。

（四）对异常情况的处理

这部分的核心即“分析你所做的”。前文提到，临床实验室需建立自己的质量标准，并在每一批的检测过程中始终监测并记录，规定可接受的和不可接受的质量标准值，不符合质量标准的结果为检测失败，并在 SOP 中建立检测失败的进一步处理方法。在日常检测中，样本未按照指定条件处理、运输，DNA 提取浓度、文库浓度等未达到质量标准要求的情况下不可避免，实验室应建立异常情况的处理程序，并且记录、分析原因。异常情况也不代表一定不进行检测，需要视情况而定，如室内质控失控，应当分析原因，同批实验结果不应报告。如果样本量不足，可与临床沟通，在样本难以重新采集的情况下，建立评估程序，由实验室相关专业人员评估，尝试进行建库，如建库合格，可进行测序并出具报告。但是非常重要的前提是，实验室在不符合标准操作程序的异常情况下应进行记录，包括原因分析、采取的措施、与专业人员的沟通情况、结果评估等，必要时出具结果，与临床医师沟通，或在结果报告单中进行说明。在一些情况下，结果的失败可能是由于标准操作程序本身存在问题，必要时进行标准操作程序的修改。

（五）确认试验

几乎所有的高通量测序检测指南，如 ACMG、CLSI、美国 CDC 和 CAP 等机构发布的指南，都对高通量测序检测结果的确认试验进行了讨论，这也是国内临床实验室关注的问题之一。所有的实验室检测方法，如果要求使用确认试验，通常有以下两个原因。

1. 检测方法具有较高的假阳性可能　2012 年美国 CDC 发表的“Assuring the Quality of Next-Generation Sequencing in Clinical Laboratory Practice”中提到，“目前高通量测序检测 panel 通常存在 1% ～ 3% 的假阳性，因此检测结果有进行确认试验的必要性”，说明了当时行业内对高通量测序检测结果假阳性的担忧。而各种指南也普遍推荐或提示实验室需要将确认试验作为高通量测序检测流程的一部分来进行考虑。但是，这并不是指所有高通量测序检测结果都需要进行确认试验。我们在前面讨论高通量测序检测标准操作程序的建立和性能确认中，已经多次强调，高通量测序检测方法有存在错误的可能，选择 cut-off 值就是尽可能保证最大的正确突变检出，同时避免错误突变结果的报告（有时也根据临床检测需要，如果对敏感性要求更高，特异性要求较低，则选择保证较大敏感性的 cut-off 值）。而性能确认则评价在一定质量标准要求下的检测方法，其敏感性、特异性、准确性和精密度水平，并评估什么情况下（某些区域或某种突变类型），达不到要求的性能指标（准确性和重复性），提出补充检测方法。因此，是否需要进行确认试验是不能一概而论的。有的实验室通过性能确认，证明检测方法特异性足够高（如肿瘤只检测 5% 以上突变），则没有必要进行确认试验；有的实验室可能认为在某些情况下需要进行确认试验。例如，实验室在性能确认中，发现某个基因的第 2 和第 8 外显子覆盖深度未达到要求，那么对这些区域的阳性结果就有必要进行确认试验；有的实验室性能确认的样本例数较少，对特异性水平暂时不确定，在一定时间内仍然需要进行确认试验。

2. 检测指标对临床患者可能产生重大影响　这一点也是考虑是否进行确认试验的重要因素。例如，胎儿染色体非整倍体高通量测序检测，目前报道的检测特异性可达 99% 以上，由于母体嵌合、肿瘤等影响，存在假阳性的可能，而假阳性的结果会导致临床终止妊娠的决策，目前对这一检测定义为筛查试验，所有的阳性结果均需要进行有创性检查以确认。有的实验室要求遗传学检测全部都要进行 Sanger 测序确认，除了方法准确性的考虑以外，也包含了遗传学检测结果可能对受检者产生较大影响的因素。

因此，实验室如果认为没有必要进行确认试验，首先需要搞清楚几个问题：实验室有性能确认的证据证明检测结果有足够的准确性吗？有没有一些区域或突变类型特异性较低？这些区域中是否有临床意义明确的突变位点？检测结果会对受检者产生重大的经济和社会影响吗？

如果实验室进行确认试验，有两个关键问题是需要考虑的：①确认试验的方法，原则是应当采用性能验证或性能确认证明结果具有较高准确性的方法。Sanger 测序是经常使用的确认试验方法。很重要的原因是 Sanger 测序结果比较可靠，而且扩增区域内的突变都可以检测。但是 Sanger 测序的敏感性不高（15% ～ 20%），在某些情况下并不适用，如肿瘤组织或游离 DNA 的检测。这时，其他经过性能验证或性能确认的检测方法也可以作为确认方法，如 ARMS 法、焦磷酸测序、质谱、基因芯片或另一种高通量测序方法。

②平均报告周转时间（turnaround time，TAT）。在计算TAT或患者检测所需时间时，需要将确认试验的时间也考虑在内。例如，计算胎儿染色体非整倍体高通量测序检测，后续还需要进行有创性检测确认，考虑到阳性结果可能需要引产，因此对无创产前筛查的检测时间通常要求早于22^{+6}周。如果无法在报告周转时间内完成确认试验，那么应当在结果报告单中说明，“该位点尚未进行确认试验，结果的准确性可能低于××，建议等待确认试验结果”。

（六）总结

经过上述介绍后，现回答前文的问题。

1. 为什么一定要按照固定程序进行检测？不按照固定程序进行检测，结果就一定不正确吗？

不按照固定程序检测，结果可能是正确的，但是正确的概率降低，可能不具有满足临床需求的最佳检测性能。

2. 增加测序深度，检测的敏感性会提高，在实验室不考虑成本的情况下，对不确定的结果可以通过增加测序深度进行检测吗？在生物信息学分析时，IGV上看到reads突变结果，但是有的质量值不合格，可以出具报告吗？样本提取DNA量不满足试剂要求，可以进行后续文库构建吗？

首先需要明确的是，上述情况如果出具报告，都是在不符合实验室建立的高通量测序检测方法的情况下进行报告，即实验室在进行性能确认时，方法的检测性能，如精密度、敏感性和特异性都发生了改变。但是这不代表一定不能出具报告，实验室可建立在上述情况下的SOP，具体见“（四）对异常情况的处理”。

3. 什么情况是一定不能出具报告的？

从高通量测序方法上说，某些技术的不足可以通过检测策略来弥补，但是应当有相应的检测程序，并且经过性能确认，并写入SOP中。不按照SOP进行的检测，不能出具报告。

4. 高通量测序的检测结果必须要进行确认试验吗？用什么方法进行确认试验才是正确的？

结合实验室检测目的（如是否对患者有重大影响，是否为筛查试验）、检测方法的准确性和TAT等综合考虑。采用的方法应为性能验证或性能确认证明结果具有较高准确性。

5. 对于高通量测序检测的SOP有没有强制要求，如什么是一定不能做的？什么是一定要做的？可不可以提供一个SOP的范本？

高通量测序技术是复杂多样的，但是“万变不离其宗”。希望“标准操作程序”这一部分能够传递给实验室一个理念，SOP没有范本，因为SOP是为检测结果的准确性服务的，而结果的准确性要求是根据临床需要决定的，不同实验室的检测流程、环境、仪器设备、试剂方法及实验室区域设置都可能不同，因此在某一实验室适用的SOP在另一实验室很可能不适用，对某一项目适用的SOP也不能照搬硬套给另一个项目。SOP的作用是保证检测结果的可靠性和可溯源性，如果实验室人员都有这一理念，那么SOP就不会成为一种束缚。

二、高通量测序检测体系性能验证和性能确认

性能验证针对的是经批准的商品试剂即体外诊断产品，性能确认则是针对 LDT 而言，高通量测序检测因其涉及多基因多位点的检测，较少会有商品检测系统，通常采用 LDT 模式。

（一）高通量测序检测体系性能验证和性能确认的概念

实验室起初往往通过经验建立高通量测序的检测流程，高通量测序检测体系建立完成后，临床实验室在正式开展日常检测之前，应对其检测试剂方法或系统进行性能确认（validation）。

目前高通量测序检测试剂基本为 LDT（胎儿染色体非整倍体高通量测序试剂除外），而且高通量测序应用的特点也决定了 LDT 将成为临床实验室高通量测序应用的主要形式，使用 LDT 的实验室需要对试剂方法进行性能确认，才能用于临床检测。因此了解如何对 LDT 试剂进行性能确认，对高通量测序检测和广泛应用非常重要。性能确认指在测定方法研发时，确认 LDT 试剂的分析性能特征（如精密度、准确度、测定范围、分析敏感性和分析特异性等）能满足相应的临床应用目的。

使用国家相关部门如国家药品监督管理局批准试剂的实验室，在用于临床之前，需要对相应的试剂方法进行性能验证，性能验证广义的概念是通过提供客观证据证明特定的要求得到满足。美国 CLIA 中的性能验证术语特指使用某特定检测试剂或系统的实验室按照其提供的试剂盒或检测系统说明书使用时，能复现厂家宣称的检测性能。说明性能验证特指针对经批准的商品试剂或检测系统，验证的是在特定实验室条件（环境、人员、标准操作程序）下的检测性能指标，如精密度、准确度、分析敏感性等是否合格，判断标准应以试剂盒说明书为准，性能验证可以按试剂盒说明书中相应性能指标确立时的方法进行，也可以适当简化。因此，性能验证要验证的是商品试剂盒说明书中列出的性能验证指标，如精密度（重复性）、准确度、检测范围、分析敏感性和分析特异性等在特定实验室条件下能否复现。

本部分主要对高通量测序检测的性能确认进行介绍，如前所述，性能验证按照试剂盒说明书中相应性能指标确立时的方法进行，并适当简化，其理念和做法与性能确认类似。比较特殊的性能验证是胎儿染色体非整倍体高通量测序检测，其介绍详见第九章。

（二）高通量测序检测性能确认前需要了解的几个问题

检测方法的性能指标包括精密度、准确性、分析敏感性、分析特异性、检测下限及检测范围等，高通量测序检测的性能指标主要也是这几个方面，但是如何将性能指标在高通量测序上给予具体的定义，以及如何实现性能确认，这是临床实验室面临的困惑。因此，我们首先需要解决几个问题。

1. 为什么要进行性能确认？　实验室往往认为性能确认是繁琐的、规定要做的、增

加实验室成本的，如果不理解为什么要做性能确认，就会把这一环节看作额外工作或应付检查，导致性能确认非但起不到保证实验室检测质量的作用，还会成为实验室的枷锁。

实验室需要进行性能确认的原因是了解实验室建立的 LDT 试剂是不是好的，能否满足临床预期用途。在“（三）高通量测序检测性能确认”部分，我们将讨论试剂的临床预期用途对于性能确认的决定性作用。预期用途决定了试剂的分析性能要求，如要求检测结果能重复，阳性的结果能检出阳性，阴性的结果能检出阴性，弱阳性的结果不会漏检，有干扰物质的情况不会产生假阳性或假阴性结果。实验室还需要了解，弱阳性弱到什么程度就不能保证每次都能检出了？检测方法能检测哪些基因？哪些基因或哪些区域可能测序深度达不到有效要求，是不能可靠检出的？这里我们主要讨论为什么要通过性能确认来了解实验室期望达到的检测性能。

实验室可能认为，在建立方法时实验室有一个预期的检测性能，如预期检测下限可以达到 5%，准确率可以达到 100%。为什么要确认建立的方法是好的呢？例如，某实验室 [66] 对建立的 282 个基因肿瘤体细胞突变高通量测序试剂进行评价。在 Indels 检测的准确性评价中，使用32个样本进行检测，其中27个检出，5个未检出，敏感性为94.3%（95%CI，66.5% ～ 94.1%），特异性为 100%（95%CI，99.9% ～ 100%），5 个不一致的结果均来自 *FLT3* 的串联重复突变和 *NPM1* 的 Indels。原因在于实验室使用的 GATK Indelocator 软件不能有效地检测超过 20 个核苷酸的缺失和插入，3 个 *FLT3* 的串联重复突变在 IGV 中证实确实存在，但是在生物信息学分析中均未检出。*NPM1* 基因的 Indels 漏检的原因在于，*NPM1* 12 外显子的覆盖深度较低，IGV 中显示突变检出，但是由于频率太低而滤过。在准确性评价过程中，实验室认为现有的检测流程 *FLT3* 串联重复序列和 *NPM1* 突变检测存在问题，因此在日常检测中要求 *FLT3* 和 *NPM1* 基因均需在 IGV 中人工检查是否存在突变。在 SVs 检测的准确性评价中，采用 27 个已知 SVs 变异的样本进行检测，结果有 20 个检出，7 个未检出，SVs 检测的敏感性为 74%（20/27，95%CI，53% ～ 88%）。在 7 个不一致的结果中，其中 6 个与 *IGH* 的融合有关，包括 2 个 *IGH-BCL2*、3 个 *IGH-CCND1*、1 个 *IGH-FGFR3* 和 1 个 *IGH* 融合。对检测试剂进行分析后发现，由于断点无法被高通量测序 panel 中的探针捕获，因而造成漏检。此外，一个 *ALK* 融合也未能检出，分析原因可能是 *ALK* 内含子不在捕获区域内。于是，根据上述方法性能确认的结果，实验室对相应检测的 SOP 进行了修改，要求对每一份临床样本，除了进行上述高通量测序检测外，还必须补充采用 RT-PCR 或 FISH 等单基因等方法，以检测高通量测序不能有效检出的 *IGH* 和 *ALK* 等区域的结构变异。

实验室应该认识到，建立的检测方法实际性能不一定与预想的一致，很多环节都可能导致高通量测序检测产生错误结果。以肿瘤体细胞突变高通量测序检测为例，理想情况下，实验室获得一定数量的肿瘤组织 FFPE 切片样本，经过 DNA 提取、文库构建、杂交捕获、文库定量、测序和生物信息学分析后，可以得到准确的结果。但是实际的情况是，DNA 提取可能效率不高；自动化提取仪可能发生交叉污染；文库构建标签或接头可能没有有效连接；设计的捕获探针可能不能有效捕获所有区域，对某些区域捕获效率低；PCR 过程可能产生较大的偏倚；测序仪本身有一定的测序错误率（1% ～ 2%）；测序仪的光路存在偏倚，从而导致测序碱基质量不高；数据分析时参数设置不理想，可能导致比较多的数据被过滤；使用的软件也会有错误，如上述实验室使用的 GATK 软件不能有效地检测超过 20 个核苷酸的缺失和插入，不能有效检测串联重复突变[66]；加入的标签只有部分能够准确识别[67]；对 Indel 突变位点不能准确识别；胚系突变不能有效过滤，体细胞突变不能有效识别；实验室操作人员的能力可能参差不齐等，实验室每一个流程错误和偏倚相互叠加，最后呈现出的就是高通量测序检测方法最终的检测性能。正如上述例子中实验室所做的，通过性能确认证实方法的检测性能是可靠的，对于存在问题的和不可靠的方面，在最终的检测策略中进行修正，如进行人工复核或另一种方法补充检测等，以保证检测结果能满足其相应临床预期用途的可靠性。

2. 高通量测序性能确认是确认对什么的检测能力？　对于以往检测而言，检测标志物往往是单一的，如 HBV DNA 检测，标志物是 HBV DNA；或者比较明确的，如 HPV 基因分型检测，标志物为 HPV 常见的基因型别（不同试剂检测的型别数量有所不同）。但是多数高通量测序临床应用不是检测某一个突变位点，而是成百上千甚至更多的突变位点，那么性能确认应该如何在高通量测序方法上实现？实验室确认的是方法对什么的检测能力？这个问题贯穿整个高通量测序性能确认过程。例如，准确性的评价，以往的检测中，准确性是指测定结果和真实结果的一致性程度。对于定性检测来说，就是检测方法检测一组临床样本，其阳性和阴性结果与预期结果的一致程度，但是高通量测序检测如此多的位点，应该如何比较？如果按照上述方式，就要获得每个突变的样本，这在实际中几乎是不可能实现的。又如，检测下限的评价，需要对每个位点的检测下限进行评价吗？这同样也是不太可能实现的。

高通量测序尽管无法对每个突变进行验证，但是在同等质量值（如测序深度、碱基质量值等）要求的情况下，对不同基因区域相同突变类型应该有同等的识别能力（部分 GC 含量高、含有重复序列的区域除外）。因此，高通量测序性能确认的主要方面是确认方法对不同的突变类型（如单核苷酸变异、缺失、插入、拷贝数变异和结构变异）的检测能力。在选择某一突变类型样本时，应该具体选择哪种突变呢？同等突变类型，优先选择临床常见的临床意义明确的突变位点。当然，有条件的实验室也可以同时评价 SNP 位点，或者其他较少见的 CNV 和 CV 等。总之，对于高通量测序而言，一方面证明高通量测序对各种不同突变类型的检测能力，另一方面证明对重要常见基因的检测能力。

3. 可以采用哪些样本进行性能确认？　通常来说，临床样本，特别是预期将来临床应用检测的样本类型，是最佳的选择。例如，实验室 LDT 试剂预期检测 FFPE 样本，在性能确认时，就应该使用 FFPE 样本进行评价。如果检测的为非小细胞肺癌患者的 FFPE 样本，那么来源于非小细胞肺癌组织的 FFPE 样本就是最理想样本。如果实验室可检测全血、FFPE 等多种样本类型，则应当对每种样本类型进行性能确认。阳性样本应该包括哪些位点呢？这里同样是基于试剂检测的突变类型来考虑的，样本要能代表检测的突变类型，如果试剂可检测点突变、缺失、插入、融合基因，那么样本就应该包括这几种突变类型。样本的阳性突变频率应该选择什么水平的呢？如果是定性检测，即只看突变阳性或阴性，就不需要选择突变频率很高的样本，可选择突变频率比最低检测下限略高的样本；如果是定量检测，应选择高、中、低 3 个浓度的样本，以对每个浓度水平定量的能力进行评价。

以上所讲的是最理想的评价样本，是不是达不到上述要求就不行呢？临床实验室在进行性能确认时，总是存在畏难的心理，特别是从样本的选择开始就认为做不到。这是对性能确认的一种误解，认为一定要做到最佳情况。实验室可能会认为，如果不能达到上述要求，性能确认就没有意义。如前所述，性能确认指在测定方法研发时，确认 LDT 试剂的分析性能特征（如精密度、准确度、测定范围、分析敏感性和分析特异性等）能满足相应的应用目的。正是由于这一原因，所以最接近临床使用情况（样本类型、突变类型、突变浓度等）的评价，是最理想的。但是达不到最理想的情况时，可以用次理想的情况进行试剂的性能确认，实验室考虑的是如何在既有条件下，能够通过实验过程了解试剂的检测能力。

没有足够的、能代表各种突变类型、有适合浓度的 FFPE 样本时，可以使用细胞系来代替。以精密度评价为例，MSK-IMPACT 试剂采用 9 个 FFPE 样本、1 个商业购买的标准品和 1 株 HapMap 中有已知序列的细胞系作为样本，FFPE 样本中除了以往单基因检测已知的 9 个突变，还检出了 60 种其他突变，都可以作为突变位点进行精密度评价。如果采用已提取的核酸进行性能确认，如质粒与人基因组 DNA 的混合物，需要注意，由于采用已提取的核酸进行检测，不代表对临床检测的完整过程，还需要少量临床样本的结果作为补充。例如，2017 年 6 月 FDA 批准的 Oncomine^{Dx} Target Test，采用临床样本提取的 DNA 与质粒混合，作为精密度评价样本，临床样本提取的 DNA 可代表 FFPE 样本提取的 DNA（与细胞系提取的人基因组 DNA 在样本质量包括 DNA 完整程度等都不同），质粒 DNA 又可以代表更多的突变类型；同时还采用 12 例临床样本进行不同操作人员、不同测序仪的检测，每个样本共重复 64 次，进行精密度的性能确认。

4. 样本从哪里获得？ 真实临床样本来源于日常检测收集的样本。如前所述，性能确认中也可能采用细胞系、人基因组 DNA、质粒等模拟样本。这部分将在本节“五、参考物质”中介绍。模拟样本是高通量测序检测性能评价不可或缺的，如检测下限，可将突变人基因组 DNA 采用正常人基因组 DNA 系列稀释为不同浓度来进行评价；又如，国际上有已知序列的细胞系（NA12878 和 NA19240），是评价检测准确性的理想样本，这些都不是真正的临床样本。实验室往往忽视质控品或模拟样本在检测体系中的作用，有能力建立高通量测序检测方法的实验室，应该具备建立参考物质或质控品的能力。

5. 性能确认最少需要使用多少样本？ 临床实验室常纠结于这一问题，并希望指南或指导文件中给出进行性能确认所需的最低样本量。从统计学角度，对于呈正态分布的样本，样本量＞50 即可获得稳定的置信水平和参考范围；对于非正态分布的样本，根据非参数法确定样本量至少为 59 个[11]。但由于方法的差异（不同测序方法、不同捕获方法）及实际应用（肿瘤、病原体、遗传等）的差异，所有指南都无法给出具体的样本量要求。实际上，在文献当中，不同实验室所使用的样本量也是各不相同的。检测区域的大小（靶向测序捕获基因的数量、全外显子组测序、全基因组测序）、临床意义明确的突变位点数量等，使所需要的最低样本数量有所不同。临床实验室应当将性能确认看作一个连续的、不断完善的学习过程，在起始阶段，性能确认的样本例数可能较少、样本突变也无法覆盖所有基因区域，但是在检测过程中，可逐步增加性能确认的内容，如起初检测下限的评价，仅能通过混合基因组 DNA 完成，但以后可通过突变百分比低的临床样本来补充验证。重要的是，实验室应当将凭借经验建立的方法，视为可能报告错误结果的方法，而不是所有结果均正确的方法，性能确认的过程，就是确认哪些方面的结果是可靠的，哪些方面的结果可能是不可靠的，在后续的检测过程中，也应当始终记录存在问题的方面，并调整检测范围或补充确认的方法等。

（三）高通量测序检测性能确认

前文已经介绍了性能确认的定义，即在测定方法研发时，确认 LDT 试剂的分析性能特征（如精密度、准确度、测定范围、分析敏感性和分析特异性等）能满足相应的临床应用目的。这里需要特别纠正一个误区，即实验室往往把性能确认看作独立于方法建立以外的一个事件，即性能确认是通过一系列的实验来对自建方法检测性能进行确认的过程。从狭义上看，性能确认是评价实验室自建方法的分析性能特征（如精密度、准确度、测定范围、分析敏感性和分析特异性等）；但是，从广义上说，实验室评价的是试剂能否满足相应的临床应用，也就是评价试剂能否满足检测临床预期用途的需要。明确这一点非常重要，对性能确认这一概念的理解，是实验室能够真正完成性能确认的前提，否则，实验室就会局限在对性能确认的规定和要求之中，被动地按照要求完成性能确认。

性能确认实际上是一个过程，包括 3 个阶段：明确试剂的临床预期用途、试剂方法的设计和优化、分析性能特征的确认。性能确认的过程就是实验室建立方法的过程，是实验室明确方法质量标准的过程，是实验室明确阴、阳性结果判定值的过程，是实验室明确检测方法性能指标是否满足预期用途的过程。

1. 明确试剂的临床预期用途　是方法建立和分析性能特征确认的前提条件，也往往是临床实验室忽视的部分。在本章第二节中，我们曾经讨论过“根据临床实际需要建立检测项目或检测项目组合”，这里实际上就是确定实验室检测的临床预期用途。临床实验室需要先考虑清楚，开展检测的临床预期用途是什么？是辅助诊断、指导治疗、治疗监测还是预后判断？如果是指导治疗，以肿瘤靶向治疗高通量测序为例，是指导哪一种肿瘤、哪些药物的治疗？这里的药物是国家药品监督管理局 /FDA 批准的药物还是也包括临床试验药物？与这些药物相关的基因是什么？相关的突变是什么？是指导临床根据与药物伴随诊断相同的突变进行药物选择，还是更广泛的突变检测，以寻求目前不同证据等级的药物选择？如果是前者，则实验室只需要对药物伴随诊断的突变位点进行检测即可；如果是后者，实验室则需要选择文献报道过的相关基因，对更多的突变进行检测。临床实验室经常会问，应该选择包含基因数量多的大 panel 好，还是选择包含基因数量少的小 panel 好？对于这个问题，没有好坏的答案，实验室首先应该思考的是检测的临床预期用途是什么，符合临床预期用途的就是好的检测方法。

在满足临床预期用途的考虑中，还要考虑实验室预期解决的临床问题、预期获得的辅助诊断及治疗等指导信息、检测突变信息、检测的样本类型、检测的患者类型等。试剂的临床预期用途决定了实验室检测的各个方面，包括方法的设计、方法优化的目标、分析性能特征、人员能力要求、仪器设备的要求等。例如，某实验室计划进行非小细胞肺癌靶向治疗 FDA/ 国家药品监督管理局 /NCCN 指南相关的基因突变检测，以指导临床用药，那么基于这一预期用途，实验室应当考虑选择检测的样本类型为实体肿瘤组织，检测人群是非小细胞肺癌患者，检测的药物是如吉非替尼、厄洛替尼等 FDA/ 国家药品

监督管理局 /NCCN 指南中涉及的药物，检测的基因是 *EGFR*、*KRAS*、*BRAF*、*ERBB2*、*ROS1* 等与之相对应的突变，检测的突变类型包括点突变、短片段插入、短片段缺失，如果包括 *ERBB2* 基因，还需要考虑拷贝数变异的检测；如果包括 *ALK*、*ROS1* 基因，还需要考虑融合基因的检测。由于检测的是比较常见的基因和突变，实验室可考虑采用已经商品化的高通量测序试剂，当然也可以自己设计建立检测方法。但是，无论哪种情况，对于该实验室，检测范围为少量（几十个）热点突变，而不是数十甚至数百个基因的突变，这表示实验室在进行体细胞突变检测时，可以不采用与该患者正常组织或白细胞进行配对检测；意味着实验室可以选择通量较小的测序仪；实验室在生物信息学分析时，对突变注释的要求也相对降低；对人员突变结果解读的要求也相对较低，由于突变数量有限，实验室甚至可以事先对突变的解读进行规定，在相同的检测流程下，实验室 TAT 可能更短。

如果实验室的预期用途是指导推荐对肿瘤靶向治疗有临床证据支持的药物，那么实验室除了对 FDA/ 国家药品监督管理局 /NCCN 指南推荐的基因突变进行检测，还应包括对临床证据不够充分的突变检测，以及对这部分药物的推荐，故实验室所检测的基因不仅限于 FDA/ 国家药品监督管理局 /NCCN 指南中涉及的基因，而是与某一肿瘤或某些肿瘤相关的基因，检测的突变可以是该基因中文献报道过的突变，也可以是该基因中所有的体细胞突变，如果是后者，实验室应采用与该患者正常组织或白细胞进行配对检测，或在性能确认时需要更加谨慎地评估对体细胞突变的识别能力。对于该实验室，检测范围是数十甚至数百个基因，成千上万个突变位点，这表示实验室需要选择更大通量的测序仪；意味着实验室在生物信息学分析时，对生物分析人员的要求会更高；对人员突变结果解读的能力要求也相应更高，需要专业的遗传突变解读人员，对出现的各种突变进行相关数据库和文献的检索分析，最终给出对不同证据等级药物的推荐；实验室需要在包括常见临床意义明确的突变位点和不同突变类型以外，进行更多位点的性能确认；实验室可能需要建立对部分位点的确认试验；在相同的检测流程下，实验室 TAT 可能更长。

实验室常常纠结哪些性能指标应该确认，性能指标应该达到多少才可以。实验室也希望外部机构能给出一个对性能指标要求的规定，这些都是对“为什么要做性能确认”不理解及不清楚的表现。好的性能就是能满足临床预期用途的性能，外部机构无法给出适用于所有预期用途的性能指标要求，即使给出了规定，也是最低要求，反而会误导实验室，以为满足这个要求就可以了，实际上对很多检测来说，远远不能满足临床预期用途的需要。以精密度为例，实验室进行高通量测序检测，首先需要的是方法可以重复，即样本在同一批和不同批的检测结果均应该相同；此外，在日常工作中实验室会有不同的人员来完成检测，这一份样本可能会在某种情况下重新进行检测，这时结果是相同的吗？是可以复现的吗？如果不能，就不能满足临床检测和应用的需要，这就是性能确认中常提到的精密度（重复性和重现性）。精密度达到多少才可以呢？理想情况下，精密度应该是 100%，但如果不是 100%，实验室可以容忍的不精密度是多少呢？如果精密度是 50%，说明一份样本今天的结果，明天有 50% 的可能性是不能重复的，这显然是不能容忍的。从小概率事件来说，如果实验室希望几乎都能重复，对弱阳性样本检测的精密度至少也要达到 95% 以上。我们再以检测下限为例，肿瘤组织体细胞突变的检测下限通常设定为 5%，肿瘤组织通过对样本的质控（设定组织量和肿瘤细胞比例的要求），5%

的检测下限可以满足多数突变检测的要求。但是血浆游离 DNA 检测中突变浓度通常比较低，临床上对肿瘤游离 DNA 和药物治疗关系研究的文献多数覆盖到 1% 以下的浓度，且临床意义明确，因此方法的检测下限也应尽可能达到或接近这一水平，才能满足临床治疗监测的预期用途。如果检测下限设置为 5%，则产生很多阴性结果，不能满足临床应用，因此血浆游离 DNA 检测需要更低的检测下限（＜ 1%）；血液肿瘤微小残留病变可以达到 0.1%，因此检测也需要达到 1% 以下的检出能力 [68]。分析性能指标的要求，决定了方法的设计。例如，检测下限的设定决定了测序深度、测序数据量、起始 DNA 量的要求，甚至需要在建库和生物信息学分析上进一步优化；方法的检测范围，也会成为实验室对建库和捕获方法选择的一个考虑因素，如果检测基因数量太多，对多重 PCR 方法建库来说难度可能太高。因此实验室在建立方法时，应当在满足临床预期用途的前提下，充分论证选择基因和检测突变位点的临床依据，并且对选择依据进行记录。

尽管常见的性能指标有精密度、准确度、检测范围、分析敏感性和分析特异性等，但是实验室的预期用途不同，性能确认的指标也不局限于这些内容。如果实验室进行血浆游离 DNA 的检测（如无创产前、肿瘤基因突变等），那么所选择的采血管是否会对样本的保存、运输、检测的准确性产生影响？要了解这一点，就需要对所选择的采血管是否能保证 cfDNA 的稳定性，以及是否能在规定的处理时间内、保存条件下有效地抑制白细胞 DNA 的释放进行性能确认；实验室如果需要了解检测过程是否可能产生样本或标签的交叉污染，可以先用强或较强阳性和阴性样本交叉放置及不同的标签组合进行数批的检测，来确认交叉污染产生的可能性有多大，是否在满足临床应用的容忍范围内，并在以后的日常检测中采取相应的有效质控措施，对交叉污染进行监控；实验室如果检测的预期用途是伴随诊断，那么还需要进行临床有效性的性能确认等。可见，性能确认完全是围绕确认检测方法能否满足临床预期用途而进行的。

当然，检测方法的设计也会受到检测成本、实验室空间、人员能力等因素的约束，但核心是围绕实现检测的临床预期用途展开的，如果客观条件不能满足临床预期用途，就应该根据实际能达到的程度改变临床预期用途的设定。

2. 试剂方法的设计和优化　我们已经了解了试剂方法的建立和分析性能确认都是围绕着临床预期用途展开的，在进行分析性能确认之前，实验室需要先对建立的试剂方法进行充分的设计和优化，这是一个对性能进行预先评价并不断进行调整的过程，同时也是实验室建立标准操作程序和检测过程中关键环节质量指标的过程。

例如，实验室预期能够达到 5% 的检测下限，那么在方法设计时，需要考虑的一个方面是测序深度应该如何设定。这是一个采用二项式分布进行突变等位基因检测概率计算的问题，计算方法此处按照“Guidelines for Validation of Next-Generation Sequencing-Based Oncology Panels” [11] 的示例进行。根据二项式公式 $P(x)=\frac{n!}{x!(n-x)!}p^{x}(1-p)^{n-x}$，$P(x)$ 表示 x 个突变 reads 检出的可能性，x 代表突变 reads 的数量，n 代表总 reads 数，p 代表样本中突变等位基因百分比。在 excel 表中，可以采用公式进行计算，输入“=BINOM.DIST”，此时可见计算公式为：“=BINOM.DIST（number_s，trials，probability_s，cumulative）”，其中 number_s 相当于二项式里的 x，trials 相当于二项式里的 n， probability_s 相当于二项式里的。p cumulative 有两种，一种为“TRUE”，表示最多成功 number_s 次的概率，即累计分布函数；一种为“FALSE”，表示成功 number_s 次的概率，即概率密度函数。例如，某实验室期望突变等位基因百分比检测下限为 5%，那么测序深度应该为多少呢？在这一测序深度下判定阳性的 cut-off 值（即多少个突变 reads 判为阳性）应该为多少呢？其实，这是在某一总 reads 数情况下，5% 的突变作为 1 个突变 reads、2 个突变 reads、3 个突变 reads……检出概率的问题。毫无疑问，cut-off 值越小，检测为阳性的概率越高，即敏感性越高。当总 reads 数为 5% 时，1 ～ 4 个突变 reads 检出的概率，采用累计分布函数“=BINOM.DIST（4，250，0.05，TRUE）”，计算可得 0.457%。这就是说，当 cut-off 值设定为 5 个 reads 时，假阴性率为 0.457%，即＜ 0.5%。当 cut-off 值设定为 10 个 reads 时，假阴性率为 BINOM.DIST（9，250，0.05，TRUE），即 19.5%，这一假阴性率显然是实验室不能接受的。当 cut-off 值设定为 2 个 reads 时，假阴性率只有 0.0038%。是不是 cut-off 值越低越好？这里还有一个假阳性的问题。假定检测系统的错误率为 1%，同样 250 个 reads，按照二项式分布来计算，产生 0 个、1 个 reads 错误的可能性分别为 8.1%、20.5%，因此产生 2 个或 2 个以上错误 reads 的可能性 =100%-8.1%-20.5%，即 71.4%；同样的计算方法，产生 0 个、1 个、2 个、3 个和 4 个 reads 错误的可能性分别为 8.1%、20.5%、25.7%、21.5% 和 13.4%，因此产生 5 个或 5 个以上错误的可能性仅 10.8%。当然这里出现的碱基错误位置是随机的，只有在相同位置发生同样的碱基错误，reads 才会产生假阳性结果，这种概率会远低于 10.8%。但是显然从二项式分布计算可见，在 cut-off 值低的情况下，即可判定为阳性的 reads 数小的情况下，假阳性的可能性也更高。测序深度（特别是有效比对 reads 数）和 cut-off 值的设定都会对检测的准确性产生影响，其中一个参数的改变将导致检测敏感性和特异性的改变。

“Guidelines for Validation of Next-Generation Sequencing-Based Oncology Panels”建议以 250 个 reads 作为肿瘤高通量测序检测的最低要求，这里的 250 个 reads 是有效比对的 reads 数，是实验室在进行方法设计时，通过计算得出的一个最低值，在这一计算值的基础上，当然也结合 DNA 上样量等计算和设计，实验室完成对方法的设计和初步建立。但是实际的测序深度应该是多少呢？受样本起始量、DNA 提取效率、DNA 纯度、DNA 片段化程度、文库构建中的扩增和捕获造成的偏倚、测序错误率、测序碱基质量、测序产生无效 reads 数量等影响，测序深度显然不是一个可以完全预测的值，但是可以预期有一个范围，在这一范围内，采用细胞系、临床样本等进行预先评价和条件优化，建立一系列质量指标要求（如 DNA 起始量、文库浓度、碱基质量值、比对率、测序数据量等），可最终建立方法的标准操作程序，其中也包括测序深度和 cut-off 值等。

3. 分析性能特征的确认 当实验室确立了临床预期用途，并且根据临床预期用途进行方法设计和反复优化后，最终需要建立方法的性能，即分析性能特征的确认。下面我们结合 CLSI、美国 CDC 和 ACMG 指南等对常见的性能指标在高通量测序检测中的定义和如何进行性能确认进行介绍，为了让实验室更直观地了解高通量测序检测如何进行性能确认，还将以美国 FDA 批准的 MSK-IMPACT、FoundationOne CDx（F1CDx）和 Oncomine^{Dx} Target Test 等试剂的性能确认来举例说明。

（1）精密度：是检测方法最重要的性能，没有好的精密度，就不可能有好的准确性，其他性能指标的评价也就没有意义。

1）定义：精密度指同一样本在多次检测中结果的一致程度，包括重复性（repeatability）和重现性（reproducibility）两个方面。重复性指在同一条件下（相同环境、相同操作人员、相同检测流程、相同仪器）多次测量同一序列，测定结果的一致程度。重现性指由不同操作人员、不同仪器（相同型号）进行同一序列测量结果的一致性程度。

2）性能确认方法：重复性可以采用一定数量的临床样本（建议临床样本数不少于3个）[11]，在同一批进行一定次数（2～3次）的重复检测来实现。重现性可以采用一定数量的临床样本，在不同批（2～3批）重复检测，可在不同天，由2名不同操作人员在不同仪器上进行（批间）。需要强调的是，每个有独立标签的样本为一个重复样本，而不是3个分别提取的样本，加入同一标签进行检测。评价重复性或重现性可以计算突变定性结果（阳性/阴性）的一致率，也可计算突变频率的变异系数，检测质量指标是否存在较大波动，也可作为判断精密度的参考。实验室应设立重复性或重现性合格的标准，如突变检测一致率达到98%以上等。

一个常见的问题是，精密度评价，哪些是必须要做的？哪些是必须要包括的因素？不同天、不同操作人员、不同试剂批号、不同测序仪、不同测序通道都是可能的因素，这些全部都要做吗？首先，批内重复性和批间重现性是必须要进行的，因为精密度评价就是评价同一样本能否在同一批内和不同批间得到同一结果，这是证明将来试剂用于临床检测能够获得重复一致结果的依据。不同批的检测通常建议同一样本应包括不同操作人员、不同试剂批号、不同测序仪的检测，如果实验室在每一环节都固定相同操作人员并仅使用一台测序仪，则不需要进行不同人员和不同测序仪的评价。实验室还可对每一因素分别评价，如某实验室为了解人员操作的差异，可以安排不同操作人员在同一流程、使用同一台测序仪检测标准细胞株，评价不同操作人员检测结果的一致性；为对测序仪进行确认，采用同一文库在同一测序仪上进行不同批的测序，同一文库在两台不同测序仪进行测序，比较检测结果的一致性。

3）举例：以MSK-IMPACT为例，MSK-IMPACT是用二代测序进行FFPE肿瘤组织样本/正常样本的实体肿瘤突变检测的多基因panel，可进行体细胞突变（点突变、短片段缺失和短片段插入）和微卫星不稳定性的检测。这里只介绍对体细胞突变（点突变、短片段缺失和短片段插入）的性能确认。MSK-IMPACT采用临床标本和商业标准品组成样本盘进行精密度评价，同时采用已知结果的标准细胞株进行补充评价。

A. 样本盘检测精密度：10例样本，包括9例FFPE样本和1例商业标准品样本，样本的信息见表8-8，在选择样本时，包括了不同的肿瘤类型、不同的突变类型（点突变、短片段缺失和短片段插入）和不同的突变等位基因频率（mutant allele frequency，MAF）。每天检测一次，检测3天，为批间重复；在其中一天，对每个样本进行3次重复检测，为批内重复。因此，相当于每个样本进行了5次重复检测。结果除了表8-9中已知突变位点，还检出其他突变。临床样本共检出突变69个，细胞系检出13个突变。

重复性结果显示，批内检测结果除*ARID1B*基因（突变位于高度重复区域）和*BRAF*基因突变（突变频率仅2%）外，所有重复样本一致性为100%。重现性结果显示，除7

个突变以外，所有重复样本一致性为 100%。7 个突变位点见表 8-10，其中 *AR* 和 *ARID1B* 基因检测的不一致是由于这些突变位于高度重复区域，比对质量值太低。*IDH1*、*BRAF* 和 *EGFR* 突变是由于突变频率仅 2%，低于检测下限。报告中对 *PTEN* 基因检出不一致的原因未进行说明。

对突变频率分析的结果表明，69 个突变中有 45 个 CV ≤ 10%，17 个突变 CV 为 10% ～ 20%，7 个突变 CV ＞ 21%。

每个样本检测结果的一致性见表 8-11，精密度符合要求，对个别不一致的结果进行原因分析。所有重复样本也进行了测序深度等质量指标的统计，符合标准（报告中未给出具体数据和标准）。

表 8-9 样本盘信息和已知的突变位点

组织类型	突变类型	基因 / 外显子	cDNA	氨基酸	MAF
胶质母细胞瘤	插入	*EGFR* exon20	c.2290_2310dupTACGTG ATGGCCAGCGTGGAC	p.Y764_D770dup	～ 5%
皮肤黑色素瘤	缺失插入	*BRAF* exon15	c.1798_1799delinsAA	V600K	～ 6.5%
子宫内膜癌	SNV	*KRAS* exon2	c.35G ＞ C	G12A	～ 7%
肺腺癌	插入	*ERBB2* exon 20	2310_2311insGCATACGT GATG	E770_A771insAYVM	～ 15%
肺腺癌	SNV	*EGFR* exon 21	c.2573T ＞ G	L858R	～ 20%
结直肠癌	SNV	*KRAS* exon 2	c.34G ＞ T	G12C	～ 30%
肺腺癌	缺失（15 bp）	*EGFR* exon 19	c.2236_2250delGAATTAA GAGAAGCA	E746_A750del	～ 30%
结直肠癌	SNV	*BRAF* exon 15	c.1799T ＞ A	V600E	～ 40%
GIST	缺失（6 bp）	*KIT* exon 11	c. 1667_1672delAGTGGA	Q556_K558del	～ 50%
FFPE 包埋细胞系	缺失，SNV	*BRAF*、*EGFR*、*FLT3*、*GNA11*、*IDH1*、*KRAS*、*NRAS* 和 *PIK3CA* 基因热点突变			2% ～ 15%

表 8-10 不同突变位点重复检测的结果

基因 / 外显子	突变位点	标准化覆盖度（normalized coverage）	MAF 范围	MAF 均值	MAF 中位数	MAF（SD）	MAF（%CV）	阳性数 / 检测数	阳性率（双侧 95%CI）
样本 1									
EGFR exon19	c.2236_2250delG AATTAAGAGA AGCA 746_750del★	0.84 ～ 1	0.311 ～ 0.342	0.323	0.316	0.013	4.0%	5/5	100.0%（47.8%～100.0%）

续表

基因 / 外显子	突变位点	标准化覆盖度（normalized coverage）	MAF 范围	MAF 均值	MAF 中位数	MAF（SD）	MAF（%CV）	阳性数 / 检测数	阳性率（双侧 95%CI）
PTEN exon2	c.T83G I28S	0.62 ~ 0.73	0.502 ~ 0.569	0.543	0.544	0.027	5.0%	5/5	100.0%（47.8% ~ 100.0%）
TET2 exon3	c.C311G S104C	1.04 ~ 1.32	0.085 ~ 0.103	0.098	0.102	0.008	8.2%	5/5	100.0%（47.8% ~ 100.0%）
TP53 exon7	c.C742T R248W	0.97 ~ 1.22	0.648 ~ 0.664	0.66	0.663	0.007	1.1%	5/5	100.0%（47.8% ~ 100.0%）
样本 2									
BRAF exon15	c.T1799A V600E*	1.26 ~ 1.44	0.415 ~ 0.454	0.431	0.425	0.015	3.5%	5/5	100.0%（47.8% ~ 100.0%）
BRCA2 exon14	c.A7388G N2463S	0.84 ~ 0.96	0.19 ~ 0.23	0.209	0.21	0.015	7.2%	5/5	100.0%（47.8% ~ 100.0%）
BRD4 exon19	c.G3922A A1308T	0.44 ~ 0.56	0.5 ~ 0.636	0.553	0.54	0.054	9.8%	5/5	100.0%（47.8% ~ 100.0%）
FBXW7 exon9	c.G1268T G423V	0.91 ~ 1.05	0.369 ~ 0.418	0.395	0.391	0.02	5.1%	5/5	100.0%（47.8% ~ 100.0%）
GRIN2A exon7	c.C1514A A505E	0.92 ~ 1.1	0.194 ~ 0.211	0.202	0.203	0.006	3.0%	5/5	100.0%（47.8% ~ 100.0%）
PTPRD exon12	c.G10A V4I	0.5 ~ 0.63	0.281 ~ 0.361	0.336	0.35	0.034	10.1%	5/5	100.0%（47.8% ~ 100.0%）
RUNX1 exon9	c.806-1G > A NA	1.01 ~ 1.23	0.185 ~ 0.21	0.202	0.207	0.01	5.0%	5/5	100.0%（47.8% ~ 100.0%）
SPEN exon12	c.C10445T P3482L	0.94 ~ 1.03	0.189 ~ 0.235	0.208	0.2	0.018	8.7%	5/5	100.0%（47.8% ~ 100.0%）
SYK exon13	c.C1768T R590W	1.13 ~ 1.22	0.233 ~ 0.292	0.273	0.279	0.023	8.4%	5/5	100.0%（47.8% ~ 100.0%）
TP53 exon6	c.G610T E204X	0.9 ~ 1.01	0.525 ~ 0.56	0.547	0.551	0.013	2.4%	5/5	100.0%（47.8% ~ 100.0%）
样本 3									
APC exon16	c.G3856T E1286X	0.8 ~ 1.05	0.326 ~ 0.39	0.351	0.349	0.026	7.4%	5/5	100.0%（47.8% ~ 100.0%）
APC exon7	c.C646T R216X	0.87 ~ 1.06	0.148 ~ 0.185	0.162	0.16	0.015	9.3%	5/5	100.0%（47.8% ~ 100.0%）
CREBBP exon29	c.G4837A V1613M	1 ~ 1.19	0.159 ~ 0.196	0.178	0.18	0.017	9.6%	5/5	100.0%（47.8% ~ 100.0%）

续表

基因 / 外显子	突变位点	标准化覆盖度（normalized coverage）	MAF 范围	MAF 均值	MAF 中位数	MAF（SD）	MAF（%CV）	阳性数 / 检测数	阳性率（双侧 95%CI）
KRAS exon2	c.G34T G12C★	1.13～1.31	0.289～0.352	0.314	0.305	0.024	7.6%	5/5	100.0%（47.8%～100.0%）
NOTCH1 exon34	c.7541dupC P2514fs	1.28～1.5	0.144～0.211	0.184	0.189	0.025	13.6%	5/5	100.0%（47.8%～100.0%）
SMAD4 exon11	c.C1333T R445X	0.76～0.95	0.206～0.238	0.223	0.229	0.014	6.3%	5/5	100.0%（47.8%～100.0%）
样本 4									
ALOX12B exon11	c.G1406A R469Q	1.03～1.31	0.333～0.377	0.355	0.356	0.016	4.5%	5/5	100.0%（47.8%～100.0%）
ARID1B exon1	c.1333_1334insCGC A445_P446insP△	0.2	0.2	0.2	0.2	NA	NA	1/5	20.0%（0.5%～71.6%）
CDK8 exon10	c.C1014A D338E	0.59～0.7	0.256～0.336	0.303	0.315	0.032	10.6%	5/5	100.0%（47.8%～100.0%）
DNMT1 exon36	c.T4380G H1460Q	1.18～1.51	0.51～0.558	0.534	0.53	0.017	3.2%	5/5	100.0%（47.8%～100.0%）
ERBB2 exon2	c.G140A R47H	1.16～1.59	0.596～0.712	0.656	0.666	0.045	6.9%	5/5	100.0%（47.8%～100.0%）
ERBB2 exon20	c.2310_2311insGCATACGTGATG E770_A771insAYVM★	1.02～1.38	0.142～0.199	0.173	0.171	0.023	13.3%	5/5	100.0%（47.8%～100.0%）
ERCC2 exon21	c.C1904T A635V	1.19～1.47	0.363～0.466	0.409	0.423	0.045	11.0%	5/5	100.0%（47.8%～100.0%）
IRS1 exon1	c.C3639A S1213R	0.42～0.49	0.384～0.494	0.449	0.455	0.04	8.9%	5/5	100.0%（47.8%～100.0%）
MED12 exon37	c.5258_5282delCTCCTACCCTGCTAGAGCCTGAGAA A1753fs	1.08～1.36	0.141～0.187	0.164	0.17	0.019	11.6%	5/5	100.0%（47.8%～100.0%）
MED12 exon43	c.6339_6340insCAGCAACACCAG Q2113_Q2114insQQHQ	0.96～1.43	0.37～0.422	0.4	0.399	0.021	5.3%	5/5	100.0%（47.8%～100.0%）
NF1 exon51	c.C7595T A2532V	0.92～1.04	0.627～0.68	0.664	0.676	0.022	3.3%	5/5	100.0%（47.8%～100.0%）
NTRK1 exon1	c.G53A G18E	0.28～0.55	0.6～0.668	0.631	0.63	0.027	4.3%	5/5	100.0%（47.8%～100.0%）

续表

基因/外显子	突变位点	标准化覆盖度（normalized coverage）	MAF 范围	MAF 均值	MAF 中位数	MAF（SD）	MAF（%CV）	阳性数/检测数	阳性率（双侧 95%CI）
PDGFRB exon7	c.G946A V316M	0.73 ~ 1.14	0.615 ~ 0.681	0.646	0.642	0.026	4.0%	5/5	100.0%（47.8% ~ 100.0%）
PIK3CB exon15	c.A2150G N717S	0.67 ~ 0.85	0.273 ~ 0.317	0.299	0.308	0.018	6.0%	5/5	100.0%（47.8% ~ 100.0%）
PTPRS exon32	c.C4822T R1608W	0.79 ~ 1.06	0.526 ~ 0.562	0.543	0.542	0.013	2.4%	5/5	100.0%（47.8% ~ 100.0%）
RB1 exon2	c.138-2A > G splicing mutation	0.51 ~ 0.75	0.231 ~ 0.345	0.291	0.284	0.047	16.2%	5/5	100.0%（47.8% ~ 100.0%）
TET1 exon4	c.G3476A R1159Q	0.86 ~ 1.34	0.499 ~ 0.606	0.533	0.522	0.044	8.3%	5/5	100.0%（47.8% ~ 100.0%）
TP53 exon5	c.G524A R175H	0.75 ~ 1.11	0.247 ~ 0.344	0.314	0.337	0.04	12.7%	5/5	100.0%（47.8% ~ 100.0%）
样本 5									
EGFR exon21	c.T2573G L858R★	1.4 ~ 1.44	0.172 ~ 0.225	0.199	0.203	0.02	10.1%	5/5	100.0%（47.8% ~ 100.0%）
HNF1A exon4	c.C934T L312F	0.35 ~ 0.54	0.033 ~ 0.077	0.057	0.059	0.016	28.1%	5/5	100.0%（47.8% ~ 100.0%）
MLL3 exon42	c.G9671A R3224H	1.27 ~ 1.4	0.089 ~ 0.118	0.104	0.105	0.011	10.6%	5/5	100.0%（47.8% ~ 100.0%）
NTRK3 exon14	c.1401delC P467fs	0.49 ~ 0.54	0.062 ~ 0.086	0.074	0.077	0.01	13.5%	5/5	100.0%（47.8% ~ 100.0%）
TP53 exon10	c.A1051T K351X	0.74 ~ 0.84	0.075 ~ 0.116	0.103	0.108	0.016	15.5%	5/5	100.0%（47.8% ~ 100.0%）
样本 6									
AR exon1	c.161_171delTGC TGCTGCTG L54fs△	0.34 ~ 0.39	0.079 ~ 0.097	0.088	0.087	0.009	10.2%	3/5	60.0%（14.7% ~ 94.7.0%）
AR exon1	c.C190A Q64K△	0.25 ~ 0.29	0.134 ~ 0.135	0.134	0.134	0.001	0.7%	2/5	40.0%（5.3% ~ 85.3%）
KIT exon11	c.1667_1672delA GTGGA 556_558del	1.65 ~ 1.86	0.554 ~ 0.595	0.569	0.566	0.016	2.8%	5/5	100.0%（47.8% ~ 100.0%）
KIT exon17	c.T2467G Y823D	1.28 ~ 1.49	0.619 ~ 0.658	0.646	0.655	0.016	2.5%	5/5	100.0%（47.8% ~ 100.0%）

续表

基因 / 外显子	突变位点	标准化覆盖度（normalized coverage）	MAF 范围	MAF 均值	MAF 中位数	MAF（SD）	MAF（%CV）	阳性数 / 检测数	阳性率（双侧 95%CI）
RPS6KB2 exon10	c.G840T K280N	0.93 ～ 1.19	0.435 ～ 0.473	0.462	0.468	0.015	3.2%	5/5	100.0%（47.8% ～ 100.0%）
样本 7									
CARD11 exon25	c.3382T ＞ A p.V1128I	1.34 ～ 1.58	0.276 ～ 0.293	0.284	0.278	0.009	3.2%	5/5	100.0%（47.8% ～ 100.0%）
EGFR exon20	c.2290_2310dupTACGTGATGGCCAGCGTGGAC p.Y764_D770dup*	14.36 ～ 15.46	0.05 ～ 0.06	0.055	0.055	0.004	7.3%	5/5	100.0%（47.8% ～ 100.0%）
EGFR exon7	c.874G ＞ T p.V292L	21.51 ～ 21.82	0.934 ～ 0.939	0.937	0.939	0.002	0.2%	5/5	100.0%（47.8% ～ 100.0%）
NOTCH3 exon22	c.3646G ＞ A p.A1216T	1.35 ～ 1.52	0.247 ～ 0.318	0.281	0.281	0.026	9.3%	5/5	100.0%（47.8% ～ 100.0%）
PTEN exon5	c.395G ＞ C p.G132A	0.6 ～ 0.72	0.605 ～ 0.667	0.635	0.631	0.029	4.6%	5/5	100.0%（47.8% ～ 100.0%）
RUNX1 exon8	c.899C ＞ T p.T300M	0.81 ～ 0.92	0.244 ～ 0.274	0.26	0.266	0.015	5.8%	5/5	100.0%（47.8% ～ 100.0%）
STAG2 exon17	c.1544_1547delATAG p.D515Gfs*6	0.19 ～ 0.27	0.677 ～ 0.842	0.753	0.741	0.067	8.9%	5/5	100.0%（47.8% ～ 100.0%）
TERT Promoter	g.1295228C ＞ T non-coding	0.55 ～ 0.67	0.388 ～ 0.467	0.421	0.417	0.033	7.8%	5/5	100.0%（47.8% ～ 100.0%）
样本 8									
AKT3 exon2	c.134T ＞ G p.V45G	1.14 ～ 1.36	0.05 ～ 0.078	0.066	0.067	0.012	18.2%	5/5	100.0%（47.8% ～ 100.0%）
BRAF exon15	c.1798_1799delinsAA p.V600K*	1.04 ～ 1.32	0.065 ～ 0.095	0.072	0.067	0.013	18.1%	5/5	100.0%（47.8% ～ 100.0%）
KIT exon11	c.1735_1737delGAT p.D579del	1.08 ～ 1.22	0.051 ～ 0.056	0.053	0.054	0.002	3.8%	5/5	100.0%（47.8% ～ 100.0
样本 9									
CTCF exon3	c.610dupA p.T204Nfs*26	0.68 ～ 0.86	0.041 ～ 0.072	0.057	0.061	0.014	24.6%	5/5	100.0%（47.8% ～ 100.0%）
EGFR exon20	c.2317_2319dupCAC p.H773dup	1.15 ～ 1.19	0.067 ～ 0.093	0.078	0.079	0.011	14.1%	5/5	100.0%（47.8% ～ 100.0%）
KDM5C exon23	c.3755G ＞ A p.R1252H	0.88 ～ 1.17	0.064 ～ 0.13	0.088	0.084	0.026	29.5%	5/5	100.0%（47.8% ～ 100.0%）

续表

基因 / 外显子	突变位点	标准化覆盖度（normalized coverage）	MAF 范围	MAF 均值	MAF 中位数	MAF（SD）	MAF（%CV）	阳性数 / 检测数	阳性率（双侧 95%CI）
KRAS exon2	c.35G > C p.G12A	0.78 ～ 0.94	0.044 ～ 0.106	0.076	0.074	0.023	30.3%	5/5	100.0%（47.8% ～ 100.0%）
PIK3R1 exon13	c.1672_1683delGAAATTGACAAA p.E558_K561del	0.43 ～ 0.52	0.067 ～ 0.116	0.085	0.081	0.019	22.4%	5/5	100.0%（47.8% ～ 100.0%）
PIK3R1 exon9	c.1023dupA p.E342Rfs*4	0.41 ～ 0.58	0.056 ～ 0.102	0.083	0.086	0.017	20.5%	5/5	100.0%（47.8% ～ 100.0%）
PIK3R1 exon9	c.1024G > T p.E342*	0.42 ～ 0.59	0.064 ～ 0.108	0.093	0.095	0.017	18.3%	5/5	100.0%（47.8% ～ 100.0%）
PTEN exon6	c.493-1G > A p.X165_splice	0.53 ～ 0.64	0.173 ～ 0.208	0.192	0.187	0.015	7.8%	5/5	100.0%（47.8% ～ 100.0%）
PTEN exon8	c.956_959delCTTT p.T319Kfs*24 △	0.28 ～ 0.48	0.006 ～ 0.079	0.049	0.052	0.029	59.2%	3/5	60.0%（14.7% ～ 94.7.0%）
SOX17 exon1	c.287C > G p.A96G	1.16 ～ 1.51	0.061 ～ 0.074	0.069	0.069	0.005	7.2%	5/5	100.0%（47.8% ～ 100.0%）
样本 10									
BRAF exon15	c.1798G > A V600M ★△	0.97 ～ 1.06	0.016 ～ 0.041	0.027	0.027	0.01	37.0%	3/5	60.0%（14.7%～94.7.0%）
BRAF exon15	c.1799T > A V600E ★	0.97 ～ 1.06	0.051 ～ 0.08	0.064	0.067	0.012	18.8%	5/5	100.0%（47.8%～100.0%）
EGFR exon18	c.2155G > A G719S ★	1.23 ～ 1.33	0.125 ～ 0.179	0.158	0.164	0.022	13.9%	5/5	100.0%（47.8%～100.0%）
EGFR exon19	c.2235_2249delGGAATTAAGAGAAGC E746_A750del ★△	1.01 ～ 1.19	0.009 ～ 0.043	0.023	0.019	0.013	56.5%	2/5	40.0%（5.3% ～ 85.3%）
FLT3 exon20	c.2503G > T D835Y ★	0.97 ～ 1.02	0.037 ～ 0.059	0.045	0.043	0.008	17.8%	5/5	100.0%（47.8%～100.0%）
GNA11 exon5	c.626A > T Q209L ★	1.41 ～ 1.48	0.036 ～ 0.054	0.046	0.044	0.008	17.4%	5/5	100.0%（47.8%～100.0%）
IDH1 exon4	c.395G > A R132H ★△	0.5 ～ 0.53	0.038 ～ 0.049	0.035	0.044	0.020	57.1%	4/5	80.0%（28.4% ～ 99.5%）
KRAS exon2	c.34G > A G12S ★	0.9 ～ 1.03	0.026 ～ 0.057	0.041	0.039	0.011	26.8%	5/5	100.0%（47.8%～100.0%）
KRAS exon2	c.38G > A G13D ★	0.91 ～ 1.06	0.217 ～ 0.249	0.231	0.229	0.012	5.2%	5/5	100.0%（47.8%～100.0%）

续表

基因 / 外显子	突变位点	标准化覆盖度（normalized coverage）	MAF 范围	MAF 均值	MAF 中位数	MAF（SD）	MAF（%CV）	阳性数 / 检测数	阳性率（双侧 95%CI）
KRAS exon4	c.436G > A A146T★	0.82 ～ 0.88	0.031 ～ 0.055	0.042	0.044	0.009	21.4%	5/5	100.0%（47.8%～100.0%）
NRAS exon3	c.183A > T Q61H★	1.01 ～ 1.14	0.039 ～ 0.065	0.051	0.051	0.01	19.6%	5/5	100.0%（47.8%～100.0%）
PIK3CA exon10	c.1624G > A E542K★	0.67 ～ 0.87	0.038 ～ 0.047	0.042	0.042	0.004	9.5%	5/5	100.0%（47.8%～100.0%）
PIK3CA exon21	c.3140A > G H1047R★	0.62 ～ 0.72	0.222 ～ 0.331	0.276	0.258	0.05	18.1%	5/5	100.0%（47.8%～100.0%）

★以往采用单基因检测时检出的阳性突变；△结果存在不一致的突变。

表 8-11　每个样本检测结果的一致性

样本号	样本中含有的突变数	每个突变的阳性检出率	阳性检出率（双侧 95%CI）
M15-22924	5	5/5（所有突变）	25/25100.0%（86.3% ～ 100.0%）
M15-3038	3	5/5（所有突变）	15/15100.0%（78.2% ～ 100.0%）
M16-19000	10	5/5（9 个突变） 4/5（1 个突变）	49/5098.0%（89.4% ～ 99.9%）
M1688-5C	18	5/5（17 个突变） 1/5（1 个突变）	86/9095.6%（89.0% ～ 98.8%）
M-1698-A9	5	5/5（所有突变）	25/25100.0%（86.3% ～ 100.0%）
M-1654-CA	6	5/5（所有突变）	30/30100.0%（88.4% ～ 100.0%）
M-1612-28	4	5/5（所有突变）	20/20100.0%（83.2% ～ 100.0%）
M1648-D5	10	5/5（所有突变）	50/50100.0%（92.9% ～ 100.0%）
M-1707-12	5	5/5（3 个突变） 3/5（1 个突变） 2/5（1 个突变）	20/2580.0%（59.3% ～ 93.2%）
细胞系	13	5/5（10 个突变） 4/5（1 个突变） 3/5（1 个突变） 2/5（1 个突变）	59/6590.8%（81.0% ～ 96.5%）

B. 参考物质检测精密度：MSK-IMPACT 还采用参考物质 NA20810 进行精密度评价，由于 NA20810 有已知位点的结果，所以根据靶向测序区域内已知的 11 767 个 SNPs 位点，进行不同批的多次检测，共计重复 23 次，计算检测 SNP 等位基因百分比和已知百分比的差异，结果表明差别很小（0.09%±0.45%）。

（2）准确性

1）定义：准确性指测定结果和真实结果的一致性程度。在高通量测序检测上是指测定检出的序列与参考序列的一致性程度。可能涉及分析敏感性（analytical sensitivity）和分析特异性（analytical specificity）。分析敏感性的定义是，对阳性样本检测结果为阳性的比例，在高通量测序检测上是指对突变位点的检测结果为突变阳性的比例。分析特异性的定义是，一种检测方法仅对样本中的待测物质反应，而与其他物质不发生反应的能力，在高通量测序检测上是指对没有突变位点检测结果为阴性的比例。在较早的 CDC 和 CLSI 指南中，将准确性和分析敏感性、分析特异性分别描述，但是后来在 ACMG 指南中只介绍了分析敏感性和分析特异性，在 FDA 审批试剂中，均对准确性进行性能确认，具体做法是计算阳性符合率（positive percent agreement，PPA）和阴性符合率（negative percent agreement，NPA）。分析敏感性仅评价检测下限，分析特异性主要评价干扰物质对检测的影响。

2）性能确认方法：对准确性的评价可通过两部分进行：①通过检测已知序列的人基因组 DNA（如标准细胞株）来评价测序本身的准确性。如果为疾病相关的多基因或全外显子测序，可只评价靶向区域的测序结果。测序的准确性可通过碱基的正确率来表示。②通过检测临床样本进行验证，包括含有疾病相关突变的样本和含有与待检突变相同突变类型的样本（如 SNPs，Indels 等）。可将高通量测序与另一方法同时检测临床样本来评价，比较高通量测序与另一方法之间结果的差异，不一致的结果再用第三种方法确认，通过 PPA 和 NPA 来评价定性测定的准确度。检测点突变、短片段缺失和短片段插入的比较方法可以采用 Sanger 测序、等位基因特异性 PCR 和 SNP arrays 等；检测拷贝数变异的比较方法，可以采用实时荧光定量 PCR、荧光原位杂交（fluorescence in situ hybridization，FISH）、微阵列比较基因组杂交（array-based comparative genomic hybridization）等；融合基因可以采用 FISH、实时荧光 PCR 等方法作为高通量测序检测的比较方法。但在将这些方法作为比较方法之前，均应先经过性能验证或性能确认。

3）举例：以 MSK-IMPACT 为例，其对准确性的性能确认包括两个方面：①评价总符合率和每种突变类型的阳性符合率；②评价阴性符合率。

A. 总符合率和每种突变类型阳性符合率的评价：433 个 FFPE 肿瘤样本用于评价准确性，包含 267 个突变位点，位于 20 个基因 48 个外显子区域内，具体突变位点见表 8-12。将 MSK-IMPACT 的检测结果与已知突变结果比较，计算总体符合率和每一种基因的每一种突变类型的 PPA。433 例样本检测结果有 432 例符合，总符合率为 99.8%（95% CI，98.7% ～ 100.0%），不符合的样本为 *EGFR* 第 20 外显子的插入，该插入从内含子区域开始，在生物信息学分析时，这一情况被过滤，因而未能检出。实验室后续修改了算法，以避免再次出现此类情况漏检。每一种基因的每一种突变类型的 PPA 见表 8-13 ～表 8-15。这种评价方式实际上是将每个基因独立看待，每个基因有一定数量的评价样本，然后再以样本的符合率计算阳性符合率。

表 8-12　准确性评价样本盘

基因名称	样本数量	外显子	突变类型	突变位点
AKT	10	exon3	SNV	E17K
ALK	3	exon23	SNV	F1174V/L；S1205F
	4	exon25	SNV	R1275Q；R1260T
BRAF	11	exon11	SNV	G466V/R；S467L；G469*
	19	exon15	SNV	D594G；V600*；K601I
EGFR	10	exon18	SNV	G719A/S；G724S
	12	exon19	DEL	745_750del；746_748del；746_750del；747_753del；K754fs
	10	exon20	SNV	T790M
	16	exon20	INS	M766_A767insASV；V769_D770insDNP；D770_N771ins*；P772_H773ins*；H773_V774insY/H
	9	exon21	SNV	L858R
ERBB2	7	exon19	SNV	L755S；I767M；D769Y
	16	exon20	INS	E770_A771insAYVM；A771_Y772insYVMA；G776_G778ins*
	3	exon20	SNV	V777L；G776V
	7	exon8	SNV	S310F/Y；S305C
FGFR2	1	exon12	SNV	L528H
	1	exon7	SNV	S252W
	1	exon9	SNV	Y375C
FGFR3	2	exon18	SNV	P797L
	1	exon7	SNV	A261V；A265V
	5	exon9	SNV	F384L
	1	exon9	INS	G370_S371insH
GNA11	7	exon5	SNV	Q209L
GNAQ	5	exon5	SNV	Q209P/L
GNAS	5	exon8	SNV	R201C/H
HRAS	3	exon2	SNV	G10A；G13D/V
	5	exon3	SNV	A59V；Q61R/L/K
IDH1	8	exon4	SNV	R132G/C/H
IDH2	5	exon4	SNV	R172*；R140Q
	1	exon4	DEL	T146Lfs*15
KIT	9	exon11	INS；DEL	K550fs；552_557del；556_558del；556_561del；558_565del；559_566del；P573_T574insTQLPS
	9	exon11	SNV	V555L；W557G；V559D；D572G；L576P.
	6	exon13	SNV	V654A；K642E
	5	exon17	SNV	D816H；D820E；N822K
	10	exon9	INS	S501_A502insAY；A502_Y503dup

续表

基因名称	样本数量	外显子	突变类型	突变位点
KRAS	16	exon2	SNV	G12*；G13D
	13	exon3	SNV	Q61*
	10	exon4	SNV	K117N；G138E；A146*
MET	13	exon14	SNV	D1010*；exon14 skipping
	19	exon14	DEL	exon14 skipping；other splicing defects
NRAS	4	exon2	SNV	G13*
	12	exon 3	SNV	Q61*
PDGFRA	12	exon18	SNV	D842V/I
	1	exon12	SNV	V561D
PIK3CA	4	exon10	SNV	E545A/K；E542K
	2	exon21	SNV	H1047R/Y
	1	exon21	INS	X1069delinsFL
	8	exon2	SNV/MNV	F83L；R88Q；R93Q；K111E/N
	2	exon2	DEL	E110del；112_113del
	9	exon5	SNV	V344M；N345I/K
	9	exon8	SNV	E418K；C420R；P449R；E453K/Q
	1	exon8	DEL	E453_D454del
TP53	9	exon4	SNV/MNV	W53X；W91X；Q100X；G105V/C；S106R；F113C
	6	exon4	DEL	L35fs；P67fs；A84fs；109_109del；G108fs；R110fs
	3	exon4	INS	V73fs；L114fs；C124fs
	6	exon5	SNV	K132Q；W146X；Y163C；R175H；R15
	3	exon5	INS	P153fs；M160_A161insRA；Q167_M170dup
	9	exon5	DEL	K132fs；A138fs；P152fs；R156fs；V157_R158del；K164fs；H178fs；D184
	2	exon6	SNV	R213L/X
	8	exon6	DEL	G187fs；L188fs；P191_Q192del；R196_L201del；D207fs；R209fs；F212
	10	exon7	SNV/MNV	Y234C；Y236C；M237I；R248G/Q；R249S；T256P
	3	exon7	INS	S241dup；R249fs；T253dup
	6	exon7	DEL	S241fs；M243X；G244fs；M246X；I255del；L257fs
	4	exon8	SNV/MNV	V272K；C275X；R282W；T284K
	4	exon8	INS	C275fs；N288fs；G302fs
	5	exon8	DEL	N263_N268del；N263fs；R267fs；P278 P301fs
	6	exon10	SNV	R337L；R342X；R337C
	1	exon10	INS	L344fs

表 8-13　各基因点突变结果的阳性符合率

基因	外显子数量	突变数量	样本数量	PPA（95% CI）
AKT1	1	1	10	100.0%（69.2%，100.0%）
ALK	2	5	7	100.0%（59.0%，100.0%）
BRAF	2	13	30	100.0%（88.4%，100.0%）
EGFR	3	6	30	100.0%（88.4%，100.0%）
ERBB2	3	12	17	100.0%（80.5%，100.0%）
FGFR2	3	3	3	100.0%（29.2%，100.0%）
FGFR3	3	3	8	100.0%（63.1%，100.0%）
GNA11	1	1	7	100.0%（59.0%，100.0%）
GNAQ	1	2	5	100.0%（47.8%，100.0%）
GNAS	1	2	5	100.0%（47.8%，100.0%）
HRAS	2	7	8	100.0%（63.1%，100.0%）
IDH1	1	3	8	100.0%（63.1%，100.0%）
IDH2	1	4	6	100.0%（54.1%，100.0%）
KIT	3	13	20	100.0%（83.2%，100.0%）
KRAS	3	15	39	100.0%（91.0%，100.0%）
MET	1	9	13	100.0%（75.3%，100.0%）
NRAS	2	6	16	100.0%（79.4%，100.0%）
PDGFRA	2	3	13	100.0%（75.3%，100.0%）
PIK3CA	4	19	32	100.0%（89.1%，100.0%）
TP53	6	32	37	100.0%（90.5%，100.0%）

表 8-14　各基因插入突变结果的阳性符合率

基因	外显子数量	突变数量	样本数量	PPA（95% CI）
EGFR	1	12	16	93.8%（69.8% ~ 100.0%）
ERBB2	1	8	16	100.0%（79.4% ~ 100.0%）
FGFR3	1	1	1	100.0%（2.5% ~ 100.0%）
KIT	1	3	10	100.0%（69.2% ~ 100.0%）
PIK3CA	1	1	1	100.0%（2.5% ~ 100.0%）
TP53	5	14	14	100.0%（76.8% ~ 100.0%

表 8-15　各基因缺失突变结果的阳性符合率

基因	外显子数量	突变数量	样本数量	PPA（95% CI）
EGFR	1	6	12	100.0%（73.5% ~ 100.0%）
IDH2	1	1	1	100.0%（2.5% ~ 100.0%）
KIT	1	7	9	100.0%（66.4% ~ 100.0%）

续表

基因	外显子数量	突变数量	样本数量	PPA（95% CI）
MET	1	18	19	100.0%（82.4% ～ 100.0%）
PIK3CA	2	3	3	100.0%（29.2% ～ 100.0%）
TP53	5	14	14	100.0%（76.8% ～ 100.0%）

B. 对阴性符合率的评价：选择 MSK-IMPACT 检测区域内的 10 个基因 33 个热点突变，共检测已知结果的 95 个样本。95 个样本共产生 95×33=3135 个检测位点（calls），其中有 109 个为阳性结果 / 突变结果（positive calls/variant calls），3026 个阴性结果 / 野生型结果（negative calls/wild-type calls）。所有结果与预期结果完全一致，因此 PPA 为 100%（95% CI，96.7% ～ 100.0%），NPA 为 100%（95% CI，99.9% ～ 100.0%）。MSK-IMPACT 本身是检测 468 个基因 6284 个外显子内的突变，而不是只检测热点突变，但是在准确性评价时，通过人为选择检测区域内的一些热点突变，这样相当于规定了检测标志物的数量，可以像以往分子检测评价一样，计算总阳性个数和阳性结果符合的数量，总阴性个数和阴性结果符合的数量，从而计算 PPA 和 NPA。

（3）分析敏感性：指检测下限（limit of detection，LoD）。

1）定义：可重复检测（95%）出待测物质的最低浓度水平。在高通量测序检测中是 95% 的样本能够正确检出突变位点的最低等位基因百分比。

2）性能确认方法：可采用已知突变等位基因百分比的样本，用另一基因组 DNA 混合稀释进行评价，每种变异类型均需对 LoD 进行性能确认。由于评价的是 95% 的样本能够正确检出突变位点的最低 MAF，在进行不同 MAF 水平检测时，每个 MAF 的检出率一般不会恰好等于 95%。计算 LoD 可采用两种方式：①直接用符合率为 100% 的最低 MAF 作为 LoD，这种方式相对比较简单；②采用统计学分析来计算 95% 的 LoD 水平。例如，Probit 分析是最常见的分析方法，具体做法是：首先列出每个 MAF 水平的阳性结果数量和总测定样本数量；然后将每个 MAF 水平检测的阳性百分比转换至 Probit；最后构建 Probit 值与 MAF 的回归线图，查 Probit 表确定 C95。

建立 LoD 时，需同时建立空白限（limit of blank，LoB），LoB 的定义是一定概率下测量空白样本时可能得到的最高检测结果，在高通量测序检测中指对阴性结果（野生型位点）检测可能得到的最高检测结果。

3）举例：以 FoundationOne CDx（F1CDx）为例[15]，每个代表性突变位点采用 6 个不同 MAF，每个 MAF 水平重复检测 13 次，两种 LoD 计算方式均采用，分别以符合率为 100% 的 MAF 作为 LoD 和 Probit 分析来计算 95% 的 LoD 水平。以点突变和缺失为例，见表 8-16。FoundationOne CDx（F1CDx）同时采用 75 例临床样本评价 LoB，证实所有野生型均没有产生突变结果报告，即说明在现有建立的试剂分析流程基础上，LoB 为 0。

表 8-16 FoundationOne CDx 确立点突变和缺失 LoD 结果

突变位点	LoD（符合率为 100% 的最低 MAF）	LoD（Probit 分析）
EGFR L858R	2.4%	＜2.4%（每个 MAF 水平均全部检出）
EGFR exon 19 deletion	5.1%	3.4%
EGFR T790M	2.5%	1.8%
KRAS 第 12 或 13 密码子突变	2.3%	＜2.3%（每个 MAF 水平均全部检出）
BRAF V600E/K	2.0%	＜2.0%（每个 MAF 水平均全部检出）

MSK-IMPACT 对 LoD 的性能确认包括两个步骤，首先采用对突变位点进行系列稀释，以检出率为 100% 的浓度水平作为 LoD，然后采用临床样本重复检测，验证 LoD 设立的正确性。

A. 系列稀释样本：采用临床样本（突变位点已在准确性评价中确认），包含 6 个 SNV 和 4 个缺失插入（见表 8-17 ～表 8-23，列出其中 7 个突变结果）。每个临床样本（肿瘤组织）使用对应的正常组织进行 5 ～ 8 个系列稀释，如果没有同一患者的配对正常组织，则采用其他正常组织代替进行稀释。对系列稀释样本检测结果表明，除 *PIK3CA* 突变最低浓度未能检出以外，其余突变所有稀释度均检出。根据结果，设立 LoD 为 5%。

表 8-17 ***BRAF*** 点突变系列稀释结果

稀释梯度	cDNA	氨基酸	DP	AD	VF	结果
原倍	c.1799T ＞ A	V600E	1018	410	0.4	检出
1 ：2			1044	319	0.31	检出
1 ：4			888	173	0.19	检出
1 ：8			999	91	0.09	检出
1 ：16			783	26	0.03	检出
1 ：32			845	20	0.02	检出

表 8-18 ***KRAS*** 点突变系列稀释结果

稀释梯度	cDNA	氨基酸	DP	AD	VF	结果
原倍	c.35G ＞ A	G12D	907	405	0.45	检出
1 ：2			820	298	0.36	检出
1 ：4			400	97	0.24	检出
1 ：8			660	121	0.18	检出
1 ：16			665	59	0.09	检出
1 ：32			632	41	0.06	检出

表 8-19　*PIK3CA* 点突变系列稀释结果

稀释梯度	cDNA	氨基酸	DP	AD	VF	结果
原倍	c.263G＞A	R88Q	2029	629	0.31	检出
1 ∶ 2			1008	211	0.21	检出
1 ∶ 4			1140	145	0.13	检出
1 ∶ 8			997	62	0.06	检出
1 ∶ 16						未检出

表 8-20　*EGFR* 插入突变系列稀释结果

稀释梯度	cDNA	氨基酸	DP	AD	VF	结果
原倍	c.2308_2309insACT	D770_N771insY	1484	400	0.27	检出
1 ∶ 2			777	166	0.21	检出
1 ∶ 4			566	105	0.19	检出
1 ∶ 8			595	55	0.09	检出
1 ∶ 16			581	33	0.06	检出
1 ∶ 32			608	21	0.03	检出

表 8-21　*KIT* 缺失突变系列稀释结果

稀释梯度	cDNA	氨基酸	DP	AD	VF	结果
原倍	c.1667_1681delAGTGGAAGGTTGTTG	556_561del	2503	922	0.37	检出
1 ∶ 2			1986	688	0.35	检出
1 ∶ 4			1513	430	0.28	检出
1 ∶ 8			1049	250	0.24	检出
1 ∶ 16			792	138	0.17	检出
1 ∶ 32			761	66	0.09	检出
1 ∶ 64			618	37	0.06	检出
1 ∶ 125			736	18	0.02	检出

表 8-22　*EGFR*19 缺失系列稀释结果

稀释梯度	cDNA	氨基酸	DP	AD	VF	结果
原倍	c.2236_2250delGAATTAAGAGAAGCA	746_750del	1278	790	0.62	检出
1 ∶ 2			1137	484	0.43	检出
1 ∶ 4			792	207	0.26	检出
1 ∶ 8			666	94	0.14	检出
1 ∶ 16			622	49	0.08	检出
1 ∶ 32			499	17	0.03	检出

表 8-23 *EGFR*19 缺失系列稀释结果

稀释梯度	cDNA	氨基酸	DP	AD	VF	结果
原倍	c.1502_1503insTGCCTA	S501_A502in sAY	517	314	0.61	检出
1 ∶ 2			512	187	0.37	检出
1 ∶ 4			641	89	0.14	检出
1 ∶ 8			486	27	0.06	检出
1 ∶ 16			447	17	0.04	检出
1 ∶ 32			521	14	0.03	检出

B. 临床样本：采用包含等位基因频率 5% 左右的 13 个突变的临床样本进行检测，每个突变位点重复 5 次，以确认 5% 的突变能够检出。13 个突变位点包括点突变、缺失、插入 3 种突变类型，其中点突变 6 个、缺失突变 3 个、插入突变 4 个。除 *PTEN* 突变（突变等位基因百分比＜ 5%）有一个重复样本未检出以外，所有突变均全部检出，具体结果见表 8-24。

表 8-24 临床样本对 LoD 的验证结果

突变类型	突变	基因 / 外显子	DP 范围	AD 范围	MAF 范围	NormDP 范围	总阳性识别率
DEL	In_Frame_Del c.1735_1737delGAT p.D579del	*KIT* exon11	509 ～ 693	26 ～ 38	0.051 ～ 0.056	1.08 ～ 1.22	100.0%
DEL	Frame_Shift_Del c.956_959delCTTT p.T319Kfs*24	*PTEN* exon8	197 ～ 242	7 ～ 19	0.036 ～ 0.079	0.31 ～ 0.48	80.0%
DEL	In_Frame_Del c.1672_1683delGAAATT GACAAA p.E558_K561del	*PIK3R1* exon13	216 ～ 313	18 ～ 36	0.067 ～ 0.116	0.43 ～ 0.52	100.0%
INS	In_Frame_Ins c.2317_2319dupCAC p.H773dup	*EGFR* exon20	587 ～ 749	46 ～ 65	0.067 ～ 0.093	1.15 ～ 1.19	100.0%
INS	Frame_Shift_Ins c.1023dupA p.E342Rfs*4	PIK3R1 exon9	236 ～ 345	15 ～ 32	0.056 ～ 0.102	0.41 ～ 0.58	100.0%
INS	Frame_Shift_Ins c.610dupA p.T204Nfs*26	CTCF exon3	344 ～ 540	14 ～ 36	0.041 ～ 0.072	0.68 ～ 0.86	100.0%
INS	In_Frame_Ins c.2290_2310dupTACGTG ATGGCCAGCGTGGAC p.Y764_D770dup	*EGFR* exon20	8601 ～ 9836	441 ～ 572	0.05 ～ 0.06	14.36 ～ 15.46	100.0%
SNV	Missense_Mutation c.134T ＞ G p.V45G	*AKT3* exon2	535 ～ 813	28 ～ 63	0.05 ～ 0.078	1.14 ～ 1.36	100.0%

续表

突变类型	突变	基因/外显子	DP 范围	AD 范围	MAF 范围	NormDP 范围	总阳性识别率
SNV	Missense_Mutation c.1798_1799delinsAA p.V600K	*BRAF* exon15	489 ～ 747	33 ～ 71	0.065 ～ 0.095	1.04 ～ 1.32	100.0%
SNV	Missense_Mutation c.287C ＞ G p.A96G	*SOX17* exon1	672 ～ 805	45 ～ 59	0.061 ～ 0.074	1.16 ～ 1.51	100.0%
SNV	Missense_Mutation c.35G ＞ C p.G12A	*KRAS* exon2	445 ～ 571	20 ～ 55	0.044 ～ 0.106	0.78 ～ 0.94	100.0%
SNV	Missense_Mutation c.3755G ＞ A p.R1252H	*KDM5C* exon23	475 ～ 733	40 ～ 68	0.064 ～ 0.13	0.88 ～ 1.17	100.0%
SNV	Nonsense_Mutation c.1024G ＞ T p.E342*	*PIK3R1* exon9	242 ～ 355	18 ～ 37	0.064 ～ 0.108	0.42 ～ 0.59	100.0%

（4）干扰物质

1）定义：可能对检测结果产生影响的物质，包括内源性和外源性。内源性干扰物质如黑色素、血红蛋白等；外源性干扰物质如标本处理过程中加入的乙醇、蛋白酶 K、加入的标签等。

2）性能确认方法：加入待评价的干扰物质模拟样本中含有较大量残余干扰物质的情况，比较含有和不含有干扰物质检测结果是否一致，以评价检测结果是否会被干扰物质影响。

3）举例：以 FoundationOne CDx（F1CDx）为例，以 5 例临床样本为代表（结直肠癌、肺癌、乳腺癌、黑色素瘤和卵巢癌，包含待检的不同突变类型），分别加入黑色素、乙醇、蛋白酶 K 和分子标签，检测结果和不含干扰物质的对照组进行比较，评价这些物质对 F1CDx 检测结果是否产生影响，具体干扰物质加入方式见表 8-25。

表 8-25　FoundationOne CDx 干扰物质加入方案

干扰物质	干扰物质浓度	样本例数	每个样本重复次数
无		5	2
黑色素	0.025 μg/ml	5	2
黑色素	0.05 μg/ml	5	2
黑色素	0.1 μg/ml	5	2
黑色素	0.2 μg/ml	5	2
蛋白酶 K	0.04 mg/ml	5	2
蛋白酶 K	0.08 mg/ml	5	2
乙醇	5%	5	2
乙醇	2.5%	5	2
分子标签	0	5	4

续表

干扰物质	干扰物质浓度	样本例数	每个样本重复次数
分子标签	5%	5	4
分子标签	15%	5	4
分子标签	30%	5	4

FoundationOne CDx 设立了判定物质不会对检测产生干扰的标准：DNA 产量、建库浓度、杂交捕获后文库浓度均应符合质量要求，检测成功率和突变结果检测的一致性均应≥ 90%。结果表明，所有加入干扰物质的样本均符合 DNA 产量、建库浓度、杂交捕获后文库浓度的质量要求，且成功完成整个检测流程，加入黑色素、蛋白酶 K 和标签的样本突变检测结果与对照组一致率为 100%，加入乙醇的样本突变检测结果与对照组一致率为 95.3%，均≥ 90%。因此认为，这些物质均不会对 FoundationOne CDx 检测产生影响。

（5）临床有效性：如果实验室建立用于伴随诊断的检测试剂，那么就需要对临床有效性进行评价。如果是新的药物，实验室需要进行完整的临床试验，对突变阳性和突变阴性的人群药物的敏感性进行临床研究；如果是以往完成伴随诊断的药物，实验室可以将本实验室建立的方法与伴随诊断检测的试剂进行一致性比较，如 FoundationOne CDx 对 *EGFR* 基因 19 缺失和 L858R 突变，与 cobas *EGFR* 突变检测试剂进行阳性符合率和阴性符合率的比较。

（6）其他：除上述介绍的精密度、准确性、检测下限和干扰物质等常见性能确认指标以外，实验室还可根据自身情况，对采血管、可报告范围、交叉污染等进行性能确认。例如，华盛顿大学医学院的高通量测序实验室[61]通过对多份临床样本及细胞系提取的人基因组 DNA 进行检测，评价不同的靶向基因区域测序质量值是否达到要求，以对可报告范围进行确认。实验室发现 *BRAF*、*EGFR*、*FLT3*、*IDH2*、*KRAS*、*MAP2K2*、*MAPK1*、*MLL*、*PIK3CA*、*PTPN11*、*RET* 和 *WT1* 的第 1 外显子，以及 *DNMT3A* 的第 2 和第 8 外显子测序深度在质量标准以上的序列不能达到 95%，即这些区域的外显子不符合测序质量值的标准。实验室将所有这些区域与 COSMIC 数据库比较，认为这些区域目前没有临床意义的突变报道，因此不会影响到突变结果的报告，但是要求在结果报告时说明这些区域的覆盖深度低于质量值的要求。

（四）总结

性能确认和 LDT 的标准操作程序是紧密相连的，一方面，性能确认过程中，对部分达不到质量指标或性能指标（准确性和重复性）的区域或突变类型，提出补充检测方法，要求人工检查或在结果报告中说明，这些都要通过修改 SOP 进行检测过程的完善；另一方面，SOP 如果有修改，临床检测过程发生改变，如仪器更换、样本类型改变、试剂改变、软件更新或其他变更等，均需考虑是否对检测性能造成影响，是否需要对性能进行重新评价。重新评价的程度取决于改变的程度。例如，实验室更换了新的试剂批号，只需重复检测以往的样本，并比较质量指标和检测结果，与以往相同即可。如增加新的检测基因，则需要进行更全面的评价。如实验室对软件进行更新，应当记录软件更新的内容，以及新的版本号，可仅对数据分析部分进行评价。

三、仪器设备的使用和维护

高通量测序实验室开展临床高通量测序检测时，在核酸提取、片段化、文库制备、文库定量、混样、高通量测序、生物信息学分析等步骤都需要各种仪器。第六章中列举了各区常用的仪器设备，包括超净台、生物安全柜、纯水仪、天平、pH 计、离心机、移液器、冰箱、实时荧光 PCR 仪、金属浴或水浴温控仪、超声打断仪、生物分析仪、高通量测序仪和服务器等。如果实验室进行确认试验，还需要配备 Sanger 测序仪、基因芯片仪和数字 PCR 仪等相应的仪器。在检测流程中，每一个环节都需要使用仪器，仪器的准确性对检测结果具有重要影响。因此，为了保证检测的质量，仪器设备正确使用和维护也是十分重要的环节，其目的是保证仪器、试剂及分析系统处于正常的功能状态。

实验室应设立常用仪器使用、维护和校准制度，以保证仪器正常运转。高通量测序仪的使用与维护可见本书第七章第四节，实时荧光 PCR 仪、移液器等的使用、维护和校准可见《实时荧光 PCR 技术》[58]。实际上，尽管有行业标准或文献作为参考，但最了解仪器设备安装、使用和维护的是仪器设备的生产厂家，标准和文献通常只能给出原则性的建议，技术和材料的不断进步也使这些建议可能不适合所有仪器。每种仪器设备投入使用时，生产商都应提供详细的安装、使用和维护指南，实验室可参考生产商提供的指南编写书面的维护及校准计划。本部分仅对实验室仪器设备使用和维护的原则进行介绍，总的来说，实验室应进行仪器安装确认、仪器操作确认（使用、维护和校准）和仪器性能确认[4]。

（一）仪器安装确认

仪器安装确认主要是对仪器设备运行条件的确认，生产商的安装指南中会对此进行说明。通常包括：电源（电压、是否需要不间断电源等），实验室的温度、湿度、震动、通风换气要求，软件、服务器、存储空间、网络要求（确认实验室数据可保密存储的要求）等。特别是高通量测序仪运行时间可能为数小时甚至数十小时，因此使用不间断电源、远离人员走动较多、远离距离靠近公路的建筑墙面等，可更好地保证测序仪的稳定运行。实验室稳定的温度、湿度和通风换气有助于保证荧光检测仪器（特别是测序仪）的光路和荧光照相的稳定性，而服务器、存储空间等则是数据处理和保存的必备要求。

（二）仪器操作确认

仪器操作确认主要是仪器设备安装正常的确认，以及实验室人员可以正确使用该仪器的确认。

1. 仪器设备安装正常的确认　仪器设备的安装及确认安装正常，通常由厂家工程师完成。例如，Miseq 测序仪主要包括流路模块、温控模块和光学成像模块，因此工程师在确认安装是否正常时，主要检测流路、温控和光学成像这三部分测试参数是否在正常范围内，参数不符的通过调节来校准。此外，在安装完毕后，通常还对已知标准品（已知序列的核酸样本、已知参数的 flowcell 等）进行上机测试，通过比较与预期值是否相符来判断测序仪是否安装正常。实验室可通过工程师检测的结果对安装进行确认。

2. 实验室人员可以正确使用该仪器的确认 确认实验室人员可以正确使用该仪器是一个长期的过程，主要包括以下 3 个方面。

（1）实验室应该有使用、维护和校准的 SOP。

（2）实验室应该有确认实验室人员按照 SOP 进行使用、维护和校准的记录表格。

（3）对实验室人员进行培训。

1）仪器原理的培训：实验室人员应了解仪器的原理，这对于实验室人员有效遵循仪器使用和维护都具有重要意义。因为仪器使用和维护的要求，都是为了使仪器能够实现预期的性能，仪器的工作原理是如何实现的？仪器的某些部分或模块的作用是什么？进行什么测试、得到什么结果能说明仪器功能正常？如果不按照要求进行使用和维护会对检测结果造成哪些影响？

2）日常使用程序的培训：实验室管理者及实际操作技术人员必须充分意识到，仪器的使用是日常高通量测序检测过程非常重要的一部分，因此正确使用仪器是保证日常检测的必要条件，错误使用仪器还会导致仪器故障，从而影响日常检测的顺利进行。

3）日常维护程序的培训：检测仪器（如测序仪、实时荧光 PCR 仪等）通常包括周维护、月维护、半年维护和其他维护，在维护之后还有相应的校准工作。在这里我们要强调仪器日维护这一概念，特别是对一些使用频繁且易损耗的仪器，日维护是伴随着实验室日常工作进行的，虽然简单，但是不可或缺。常见的日维护有：针对仪器特性进行管路冲洗、更换耗材和不能过夜的试剂等。有些仪器每次使用前都需要维护，如 PGM 测序仪，每次实验前要进行初始化并清洗，若 1 周以上未进行实验，要进行氯洗和水洗。有的仪器使用完毕后也必须进行管路冲洗，如果没有及时冲洗，会在管路中形成盐结晶，从而导致管路不畅，继而影响测序反应。又如核酸提取仪，虽然配备了一定容量废液和废物储存器，但是不表示可以无限容纳。如果采用“满了再清理”的原则，可能出现仪器故障报警停止工作。比较合适的时间间隔为日维护，每天工作完成后，清理废液缸和废物存储箱，每天工作前再检查一遍，这对于无须工作人员值守的仪器很重要。在维护过程中，要注意清洁剂的使用。有些工作人员在擦拭仪器表面时不注意，清洁剂从仪器表面的缝隙进入仪器内部，导致内部腐蚀。另外，每个仪器应有专用的清洁工具，有的操作人员刚刚清洁过实验室台面，然后将抹布放在台面上，另一名操作人员在不知情的情况下用来擦拭仪器，这都是在仪器维护保养中应注意的问题。

在仪器维护后，应填写仪器维护记录表。记录表中按照日维护、周维护、其他周期或临时维护逐项列出，操作人员在完成维护后划勾。如果未能完成任务，应填写情况说明。如果维护中发现问题，要及时汇报，并将出现的问题详细记录，最后由维护的操作人员签名。

（三）仪器性能确认

对临床实验室而言，仪器性能确认通过检测方法的性能确认或性能验证进行，具体见本节“二、高通量测序检测体系性能验证和性能确认”。

（四）校准

所谓校准，指将仪器测量值或读数与已知的物理常量进行比较。对于常规计量仪器，如天平、分光光度计等，应依照我国计量法规定，由计量检定机构定期进行校验，并妥善保存校验证书。加热系统及冰箱等设备的维护包括对温度进行监测。一般情况下，设备制造商会推荐维持系统稳定性需要的校准频率，当怀疑仪器设备存在异常时，或光路检测的仪器设备移动时，需要重新进行校准。对于实时荧光 PCR 仪和高通量测序仪，校准需要由厂家工程师来完成。加样器可由实验室工作人员自行在实验室内校准，如果可能用到更换用的零部件，可由生产该加样器的厂家进行校准。作为临床实验室，在仪器设备校准中，最重要的是不能将仪器设备校准当作与己无关的事，而应该是临床实验室与厂家工程师共同完成。厂家应该向实验室提供一份详尽的校准 SOP，实验室将该 SOP 作为相应仪器设备的使用、维护和校准 SOP 的有机组成部分；在每次校准时，实验室工作人员应与厂家工程师共同完成校准工作，并保留原始校准实验记录和零部件更换记录，并将上述记录与厂家工程师出具的最终校准报告一起作为相应仪器设备的校准记录。

四、人员培训及能力评估

我国目前高通量测序检测人员是按照《医疗机构临床基因扩增检验实验室管理办法》规定管理，经省级以上卫生行政部门指定机构技术培训合格后，从事临床基因扩增检验工作，也包括高通量测序检测工作。但是高通量测序检测相关项目是高度复杂的项目，对人员的要求较一般的临床基因扩增检验如实时荧光 PCR、PCR- 杂交、PCR- 凝胶电泳、PCR-Sanger 测序等更高。实验室应首先对人员的基本教育水平提出相应要求，然后再对符合要求的人员进行培训。本部分将对高通量测序实验室人员应具备的人员配备、专业能力和应接受的培训进行介绍。

（一）实验室人员应具备的人员配备和专业知识

目前不少高通量测序实验室或计划开展高通量测序检测的实验室，人员的配备和专业知识严重不足，有的实验室仅有 2 ～ 3 名实验人员，有的实验室仅有以往进行常规分子遗传检测的人员，这些不能满足高通量测序检测对人员的能力需求。当然，高通量测序实验室配备的人员数量和要求的专业知识与实验室的工作量及检测项目也有关系。首先介绍美国 ACMG 指南中对遗传学实验室人员（分子遗传专业）配备的要求 [69]。

1. 美国 ACMG 指南中对遗传学实验室人员配备的要求

（1）实验室人员配备的数量：应满足实验室检测和结果报告的需要。

（2）对实验室负责人和（或）技术负责人（laboratory director and/or laboratory technical supervisor）基本资质和职责要求：应获得博士学位，有至少 2 年博士后训练经历和（或）在临床实验室工作经历。美国医学遗传学和基因组学委员会（American Board of Medical Genetics and Genomics，ABMGG）授予的分子遗传学检测资质，美国医学遗传学会（American Board of Medical Genetics）和美国病理学会（American Board of Pathology）联合授予的资质，或加拿大医学遗传学学院（Canadian College of Medical Geneticists，CCMG）授予的资质。实验室负责人应至少每周有一天在岗，不在实验室期间，实验室负责人也能处理实验室的工作，实验室人员可以联系到负责人，并获得回复。实验室负责人应保证实验室质量体系的运行；保证实验室人员遵守规章制度和质量体系；保证实验室人员可接受培训，从而能快速、准确地给出检测结果；保证实验室检测符合法规要求，确保患者隐私和信息安全；保证实验室开展正确的检测项目，使用正确的方法、试剂和仪器；能够准确、快速、有效地审核实验室的结果报告单；了解实验室人员的情况和问题；保证实验室安全运行等。实验室负责人最多不能负责超过 3 个实验室。

（3）实验室分子遗传专业负责人（laboratory of general supervisor）：应有不少于 3 年的临床分子遗传实验室工作经历，获得国家要求的相应资质。

（4）实验室技术人员（clinical laboratory technologist/technician）：应获得学士学位，有不少于 5 年的实验室工作经历。

（5）临床咨询人员（clinical consultant）：CLIA'88 要求所有实验室都应有临床咨询人员，需要获得 ABMG 授予的临床遗传咨询师资质，获得博士学位的医学遗传学家可作为临床实验室遗传咨询师。这里提到的临床咨询人员类似于国内提出的检验医师，负责实验室和临床医师的沟通，为临床医师提供咨询，但不接受患者的咨询。

2. 高通量测序检测实验室人员配备要求 高通量测序检测实验室应包括实验室负责人、实验室试剂（如 LDT 试剂）研发人员、“湿实验”操作人员、生物信息学分析人员、IT 人员和报告解读人员。实验室人员配备的数量应满足实验室检测和结果报告的需要。建议实验室人员应不低于以下要求。

（1）实验室负责人：具有临床医学或实验室医学背景，受过不少于 3 年科学研究的训练或工作经历，具有实验室质量管理的知识，通过临床基因扩增检验实验室人员上岗培训，并获得相应资质。负责实验室质量管理体系的建立，如果高通量测序检测质量管理并入整个实验室质量管理体系，则实验室负责人应该负责高通量测序检测部分的程序文件和 SOP 制订。负责实验室人员岗位培训、考核，以及实验室运行事务的协调工作。

（2）实验室试剂研发人员（使用 LDT 试剂的实验室）：具有基础医学、临床医学、实验室医学或生物技术背景，受过不少于 3 年科学研究的训练或工作经历，通过临床基因扩增检验实验室人员上岗培训，并获得相应资质。负责完成高通量测序检测 LDT 试剂的建立、试剂配制 SOP、试剂使用 SOP 的建立，完成 LDT 试剂的性能确认。试剂研发人员应包括临床生物信息学分析人员或同时具有生物信息学分析能力。

（3）“湿实验”操作人员：具有基础医学、临床医学、实验室医学或生物技术背景，受过高通量测序实验操作技能培训，通过临床基因扩增检验实验室人员上岗培训，并获得相应资质。负责完成核酸提取、文库构建、文库定量和上机测序等实验操作，负责国家药品监督管理局批准试剂的性能验证、室内质量控制及参加室间质量评价或实验室间比对等工作。

（4）临床生物信息学分析人员（clinical bioinformatician）：既具有生物信息学专业知识，还具有临床实验室的基本知识。无论生物信息学分析人员之前是何种专业背景，如基础医学、临床医学、实验室医学、生物技术或计算机专业等，都必须接受临床实验室相关知识的培训，因为临床生物信息学分析人员必须理解在临床检测中建立生物信息学分析流程 SOP，对生物信息学分析流程进行性能确认、对实验过程进行记录，对软件、分析参数等改变需要记录，以及所有临床生物信息学分析都需要保证结果可溯源性。临床生物信息学分析人员应通过临床基因扩增检验实验室人员上岗培训，并获得相应资质。

如果为 LDT 试剂，临床生物信息学分析人员应受过不少于 3 年生物信息学分析训练或工作经历，具有临床实验室的基本知识。负责生物信息学分析平台的搭建、建立生物信息学分析流程、进行性能确认、进行日常分析和结果记录等。

如果为国家药品监督管理局批准试剂，临床生物信息学分析人员应受过生物信息学分析的培训，具有临床实验室的基本知识。负责性能验证、日常分析和结果记录等。

（5）IT 人员：负责搭建实验室信息管理系统（laboratory information management system，LIMS）、数据库和网络等，保证实验室数据和报告系统的正常运行和传输。必要情况下，还应具有进行大数据管理和处理的能力，如能使用 Hadoop、NoSQL 等工具。

（6）报告解读人员：进行基因变异报告和解读的高通量测序实验室需要报告解读人员，报告解读人员可以称作"变异解读科学家（variant scientists）"，因为其应具有分子检测专业背景、医学背景，根据签发项目不同还应具有肿瘤学或遗传学教育经历，可熟练阅读相关专业文献，并在临床背景下给予相应解释及签发报告。在美国，要求高通量测序实验结果报告人员应当具有美国医学遗传学会（American Board of Medical Genetics）或美国病理学会（American Board of Pathology）授予的遗传学（certified medical/laboratory geneticists）或分子病理资质（certified molecular genetic pathologists）。

（二）实验室人员应接受的培训内容

培训目的是使实验室人员具有并提高其负责岗位职责所需要的能力，因此实验室人员接受的培训内容也应围绕这一目的进行。对于一个高通量测序实验室，人员的培训内容是多方面的，不同岗位人员培训的重点和考核的目标也有所不同。表 8-26 中列出了不同人员应接受的培训和掌握的程度。掌握程度分为：①全面掌握，对该部分全部深入理解并清楚具体细节；②重点掌握，对该部分总体了解，与岗位相关的全部深入理解并清楚具体细节；③一般掌握，了解基本概念，理解相应知识。

表 8-26　不同岗位实验室人员应接受的培训内容

培训内容	实验室负责人	实验室试剂研发人员	"湿实验"操作人员	临床生物信息分析人员（操作人员）	IT 人员	报告解读人员
政策法规	全面掌握	重点掌握	一般掌握	一般掌握	一般掌握	重点掌握
质量管理体系	全面掌握	重点掌握	重点掌握	重点掌握	重点掌握	重点掌握
标准操作程序	全面掌握	重点掌握	重点掌握	重点掌握	重点掌握	重点掌握
性能确认	全面掌握	全面掌握	重点掌握	重点掌握	一般掌握	一般掌握
防"污染"	全面掌握	重点掌握	重点掌握	一般掌握	一般掌握	一般掌握
仪器设备的使用和维护	全面掌握	重点掌握	重点掌握	重点掌握	重点掌握	一般掌握

续表

培训内容	实验室负责人	实验室试剂研发人员	“湿实验”操作人员	临床生物信息分析人员（操作人员）	IT人员	报告解读人员
室内质量控制	全面掌握	全面掌握	全面掌握	全面掌握	一般掌握	一般掌握
室间质量评价/能力验证	全面掌握	一般掌握	全面掌握	全面掌握	一般掌握	一般掌握
生物安全	全面掌握	全面掌握	全面掌握	一般掌握	一般掌握	一般掌握
相关专业知识	全面掌握	全面掌握	全面掌握	全面掌握	全面掌握	全面掌握

（三）人员培训

人员培训分为入职培训、内部培训、外部培训和资质培训。其中最重要的，也最难做到的是坚持不懈的内部培训，本部分主要介绍实验室的内部培训。一个运转顺畅的质量体系有赖于有效的培训，有效培训的目的是使工作人员的操作更为娴熟、稳定，并能出具高质量的检测结果。因此，相对于教学，培训更倾向于实际应用，因而考核的形式也以实际操作为主。总结起来，培训可分为四步：第一步，明确培训的目的及内容；第二步，制订计划；第三步，实施培训；第四步，评估培训效果，即被培训者的能力考核和对培训项目的整体评估，培训者应对被培训者的能力考核结果进行总体评价并小结，最后存档。对于培训者，其职责如下：①组织培训并编写培训计划；②为培训者提供准确且完整的培训资料；③及时纠正被培训者的错误；④给被培训者及时反馈的机会。被培训者经过培训后应达到的要求：①知晓培训内容及背景知识；②能够准确地描述工作职责；③正确地进行操作；④执行规定的安全防护措施；⑤独立完成职责范围内的工作[70]。

1. 明确培训的目的及内容 为什么要对人员进行内部培训（why）？试想一个开展临床常规高通量测序检测实验室新进人员，尽管其已具有相应的专业知识技能，甚至也有相应的高通量测序操作及一些仪器设备的使用经历，但不同的实验室，检测项目、工作流程、具体仪器设备的品牌或型号、工作要求等均有所差异，所以人员内部培训应该是所有人员进入实验室前必须要做的第一件事情，也是保证以后日常检测质量的前提条件。培训的内容（what）大体可以分为理论知识培训和操作培训。理论知识培训包括相关的政策和法律法规、质量管理体系、试剂方法原理、质量控制方法、防“污染”、生物安全、相关领域的专业知识、相关领域的新技术新进展等；操作培训包括实验室各种仪器设备的使用及维护和校准、日常实验操作技能、本实验室室内质控及参加室间质量评价/能力验证的具体流程、生物安全防护流程、日常检测全流程及其中的关键环节、意外事件的处理措施等。操作培训中，最好且必不可少的培训教材就是实验室制订的SOP，最有效的培训方式是自学、自我练习，再加上实验室原有熟练操作人员的示带教。下文以某实验室文库制备标准操作程序（杂交捕获法）的培训和防“污染”培训为例进行介绍。

例1. 对“湿实验”操作人员进行文库制备标准操作程序（杂交捕获法）的培训。

例2. 对实验室全体新入职人员进行防“污染”培训。

要注意的是，培训项目应明确受培训的人员（who），因为受培训人员所在的岗位职责决定了培训应达到的目标。例1中如果是对实验室的IT人员等不直接进行文库制备的人员，可只进行简单介绍，达到一般掌握的程度即可，但是“湿实验”操作人员是日常工作中文库制备的直接执行者，因此这里的培训需要达到重点掌握的程度，即需要掌握SOP的每一个细节，并理解这样操作的原因。例2中的防“污染”培训也是同样，新入职人员包括实验室各个岗位的人员，这里的培训应达到一般掌握的程度。对操作人员、研发人员应另外进行防“污染”的重点培训。

2. 制订培训计划（what、when、where）

（1）明确培训目标：目标尽量是可以量化的或可评价的，也可以将目标分解为总体目标和分目标。

例1. 总体目标：能独立完成文库制备（杂交捕获法）的操作。

分目标：①掌握文库制备（杂交捕获法）的基本原理；②掌握文库制备（杂交捕获法）的标准操作程序；③掌握移液器的使用和维护；④掌握超声打断仪的使用和维护；⑤掌握PCR仪的使用和维护；⑥掌握金属浴仪器的使用和维护；⑦能按照SOP进行独立完成文库制备（杂交捕获法）的操作；⑧能按照SOP要求进行实验流程和结果的记录；⑨掌握标准操作程序中的注意事项；

采用浓度已知的gDNA样本制备的文库由后续人员进行文库富集，文库质量符合SOP要求。

例2. 总体目标：了解防“污染”的知识。

分目标：①掌握核酸污染的来源；②掌握防“污染”的要点；③掌握实验室设计和分区对防“污染”的作用；④掌握防“污染”的工作流程原则；⑤掌握实验室穿着、用品及仪器的分区原则；⑥掌握实验室清洁去除“污染”的方法。

注意：由于培训对象是新入职人员，所以是对防“污染”知识的基本培训。上述培训是非常必要的，尽管生物信息学分析人员、IT人员和结果报告解释人员很少进行实验操作，但是可能在检测区域随意走动，将实验室扩增区的仪器、清洁用品拿到试剂准备区使用，甚至离开实验室不关门等，都会给实验室“污染”造成隐患。如果培训对象是操作人员或研发人员，应进行防“污染”的重点培训，除上述内容以外，还应进行实验操作、对污染的监测和污染原因分析等培训。

（2）明确培训方法（how）：培训的方法不拘一格，知识培训可以是开展相关内容的讲座、被培训人阅读相关文件（如文献、实验室内部的SOP等）。其他的形式还包括自学、讨论、撰写综述、基于电脑的学习（光盘、上网）等。操作培训需要由培训者进行示范，或在培训人员的监督下实际操作。这些方法各有优缺点。

1）讲座

优点：对知识介绍比较系统完整；可一次培训人数较多；可以展示很多素材；可以通过电话、视频进行，不受空间限制。

缺点：不能进行操作培训；受培训人的培训效果不能保证；受培训人的参与度较低。

2）讨论

优点：受培训人参与度非常高，培训人通过交流，可以直接评估受培训人掌握的程度。

缺点：受培训人需要有一定的基础，讨论可以作为讲座等系统培训的补充。

3）演示

优点：受培训人的注意力更容易集中；可根据受培训人的理解力、基础水平调整培训速度；通过提供示范操作，可进一步强化对 SOP 的理解和记忆。

缺点：需要事先进行试剂、样本等各方面充分准备，以保证示范操作顺利进行；培训人数有限，受空间限制；需要花费较长时间，特别是有些实验需要过夜完成。

4）受培训人进行操作演示

优点：了解受培训人掌握的程度及存在的问题。

缺点：受培训人在培训前应该有一定的基础，对基本操作已经掌握到比较熟练的程度；需要耗费大量时间和成本。

5）自学

优点：对于初学者，先进行基本材料如 SOP 的阅读、网上材料的学习、撰写综述等方式自学，是比较好的开始方式。对于专业能力已经很强的人员，如实验室负责人、结果报告解释人员，以及其他已经具有一定岗位能力的人员，需要进行知识更新、关注进展等自我培训，也可以通过文献阅读等自学的方式进行。

缺点：对于初学者，自学过程中可能需要培训者的辅助，也可以与讲座讨论结合进行，即先进行自学，然后再开展讲座和讨论等培训。

在制订计划的过程中，对人员的培训可采用自学、讲座、讨论、演示等多种方式相结合进行，制订培训需要的时间、培训材料、培训具体内容，提出人员最晚达到熟练掌握的时间节点等，填写培训计划表，开展培训，并在规定时间进行培训效果的考核。

例 1. 对“湿实验”操作人员进行文库制备标准操作程序（杂交捕获法）的培训计划，见表 8-27。

例 2. 对实验室全体新入职人员进行防“污染”的培训计划，见表 8-28。

表 8-27　对“湿实验”操作人员进行文库制备标准操作程序（杂交捕获法）的培训计划

培训目标	培训内容	培训方式	培训材料	培训需要时间	受培训人	受培训人最晚何时应达到培训目标	备注
掌握文库制备的基本原理	文库制备的基本原理	自学 / 讲座	文库制备原理内部资料	讲座 15 分钟	×××	×月×日	
掌握文库制备的基本流程	文库制备 SOP： 片段化 gDNA； 执行末端修复和尾端加“A”； 连接接头； 纯化连接； 标签 PCR；	自学 / 讲座	文库制备 SOP	讲座 15 分钟	×××	×月×日	
掌握移液器的使用和维护	移液器的使用； 移液器的维护	自学 / 演示	移液器使用和维护 SOP	演示 30 分钟	×××	×月×日	

续表

培训目标	培训内容	培训方式	培训材料	培训需要时间	受培训人	受培训人最晚何时应达到培训目标	备注
掌握超声打断仪的使用和维护	超声打断仪的使用；超声打断仪的维护	自学 / 演示	超声打断仪使用和维护SOP	演示 30 分钟	×××	× 月 × 日	
掌握 PCR 仪的使用和维护	PCR 仪的使用；PCR 仪的维护	自学 / 演示	PCR 仪使用和维护 SOP	演示 30 分钟	×××	× 月 × 日	
掌握金属浴仪器的使用和维护	金属浴仪器的使用；金属浴仪器的维护	自学 / 演示	金属浴仪器使用和维护SOP	演示 30 分钟	×××	× 月 × 日	
能按照 SOP 独立完成文库制备的操作和记录	文库制备操作：片段化 gDNA；执行末端修复和尾端加“A”；连接接头；纯化连接；标签 PCR；操作流程中的注意事项；填写实验流程和结果记录表格	演示	文库制备 SOP	8 小时	×××	× 月 × 日	
采用浓度已知的 gDNA 样本制备的文库由后续人员进行文库富集，文库质量符合 SOP 要求	受培训人进行文库制备操作 培训人对存在的问题进行纠正	受培训人进行操作演示	文库制备 SOP	8 小时	×××	× 月 × 日	

表 8-28　对实验室全体新入职人员进行防“污染”的培训计划

培训目标	培训内容	培训方式	培训材料	培训需要时间	受培训人	受培训人最晚何时应达到培训目标	备注
了解防“污染”的知识	核酸污染的来源	自学 / 讲座	《实时荧光 PCR 技术》	讲座 1 小时 演示 1 小时	×××	× 月 × 日	
	防“污染”的要点	自学 / 讲座			×××		
	实验室设计和分区对防“污染”的作用	自学 / 讲座			×××		
	防“污染”的工作流程原则	自学 / 讲座 / 演示			×××		演示为在实验室进行现场讲解
	实验室穿着、用品及仪器的分区原则	自学 / 讲座 / 演示			×××		
	实验室清洁去除“污染”的方法及原理	自学 / 讲座 / 演示			×××		

3. 培训的实施 培训实施前应将培训计划表发给每一位受培训者，让受培训者根据计划进行相应的自学等知识准备，如进行操作演示，还需要进行相应试剂、耗材、仪器和场地的准备。培训者应填写培训记录表，实验室受培训者在培训后应书面确认其已接受适当的培训，已阅读并理解相关 SOP，书面确认应包括培训的执行日期。

4. 培训结果的评估 在培训结果评估中，可引入“双向”评估这一概念。其核心含义不只是培训者对被培训者的考核，还有被培训者对整个培训计划的评价，以实现培训质量的持续改进。其中，比较重要的一部分是对被培训者的能力考核。能力考核分为理论考核和实际操作考核。在理论考核中，可涉及理论、技术、结果解释和常见问题的解决。考核的形式可以是口试或笔试，而笔试更利于文件存档。在实际操作的考核中，培训者应准备一份考核项目清单，其可为被考核者提供参考，完成操作中的自我考察，并留意实际操作中的重要步骤。同时考核者在一旁观察并填写考核项目清单内容。表 8-29，表 8-30 为考核项目清单，培训者也可以采用打分的形式来量化考核结果。

例 1. 对“湿实验”操作人员进行文库制备标准操作程序（杂交捕获法）的培训考核表，见表 8-29。

例 2. 对实验室全体新入职人员进行防“污染”的培训考核表，见表 8-30。

表 8-29 对“湿实验”操作人员进行文库制备标准操作程序（杂交捕获法）的培训考核表

文件编号 / 类型		生效日期	
考核项目清单			
考核内容	合格标准		
掌握文库制备的基本原理	能正确描述原理并回答问题	□Yes	□No
可进行移液器的使用和维护的操作	操作正确	□Yes	□No
可进行超声打断仪的使用和维护的操作	操作正确	□Yes	□No
可进行 PCR 仪的使用和维护的操作	操作正确	□Yes	□No
可进行金属浴仪器的使用和维护的操作	操作正确	□Yes	□No
独立完成文库制备的操作和记录	操作过程按照 SOP 进行，没有错误操作； 能完成相关记录； 能清楚说明操作注意事项； 采用浓度已知的 gDNA 样本制备的文库由后续人员进行文库富集，文库质量符合 SOP 要求	□Yes	□No
培训是否合格		□Yes	□No
考核过程描述			
对后续培训的建议			
签名栏	培训者		
	受培训者		
培训日期			

表 8-30　对实验室全体新入职人员进行防“污染”的培训考核表

文件编号 / 类型		生效日期	
考核项目清单			
考核内容	合格标准		
核酸污染的来源	能正确描述并回答问题	□Yes	□No
防“污染”的要点	能正确描述并回答问题	□Yes	□No
实验室设计和分区对防“污染”的作用	能正确描述并回答问题	□Yes	□No
防“污染”的工作流程原则	能正确描述并回答问题	□Yes	□No
实验室穿着、用品以及仪器的分区原则	能正确描述并回答问题	□Yes	□No
实验室清洁去除“污染”的方法及其原理	能正确描述并回答问题	□Yes	□No
培训是否合格		□Yes	□No
考核过程描述			
对后续培训的建议			
签名栏	培训者		
	受训者		
培训日期			

（四）人员的能力评估

实验室人员经过外部的资质获得、内部的理论知识和操作培训后，即开始进入到日常检测工作当中，但其在日常工作中是否具有保证检测质量的能力，需要定期进行评估。一般来说，实验室新进人员半年即应进行能力评估，非新进人员一年进行一次能力评估。能力评估不能是实验室负责人的主观判断，而应该通过客观指标来评价，包括差错发生率、被投诉率、真失控率、日常工作是否严格遵循制订的 SOP、分析问题和解决问题的能力（发生问题后，是否能找到问题发生的原因，是否能提出解决该问题的有效措施，并解决该问题）、是否阅读过所从事领域的最新文献并能在工作中实际应用、是否能将实际工作中遇到的问题进行提炼而写成论文等。实验室可对每一位工作人员的能力根据上述评估内容进行评估，列出一个评估表，评估后即可作为能力评估的记录。

五、参考物质

对于高通量测序检测，参考物质的建立非常重要。高通量测序检测流程复杂，每个环节都可能给结果带来不确定性或误差，因此，实验室在建立检测方法、对方法进行优化和分析性能指标确认时，需要评价结果是否满足临床预期用途，并同时建立检测的标准操作程序（包括阴阳性结果的判定值、质量指标等）。因此，必须有相应的参考物质作为一把“标尺”，完成方法建立、方法优化和性能确认的过程，在方法应用于临床之前，体现方法检测的真实性能。此外，实验室进行室内质量控制，第三方机构开展室间质量评价 / 能力验证，均需要相应的参考物质来保证检测结果的可靠性。参考物质是实现高通量测序检测标准化、进行性能确认或性能验证、室内质量控制和室间质量评价最重要的前提物质条件。

（一）高通量测序检测参考物质的基本要求

理想的参考物质来源于患者样本，包括一系列疾病相关的各种变异，而且预期结果明确。但是由于同一患者的临床样本不易大量获取，有些疾病相关的变异非常罕见，这些都限制了临床样本作为参考物质的应用。

因此，目前高通量测序参考物质多使用其他替代方式来制备，主要分为 3 种类型。①生物样本参考物质，多来源于细胞系，根据应用的检测方法特别是检测样本类型不同，将细胞制备成不同的形式；②制备或合成的 DNA，如重组质粒、DNA 合成片段和 PCR 产物；③生物信息学分析参考物质，可以是来源于生物样本的数据，也可以是模拟数据，主要用来评价生物信息学分析流程。各种类型参考物质的优缺点见表 8-31。

表 8-31 高通量测序检测相关参考物质的类型和优缺点

样本类型	优点	缺点
来源于细胞系的人基因组 DNA	可大量获得 与患者基因组 DNA 相似 适用于各种高通量测序方法（全基因组测序、全外显子组测序、靶向测序） 可以获得多种已知突变的人基因组 DNA	在细胞传代过程中，基因组 DNA 可能不稳定 细胞系含有的突变种类相对有限
制备或合成的 DNA	可以根据需要合成各种序列和突变 可大量获得	DNA 片段结构简单，与人基因组 DNA 存在较大的差异，可能不完全代表试剂对人基因组 DNA 的检测性能
生物信息学分析参考物质	可以生成任何需要的序列 不受制备数量的限制，一个生成数据可以多次使用，也不存在生物样本稳定性的问题	只可用于生物信息学分析流程 存在平台适用性的问题，每种类型的平台可能需要不同的参考物质 可能需要随着测序技术的进步和平台的升级制备新的参考物质

通常参考物质应当具有溯源性、互通性、均匀性和稳定性的特征。由于目前尚没有国际公认的高通量测序检测定值参考物质，因此这里不对溯源性进行介绍。

1. 互通性 是指参考物质与临床样本在检测中表现的一致性程度。换言之，就是高通量测序检测参考物质与临床样本在核酸提取、建库、测序和生物信息学分析等检测过程中表现的一致性程度。如果参考物质与临床样本差别较大，那么使用参考物质评价的结果可能无法代表临床样本检测的实际情况。如果实验室检测的是细胞学样本，细胞系参考物质与临床样本比较接近；如果实验室检测的是 FFPE 样本，细胞系参考物质与 FFPE 样本基质的差别、细胞和组织样本的差别，都可能产生检测上的差异；如果实验室检测的是血浆样本，那么血浆中游离 DNA 来自凋亡的片段特征与人基因组 DNA 是完全不同的，即使将人基因组 DNA 打断至 100 ～ 200bp，片段含有的序列信息、片段长度和随机分布的特点均与真实样本不符。互通性不止是对生物样本参考物质、合成参考物质的要求，生物信息学分析参考物质同样需要满足互通性，特别是参考物质通过软件模拟制备时，需要先验证模拟样本与真实测序数据分析是否有差异。

2. 均匀性　参考物质的均匀性是参考物质的基本性质。均匀性指物质的一种或几种特性具有相同组分或相同结构的状态。对于高通量测序参考物质，均匀性即核酸序列及其浓度在不同样本管中应该在允许的误差范围内。如果是定性检测，不同样本管检测的定性结果应当相同；如果是定量检测，测得的误差应与方法精密度相近。实验室可以在重复性条件下验证参考物质的均匀性。重复性条件指同一实验室、同一操作人员、同一台仪器和同一批试剂，只有这样，才能反映出样品的不均匀程度，否则无法判断是样品自身的不均匀性，还是由于操作或方法等其他条件造成的误差，致使检测结果表现出不均匀性，从而造成错误判断。

3. 稳定性　指在规定时间范围和环境条件下，参考物质的特性量值保持在规定范围内的能力。一般影响稳定性的因素有光、温度、湿度等物理因素；溶解、分解、化合等化学因素和细菌作用等生物因素。稳定性表现为固体物质不风化、不分解、不氧化；液体物质不产生沉淀、发霉、对容器内壁不腐蚀、不吸附等。生物样本参考物质、合成参考物质的稳定性主要受以下因素影响：①保存状态的影响，如冻干粉状态的参考物质，相对于液体往往更加稳定，但同时还要评估复溶至液体状态后的稳定性；②参考物质浓度的影响，高浓度的参考物质可能比低浓度的更加稳定；③制备过程的影响，如冻干过程中的降解、分装过程受到核酸酶污染导致核酸降解等；④血浆基质的影响，如血浆中的蛋白酶等也会影响血浆中核酸的稳定性；⑤保存条件的影响，容器对蛋白核酸的吸附、各种物理化学条件如温度及生物污染等因素往往也会影响核酸的稳定性。在制备参考物质时，根据用途不同，对稳定性的要求亦不同。如果仅用于本实验室的性能确认、室内质控，不需要进行样本邮寄，则可以评估 -70℃、-20℃、4℃等条件下的稳定性是否满足使用的需要；如果用于室间质量评价，由于要邮寄给不同实验室，那么除了上述条件外，根据邮寄需要的时间，需评估在邮寄温度条件下该时间内是否稳定。如果液体不能达到稳定性的要求，可以采用冻干法进行制备。

（二）人基因组 DNA 生物样本参考物质

天然生物样本的优点在于含有全基因组序列，而且和临床样本的互通性相对较好，可用于性能确认或性能验证、室内质量控制和室间质量评价，是目前高通量测序检测使用最广泛的参考物质类型。人基因组 DNA 生物样本参考物质可以分为正常人基因组 DNA、疾病特异的人基因组 DNA 和合成 DNA 混合参考物质。

1. 正常人基因组 DNA 参考物质　以往的参考物质通常只是对其中一个分析特征进行定义，如 HBV DNA，分析特征是 HBV DNA 的量值。正常人基因组 DNA 参考物质的分析特征，是该基因组 DNA 多数区域的序列，包含了数十亿个分析特征。目前采用全基因组测序很难一次获得人基因组 DNA 所有可靠的序列，人基因组 DNA 中 GC 含量过高或过低的区域、重复序列等，都增加了测序的难度，或者无法得到准确的序列。对某些特定区域，需要采用 SNP 分析、Sanger 测序等方法来确认序列信息。目前国际上正常人基因组 DNA 参考物质是美国国家标准和技术协会（National Institute of Standards and Technology，NIST）2015 年发布的有证参考物质（certified RM）[71]，样本来源于一名欧洲健康女性永生化细胞系 GM12878，参考物质编号为 RM 8398，NIST 在该参考物质证书上提供了基因组 DNA 上可靠序列的信息，同时提供了 vcf 和 bed 文件的下载地址，该证书还提供了参考物质均匀性和稳定性评价的信息。

已知序列的正常人基因组 DNA 参考物质在高通量测序检测中具有非常重要的意义。有的临床实验室在日常检测过程中常规检测已知序列的正常人基因组 DNA，以确认检测的准确性[59]。通过监测正常人基因组 DNA 的检测结果是否正确，可以判断该批测序实验是否可能存在异常。对已知序列的正常人基因组 DNA 进行重复测定也可以评价检测的精密度。此外，以正常人基因组 DNA 为模板，进行 CRISPR 编辑和 spike-in DNA 片段，可以制备一系列序列已知、来源于同一模板序列、带有突变位点的疾病特异人基因组 DNA 参考物质。

2. 疾病特异的人基因组 DNA 参考物质 含有疾病相关变异的临床样本可以作为高通量测序临床检测的参考物质。但是由于临床样本很难大量获得，模拟样本是疾病特异高通量测序检测参考物质的重要形式。采用患者的细胞建立疾病特异的永生化细胞系是疾病特异的人基因组 DNA 参考物质的重要来源之一。基因检测参考物质合作计划（Genetic Testing Reference Material Coordination Program，GeT-RM）建立了一系列含有遗传致病突变及药物基因多态性位点的细胞系。对已有细胞进行基因编辑，也是一种突变细胞系制备的方法。但是基因编辑可能存在脱靶效应，因此应进行充分的评价和验证，以确认是否存在其他位点的突变。此外，基因编辑制备周期很长，需要大量筛选，临床实验室通常难以常规制备。目前已有商业机构研究生产 CRISPR 编辑细胞系来源的参考物质。

疾病特异的高通量测序检测参考物质与正常人基因组 DNA 参考物质的要求有不同之处，主要表现在两个方面：①参考物质序列信息的要求不同。正常人基因组 DNA 参考物质通常需要给出尽可能完整的序列信息；疾病特异的高通量测序检测参考物质更侧重于获得疾病特异位点的序列信息，根据不同用途，有时不需要人基因组 DNA 全部的序列信息。②根据参考物质用途不同，参考物质的基质和分析物的生物特征有不同的形式。细胞系提取的人基因组 DNA 在样本类型为细胞的检测项目中可以直接作为参考物质。例如，药物基因组学日常检测的样本类型为外周血单核细胞，与培养细胞系比较相近；但是对样本类型为肿瘤组织、血浆样本等的检测，细胞系不是最理想的参考物质。

以肿瘤体细胞突变高通量测序检测参考物质为例。肿瘤组织的数量有限，几乎不可能完全采用患者的组织样本；由于肿瘤的异质性，肿瘤组织样本常含有多个亚克隆，很难获得来源于一个亚克隆的参考物质。目前多采用混合细胞系或人基因组 DNA 来建立肿瘤体细胞突变高通量测序检测参考物质。主要需考虑以下两个因素。

（1）参考物质中必须同时含有肿瘤基因突变的人基因组 DNA 和作为背景 DNA 的正

常基因组 DNA。高通量测序进行肿瘤体细胞基因突变检测，为正确识别体细胞突变，与人基因组 DNA 胚系突变相区分，可以采用同一患者的正常组织或白细胞的基因组 DNA 作为背景 DNA（constitutional DNA），并将肿瘤组织 DNA 的测序结果与之比较，将相同突变或基因多态性进行减除后，确定体细胞突变。因此，在制备肿瘤体细胞突变检测高通量测序参考物质时，必须使用肿瘤体细胞突变 - 正常配对样本。这部分可采用两种方式来实现：①以某一细胞系提取的人基因组 DNA 作为正常配对样本，在其中混合一定比例的突变 DNA 片段；②通过基因编辑来实现，可以将编辑前细胞的基因组 DNA 作为正常配对样本，编辑后的细胞作为肿瘤体细胞突变样本。同样由于基因编辑存在脱靶效应，应进行充分的评价和验证。

（2）参考物质中分析物的生物特征和基质要尽可能与临床样本一致。同样是检测肿瘤体细胞突变，用于血浆样本检测和 FFPE 样本检测的参考物质完全不同。如果实验室日常检测的为肿瘤游离 DNA 样本，那么将细胞系制备成与游离 DNA 具有相似片段分布特征的样本是更理想的参考物质。人基因组 DNA 为完整的双链 DNA，而 cfDNA 大多为 200bp 以下。因此要求提取试剂必须能够获得小片段 DNA，同时检测体系有足够的效率检出不同大小的 DNA 片段。所以，只有片段化的 DNA 才能成为 cfDNA 参考物质。超声打断 DNA 片段至 200bp 以下的不足之处是 DNA 片段大小为随机分布，不能完全模拟 cfDNA 核小体单体大小为主的片段分布特征。笔者所在的实验室采用微球菌核酸酶消化技术，建立了肿瘤基因突变游离 DNA 检测质控品，该质控品可完全模拟肿瘤游离 DNA 核小体单体大小为主的片段分布特征，且同时含有突变的片段化 DNA 和背景 DNA，即分析物的生物特征基本与临床样本一致。采用这一技术制备的肿瘤游离 DNA 质控品与临床样本中的游离 DNA 特征高度一致，而且适用于高通量测序、实时荧光 PCR、数字 PCR 等各种检测方法 [72]。

参考物质的基质也应当与临床样本一致。如果实验室日常检测的为 FFPE 样本，则将细胞系制备成 FFPE 样本更为理想。尽管从细胞系中提取的 DNA 是可以接受的样本类型，但是从细胞系中提取的人基因组 DNA 为完整的双链 DNA，与临床采用 FFPE 样本提取的 DNA 有很大差异。甲醛溶液诱导的各种 DNA 交联、胞嘧啶脱氨（碱基 C 变为 T）、糖苷键水解导致末端碱基丢失、DNA 片段化等、C-T 假突变等都是导致 FFPE 样本检测假阳性和假阴性结果的因素，具体在本章第二节中已有介绍，在此不再赘述。因此 FFPE 样本作为参考物质更能反映检测的实际情况，更有助于实验室对建立方法的优化。

3. 合成 DNA 混合参考物质　尽管人基因组 DNA 是理想的高通量测序参考物质的选择，但是无法混入患者样本中作为内部对照进行检测，因为参考物质本身的人基因组 DNA 可影响样本的分析。spike-in 对照品，是直接加入样本中，与样本一起完成文库制备和测序，因此可以作为内部定量和定性对照质控品。

为避免影响样本中人基因组 DNA 的检测和分析，spike-in 对照通常采用与人基因组 DNA 不同的序列、人工合成的序列或包含不同的分子标签，故 spike-in 对照产生的 reads 可以与样本中的 reads 相区别。有测序厂家采用 phiX-174 噬菌体基因组通过 spike-in 监测测序质量，phiX-174 是 1977 年 Sanger 测序的第一个基因组 DNA 序列，全长 5.5kb，GC

含量和人基因组 DNA 接近。测序后通过监测 phiX-174 的簇生成、比对 reads 百分比、测序错误率等参数，可以判断检测质量。此外，还可以设计含有特定突变的 spike-in 样本，这种样本容易通过合成等方式来制备，不受样本来源的限制，可以根据需要合成含有不同突变的片段，但是能合成的突变类型限于点突变、短片段缺失和插入，对于融合基因和拷贝数变异模拟程度有限。spike-in 样本还可以根据需要制备成不同的浓度，通过不同浓度配比的 spike-in 质控品可对样本目的区域进行定量。spike-in 样本还可以模拟体细胞低频突变，虽然增加测序深度可提高低频突变的检出率，但也会增加测序错误带来的低频假突变，很难与真正的体细胞低频突变相区分，因此需要用 ROC 曲线设置判定阈值，目的是尽量检出真正的体细胞突变，同时降低测序误差产生的突变概率。例如，可以在建库前将 DNA spike-in 质控品混合物（含有突变等位）倍比稀释，加入待测样本中一起进行测序，这些质控品可区分真正的体细胞突变和假的测序误差。将所有待测位点按频率排序，绘制 ROC 曲线获得真阳性率最高且假阳性率最低的点作为阈值[59]。但是合成 DNA 混合参考物质，存在一定的互通性问题，因为毕竟合成的 DNA 或 RNA 片段与人基因组 DNA 或 RNA 相比，结构的复杂性等特征存在差异。

（三）生物信息学分析参考物质

生物信息学分析是高通量测序检测的重要环节，使用生物信息学分析参考物质（测序数据）可以对“干实验”部分进行分析流程的优化和性能确认。生物信息学分析参考数据包括生物样本参考物质测序数据和计算机模拟测序数据两大类，计算机模拟测序数据又可以通过从头模拟和测序数据编辑两部分来制备，生物信息学分析参考物质制备的方法见第四章。生物信息学分析参考物质的优点是结果明确，可以在 IGV 浏览器中看到序列信息，如果是模拟的测序数据，可以通过设定，在特定位点制备特定数量（即特定浓度）的 reads。生物信息学分析参考物质不存在均匀性和稳定性的问题，可以在不同地域共享使用。

（四）RNA 参考物质

RNA 样本质量、转录本的多样性、文库制备的方法和生物信息学分析都会给 RNA 测序结果带来影响。NIST 在 2017 年制备了“DNA Sequence Library for External RNA Controls（SRM2374）”有证标准物质[73]，其通过体外转录合成 RNA 对照品的文库模板，并且可以加入样本中（spike-in）监测检测质量。对于 RNA 检测，没有可靠的方法为 RNA 校准品进行准确定值。尽管无法进行校准，但是可以通过加入外源 RNA 监测基因表达检测的准确性。NIST 建立的该 RNA 有证标准物质包含 96 个不同的样本管，每管含有一种质粒，每种质粒包含特有的模板序列，并可以转录成不同的 RNA，包括正义 RNA 和反义 RNA，序列长度为 273 ～ 2022nt 不等，GC 含量为 35% 和 47% 左右。整套参考物质包含 86 319 个可靠序列。通常参考物质的分析特征采用不确定度来表示，该参考物质最具特点的是，NIST 提供了分析特征（即序列）信息，但序列的可靠性采用等级来划分，根据碱基的可靠性、不同测序结果的一致性、不同链结果的一致性等分为四级：最可靠（most confident）、很可靠（very confident）、可靠（confident）和不确定（ambiguous）。

该参考物质使用时，实验室需要在体外进行转录、RNA 纯化、RNA 纯度和片段等测定。除了用作 spike-in 的参考物质以外，也可采用细胞系来源的 RNA 参考物质，如血液肿瘤检测的 BCR-ABL1 融合基因参考物质，但是这种参考物质的缺点在于，不同代的不同细胞基因表达水平可能差别比较大，仅能一次性制备大量的 RNA，每次制备都需要大量实验重新验证，相比较而言，通过 spike-in 制备的 RNA 参考物质更容易实现广泛应用。

（五）病原微生物参考物质

宏基因组检测可以对患者样品中的全部病原体的基因序列进行检测和分析。与以往病原体检测不同的是，高通量测序可以发现新的未知病原体，但是微生物的多样性、患者样本中人基因组 DNA 等，都给检测带来一定的困难。NIST 曾发布一系列微生物参考基因组，FDA 曾建立 FDA-ARGOS 数据库，其中列举了多种经过评价验证的病原微生物基因组序列，这些都可以用于高通量测序检测方法建立的标准化。病原微生物参考物质的建立可以通过模拟微生物群实现，将多个微生物单独培养后，根据不同的比例组合形成微生物群，可以用作宏基因组的参考物质。这种组合可以通过提取的基因组 DNA 混合，也可直接对培养微生物进行混合，以同时评价 DNA 提取过程，确立各微生物的比例，也可以对定量检测能力进行评价。模拟的微生物群也可以作为 16S 核糖体 DNA 多重 PCR 引物扩增的通用模板，评价是否对某一类微生物存在检测能力不足或漏检的问题。为提高实验室检测的标准化，人类微生物组计划（Human Microbiome Project，HMP）建立了模拟微生物群，其中包括各种 GC 含量、基因组大小、重复序列和不同进化种群，随后启动了微生物组质量控制（Microbiome Quality Control，MBQC）计划，使用一系列参考物质来评价实验室检测情况。

六、室内质量控制

室内质量控制的定义是，由实验室工作人员采取一定的方法和步骤，连续评价本实验室工作的可靠性程度，旨在监测和控制本实验室工作的精密度，提高本室常规工作中批内、批间样本检验的一致性，以确定测定结果是否可靠、可否发出报告的一项工作。前文介绍了实验室在建立高通量测序检测方法时，要明确试剂的临床预期用途、试剂方法的设计和优化、分析性能特征的确认；或者对国家药品监督管理局批准商品试剂进行性能验证。那么在日常检测中如何保证试剂方法的检测性能不发生改变？答案是室内质量控制。这也是实验室进行室内质量控制的根本原因。

这里纠正实验室对室内质量控制的一个误区。实验室往往认为室内质量控制就是采用室内质控品在每批实验中同时进行检测，然后做室内质控图判断在控或失控，结果常常陷入不断地失控原因分析中，甚至因为频繁失控而影响日常检测结果的报告，无法继续进行室内质量控制。实际上，室内质控首先是对实验室全方位的、可能影响检测各环节的内部质量控制，包括良好的实验室环境条件（如温湿度、通风、电磁、振动等）、良好的仪器设备维护和校准、良好的人员培训及能力评估、标准操作程序的建立和全员遵循，当然也包括实验室理解的检测质控品对失控的监测，但是这一环节是最终监测实验室对各方面室内质量控制是否能够保持日常检测性能的手段，实验室必须明确对人员、仪器、试剂、SOP 和环境的有效控制是保证结果在控的前提，否则检测质控品必然不断出现失控。当然，出现失控后，实验室可以通过原因分析来纠正问题，如人员操作错误、仪器设备缺乏维护、试剂配制未按照方法建立程序进行，导致试剂成分发生改变、工作流程不当、实验室温湿度波动过大等，但是在缺乏有效控制的前提下，频繁失控必然导致实验室工作效率和检测周期受到影响，而且最初对人、机、料、法、环有效控制体系的缺乏，也会导致失控原因查找困难。此外，监测失控的手段也不仅是检测室内质控品，任何能够发现检测异常的方法均可以作为监测实验室检测性能是否改变的方式。下文将介绍基于室内质控品检测的非统计学质量控制、统计学质量控制，以及通过对实验室日常检测阶段性数据统计进行概率分析的室内质控方法。

（一）非统计学质量控制

采用已知阴性和弱阳性质控品进行室内质量控制（internal quality control，IQC）是保证检测质量的关键环节，其监控的是实验室测定最重要的性能指标，即重复性，并决定了当批实验测定是否有效、报告能否发出，是对实验室测定的即时性评价。

高通量测序检测每批都应检测阴性对照和阳性对照，而且这些对照样本要与待检样本同时检测。临床样本当然是最理想的质控品，但是样本来源有限，很难长期使用，现在多采用人基因组 DNA 或合成 DNA 作为质控品。阴性质控品不是指突变阴性的样本，而是采用无模板对照（no template control，NTC）作为阴性质控品，阴性质控品需包含在所有的扩增步骤中，通过文库定量确认没有模板，即阴性质控品在控，说明样本和试剂中没有核酸的污染。对于阳性质控品，分别有内部质控品和外部质控品两种。内部质控品指将质控品（如合成的 DNA 片段）混合入每个提取后的临床样本中，和每个临床样本一起完成后续检测过程，这样每个反应管中都含有该内部质控品，而且和每个临床样本都加入相同的标签。因此，通过比较每个样本中内部质控品检测结果是否与预期相符来判断反应是否有效。有研究采用将 7 种含有 1 ～ 6 种不同突变的序列按比例混合，制备成含有梯度突变等位基因百分比的内部质控品（表 8-32），通过监测测定的符合情况来判断本次实验是否在控[74]。该实验室对质控品检测的结果表明，其错误率为 0.326% ± 0.335%，根据均值 +3 个 SD 的策略，设定内部质控品检测的错误率约为 1.33%，如超过 1.33%，则本次检测失控。内部质控品通常需采用外源 DNA，如果采用与待测样本相似的 DNA 会对检测有干扰。外部质控品指采用人基因组 DNA、带有突变的基因组 DNA 和临床样本一起进行同批检测（建库、测序和分析），即质控品作为一个独立样本进行检测。实验室最好有多个突变的质控品，并在日常检测中轮流使用。但是无须每批都检测所有质控样本，只需加入一个质控品即可。阳性质控品中包括至少一个已知突变位点，变异百分比最好接近检测下限，以证实低百分比的突变可在每批次检出。如果质控样品的检测结果与预期突变相符，说明结果可信，报告可以发出；反之，就要对这种情况出现的原因进行分析。在找不到合理解释的情况下，需要重新检测样本。

表 8-32　内部质控品的制备

	突变位置						
	1	2	3	4	5	6	
参考等位基因	A	T	G	C	G	T	QC 组合中片段
ExQc_1	T	A	T	T	T	G	1
ExQc_2		A	T	T	T	G	4
ExQc_3			T	T	T	G	15
ExQc_4				T	T	G	30
ExQc_5					T	G	150
ExQc_6						G	300
ExQc_7	A	T	G	C	G	T	500
总 ExQc 组合	A/T	A/T	G/T	C/T	G/T	T/G	1000
比值	1/999	5/995	2/98	5/95	20/80	50/50	
突变等位基因	0.1%	0.5%	2%	5%	20%	50%	
参考等位基因	99.9%	99.5%	98%	95%	80%	50%	

（二）统计学质量控制

定量测定统计学质量控制的前提是制订在最佳条件和常规条件下实验变异的基线。基线的测定包括使用质控物确定实验在最佳条件和常规条件下的变异和批内变异测定，以及对室内质控物测定准确度的评价。具体做法是在常规检测临床样本时，除阴性质控外（非统计学质量控制），还对一个或几个不同浓度梯度的阳性质控样本进行检测，分析判断质控样本的测定结果是否偏出所用方法的测定范围，进而决定常规临床样本测定结果的有效性。这种方法可以用于定量检测，如果用于定性检测，可以更敏感地发现检测的问题。Levey-Jennings 质控图法是目前应用较为广泛的一种统计学质量控制方法。

Levey-Jennings 质控图由美国 Shewhart 于 1924 年首先提出，最早应用于工业产品的质量控制，20 世纪中叶，Levey-Jennings 将其引入到临床检验的质量控制中，其质控方法建立在单个质控样本双份测定值的平均值和标准差的基础上。之后，Henry 和 Segalove 又对其进行了修改，他们从 20 份质控样本的测定结果中计算出平均值和标准差，并制订质控限，然后随患者标本每天（或每批）测定质控样本，将所得的质控结果标在质控图上。这就是目前常用的 Levey-Jennings 质控图（图 8-6）。该质控图同样适用于高通量测序检测项目。只要质控样本的多次重复检测结果能够以数值表示（如突变等位基因百分比、胎儿游离 DNA 浓度等）并呈正态分布，均可采用这种质控方法。

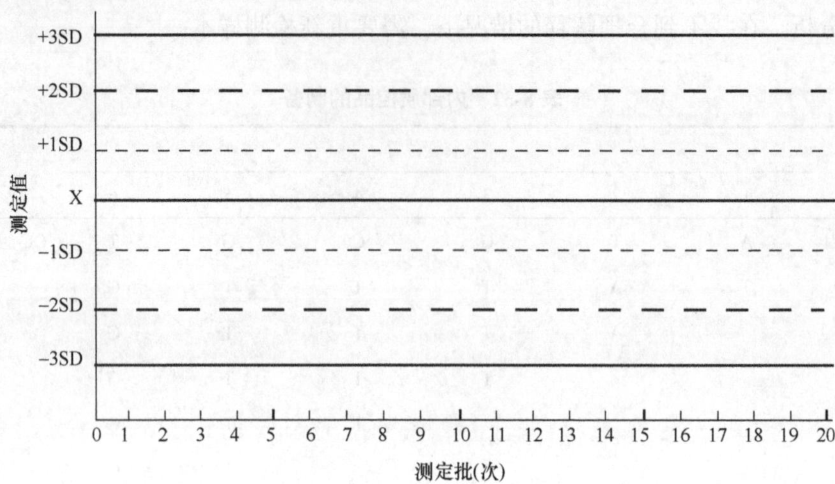

图 8-6 Levey-Jennings 质控图

1. Levey-Jennings 质控图的原理 由于Levey-Jennings质控图与正态分布之间的关系，质控样本测定结果在质控图上分布的概率符合正态分布，也就是在稳定条件下，100 个质控结果中不应有多于 5 个测定结果超过 2s 限度，即 95.5% 的可信限；而以$\overline{X}$ ±3s 为失控限，则是指在 1000 个质控结果中，超过 3s（99.7% 可信限）的测定结果不多于 3 个。

2. 质控规则 核心是可用于检出随机误差和系统误差。质控规则一般以 AL 的形式表示，“A”代表的是质控样本的数量，“L”是质控限，来自正态分布。常见的质控规则有：

1）1_{2S} 规则表示 1 个质控测定值超过$\overline{X}$ ±2s 质控限，是 Levey-Jennings 质控图上的警告限。

2）1_{3S} 规则表示 1 个质控测定值超过$\overline{X}$ ±3s 质控限，此规则对随机误差敏感。

3）2_{2S} 规则表示同一批次 2 个连续的质控测定值或不同批次的 2 个质控测定值同时超过$\overline{X}$ +2s 或$\overline{X}$ –2s 质控限，此规则主要对系统误差敏感。

4）3_{1S} 规则表示 3 个连续的质控测定值同时超过$\overline{X}$ +1s 或$\overline{X}$ −1s，此规则主要对系统误差敏感。

5）4_{1S} 规则表示 4 个连续的质控测定值同时超过$\overline{X}$ +1s 或$\overline{X}$ −1s，此规则主要对系统误差敏感。

6）7_T 规则表示 7 个连续的质控测定值呈现出向上或向下的趋势，可用于判断系统误差。

7）$10_{\overline{X}}$规则表示 10 个连续的质控测定值落在均值（$\overline{X}$）的同一侧，此规则主要对系统误差敏感。

对范围的质控规则可以表示为 R_L，其中“R”表示同一批次 2 个质控结果之间的差值，“L”是质控限，来自正态分布。例如，R_{4s} 规则表示在同一批内最高质控测定值与最低质控测定值之间的差值超过 4s，此规则主要对随机误差敏感。质控程序的设计应尽量考察分析误差，且尽量降低假失控概率。例如，1_{2S} 规则由于可接受的质控样本结果变异较小，因而导致假失控的概率较高，在质控样本多于 1 个时不建议采用此规则。而应用多重质控规则可以改善误差的检测并降低假失控概率。

3. 实验室对质控规则的设定　实验室常常询问应该设置哪些质控规则？需要全部设定吗？设置一个规则可以吗？对于这些问题的回答是，根据实验室自身情况设置质控规则。如果实验室非统计学质量控制都经常失控，那么统计学质量控制无论设置什么规则都对实验室的改进没有太大意义，因为实验室整体的质量控制是存在严重问题的，任何规则的设置都只是进一步增加失控率，实验室应当先提高整体质量控制水平，且保证非统计学质量在控；当实验室质量控制水平较好时，可以从假失控概率较低的质控规则开始，如以$\overline{X}$ ±3s 为失控限时，假失控的概率较低，缺点是误差检出能力不强；实验室需要降低假失控率，同时提高误差检出能力，此时可以采用多规则质控方法。例如，Westgard 多规则质控方法，其质控图的模式同 Levey-Jennnings 质控图，只不过是在质控测定结果的判断上采用多个质控规则。

Westgard 多规则质控方法应用的具体步骤如下：①分析两个不同浓度的质控样本。记录其质控测定值，并将此测定值画在各自的质控图上。②由 1_{2s} 规则启动质控过程。当两个质控值在$\overline{X}$ ±2s 界限之内时，则判为在控；当至多一个测定值超过$\overline{X}$ ±2s 界限时，则保留患者测定结果，并且使用其他的质控规则进一步检验质控数据。③检测同一批内的质控数据，首先，用 1_{3S} 质控规则检验，如果一个质控测定值超过$\overline{X}$ ±3s，则判断该分析批为失控；其次，用 2_{2S} 质控规则检验不同的质控样本，当两个质控测定值同时超过$\overline{X}$ ±2s 或$\overline{X}$ ±3s 质控限时，该分析批判断为失控。最后，用 R_{4S} 规则检验同一批内不同的质控样本，当一个质控测定值超过$\overline{X}$ +2s 界限，且另一个测定值超过$\overline{X}$ −2s 界限，判断该批为失控，此时不能报告患者的测定结果。④检查不同的质控批数。用 2_{2S} 质控规则检验同一质控样本，如果同一质控样本本批次的测定值和前面测定值同时超过$\overline{X}$ +2s 或$\overline{X}$ −2s 质控限，则判断该分析批为失控；用 4_{1S} 质控规则检验不同质控样本，如果与包括本批次两次测定值在内的连续的 4 个质控值同时超过$\overline{X}$ +1s 或$\overline{X}$ −1s，判断为失控；用$10_{\overline{X}}$质控规则检验同一质控样本，如果同一质控样本最近 10 个测定值落在均值的同一侧，则判断为失控。⑤当没有违背统计质控规则时，则判断为在控，此时可以报告患者的测定结果。⑥当分析测定过程失控时，首先确定发生的误差类型，如果违背了 2_{2S}/4_{1S}/$10_{\overline{X}}$规则，说明存在系统误差；如果违背了 1_{3S}/R_{4S} 规则，则提示为随机误差；然后分析在测定过程中导致误差发生的影响因素；最后纠正发现的问题。

4. 实验室对失控的处理　当判断分析批为失控时，则测定过程有可能存在问题，此时重要的是要查清是真问题还是假失控。如果是真问题，则应解决问题后重新测定质控样本和患者标本并由同一方法进行统计检验，进而判断是否在控；如果是假失控，可由实验室负责人做出重审决定，并发出检验报告。采用 Westgard 多规则质控方法，解决失控问题最有效的方法是检查测定方法本身。当涉及同一批两个不同浓度的质控样本违背质控规则时，通常不可能是质控样本本身的问题。

（三）直接概率计算法

实验室可以统计日常检测的阳性率和阴性率，以每次日常检测的阳性率比值作为数据，对每天的日常患者结果中阳性率出现的概率进行计算。按统计学规律，一个事件发生的概率小于 5% 称为小概率事件，即发生的可能性很小。因此，如果这种结果出现的概率小于 5%，则可判断为失控，需对其发生的原因进行分析。概率的计算可采用二项式分布或泊松分布两种模式。如果每次日常检测的阳性率比值为非正态分布，以二项式分布为例，如在一个实验室中某检测结果的阳性率为 p，计算在 n 个患者标本中有 x 个阳性结果的概率。根据二项式分布的概率，计算公式如下：

$$P(x)=\frac{n!}{x!(n-x)!}p^{x}(1-p)^{n-x}$$

如果一个实验室开展肿瘤体细胞突变高通量测序检测，日常体细胞突变检测结果的阳性率为 50%（即 100 例患者中会检出 50 个突变），即 p=0.5，如果在 50 例样本中检出了 35 个突变结果，其发生的可能性可以采用公式进行计算，在 excel 表中输入“=BINOM.DIST”，此时可见计算公式为：“=BINOM.DIST（number_s，trials，probability_s，cumulative）”，其中 number_s 相当于二项式里的 x，trials 相当于二项式里的 n，probability_s 相当于二项式里的 p，cumulative 为“TRUE”，表示最多成功 number_s 次的概率，计算得在 50 个样本中检出 34 个或 34 个以下阳性样本的总概率为 0.997，说明在该实验室 50 个样本中获得 35 个或 35 个以上阳性结果的概率为 0.3%，属于小概率事件，结果失控，有假阳性结果的可能。如果在 50 例样本中检出 18 例阳性结果，其发生的可能性可以采用公式进行计算，在 excel 表中输入“=BINOM.DIST”，cumulative 为“TRUE”，计算在 50 例样本检出 18 例或 18 例以下阳性结果的总概率为 3.2%，为小概率事件，怀疑有假阴性的可能。直接概率计算法的实质是在日常实验室平均数据的前提下，判断某种情况出现的可能性大小。当然检测人群的变化也会对阳性率产生影响，但是对于实验室各种数据的监控提示检测系统的分析性能产生变化的可能。实验室可以排查患者以往检测结果、患者诊断信息，但是在怀疑出现假阳性或假阴性的情况下，可以增加阴性质控和阳性质控的数量来确认是否存在假阳性或假阴性的问题。

室内质量控制的前提是对实验室各方面严格管理，采用室内质控品检测进行的质量控制只是监测检测质量的手段，室内质量控制的最高境界是没有外加质控品检测的质量控制，实验室采用质控品检测极少失控的情况下，主要依赖于日常临床样本检测的大数据分析来判断质量状况，是实验室室内质控的另一种方式，这里介绍的二项式分布只是其中一种原理，目的是让实验室了解这一理念。在高通量测序检测实际工作中会产生大量数据，实验室可以将这种方式智能化。总体来说，室内质控是实验室系统化管理的过程，是性能确认或性能验证的延伸，实验室应当理解室内质量控制广义的范畴，以及其对于保证检测结果可靠性的重要作用。

七、室间质量评价

（一）室间质量评价概述

实验室常规检测的性能指标除了重复性外，另一个重要的指标是准确性，实验室在建立特定的高通量测序检测方法进行性能确认时，通常通过检测已知序列的参考物质，以及一定数量的含不同突变的临床样本同时与金标准方法或其他已确认性能的方法进行比较，得到建立方法的准确性情况。在后续的常规检测中，为监测试剂方法、系统的准确性或不同实验室间结果的可比性情况，则通过参加室间质量评价（external quality assessment，EQA）或定期的实验室间比对来完成。室间质量评价也被直译为外部质量评估；其与能力验证（proficiency test，PT）具体的运作模式是相同的，只是评价的方式有些差异，前者通常是一种相对评价，即根据特定参加实验室在所有参评实验室中得分所处水平，从而起到自我教育的作用；后者则为绝对评价，即根据实验室质评样本检测结果是否符合预期结果及符合结果的百分比，确定相应实验室成绩是否满意或合格，从而判定实验室在相应检测项目上是否具备相应的检测能力。根据 ISO/IEC 导则 43：1997 定义，EQA/PT 为通过实验室间比对判定实验室校准 / 检测能力的活动。具体讲就是多家实验室分析同一样本并由外部独立机构收集和反馈实验室上报结果评价实验室操作的过程。临床实验室通过参加 EQA/PT，发现自己在测定结果准确度（可比性）上存在的问题，再分析问题产生的原因（试剂方法、仪器、操作或管理等），采取措施，加以改进，避免同样问题再次出现。因此，参加 EQA/PT 是实验室改进日常检验质量非常重要的途径，美国、欧洲及我国都将参加 EQA/PT 作为实验室质量保证的核心元素，写入了相关的法律法规；ISO15189 认可，也将其作为必要条件之一。EQA/PT 既有考核的作用，也是对实验室教育的过程。高通量测序检测样本分析前评价的重要性和分析后结果报告和解释的复杂性，也使得 EQA/PT 有必要覆盖从样本接收一直到结果报告和解释的全过程。

在暂时缺乏 EQA/PT 项目的情况下，可以考虑通过一定数量实验室间定期交换样本，比对样本的结果来观察结果的可比性。但是实验室间比对存在一些不足：由于比对的实验室数通常较少，因此不能与各种方法进行广泛的实验室结果比较；实验室间互相交换样本，往往不能像第三方机构组织的 EQA/PT，保证盲样检测和客观评价；如果只有两个或几个实验室间进行比对，当出现不一致的结果时，可能难以判定正确的预期结果。

（二）EQA/PT 评价程序设计的总体要求

一个设计良好的 EQA/PT 评价程序总体要求包括以下几个方面：①确定质评方案，定期发放质评样本；②要求参评实验室报告结果的形式一致，填写准确；③报告形式清楚简洁；④参评实验室在测定 EQA/PT 样本时要与常规样本完全相同的方式测定；⑤对测定方法、所用试剂和仪器要进行归纳报告；⑥对参评实验室的测定要有评价报告；⑦ EQA/PT 的报告要准确及时。在满足上述总体要求的基础上，EQA/PT 组织设计者需要时刻注意，EQA/PT 的实施须立足于服务高通量测序实验室、监管和认证机构及试剂制造商；并且该设计方案应考虑临床、实验技术和统计等多个方面，以满足广大实验室对其日常检测结果的准确性或可比性评价的需求。

首先，设计者应明确定义 EQA/PT 项目的目的，这一目的对于所有 EQA/PT 参与者都应该是清楚易懂的。具体来讲即项目的所有方面，包括参与者的选择、步骤指令、检测标本、EQA/PT 时间及频率、数据分析和统计方法、评价效能的标准和步骤，以及回报的方式都应让 EQA/PT 的参与者知晓。

其次，需要考虑分析前、分析中和分析后步骤对质评的需求。在方案设计完成后，需要考察整个 EQA/PT 方案是否符合需要，并与各参评实验室探讨其制订的方案是否可行。表 8-33 可以作为 EQA/PT 项目的基本流程和相应指标的汇总，供 EQA/PT 组织设计者参考。

表 8-33 EQA/PT 项目的基本流程和相应指标

步骤	指标
分析前	明确 EQA/PT 项目的目标
	制订总体计划时间表
	收集 / 制备并储存检测样本
	确认参评实验室加入的时间表和截止日期
	完成参评实验室的申请加入
	制订项目计划说明和相关文件的存档体系
	与参评实验室沟通探讨项目计划的可行性、时间表和截止日期
	将质评样本送达各参评实验室
	确保所有参评实验室收到质评样本
分析中	参评实验室完成 EQA/PT 的相关实验
	参评实验室完成实验数据的分析
	参评实验室将检测数据上交给 EQA/PT 组织者
	组织者分析汇总所有 EQA/PT 数据
分析后	组织者将整个 EQA/PT 的结果反馈给各参评实验室
	组织者对整个项目进行总结并发放给各参评实验室
	组织者确认此次 EQA/PT 项目相关资料的完整性并归档

（三）高通量测序检测的室间质量评价

高通量测序检测 EQA/PT 设计理念与以往分子检测项目 EQA/PT 设计有两个不同之处。

1. 采用标志物评价和方法学评价相结合的方式 这是由高通量测序检测的特点决定的。以往同一个项目的分子检测项目的标志物，在不同实验室通常都是一致的，如 HBV DNA 检测，所有实验室检测的都是 HBV DNA 分子；又如 *KRAS* 突变检测，各实验室检测的基本都是 *KRAS* 12、13 和 61 号密码子内的序列改变。但是高通量测序检测项目（染色体非整倍体等项目除外）通常为多基因检测，不同实验室之间检测的基因种类差异比较大。从 2015 年我国开展的“全国肿瘤诊断与治疗高通量测序检测（体细胞突变）室间质量评价调查活动”的实验室报名数据来看，72 家参评实验室检测的基因数为 4 ～ 377 个不等，其中 32 家实验室检测基因数≥ 40 个，11 家实验室检测基因数为 20 ～ 40 个，15 家实验室检测基因数为 10 ～ 20 个，14 家实验室检测基因数＜ 10 个（数据未发表）。在这种情况下，通过 EQA/PT 来设计考察所有突变是不可能的，因此只能采用标志物评价和方法学评价相结合的方式。标志物评价与多数分子检测 EQA/PT 项目相同，即考核临床上重要基因突变的检测能力。以实体肿瘤体细胞基因突变高通量测序检测为例，*EGFR*、*KRAS*、*BRAF* 突变中伴随诊断相关的基因突变是重点考核的内容；而方法学评价要复杂得多，简单地说，EQA/PT 组织者关心并且考核的内容是“如果实验室打算做某些区域的靶向基因检测，这个实验室确实具备这一能力吗？”基于这一目的，EQA/PT 组织者非常关注高通量测序的方法建立、DNA 提取、文库制备、靶向捕获、测序和生物信息学分析及结果报告和解释等所有环节，还会关注实验室对质量控制的要求，包括是否建立质量指标、是否进行室内质量控制，以及是否建立确认实验的程序等。由于实验室的检测范围各不相同，因此预期结果也不完全统一。

2. 采用“湿实验”评价和“干实验”评价两种方式 “湿实验”评价提供生物样本，通常为基因组 DNA，要求实验室回报检测结果，主要考核实验室完成整个高通量测序检测并给出正确结果的能力；也可要求提供测序数据（FASTQ、BAM、VCF 文件等），主要考核实验室对生物样本的测序能否达到应有的测序质量或捕获要求，但后者在国际上使用较少，组织者需要对测序数据逐一分析，而且结果不易量化。“干实验”评价提供测序文件（FASTQ 文件），要求实验室进行生物信息学分析，并且回报检测结果，主要考核实验室完成生物信息学分析的能力。“干实验”评价样本制备相对容易，需要周期短，不受生物样本突变种类的限制，可以同时模拟数百种突变，各参评实验室通过电子传输方式获得样本，样本发放不受地域限制。

这里需要纠正一个错误的认识，即认为 EQA/PT 就是发放样本然后统计结果。EQA/PT 的核心是对 EQA/PT 方案的设计，样本和结果统计只是方案设计的一部分。EQA 的方案设计只有建立在对检测项目充分了解和丰富的专业知识基础上，才能正确、有效地对实验室进行评价。如果组织者仅通过购买质控品开展 EQA/PT，往往会忽视 EQA/PT 组织人员本身所应具备的专业知识。专业知识包括但不限于以下几个方面。

（1）检测项目：项目的发展历程；临床意义；检测原理；国内外现有和曾经有过的检测方法；检测试剂；检测仪器；检测策略；国内外最新技术进展；国内外最新相关临床研究进展；项目分析前、分析中和分析后质量保证的关键点；临床实验室检测存在的主要问题；国内外相关检测和临床诊疗指南；项目未来可能的发展方向。

（2）参考物质：国内外参考物质或参考方法，质控品的研究进展及其局限性；参考物质或质控品的制备策略、制备流程、验证、定值、均匀性、稳定性评价方法等。

（3）室间质评：国内外相应 EQA/PT 开展的历史及现状；EQA/PT 样本的设计与制备，包括 EQA/PT 样本的基本要求（EQA/PT 样本的基质、模拟样本的制备策略、EQA/PT 样本的浓度范围和数量、EQA/PT 样本的稳定性）、EQA/PT 样本的验证、质评样本的组合设计、样本的包装和运输；EQA/PT 的评分方法；对实验室的评价；EQA/PT 的局限性。

下文将以肿瘤游离 DNA 基因突变检测为例，对 EQA/PT 的组织和开展进行介绍，高通量测序不是肿瘤游离 DNA 基因突变检测的唯一方法，但却是不可或缺的重要方法。

（四）肿瘤游离 DNA 基因突变高通量测序检测 EQA/PT 项目

下面将按照 EQA/PT 设计开展的过程进行介绍，目的是让实验室技术人员充分了解检验项目、参考物质等相关的专业知识，对于其参加 EQA/PT，以及理解参加 EQA/PT 对其日常检测质量改进的必要性。

1. 检测项目的意义 肿瘤组织的基因分型和耐药突变等，对指导肿瘤靶向治疗、耐药监测及预后判断等具有重要意义[75]。通常临床采用肿瘤组织（手术切除、活检组织）样本进行检测，但是由于肿瘤的异质性和动态变化，单次活检往往无法准确指导治疗[76, 77]。由于活检给患者带来的痛苦、手术风险及并发症等原因，多次活检在临床上很难实现。此外，活检本身也增加肿瘤转移的风险。因此，近年来临床开始使用患者血浆中的 ctDNA 进行肿瘤基因突变的检测，也称为“液体活检”。研究表明，ctDNA 对肿瘤靶向治疗基因检测、早期治疗应答评估和耐药监测的实时评估等都具有临床应用价值[78, 79]。例如，临床研究表明使用吉非替尼和厄洛替尼治疗的肺癌患者中有 50% 会出现 *EGFR* 基因 T790M 耐药突变[80]，但是由于组织活检的局限性，如果只是获取组织样本进行检测，临床很难早期发现耐药突变的产生，导致大量患者接受无效的治疗，而血浆检测 ctDNA 可实现对 T790M 耐药位点的监测[81, 82]，从而及时发现耐药突变的存在以更换其他靶向治疗药物。2014 年欧盟批准了易瑞沙非小细胞肺癌 *EGFR* 突变检测血液 ctDNA 伴随诊断试剂。同样，对结直肠癌、黑色素瘤患者采用血液监测 ctDNA，可比传统方法提前 5 ～ 10 个月发现 *KRAS* 突变、*BRAF* V600E 等耐药突变位点[83-85]。“液体活检”避免了因肿瘤异质性带来的检测差异，而且样本也易于采集，可在治疗过程中实时监测肿瘤基因型和耐药位点。这一技术因此也被 MIT Technology Review 评为 2015 年十大最具突破性的技术之一[86]，美国临床肿瘤学会（American Society of Clinical Oncology，ASCO）在 2015 年临床肿瘤进展中指出“液体活检”是未来 10 年肿瘤最有影响力的领域之一[87]。

2. EQA/PT 样本的设计与制备

（1）EQA/PT 模拟样本的制备策略

1）基本原则：高通量测序检测 EQA/PT 模拟样本制备策略具体见本章第三节“五、参考物质”部分，总的来说模拟样本有 3 种类型。

A. 细胞系或人基因组 DNA：含有目的突变基因的稳定转化人类细胞系或从细胞系提取的基因组 DNA，是建立最早也是目前应用最广泛的一种制备策略。优点：能够尽量接近真实的临床样本，可以评价分析前步骤，可评价核酸提取步骤，包含全部基因序列。但是缺点为来源有限。

B. 合成或人工制备 DNA：由于合成或人工制备物质的成分清楚，且过程易于标准化，经确认和溯源后也可作为参考物质或校准物使用。优点是 DNA/RNA 序列清晰明了，成本较低，制作工艺相对简单，重复性好，无生物传染危险性，基质稳定。缺点为其不同于真正的临床样本，无法模拟临床样本中的复杂成分；在合成时可能会遗漏关键的基因序列；并且无法对分析前步骤和提取步骤进行评价。这类物质常在传统分子检测时使用较多，但是由于高通量测序检测的广泛性，仅采用DNA片段不能作为有效的评价样本，但是可以作为spike-in样本的成分。

C. 生物信息学分析样本：即采用临床样本检测导出的数据文件，或者经过突变模拟编辑的数据文件。但是生物信息学分析样本只能评价生物信息学分析过程，而且实验室使用的测序平台不同，需要提供不同的测序文件，有一定的局限性。

此外，样本基质应尽可能与临床实际样本一致。也就是说，如临床样本为血浆，则EQA/PT样本也应为血浆。当然某些体液，如痰、分泌物等，EQA/PT样本的基质可能无法做到与其一致，此时，可采用生理盐水等作为替代基质。如果选择天然物质为基质，还要满足制作EQA/PT样本的基质均一性、同质性要求，这就需要获取足量的天然物质作为基质。此外，还需要考虑基质的稳定性和传染性。天然物质基质并不适用于所有EQA/PT项目的检测。

对于一些使用来源于人体的体液或组织作为样本的EQA/PT项目，阳性样本来自于患者人群；阴性样本则来自健康，或是经过明确诊断没有此种疾病的“正常”个体。在收集此类样本时，需要考虑是否符合相关法律法规和伦理的要求，避免不必要的纠纷。在此类EQA/PT项目中，所有与制备EQA/PT样本相关的知情同意书应妥善保管，并注明各方的权利和义务，交由伦理委员会批准执行。需要特别注意保护样本捐献者的隐私。

对于一些流行较为广泛的传染性疾病的EQA/PT项目，样本也可以从生物制品制造商处获取，这些制造商一般都具有稳定的样本捐赠/获取人群，并且能够保证样本的质量，符合法律及伦理要求。对于一些特殊或罕见的疾病，则需要EQA/PT组织者与相关机构建立长期稳定的关系，以获得制作EQA/PT样本所需的样本。此外，EQA组织者还可以寻求与公司、政府或其他学术机构合作，尤其是那些生产质控品的机构来获取样本，以节省时间和精力。

EQA/PT项目可以选择一些合成的生物大分子。这些合成物在投入使用前需要严格的验证以确保能够模拟真实的患者样本并适用于多种检测技术。EQA/PT组织者应说明模拟样本和真实样本一致性程度，以及它们之间可能存在的差异，包括样本处理、储存、提取过程中的差异，样本制作中关键的质量控制步骤，以及EQA/PT样本的测试参数和规格，还要提供相关测试结果以证明该样本满足使用需求。因此，EQA/PT的组织设计者在设计EQA/PT样本之前，需要明确该项目的目标及参评实验室采用的方法。

2）肿瘤游离DNA基因突变检测EQA/PT：肿瘤游离DNA基因突变检测临床样本阳性率低，每个患者获得的样本量有限，不可能将临床样本直接用于EQA/PT样本的制备，也很难满足EQA/PT对质评样本同质性的要求，因此只能采用模拟样本。实际上，大部分高通量测序检测都有这一特点，无论是遗传、肿瘤、无创产前检测，采用临床样本作为质评样本来源都很困难，多使用模拟样本。结合检测指标的生物学特征、检测原理、国内外现有和曾经有过的检测方法等，该项目模拟样本的制备策略为采用微球菌核酸酶消化的方法，具体见参考文献[72]。该质评样本采用的基质为TE缓冲液，该基质对扩增、连接等反应均无明显影响。

（2）EQA/PT 质评样本的组合设计

1）基本原则：EQA/PT 样本的浓度范围和设置数量要考虑临床实际情况、检测方法学和评价方法。EQA/PT 样本应覆盖大多数常见基因突变类型，从而可以评价实验室对常见基因突变类型样本的检出能力，同时可加入少量稀有样本观察实验室对少见基因突变类型的检出水平。在 EQA/PT 样本浓度方面，设计强阳性、中等阳性、弱阳性和阴性样本，强阳性样本的是观察参评实验室对阳性样本的基本测定能力，弱阳性样本的作用是观察参评实验室对低浓度样本的测定能力，中等阳性的多个相同样本则主要是为了考虑实验室测定的重复性；阴性样本是为了观察参评实验室因为扩增产物和（或）操作所致的"污染"发生情况。上述各类样本可在一次质评时都包括在内，也可根据重点考评的内容，分开进行。

在某些情况下，EQA/PT 的设计可能更加复杂。例如，在遗传变异的分子检测中，检测对象是几十或几百个突变位点。除有些突变为点突变和单核苷酸多态性外，还有一些涉及插入、缺失或易位。此种情况下每次分发的 EQA/PT 样本要包括那些比较常见的突变，而对于比较少见的变异，可周期性地分发相关 EQA/PT 样本。

2）肿瘤游离 DNA 基因突变检测 EQA/PT：cfDNA 浓度低，对检测方法的敏感性要求高。肿瘤患者血浆同时含有 ctDNA 和正常细胞凋亡释放的 cfDNA，ctDNA 含量为 0.01% ～ 93%，含有体细胞突变的 ctDNA 含量则更低。因此对检测的敏感性要求很高（＜ 2%），目前检测 ctDNA 基因突变的方法有实时荧光 PCR、BEAMING、数字 PCR 和高通量测序等，检测下限为 0.01% ～1% 不等，为考察实验室对突变的检测能力，并满足大部分实验室检测能力水平，因此设计浓度为 0.5% ～ 10%。肿瘤突变有成百上千种，但是对于检测能力的衡量，可以选择不同类型的突变作为代表，根据美国《NCCN 非小细胞肺癌治疗指南》，疗效预测和预后判断的标志物包括 *EGFR* 突变、*ALK* 融合基因、*KRAS* 突变、*HER2* 扩增、*BRAF* 突变、*ROS1*、*RET* 重排和 *MET* 扩增等 9 种，因此综合以上因素，设计 *EGFR*、*KRAS*、*BRAF*、*ALK* 等常见基因，点突变、短片段缺失、短片段插入、融合基因和拷贝数变异为代表的，浓度在 0.5% ～ 8% 的突变（含高、中、低浓度）组成样本盘，样本盘信息见表 8-34。

表 8-34 肿瘤游离 DNA 基因突变检测 EQA 样本盘信息

样本号	高通量测序结果	突变频率	方法
1601	NM_005228.3（*EGFR*）：c.2369C ＞ T（p.Thr790Met）	1.61%	数字 PCR
	NM_005228.3（*EGFR*）：c.2573T ＞ G（p.Leu858Arg）	2.58%	数字 PCR
1602	NM_005228.3（*EGFR*）：c.2369C ＞ T（p.Thr790Met）	2.86%	数字 PCR
1603	NM_005228.3（*EGFR*）：c.2235_2249del15（p.Glu746_Ala750del）	2.32%	数字 PCR
1604	NM_005228.3（*EGFR*）：c.2310_2311insGGT（p.Asp770_Asn771insGly）	1.00%	高通量测序
1606	NM_005228.3（*EGFR*）：c.2369C ＞ T（p.Thr790Met）	6.81%	数字 PCR
1607	NM_033360.3（*KRAS*）：c.35G ＞ A（p.Gly12Asp）	3.65%	高通量测序

续表

样本号	高通量测序结果	突变频率	方法
1609	NM_005228.3（*EGFR*）：c.2235_2249del15（p.Glu746_Ala750del）	2.18%	数字 PCR
1610	*EML4* exon20-*ALK* exon20 fusion	0.61%	高通量测序
1611	*EML4* exon6-*ALK* exon20 fusion	0.50%	高通量测序
1612	*ERBB2* 拷贝数变异	4 个拷贝	高通量测序

注：1605 和 1608 号为不评价样本，因此未列出。1603 和 1609 号样本是同一样本。

（3）EQA/PT 样本的稳定性

1）基本原则：EQA/PT 组织者需要确保 EQA/PT 样本在制备、储存和发放过程中的稳定性。尤其是一些对温度有特殊要求的 EQA/PT 样本（如冰冻组织），需要有措施确保在整个储运环节中样本处于适当的温度。我国幅员辽阔，各参评实验室往往分布在不同的地区，因而 EQA/PT 样本通常需要一个运输送达的过程。EQA/PT 样本如能在室温条件下稳定 10 天以上，则样本就不会因为邮寄而出现稳定性方面的问题，对于稳定性不能达到上述要求的 EQA/PT 样本，可采用冷链运输。

EQA/PT 的组织者应在样本分发前进行稳定性实验，包括“实时”稳定性和“开盖”稳定性。在“实时”稳定性实验中，EQA/PT 样本储存在推荐的条件下，定期取出进行检测。这一过程至少进行 3 次以评价 EQA/PT 样本的稳定性。理论上稳定性测试的次数还应与 EQA/PT 样本的保质期、包装量大小有关，EQA/PT 样本制备者应根据具体情况确定检测次数。在“开盖”稳定性的检测中，测试者将 EQA/PT 样本从储存条件下取出（一般为 -70℃）放置于使用条件下（一般短暂储存于 2 ～ 8℃），分别于不同时间点取样检测。此结果可提供给各参评实验室参考，并提供关于 EQA/PT 样本最好在多久内使用完毕的信息。有条件的组织者还应该提供 EQA/PT 样本在运输条件下稳定性的数据。评价方法为在多个温度及湿度条件下模拟运输条件，观察 EQA/PT 样本稳定性。

2）肿瘤游离 DNA 基因突变检测 EQA/PT：将样本分别放置在 37℃ 、室温（20 ～ 25℃，相对湿度 20% ～ 50%）、2 ～ 8℃、-20℃和 -70℃，放置时间为 3 天、1 周、2 周、4 周，每种条件下放置 3 支。采用 Qubit 测定 cfDNA 浓度、数字 PCR 进行等位基因突变百分比检测，采用统计学分析判断稳定性是否符合要求。此外，将样本邮寄给某一实验室，并由该实验室寄回，通过检测判断稳定性是否符合要求。

（4）EQA/PT 样本的验证

1）基本原则：采用金标准方法如 Sanger 测序进行验证，如果没有金标准，采用多种方法（PCR- 基因芯片、数字 PCR 、ARMS、PCR- 高分辨熔点曲线分析、经过性能确认的高通量测序等）和（或）同一种方法多中心（数个参比实验室）检测验证。

2）肿瘤游离 DNA 基因突变检测 EQA/PT：首先 ctDNA 含量和片段分布要尽可能类似于天然 cfDNA，然后采用高通量测序、数字 PCR 和 ARMS 等方法进行验证。由于高通量测序分析的独特性，还应对制备样本与肿瘤患者天然血浆样本一起进行高通量测序检测，从而比较质评样本和肿瘤患者血浆样本是否具有一致性（图 8-7，见彩图 17）。经验证，该参考物质与真实人血浆中的游离 DNA 特征接近，而且对实时荧光 PCR、数字 PCR 和高通量测序等方法均适用。

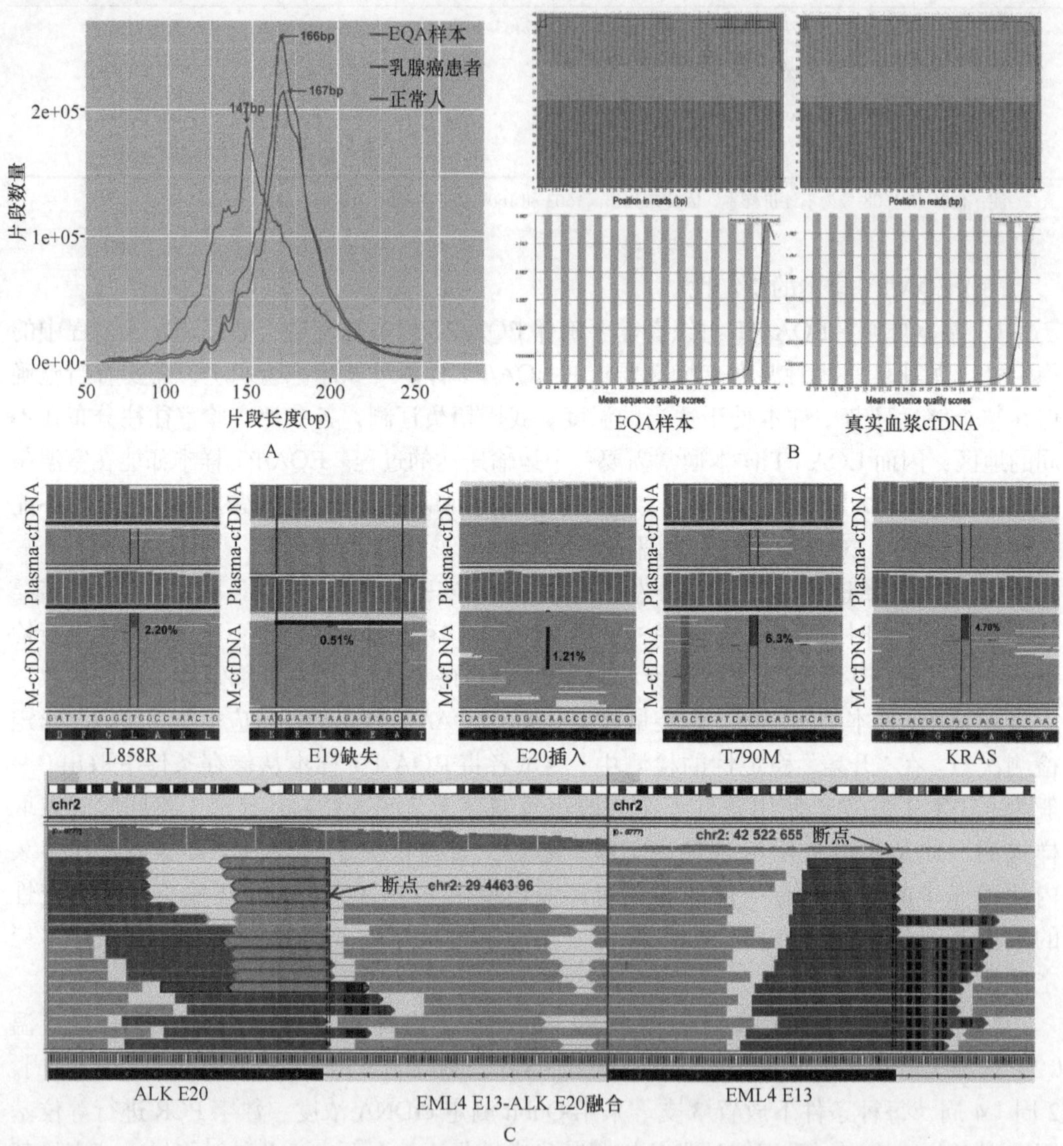

图 8-7 质评样本和肿瘤患者血浆样本的一致性比较[72]

A. 游离 DNA 片段分布比较，可见质控品和肿瘤患者血浆、正常人血浆呈一致分布；B. 测序 reads 和质量值比较，可见质控品和肿瘤患者血浆结果一致；C. 测序突变结果分析，可见突变结果与预期相符

（5）EQA/PT 样本的包装和运输

1）基本原则：EQA/PT 样本的来源较为广泛，包括但不限于细胞、血液、排泄物、分泌物和组织等。实际工作中我们不可能筛查质评样本所有可能的病原体，因而上述样本具有潜在的生物传染危险性。对于这一类 EQA/PT 样本，其运输需要遵守相关规定。首先包装应包括三层，第一层为内层、第一层防漏包装和第二层防漏包装。在第一层防漏包装和第二层防漏包装之间，应放置足量的吸收材料（如棉花），确保在第一层防漏

包装失效后能够起吸收作用，如果有多个第一层防漏包装放置于一个第二层防漏包装中，应将它们隔绝开。第二层为包裹内物品清单。第三层为高强度外包装。第一层和第二层防漏包装应能承受 95kPa 以上的压力，以及 -40 ～ 55℃的温度。

需要用冰或干冰在运输过程中保证温度的 EQA 样本，要放置在第二层防漏包装和外包装之间，因为干冰融化产生的气体可能会导致包装胀破，所以在使用干冰做长时间运输温度保持时，外包装不可完全密封。参评实验室人员收到样本后应立即检查，如果样品出现如包装破损、样本状态很差等情况，应及时记录并告知 EQA/PT 组织者。

与 EQA/PT 样本一起运输的还有一份该次质评活动说明和反馈表。其中活动说明包括如下要素：① EQA/PT 组织者信息；② EQA/PT 参与者信息；③日期；④样本信息；⑤系列号（样本批次）；⑥样本的详细描述；⑦适用的方法学；⑧样本处理方式；⑨分析方法说明；⑩回报说明；⑪截止日期；⑫联系方式；⑬下次 EQA/PT 项目的时间。

回报表格的基本要素：① EQA/PT 组织者信息；② EQA/PT 参加实验室信息；③检测日期；④质评样本信息；⑤质评样本批次；⑥样本编号；⑦检测方法或代码；⑧检测范围（定性或定量检测的最低检测限，或定量检测的检测范围）；⑨检测结果；⑩报告单位；⑪样本和结果是否完整。

2）肿瘤游离 DNA 基因突变检测 EQA/PT：采用 0.2ml Eppendorf 管、1.2ml 冻存管、封口袋、铁桶、邮寄盒共 5 层包装。样本上加标识，注明保存条件和联系人。质评活动说明和反馈表见附录 1、附录 2 和附录 3，为与上述要素相对应，在活动安排和回报表与上述要素相对应处进行特别说明，可见具备上述所有相关要素。

3. EQA/PT 的评分方法

（1）基本原则：当各参评实验室在 EQA/PT 截止日期之前将检测结果回报后，EQA/PT 组织者应首先检查实验室回报结果的完整性。EQA/PT 结果及后期总结报告中，不要出现参评实验室名称、地址、负责人等可识别信息，不能将特定实验室的检测结果透露给他人。但特定实验室的检测结果及其与其他实验室结果的比较情况要向参评实验室反馈，总体的质评结果可以向主管部门汇报，也应向所有参评实验室及相关试剂生产厂家公开。

在对参评实验室的评价中，不同的质评计划组织可能在细节上有所不同，但总体是首先对参评实验室检测结果与预期结果之间的符合程度有一个评价，这是最基本的。其他还可以就报告的填写规范程度、文字错误、报告清晰度、结果报告解释的充分性等进行评价，尤其是涉及个体化用药选择的基因突变和基因多态性检测时。

对于特定参评实验室的评分，目前国际上主要有以美国 CAP 为代表的绝对评分（PT）和以英国 NEQAs（EQA）为代表的相对评分方法。绝对评分就是看实验室对该次所有质评样本检测结果中与预期结果相符的样本总数占该次全部样本的百分比，通常大部分项目大于 80% 即可检测结果满意或合格，个别如出现检测错误即会造成患者重大问题如死亡等的项目如血型、HLA 配型等，则要求全部结果与预期结果相符，才能达到满意或合格要求。采用绝对评分方法的质评项目一般是为执业许可（如美国 CAP）或认可认证（如 ISO15189 认可）的目的。美国 CLIA 规定，实验室某常规检测项目如连续两次或在三次 PT 中有两次 PT 结果不满意，则实验室需暂停该项目的常规检测。相对评分则可对每份样本测定根据其与预期结果的相符性与否按统一标准进行打分，于是每个参评实验室会得到一个分数，同时经统计计算，可得到全体参评实验室平均分和均值，然后将参评实验室质评得分与所有参评实验室的平均分进行比较，观察其得分在全部参评实验室中所处的位置。英国 NEQA 最早在开展 EQA 时，所有的实验室参加质评基于自愿，实验室通过参加 EQA，发现自己在日常检验中准确性或结果可比性上存在的问题，采取措施加以改进，以达到结果准确可比，其起到的是一个自我教育的作用。

从 EQA/PT 对改善实验室测定质量的作用来看，究竟是采用上述绝对评分还是相对评分的方法或另外制订的评价方法其实并不重要，关键是要有一个评价方法，从而以其为标准评价实验室的测定。当然，从 EQA/PT 的目的出发，如果其结果是作为实验室认可或执业许可的依据，则要采用能得出实验室质评合格或不合格结论的绝对评分方法，因为相对评分是与总体相对比较的结果，而不是实验室绝对能力的体现，并且为确保绝大部分的参评实验室能达到合格，从而不影响其执业的要求，这种绝对评分还会有一些附加条件，如在美国 CAP 的 PT 中，如果某份样本参评实验室的测定结果一致性不足 90%，则要考虑这份样本作为评价的有效性。

（2）肿瘤游离 DNA 基因突变检测 EQA/PT：采用绝对评分法，由于本次质评中全部为临床意义明确的位点，报告错误突变位点将对临床决策造成重大影响，因此检测的错误仅包括假阴性结果和假阳性结果两种情况，评价原则如下：

1）假阴性结果：在检测范围内基因突变均要求正确报告，未报告即为假阴性结果。

2）假阳性结果：预期结果以外的基因突变结果报告，均为假阳性结果。

3）PT 成绩计算：10 个质评样本，每个样本 10 分，满分 100 分。每个样本参评实验室检测结果与预期结果完全相符，即为 10 分，不相符，即为 0 分。

4）合格的判定标准：主要是计算参评实验室对质评样本的测定结果与预期结果的符合程度，根据符合率判断参评实验室的能力是否合格（合格标准为 ≥ 80%）。定性结果根据参评实验室阴阳性结果与预期结果是否符合，计算符合率。对检测项目的评价为：某项目测定结果可接受样本数 / 某项目样本总数 ×100= 本次某项目测定得分，如果该项目得分 ≥ 80% 则为合格。未按时回报结果者判为不合格，该次得分为 0 分。

采用 EQA/PT 总结的形式，向实验室反馈预期结果、参评实验室使用试剂、方法、PT 成绩、阳性符合率和阴性符合率情况，并对错误原因和存在的问题进行分析。具体见附录 4。

4. 对测定技术的评价

（1）基本原则：测定技术通常包括测定方法、仪器和试剂等，对测定技术的评价是 EQA/PT 的一个非常重要的内容，主要应注意以下几个方面：①使用适当的统计学方法；②全面地对方法、试剂盒单个参评实验室测定技术进行评价；③指明产生严重误差的原因；④适当时评价测定的其他方面（如测定干扰）。

对测定方法、仪器和试剂等参评实验室所用测定技术进行评价，首先对参评实验室分别按使用的测定方法、仪器和试剂等进行分组。定性测定，统计每一种测定方法、仪器和试剂对每一份质评样本的测定符合情况，以便于相互比较。定量测定，则统计计算每一种测定方法、仪器和试剂对每一份质评样本的测定均值和标准差。

（2）肿瘤游离 DNA 基因突变检测 EQA/PT：该项目仅评价定性结果，由于实验室多采用 LDT 试剂，因此未对试剂进行分组，而采用根据方法学即高通量测序、ARMS 和数字 PCR 进行分组，计算符合率、假阴性率和假阳性率，并对不同方法学进行比较，如质评报告反馈实验室方法学比较的信息："实验室回报的方法学包括高通量测序、ARMS 和数字 PCR，回报的实验室百分比分别为 63.2%（43/68）、20.6%（14/68）和 16.2%（11/68）。从本次质评来看，采用数字 PCR 法的实验室符合率为 100%（11/11），高通量测序方法为 79.1%（34/43），ARMS 方法为 78.6%（11/14）。实验室报告的假阴性结果主要分布在 *EGFR* 基因第 19 号外显子缺失突变（突变百分比 2.32%）、20 号外显子插入突变（突变百分比 1%）及融合基因（突变百分比 0.5% ～ 1%），ARMS 方法出现 1 个假阴性结果，所有突变中，高通量测序实验室在 *EGFR* 基因第 20 号外显子插入突变的假阴性率最高，为 16.3%（7/43）。"

（五）高通量测序检测实验室对 EQA/PT 结果的分析

临床实验室往往看重结果是否符合，EQA/PT 结果是否通过。但是如果 EQA/PT 不符合预期或未通过，实验室应对不符合的结果进行分析，寻找检测过程中可能存在的问题，这一点也非常重要。以下仅对高通量测序检测质评不符合的常见原因进行介绍。

1. 书写错误　由于报告 EQA/PT 结果的程序和临床上出具检测报告有所不同，实验室有时会出现书写错误，如结果录入错误、A 样本报告成 B 样本等，特别是高通量测序检测的基因突变不是"阴性 / 阳性"，而是对突变位点的描述，实验室有时会因为书写错误而造成结果错误，如突变在人基因组参考序列上位置正确，在转录本位置不正确这种前后矛盾的情况。

2. 方法问题　①实验室未建立检测的 SOP 或没有详细的 SOP。这种情况下，如果出现检测人员岗位变化，如轮转、进修、休假等，其他人员又刚刚开始进行检测，没有 SOP 可以遵循，常导致检测结果的错误。②检测方法未经过性能确认或性能验证。实验室没有评价过检测方法的准确性，其建立的检测方法可能存在重大缺陷。例如，高通量测序检测对样本加入标签，然后混样测序，如果检测方法存在很高的标签识别错误率，必然会导致检测结果的错误。③检测方法的敏感性、特异性不足。例如，当 EQA/PT 样本中含有弱阳性突变时，实验室可能由于检测方法敏感性不足，或者处于临界范围，而报告假阴性结果。④实验室污染。实验室以往检测中产生的 PCR 产物气溶胶"污染"，可能导致假阳性结果。⑤未进行室内质量控制。实验室如未进行室内质量控制，可能没有及时发现仪器、试剂、实验室污染等各种长期存在的问题。

3. 仪器问题　①未进行仪器的维护和定期校准。例如，加样器未定期校准，或者自动化加样仪器没有监测加样量，导致混样偏差。②仪器设备故障。例如，Illumina 测序仪在室内温度变化条件下发生光路偏差或流路堵塞等，造成荧光值下降，直接导致碱基质量值降低。

4. 操作问题　指由于实验室人员个人原因，造成的操作问题。①未按照要求保存、处理 EQA/PT 样本。EQA/PT 样本会注明保存温度，未按照要求保存可能导致标志物降解，又如 NIPT 检测血浆冻干样本，要求复溶后 30 分钟内进行提取检测，如果长时间未提取，可能造成核酸降解。②处理 EQA/PT 样本过程导致样本污染。③实验室有 SOP，但是操作人员未遵循。例如，文库变性时 NaOH 溶液要求现用现配，操作人员为方便，使用以往配制试剂；测序仪使用完毕，要求进行管路冲洗，操作人员未进行此维护，导致管路结晶。④人员检测过程中操作失误。可能是由于人员培训不足，也可能是偶发错误。例如，文库定量结果计算错误，试剂配制计算错误，文库变性时 NaOH 溶液配制浓度偏低或偏高，导致变性不完全或抑制文库片段与测序芯片杂交等。

（六）总结

综上所述，EQA/PT 的开展是为了发现实验室间结果准确性或可比性方面存在的问题，为实现这一目的，组织者和参评实验室需注意以下几点。

1. EQA/PT 组织者和参评实验室首先要完全理解 EQA/PT 开展的目的，不应将其认作是一种考核或考试，而是帮助参加实验室发现其所建立的检测方法或系统在检测准确性上存在的问题，从而针对性地分析原因，采取措施加以改进，避免该问题再次发生。所以即使是以执业或认可为目的 PT，其也不会将一次不合格的 PT 作为实验室不能执业或失去认可证书的判断标准。

2. EQA/PT 组织者应当具有开展的 EQA/PT 计划所涉及的检测项目的临床意义、相关疾病的临床诊疗指南、相关检测方法原理和检测流程及其局限性、影响实验室检测结果的可能因素、参考物质（质控品、有证标准物质等）、相关统计学、室内质量控制和质评方法等各方面的专业知识，并跟随相关领域的研究进展进行知识更新。必须清楚的一点是，EQA/PT 工作不仅是发放样本和统计结果，而是对整个质评计划的整体思考和设计。

3. EQA/PT 尽管能有效地发现参评实验室在检测准确性或结果可比性上可能存在的问题，但其也有一定的局限性。例如，参评实验室使用的检测方法在检测分析敏感性方面有一定程度的差异时，如果低浓度质评样本偏多，则可能会对一些分析敏感性相对较低的方法评分较低，此时，EQA/PT 组织者可能为了考虑整体的检测水平，而不进行过低浓度样本的评分。有 EQA/PT 组织者尝试对不同的方法提供不同的质评样本或对方法或试剂分组进行评价，因为样本浓度的考虑是基于方法的检测下限，同一方法如 Sanger 测序（5% ～ 20%）或高通量测序（0.1% ～ 5%），检测下限本身就会有较大的范围，即方法和检测下限不是直接等同的。

4. 参评实验室不能将参加一次 EQA/PT 视为一次考试，为得到好的成绩不采用日常检测方法，而是另外选择试剂，或者是反复用多种方法检测，或是数倍乃至数十倍地提高测序深度，以及参评实验室之间或参评实验室与试剂方法提供者核对结果，甚至直接采用某特定实验室的结果。这些做法均是不清楚 EQA/PT 的根本目的所致，也是实验室对自己建立的检测方法和流程完全没有信心的表现。显然这是错误的，也违反了实验室质量管理的要求。正确的做法是，应该将 EQA/PT 样本放在日常检测样本中间（最好是随机放置）一起完成整个检测流程，从而真实反映实验室的检测状况。

第四节 高通量测序检测分析后质量控制

临床实验室常规检验分析后环节包括结果的报告和解释、报告的保存和样本的保存等。结果的报告和解释是保证检测质量的重要一环，因为高通量测序检测过程做得再好，如其不能适当地体现在结果报告单中，就不能很好地用于患者疾病的诊疗，甚至可能导致错误的临床决策。因此，分析后质量控制的根本目的是保证检验结果能正确、适当地用于患者疾病的诊疗。

一、高通量测序检测结果的报告和解释

实验室出具的检测报告是临床分子诊断实验室、临床医师和患者沟通的桥梁，同时又常被实验室忽视。总体来说，高通量测序结果报告的要素与以往分子检测基本相同，但是高通量测序检测更为复杂，本部分将按照分子检测的要素，对高通量测序特有的报告和解释进行重点说明。报告内容可包括以下方面[69]：①患者的姓名；②患者的性别；③患者的年龄；④样本采集时间；⑤实验室接收样本时间；⑥样本类型；⑦样本唯一编号；⑧检测项目；⑨如有必要，说明患者临床信息；⑩检测基因、检测突变范围；⑪检出的基因型或突变结果；⑫对检测过程中的异常情况进行说明（如不符合质量值）；⑬对检测结果的解释（解释的内容需能够被非分子遗传专业人员所理解）；⑭后续推荐的检测和建议患者接受遗传咨询等；⑮检测方法的局限性；⑯实验室信息，包括实验室名称和实验室联系方式；⑰结果报告日期；⑱检测人、报告审核签发人姓名、签字（或者仅在授权情况下才能出具报告）；⑲LDT 试剂需注明，检测方法为实验室自建试剂，经过性能确认，非国家药品监督管理局认可的商品化试剂；⑳必要的参考文献；㉑如为家系分析检测，报告单中应该有家系临床信息、先证者信息、家系样本编号和家系分析结果。

CLSI MM20-A “Quality management for molecular genetic testing, Approved guideline”中将结果报告单中的信息分为三类[88]：①基本信息，包括患者信息、样本信息、检测项目信息和必要的临床信息；②特定信息，包括检测方法信息、结果的报告和解释；③其他信息，如进一步检测的建议等。本部分为方便介绍，将按照患者、样本、检测项目等基本信息、结果的报告、结果的解释、检测方法信息、实验室的建议和实验室信息对高通量测序检测结果报告和解释进行说明。

（一）患者、样本、检测项目等基本信息

1. 患者的基本信息 包括患者的姓名、性别、年龄，如有必要可加入患者的临床信息，说明申请该项检测的原因。

2. 样本的基本信息 包括样本采集时间、实验室接收样本时间、样本的编号或条码。如有必要可加入送检科室或单位名称、样本类型和样本的前处理过程（如冷冻、石蜡包埋、肝素抗凝等）。

3. 检测项目的基本信息 以往的分子检测是关注某一病原体、某一基因或某一突变，检测目的是确认某一临床诊断（如 HBV DNA 感染）、确认是否为某一遗传携带者（如 β 地中海贫血携带者）等。高通量测序检测有时是这种情况，如染色体非整倍体无创产前筛查。但由于高通量测序可以一次检测多个基因，有时可能是对未知突变的检测。例如，在遗传病的检测中，患者可能有一系列临床症状，但其遗传基因和突变位点未知，若申请进行全基因组和全外显子检测，有必要在报告单中对临床信息、家系信息等进行说明，因最终的结果解释是在这种特定临床背景下进行的。

（二）高通量测序检测结果的报告

1. 对检测结果的总体描述 高通量测序检测的内容很多，除了有意义的突变，还可能检出临床意义不明的突变（variant of uncertain significance，VUS）等，因此在进行结果的详细报告之前，建议先对检测结果进行总体描述。例如，检出致病性突变 NM_001163213.1（*FGFR3*）：c.749C ＞ G（p.Pro250Arg）。

2. 突变位点的报告要求 在报告位点时，准确表达基因突变非常重要。基因名称可参考 HUGO 基因命名委员会（HUGO Gene Nomenclature Committee，HGNC，http：//www.genenames.org），突变报告可参考人类基因组变异协会（Human Genome Variation Society，HGVS，http：//www.hgvs.org）建议的报告格式，这也是目前大多数指南中推荐的标准格式。例如，NM_004985.4（*KRAS*）：c.35G ＞ T（p.Gly12Val）。在突变报告时，需要包含转录本，可在 www.ncbi.nlm.nih.gov/refseq 查询，转录本包括转录本编号（NM_004985）及版本号（.4），在 c.35G ＞ T（p.Gly12Val）中，c. 表示 DNA 编码序列（coding sequence），p. 表示氨基酸（amino acid），35 表示突变位于转录本上的位置，G 表示在参考序列上的碱基，T 表示被检基因组 DNA 相应位置的碱基。一个基因可能有多个转录本，通常选择主要转录本，转录本不同，碱基的位置可能不同，突变的表述也不同。有的实验室除报告转录本，还报告染色体、gDNA 在参考序列上的位置和序列变化，如果使用相同的参考序列（如 hg19），突变的位置和变化应一致。胚系突变还应报告是杂合子（heterozygous）、纯合子（homozygous），还是半合子（hemizygous）。体细胞突变可报告突变等位基因百分比。

3. 决定报告哪一类突变位点 以往分子检测不用考虑检测的阳性结果哪个报告，或者哪一个不报告，在检测范围内的结果均需要报告。但是，高通量测序检测，包括靶向测序、全外显子测序或全基因组测序，检测的位点可能非常多，有些临床意义明确，也有些临床意义不明确，甚至是以往从未报道过的突变。因此，实验室需要决定哪一类突变位点报告，哪一类不报告，当然这个步骤并不是在出具报告之前临时决定的，而是实验室在建立检测方法和检测流程时就已经对这一标准进行设立，有些情况下，生物信息学分析可以直接把检测结果按照设立的标准进行过滤，只保留需要报告的结果。例如，肿瘤体细胞突变高通量测序检测时实验室对检测的突变根据某一肿瘤相关的数据库进行注释，选择只报告数据库中的 hotspot 位点。但是有时过滤只能去除一部突变。如在遗传检测时，通过人群数据库，或者比较突变在人群中的发生率是否远高于疾病发生率来过滤无关突变，但是过滤后的突变仍然可能存在不同等级。应该报告哪些等级的突变完全由实验室根据自身的情况决定，但是实验室需要建立突变类型报告的标准和原则，结果报告人员遵循这一原则进行报告。不要出现对有些患者报告临床意义明确的突变，对另一些患者全部进行报告这种随意的情况。下文对胚系突变和体细胞突变的分级标准进行介绍。

（1）胚系突变的分级：根据 ACMG 2015 年发布的"Standards and guidelines for the interpretation of sequence variants：a joint consensus recommendation of the American College of Medical Genetics and Genomics and the Association for Molecular Pathology"指南，胚系突变可分为致病性（pathogenic）、可能致病性（likely pathogenic）、良性（benign）、可能良性（likely benign）和临床意义不明确（uncertain significance）的突变。具体分级方法是制订了两套证据分级标准，一套是决定致病性和可能致病性突变，一套是决定良性和可能良性突变。致病性突变的证据等级分为非常强（very strong，PVS1）、强（strong，PS1-4）、中等（moderate，PM1-6）、支持性证据（PP1-5）；良性突变的证据等级分为独立性证据（stand-alone，BA1）、强（strong，BS1-4）、支持性证据（PP1-6）。如果两套体系中均没有证据或证据相矛盾，则为临床意义不明确突变（表 8-35）。对证据的分级在此不详细描述，可参见 ACMG 指南。总的来说，证据可以分为以下几类。

表 8-35　对胚系突变等级分级的标准

突变分级	证据
致病性	① 1 个 PVS1 并且 a. ≥ 1 个 PS1 ～ PS4 或 b. ≥ 2 个 PM1 ～ PM6 或 c.1 个 PM1 ～ PM6 和 1 个 PP1 ～ PP5 d. ≥ 2 个 PP1 ～ PP5 ② ≥ 2 个 PS1 ～ PS4 ③ 1 个 PS1 ～ PS4 并且 a. ≥ 3 个 PM1 ～ PM6 或 b. ≥ 2 个 PM1 ～ PM6 和≥ 2 个 PP1 ～ PP5 c.1 个 PM1 ～ PM6 和 4 个 PP1 ～ PP5
可能致病性	① 1 个 PVS1 和 1 个 PM1 ～ PM6 ② 1 个 PS1 ～ PS4 和 1 ～ 2 个 PM1 ～ PM6 ③ 1 个 PS1 ～ PS4 和≥ 2 个 PP1 ～ PP5 ④ ≥ 3 个 PM1 ～ PM6 ⑤ 2 个 PM1 ～ PM6 和≥ 2 个 PP1 ～ PP5 ⑥ 1 个 PM1 ～ PM6 和≥ 4 个 PP1 ～ PP5
良性	① 1 个 BA1 ② ≥ 2 个 BS1 ～ BS4
可能良性	① 1 个 BS1 ～ BS4 和 1 个 BP1 ～ BP7 ② ≥ 2 个 BP1 ～ BP7
临床意义不明确	① 上述均不符合 ② 证据有矛盾

1）突变对蛋白表达的影响：通过基因突变可以预测对蛋白表达的影响，如无义突变、

移码突变、起始密码子的突变等，通常都是致病性的，属于 PVS1 证据。但是在解释时也需要考虑有没有其他的致病临床证据，从表 8-35 也可以看出，PVS1 证据还需加上其他的证据，才能判定为可能致病或致病突变，仅仅 PVS1 证据不代表一定是致病性突变。例如，*MYH7* 的杂合无义突变不是致病性突变，因其不导致肥厚型心肌病，而 *CFTR* 基因的杂合无义突变为致病性突变。错义突变、短片段缺失或插入等证据等级更低，需要其他的证据才能判定为致病突变。而同义突变和内含子上发生的突变为良性突变的可能性更高。当进行全外显子或全基因组检测时，实验室可能会优先过滤同义突变和内含子上发生的突变，并重点分析致病可能性更高的突变。

2）突变在患者中的发生情况：实验室通过数据库检索，可以了解检测的突变是否在患者中曾有报道。例如，位点特异的数据库（Locus-specific Database，LSDB），如 *TP53*[89]、*CFTR*[90] 等；整合各种位点的数据库，如人类基因突变数据库、人类孟德尔遗传数据库等；专业数据库，如 COSMIC 数据库。在数据库中可以检索到突变以往报道的情况，这对于被检突变临床意义的判定有重要参考价值。例如，被检者发生的突变和以往证实的某一疾病有相同的氨基酸改变，属于 PS1 证据，这也是基于突变对蛋白表达相同的影响。有的数据库将文献信息汇总分析后，给出一个突变临床意义的结果，如 ClinVar 数据，并且提供如文献等支持性的信息。有的数据库仅将文献报道突变进行列举，并呈现文献原始信息或突变分级，但是文献中对突变的分级是在当时能获得的信息基础上分析所得的结果，分级的结果不一定正确。实验室人员还需要阅读文献内容并重新评估突变的意义。

3）突变在人群中的发生频率：通过数据库，如 Exome Sequencing Project（ESP），1000 Genomes Project 和 Exome Aggregation Consortium（ExAC）等，可以获得突变在人群中的发生率。如果发生率＞5%，视为独立性证据，即 BA1。通过突变在人群中的发生率和疾病发生率比较，也能作为判断致病性的证据。突变发生率高于疾病发生率，可以作为 BS1 证据。而如果数据库中该突变发生率极低或没有该突变，则为致病性证据，证据等级 PM2。在使用人群数据库时，应当注意人群的组成是否含有患者，如 ESP 包含了 61 486 名人群全外显子信息，其中部分为心脏、肺部和血液功能异常的患者，使用这种数据库时需要注意实验室检测的人群是否有相似的表型。

4）文献检索：除了数据库外，实验室还应该进行文献检索，以保证所有的研究结果，特别是最新报道的文献能够用来对突变进行解读，可以使用 PubMed 或 Google 等搜索引擎进行检索。如果有文献在某一人群或病例中报道过该突变，也可作为解读的证据。例如，突变曾在健康人中检出（纯合子），可以作为良性证据，证据等级 BS2。用于解读的文献必须放在结果报告单中。

5）预测软件：可以对突变的解读起到辅助作用。例如，SIFT 和 Polyphen2 都是比较常用的预测软件，SIFT 基于氨基酸的保守性进行计算预测评分，Polyphen2 则通过序列和蛋白结构对突变进行预测。预测软件的结果可以作为证据之一，如果多个软件预测结果都表明突变可能有害，则可作为致病性证据，证据等级 PP3。

（2）体细胞突变的分级：根据 AMP，ASCO 和 CAP 在 2017 年发布的“Standards and Guidelines for the Interpretation and Reporting of Sequence Variants in Cancer”指南，体细胞突变可以分为临床意义明确、有潜在临床意义、临床意义不明确和良性或可能良性

突变。证据等级分为四级：①等级A（Level A），美国FDA批准靶向治疗药物相关突变位点（特定肿瘤），或临床诊疗指南中治疗、诊断或预后判断相关突变位点（特定肿瘤）；②等级B（Level B），基于证据充分临床研究的专家共识中，与靶向治疗、某一疾病诊断或预后相关的突变位点；③等级C（Level C），美国FDA批准靶向治疗药物相关突变位点（不同肿瘤），或临床诊疗指南中治疗、诊断或预后判断相关突变位点（不同肿瘤），即非适用证的用药（off-label use），临床试验的入组标准或基于多个小规模研究表明具有指导诊断和预后判断的意义；④等级D（Level D），临床前研究表明可能有治疗指导意义，或者在小规模研究、多个病例报道（非共识）中表明该突变（或与其他标志物联合）具有指导诊断和预后判断的意义。综合上述临床证据，可对体细胞突变进行分级（表8-36）。

表8-36 对体细胞突变等级分级的标准

突变分级	证据
临床意义明确	证据A或证据B
有潜在临床意义	证据C或证据D
临床意义不明确	在人群数据库和肿瘤相关数据库中均没有较高的发生率，没有确定的与肿瘤相关的文献证据
良性或可能良性突变	在人群数据库中突变频率较高，没有与肿瘤相关的文献证据

4. 无关突变（incidental findings） 中文术语翻译为“意外突变”“偶发突变”等，这是高通量测序检测与其他分子检测的一个重要不同之处。申请进行高通量测序检测的患者通常有一定的临床表现，如根据临床症状和家族史怀疑可能有遗传病的患者，在高通量测序检测中，除了检出与遗传病相关的突变以外，也可能检出与遗传病表现无关的突变，如药物代谢相关突变、肿瘤相关突变等，这一点在全外显子组测序或全基因组测序中尤为常见。因此，将这种突变称为无关突变。无关突变是否要报告？如何报告？高通量测序实验室需要建立无关突变的报告原则，CAP、ACMG和CLSI都对无关突变的报告进行了讨论，一般来说，对没有临床意义的无关突变不建议报告。实验室可以根据临床意义对突变进行分级，并且选择报告一定级别的突变，如只报告临床意义明确的，或者也报告可能有临床意义的，但是需要在结果报告单上将这一报告原则进行说明。ACMG在2013年推荐了56个基因[91]，建议实验室至少对其所列出的56个基因中含有的致病性无关突变进行报告，其中23个基因和肿瘤风险预测相关，31个基因和心血管疾病相关，2个基因和麻醉并发症相关。在2017年更新至59个基因[92]，并建议将推荐基因中发生的无关突变称为次级突变（secondary findings），以表示这些基因尽管可能不是实验室根据患者需要进行分析的基因，但是被实验室列为一类需要常规分析的基因。有的临床实验室在申请检测中要求患者选择是否需要无关突变，按照患者的选择来决定是否报告。总之，没有临床意义的无关突变，只会给实验室和患者带来困扰，致病性的无关突变是否有临床表型，也会受家族史、环境等多种因素影响。如果报告这些突变，则需要在有遗传咨询、与临床充分沟通、有报告标准和程序的情况下进行。

（三）高通量测序检测结果的解释

结果解释是综合目前人基因组突变的实验数据和临床信息，为医生和患者描述检测结果对患者疾病诊疗的含义。对于既往的分子检测，结果解释是比较容易的，因为阳性的指标比较固定且非常有限。但是对于高通量测序，却是比较困难的，正如前面结果报告中所提到的，突变根据临床意义分为不同等级，实验室在决定临床意义时，需要参考各种证据，那么对突变的解释，就是对临床意义和支持该临床意义的证据说明。结果解释应遵循通俗化、个性化和证据化的原则。

1. 通俗化 即简明易懂。高通量测序检测通常会出现许多的基因、基因位点、突变、多态性、杂合子、纯合子等，对临床医师而言，有些分子遗传学的概念可能比较陌生，而且临床医师更关心检测出了什么突变位点？这个突变位点对临床的指导意义是什么？非遗传学专业的临床医师，往往希望在报告书上首先有一个总体的明确的报告和解释。例如，患者带有 ××× 突变，该突变与 ××× 异常相关，建议 ×××。但是高通量测序检测毕竟是复杂的，在总体解释之后，还是需要有更详细的解释说明，这里注意首先要通俗地进行描述，并且对突变的临床意义，为什么认为有该临床意义进行解释，避免从国外文献直译而来。尽量避免使用不常用的英文缩写，如必须使用，则可在报告单下方注明中英文全称。实验室可以将结果报告和解释的模板先提供给临床医师，征询意见后进行修改。

2. 个性化 遗传突变的检测还需要结合家系分析、临床症状等进行解释。根据初次检测、再次检测、进一步确认检测等不同情况，患者即往用药史、临床信息等综合判断，进行相应的解释。如前面所提到的无关突变，同样是全外显子检测，患者的临床表型、申请进行高通量测序检测的原因决定了该突变是有关还是无关，对不同类的患者给出不同类的解释。临床相关的突变应在结果报告单上进行报告和解释，无关位点根据实验室情况，可以在报告单解释，或者在另一份单独报告中进行解释，或者不报告。

3. 证据化 如前所述，对遗传突变致病性的确定，是通过对各种证据的汇总分析判断的，基因造成的蛋白改变、以往有没有病例报道、在人群中的发生频率等，如何得出临床意义的解释，需要在结果解释中给予简要说明，依据参考文献的解释，需要在报告单中注明参考文献来源。

（四）检测方法的信息

对于既往的分子检测，检测方法的信息相对比较简单，可以用方法学名称（如实时荧光 PCR）、试剂名称等来表达，但是同样的高通量测序方法，检测基因数量、检测变异类型、报告突变类型等都可能不同，而对方法学的描述，可以让临床医师了解检测方法及局限性等。对检测方法的描述包括以下方面。

1. 基本信息 包括方法名称，如靶向测序、全外显子组测序、全基因组测序；检测平台，如 MiSeq、Iontorrent PGM；靶向捕获方法，如多重 PCR 法、杂交捕获法等；不同实验室高通量测序的检测范围差别可能很大，实验室需要在结果报告单上注明检测的基因；可检测的突变类型，如点突变、短片段缺失、短片段插入、融合基因等，如果检测的是遗传病已知突变位点、肿瘤热点突变，也应予以说明，如果突变位点很多，可以给予网址链接，以便查询；生物信息学分析也应提供必要的信息，包括参考序列（如 hg19）、比对、变异识别等关键环节使用的算法，商业软件名称，重要的参数等；测序深度的信息应当在报告中说明，靶向测序可以给出最低测序深度，不符合要求的区域需要说明，全基因组或全外显子可以用“92.6% 的区域测序深度＞ 20×”表示；如果检测结果采用第二种方法进行确认，则需在结果报告单中对该方法进行说明。

2. 检测性能和局限性　CFDA 批准商品试剂的分析敏感性、分析特异性、临床敏感性、临床特异性等重要性能指标，LDT 试剂性能确认的性能指标等，需进行说明。不同方法的检测下限也有较大差异，组织靶向测序高通量测序检测、全外显子检测、全基因组检测和游离 DNA 高通量测序检测，其检测下限为 0.01% ～ 10% 不等。检测下限的差异可致检测结果的差异，因此注明检测下限非常必要。相应的，检测方法的局限性也应当进行说明。

3. LDT 试剂的说明　由于高通量测序检测 LDT 试剂非常常见，因此美国 ACMG 建议实验室使用 LDT 试剂进行结果报告时，应当进行注明[69]：“该方法由 ××× 实验室按照 CLIA'88 的要求建立并经过性能确认，该方法未经 FDA 批准。临床检测非商品化试剂未要求必须经过 FDA 批准。”

（五）实验室的建议

在需要的情况下，实验室应给出遗传咨询或进一步检测的建议。对遗传位点的检测，实验室报告的突变位点和致病性仅代表实验室分析结果，通常都需要建议患者进行遗传咨询。进一步检测的建议也比较常见。例如，靶向测序未发现与临床症状相关突变的检测，可建议进行全外显子检测；又如，出现检测结果失败时，有一些是样本本身的原因，如甲醛固定的石蜡包埋样本有些核酸降解或片段化严重，核酸提取量低，导致检测结果中内控阴性，或者文库构建失败；又如，血浆中游离 DNA 检测时，有些样本 DNA 含量偏低，这些样本的问题只有在检测过程中才能发现。这种情况下，实验室可建议重新采集样本，再次进行检测；如果样本来源受限，如组织样本无法重新采集，可建议进行细胞学检测或血浆游离 DNA 检测，或者采用其他受样本质量影响较小的方法检测，如可建议采用基因芯片等方法对部分基因突变位点进行检测。

（六）实验室的信息

以往分子检测包括检测人、审核人签字，结果报告日期和备注。高通量测序检测需要检测人、审核人和结果解读人员签字，人员有能力的情况下，审核人和结果解读人员可以是相同人员。

（七）高通量测序结果报告和解释的模板

这里我们提供 4 份高通量测序结果报告和解释的模板供实验室参考，表 8-37 和表 8-38 为参考 ACMG 指南[6]翻译的遗传病高通量测序检测结果，表 8-39 和表 8-40 为肿瘤靶向治疗高通量测序检测结果报告。

需要说明的是，这里举例主要是为了展示结果报告单中所需包含的要素，各要素如何体现在报告单中，经常可以看到临床实验室提供数十页的报告，其中包括基因的具体描述、临床意义、药物相关信息等解读，大量的附加信息也是可以的，但是以下举例中的要素（如果涉及）是必须要包含的。

表 8-37　遗传病高通量测序检测结果报告单（阳性结果）

心肌病相关基因高通量测序检测报告

患者姓名：××× 出生年月：04/05/1990 样本号：0123245678 家系号：P9999999 性别：女 种族：白种人	样本类型：外周血 样本采集日期：04/01/2012 样本接收日期：04/03/2012 送检医师：××× 送检医院：×××

检测项目：心肌病 46 种基因 Panel

检测指征：临床诊断扩张型心肌病，且有扩张型心肌病家族史

检测结果：阳性，检出与临床表型相关的突变

突变位点：

RBM20，杂合，NM_001134363.1（*RBM20*）：c.1913C＞T（p.Pro638Leu），第 9 外显子，致病性。

SGCD，杂合，NM_172244.2（*SGCD*）：c.390delA（p.Ala131fs），第 6 外显子，可能致病性。

TTN，杂合，NM_133378.4（*TTN*）：c.97886G＞A（p.Gly32629Asp），第 307 外显子，临床意义不明。

结果解释：该患者携带 *RBM20* 错义突变，该突变在扩张型心肌病患者中曾有报道。此外，检出 *SGCD* 突变，该突变可导致功能缺失，并已知该纯合突变可导致肢节型肌营养不良症（limb-girdle muscular dystrophy），因此该患者可能为肢节型肌营养不良症的携带者。但是该 *SGCD* 杂合突变对于扩张型心肌病的临床意义不明，不能排除可能在疾病的严重性中起到一定的作用。具体见对每个突变的解释。

扩张型心肌病为常染色体显性遗传，每个一级亲属有 50%（1/2）的概率遗传，*SGCD* 相关的肢节型肌营养不良症则有 25%（1/4）的概率遗传。由于一定环境条件下，群体中某一基因型（通常在杂合子状态下），个体表现出相应表型的百分比（即外显率）和疾病的严重程度有所不同，该突变的临床意义应结合患者临床症状综合判断。

进一步检测的建议：

建议患者父母和其他家庭成员（特别是有临床症状的）进行遗传学检测，这将有助于对突变意义和疾病作用进行解释。

建议患者和一级亲属进一步对扩张型心肌病的临床观察和追踪。

建议患者和家属进行遗传咨询，可联系实验室电话 ×××，将推荐附近的遗传咨询机构。

请注意，随着医学发展，临床意义不明的突变可能给予一定的解读。可每年联系一次实验室电话 ×××，以了解最新的解读。

每个突变的结果解释：

1. NM_001134363.1（*RBM20*）：c.1913C＞T（p.Pro638Leu），第 9 外显子，致病性。

该突变曾在两个扩张型心肌病的家庭中报道，并出现在至少 10 名患病成员中（包括 2 名确定的携带者），在 960 名同种族未患病人群中均没有该突变（Brauch 2009）。638 位的脯氨酸在进化中高度保守，第 9 外显子编码一个保守蛋白结构域，且 *RBM20* 基因在该区域曾有其他确定致病突变的报道（Brauch 2009，Li 2010）。基于以上原因，该突变符合致病性突变的标准。

2. NM_172244.2（*SGCD*）：c.390delA（p.Ala131fs），第 6 外显子，可能致病性。

该突变以往没有报道，本实验室以往也没有检出过该突变。该突变引起移码突变，导致 131 密码子氨基酸改变而翻译提前终止。该突变引起蛋白功能缺失，纯合突变可导致肢节型肌营养不良症，但是该 *SGCD* 杂合突变对于扩张型心肌病的临床意义不明。基于以上原因，该突变符合可能致病性突变的标准。

3. NM_133378.4（*TTN*）：c.97886G＞A（p.Gly32629Asp），第 307 外显子，临床意义不明。

该突变以往没有报道，本实验室以往也没有检出过该突变。32 629 位的甘氨酸在进化中高度保守，因此该氨基酸的改变可能造成一定后果。AlignGVGD 软件预测突变为良性，SIFT 预测结果为致病性，软件预测结果的准确性尚不清楚。基于以上原因，该突变临床意义不明。

续表

其他突变：可能良性突变和良性突变不采用 Sanger 测序进行确认。良性突变不进行报告，如果患者要求，本实验室可提供良性突变的报告。

可能良性突变如下：

DSC2，杂合子，c.942+12_942+13insTTA，rs35717505，人群突变频率：无。

MYLK2，杂合子，c.430C ＞ G（p.Pro144Ala），rs34396614；人群突变频率：1.3%（28/2154）。*RBM20*，杂合子，c.1080A ＞ T（p.Thr360Thr）；人群突变频率：无。

RYR2，杂合子，c.10254C ＞ T（p.Asn3418Asn），rs138073811；人群突变频率：无。

TTN，杂合子，c.18342A ＞ G（p.Lys6114Lys），rs34562585；人群突变频率：0.5%（12/2400）。

以上突变具有一种或多种以下情况：未导致氨基酸改变、位于内含子非保守区、在人群有一定的发生率，这些都提示不太可能是致病性突变，但是证明是良性突变的证据尚不充分。

检测项目信息：心肌病 46 种基因 Panel 检测多种心肌病相关的基因突变，包括肥厚型心肌病、扩张型心肌病、致心律失常型右室心肌病、左心室心肌致密化不全型心肌病等。心肌病为常染色体显性遗传，部分基因为 X 连锁遗传。对于某一心肌病对应的基因信息，见网址：×××

检测方法：检测基因包括 *ABCC9*，*ACTC1*，*ACTN2*，*ANKRD1*，*CASQ2*，*CAV3*，*CRYAB*，*CSRP3*，*CTF1*，*DES*，*DSC2*，*DSG2*，*DSP*，*DTNA*，*EMD*，*FHL2*，*GLA*，*JUP*，*LAMA4*，*LAMP2*，*LDB3*，*LMNA*，*MYBPC3*，*MYH6*，*MYH7*，*MYL2*，*MYL3*，*MYLK2*，*MYOZ2*，*NEXN*，*PKP2*，*PLN*，*PRKAG2*，*RBM20*，*RYR2*，*SGCD*，*TAZ*，*TCAP*，*TMEM43*，*TNNC1*，*TNNI3*，*TNNT2*，*TPM1*，*TTN*，*TTR*，*VCL*。检测以上基因的编码区和剪接位点。每个基因的参考转录本见本实验室网址：×××。

本方法采用杂交捕获法（试剂名称，厂家名称）进行文库构建，采用 ×× 仪器进行高通量测序。BWA+GATK 进行变异识别。点突变检测的准确率为 100%（95%CI，82% ～ 100%），短片段缺失和插入的准确率为 95%（95%CI，98.5% ～ 100%）。对测序深度达不到最低要求的，采用 Sanger 测序检测。致病性、可能致病性和临床意义不明的采用 Sanger 测序验证，良性和可能良性突变不再进行 Sanger 测序验证。该方法由本实验室（实验室名称）建立，为实验室自建方法，尚未经过 FDA 认可。

方法局限性：本方法不检测非编码区，该区域的改变也可能对基因表达等产生影响。

参考文献：

Brauch KM，Karst ML，Herron KJ，et al. 2009. Mutations in ribonucleic acid binding protein gene cause familial dilated cardiomyopathy. J Am Coll Cardiol，54（10）：930-941.

Li D，Morales A，Gonzalez-Quintana J，et al. 2010.Identification of novel mutations in RBM20 in patients with dilated cardiomyopathy. Clin Transl Sci，3（3）：90-97.

本结果报告单由 ××× 审核并报告，签字：______。报告时间：2012 年 5 月 11 日

实验室名称：×××
实验室地址：×××
实验室电话：×××
实验室传真：×××
实验室网址：×××

表 8-38　遗传病高通量测序检测结果报告单（阴性结果）

心肌病相关基因高通量测序检测报告	
患者姓名：×××	样本类型：外周血
出生年月：04/05/1990	样本采集日期：04/01/2012
样本号：0123245678	样本接收日期：04/03/2012
家系号：P9999999	送检医师：×××
性别：女	送检医院：×××
种族：白种人	
检测项目：心肌病 46 种基因 Panel	
检测指征：临床诊断扩张型心肌病，且有扩张型心肌病家族史	

续表

检测结果：阴性，未检出与临床表型相关的突变

突变位点：未检出有临床意义的DNA突变。

结果解释：在样本盘检测范围（基因的编码区和剪接位点）内未检出有临床意义的突变。

检测结果阴性代表由遗传突变导致心肌病的可能性降低，但是也不排除存在这种可能，因为本方法并未覆盖全部的人基因组序列，具体可见检测方法局限性。

进一步检测的建议：

建议患者和一级亲属进一步对扩张型心肌病临床观察和追踪。

建议患者和家属进行遗传咨询，可联系实验室电话×××，其将推荐附近的遗传咨询机构。

其他突变：可能良性和良性突变不采用Sanger测序进行确认。良性突变不进行报告，如果患者要求，本实验室可提供良性突变的报告。

可能良性突变如下：

DSC2，杂合子，c.942+12_942+13insTTA，rs35717505；人群突变频率：无。

MYLK2，杂合子，c.430C＞G（p.Pro144Ala），rs34396614；人群突变频率：1.3%（28/2154）。

以上突变具有一种或多种以下情况：未导致氨基酸改变、位于内含子非保守区、在人群有一定的发生率，这些都提示不太可能是致病性突变，但是证明是良性突变的证据尚不充分。

检测项目信息：心肌病46种基因Panel检测多种心肌病相关的基因突变，包括肥厚型心肌病、扩张型心肌病、致心律失常型右室心肌病、左心室心肌致密化不全型心肌病等。心肌病为常染色体显性遗传，部分基因为X连锁遗传。对于某一心肌病对应的基因信息，见网址：×××

检测方法：检测基因包括*ABCC9*，*ACTC1*，*ACTN2*，*ANKRD1*，*CASQ2*，*CAV3*，*CRYAB*，*CSRP3*，*CTF1*，*DES*，*DSC2*，*DSG2*，*DSP*，*DTNA*，*EMD*，*FHL2*，*GLA*，*JUP*，*LAMA4*，*LAMP2*，*LDB3*，*LMNA*，*MYBPC3*，*MYH6*，*MYH7*，*MYL2*，*MYL3*，*MYLK2*，*MYOZ2*，*NEXN*，*PKP2*，*PLN*，*PRKAG2*，*RBM20*，*RYR2*，*SGCD*，*TAZ*，*TCAP*，*TMEM43*，*TNNC1*，*TNNI3*，*TNNT2*，*TPM1*，*TTN*，*TTR*，*VCL*。检测以上基因的编码区和剪接位点。每个基因的参考转录本见本实验室网址：×××。

本方法采用杂交捕获法（试剂名称，厂家名称）进行文库构建，采用××仪器进行高通量测序。BWA+GATK进行变异识别。点突变检测的准确率为100%（95%CI，82%～100%），短片段缺失和插入的准确率为95%（95%CI，98.5%～100%）。对测序深度达不到最低要求的，采用Sanger测序检测。致病性、可能致病性和临床意义不明的采用Sanger测序验证，良性和可能良性突变不再进行Sanger测序验证。该方法由本实验室（实验室名称）建立，为实验室自建方法，尚未经过FDA认可。

方法局限性：本方法不检测非编码区，该区域的改变也可能对基因表达等产生影响。

本结果报告单由×××审核并报告，签字：______。报告时间：2012年5月11日

实验室名称：×××
实验室地址：×××
实验室电话：×××
实验室传真：×××
实验室网址：×××

表8-39 肿瘤靶向治疗高通量测序检测结果报告单（阳性结果）

肿瘤靶向治疗高通量测序检测报告	
患者姓名：×××	**样本类型：组织**
年龄：74岁	**样本前处理：石蜡包埋样本**
样本号：0123245678	**样本采集日期：04/01/2012**
性别：男	**样本接收日期：04/03/2012**
送检医师：×××	**送检医院：**×××

续表

检测项目：肿瘤靶向治疗 202 种基因 Panel

检测指征：原发性肺腺癌

检测结果：阳性，检出与靶向治疗相关基因突变

突变位点（临床意义明确或有潜在临床意义）：

基因突变	等位基因百分比	突变意义
NM_005228.4（*EGFR*）：c.2155G > T（p. Gly719Cys）	25.8%	临床意义明确
NM_001005862.2 （*ERBB2*）：c.2326delGinsTTAT （p.Gly776delinsLeuCys）	10.3%	临床意义明确

结果解释：

目前与突变位点相关的药物如下：

1. FDA 或国家药品监督管理局批准的药物

基因突变	药物名称	敏感 / 耐药	肿瘤类型	批准机构
NM_005228.4（*EGFR*）：c.2155G > T（p. Gly719Cys）	Icotinib	敏感	非小细胞肺癌	国家药品监督管理局

2. 临床诊疗指南推荐的药物

基因突变	药物名称	敏感 / 耐药	肿瘤类型	指南名称
NM_005228.4（*EGFR*）：c.2155G > T（p. Gly719Cys）	Afatinib	敏感	非小细胞肺癌	NCCN
	Gefitinib	敏感	非小细胞肺癌	NCCN
	Erlotinib	敏感	非小细胞肺癌	NCCN
	Osimertinib	敏感	非小细胞肺癌	NCCN
NM_001005862.2 （*ERBB2*）：c.2326delGinsTTAT （p.Gly776delinsLeuCys）	Trastuzumab emtansine	敏感	非小细胞肺癌	NCCN
	Trastuzumab	敏感	非小细胞肺癌	NCCN
	Afatinib	敏感	非小细胞肺癌	NCCN

3. 临床试验：可查询网址：http：//www.chinadrugtrials.org.cn（国内临床试验）或 www.clinicaltrials.gov（国外临床试验），根据临床试验信息和自身情况选择临床试验入组。

4. 临床前研究：因证据等级较低，本实验室不推荐临床前研究中的药物。如果患者要求，本实验室可推荐临床前研究中的药物。

基因突变	药物名称	敏感 / 耐药	肿瘤类型	参考文献 / 数据库
NM_005228.4（*EGFR*）：c.2155G > T（p. Gly719Cys）	Dacomitinib	敏感	非小细胞肺癌	PMID：25456362,ClinicalTrials.gov（NCT01774721）
	Neratinib	敏感	非小细胞肺癌	My Cancer Genome
NM_001005862.2 （*ERBB2*）：c.2326delGinsTTAT （p.Gly776delinsLeuCys）	Dacomitinib	敏感	非小细胞肺癌	PMID：25899785，ClinicalTrials.gov（NCT0114286）

续表

基因突变	药物名称	敏感 / 耐药	肿瘤类型	参考文献 / 数据库
	Neratinib	敏感	非小细胞肺癌	My Cancer Genome
	Pertuzumab	敏感	非小细胞肺癌	ClinicalTrials.gov（NCT00063154）
	Lapatinib	敏感	非小细胞肺癌	ClinicalTrials.gov（NCT01306045）

进一步检测的建议：本方法只检测点突变、短片段缺失和短片段插入，可进一步进行融合基因等其他突变类型的检测。

每个突变的结果解释：

1. NM_005228.4（*EGFR*）：c.2155G>T（p. Gly719Cys），临床意义明确。

NCCN 指南（2017）指出，该突变对 EGFR TKI 类药物敏感，也对国家药品监督管理局批准的埃克替尼药物敏感。基于以上原因，该突变符合临床意义明确的体细胞突变标准。

2. NM_001005862.2（*ERBB2*）：c.2326delGinsTTAT（p.Gly776delinsLeuCys），临床意义明确。

NCCN 指南（2017）指出，该突变对 Trastuzumab emtansine 敏感。基于以上原因，该突变符合临床意义明确的体细胞突变标准。

其他突变：报告临床意义不明确的突变，良性或可能良性突变不进行报告，如果患者要求，本实验室可提供良性和可能良性突变结果的报告。临床意义不明确的突变如下：

NM_004985.4（*KRAS*）：c.145G>A（p.Glu49Lys），等位基因百分比为 10.8%。

对该突变的结果解释：没有 FDA 或国家药品监督管理局批准的药物与该突变相关，临床指南中未见与该突变相关的治疗推荐，在人群数据库和肿瘤相关数据库中均没有较高的发生率，没有确定的与肿瘤相关的文献证据。尽管 *KRAS* 基因突变可能代表对 *EGFR* TKI 药物治疗不敏感，但是对该突变位点缺乏临床证据支持。基于以上原因，该突变符合临床意义不明确的体细胞突变标准。

进一步检测的建议：请注意，随着医学发展，临床意义不明的突变可能给予一定的解读。可每年联系一次实验室电话×××，以了解最新的解读。

检测项目信息：肿瘤靶向治疗 202 种基因 Panel 检测肿瘤患者靶向治疗相关的基因突变，涉及 202 个基因，供临床选择靶向治疗药物参考。

检测方法：检测基因包括 *ABL1*、*ACVR1B*、*ADAMTS12*、*AKAP3*、*AKT1*、*ALK*、*APC*、*AR*、*ARAF*、*ARID1A*、*ASXL1*、*ATM*、*ATR*、*ATRX*、*AURKA*、*AURKB*、*BAI3*、*BAP1*、*BRAF*、*BRCA1*、*BRCA2*、*CARD11*、*CASP8*、*CBL*、*CD19*、*CDH1*、*CDH10*、*CDH11*、*CDK4*、*CDK6*、*CDKN2A*、*CEBPA*、*CHEK1*、*CHEK2*、*COL14A1*、*CPAMD8*、*CREBBP*、*CRIPAK*、*CSF1R*、*CSMD1*、*CSMD2*、*CSMD3*、*CTNNB1*、*CYLD*、*CYP2C19*、*DAXX*、*DDR1*、*DDR2*、*DNMT3A*、*EGFR*、*ELN*、*EML4*、*EP300*、*EPHA3*、*ERBB2*、*ERBB3*、*ERCC3*、*ERCC4*、*ERCC5*、*ETV5*、*EZH2*、*FAM123B*、*FAM135B*、*FAT3*、*FBXW7*、*FGFR1*、*FGFR2*、*FGFR3*、*FGFR4*、*FLG*、*FLT1*、*FLT3*、*FLT4*、*FOXL2*、*GABRA6*、*GABRB3*、*GATA1*、*GATA3*、*GNA11*、*GNAQ*、*GNAS*、*HDAC9*、*HEATR7B2*、*HGF*、*HMCN1*、*HNF1A*、*HNF1B*、*HRAS*、*HYDIN*、*IDH1*、*IDH2*、*IGF1R*、*IKZF1*、*IL6R*、*IRS1*、*ITGA4*、*JAK1*、*JAK2*、*JAK3*、*KCNB2*、*KDM6A*、*KDR*、*KIT*、*KRAS*、*LAMA1*、*LPHN3*、*LRP1*、*LRP1B*、*LRP2*、*MAP2K1*、*MAP2K4*、*MAP3K1*、*MAP3K4*、*MDN1*、*MECOM*、*MEN1*、*MET*、*MITF*、*MLH1*、*MLL2*、*MLL3*、*MPL*、*MSH2*、*MSH6*、*MTOR*、*MYD88*、*NAV3*、*NCOR1*、*NF1*、*NF2*、*NFKB2*、*NOTCH1*、*NOTCH2*、*NOTCH3*、*NOTCH4*、*NPM1*、*NRAS*、*NSD1*、*PALB2*、*PAPPA2*、*PAX5*、*PBRM1*、*PCDH15*、*PCLO*、*PDGFRA*、*PDGFRB*、*PIK3CA*、*PIK3CG*、*PIK3R1*、*PIKFYVE*、*PKHD1*、*PKHD1L1*、*PPP1R3A*、*PPP2R1A*、*PPP2R4*、*PRDM1*、*PRSS1*、*PTCH1*、*PTEN*、*PTK2*、*PTPN11*、*RAD51*、*RAF1*、*RB1*、*RELN*、*RET*、*RIMS2*、*RNF213*、*RUNX1*、*RUNX1T1*、*RYR2*、*SETD2*、*SMAD4*、*SMARCA4*、*SMARCB1*、*SMO*、*SOS1*、*SPEN*、*SPOP*、*SPTA1*、*STK11*、*SYK*、*SYNE1*、*SYNE2*、*TBC1D4*、*TET2*、*TGFb1*、*TGFBR2*、*TNFAIP3*、*TOP1*、*TOP2A*、*TP53*、*TSC1*、*TSC2*、*TSHR*、*USH2A*、*VHL*、*WHSC1*、*WT1*、*ZNF238*、*ZNF536*。检测以上基因部分外显子的点突变、短片段缺失和短片段插入。每个基因的检测区域和基因全称见本实验室网址：×××。

本方法刮取送检组织周围的正常组织，作为肿瘤 - 正常组织配对，进行体细胞突变检测。采用杂交捕获法（试剂名称，厂家名称）进行文库构建，采用 ×× 仪器进行高通量测序。BWA+GATK 进行变异识别。点突变检测的准确率为 100%（95%CI，82% ～ 100%），短片段缺失和插入的准确率为 98%（98%CI，96.5% ～ 100%）。本方法可检测等位基因百分比＞ 5% 的突变，如检测中存在测序深度达不到最低要求的，将在报告中对该区域进行注明。该方法由本实验室（实验室名称）建立，为实验室自建方法，尚未经过国家药品监督管理局认可。

方法局限性：本方法不能检测列出基因和对应外显子区域以外的突变，也不能检测等位基因百分比≤ 5% 的突变。

续表

参考文献：

National Comprehensive Cancer Network（NCCN）. Clinical Practice Guidelines in Oncology. Non-Small Cell Lung Cancer, Version 3. 2018.

Wagner J, Portwine C, Rabin K, et al.1994. High frequency of germline p53 mutations in childhood adrenocortical cancer. Journal of the National Cancer Institute, 86（22）：1707-1710.

Masciari S, Dewanwala A, Stoffel EM, et al. 2011.Gastric cancer in individuals with Li-Fraumeni syndrome. Genetics in Medicine, 13（7）：651-657.

Dickens DS, Dothage JA, Heideman RL, et al. 2005.Successful treatment of an unresectable choroid plexus carcinoma in a patient with Li-Fraumeni syndrome. Journal of Pediatric Hematology/Oncology, 27（1）：46-49.

本结果报告单由×××审核并报告。 报告时间：2018年×月×日

实验室名称：×××
实验室地址：×××
实验室电话：×××
实验室传真：×××
实验室网址：×××

注：体细胞突变检测，实验室可以不报告无关突变，或者在患者要求和知情同意的情况下报告。

表 8-40　肿瘤靶向治疗高通量测序检测结果报告单（阴性结果）

肿瘤靶向治疗高通量测序检测报告	
患者姓名：×××	样本类型：组织
年龄：74岁	样本前处理：石蜡包埋样本
样本号：0123245678	样本采集日期：04/01/2012
性别：男	样本接收日期：04/03/2012
送检医师：×××	送检医院：×××

检测项目：肿瘤靶向治疗12种基因Panel

检测指征：原发性肺腺癌

检测结果：阴性，未检出与靶向治疗相关基因突变

突变位点（临床意义明确或有潜在临床意义）：阴性，未检出与靶向治疗相关临床意义明确或有潜在临床意义的基因突变。

结果解释：在样本盘检测范围内未检出有临床意义的突变。

检测结果阴性代表患者没有与靶向治疗相关临床意义明确或有潜在临床意义的基因突变，也无法推荐靶向治疗相关的药物。

进一步检测的建议：可选择检测基因和检测突变类型更多的其他检测方法。

其他突变：报告临床意义不明确的突变，良性或可能良性突变不进行报告，如果患者要求，本实验室可提供良性突变可能良性突变结果的报告。临床意义不明确的突变如下：

NM_004985.4（*KRAS*）：c.145G＞A（p.Glu49Lys），等位基因百分比为10.8%。

对该突变的结果解释：没有FDA或国家药品监督管理局批准的药物与该突变相关，临床指南中未见与该突变相关的治疗推荐，在人群数据库和肿瘤相关数据库中均没有较高的发生率，没有确定的与肿瘤相关的文献证据。尽管*KRAS*基因突变可能代表对*EGFR* TKI药物治疗不敏感，但是对该突变位点缺乏临床证据支持。基于以上原因，该突变符合临床意义不明确的体细胞突变标准。

进一步检测的建议：请注意，随着医学发展，临床意义不明的突变可能给予一定的解读。可每年联系一次实验室电话×××，以了解最新的解读。

检测项目信息：肿瘤靶向治疗12种基因Panel检测肿瘤患者靶向治疗相关的基因突变，涉及15个基因，供临床选择靶向治疗药物参考。

续表

检测方法：检测基因包括 *BRAF*、*EGFR*、*ERBB2*、*HRAS*、*JAK2*、*KRAS*、*NOTCH2*、*PIK3CA*、*PTEN*、*RB1*、*SMAD4*、*TP53*。检测以上基因的部分外显子的点突变、短片段缺失和插入。每个基因的检测区域和基因全称见本实验室网址：×××。 本方法刮取送检组织周围的正常组织，作为肿瘤 - 正常组织配对，进行体细胞突变检测。采用杂交捕获法（试剂名称，厂家名称）进行文库构建，采用 ×× 仪器进行高通量测序。BWA+GATK 进行变异识别。点突变检测的准确率为 100%（95%CI，82% ～ 100%），短片段缺失和插入的准确率为 98%（98%CI，96.5% ～ 100%）。本方法可检测等位基因百分比＞ 5% 的突变，如检测中存在测序深度达不到最低要求的，将在报告中对该区域进行注明。该方法由本实验室（实验室名称）建立，为实验室自建方法，尚未经过国家药品监督管理局认可。 **方法局限性**：本方法不能检测列出基因和对应外显子区域以外的突变，也不能检测等位基因百分比≤ 5% 的突变。
本结果报告单由 ××× 审核并报告。报告时间：2018 年 × 月 × 日
实验室名称：××× **实验室地址**：××× **实验室电话**：××× **实验室传真**：××× **实验室网址**：×××

遗传检测可以按照致病性分级和解释，肿瘤靶向治疗相关突变按照临床意义进行分级解释，但是即使是临床意义明确的突变，其推荐的靶向药物也分证据等级，如 FDA/ 国家药品监督管理局批准、指南推荐、二期和三期临床试验证明有效、临床研究证明有效、病例报道有效或正在进行临床试验入组等。那么实验室应该推荐哪些药物呢？推荐什么药物是正确的，推荐什么药物是错误的呢？对于这个问题，首先考虑实验室建立方法的预期用途，如果实验室建立方法的目的是对意义明确的药物进行推荐，那么实验室推荐 FDA/ 国家药品监督管理局批准的药物，并且结合指南补充推荐。但是，如果实验室是为了给出各种治疗的可能，那么应该进行更广泛的推荐。其次，实验室报告结果的原则是向临床提供准确可靠全面的信息。因此，在肿瘤靶向治疗方面，实验室应该对基因突变给予临床有效性（clinical validity）和临床可用性（clinical actionability）两个层面的解释。临床有效性解释，即对于临床证据确定的，应当给予正确的解释，FDA/ 国家药品监督管理局批准和指南证据等级推荐的药物均属于此类。对于这类突变，如果推荐错误的药物或推荐的药物有遗漏，那么是不正确的。临床有用性，即证据不充分，但是可以用于患者进行尝试。二期和三期临床试验证明有效、临床研究证明有效、病例报道有效或正在进行临床试验入组均属于此类，实验室不推荐此类药物，也不属于错误，只是患者可能失去获得尝试治疗的机会，即“right to try”。但是实验室提供的药物应该是有依据的，而且药物推荐的证据应该在报告单中注明，没有证据支持或错误证据支持进行药物推荐是不正确的做法。实验室要尽可能包含更全面的药物，就需要包含更全面的数据库，不同数据库的证据也会有较大的差别。需要强调的是，药物推荐的标准和策略，与实验室检测流程一样，都应该建立标准操作程序，给出具体的标准和数据库检索的基本流程。

实验室推荐药物和医生向患者推荐药物是完全不同的。实验室是对每个突变位点给予具有临床证据药物的推荐；而医生则是综合指南推荐、患者的临床症状、其他检查结果、既往的用药史、患者目前对药物的耐受程度、经济情况，结合实验室检出突变提示对药物的敏感或耐药情况。实验室不应认为在结果报告单上进行解释和推荐是代替临床医师做治疗决策，如同实验室报告血常规、生化结果一样，实验室的结果和推荐都是在临床诊断、治疗和预后判断中起到辅助作用。实验室的责任是提供准确、及时和全面的信息。准确，即解读和推荐的药物是正确的、有依据的。如果实验室使用的数据库中没有相关药物证据，但是推荐了这一药物，实验室的解读流程必定是有问题的；及时，即实验室应当对数据库进行及时的更新。由于临床研究的快速进展，药物证据信息是不断变化的。例如，奥希替尼（AZD9291，osimertinib）是美国 FDA 批准的用于 T790M 突变的药物，直至 2017 年尚没有明确证据证实其可以用于其他突变，但 2018 年新英格兰医学杂志证明，在非小细胞肺癌患者中奥希替尼对 EGFR 突变患者有显著疗效[93]，NCCN 指南（version 3. 2018）即推荐奥希替尼为 EGFR 敏感型突变的一线药物；全面，即实验室在临床需要的情况下，应该尽可能提供全面的信息、证据和解读。

（八）高通量测序结果报告和解释目前存在的问题

高通量测序的结果报告和解释要实现所有实验室的标准化目前仍有一定的困难，尽管有了突变位点分级指南，但是实验室报告解读人员的理解和数据库信息的准确性仍然会导致对突变分级和解释的不一致。①实验室报告解读人员的理解。以 2016 年发表在 *Journal of Clinical Oncology*，各 CLIA 认证的商业实验室对 603 个突变位点分级的研究为例[94]，其中 26%（155/603）的突变解释存在不一致，主要参考的数据库为 ClinVar。以 *CHEK2* 基因为例，不同实验室对 c.470T.C（p.Ile157Thr，I157K）给出了致病性、可能致病性和 VUS 三种解释，该突变既往有与乳腺癌发生风险相关性的报道，也有关于突变导致蛋白功能分析的报道，在“National Heart，Lung，and Blood Institute Exome Variant Server”数据库中的发生率为 0.4%，而在普通人群发生率约为 5%，基于这些证据，有实验室认为功能分析的结果明确说明该突变是有害的，而有的实验室认为突变并没有改变 CHEK2 蛋白激酶的活性，功能研究和临床相关性的证据不充分，而且正常人群的发生率也很高。当证据有的支持致病，有的支持不致病时，实验室容易给出不同的分级。②数据库信息的准确性。高通量测序结果的解读离不开数据库。数据库可以分为公共数据库、商业数据库或实验室自建数据库，根据用途又可以分为序列比对类数据库、突变过滤类数据库、突变注释与解读类数据库等。由于突变数量巨大，而每个数据库的数据来源有限，不能覆盖所有突变。不全面的突变信息造成实验室解读突变时可依据的突变信息有限。不同数据库中证据有时不一致或针对突变的评判标准不同。实验室在解读时选择的数据库也有所不同。这些都导致了临床证据来源的不一致或针对同一突变解读的较大差异，从而影响突变分级和解读。例如，*ERBB2* c.2326delGinsTTAT（p.Gly776delinsLeuCys）与拉帕替尼（FDA 批准的 *ERBB2* 乳腺癌靶向治疗药物）在非小细胞肺癌靶向治疗的关系，Personalized Cancer Therapy 数据库认为拉帕替尼靶向 *ERBB2* 信号通路，而 My Cancer Genome 认为该突变对拉帕替尼不敏感，COSMIC 数据库只提供了报道该突变在非小细胞肺癌病例的文献[95]，尽管该文献中患者对曲妥珠单抗有效，但是该患者本身就带有 *ERBB2* 拷贝数扩增的突变，*ERBB2* 拷贝数扩增和曲妥珠单抗在非小细胞肺癌患者治疗的相关性明确，因此对于该 *ERBB2* 突变与这类药物是否有敏感性关系，实验室可能认为临床证据不足。这些都增加了准确一致分级的困难。Kuderer 等比较了两种不同平台的检测结果，发现即使在报告突变完全一致的情况下，给出推荐药物的一致性也只有 62%[96]。因此，保证解读结果的可重复和可追溯性尤为重要，实验室应建立确定的解读流程，采用确定的数据库组合，以确定的程序进行解读，规定对何种等级的突变进行解读，报告何种等级的靶向药物，并注明靶向药物的临床证据等。

二、数据保存和处理

高通量测序检测会产生大量数据，一名患者检测的靶向测序数据文件的存储量即可达数 GB，每个全外显子组和全基因组数据文件的存储量可达数十 GB。如何保存这些数据文件，是实验室需要考虑的问题。

1. 保存文件类型和保存时间 由于高通量测序会生成多个文件，包括原始图像文件、FASTQ 文件、BAM 文件、VCF 文件和最终的结果报告单，通常建议图像文件无须保存，建议保存 FASTQ 文件、BAM 文件、VCF 文件和最终的结果报告单，但是不同文件保存的意义不同，因此保存的时间也不同。FASTQ 文件和 BAM 文件可以重新分析，或者用将来优化的生物信息学流程分析，但是数据文件较大；VCF 文件和最终的结果报告单文件较小，但不能重新分析，可以保存突变结果，将来进行突变重新解读。在美国，CLIA 要求实验室保存数据文件至少 2 年（从报告发出日计算），对于遗传相关检测报告美国 CDC 发布的 MMWR 认为应当至少保存 25 年[97]，但对于高通量测序保存所有原始数据较难实现。美国 ACMG 指南建议 FASTQ 文件和 BAM 文件按照 CLIA 要求至少保存 2 年以上，VCF 文件和最终的结果报告单建议一直保存或尽可能长时间保存。实验室应在 SOP 文件中明确保存哪一种文件，以及每种文件保存的时间。

2. 保存位置 数据文件可以在本地保存，也可以在云端保存。

3. 数据的安全性 数据管理中非常重要的是数据的安全性，因为涉及患者的隐私。原则上所有检测结果都属于该患者隐私的一部分，未经患者同意，检测信息不得公开。高通量测序涉及的遗传信息结果更为敏感，有可能使受试者产生耻辱感乃至心理创伤，造成社会歧视、其他家庭成员的恐慌等一些不必要的麻烦。因此高通量测序的数据应该保密，注意保护患者隐私，未经授权不得公开。

从 1991 年开始，美国卫生和公共服务部（United States Department of Health and Human Services，HHS）就组建了 WEDI（The Workgroup on Electronic Data Interchange）研究电子数据的交换问题，1996 年 8 月 21 日由克林顿总统签署了一项法案《健康保险流通与责任法》（Health Insurance Portability and Accountability Act/1996），通常称之为 HIPAA 法案[98]。法案共分为四部分，其中第二部分发布了用于保护电子化健康信息安全的美国国家标准，其中要求电子数据信息应对未经授权的人不可见，保护健康信息的隐私，在数据公开前进行“去识别化处理”。有学者认为对于高通量测序数据，人基因组 DNA 本身就是“可识别的”[99]，也有观点认为，尽管理论上说人基因组 DNA 可以认为是人的另一身份信息，可是在现阶段，通过基因组DNA识别人的身份仍然并非易事[100]。目前而言，进行“去识别化处理”的高通量测序数据不受隐私保护。另外，如果患者要求或有法律法规许可并经患者知情同意，可以报告给其他方。

三、检测后样本的保存和处理

样本检测后要进行一定时间的保留，以备必要时复查。当对检测结果提出质疑时，只有对原样本进行复查才能说明初次检测是否有误。而且，样本的保存也为科研工作的开展和回顾性调查提供了条件。

1. 样本的保存　各实验室应制订样本储存制度对样本进行保存，临床医师如果对检测结果有疑问，应在指定时间内反馈给实验室。样本保存的时间和保存条件取决于样本类型（全血、组织、DNA样本）、待测成分（DNA、RNA）、需要样本量、后续复检采用的检测方法等，并符合相关法规要求。实验室还应注意以下方面：①建立样本储存的规章制度，做好样本的标识并有规律地存放，保存好样本的原始标识；②在样本保存前要进行必要的收集和处理，如离心分离血清或细胞成分等；③对于敏感、重要的样本应加锁重点保管，专人专管；④可清除超过保存时限的样本，以节省资源和空间；⑤要建立配套的样本存放信息管理系统，具备监控每个检测样本的有效存放和最终销毁时间，并可通过患者信息快速定位找到样本存放位置。

2. 样本的处理　样本的处理和检测样本的容器、检测过程中使用材料的处理要符合《医疗废物管理条例》和《医疗卫生机构医疗废物管理办法》，以及国家、地区的相关要求。对临床实验室的样本、培养物、被污染物要储存于专用的、有明显生物危险标识的废物储存袋中，从实验室取走前，经过高压消毒，最后送到无公害化处理中心进行处理，要保证样本的生物安全。

四、报告时间的要求

报告周转时间（turnaround time，TAT）是衡量临床实验室结果回报时间的一个重要指标。目前，TAT的定义还存在一些争议，大多数临床医师认为，TAT应为医师申请检验项目到获得检验结果报告的时间，即从开检验医嘱、样本采集及运输、实验室检测至医师被告知检验结果的时间。由于分析前的一些环节如项目申请、样本的采集与运输存在不可控的因素，大多数验室将TAT定义为从实验室接收到样本到报告结果的时间。因此，后者又称为实验室内TAT（intra-laboratory TAT）。然而，由于实验结果回报的时间受到分析前的一些因素如开具检验医嘱、标本采集与运输等环节的影响，因此只有控制好从开出医嘱到结果报告的每一步，方能降低报告周转时间。

对于高通量测序检测而言，影响TAT的因素涉及分析前、分析中及分析后的各个环节，常见的因素有：①样本的送检。实验室接收其他单位邮寄的样本时，样本运输的时间。②不合格的样本会延长TAT。例如，游离DNA检测，样本未及时进行血浆分离，可能导致实验室收到的样本不符合要求。实验室也需要对采集样本的人员进行培训，减少样本不合格率，及早发现不合格样本。③高通量测序检测流程。高通量测序检测包括 DNA 提取、文库构建、靶向捕获、测序、数据分析，如果常规进行确认实验，还包括确认实验所需的时间。不同检测项目、检测基因数、文库构建和捕获方法、测序仪和报告不同等级突变，都会产生不同的 TAT，因此不可根据高通量测序方法对 TAT 的要求一概而论。随着技术的进步，高通量测序检测所需要的时间不断减少，如测序过程，HiSeq2500 上进行的全外显子测序基本可以在 1 ～ 2 天完成，但是杂交捕获法的时间会长于多重 PCR 法。④数据解读。对于 10 ～ 100 个基因进行致病性和可能致病性解读的时间较短，根据项目和人员经验程度，需要 1 ～ 3 天，但是如果对所有突变进行解读，可能要花费 1 周时间。如果对全外显子和全基因组检测所有突变进行解读，解读可能需要 3 ～ 4 周，整个检测、确认试验及解读所需要的全部时间为 2 ～ 3 个月。⑤样本量。有的实验室某一项目样本量较少，加上高通量测序检测混合在一张芯片上测序，因此实验室往往会等样本数量够一批上机量时才会开始检测。这样有可能出现一批样本检测等待的时间不同，最早送检的样本 TAT 长，实验室应综合考虑 TAT 时间的要求，在要求时间内完成检测。有时也会出现样本量多，实验室接收样本的高峰超过预期数量，各实验室要根据本医院的实际情况，在不同的时间段合理安排工作人员数量和仪器使用安排，避免人手和仪器通量不足而影响 TAT 的事件。

本章从分析前、分析中和分析后各方面介绍了如何保证高通量测序临床检测的质量，尽管高通量测序与以往分子检测有不同之处，但是在临床应用中质量保证的理念是相同的，即要有满足临床预期用途的临床有效性和分析有效性。这也是本章的标题为“高通量测序临床应用的质量保证”，而不是“高通量测序的质量保证”的原因。实验室需要明确所有的检测技术、检测方法都是为临床应用服务的，尽管越来越多的技术取得进步，使得更多的检测能够实现，但是，能够检测不代表应该检测（Just because you can, doesn’t mean you should）。如果实验室以技术发展为导向，必然会陷入迷茫和困惑之中。只有以临床需求为导向，才能在分析前、分析中和分析后都从临床预期用途出发来考虑，才能实现高通量测序检测的规范化应用。检测起源于临床需求，最终服务于临床。

（张　瑞　李金明）

参考文献

[1] Wong LJC. Next Generation Sequencing Translation to Clinical Diagnostics. New York：Springer，2013.

[2] Gargis AS，Kalman L，Berry MW，et al. Assuring the quality of next-generation sequencing in clinical laboratory practice. Nat Biotechnol，2012，30：1033-1036.

[3] Rehm HL，Bale SJ，Bayrak-Toydemir P，et al. Working Group of the American College of Medical Genetics and Genomics Laboratory Quality Assurance Commitee. ACMG clinical laboratory standards for next-generation sequencing. Genet Med，2013，15：733-747.

[4] Clinical and Laboratory Standards Institute. Nucleic Acid Sequencing Methods in Diagnostic Laboratory Medicine；Approved Guideline—Second Edition. CLSI document MM09-A2. Wayne：Clinical and Laboratory Standards Institute，2014.

[5] Ellard S，Lindsay H， Camm N，et al. Practice guidelines for targeted next generation sequencing analysis and interpretation. London：Association for Clinical Genetic Science（ACGS），2014.

[6] Richards S，Aziz N，Bale S，et al. ACMG Laboratory Quality Assurance Committee. Standards and guidelines for the interpretation of sequence variants：a joint consensus recommendation of the American College of Medical Genetics and Genomics and the Association for Molecular Pathology. Genet Med，2015，17：405-424.

[7] New York State Department of Health. "Next Generation" Sequencing（NGS）Guidelines for Somatic Genetic Variant Detection. New York：New York State Department，2015.

[8] Aziz N，Zhao Q，Bry L，et al. College of American Pathologists' Laboratory Standards for next-generation sequencing clinical tests. Arch Pathol Lab Med，2015，139：481-493.

[9] 国家卫生计生委医政医管局 . 测序技术的个体化医学检测应用技术指南（试行）. 2015.

[10] Matthijs G，Souche E，Alders M，et al. Guidelines for diagnostic next-generation sequencing. Eur J Hum Genet，2016，24：1515.

[11] Jennings LJ，Arcila ME，Corless C，et al. Guidelines for validation of next-generation sequencing-based oncology panels：a joint consensus recommendation of the Association for Molecular Pathology and College of American Pathologists. J Mol Diagn，2017，19（3）：341-365.

[12] Li MM，Datto M，Duncavage EJ，et al. Standards and guidelines for the interpretation and reporting of sequence variants in cancer：a joint consensus recommendation of the Association for Molecular Pathology，American Society of Clinical Oncology，and College of American Pathologists. J Mol Diagn，2017，19（1）：4-23.

[13] Roy S，Coldren C，Karunamurthy A，et al. Standards and guidelines for validating next-generation sequencing bioinformatics pipelines：a joint recommendation of the Association for Molecular Pathology and the College of American Pathologists. J Mol Diagn，2018，20（1）：4-27.

[14] U.S. Food and Drug Administration. FDA unveils a streamlined path for the authorization of tumor profiling tests alongside its latest product action. 2017.

[15] U.S. Food and Drug Administration. FoundationOne CDx ™ summary of safety and effectiveness data. 2017.

[16] 115th Congress. https：//www.congress.gov/bill/115th-congress/senate-bill/204?r=1. 2017.

[17] 李艳，李金明 . 个体化医疗中的临床分子诊断 . 北京：人民卫生出版社，2013.

[18] 国家卫生计生委办公厅关于规范有序开展孕妇外周血胎儿游离 DNA 产前筛查与诊断工作的通知（国卫办妇幼发〔2016〕45 号）.

[19] Zutter MM，Bloom KJ，Cheng L，et al. The cancer genomics resource list 2014. Arch Pathol Lab Med，2015，139：989-1008.

[20] Yang Y，Muzny DM，Reid JG，et al. Clinical whole-exome sequencing for the diagnosis of mendelian disorders. N Engl J Med，2013，369：1502-1511.

[21] Rehm HL，Bale SJ，Bayrak-Toydemir P，et al. ACMG clinical laboratory standards for next-generation sequencing. Genet Med，2013，15：733-747.

[22] Kulkarni S，Pfeifer J. Clinical Genomics. Salt Lake City：Academic Press，2014.

[23] Bruinooge SS. American Society of Clinical Oncology Policy Statement update：genetic testing for cancer susceptibility. J Clin Oncol，2003，21：2397-2406.

[24] Ayuso C，Millán JM，Mancheño M， et al. Informed consent for whole-genome sequencing studies in the clinical setting. Proposed recommendations on essential content and process. Eur J Hum Genet，2013，21：1054-1059.

[25] Ptashkin RN，Mandelker DL，Coombs CC，et al. Prevalence of clonal hematopoiesis mutations in tumor-only clinical genomic profiling of solid tumors. JAMA Oncol，2018.

[26] Williams C，Pontén F，Moberg C，et al. A high frequency of sequence alterations is due to formalin fixation of archival specimens. Am J Pathol，1999，155：1467-1471.

[27] Ye X，Zhu ZZ，Zhong L，et al. High T790M detection rate in TKI-naive NSCLC with EGFR sensitive

mutation: truth or artifact? J Thorac Oncol, 2013, 8: 1118-1120.

[28] Shi SR, Cote RJ, Wu L, et al. DNA extraction from archival formalin-fixed, paraffin embedded tissue sections based on the antigen retrieval principle: heating under the influence of pH. J Histo Chem Cytochem, 2002, 50: 1005-1011.

[29] Do H, Wong SQ, Li J, et al. Reducing sequence artifacts in amplicon-based massively parallel sequencing of formalin-fixed paraffin-embedded DNA by enzymatic depletion of uracil-containing templates. Clin Chem, 2013, 59: 1376-1383.

[30] Sah S, Chen L, Houghton J, et al. Functional DNA quantification guides accurate next-generation sequencing mutation detection in formalin-fixed, paraffin-embedded tumor biopsies. Genome Med, 2013, 5: 77.

[31] Do H, Dobrovic A. Sequence artifacts in DNA from formalin-fixed tissues: causes and strategies for minimization. Clin Chem, 2015, 61: 64-71.

[32] Goswami RS, Luthra R, Singh RR, et al. Identification of factors affecting the success of next-generation sequencing testing in solid tumors. Am J Clin Pathol, 2016, 145: 222-237.

[33] Rechsteiner M, von Teichman A, Ruschoff J H, et al. *KRAS*, *BRAF*, and *TP53* deep sequencing for colorectal carcinoma patient diagnostics. J Mol Diagn, 2013, 15: 299-311.

[34] Singh VM, Salunga RC, Huang VJ, et al. Analysis of the effect of various decalcification agents on the quantity and quality of nucleic acid (DNA and RNA) recovered from bone biopsies. Ann Diagn Pathol, 2013, 17: 322-326.

[35] Mack SA, Maltby KM, Hilton MJ. Demineralized murine skeletal histology. Methods Mol Biol, 2014, 1130: 165-183.

[36] Mandel P, Metais P. Les acides nucleiques du plasma sanguin chez l' homme. Cr Acad Sci Paris, 1948, 142: 241-243.

[37] Leon SA, Shapiro B, Sklaroff DM, et al. Free DNA in the serum of cancer patients and the effect of therapy. Cancer Res, 1977, 37: 646-650.

[38] Lo YM, Corbetta N, Chamberlain PF, et al. Presence of fetal DNA in maternal plasma and serum. Lancet, 1997, 350: 485-487.

[39] Lo YM, Chan KC, Sun H, et al. Maternal plasma DNA sequencing reveals the genome-wide genetic and mutational profile of the fetus. Sci Transl Med, 2010, 2: 61ra91.

[40] Jiang P, Chan CW, Chan KC, et al. Lengthening and shortening of plasma DNA in hepatocellular carcinoma patients. Proc Natl Acad Sci U S A, 2015, 112: E1317-1325.

[41] Gahan PB. Circulating Nucleic Acids in Early Diagnosis, Prognosis and Treatment Monitoring. New York: Springer, 2015.

[42] Chan KC, Yeung SW, Lui WB, et al. Effects of preanalytical factors on the molecular size of cell-free DNA in blood. Clin Chem, 2005, 51: 781-784.

[43] Umetani N, Hiramatsu S, Hoon DS. Higher amount of free circulating DNA in serum than in plasma is not mainly caused by contaminating extraneous DNA during separation. Ann NY Acad Sci, 2006, 1075: 299-307.

[44] Jung M, Klotzek S, Lewandowski M, et al. Changes in concentration of DNA in serum and plasma during storage of blood samples. Clin Chem, 2003, 49: 1028-1029.

[45] Lee TH, Montalvo L, Chrebtow V, et al. Quantitation of genomic DNA in plasma and serum samples: higher concentrations of genomic DNA found in serum than in plasma. Transfusion, 2001, 41: 276-282.

[46] Lui YY, Chik KW, Chiu RW, et al. Predominant hematopoietic origin of cell-free DNA in plasma and serum after sex-mismatched bone marrow transplantation. Clin Chem, 2002, 48: 421-427.

[47] Lam NY, Rainer TH, Chiu RW, et al. EDTA is a better anticoagulant than heparin or citrate for delayed blood processing for plasma DNA analysis. Clin Chem, 2004, 50: 256-257.

[48] Thierry AR, Mouliere F, Gongora C, et al. Origin and quantification of circulating DNA in mice with

human colorectal cancer xenografts.Nucleic Acids Res，2010，38：6159-6175.

[49] Streck：A Standardized Method for Sample Collection，Stabilization and Transport of Cell-Free Plasma DNA. http：//www.streck.com/resources/cell_stabilization/cell-free_dna_bct/01_flyer_ cell- free_dna_bct_flyer.pdf.

[50] Holdenrieder S，Stieber P，Bodenmüller H，et al. Nucleosomes in serum as a marker for cell death. Clin Chem Lab Med，2001，39：596-605.

[51] Chiu RW，Poon LL，Lau TK，et al. Effects of blood-processing protocols on fetal and total DNA quantification in maternal plasma. Clin Chem，2001，47：1607-1613.

[52] El Messaoudi S，Rolet F，Mouliere F，et al. Circulating cell free DNA：preanalytical considerations. Clin Chim Acta，2013，424：222-230 .

[53] Devonshire AS，Whale AS，Gutteridge A，et al. Towards standardisation of cell-free DNA measurement in plasma：controls for extraction efficiency，fragment size bias and quantification. Anal Bioanal Chem，2014，406：6499-6512.

[54] Mauger F，Dulary C，Daviaud C，et al. Comprehensive evaluation of methods to isolate，quantify，and characterize circulating cell-free DNA from small volumes of plasma. Anal Bioanal Chem，2015，407：6873-6878.

[55] Malentacchi F，Pizzamiglio S，Verderio P，et al. Influence of storage conditions and extraction methods on the quantity and quality of circulating cell-free DNA（ccfDNA）：the SPIDIA-DNAplas External Quality Assessment experience. Clin Chem Lab Med，2015，53：1935-1942.

[56] Fong SL，Zhang JT，Lim CK，et al. Comparison of 7 methods for extracting cell-free DNA from serum samples of colorectal cancer patients. Clin Chem，2009，55：587-589.

[57] Malentacchi F，Pizzamiglio S，Ibrahim-Gawel H，et al. Second SPIDIA-DNA External Quality Assessment（EQA）：Influence of pre-analytical phase of blood samples on genomic DNA quality. Clin Chim Acta，2015，454：10-14.

[58] 李金明 . 实时荧光 PCR 技术 . 第 2 版 . 北京：科学出版社，2016.

[59] Hardwick SA，Deveson IW，Mercer TR. Reference standards for next-generation sequencing. Nat Rev Genet，2017，18：473-484.

[60] Santani A，Murrell J，Funke B，et al. Development and validation of targeted next-generation sequencing panels for detection of germline variants in inherited diseases. Arch Pathol Lab Med，2017，141：787-797.

[61] Cottrell CE，Al-Kateb H，Bredemeyer AJ，et al. Validation of a next-generation sequencing assay for clinical molecular oncology. J Mol Diagn，2014，16：89-105.

[62] https：//sg. idtdna. com/pages/education/decoded/article/how-important-are-those-ngs-metrics.

[63] Kerkhof J，Schenkel LC，Reilly J，et al. Clinical validation of copy number variant detection from targeted next-generation sequencing panels. J Mol Diagn，2017，19：905-920.

[64] Chen Q，Sun F. A unified approach for allele frequency estimation，SNP detection and association studies based on pooled sequencing data using EM algorithms. BMC Genomics，2013，14：S1.

[65] DePristo MA，Banks E，Poplin R，et al. A framework for variation discovery and genotyping using next-generation DNA sequencing data. Nat Genet，2011，43：491-498.

[66] Garcia EP，Minkovsky A，Jia Y，et al. Validation of oncopanel：A targeted next-generation sequencing assay for the detection of somatic variants in cancer. Arch Pathol Lab Med，2017，141：751-758.

[67] Zhang R，Ding J，Han Y，et al. The reliable assurance of detecting somatic mutations in cancer-related genes by next-generation sequencing：the results of external quality assessment in China. Oncotarget，2016，36：58500-58515.

[68] Ben Lassoued A，Nivaggioni V，Gabert J. Minimal residual disease testing in hematologic malignancies and solid cancer. Expert Rev Mol Diagn，2014，14（6）：699-712.

[69] American College of Medical Genetics and Genomics Standards and Guidelines for Clinical Genetics

Laboratories. https：//www.acmg.net.

[70] Buckley R，Caple J. The Theory and Practice of Training. 6th ed. London：Kogan Page Ltd，2009.

[71] https：//www-s.nist.gov/srmors/quickSearch.cfm?source2=%20tables&srm=8398&go=Go.

[72] Zhang R，Peng R，Li J，et al. Synthetic circulating cell-free DNA as quality control materials for somatic mutation detection in liquid biopsy for cancer. Clin Chem，2017，63：1465-1475.

[73] https：//www-s.nist.gov/srmors/quickSearch.cfm?srm=2374.

[74] Zhang W，Cui H，Wong LJ. Comprehensive 1-step molecular analyses of mitochondrial genome by massively parallel sequencing. Clin Chem，2012，58：1322-1331.

[75] Schilsky RL. Implementing personalized cancer care. Nat Rev Clin Oncol，2014，11：432-438.

[76] Kleppe M，Levine RL. Tumor heterogeneity confounds and illuminates：assessing the implications. Nat Med，2014，20：342-344.

[77] Gerlinger M，Rowan AJ，Rowan AJ，et al. Intratumor heterogeneity and branched evolution revealed by multiregion sequencing. N Engl J Med，2012，366：883-892.

[78] Crowley E，Nicolantonio FD，Loupakis F，et al. Liquid biopsy：monitoring cancer-genetics in the blood. Nat Rev Clin Oncol，2013，10：472-484.

[79] Heitzer E，Ulz P，Geigl JB. Circulating tumor DNA as a liquid biopsy for cancer. Clin Chem，2015，61：112-123.

[80] Zhang Z，Lee JC，Lin L，et al. Activation of the AXL kinase causes resistance to EGFR-targeted therapy in lung cancer. Nat Genet，2012，44：852-860.

[81] Nakamura T，Sueoka-Aragane N，Iwanaga K，et al. Application of a highly sensitive detection system for epidermal growth factor receptor mutations in plasma DNA. J Thorac Oncol，2012，7：1369-1381.

[82] Taniguchi K，Uchida J，Nishino K，et al. Quantitative detection of *EGFR* mutations in circulating tumor DNA derived from lung adenocarcinomas. Clin Cancer Res，2011，17：7808-7815.

[83] Diaz LA Jr，Williams RT，Wu J，et al. The molecular evolution of acquired resistance to targeted *EGFR* blockade in colorectal cancers. Nature，2012，486：537-540.

[84] Murtaza M，Dawson SJ，Tsui DW，et al. Non-invasive analysis of acquired resistance to cancer therapy by sequencing of plasma DNA. Nature，2013，497：108-112.

[85] Thierry AR，Mouliere F，El Messaoudi S，et al. Clinical validation of the detection of *KRAS* and *BRAF* mutations from circulating tumor DNA. Nat Med，2014，20：430-435.

[86] MIT Technology Review. 10 Breakthrough Technologies 2015. http：//www.technologyreview.com/lists/technologies/2015/.

[87] Masters GA，Krilov L，Bailey HH，et al. Clinical cancer advances 2015：Annual report on progress against cancer from the American Society of Clinical Oncology. J Clin Oncol，2015，33：786-809.

[88] Clinical and Laboratory Standards Institute. Quality management for molecular genetic testing，Approved guideline. CLSI document MM20-A. Wayne：Clinical and Laboratory Standards Institute，2014.

[89] Soussi T. Locus-specific databases in cancer：what future in a post-genomic era? The TP53 LSDB paradigm. Hum Mutat，2014，35：643-653.

[90] UMD Locus Specific DataBases. http：//www.umd.be/.

[91] Green RC，Berg JS，Grody WW，et al. American College of Medical Genetics and Genomics. ACMG recommendations for reporting of incidental findings in clinical exome and genome sequencing. Genet Med，2014，15：565-574.

[92] Kalia SS，Adelman K，Bale SJ，et al. Recommendations for reporting of secondary findings in clinical exome and genome sequencing，2016 update（ACMG SF v2.0）：a policy statement of the American College of Medical Genetics and Genomics. Genet Med，2017，19：249-255.

[93] Soria JC，Ohe Y，Vansteenkiste J，et al. Osimertinib in untreated egfr-mutated advanced non-small-cell lung cancer. N Engl J Med，2018，378：113-125.

[94] Balmaña J，Digiovanni L，Gaddam P，et al. Conflicting interpretation of genetic variants and cancer risk

by commercial laboratories as assessed by the prospective registry of multiplex testing. J Clin Oncol, 2016, 34: 4071-4078.

[95] Cappuzzo F, Bemis L, Varella-Garcia M. HER2 mutation and response to trastuzumab therapy in non-small-cell lung cancer. N Engl J Med, 2006, 354: 2619-2621.

[96] Kuderer NM, Burton KA, Blau S, et al. Comparison of 2 commercially available next-generation sequencing platforms in oncology. JAMA Oncol, 2017, 3: 996-998.

[97] Chen B, Gagnon M, Shahangian S, et al. Good laboratory practices for molecular genetic testing for heritable diseases and conditions. MMWR Recomm Rep, 2009, 58: 1-37.

[98] Health Insurance Portability and Accountability Act. https: //en.wikipedia.org/wiki/Health_ Insurance_ Portability_and_Accountability_Act#Title_ Ⅱ: _Preventing_Health_Care_Fraud_and_Abuse; _ Administrative_Simplification; _Medical_Liability_Reform.

[99] De Cristofaro E. Whole genome sequencing: innovation dream or privacy nightmare? Eprint Arxiv, 2012.

[100] Presidential Commission for the Study of Bioethical Issues.Privacy and Progress in Whole Genome Sequencing. Createspace Independent Publishing Platform, 2012.

第九章 高通量测序在染色体非整倍体无创产前筛查中的应用

染色体非整倍体无创产前筛查（NIPS）是目前高通量测序技术在临床上应用最成熟的检测项目。大量临床研究证明，染色体非整倍体无创产前筛查在高风险人群筛查中的准确性远远优于传统筛查方案，且该方法可用于所有妊娠人群染色体非整倍体的无创产前筛查。本章将从检测原理、检测流程、检测性能、影响因素、分析前质量保证、分析中质量保证和分析后质量保证等方面对染色体非整倍体无创产前筛查进行介绍，并强调检测敏感性、特异性、阳性预测值和阴性预测值等基本概念，临床实验室需从原理上理解，基于高通量测序的无创产前检测只是一种筛查试验，而不是诊断试验，充分的遗传咨询和对阳性结果的进一步确认非常重要。

尽管 1997 年就已经发现了母体血浆中含有胎儿游离 DNA，为无创产前筛查提供了理论可能，但是直到高通量测序的应用，才使得这种可能成为现实。通过大量的研究，染色体非整倍体无创产前检测的分析有效性和临床有效性得到验证，从而使产前筛查发生从有创到无创的革命性改变。但是任何方法都有其特定的临床预期用途，有假阴性和假阳性的可能，方法的原理也决定了其存在一定的局限性，因此所有方法只有建立在临床规范使用之上，才能使临床真正受益。

第一节 概　　述

1866 年，英国医生 John Langdon Down 在 “Observations on the Ethnic Classification of Idiots” 论文中第一次对唐氏综合征（Down's syndrome）进行了描述 [1]，即 21 三体综合征。唐氏综合征新生儿发病率为 1/800 ～ 1/600，且随着母亲年龄的增长有显著上升的趋势。患儿通常存在学习障碍、智能障碍或伴有脏器畸形等问题。18 三体综合征（又称为 Edward 综合征）是仅次于唐氏综合征的第二种常见染色体三体异常，新生儿中发病率为 1/8000 ～ 1/3500。主要表现为发育迟缓、智能障碍和严重先心病等多发畸形，患儿多于出生后数周死亡。13 三体综合征（又称为 Patau 综合征），新生儿中发病率约为 1/25 000。患儿具有严重智力发育障碍、全前脑畸形、严重先心病、多指（趾）、严重唇腭裂、多囊肾及多囊肝等异常。存活较久的患儿还有癫痫样发作、肌张力低下等。在这类遗传病中，胎儿期常有流产、死胎、畸胎等，患儿可表现为先天智力低下、生长发育迟缓，伴有五官、四肢、内脏等畸形，生活自理困难等。21、18、13 三体综合征尚无有效的治疗方法，唯一有效的措施是广泛开展产前筛查与诊断，及时诊断胎儿异常，适时终止妊娠，防止畸形儿出生，是降低出生缺陷的重要手段。

传统的筛查手段是，妊娠前 3 个月母体血清生化标志物妊娠相关蛋白（pregnancy-associated plasma protein-A，PAPP-A）和 β-hCG 检测，结合颈项透明层厚度（nuchal translucency thickness，NT）超声检测进行筛查。也有在妊娠中期进行 AFP、uE3 和 β-hCG 二联或三联检测并结合颈项透明层厚度超声检测进行筛查。筛查结果风险高的孕妇，进行胎儿细胞染色体核型分析，包括羊水细胞培养和绒毛细胞培养两种方法，分别通过羊膜穿刺或绒膜绒毛取样（chorionic villus sampling，CVS）进行。但是，目前的筛查手段仅能检出 50% ～ 95% 的异常，漏检率很高，而且假阳性率高达 5%，2015 年对 15 841 例妇女标准筛查方案的结果，21 三体的阳性预测值仅为 3.4%[2, 3]，即 1000 个筛查阳性结果中只有 34 个为真阳性，亦即筛查为阳性的孕妇 96.6% 为假阳性，导致本不必要接受羊水穿刺的孕妇数量大大增加，不但有流产的风险（1% ～ 2%）[4]，而且大量的假阳性还给孕妇带来了严重的焦虑，可能导致后代神经发育和精神异常[5]。

1997 年卢煜明教授在怀有男胎的孕妇血浆中分离并检出 Y 染色体序列[6]，由此发现在孕妇血浆中含有游离胎儿 DNA（cell-free fetal DNA，cffDNA）片段，从而为无创产前检测（noninvasive prenatal testing，NIPT）提供了理论可能。目前，基于游离 DNA 的胎儿染色体非整倍体无创产前检测在临床上应用广泛。胎儿游离 DNA 来源于胎盘的凋亡细胞，母体血浆中的游离 DNA 为胎儿和母体游离 DNA 的混合物，随妊娠期不同，胎儿游离 DNA 比例有所变化。胎儿游离 DNA 可最早于妊娠 4 周检出，绝大部分孕妇在妊娠 10 周胎儿游离 DNA 量可超过 4%。胎儿游离 DNA 片段为 140 ～ 150bp，半衰期很短，出生后很快在母体血浆中无法检出。因此，孕妇既往多次妊娠史对胎儿游离 DNA 检测没有影响。但是，由于母体血浆中大部分都是母体自身的游离 DNA，只有很小的一部分是胎儿 DNA，在当时的方法学情况下，尚无法实现胎儿游离 DNA 的无创产前检测。2003 ～ 2008 年，有研究基于胎盘 mRNA[7-9] 和胎盘特异 DNA 甲基化的特征[10, 11]，使用 SNP 等位基因比例进行分析、RNA-SNP 等位基因比例分析和表观遗传学等位基因比例分析来检测胎儿染色体异常。2007 年，卢煜明教授建立了数字 PCR 检测相对染色体剂量（relative chromosome dosage，RCD）的分析方法[12]。其检测原理为，以 21 号染色体为例，数字 PCR 检测 21 号染色体上某一 locus 的量（这里包括母体和胎儿两部分），同时以某一染色体为参考，对该染色体上这一 locus 同样进行定量。将两个 21 号染色体定量结果与参考染色体进行比较，从而可判断是否存在 21 三体。但是由于胎儿游离 DNA 只占总游离 DNA 的一小部分，因此要可靠地检出 21 三体，需要对大量的 21 号染色体和参考染色体进行定量分析，特别是在妊娠早期胎儿游离 DNA 浓度较低时，需要采集大量的母体血浆才可能检出。

2008 年 10 月和 12 月，Fan 和 Chiu 分别在 PNAS 上报道了采用全基因组大规模平行测序检测外周血胎儿染色体非整倍体的结果[13, 14]，采用的是 Illumina Solexa 测序平台。

该方法不需要依赖基因多态性，证明了采用高通量测序进行无创产前检测的可行性。此后，高通量测序开始广泛应用于胎儿染色体非整倍体无创产前检测。图 9-1 描述了外周血胎儿游离 DNA 无创产前筛查发展的总体历程。

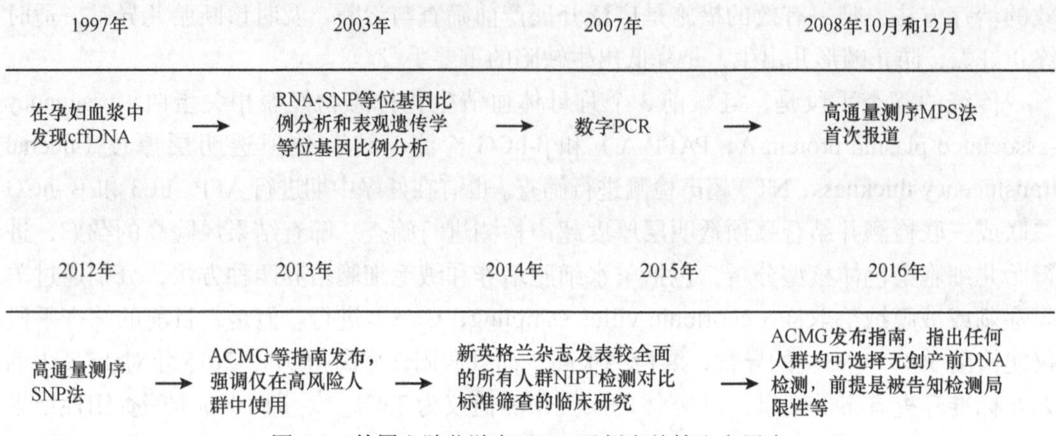

图 9-1 外周血胎儿游离 DNA 无创产前筛查发展史

第二节 染色体非整倍体无创产前筛查高通量测序检测的临床有效性

最初的 NIPT 临床应用研究主要集中在高风险孕妇，Gil 等对 2011 年 1 月至 2015 年 1 月报道的所有 NIPT 临床数据进行 meta 分析 [15]，统计了 22 659 例孕妇的检测结果，其中 NIPT 对 21 三体的检出率＞ 99%，而假阳性率＜ 0.1%。18 三体的检出率为 91%，假阳性率为 0.13%；13 三体的检出率为 90.3%，假阳性率 0.23%。所有统计的临床数据中，有 5 个临床试验（8742 例孕妇）来源于随机人群，其他全部为高风险人群。

在明确了 NIPT 在高风险孕妇中的临床价值后，临床上也进行了 NIPT 对所有人群筛查意义的研究。Norton 等 [2] 比较了 15 841 名随机选择的孕妇在妊娠 10 ～ 14 周标准筛查（生化检测联合颈项透明层厚度超声检测）和 cfDNA 筛查的结果。结果表明，采用 cfDNA 筛查，21 三体检测的敏感性为 100%，特异性为 99.9%，所有孕妇和低风险孕妇（21 三体妊娠中期标准筛查风险值＜ 1/270）的阳性预测值（95% CI）分别为 80.9%（66.7% ～ 90.9%）和 50%（24.7% ～ 75.3%），均远高于标准筛查 3.4%（2.3% ～ 4.8%）的阳性预测值。18、13 三体所有孕妇 NIPT 检测的阳性预测值（95% CI）为 90.0%（55.5% ～ 99.7%）和 50.0%（6.8% ～ 93.2%），而标准筛查的阳性预测值仅为 3.4%（0.1% ～ 17.8%）和 14.0%（6.2% ～ 25.8%），21、18、13 三体 NIPT 阴性预测值均为 100%，而传统的标准筛查 21 三体的阴性预期值只有 99.9%。根据 2011 ～ 2016 年报道的近 40 项国内外临床研究 [16-21]（包括国内邬玲仟教授、廖灿教授、刘俊涛教授团队及华大基因、贝瑞和康等），21、18 和 13 三体检测的敏感性分别为 94.4% ～ 100%、87.5% ～ 100% 和 40.0% ～ 100%，特异性为 99.06% ～ 100%、99.78% ～ 100% 和 99.75% ～ 100%，在普通人群中的阳性预测值分别为 80.9% ～ 92.2%、76.6% ～ 90.0% 和 32.8% ～ 50.0%，与传统标准筛查相比，

NIPT 在敏感性、特异性和阳性预测值方面均有显著的优势。同时，各项临床研究均强调 NIPT 仅为筛查试验，所有阳性结果都需要进行介入性检测的确认。Cheung 等认为 [22]，为避免临床应用的误导和可能造成的危害，建议将 NIPT 名称改为“基于 DNA 的无创产前筛查”（DNA-based noninvasive prenatal screening），以强调 NIPT 不可用作诊断试验。

第三节　染色体非整倍体无创产前筛查高通量测序检测原理

目前采用高通量测序检测 T21、T13 和 T18 的原理有三种：全基因组大规模平行测序（massively parallel sequencing，MPS）[23, 24]、靶向测序（targeted sequencing）[25] 及单核苷酸多态性检测（single nucleotide polymorphism，SNP）[26-27]，也有数字 PCR[12] 和基因芯片 [28] 等方法的报道，但是由于检测敏感性和通量的要求，目前最常用的方法是高通量测序。所有方法均检测血浆中片段化的总游离 DNA（包括母体和胎儿）。

一、基本原理

（一）全基因组大规模平行测序

全基因组大规模平行测序（massively parallel sequencing，MPS）进行 NIPT 检测，测序深度通常仅为 0.1 ～ 0.5×，远低于多数高通量测序的临床应用。检测过程为核酸提取、文库构建、测序，将测序结果与人基因组进行比对，每个比对序列为一个唯一比对 reads。对某一个特定染色体上比对序列的数量进行计数，并与正常人基因组的参考值进行比较。计数过多和过少，以 Z 值（Z-score）或正常染色体值（normalized chromosome value，NCV）表示，如果某一染色体 reads 数相对增加或减少，则说明可能存在三体或单体异常。需要注意的是，在计数过程中，母体和胎儿游离 DNA 进行同样的统计学计算，因此参考值的偏倚可能来源于胎儿游离 DNA，也可能来源于母体游离 DNA。

例如，如果某一样本中存在 10% 胎儿游离 DNA，且为 21 三体，那么比对的 21 号染色体 reads 数是同样浓度正常胎儿游离 DNA 样本的 1.05 倍。染色体三体增加 reads 数具体计算公式如下：

$$\text{相对增加 reads}=[(1-ff)\times 2+ff\times 3]/2=[(1-10\%)\times 2+10\%\times 3]/2$$

如果某一样本检测的唯一比对 reads 数（unique mapped reads）为 100×10^5，那么 21 号染色体占人基因组的 1.5% 左右，因此 21 号染色体的 reads 数约为 1.5×10^5，那么假定胎儿游离 DNA 浓度为 10%，决定整倍体和三体差别的 reads 数仅为 7500（$1.5\times 10^5\times 0.05$）。

大多数计数方法是将样本计数结果与整倍体孕妇血浆样本的参考值进行比较，理论上说，所有孕妇人群的参考值是符合正态分布的，如果样本与参考值存在显著性差异，则说明可能存在非整倍体。比较时需要排除可能的变异因素。Chiu 等 [13] 比较了某一染色体能唯一比对到人参考基因组上序列条数占检测样本中能唯一比对到人参考基因组上序列总数的比例，并采用 +3（99% CI）作为检测三体 Z 值的 cut-off 值，即超过 3 倍 SD 的认为是小概率事件，染色体数量增加，结果判定为三体阳性。Z 值计算公式如下：

$$Z值 = (GR_{ij} - \mu_j) / \sigma_i$$

GR_{ij}：样本 i 中 j 染色体能唯一比对到人参考基因组上序列条数占检测样本中能唯一比对到人参考基因组上序列总数的比例。

μ_j：基于正常样本（参考 pool）二倍体统计出来的 GR_{ij} 的均值。

σ_i：基于正常样本（参考 pool）二倍体统计出来的 GR_{ij} 的标准差。

截至 2017 年底，我国获得国家食品药品监督管理总局（CFDA）注册的胎儿染色体非整倍体（T21、T18、T13）检测试剂采用的计算原理均与此基本相同。除了 Chiu 采用的这种计算方法以外，还有采用 Student's t- 检验计算方法 [29] 和贝叶斯算法 [30]，不同算法检测的结果有所不同，如有研究对 3405 例样本进行 NIPT 检测，6 例样本 Z 检验判读为阳性，而贝叶斯算法结果为阴性 [30]，认为贝叶斯算法可在一定程度上减少假阳性结果的判读。

简单地说，MPS 方法通过计算样本中所有比对后 reads 的数量、比例等，然后比较是否与该方法建立的大样本正常人群相应结果存在差异，来判断是否存在胎儿染色体非整倍体异常。该方法很重要的前提在于，比对 reads 的数要能代表该样本中人基因组 DNA 的真实情况，而不存在偏倚。但是实际上，由于每个样本中不同染色体和不同样本的染色体之间均存在差异，使得这种偏倚是绝对存在的，方法建立者会通过不同方式来校正这种偏倚，主要的偏倚存在于以下方面。

1. GC 含量 在 GC 含量偏高或偏低的人基因组区域，检测结果会存在不同程度的偏倚。13 号和 18 号染色体 GC 含量偏低，因此在不进行 GC 偏倚校正的情况下，13 和 18 号染色体 reads 的变异高于 21 号染色体，从而降低检测的敏感性。已报道的消除 GC 偏倚的计算方法有线性修正（linear correction）[31]、LOESS 回归（LOESS regression）[32] 和单位点 GC 偏倚修正模型（single-position GC-bias-correction model）[33]。通过校正，可减少序列计数分布的变异，而且增加统计学检测非整倍体的可信度。不同的 GC 校正算法对检测结果有一定的影响，Chandrananda 采用两种不同的 GC 校正算法在同一测序深度下对 29 例样本进行 NIPT 分析，准确性相差 17.2%[33]。Chen 等 [34] 采用标准 Z 值判断非整倍体结果，检测 T18 的敏感性仅为 73%，检测 T13 的敏感性仅为 36%，而采用 LOESS 回归，T18 检测的敏感性可达到 92%，T13 可达到 100%。

2. 重复序列 不同染色体含有的重复序列和测序 reads 能够正确比对到基因组的比例也各不相同。有的方法把基因组上重复序列进行屏蔽，然后再进行 reads 比对，但是这样可能使得所有 reads 只能和重复序列以外的区域比对，从而降低最终的唯一比对 reads 数。有研究表明，如果和未经过屏蔽的参考序列进行比对，T18 和 T13 检测的敏感性更高 [34]。为避免这一情况，也有方法先进行比对，然后将与重复序列重叠的 reads 去除 [35]。

3. 批间变异 研究表明，不同批的检测结果存在一定变异 [36]，这可能是由核酸提取、文库构建、测序等检测全过程中每一步产生的不确定度造成的整体批间变异，这种变异可以通过优化算法在一定程度上减少对检测结果的影响。如前所述，MPS 方法多比较某一染色体能唯一比对到人参考基因组上序列条数占检测样本中能唯一比对到人参考基因组上序列总数的比例，如果比较 reads 分布等更细化的参数，可以降低批间变异。例如，

Straver 等采用一种称为 WISECONDOR 的算法，采用 1Mb 大小的窗口，比较 GC 校正后的 reads 数[37]。通过检测正常孕妇，建立正常人群的数据库来训练这种算法，弄清楚哪些窗口的 reads 数是相近的，从而使各个窗口的 reads 数可以互为对照参考。同时采用 Z 值、LOESS 回归校正的 Z 值和 WISECONDOR 算法对 27 例非整倍体阳性样本和 328 例正常样本进行检测，结果 WISECONDOR 算法的敏感性和特异性均为 100%，LOESS 回归校正的 Z 值算法出现 1 例假阳性，没有经过校正的 Z 值计算则出现 6 例假阴性[36]。

（二）靶向测序

Sparks 等[25]在 2012 年报道了一种靶向测序（targeted sequencing）的方法，即靶向数字分析（digital analysis of selected regions，DANSR）。靶向测序的序列比对仅限于待检的染色体（如 13、18、21 号染色体，X 和 Y 染色体）。这样减少了测序量，也降低成本。检测原理为，如需检测 21 和 18 染色体，则针对两种染色体，分别设计针对 576 个非基因多态性位点（loci）的检测，每个检测包括 3 个位点特异的寡核苷酸，分别是带有 5′ 通用扩增末端的左寡核苷酸、5′ 磷酸化的中间位置寡核苷酸和带有 3′ 通用扩增末端的右寡核苷酸（图 9-2）。游离 DNA 首先使用生物素标记，即可与亲和素标记的磁珠相结合，

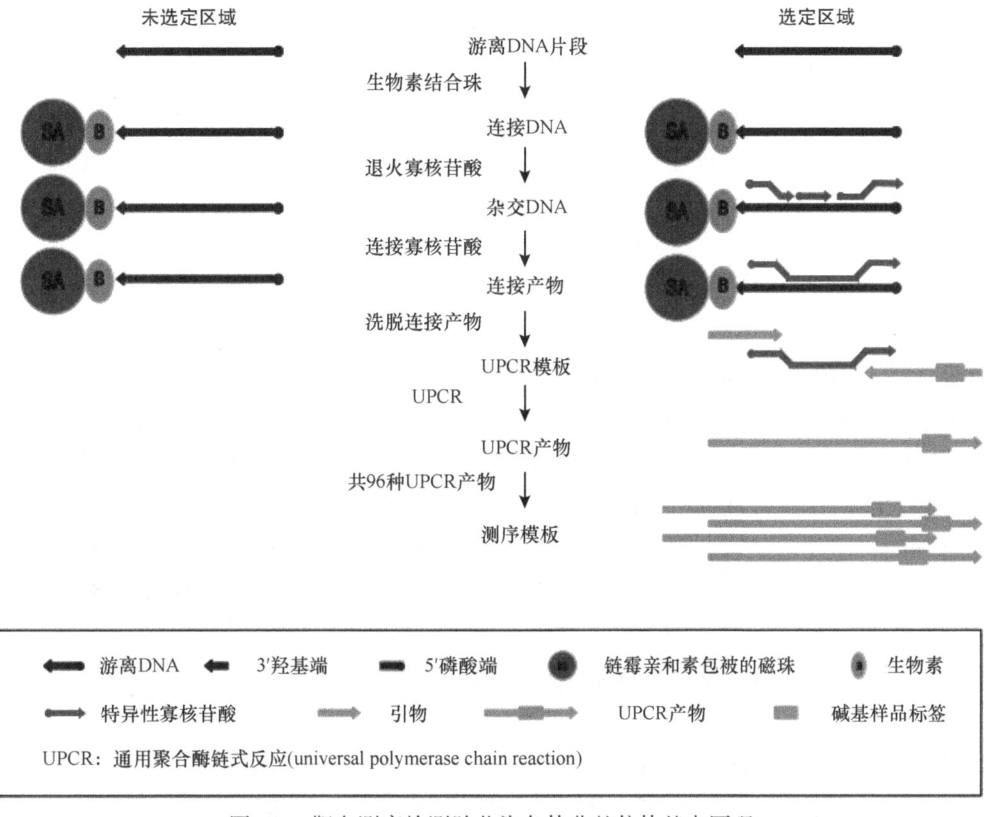

图 9-2　靶向测序检测胎儿染色体非整倍体基本原理

然后与寡核苷酸混合物退火杂交，经过 *Taq* 连接酶将三个寡核苷酸连接，再将其从结合于磁珠的 cfDNA 上洗脱下来，使用通用引物扩增。96 个样本的扩增产物混合形成文库，然后使用 Illumina TruSeq v2 SR 芯片上机测序。同样通过比对序列计数、统计学分析计算 Z 值来判断是否存在非整倍体。其他靶向测序的方法 [38, 39] 基本原理与此类似，都是先对某几个染色体的片段进行选择性地富集，然后通过测序、序列比对、计数及统计学计算，判断是否存在染色体非整倍体。

该方法与 MPS 相比，成本和通量上有其优势。以 Sparks 建立的方法为例 [40]，其比对序列 reads 数为原始测序量的 96% 以上，而 MPS 仅为 20% ～ 50%，因此靶向测序每个样本原始测序量仅需 1MB，而 MPS 每个样本原始测序量需 5 ～ 10MB，相比较而言，靶向测序的测序成本低于 MPS，而通量高于 MPS。但是，MPS 检测整个人基因组 DNA，其使用的样本量小于靶向测序。靶向测序推荐的采血量为 10ml，估计产生的血浆量在 6ml 左右，而 MPS 报道的血浆量为 1.3 ～ 3.2ml。MaterniT21 Plus[41]、Verifi[42]、Harmony Prenatal Test[40] 等均为靶向测序检测方法。

（三）单核苷酸多态性检测

单核苷酸多态性（SNP）检测选择性对部分染色体的大量多态性基因座进行扩增和测序。其算法包括了母体基因型信息，并建立数十亿种理论上胎儿基因型的可能性。通过将每个假定的基因型与母体白细胞 DNA 序列进行比对，计算相对似然比。SNP 检测不需要参考值，而且也避免了一些与 GC 偏倚相关的技术问题，可以检测胎儿三倍体。但是，由于该方法需要将序列与母体基因型进行比较，因此不能用于接受卵子捐赠的孕妇。Panorama Prenatal Test 为单核苷酸多态性检测方法 [43]。

二、染色体非整倍体无创产前筛查的检测流程

染色体非整倍体无创产前筛查的全过程见图 9-3（见彩图 18），包括检测前遗传咨询、样本采集、核酸提取、测序文库制备、文库混合、文库定量、上机测序、生物信息学分析（序列比对、GC 校正等）、计算 Z 值或 NCV 值、阳性结果进一步确认（介入性诊断）、结果报告和检测后遗传咨询等。不同测序平台、不同检测方法（MPS、靶向测序、SNP）流程稍有不同，主要区别在文库制备过程和生物信息学分析，MPS 通常是末端修复和加接头（adapter），靶向测序还包括杂交和扩增等，不同平台数据处理过程均有其各自的算法。

三、染色体非整倍体无创产前筛查的影响因素

目前报道的染色体非整倍体无创产前筛查检测与最终诊断试验不一致的结果，大部分的原因为生物学因素 [44]，包括生物学假阳性结果和生物学假阴性结果。

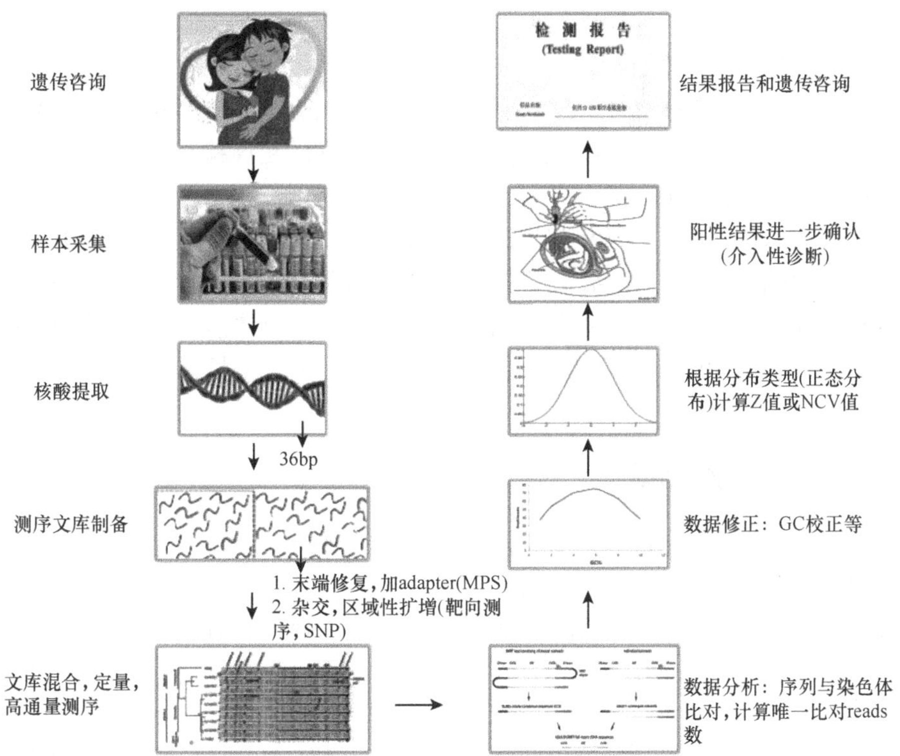

图 9-3　染色体非整倍体无创产前筛查的检测流程

（一）生物学假阳性结果

NIPT 的假阳性率为 0.1% ～ 0.2%。与生物学因素有关的假阳性原因有染色体拷贝数变异（copy-number variation）[45]、母体嵌合（maternal mosaicism）[46, 47]、限制性胎盘嵌合（confined placental mosaicism，CPM）[46-48]、双胎消失综合征（the vanishing twin syndrome）[49] 和孕妇患有恶性肿瘤 [50]。

1. 染色体拷贝数变异　染色体拷贝数变异是比较常见的造成假阳性结果的因素之一。Snyder 等报道了两例 NIPT 检测结果与临床不一致的病例 [45]，并证明这两例是由于母体自身 18 号染色体拷贝数变异导致了假阳性。除了拷贝数增加可造成假阳性结果外，染色体部分缺失可能会造成假阴性结果。

2. 限制性胎盘嵌合　限制性胎盘嵌合可在妊娠早期 1% ～ 2% 的胎盘中出现，也是造成 NIPT 假阳性结果较多的一个生物学因素，如果滋养层细胞部分异常，而胚胎细胞正常，形成限制性胎盘嵌合，而胎盘异常细胞凋亡进入血浆，则造成假阳性结果。限制性胎盘嵌合可通过胎盘穿刺检测确认。

3. 母体嵌合　由于 NIPT 检测基于血浆的游离 DNA 中某一染色体数量是否有异常，但并不区分母体和胎儿 DNA，因此母体嵌合同样也可检出阳性结果。通常来说，21 三体胎儿游离 DNA 浓度超过 4% 即可检出，那么母体 21 三体嵌合比例只要超过 4%，即有可能检出为假阳性结果。由于母体低比例的嵌合，临床表现轻微或没有明显临床特征，故往往无法在检测前发现。

4. 双胎消失综合征 也是导致假阳性结果的一个因素。例如，Lau 等报道了一例双胎妊娠，进行 NIPT 检测前一胎消失，胚芽可见，NIPT 检测结果 18 号染色体非整倍体在临界范围内，羊膜腔穿刺结果证实染色体正常[49]。妊娠期的超声检查可以发现这一因素，从而避免假阳性结果的报出。

5. 孕妇患有恶性肿瘤 有病例报道，孕妇在 13 周和 17 周均进行 NIPT 检测，结果为 13 三体和 18 单体，但核型分析结果正常。胎盘穿刺结果正常，排除限制性胎盘嵌合。后证实为神经内分泌肿瘤骨转移，骨髓穿刺结果表明 13 号染色体信号增加[50]。该病例最终分娩出健康男婴。恶性肿瘤有可能导致染色体改变，造成假阳性结果，但是尚不清楚概率大小。

（二）生物学假阴性结果

造成生物学假阴性结果的原因有胎儿游离 DNA 浓度过低、嵌合体等，此外，母体染色体拷贝数变异也可能造成假阴性结果。

1. 胎儿游离 DNA 浓度 是胎儿游离 DNA 占总 DNA（母体游离 DNA 和胎儿游离 DNA）的比例。健康成人循环游离 DNA 主要来源于凋亡的造血细胞，而肥胖的孕妇中循环游离 DNA 有一部分来源于脂肪组织和基质血管细胞的凋亡和坏死。通常认为，胎儿游离 DNA 浓度越高，越容易检出非整倍体，因为 Z 值也更高，而低浓度的胎儿游离 DNA（＜4%）与检测失败和假阴性结果有关。如果胎儿是男性，胎儿游离 DNA 浓度可通过 Y 染色体来计算。如果胎儿是女性，可通过比较母体和胎儿 DNA 序列多态性、游离 DNA 片段分布进行计算。胎儿游离 DNA 浓度受样本处理、母体和胎儿等多种因素影响。

（1）孕妇体重指数（body mass index，BMI）：是影响胎儿游离 DNA 最有意义的指标。一项 11～13 孕周的孕妇研究表明[51]，60kg 孕妇的胎儿游离 DNA 浓度中位数为 11.7%，而体重为 160kg 的孕妇血浆中胎儿游离 DNA 中位数仅 3.9%。体重高的孕妇，胎儿游离 DNA 浓度更低，其原因一方面可能是因为肥胖女性的循环血容量更大，因而对游离 DNA 产生了稀释作用。更重要的是，BMI 高的孕妇，总的循环游离 DNA 更高，而胎儿游离 DNA 量不变，因此导致胎儿游离 DNA 浓度更低。

（2）孕周（gestational age）：研究表明，在 10～21 孕周，胎儿游离 DNA 浓度每周约增加 0.1%。21 周后，每周约增加 1%[52]。

（3）单胎和多胎妊娠（singleton and multiple gestations）：例如，双胞胎是同种基因型，他们可与单胎同等有效地进行检测，而且 Z 值与胎儿游离 DNA 浓度呈线性相关。但是，如果双胞胎的非整倍体情况不一致，那么检测就相对困难一些，因为每个胎儿游离 DNA 的浓度较单胎更低。Srinivasan 等[53]通过序列标签计数检测多胎妊娠，结果表明单个胎儿的游离 DNA 浓度较低。在 10%～15% 的病例中，胎儿游离 DNA 浓度低于 4%，因此有假阴性的风险。

2. 嵌合体 在嵌合体存在的情况下，胎儿游离 DNA 浓度高将增加嵌合异常检出的可能，高嵌合比例也更容易检出。研究表明，29% 以上 18 和 21 三体嵌合样本，均可检出非整倍体异常[43]。10% 以下嵌合或低胎儿游离 DNA 浓度均会导致假阴性结果。

第四节　染色体非整倍体无创产前筛查高通量测序检测的质量保证

对于任何一个检测项目而言，最重要的是明确其预期用途。临床检测常见的预期用途有筛查、诊断、指导药物选择、治疗监测和预后判断等。对于染色体非整倍体无创产前高通量测序检测，预期用途是对 3 种胎儿常见染色体非整倍体（21 号染色体、18 号染色体和 13 号染色体）异常的筛查，因此染色体非整倍体无创产前筛查高通量测序检测是一种筛查试验。与筛查试验相对应的还有诊断试验。筛查试验和诊断试验最主要的不同之处在于目标人群和预期用途不同。筛查试验的目标人群是，没有经过选择的、没有症状的人群。筛查试验的预期用途是，通过对某种特征的检测，从没有经过选择的、没有症状的人群中，将有疾病风险的人群选择出来，以便对这一人群进行诊断试验、影像学等其他检测，对临床诊断有疾病的人群，采取医学上的干预措施。而诊断试验的目标人群是有症状或有某种检测标志物异常特征的人群。诊断试验的预期用途是辅助临床疾病的诊断。

要了解筛查试验，我们首先需要知道两个重要的概念，即阳性预测值和阴性预测值。在本章开始的部分，我们介绍了传统的筛查手段仅能检出 50% ～ 95% 的异常，漏检率很高，而且假阳性率高达 5%，根据 2015 年对 15 841 例妇女标准筛查方案的结果，21 三体的阳性预测值仅为 3.4%，即 1000 个筛查阳性结果中只有 34 个为真阳性，亦即筛查为阳性的孕妇 96.6% 为假阳性，阴性预测值为 99.9%。这里就涉及 4 个概念，分别是敏感性（50% ～ 95%）、特异性（假阳性率 5%，特异性 95%）、阳性预测值（3.4%）和阴性预测值（99.9%）。临床实验室比较熟悉和关注检测方法的敏感性和特异性，实际上对于筛查试验来说，最重要的是阳性预测值和阴性预测值。下文将叙述敏感性、特异性、阳性预测值和阴性预测值的概念。

1. 敏感性（sensitivity）　是将实际患病者正确地判断为阳性（真阳性）的百分率。计算公式为：$\frac{TP}{TP+FN}\times100\%$，其中 TP：真阳性；FN：假阴性。理想测定方法的诊断敏感性应为 100%。

2. 特异性（specificity）　是将实际无病者正确地判断为阴性（真阴性）的百分率。计算公式为：$\frac{TN}{TN+FP}\times100\%$，其中 TN：真阴性；FP：假阳性。理想测定方法的诊断特异性应为 100%。

3. 阳性预测值（positive predictive value，PPV）　是特定试验方法测定得到的阳性结果中真阳性的比率。计算公式为 $PPV=\frac{TP}{TP+FP}\times100\%$。理想测定方法的阳性预测值应为 100%，即没有假阳性。NIPT 的阳性预测值与非整倍体的流行率直接相关。举例来说（表 9-1），一个具有 99% 敏感性和特异性的检验方法或试剂在流行率为 1% 的人群中，其 PPV 为 50.0%，而在流行率为 0.1% 的人群中，其 PPV 则低至 9.02%。尽管 NIPT 敏感性和特异性接近 100%，但是临床上对低风险的孕妇进行 NIPT 检测，PPV 会低一些，即检测为阳性的孕妇为假阳性的可能性要大一些。不管阳性预测值如何，NIPT 阳性结果必须要经过介入性诊断（羊膜腔穿刺）进行确认。

表 9-1 流行率对于 99% 敏感性和特异性试验 PPV 和 NPV 的影响

结果	1% 流行率		0.1% 流行率	
	检出（+）	未检出（-）	检出（+）	未检出（-）
+	990	10	99	1
-	990	98 010	999	98 901
敏感性	99%		99%	
特异性	99%		99%	
PPV	990/（990+990）=50.0%		99/（99+999）=9.02%	
NPV	98010/（98010+10）=99.99%		98901/（98901+1）=99.9999%	

4. 阴性预测值（negative predictive value，NPV） 是特定试验方法测定得到的阴性结果中真阴性的比率。计算公式为 $NPV=\frac{TN}{TN+FN}\times 100\%$。理想测定方法的阴性预测值应为 100%，即没有假阴性。NIPT 的阴性预测值通常都接近 100%，即 NIPT 检测结果为阴性的样本，是真阴性的可能几乎为 100%，即几乎不漏检。

了解筛查试验、诊断试验、敏感性、特异性、阳性预测值和阴性预测值后，要和实验室讨论的是，什么样的检测可以用作筛查试验呢？近年来，自染色体非整倍体无创产前筛查高通量测序检测出现以后，陆续出现了其他的染色体异常无创产前检测方法，并有商业机构正在进行产品研发和临床应用研究，比较有代表性的是染色体微重复微缺失检测。那么这些检测目前是否能够作为筛查试验应用于临床呢？这一问题的答案仍然在于检测的预期用途。如前所述，筛查试验的预期用途总结起来就是，筛查、诊断和干预。因此，筛查是为了诊断，诊断是为了干预，不能诊断和干预的筛查是没有意义的。有机构宣称可以通过基因检测进行肿瘤的早期诊断（早于影像学检测），那么对于这种筛查检测，我们要问，筛查结果为阳性的患者可以诊断为肿瘤吗？有医学干预措施吗？也许有人会说，即使现在不能诊断和干预，但是可以定期复查和影像学监测，以早期发现肿瘤。那么，对于这一检测，试剂研发机构有没有临床研究数据表明，筛查阳性的患者有多大的概率、多长的时间内会监测到发生哪一种肿瘤？这一检测的阳性预测值和阴性预测值分别为多少？如果在一定的时间，如 2 年、5 年、10 年的时间都没有发生肿瘤，那么最大监测的时间为多长？如果对于上述问题，试剂研发机构的答案都是否定的，那么这一检测就不能作为筛查试验应用于临床，因为人群不会受益，只可能被检测结果带来不必要的甚至对特定个体产生严重的心理困扰。其实，判断一个检测有没有必要、有没有价值，就看临床诊疗路径中有这一检测是否比没有这一检测会产生更好的临床结果。

上述肿瘤早期诊断的例子是比较容易判断的。那么染色体微重复微缺失无创产前检测能否作为筛查试验应用于临床呢？判断这一点相对复杂一些。目前的确有一些研究报道，通过染色体微重复微缺失无创产前检测能够发现一些意义明确的变异（如 22q11.2 缺失、15q 缺失），实际上，不只是染色体微重复微缺失无创产前检测，不少研究也试图说明 NIPT 能够检测一些其他染色体的异常，并认为只报告 21 号染色体、18 号染色体和 13 号染色体三体的异常会漏掉其他的异常。但是，能够检测到一些异常，或者是一些检出异常的案例，不代表在临床日常检测中就应该普遍开展这些筛查[54]。如前所述，筛查是为了诊断、诊断是为了干预，染色体微重复微缺失无创产前检测最主要的问题在于检测结果难以解读，难以诊断。染色体微重复微缺失存在一些临床意义不明或良性的变异，尽管有一些可以通过与父母比对来了解其是否致病，但是如 22q11.2 缺失，文献报道 93% 以上为新发变异[55]，无法通过与父母比对进行解读，如果对正常人群进行筛查试验，检出的染色体微重复微缺失中无法解读的变异，如何进行诊断？如何进行临床干预？是否能够做出终止妊娠的临床决策？这些都会给遗传咨询带来巨大问题。在 NIPT 之前的染色体微阵列分析（chromosomal microarray analysis，CMA）也存在这种情况，CMA 会检出临床意义不明的 CNV[56]。根据美国 ACMG 指南，CMA 应当用于产后出生缺陷患儿的遗传病诊断，如未知的多发畸形、发育迟缓、智力低下的人群等，而不是用于产前筛查和诊断[57]。而且在目前阶段，除了临床解读的困难以外，对于临床有效性和分析有效性的研究尚不能证明其用于产前筛查是对临床有益或是益大于害。例如，检测的假阴性率和假阳性率是多少？如果用于所有人群，其阳性预测值和阴性预测值是多少？美国 ACMG 指南认为，在充分的临床遗传咨询条件下，可以进行染色体微重复微缺失无创产前检测。但是，在缺乏临床有效性和分析有效性数据的情况下，如何进行遗传咨询？如何对检测结果可能的风险、局限性进行告知？这里并非绝对否定染色体微重复微缺失等染色体异常在无创产前检测中的临床应用价值，而是希望实验室人员了解，只有在具备足够临床有效性和分析有效性数据的情况下，在能够进行充分遗传咨询的情况下，对于特定的人群（如有家族史的高风险人群），在一定的临床预期用途的前提下（如检测部分临床意义明确的突变），才可以进行临床应用。如果对没有经过选择的、没有症状的人群盲目地进行检测，将给临床带来更大危害，造成大量没有必要的妊娠终止。

筛查试验应该如何在临床上应用呢？实验室人员需要切记，实验室检测始终是为了满足临床预期用途服务的。实验室检测只是一种手段，只有在正确的临床场景（正确的患者、正确的时间）才可能得到理想的临床结果，人基因组相关的检测尤其如此。从实验室收到样本到检出基因突变或染色体异常，固然是实验室工作的重要部分，但是实验室人员只有将视野拓展到整个临床场景，才能够思考、理解和判断什么是应该做的，什么是不应该做的。在本节对染色体非整倍体无创产前筛查高通量测序检测质量保证的讨论中，我们将始终围绕这一理念进行介绍。

一、分析前质量保证

分析前质量保证包括检测项目的申请、知情同意，以及样本的采集、运送、接收和保存。第八章“高通量测序临床应用的质量保证”已经以 NIPT 为例对检测项目的申请进行了介绍，这里主要对检测前遗传咨询和样本的采集、运送、接收和保存进行介绍。

（一）检测前遗传咨询

遗传咨询不仅是教育孕妇或患者，其核心是以孕妇或患者为中心的医学交流过程，通过这一过程，帮助患者做出最有利的决定。检测前遗传咨询应告知检测的目标疾病、目的、意义、准确率、局限性、风险、费用及其他筛查与诊断方案，帮助孕妇在充分告知并知情同意的情况下进行选择，即孕妇要在知晓各种信息，对利弊进行权衡之后，自愿进行检测。在临床上医生有时可能认为孕妇已经对 NIPT 有一定的了解（如通过 NIPT 检测的宣传册、网站等渠道），故把重点放在检测后咨询，这里有两个问题：①孕妇首先有权在检测前获得足够的信息，从而选择不同的检测方式；②检测后咨询仅限于少数筛查结果为阳性的孕妇，而由于 NIPT 检测的局限性等原因，要求筛查阴性的孕妇仍然需要在妊娠期进行超声等检查，以排除其他可能的遗传异常，这些都需要在检测前遗传咨询中进行告知。此外，遗传咨询不只是具备遗传咨询能力的临床医师对孕妇的解释，更重要的是临床医师对所有相关方面解释清楚后，还应该有充分的时间解答孕妇的疑问。

孕妇常常关心的问题可能包括以下方面[58]：

（1）什么是 21、18、13 号染色体三体？

（2）胎儿为 21、18、13 号染色体三体异常的风险有多大？

（3）对于“我”来说，胎儿是染色体三体异常最大的风险因素是什么？

（4）如果怀有染色体三体异常的胎儿，是否会发生自发性流产或胎儿死亡？

（5）如果胎儿排除了染色体三体异常，还有没有其他胎儿异常的可能？具体是哪些胎儿异常？

（6）妊娠早期和妊娠中期的其他检测（如超声检测）能否检出其他胎儿异常？

（7）“我”可以选择哪些检测项目来发现胎儿异常？

（8）每一种检测项目的准确性如何？分别有哪些优点、局限性和风险？

（9）是否有检测失败的可能性？有没有可能要重新检测（或者重新采血）？会不会出现检测结果无法解释的情况？如果出现上述情况，是否会错过发现胎儿异常的时间？是否会导致无法终止妊娠？

（10）从采集样本开始，多长时间能够得到结果？

（11）可能得到什么结果？例如，阳性 / 阴性？高风险 / 低风险？残留风险值？阳性预测值？

（12）每个结果代表什么含义？例如，阳性代表什么含义？高风险代表什么含义？高风险具体指有多大的风险？

（13）不同的结果后续需要做什么？阳性结果需要继续做其他检测吗？

（14）如果确认胎儿为21、18或13号染色体三体异常，“我”可以选择做什么？

（15）如果NIPT结果为阴性，是否还存在胎儿为21、18或13号染色体三体异常的风险？低风险是否代表还是有风险的？有多大的风险？“我”还需要进行其他检查吗？

（16）NIPT检测过程中能检出胎儿性别吗？能否告知？

（17）母亲体内的DNA异常能检出吗？如果能，会告诉“我”吗？

因此，对于NIPT来说，遗传咨询的关键点包括以下方面。

1. 自愿检测　应告知孕妇检测是自愿进行的，应保证孕妇是在知晓各种信息，对利弊进行权衡之后，自愿进行检测。尽管我国的孕妇大多会选择对胎儿21、18或13号染色体三体异常进行检测和干预，但是从伦理上说，孕妇有权选择不知道，即不进行检测，等待分娩。此外，应告知孕妇目前可以选择的胎儿21、18或13号染色体三体异常筛查检测的方法，并对不同方法进行介绍，由孕妇进行自愿选择。

2. 什么是胎儿21、18、13号染色体三体异常　应采用相对中性客观的方式，对检测的目标疾病，即胎儿21、18、13号染色体三体异常进行介绍。例如，21号染色体三体是最常见的胎儿三体异常，若存在这种情况，流产或胎儿宫内死亡的风险明显增加。患儿常存在学习障碍、智能障碍或伴有脏器畸形等问题。

3. NIPT是筛查试验　应告知孕妇NIPT是筛查试验，检测结果阳性不能直接诊断胎儿异常，需要进行介入性产前诊断以确认。

4. 什么是NIPT　应告知患者检测的流程，包括在妊娠的什么时间进行该项检测，检测需要的时间，检测费用等信息。

5. 检测的敏感性　应告知检测的敏感性，如21、18和13三体检测的敏感性分别为94.4%～100%、87.5%～100%和40.0%～100%，并告知由于方法的局限性，存在假阴性的可能性，尽管可能性极小。

6. 检测的特异性　应告知NIPT检测的特异性，如21、18和13三体检测的特异性为99.06%～100%、99.78%～100%和99.75%～100%，即有0.1%～0.2%的假阳性率。告知可能导致假阳性结果的因素，如母体染色体拷贝数变异、母体嵌合、限制性胎盘嵌合和孕妇患有恶性肿瘤等。应告知如果检测结果为阳性，需要采用羊水细胞培养和绒毛细胞培养进行核型分析以确认诊断。告知羊膜穿刺和绒毛膜穿刺可能的风险，是否进行该检测同样由孕妇自愿选择[59]。应告知孕妇如果检测结果为阳性，需进一步接受检测后遗传咨询。

7. 阳性预测值和阴性预测值　当告知孕妇检测的敏感性或特异性时（如99%），孕妇常常误认为检测结果为阳性的情况下，胎儿为21、18和13三体的可能性是99%。因此，需要告知孕妇检测的阳性预测值，即检测结果为阳性的情况下，胎儿为21、18和13三体的可能性不是99%。正如本章提到的临床研究数据，21、18和13三体NIPT检测在普通人群中的阳性预测值分别为80.9%～92.2%、76.6%～90.0%和32.8%～50.0%。NIPT检测总的来说阴性预测值可以达到99%以上。

8. 检测的局限性　需要告知孕妇NIPT检测仅限于21、18、13三体，很多遗传异常，如非平衡易位、缺失、重复等染色体异常，单基因遗传病和开放性神经管缺陷等都不能检测。通过羊水细胞培养和绒毛细胞培养可以区别非平衡易位、缺失、重复等染色体异常。在检测前遗传咨询中，告知这些局限性是非常必要的，避免孕妇认为 NIPT 可以检出所有异常，从而忽视妊娠期间的其他检测。

9. 检测失败 需要告知 NIPT 检测有一定的失败率（0.0% ～ 12.2% 不等）[16]。失败的原因：胎儿游离 DNA 浓度低（＜ 4%）、建库失败、有效比对 reads 数低、总游离 DNA 量低等 [61]。这些原因有的与样本处理、DNA 提取、建库及测序质量有关，有的需要重新采集样本。在一些临床应用报道中，有 0.7% ～ 0.9% 的病例需要重新采集样本 [57, 58]，如果一次检测的周期＜ 10 个工作日，那么再次检测需要再花费 10 ～ 15 个工作日，临床实验室需考虑检测周期及所处的妊娠时期，必要时建议孕妇采用其他产前检测手段。

（二）样本的采集、运送、接收和保存

胎盘、胎儿造血干细胞和胎儿本身都被认为是母体循环中胎儿 DNA 的可能来源。胚胎细胞在穿过胎盘时破裂，游离 DNA 即进入母体血液循环中。研究表明 [60]，43% ～ 50% 的胎儿有核红细胞（nucleated red blood cell，NRBC）会凋亡。但母体血液中大部分胎儿游离 DNA 来自胎盘，妊娠 28 天后 cffDNA 最可能的来源是滋养层，而不是胎儿造血干细胞，因为直到妊娠 28 ～ 30 天后胎盘循环才建立。胎盘大小不会影响母体血浆 cffDNA 水平，cffDNA 在母体血浆浓度升高可能反映胎盘缺氧和滋养层细胞凋亡或坏死。母体血浆中 cffDNA 含量占总游离 DNA 的 5% ～ 10%，长约 150bp[61]，妊娠 4 周即能检出 [62]，其在血液中的半衰期只有 16 分钟，出现 2 小时后即不能测出 [63]。胎儿游离 DNA 在母体循环中较稳定，可能与来源于胎盘的微粒能够保护它们免受核酸酶降解相关，随着孕龄增加而增多，在前 3 个月每周增加 21%，在妊娠中期上升速度较慢，在妊娠期的后 8 周又急剧上升。分娩后 cffDNA 又迅速地以半衰期为 16 分钟的速度从母体循环中被清除。胎儿游离 DNA 在 −20℃下可稳定超过 4 年。如果是血浆样本在 −20℃下长时间保存 [64]，cffDNA 每月以 −0.66GE/ml 的速率降解 [65]。

孕妇血浆中母体和胎儿 cfDNA 均显示凋亡特征的“ladder”片段分布模式，胎儿 cfDNA 以 0 ～ 300bp 为主，主峰为 143bp，母体少部分片段＞ 300bp，主峰为 166bp[61]，这与被降解的程度不同有关。采用人基因组 DNA 进行高通量测序检测时，通常会采用酶消化、超声打断等方式将人基因组 DNA 片段化，但是这种形式的片段化与天然的游离 DNA 具有本质区别 [14, 66]（图 9-4，见彩图 19）。总的来说，对于 NIPT 检测，样本的采集、运送、接收和保存的核心是，避免血液中游离 DNA 降解，以及白细胞裂解释放人基因组 DNA，从而降低胎儿游离 DNA 浓度。此外，有方法采用 cfDNA 片段分布进行胎儿游离 DNA 百分比的计算 [66]，样本游离 DNA 生物特征的破坏可能对结果产生影响。

需要强调的是，目前 NIPT 检测有国家药品监督管理局批准的试剂，因此对样本采集、运送、接收和保存应该首先参照试剂盒说明书，但是需要进行性能验证（本章分析中质量保证会介绍）。下文对照某试剂说明书中对 NIPT 检测样本的要求，并结合 NIPT 检测文献报道的一般原则进行介绍。

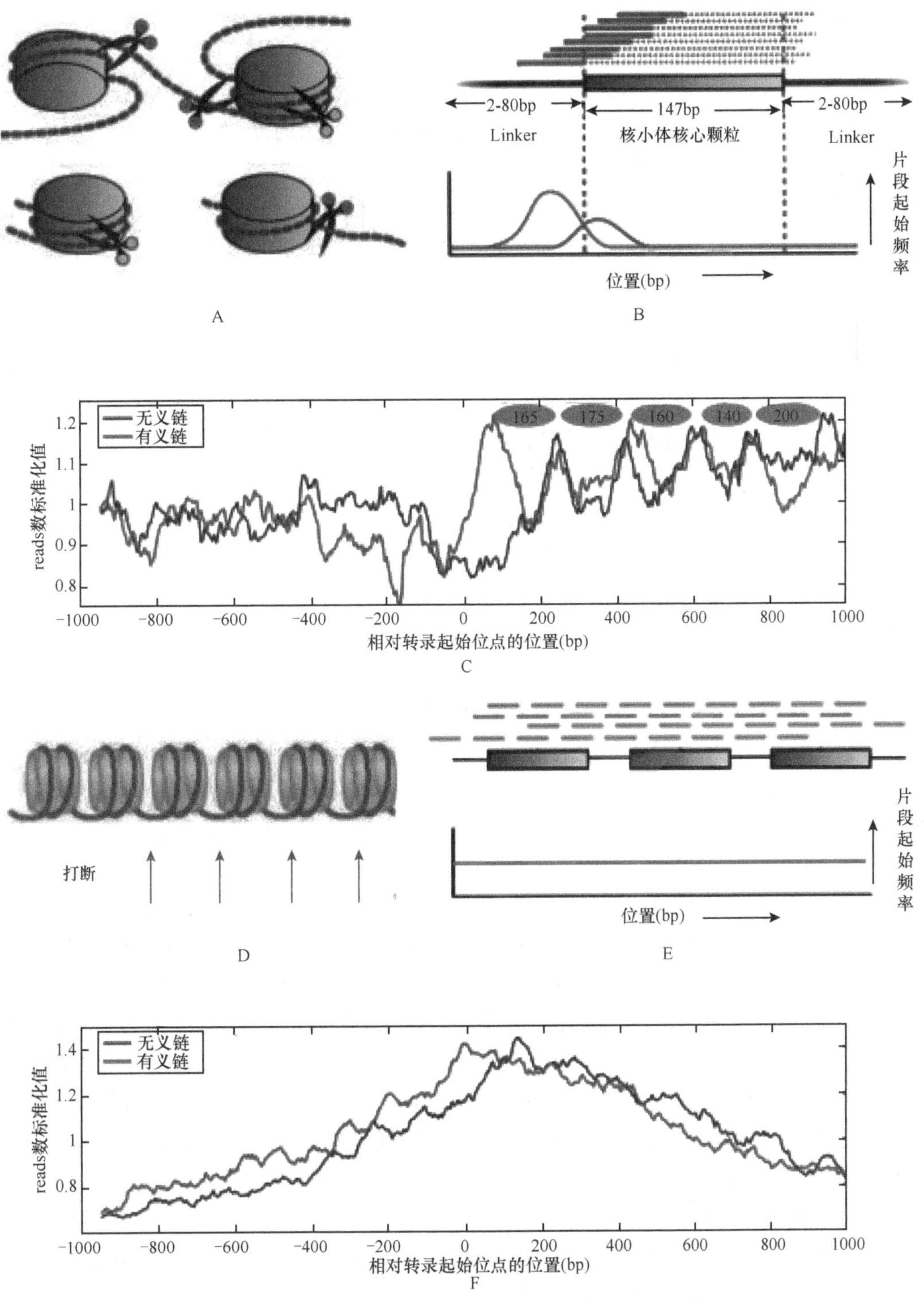

图 9-4 孕妇血浆游离 DNA 和打断人基因组 DNA 比较

A～C. 孕妇血浆 cfDNA。A. 产生机制，绿剪刀表示可消化，黄剪刀表示组蛋白保护未能消化，红剪刀表示缠绕松弛后消化；B. 相对于组蛋白的血浆 cfDNA 分布，绿色表示母体 cfDNA，红色表示胎儿游离 DNA；C. 高通量测序分析血浆 cfDNA 与转录起始位点（TSS）关系，有义链（红色）峰表示核小体起点，无义链（蓝色）峰表示核小体终点，相邻的峰间隔距离与核小体大小相符。

D～F. 打断人基因组 DNA。D. 产生机制；E. 相对于组蛋白的 DNA 分布；F. DNA 与 TSS 无特定模式

1. 样本采集和处理

（1）某试剂说明书

1）孕 12 周以上孕妇，要求受检孕妇先进行 B 超检测，确认胎儿为单活胎。

2）坐位取血，采血前患者需要有 10 分钟时间稳定自己的体位。

3）用 EDTA 抗凝管采集 5ml 孕妇外周血。

4）样本采集后轻微颠倒采血管 4 次并及时将采血管放入 2 ～ 8℃冰箱中暂存。

5）样本于 8 小时内在 2 ～ 8℃条件下 1600*g* 离心 10 分钟，在冰盒上将上清液分装到多个 2.0ml 离心管中。

6）分离得到的上清液在 2 ～ 8℃条件下 16 000*g* 再次离心 10 分钟，在冰盒上将所得上清液转入新的 2.0ml 离心管中，每个离心管转入 600μl 血浆，所得上清液即为血浆样本。

（2）一般原则：血浆是进行游离 DNA 检测最理想的样本。目前临床上 NIPT 检测最常用的采血管是 EDTA 抗凝管，此外，有报道称 Streck BCT 管可保存采集血 7 天而不影响胎儿游离 DNA 的浓度和质量，因其可稳定母体白细胞不发生裂解 [67]。Streck BCT 管（Cell-Free DNA™ BCT，Streck）的价格为 8.4 美元 / 个，而 EDTA 抗凝管（K_2-EDTA BD Vacutainer）为 0.13 美元 / 个。实验室可根据自身情况，决定选择 EDTA 抗凝管采血，或是使用 Streck BCT 管。无论使用何种采血管，使用前均需要进行性能验证，确认实验室在现有样本采集、运送和保存的标准操作程序下，可保证游离 DNA 的稳定性，并确认采血管中的稳定剂等成分不会对检测产生影响。

如果实验室使用 EDTA 抗凝管，采集样本时应避免溶血。采血后，血浆和血细胞要尽快分离，因为母体的白细胞可能裂解释放出 DNA，从而造成胎儿游离 DNA 的相对降低。因此对样本采集后的运输和处理中的注意事项均是为了避免这种情况的影响。目前推荐的处理方法为，在血液样本采集后 6 个小时内完成血浆分离，分离方法为进行两次离心，第一次为 1600*g* 离心 10 分钟，第二次为 16 000*g* 离心 10 分钟。在血浆分离前，血液样本保存在 4℃或室温条件均可，避免血液样本发生剧烈振荡。如果在 6 小时内无法分离血浆，可能影响结果。研究表明 [68]，在静脉采血 24 小时后分离血浆，胎儿游离 DNA 的绝对数量没有改变，但是由于母体白细胞中 DNA 的释放，胎儿游离 DNA 的百分比降低。通过对比 6 小时内和 24 小时分离血浆的检测结果，即使 24 小时分离血浆，21 三体仍然能够检出。这可能是由于在建库过程中，仅采用一定长度片段的 DNA，而母体白细胞中释放的 DNA 往往更长，而不参与建库，因此实际参与检测的胎儿游离 DNA 浓度没有明显降低。但是，其他染色体异常检出的 Z 值变异更大，可能是因为 DNA 质量下降。因此，建议血浆分离的时间最长不能超过 24 小时。

2. 样本运送和接收

（1）某试剂说明书：使用干冰运输，运输时间不应超过 7 天。所有样本均视为有潜在的感染性，操作时按国家相关标准执行。

（2）一般原则：采集样本后，于 4℃或室温运送至实验室，运输过程中需避免血液样本发生剧烈振荡，并应符合生物安全要求。实验室在接收样本时，可对提取的游离 DNA 进行片段分布的分析等（目前实验室较多采用 Agilent 2100 生物分析仪），监测是否存在大片段人基因组 DNA 污染，从而判断样本是否符合本实验室对样本的质量要求。

3. 样本保存

（1）某试剂说明书：血浆样本可在 -18 ～ 25℃保存 1 周，在 -70℃以下储存 2 年，反复冻融次数应不超过 2 次。冷冻样本检测前应将其置于室温下复融，充分混匀后使用。

（2）一般原则：血浆分离后，如果不能立即进行游离 DNA 提取，可放置在 -20℃或 -80℃条件下；如果可以提取，可暂时在 4℃保存 3 小时，游离 DNA 浓度和片段化程度均没有明显变化；37℃和室温保存均会对游离 DNA 浓度和片段化产生不同程度的影响；应避免血浆样本反复冻融超过 2 次。提取的游离 DNA 可保存在 -20℃或 -80℃条件下，反复冻融不超过 3 次。长期保存应放置于 -20℃或 -80℃条件下，可保存 9 个月 [69]。

二、分析中质量保证

分析中质量保证包括标准操作程序、商品试剂方法的性能验证和实验室自建方法的性能确认、实验室设计、仪器设备维护校准、人员培训、质量控制（室内质控和室间质评 / 能力验证）等。NIPT 检测目前已有多个批准的试剂，实验室在使用前应进行性能验证，并在日常检测中进行室内质控监测和控制本实验室工作的精密度。这里主要对性能验证和室内质量控制进行介绍，实验室设计见第六章，标准操作程序、仪器设备维护校准、人员培训、质量控制等见第八章。

（一）性能验证

使用国家相关部门如国家药品监督管理局批准试剂的实验室，在用于临床之前，需要对相应的试剂进行性能验证，验证的是在特定实验室条件（环境、人员、标准操作程序）下，商品试剂盒说明书中列出的性能指标，如精密度（重复性）、准确度、检测范围、分析敏感性和分析特异性等在特定实验室条件下能否复现。因此，判断标准应以试剂盒说明书为准，如何进行性能验证可按试剂盒说明书中相应性能指标确立时的方法进行，也可以适当简化。实验室对性能验证往往存在两个误区：①实验室常常认为没有必要做性能验证，想当然地认为采用商品化试剂一定能够得到正确的结果，但是实际情况是，特定的试剂方法在特定的实验室其检测性能未必能够复现。NIPT 包括核酸提取、文库制备、文库定量、测序和数据分析等多个流程，各个流程的变异叠加在一起，可导致检测结果可能不能达到试剂所宣称的性能。单从核酸提取来说，对同一血浆进行重复提取，效率是否一致？实际上，各种因素，如人员能力、仪器设备、实验室环境和试剂的批间变异等，都进一步增加了这种不确定性。②实验室存在畏难心理，认为性能验证非常复杂，要进行很多的统计计算。其实，如果实验室理解性能验证就是要证实实验室能否复现试剂的性能，能够可重复地检出（精密度），出现阳性结果检测为阳性，阴性结果检测为阴性（准确性），对弱阳性样本也有正确检出的能力（检测下限），所谓的“要求”，就是试剂说明书中的性能指标，就是能够满足临床预期用途，而不是任何外部的要求。具体关于性能验证或性能确认的详细论述可见第八章“高通量测序检测体系性能验证和性能确认”部分。下文以某一批准的 NIPT 试剂为例，介绍如何进行性能验证。

1. 精密度　指同一样本在多次检测中结果的一致程度。包括重复性（repeatability）

和重现性（reproducibility）两个方面。

（1）实验室性能验证的目的：判断本实验室在同一条件下（相同环境、相同操作人员、相同检测流程、相同仪器）对同一样本进行多次检测，测定结果的一致程度（重复性）。判断由不同操作人员、不同仪器（相同型号）对同一样本进行多次检测，测定结果的一致性程度（重现性）。

（2）试剂说明书：分别重复检测企业阳性质控品 P2、P5、P8 和阴性质控品 N1、N2、N3 各 10 次，10 个 P2 的结果均为 T21 阳性，10 个 P5 的结果均为 T18 阳性，10 个 P8 的结果均为 T13 阳性，10 个 N1 检测结果均为阴性，10 个 N2 检测结果均为阴性，10 个 N3 检测结果均为阴性，检测结果一致，以 UR% 分别计算 CV，CV 均＜ 5%。

使用 3 个不同批次试剂盒检测企业阳性质控品 P2、P5、P8 和阴性质控品 N1、N2、N3 各 10 次。30 个 P2 的结果均为 T21 阳性，30 个 P5 的结果均为 T18 阳性，30 个 P8 的结果均为 T13 阳性，30 个 N1 检测结果均为阴性，30 个 N2 检测结果均为阴性，30 个 N3 检测结果均为阴性，检测结果一致，以 UR%[N 号染色体（chrN）能唯一比对到人参考基因组上的序列条数占检测样本中能唯一比对到人参考基因组上序列总数的比例] 分别计算 CV，CV 均＜ 5%。

（3）精密度验证方案：重复性可以采用一定数量的临床样本，在同一批进行一定次数（2 ～ 3 次）的重复检测来实现，建议三体阳性样本数和阴性样本数各不少于 3 个。重现性可以采用一定数量的临床样本，在不同批（2 ～ 3 批）重复检测，可在不同天，由 2 名不同操作人员（根据实验室日常检测操作人员数量决定），使用 2 个不同批次试剂盒，在不同仪器上进行（批间）。以 UR% 分别计算 CV，CV 均＜ 5%。如果临床样本暂时没有 T21、T18 和 T13 阳性样本，可以用企业阳性质控品代替。

2. 准确性 指测定结果和真实结果的一致性程度。

（1）实验室性能验证的目的：判断阳性样本能否检出为阳性，阴性样本能否检出为阴性。

（2）试剂说明书

1）企业阳性质控品符合率

A. 企业阳性质控品 P1 ～ P3：游离 DNA 终浓度为 8% 的 3 例 T21 阳性 DNA 与非孕期健康女性血浆混合物。

B. 企业阳性质控品 P4 ～ P6：游离 DNA 终浓度为 8% 的 3 例 T18 阳性 DNA 与非孕期健康女性血浆混合物。

C. 企业阳性质控品 P7 ～ P9：游离 DNA 终浓度为 8% 的 3 例 T13 阳性 DNA 与非孕期健康女性血浆混合物。

检测 P1 ～ P9 共 9 份企业阳性质控品，阳性符合率为 100%。

2）企业阴性质控品符合率：检测 N1 ～ N10 共 10 份企业阴性质控品，即 10 例临床产前诊断金标准（染色体核型分析或出生随访结果）确认怀有正常二倍体胎儿的孕妇血浆样本，阴性符合率为 100%。

（3）准确性验证方案：检测已知阳性临床样本（≥ 3 份）和已知阴性临床样本（≥ 3 份），比较检测结果是否与预期相符。如果临床样本暂时没有 T21、T18 和 T13 阳性样本，可以用企业阳性质控品代替。

3. 最低检测限

（1）实验室性能验证的目的：判断试剂宣称的最低检测限水平的阳性样本能否可重复检出。

（2）试剂说明书

1）最低检测限质控品 L1 ～ L3：游离 DNA 终浓度分别为 5%、3.5%、2% 的 T21 阳性 DNA 与非妊娠期健康女性血浆混合物。

2）最低检测限质控品 L4 ～ L6：游离 DNA 终浓度分别为 5%、3.5%、2% 的 T18 阳性 DNA 与非妊娠期健康女性血浆混合物。

3）最低检测限质控品 L7 ～ L9：游离 DNA 终浓度分别为 5%、3.5%、2% 的 T13 阳性 DNA 与非妊娠期健康女性血浆混合物。

检测 L1 ～ L9 共 9 份企业最低检测限质控品，L1、L4、L7 检出阳性，L2、L5、L8 检出或检不出，L3、L6、L9 检测结果为阴性。最低检测限为 5%。

（3）最低检测限验证方案：检测 5% 胎儿游离 DNA 浓度的企业最低检测限质控品（T21、T18 和 T13），每个重复检测 3 次，比较检测结果是否与预期相符。

4. 采血管的性能验证　可采用临床正常孕妇血浆样本模拟临床样本采集、运送和保存的过程，比较在预期标准操作程序下和采集后立即处理检测两种情况下，检测的唯一比对 reads 数、GC 含量、胎儿游离 DNA 浓度，UR% 等参数是否存在差异。

需特别强调的是，实验室需要明确临床有效性是开展临床检测的前提，目前仅染色体非整倍体（21、18、13 三体）高通量测序检测证明具有充分的临床有效性，而国内实验室使用的染色体非整倍体高通量测序检测试剂均为国家药品监督管理局批准的试剂，在批准过程中提供了检测试剂临床有效性的证据，因此实验室在使用前可以只进行分析有效性的性能验证，这里也只介绍了分析有效性相关性能指标的性能验证。

但是，如果实验室进行性染色体或其他常染色体异常、染色体微重复微缺失等无创产前检测，由于目前尚没有国家药品监督管理局批准试剂，均属于实验室自建方法，则需要进行性能确认，而且除了进行分析有效性（精密度、准确性等）的性能确认外，还需要进行临床有效性确认，即提供实验室检测能够用于这些染色体异常的无创产前筛查的临床证据，包括临床敏感性、临床特异性，以及对一定流行率的人群检测的阳性预测值和阴性预测值等。此外，染色体微重复微缺失检测通常需要采用比染色体非整倍体高通量测序检测更高的测序量，NIPT 检测数据量大多仅在百万级，以华大基因“胎儿染色体非整倍体（T21、T18、T13）检测试剂盒（半导体测序法）”为例，说明书中要求每次检测样本测序数据量应该不少于 5MB，MPS 方法的测序深度通常＜ 0.5×，而染色体微重复微缺失检测测序数据量往往至少需要 15MB，有的需要数百 MB，需要的数据量大小和实验室检测微重复微缺失的大小、胎儿游离 DNA 浓度等有关，希望检出的微重复微缺失越小，胎儿游离 DNA 浓度越低，对数据量的要求就越高 [70, 71]，目前多数识别的微重复微缺失大小为 Mb 级，如果要识别 300kb 的微重复微缺失，需要 30 ～ 60× 的测序深度 [72]。因此 NIPT 检测产生的数据，在目前技术条件下，不能直接用于微重复微缺失分析。对于市场上 NIPT-plus 等产品，其能否用于临床检测，需要临床有效性和分析有效性的充分性能确认。

（二）室内质量控制

室内质量控制是性能验证的延续，是监测和控制本实验室工作的精密度，提高本室常规工作中批内、批间样本检验的一致性，在日常检测中保证试剂方法的检测性能不发生改变的有效方式。NIPT 检测的室内质量控制有三种方式。

1. 非统计学质量控制 每批中应检测阴性质控和阳性质控，阴性质控品检测为阴性，阳性质控品检测结果和预期相符，即 T21 阳性质控品检测为 T21 阳性，T18 阳性质控品检测为 T18 阳性，T13 阳性质控品检测为 T13 阳性。如果质控品的检测结果与预期相符，说明当批检测结果有效，报告可以发出。

2. 统计学质量控制 第八章中介绍了室内质控可采用统计学质量控制（如 Levey-Jennings 质控图）判断质控样本的测定结果是否偏出所用方法的测定范围，进而决定常规临床标本测定结果的有效性。在 NIPT 检测中，通过分析质控品每次检出的胎儿游离 DNA 浓度可以进行室内质控。此外，分析质量指标同样可以监测实验室检测的精密度。例如，质控品提取的游离 DNA 浓度、构建文库的浓度、测序唯一比对 reads 数、GC 含量、UR%等,通过统计以上日常检测指标累积的分布情况,有助于发现检测中可能存在的问题。

3. 直接概率计算法 实验室可以统计日常检测阳性率和阴性率，以每次日常检测的阳性率比值作为数据，对每天日常患者结果中阳性率出现的概率进行计算。如果一个实验室开展 NIPT 检测，日常检测结果的阳性率为 0.24%（即 10 000 例患者中检出 24 个非整倍体异常），即 P=0.0024，如果在某个月共检测了 2000 例样本，检出了 10 个非整倍体异常结果，其发生的可能性可以采用公式进行计算，在 excel 表中输入“=BINOM.DIST”，此时可见计算公式为：“=BINOM.DIST（number_s，trials，probability_s，cumulative）”，其中 number_s 相当于二项式里的 x，trials 相当于二项式里的 n，probability_s 相当于二项式里的 p，cumulative 为“TRUE”，表示最多成功 number_s 次的概率，计算得出在 2000 个样本中检出 9 个或 9 个以下阳性样本的总概率为 0.975，说明在该实验室 2000 个样本中获得 10 个或 10 个以上阳性结果的概率为 2.5%，属于小概率事件，结果失控，有假阳性结果的可能。如果在某个月共检测了 2000 例样本，检出了 1 个非整倍体异常结果，其发生的可能性可以采用公式进行计算，在 excel 表中输入“=BINOM.DIST”，cumulative 为“TRUE”，计算在 2000 例样本检出 1 例或 0 例阳性结果的总概率为 4.8%，属于小概率事件，结果失控，有假阴性结果的可能。实验室可以通过定期统计如提取失败率、文库构建失败率、检测失败率等指标来发现实验室检测可能存在的问题。对于有些样本量较大的实验室，可以在更短时间甚至每天进行上述统计分析，发现假阳性和假阴性结果。

三、分析后质量保证

NIPT 分析后质量保证主要介绍的是结果的报告和解释，以及检测后遗传咨询。

（一）结果的报告和解释

结果的报告和解释应包括三部分：①基本信息，包括患者信息、样本信息、检测项目信息和必要的临床信息；②特定信息，包括检测方法信息、结果的报告和结果的解释；③其他信息，如进一步检测的建议等。

1. 基本信息

（1）患者信息：包括患者 / 孕妇的姓名、出生日期或年龄、住院 / 门诊号等。

（2）样本信息：包括样本采集时间、样本类型、实验室收到样本时间、样本状态是否符合要求等。

（3）临床信息：样本采集时的孕周（B 超检测）、末次月经时间等。

（4）检测项目信息：检测项目名称、胎儿染色体非整倍体（T21、T18、T13）检测。

（5）实验室信息：报告时间、检测机构名称、检测人、报告审核人等，也包括送检医师的信息。

2. 特定信息

（1）检测方法信息：采用的方法，如高通量测序。方法的局限性，如 NIPT 检测仅限于 21、18、13 三体，检测结果阴性不能排除其他遗传异常；NIPT 是筛查试验，检测结果为阳性不能直接诊断胎儿异常，需要进行介入性产前诊断以确认等；存在假阴性和假阳性的可能；母体染色体拷贝数变异、母体嵌合、限制性胎盘嵌合和孕妇患有恶性肿瘤等因素可能导致假阳性结果；母体染色体拷贝数变异、胎儿游离 DNA 浓度过低等因素可能导致假阴性结果等。

（2）结果报告和解释：可报告高风险或低风险、检测值及参考范围。实验室可自行选择是否报告胎儿游离 DNA 浓度。

美国妇产科医师协会（ACOG）和美国母胎医学会（SMFM）建议所有实验室对每个染色体非整倍体检测结果报告以阳性预测值和残留风险值来表示[73]。2016 年 ACMG 指南建议实验室应报告检出率（detection rate，DR）、临床特异性（clinical specificity，SPEC）、阳性预测值和阴性预测值，以在检测后遗传咨询中作为患者 / 孕妇的参考。并且认为不能报告检出率、临床特异性、阳性预测值和阴性预测值的实验室不能提供筛查检测。这里又回到我们之前所讨论的“什么是筛查试验？”筛查试验的预期用途是，通过对某种特征的检测，从没有经过选择的、没有症状的人群中，将有疾病风险的人群选择出来，以便对这一人群进行诊断试验、影像学等其他检测，对临床诊断有疾病的人群，采取医学上的干预措施。筛查试验非常重要的一点就是实验室需要能够回答，开展这一筛查试验阳性结果是真阳性的可能性有多大？阴性结果是真阴性的可能性有多大？通俗地讲，就是高风险是指有多高的风险？低风险是指有多低的风险？这也是所有发表的 NIPT 检测大量的临床有效性研究中共同关心的数据，即敏感性、特异性、阳性预测值和阴性预测值。当然，具体到某一个孕妇，因受到其年龄、既往史、超声检测结果、孕周等多个因素的影响，阳性预测值和阴性预测值各不相同。但是实验室应根据目前检测的总体目标人群的阳性率（结合孕妇年龄的高风险 / 普通人群）提供阳性预测值和阴性预测值，一个具体的阳性预测值和阴性预测值将更有助于检测后遗传咨询中患者 / 孕妇理解胎儿非整倍体遗传异常的检测结果。

3. 进一步检测的建议 对高风险建议接受检测后遗传咨询，进行介入性产前诊断以确认；对低风险需说明不排除其他遗传异常，建议在妊娠期间继续定期进行超声等常规产前检查。

（二）检测后遗传咨询

检测后有三种情况：阳性或高风险、阴性或低风险和检测失败。

筛查结果为阳性或高风险，孕妇通常对检测结果表现出焦虑和难以接受，应在对结果解释后给予孕妇一定的时间做出决定。在对结果解释时，应告知孕妇阳性预测值，此外，应对造成假阳性的原因进行说明，在检测前遗传咨询时，由于对敏感性、特异性进行介绍，加上某些宣传会造成孕妇认为 NIPT 的结果准确性很高，因此需要解释准确性高和阳性预测值的区别。某些情况下，孕妇会希望直接终止妊娠，这时应强调接受产前诊断的重要性，确认孕妇在已经充分理解假阳性结果的情况下做出这一决定。此外，需对介入性产前检查的意义、准确率、局限性、风险、费用等进行说明。

筛查结果为阴性或低风险，应告知孕妇残留风险值，并强调该检测仅限于 21、18、13 三体，不能排除其他遗传异常，建议在妊娠期间继续定期进行超声等常规产前检查。

如果检测失败，应告知孕妇检测失败的原因。如胎儿游离 DNA 浓度低造成检测失败，可建议孕妇进行有创产前诊断。如为其他原因，需对再次检测的成功率，再次检测所需时间，有创产前诊断的意义、准确率、局限性、风险、费用等进行说明。孕妇可能认为再次进行 NIPT 将增加等待时间，或者担心再次失败（第二次检测成功的可能性＞ 60%）[16]会导致更加焦虑，从而选择直接进行有创产前诊断。

总之，尽管染色体非整倍体无创产前筛查不是诊断试验，但是与以往的标准筛查相比，敏感性、特异性、阳性预测值和阴性预测值等诊断指标都更为理想，大大减少了很多不必要的介入性检查，并且假阴性率低，具有很好的临床应用价值。无创产前筛查将来可能不仅限于 21、18 和 13 三体的检测，大量的研究正致力于将高通量测序技术应用于其他产前检测，如性染色体异常、染色体微重复微缺失等。但是必须强调，只有在具备足够临床有效性和分析有效性数据的情况下，在能够进行充分遗传咨询的情况下，对于特定的人群（如有家族史的高风险人群），在一定的临床预期用途的前提下（如检测部分临床意义明确的突变），才可以进行临床应用。如果对没有经过选择的、没有症状的人群，在缺乏遗传咨询的情况下盲目地进行检测，则带给孕妇的并非益处，更多的是危害。

（张 瑞）

参考文献

[1] Down JL. Observations on an ethnic classification of idiots. 1866. Ment Retard，1995，33：54-56.

[2] Norton ME，Jacobsson B，Swamy GK，et al. Cell-free DNA analysis for noninvasive examination of trisomy. N Engl J Med，2015，372：1589-1597.

[3] Wright D，Syngelaki A，Bradburi I，et al. First-trimester screening for trisomies 21，18 and 13 by ultrasound and biochemical testing. Fetal Diagn Ther，2014，35：118-126.

[4] Akolekar R，Beta J，Picciarelli G，et al. Procedure-related risk of miscarriage following amniocentesis and chorionic villus sampling：a systematic review and meta-analysis. Ultrasound Obstet Gynecol，2015，45：16-26.

[5] Glover V. Maternal depression，anxiety and stress during pregnancy and child outcome；what needs to be done. Best Pract Res Clin Obstet Gynaecol，2014，28：25-35.

[6] Lo YM，Corbetta N，Chamberlain PF，et al. Presence of fetal DNA in maternal plasma and serum. Lancet，1997，350：485-487.

[7] Ng EK，Tsui NB，Lau TK，et al. mRNA of placental origin is readily detectable in maternal plasma. Proc Natl Acad Sci USA，2003，100：4748-4753.

[8] Oudejans CB，Go AT，Visser A，et al. Detection of chromosome 21-encoded mRNA of placental origin in maternal plasma. Clin Chem，2003，49：1445-1449.

[9] Lo YM，Tsui NB，Chiu RW，et al. Plasma placental RNA allelic ratio permits noninvasive prenatal chromosomal aneuploidy detection. Nat Med，2007，13：218-223.

[10] Chim SS，Jin S，Lee TY，et al. Systematic search for placental epigenetic markers on chromosome 21：towards noninvasive prenatal diagnosis of fetal trisomy 21. Clin Chem，2008，54：500-511.

[11] Old RW，Crea F，Puszyk W，et al. Candidate epigenetic biomarkers for non-invasive prenatal diagnosis of Down syndrome. Reprod Biomed Online，2007，15：227-235.

[12] Lo YM，Lun FM，Chan KC，et al. Digital PCR for the molecular detection of fetal chromosomal aneuploidy. Proc Natl Acad Sci USA，2007，104：13116-13121.

[13] Chiu RW，Chan KC，Gao Y，et al. Noninvasive prenatal diagnosis of fetal chromosomal aneuploidy by massively parallel genomic sequencing of DNA in maternal plasma. Proc Natl Acad Sci USA，2008，105：20458-20463.

[14] Fan HC，Blumenfeld Y，Chitkara U，et al. Noninvasive diagnosis of fetal aneuploidy by shotgun sequencing DNA from maternal blood. Proc Natl Acad Sci USA，2008，105：16266-16271.

[15] Gil MM，Quezada MS，Revello R，et al. Analysis of cell-free DNA in maternal blood in screening for fetal aneuploidies：updated meta-analysis. Ultrasound Obstet Gynecol，2015，45：249-266.

[16] Gil MM，Accurti V，Santacruz B，et al. Analysis of cell-free DNA in maternal blood in screening for aneuploidies：updated meta-analysis. Ultrasound Obstet Gynecol，2017，50：302-314.

[17] Liang D，Lv W，Wang H，et al. Non-invasive prenatal testing of fetal whole chromosome aneuploidy by massively parallel sequencing. Prenat Diagn，2013，33：409-415.

[18] Liao C，Yin AH，Peng CF，et al. Noninvasive prenatal diagnosis of common aneuploidies by semiconductor sequencing. Proc Natl Acad Sci U S A，2014，111：7415-7420.

[19] Song Y，Huang S，Zhou X，et al. Non-invasive prenatal testing for fetal aneuploidies in the first trimester of pregnancy. Ultrasound Obstet Gynecol，2015，45：55-60.

[20] Zhang H，Gao Y，Jiang F，et al. Non-invasive prenatal testing for trisomies 21，18 and 13：clinical experience from 146，958 pregnancies. Ultrasound Obstet Gynecol，2015，45：530-538.

[21] Shi X，Zhang Z，Cram DS，et al. Feasibility of noninvasive prenatal testing for common fetal aneuploidies in an early gestational window. Clin Chim Acta，2015，439：24-28.

[22] Cheung SW，Patel A，Leung TY. Accurate description of DNA-based noninvasive prenatal screening.N Engl J Med，2015，372：1675-1677.

[23] Lo YM，Chan KC，Sun H，et al. Maternal plasma DNA sequencing reveals the genome-wide genetic and mutational profile of the fetus. Sci Transl Med，2010，2：61ra91.

[24] Palomaki GE，Kloza EM，Lambert-Messerlian GM，et al. DNA sequencing of maternal plasma to detect Down syndrome：an international clinical validation study. Genet Med，2011，13：913-920.

[25] Sparks AB，Struble CA，Wang ET，et al. Noninvasive prenatal detection and selective analysis of

cell-free DNA obtained from maternal blood：evaluation for trisomy 21 and trisomy 18. Am J Obstet Gynecol，2012，206：319.e1-9.

[26] Nicolaides KH，Syngelaki A，Gil M，et al. Validation of targeted sequencing of single-nucleotide polymorphisms for non-invasive prenatal detection of aneuploidy of chromosomes 13，18，21，X and Y. Prenat Diagn，2013，33：575-579.

[27] Nicolaides KH，Syngelaki A，Gil MM，et al. Prenatal detection of triploidy from cell-free DNA testing in maternal blood. Fetal Diagn Ther，2014，35：212-217.

[28] Stokowski R，Wang E，White K，et al. Clinical performance of non-invasive prenatal testing（NIPT）using targeted cell-free DNA analysis in maternal plasma with microarrays or next generation sequencing（NGS）is consistent across multiple controlled clinical studies. Prenat Diagn，2015，35：1243-1246.

[29] Jiang F，Ren J，Chen F，et al. Noninvasive Fetal Trisomy（NIFTY）test：an advanced noninvasive prenatal diagnosis methodology for fetal autosomal and sex chromosomal aneuploidies. BMC Med Genomics，2012，5：57.

[30] Xu H，Wang S，Ma LL，et al. Informative priors on fetal fraction increase power of the noninvasive prenatal screen. Genet Med，2018，20（8）：817-824.

[31] Fan HC，Quake SR. Sensitivity of noninvasive prenatal detection of fetal aneuploidy from maternal plasma using shotgun sequencing is limited only by counting statistics. PLoS One，2010，5：e10439.

[32] Alkan C，Kidd JM，Marques-Bonet T，et al. Personalized copy number and segmental duplication maps using next-generation sequencing. Nat Genet，2009，41：1061-1067.

[33] Chandrananda D，Thorne N，Ganesamoorthy D，et al. Investigating and correcting plasma DNA sequencing coverage bias to enhance aneuploidy discovery. PLoS One，2014，9：e86993.

[34] Chen EZ，Chiu RWK，Sun H，et al. Noninvasive prenatal diagnosis of fetal trisomy 18 and trisomy 13 by maternal plasma DNA sequencing. PLoS One，2011，6：e21791.

[35] Smit A，Hubley R，Green P. RepeatMasker Open-3.0. www.repeatmasker.org.

[36] Thung DT，Beulen L，Hehir-Kwa J，et al. Implementation of whole genome massively parallel sequencing for noninvasive prenatal testing in laboratories. Expert Rev Mol Diagn，2015，15：111-124.

[37] Straver R，Sistermans EA，Holstege H，et al. WISECONDOR：detection of fetal aberrations from shallow sequencing maternal plasma based on a within-sample comparison scheme. Nucleic Acids Res，2014，42：e31.

[38] Nicolaides KH，Syngelaki A，Ashoor G，et al. Noninvasive prenatal testing for fetal trisomies in a routinely screened first-trimester population. Am J Obstet Gynecol，2012，207：374.e1-6.

[39] Norton ME，Brar H，Weiss J，et al. Non-Invasive Chromosomal Evaluation（NICE）study：results of a multicenter prospective cohort study for detection of fetal trisomy 21 and trisomy 18. Am J Obstet Gynecol，2012，207：137.e1-8.

[40] Sparks AB，Wang ET，Struble CA，et al. Selective analysis of cell-free DNA in maternal blood for evaluation of fetal trisomy. Prenat Diagn，2012，32：3-9.

[41] McCullough RM，Almasri EA，Guan X，et al. Noninvasive prenatal chromosomal aneuploidy testingeclinical experience：100，000 clinical samples. PLoS One，2014，9：e109173.

[42] Bianchi DW，Platt LD，Goldberg JD，et al. Genome-wide fetal aneuploidy detection by maternal plasma DNA sequencing. Obstet Gynecol，2012，119：890.

[43] Zimmermann B，Hill M，Gemelos G，et al. Noninvasive prenatal aneuploidy testing of chromosomes 13，18，21，X，and Y，using targeted sequencing of polymorphic loci. Prenat Diagn，2012，32：1233e1241.

[44] Bianchi DW，Wilkins-Haug L. Integration of noninvasive DNA testing for aneuploidy into prenatal care：what has happened since the rubber met the road? Clin Chem，2014，60：78-87.

[45] Snyder MW，Simmons LE，Kitzman JO，et al. Copy-number variation and false positive prenatal aneuploidy screening results. N Engl J Med，2015，372：1639-1645.

[46] Lau TK, Jiang FM, Stevenson RJ, et al. Secondary findings from non-invasive prenatal testing for common fetal aneuploidies by whole genome sequencing as a clinical service. Prenat Diagn, 2013, 33: 602-608.

[47] Wang Y, Chen Y, Tian F, et al. Maternal mosaicism is a significant contributor to discordant sex chromosomal aneuploidies associated with noninvasive prenatal testing. Clin Chem, 2014, 60: 251-259.

[48] Grati FR, Malvestiti F, Ferreira JC, et al. Fetoplacental mosaicism: potential implications for false-positive and false-negative noninvasive prenatal screening results. Genet Med, 2014, 16: 620-624.

[49] Lau TK, Cheung SW, Lo PS, et al. Non-invasive prenatal testing for fetal chromosomal abnormalities by low-coverage whole-genome sequencing of maternal plasma DNA: review of 1982 consecutive cases in a single center. Ultrasound Obstet Gynecol, 2014, 43: 254-264.

[50] Osborne CM, Hardisty E, Devers P, et al. Discordant noninvasive prenatal testing results in a patient subsequently diagnosed with metastatic disease. Prenat Diagn, 2013, 33: 609-611.

[51] Ashoor G, Syngelaki A, Poon LC, et al. Fetal fraction in maternal plasma cell-free DNA at 11-13 weeks' gestation: relation to maternal and fetal characteristics. Ultrasound Obstet Gynecol, 2013, 41: 26-32.

[52] Wang E, Batey A, Struble C, et al. Gestational age and maternal weight effects on fetal cell-free DNA in maternal plasma. Prenat Diagn, 2013, 33 (7): 662-666.

[53] Srinivasan A, Bianchi DW, Liao W, et al. Maternal plasma DNA sequencing: effects of multiple gestation on aneuploidy detection and the relative cell-free fetal DNA (cffDNA) per fetus. Am J Obstet Gynecol, 2013, 208: S31.

[54] Rose NC, Benn P, Milunsky A. Current controversies in prenatal diagnosis 1: should NIPT routinely include microdeletions/microduplications? Prenat Diagn, 2016, 36: 10.

[55] McDonald-McGinn DM, Zackai EH. Genetic counseling for the 22q11.2 deletion. Dev Disabil Res Rev, 2008, 14: 69-74.

[56] Manning M, Hudgins L, Professional Practice and Guidelines Committee. Array-based technology and recommendations for utilization in medical genetics practice for detection of chromosomal abnormalities. Genet Med, 2010, 12: 742-745.

[57] Lo K, Boustred C, McKay F, et al. Detection of "subchromosomal" pathogenic changes by sequencing cfDNA in maternal plasma: feasibility and implementation strategies. Prenat Diag, 2014, 34: 10.

[58] Oepkes D, Yaron Y, Kozlowski P, et al. Counseling for non-invasive prenatal testing (NIPT): what pregnant women may want to know. Ultrasound Obstet Gynecol, 2014, 44: 1-5.

[59] Sachs A, Blanchard L, Buchanan A, et al. Recommended pre-test counseling points for noninvasive prenatal testing using cell-free DNA: a 2015 perspective. Prenat Diagn, 2015, 35: 968-971.

[60] Sekizawa A, Samura O, Zhen DK, et al. Apoptosisin fetal nucleated erythrocytes circulating in maternal blood. Prenat.Diagn, 2000, 20: 886-889.

[61] Chan KC, Zhang J, Hui AB, et al. Size distributions of maternal and fetal DNA in maternal plasma. Clin Chem, 2004, 50: 88-92.

[62] Illanes S, Denbow M, Kailasam C, et al. Early detection of cell-free fetal DNA in maternal plasma. Early Hum Dev, 2007, 83: 563-566.

[63] Lo YM, Zhang J, Leung TN, et al. Rapid clearance of fetal DNA from maternal plasma. Am J Hum Genet, 1999, 64: 218-224.

[64] Lee T, LeShane ES, Messerlian GM, et al. Down syndrome and cell-free fetal DNA in archived maternal serum. Am J Obstet Gynecol, 2002, 187: 1217-1221.

[65] Bianchi DW. Circulating fetal DNA: its origin and diagnostic potential—a review. Placenta, 2004, 25 (Suppl A): S93-S101.

[66] Straver R, Oudejans CB, Sistermans EA, et al. Calculating the fetal fraction for noninvasive prenatal testing based on genome-wide nucleosome profiles. Prenat Diagn, 2016, 36: 614-621.

[67] Medina Diaz I, Nocon A, Mehnert DH, et al. Performance of Streck cfDNA Blood Collection Tubes for Liquid Biopsy Testing. PLoS One, 2016, 11: e0166354.

[68] Peter B Gahan. Circulating Nucleic Acids in Early Diagnosis, Prognosis and Treatment Monitoring. New York: Springer, 2015.

[69] El Messaoudi S, Rolet F, Mouliere F, et al. Circulating cell free DNA: preanalytical considerations. Clin Chim Acta, 2013, 424: 222-230.

[70] Yin AH, Peng CF, Zhao X, et al. Noninvasive detection of fetal subchromosomal abnormalities by semiconductor sequencing of maternal plasma DNA. Proc Natl Acad Sci U S A, 2015, 112: 14670-14675.

[71] Zhao C, Tynan J, Ehrich M, et al. Detection of fetal subchromosomal abnormalities by sequencing circulating cell-free DNA from maternal plasma. Clin Chem, 2015, 61: 608-616.

[72] Srinivasan A, Bianchi DW, Huang H, et al. Noninvasive detection of fetal subchromosome abnormalities via deep sequencing of maternal plasma. Am J Hum Genet, 2013, 92: 167-176.

[73] Wilson RD. Committee opinion No. 640: cell-free DNA screening for fetal aneuploidy. Obstet Gynecol, 2015, 126 (3): e31-37.

第十章 高通量测序在胚胎植入前遗传学检测中的应用

近年来，不孕症的发病率逐年增加，加之适孕人群生殖能力下降，不孕不育不仅是一种身体疾病，也是目前全球性的复杂社会学问题之一。不孕症的患病率因地域、种族等有所差别，我国不孕症的发病率约为15%。作为不孕症的重要治疗手段之一，以体外受精 - 胚胎移植（in vitro fertilization-embryo transfer，IVF-ET）为主要代表的辅助生殖技术（assisted reproductive technology，ART）是目前不孕不育症治疗的重大突破。尽管 IVF 技术的效率不断提高，但试管婴儿的成功率仍相对较低。染色体数目异常和结构异常是导致胚胎植入失败和流产的主要原因。随着产妇年龄的递增，卵子数量减少、质量下降，胚胎的非整倍性逐渐增加，流产率逐渐升高，活产率显著降低。而自发性流产的女性中，无论是否有反复性流产史，50% 以上是由胎儿的染色体异常导致的。临床胚胎选择主要依靠形态学评价，但是不能真实地反映胚胎的遗传学状态。对于进行体外受精治疗的夫妇，有必要检测植入胚胎的遗传学状态；剔除染色核型异常的胚胎，选择真正发育良好的胚胎进行植入。因此，胚胎的染色体异常检测对高龄女性及反复性流产的夫妇非常重要。随着 1995 年首次报道了经胚胎植入前遗传学筛查后获得成功妊娠的病例，这项技术的使用逐渐增加。目前，胚胎植入遗传学检测已逐渐为全球生殖机构认可，国外相关协会已经提供了明确的临床应用指南。我国也制订了相关的技术规范和产品评价指南。

本章将对高通量测序技术在胚胎植入前遗传学检测（preimplantation genetic testing，PGT）中的发展历程、现状、指南要求、检测质量控制和局限性等进行介绍。

第一节　胚胎植入前遗传学诊断 / 筛查技术发展简史

自世界上第一例“试管婴儿”诞生以来，辅助生殖技术已引起世界瞩目，20 世纪 70 年代末就有学者提出通过染色体检测技术筛查异常胚胎以降低流产风险的设想。随后不同学者提出可通过活检胚胎（极体、1 ～ 2 个卵裂球细胞或几个滋养外胚层细胞）

进行胚胎植入前染色体检测。英国学者率先于1990年进行了胚胎植入前遗传学诊断（preimplantation genetic diagnosis，PGD）[1]，通过卵裂球活检后进行PCR方法扩增Y染色体特异序列，排除X染色体连锁隐性遗传病的男性胚胎，选择女性胚胎植入，获得临床妊娠生育一名正常女婴。随后双色荧光原位杂交（fluorescent in situ hybridization，FISH）被纳入单基因疾病性别选择方案中，应用双色标记X和Y探针与检测样本杂交进行性别选择，同时可检测性染色体非整倍体情况[2]。随着双色荧光探针的发展，1995年多色FISH-PGS被应用于高龄女性进行几条染色体的非整倍体筛查，开创了胚胎植入前遗传学筛查（preimplantation genetic screening，PGS）时代[3]，并被广泛推广，但是FISH技术存在一些局限性，如探针数目有限，因此只能检测有限的几条染色体。随着新的分子技术不断发展，荧光PCR、基因芯片、比较基因组杂交法、单细胞测序法、全染色体筛查（comprehensive chromosome screening，CCS）技术进入人们的视野[4]。2004年后，基因芯片-PGS的报道开始增加，并于2010年后成为国际上大多数生殖中心的主要PGD/PGS技术，单核苷酸多态性（single nucleotide polymorphism，SNP）基因芯片可以快速简单地同时进行多种单基因疾病PGD，并可同时对23对染色体非整倍体进行筛查。在2013年人类生殖和胚胎学协会的年会上，Wells等汇报了首例高通量测序技术——PGS妊娠成功的病例；同年，华大基因与中南大学湘雅医院也报道了NGS检测囊胚的PGS成功病例。NGS-PGS技术因具有高通量、高灵敏度和高特异性，逐步成为最有潜力的PGD/PGS技术。

胚胎植入前遗传学检查是在人类辅助生殖技术的基础上，对配子或胚胎进行遗传学分析，诊断配子或胚胎是否有遗传缺陷，然后选择未见异常的胚胎植入子宫。胚胎植入前遗传学检测技术的发展使辅助生殖技术取得了巨大的进步，包括PGD和PGS两大技术。PGD适用于携带遗传性疾病、遗传风险或染色体重排的患者，主要用于有已知遗传学异常的夫妻；PGS是辅助生殖技术与遗传学分析技术相结合的一种植入前检测技术，被广泛应用于胚胎染色体数目异常（非整倍体）的筛查，主要用于无已知遗传学异常，但存在高度胚胎非整倍体风险的夫妇，可以提高体外受精－胚胎移植的着床率和活产率，降低流产率。

与传统依赖显微镜技术，挑选形态学等级高的胚胎进行移植的胚胎形态学相比，PGS可直接对胚胎的遗传物质进行分析，准确判断胚胎是否存在染色体异常，筛选出真正健康的胚胎。有临床试验数据显示，PGS可将接受辅助生殖治疗的反复流产人群的流产率从33.5%降低至6.9%，同时将临床妊娠率从依赖形态学的45.8%提高至70.9%。Keltz等最新发布的研究结果显示[5]，PGS可以显著改善体外受精（IVF）的各项指标（表10-1）。

表10-1　形态学与PGS筛选的胚胎移植后多项指标对比

方法	移植率	临床妊娠率	持续妊娠率	多胎妊娠率	流产率
IVF（-PGS）	19.15%	43.91%～45.8%	32.49%～41.7%	34.38%	26.01%～33.5%
IVF（+PGS）	45%～52.63%	55%～70.9%	61.54%～92%	8.33%	6.9%～11.11%

第二节　胚胎植入前遗传学诊断 / 筛查临床实践现状

胚胎植入前遗传学检测技术在辅助生殖领域得到了广泛的应用。在临床实践中 PGS 检测流程可分为以下三步（图 10-1）：① DNA 提取与单细胞扩增：取发育至 3 天的卵裂球单细胞或取发育 5 天的囊胚滋养层细胞 3 ～ 5 个，提取 DNA 并进行单细胞全基因组扩增（whole genome amplification，WGA）。②建库与测序：对质检合格的全基因组扩增产物进行文库制备，并在高通量测序仪上进行测序。测序所得的读段（reads）通过序列比对与人类基因组进行匹配。③数据分析与数据结果判读：测序数据与参考基因组进行对比，采用 CNV 算法分析，根据分析结果判读待测胚胎的染色体情况，利用生物信息学为选择正常胚胎移植提供参考。

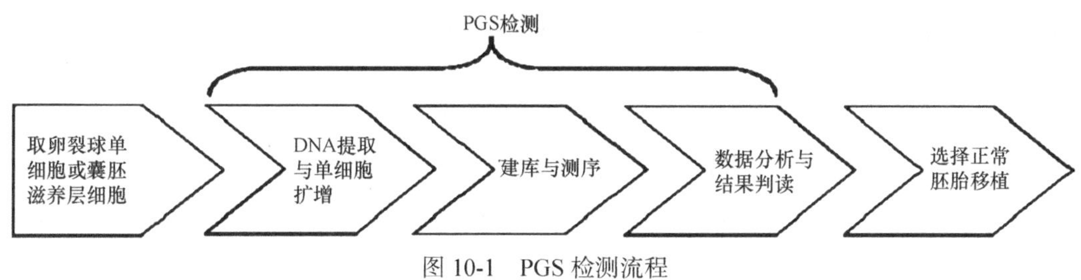

图 10-1　PGS 检测流程

一、胚胎活检时期

胚胎活检是 PGD/PGS 过程中涉及的对胚胎的主要操作，运用 PGD/PGS 进行遗传学诊断的材料可以来源于体外受精 - 胚胎培养的各个阶段，常见的材料来源主要有受精前后的第一、二极体，受精 3 天后 6 ～ 10 细胞期的卵裂球细胞，受精 5 ～ 7 天囊胚期的滋养外胚层（trophectoderm，TE）细胞。

极体活检是利用激光或机械法对第一、第二极体或两个极体进行取材和遗传学分析。尽管与卵裂期和囊胚期活检相比，极体活检对卵子和胚胎的创伤小、安全性较高，不影响卵子受精和胚胎的正常发育，同时可以间接反映母源性遗传缺陷；但其不能检测父源性遗传缺陷、受精期间或受精后异常，且极体容易发生退化，将明显影响诊断效率，有可能导致异常胚胎的漏诊和错误移植。

早期 PGD/PGS 的活检组织主要来源于卵裂球期胚胎，通过用显微操作仪吸取 1 ～ 2 个卵裂球细胞进行遗传病的诊断，经检测后可进行鲜胚移植。采用卵裂期的胚胎作为活检对象，可以同时检测母源性和父源性的遗传缺陷，以及受精后有丝分裂过程中的异常。但是有研究认为卵裂球期活检会影响胚胎的发育和植入潜能。同时因为检测材料少，只有 1 ～ 2 个卵裂球进行检测，而单个卵裂球细胞的检测结果并不能代表整个胚胎的状态，可能导致非整倍体嵌合体的漏诊，甚至导致异常胚胎的移植。因此，目前卵裂球活检也逐渐被囊胚期滋养外胚层活检取代。

囊胚期活检是在胚胎囊胚期使用机械法或激光法取 5 ～ 10 个滋养外胚层细胞进行遗

传学检测。囊胚期活检由于取 5 ～ 10 个滋养外胚层细胞，提供了更多的起始 DNA，理论上会提高后续检测的灵敏度和特异性，降低因嵌合现象误诊的发生率。另外，因为胚胎培养至囊胚期，本身已完成一次自我选择，所获临床妊娠率高。最新的随机对照研究证实，与卵裂球活检相比，囊胚活检不影响胚胎的发育及植入潜力，更能增加活产的机会，可明显改善 IVF 的临床结局。TE 活检因具有众多优势，已成为临床上主流的活检方式。

二、全染色体组分析

第一代 PGS（PGS1.0）是建立在卵裂期活检和 FISH 基础上的，既往多数研究表明，PGS1.0 不仅不能改善高龄、习惯性自然流产（recurrent spontaneous abortion，RSA）等患者的妊娠结局，反而对其有不良影响。多中心双盲随机对照临床试验（randomized controlled trial，RTC）（采用 FISH-PGS 技术对 408 例 35 ～ 41 岁女性患者胚胎中的 8 条染色体进行了筛查）显示，接受 PGS 干预组胚胎植入率显著低于未干预组（25% vs 37%），活产率也显著降低（24% vs 35%）。2015 年 Palini 等综合 10 个 RCT 研究，均显示 FISH-PGS 无益于改善 IVF 临床结局。随后欧洲人类生殖与胚胎学会（European Association for Human Reproduction and Embryology，ESHRE）和美国生殖医学会（American Society for Reproductive Medicine，ASRM）等均指出，无证据显示应用 FISH 对卵裂期胚胎的 PGS 对改善妊娠率与活产率有益。

随着 TE 活检和染色体全面筛查技术的发展（comparative genomic hybridization，CGH），人们对 PGS 技术进行了重新评估和定义（PGS2.0）。目前针对第二代 PGS 仅见 3 项 RCT 研究，均以常规形态学筛选作为对照，比较囊胚活检和全染色体分析 PGS 的妊娠结局，其中 Yang 等采用微阵列比较基因组杂交（array comparative genomic hybridization，aCGH）技术[6]，而另外两个试验采用多重定量 PCR。试验组与对照组均实施单胚胎移植，数据显示试验组临床妊娠率为 70.9%，显著高于对照组的 45.8%。2013 年 Scott 等研究结果证明，采用 PGS 显著提高胚胎植入率和分娩率。而 Forman 等的研究表明，PGS 在提高妊娠率上不显著，他们采用 PGS 组行单胚胎移植，对照组移植 2 个胚胎，两组临床妊娠率相当（60.7% vs 65.1%）。由此可见，PGS2.0 可改善 IVF-ET 的临床结局，但是上述有学者认为仍需大样本进行验证。

三、单胚胎移植

胚胎质量和子宫内膜容受性是决定 IVF-ET 成功的主要因素。我们知道胚胎的移植数目和方式是一个可控的因素，医生告知患者子宫内膜环境良好及核移植胚胎数目，由患者共同决定最终移植数量。但是为了增加妊娠机会，有的临床医师及患者会通过增加移植胚胎数来达到目的，因此，导致多胎发生率居高不下。有关数据显示，1994 年英国的双胎出生率较 1974 年增加 35%[7]，目前我国个别生殖中心甚至超过 50%，远高出自然妊娠多胎发生率（1% ～ 3%）10 倍多。随多胎妊娠增多的同时一些妊娠并发症和妊娠不良结局随之发生，如妊娠期高血压疾病、妊娠期糖尿病、营养不良、产后出血、早产、低出生体重儿，剖宫产率、新生儿患病率和死亡率显著增加，给家庭造成精神与经济负担的同时，同样影响人口质量。因此，90 年代欧洲国家通过立法控制医源性多胎的产生，其他经济发达国家也相继出台行业规范或法令限制移植胚胎数，推崇选择性单胚胎移植（elective single embryo transfer，eSET）。随着法令出台欧美国家实施胚胎移植数目逐渐呈现减少的趋势。2003 年我国修订人类辅助生殖技术（ART）管理规范，明确指出："每周期移植胚胎总数不得超过 3 个，其中 35 岁以下妇女第 1 次助孕周期移植胚胎数不得超过 2 个，对于多胎妊娠必须实施减胎术，避免双胎，严禁三胎和三胎以上的妊娠分娩。"

基于多胎妊娠对母亲及胎儿的危害，经过全球范围内生殖医学工作者力求和多国家共同努力，2014 年美国疾病控制与预防中心（CDC）发布的消息显示，美国多胎出生率由 2009 年的 24.9% 降为 18.3%。英国的 ART 多胎妊娠率从 2008 年的 26.6% 降到 2013 年的 16.3%。Luke 等对 6073 例 2004 ～ 2008 年的 IVF-ET 后回顾性分析研究发现，移植 3 个胚胎与移植 1 ～ 2 个胚胎相比，多胎出生风险增加 2 倍，表现为早产和低出生体重的风险更大。Vaegter 等对 8451 个 SET 周期进行前瞻性队列研究（1999 ～ 2014 年）发现，SET 活产率可达 28.2%，且单胚活产率从 25.2%（1999 ～ 2004 年）上升到 29.5%（2010 ～ 2014 年），这一研究结果为 eSET 的全面实施提供了强大的支持。尽管 eSET 妊娠率较双胚胎移植低，但可以显著减少多胎妊娠引起的妊娠并发症和不良出生结局。因此，eSET 已经越来越多地应用于临床，并列入欧美国家的人工助孕法案和系列行业规范。我国卫生行政部门已经有明确的法规限制移植胚胎的数量，但是对于瘢痕子宫、双子宫等畸形子宫、宫颈内口松弛、身材过于矮小等高危患者，移植 2 个胚胎将会对母婴造成很大的风险，我国专家共识建议进行单胚胎移植。

第三节　胚胎植入前遗传学诊断 / 筛查相关指南

虽然 PGS/PGD 发展时间较短，但在临床转化速度非常快，已成为 ART 技术的重要组成部分，从单纯解决不孕不育问题转为优化妊娠结局的有利技术。近年来，欧洲和美国都相应制定了 PGD 和 PGS 的技术指南或建议。PGD 国际工作组（International Working Group on Preimplantation Genetics）成立于 1990 年，其职责是对全球 PGD 的工作进行总结和指导。7 年后，ESHRE 的 PGD 工作组成立，提出对高危人群进行 PGS 以提高成功率，并且每年进行数据统计以跟进 PGD 最新进展。

2002 年胚胎植入前遗传学诊断国际学会（Preimplantation Genetic Diagnosis International Society，PGDIS）成立，主要任务之一是提高 PGD 的安全性和准确性，在此背景下于 2004 年颁布了 PGD 技术指南（PGDIS，2004），就 PGD 适用人群、体外受精、胚胎培养与活检、诊断技术、胚胎移植、后续妊娠、质量控制及遗传咨询与随访等提出了建议指导，并于 2008 年修正了 PGD 操作流程及实验室质量保证指南。2011 年 ESHRE 的 PGD 联盟就 PGD 实验室的设立及 DNA 扩增技术、FISH 技术、胚胎活检技术发表相关指南。Tur-Kaspa 等于 2015 年提出了用于 HLA 配型的 PGD 指南[8]，指南中针对育有罹患血液系统疾病、急需脐带血干细胞（骨髓）移植患儿的父母选择 HLA 配型符合的胎儿给出指导和规范。同年 Girardet 等提出了囊性纤维瘤 PGD 指南，可作为单基因病 PGD

技术指南参考。这主要是是针对欧洲人群常见的囊性纤维瘤的单基因病，这些指南有助于规范 PGD 技术，并帮助指导建立符合中国国情的 PGD 技术规范和指南。2016 年，中国学者刘东云和黄国宁对国外植入前诊断指南进行了详细的解读。

一、PGD 实验室建立指南

PGDIS 建议根据 ESHRE 的推荐建立合理高效的 PGD 实验室。指南中指出一个 PGD 项目中需要 IVF 中心、遗传咨询、IVF 实验室、遗传实验室及各遗传分析质控协议，各实验室应建立充分的信息交流，并遵循严格、一致的质量控制标准。所有实验室操作程序和协议应及时更新，实验室要求操作流程记录要标准规范，实验室负责人应及时更新操作手册，并确保每一位相关工作人员掌握当前的操作流程。对于重要环节要双人审核，如胚胎活检、胚胎的独立培养、根据 PGD 结果选择可移植胚胎是最重要的 3 个环节，须双人审核。实验室具有对于单细胞遗传分析或对活组织细胞（包括 FISH 和 PCR）分析的能力。

PGD 实验室建立过程中应格外注意避免外源性细胞或 DNA 污染活检细胞。同时应严格遵循 PCR 实验室操作规范，PCR 扩增应在独立的区域及超净工作台下进行，PGD 分析应能检测出母源性及父源性 DNA 污染的可能性，否则存在较高的误诊风险。活检后的细胞应在相邻的独立区域进行细胞固定（用于 FISH）或全基因组扩增（用于 PCR）。标本的标记和识别必须严格参照标准规范，在细胞固定或转入 PCR 反应管时、胚胎诊断及诊断后对应胚胎过程中必须经过双人审核与确认。目前国内外都有很多生殖中心将活检后的标本外送至特定的检测公司或实验室进行诊断，这必须在生殖中心与检测实验室之间建立严格的标本运输与接收、标记体系，建立明确的双方权责。生殖中心和检测实验室之间应就法律、保险和责任签署正式合同及联合知情同意书。生殖中心进行的细胞固定或转入 PCR 反应管的操作过程需要得到检测实验室的结果认可后方可施行临床标本检测。

二、胚胎活检技术指南

活检的细胞应完整，并有清晰可见的细胞核。目前胚胎活检主要通过机械法、化学法、激光法在透明带开孔。PGDIS 建议只能在透明带上开一个孔，以避免在孵化过程或胚胎诱捕过程中丢失卵细胞。开孔过大（＞ 60μm）、过度挤压胚胎和激光能量过高等可能损伤胚胎。从已经进入第三个卵裂分裂（至少 5 个卵裂）的胚胎中取出一个卵裂球，应避免对两个细胞进行活检。

PGDIS 指南中对于活检媒介进行了规范，建议使用与胚胎培养相同的培养基，以避免胚胎休克。活检培养基中加入蔗糖有助于细胞皱缩，从而缩小细胞体积，便于从透明带开孔处取出细胞。活检速度要快，理想的活检时间是每个胚胎不超过 1 分钟，建议一个人做胚胎活组织检查，另一个人对胚胎进行盘点，以尽量减少胚胎在培养箱外的时间。PGDIS 强调生殖中心应配备足够的培养箱，以缩短胚胎活检过程中胚胎暴露于培养箱外的时间，减少开关培养箱次数，避免由此引起的温度波动。

因为胚胎活检中操作者的经验对 PGD 结果及 IVF 妊娠结局都具有十分重要的影响，

故PGD中心必须有经过正规培训的胚胎学工作人员，该工作人员应熟练掌握并长期操作胚胎活检（主要是极体、卵裂球和囊胚的活检），即使上述活检技术不是在每一个PGD中心都常规开展。PGDIS推荐胚胎活检操作者必须具备丰富的经验并常规操作该技术，同时不间断用废弃胚胎进行再培训。生殖中心有义务验证活检过程不会影响胚胎发育潜能。

三、染色体异常胚胎诊断技术指南

染色体异常的胚胎可通过FISH及全基因组扩增后的芯片或测序技术诊断。

（一）针对全基因组PCR的PGD技术指南

基因扩增前区域必须是独立的实验室区域，在层流或层流净化罩下进行扩增前DNA标本处理，施行单向工作流程。因PGD中检测DNA为微量DNA，应注意避免操作人员带来外源性DNA污染。操作人员必须严格避免精子来源的污染，针对PCR的PGD必须使用卵胞浆内单精子显微注射（intracytoplasmic sperm injection，ICSI）方式授精，同理，应尽可能去除颗粒细胞，以减少母源性污染。PGDIS推荐首先利用单细胞（口腔黏膜细胞，淋巴细胞或丢弃、捐赠的囊胚等）验证扩增有效性，扩增率不低于85%；还应同时扩增目标基因及目标基因邻近的高度多态性标记物，这样可检测到扩增失败和等位基因脱扣（allele drop-out，ADO）；利用多态性标记物可检测和避免外源性DNA污染，不超过5%方可进行临床检验。具有基因缺陷的PGD病例推荐使用巢式或半巢式PCR，或多重荧光PCR方法，并设计阳性及阴性对照，同时PCR结果需要双人审核。针对致病基因检测，在DNA扩增引物设计中应包括致病基因，以及致病基因位点之外上下区域SNP位点，通过高度多态性标记物的分析，可以判断外源性DNA污染及ADO，从而提高单基因病PGD准确率。近年来越来越多的中心将SNP连锁分析技术用于单基因病的PGD，基因连锁分析必须结合不育夫妇及先证者，甚至不育夫妇双亲的DNA分析。

（二）针对FISH的PGD技术指南

通过FISH分析染色体疾病之前需要进行细胞内固定，使用甲酰胺、冰乙酸可减少细胞固定后的信号重叠及相应的误诊风险，并减少微核和DNA纤维的损失。固定过程中细胞质破裂后，不应继续加固定液。杂交前须在相差显微镜下确认并标记细胞核，同时检查胞质是否去除干净，否则会影响杂交效果。细胞固定是一个技巧性强的操作，可利用D2鼠胚练习细胞固定操作。PGDIS推荐PGD前先通过正常或三体细胞株验证FISH探针。FISH的杂交率应在95%以上。对于非整倍体PGD检测，建议用八组染色体探针，分别为X、Y、13、15、16、18、21、22号染色体探针，因为这些是自然流产胚胎中最常见的非整倍体。FISH用于染色体平衡易位患者的PGD时，使用的探针应至少包括2个端粒探针和1个着丝粒探针，或2个着丝粒探针和1个端粒探针，这样能检测出所有的非平衡染色体组合，同时PGDIS推荐PGD前首先用携带者的淋巴细胞验证探针效果后再进行临床检测。杂交后的信号结果判读应该建立评分标准，需两名实验操作人员对FISH信号结果分别进行判读，并达成共识。

四、结果判断与出具报告

报告要求格式固定、结果清晰、界面友好。PGD 报告应包括：实验室名称及信息（实验室名称、地址、联系电话等），医生信息，报告日期，报告名称（疾病名称 +PGD），检测疾病及基因名称，夫妇姓名及出生日期，标本信息（标本类型、取材日期、收到日期、检测日期），检测方法，检测结果，误诊率，检验者及审核者签名，页码及总页码数。所有报告应以书面形式出具，联合实验室可通过传真或邮件发送书面报告，细节可通过电话沟通。无论是 FISH 还是 PCR 结果，PGDIS 均建议由两名具备诊断资质的人员分别审阅分析，独立出具诊断意见，诊断一致时方可出具诊断报告。如果两名诊断人员判断的结果不一致，应重复检测，必要时重新活检。在不能出具明确诊断报告时，应充分告知患者，并由患者知情选择。建议在与患者讨论 PGD 结果前，应由生殖中心有资质的专业人员认真审查。

五、遗传咨询与随访

遗传咨询是 PGD 一个不可缺少的环节。在遗传咨询过程中，生殖中心应全面了解患者的生育状况及家庭有无遗传病，通过全面了解患者夫妇双方遗传病发病情况，绘制家系图谱，必要时完成与妊娠结局相关的其他检查，包括男性精液分析、双方染色体、有生育意愿的女性宫腔镜检查；生殖中心应告知患者 PGD 的过程、采用的方法、技术的局限性及预期结果。知情同意书中应包括机构的 PGD 误诊率，并告知患者其他选择，包括自然妊娠后产前诊断的选择及面临的后果。其中误诊率数据的来源应为生殖中心上一年临床数据总结，包括临床发生的 PGD 误诊（由产前诊断或产后新生儿基因、染色体诊断证实），以及以未移植的胚胎再次重复分析的结果判断的误诊率。系统分析有助于判断 PGD 的有效性，并评估单细胞的误诊率，PGDIS 建议误诊率应低于 10%。PGDIS 强烈推荐不适宜冷冻及移植的胚胎应用于验证 PGD 结果，通过再次对所有卵裂球再次检测分析，评估 PGD 误诊率。

PGD 成功妊娠后需进行产前诊断，产前诊断检测根据生殖中心提供的建议和检测方式，患者自己选择是否检测及检测方式。目前产前诊断包括有创（绒毛、羊水）和无创（超声诊断、母体外周血中胎儿游离 DNA）两种方式。同时，在胎儿出生时，应抽取脐带外周血验证产前检测的准确性，并保证 PGD 的有效性。

建立随访机制，随访是评估 PGD 有效性的关键。随访的内容包括着床率、临床妊娠率、临床流产率及新生儿随访，染色体异常是导致胚胎流产的主要原因，如果发生胚胎流产，应对流产组织进一步分析，从而评估 PGD 结果准确性，同时查找流产原因。新生儿随访应了解有无明显或轻微的出生缺陷，以评估胚胎活检可能对子代的影响，必要时应复查新生儿遗传信息。生殖中心和检测中心应就 PGD 后的随访及数据收集达成共识。

2015 年，国家卫计委发布了《关于辅助生殖机构开展高通量基因测序植入前胚胎遗传学诊断临床应用试点工作的通知》，相关部门也已经着手制订详细的技术规范。中国食品药品检定研究院也发布了胚胎植入前染色体非整倍体检测试剂盒（高通量测序法）质量控制评价技术指南。

第四节　胚胎植入前遗传学诊断产品质量评价参考品制备

随着新一代测序平台的问世和发展，以高通量测序为核心技术支撑，从样品处理、文库构建、信息分析及给出报告的完整的胚胎植入前基因检测产品已开始广泛应用。如何建立行业标准、规范产品发展、提高胚胎植入前基因检测技术研究水平和国际竞争力是我们面临的现实问题。在 PGS 产品质量评价和行业标准建立方面需要进行的工作包括产品评价参考品的制备、临床实验室比对、参考数据库建立等多项内容。下面就 PGS 产品质量评价参考品制备进行叙述。

一、细胞系样本

PGS 标准品盘采用 67 个细胞系样本（66 个阳性细胞系样本和 1 个炎黄细胞系样本），单独收集了 10 份口腔上皮细胞，另外将 6 个 CNV 较大的阳性细胞系与 6 个 CNV 较小的阳性细胞系按照 1 ∶ 2 及 2 ∶ 1 的比例混合成 6 个 30% 嵌合参考品，还培养了 6 个胚胎干细胞系，总计 89 个样本。

二、细胞系高通量测序验证

采用高通量、低覆盖度基因组测序对 67 例细胞系提取的 DNA 进行染色体数目异常和缺失 / 重复检测。验证结果和核型结果一致。

三、参考品组成

本套参考品盘共包含 89 个样本，组成如下：67 个不同突变类型的 CNV 细胞系样本、1 个数据量控制参考品细胞系样本、9 个正常人群口腔上皮细胞样本、6 个不同 CNV 大小突变细胞系混合的嵌合样本、6 个三体的胚胎干细胞系样本。具体组成如下。

1. 数据量控制参考品　炎黄（YH）细胞系样本 1 个。

2. 阳性参考品　67 个不同突变类型的 CNV 细胞系样本和 6 个三体胚胎干细胞样本，共计 73 个样本。

3. 嵌合体参考品　30% 嵌合比例的 6 个不同 CNV 较大的突变细胞系分别与 6 个不同 CNV 较小的突变细胞系混合的嵌合样本各 1 个，共 6 个样本。

4. 阴性参考品　9 个不同来源的正常人群口腔上皮细胞样本，共计 9 个样本。

基本每个样本按照格式“序号 + 异常类型 + 异常大小”进行标号，如“1-del（3）-4.5M”代表 1 号样本核型为 3 号染色体缺失 4.5Mb 片段的参考品。具体样本信息如表 10-2 所示。

表 10-2 参考品样本信息

序号	参考品编号	样本类型	染色体异常片段大小（bp）	其他染色体异常类型
1	1-del（1）-5.6M	阳性参考品	5 639 936	
2	2-del（1）-1.6M	阳性参考品	1 632 403	
3	3-del（2）-4.3M	阳性参考品	4 358 025	del（2）-3 534 866
4	4-del（2）-19.4M	阳性参考品	19 360 758	
5	5-del（2）-14.6M	阳性参考品	14 572 289	
6	6-del（2）-13M	阳性参考品	13 046 162	
7	7-del（3）-34.6M	阳性参考品	34 580 068	
8	8-del（3）-10.3M	阳性参考品	10 270 044	
9	9-del（4）-13.4M	阳性参考品	13 361 923	
10	10-del（4）-29M	阳性参考品	28 969 831	
11	11-del（4）-37.7M	阳性参考品	37 712 818	
12	12-del（5）-11.6M	阳性参考品	11 616 270	del-1 326 939
13	13-del（5）-7M	阳性参考品	6 996 366	
14	14-del（5）-13.3M	阳性参考品	13 274 764	
15	15-del（5）-14.7M	阳性参考品	14 714 455	del-2 697 371
16	16-del（5）-16M	阳性参考品	15 991 037	
17	17-del（6）-7.9M	阳性参考品	7 901 180	
18	18-del（6）-11.1M	阳性参考品	11 063 861	
19	19-del（7）-25.3M	阳性参考品	25 278 191	
20	20-del（7）-22.5M	阳性参考品	22 463 639	
21	21-del（7）-16.1M	阳性参考品	16 083 457	
22	22-del（7）-1.5M	阳性参考品	1 482 498	
23	23-del（7）-1.5M	阳性参考品	1 482 498	
24	24-del（7）-1.4M	阳性参考品	1 416 332	
25	25-del（8）-13.6M	阳性参考品	13 586 510	
26	26-del（8）-5.2M	阳性参考品	5 219 384	
27	27-del（9）-15.2M	阳性参考品	15 169 498	
28	28-del（9）-1.4M	阳性参考品	1 351 599	
29	29-del（10）-11.9M	阳性参考品	11 936 554	
30	30-del（10）-14.1M	阳性参考品	14 136 575	（dup）1 926 768
31	31-del（11）-4.9M	阳性参考品	4 887 239	
32	32-del（11）-15.2M	阳性参考品	15 204 864	
33	33-del（11）-32.4M	阳性参考品	32 438 769	
34	34-del（13）-12.1M	阳性参考品	12 104 600	del-2 203 065
35	35-del（13）-18.3M	阳性参考品	18 297 164	
36	36-del（13）-27.6M	阳性参考品	27 559 301	

续表

序号	参考品编号	样本类型	染色体异常片段大小（bp）	其他染色体异常类型
37	37-del（13）-33.2M	阳性参考品	33 206 550	
38	38-del（13）-37.3M	阳性参考品	37 331 931	
39	39-del（13）-55.9M	阳性参考品	55 886 315	
40	40-del（15）-5M	阳性参考品	5 041 457	
41	41-del（15）-4.9M	阳性参考品	4 919 303	
42	42-del（15）-6.5M	阳性参考品	6 528 194	
43	43-del（16）-4.9M	阳性参考品	4 880 469	
44	44-del（16）-7M	阳性参考品	7 003 386	
45	45-del（17）-2M	阳性参考品	1 982 554	
46	46-del（17）-3.6M	阳性参考品	3 632 187	
47	47-del（17）-5.8M	阳性参考品	5 821 588	
48	48-del（18）-5.3M	阳性参考品	5 347 539	（dup）1 396 160
49	49-del（18）-12.8M	阳性参考品	12 814 914	
50	50-del（18）-16.7M	阳性参考品	16 689 295	
51	51-del（18）-25M	阳性参考品	24 989 506	
52	52-del（20）-11.3M	阳性参考品	11 331 963	
53	53-del（21）-10.8M	阳性参考品	10 762 611	
54	54-del（21）-17.3M	阳性参考品	17 316 939	
55	55-del（22）-2.7M	阳性参考品	2 687 365	
56	56-del（22）-6.1M	阳性参考品	6 134 239	
57	57-del（X）-37.7M	阳性参考品	37 745 740	
58	58-del（X）-46M	阳性参考品	46 045 615	
59	59-T2，T21	阳性参考品		
60	60-T9	阳性参考品		
61	61-dup（13）-96.2M	阳性参考品	（dup）96 182 860	
62	62-T15	阳性参考品		
63	63-T18	阳性参考品		
64	64-T21	阳性参考品		
65	65-XXY	阳性参考品		
66	66-XYY	阳性参考品		
67	97-NC1	阴性参考品		阴性细胞
68	98-NC2	阴性参考品		阴性细胞
69	99-NC3	阴性参考品		阴性细胞
70	100-NC4	阳性参考品		1.4M-46，XY，dup（Xq12）（65 600 001 ～ 67 100 000）
71	101-NC5	阴性参考品		阴性细胞
72	102-NC6	阴性参考品		阴性细胞

续表

序号	参考品编号	样本类型	染色体异常片段大小（bp）	其他染色体异常类型
73	103-NC7	阴性参考品		阴性细胞
74	104-NC8	阴性参考品		阴性细胞
75	105-NC9	阴性参考品		阴性细胞
76	106-NC10	阴性参考品		阴性细胞
77	107-YH	数据质量控制参考品		YH 细胞系
78	108-0.3-del（1）-5.6M	30% 嵌合参考品		阳性细胞混合阴性细胞
79	109-0.3-del（7）-25.3M	30% 嵌合参考品		阳性细胞混合阴性细胞
80	110-0.3-del（10）-14.1M	30% 嵌合参考品		阳性细胞混合阴性细胞
81	111-0.3-del（13）-18.3M	30% 嵌合参考品		阳性细胞混合阴性细胞
82	112-0.3-del（15）-4.9M	30% 嵌合参考品		阳性细胞混合阴性细胞
83	113-0.3-del（17）-5.8M	30% 嵌合参考品		阳性细胞混合阴性细胞
84	121-T3	阳性参考品		47，XX，+3
85	122-T12	阳性参考品		47，XY，+12
86	123-T14	阳性参考品		47，XX，+14
87	124-T15	阳性参考品		47，XX，+15
88	126-T21	阳性参考品		47，XX，+21
89	127-XYY	阳性参考品		47，XY，+Y

30% 嵌合参考品由两种阳性参考品细胞系分离的细胞组成，两种阳性参考品细胞组成比例为 1 ： 2，细胞个数分别为 3 和 6 个，每个嵌合参考品样本共 9 个细胞，每个样本的细胞组成具体信息如表 10-3 所示。

表 10-3　样本的细胞组成

	30% 嵌合参考品编号	样本制备信息
1	108-0.3-del（1）-5.6M	3 个 1-del（1）-5.6M 细胞和 6 个 61-dup（13）-96.2M 细胞
2	109-0.3-del（3）-34.6M	3 个 7-del（3）-34.6M 细胞和 6 个 13-del（5）-7M 细胞
3	110-0.3-del（4）-37.7M	3 个 11-del（4）-37.7M 细胞和 6 个 41-del（15）-4.9M 细胞
4	111-0.3-del（6）-7.9M	3 个 17-del（6）-7.9M 细胞和 6 个 10-del（4）-29M 细胞
5	112-0.3-del（7）-25.3M	3 个 19-del（7）-25.3M 细胞和 6 个 56-del（22）-6.1M 细胞
6	113-0.3-del（17）-5.8M	3 个 47-del（17）-5.8M 细胞和 6 个 33-del（11）-32.4M 细胞

本套参考品盘中共有 64 个染色体异常片段≥ 4Mb 的阳性参考品，15 个染色体异常片段＜ 4Mb 的阳性参考品（表 10-4），9 个阴性参考品，6 个嵌合体参考品，1 个数据量控制参考品。

表 10-4　染色体异常片段＜ 4Mb 的阳性参考品

序号	参考品编号	样本类型	染色体异常片段大小（bp）	其他染色体异常类型
2	2-del（1）-1.6M	阳性参考品	1 632 403	
3	3-del（2）-4.3M	阳性参考品	4 358 025	del-3 534 866
12	12-del（5）-11.6M	阳性参考品	11 616 270	del-1 326 939
15	15-del（5）-14.7M	阳性参考品	14 714 455	del-2 697 371
22	22-del（7）-1.5M	阳性参考品	1 482 498	
23	23-del（7）-1.5M	阳性参考品	1 482 498	
24	24-del（7）-1.4M	阳性参考品	1 416 332	
28	28-del（9）-1.4M	阳性参考品	1 351 599	
30	30-del（10）-14.1M	阳性参考品	14 136 575	（dup）1 926 768
34	34-del（13）-12.1M	阳性参考品	12 104 600	del-2 203 065
45	45-del（17）-2M	阳性参考品	1 982 554	
46	46-del（17）-3.6M	阳性参考品	3 632 187	
48	48-del（1）-5.3M	阳性参考品	5 347 539	（dup）1 396 160
55	55-del（22）-2.7M	阳性参考品	2 687 365	
70	100-NC4	阳性参考品	1.4M-46，XY，dup（Xq12）（65 600 001 ～ 67 100 000）	

四、参考品盘验证

本套参考品盘验证分别在 3 个中心针对整套盘进行 3 次重复实验进行验证，采用 Nextseq CN500、DA8600 及 BGISEQ-500 3 种测序平台进行。3 个平台数据整体分析结果如下。

（一）文库构建成功率

3 个平台文库建库成功率均＞ 95%，因此要求建库失败率≤ 3.0%，即建库失败样本数量应≤ 2 个（表 10-5）。

表 10-5　3 个平台文库建库成功率

平台	第一批	第二批	第三批
BGISEQ-500	100%（83/83）	97.6%（81/83）	100%（83/83）
DA8600	100%（89/89）	100%（89/89）	100%（89/89）
Nextseq CN500	96.6%（86/89）	100%（89/89）	95.5%（85/89）

（二）数据量统计

目前 3 个平台中 BGISEQ-500 原始数据量和有效数据量最高，BGISEQ-500 和 NextSeq CN500 与标准人类全基因组约 40% 的 GC 含量相当，而 DA8600 平台 GC 含量明显高于全基因组整体 GC 含量。在文库重复率方面，除了 DA8600 重复率较高，BGISEQ-500 测序平台重复率为 10% 左右，Nextseq CN500 测序平台重复率＜ 10%，均能满足数据量参考品有效数据量应≥ 1Mb 且基因组覆盖率≥ 4% 的要求（表 10-6）。

表 10-6　3 个平台测序数据统计

平台	原始数据量	有效数据量	有效数据占有率（%）	GC 含量（%）	覆盖率（%）	重复率（%）
BGISEQ-500	34 219 064	18 662 460	54.54	42.82	10.16	10.67
DA8600	2 039 067	1 336 201	65.53	44.00	5.29	12.08
Nextseq CN500	5 407 778	3 400 736	62.9	39.7	4.6	3.5

注：基因组覆盖率 = 有效数据量覆盖基因组长度 / 参考基因组总长度。

（三）3 个平台 64 个染色体异常片段≥ 4Mb 的阳性参考品检出率

针对 64 个染色体异常片段≥ 4Mb 的阳性参考品，每个样本进行 3 次重复实验。3 个平台均能满足染色体异常片段≥ 4Mb 的阳性参考品全部检出，平台检出率如表 10-7 所示。

表 10-7　3 个平台 64 个染色体异常片段≥ 4Mb 的阳性参考品检出率

平台	第一批	第二批	第三批	共计
BGISEQ-500	100%	100%	100%	100%
DA8600	100%	100%	100%	100%
Nextseq CN500	100%	100%	100%	100%

（四）3 个平台 15 个染色体异常片段＜ 4Mb 的阳性参考品检出率

针对 15 个染色体异常片段＜ 4Mb 的阳性参考品，每个样本进行 3 次重复实验。3 个平台检出率不一，检出率为 60% ～ 100% 不等（表 10-8）。考虑到临床实际和试剂盒的检测能力相适应，故将技术要求定为染色体异常片段＜ 4Mb 的阳性参考品至少检出 5 个样本。

表 10-8　3 个平台 15 个染色体异常片段＜ 4Mb 的阳性参考品检出率

平台	第一批	第二批	第三批	共计
BGISEQ-500	100%	97.78%	100%	99.26%
DA8600	100%	93.33%	93.33%	95.55%
Nextseq CN500	60.00%	60.00%	60.00%	60.00%

（五）3 个平台嵌合体样本检出率

针对 30% 嵌合的 6 个嵌合体样本，每个样本进行 3 次重复实验，检出率如表 10-9 所示。由于 Nextseq CN500 平台在分析软件上对嵌合体不兼容，30% 嵌合结果均为未检出，70% 嵌合作为 CNV 大小异常样本进行结果报告。其他两个平台的检出率为 16.7% ～ 83.33%

不等。结合前期在内外胚层的检测结果，对嵌合体的检出率要求为针对 30% 嵌合的嵌合体样本至少检出 2 个，相对应的 70% 嵌合体样本至少检出 4 个。

表 10-9 3 个平台嵌合体样本检出率

平台	第一批	第二批	第三批	共计
DA8600	33.33%	66.66%	83.33%	61.11%
Nextseq CN500	16.7%	33.33%	16.7%	22.2%
BGISEQ-500	66.67%	50.00%	72.22%	62.96%

（六）阴性样本检出率统计

共包括 9 个阴性样本，检出率如表 10-10 所示。

表 10-10 阴性样本检出率

平台	第一批	第二批	第三批	共计
BGISEQ-500	100%	100%	100%	100%
DA8600	100%	100%	100%	100%
Nextseq CN500	100%	100%	88.88%	96.30%

注：阴性参考品不得检出染色体异常。

五、产品质量控制方案

体外诊断试剂检验结果的准确性、不同厂家同类产品检验结果的一致性是产品质量的重要议题。产品的质量评价一般要考虑与产品性能密切相关的准确度、特异性、重复性等指标。

（一）测序平台的适用性

目前常用的高通量测序平台的测序原理可分为光学技术（以 Illumina 公司、华大基因公司为代表）和半导体技术（以 Thermo 公司为代表）。每个测序平台都有各自的特异性参数，包括仪器大小、通量、读长、运行时间及测序成本等，企业应结合具体的临床应用需求选择合适的测序平台并进行评估。

（二）文库构建和测序策略的评价

不同的测序平台要求的测序检测方法和文库构建方法也有所不同，与测序检测方法相对应的文库构建方法应该给予充分的考虑，特别是与预期用途匹配者。给予高通量测序方法的企业参考品一定的考虑和设计以后，也可能适用于其他的染色体非整倍体和染色体拷贝数的植入前筛查，但是这里主要讨论的和适用的是从有限的胚胎细胞开始，通过全基因组扩增来实现低覆盖度的全基因组高通量测序方法。

文库构建的方法学应阐明其相应的变量和测序策略的结合，如测序类型（如单末端测序或双末端测序）；所测序列的组成、大小、长度和方向；测序的样本标签、组合标签或其他有用的拆分标签；样本或文库的混样测序（pooling）；文库的扩增和纯化；文库接头是否加标签；样本 DNA 是否有预扩增和处理等。如果可能，需指出并记录检测中每一个操作步骤的局限性，包括对其他步骤造成的可能影响。

鉴于目前高通量测序技术的复杂程度，在单细胞扩增、文库构建、测序等过程中发生人为错误或意外的情况不能完全避免，应针对文库构建失败率进行限定，国家参考品中的文库构建失败率应不高于 3%。

（三）采用国家参考品对检测的数据量进行控制

染色体数量变异检测对数据覆盖度有一定要求，通常来讲，覆盖度越高，检测精度越高，检测越准确。而当总体数据覆盖度和待检验对象（如 21 号染色体）覆盖度达到一定水平时（如不低于 1%），方能代表染色体总体变异情况。通过综合考虑其他因素，如实验间波动、人员操作系统差异等，设定合理的质控标准。

在现行的国家参考品中，考虑到降低数据量可能导致假阴性或假阳性结果，要求单个样本数据覆盖度不低于 4%，单个样本数据量不低于 1Mb。由于各测序平台读长不同，所以所需的 reads 可能会有差异，但应该满足上述覆盖度和有效数据量的最低要求。

（四）阴性和阳性符合率的评价

采用全基因组高通量测序法检测胚胎细胞扩增产物 DNA 时可以检测到的 DNA 片段有许多种类，如胚胎的 DNA、病原体的 DNA、试剂中污染物种的 DNA、来自环境的 DNA 等。

应通过样本检测分析胚胎样本 DNA 的含量、片段大小等理化特性，根据理化特性合理地设置参考品考核试剂的阴阳性符合率。模拟真实样本的参考品可以采用永生化细胞和胚胎干细胞等多种细胞类型，要求与胚胎细胞的 DNA 含量和片段大小等性能指标近似。

阴性参考品可以采用染色体数目正常的样本细胞、正常男性和女性血液永生化的细胞系样本等，阳性参考品可以采用染色体异常永生化细胞系样本和胚胎干细胞样本等多种细胞类型。应设置一定数量的阴性参考品，阳性参考品中染色体异常样本应该尽量涵盖 24 条染色体。

在现行国家参考品中，阴性参考品应不得检出 22 条常染色体和 2 条性染色体数目非整倍性异常，而异常片段＞ 4Mb 的阳性参考品对应的染色体异常要求检出率达到 100%，异常片段≤ 4Mb 的阳性参考品对应的染色体异常要求检出率达到 30% 以上。

（五）嵌合检出率的评价

在临床实际工作中，囊胚活检时通常取 3 ～ 10 个外滋养层细胞，由于外滋养层存在异质性，即嵌合现象，而高比例的嵌合异常不建议进行移植，因此嵌合型非整倍体的检测准确性需要通过参考品进行考虑和设置。

为了检测嵌合比例对染色体非整倍体检测结果的影响，现行国家参考品中设置了嵌合参考品，分别为 70% 和 30% 嵌合比例样本。70% 异常嵌合体检出率应≥ 60%，30% 异常嵌合体检出率应≥ 30%。

为考察试剂的重复性，应建立重复性考核指标，并对指标的评价标准做出合理要求，如一致性、标准差或变异系数的范围等。现行国家参考品要求全参考盘重复。

经过验证，我们确定的现行产品技术指标要求不同高通量测序检测系统（包括检测试剂盒）进行测序文库制备时，本套参考品建库失败率应≤ 3%，即失败样本应不≤ 2 个；同时要求对数据量控制参考品的检测唯一比对有效数据量应不低于 1Mb，基因组覆盖率不低于 4% 的前提下，达到下列技术指标。

1．阳性参考品符合率　异常片段≥ 4Mb 的阳性参考品对应的染色体异常要求检出率达到 100%；异常片段≤ 4Mb 的阳性参考品对应的染色体异常要求检出率达到 30% 以上，即检出样本应不少于 5 个。

2. 阴性参考品符合率　阴性参考品应不得检出染色体异常。

3. 嵌合体参考品符合率　30% 嵌合的嵌合体样本检出率应达到 30% 以上，即至少检出 2 个样本；相对应的 70% 嵌合体样本检出率应达到 60% 以上，即至少检出 4 个样本。

4. 重复性　使用同一批次试剂盒进行 3 次重复实验，要求 3 次实验结果在满足建库失败率和数据量参考品的条件下，每次均满足上述 1 ～ 3 的检测要求。

第五节　胚胎植入前染色体非整倍体检测试剂盒（高通量测序法）质量控制评价技术指南中诊断试剂的设计开发要求

胚胎植入前染色体非整倍体检测试剂盒（高通量测序法）涵盖的试验流程为从胚胎细胞到 DNA 文库的构建，应该与相应的测序平台及其相应的通用试剂和耗材联合使用，方能达到检测的预期目的。除了测序平台的控制检测软件以外，还应当开发与本指南所述的试剂盒预期目标联合使用的软件，作为一个整体和系统来实现检测目的。胚胎植入前染色体非整倍体检测试剂盒（高通量测序法）的设计至少要考虑以下几个方面。

一、预期用途

明确胚胎植入前染色体非整倍体检测试剂的预期用途，包括定性或定量检测、样本类型和被测物等。检测试剂盒的预期用途一般是对 ICSI 获得的胚胎细胞的所有染色体进行检测，以判断胚胎是否存在染色体非整倍性和拷贝数变异。参照《体外诊断试剂说明书编写指导原则》进行，介绍临床适应证及背景，说明相关的临床或实验室诊断方法等。明确试剂盒检测结果不作为胚胎是否进行植入的唯一依据，仅供临床辅助诊断，植入胚胎需通过妊娠成功后的产前诊断金标准（核型分析）进行确诊。

二、方法原理

胚胎植入前染色体非整倍体检测是基于低覆盖全基因组测序的方法学，其主要原理：

每个胚胎细胞含有一整套人的全基因组DNA，含量约为6.6pg，在进行全基因组扩增后获得较高起始DNA模板量，然后进行DNA片段化、文库构建、PCR扩增及上机测序，获得样本的测序数据。运用生物统计学进行信息分析，根据各条染色体上不同窗口对应的拷贝率（或其他类似技术指标）和全基因组范围内的检验统计值，与正常样本获得的值或自身样本内比较找出变异区域，再根据变异区域的相对位置信息和长度判定非整倍体。具体过程大致可描述为：①胚胎细胞进行全基因组扩增获得微克级DNA；②取全基因组扩增后的DNA，经过片段化（超声或酶切等）选择一定片段大小的DNA分子（如150～250bp）；③通过文库构建流程，在上述DNA分子两端加上测序用接头；④上机测序获得一定长度的读段；⑤通过相应的软件对得到的测序数据进行统计分析，获得每条染色体的统计量。当胚胎出现染色体非整倍体时，在胚胎DNA数据进行分析时，相应染色体总数会有一定比例的升高或降低，结合生物信息学分析方法，对相应染色体所属的DNA片段数量进行统计，与一定量样本构成的参考集合相比较或自身样本内比较来设定参数，根据数理统计的原理和胚胎DNA测序数量的结果、染色体数量的相对变化，通过统计学算法区分这一差异以实现胚胎染色体非整倍体的植入前筛查。

三、主要原材料

胚胎植入前染色体非整倍体检测试剂的主要原材料是指所有与预期用途相关原材料。主要原材料一般由单细胞扩增所需的裂解液、前扩增酶及其缓冲液、后扩增酶及其缓冲液、文库构建所需的相应功能酶（末端修复酶、DNA连接酶、缺口修复酶、DNA聚合酶等）、核苷酸序列（如引物、接头序列、标签序列等）、缓冲液及dNTP组成。

四、辅助试剂组成的要求

辅助试剂组分分为以下几个部分。

1. 采样时需要的试剂或材料，特别是采样的工具和耗材。
2. 采样获取的卵裂球或囊胚滋养层细胞保存液，运输和储存相关的试剂或材料。
3. DNA纯化相关的试剂或材料。
4. 特定的高通量测序仪相关的通用测序试剂及耗材。
5. 在实验过程中使用的其他耗材和通用试剂。

辅助试剂必须是在说明书中说明，而且是在整个实验流程中得到充分验证的试剂。辅助试剂可以是检测试剂盒的一部分，也可以分开申报，但是胚胎植入前染色体非整倍体检测试剂和辅助试剂应该作为整体评估。

五、企业质量控制参考品

如采用全基因组低深度测序方法的胚胎植入前染色体非整倍体检测试剂盒（高通量测序法），应满足国家标准品或经过标化的企业参考品的要求，企业参考品的设置应参照国家参考品进行；采用其他原理的胚胎植入前染色体非整倍体检测试剂盒，企业则需提供企业参考品，并且证明其实质等效性。

六、检测结果的解释

检测应形成规范的正式报告，且报告应该在接收到待检物后规定的工作日内完成并发放。报告应包括以下信息：样本基本信息，如胚胎父母鉴别号、年龄、样本编号、采用本项技术的适应证；胚胎的取样时间（第 3 天或第 5 天）、采样日期和报告日期；检测的项目和检测方法，采用的仪器设备、试剂、检测人员、检测结果、结果解释建议、检测者、审核者等。必要时要求平行检测父母的核型信息，如胚胎父母有罗氏易位、平衡易位、倒位等异常核型时。检测报告应对每个被检胚胎的检测结果以标准的专业方式描述，胚胎植入前染色体非整倍体检测以是否出现染色体非整倍体的改变来表示。必要时根据检测结果辅以其他的描述或说明；检测报告要反映有效序列数、覆盖度及染色体数目散点图或其他类型；检测中发现的拷贝数变异，如 10Mb 以上的部分染色体拷贝数变异均认为有致病性，应全部报告。

1. 检测有效性　应建立检测有效性的评价指标，如采用阴性和阳性质控品的方式进行同时检测，以阴性和阳性质控品的结果反映检测的有效性。如阴性质控品必须为阴性，21 三体阳性质控品反应结果必须为 21 三体，则此反应体系结果有效。

2. 结果判断　应给出目标染色体片段检测值、参考范围、对应的染色体核型判断结果。

3. 结果描述与建议　检测结果应对检测到的染色体异常如实描述，但是检测结果仅供临床医师参考，不作为胚胎是否植入的唯一标准。根据不断完善的行业标准，建议阳性结果的胚胎不进行植入，阴性结果的胚胎应结合其他临床检查结果如胚胎评级打分等综合考虑进行选择植入，同时可以要求妊娠成功后对产前诊断进行最终确诊。

七、检测方法的局限性

应注明检测方法存在的局限性。可从检测原理本身的局限性、受试者的生物学效应等方面进行分析汇总后给出，并注明其对结果造成的影响。

1. 检测方法的局限性　胚胎植入前染色体非整倍体检测试剂一般采用统计学方式对测试样本和一定量参考样本或自身样本内比较进行结果判定，但统计学方式本身存在一定概率的假阴性、假阳性。胚胎植入前染色体非整倍体检测试剂仅统计人类参考基因组中的可比对序列区域，还存在其他“基因组结构异常”等序列区域不能检出。

2. 受试者的个体化差异　鉴于当前医学检测技术水平的限制和辅助生殖夫妻个体差异，对有下列情形的辅助生殖夫妻的胚胎进行检测时，可能影响结果准确性或该检测方法不适用：①夫妻一方为平衡易位、染色体结构异常等造成的胚胎染色体结构变异；②胚胎嵌合；③单亲二倍体；④极体；⑤一代 IVF；⑥多原核合子、分裂异常及其他原因引起的染色体倍数无法确定的胚胎；⑦全套染色体三倍体或多倍体的胚胎，如 69，XXX；⑧医师认为有明显影响结果准确性的其他情形。

可采取其他辅助方式或有效手段增加检测的准确性以避免检测方法相应的局限性。例如，夫妻一方平衡易位的患者胚胎可以采取FISH对特定染色体结构变异进行定向检测。

第六节　胚胎植入前染色体非整倍体检测试剂盒（高通量测序法）质量控制评价技术指南中诊断试剂设计开发流程的质量控制要求

产品的质量控制体现在设计开发、原材料、生产工艺、半成品及成品的整个生产管理流程。从质量管理体系方面看，质量控制包括对"人、机、料、法、环"的控制，以确保生产出来的产品符合要求。针对胚胎植入前染色体非整倍体检测试剂盒（高通量测序法）产品，从临床应用方面看，其质量控制体现在产品设计开发、产品生产、产品应用的全过程。为了满足临床预期用途要求，产品应从设计开发阶段就要进行质量控制要求和验证。下面就临床应用的几个阶段叙述产品设计开发应如何满足最终的临床需求。

一、检测分析前质量控制

（一）标本采集和处理

样本的采集和处理应经过验证；需说明对胚胎细胞获取和保存的要求，适用的样本和质量；要求应用符合规定的胚胎细胞采集仪器和耗材；注明样本的包装、保存和运输流程。

应按照国家IVF的有关胚胎取样标准（如临床技术操作规范-辅助生殖技术和精子库分册等）来操作；对具备适应证的患者，夫妻双方签署知情同意书；建立病例档案；按辅助生殖技术程序促排卵后阴道穿刺取卵；行胞质内单精子注射，胚胎培养；择时行胚胎活检，一般为培养的第3天或第5天。

需指出胚胎细胞样本的采集方法、处理条件（如应规定多长时间内将细胞置于保存液中）；已置于保存液中的胚胎细胞样本的保存管、保存条件（体积、温度、时间）、运输条件、处理条件（如核酸提取前的预处理）；冷冻样本检测前是否需恢复至室温，冻融次数的要求；只可使用PCR管进行胚胎细胞样本保存（随着技术的进步，样本管的发展也日新月异，使用其他特殊的胚胎细胞保存管时，应经过充分的验证，不仅是对样本管，而且包括适用的保存液、放置时间、运输条件及处理方式等）。

样本应详细记录是否有检测局限性所规定的样本类型，如夫妻一方为平衡易位、胚胎嵌合、单亲二倍体等。

（二）标本质量

建立标本接收和拒收的关键标准，并记录是否有以下情况：①样本管出现冻融；②样本标签不清晰；③样本信息与临床信息不符；④样本管出现裂管、开盖、泄漏或样品外溢等。保证在研究、检测过程中符合伦理和法律要求。

二、检测分析中质量控制

应对从检测样本到检测结果的检测周期给予说明，包括胚胎细胞裂解与扩增、DNA片段化、文库构建、测序、数据分析和报告的流程。

（一）DNA 提取

应说明细胞裂解所使用的试剂，要求该细胞裂解试剂经过测试证明其适用性，使用在有效期内的试剂。

应说明可能影响单细胞裂解、基因组释放效率的因素，如裂解酶、干扰物质等；对检测过程控制或检测体系监测的标准品、参考品和模拟样本的提取和制备过程也应进行说明。

应建立相关操作规程，避免将单细胞或 DNA 吸出反应体系，防止假阴性结果。

应对细胞裂解缓冲体系对后续扩增（或预扩增）的影响进行评估。

细胞裂解、基因组释放提取应在标本制备区进行，各项操作应符合标准操作流程和说明书要求。

（二）单细胞扩增及 DNA 质量

对胚胎细胞及其保存液一起进行细胞裂解和全基因组扩增，一般将其扩增产物再进行 DNA 打断回收、末端修复、接头连接、PCR 扩增，完成 DNA 测序文库的构建。

应建立单细胞扩增流程，选择合适的单细胞扩增试剂，采取适当的方式进行单细胞扩增循环次数、单细胞扩增产物的量、覆盖度、脱扣率、GC 偏倚、均一性等指标的评估。

应说明 DNA 片段化的方法，如超声法或酶切法等，以及影响 DNA 片段化的因素，如超声法的功率、时间、参数，酶切法的酶活力单位、酶的使用量和反应时间、是否存在干扰物质等；应说明 DNA 片段化的 DNA 起始量及可能影响 DNA 片段化效果的因素，如片段分布、浓度、纯度等，对检测过程控制或检测体系监测的标准品、参考品和模拟样本的制备过程也应进行说明。

应对用于建库的 DNA 质量控制设立标准，如规定建库的 DNA 量及最低起始量等，并采取合适的形式进行检测或验证。应记录样本提取或细胞扩增后的 DNA 浓度、体积，并记录检测 DNA 浓度的方法，如荧光法、荧光 PCR 法等。

（三）文库制备

文库制备应当严格按照标准操作流程进行。确定并记录文库制备的方法；文库制备过程中的纯化试剂应有检测和优化的记录并经过验证；指出可能影响文库构建的因素。在测序文库制备时，根据测序平台的不同，其原理也不同，需要采用不同的测序文库构建流程。

使用分子标签（barcode）对多个样本进行区分，每个样本应建立一个或一组唯一的 barcode；应对样本间 barcode 串扰进行评估并记录；多个样本的混样测序（pooling）的相应研究可以是等体积或等量的，应建立流程并验证；考虑是否进行平衡文库的制备、质量和相关性研究，其作用相当于一个流程质控品对测序质量和文库构建以后的流程进行监控，即使该平衡文库会占用一定的数据量，但是不应该对预期检测有影响。

当多个样本一同检测时所有扩增产物均可以得到准确和可重复的结果，每个独特的 barcode 只能用于一个标本，但当样本数量大于 barcode 数量时，只要不在同一个反应池（pool），则 barcode 都是可以重复使用的。

（四）文库质量控制

应建立文库质量控制的标准。建立文库检测浓度及文库片段分布范围的指标并验证。如有必要，文库的量应根据所使用的测序平台和芯片设立参考值，规定装载测序芯片需要的测序文库使用量。DNA 文库和上机测序文库如有区别，应评价两者质量控制的相关性。如使用 barcode 对多个 pooling 文库进行区分，应评估并记录在 pooling 文库间 barcode 的串扰。

应建立文库质量控制的方法，如采用荧光定量、2100 分析或酶标仪定量等方法进行检测。

根据不同测序平台之间的差异，应记录从 DNA 文库制备到加载芯片整个过程的处理步骤和相应的质控参数，如需要多少 DNA 文库、产生多少测序文库、使用了多少测序文库来加载测序芯片、文库的质量是如何评估的，等等。

（五）测序流程质控

不同测序仪有不同的质控方法，需根据不同的测序仪器和方法建立测序仪的主要质量控制参数。

1. 测序及碱基识别 应对测序片段进行碱基识别和信息分析建立阈值并记录；以每轮测序超过预定阈值的碱基百分比方式对碱基质量中位数进行记录并建立阈值。质量评分分析可以采用各种适用的方式，如 Q 值（如 Q30）、原始 reads 数、比对率、唯一比对序列的百分比、重复 reads 的百分比（能够反映 PCR 重复在所测 DNA 中的比例）等。应建立合理的质量评估指标并验证。

2. 比对或组装 测序下机后的原始数据需要先进行预处理，过滤掉一些质量不高的序列（如根据 Q 值过滤），然后根据样本的标签进行拆分后的数据才能进行序列比对。

检测对象主要是在受精卵经过体外培育后的胚胎细胞的全部染色体的部分随机片段的序列。所检测 DNA 片段可能的来源包括但不限于：胚胎细胞的基因组 DNA、母体的基因组 DNA、胚胎细胞线粒体的 DNA、试剂中污染物种的 DNA、来自环境的 DNA。

在序列比对时，使用比对软件（如 BWA、SOAP2、TMAP 等）将测序数据比对到人类参考基因组（如 GRCh37），使用经验证的相关过滤标准（如去除 PCR 重复等）后，唯一比对的序列进行后续窗口区的统计。应建立比对或组装的质量控制标准，对检测比对质量的指标建立与其相关的阈值并进行记录，可以采用的指标有: Q 值、全基因组比对率、比对到目标区域的序列占原始序列的百分比、目标覆盖率、目标区域的平均深度等。可采用多个指标对测序数据进行综合评估，建立质量控制标准。此外，还应建立正常样本组成的对照组，以减少人类基因组多态性对分析的干扰。

3. 生物信息学分析　应详细说明并记录使用的所有软件，包括软件来源（如自主开发、第三方开发）及所有修改记录。描述并记录所有数据处理和分析过程，包括变异检测、过滤和注释过程。详细说明并记录软件的运行方式（如基于云计算）。

生物信息学分析应说明测序的原始数据处理过程，如重复序列过滤、唯一匹配序列的计算、GC 校正等原始数据均一化的处理过程。数据分析流程的建立阶段可以使用模拟数据进行测试，但最终发布前必须使用真实的实验结果对其进行验证。例如，可以用人类基因组模拟产生 200bp 左右长度的片段初步估算检测所需的最小数据量，但估测结果须经大量实验验证后才能发布[31]。

因人类基因组较大，且实际测序中单个位点上的深度波动较大，所以在进行拷贝数分析时，应先对人类基因组进行窗口划分，再统计各窗口内的平均深度，以此作为后续分析的基础。人类基因组中存在一些多重复区域、参考基因组未完成区域、着丝粒或端粒等高度复杂区域，这些区域对拷贝数分析影响较大，在划分窗口前应对其进行屏蔽。

胚胎植入前筛查和诊断的实验阶段涉及多个环节，为了减少全基因组扩增偏好性等系统误差对拷贝数分析的影响，可以建立由大量正常样本组成的对照组，通过将实验组和对照组进行比较，利用统计学方法消除系统误差，再结合成熟的拷贝数分析算法对拷贝数变异区域和变异类型进行判断（图 10-2）[22]。

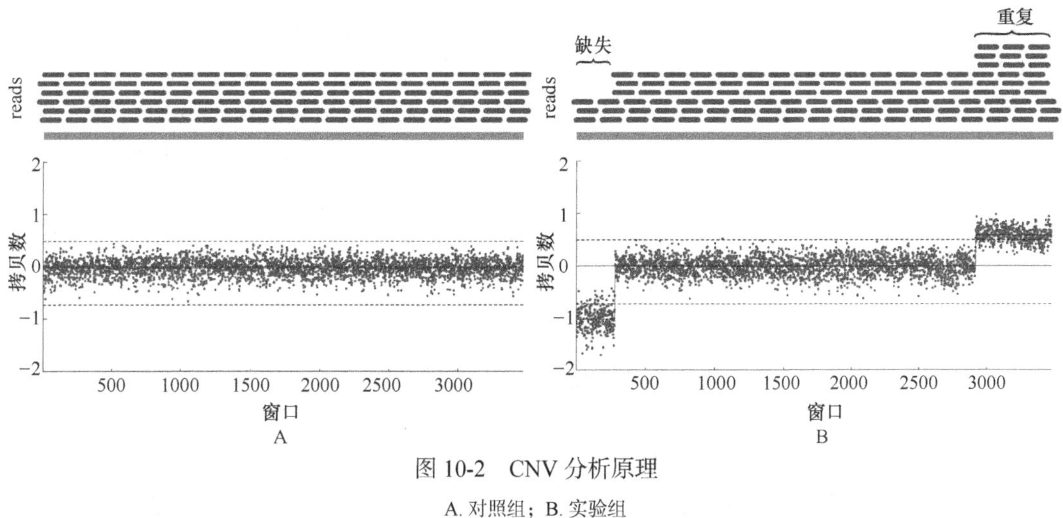

图 10-2　CNV 分析原理

A. 对照组；B. 实验组

对检测出来的拷贝数变异，应利用相关人类公共数据库进行注释[25]。在注释结果中，应详细说明并记录所使用的数据库，如数据库的来源、类型、参数设置、版本、更新时间等。如果使用云端分析软件，应声明所用版本及相关参数。如需对数据分析所用的数据库进行更新，应说明新版本的数据库的更新内容或新加入的数据库的主要作用，否则应限定所使用的数据库版本。如果允许用户自己加入其他数据库，应说明如何实现和进行质量控制。

4. 检测阈值的设定　检测阈值一般是根据在一个测序检测体系中染色体的有效数量或是染色体片段的有效数量的分布情况，与其他大样本实验统计的相对应的染色体的有效数量或染色体片段的有效数量的分布的比较来判定的。通常，有效数据量越大，分析越准确，能检测出的拷贝数变异就越小，但是检测成本也会随之升高。

5. 数据存储要求 检测数据应当进行安全备份，并与互联网物理隔离。规定可追溯原始序列的核心数据保存期限，详细说明并记录数据存储路径，如有本地存储，应说明本地存储需具备的能力和存储备份的时间表和建议。应说明数据库是否为云端存储，以及数据库更新的流程和管理模式。

三、检测分析后质量控制

（一）报告的输出和系统链接

报告的输出应该可以溯源到原始数据，如果报告输出可以通过网络链接，应建立确认和批准的流程。

（二）结果的报告和解释

应建立标准化的结果报告格式，目前的报告内容至少要有检测项目及项目设定阈值，样本编号，样本基本信息，采样时间、地点，检测时间、地点，采用的仪器设备、试剂，检测人员，检测结果，结果解释建议和发出报告的流程及信息。

报告的输出要标准化，要明确检测的突变大小，4Mb 以上的 CNV 要 100% 检出（注：4Mb 以上的 CNV 检出和临床上 10Mb 进行报告有区别，一般认为 CNV 10Mb 以上导致异常表型，具有致病性，要考虑临床意义，此处的 4Mb 要求检出反映试剂的检出能力），1 ～ 4Mb 的 CNV 可以补充报告的形式输出；报告应该给出阳性参考区间，检测结果的解释（包括质量控制品的检测结果和阳性结果的判定方法）和检测结果的局限性。

注明本检测结果不作为唯一的确定性诊断，但应该指明患者在不同情况下应该和医师进行沟通和咨询，以及可能的或辅助的确诊方式。

四、检测过程中的质控品

流程中使用的质控品是指在检测流程中加入的质控品，其目的是用于控制实验流程的重复性或效率，保证检测的有效性等。例如，阴性和阳性质控品应设置过程对其进行控制，须能够监控从样本 DNA 片段到最终测序结果全过程。阴、阳性质控品的浓度根据不同的测序平台的需求确定。建议每个检测 run 或测序都要进行阴、阳性质控品的检测。

根据开发的需要，可以选择性地使用其他质控品，用于部分流程的监控。例如，①检测单细胞扩增的空白质控品：单细胞扩增对环境的要求很高，应确定扩增无外源性 DNA 污染（如其他人的基因组 DNA 污染）；②检测扩增效率的质控品：建库中末端修复加完接头后，在扩增前加入已知的序列来确认扩增的好坏；③样本混合前的标签：加的样本 barcode 用以区分不同样本或混合的不同文库；④平衡文库：通过在测序前或 pooling 前后加入的标准测序文库来平衡测序文库中的碱基分布，可以用于确认从测序文库到测序芯片操作的稳定性和重复性等。

第七节 胚胎植入前遗传学诊断 / 筛查技术的局限性

近年来，我国胚胎移植技术作为新兴产业，在临床应用中具有广阔的前景。特别是伴随着高通量测序检验技术的飞速发展，高通量测序检验技术在胚胎植入前遗传学检测中的应用是未来发展的趋势，有望能够快速、准确地检测早期胚胎的染色体数目和结构异常，具有广阔的前景。随着孕妇年龄增长，胚胎染色体异常的风险增高。染色体异常是导致妊娠失败和自然流产的主要原因，胚胎异常是体外受精最终失败的主要原因之一。PGD/PGS 技术作为新的技术在我国的推广应用取得了很好的效果，具体表现在异常胚胎筛选、明确疾病胚胎剔除，把对某些疾病发现和诊断的时机提前到胚胎发育的最早阶段，阻断一些单基因疾病及染色体异常疾病的发生等方面。但是 PGD/PGS 技术作为尚在成熟、发展的新技术，仍存在一些局限性。

一、PGS/PGD 技术的安全性

随着 PGD 子代的出生，其子代发育的安全性和生存质量越来越受到人们的关注。目前，流行病学调查研究的 PGD 子代年龄仍局限于出生后 2 ～ 5 年，因此仍然缺乏大样本、前瞻性随机对照研究。Liebaers 等分析了 581 名 PGD 或 PGS 出生后的婴儿，发现在多胚胎妊娠中 PGD 组的婴儿围生期死亡率（11.73%）高于 ICSI 组（2.54%）。Schendelaar 等前瞻性研究表明 [9]，PGD/PGS 虽然不影响 4 岁单胎儿童的神经系统、认知能力及生长发育，但他们接受辅助医疗护理（如语言训练、身体训练等）的比例高于对照组儿童；并且对于 PGD/PGS 双胎而言，其神经系统发育受到影响。Winter 等从认知能力和运动技能方面 [10] 将 49 例 PGD 后出生的 5 ～ 6 岁儿童与 49 例 ICSI 助孕，以及 48 例自然受孕后出生的同龄儿童进行比较。通过对 3 组儿童的操作智商和言语智商的得分统计分析，发现 PGD 组儿童与其他两组比较没有显著差异。由于 PGD 应用于临床医学的时间较短，经 PGD 后出生的婴儿最大年龄仅 26 岁，其自身及子代生长发育的安全性还需要更多的时间来证实。Middleburg 等采用相关量表对 54 例 PGS 和 77 例自然妊娠分娩的 2 岁儿童的精神心理、神经运动和行为进行评估 [11]，结果显示两组差异无统计学意义，提示 PGS 并不增加特殊风险。

虽然近来对 PGD 子代的流行病学调查研究未提示胚胎活检会影响行为发育，但是一些 PGD 的动物模型研究带给我们一些警示。一项小鼠 PGD 模型活检后妊娠发育情况的研究显示 [12]，PGD 子代成年小鼠的神经退行性病变的发生概率增加。另有研究显示，胚胎活检对小鼠的肾上腺发育可能产生影响，从而改变其对冷刺激的适应性。尽管这些模式动物研究从蛋白组学的角度认为 PGD 对子代安全性有影响，但能否说明会影响人类 PGD 子代的神经系统发育尚需进一步研究。因此，未来还需要对经 PGD/PGS 技术出生的儿童进一步长期随访，以明确该技术（包括涉及的 IVF 和 ICSI 技术）远期的安全性。

二、PGS/PGD 改善临床结局的局限性

PGS1.0 采用的是卵裂期活检和多色探针 FISH 技术。随着胚胎体外培养与玻璃化冷冻、

全染色体非整倍性检测技术及高通量测序技术的发展，囊胚期活检、全面高通量染色体筛查和高通量测序应运而生，此被定义为 PGS2.0。自 2004 年第一个有关 PGS 的 RCT 报道以来，先后有 10 个 RCT 研究结果均显示 PGS 无益于临床妊娠率的改善，尤其是累积妊娠率下降。然而，这些 RCT 研究中均采用 PGS1.0。综合之前的研究，目前我们对 PGS1.0 有了重新的认识，即卵裂期活检对胚胎存在不利影响，40% ～ 60% 的卵裂期胚胎为嵌合体，且发育中的胚胎还存在自我矫正机制。因此，活检的单个卵裂球并不一定能反映所检测胚胎的真实遗传情况。另外，人们对 FISH 技术存在的局限性的认识也有所提高，现已公认 FISH 技术存在检测的染色体数目有限、杂交失败或非特异杂交、杂交信号重叠或距离过近导致错误判读等缺点。

现有研究显示，PGS2.0 对预后较好的不孕症患者临床结局有所改善。一方面，囊胚活检使 PGS 安全性得到提高，且通过对 TE 取材，可以检出异常嵌合率在 25% 以上的胚胎。另一方面，高通量全染色体筛查技术的应用使 PGS 的准确性和分辨率得到提高。PGS2.0 较第一代取得较好的临床效果。但是我们也必须认识到，由于 PGS2.0 中囊胚活检取材来自即将发育成胎盘的滋养外胚层细胞，并不直接对胎儿组织进行检测。当活检组织与胎儿遗传学组成不一致时将发生误诊与漏诊，前者将使可移植胚胎数减少，而后者可能导致异常胚胎的植入。因此，无论 PGS2.0 的检测技术多么精准，也必须行产前诊断予以确诊，而新一代 PGS 的有效性必须慎重评估。

众所周知，高龄女性生育力降低和早期流产率升高与卵子的非整倍性有关。因此，高龄女性在 PGS 中应该获益最大。但是，文献报道针对高龄女性进行 PGS 的前瞻性 RCT 研究结果有别不同。Milan 等认为 PGS 可使高龄患者妊娠率提高 2 倍以上 [13]，但是 Hardarson 等的研究结果显示 PGS 并没有提高高龄患者妊娠率 [14]，但两项研究均未对活产率做出分析。部分专家认为，PGS 并不增加其妊娠率。2011 年 Mastenbroek 等的研究数据显示，PGS 无益于改善高龄与 RIF 患者的妊娠率、流产率与活产率 [15]。

三、ICM/TE 的一致性问题

非整倍体是人类胚胎着床失败和早期流产的主要原因，辅助生殖技术采用 PGS 技术对胚胎的染色体组成进行筛选，避免移植非整倍体胚胎，从而提高每个周期的成功率。PGS 技术本身的准确性非常重要，也不能损伤胚胎的发育潜能。随着全染色体组分析技术的发展，非整倍体筛查已经很成熟。

除了遗传检测技术外，胚胎活检技术也是一个关键问题。活检过程应该获得足量的细胞以获取胚胎的遗传信息，同时应该将对胚胎造成的损伤降至最低。目前，有 3 种活检方式：极体、卵裂球和滋养外胚层细胞。极体只能反映母亲的遗传信息；卵裂球的非整倍体频率很高，为 22% ～ 72%，可获得父母双方的遗传信息，但嵌合率高达 30% ～ 85%，胚胎发育到囊胚阶段，嵌合率下降。目前，囊胚期活检已经成为临床主流的活检方式。

滋养外胚层（TE）细胞发育成胎盘，而内部细胞团（ICM）发育成胎儿，因此，TE 细胞与 ICM 的一致程度决定了 PGS 技术的准确性。Capalbo 等的研究结果显示，ICM 与 3 个部位的 TE 细胞一致性高达 97.1%，非整倍体的分布没有偏好性。Huang 等的研究结果也显示，ICM 与 TE 细胞的一致性很高。尽管这些研究结果显示，ICM 与 TE 细胞的一致性很高，但临床上活检时，不同的操作者取样细胞数量不同，对嵌合结果的影响不一，也会直接影响 PGS 的结果。因此，有创细胞活检方式本身存在不足，开发无创活检方法是将来的发展趋势。

四、嵌合问题

同一个体内含有两个或多个不同的染色体核型的现象称为染色体嵌合，如 45，X0/46，XX。

胚胎普遍存在嵌合，2007 年 Rubio 报道卵裂胚胎嵌合发生率为 15% ～ 90%[16]。事实上，多数胚胎都含有二倍体和非整倍体细胞，这样的胚胎称为混合嵌合胚胎。2011 年 Echtenarends 等对 815 例卵裂期胚胎的研究表明[17]，73% 是嵌合体胚胎，59% 为混合嵌合胚胎。Mertzanidou 对 91 个卵裂球进行比较基因组分析发现，10 个（71.4%）胚胎存在嵌合现象[18]。由此可见，在胚胎发育过程中，嵌合与非整倍体现象在卵裂期非常常见[19]。

胚胎的胎盘和胎儿分别来自囊胚胚胎。研究显示，与卵裂胚胎相比，囊胚胚胎的嵌合率相对较低。但嵌合现象在囊胚胚胎中普遍存在。Liu 等报道有 69% 内胚团和滋养层均存在嵌合现象，来自于年长女性异常囊胚胚胎[20]。然而，Fragouli 等和 Northrop 等的研究不同[21, 22]，分别认为有 33% 嵌合体和 16% 嵌合体来自年轻女性囊胚。

嵌合体在胚胎发育过程中何时发生和演变是影响临床结局的主要因素，文献研究卵裂期胚胎嵌合率可达 15% ～ 90%，而产前诊断的嵌合体胎儿为 1% ～ 2%，产前嵌合率大量减少说明在胚胎发育过程中有细胞选择的机制。对于囊胚胚胎来说，最终分别发育成胎儿和胎盘，而仅有内部的数个细胞最终发育为胎儿。76% 异常绒毛膜穿刺术诊断的女性最终产下健康婴儿，尽管这些婴儿可能有低水平的不能检测到的嵌合现象。Leon 等认为外部组织存在嵌合，可能不会影响胎儿，胎儿表型正常，提示嵌合现象的临床结局和正常细胞 / 嵌合细胞的比例有关[23]。

不同的染色体在胚胎发育阶段变化有所不同。Hahnemann 与 Sifakis 认为 13 号、18 号和性染色体异常的三体细胞可以在整个胎儿发育过程中延续[24, 25]，而对于 2 号、3 号、7 号和 8 号染色体异常的三体细胞，胎儿一般不表现出任何发育异常，且通常可以发育为染色体正常的胎儿。2015 年 Ermanno greco 对 3802 个囊胚进行分析[26]，其中 181 个囊胚存在嵌合现象（4.8%），18 个因无正常胚胎，进而移植嵌合体胚胎，最终 6 例健康出生，表明嵌合体胚胎可以发育成健康的整倍体新生儿。但是移植嵌合体胚胎仍需慎重考虑。

虽然可以通过 PGD 和 PGS 技术对胚胎进行染色体正常检测，如检测结果存在嵌合，如何取舍，应该参考专家共识根据具体情况进行斟酌，并尊重患者的意愿。

第八节　胚胎植入前遗传学诊断 / 筛查技术的发展方向

我国胚胎移植治疗周期长，但是妊娠率和活产率只有部分单位与国际总体水平相当，还有较大的提升空间。通过 PGD/PGS 检测可以显著提高胚胎植入的成功率，有效减少医疗资源的浪费和经济、健康损失，提高中国生育健康水平。PGD/PGS 技术作为仍在成熟、发展的新技术，在前文提到了其局限性。为了更好地利用新技术的优势，避免可能存在的局限性或缺陷，研究人员正在不断努力，试图从不同研究方向破解目前存在的这些局限性。

一、无创 PGS/PGD

目前，虽然 PGS/PGD 使选择正常胚胎植入母体的能力有所提高，但是仍需要对胚胎进行活检，因为有创过程可能会对胚胎造成一定伤害。近年，不断有文献研究显示胚胎在培养过程中可向培养液中释放核酸成分，包括低水平的基因组 DNA（genomic DNA，gDNA）和相对高水平的线粒体 DNA（mitochondrial DNA，mtDNA）。Stigliani 等首次证实胚胎培养液中同时存在 gDNA 和 mtDNA[27]，研究采用微阵列比较基因组学方法在胚胎培养液中检测到了 gDNA 和 mtDNA，检出率分别为 63% 和 98.8%，数据显示在胚胎培养第二天时双链 DNA（dsDNA）含量为 0.9 ～ 5ng；同时数据显示不同质量和不同发育阶段的胚胎培养液中游离 DNA（cell-free DNA，cfDNA）含量存在差别，认为胚胎培养液中 cfDNA 的含量及 mtDNA/gDNA 比值可以作为评估胚胎质量的客观指标。

Assou 等将胚胎培养液中的 cfDNA 运用于胚胎植入前遗传学诊断中[28]，利用 Y 染色体成功区分胚胎性别，可对胚胎进行无创连锁疾病的筛查。Wu 等同样采用培养液中胚胎源性 DNA 诊断 α- 地中海贫血[29]，诊断的效率显著高于传统的卵裂球活检（88.6% vs 82.1%）。2017 年 Liu 等对 7 对夫妇的 88 个胚胎及对应的培养液样本进行对比分析[30]，数据证实在培养液样本中存在 cfDNA 片段，并且可以用于随后的基因分析。数据显示培养液中 cfDNA 的检测率为 90.90%，平均浓度为 26.15ng/μl，活检细胞与其对应培养液在第 6 天时检测结果的一致率达 90.00%，并通过突变位点和单核苷酸多态性证实培养液中的 cfDNA 起源于胚胎细胞，认为该方法可以对胚胎的遗传物质进行检测。Xu 等通过高通量测序对囊胚培养液中基因组 DNA 片段染色体的非整倍性进行了分析，即无创胚胎染色体筛查（noninvasive chromosome screening，NICS）技术[31]，数据显示，NICS 的特异性为 84%，敏感性为 88.2%，阳性预测值为 78.9%，阴性预测值为 91.3%，表明该技术较高的有效性，同时该技术已应用于临床。

通过大量文献研究及相关技术应用于临床，并且产生健康婴儿，可以看出通过胚胎培养液中的 cfDNA 进行 PGS 检测的可行性。但该技术在改善 IVF 结局、提高活产率方面的作用仍需多中心大样本的前瞻性随机对照临床研究进行验证。

二、胚胎线粒体拷贝数与胚胎发育相关研究

线粒体是细胞的“能量工厂”，具有双层膜结构，具有自己独立的遗传物质 mtDNA，是细胞质中含量最丰富的细胞器。人类的 mtDNA 长度约为 16 569bp，包含 13 个蛋白编码区域，以及自身转录、翻译所需的 22 种转运 RNA（tRNA）和 2 种核糖体 RNA（rRNA），非编码区主要是 D-Loop 区。mtDNA 的拷贝数变化会对早期胚胎的发育产生重要影响。

线粒体是母系遗传，卵母细胞中线粒体质量会对早期胚胎发育产生重要影响，同时

线粒体在卵母细胞成熟中起重要作用。Stuovsky 等研究精子所含的线粒体在受精时会消失殆尽，因此受精后的 mtDNA 主要来自减数分裂Ⅱ期的卵母细胞。Pikó 认为原则上卵母细胞线粒体只含有 1 个或 2 个基因组 [32]。人成熟卵子中 mtDNA 含量为 20 000 ～ 80 0000 个拷贝数不等，而且从受精后到移植早期线粒体总数也不再增加。伴随胚胎发育中细胞的分裂，mtDNA 不断地被分到每个细胞，在第 5 ～ 6 天时，每个细胞中含有的 mtDNA 拷贝数显著少于最初卵母细胞或受精卵的 mtDNA 拷贝数。Santos 等和 Chappel 等的研究表明，累积在卵母细胞中的 mtDNA 直到囊胚形成时才重新启动复制 [33, 34]，并且卵母细胞中 mtDNA 的含量与受精结局和胚胎发育能力密切相关。

近期研究表明，胚胎中 mtDNA 拷贝数的变化与早期胚胎发育具有一定关系 [35]。在卵母细胞成熟的过程中，能量应激与先天因素有关，并且对 mtDNA 突变引起的呼吸链受损做出反应。2013 年 Monnot 的研究表明，在从胚泡到囊胚发育的过程中，线粒体肌病、脑疾病等疾病中 mtDNA 的突变会导致其拷贝数增加 [36]。目前，Diez-Juan 等和 Fragouli 等的研究证明，整倍体胚胎中含有 mtDNA 拷贝数多则胚胎移植发育潜力低 [37, 38]。2015 年 Diez-Juan 等分析了 270 例单胚胎移植患者的 290 个整倍体胚胎进行线粒体拷贝数的研究，mtDNA 拷贝数的变化与胚胎移植率见表 10-11，对 mtDNA 拷贝数线粒体评分对于临床具有一定帮助，可根据受精和胚胎发育中的卵母细胞 mtDNA 拷贝数的变化对卵母细胞质量和早期胚胎的发育进行评估。但是这一问题还需大量数据及研究支持。

表 10-11　不同时期胚胎线粒体含量与植入率

胚胎时期	分组	MsA	MsB	MsC	MsD	合计及说明
第 3 天	组内胚胎数量	51	52	50	52	205
	线粒体含量	＜ 34	34 ～ 52	52 ～ 97	＞ 97	＞ 160（n=22），不能移植
	整倍体植入率	59%	44%	42%	25%	植入率 41.5%
第 5 天	组内胚胎数量	16	16	16	17	65
	线粒体含量	＜ 18.19	18.19 ～ 24.15	24.15 ～ 50.58	＞ 50.58	＞ 60（n=7），不能移植
	整倍体植入率	81%	50%	62%	18%	植入率 53.5%

三、同时进行染色体拷贝数分析和标记基因表达谱研究

非整倍体是出生缺陷和流产的主要原因。Fragouli 提到错配可以发生在卵子、精子生成的减数分裂期或早期胚胎有丝分裂期 [39]。减数分裂错配率在人类可高达每个卵子 5% ～ 20%。使用全染色体组分析技术可以选择性地只移植整倍体胚胎，但临床观察发现，即使选择整倍体移植仍有很多胚胎着床失败，不能成功妊娠。

越来越多的证据表明，胚胎成功的发育和着床与许多基因在着床前阶段的稳定表达密切相关。应用单细胞基因组 / 转录组测序技术进行的人类卵母细胞和胚胎的研究为理解人类植入前胚胎基因表达、胚胎发育的基因表达提供了研究框架。2013 年乔杰课题组在 *Cell* 发表对人单个卵母细胞的高精度全基因组测序，通过分析卵母细胞的两个极体细胞能够准确地推断出卵母细胞中基因组的完整性，以及携带的遗传性致病基因的情况 [40]，将

该技术用于PGD选择正常的胚胎进行移植，能有效地减少母源性先天性遗传缺陷婴儿的出生。同年，薛志刚等通过全面分析鼠、人类卵母细胞及早期胚胎不同发育阶段基因转录组的动态变化[41]，发现胚胎早期各发育阶段中均存在父亲或母亲来源的单等位基因表达差异，表明胚胎早期发育是由发育阶段关键基因驱动且逐渐依次发生。Martin等对胚胎样本同时进行全染色体分析非整倍体和胚胎发育潜能相关的30个基因的表达水平研究，发现*GDF3*基因在ICM中的表达比在TE细胞中的表达显著上调，而*CDX2*、*LAMA*、*DNMT3B*基因的表达则显著下调；细胞分化标记基因*CDH5*、*LAMC1*的表达水平在T21胚胎中的表达显著上调，而通常在未分化细胞中表达的基因*GABRB3*、*GDF3*在21号染色体单体胚胎中表达水平很高。

（黄　杰）

参考文献

[1] 雷彩霞，张月萍，孙晓溪．植入前遗传学诊断/筛查技术指征进展．生殖与避孕，2017，37（3）：235-239.

[2] 颜军昊，倪天翔．胚胎植入前遗传学诊断技术应用的安全性．实用妇产科杂志，2017，33（5）：334-336.

[3] 华芮，全松．植入前遗传学筛查技术争议与重新认识．中国实用妇科与产科杂志，2016，32（3）：240-245.

[4] 韩瑞钰，马婧，王树松．人类胚胎植入前诊断的研究进展．中国计划生育学杂志，2017，25（2）：136-140.

[5] Keltz M D，Vega M，Sirota I，et al. Preimplantation genetic screening（PGS）with Comparative genomic hybridization（CGH）following day 3 single cell blastomere biopsy markedly improves IVF outcomes while lowering multiple pregnancies and miscarriages. Journal of Assisted Reproduction and Genetics，2013，30：1333-1339.

[6] Yang Z，Liu J，Collins GS，et al. Selection of single blastocysts for fresh transfer via standard morphology assessment alone and with array CGH for good prognosis IVF patients：results from a randomized pilot study. Molecular Cytogenetics，2012，5：24.

[7] 朱依敏，冯媛媛．胚胎移植数量与方式对妊娠结局的影响．实用妇产科杂志，2017，33（5）：323-326.

[8] Turkaspa I，Jeelani R. Clinical guidelines for IVF with PGD for HLA matching. Reproductive Biomedicine Online，2015，30（2）：115-119.

[9] Schendelaar P，Middelburg KJ，Bos AF，et al. The effect of preimplantation genetic screening on neurological，cognitive and behavioural development in 4-year-old children：follow-up of a RCT. Human Reproduction，2013，28：1508-1518.

[10] Winter C，Van Acker F，Bonduelle M，et al. Cognitive and psychomotor development of 5- to 6-year-old singletons born after PGD：a prospective case-controlled matched study. Human Reproduction，2014，29：1968.

[11] Middelburg KJ，van der Heide M，Houtzager B，et al. Mental，psychomotor，neurologic，and behavioral outcomes of 2-year-old children born after preimplantation genetic screening：follow-up of a randomized controlled trial. Fertility & Sterility，2011，96：165-169.

[12] Yu Y，Wu J，Fan Y，et al. Evaluation of blastomere biopsy using a mouse model indicates the potential high risk of neurodegenerative disorders in the offspring. Molecular & Cellular Proteomics，2009，8：

1490-1500.

[13] Milán M，Cobo AC，Rodrigo L，et al. Redefining advanced maternal age as an indication for preimplantation genetic screening. Reproductive Biomedicine Online，2010，21：649-657.

[14] Hardarson T，Hanson C，Lundin K，et al. Preimplantation genetic screening in women of advanced maternal age caused a decrease in clinical pregnancy rate：a randomized controlled trial. Human Reproduction，2008，23：2806-2812.

[15] Mastenbroek S，Twisk M，Van dVF，et al. Preimplantation genetic screening：a systematic review and meta-analysis of RCTs. Human Reproduction Update，2011，19（2）：454-466.

[16] Rubio C，Rodrigo L，Mercader A，et al. Impact of chromosomal abnormalities on preimplantation embryo development. Prenatal Diagnosis，2007，27：748-756.

[17] Echtenarends JV，Mastenbroek S，Sikkemaraddatz B，et al. Chromosomal mosaicism in human preimplantation embryos：a systematic review. Human Reproduction Update，2011，17：620-627.

[18] Mertzanidou A，Wilton L，Cheng J，et al. Microarray analysis reveals abnormal chromosomal complements in over 70% of 14 normally developing human embryos. Human Reproduction，2013，28：256-264.

[19] 徐清华，吴小华，张敏，等．胚胎发育过程中嵌合现象及临床结局．中国优生与遗传杂志，2017，2017（2）：8-10.

[20] Liu J，Wang W，Sun X，et al. DNA microarray reveals that high proportions of human blastocysts from women of advanced maternal age are aneuploid and mosaic. Biology of Reproduction，2012，87：148.

[21] Fragoul E，Alfarawati S，Daphnis DD，et al. Cytogenetic analysis of human blastocysts with the use of FISH，CGH and aCGH：scientific data and technical evaluation. Human Reproduction，2011，26：480.

[22] Northrop LE，Treff NR，Levy B，et al. SNP microarray-based 24 chromosome aneuploidy screening demonstrates that cleavage-stage FISH poorly predicts aneuploidy in embryos that develop to morphologically normal blastocysts. Molecular Human Reproduction，2010，16（8）：590.

[23] Leon E，Zou YS，Milunsky JM. Mosaic Down syndrome in a patient with low-level mosaicism detected by microarray. American Journal of Medical Genetics Part A，2015，152A（12）：3154-3156.

[24] Sifakis S，Staboulidou I，Maiz N，et al. Outcome of pregnancies with trisomy 2 cells in chorionic villi. Prenatal Diagnosis，2010，30（4）：329.

[25] Hahnemann JM，Vejerslev LO. European collaborative research on mosaicism in CVS（EUCROMIC）—fetal and extrafetal cell lineages in 192 gestations with CVS mosaicism involving single autosomal trisomy. American Journal of Medical Genetics Part A，1997，70（2）：179-187.

[26] Greco E，Minasi MG，Fiorentino F. Healthy babies after intrauterine transfer of mosaic aneuploid blastocysts. New England Journal of Medicine，2015，373（21）：2089.

[27] Stigliani S，Anserini P，Venturini P L，et al. Mitochondrial DNA content in embryo culture medium is significantly associated with human embryo fragmentation. Human Reproduction，2013，28（10）：2652.

[28] Assou S，Aït-Ahmed O，Messaoudi SE，et al. Non-invasive pre-implantation genetic diagnosis of X-linked disorders. Medical Hypothese，2014，83（4）：506-508.

[29] Wu H，Ding C，Shen X，et al. Medium-based noninvasive preimplantation genetic diagnosis for human alpha-thalassemias-SEA. Medicine，2015，94：e669.

[30] Liu W，JQ Liu，HZ Du，et al. Non-invasive pre-implantation aneuploidy screening and diagnosis of beta thalassemia IVS Ⅱ 654 mutation using spent embryo culture medium. Annals of Medicine，2016，49：319-328.

[31] Xu J，Rui Fang，Li Chen，et al. Noninvasive chromosome screening of human embryos by genome sequencing of embryo culture medium for in vitro fertilization. Proceedings of the National Academy of Sciences of the United States of America，2016，113：11907.

[32] Pikó L，Taylor KD. Amounts of mitochondrial DNA and abundance of some mitochondrial gene transcripts in early mouse embryos. Developmental Biology，1987，123：364-374.

[33] Santos TA，El SS，St John JC . Mitochondrial content reflects oocyte variability and fertilization outcome. Fertility and Sterility，2006，85（3）：584-591.

[34] Chappel S. The role of mitochondria from mature oocyte to viable blastocyst. Obstetrics and Gynecology International，2013，183024.

[35] 曹亚男，郝建秀，张雯珂，等. 线粒体DNA与早期胚胎发育的研究进展. 国际生殖健康/计划生育杂志，2016，35（4）：313-316.

[36] Monnot S，Samuels DC，Hesters L，et al. Mutation dependance of the mitochondrial DNA copy number in the first stages of human embryogenesis. Human Molecular Genetics，2013，22：1867-1872.

[37] Diez-Juan A，Rubio C，Marin C，et al. Mitochondrial DNA content as a viability score in human euploid embryos：less is better. Fertility & Sterility，2015，104：534-541.

[38] Fragouli E，Spath K，Alfarawati S，et al. Altered levels of mitochondrial DNA are associated with female age，aneuploidy，and provide an independent measure of embryonic implantation potential. PLoS Genetics，2015，11：e1005241.

[39] Fragouli E，Alfarawati S，Spath K，et al. The origin and impact of embryonic aneuploidy. Human Genetics，2013，132：1001-1013.

[40] Hou Y，Fan W，Yan L，et al. Genome analyses of single human oocytes. Cell，2013，155：1492-1506.

[41] Xue Z，Huang K，Cai C，et al. Genetic programs in human and mouse early embryos revealed by single-cell RNA sequencing. Nature，2013，500：593-597.

第十一章
高通量测序在单基因遗传病检测中的应用

出生缺陷是指婴儿出生前发生的身体结构、功能或代谢异常，通常包括先天畸形、功能异常，如视力异常、耳聋和智力障碍等。出生缺陷可由遗传因素或环境因素引起，也可由这两种因素交互作用或其他因素导致。据统计，在各种出生缺陷中，遗传性单基因病的发生率为12.3‰，占出生缺陷发生率的22.3%。单基因病种类繁多，目前已知的单基因病有8000多种，累计婴儿致死率约为20%。然而，大多数单基因病目前仍缺乏可靠的治疗手段，这给患者及其家庭带来了巨大的经济和心理负担。深受单基因病困扰的家庭迫切需要一种能精确诊断单基因病的检测技术。

随着高通量测序技术水平的不断提升和成本的不断降低，其在疾病检测中的作用也越来越显著，尤其是在罕见病鉴别诊断方面。目前，高通量测序技术已被广泛应用于单基因遗传病的研究及诊疗中，在心血管疾病、眼科疾病、神经系统疾病的诊治及遗传性肿瘤和肿瘤个体化用药等领域均发挥着重要作用。然而，对于一般家庭而言，基于高通量测序技术的单基因病检测费用仍相对较高，限制了一部分受检者的选择，同时，该手段数据分析方法复杂，对于检测实验室人员配备要求高，这两方面限制了全基因组测序技术在单基因病检测中的广泛应用。目标区域捕获技术的出现为高通量测序技术在单基因疾病检测中的应用提供了有效途径，可在较大程度上降低测序成本及简化数据分析的复杂度，缩短测序周期。

高通量测序检测结果的准确与否完全基于对目标DNA片段测序结果的判读，任何影响DNA生物学性状的因素均可能导致错误的检测结果。另外，分析前样本处理过程严谨与否同样是影响检测质量的重要因素。因此基于高通量测序技术的单基因遗传病致病基因检测方法仍需结合其他检测方法（如Sanger测序）进一步确认阳性结果。

本章将从检测原理、流程、性能指标及影响因素等多个方面对高通量测序在单基因遗传病检测中的应用进行深入介绍。

第一节　概　　述

单基因病是指由一对等位基因控制的疾病或病理性状，又称单基因遗传病或孟德尔遗传病。单基因病的致病突变在人群中的发生频率极低，往往低于 1‰，世界卫生组织将这类少见疾病（患病率 0.65‰～1‰）称为罕见病或孤儿病。既往数据统计发现，约 85% 的罕见病属于遗传病[1]。在线人类孟德尔遗传数据库（OMIM）最新公布数据（2017-02）显示，当前已明确临床表型的单基因病有 8351 种，其中 4952 种分子机制已经明确，1610 种分子机制尚未完全明确；另有部分病种表型复杂，主要机制可能为孟德尔遗传机制[2]。根据人类基因组突变速度和必需基因数目等数据推测，罕见病的致病基因总数应为 7000～15 000。不同染色体所包含致病基因的遗传方式存在差异。根据基因的遗传方式不同单基因病又可分为常染色体显性遗传病（如短指症，OMIM#112500）、常染色体隐性遗传病（如白化病，OMIM #203100）、X 连锁显性遗传病（如抗维生素 D 佝偻病，OMIM # 177170）、X 连锁隐性遗传病（如色盲，OMIM # 303800）、Y 连锁遗传病（如 Y 连锁外耳道多毛症，OMIM #209885）等。

虽然单基因病的发病率极低，但由于单基因病的基因覆盖面广、疾病种类多，全球患者人数也已达百万级[3, 4]。受医疗水平限制，目前绝大多数的单基因病无法根治，需要终身治疗，严重影响着患者的生活质量。单基因病患者的生活质量普遍较低，寿命也较常人明显短。约半数单基因病于出生时或儿童期发病，给家庭和社会带来沉重的经济和心理负担。单基因遗传病可通过基因检测明确病因、鉴别病种。对深受单基因病困扰的家庭而言，单基因病基因检测具有 4 个方面的意义：①作为辅助诊断方法，可对疑似单基因病患者进行检测，寻找致病原因，辅助临床诊断；②作为鉴别诊断方法，可以确定疾病具体型别，便于早干预、早治疗；③作为风险评估手段，可对有单基因病家族史的高危人群进行筛查，分析患病风险；④作为婚育指导方法，可对有家族史或已生第一胎患儿的夫妇做基因检测，指导优生优育，从而有效减少患病后代发生的可能，提升人口质量。

单基因病检测早期主要通过家系连锁分析方法大致确定致病基因位置。该方法精确度低、定位准确性差，仅适用于疾病研究。Sanger 测序技术可诊断由一个或少数几个基因变异导致的单基因遗传病，但是不适合遗传异质性强的单基因遗传病检测，成本高，耗时长。新一代高通量测序技术可同时对多个基因进行大规模平行测序，使得临床遗传学检测发生了革命性的变化。

目前采用高通量测序检测单基因遗传病的方法有三种，根据其检测区域分别命名为全基因组测序（whole genome sequencing，WGS）、全外显子组测序（whole exome sequencing，WES）和特定外显子区域靶向捕获测序（targeted exon next generation sequencing）。WGS 是对基因组中的全部基因进行测序的方法，检测对象是全部 DNA 碱基序列[3, 5]。通过该方法可以明确基因的结构、功能及其在染色体上的位置。该方法可以解读个体的全部遗传信息，相对于其他检测技术而言，周期短、通量高，但由于目前仅少数疾病已明确了具体致病突变位点，采用 WGS 方法成本高，分析难度大，且会产生大量数据浪费而未能得到广泛应用。WES 可对整个基因组所有蛋白质编码区域进行测序，以找出致病基因及突变位点，其优势在于可同时检测多种疾病、多个基因、上万个突变位点，与全基因组测序相比，成本低、临床应用目标相对明确，是目前单基因病检测最常用的高通量测序方法。

第二节　单基因遗传病高通量测序检测流程

单基因遗传病检测流程包括检测前遗传咨询、受检者知情同意、样品采集与运输、样本接收、核酸提取检测、SNP 一致性检测、文库制备、目标区域捕获、文库混合、文库定量、高通量测序、测序数据拆分、数据信息分析、遗传分析、阳性位点验证、QC 结果回顾、结果报告和检测后遗传咨询。不同的测序平台、不同检测方法流程稍有差异，主要区别在文库制备和数据处理过程。不同平台数据处理过程均有独立的运算方法。单基因病高通量测序检测具体流程长、环节多（图 11-1）。为保证检测准确性，检测体系中会设置多个质控点，所有质控点的质控方法联系在一起便构成了单基因病高通量测序检测方法的质控体系。本节将结合具体案例对单基因遗传病高通量测序检测流程中的要点进行详细阐述。

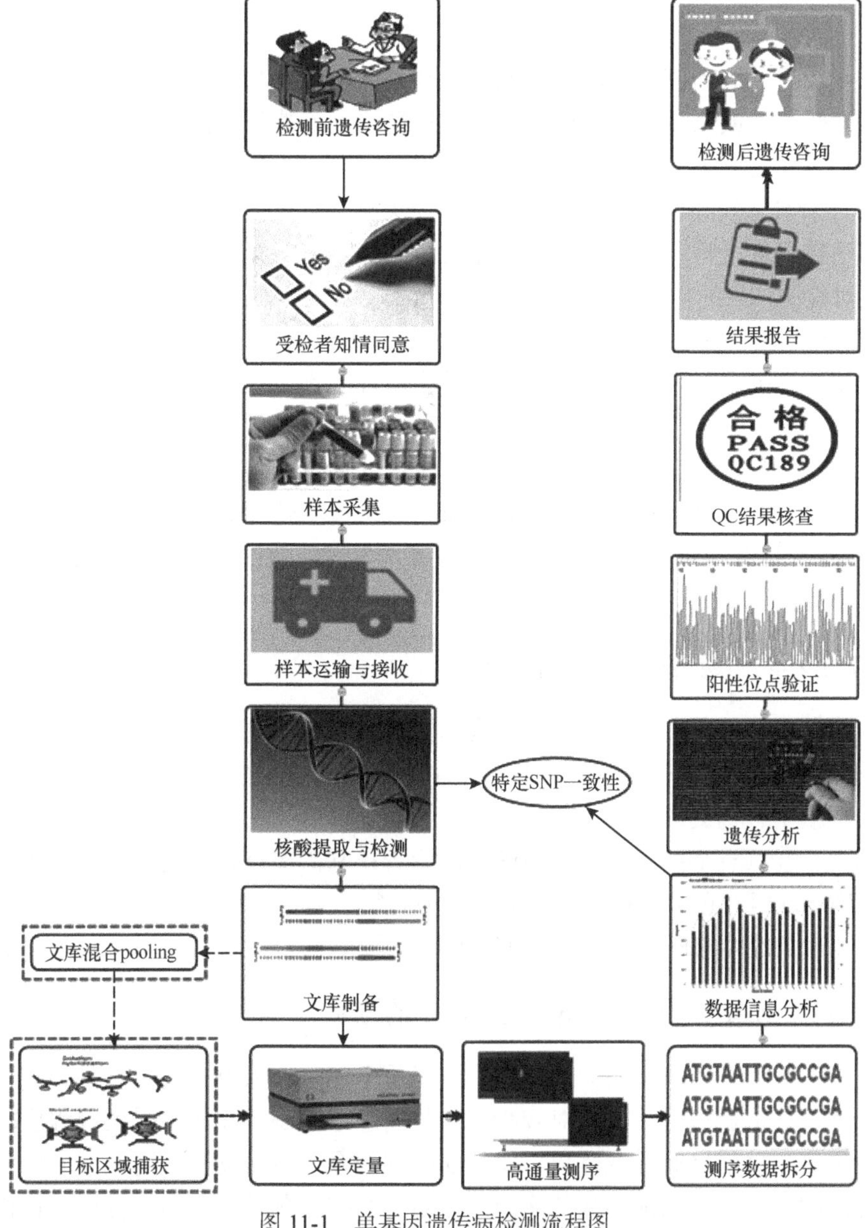

图 11-1　单基因遗传病检测流程图

虚线框代表捕获流程特有

案例分析：案例号——YK13S0024（视网膜色素变性；OMIM #268000）。

案例简介：患者女，22岁，进展性弱视20余年。出生后8个月发现存在眼球震颤，随后逐渐出现进行性视野丢失和夜盲症状。就诊前6年中，患者周围视野进行性缺失，一年前逐渐发展为管状视野，双眼最佳矫正视力为12/400。散瞳眼底检查发现视网膜血管狭窄，未见色素改变。视网膜电流图检测发现视锥细胞和视杆细胞严重受损。经临床检查诊断为视网膜色素变性。经查，该患者父母均无视网膜色素变性表现，无该病家族史。为查明病因受检者及其家属确认接受基因检测。

一、检测前遗传咨询

以单基因病家庭为例，忧虑、焦虑是单基因病患者及其家属最常见的心理表现。一般情况下，受检者或家属在接受检测前会先接受检测前遗传咨询。检测前遗传咨询的进行有利于提升患者或家属对拟检测疾病的病因、诊断、治疗及预后等方面的认知水平，方便其适时采取有效的干预手段，预防、减轻疾病严重程度或延迟疾病发生。另外，通过检测前遗传咨询受检者或其家属可获得具体的检测策略指导，可更好地理解基因检测的意义，对检测结果的接受程度也会显著提升。

美国遗传咨询师协会（National Society of Genetic Counselors，NSGC）对遗传咨询的定义是，遗传咨询是一个帮助人们理解和适应遗传因素对疾病的作用及其对医学、心理和家庭影响的程序。这一程序包括：①通过对家族史的解释来评估疾病的发生或再发风险；②进行有关疾病的遗传分析、实验室检测、治疗处理及预防措施等方面的教育，并提供与疾病控制有关的求助渠道、研究方向及研究成果；③辅导促进受检者及其家属的知情选择能力；逐步提升其对所患疾病严重程度及其再发风险的认知，提升对疾病的接受程度，以便更好地接受临床诊疗。

（一）单基因病遗传咨询的适用条件

①遗传筛查阳性者，或父母是遗传病基因携带者；②高龄孕妇，即孕妇年龄达到或超过35周岁；③曾孕育有遗传病的胎儿或生育过有遗传病的孩子；④有反复发生的自发性流产或不孕不育病史的夫妇；⑤有家族遗传病史或肿瘤史；⑥近亲婚配；⑦外环境致畸物接触史；⑧具有某些临床症状但尚未确诊者；⑨需要进行药物反应监测者；⑩目前身体无疾病表现但有意了解其潜在的遗传病风险者。

满足上述条件中的任意一条即可进行单基因病遗传咨询。

（二）检测前遗传咨询在单基因病检测中的意义

如前所述，大多数遗传病为罕见病，由于单个病种在人群中的发生频率较低，因而普通群众对于该类疾病的认知相对较少，多数病患或家庭（尤其是受教育程度较低者）在理解遗传病相关信息时存在障碍。遗传前咨询的介入可帮助受检者及其家属更好地理解基因检测的意义，拟检测疾病的病因、诊断、治疗及预后等。另一方面，在检测之前通过遗传咨询详细了解病患的家族史、临床表型和疾病进展等信息，有助于有针对性地选择基因检测方案，提高检测的有效性。

（三）单基因病遗传咨询遵循的伦理原则

遗传咨询的基本原则通常包括有以下几点：尊重隐私权、保密原则、知情同意原则及遵循自主决定原则等。同时根据受检者咨询目的的不同，遗传咨询可以分为很多方向，如携带者检测遗传咨询、症状前筛查遗传咨询、肿瘤筛查遗传咨询等。不同方向咨询原则之间既存在共性也存在个性。受不同国家的政策法规、伦理、社会和文化因素等差异的影响，其具体细则也存在一定差异[3, 6-9]，因此在遗传咨询工作开展过程中需要结合受检者的特点及关键注意事项，因时因地因人进行差异分析。

1. 尊重隐私权　隐私权是指自然人享有的私人生活安宁与私人信息秘密依法受到保护，不被他人非法侵扰、知悉、收集、利用和公开的一种人格权，而且权利主体对他人在何种程度上可以介入自己的私生活，对自己的隐私是否向他人公开，以及公开的人群范围和程度等具有决定权[10]。遗传咨询过程中必须做到对患者隐私的保护，如进行遗传咨询时无关人员不宜在场。

2. 保密原则　如未经咨询对象许可不得传播、向他人或机构透露与咨询内容相关的信息；检测结果的解读无特殊情况下只针对受检者本人提供咨询解读服务。

3. 知情同意原则　如需要充分告知咨询者并使其了解检测的目的和必要性、局限性等信息。

4. 遵循自主决定原则　咨询师提供“非指令性”的建议，咨询者及其家属依据自己的情况做出最终决定。

（四）单基因病检测前遗传咨询流程

1. 问询咨询者诊断和临床方面信息，搜集病史及家族史。

2. 参考 NSGC 的谱系命名法[11]绘制系谱图，并进行系谱分析，以推断该家系患有遗传病的可能性及其可能的遗传方式。

3. 与咨询者交流及沟通，包括介绍家系中遗传病的基本情况（如病因、流行病学、遗传方式、症状和体征等）、孟德尔遗传病再发风险率（应用孟德尔比率或 Bayes 分析方法评估其遗传病风险[12, 13]）。

4. 提供可靠的选择方案和有效途径，如提供有针对性的基因检测策略，说明不同检测策略的原理、优势及局限性，告知检测周期等信息供受检者选择参考，签署相关知情同意书。最终的检测方案由受检者自己或与主治医师讨论后决定。

（五）单基因病检测前遗传咨询中需要注意的事项

1. 病史信息的准确性和完整性　病史收集时，部分家系患者可能由于临床症状不明显或症状轻微导致漏诊，因此需要详细核查咨询者提供的临床诊断报告及相关检查报告，必要时建议补充临床检查信息或为咨询者推荐临床专家重新诊断，这些举措有助于明确家系内患者信息，获取准确的家族史，以便准确判定遗传方式。

2. 系谱分析中的特殊情况 系谱分析时需要考虑多方面因素以防止误判遗传方式，如当系谱中出现隔代遗传现象时，应考虑存在外显不全的可能，勿盲目判断为隐性遗传；另外，判定遗传方式时需要同时注意非孟德尔遗传现象等特殊情况，如线粒体遗传、动态突变、遗传印迹、X 连锁失活、单亲二体性、生殖腺嵌合体等。除上述因素外还应充分考虑遗传背景、基因和环境综合作用等问题。

本案例（YK13S0024）中受检者提供的临床诊断为视网膜色素变性，经询问确定患者父母表型正常，无该病家族史。患者及家属对该病的临床情况认知水平良好，本次咨询目的就是寻找致病原因。根据临床诊断，建议咨询者针对目前已知的视网膜色素变性相关致病基因进行检测，首选的推荐检测方案是一般性眼科基因检测 panel（包含 283 个最常见眼科疾病相关基因）。在确定检测方案前遗传咨询师告知患者及家属此方法的检测原理（具体详见检测原理部分）并对拟订方案进行详细解释，帮助患者及家属了解优先分析目前已知的视网膜色素变性相关致病基因的原因（方案优势：所选 panel 中涵盖基因是目前与该疾病最相关的基因位点的检测），消除其疑虑。同时告知其选择该方案可能存在的风险（局限性：panel 中间仅覆盖了目前已知的致病可能性最大的几个突变基因，实际导致病变的基因可能未被覆盖，即存在找不到致病基因的可能，常见于早期研究中未明确的致病基因导致的视网膜色素变性等。弥补措施：若本次检测未找到致病位点，可以进一步扩大分析范围）。

受检者了解并知晓上述情况后，根据受检者意愿确定检测方案。确定检测方案后需要询问患者的基本情况，确定检测时间及检测的可实施性，需要重点关注的是近期是否有肝素类药物使用史等（注：肝素类化学成分会抑制 PCR 反应）。

二、样本采集

YK13S0024 中受检者样本类型为外周血，样本采集及运输流程如下：①采集管选择，选取 EDTA 管；②样本采集，按照外周血标准采集操作进行，取受检者不低于 5ml 的外周血，分装两管，充分颠倒混匀，避免凝固；③样本运输，新鲜外周血寄送前 -20℃或干冰运输。

单基因病检测样本类型多样，此处仅针对案例中所述的外周血样本采样规范进行简要阐述，具体采样、运输方法及要求详见附录 5。

三、样本检测

（一）样本检测流程

具体样本检测流程包括样本接收、DNA 提取、文库构建、杂交洗脱及测序、SNP 位点验证等。为保证样本检测质量，在各重要检测环节均设置有质控点，每个环节涉及的质控点数量不等。不同测序平台测序质控指标及标准不同，YK13S0024 采用了 BGISEQ 测序平台完成检测。具体检测流程及各环节中需要设置的质控点如图 11-2 所示。

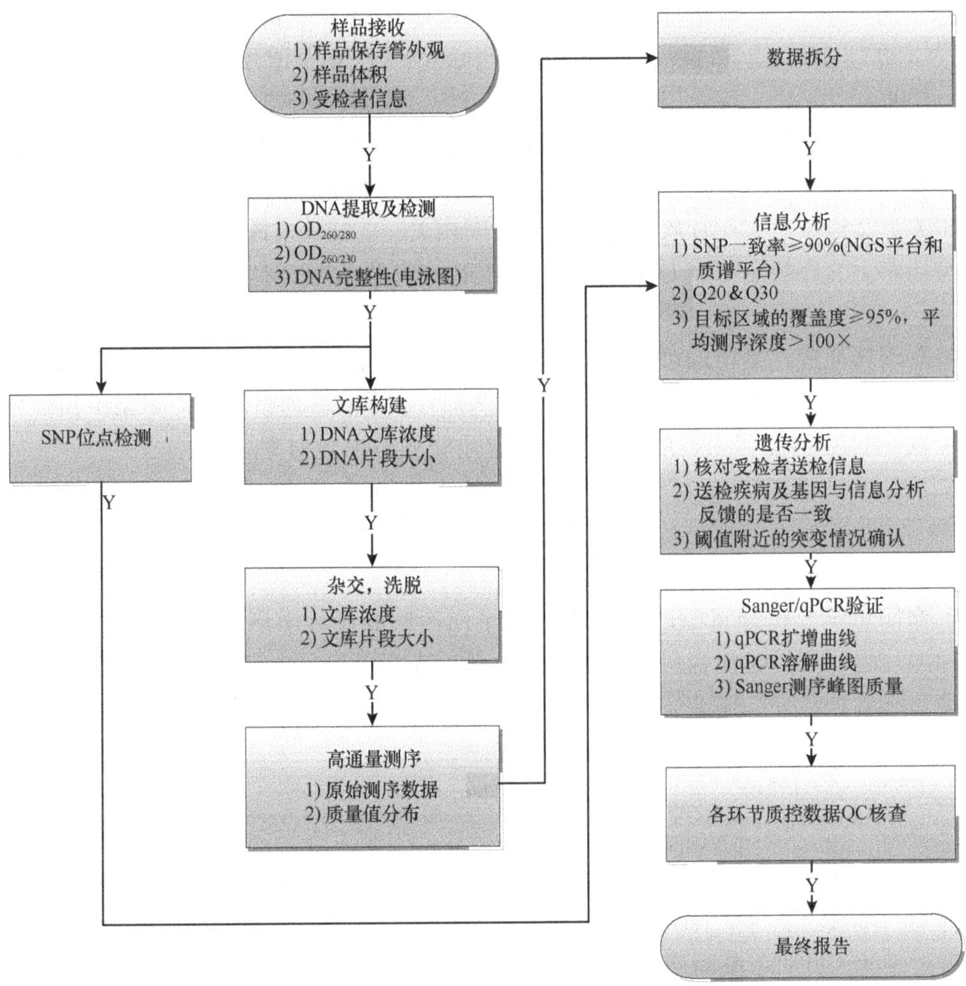

图 11-2　单基因病高通量检测流程及质控点概括图

（二）DNA 提取及检测的质控体系

单基因病高通量检测中涉及的质控指标主要针对提取 DNA 质量、文库质量、目标区域捕获质量及样本防混样质控 4 个方面进行，具体如下：

1. 提取 DNA 质量评估标准指标　①DNA 提取总量，满足文库构建所需起始 DNA 总量（不同检测平台对 DNA 起始量要求不同，此处不做详述）；② DNA 提取质量，$1.6 < OD_{260/280} < 2.2$，$1.5 < OD_{260/230} < 3.0$；③DNA 的完整性，通常在提取 DNA 之后采用琼脂糖凝胶电泳方法进行检测，以凝胶中单一条带位于目标 DNA 长度范围内为合格。

2. 文库质量评估标准指标　单基因遗传病文库构建与一般高通量测序文库构建流程基本相同，包括样本 DNA 打断、末端修复、加特定序列接头、PCR 扩增，文库质控内容主要包括：① DNA 打断后片段长度分布；②加接头后文库浓度；③单个文库的浓度及片段分布。

值得注意的是，不同测序平台、不同单基因病捕获芯片，捕获后文库浓度和文库片段分布不同，质控标准会有差异。以 BGISEQ-500 平台文库为例，打断双选后片段为 150 ～ 250bp，加接头后浓度 2 ～ 4ng/μl，子文库浓度＞ 20ng/μl，片段分布 200 ～ 300bp。

3. 目标区域捕获相关质控指标 目标区域捕获的过程包括文库 pooling、杂交、捕获、洗脱及洗脱后 PCR 扩增，质控内容及标准分别为：①捕获后文库浓度，与单基因病捕获芯片相关；②捕获后文库片段分布，与子文库相关；③捕获文库的富集度＞ 70，捕获前文库与捕获后文库特定引物 QPCR 反应 Ct 值的差值是 ΔCt，特定引物扩增效率是 E，富集度 =（1+E）ΔCt，一般会设定 3 对特定引物，3 对引物富集度平均值要大于 70。

4. 防混样质控 是指通过 SNP 位点验证样本是否存在混样的一种方法。提取 gDNA 质谱方法检测特定 SNP 位点结果与单基因疾病捕获后芯片高通量测序检测 SNP 位点比对，SNP 位点一般在 14 个以上，质控合格的判定标准是 SNP 比对率＞ 90%。

四、生物信息学分析

生物信息学分析是将测序获取的碱基序列转换成遗传学语言的过程，由生物信息工程师编写程序和搭建流程后自动化完成，目前在多个项目中已实现了从下机数据开始全自动产出各项结果的需要，包含低质量序列过滤、序列比对、变异检测、变异注释、CNV 检测等过程。总体流程如图 11-3 所示。

（一）原始数据的质量控制

测序后得到的数据文件一般是 FASTQ 格式，文件中每 4 行为一条碱基序列，每一条序列称为一个 read。每个 read 的每个碱基都有对应的质量值，根据这个质量值便可以对数据进行过滤。针对单基因病分析过滤条件一般设置为 [14]：当判读为 N 的碱基达到 10% 或以上时，数据将被过滤掉；当质量值低于 5 的碱基占比达到 50% 时，该数据将被过滤掉；当数据中碱基平均质量值低于 10 时，该数据将被过滤掉。

（二）序列比对

序列比对是将数据过滤后保留下来的 reads 通过比对软件定位到基因组上对应位置的过程。常用的比对软件有 BWA（网站链接：http：//bio-bwa.sourceforge.net/）、SOAPaligner（网站链接：http：//soap.genomics.org.cn/）等。不同上机策略所获取的 reads 长度不同，常见的有 PE90、PE100、PE150、SE150 等，对应的 reads 长度分别 90bp、100bp、150bp、150bp。一般低于 70bp 的 reads 采用 BWA-backtrack 策略（详见 BWA 说明手册：http：//bio-bwa.sourceforge.net），达到 70bp 或以上的 reads 采用 BWA-MEM 策略。比对输出的结果文件一般是 BAM 格式。比对完成后，往往还需要进行去除重复 reads（注：重复 reads 指部分区域在 PCR 环节发生扩增偏倚被过多扩增而产生的 reads）。重复 reads 的存在将影响单核苷酸变异（SNV）、小片段插入 / 缺失（Indel）的纯杂合结果判读，影响拷贝数变异（CNV）计算的准确性。

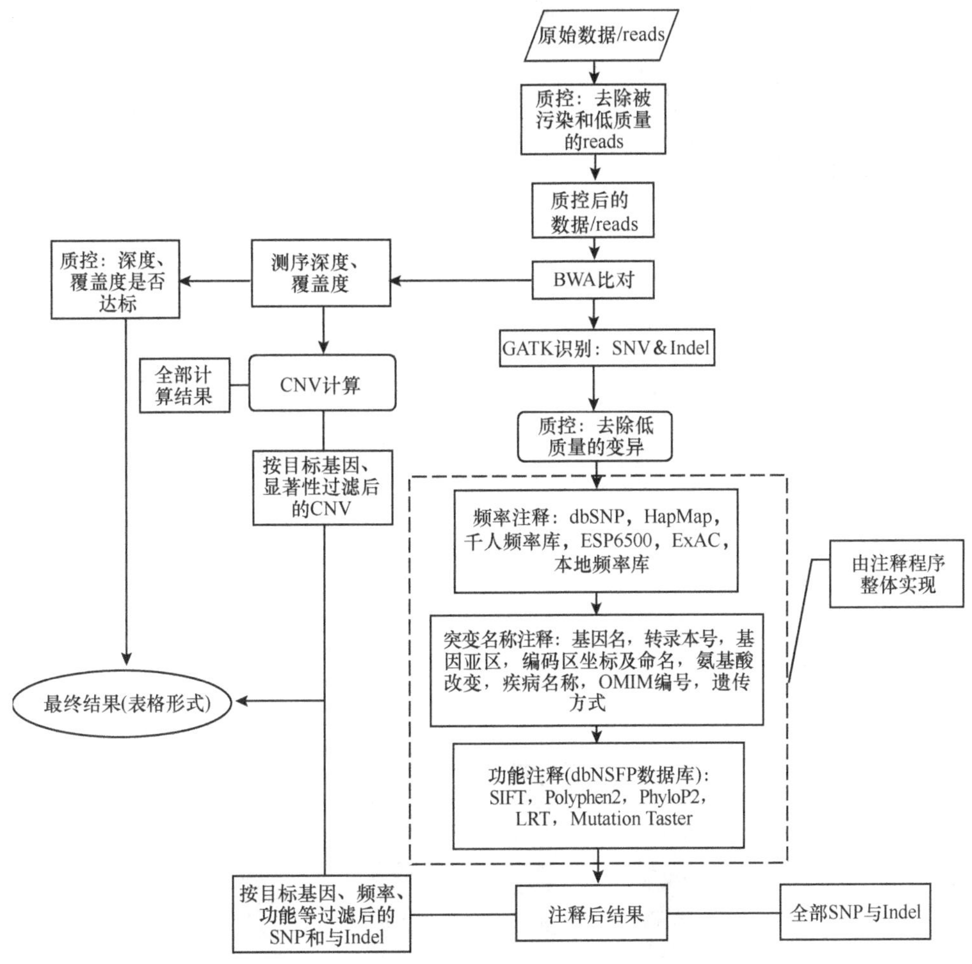

图 11-3　单基因病高通量测序信息分析流程示意图

（三）测序效果评价及拷贝数变异计算

测序效果评价一般指对目标区域的测序覆盖度、平均深度、捕获效率、重复 reads 比例、每一个碱基的深度等指标进行质量评估后确定测序有效性的过程。其中涉及几个概念：测序覆盖度、平均深度及重复 reads 比例相关概念参见第四章“高通量测序的生物信息学分析原理及特点”。捕获效率可参见第十三章：“高通量测序在肿瘤靶向治序中的应用”。在单基因病检测结果分析流程中设置有一个关键质控点，旨在判断基因的重要区域是否被完好覆盖，如重要区域的 20× 覆盖度是否达到了 95%，而低于 95% 的重要区域需要在后续报告中明确告知：这些区域存在漏检风险。这一步计算的输入文件是比对后的BAM文件，软件多为自主编写，一般能产出整体深度和覆盖度、各基因各外显子的深度和覆盖度、单碱基深度分布图等图片供直观查看（图 11-4 ～图 11-6，见彩图 20、彩图 21）。

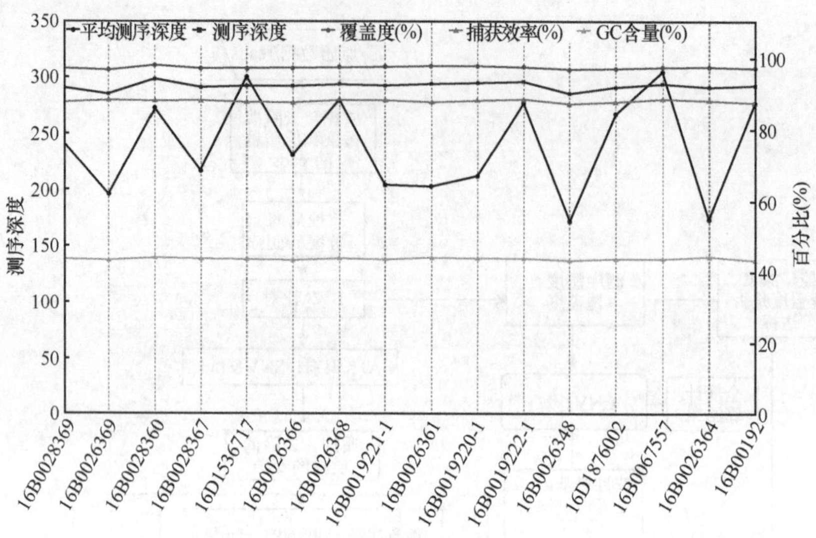

图 11-4　测序深度分布示意图

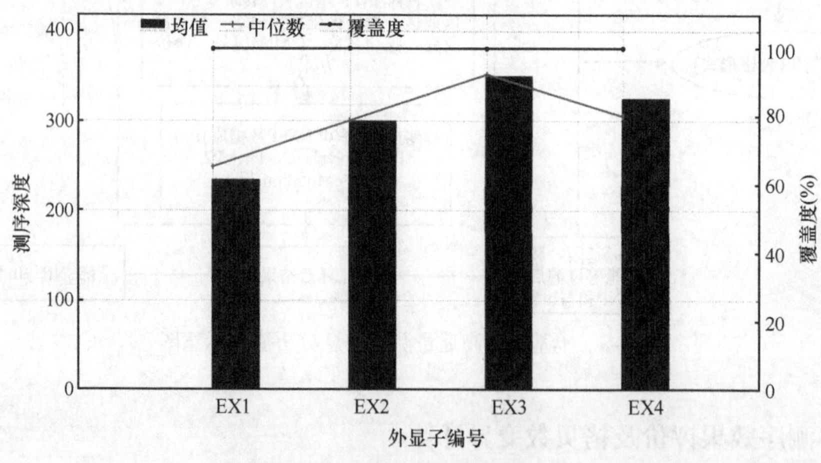

图 11-5　*RPL1* 基因外显子测序

图 11-5 是单个样本的 *RPL1* 基因每个外显子的测序情况。横坐标最左边是 1 号 外显子，向右依次排列。部分芯片（如 2181）存在设置为只对编码序列（coding sequence，CDS）绘图的情况，此时最左边的区域为 1 号 CDS。左纵坐标对应蓝色条柱（该外显子平均深度）、棕色线条（该外显子中值深度）。如果平均值小于中值，说明大多数碱基深度偏低，如大片段缺失；如果平均值大于中值，说明大多数碱基深度偏高，如大片段重复；如果平均值与中值接近，说明各碱基深度比较符合正态分布。右纵坐标对应红色线条（该外显子上所有碱基的覆盖度）。如果样本存在大片段缺失 / 重复，把同批次所有样本的同一个基因图片放在一起进行比对，往往能够发现明显差异，CNV 的计算正是依据同批次比较时产生的差异进行的。当发生纯合缺失时该外显子表现为没有蓝色条柱或接近 0。

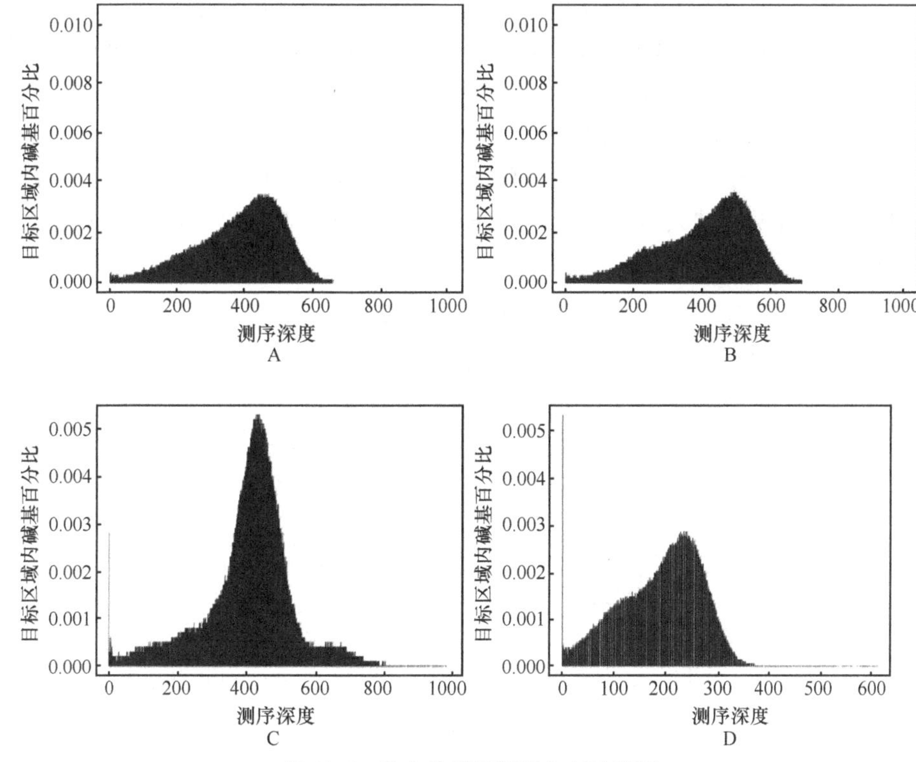

图 11-6　样本单碱基深度分布示意图

A. 样本 1 的单碱基深度分布图；B. 样本 2 的单碱深度分布图；C. 样本 3 的单碱基深度分布图；D. 样本 4 的单碱基深度分布图

图 11-6 是 4 个样本的单碱基深度分布图。在测序质量良好的情况下，呈泊松分布：峰值位置一般就是该样本的平均深度；由于小芯片目标区域小，男性的 X 染色体带来的影响较明显，表现为当样本来自于男性时该图会有两个峰值：在主峰前面有一个小峰，对应的值一般是 X 染色体的平均深度，且为主峰值的一半左右。图 11-6A、C 为女性，图 11-6B、D 为男性。在 GC 含量符合要求的情况下，此图一般都正常，故此图也是作为能否进入 CNV 分析步骤的标准之一。如在分析过程中此图分布不正常，说明实验环节中很可能存在异常（如操作失误、试剂无效或仪器故障等），导致某些区域测量值偏高或偏低，从而无法分析真实的 CNV，甚至可能影响其他样本的 CNV 分析。

通过上述过程获取每一个碱基的深度后，可以通过自主编写的软件计算拷贝数变异，即 CNV。常见的统计模型有基于外显子深度的正态分布计算方法[15]。其结果准确性受 GC 含量影响大，不同芯片的 GC 含量正常范围不同，一般在 45% 以下。实验过程中往往容易出现 GC 偏高的现象，是导致 CNV 假阳性及假阴性的一项重要因素。正态分布算法是基于大样本量实现的，结果易受群体均值的影响。由于批次间数据存在差异，故建立完善的历史数据集对结果分析准确性而言非常重要。

（四）变异检测

单基因疾病的变异检测软件常用的是 GATK（网站链接：https：//software.broadinstitute.

org/gatk/）、Samtools Pileup（网站链接：http：//samtools.sourceforge.net/）、Mutect（网站链接：http：//archive.broadinstitute.org/cancer/cga/mutect/）等。不同软件的检测结果往往存在差异，相同软件设定不同参数同样会导致检测结果的差异。例如，图 11-7 所示 3bp 的缺失，经 Sanger 验证是纯合缺失，而 GATK Unified Genotyper 参数运行结果是杂合缺失，这是因为缺失的 TCC 碱基后面有一连串的 TCC，其中没能跨越该连续重复区域的 reads 便认为没有发生缺失。当使用 GATK HaplotypeCaller 参数时，这一问题被成功修复，输出结果为纯合缺失。

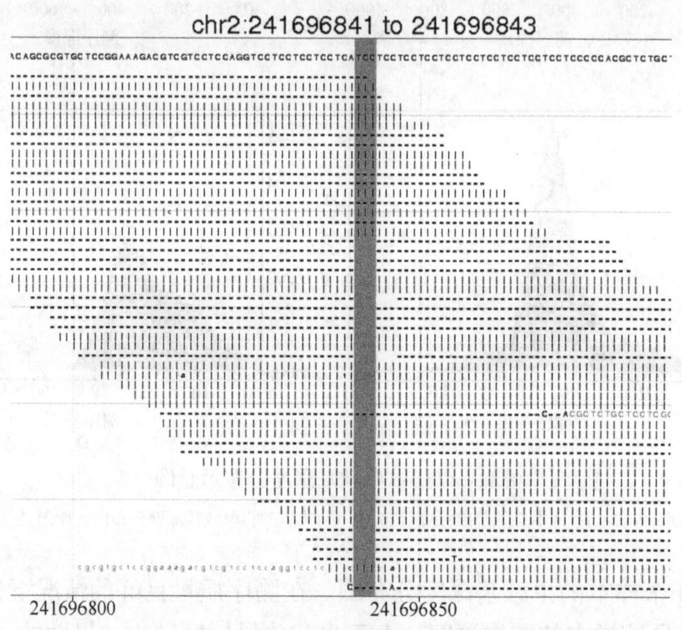

图 11-7 单基因疾病的变异判读结果示意图

（五）变异注释

根据变异基因所在基因组坐标范围对变异位点注释出具体的变异名称和变异类型，根据频率数据库（千人频率库，dbSNP，ExAC，ESP，自建频率库等）注释出突变频率，根据疾病数据库（HGMD，ClinVar 等）注释出被疾病数据库收录的情况，根据功能预测数据库（SIFT，Polyphen2 等）注释出功能预测的结果，最终所有注释信息汇总在一个结果文件中输出，供后续进行人工遗传分析。注释过程常用的软件有 ANNOVAR（网站链接：http：//www. openbioinformatics.org/annovar/annovar_download_form.php），也有很多实验室根据自有数据库资源编写了各种功能的注释软件。由于同一个基因可能存在多个基因名，为避免信息错误，检查时需统一命名为 NCBI 中的官方名称。另外，由于不同功能注释软件的预测结果存在差异，通过功能注释软件获取的分析结果仅可作为参考，不可直接应用。注释步骤为所有变异配置了丰富的可阅读信息，这些信息为后续的遗传分析及解读提供了必要的保障。

五、遗传分析

近年来高通量测序在单基因遗传病研究及临床检测中得到广泛应用，其在心血管疾病、眼科疾病、神经系统疾病、遗传性肿瘤、肿瘤个体化用药等医学领域都发挥了重要作用[14, 15]。对于具有明确系统归属及家族遗传史的疾病而言，针对性的基因panel经济可靠、检测周期短，比较适用。而对于表型复杂，难以进行明确诊断或初次panel检测则需要采用WES或WGS进行诊断和研究。不同检测策略对应的数据处理复杂度差异很大，对于靶向测序基因检测panel而言，检测基因数可为几十至几百个不等，目标明确，分析流程成熟，操作简单；对于WES而言，目前已明确机制的致病基因有3300多个[16, 20]，相关外显子有20 000～25 000[16, 17]，分析难度相对增大，要在短时间内完成数量如此庞大的基因数据分析判定，对实验室综合实力要求较高。

遗传分析是对人类基因组中与疾病或特定表型相关的突变位点进行解读、判定的过程。通常基因检测是在遗传咨询—实验—信息分析—遗传分析—遗传咨询的循环流程中进行的，而遗传分析是对实验结果和信息分析结果的整理和判定，为遗传咨询提供综合性信息服务，对于受检者得到准确的检测结果及遗传咨询指导有着重要作用。

当前美国医学遗传学与基因组学学会（American College of Medical Genetics and Genomics，ACMG）的变异解读指南[6]是遗传分析工作参考性指南，根据ACMG和分子病理协会2015版本的遗传变异解读规则，变异位点与疾病的相关性可以分为以下五类：致病的、疑似致病的、临床意义未明的、疑似良性的和良性的。在单基因遗传病中，致病变异和良性变异对于疾病表型的影响相关或不相关，疑似致病和疑似良性的变异则代表存在90%的可能与疾病表型相关或不相关，而临床意义未明代表根据当前的研究证据支持力度不足，该变异与疾病的相关性还不明确。

解读分析包括：筛选在对照数据库中频率低于1%的低频突变；分析变异在各变异数据库中的记录；分析变异在文献中记录的研究情况；变异对蛋白功能影响的预测分析；结合受检者的临床症状和家族史对于变异的致病性进行综合判定等；具体分析流程见图11-8。

目前在遗传分析解读工作中，最常用的基因频率数据库是ExAC数据库、EVS、千人频率库、dbSNP和实验室自建频率数据库等。这些数据库能够帮助分析人员进行有效的高频多态性位点筛选。

在此结合前述案例对遗传变异的解读进行说明。

针对本案例，首先需要得到的是先证者的基因列表。为方便解读，必须具备的信息包括突变命名（cHGVS）、突变氨基酸命名（pHGVS）、染色体位置、所在外显子、杂合/纯合、rs号（若有）、read（突变型/总数）、OMIM数据库信息、dbSNP数据库频率、千人频率、本地数据库频率。

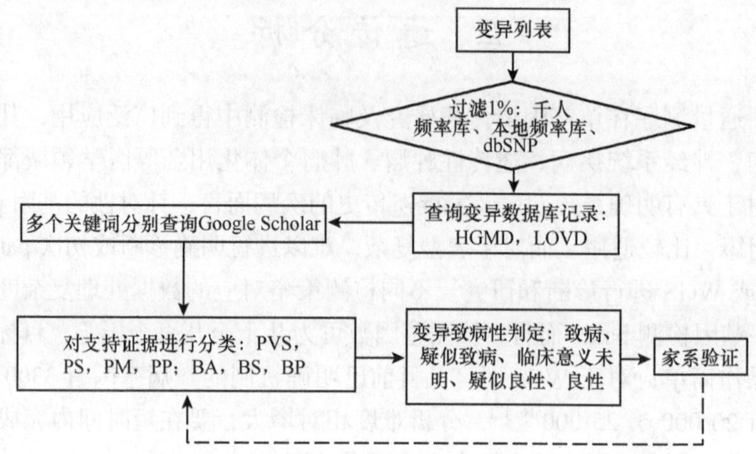

图 11-8 单基因遗传病高通量检测遗传分析解读流程图

包括但不限于以上内容。家系验证结果可能导致解读结果调整

信息分析后得到变异列表（图 11-9）。

疾病/OMIM号/遗传方式	基因	参考序列/转录本	核苷酸变化	突变名称	基因亚区	杂合性	Ch:por	rs号	千人频率*	本地频率*	千人频率(纯合)*	本地频率(纯合)*	dbSNP频率*	Hapmap频率*	ESP6500	ExAC_全球(不分纯杂)	ExAC_Asia	ExAC_Asia(纯合)	功能改变
601691/(Cone-rod dystrop	ABCA4	NM_000350	c.6148-449C>T	-	Intron44	Het	chr1:94467997	-	0	0.002	0	0	0	0	0	0	0	0	-
601691/(Cone-rod dystrop	ABCA4	NM_000350	c.6069T>C	p.Ile202	EX44/CDS4	Hom	chr1:94471075	rs1762114	0.691	0.772	0.6905	0.7718	0.593	0	0.776	0.889	0.39	0.3948	Synonymous
601691/(Cone-rod dystrop	ABCA4	NM_000350	c.5585-70C>T	-	Intron39	Hom	chr1:94476555	rs537831	0.482	0.652	0.4817	0.6521	0.478	0.644	0	0	0	0	-
601691/(Cone-rod dystrop	ABCA4	NM_000350	1316_5460+1318	-	Intron38	Hom	r1:94478781..9447878	-	0	0	.	.	0	.	0	0	0	0	-
601691/(Cone-rod dystrop	ABCA4	NM_000350	+1314_5460+131	-	Intron38	Hom	r1:94478784..9447878	-	0	0	.	.	0	.	0	0	0	0	-
601691/(Cone-rod dystrop	ABCA4	NM_000350	c.4774-17_4774-	-	Intron33	Het	chr1:94487286..94487	rs3831251	0.278	0.37	.	.	0.224	.	0.149	0	0	0	-
601691/(Cone-rod dystrop	ABCA4	NM_000350	c.4773+48C>T	-	Intron33	Het	chr1:94487354	rs472908	0.435	0.513	0.3672	0.2308	0.484	0.456	0.63	0.582	0.25	0.1051	-
601691/(Cone-rod dystrop	ABCA4	NM_000350	c.4635-363G>T	-	Intron31	Het	chr1:94489337	-	0	0	0	0	0	0	0	0	0	0	-
601691/(Cone-rod dystrop	ABCA4	NM_000350	c.4352+54A>G	-	Intron29	Hom	chr1:94495930	rs547806	0.983	1	0.9826	1	0.977	1	0	0	0	0	-
601691/(Cone-rod dystrop	ABCA4	NM_000350	c.3863-1279C>T	-	Intron26	Hom	chr1:94498878	-	0	0	0	0	0	0	0	0	0	0	-
601691/(Cone-rod dystrop	ABCA4	NM_000350	c.3329-112delT	-	Intron22	Het	chr1:94507070	rs35094232	0	0.497	.	.	0.7336	.	0	0	0	0	-
601691/(Cone-rod dystrop	ABCA4	NM_000350	c.3051-297_305	-	Intron20	Het	chr1:94509327..94509	rs11410945	0	0.315	.	.	0.6102	.	0	0	0	0	-
601691/(Cone-rod dystrop	ABCA4	NM_000350	c.2919-373C>A	-	Intron19	Het	chr1:94510673	rs2297633	0.341	0.123	0.0467	0.0065	0.28	0.234	0	0	0	0	-
601691/(Cone-rod dystrop	ABCA4	NM_000350	c.2918+273T>A	-	Intron19	Het	chr1:94512202	-	0	0	0	0	0	0	0	0	0	0	-
601691/(Cone-rod dystrop	ABCA4	NM_000350	c.1761-54G>A	-	Intron12	Het	chr1:94528363	rs4147833	0.326	0.329	0.2143	0.61	0.468	0.307	0	0	0	0	-
601691/(Cone-rod dystrop	ABCA4	NM_000350	c.1356+10_1356	-	Intron10	Hom	chr1:94544135..94544	rs397762117	0	0.497	.	.	0	.	0	0	0	0	-
601691/(Cone-rod dystrop	ABCA4	NM_000350	c.1240-14C>T	-	Intron9	Hom	chr1:94544276	rs4147830	0.28	0.337	0.2802	0.3366	0.265	0.324	0.465	0.481	0.16	0.1592	-
601691/(Cone-rod dystrop	ABCA4	NM_000350	c.1240-65delA	-	Intron9	Hom	chr1:94544327	rs3215952	0.503	0.418	.	.	0.515	.	0	0	0	0	-
601691/(Cone-rod dystrop	ABCA4	NM_000350	39+71_1239+72d	-	Intron9	Het	r1:94544806..945448	-	0	0.003	.	.	0	.	0	0	0	0	-
601691/(Cone-rod dystrop	ABCA4	NM_000350	c.1100-450C>T	-	Intron8	Het	chr1:94545467	-	0	0	0	0	0	0	0	0	0	0	-
601691/(Cone-rod dystrop	ABCA4	NM_000350	c.1099+374C>A	-	Intron8	Het	chr1:94545660	rs4147829	0	0.008	0	0	0	0	0	0	0	0	-
601691/(Cone-rod dystrop	ABCA4	NM_000350	c.303-71delA	-	Intron3	Het	chr1:94574343	rs61753051	0	0.282	.	.	0.2841;Pl	.	0	0	0	0	-
601691/(Cone-rod dystrop	ABCA4	NM_000350	c.161-275G>A	-	Intron2	Hom	chr1:94577410	rs1889405	0.032	0.036	0.0321	0.0356	0.029	0	0	0	0	0	-
601691/(Cone-rod dystrop	ABCA4	NM_000350	c.161-288G>A	-	Intron2	Hom	chr1:94577423	rs1889404	0.035	0.036	0.0348	0.0356	0.032	0.029	0	0	0	0	-
601691/(Cone-rod dystrop	ABCA4	NM_000350	c.161-357G>A	-	Intron2	Het	chr1:94577492	rs149765549	0.004	0.013	0	0	0.001	0	0	0	0	0	-
603234/(Arterial calcificati	ABCC6	NM_001171	c.4404-76A>G	-	Intron30	Het	chr16:16244174	rs212098	0.257	0.281	0.0256	0.0142	0.222	0.409	0	0	0	0	-
603234/(Arterial calcificati	ABCC6	NM_001171	c.3735+55delG	-	Intron26	Hom	chr16:16253284	rs398028845	0.964	0.5			0		0	0	0	0	-
603234/(Arterial calcificati	ABCC6	NM_001171	c.3507-16T>C	-	Intron24	Het	chr16:16255437	rs3213471	0.106	0.164	0.0055	0	0.131	0.139	0.05	0.028	0.07	0.0028	-
603234/(Arterial calcificati	ABCC6	NM_001171	c.3506+172G>A	-	Intron24	Het	chr16:16256678	rs3213472	0.088	0.1	0.0037	0	0.101	0.088	0	0	0	0	-
603234/(Arterial calcificati	ABCC6	NM_001171	c.3506+83A>C	-	Intron24	Het	chr16:16256767	rs3213473	0.285	0.221	0.5943	0.759	0.39	0.204	0	0	0	0	-
603234/(Arterial calcificati	ABCC6	NM_001171	c.2995+321A>G	-	Intron22	Het	chr16:16263182	-	0	0	0	0	0	0	0	0	0	0	-
603234/(Arterial calcificati	ABCC6	NM_001171	c.2995+142C>T	-	Intron22	Hom	chr16:16263361	rs7194043	0.97	0.697	0.9698	0.6974	0.947	1	0	0	0	0	-
603234/(Arterial calcificati	ABCC6	NM_001171	c.2835C>T	p.Pro94	EX22/CDS2	Het	chr16:16263663	rs2856585	0.229	0.339	0.022	0.0769	0.217	0.375	0.078	0.063	0.24	0.042	Synonymous
603234/(Arterial calcificati	ABCC6	NM_001171	c.2788-127A>G	-	Intron21	Hom	chr16:16263837	rs7201980	0.97	0	0.9698	0	0.949	1	0	0	0	0	-
603234/(Arterial calcificati	ABCC6	NM_001171	c.2788-243_2788	-	Intron21	Hom	chr16:16263952..1626	rs112642407	0.823	0	.	.	0	.	0	0	0	0	-
603234/(Arterial calcificati	ABCC6	NM_001171	c.2788-245C>A	-	Intron21	Hom	chr16:16263955	rs56267718	0	0	0	0	0	0	0	0	0	0	-

图 11-9 变异列表

（一）变异位点筛选

筛选保留在所有数据库中频率小于 1% 的变异位点（图 11-10）。

L	M	N	O	P	Q	R	S	T	U	
千人频率*	本地频率*	千人频率(纯合)*	本地频率(纯合)*	dbSNP频率*	Hapmap频率*	ESP6500	ExAC_全球(不	ExAC_Asia	ExAC_Asia(纯合)	功
0	0.0016	0	0	0	0	0	0	0	0	-
0.6905	0.7718	0.6905	0.7718	0.593	0	0.775719	0.889	0.3948	0.3948	S
0.4817	0.6521	0.4817	0.6521	0.478	0.644	0	0	0	0	-
0	0	.	.	0	.	0	0	0	0	-
0	0	.	.	0	.	0	0	0	0	-
0.2775	0.3699	.	.	0.224	.	0.149089	0	0	0	-
0.435	0.5128	0.3672	0.2308	0.484	0.456	0.630231	0.582	0.2454	0.1051	-
0	0	0	0	0	0	0	0	0	0	-
0.9826	1	0.9826	1	0.977	1	0	0	0	0	-
0	0	0	0	0	0	0	0	0	0	-
0	0.4971			0.7336		0	0	0	0	-

图 11-10 变异位点筛选图例

得到结果如图 11-11 所示。

疾病/OMIM号/遗传方式	基因	参考序列/转录本	核苷酸变化	突变名称	基因亚区	杂合性	Ch:por	rs号	千人频率	本地频率	千人频率(纯合)	本地频率(纯合)	dbSNP频率	Hapmap频率	ESP6500	ExAC_全球(不分纯杂)	ExAC_Asia	ExAC_Asia(纯合)	功能改变
601691/(Cone-rod dystro	ABCA4	NM_000350	c.6148-449C>T	-	Intron44	Het	chr1:94467997	-	0	0.002	0	0	0	0	0	0	0	0	-
601691/(Cone-rod dystro	ABCA4	NM_000350	1316_5460+131	-	Intron38	Hom	r1:94478781..944787	-	0	0	.	.	0	.	0	0	0	0	-
601691/(Cone-rod dystro	ABCA4	NM_000350	+1314_5460+131	-	Intron38	Hom	r1:94478784..944787	-	0	0	.	.	0	.	0	0	0	0	-
601691/(Cone-rod dystro	ABCA4	NM_000350	c.4635-363G>T	-	Intron31	Het	chr1:94489337	-	0	0	0	0	0	0	0	0	0	0	-
601691/(Cone-rod dystro	ABCA4	NM_000350	c.3863-1279C>T	-	Intron26	Hom	chr1:94498878	-	0	0	0	0	0	0	0	0	0	0	-
601691/(Cone-rod dystro	ABCA4	NM_000350	c.2918+273T>A	-	Intron19	Het	chr1:94512202	-	0	0	0	0	0	0	0	0	0	0	-
601691/(Cone-rod dystro	ABCA4	NM_000350	39+71_1239+72d	-	Intron9	Het	r1:94544806..945448	-	0	0.003	.	.	0	.	0	0	0	0	-
601691/(Cone-rod dystro	ABCA4	NM_000350	c.1100-450C>T	-	Intron8	Het	chr1:94545467	-	0	0	0	0	0	0	0	0	0	0	-
601691/(Cone-rod dystro	ABCA4	NM_000350	c.1099+374C>A	-	Intron8	Het	chr1:94545660	rs4147829	0	0.008	0	0	0	0	0	0	0	0	-
603234/(Arterial calcificati	ABCC6	NM_001171	c.2995+321A>G	-	Intron22	Het	chr16:16263182	-	0	0	0	0	0	0	0	0	0	0	-
603234/(Arterial calcificati	ABCC6	NM_001171	c.2788-245C>A	-	Intron21	Hom	chr16:16263955	rs56267718	0	0	0	0	0	0	0	0	0	0	-
602851/(?Febrile seizures,	ADGRV1	NM_032119	c.5664+380C>G	-	Intron27	Het	chr5:89977651	-	0	0	0	0	0	0	0	0	0	0	-
602851/(?Febrile seizures,	ADGRV1	NM_032119	c.5664+390T>C	-	Intron27	Het	chr5:89977661	-	0	0	0	0	0	0	0	0	0	0	-
602851/(?Febrile seizures,	ADGRV1	NM_032119	38_7133+439insT	-	Intron32	Het	r5:89989041..899890	rs368602588	0	0.003	.	.	0	.	0	0	0	0	-
602851/(?Febrile seizures,	ADGRV1	NM_032119	c.13653+374G>T	-	Intron67	Het	chr5:90080248	-	0	0	0	0	0	0	0	0	0	0	-
602851/(?Febrile seizures,	ADGRV1	NM_032119	2-221insGTCGTG	-	Intron77	Het	r5:90136173..901361	-	0	0	.	.	0	.	0	0	0	0	-
604392/(Cone-rod dystro	AIPL1	NM_014336	_276+333insGAG	-	Intron2	Hom	hr17:6336906..633690	-	0	0	.	.	0	.	0	0	0	0	-
606844/(Alstrom syndrom	ALMS1	NM_015120	c.7537+414C>A	-	Intron8	Het	chr2:73681608	-	0	0	0	0	0	0	0	0	0	0	-
606844/(Alstrom syndrom	ALMS1	NM_015120	c.11544+331delT	-	Intron16	Hom	chr2:73800882	rs57792928	0	0.005	.	.	0	.	0	0	0	0	-
606844/(Alstrom syndrom	ALMS1	NM_015120	+329_12295+33	-	Intron20	Het	r2:73829824..738298	rs144971762	0	0	.	.	0.0012	.	0	0	0	0	-
608845/(?Retinitis pigmen	ARL6	NM_032146	c.-127+234G>T	-	Intron1	Hom	chr3:97484055	rs9843490	0	0	0	0	0	0	0	0	0	0	-
607640/(Spinocerebellar a	ATXN7	NM_000333	c.-552A>G	-	EX1/5-UTR	Het	chr3:63850234	-	0	0	0	0	0	0	0	0	0	0	5-UTR
607640/(Spinocerebellar a	ATXN7	NM_000333	c.1096-616C>A	-	Intron8	Hom	chr3:63973119	-	0	0	0	0	0	0	0	0	0	0	-
600374/(Bardet-Biedl sync	BBS4	NM_033028	.76+67_76+68ins	-	Intron2	Het	r15:72987636..729876	-	0	0.003	.	.	0	.	0	0	0	0	-
600374/(Bardet-Biedl sync	BBS4	NM_033028	c.156+419T>C	-	Intron3	Hom	chr15:73002539	rs7175079	0	0	0	0	0	0	0	0	0	0	-
600374/(Bardet-Biedl sync	BBS4	NM_033028	c.588-324G>T	-	Intron8	Het	chr15:73019957	-	0	0	0	0	0	0	0	0	0	0	-
607590/(Bardet-Biedl sync	BBS7	NM_176824	c.1311C>T	Asn437A	EX13/CDS13	Het	chr4:122760846	rs199812109	0.002	0.005	0	0	0.003	0	0	0.0002389	0	0	Synonymous
607968/(Bardet-Biedl sync	BBS9	NM_014451	c.1016+317G>T	-	Intron9	Het	chr7:33313885	-	0	0	0	0	0	0	0	0	0	0	-
607968/(Bardet-Biedl sync	BBS9	NM_014451	c.1432+262G>T	-	Intron13	Het	chr7:33389044	rs569645325	0	0	0	0	0	0	0	0	0	0	-
607968/(Bardet-Biedl sync	BBS9	NM_014451	c.1432+319C>T	-	Intron13	Het	chr7:33389101	-	0	0	0	0	0	0	0	0	0	0	-
607968/(Bardet-Biedl sync	BBS9	NM_014451	c.2179-337C>T	-	Intron18	Het	chr7:33573229	rs188374209	0.002	0	0	0	0.001	0	0	0	0	0	-
612013/(COACH syndrom	CC2D2A	IM_00108052	c.4675-324A>G	-	Intron37	Hom	chr4:15602536	rs202108899	0	0	0	0	0	0	0	0	0	0	-
605516/(Deafness, autoso	CDH23	NM_022124	-48_-47insCGAG	-	EX1/5-UTR	Hom	r10:73157033..731570	rs147915565	0	0	.	.	0	.	0	0	0	0	5-UTR
605516/(Deafness, autoso	CDH23	NM_022124	c.68-3C>T	-	Intron2	Het	chr10:73206072	rs142456469	0.006	0.007	0	0	0	0	0	0.000636	0.01	0	Splice
605516/(Deafness, autoso	CDH23	NM_022124	c.1282G>A	Asp428A	EX13/CDS12	Het	chr10:73405729	rs188376296	9E-04	0.01	0	0	0	0	0	0.0005129	0.01	0	Missense
605516/(Deafness, autoso	CDH23	NM_022124	c.3430+133G>A	-	Intron29	Het	chr10:73483995	-	0	0	0	0	0	0	0	0	0	0	-
605516/(Deafness, autoso	CDH23	NM_022124	c.5923+346C>A	-	Intron45	Het	chr10:73549145	-	0	0	0	0	0	0	0	0	0	0	-
114021/(Ectodermal dyspl	CDH3	NM_001793	c.-628G>A	-	EX1/5-UTR	Het	chr16:68678655	-	0	0	0	0	0	0	0	0	0	0	5-UTR

图 11-11　变异位点筛选结果图例

（二）突变分析

首先分析无义突变（nonsense mutation）/ 移码突变（frameshift mutation）/ 保守剪接位点突变（splice-site mutation）/ 外显子缺失（exon deletion），然后分析错义突变（missense mutation）和同义突变（synonymous mutation）。若以上未发现能够解释疾病的相关变异，则继续分析内含子区变异和深度内含子区变异。

在本案例中，先筛选功能改变中的无义突变（该样本无移码突变或保守剪接突变），结果如图 11-12 所示。

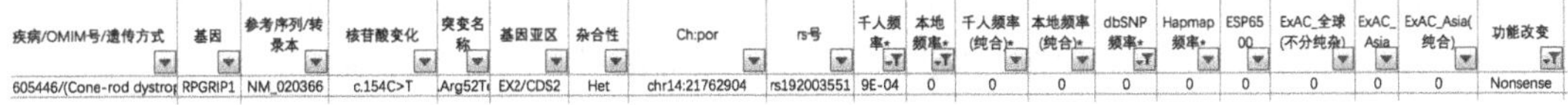

疾病/OMIM号/遗传方式	基因	参考序列/转录本	核苷酸变化	突变名称	基因亚区	杂合性	Ch:por	rs号	千人频率	本地频率	千人频率(纯合)	本地频率(纯合)	dbSNP频率	Hapmap频率	ESP6500	ExAC_全球(不分纯杂)	ExAC_Asia	ExAC_Asia(纯合)	功能改变
605446/(Cone-rod dystro	RPGRIP1	NM_020366	c.154C>T	Arg52T	EX2/CDS2	Het	chr14:21762904	rs192003551	9E-04	0	0	0	0	0	0	0	0	0	Nonsense

图 11-12　突变分析图例

（三）突变重筛

重新筛选，查看错义突变，结果如图 11-13 所示。

疾病/OMIM号/遗传方式	基因	参考序列/转录本	核苷酸变化	突变名称	基因亚区	杂合性	Ch:por	rs号	千人频率	本地频率	千人频率(纯合)	本地频率(纯合)	dbSNP频率	Hapmap频率	ESP6500	ExAC_全球(不分纯杂)	ExAC_Asia	ExAC_Asia(纯合)	功能改变
605516/(Deafness, autoso	CDH23	NM_022124	c.1282G>A	Asp428A	EX13/CDS12	Het	chr10:73405729	rs188376296	9E-04	0.01	0	0	0	0	0	0.0005129	0.01	0	Missense
610142/(?Bardet-Biedl syn	CEP290	NM_025114	c.4697C>T	Ala1566	EX35/CDS34	Het	chr12:88478370	-	0	0	0	0	0	0	0	0	0	0	Missense
608548/({Macular degene	HMCN1	NM_031935	c.6917G>A	rg2306	EX45/CDS45	Het	chr1:186024579	rs137853916	0.002	0.005	0	0	0.001	0	8E-05	0.0001648	0	0	Missense
608548/({Macular degene	HMCN1	NM_031935	c.11938G>A	al3980	EX78/CDS78	Het	chr1:186088412	rs139870667	0.007	0	0	0	0.007	0	0.004	0.001334	0	0	Missense
604705/(Retinitis pigment	MERTK	NM_006343	c.1441C>T	Pro481S	EX9/CDS9	Het	chr2:112751972	-	0	0	0	0	0	0	0	0	0	0	Missense
276903/(Deafness, autoso	MYO7A	NM_000260	c.6092G>A	rg2031	EX45/CDS44	Het	chr11:76922237	-	0	0.001	0	0	0	0	0	0	0	0	Missense
605446/(Cone-rod dystro	RPGRIP1	NM_020366	c.2020C>T	Pro674S	EX14/CDS14	Het	chr14:21793034	-	0	0	0	0	0	0	0	0	0	0	Missense
608400/(Retinitis pigment	USH2A	NM_206933	c.6524G>A	rg2175	EX34/CDS33	Het	chr1:216172362	rs140845899	0.003	0.006	0	0	0.002	0	2E-04	0.0002224	0	0	Missense

图 11-13　突变重筛图例

（四）重筛突变分析

对于（一）（二）步骤中筛选得到的变异位点逐个进行致病性判定，优先分析无义突变及其所在基因中存在的变异。

首先，针对 *RPGRIP1* c.154C ＞ T（p. Arg52*）进行检索：分别以 *RPGRIP1* c.154C ＞ T，*RPGRIP1* Arg52*，*RPGRIP1* Arg52X，*RPGRIP1* Arg52Ter，*RPGRIP1* R52*，*RPGRIP1* R52Ter，*RPGRIP1* R52X 为关键词，在 Google Scholar 中进行检索。Khan 等[18]在 2013 年报道该突变在 RPA 患者中检出。该变异为无义突变，氨基酸编码提前终止导致蛋白长度缩短。在历史记录中有相关文献检出，可以进一步证实该变异与疾病之间的相关性。结合 2015 年版的 ACMG 变异解读指南，该位点的致病性相关证据如下：① PVS1- 无义突变，且失功能突变是疾病的发病机制；② PM2- 在多个频率数据库中频率极低或无该变异；③ PP1- 家系共分离（后续 Sanger 验证证实）。综上所述，该突变判定为已知致病突变。

随后，通过 *RPGRIP1* c.2020C ＞ T（p.Pro674Ser）进行检索：分别以 *RPGRIP1* c.2020C ＞ T，*RPGRIP1* Pro674Ser，*RPGRIP1* P674S 在 Google Scholar 中进行检索，未发现文献报道，在数据库中检索，未发现该变异的相关报道，也未发现该位点的相关报道（排除同一位置不同变异情况）。结合 2015 年版的 ACMG 变异解读指南，该位点的致病性相关证据如下：① PM2- 在多个频率数据库中频率极低或无该变异；② PM3- 隐性遗传疾病，与已知致病突变呈反式排列；③ PP1- 家系共分离（后续 Sanger 验证证实）；④ PP3- 多个预测软件判定为对基因或基因产物有不良影响。综上所述，该突变判定为疑似致病突变。值得注意的是，本案例中用作支持证据的反式排列家系共分离都是因为该突变与已知致病突变共存，因此后续进行了家系验证以增加证据支持力度。在未进行家系验证前，该变异应该判定为临床意义未明。

其他变异的分析解读同样按照上述方法及原则进行。

值得注意的是，目前可用的频率数据库中除了自建数据库外均是基于国外主导的大样本测序项目得到的数据。其样本的人种来源大多非亚洲人，在应用于中国人群、亚洲人群的分析时难免存在偏差。另一个问题是这些数据库往往来自于大样本的国际性合作研究项目，而这些项目中绝大多数开发过程中缺乏严格的入组检测标准，存在某些遗传病的晚发患者或轻度症状患者作为健康人被选入研究的频率库中，造成实际频率的偏差，结果的可靠性受到一定影响。

（五）检测报告撰写

1. 基本信息填写 检测报告中必须包含样本信息、疾病史和家族史等信息（图 11-14）。

样本信息							
到样日期	样品编号	样本类型	姓名	性别	年龄	送检医院	送检医生
2016-09-26		全血					-
临床表现或家族史	确诊患者。进展性弱视20多年，22岁时确诊为RP(视网膜色素变性)，无家族史。出生后8个月发现眼球震颤情况，随后逐渐出现视野丢失和夜盲症状。过去6年中，她的视野范围缺少了周围视野，并且在接近21岁时逐渐发展为管状视野，双眼最佳矫正视力为12/400。散瞳眼底检查发现视网膜血管狭窄未见色素改变。视网膜电流图(ERG)检测发现视锥细胞和视杆细胞严重受损。						

图 11-14 样本信息

2. 解读结果撰写 报告中需清晰展示与受检者症状相关的变异信息，包括基因名称、公共数据库中提供的基因序列参考、检测到的变异类型、导致的氨基酸变化、基因亚区、杂合性判读结果及该基因在染色体上的位置等。实验室在进行解读报告撰写时可只报告已有明确致病性或可能致病的突变位点信息，但需要在报告中说明此原则。本案例解读结果如图 11-15 所示。

检测结果							
基因	参考序列	核苷酸变化/突变名称	氨基酸变化	基因亚区	杂合性	染色体位置	变异类型
RPGRIPI	NM_020366	c.164C＞T	p.Arg52Ter:	EX2	Het	chr14:21762904	Pathogenic
RPGRIPI	NM_020366	c.2020C＞T	p.Pro674Ser	EX14	Het	chr14:21793034	VUS
备注：杂合性：Het表示杂合突变。变异类型：Pathogenic表示已知致病突变，VUS表示临床意义未明突变。							

图 11-15 检测结果

注明解读判定理由，以及对患者的指导建议（图 11-16）。

结果说明
在*RPGRIP1*基因上发现2个杂合变异：c.154C＞T(p.Arg52*)，c.2020C＞T(p.Pr0674Ser)。*RPGRIP1*基因的c.154C＞T(p.Arg52*)使蛋白合成提前终止，可能会导致蛋白结构和功能异常，有文献报道，在白点状视网膜色素变性(retinitis punctata albescens，RPA)患者中发现过该变异[1]；c.2020C＞T(p.Pr0674Ser)目前尚无相关的文献报道，该变异在1000G，dbSNP，HapMap数据库中均无频率，经Polyphen2和SIFT预测结果为有害，该变异可能会影响蛋白质的结构和功能。综上，*RPGRIP1*基因c.154C＞T(p.Arg52*)为已知致病突变，*RPGRIP1*基因c.2020C＞T(p.Pro674Ser)为临床意义未明突变。 *RPGRIP1*基因导致的综合征型视网膜病变(syndromic/systemic diseases with retinopathy)是常染色体隐性遗传病。经Sanger验证，先证者母亲携带*RPGRIP1*基因的c.2020C＞T(p.Pro674Ser)杂合变异，先证者父亲携带*RPGRIP1*基因的c.154C＞T(p.Arg52*)杂合变异，且在先证者检测出这两个变异的杂合突变，符合常染色体隐性遗传模式。从疾病遗传模式和家系验证结果可知，*RPGRIP1*基因的c.154C＞T(p.Arg52*)和c.2020C＞T(p.Pro674Ser)是造成先证者患病的致病突变。 另外，根据遗传规律分析，先证者父母因只携带其中一个突变，所以其父母不会因此突变而患病。

图 11-16 结果说明

注意，解读报告中需要注明引用的文献，提供关于该基因变异与患者疾病相关性的科学依据。

在分析解读实际工作中，有关变异位点的基础研究及家系研究对于综合判定该位点致病性而言非常重要。查询这类信息常用的突变数据库包括人类基因突变数据库（Human Gene Mutation Database，HGMD）、OMIM 数据库和 LOVD（Leiden Open Variation Databace，LOVD）等。但这些数据库的覆盖面存在显著差异，此外通过 PubMed 和 Google Scholar 进行变异相关文献检索，补充数据库未及时收录的研究信息也是重要内容。基础研究成果的文献不断累加对于遗传分析而言是有利的，主要的矛盾点在于现阶段基础研究资料尚不充足，大量变异未得到蛋白或转录水平的功能研究支持，更不必说动物模型或大的家系研究分析结果，从而导致绝大多数的错义突变无法获取有效的临床致病性解释；另一方面是海量的文献阅读需求与临床应用基因检测的高时效性要求之间的矛盾。人工智能的发展为该问题的解决带来了曙光。目前包括谷歌、IBM 及国内的多家 IT 巨头都已经跨进了针对医疗大数据的研究中。相信不久的将来，文献阅读将不再是遗传分析的瓶颈。

最后，需要进一步强调的是检测报告中需要注明应用的检测平台、检测范围、技术局限性、分析软件和解读原则等信息（图 11-17）。

目标区域捕获测序：检测基于标准化的目标区域捕获测序平台。检测数据质控指针为：平均覆盖率95%以上，平均测序深度达100×以上。本技术方法无法完全覆盖高重复、高复杂度区域或假基因区域。可检测突变包括约164个基因的外显子及其临近±10bp内含子区域所有变异(包括点突变、小片段插入/缺失)，线粒体基因组不在检测范围，不包括基因组结构变异(如大片段杂合缺失、复制及倒位重排)、大片段杂合插入突变(如ALU介导的插入)及位于基因调节区或深度内含子区的突变。

数据分析：应用高通量数据分析流程BGIv.0.1.0，人类基因组参考：UCSChg19 Feb.2009；对比软件：BWA 0.62-r126；突变检测应用软件：SOAPsnp software 2.0，SAMtools v1.4；突变的注释应用公共频率[dbSNP (snpl37)；1000Genome(phase I)；ESP(Exome Sequencing Project)6500]及自由数据库(BGI-DB，HGVD)。

数据解读：解读规则参考美国医学遗传学和基因组学学会(American college of Medical Genetics and Genomics，ACMG)相关指南。数据的报告主要针对目前明确与疾病相关或可能与疾病相关的突变。除非已有相关致病性报道，否则报告将不包含内含子区域的非剪切和常见良性多态性突变。所有数据的解读基于我们目前对疾病与致病基因的了解和认识。检测结果为实验室检测数据，仅用于突变筛查之目的，不代表最终诊断结果，仅供临床参考。建议临床医师或相关专业临床专业人员根据检测结果对受检者进行临床表型关联。

图 11-17 检测方法及局限性

六、阳性位点验证

高通量测序检测完全基于对目标 DNA 片段测序结果的判读，任何影响 DNA 生物学性状的因素都可能影响检测结果。分析前对样本处理过程的差异同样会影响 DNA 质量，从而导致检测结果的差异。另外，目前所用的任何变异识别软件都无法保障结果 100% 正确，因而针对特定疾病检测出的阳性位点需要进行验证。

阳性验证位点选择原则：检出位点经文献查阅与疾病相关时需要进行阳性位点验证；无相关报道的位点均不需要验证。

阳性位点验证方法有两种：Sanger 测序和核酸质谱检测。视实际情况进行验证方法的选择。一般情况下，因 Sanger 法是基因检测的金标准方法，实验室条件满足时多选择 Sanger 法作为阳性位点验证方法。但是，当突变位点（以 SNP 最为常见）所处区域特殊，导致Sanger验证引物设计难度大时，为避免假阴性，则需要选择核酸质谱检测方法进行验证。

案例 YK13S0024 经 Sanger 测序验证发现经高通量测序检测出的阳性基因 *RPGRIP1* 中存在 c.154C ＞ T（p. Arg52*）和 c.2020C ＞ T（p.Pro674Ser）两个杂合变异。Sanger 测序峰如图 11-18 和图 11-19（见彩图 22、彩图 23）所示。本案例中基因 *RPGRIP1* 在这两个位点变异的临床意义尚未明确，但既往的研究结果仍可对疾病的发生和发展起提示作用。

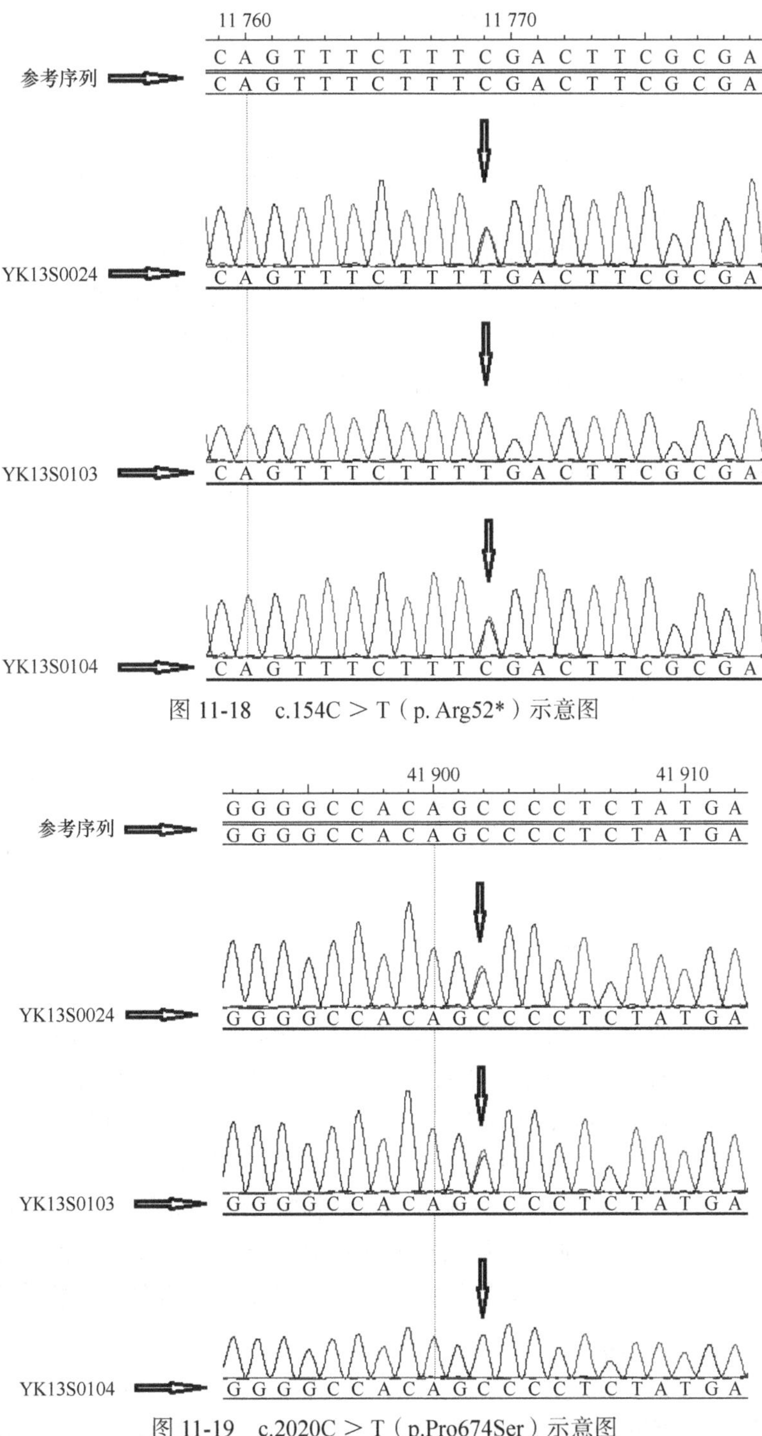

图 11-18 c.154C ＞ T（p. Arg52*）示意图

图 11-19 c.2020C ＞ T（p.Pro674Ser）示意图

第一列为比对后的一致性序列，是软件比对各个序列后形成的，通常由 A、T、C、G 和 R=A/G，Y=C/T，M=A/C，K=G/T，S=C/G，W= A/T，H= A/C/T，B= C/G/T，V=A/C/G，D=A/G /T，N=A/C/G/T 构成。峰图中每种颜色的峰代表一种碱基，红色峰代表 T，蓝色峰代表 C，黑色峰代表 G，绿色峰代表 A。某一位置只有单一颜色的峰代表该位置为纯合的某种碱基，如果与参考序列一致，则表示此位置无突变；如果与参考序列不一致，则表示此位置有纯合突变；如果某一位置除了出现参考序列对应位置碱基颜色的峰，还出现另一颜色的峰，则表示该位置有杂合突变

七、检测后遗传咨询

（一）检测后遗传咨询的内容

检测后遗传咨询主要包含向受检者解释基因检测报告结果和告知检出遗传病详细情况两方面内容，具体如下。

1. 向受检者解释基因检测报告的结果 客观地说明结果判定的依据、与疾病的关系，是否能够解释送检疾病的病因。必要时需要协助临床医师结合临床疑似诊断复核检测结果与受检者表型的符合度判定是否支持临床诊断。如果临床医师认为检测结果与临床表型不符，可根据需要进一步提供可选择的检测方案或家系验证方案，并预先告知检测后可能出现的结果，供受检者或其家属参考选择。

2. 告知检出遗传病的详细情况 疾病治疗、干预方法或最新进展，同时建议家族其他成员接受遗传咨询，以评估遗传风险携带情况，或为下一代生育做健康指导。

（二）检测后遗传咨询的注意事项

为避免检测前咨询过程中咨询者刻意隐瞒病史或亲缘相关敏感话题（如非婚生、供卵、代孕等）而导致检测结果和临床表型不一致的问题，进行检测后咨询前，遗传咨询人员需要和临床医师一起对检测结果进行复核，如果发现不符合家系中遗传共分离情况，则要考虑与咨询者或家系成员中关键成员建立二次咨询，再次确认病史或家族史信息，为最终的报告解读遗传咨询及家庭成员的风险评估做准备。

在本案例中，受检者检出 *RPGRIP1* 基因存在 2 个杂合突变，该基因与常染色体隐性遗传病视锥视杆细胞营养不良（cone-rod dystrophy）13 型（OMIM#608194）、先天性黑曚症 6 型疾病相关[19]，经 Sanger 家系验证，发现先证者父母双方分别携带其中一个杂合突变，符合常染色体隐性遗传模式。

受检者检出的位点信息暂未见相关文献记载，文献未报道过 *RPGRIP1* 基因与视网膜色素变性相关，分析发现受检者未携带与视网膜色素变性相关基因的可疑致病突变，因此针对此检测结果与临床医师沟通，再次对该受检者进行临床眼部检查确诊，诊断依旧符合视网膜色素变性。因此综合考虑，医师认为检出的 *RPGRIP1* 基因突变很可能就是受检者的致病原因，此案例对于针对该基因突变的临床表型及临床诊断思路提供了一定的参考价值。

根据遗传规律分析，先证者父母因只携带其中一个突变，只是致病突变的携带者，其父母不会因此突变而患病。后续受检者如有生育需求，建议配偶接受相关遗传咨询。

（三）检测后遗传咨询的意义

1. 报告解读及后续的治疗指导 检测后，针对专业性较高的基因检测报告，遗传咨询师可为受检者及医师提供遗传医学及遗传基因方面的专业解析，帮助受检者及医师正确理解基因检测报告，分析病因及相关风险因素；运用生命科学知识和基因技术为客户或患者提供个性化诊疗服务。

2. 心理咨询、疏导及生育指导 受单基因遗传病认知水平有限的影响，部分家属对遗传病的认识不足，以致父母间相互推诿，延误患儿诊断及治疗的现象时有发生。同时，遗传病患儿家长由于担心患儿的健康问题，而在接受基因检测过程中常常表现出忧虑、焦虑的心理状态。遗传咨询师在对患儿家属进行遗传咨询的过程中需给予密切关注。通常情况下，遗传咨询师在对遗传病患儿及家属普及遗传学知识和解读基因检测结果的过程中可根据受检者及家属的实际情况有重点地进行解释。增加对未知疾病的了解程度可最大限度地消除受检者及家属心理、情感方面的顾虑，更加有利于提升其对检测结果的认知和接受程度，从而选取适当地干预手段，积极预防、减轻或延迟疾病发生；同时也可以对受检者及其家属的婚配及二胎优生优育问题给出合理建议，对于患儿家庭的益处不言而喻。

第三节 无创单基因病检测

母血中胎儿游离 DNA 和有核红细胞的发现为胎儿非整倍体和单基因疾病的产前基因检测提供了一种有效的非侵入性检测方法，也为无创单基因遗传病检测提供了有利途径。2012 年，英国基因检测网络（UK Genetic Testing Network，UKGTN）批准了针对软骨发育不全与致死性骨发育不全的无创产前检测（noninvasive prenatal testing，NIPT），拉开了无创产前诊断在单基因病临床检测中的序幕。此后，陆续有研究证实部分单基因病可进行 NIPT。相比于 NIPT，针对胎儿单基因遗传病的无创产前检测对于检测技术和检测策略有更高要求，随着胎儿染色体无创检测技术的广泛应用，针对单基因病的无创检测技术在国内外都取得了不少进展。本节将从无创单基因病检测策略、适用人群和目前在用的检测方法及其优缺点 3 个方面进行简要介绍。

一、无创单基因病检测策略

无创单基因病检测策略根据所针对检测内容的不同而不同。无创单基因病检测内容有两方面：①判定胎儿是否存在父系突变，可用于父系常染色体显性遗传、新发突变和双亲携带不同突变类型常染色体隐性遗传病，属于父系遗传的排除性诊断。可选的检测方法包括数字 PCR、PCR- 基因芯片和高通量测序等[20]，目前这一类检测较为成熟，针对某些特定疾病的检测已在多个国家被作为有创性诊断的替代方法，如软骨发育不全等[20, 21]。②判定胎儿是否存在母系突变，可用于 X 连锁遗传病，父母携带有相同突变的常染色体隐性遗传病，双亲携带不同突变类型常染色体隐性遗传病，存在父系遗传同时需要确认是否同时存在母系遗传的诊断。可用的检测方法有环化单分子扩增和重测序技术（circulating single-molecule amplification and resequencing technology，cSMART）、相对单倍型剂量（relative haplotype dosage，RHDO）分析和数字 PCR 等[21]。根据检测目的不同，采用的策略主要分为两大类。

（一）存在 / 不存在策略

存在与不存在策略是一种是与非的判定方法，其根本依据为一些特定的遗传规律，如在妊娠状态下母体血浆中检测到非孕期不存在于母体基因组的等位基因，可以确定这些等位基因起源于胎儿或可能与胎儿基因组有关；而当某些特异性等位基因缺失时则表示胎儿为非父系遗传等位基因携带者。基于这种存在/不存在的判定标准可对父系遗传常染色体显性遗传病（如软骨发育不全）、新发突变和双亲携带不同突变类型常染色体隐性遗传病父系遗传等位基因的情况进行排除性诊断。另外，当父母携带有不同的基因突变位点时，可用于判断胎儿父系突变遗传的状态，如当检测到父系野生型等位基因或未检测到父系突变型等位基因，可推断出胎儿不存在严重疾病的风险，由此可以极大程度上避免侵入性诊断的发生，减少 50% 有创产前诊断的概率，如先天性肾上腺皮质增生的检测。

（二）相对变异量/相对单倍体剂量分析

X 连锁遗传病和父母携带有相同突变的常染色体隐性遗传病被认为是单基因遗传病无创产前诊断中最有技术难度的疾病类型，因为需要在母体同源 DNA 高背景下分析从母体遗传来的胎儿等位基因。为了区别胎儿母系遗传等位基因与高信号的母体背景基因，需要更灵敏、更准确的检测技术和策略。

1. 相对变异量分析 2008 年 Lo[22] 团队建立了相对变异量（relative mutation dosage，RMD）理论，采用的基本方法是统计学的序贯概率比试验，根本目的是判断母源性突变等位基因和野生型等位基因是否平衡存在于母体血浆 DNA 中。正常情况下，非妊娠期杂合子女性血浆中的突变型等位基因与野生型等位基因的比例为 1 ∶ 1，即平衡；而杂合子孕妇血液中由于存在胎儿游离 DNA（cffDNA），母体相对等位基因 1 ∶ 1 的平衡状态被打破，其偏移幅度取决于母体血液中 cffDNA 的含量。当胎儿同时遗传了母亲的野生型等位基因和突变型等位基因，即母胎均为突变型杂合子时，母体血浆总 DNA 中的野生型等位基因和突变型等位基因仍可保持平衡；相反，当胎儿为突变纯合子或野生纯合子时，母体血浆 DNA 表现为不平衡，即突变型等位基因的含量大于或小于野生型等位基因。这种方法适用于夫妻携带相同常染色体隐性遗传时推导胎儿继承母亲的哪一个等位基因的情况或判定 X 连锁性疾病，如血友病。

2. 相对单倍体剂量分析 单倍型（haplotype）是单倍体基因型的简称[23]，通俗的说法就是，若干个决定统一性状的紧密连锁的基因构成的基因型。RHDO 是 2010 年 Lo 等[24] 建立的基于母体血浆 DNA 全基因组测序的分析方法。通过对同一染色体上相邻的 SNP 位点建构单倍体进行定量比较分析，判断母体血浆中是否存在单倍型相对计量不平衡现象。RHDO 分析内容包括确定信息 SNP、构建母系遗传单倍体及推导胎儿基因型三部分。其中信息 SNP 指的是在相同等位基因座位上父母双方中一方为纯合子而另一方为杂合子的 SNP。RHDO 分析单基因常染色体阴性遗传病 NIPT 多数情况下应用于先证者或纯合子儿童的家庭。首先通过分析纯合子儿童和父母 DNA 样本确定致病突变基因，同时需要明确与致病基因连锁的信息 SNP 以推导与等位基因连锁的亲本单倍体。若双亲均为常染色体异性遗传杂合子，可通过检测母体血浆中非母源性父系遗传信息 SNP 和（或）突变推导出父系遗传状态。同时，通过检测与突变型/野生型等位基因连锁的信息 SNP 判定母系遗传状态。在获取父系与母系信息后可通过比较两种信息 SNP 比例失衡的情况推导胎传母系遗传单倍体情况。

二、无创单基因病检测的适用人群

无创胎儿单基因病检测适用人群如下：①有单基因遗传病家族史的人群，希望通过无创的方式了解胎儿是否存在相关突变；②无单基因遗传病家族史的携带者；③胎儿超声检测提示可能存在某种单基因遗传病的人群。

三、无创单基因病检测的方法

对于胎儿单基因遗传病的诊断而言，羊膜腔穿刺法获取胎儿细胞的检测结果为金标准。但羊膜腔穿刺存在一定的技术难度，易导致流产等不良事件的发生。特别是对于一些胎盘前置或羊水过少的孕妇，穿刺流产发生率高、风险大[25]。而胎儿单基因病的存在越早发现，对孕妇、胎儿及家庭产生的影响越小。顺应这一需求，于妊娠早期即可开展的无创单基因病诊断得以研发并应用。目前已经研究证实可检测的单基因病有：先天性肾上腺皮质增生症（congenital adrenal cortical hyperplasia，CAH，OMIM#201710）[26]、血友病B[27]（OMIM#306900）、枫糖尿病（maple syrup urine disease，MSUD，OMIM#248600）[28]、杜氏进行性肌营养不良（Duchenn muscular dystrophy，DMD，OMIM#310200）[29]、先天性耳聋[30]（OMIM#220290）、α与β地中海贫血[31]（OMIM#301040；OMIM#613985）、Wilson病[32]（OMIM#277900）、囊性纤维化[33]（OMIM#219700）、Apert综合征[34]（OMIM#101200）、先天性软骨发育不全（achondroplasia，ACH，OMIM#100800）[35]、致死性成骨发育不全（thanatophoric dysplasia，TD，OMIM#187600）[36]。可用于无创单基因病检测的方法主要针对两个方面，基于cffDNA的检测方法及基于母血中胎儿有核红细胞的检测方法。

（一）基于cffDNA的胎儿单基因病检测

该方法检测的目标分子为cffDNA，经实践证实其检测准确性高，不受突变类型和复杂重复结构的限制。但由于该方法需要借助完整的家系数据，且实验与分析难度高，因而推广应用难度较大。目前在用的检测方法主要有两大类。

1. 突变直接检测　包括基于PCR的检测（如荧光定量PCR、数字PCR）及二代高通量测序技术。

（1）适用性：要求胎儿的致病突变遗传自父亲，或者为胎儿新发生的突变。

（2）缺点：该方法尚不适用于遗传自母亲的胎儿致病突变。这是该方法的技术壁垒[22]。由于cffDNA以随机断裂的小片段DNA形式存在，而检测胎儿基因的一个或多个突变位点必须获得足够多的靶DNA。这种DNA的随机片段化大大降低了基于传统扩增的检测方法（如PCR）中可用的模板数量。外周血中母源DNA片段的平均长度大于胎源DNA片段，而PCR更倾向于扩增短片段，胎源DNA片段更容易被扩增，造成等位基因比例的检测结果与真实值产生偏差，最终导致检测结果失真。

2. 单倍体型连锁分析　连锁分析是基于家系研究的一种分析方法，是单基因遗传病定位克隆方法的核心。连锁分析连同无创产前检测单基因病是目前单基因病检测研发的重点。该方法适用的遗传模式多，临床应用前景广阔。但单倍体型连锁分析需要借助家族（包括祖父母与外祖父母及先证者）的基因组信息，且对家庭三代成员的基因组样本质量要求高，高质量数据获取难度大。同时，实验技术及分析方法难度较大，检测周期长。

为解决此类检测手段的技术缺陷，研究人员不断进行技术革新，近两年已有显著突破。例如，2014 年的一项研究中采用了父母及先证者的基因组信息结合母体血浆中胎儿基因检测信息进行分析的方法[37]。该方法可有效规避家系信息不全影响分析结果准确度的问题，同时不受母体血浆中胎儿 DNA 的影响，有望成为未来单基因疾病诊断的标准工作流程。

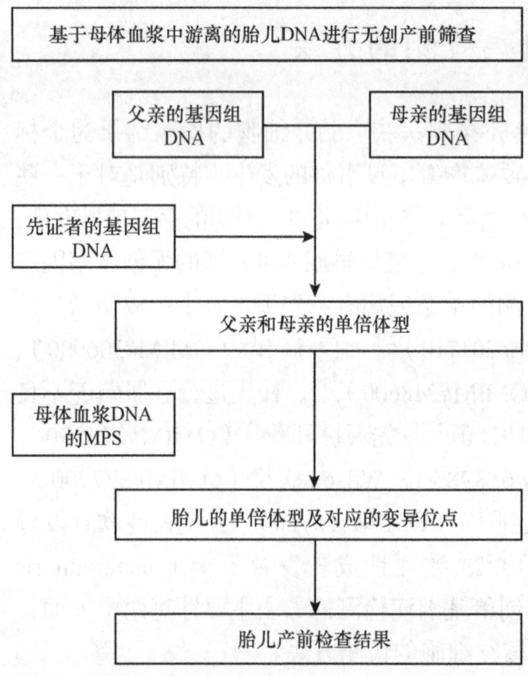

图 11-20 无创单基因病检测方案示意图

下面将以一份枫糖尿病胎儿无创检测的案例对单倍体型连锁分析检测单基因病的方法及原理进行简要阐述。

3. 案例信息 某健康夫妇于 2010 年生育一女，该女出生 6 个月后出现酮症酸中毒症状，表现为喂食困难、呕吐、代谢性酸中毒及惊厥、肌张力增高等神经系统受损表现。血糖检测为低血糖，低血糖纠正后神经系统症状无明显改善，疑似枫糖尿病。2016 年该夫妇再次孕育一女胎，希望通过基因检测方式鉴别该胎儿是否患有同类疾病[28]，具体检测方案及流程如图 11-20 和图 11-21 所示。

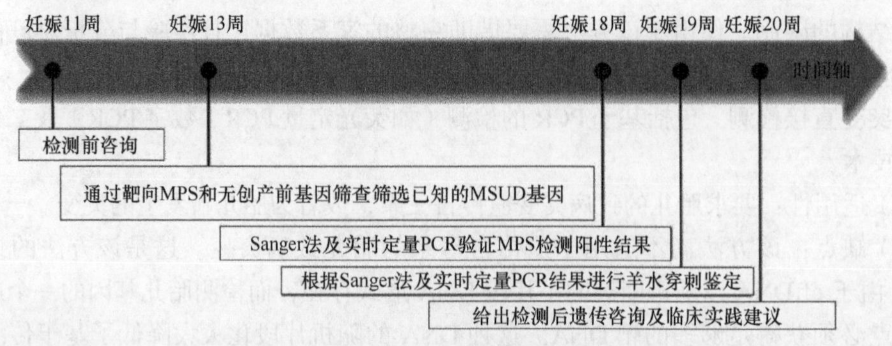

图 11-21 无创单基因病检测流程示意图

（1）检测前遗传咨询：妊娠 11 周接受检测前遗传咨询，推荐接受针对枫糖尿病的无创单基因病检测。

（2）突变位点筛查：妊娠 13 周以枫糖尿病已知致病基因位点进行突变位点筛查，

此处靶向位点为 6148 个 [28]。分别取父母体外周血各 5ml，先证者外周血 2ml 进行 DNA 提取、目标区域捕获（相关基因有 BCKDHA/BCKDHB /DBT/DLD）、文库构建、杂交捕获、测序、序列比对；SNP 及 Indel 通过 SOAPsnp 软件及 Samtools 进行比对分析，获取阳性位点信息。发现父母双方均存在 19 号染色体断臂上基因 *BCKDHA*（c.392A > G）突变。

（3）阳性位点验证：妊娠 18 周以 Sanger 测序法验证阳性位点的检测准确性。确定位点信息无误后进行针对胎儿的无创单基因病检测。检测结果显示：父母及先证者的 19 号染色体短臂上基因 *BCKDHA* 均存在突变（c.392A > G），其中见证者为纯合突变（图 11-22，见彩图 24）。

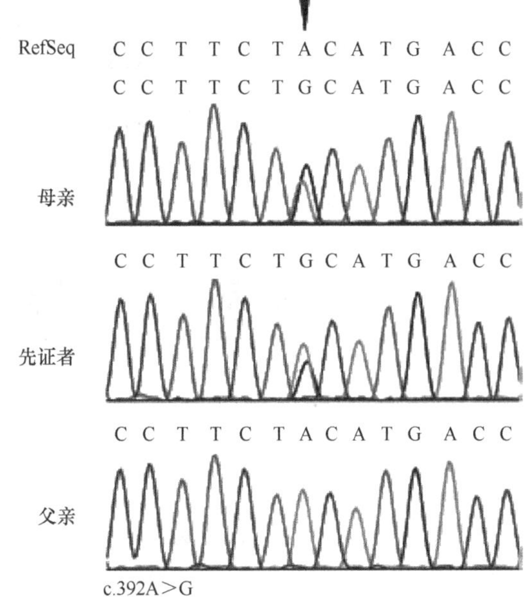

图 11-22　Sanger 阳性位点验证示意图

（4）无创产检判定胎儿是否患病：具体流程为妊娠 13 周时取母体外周血 5ml，经两次离心获取血浆；设计专门的检测芯片：靶向覆盖突变所在外显子 181.37 Mb 的区域，获取的基因组 DNA 经杂交捕获后测序。采用 SOAP2 软件进行序列匹配，采用 SOAPsnp 软件分析 SNP。通过父母双方不同的 SNP 位点估算母血中胎儿浓度。该疾病为常染色体隐性遗传，父母双方均为携带者，因而，胎儿可能存在 4 种基因型（图 11-23）。根据 SNP 位点数据计算 4 种基因型可能发生的概率（图 11-24，见彩图 25）。实际检测到的概率与预估基因型概率分布相近者则为该胎儿基因型。

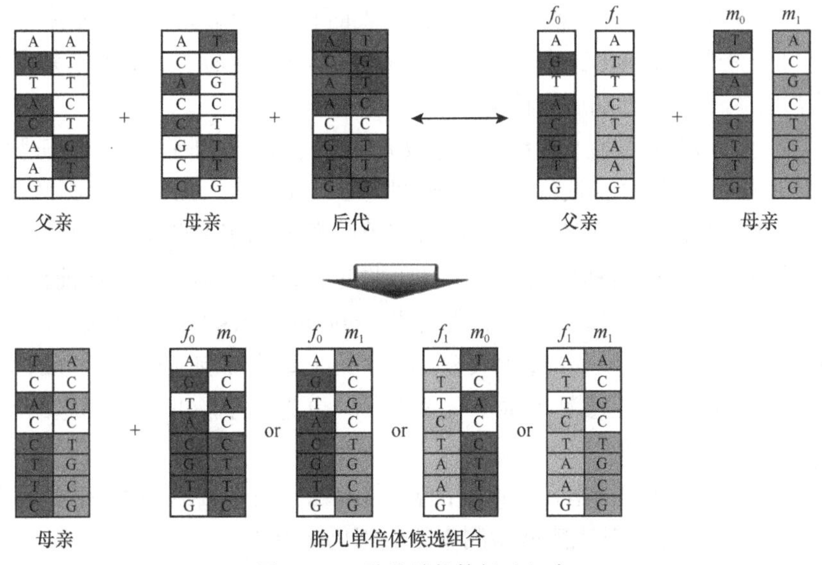

图 11-23　胎儿单倍体候选组合

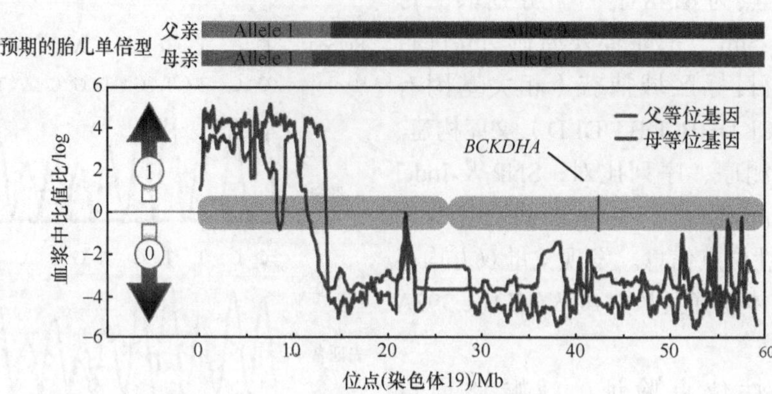

图 11-24 胎儿遗传性单倍体发生概率示意图

X 轴表示 19 号染色体上的位点；Y 轴表示胎儿单倍体不同组合的比值比的对数值，数值越高，胎儿继承单倍体的概率就越大

最终诊断该胎儿为枫糖尿病高危。经检测后遗传咨询，该夫妇决定终止妊娠，并接受试管婴儿辅助生育手段。

（二）基于有核红细胞的胎儿单基因病检测

研究人员发现孕妇外周血中含有胎儿细胞[39]，随后 Redriguez 证实妊娠 15 周左右是胎儿细胞的最佳富集时间[39]。该发现为妊娠早期利用胎儿细胞进行无创产前诊断提供了有效途径。研究证实，母血中存在的胎儿有核细胞有三类：有核红细胞、淋巴细胞、滋养细胞。其中胎儿有核红细胞被认为是目前产前诊断的理想细胞，具有如下优势：①包含完整的胎儿基因组；②妊娠早期显著增多，妊娠 12 周时胎儿血中就有约 50×10^6/ml 的有核红细胞，到妊娠中期 15 周后有核红细胞数量下降，胎儿血中有（1 ～ 3）$\times10^6$/ml[40]；③易于区分（形态学、筛选标记）：胞体直径比成熟红细胞大 7μm，致密块状核，无核仁，核质比＜ 1/2，胞质无颗粒，正染色，表面有较多相对特异性抗原，如转铁蛋白受体（CD71）、跨膜蛋白 CD34 抗原等[41]；④妊娠期间稳定存在，分娩后短时间内消失，仅存在于当次妊娠中，不影响后期检测。

然而，由于孕妇外周血中胎儿细胞数量稀少，胎儿细胞与母体细胞比为 1 ：（5000 ～ 20 000），其中有核红细胞的比例为 1 ：（10^5 ～ 10^9）[40]，必须用复杂的分离及富集技术才能获取。技术难度高、价格高等问题限制了其临床推广应用。换言之，只有建立有效的富集、分离和检测方法，基于胎儿有核红细胞的无创产前诊断才能顺利开展。目前单细胞测序技术发展迅速，微流体（microfluidics）技术和荧光活化细胞分选（fluorescence-activated cell sorting，FACS）技术及新型单细胞实验技术等的不断涌现，为胎儿有核红细胞的获取及检测提供了有效手段，也为基于胎儿游离细胞的胎儿无创单基因病检测提供了技术保障。

由于 cffDNA 和有核红细胞在母血中的含量极少，母体 DNA 的存在对检测结果影响大，因此，目前 NIPT 在单基因疾病检测中的应用仍然有限。

第四节　展望与挑战

高通量测序技术具有多方面优势，包括可以自定义测序深度、测序成本低等，高通量测序的出现为多种临床疾病检测提供了有力途径。RMD 和 RHDO 方法的发现使高通量测序技术在单基因病无创产前诊断中也取得更进一步的发展，尤其是结合目标序列捕获的高通量测序方法。与 WGS 相比，目标序列捕获测序在发现区域内致病基因，特别是较常见的疾病致病基因方面具有更高的应用价值。而对某些稀有变异或部分体细胞的基因突变而言，基于靶向测序的深度测序则是最佳检测手段。另外，WGS 成本仍有较大的改善空间，这一趋势在促进 WGS 应用面扩大的同时也会带来一系列问题，包括海量生物信息学分析需求、跨组学间数据分析结果的呈现等，对信息分析理论和算法提出了新的挑战。也就是说高通量测序在单基因病检测中要实现全面的临床应用仍然面临着巨大挑战，根据经验来看，存在的问题主要分为以下几个方面。

一、针对基于高通量测序技术的无创产前单基因病检测的挑战

（一）定位罕见单基因病致病位点困难

部分单基因疾病可由多种致病基因导致，以致突变基因跨区域长，需要通过获取纯合子或复合杂合子先证者信息确定突变基因。另外，受母体背景的影响，无创产前检测用于常染色体隐性遗传病检测时，也需要对双亲及先证者的核心家系基因组 DNA 进行比对分析，确定致病位点和 SNP 信息。

（二）胎儿游离 DNA 比例低

无创产前诊断单基因病的前提是准确定量 cffDNA 比例，而 cffDNA 比例低是利用孕妇外周血进行单基因经无创产前诊断面临的主要挑战。常见原因如下：①母体 DNA 高背景；② cffDNA 与母源性 DNA 高度相似，仅存在一个或几个碱基的差别，区分困难。要解决该问题，需要突破传统无创产前检测的瓶颈，围绕 NIPT 研发关键底层核心技术，创新性地研发不同原理的游离核酸富集分析技术，建立可靠且费用低的方法选择性富集母体血浆中短片段 cffDNA。这将是未来无创单基因病检测技术能否得以广泛应用的关键因素。目前，已有部分研发单位摸索出了 cffDNA 富集的方法，但其效果尚待进一步评估。除此之外，开发 NIPT 新算法同样可以提高游离核酸检测的准确性。

二、针对所有基于高通量测序技术的单基因病检测方法的挑战

（一）遗传数据库构建尚不完善

高通量测序的应用对数据库依赖性高，目前已有 HGMD、OMIM、ClinVar、dbSNP、千人数据库、ExAC、ESP6500 等，这些数据库对测序数据的应用起到了良好的

辅助作用。但这些数据库所包含的数据均不完整，这给遗传分析工作带来了困扰。

为解决这一问题，2013 年 10 月美国正式启动 Matchmaker Exchange 项目，致力于建成连接 ClinGen 数据库（评估基因变异的临床相关性，由美国国立卫生研究院资助）、DECIPHER 数据库及其他数据集的中枢，以实现各数据库的整合利用和共享。Hurles[42] 表示，“为了充分利用这些数据，我们需要开发大量的信息分析流程和程序”以协助遗传学家鉴别致病突变。Matchmaker Exchange 也因此被誉为“2015 年十大突破性技术进展”。该数据库目前仍在建设中，国内基因研究机构也于 2016 年加入该项目的开发，并做出了重要贡献。

（二）表型数据库及实用性开发有待提升

疾病与表型之间的关系错综复杂，同一表型可能同时对应多种疾病，临床医师很难单纯依靠表型快速准确地判断疾病种类，更不必说准确定位到变异基因。为解决这一问题，国内外多个机构已经着手构建了多种检索工具，当临床医师遇到无法确定的疾病种类的情况时，尤其是认为有罕见病可能时，可通过将患者临床表型作为关键词进行疾病种类检索。但这些检索系统大多为英文版，且对关键词选择的准确度要求极高。这对国内大部分临床医师而言应用相对困难。

为了解决通过疾病表型判定可能相关的致病基因的问题，多个团队开发了便于国内医疗工作人员应用的工具，如“疾因搜”——一款基于临床遗传病数据库而开发的遗传病检索类应用软件，其主要功能包括临床症状、基因、疾病名及 OMIM 号的检索，旨在方便快速地查询疾病和基因信息，以利于临床解读。其中翻译并整理了 OMIM 等权威网站中涉及的 4124 条疾病信息，将其整理为一个独立检测数据库，并于 2016 年发布。该数据中涵盖收纳的疾病 4887 种、症状关键词 3602 个、延伸症状关键词 6333 个，可通过 HPO 词条选择性输入及模糊匹配迅速找到对应的疾病和基因。除此之外，该工具能根据输入的临床表型自动形成针对性的基因检测 panel，是单基因遗传病诊断的有效辅助工具。

（张红云　张　燕）

参考文献

[1] 卫生部. 中国出生缺陷防治报告（2012）. 2012.

[2] 国家卫生计生委医政医管局. 遗传病相关个体化医学检验技术指南（试行）. 2016.

[3] http：//www. who. int/genomics/public/geneticdiseases/en/index3. html.

[4] https：//omim. org/statistics/entry.

[5] Farberov L，Gilam A，Isakov O，et al. Meeting summary：Ethical aspects of whole exome and whole genome sequencing studies（WES/WGS）in rare diseases，Tel Aviv，Israel，January 2013. Genet Res（Camb），2013，95（2-3）：53-56.

[6] Keogh MJ， Chinnery PF. Next generation sequencing for neurological diseases：New hope or new hype? Clin Neurol Neurosurg，2013，115（7）：948-953.

[7] Consugar MB，Daniel NG，Place EM，et al. Panel-based genetic diagnostic testing for inherited eye diseases is highly accurate and reproducible，and more sensitive for variant detection，than exome

sequencing. Genet Med，2015，17：254.

[8] Gomy I，Diz MD. Hereditary cancer risk assessment：insights and perspectives for the Next-Generation Sequencing era. Genet Mol Bio，2016，39：184-188.

[9] Choi M，Scholl UI，Ji W，et al. Genetic diagnosis by whole exome capture and massively parallel DNA sequencing. Proceedings of the National Academy of Sciences，2009，106：19096-19101.

[10] Czepluch F，Hasenfuß G，Wollnik B. Modern genetic counselling：Practical aspects exemplified by hypertrophic cardiomyopathy. Internist（Berl），2018，59（8）：790-798.

[11] Gilissen C，Hoischen A，Brunner HG，et al. Disease gene identification strategies for exome sequencing. Eur J Hum Genet，2012，20：490-497.

[12] Sulonen AM，Ellonen P，Almusa H，et al. Comparison of solution-based exome capture methods for next generation sequencing. Genome Biol，2011，12：R94.

[13] Nguyen NM1，Slim R. Genetics and epigenetics of recurrent hydatidiform moles：basic science and genetic counselling. Curr Obstet Gynecol Rep，2014，3（1）：55-64.

[14] Sikkema-Raddatz B，Johansson LF，de Boer EN，et al. Targeted next-generation sequencing can replace Sanger sequencing in clinical diagnostics. Hum Mutat，2013，34：1035-1042.

[15] Neveling K，Feenstra I，Gilissen C，et al. A post-hoc comparison of the utility of Sanger sequencing and exome sequencing for the diagnosis of heterogeneous diseases. Hum Mutat，2013，34：1721-1726.

[16] Mamanova L，Coffey A，Scott CE，et al. Target-enrichment strategies for next-generation sequencing. Nature Methods，2010，7：111-118.

[17] O'Roak BJ，Vives L，Fu W，et al. Multiplex targeted sequencing identifies recurrently mutated genes in autism spectrum disorders. Science，2012，338：1619-1622.

[18] Lhériteau E，Petit L，Weber M，et al. Successful gene therapy in the RPGRIP1-deficient dog：a large model of cone-rod dystrophy. Mol Ther，2014，22（2）：265-277.

[19] Hosono K，Nishina S，Yokoi T，et al. Molecular diagnosis of 34 Japanese families with leber congenital amaurosis using targeted next generation sequencing. Sci Rep，2018，8（1）：8279.

[20] Harper PS. Some pioneers of European human genetics. European Journal of Human Genetics，2017

[21] Camunas-Soler J，Lee H，Hudgins L，et al. Noninvasive prenatal diagnosis of single-gene disorders by use of droplet digital PCR. Clin Chem，2017，64（2）：336-345.

[22] Lun FM，Tsui NB，Chan KC，et al. Noninvasive prenatal diagnosis of monogenic diseases by digital size selection and relative mutation dosage on DNA in maternal plasma. Proc Natl Acad Sci U S A，2008，105（50）：19920-19925.

[23] Bennett RL，French KS，Resta RG，et al. Standardized human pedigree nomenclature：update and assessment of the recommendations of the National Society of Genetic Counselors. J Genet Couns，2008，17：424-433.

[24] Hui WW，Jiang P，Tong YK，et al. Universal haplotype-based noninvasive prenatal testing for single gene diseases. Clin Chem，2017，63：513-524.

[25] Ma D，Ge H，Li X，et al. Haplotype-based approach for noninvasive prenatal diagnosis of congenital adrenal hyperplasia by maternal plasma DNA sequencing. Gene，2014，544：252-258.

[26] Hannahshmouni F，Chen W，Merke DP. Genetics of Congenital Adrenal Hyperplasia. Endocrinology & Metabolism Clinics of North America，2017，23（2）：435-458.

[27] Flora Peyvandi，Tom Kunicki，David Lillicrap. Genetic sequence analysis of inherited bleeding diseases. Blood，2013，122（20）：3423-3431.

[28] You Y，Sun Y，Li X，et al. Integration of targeted sequencing and NIPT into clinical practice in a Chinese family with maple syrup urine disease. Genet Med，2014，16：594-600.

[29] Yucel N，Chang AC，Day JW，et al. Humanizing the mdx mouse model of DMD：the long and the short of it. NPJ Regen Med，2018，3（1）：4.

[30] Angeli S，Lin X，Liu XZ. Genetics of Hearing and Deafness. Anatomical Record Advances in Integrative

Anatomy&Evolutionary Biology，2012，295（11）：1812-1829.

[31] Jones E，Pasricha SR，Allen A，et al. Hepcidin is suppressed by erythropoiesis in hemoglobin E β -thalassemia and β -thalassemia trait. Blood，2015，125（5）：873-880.

[32] Gialluisi A，Incollu S，Pippucci T，et al. The homozygosity index（HI）approach reveals high allele frequency for Wilson disease in the Sardinian population. Eur J Hum Genet，2013，21（11）：1308-1311.

[33] Consugar MB，Daniel NG，Place EM，et al. Panel-based genetic diagnostic testing for inherited eye diseases is highly accurate and reproducible，and more sensitive for variant detection，than exome sequencing. Genet Med，2015，17：253-261.

[34] Agochukwu NB，Solomon BD，Muenke M. Impact of genetics on the diagnosis and clinical management of syndromic craniosynostoses. Childs Nerv Syst，2012，28（9）：1447-1463.

[35] Chitty LS，Mason S，Barrett AN，et al. Non-invasive prenatal diagnosis of achondroplasia and thanatophoric dysplasia：next-generation sequencing allows for a safer，more accurate，and comprehensive approach. Prenat Diagn，2015，35（7）：656-662.

[36] Pashuck TD，Franz SE，Altman MK，et al. Murine model for cystic fibrosis bone disease demonstrates osteopenia and sex-related differences in bone formation. Pediatr Res，2009，65（3）：311-316.

[37] Lv W，Wei X，Guo R，et al. 2015. Noninvasive prenatal testing for Wilson disease by use of circulating single-molecule amplification and resequencing technology（cSMART）. Clin Chem，2015，61（1）：172-181.

[38] Keogh MJ，Chinnery PF. Next generation sequencing for neurological diseases：New hope or new hype? Clin Neurol Neurosurg，2013，115：948-953.

[39] Purwosunu Y，Sekizawa A，Farina A，et al. Enrichment of NRBC in maternal blood：a more feasible method for noninvasive prenatal diagnosis. Prenat Diagn，2006，26：545-547.

[40] Gawad C，Koh W，Quake SR. Single-cell genome sequencing：current state of the science. Nat Rev Genet，2016，17：175-188.

[41] Antfolk M，Laurell T. Continuous flow microfluidic separation and processing of rare cells and bioparticles found in blood - A review，2017，965：9-35.

[42] https：//www. cn-healthcare. com/article/20160921/content-485808. html.

第十二章 高通量测序在遗传性肿瘤诊断和治疗中的应用

遗传性肿瘤由可遗传的胚系基因突变所致，其具有发病年龄早、多发或双侧病变、高外显率的特征。遗传性肿瘤的发生与肿瘤易感基因的遗传性和显性突变相关。肿瘤易感基因突变的携带人群发生肿瘤的终身风险是普通人群的 5 ～ 10 倍。基因检测可以分析患者的肿瘤遗传特征、评估人群罹患遗传性肿瘤的风险，为临床医师提供致病性遗传变异信息，从而指导患者或人群的医疗决策和风险管理。

传统的单核苷酸突变检测技术过程繁琐，已经被 Sanger 测序取代。但 Sanger 测序往往不能检出长片段的缺失和重复。高通量测序技术的出现解决了上述问题，它可以同时检出基因的单核苷酸突变和拷贝数变异，且能检出既往方法不能检测到的遗传变异。另外，NGS 能在一次实验中检测若干基因。这些优点使 NGS 有望成为遗传变异分析及遗传性肿瘤诊断的金标准。

遗传性肿瘤的诊断随着多基因遗传性肿瘤检测的开展而迅速演变，多基因检测能够筛选出许多通过传统手段可能被遗漏的患者。有肿瘤家族史的人群，即可能携带致病突变的人群，通过多基因检测可以确定他们的肿瘤发生风险并进行干预。本章主要从实验设计、性能确认、遗传咨询和检测流程、检测结果的报告与解释等方面，讨论如何通过基于 NGS 的多基因检测方法准确、可靠地检测并报告遗传性肿瘤的致病突变。同时介绍了主要的检测指南，并强调了各实验室的数据共享和协作，以利更好地开展遗传性肿瘤的 NGS 多基因检测。

第一节 概　　述

近 20 年来，生物技术的进步、人类基因组计划的完成及其带来的大量信息使人类发现肿瘤遗传基因的速度大大加快，越来越多的证据表明许多患者的肿瘤发病情况呈家族聚集性。新型基因变异检测手段和靶向药物的不断涌现使遗传性肿瘤研究、诊断、治疗方法也有了革命性的进展。本章将重点阐述 NGS 在遗传性肿瘤诊断和治疗中的应用。

一、肿瘤的家族性聚集

除个别单基因遗传性肿瘤外，肿瘤的遗传性与一般遗传病不同，其子代只是继承了一种肿瘤易感性的遗传。这种肿瘤易感性的遗传特征可代代相传，构成了肿瘤的家族性聚集现象。

遗传性肿瘤具有以下特点：①在这些家系中患某种肿瘤的危险性很高，甚至10倍于正常人群。这些家族成员的癌症发病年龄显著低于正常人群，而且发病年龄都接近于某一固定值。②对于双侧器官的肿瘤（如乳腺癌、视网膜母细胞瘤等），这些家系中的成员发生的肿瘤常为双侧独立的原发性癌。③这些家系中的成员可以患一些发病概率较低的肿瘤，如乳腺癌家系中的男性也可患乳腺癌。④在这类家系中肿瘤易感性的遗传常以常染色体显性遗传方式传递至下一代，并具有不完全外显特点，即外显程度与年龄有关。⑤有些遗传性肿瘤有其独特的癌前病变，这些病变在一般人群中很少见，如家族性结肠息肉病（familial polyposis coli，FPC）及发育不良性痣综合征等。

从肿瘤的病理和组织学分析来看，家族遗传性肿瘤和一般人群中的非遗传性肿瘤是难以区分的。但从分子生物学水平来分析，同一家系中不同患病成员的基因改变是高度相似的，而与非家族性肿瘤之间的差异很大。

二、主要的遗传性肿瘤

除了临床病理学特点外，易感基因及其染色体定位对遗传性肿瘤综合征的研究、诊断和治疗等也十分重要。表12-1列出了目前研究较为深入的遗传性肿瘤综合征的遗传学和病理学特征[1]，其中常见者简要介绍如下。

表12-1 常见的遗传性肿瘤综合征的遗传学和病理学特征

综合征	基因	染色体定位	常见肿瘤病理学
乳腺/卵巢综合征	*BRCA1*	17q21	乳腺癌、卵巢癌
	BRCA2	13q12	
FPC	*APC*	5q21	结直肠癌
Gardner 综合征	*APC*	5q21	肠息肉、骨瘤、纤维瘤、脂肪囊肿、结直肠癌、法特壶腹癌、胰、甲状腺和肾上腺癌
HNPCC	*MLH1*	3p21	结直肠癌
	MSH1	2p22	结直肠癌
Li-Fraumeni 综合征	*p53*	17p13	肉瘤、乳腺癌、脑癌
多发性内分泌肿瘤Ⅱ型（Sipple 综合征：MENⅡ）	*RET*	10q11	甲状腺髓样癌、甲状旁腺腺瘤、嗜铬细胞瘤
多发性内分泌肿瘤Ⅰ型（Wermer 综合征：MENⅠ）	未知	11q13	胰岛细胞腺瘤、甲状旁腺腺瘤、垂体和肾上腺瘤；恶性神经鞘瘤、非阑尾的类癌

续表

综合征	基因	染色体定位	常见肿瘤病理学
多发性黏膜神经瘤综合征			嗜铬细胞瘤、甲状腺样癌、神经纤维瘤、舌唇和眼睑黏膜下神经瘤
痣样基底细胞癌综合征（Corlin 综合征）			基底细胞癌、卵巢纤维瘤
视网膜细胞瘤	*RB*	13q14	肉瘤、成松果体细胞瘤、细胞癌
Wilms 瘤	*WT-1*	11p13	胚胎肾细胞瘤
丙种球蛋白缺乏综合征		X	白血病
毛细血管扩张性共济失调综合征	*ATM*		淋巴网状内皮细胞增生、白血病、胃癌、脑瘤（染色体断裂）
Beckwith-Wiedemann 综合征	*WT-1*	11p13	肾上腺皮质肿瘤、肾母细胞癌、肝细胞瘤
Fanconi pancytopenia 综合征	多基因		急性单核粒细胞白血病、黏膜皮肤交界处鳞状细胞癌、肝细胞癌和腺瘤
血色素沉着症		6p	肝细胞癌
多发性神经纤维瘤Ⅱ型	*NF-2*	22q12	皮脂腺瘤、纤维瘤、神经胶质细胞瘤、心脏横纹肌肉瘤、肾脏肿瘤、肺囊肿
结节性硬化	*TSC1* *TSC2*	9q 16p13	星形细胞瘤
Turcot 综合征	*APC*	5p21	脑瘤、肠息肉
Von Hippel-Lindau 综合征	*VHL*		视网膜血管瘤、小脑成血管细胞瘤，其他血管瘤、嗜铬细胞瘤、肾上腺瘤、囊肿
多发性神经纤维瘤病（von recklinghausen disease）	*NF-1*	17q	肉瘤、神经瘤、神经鞘瘤、脑膜瘤、眼神经胶质细胞瘤、嗜铬细胞瘤、白血病
Wiskott-Aldrich 综合征	*WASP*	Xp11.23	淋巴网状内皮细胞增生症
着色性干皮病	多基因		皮肤癌

资料来源：詹启敏 . 2005. 分子肿瘤学 . 北京：人民卫生出版社 .

（一）视网膜母细胞瘤

视网膜母细胞瘤（retinoblastoma，Rb）是一种眼内恶性肿瘤，大多婴幼儿时期发病，具有典型的显性遗传特征。在新生儿中发病率为 1/2000，其中约 40% 为遗传性。Rb 按照常染色体显性遗传，平均外显率较高，为 90%[2]。有遗传性 Rb 缺陷的患者，突变的 *Rb1* 基因往往是从亲代一方的生殖细胞遗传而来，该个体 *Rb1* 等位基因为杂合性。随后，通过体细胞突变方式，另一个 *Rb1* 等位基因发生突变，该 *Rb1* 位点就产生纯合突变，从而发生肿瘤。有研究证明 *Rb1* 基因杂合性的丢失是肿瘤发生的关键因素[3, 4]。

（二）神经母细胞瘤

神经母细胞瘤是一种儿童常见的肿瘤。起源于神经嵴，主要发生在肾上腺髓质，也有位于其他部位者。在新生儿中的发病率约为 1/100 000，为常染色体显性遗传，有研究建议有遗传性神经母细胞瘤患病风险的新生儿筛查 *ALK* 和 *PHOX2B* 基因的胚系突变 [5]。

（三）Wilms 瘤

Wilms 瘤是一种常见的儿童肾脏肿瘤，占儿童肿瘤的 15%。1/3 的 Wilms 瘤和一些遗传性的先天畸形并存 [6]。Wilms 瘤的发生与遗传因素有关。染色体研究表明，Wilms 瘤患者的 11 号染色体 p13—p15 区域杂合性丢失，肿瘤易感性基因发生异常，直接影响肾脏的发育和肿瘤易感性，这表明 11p13 和 11p15 两个区域遗传性缺失与 Wilms 瘤的发生有密切关系 [7]。

（四）家族性结肠息肉病

家族性结肠息肉病（familial polyposis cali，FPC）有明显的遗传不稳定性，染色体畸变率明显高于正常人群，为常染色体显性遗传，外显率接近 100%。FPC 在新生儿中发病率约为 1/8000，FPC 的主要临床特征是结肠多发性息肉，多达 1000 个以上。80% 以上的 FPC 患者可发生结肠癌。遗传学研究表明，在结肠癌发生的早期阶段 *KRAS* 基因被异常激活，5 号染色体上的 *FAP* 基因也存在异常 [8, 9]。

（五）遗传性非息肉病性结直肠癌

约 5% 的结直肠癌病例与明确的高外显率的癌症综合征有关，这些病例大部分是由遗传性非息肉病性结直肠癌（hereditary nonpolyposis colorectal cancer，HNPCC）引起的。HNPCC 是文献中详细描述的第一种遗传性癌症综合征。1913 年，Warthin 等报道了一例三代患有 HNPCC 的家系 [10]。此后，Lynch 等 [11] 也报道了具有结直肠癌常染色体显性模式但不伴有多发性息肉的家族，因此 HNPCC 也称为 Lynch 综合征。在这种家系中，可见发病较早的近端结肠癌，并伴发胃癌、子宫内膜癌、卵巢癌、肾癌和肝胆管癌等其他器官的肿瘤。在部分 HNPCC 家系中发现了染色体 2p 连锁异常 [12]，在其他 HNPCC 家系中，易感基因位于染色体 3p[13]，还有一些 HNPCC 家族并未发现染色体 2p 或 3p 连锁异常 [14, 15]，说明 HNPCC 是一种遗传异质性疾病。

（六）遗传性卵巢癌和乳腺癌

遗传因素在乳腺癌和（或）卵巢癌的发生中极为重要，10% 以上的卵巢癌是由可遗传的单基因突变导致的。遗传性乳腺癌 / 卵巢癌易感综合征是常染色体显性遗传且高度外显的，这显著增加了乳腺癌和卵巢癌的发病风险。通过对患者家系的连锁分析，发现了两个与之密切相关的基因，即 *BRCA1* 和 *BRCA2*，它们具有多种生物学功能，有证据表明，它们通过调节基因表达，以及参与 DNA 损伤修复发挥抑癌功能。尽管这是两个不同基因，两种不同的癌症，但它们的基因突变一旦被遗传，突变患者都倾向于早发性卵巢癌或乳腺癌。*BRCA1/2* 致癌突变的外显率高，据统计 *BRCA1* 和 *BRCA2* 突变携带者到 70 岁时，乳腺癌的累积发病率可分别达到 65% 和 45%，卵巢癌的累积发病率分别达 39%

和 11%[16]。对于患卵巢癌和（或）乳腺癌的年轻女性，特别是有相关家族史者，可检测 *BRCA1* 和 *BRCA2* 的致病性突变。

需要注意的是，*BRCA1* 突变的乳腺癌常为雌激素受体（estrogen receptor，ER）阴性，而 *BRCA2* 突变的乳腺癌常为 ER 阳性。

三、遗传性肿瘤的分子诊断

分子诊断是伴随细胞分子生物学理论和技术迅速发展而产生的一种新型诊断技术，通常特指采用核酸技术进行 DNA、RNA 诊断。分子诊断具有灵敏度高、特异性强、适用范围广、遗传性相关疾病取材不受组织或时间限制的特点，为遗传性肿瘤的诊断、指导治疗、临床结局预测等开辟了重要的途径；特别是随着 NGS 的不断成熟，其在这一领域的应用价值将会日益凸显。

（一）遗传性肿瘤分子诊断的意义

分子诊断对遗传性肿瘤的家族成员的风险评估、分子分类与分期、预后及疗效预测、个体化治疗方案的制订等具有重要意义。以 *BRCA* 相关乳腺癌和卵巢癌为例，有研究显示，*BRCA* 基因突变是除卵巢癌手术病理分期、病理类型和肿瘤细胞减灭术后残留灶大小外，又一个重要的预后影响因素 [17]；其次，由于抑癌基因 *BRCA1* 和 *BRCA2* 突变可导致 DNA 修复障碍，铂类等化疗药物可减弱肿瘤细胞的 DNA 修复能力，因此，*BRCA* 基因突变患者对以铂类药物为基础的化疗有更高的反应率 [18]。卵巢癌患者进行 *BRCA* 基因检测可以明确是否有家族遗传性突变及相关亲属的患病风险，有助于制订进一步的监测和预防策略。

（二）遗传性肿瘤分子诊断的常用方法

基因变异的检测对遗传性肿瘤的早期诊断和鉴别诊断有重要意义，主要的技术如下。

1. PCR 技术　已经用于检测染色体易位、基因突变等。比较成熟的技术包括 RNA 酶 A 错配裂解法、单链构象多态性（single strand conformation polymorphism，SSCP）分析、等位基因特异性寡核苷酸分析法、变性梯度凝胶电泳、竞争性寡核苷酸引物 PCR、突变富集 PCR 法等。SSCP 是目前检测 *p53* 基因最常用的方法，可快速发现基因的突变、插入、缺失、等位基因等改变，该法简便快速，特别适合大样本基因突变研究的筛选工作。SSCP 还可用于 HNPCC 家系及家族性乳腺癌患者 *BRCA1/2* 基因的初步筛查。

2. 原位杂交（in situ hybridization，ISH）　能在成分复杂的组织中进行单一细胞的研究，而不受同一组织中其他成分的干扰。该技术对组织中含量极低的靶序列的敏感性高，并可保持组织与细胞的形态。用不同种类的探针检测组织内的变异基因或 RNA，可发现肿瘤中被激活的基因。FISH 技术用特殊荧光素直接或间接标记 DNA 探针，在染色体、细胞和组织切片标本上进行 DNA 杂交，用于检测细胞内 DNA 或 RNA 的特定序列存在与否。

3. 原位 PCR（in situ PCR，IS-PCR） 结合了 PCR 与原位杂交的特点。其原理是将标本化学固定后，细胞膜和核膜有一定的通透性，PCR 反应需要的各种成分可以进入细胞内或核内，在原位对特定 DNA 或 RNA 片段进行扩增，然后用原位杂交方法检测，从而对靶核酸进行定性、定位、定量分析。该技术灵敏度比 ISH 高出两个数量级。

4. DNA 芯片技术 DNA 芯片一次性可对上万种基因的表达、突变和多态性进行快速准确的检测，其精确性可达到单个细胞中的一个拷贝。通过该技术，将患者基因组 DNA 变异图谱与正常图谱比较，即可得出变异基因的信息。

5. 染色体微卫星异常分析 肿瘤中微卫星的改变主要有两种：微卫星杂合性丢失和微卫星不稳定（microsatellite instability，MSI）。研究人员发现，与正常组织相比，HNPCC 患者肿瘤组织中所检测的微卫星 DNA 序列长度具有明显的差异，这种情况几乎发生在所有 HNPCC 患者的肿瘤中；在肿瘤发展的早期，由于错配修复缺失导致的 DNA 复制错误改变了微卫星序列的重复数目（出现滑动的插入及缺失）的现象，称为 MSI。检测 MSI 的方法有 PCR 扩增及电泳分析法，用同一个体的肿瘤组织与正常组织的 PCR 产物进行比较，两个以上位点出现电泳带的增多、减少或移位者为 MSI 阳性。

6. DNA 测序 作为检测基因变异的金标准，Sanger 测序的地位十分重要。该方法稳健有效，且获准用于临床诊疗，逐渐取代了传统的单核苷酸突变检测技术。但 Sanger 测序通量低，随着大量新的致病基因不断发现，对候选基因逐个测序的实效性差，不利于节约成本。NGS 的出现解决了上述问题，其可在一次实验中检测若干基因，具有高效性。美国临床肿瘤学会（American Society of Clinical Oncology，ASCO）提出多基因 NGS 检测有助于提高遗传性肿瘤的诊疗效率，美国国立综合癌症网络（National Comprehensive Cancer Network，NCCN）针对乳腺癌、卵巢癌和结直肠癌的遗传 / 家族高风险评估临床实践指南也建议有个人或家族史的遗传性肿瘤患者进行易感基因全长检测或多基因检测[19-21]。

第二节 遗传性肿瘤的遗传咨询和检测

有癌症个人史、家族史及家族中有明确癌症易感基因致病突变的个体罹患遗传性肿瘤的可能性增加，有必要接受详细的遗传咨询和基因检测。本节就遗传咨询和基因检测的内容，按照检测前咨询、检测流程的咨询及基因检测、检测后咨询的顺序进行介绍。

一、检测前咨询

遗传易感性基因检测是肿瘤风险评估和临床治疗管理的重要组成部分。在进行基因检测前，必须对患者和家族成员进行充分的检测前咨询。检测前咨询的主要内容包括受检者的评估及教育。当个体满足遗传易感性基因检测的条件时，遗传咨询方面的专业人士需要及早开展进一步遗传咨询，对患者进行患癌风险的专业评估及遗传学相关知识的宣教，告知各种可能的基因检测结果并取得患者的知情同意。

（一）遗传性肿瘤风险评估的指征

根据遗传性肿瘤的特点，具备癌症发病年龄低、发生部位特殊、双侧器官独立原发性癌、独特的癌前病变或已知家族性突变等肿瘤遗传风险因素的个体才需要进行遗传性肿瘤的风险评估。以遗传性乳腺癌/卵巢癌为例，《NCCN 临床实践指南：遗传性/家族性高风险评估——乳腺癌和卵巢癌》（2018.v1）建议，卵巢癌患者及其近亲、早发（发病年龄≤ 50 岁或发病年龄≤ 60 岁的三阴乳腺癌）或多发（乳腺癌原发灶≥ 2 个或个体/家族成员患有≥ 3 种恶性疾病等）的乳腺癌患者及其近亲、有明确家族史（近亲患有相关癌症或家族中有已知癌症易感基因突变，或患者为德系犹太裔）的乳腺癌患者及其近亲、男性乳腺癌患者及其近亲等都需要接受遗传风险评估和进一步的遗传咨询等[21]。

遗传性肿瘤风险评估指征的采集实际上是检测前遗传咨询的一部分，符合条件的个体建议转诊专业的遗传咨询人员，通过检测前咨询进一步完善相关资料。

（二）检测前遗传咨询的内容

1. 遗传性肿瘤易感基因检测指征 由于遗传性肿瘤具有多基因、多因素性，其易感性的评估是非常复杂的，并且基因检测阳性结果对受检者的负面影响较大，因此 ASCO 在 2003 年更新的“肿瘤易感性遗传检测的声明”中提出（并在 2010 年的更新中重申）肿瘤易感性的遗传检测只能在以下情况下进行：①个人史或家族史提示遗传性肿瘤易感性；②检测结果可得到充分的解释；③结果有助于患者或有肿瘤风险的家族成员的诊断，或影响其临床决策和管理。同时，需要在检测前、检测后的咨询过程中充分告知可能存在的风险和益处、癌症的早期诊断及预防的方法[19，20]。

以上要求强调，无遗传性肿瘤综合征个人/家族史的一般个体无须进行遗传易感性的基因筛查，而遗传性肿瘤综合征的患者或个人/家族史提示遗传易感性增加的个体，则可以通过患者及相关家族成员的突变检测，为患者的临床决策、管理及家族成员的基因检测提供帮助。

根据上述要求，遗传性肿瘤易感基因检测前的咨询应当明确以下内容：①个人史资料（发病年龄低和特殊部位的罕见肿瘤均提示遗传易感性的可能）；②患者的详细诊治经过；③家族史资料（包括受检者的一、二、三级亲属确诊为遗传性肿瘤综合征者及其诊疗经过，特别是癌症病理报告和基因检测的结果）；④专项查体（主要用于鉴别诊断，如乳腺癌需要与 Li-Fraumeni 综合征、Cowden 综合征等进行鉴别诊断）。

虽然遗传性肿瘤风险评估的指征和基因检测的指征很接近，但不是完全重合的，通常基因检测的指征比风险评估的指征更严格。例如，*BRCA* 相关乳腺癌/卵巢癌基因检测要求多处原发性乳腺癌（原发灶≥ 2）的患者或其亲属至少一侧乳腺癌的发生年龄＜ 50 岁，而风险评估无此年龄要求；又如，多种肿瘤易感综合征的癌谱同时包含乳腺癌和胰腺癌，因此建议有这两种原发性肿瘤个人史的患者首先接受风险评估指征的采集，而非直接进行基因检测。注意，针对这类 *BRCA* 基因检测指征不达标者，遗传咨询人员须考虑其他可能的遗传性肿瘤易感综合征。

2. 检测前教育 在遗传风险和检测指征评估的基础上，专业人员必须详细地告知受检者可能的检测结果（包括阴性、阳性和未知意义的突变）、准确性和局限性、潜在风险和益处，评估受检者的心理，并协助患者及家族成员做出检测决定等（表 12-2）。

表 12-2　肿瘤易感基因检测前咨询内容[22]

遗传性肿瘤易感性检测的传统检测前咨询	多基因检测的检测前咨询（除传统检测前咨询外，还需考虑以下因素）	检测前教育：检测出体细胞突变提示可能伴随胚系突变
1. 检测所包含的特定基因 / 基因组变异的信息，特别是突变对医疗决策的影响 2. 可能的结果及其意义：阳性（确认为有害突变）、阴性（未检测到基因序列的变化）或未知意义的突变（检测出临床意义未知的突变） 3. 检测结果可能不准确 4. 儿童和（或）其他家庭成员可能遗传易感基因的风险 5. 检测和咨询的费用 6. 检测结果的心理影响 7. 基因歧视（就业、保险等）的风险和保护 8. 保密问题（与隐私、数据安全相关的政策） 9. DNA 样本可能用于研究 10. 针对遗传检测或基因组检测结果的医学监测、预防策略及局限性 11. 与家庭成员共享结果的重要性 12. 检测结果的报告计划及后续措施	1. 逐一介绍样本盘中的基因较难实现，因此可将检测的基因成组进行描述，同时介绍基因对应的高外显率综合征（如遗传性乳腺癌 / 卵巢癌，Lynch 综合征，Li-Fraumeni 综合征）；告知患者可能检出个人 / 家族史未提示的高外显率突变；应充分描述未知意义的突变相应的基因 2. 当检出意义不明、外显率较低或个人 / 家族史未提示的与综合征有关的基因突变的结果时，应引起重视 3. 可能检出大量未知意义的突变，这种情况应引起重视 4. 检出与隐性疾病相关基因的突变时 [如 *ATM*，Fanconi（*BRCA2*，*PALB2*），*NBN*，*BLM* 等] 应注意其对生育的潜在影响	1. 告知患者检测结果具有遗传风险的可能性及该突变为胚系突变的可能性大小（注意：靶向测序和全外显子 / 全基因组测序检测结果的可能性分析不同）；如果必须对致病基因以外的突变基因进行检测，必须向患者解释原因，并允许患者拒绝获知结果 2. 告知患者及家庭成员胚系突变报告所采用的鉴定标准 3. 强调检测的目的不是识别胚系突变，而是根据个人 / 家族史设计专门的检测 4. 告知偶然发现的遗传变异与家庭成员相关的可能性 5. 在患者死亡或无法接受结果的情况下，确定可代替患者接收偶然突变结果的代理人

以 *BRCA* 相关乳腺 / 卵巢肿瘤综合征的检测决策为例，根据检测前咨询的个人 / 家族史等资料，符合 *BRCA* 基因检测标准的个体大致可以分为家族性 *BRCA* 突变已知者和未知者。对于家族性突变已知的个体，指南推荐直接进行相应突变的检测；对于家族性突变未知的遗传性乳腺癌 / 卵巢癌综合征患者，推荐进行 *BRCA* 基因的全序列测序或该遗传性肿瘤的多基因检测；家族性突变未知且未患相应遗传性肿瘤的家族成员通常不直接进行基因检测，而是首先对家族中携带突变可能性最高者的 *BRCA* 基因进行全序列测序或多基因检测，若检出有害突变，家族中的其他个体可按照已知家族性突变者进行基因检测。晚期遗传性肿瘤患者通常不建议进行肿瘤易感基因检测，但肿瘤组织检测阳性者，应推荐其进一步验证该突变是否为胚系突变，有利于家族成员的风险评估和基因检测指导。

二、基因检测的实验设计和检测流程

对于满足遗传性肿瘤基因检测指征、完成检测前遗传咨询的个体，根据咨询结果建议进行相应基因的检测。目前遗传性肿瘤遗传变异的检测最常用的是基于 NGS 的靶向 panel 检测技术，为保证检测结果的可靠性，检测的实验设计、有效的性能确认和稳健的检测流程是十分重要的。下文主要从上述 3 个方面对遗传性肿瘤易感基因 NGS 检测进行介绍。

（一）遗传性肿瘤 NGS 检测的实验设计

为保证遗传性肿瘤 NGS 检测的准确性和敏感性，基于高通量测序的多基因检测的实验设计需要考虑诸多因素，包括待测基因的选取、检测基因的覆盖范围及协同分析总体缺失 / 重复的方法等。

1. 待测基因的选取　实验设计阶段选取合适的待测基因可以保证多基因检测的敏感性。目前存在较多争议的是待测基因是否应包含中度外显率的基因。有研究根据在线数据库和已发表的文献，将致病风险达到野生型 2 倍以上的遗传变异纳入多基因检测基因盘中 [23]。但目前新的共识更重视基因的致病性证据，美国医学遗传学与基因组学学会（ACMG）建议将有足够证据支持其遗传变异致病性的基因选为待测基因 [24]。例如，*CHEK2* 和 *ATM* 基因在临床疾病管理方面的相关报道有限，但有明确的多重研究证据支持这两个基因的遗传变异会增加乳腺癌的风险，因此建议纳入多基因检测实验中 [25, 26]。

2. 检测的覆盖范围　多基因分析应完整覆盖待测基因的外显子、两侧内含子区域和相关调控区（如 5’ 端非翻译区和其他非编码基因座），这有助于提高检测的敏感性。注意，富含 GC 序列、重复序列和高度同源的序列会影响捕获、连接、突变识别和分析等过程，因此难以通过靶向富集的方式增加测序深度，从而影响 NGS 分析结果 [27]。例如，*PMS2* 基因可增加结肠直肠癌、子宫内膜癌、卵巢癌、尿路上皮癌等癌症的遗传发病风险，由于其 11 ～ 15 号外显子具有较高的序列同源性，而传统捕获方法所采用的引物和探针可能不是 *PMS2* 基因特异性的，用其检测获得的 NGS 数据不可靠，可导致错误地鉴定和报告出非翻译假基因上的突变。因此，有必要采用基因特异性引物扩增这些长片段的外显子，避免分析的序列来自假基因区域 [28, 29]。

3. 总体缺失 / 重复的分析　标准的 NGS 分析方案不能常规检测到总体缺失和重复，但缺失和重复分析对遗传性肿瘤的诊断十分重要。超过 20 000 例的癌症基因检测结果的案例分析显示有 7% 的致病突变是严重缺失或重复 [30]。因此，遗传性肿瘤的 NGS 多基因检测应该包括一个协同方（如染色体微阵列）或采用特殊的 NGS 生物信息学分析流程（如标准化覆盖深度和末端配对作图法）来检测总体缺失和重复 [31]。

4. 基因盘的持续改进　多基因检测盘的持续性改进有利于遗传性肿瘤的诊断和评估。自遗传性肿瘤多基因检测开展以来，各实验室已经在司法和科学进步的基础上对检测盘进行了基因的添加 / 删除。例如，美国联邦最高法院裁定天然存在的 DNA 不符合专利条件，乳腺癌相关致病基因 *BRCA1/2* 得以被多数实验室添加到相关基因盘中；又如，*MSH3* 基因突变增加遗传性结直肠癌的患病风险，因此推荐将这 3 个基因纳入基因盘中。这些例子表明，实验室需要根据其内部数据和医学文献定期重新评估多基因盘的检测内容。

（二）遗传性肿瘤 NGS 检测的性能确认

建立基于 NGS 的多基因靶向 panel 检测技术时，实验室应该明确其临床预期用途、采用何种标本 [福尔马林固定石蜡包埋（formalin-fixed and paraffin-embedded，FFPE）标本、血液或骨髓穿刺液等] 与进行何种遗传变异 [如单核苷酸变异（SNV）、拷贝数变异（CNV）、

插入 / 缺失等] 的检测，从而对检测结果的精密度、准确度、检测限、干扰物质和携带污染、试剂和仪器的互换性、稳健性实验等性能确认指标进行全面的评价。在方法建立和优化的过程中会得到相当一部分的数据，虽然该过程与性能确认分属于两个不同的过程，但是在突变检测参数和生物信息学分析流程确定的前提下，前者的结果数据也可以用于性能确认的数据分析。

1. 精密度 是对相同样本重复检测结果的一致性，反映检测系统（包括仪器、试剂和人员）的随机误差，一般通过评价检测结果的重现性来评价基于 NGS 的胚系多基因检测方法的精密度。

（1）样本选择：进行精密度的评价时可选择两个变异鉴定明确的样本盘，每个样本盘包含数十个样本，保证样本盘中样本尽可能多地包含待评价方法预期用途中的变异。评价精密度的样本 DNA 浓度应接近临界值，即评价所采用的样本 DNA 浓度应控制在检测限水平的 3 倍左右。

（2）实验方案：由两名操作者分别在 3 个检测实验室对上述两个样本盘进行检测，每个样本盘重复检测 3 次，则每个变异可得到 18 个检测结果（若两个样本含有相同的变异，则该变异可以得到 36 个结果）。

（3）结果计算：统计各位点检测结果（表 12-3），计算并报告样本合格率（通过检测质量控制指标的样本所占比例）、所有变异的基因型水平的阳性符合率（positive percent agreement，PPA）=A/A+C、野生型位点的阴性符合率（negative percent agreement，NPA）=D/B+D 和所有可报告位点的总符合率（overall percentage agreement，OPA）=（A+D）/（A+B+C+D）。整个实验流程的每个阶段都应详细记录质量参数，对于不达标的项目，应从仪器设备、试剂及人员等方面仔细评估误差来源；记录检出变异的等位基因频率，有助于分析变异的来源[32]。

表 12-3　精密度结果统计表

待评价 NGS 检测方法	样本盘变异存在情况		合计
	+	–	
+	A	B	A+B
–	C	D	C+D
合计	A+C	B+D	A+B+C+D

2. 准确度 是指待评价方法检测结果与真实结果接近的程度，该性能指标可以通过方法学比较试验进行评价。评价 NGS 检测结果的准确度，通常选取参考方法或经过性能确认的 NGS 检测方法作为对比方法，对同一组样本分别采用待评价的方法与对比方法同时进行检测，比较二者检测结果的一致性，反映待评价方法能否准确检测出样本中所有的已知变异。

（1）样本选择：美国分子病理协会（Association for Molecular Pathology，AMP）和美国病理学家协会（College of American Pathologists，CAP）关于 NGS 性能确认的联合共识提出，为了保证准确度的 95% 置信区间的可信度达到 95%，至少需要对 59 例样本进行分析[33]。为保证性能确认结论能外推到待测 NGS 检测方法的临床预期用途中，选择的样本应尽可能为包含各种变异的临床患者样本。若待测方法可用于检测多种类型的样本，则各样本的比例应与实际临床应用时的样本比例类似。若使性能确认的待测样本覆盖所有的变异类型显然较难实现，但这些样本应尽可能包含与检测目的相关的热点突变，如遗传性乳腺癌相关多基因 NGS 检测的性能确认必须包括 *BRCA1/2* 基因突变的样本。由于患者临床样本难以获得，亦可选择商品细胞系作为性能确认的样本；对于罕见变异，可选择合成质粒样本与人野生型基因组样本同拷贝数混合，以模拟杂合子样本。

（2）检测方案：针对 SNV 和小的插入 / 缺失等胚系变异，可以通过 Sanger 测序（金标准方法）或经性能确认后的 NGS 检测方法与待评价 NGS 检测方法对样本同步进行检测，分析二者检测结果的一致性。由于 Sanger 测序无法准确测定基因的大片段重排，因此需要一个经过性能确认的其他方法作为补充，如多重连接探针扩增（multiplex ligation-dependent probe amplification，MLPA）技术或针对相应大缺失设计的 PCR- 凝胶电泳方法。

（3）结果计算：根据待评价方法和对比方法对所有变异的检测结果分别计算 PPA、阳性预测值（positive predictive value，PPV）、NPA 和 OPA（表 12-4），PPA=A/（A+C），PPV=A/（A+B），NPA=D/（B+D），OPA=（A+D）/（A+B+C+D）。注意，不同变异类型（SNV、CNV、插入 / 缺失等）用待评价方法检测的准确度不同，因此 PPA 和 PPV 应根据变异类型分别计算。

表 12-4　待评价方法和参考方法检测结果

待评价 NGS 检测方法	参考方法		合计
	+	-	
+	A	B	A+B
-	C	D	C+D
合计	A+C	B+D	A+B+C+D

3. 检测限（limit of detection，LoD）　是指能确保靶向区域的测序深度和分析敏感性大于一定值时至少加入的 DNA 量。

（1）样本选择与实验方案：选取 10 ～ 20 份有代表性的样本（包括已知变异的阳性样本和阴性样本）提取的 DNA 分别进行系列稀释，对各水平的样本进行 NGS 检测，并与上述 Sanger 测序及 MLPA 法进行比较。

（2）判定标准：超过 95% 的样本首次检测即合格且准确度和变异识别率均为 100% 的最低 DNA 加入量即为此方法的检测限。

4. 干扰物质　是指实验过程中可能存在的内源性或外源性的、可能干扰实验结果的物质。研究干扰物质对实验结果的影响主要通过人为向样本中添加干扰物质，观察其对结果有无影响。

（1）干扰物质的选择：干扰物质一般根据实验原理、厂家建议和文献报道等进行选择，样本中添加干扰物质的终浓度为临床决定水平浓度。血液样本的干扰物质主要为胆红素（137 ～ 684μmol/L）、胆固醇（2.6 ～ 13mmol/L）、血红蛋白（0.4 ～ 2.0g/L）、三酰甘油（7.4 ～ 37mmol/L）及 EDTA 抗凝剂（2.8 ～ 7.0mg/ml）等，上述浓度为实际工作浓度或机体血液中可能出现的最高浓度；此外，检测过程的分子标签也可能是干扰物质[33]。

（2）实验方案

1）干扰实验：选取 3 ～ 5 个样本，实验组分别添加一定浓度的干扰物质，对照组则不添加干扰物，每个样本均设置复孔，检测变异类型。按变异类型统计实验组和对照组变异检出结果的一致性，一致性达 90% 以上即认为参与评价的干扰物质对实验结果没有影响。NGS 检测实验的扩增过程容易受到干扰物质的影响，但在 DNA 提取的过程中大部分干扰物质都能够被有效去除，因此对实验结果一般没有影响。

2）检测分子标签作为干扰物质的影响可采用交叉污染实验，即选取两个不同的纯合子基因型样本，按一定比例混合两组不同的标签，分别给两个样本加入不同比例的混合标签，看是否在相应纯合的位点检出杂合子，以及检出杂合子时混合标签的比例。由于遗传性肿瘤胚系变异的检测仅有纯合子和杂合子两种可能，其等位基因频率分别为 100% 和 50%，因此受到分子标签的干扰较小。

5. 携带 / 交叉污染　携带污染对于基因频率 50% 变异的准确检出至关重要。该指标在建库、杂交捕获和测序等多个步骤均要进行评估。

通常在设计实验时设置实验组（实验组通常设两个不同变异阳性的样本，且针对这两个样本分别设置高浓度和低浓度样本）和无模板对照组（目的基因变异阴性）进行评价。将实验组和对照组交替进行实验，设置复孔检测。若某步骤存在交叉污染，则无模板对照组的阴性位点的等位基因频率将显著＞ 0。

6. 试剂和仪器的互换性　由于 NGS 检测实验过程复杂，涉及的试剂和仪器较多，因此需要评价试剂和仪器的互换性。

（1）测序试剂批间互换性：分别根据建库、杂交捕获和测序 3 个步骤选取 2 个批号的试剂，共组成 8 种组合。利用这 8 种试剂组合对多个样本进行变异检测，每个检测均设置复孔。通过卡方检验明确不同组合间的检出率是否存在差异。

（2）DNA 提取试剂盒和 PCR 仪的互换性：选取多种常用的 DNA 提取试剂盒和 PCR 仪，选取 3 个以上的验证样本，每个样本均分成若干份，分别用不同 DNA 提取试剂盒或 PCR 仪完成相应步骤。比较变异检测结果的一致性来评价其互换性。

7. 稳健性实验　NGS 检测变异的稳健性实验是为了研究 DNA 浓度对变异分析的影响的实验，主要分析建库、杂交捕获和测序 3 个过程 DNA 加入量对下游实验的影响。以建库的稳健性为例，选取 5 个包含目标基因变异的样本，建库的 DNA 加入水平共设置 6 组（分别为加入量下限值、下限值 ±25%、下限值 ±50% 和上限值），每个样本同一水平设置 3 个复孔。在后续步骤相同的情况下，评价不同 DNA 投入建库水平变异检出的比例。杂交捕获和测序步骤 DNA 投入量的稳健性实验也与此类似。

（三）检测流程

遗传性肿瘤易感基因靶向 NGS 突变检测技术的检测流程分为：样本准备、文库制备、测序和数据分析，其检测步骤和各步骤的质控过程大致如图 12-1 所示（图中建库方法以基于杂交捕获的靶向建库为例）。

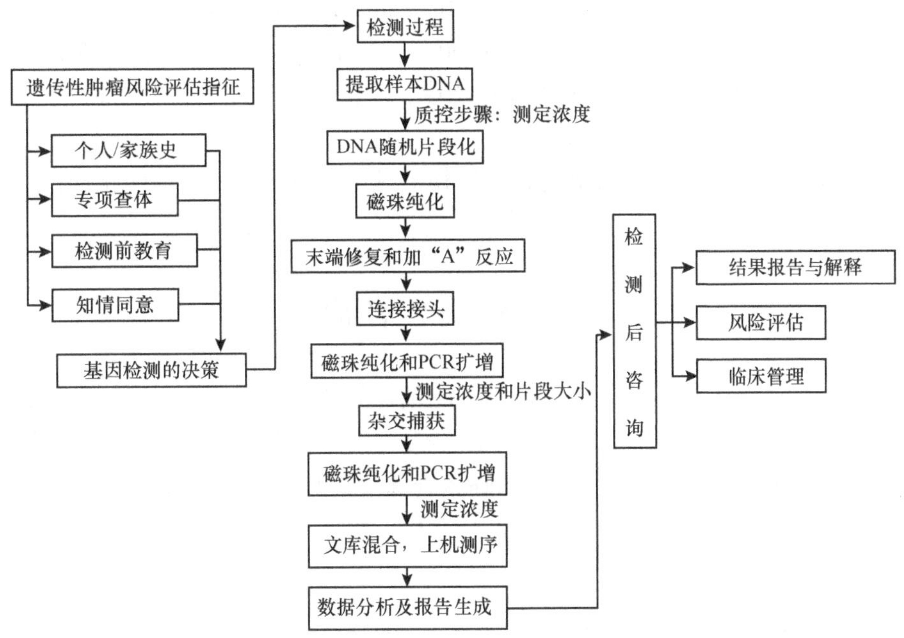

图 12-1 遗传性肿瘤的遗传咨询和检测流程图

1. 标本的选择与准备 待测标本可以是受检者的肿瘤组织 FFPE 样本、EDTA 抗凝全血、唾液或口腔拭子。对于可以获得肿瘤样本的癌症患者，建议首先进行肿瘤组织的突变检测，若检测结果为阳性，可再采集外周血等标本验证该突变是否为胚系突变；对于接受骨髓移植者，建议采用培养的成纤维细胞代替上述标本，以避免骨髓供者细胞的污染。采集受检者标本后应尽快提取 DNA，随后进行下一步质控，测定 DNA 浓度。该步骤的质控过程推荐使用荧光染料法（如 Qubit、Picogreen 等）[32]。提取的 DNA 样本应妥善保管，以备检测结果的验证或复查。

2. 文库制备 将 DNA 样本进行随机片段化，对片段化 DNA 进行末端修复和加"A"反应，用磁珠纯化法回收特定长度的片段化 DNA。随后可以通过基于 PCR 或基于杂交捕获的靶向建库方法制备测序文库。

（1）基于 PCR 的靶向建库：用靶向目标区域的引物通过 PCR 的方法扩增片段化 DNA 回收产物，再通过 PCR 给富集片段加上测序接头和样本标签等。随后进行构建文库的质控，即测定文库浓度和文库片段大小。

（2）基于杂交捕获的靶向建库：将片段化 DNA 回收产物连接测序接头和样本标签。该步骤需进行构建文库的质控，即测定文库浓度和片段大小。大致测算文库的量（根据文库片段的长度和质量计算文库中核酸的量），将过量生物素化的寡聚核苷酸探针与目的区域的片段杂交，经由固相化亲和素捕获杂交区域将未杂交的成分洗脱。PCR 扩增捕获的区域用磁珠纯化富集以获得捕获文库。随后进行杂交捕获步骤的质控，测定杂交捕获文库的 DNA 浓度和文库片段大小。

3. 上机测序 使用制造商的标准簇生成方案和测序方案进行测序。由于胚系突变的等位基因突变频率理论上是 50% 或 100%，因此其对测序深度的要求比肿瘤体细胞突变低，通常基于扩增和基于捕获的文库构建方法的胚系 *BRCA* 基因的 NGS 测序深度在 100× 以下，而体细胞突变的测序深度可能要到 1000×。至于具体的临床实验室在建立其特定 panel NGS 检测方法时，使用什么样的测序深度，应该是实验室自己在建立方法进行性能确认时所决定的。

4. 数据分析及报告生成 采用定制的生物信息学分析流程，对基因靶向区域的突变进行识别。

三、检测后咨询

针对遗传性肿瘤易感基因的检测结果可能包含的各种突变信息，遗传咨询师、肿瘤科医师等遗传性肿瘤相关医疗人员均应不断学习更新相关专业领域的知识，紧跟最新的国际指南，有效整合检测结果与受检者的临床表现及个人 / 家族史等信息，为个体及家族提供检测后咨询，包括对检测结果的报告与解释、评估遗传风险和患癌风险，以及提供监测、预防和治疗等的建议。

（一）检测结果的报告与解释

遗传性肿瘤 NGS 检测的报告应包括受检者信息、样本信息、大致的检测方法和检测的结果。此外，为保证检测结果能够被非专业的相关人员理解，出具的报告还需要对结果进行“二次报告”，即检测结果的解释。以下主要从变异层面、基因层面和结合临床信息层面阐述结果报告与解释的要点[27]。

1. 遗传变异的评估与解释 解释遗传变异首先要对测试中检测到的每个特定的变异进行评估。ACMG 提出的变异解释标准将突变分为五类：致病的、可能致病的、临床意义未知的、良性的或可能良性的。其中“可能”是指突变为“致病的”或“良性的”可能性达 90% 以上。该标准采用多重加权证据来分类变异，这些证据主要包括突变类型、突变位置、蛋白功能研究、基因的表型数据、群体频率数据、共分离数据和计算机预测模型[34]。有基因检测公司已经开发和利用了类似的突变分类算法，评估蛋白质功能受影响程度、氨基酸或核苷酸位置的突变致病性的证据[23, 35]。评估突变的致病性时，有必要从文献和实验室的内部数据中对重现性的、分离的和病例对照分析相关的所有数据进行审查。

在这种算法下，所定义的致病突变和潜在致病突变可以用于临床健康管理。值得注意的是，国际癌症研究机构的算法阈值更为严格，其中“可能”是指变异有 95% 的可能性是致病的或良性的[36]。

基于 NGS 的多基因靶向 panel 技术检测出遗传变异后，其解释存在一些颇具挑战性的问题，主要包括：中度外显基因的解释和少数种族人群遗传变异信息有限等。

（1）中度外显基因的解释：某种遗传性肿瘤易感基因型在多数情况下可能不会对个体产生影响，这种基因型的表现被称为不完全或中度外显。与常染色体显性遗传模型下表现出完全外显率的遗传性疾病相比，具有不完全外显率的基因共分离方法的分析效率显著降低。因此，只是基于共分离分析，通常更难以将不完全外显基因的遗传变异分类。

目前已经开发了多种算法对共分离的可能性进行量化，然而，每种算法中外显率的权重各有差异，对于必须校正的家系连锁分析，通常使用统计学工具进行。

（2）少数种族人群遗传变异信息有限：突变解释面临的另一个挑战是少数种族人群遗传变异频率的数据有限，这大大影响了对少数种族群体的患者进行基因检测的结果解释。例如，评估一个基因检测公司内部多基因组数据发现，非裔美国人、西班牙裔和亚洲人未知意义变异的比例高于高加索人[27]。随着分析的基因数量增加，检测到突变的数量增加，多基因盘测定的结果的解释可能受到更大的影响。目前，人口频率数据库千人基因组计划和外显子组测序项目（Exome Sequencing Project，ESP）分别由2504和6503个样本的数据组成，人类外显子数据库（Exome Aggregation Consortium，ExAC）于2014年发布了超过60 000个无关样本的序列数据，其中包括ESP、千人基因组计划等，这些数据将作为突变评估的巨大资源，尤其是少数种族人群。另外，由于ExAC数据库与癌症有关的数据集仅局限于来自患者的癌症样本，因此该数据集不能作为癌症易感基因群体数据的可靠来源。但在2016年ExAC更新后，用户可以查看不包括癌症样本的频率数据，这一改进使得该数据库能够用于解释癌症易感基因的突变。

2. 基因特异性风险信息的报告与解释　由于NGS的成本逐渐降低，在遗传性肿瘤综合征易感基因特征方面的研究随之增多。NGS在高风险患者 / 家族中的应用促进了许多基因的鉴定，如成功鉴定*RAD51C*为遗传性乳腺癌和卵巢癌的易感基因[37]；又如，确定了*MAX*作为遗传性嗜铬细胞瘤的易感基因[38]。但是，随着特征性易感基因、相关肿瘤谱和外显率数据的不断改进，新近鉴定的基因反而使检测结果的解释复杂化。因此，临床实验室提供的报告信息十分重要，准确清晰的报告能够避免临床对于结果的错误解读，同时避免根据过时数据进行错误的临床决策等。

（1）报告必须明确地指出与单个基因相关的所有原发性肿瘤。通常，一个遗传变异会增加多种类型肿瘤的风险，如*BRCA1/2*基因突变会导致乳腺癌、卵巢癌、膀胱癌等的风险升高。实验室还必须根据现有的证据，区分能够支持报告结论的癌症相关的特异性基因和证据有限的推荐报告基因。鉴于遗传性肿瘤易感性基因的研究发展很快，实验室应当建立一个常规机制，及时审查现有证据并适当修改报告内容及诊疗建议。例如，一项大型研究的数据显示，*PALB2*基因的致病突变对女性（70岁以下）乳腺癌的累计风险达33%～58%，高于先前估计，此时提供*PALB2*突变分析的实验室应当尽早对其结果报告的外显率数据进行审查[39]。

（2）报告必须强调每个肿瘤易感基因致癌风险的大小存在巨大差异。例如，*CHEK2*和*APC*均与CRC相关。在一般人群中，携带*CHEK2*基因胚系突变的个体一生仅有2倍的结直肠癌发病风险，因此无须强化胃肠道监测或考虑预防性外科手术[40]。而对于*APC*基因突变型的个体，若无监测和（或）手术干预，其结直肠癌发病风险接近100%。这两种基因都与结直肠癌风险增加相关，报告其对应风险水平有助于临床医师的疾病管理和患者决策等。

（3）当个体同时携带多种致病突变时，许多肿瘤易感性为显性遗传的基因也可能导致隐性致病表型。与相关的显性遗传易感性相比，这些隐性病症通常是严重的早发型疾病，且其表型更为复杂。例如，遗传性乳腺癌的易感基因*BRCA2*、*ATM*、*BRIP1*、*PALB2*均为显性的具有肿瘤倾向的基因，但这些基因的双等位基因突变可能导致 Fanconi 贫血。当报告此类基因的致病突变时，除了对显性遗传的癌症易感性的阳性诊断进行报告外，还必须说明相关隐性病症基因的携带可能，这样有助于患者检测后的临床咨询和生育决策。

3. 等位基因特异性的结果解释 遗传性肿瘤检测领域的研究发现，同一基因中的致病性等位基因并非都具有相似的风险水平，特殊等位基因的致病风险明显更高。在*ATM*中，与女性乳腺癌和胰腺癌相关中度风险基因的多数致病突变约增加 1 倍的乳腺癌患病风险，但是影响 3′ 功能区域的一小部分致病性错义突变的致病风险明显更高[41]。这些高风险的 *ATM* 等位基因的致病机制与其他等位基因不同，因此其与 *BRCA2* 致病突变具有相似的女性乳腺癌致病风险[42]。对于报告 *ATM* 阳性的女性，对这些特异性等位基因致病风险的报告和解读可以改变疾病监测、预防和生育选择。同样，在癌症高度易感的基因中也有许多低风险的等位基因。例如，在高风险的乳腺癌和卵巢癌易感基因 *BRCA1* 中，重现性的 p.R1699W 就是一个典型的致病突变，有报道其会导致女性乳腺癌约 65% 的发病风险和 ＞ 70 岁的女性卵巢癌超过 40% 的发病风险。但具有其他氨基酸改变（如 p.R1699Q）的个体相关遗传性肿瘤的患病风险水平显著降低，其所致女性（＞ 70 岁）乳腺癌或卵巢癌的发病风险仅增加 24%[43]。因此，将等位基因特异性风险信息纳入结果报告能够为患者和家属提供更准确的信息。

4. 临床检测结果的个体化解释 实验室检测结果的解释和报告必须结合受检者的临床信息，临床信息可以指导必要检测项目的增加、结果的确认或报告的调整。在多基因癌症检测结果中，分子检测结果与先前的测试数据或临床细节可能存在差异，因此，临床数据和分子检测必须在报告发布之前协调一致。这要求实验室与临床合作，找出表型和报告之间存在差异的原因，并在新的报告上给出正确的结果解释。

NGS 检测可能检出相比于杂合体中突变的比例明显较低（如低于 25%）的遗传变异。在癌症易感基因中鉴定出低水平的突变，最常见的情况是：①患者肿瘤为嵌合体；②污染，即所检测的标本为正常体细胞，但被肿瘤标本污染（通常认为该污染为血源性的，如血液肿瘤或造血细胞克隆变异）；③技术误差，即由于等位基因特异性扩增或优先捕获。换用其他更为敏感的方法进行确认或在患者临床病史明确的基础上进一步检测往往会导致此类遗传变异的检出。然而，由于确定潜在病因几乎都需要额外的检测，因此结果报告中应包含详细的解释及临床意义，同时实验室与临床应保持适时交流，以避免结果的误读。

5. 临床信息与检测结果的解释 当出具报告的临床实验室与患者所在的诊疗机构并非隶属关系时，实验室所能接触的临床信息十分有限，有时需要花费一定人力、物力联系临床及获取临床资料。虽然 ACMG、CAP 和其他专业指南强烈建议检测的同时需要提供临床病史，但诊疗机构的依从性有限。根据经验，超过 11% 的诊疗机构仅提供很少的临床信息或不提供临床信息[27]。

患者基因检测结果与临床表现不符提示检测结果存在误差。基因型和表型数据多次不符提示目前对该基因的理解和解释可能存在偏差。这可能是由于在特定的遗传条件下，测量偏倚可能影响原始报告；也可能是基因产生了扩展表型所致。因此对于临床实验室而言，不仅要了解此类可能造成偏差的信息，而且要注意在日常工作中做好记录，以利检测和分析方法的完善。

如上所述，影响造血系统细胞的恶性肿瘤或异常发育细胞的存在可能干扰基因测试，特别是检测血液样本中的体细胞突变容易被误认为是胚系突变。一个病例显示，一名72岁乳腺癌女性患者，通过多基因检测鉴定出双重*ATM*突变。这一检测结果提示诊断为共济失调－毛细血管扩张症（ataxia-telangiectasia，A-T），这是一种严重的神经退行性疾病，通常患者在10岁前即出现行动受限的症状。考虑到A-T的临床特征与患者年龄极不相符，临床实验室认为此检测结果不可能是胚系突变，因此对患者进行了血液学的检测。结果发现该突变来源于患者血液系统存在的恶性肿瘤细胞或发育不良的细胞[44, 45]。实验室与临床适当的联系避免了该患者误诊为A-T，同时避免了误判患者由于该基因的致病性胚系突变而引起乳腺癌和胰腺癌风险升高的结果。

（二）检测后风险评估

对突变检测阳性者进行有效的临床管理，需要正确评估其患癌风险。有研究报道，*BRCA1/2*突变携带者的患病风险与年龄、家族史及突变位点相关。

*BRCA1/2*突变携带者的患病风险从青少年早期开始就迅速增加，到中年时期（*BRCA1*携带者为30～40岁、*BRCA2*携带者为40～50岁）保持缓慢稳定增加，直至80岁，*BRCA1*和*BRCA2*携带者乳腺癌的累积患病风险分别为72%和69%；对于对侧乳腺癌，*BRCA1*和*BRCA2*携带者首次确诊乳腺癌后20年的累积患病风险分别为40%和26%；另外，*BRCA1/2*突变携带者乳腺癌患病风险随着其患病的一、二级亲属数量的增加而增高。突变位点在c.2282—c.4071之外的*BRCA1*携带者较突变位点在c.2282—c.4071之间的携带者乳腺癌患病风险高，同理，突变位点在c.2831—c.6401之外的*BRCA2*携带者的乳腺癌患病风险较高[46]。

目前已有多种乳腺癌风险计算的数学模型，这些模型可以用于评估个体终身的乳腺/卵巢癌综合征患病风险，也可用于临床监测和干预措施的收益评估。常见的模型如下[47, 48]。

1. Gail模型 最初的Gail模型为Logistics回归模型，该模型经过种族信息的校正后由7个评估因子组成，包括年龄、乳腺疾病史、家族史、初潮年龄、初产年龄、乳腺活检情况（活检次数和其中显示不典型增生次数）、种族。Gail模型可以估计个体5年内患乳腺癌的风险和终身（模型适用年龄上限为90岁）乳腺癌发生风险。Gail模型所使用的数据库主要基于高加索人和非裔美国人的研究结果，同时已经在一系列人群中得到了验证，据报道Gail模型可能过高估计亚洲国家的人群乳腺癌发生的概率，但种族信息（亚裔美国人群）的校正改善了高估的情况[49, 50]。年龄为a的女性于$a+\tau$时乳腺癌发生概率的计算公式如下：

$$\mathrm{P}\{a,\tau,r(t)\}=\int_a^{a+\tau}h_1(t)r(t)\exp\left\{-\int_a^t h_1(u)r(u)\mathrm{d}u\right\}\{S_2(t)/S_2(a)\}\,\mathrm{d}t$$

其中，$r(t)$表示模型中某个特定的风险因素组合所对应的乳腺癌发病的相对危险度，$h_1(t)$表示经过参数估计后的年龄为t时乳腺癌的发病率，$S_2(t)=\exp\left\{-\int_0^t h_2(u)\mathrm{d}u\right\}$表示竞争生存率，$h_2(t)$ 表示该年龄排除乳腺癌死亡的概率[51]。患癌风险的计算可以通过 CancerGene6 软件（下载地址：http：//www4.utsouthwestern.edu/breasthealth/cagene/default.asp）或美国国立癌症研究所（Nationl Cancer Institute，NCI）的乳腺癌风险评估工具（访问地址：https：//www.cancer.gov/bcrisktool/）实现。CancerGene6 和 NCI 的风险评估工具分别仅能针对 20 岁和 35 岁以上的个体进行风险评估。

应注意，该模型存在以下缺陷：①仅考虑母系一级亲属的癌症病史，未考虑父系亲属和二级亲属的患癌情况，也未考虑亲属的发病年龄；②该模型将绝经前后乳腺癌的发生视为等同的；③病理类型仅考虑不典型增生，而未考虑原位小叶癌。但由于该模型简便、快速，目前仍是乳腺癌风险评估常用的经典模型。

2. Claus 模型 是一个家族史模型，主要根据乳腺癌 / 卵巢癌家族史和家族患者确诊年龄进行分析，并考虑到亲属双侧乳腺癌史。Claus 模型建立在乳腺癌易感基因 *BRCA1/2* 发现之前，但预测了乳腺癌易感基因座的存在。根据上述信息，可以利用以下公式估算个体在年龄为 x 时患乳腺癌的概率。

$$\mathrm{R(x)}=\sum_{j}\sum_{k}F(x,\theta_j)\times G_{jk}\times\left[\frac{G_k\times f(x_r,\theta_k)}{\sum_k G_k\times f(x_r,\theta_k)}\right]$$

其中，j 和 k 表示基因型 AA、Aa 和 aa；x_r 为该个体母亲或姐妹的乳腺癌发病年龄；G_k 表示该基因型为 k 的概率；G_{jk} 表示在亲属基因型为 k 的前提下，个体基因型为 j 的概率，可以通过人群数据和家系共分离计算得到；$F(x, \theta_j)$ 为正态分布函数，表示基因型为 j 的个体在年龄为 x 时乳腺癌发病累计风险的平均值，而 $f(\mathrm{x}, \theta_k)$ 为正态分布的概率密度[52]。Claus 模型的计算可以通过 CancerGene6 软件实现。

Claus 模型的不足在于其不分析非遗传性因素的影响，且模型建立时选择的数据可能导致计算结果低估部分地区女性的乳腺癌发病风险[53]。

3. BRCAPRO 模型 BRCAPRO 是贝叶斯家族史模型，包含了一、二级亲属的家族史（亲属患乳腺癌 / 卵巢癌的情况、男性乳腺癌、双侧乳腺癌），同时考虑了家族成员的种族信息，可以更好地分析区别不同种族的等位基因突变频率。但该模型忽略了非遗传性的危险因素和非侵袭性乳腺癌，因此常认为该模型过低估计了个体的乳腺癌 / 卵巢癌发病概率。

BRCAPRO 模型可计算患者携带 *BRCA1* 和 *BRCA2* 基因突变的概率，并据此估计健康的家族成员在年龄为 a 时患乳腺癌 / 卵巢癌的风险 R，计算 R 的主体公式如下：

$$\mathrm{R}(a|\mathrm{fam.\ hist.})=\sum_{i_1=0}^{2}\sum_{i_2=0}^{2}P[\mathrm{BRCA1}=i_1,\mathrm{BRCA2}=i_2|\mathrm{fam.\ hist.}]R(a|\mathrm{BRCA1}=i_1,\mathrm{BRCA2}=i_2)$$

其中，“fam.hist.”表示家族史，“i”代表基因状态，0 为野生型，1 为突变型杂合子，2 为突变型纯合子[54]。BRCAPRO 模型的计算可以通过 CancerGene6 软件实现。

4. TYRER-CUZICK 模型 基于一个国际乳腺干预研究，假设除 *BRCA1/2* 外还存在一个低外显率的乳腺癌易感基因，综合一、二级亲属的家族史（亲属患癌情况、男性乳腺癌），激素暴露史（初潮年龄、初产年龄、停经年龄、激素替代治疗史），良性乳腺疾病即其他非遗传性因素（体重指数和年龄）的风险因子，进行个体患乳腺癌概率的计算。TYRER-CUZICK 模型的主要公式如下：

$$\Pr(\text{cancer}) = 1 - \left(1 - \sum_{i=1}^{6} p_i F_i(t_1, t_2)\right)^{\alpha}$$

其中，p_i 为 BRCA1/2 和低外显率易感基因的存在状态，F_i（t_1，t_2）是通过风险模型计算的具有 i 基因型的个体在年龄 t_1 ～ t_2 期间患乳腺癌的概率，α 为被评估个体的个人因素 [55]。

TYRER-CUZICK 模型的计算可以通过 IBIS Breast Cancer Risk Evaluation Tool 软件实现（下载地址：http：//www.ems-trials.org/riskevaluator/）。

由于这些模型建立时所收集的人群数据大多与我国人种不同，因此，遗传性肿瘤风险评估与预测模型的应用尚需要人群验证研究，明确其评估的敏感性，或建立适合我国人群的模型。

（三）检测后临床管理咨询

遗传性肿瘤易感基因的检测后咨询可以提供基因检测结果的意义和影响，包括肿瘤治疗建议和风险管理等方面的信息。例如，对 *BRCA* 突变型卵巢癌患者，可以采用聚腺苷二磷酸核糖聚合酶（poly ADP-ribose polymerase，PARP）抑制剂进行治疗；而对具有癌症易感基因已知突变的个体可选择降低风险的手术（如乳房切除术、卵巢切除术、结肠切除术、甲状腺切除术）和化学预防策略（如他莫昔芬、口服避孕药、舒林酸）等方案。此外，遗传咨询专业人员还有责任建议有风险的个人和家庭成员进行肿瘤易感基因变异的检测，同时可提供影像学检查、生化检验、内镜检查或直接体格检查等选择，进行早期检测和肿瘤预防。

提供降低风险手术的建议时应特别注意，降低风险手术对不同遗传性肿瘤综合征的预防效果不同，有的研究刚刚出现，仍然需要长期随访验证其对高危人群预防肿瘤发生的有效性。因此，遗传咨询人员还应向患者及其家庭成员提供该疾病相关的各种信息资源，如相关长期随访研究及其支持的团队等。

下文以 *BRCA* 相关乳腺癌 / 卵巢癌综合征为例，介绍其遗传性肿瘤易感基因的检测后治疗和风险管理。

1. *BRCA1/2* 相关乳腺癌 / 卵巢癌的治疗　PARP 抑制剂 rucaparib 的 Ⅱ 期临床实验结果显示，对铂类化疗药物敏感的卵巢癌复治患者中，*BRCA* 突变者的无病生存期显著高于野生型患者 [56]。另有研究发现，对于 HER2 阴性转移性乳腺癌携带胚系 *BRCA* 突变的患者，PARP 抑制剂奥拉帕尼（olaparib）单药物治疗与标准治疗相比，患者生存期的延长有显著意义，且奥拉帕尼单药治疗的疾病进展或死亡风险比标准治疗低 42%[57]。

根据《NCCN：卵巢癌临床实践指南》的建议，接受过两次以上化疗的晚期卵巢癌患者，经检测若携带有 *BRCA* 胚系突变或体细胞突变，可以采用 PARP 抑制剂进行治疗 [58]。

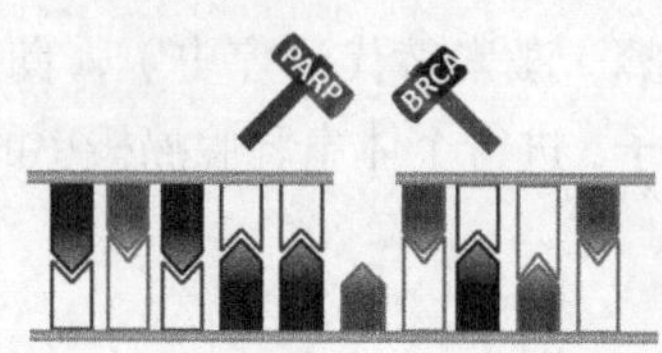

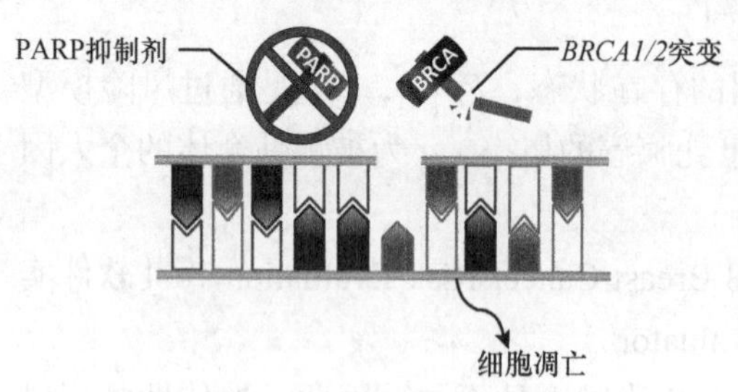

图 12-2 PARP 抑制剂的作用机制

PARP 和 *BRCA1/2* 是细胞内 DNA 损伤修复的两个"工具"，当二者的功能同时受到影响时，受损的基因无法得到修复，最终导致细胞凋亡

在最新发布的《NCCN：乳腺癌临床实践指南》中，单用奥拉帕尼也已被列为 HER2 阴性且携带 *BRCA* 突变的复发性或侵袭性乳腺癌（M1）患者的化疗方案之一[59]。

目前认为，PARP 抑制剂主要通过"化学合成致死"的效果（图 12-2）对 *BRCA1/2* 突变型乳腺癌 / 卵巢癌等发挥作用。*BRCA1/2* 和 PARP 分别在同源重组介导的 DNA 双链断裂修复和 DNA 单链断裂修复中发挥作用。PARP 抑制剂抑制了 PARP 修复单链断裂的能力，激发细胞内同源重组介导的 DNA 修复。当 *BRCA1/2* 基因出现突变且影响其功能时，细胞无法完成同源重组介导的 DNA 修复，受损的基因无法修复，导致染色体不稳定、细胞周期停滞和细胞凋亡[60, 61]。

2. *BRCA1/2* 携带者的风险管理 对于 *BRCA1/2* 基因突变阳性，有家族性遗传性乳腺癌和卵巢癌史的个体，应及早采取有效措施监测肿瘤的发生，并采取相应的预防措施。根据《NCCN 遗传性 / 家族性高风险评估指南：乳腺和卵巢》（2018.v1），女性和男性 *BRCA1/2* 突变携带者采取的后续措施应有所区别，分别叙述如下[21]。

（1）女性携带者

1）从 18 岁开始应熟悉自己的双乳，并进行自检。

2）从 25 岁开始，每 6 ～ 12 个月进行一次临床乳腺检查。

3）乳腺筛查

A. 5 ～ 29 岁：每年进行一次乳腺 MRI 筛查，并进行比较；不能做 MRI 时，可以进行乳房 X 线筛查代替；如果家系成员中有 30 岁之前确诊的乳腺癌者，可以采取个体化检查措施。

B. 30 ～ 75 岁：每年例行乳腺 MRI 和 X 线筛查，并进行比较。

C. ＞ 75 岁：应采取个体化的筛查和诊疗措施。

D. 对于接受过乳腺癌治疗的 *BRCA* 基因突变携带者，应每年例行对病变区域以外的乳腺组织进行乳房 X 线或 MRI 筛查。

4）讨论决定是否施行乳房切除术，以降低患病风险。考虑因素应包括该手术能在多大程度上降低 *BRCA* 基因突变携带者患病风险、术后乳房重建及手术风险等。

5）建议 *BRCA* 基因突变携带者行预防性输卵管卵巢切除术（risk-reducing salpingo-oophorectomy，RRSO），特别是 35 ～ 40 岁已经生育的携带者。因为 *BRCA2* 基因突变携带者卵巢癌平均发病年龄较 *BRCA1* 基因突变携带者晚 8 ～ 10 年，所以，已经最大限度做好乳腺癌防癌措施（如接受过双侧乳房全切术）的 *BRCA2* 基因突变携带者可将 RRSO 推迟至 40 ～ 45 岁施行。

A. 咨询时，应当综合考虑个体的生育意愿、患癌风险、可在多大程度上防治乳腺癌和卵巢癌，如何应对围绝经期综合征（如短期激素替代治疗等）及其他医学问题。

B. 虽然输卵管切除术的临床试验正在进行，但是单独实施该手术并非是降低患癌风险的标准方法，其原因在于单独实施该手术的女性仍然具有罹患卵巢癌的风险。另外，对于绝经前的女性，卵巢切除术可以降低其罹患乳腺癌的风险，但能在多大程度上降低患癌风险尚不得而知，可能存在个体基因特异性。

6）需要向患者交代预防性乳腺切除术和（或）RRSO 对社交、心理和生活质量的影响。

7）医师可建议未选择 RRSO 的患者在 30 ～ 35 岁开始进行卵巢癌阴道镜检查或卵巢癌 CA-125 标志物筛查。医师及受检者应注意二者均有一定的局限性，即敏感性和特异性不足。

8）遗传咨询专业人员应与乳腺癌和卵巢癌患者探讨降低风险方案及相应方案的风险和益处。

9）考虑参与临床试验中调研性的影像学和其他筛查研究（如新的影像学技术、频率更高的检查周期等）。

（2）男性突变携带者：从 35 岁起应进行乳腺自我检查训练、接受相关教育及每 12 个月一次的临床乳腺检查；推荐 *BRCA2* 携带者从 45 岁起进行前列腺癌筛查。

（3）同时针对男性和女性的建议

1）学习癌症（特别是 *BRCA* 基因突变相关癌症）的早期症状和临床表现。

2）*BRCA1/2* 基因突变的致癌性研究已较为深入，其还与前列腺癌、膀胱癌、胰腺癌、黑色素瘤等恶性肿瘤密切相关。但目前还没有针对前列腺癌和黑色素瘤的筛查指南，因此建议对已发现的这类遗传性肿瘤进行个体化筛查。

（4）对其他家族成员的建议

1）建议评估家系中其他成员的患病风险。

2）对于有患病风险者，推荐进行遗传咨询，根据咨询结果考虑进行基因检测。

（5）生育期建议

1）对于处于生育年龄的突变携带者，建议进行产前诊断和相关辅助性诊断，包括着床前胚胎遗传学诊断。需要事先详细讨论这类方法的风险性、局限性和优势。

2）某些基因（如 *BRCA2*）中存在的双等位基因突变可能与常染色体隐性遗传有关。因此，对于这些基因，应考虑其检测结果是否影响生育期临床决策的制定和风险评估或管理。

第三节　遗传性肿瘤相关检测指南和数据库

NGS 可同时对多个基因进行测序，并将复杂的测序结果反馈给临床医师、患者及其家属，这从根本上改变了遗传性肿瘤的风险评估和诊疗策略。在患者病史明确、易于鉴别诊断的情况下，对单个基因进行程式化分析可做出有效的诊断。但是，临床病史一般都十分复杂，多基因检测有助于了解患者的整个基因状态。这种新的变化对于肿瘤学家、遗传学家和肿瘤科医务人员提出了挑战：在 NGS 临床应用尚不完全成熟的情况，如何对 NGS 结果进行正确的解释并评估其临床应用价值。鉴于此，包括 NCCN、基因检测注册表（Genetic Testing Registry，GTR）、ACMG、ASCO 在内的一些权威机构、数据库和专业委员会提供了专家意见和诊疗指南，分别介绍如下。

一、美国国立综合癌症网络

美国国立综合癌症网络（NCCN）成立于 1995 年，是一个旨在以循证医学和专家意见为基础，提供临床实践指南，提高癌症诊疗水平的癌症中心联盟。NCCN 定期发布遗传性乳腺癌、卵巢癌和结肠癌的筛查、诊断和风险评估指南。近年来，有关多基因测序的内容逐渐被引入到 NCCN“遗传性 / 家族性肿瘤高风险评估指南：乳腺和卵巢”中。指南建议，对于 *ATM*、*BRCA1*、*BRCA2*、*CDH1*、*CHEK2*、*PALB2*、*PTEN*、*STK11* 和 *TP53* 基因中存在致病性突变的携带者，进行预防性 MRI 筛查。由于这些基因有害突变的检出频率很高，因此该筛查策略较为经济。其中 *ATM*、*PALB2* 和 *CHEK2* 基因是最新引入的测序位点。

二、基因检测注册表

基因检测注册表（GTR）是美国国立卫生研究院（National Institutes of Health，NIH）建立的数据库，该数据库可向公众提供包含遗传性肿瘤基因检测在内的多种基因检测临床证据信息，包括检测的目的、方法、有效性、检测有用性的证据等。实验室向 GTR 提交必要的信息，这些信息将会被手工录入，特定检测的临床应用目标由提交者从一套标准化的指征中选取，提交者同时需要标注相关引文。在 GTR 中搜索“*BRCA1/BRCA2* panels”会检索出约 200 套测序盘，并提供信息来帮助研究人员选择恰当的测序盘。

三、美国医学遗传学与基因组学学会

美国医学遗传学与基因组学学会（ACMG）经常就一些专题发表 NGS 临床应用指南，如测序结果临床解读和一些偶然发现的报道。ACMG 曾于 2013 年发布遗传性结直肠癌基因检测技术标准与指南，其坚定地认为探索疾病的遗传学病因是基因检测临床应用的有力证明。然而，基因检测是一个广义的范畴，ACMG 尚未就多基因测序用于遗传性肿瘤风险评估进行特别的说明。

四、美国临床肿瘤学会

美国临床肿瘤学会（ASCO）是肿瘤遗传学教育领域的领导者。1996 年 ASCO 发表了关于基因检测的政策声明，并进行了多次更新。近年来，在更新指南中引入多基因测序检测用于遗传性肿瘤风险评估和临床应用的相关内容，强调了检测的质量保证和相关人员的教育，分析了当前多基因检测的形势。ASCO 认为需要以更开放的态度迎接肿瘤的多基因测序检测。

许多专家学者就多基因检测的实用性发表过评论，这些评论基本以医疗服务提供者应当接受全程的基因检测培训为主题展开，这是发展并完善遗传性肿瘤多基因检测临床应用原则的绝佳时机，包括实验室、临床医师和患者在内的所有相关人员和机构都应当充分理解这一新方法的临床价值。

第四节　数据共享：突变型分类和结果解释

NGS 的应用使各种人群的基因组数据得以大规模获得，这可以帮助我们有效地解释个体的测序结果。例如，一些大型的数据库（包括 Exome Variant Server、千人基因组计划、ExAC 等）将外显子组测序的数据按照人群或种族分类，帮助我们区分一些种群内的高频良性多态性位点，从而更好地解释个体基因的测序结果。然而，一些稀有变异依然很难归类。

将各遗传实验室的数据汇总起来，我们可以充分获得某一基因位点的变异情况。近日，一场大规模的基因变异数据共享运动已经展开，其中参与者包括 ClinVar——一个面向临床医师、研究人员和临床实验室的开放性资源数据共享平台。这类数据共享使得我们能够发现不同实验室间变异分类的异同。另外，由 ACMG 等机构发布的指南也为变异的分类提供了参考。如果各实验室间相互竞争、闭门造车，这对于我们充分理解基因变异的价值及其对患者治疗的影响是十分不利的。然而，现在通过各种数据共享平台，实验室与专家共识组得以一起工作，使我们能够发挥集体的力量，增进对基因变异的理解和解释，将对患者治疗产生积极影响。

数据共享倡议也得到了美国国家遗传咨询师协会（National Society of Genetic Counselors，NSGC）的支持，NSGC 发表过一份立场声明，呼吁和鼓励临床遗传学和基因组学检测的数据共享。在数据共享的基础上，领域内专家的工作会变得更加有效，例如，ENIGMA（Evidence-Based Network for the Interpretation of Germline Mutation Alleles）对 *BRCA1* 和 *BRCA2* 基因变异的分类，InSiGHT（International Society for Gastrointestinal Hereditary Tumours Incorporated）对错配修复基因的分类。近年来，商业性实验室也逐渐参与到这一过程中来。总而言之，数据共享对于全面、准确、持续地对基因变异进行分类，正确理解和解释测序结果都十分必要，可以促进基因检测临床应用的不断优化。

总而言之，遗传性肿瘤多基因测序检测是一个复杂的过程，它将有助于我们发现新的致病性突变位点或进一步了解已有的突变位点。正如本章所述，为了不断发展和优化多基因测序检测的理论与实践，我们还有很多事情要做。虽然 ACMG 等机构已经发布了专业的指南指导我们进行标准化的测序检测和结果解释，但是临床分子实验室依然要在数据分析和结果解释的过程中着力解决基因、等位基因和病例特异性的因素，这样才能为临床医师和患者提供准确、临床相关、个体化的诊断结果。

多基因测序的复杂性不仅限于实验室过程，也存在于临床应用方面。通过运用NGS技术，我们已经发现，对于在中度外显基因上存在致病突变的患者，其临床表型可为非典型或扩展表型。对于没有足够临床病史的患者，仍需要确定多基因检测的临床实用性或是否有相应的管理指南。随着NGS应用的不断推广，在乳腺/卵巢癌中度外显基因上检测出致病突变的患者越来越多，随即引起了激烈的讨论：是否应将这些致病性突变纳入多基因测序盘？是否要对这些突变携带者进行治疗？通过数据共享获得的癌症基因型和表型数据及其他协同努力，有助于进一步了解遗传性肿瘤易感基因、确定诊断标准，以及将管理指南应用到具体患者或家庭的个体化治疗方案中。

（王　萌　张嘉威）

参考文献

[1] 詹启敏. 分子肿瘤学. 北京：人民卫生出版社，2005.

[2] Lee WH，Bookstein R，Hong F，et al. Human retinoblastoma susceptibility gene：cloning，identification，and sequence. Science，1987，235：1394-1399.

[3] Knudson AG. Mutation and cancer：statistical study of retinoblastoma. Proceedings of the National Academy of Sciences of the United States of America，1971，68：820.

[4] Cavenee WK，Dryja TP，Phillips RA，et al. Expression of recessive alleles by chromosomal mechanisms in retinoblastoma. Nature，1983，305：779-784.

[5] Fisher JP，Tweddle DA. Neonatal neuroblastoma. Semin Fetal Neonatal Med，2012，17：207-215.

[6] Dumoucel S，Gauthier-Villars M，Stoppa-Lyonnet D，et al. Malformations，genetic abnormalities，and Wilms tumor. Pediatr Blood Cancer，2014，61：140-144.

[7] Busch M，Leube B，Thiel A，et al. Evaluation of chromosome 11p imbalances in aniridia and Wilms tumor patients. Am J Med Genet A，2013，161a：958-964.

[8] C WJ，S RA，P TG. Familial adenomatous polyposis. British Journal of Surgery，1994，PMID：7827926

[9] Kinzler KW，Nilbert MC，Su LK，et al. Identification of FAP locus genes from chromosome 5q21. Science，1991，253：661-665.

[10] Warthin AS. Classics in oncology. Heredity with reference to carcinoma as shown by the study of the cases examined in the pathological laboratory of the University of Michigan，1895-1913. CA Cancer J Clin，1913，35：348-359.

[11] Lynch HT，Smyrk T，Lynch JF. Molecular genetics and clinical-pathology features of hereditary nonpolyposis colorectal carcinoma（Lynch syndrome）：historical journey from pedigree anecdote to molecular genetic confirmation. Oncology，1998，55：103-108.

[12] Fishel R，Lescoe MK，Rao MR，et al. The human mutator gene homolog MSH2 and its association with hereditary nonpolyposis colon cancer. Cell，1993，75：1027.

[13] Nystrom-Lahti M，Parsons R，Sistonen P，et al. Mismatch repair genes on chromosomes 2p and 3p account for a major share of hereditary nonpolyposis colorectal cancer families evaluable by linkage. Am J Hum Genet，1994，55：659-665.

[14] Peltomaki P，Sistonen P，Mecklin JP，et al. Evidence supporting exclusion of the DCC gene and a portion of chromosome 18q as the locus for susceptibility to hereditary nonpolyposis colorectal carcinoma in five kindreds. Cancer Res，1991，51：4135-4140.

[15] Skoglund J, Djureinovic T, Zhou XL, et al. Linkage analysis in a large Swedish family supports the presence of a susceptibility locus for adenoma and colorectal cancer on chromosome 9q22.32-31.1. J Med Genet, 2006, 43: e7.

[16] Antoniou A, Pharoah PD, Narod S, et al. Average risks of breast and ovarian cancer associated with BRCA1 or BRCA2 mutations detected in case series unselected for family history: a combined analysis of 22 studies. American Journal of Human Genetics, 2003, 72: 1117-1130.

[17] Alsop K, Fereday S, Meldrum C, et al. BRCA mutation frequency and patterns of treatment response in BRCA mutation-positive women with ovarian cancer: a report from the Australian Ovarian Cancer Study Group. J Clin Oncol, 2012, 30: 2654-2663.

[18] Gorodnova TV, Maksimov S, Guseinov KD, et al. [Effectiveness of platinum-based chemotherapy in ovarian cancer patients with BRCA1/2 mutations]. Vopr Onkol, 2014, 60: 339-342.

[19] ASCO. American Society of Clinical Oncology policy statement update: genetic testing for cancer susceptibility. Journal of Clinical Oncology, 2003, 21: 2397-2406.

[20] Robson ME, Storm CD, Weitzel J, et al. American Society of Clinical Oncology policy statement update: genetic and genomic testing for cancer susceptibility. Journal of Clinical Oncology Official Journal of the American Society of Clinical Oncology, 2010, 33: 3660-3667.

[21] National Comprehensive Cancer Network. Genetic/Familial High-Risk Assessment: Breast and Ovarian. Version 1. 2018. NCCN Clinical Practice Cuideline in Oncology. https: //www.nccn.org/professionals/physician_gls/pdf/genetics_screening.pdf. 2017.

[22] Robson ME, Bradbury AR, Arun B, et al. American Society of Clinical Oncology policy statement update: genetic and genomic testing for cancer susceptibility. J Clin Oncol, 2015, 33: 3660-3667.

[23] Laduca H, Stuenkel AJ, Dolinsky JS, et al. Utilization of multigene panels in hereditary cancer predisposition testing: analysis of more than 2, 000 patients. Genetics in Medicine Official Journal of the American College of Medical Genetics, 2014, 16: 830-837.

[24] Rehm HL, Bale SJ, Bayrak-Toydemir P, et al. ACMG clinical laboratory standards for next-generation sequencing. Genet Med, 2013, 15: 733-747.

[25] Weischer M, Heerfordt IM, Bojesen SE, et al. CHEK2*1100delC and risk of malignant melanoma: Danish and German studies and meta-analysis. Journal of Investigative Dermatology, 2012, 132: 299-303.

[26] Renwick A, Thompson D, Seal S, et al. ATM mutations that cause ataxia-telangiectasia are breast cancer susceptibility alleles. Nature Genetics, 2006, 38: 873.

[27] Wong LJC. Next Generation Sequencing Based Clinical Molecular Diagnosis of Human Genetic Disorders. New York: Springer, 2017.

[28] Li J, Dai H, Feng Y, et al. A comprehensive strategy for accurate mutation detection of the highly homologous PMS2. Journal of Molecular Diagnostics, 2015, 17: 545-553.

[29] Vaughn CP, Robles J, Swensen JJ, et al. Clinical analysis of PMS2: mutation detection and avoidance of pseudogenes. Human Mutation, 2010, 31: 588-593.

[30] Wu W, Choudhry H. Next Generation Sequencing in Cancer Research. New York: Springer , 2013.

[31] Feng Y, Chen D, Wang GL, et al. Improved molecular diagnosis by the detection of exonic deletions with target gene capture and deep sequencing. Genetics in Medicine Official Journal of the American College of Medical Genetics, 2015, 17: 99-107.

[32] Kim J, Park WY, Kim NKD, et al. Good laboratory standards for clinical next-generation sequencing cancer panel tests. J Pathol Transl Med, 2017, 51: 191-204.

[33] Jennings LJ, Arcila ME, Corless C, et al. Guidelines for validation of next-generation sequencing-based oncology panels: a joint consensus recommendation of the Association for Molecular Pathology and College of American Pathologists. Journal of Molecular Diagnostics, 2017, 19: 341-365.

[34] Richards S, Aziz N, Bale S, et al. Standards and guidelines for the interpretation of sequence variants: a joint consensus recommendation of the American College of Medical Genetics and Genomics and the

Association for Molecular Pathology. Genetics in Medicine Official Journal of the American College of Medical Genetics，2015，17：405-424.

[35] Pesaran T，Karam R，Huether R，et al. Beyond DNA：an integrated and functional approach for classifying germline variants in breast cancer genes. International Journal of Breast Cancer，2016，2016：1-10.

[36] Plon SE，Eccles DM，Easton D，et al. Sequence variant classification and reporting：recommendations for improving the interpretation of cancer susceptibility genetic test results. Human Mutation，2010，29：1282-1291.

[37] Meindl A，Hellebrand H，Wiek C，et al. Germline mutations in breast and ovarian cancer pedigrees establish RAD51C as a human cancer susceptibility gene. Nature Genetics，2010，42：410-414.

[38] Comino-Mendez I，Gracia-Aznarez FJ，Schiavi F，et al. Exome sequencing identifies MAX mutations as a cause of hereditary pheochromocytoma. Nat Genet，2011，43：663-667.

[39] Shute NC. Breast-cancer risk in families with mutations in PALB2. NEJM，2014，371：497-506.

[40] Xiang HP，Geng XP，Ge WW，et al. Meta-analysis of CHEK2 1100delC variant and colorectal cancer susceptibility. European Journal of Cancer，2011，47：2546-2551.

[41] Goldgar DE，Healey S，Dowty JG，et al. Rare variants in the ATM gene and risk of breast cancer. Breast Cancer Research，2011，13：R73.

[42] Tavtigian SV，Oefner PJ，Babikyan D，et al. Rare，evolutionarily unlikely missense substitutions in ATM confer increased risk of breast cancer. American Journal of Human Genetics，2009，85：427-446.

[43] Antoniou A，Pharoah PD，Narod S，et al. Average risks of breast and ovarian cancer associated with BRCA1 or BRCA2 mutations detected in case Series unselected for family history：a combined analysis of 22 studies. Am J Hum Genet，2003，72：1117-1130.

[44] Alterman N，Fattalvalevski A，Moyal L，et al. Ataxia-telangiectasia：mild neurological presentation despite null ATM mutation and severe cellular phenotype. American Journal of Medical Genetics Part A，2010，143A：1827-1834.

[45] Trimis GG，Athanassaki CK，Kanariou MM，et al. Unusual absence of neurologic symptoms in a six-year old girl with ataxia-telangiectasia. Journal of Postgraduate Medicine，2004，50：270-271.

[46] Kuchenbaecker KB，Hopper JL，Barnes DR，et al. Risks of breast，ovarian，and contralateral breast cancer for BRCA1 and BRCA2 mutation carriers. Jama，2017，317：2402-2416.

[47] Euhus DM. Understanding mathematical models for breast cancer risk assessment and counseling. Breast Journal，2015，7：224-232.

[48] Bondy ML，Newman LA. Breast cancer risk assessment models. Cancer，2010，97：230-235.

[49] Min JW，Chang MC，Lee HK，et al. Validation of risk assessment models for predicting the incidence of breast cancer in korean women. J Breast Cancer，2014，17：226-235.

[50] Chay WY，Ong WS，Tan PH，et al. Validation of the Gail model for predicting individual breast cancer risk in a prospective nationwide study of 28，104 Singapore women. Breast Cancer Res，2012，14：R19

[51] Costantino JP，Gail MH，Pee D，et al. Validation studies for models projecting the risk of invasive and total breast cancer incidence. Journal of the National Cancer Institute，1999，91：1541-1548.

[52] 胡政，李想，冯茂辉，等. 乳腺癌风险评估与预测的模型及应用. 中华流行病学杂志，2009，30：1073-1077.

[53] Evans DGR，Anthony H. Breast cancer risk-assessment models. Breast Cancer Research，2007，9：213.

[54] Parmigiani G，Berry D，Aguilar O. Determining carrier probabilities for breast cancer-susceptibility genes BRCA1 and BRCA2. American Journal of Human Genetics，1998，62：145-158.

[55] Tyrer J，Duffy SW，Cuzick J. A breast cancer prediction model incorporating familial and personal risk factors. Hereditary Cancer in Clinical Practice，2012，10：1111-1130.

[56] Swisher EM，Lin KK，Oza AM，et al. Rucaparib in relapsed，platinum-sensitive high-grade ovarian carcinoma（ARIEL2 Part 1）：an international，multicentre，open-label，phase 2 trial. Lancet Oncology，2016，18：75-87.

[57] Robson M，Im SA，Senkus E，et al. Olaparib for metastatic breast cancer in patients with a germline BRCA mutation. New England Journal of Medicine，2017377：523.

[58] National Comprehensive Cancer Network. NCCN Clinical Practice Guidelines in Oncology：Ovarian Cancer. Version 2. 2018. https：//www.nccn.org/professionals/physician_gls/pdf/ovarian.pdf. 2018.

[59] National Comprehensive Cancer Network. NCCN Clinical Practice Guidelines in Oncology：Breast Cancer. Version 1. 2018. https：//www.nccn.org/professionals/physician_gls/pdf/breast.pdf. 2018.

[60] NC T. Inhibition of poly（ADP-ribose）polymerase in tumors from BRCA mutation carriers. New England Journal of Medicine，2009，361：123-134.

[61] Farmer H，McCabe N，Lord CJ，et al. Targeting the DNA repair defect in BRCA mutant cells as a therapeutic strategy. Nature，2005，434：917-921.

第十三章 高通量测序在肿瘤靶向治疗中的应用

肿瘤基因突变检测对指导肿瘤靶向治疗、耐药监测及预后判断等具有重要意义。传统的基因突变检测方法，如 Sanger 测序、焦磷酸测序和实时荧光 PCR 等仅能对单个基因，或者单个基因的部分外显子突变进行检测，对复杂变异类型的检测存在局限性。高通量测序能够同时对上百万甚至数十亿个 DNA 片段进行测序，因此可在较低成本下一次对多至上百个肿瘤相关基因、全外显子及全基因组进行检测，而且需要的样本量并不增加。高通量测序技术因其在通量、成本和效率方面的优势，在肿瘤靶向治疗基因突变检测上展现了广阔的应用价值。

本章将从肿瘤基因突变检测的技术策略、分析原理、检测流程、临床应用和质量保证等方面对肿瘤基因突变高通量测序检测进行介绍。

第一节 概 述

20 世纪以来，癌症已成为困扰人类健康的主要危害之一。根据国家癌症中心 2016 年的数据显示，2015 年中国癌症新发病例预计约 429 万，新增死亡总数约达 281 万。在众多癌症中肺癌最为常见，是癌症患者死亡的首要原因。胃癌、食管癌和肝癌也在癌症死亡原因中排在前列 [1]。

癌症的发生、进展、转移、治疗应答和耐药可能源于肿瘤细胞克隆中突变的不断累积。肿瘤细胞中的突变几千到几十万不等，然而大多数突变在癌症进展中没有实质性作用，通常被称为伴随突变（passenger mutations）。相反，少量突变是驱动突变（driver mutations），涉及肿瘤的发生和进展。部分驱动及其相关的信号通路可能是“actionable”，即具有指导治疗和预后判断等价值。根据临床研究的证据，一部分突变可以归类为 actionable 突变。临床医师可以根据存在或不存在这些基因突变进行临床决策，如与结直肠癌中表皮生长因子受体（epidermal growth factor receptor，EGFR）抗体耐药相关的 *KRAS*（kirsten rat sarcoma viral oncogene）突变，与非小细胞肺癌相关的 *EML4-ALK*（echinoderm microtubule-associated protein-like 4，*EML4*；anaplastic lymphoma kinase，*ALK*）融合等。随着研究的进展，已知的或潜在的 actionable 突变及相对应的治疗药物不断增加。除了传统的单基因变异靶点外，随着程序性死亡抑制因子 -1（PD-1）蛋白或其配体（PD-L1）抑制剂在临床的广泛应用，肿瘤突变负荷（tumor mutation burden，TMB）和微卫星不稳定（microsatellite instability，MSI）等的临床价值也得到广泛认可。对于 TMB 和 MSI 的检测，高通量测序的技术优势相对于传统 Sanger 测序得到更好的体现。

目前，组织标本仍是临床上肿瘤基因突变检测的首选，由于肿瘤的异质性和动态变化，单次活检往往无法准确指导治疗。由于活检带来的痛苦、手术风险及并发症等原因，多次活检在临床上很难实现。此外，活检本身也增加肿瘤转移的风险。由于这些局限性，临床上开始使用患者血浆中的循环肿瘤 DNA（circulating tumor DNA，ctDNA）进行肿瘤基因突变的检测，也称之为“液体活检”。理论上，“液体活检”可以提供关于患者的完整肿瘤基因信息，为医师提供组织活检所包含的相同诊断和预测信息，且不存在解剖单一部位单个病变活检取样的空间限制，但是目前 ctDNA 的临床有效性尚处在研究阶段。

第二节　高通量测序进行肿瘤基因突变检测的技术策略和分析原理

采用高通量测序进行肿瘤基因突变检测的实验技术策略主要有 3 种：全基因组测序（WGS）、全外显子组测序（WES）和靶向测序（targeted sequencing）。肿瘤基因高通量测序数据的分析策略主要包括：单核苷酸变异（SNV）、小片段插入缺失（Indel）、拷贝数变异（CNV）分析和结构变异（SV）分析。因此，本节将从技术策略、技术要点及分析原理 3 个层面对高通量测序技术在临床肿瘤基因突变检测中的应用进行阐述。

一、实验技术策略

（一）全基因组测序

对整个基因组区域进行测序，包括编码区和非编码区（如启动子、增强子等）所有的基因区域（图 13-1）。其测序区域是 30 亿个碱基的全基因组，可以实现对人类基因组范围内几乎所有变异类型的分析，包括 SNV、Indel、CNV 和 SV，甚至可进行染色体水平变异的分析。但由于对全基因组范围进行测序，需要很大的测序数据量，成本较高，而且全基因组测序获得的海量数据中有很大一部分目前尚不能进行解释，因此离实际临床应用还存在较大距离[2]。

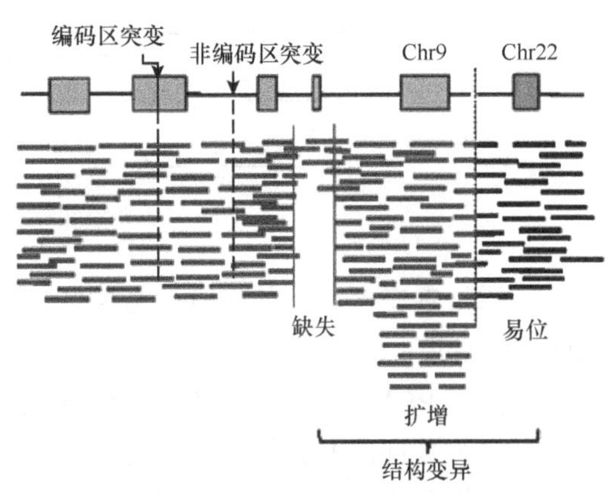

图 13-1　全基因组测序检测变异类型

（二）全外显子组测序

对基因组上的所有基因外显子区域进行测序（图 13-2）。全外显子组覆盖人类基因组 1% ～ 2% 的蛋白质编码序列。目前 WES 使用比较广泛的几款商业化捕获探针包括 SeqCap EZ Human Exome Probes v3.0、Agilent SureSelect Human All Exon 等。WES 相比 WGS 减少了对非编码区的测序，但是保留了最核心、关键的外显子区域，满足了大部分研究及临床检测的需要，同时也大大降低了测序和数据分析成本，能以比全基因组测序相对较低的成本获得更高的测序深度和检测分辨率[3-5]。但对于临床检测来说，WES 所获取的数据中大部分仍然是目前临床无法解释的，并且肿瘤基因检测测序深度要求较高，所需数据量相对较高，因此从临床应用及成本考虑，WES 目前在临床检测中的应用并未被广泛接受。

（三）靶向测序

靶向测序目前在临床的应用最为广泛，WES 其实也属于靶向测序的一种，但覆盖的是基因组上所有的外显子区域。通常提到的靶向测序是指选择基因组上感兴趣的基因或基因区域作为靶向检测区域，可以是几个基因上的个别外显子区域，也可以是几百上千个基因上的全部外显子区域。靶向测序兼顾了实际检测需求，又降低了测序成本，因此目前在临床肿瘤检测中应用最为广泛。如何实现对靶区域的“抓取”呢？根据靶区域的大小有多种方法可选择，在此介绍两种最主要的方法：探针杂交捕获和多重 PCR 扩增（图 13-2）。

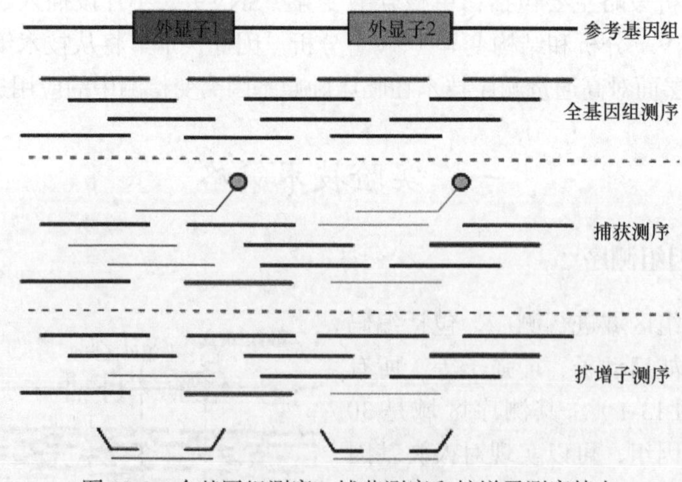

图 13-2　全基因组测序、捕获测序和扩增子测序特点

1. 探针杂交捕获　预先设计与靶区域互补配对的一系列探针，通过杂交反应，实现靶区域的富集。

2. 多重 PCR 扩增　也称作扩增子测序，预先设计一系列针对靶区域的特异性引物，通过多重引物的 PCR 扩增，实现靶区域的富集。

探针杂交捕获和多重 PCR 扩增两种方法各有优势和不足。多重 PCR 扩增操作相对简单、检测周期较短、数据利用率也比较高。不足之处：①对于未知的融合基因变异其双端引物难以设计；②不同引物扩增效率的差异会对 CNV 的检测造成较大影响；③在引物结合位置的突变无法有效检出[6]。探针杂交捕获在以上 3 个方面均有一定优势，但也存在一些缺点：①流程相对复杂，检测周期较长；②由于非特异性捕获非靶区域序列，数据利用率相对较低。

二、探针杂交捕获法靶向测序检测实验技术要点

下面以基于探针杂交捕获的高通量测序检测（图 13-3）为例，介绍相应技术流程建立的要点。

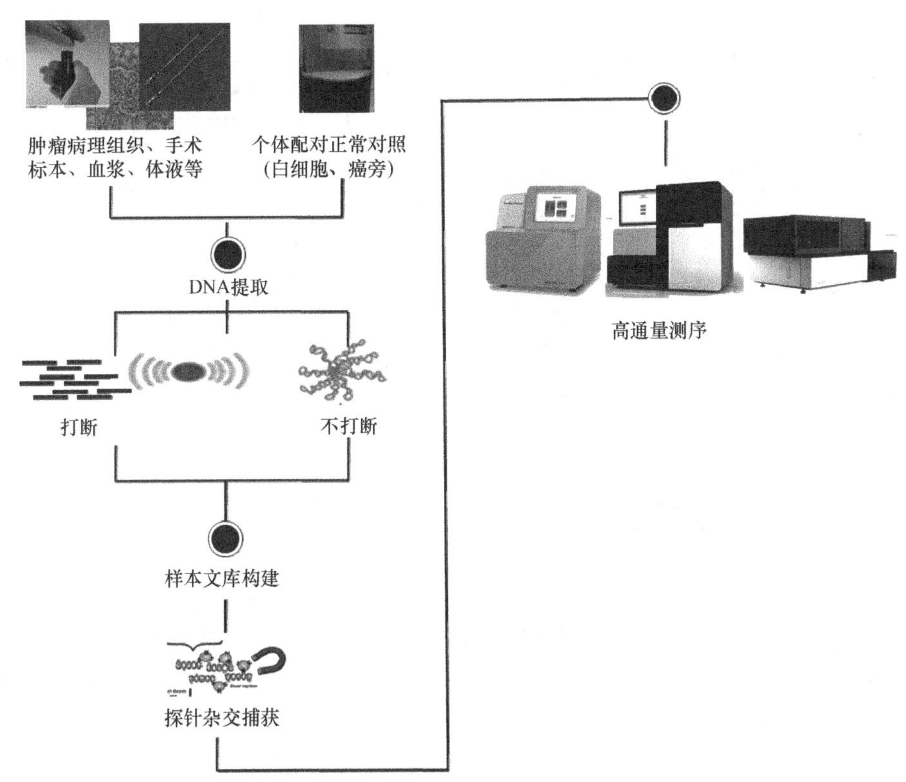

图 13-3　探针杂交捕获法靶向测序实验流程

（一）DNA 提取

DNA 的提取分离主要是指将 DNA 与蛋白质、多糖、脂肪等生物大分子物质分开。在分离 DNA 时应遵循以下原则：保证 DNA 分子一级结构的完整性，去除其他分子污染。DNA 提取一般包括细胞裂解、酶处理、核酸与其他生物大分子物质分离、核酸纯化等几个主要步骤。

肿瘤靶向治疗高通量测序中较常见的样本类型有新鲜组织、福尔马林固定石蜡包埋（FFPE）组织、血浆等。目前国际上推荐肿瘤组织样本（或血浆样本）与正常细胞样本（正

常对照样本，实体瘤可选择外周血，血液系统肿瘤可选择唾液、口腔脱落细胞或皮肤组织等）配对检测，以排除遗传背景干扰，识别体细胞突变（图 13-4）。不同类型的样本有不同的特点，如血浆中 cfDNA 的量非常低（通常低于 10ng/ml），而且具有核小体单体的片段化分布特征；FFPE 样本因经过甲醛等固定液固定、石蜡包埋处理、长时间存储等，提取出来的 DNA 片段常降解比较严重，DNA 总量和纯度也较低 [7]，常见影响因素见表 13-1。在 FFPE 样本检测时，C ＞ T 和 G ＞ A 的突变是人工引入的单碱基突变的主要部分，Williams 等的研究指出，FFPE 样本每 500 ～ 2050bp 就可出现一个人为突变，其中 C ＞ T 和 G ＞ A 的人为突变占据了假阳性突变的 96% 以上 [8]。因此，在进行方法建立时，不同类型的样本要分别进行性能确认。

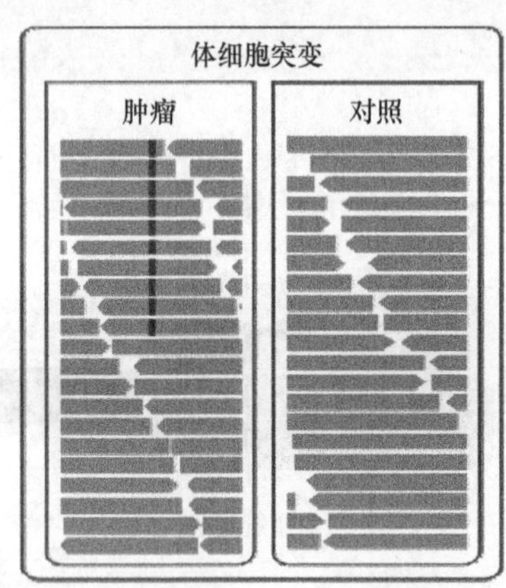

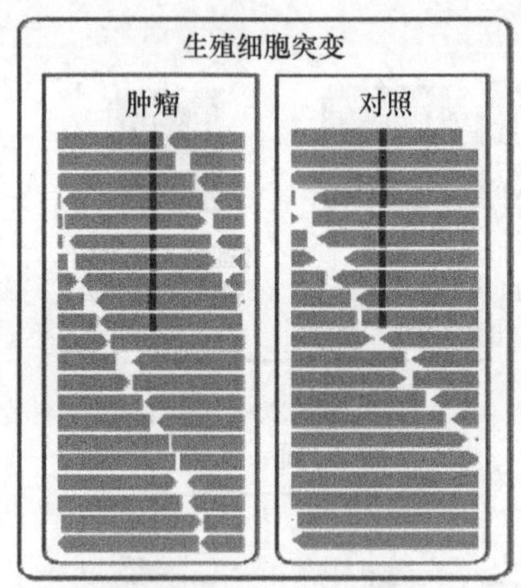

图 13-4　体细胞突变和生殖细胞突变鉴别

表 13-1　影响 FFPE 样本中 DNA 质量的因素

影响因素	结果
甲醛使核酸和蛋白发生交联	影响核酸质量
甲醛可诱发 DNA 加合物的形成，导致氨基间形成亚甲基桥	抑制双链 DNA 变性，影响 PCR 扩增效率
可能出现脱氨基和脱嘧啶的位点（无碱基位点）	模板链断裂，PCR 扩增过程中碱基无法引入
磷酸二酯键水解（链断裂）	DNA 降解
胞嘧啶脱氨基	人工引入 C ＞ T 和 G ＞ A 变异，导致假阳性

（二）文库构建

一个制备好的高通量测序样本文库（library）就是一组含有特定接头（adapter）序列的双链 DNA 片段，每一段 DNA 的 5′ 和 3′ 端的序列都是相同的，而中间的序列是变化的。所以样本文库的构建就是围绕如何给未知序列的上下游加上特定的接头而展开的。

肿瘤靶向治疗高通量测序属于人基因组的重测序，文库类型一般是小片段文库。从组织、细胞等提取出来的较长片段的 DNA，在文库构建前需要先片段化，一般是

200 ～ 300bp 的小片段，从血浆样本中提取出来的 cfDNA 因本身就是 170bp 左右的小片段，可直接用于文库构建。片段化的方式有超声物理剪切和酶切，因超声打断随机性较好，应用较为广泛。以 Illumina 高通量测序平台样本文库构建为例（图 13-5），片段化后的 DNA 因双链断裂位置不同，会有黏性末端存在，在酶的作用下被修复成平末端。在 3′ 端加碱基"A"，使得 DNA 片段能与 3′ 端带有"T"碱基的特殊接头连接，通过 PCR 引入样本特异性 Index，构建成样本文库。

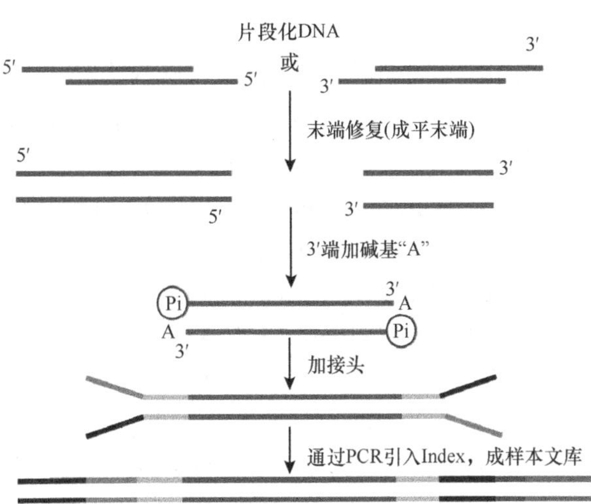

图 13-5　Illumina 高通量测序平台样本文库构建示意图

肿瘤靶向捕获测序样本可能起始量低（如血浆 cfDNA）或 DNA 质量差（如 FFPE 样本 DNA），要测到足够的深度保证低频变异的检出，实验室在方法建立的过程中应选取合适的建库试剂，并优化建库反应体系，以保障检测性能。在肿瘤靶向测序检测中，理想的 NGS 样本文库构建方法应具有以下特点。

1. 高片段转化效率　肿瘤靶向捕获测序样本文库是否理想的一个标准就是文库复杂度高，文库复杂度越高，代表样本文库包含更多的样本原始信息，最终靶区域会获得更有效的测序数据覆盖。而对于低复杂度的文库，增加测序数据，只是增加重复 reads（duplicate reads），深度无法有效提升。文库复杂度也称为文库丰度，由起始 DNA 量、DNA 质量及片段转化效率决定。当起始 DNA 量相同、DNA 质量接近时，片段转化效率越高意味着文库复杂度越高。

片段转化效率是指最终能测到的文库片段数（不含 PCR 重复）占起始样本中 DNA 片段数的比例（图 13-6）。1ng 的 DNA 约含有 330 个人细胞基因组拷贝（人是二倍体，1 个细胞中 DNA 含量约为 6pg，含 2 个基因组拷贝），30ng 的 DNA 中含有 9900 个基因组拷贝。若 30ng 的 DNA 起始建库有效深度要达到 9900×，则需要 100% 的片段转化效率，即原始 DNA 中每一个片段都被转化成文库片段且都被测到。由于文库构建涉及片段化、末端修复、接头连接和 PCR 等，且经过磁珠纯化，100% 的理想片段转化效率基本不可能达到。好的片段转化效率在建库过程中是由片段末端修复效率、接头连接效率、PCR 效率共同支撑的，所以在建库体系建立过程中应进行多个环节的评估和测试优化，保障较高的片段转化效率。

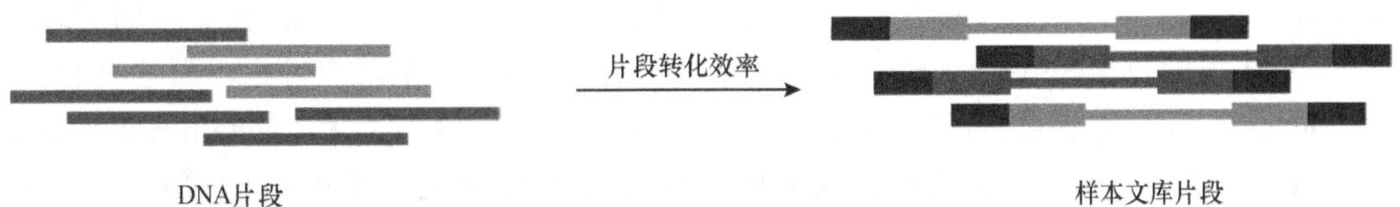

图 13-6　片段转化效率

2. 低背景噪声 NGS 检测过程中或多或少会引入碱基错误，如 PCR 过程错误碱基引入、测序仪不同碱基信号干扰带来碱基读取错误、富含 GC 区域、同源和低复杂度的区域等[9]，这些会给真实的低频变异检出带来很大的背景噪声干扰。斯坦福大学的研究团队在 2013 年开发了一种 ctDNA 检测技术[10]，名为癌症个体化深度测序（cancer personalized profiling by deep sequencing，CAPP-seq），检测极限是 0.02%，不过许多测序片段都有错误。为了解决这些错误，该研究团队又设计了分子标签技术[11]，称为集成数字误差抑制法（integrated digital error suppression，iDES），致力于最大限度地过滤背景噪声。在文库构建过程中，通过对 DNA 片段两端加入独特的分子标签，保证来源于每一条原始 DNA 模板正反链的扩增片段都可以被标记，再基于正反链突变检测一致性原则确认真实突变。在信息分析环节，结合条码技术及背景降噪协同算法，可以实现在数据分析时对扩增错误及测序错误的校正，提高对 ctDNA 检测的敏感度。

图 13-7（见彩图 26）显示的是双链分子标签策略的分析原理，图 13-7A 中模板链两端的黄色和绿色区域代表一段分子标签序列，不同的 DNA 模板连接的分子标签序列是不同的，通过两端的分子标签序列识别同一模板来源的 DNA 片段，同时根据两端分子标签的互补序列识别同一模板来源的正反链。图 13-7A 左侧显示的是在 DNA 双链的一条链上发生的一个测序错误或在 PCR 后期发生的错误，其互补链不含该变异；图 13-7A 中间部分显示的是在 PCR 早期引入的错误，随扩增进行，其中一条链及其扩增产物中都包含该变异，但互补链及其扩增产物不包含该变异。依据 DNA 双链的碱基互补原则，这两种错误都可以被校正。只有在图 13-7A 最右侧图中，分子标签序列相同的双链片段同时发生变异才会判定为真突变。图 13-7B 显示的是降噪前检出的变异数量，图 13-7C 中显示的是纠错降噪后判定为真的变异数。

cfDNA 的形成主要与细胞凋亡过程中的酶解过程相关，这些酶作用于核小体之间容易接近未受保护的 DNA 片段，将染色质 DNA 切割成以核小体为单位的片段长度，但因可切割片段区域受限，片段相同断点概率比较大，所以血浆中提取的 cfDNA 片段会存在一定程度的天然重复[10]，即片段长度及首尾断点位置均相同的 DNA 来源于多个细胞拷贝，采用分子标签策略可有效避免这部分天然重复片段在去除人为引入重复片段（PCR 带来的重复）时被过滤掉，降低假阴性率。

3. 低污染水平 文库制备过程中，通过 PCR 或接头给样本片段引入标签（Index 或 Barcode），后续生物信息学分析人员通过读取 DNA 片段上的标签序列识别样本。如果检测过程中发生标签错配（index misassignment），会导致一份样本数据拆分至另一样本中，造成样本交叉污染（sample cross talk），在极低频突变检测中，对样本交叉污染的控制要求更为重要。

2017 年 4 月，Illumina 发布了“Effects of Index Misassignment on Multiplexing and Downstream Analysis”的白皮书[12]，告知用户 Illumina 一些型号的测序仪，如 HiSeq 3000/4000、Hiseq X Series 及 NovaSeq 等容易出现样品标签错配的问题，而这些仪器的共同点是都采用了新型的以纳米孔为特点的阵列式流动槽技术（patterned flow cell technology，PFCT），簇生成方式也由传统的桥式 PCR 换成了排他性扩增（exclusion amplification，ExAmp）方式。多样本混合上机再加上 ExAmp 的扩增方式很容易带来标

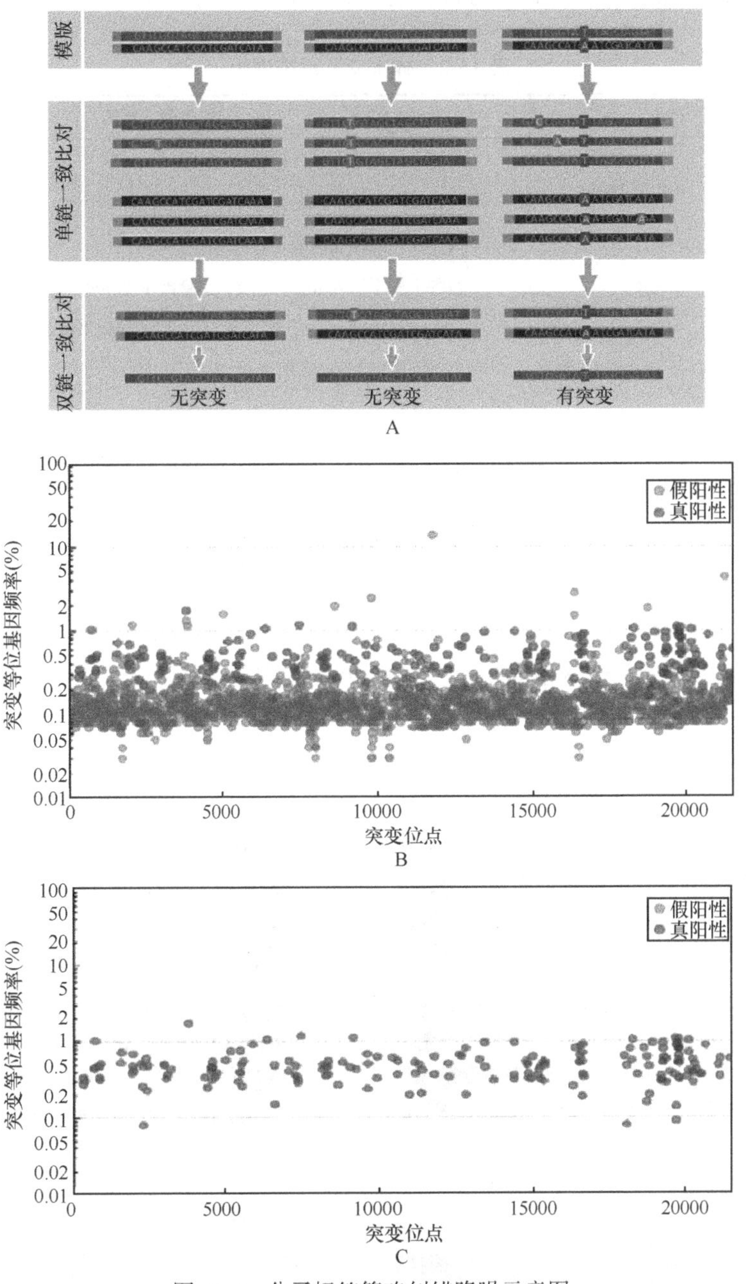

图 13-7　分子标签策略纠错降噪示意图

签跳跃（index hopping），造成样本间交叉污染，建议使用双 Index 策略进行文库构建，通过双标签识别一个样本，降低样本交叉污染发生率。另外在探针法捕获靶区域后，洗脱产物需要通过 PCR 方式富集，在这个过程中容易发生引物不完全扩增，也会带来标签跳跃，造成样本间交叉污染。

样本交叉污染在高通量测序过程中的多个阶段都会引入（表 13-2）。除了严格控制样本采集、实验室试剂准备和使用如 Index 引物、实验室环境控制、采取有效措施降低操作人为失误等，还需要在检测技术方面优化，降低污染的发生。

表 13-2 样本交叉污染原因

实验环节	污染引入原因
样本采集	外周血样本、有异体移植史等
	FFPE 样本、样本混放、多样本切片不换刀片等
DNA 提取	操作或环境控制问题导致样本间交叉污染
文库构建	在各个样本引入 Index 之前，实验操作或环境控制导致样本间交叉污染
	Index 引物之间交叉污染（Index 合成或使用不规范）
杂交洗脱	单个文库中有 Index 引物残留
	杂交洗脱后 PCR 过程中存在不完全匹配扩增
测序	Index 测序错误
	阵列模式簇（纳米孔 + 排他性扩增）
	非阵列模式不同簇之间相互干扰

在样本文库构建时采用特异双端 Index（不同样本间两端 Index 都不相同）替换组合双端（不同样本间一端 Index 相同，另一端不同）或单端 Index（仅片段一端有 Index），两个标签决定一个样本，减少错误拆分，可有效降低因标签跳跃带来的交叉污染，详见图 13-8（见彩图 27）和图 13-9（见彩图 28）。

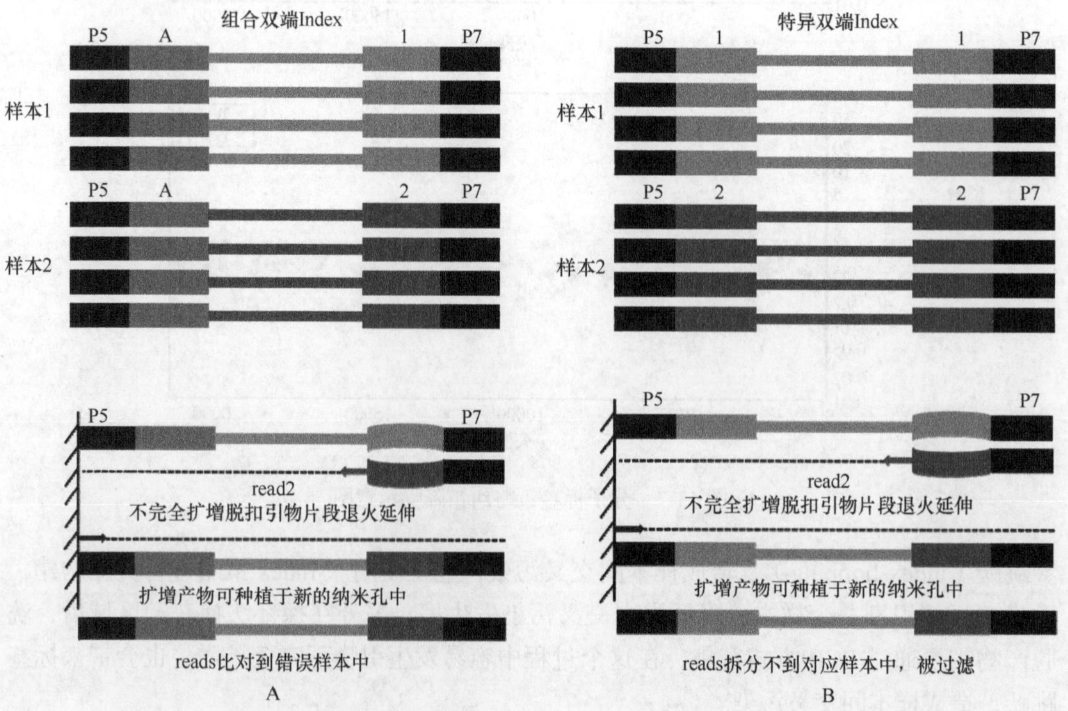

图 13-8 不同类型 Index 建库策略下 Index Hopping 发生情况

A. 以组合双端 Index 为例，建库策略下 Index Hopping；B. 特异双端 Index 建库策略下 Index Hopping

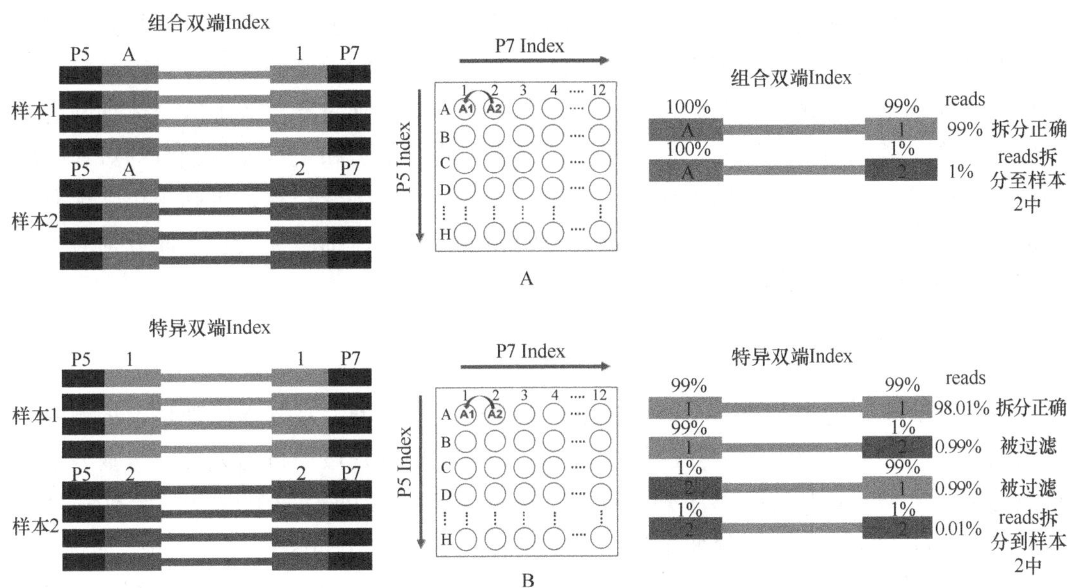

图 13-9 不同类型 Index 建库策略下 Index Hopping 污染引入率

A. 组合双端 Index 建库策略下 Index Hopping 污染引入率；B. 特异双端 Index 建库策略下 Index Hopping 污染引入率

4. 低偏好性 选择合适的高保真酶并调整至合适的 PCR 扩增循环数，降低扩增偏好性。

（三）探针设计

在设计肿瘤相关基因检测探针时，有以下考量因素：检验项目的目的、检测成本、靶区域序列特点、临床意义等。在考虑探针靶区域时，首先要考虑实验室开展检测项目的预期用途。可依据美国国立综合癌症网络（NCCN）指南、美国食品药品监督管理局（FDA）审批结果、肿瘤临床试验数据、肿瘤临床基因组学大型研究、肿瘤相关基因研究文献等选择相应的基因和位点。捕获区域越大，意味着需要越大的数据量和越高的检测成本，而且如果有很多临床意义不明的变异出现在检测结果中，也会给医师带来很多困扰。还应考虑检测的突变类型，如融合基因的检测，在设计前需要确定所要检测融合两侧的断点序列，在探针设计时能够精确涵盖。此外，在探针或引物设计过程中，一般会加入几十个不等的人群中杂合度较高的单核苷酸多态性（SNP）位点作为后续实验中避免样本之间混淆的质控点。

三、基因突变检测分析原理

与肿瘤靶向治疗相关的突变包括体细胞突变和胚系突变，胚系突变研究相对较少，较为明确的为 *BRCA1*、*BRCA2* 基因的胚系突变与 PARP 抑制剂疗效相关。与肿瘤靶向用药密切相关的主要为体细胞突变，包括单核苷酸变异、小片段插入缺失、拷贝数变异和结构变异。除了常规的基因突变类型外，基于高通量测序可同时分析免疫检查点抑制剂相关生物指标，包括 TMB、MSI。

虽然与肿瘤靶向治疗相关的基因突变研究越来越广泛，但仅有少量肿瘤特异性的热点突变被纳入伴随诊断或临床指南，基于这一类突变分析的肿瘤靶向治疗可以只检测肿瘤样本。而基于全外显子等靶区域捕获测序的检测分析，则需要有效地区分体细胞突变与胚系突变。通过高通量测序，得到受试者组织（或血浆）和正常样本配对的短片段序列信息，通过与人类参考基因组比对，收集肿瘤基因组的突变信息，再利用正常配对样本的序列，剔除受试者本身的胚系变异，得到肿瘤特异的体细胞突变。下面分别对不同类型体细胞突变的检测策略进行介绍。

（一）单核苷酸变异

单核苷酸变异是指一类单个核苷酸发生改变的变异类型。其基本原理是，将测序序列数据与人类参考基因组比对并进行校正[13, 14]，测序序列片段通过与人类参考基因组比对被分为野生型序列和突变型序列。同时，对于覆盖区域的每一个位点，会有一个测序深度。我们通常所提到的突变丰度或突变频率 = 突变型reads数 /(突变型+野生型）reads 总数（图 13-10）。通常而言，突变频率（突变丰度）代表了具有该突变的肿瘤细胞克隆比例。SNV 突变检出受到测序错误和比对错误等噪声的影响，目前多采用概率学算法对这些背景噪声进行剔除。常用的分析软件包括 GATK[15]、MuTect[16] 等。

（二）拷贝数变异

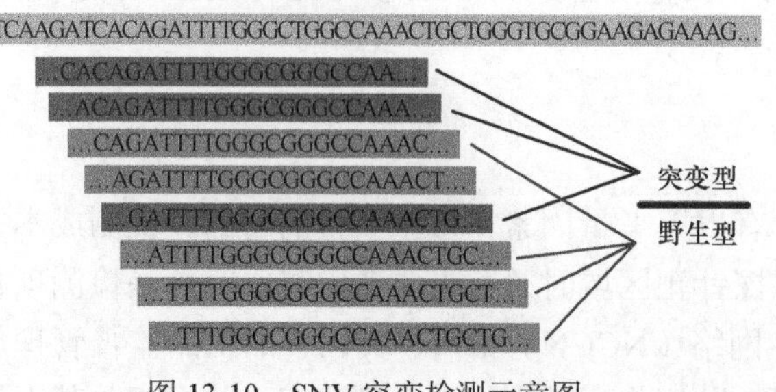

图 13-10 SNV 突变检测示意图

拷贝数变异是基因组结构变异的一种形式，表现为基因组较大一段区域内基因拷贝数目的异常，大小通常为 1kb ～ 5Mb。高通量测序中检测 CNV 的策略包括 4 种：双末端比对、片段分割、深度计算和从头组装（de novo assembly）（图 13-11，见彩图 29）[17]。

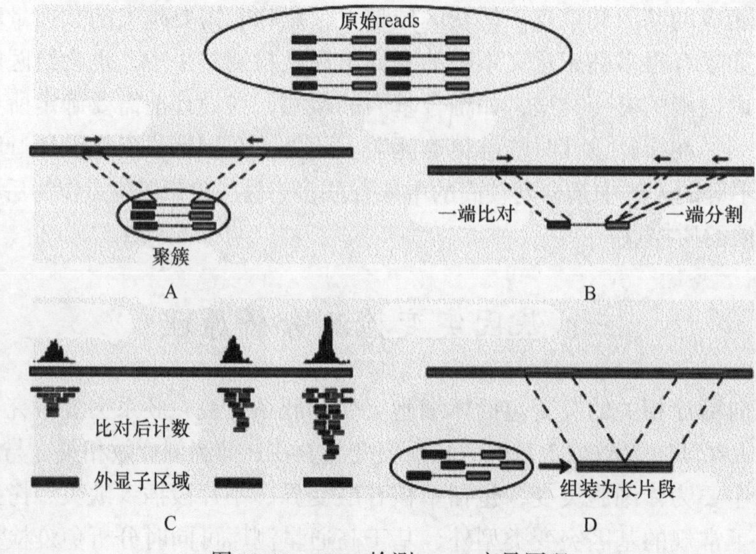

图 13-11 NGS 检测 CNV 变异原理

A. 双末端比对；B. 片段分割；C. 深度计算；D. de novo 组装

1. 双末端比对策略　利用 DNA 插入片段长度的分布，通过计算序列插入长度与平均插入长度的差异进行 CNV 的筛选。该方法的局限性在于：①不适用于 CNV 突变长度大于平均插入长度的区域；②不能鉴定包含部分扩增的低复杂度 CNV。

2. 片段分割策略　利用双末端测序中一条序列不能或部分不能特异性地比对到参考基因组进行 CNV 鉴定。该方法的局限性在于：①依赖测序序列长度；②只能检测基因组特异性区域。

3. 深度计算策略　是目前采用的主要方法，基于基因区域的测序深度和拷贝数的相关性，通过计算深度的增加或减少进行拷贝数的准确判定。以常用 CNV calling 软件 CONTRA[18] 为例，基于深度计算策略的数据处理主要分为以下 4 步：①对样本数据每个位点的原始深度进行校正；②对校正后的深度进行均一化处理；③利用位点均一化之后的数据计算相应的区域深度均一化数据，并且剔除异常数据（如区域太小，或者深度太低的位置）；④根据每个区域的均一化数据分布，计算出相应的显著性水平。其局限性在于：①低深度区域会产生不均一的波动，导致假阳性结果产生；② CNV 区域分割算法需要优化。

4. de novo 组装策略　通过将下机短片段拼接组装为长片段，之后和参考基因组比较进行 CNV 检测。其局限性在于：①组装后的长片段质量低；②高度依赖计算机性能。

（三）结构变异

结构变异包括串联重复（tandem duplication）、倒位（inversion）、染色体内易位（intra-chromosomal translocation，ITX）、染色体间易位（inter-chromosomal translocation，CTX）等。与 CNV 检测不同的是，这些结构变异检出策略更侧重于定性分析 [19]，即找出断点，并确定断点在参考基因组中的位置。常用的分析原理有双末端比对偏差和单侧序列拆分两种。

1. 双末端比对偏差　在高通量测序特定的建库方法中，文库 DNA 片段有着特定的插入长度，双末端测序所得的片段应该与插入长度一致。如果样本 DNA 发生结构变异，跨越断点的双末端序列的跨度或方向会与参考基因组不一致，此时，尽管两段序列可以比对到基因组，但是可能得到不一致的插入长度，或者不同的比对方向，甚至是比对到不同的染色体。

2. 单侧序列拆分　对于双末端测序得到的两端序列，跨越 SV 断点的一端短片段序列，如果可以比对参考基因组，将被拆分为两段更小的片段，这些片段在参考基因组中的坐标可以指示断点所在的位置。

通常来讲，双末端比对偏差更适用于大片段的结构变异检测，如染色体内或染色体间的易位；而单侧序列拆分更适用于检测小片段的插入缺失和倒位。

（四）微卫星不稳定

微卫星不稳定（MSI）是指在肿瘤中某一微卫星由于重复单位的插入或缺失而造成其长度的改变，出现新的微卫星等位基因现象。基于高通量测序方法的 MSI 分析方法有双样本方法和单样本方法两种。

1. 双样本方法 首先对人类全基因组参考序列进行扫描，找到其中的单碱基或多碱基重复区域作为微卫星位点集合；其次，检查肿瘤及配对对照测序数据在集合中的每一个微卫星位点的等位基因数分布，然后通过统计学方法找出等位基因数分布在两样本中符合覆盖深度条件且有显著差异的位点，以这些位点在全部符合深度条件的位点中所占的比例作为 MSI 值[20]。

2. 单样本方法 根据靶向捕获芯片数据确定微卫星位点集合，以一定微卫星稳定（microsatellite stability，MSS）样本在各个 MSI 位点上的平均等位基因数及标准差作为基线，然后分析比较鉴定等位基因数分布在肿瘤样本中与基线具有显著差异的位点，以这些位点在总微卫星位点中所占的比例作为 MSI 值[21]。不同的靶向捕获探针应通过已知 MSI 状态的样本集进行训练，得到判别 MSI 状态的阈值区间。

（五）肿瘤突变负荷

肿瘤突变负荷（TMB）是指编码区内体细胞变异数目，通常以 1Mb 为单位。用于计算 TMB 的探针编码区不宜过小，否则会因驱动基因的富集而产生偏好。

TMB 算法和阈值区分目前国内外尚未形成统一标准。纳入计算的变异类型通常包括错义突变、无义突变、插入 / 缺失突变，不包括拷贝数变异和融合变异。对于同义突变和驱动突变是否纳入计算则做法不一。目前的临床试验对于 TMB 的阈值划分包括均分法、三分法、四分法等，具体使用应根据癌症类型与免疫抑制剂治疗效果进行确定[22-24]。

第三节 肿瘤基因突变高通量测序检测的质量保证

高通量测序肿瘤基因检测的技术方法有全基因组测序、全外显子组测序、靶区域捕获测序（探针法、多重 PCR 法等），本节主要就基于探针杂交靶区域捕获法高通量检测流程，按照分析前、分析中和分析后分别介绍肿瘤基因突变高通量测序检测的质量保证。

一、分析前质量保证

（一）检测前咨询

临床医师（或专业临床咨询师）需要与受检者沟通，详细了解受检者状态、疾病史、家族遗传史等信息。

（二）签署检测申请单和知情同意书

受检者在接受检测前需填写检测申请单和知情同意书，以确保受检者知晓基因检测的目的、利弊及局限性。

（三）样本采集、运送、接收和保存

根据实际样本类型和样本采集要求，采集受检者样本。不同类型样本的保存和处

理方式各有不同，采集容器、寄送的温度和时间、接收和保存等都有不同的要求。样本采集需要使用密闭、无菌、一次性、无核酸酶的容器。样本运输需控制在规定温度范围内，还应充分考虑生物安全性问题，应符合相应的生物安全性要求。具体见第八章。

二、分析中质量保证

这里仅以基于探针杂交捕获的高通量测序检测为例，介绍检测过程中质量指标的要求。

（一）DNA 提取

DNA 提取的质量指标有 DNA 总量、DNA 片段大小、DNA 纯度 3 个方面，其中 DNA 量应满足实验室检测方法最低 DNA 量要求，DNA 片段和纯度要求根据样本类型而有所不同。

1. 新鲜组织、细胞样本提取的人基因组 DNA　新鲜组织、细胞样本提取的 DNA，一般总量较高且片段较为完整，质量较好，DNA 片段长为 20 ～ 40kb，可通过琼脂糖凝胶电泳法检测（图 13-12 中 1 号和 2 号样本），DNA 纯度一般 $OD_{260/280}$ 为 1.8 ～ 2.0，无蛋白（芳香族）或酚类物质污染。

2. FFPE 样本提取的人基因组 DNA　核酸变性或降解会使 DNA 或 RNA 溶液对紫外线的吸收明显增加，称为增色效应。这种类型的核酸使用基于朗伯比尔定律的微量紫外分光光度计检测，浓度和纯度值都会有偏差。DNA 片段在浓度较高的情况下可使用琼脂糖凝胶电泳检测，FFPE 样本片段特点见图 13-12 中 3 ～ 7 号样本。DNA 量较低时建议使用 Agilent 2100 或 Labchip 等微流控毛细管电泳分析系统检测。

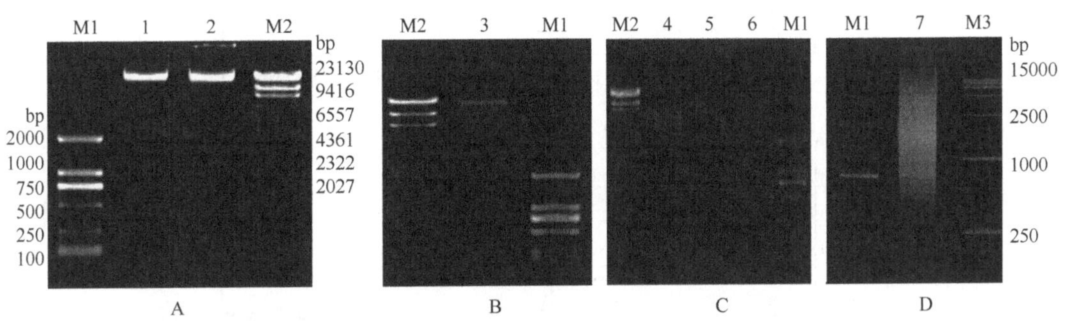

图 13-12　不同降解程度下 DNA 片段分布

A. 未降解；B. 轻微降解；C. 中度降解；D. 严重降解

1% 琼脂糖凝胶电泳检测，M1/M2/M3 代表 3 种 DNA marker，1 和 2 号样本代表新鲜组织提取的 DNA，3 ～ 7 号样本代表 FFPE 样本提取的 DNA

3. 血浆提取的游离 DNA　从血浆、胸腔积液、腹水等中提取的游离 DNA 要求 cfDNA 片段主峰一般为 140 ～ 170bp[25, 26]，无明显大片段污染，可通过 Agilent 2100（图 13-13）或 Labchip 等微流控毛细管电泳分析系统检测。

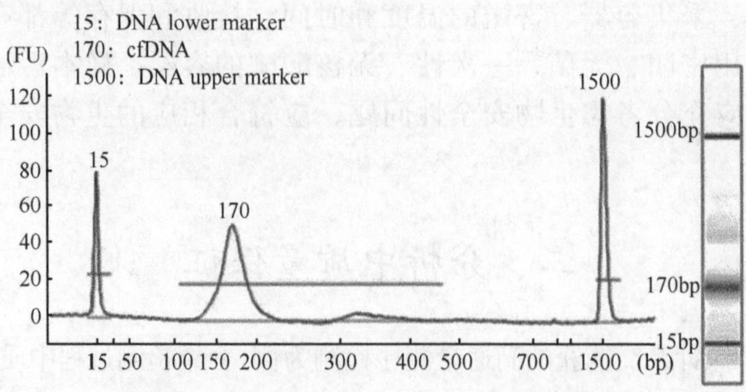

图 13-13 血浆游离 DNA Agilent 2100 检测片段分布图

（二）文库构建

文库构建的质量指标包括文库产出总量和文库片段大小，这两个指标受 DNA 起始量、DNA 质量、片段化后长度、接头及 Index 引物长度、PCR 扩增效率和反应数影响。以 Illumina 平台样本文库为例，细胞、组织等样本文库一般在 360bp（200bp 左右插入片段 +160bp 左右接头序列）左右，见图 13-14A；血浆样本文库片段主峰一般为 320bp（170bp 插入片段 +150bp 左右接头序列）左右（图 13-14B）。实验室应建立最低文库量的要求。

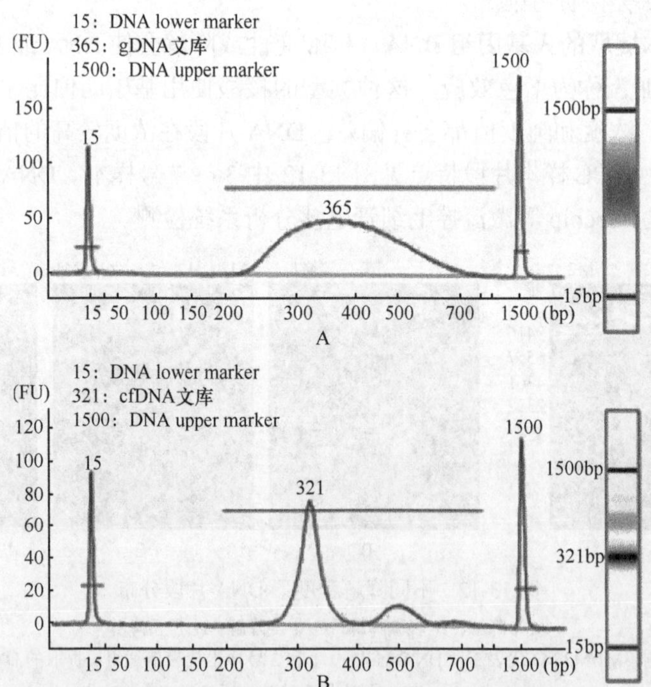

图 13-14 组织、细胞提取的 DNA（A）和血浆提取的游离 DNA（B）文库片段分布

（三）探针杂交捕获和产物富集

探针杂交捕获过程包括样本文库和封闭试剂、杂交试剂混合，文库变性，杂交反应，杂交后洗脱及洗脱后产物 PCR 富集，洗脱产物质控内容与样本文库类似，包括洗脱产物

浓度和片段大小检测。洗脱产物浓度检测常规使用较快速的方法进行初步质控（如紫外分光光度计法或荧光定量法），判定洗脱是否成功。洗脱产物浓度的高低与探针捕获区域大小相关，在一定 PCR 循环数下，探针捕获区域越小，洗脱产物浓度越低。洗脱产物片段大小和分布与样本文库接近。

（四）上机测序

上机测序前需要对测序文库进行定量，并稀释至对应的上机浓度范围，保证测序时的“簇”（cluster）不会太密集或太稀疏。一次上机可产生大量数据，因此需要对多个洗脱文库进行混合。由于每个文库在文库构建环节已加入不同的标签，在数据分析过程中可以通过识别不同的标签将数据划分到不同的文库。

实验室应根据自己的检测项目和流程建立测序质量标准，并且所有的性能指标均在相同的测序质量标准下进行评价。下机数据初级质控指标有测序数据量、符合要求质量值的碱基百分比（如 Q30 百分比）、整体错误率（mismatch）、GC 偏倚等。信息分析后，针对单个样本的重要质量指标有最低测序深度、平均测序深度、覆盖均一性、比对至靶区域的 reads 百分比等。

（五）生物信息学分析

测序数据下机后，首先要判断数据质量和文库数据产量能否满足数据分析的要求。测序仪内置软件可实现对低质量 reads 的自动过滤，但在实际分析中，可以根据分析流程的实际要求对测序数据进行更严格的过滤，如只利用碱基质量值在 Q30 以上的 reads。然后通过接头序列的去除，得到比较纯粹的可用于比对的数据集。在本章第二节中提到，无论是肿瘤组织样本还是 ctDNA 样本的检测，设置正常对照样本一同进行比较是进行体细胞突变检测比较严谨的一种做法。完成双样本比对之后，需要对比较结果进行排序并标记去除因为 PCR 扩增等引起的重复序列。在 ctDNA 样本检测中，部分致病突变会隐藏在天然重复序列中，常规的去重手段会导致携带这些突变的 reads 被误当作重复序列进行屏蔽处理，导致部分低频突变的检出结果为假阴性。加入分子条码的文库数据可以通过低频纠错的方式对该部分 reads 进行保留，将扩增和测序产生的错误“噪声”进一步降低，进而实现频率极低的低频突变的准确检出。经过上述去重步骤之后，对部分 Indel 区域还需要进行重新比对，并对比对结果的质量值进行校正，实现突变的检出（图 13-15）。

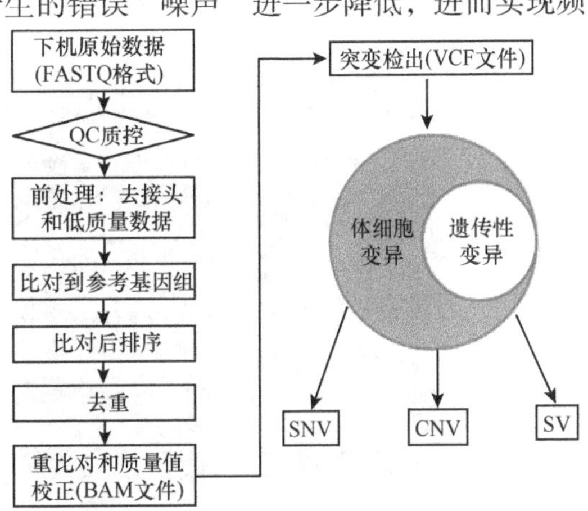

图 13-15　高通量测序数据分析流程

生物信息学分析后的变异需要进一步的注释才能用于后续的分析及解读。目前，人类基因组变异协会（Human Genome Variation Society，HGVS）命名法是临床实验室检测中使用比较普遍的方法，很多生物信息软件可以自动生成 HGVS 命名。此外，注释信息还需要给出变异位点的突变频率或拷贝数变异的拷贝数、变异位点所处的功能区域、染色体坐标等。根据具体的检测目的可列出变异的数，根据文库记载情况，如 COSMIC 数据库（Catalog of Somatic Mutations in Cancer）、纪念斯隆凯特琳癌症研究中心（Memorial Sloan Kettering Cancer Center，MSK）数据库、单核苷酸多态性数据库（Single Nucleotide Polymorphism Database，dbSNP）、千人基因组计划（1000 Genomes Project，以下简称 1000G）、人类外显子数据库（Exome Aggregation Consortium，ExAC），胚系变异数据库如人类基因突变数据库（Human Gene Mutation Database，HGMD）、ClinVar 及变异位点的软件功能预测结果等，最终将所有相关的注释信息进行汇总。

三、分析后质量保证

分析后质量保证主要介绍结果的报告和解释，以及数据的保存。

（一）结果的报告和解释

基于配对样本的肿瘤高通量测序结果包括体细胞变异和胚系变异，与肿瘤靶向治疗密切相关的主要为体细胞变异；DNA 损伤修复相关基因，如 *BRCA1*、*BRCA2* 等基因的胚系突变与 PARP 抑制剂疗效相关。因此，靶向用药分析包括体细胞突变和胚系突变两个方面。

肿瘤靶向药物的分析主要关注靶点基因变异对药物疗效的影响，包括敏感性、原发性耐药、继发性耐药等。基于高通量测序技术的发展，越来越多的生物标志物被发现，除了常见的靶点基因，药物靶点信号通路上下游基因、信号旁路基因、协同突变基因等均可能影响靶向药物的疗效。

目前对于肿瘤靶向用药分析可参考 2017 年美国医学遗传学与基因组学协会（American College of Medical Genetics and Genomics，ACMG）、美国分子病理协会（Association for Molecular Pathology，AMP）、美国病理学家协会（College of American Pathologists，CAP）和美国临床肿瘤学会（American Society of Clinical Oncology，ASCO）专家工作组成员联合发布的癌症变异注释及报告标准指南，根据文献报道及工作组专家共识，提议将基因变异与临床相关性证据分为 4 级 [27]。Ⅰ级和Ⅱ级变异与肿瘤靶向治疗相关，依据临床证据来源，专家组将Ⅰ级变异又细分为 A、B 等级，Ⅱ级变异细分为 C、D 等级（图 13-16）。

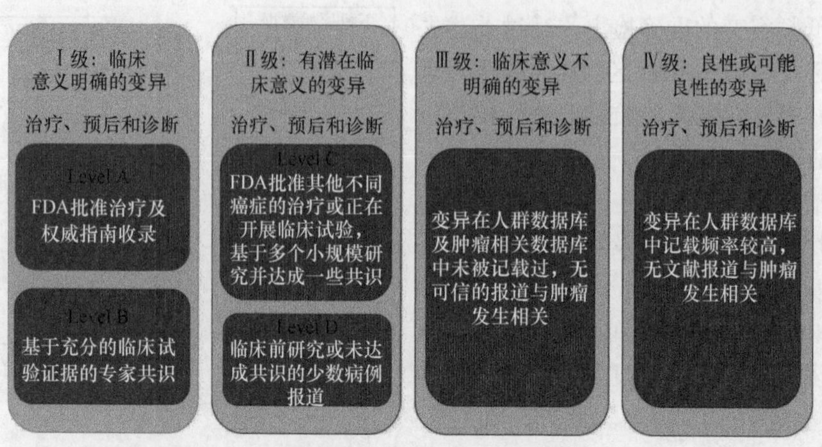

图 13-16 基因突变与靶向治疗临床意义分级

为更直观地说明如何进行结果报告和解释，此处进行举例。该示例仅用来表示结果报告和解释的过程及其需要遵循固定的程序，不表示要完全按此过程分析。因为实验室的预期用途各不相同，不同实验室可以根据检测项目的情况，采用适当的数据库和流程进行本实验室的结果报告和解释。实验室需要明确，结果报告和解释与检测过程一样，都需要按照固定流程进行，具有可溯源性，而不是随意进行的。

1. 候选突变筛选

（1）体细胞突变筛选：大部分的同义突变，启动子、内含子区域突变不影响蛋白功能。因此筛选过滤掉在体细胞突变数据库如 COSMIC、MSK 中无记载的该类变异，而对于已报道与肿瘤相关的非功能区域变异需要保留，如与克唑替尼疗效相关的 *MET* 基因 13，14 号内含子（Ⅳ 13- Ⅳ 14）缺失插入导致的 14 号外显子跳跃突变。此外，还需过滤阈值频率以下的变异，通过构建内部基线数据库过滤掉常见的假阳性位点。

经过筛选后得到的变异结果见图 13-17。

Gene Symbo	cHGVS	pHGVS	Function	Transcript	ExIn_ID	caseAF	Cosmic ID	rsID	1000G AF	ExAC AF	GAD AF	ClinVar ID	ClinVar Signi	Chr	Start	Stop	MapLoc	Ref	Call	Genotype	Strand	caseAltDep	caseDep
CDKN2A	c.44G>A	p.W15*	nonsense	NM_000077.4	EX1	0.36	13669	.	.	.	.	230421	Pathogenic	9	21974782	21974783	9p21.3	C	T	C/T	-	536	1498
SMAD4	c.1497C>G	p.C499W	missense	NM_005359.5	EX12E	0.33	.	.	.	.	.	.	.	18	48604674	48604675	18q21.2	C	G	C/G	+	249	763
EGFR	c.2236_2250d	p.E746_A75	cds-del	NM_005228.3	EX19	0.19	6225	rs7275	.	.	.	177620	drug_respons	7	55242465	55242480	7p11.2	GAATTA	.	GAATTAAGA	+	431	2326
EGFR	c.2369C>T	p.T790M	missense	NM_005228.3	EX20	0.07	6240	rs1214	.	4.1E-05	2.84E-05	16613	drug_respons	7	55249070	55249071	7p11.2	C	T	C/T	+	117	1712
EGFR	c.2390G>C	p.C797S	missense	NM_005228.3	EX20	0.07	5945664	.	.	.	.	.	.	7	55249091	55249092	7p11.2	G	C	G/C	+	112	1705

图 13-17 候选突变筛选结果

（2）胚系突变筛选：根据 2017 年癌症相关变异解读和报告指南[27]，在 ExAC、1000G 等人群频率库出现≥ 1% 的变异为非致病性变异。筛选保留 1000G 频率＜ 0.01 或为“.”，且 ExAC 频率＜ 0.01 或为“.”，且本地 Panel 频率＜ 0.03 或为“.”的变异。满足上述条件的位点需同时满足：等位基因位点深度 A.Depth ≥ 25，且等位基因突变频率 A.Ratio 为 0.35 ～ 0.65（杂合）或 0.9 ～ 1（纯合），为可信变异。若 A.Ratio ＜ 0.35 或位于 0.65 ～ 0.9，则可能为生殖细胞嵌合突变，需提交信息分析人员再次确认变异是否真实可信。

经过上述筛选后得到的突变结果见图 13-18。

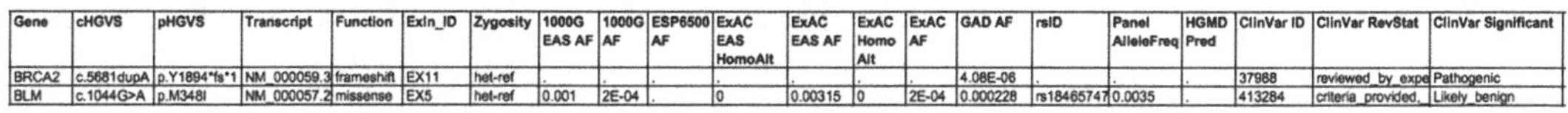

Gene	cHGVS	pHGVS	Transcript	Function	ExIn_ID	Zygosity	1000G EAS AF	1000G AF	ESP6500 AF	ExAC EAS HomoAlt	ExAC EAS AF	ExAC Homo Alt	ExAC AF	GAD AF	rsID	Panel AlleleFreq	HGMD Pred	ClinVar ID	ClinVar RevStat	ClinVar Significant
BRCA2	c.5681dupA	p.Y1894*fs*1	NM_000059.3	frameshift	EX11	het-ref	.	.	.	.	.	.	.	4.08E-06	.	.	.	37988	reviewed_by_expe	Pathogenic
BLM	c.1044G>A	p.M348I	NM_000057.2	missense	EX5	het-ref	0.001	2E-04	.	0	0.00315	0	2E-04	0.000228	rs18465747	0.0035	.	413284	criteria_provided,_	Likely_benign

图 13-18 胚系突变筛选结果

2. 突变分析

（1）体细胞突变分析：肿瘤的发生发展过程中往往伴随着多个原癌基因的激活及抑癌基因的失活。原癌基因的激活突变主要以错义突变、拷贝数扩增或结构重排为主。对原癌基因的突变先进行体细胞变异数据库 COSMIC、MSK 记载情况的查询，在数据库中无记载或与特定肿瘤无关的记载、存在但例数非常少的变异往往意义未明，无须进一步分析。

在数据库中有多次记载的变异为候选突变，需要进一步功能研究确认。功能实验主要来源于体外构建含有目标变异载体进行蛋白表达实验，或对携带目标变异组织进行蛋白表达检测，或 RT-PCR 检测转录产物。功能实验要能被验证和可重复，能直接评估变异蛋白活性影响的证据水平强于间接评估方法，体内实验结果支持力度强于体外实验。

抑癌基因突变分析除了功能研究外，主要基于数据库记载情况和突变类型判断，抑癌基因的烈性突变往往具有生物学功能，包括无义突变、移码突变、剪接突变、跨越外显子和剪接保守区域位点突变、起始密码子丢失突变、拷贝数缺失，可用于进一步的药物分析。

依据上述判断原则，上述体细胞突变位点分析结果为：*EGFR* 为原癌基因，编码表皮生长因子受体。*EGFR* E746_A750del、T790M、C797S 均在 COSMIC 数据库中有多次记载。细胞系及动物模型研究显示，E746_A750del 突变导致 EGFR 激酶活性增强，激活 *MAPK* 及 *AKT*，促进肿瘤的生长 [28, 29]，T790M 突变增强蛋白激酶活性 [30-32]，C797S 突变位于 EGFR 蛋白 ATP 结合口袋，阻止药物与蛋白的共价结合 [33, 34]。

CDKN2A 为抑癌基因，编码 p16INK4a 蛋白。*CDKN2A* c.44G ＞ A p.W15*，该无义突变导致蛋白编码提前终止，产生截短或失活蛋白，该突变之后已有多个失活突变的报道 [35, 36]，因此该突变为疑似功能失活变异。

SMAD4 为抑癌基因，*SMAD4* c.1497C ＞ G p.C499W，该错义突变在 COSMIC 数据库仅有一次记载，无功能研究，为意义未明突变。

根据体细胞突变分析，*CDKN2A/EGFR* 基因体细胞突变为候选的靶向药物相关突变。

（2）胚系突变分析：对于胚系突变的分析参考 ACMG 的变异解读指南 [37]，以对上述胚系突变进行致病性判断。

对 *BRCA2* c.5681dupA p.Y1894*fs*1 突变进行 Google、ClinVar 等数据库检索。该位点的致病性相关证据如下：① PVS1——移码突变，且功能失活是疾病的发病机制；② PM2——在多个频率数据库中频率极低或无该变异；③ PP5——可信的报道认为变异为致病突变。综上所述，该突变判定为已知致病突变。

根据胚系突变分析，*BRCA2* 胚系突变为候选的靶向药物相关突变。

3. 靶向药物筛选 对判断有功能的变异基因进行潜在靶向药物查询，可参考已有的多个公共药物数据库（表 13-3），或实验室构建的内部数据库，并进行定期更新以供参考。合并各数据库结果，依据 FDA/ 国家药品监督管理局批准、诊疗指南、临床Ⅲ期、临床Ⅱ期等顺序，对候选药物进行药物作用机制、药物与基因突变的研究检索，初步判断是否可用于目标基因变异。原则上可适用的药物亦可进入下一步疗效判断。

表 13-3 公共药物数据库

数据库	网址
DrugBank	https：//www.drugbank.ca
DGIdb	http：//www.dgidb.org
PharmGKB	https：//www.pharmgkb.org
NCI	https：//www.cancer.gov
ClinicalTrial.gov	https：//clinicaltrials.gov

需要注意的是，若在药物数据库中按照基因突变检索无相关靶向药物，则需查看该

基因突变所在信号通路上下游靶向药物是否适用于目标基因。信号通路下游基因的功能突变往往会导致靶向药物抑制的信号通路重新激活，介导靶向药物的耐药。例如，*EGFR* 下游的 *MAPK*、*PI3K/AKT* 通路（图 13-19）基因变异可能影响 *EGFR* 靶向药物的疗效，其中 *KRAS* 基因激活突变与肺癌患者接受 *EGFR-TKI* 原发性耐药相关[38]，*BRAF* 基因 V600E 突变影响结肠癌患者接受 EGFR 单克隆抗体疗效[39]。

对上述突变基因的药物筛选结果见表 13-4（仅列举 FDA/ 国家药品监督管理局批准的靶向药物）。

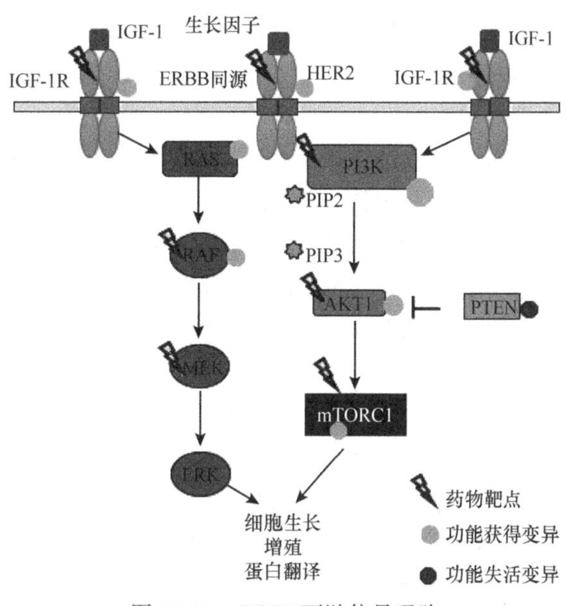

图 13-19　*EGFR* 下游信号通路

表 13-4　靶基因与药物

靶基因	相关药物（FDA/ 国家药品监督管理局批准）				
EGFR	吉非替尼（gefitinib）	厄洛替尼（erlotinib）	埃克替尼（icotinib）	阿法替尼（afatinib）	奥希替尼（osimertinib）
CDKN2A	abemaciclib	帕博西尼（palbociclib）	ribociclib		
BRCA2	奥拉帕尼（olaparib）	尼拉帕尼（niraparib）	rucaparib		

4. 靶向药物疗效分析　基因变异与药物疗效证据主要来源于 FDA/ 国家药品监督管理局药物说明、专业指南、系统回顾性研究、随机对照试验（randomizecl controlled trial，RCT）、非随机对照试验、前瞻性队列研究、案例报道、临床前研究等。目前有多个公共数据库（表 13-5）可供参考，对于所有公共数据库来源的证据，应进行原始文献的追溯，实验室亦可构建内部数据库。

表 13-5　基因药物疗效数据库

数据库	网址
My Cancer Genome	https：//www.mycancergenome.org
Personalized Cancer Therapy	https：//pct.mdanderson.org
CIViC	https：//civicdb.org/home
ClinicalTrial.gov	https：//clinicaltrials.gov

如直接进行 Google 文献检索，可检索全部关键词：基因 + 氨基酸变异 + 药物 + 癌种，如“*EGFR* T790M Afatinib lung cancer”或部分关键词检索。如在 ClinicalTrials. gov 中检索相关临床试验，检索关键词“基因 + 药物 + 癌种”或部分关键词检索。

在进行文献检索时所用的关键词需简洁，同时需兼顾别名。例如，肝癌检索时采用 liver 及 hepatocellular 进行检索；同一基因有常用别名时，检索文献也需使用别名进行查找，

如 *ERBB2/HER2*；同一药物有不同别名时，检索文献时需使用不同别名进行查找；靶向药物通常考虑单药治疗，检索文献时若发现靶向药物间联合治疗，也需对联合治疗相关药物进行检索。

对于所有证据的文献应进行关键信息的提取及整理，包括临床阶段、药物、药物疗效、研究癌种、基因型、达到各项主要临床指标的比率或人数、总生存期（overall survival，OS）、无进展生存期（progression-free survival，PFS）、客观缓解率（objective response rate，ORR）、药物耐受性情况、其他需要特殊强调的内容等。

依据上述药物疗效证据检索结果，对突变位点的解读结果如下（受检者临床信息为非小细胞肺癌）。

EGFR E746_A750del/T790M 突变可预测 FDA 批准的非小细胞肺癌中 *EGFR* 靶向药物的应答情况，E746_A750del 突变与 *EGFR*-TKI 药物敏感性相关，T790M 突变与第三代 *EGFR*-TKI 药物敏感性相关，但与第一代和第二代 *EGFR*-TKI 继发性耐药相关[40]，E746_A750del/T790M 突变为临床意义明确的变异（Ⅰ级，证据等级 A）。

EGFR C797S 突变为肺癌患者接受第三代 *EGFR* 靶向药物继发性耐药的标志物。2015 年，Thress 等通过监测血浆中的 cfDNA，发现获得性 *EGFR* C797S 突变介导 T790M 阳性突变的非小细胞肺癌患者对 AZD9291 耐药，并且在体外实验中证实 C797S 变异导致 AZD9291 耐药[41]。随后的多项研究亦证实 *EGFR* C797S 突变介导的耐药性[42, 43]。C797S 突变介导的耐药为临床意义的明确的变异（Ⅱ级，证据等级 B），在不久的将来某些 B 级证据可能会成为 FDA 批准的伴随诊断位点或被纳入专家指南，从而成为 A 级证据。

2015 年 Niederst 等在细胞水平研究发现，如果 C797S 和 T790M 呈反式构型（in trans），则细胞对第三代 *EGFR*-TKI 药物耐药，但是对第一代和第三代 *EGFR*-TKI 联合用药敏感；如果 C797S 和 T790M 呈顺式构型（in cis），则单药和联合用药均不敏感[44]。该受检者检出的 *EGFR* 基因 T790M 和 C797S 突变呈顺式构型（图 13-20，见彩图 30），提示对联合用药亦不敏感。

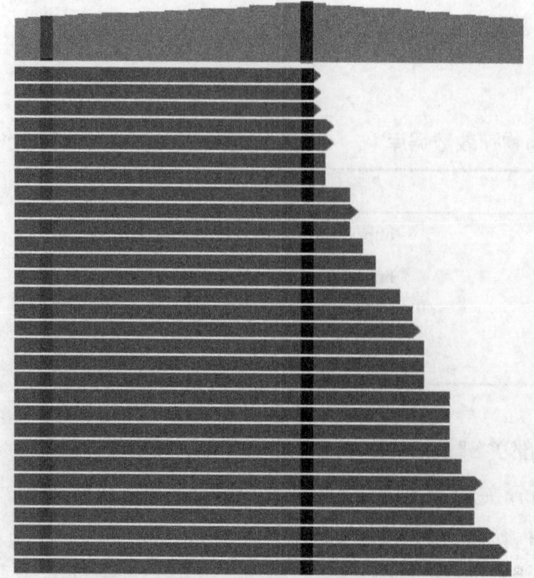

图 13-20　T790M/C797S 顺式构型突变

CDKN2A W15* 突变为 CDK4/6 抑制剂潜在的生物标志物，CDK4/6 抑制剂是 FDA 批准用于乳腺癌治疗的药物，多项临床试验正在进行 CDK4/6 抑制剂用于 CDK4/6 信号通路激活（*CDK4*、*CDK6*、*CCND1* 和 *CDKN2A* 变异）的实体肿瘤研究。*CDKN2A* 失活突变为临床试验中的生物标志物，属于有潜在临床意义的变异（Ⅱ级，证据等级 C）。

BRCA2 Y1894*fs*1 致病突变可预测 FDA 批准乳腺癌 / 卵巢癌的 PARP 抑制剂疗效，但受检者为非小细胞肺癌患者。该变异为有 潜在临床意义的变异（Ⅱ级，证据等级 C），是 FDA 批准的“off-label use”的标志物。

综合受检者的多个变异，受检者对 *EGFR* 第一代、第二代、第三代靶向药物均不敏感，对第一代联合第三代药物亦不敏感。*CDKN2A/BRCA2* 基因变异提示受检者可入组以生物标志物为基础的相关临床试验或进行跨癌肿潜在药物的治疗。

5. 结果报告　结果报告应包含的要素见第八章。

（二）数据的保存

肿瘤靶向治疗检测的结果通常以检测报告的形式提供。在某些情况下，送检医师对于既往所有送检的样本有进一步科研分析和数据挖掘的需求，那么除了常规的临床检测报告外，送检样本的原始数据也需要同时提供。在肿瘤靶向治疗中，时空异质性及靶向药物的选择性压力致使肿瘤治疗过程中产生耐药性而发生进展。受检者需要连续监测以进行实时监控，在动态监测过程中，往往需要对基线期的数据进行再分析和比较，因此检测机构需要对同一患者的多份数据进行有效保存。而对于大多数没有数据分析和解读能力的受检者，在检测结果为阴性或意义未明时，可能需要提供原始数据，用于提交其他机构进一步分析。

因此，检测机构对基因检测样本的数据应长期保存。数据包括临床检测报告、原始数据等，数据的所有权归受检者本人。目前大部分临床检测机构均可以提供相关报告及数据的保存，但具体的操作流程仍有待细化。对于原始数据的存储应该采用通用的 FASTQ、BAM、VCF 格式，以便检测机构间彼此解读分析；同时保存完整的日志文件，以便原始数据生成临床报告可重复；对于临床检测报告，需要存储最终签发日期的电子版报告及后续特殊升级相关文件；在提供临床报告和原始数据时均需要注明检测和解读的局限性；在数据保存期间，检测机构需要建立规范的数据交接程序和调取记录；数据的安全性及保密性也有待进一步完善。

第四节　高通量测序在肿瘤靶向治疗中的应用

本节主要从高通量测序在肿瘤靶向药物研发中的应用和高通量测序在肿瘤靶向治疗中的临床应用现状进行阐述。

一、高通量测序在肿瘤靶向药物研发中的应用

靶向药物是肿瘤治疗领域的一个飞跃，但靶向药物的研发是一个复杂、漫长、昂贵且充满未知性的过程。从临床前靶点筛选，细胞、动物层面的研究到不同规模的临床试验，整个研发过程实际上是一个寻找和验证靶点的过程。近些年，全球范围内基于高通量测序技术的肿瘤基因组测序结果的公布使得靶点选择的范围大大增加，肿瘤研发药物数目也明显增加。

同时，利用高通量测序技术对留取的生物样本进行测序，及早鉴定出可预测疗效和预后的生物标志物，选择具有某些特征的优势人群进行临床研究的临床试验模式也得到

越来越广泛的应用。以多基因检测为基础的“伞试验”及“篮子试验”的设计体现了“同癌异治”“异癌同治”的理念。

美国国立癌症研究所（National Cancer Institute，NCI）启动的大型癌症临床治疗研究计划NCI-MATCH（Molecular Analysis for Therapy Choice，MATCH）是精准医疗的里程碑。该临床试验通过高通量测序技术，分析患者的肿瘤是否携带某些已经在其他肿瘤治疗中获批的靶向药物对应突变，然后基于该突变匹配对应的跨适应证治疗，探索不同治疗方案在其他肿瘤中的应用价值，为靶向药物扩大适应证奠定基础。类似的研究，如日本的精准肿瘤计划（肺癌 LC-SCRUM 与消化系统肿瘤 GI-Screen）也均选择了高通量测序技术用于肿瘤患者入组检测。高通量测序一次检测多个靶点的特性极大地提高了患者入组临床试验的概率，也加快了临床试验的进程。

2018 年 2 月发表在 *JCO* 的 MyPathway 研究也采用了类似的“篮子试验”设计。251名晚期难治性实体肿瘤患者，针对携带的 *HER2*、*EGFR*、*BRAF* 或 Hedgehog 通路突变，分别使用曲妥珠单抗联合帕妥珠单抗、厄洛替尼、威罗非尼、维莫德吉，总体客观缓解率达到 23%，其中 4 名达到了完全缓解。在 35 种肿瘤中，*HER2* 扩增 / 过表达的结直肠癌及 *BRAF* V600E 突变的非小细胞肺癌客观缓解率分别达到 38% 和 43%[45]。该研究为后续扩大适应证的药物临床试验设计奠定了基础。

2017 年 6 月发表在 *Nature Medicine* 的 MSK-IMPACT 研究也是利用高通量测序技术，对 10 336 名患者的 10 945 例肿瘤样本进行了全面的肿瘤基因检测。MSK-IMPACT 研究采用 341 个重要肿瘤相关基因的探针（后扩大为 468 个基因），利用高通量测序技术对这些基因上的重要区域进行测序，包括基因上所有蛋白编码区突变、拷贝数变化（copy number alteration，CNA）、启动子突变和基因组重排等。研究发现，采用探针测序可以发现至少有 9% 的被全外显子组检测所遗漏的变异位点，其中包括 *EML4-ALK* 等与靶向药物明确相关的变异。总体而言，36.7% 的患者携带适合靶向药物临床试验的靶点突变，去除身体状况不允许和（或）没有治疗意愿的患者，最终有 11% 的患者参与了不同靶向药物的临床试验。值得一提的是，研究也再次发现部分错配修复（mismatch repair，MMR）基因缺陷的患者对于抗 PD-1/PD-L1 药物的响应情况显著优于其他患者，进一步扩大了肿瘤患者的治疗选择范围[46]。2017 年 11 月 15 日，FDA 正式宣布批准基于高通量测序技术的肿瘤基因检测产品 MSK-IMPACT ™ 用于临床，通过检测肿瘤基因突变情况，帮助患者制订个性化的治疗方案。

随着抗 PD-1/PD-L1 免疫治疗的广泛使用，研究发现除了 MMR、MSI 可以提示疗效外，其对 TMB 也有良好的预测作用。TMB 的测定基于肿瘤组织中特定突变的数量，因此，该指标通常需要多基因平行检测。2017 年 11 月 30 日批准的 Foundation Medicine 的 F1CDx 检测也是基于高通量测序，除了检测基因突变外，也将 TMB 作为其检测指标之一。

二、高通量测序在肿瘤靶向治疗中的临床应用

自 2004 年 *Science* 和 *NEJM* 分别报道 *EGFR* 突变可预测酪氨酸激酶抑制剂吉非替尼治疗晚期非小细胞肺癌疗效后[47, 48]，越来越多的肿瘤靶向药物出现。以 2018 年美国《NCCN

非小细胞肺癌治疗指南》为例[49]，疗效预测和预后判断的标志物包括 *EGFR* 突变、*ALK* 融合基因、*KRAS* 突变、*HER2* 扩增 / 突变、*BRAF* 突变、*ROS1* 融合、*RET* 重排和 *MET* 扩增 9 种基因共计约 60 种不同的突变。此外，很多靶向药物正处在临床试验或临床前研究（细胞实验、动物实验）阶段。临床多基因检测的需求也使得高通量测序检测具有较好的临床应用价值。

（一）肿瘤分子分型，寻找靶向药

随着 *EGFR*、*ALK* 融合等驱动基因的发现，以及临床试验对相应靶向药物疗效的确认，非小细胞肺癌检测逐渐从组织分型向分子分型转变。目前，*EGFR* 突变、*BRAF* 突变、*ALK* 融合、*ROS1* 融合均有对应的靶向药物获批，而 *HER2* 扩增 / 突变、*MET* 扩增及 *RET* 融合则有对应的靶向药物在其他肿瘤中得到批准。FDA 批准的 Oncomine Dx 高通量检测，即针对非小细胞肺癌 FFPE 样本、包含 23 个基因的检测，检测突变类型包括 *KRAS*、*EGFR* 点突变，插入缺失等小突变，*ALK*、*ROS1* 等基因的融合。随后批准的 MSK-IMPACT 及 F1CDx 高通量检测则进一步扩大了检测范围，除了针对小分子靶向药物的靶点检测，还包含与抗 PD-1/PD-L1 的免疫治疗疗效密切相关的 MMR、MSI 及 TMB 的检测。基于高通量测序的方法一次可以完成多个基因突变、融合基因的平行检测，使采用微量的肿瘤组织能够较全面地展示突变图谱，减少 *BRAF*、*RET* 融合等少见突变携带者错过靶向治疗的可能；同时，对于 MMR/MSI/TMB 等指标的拓展，也为患者进行免疫治疗提供了判断依据。

卵巢癌作为女性生殖系统最常见的恶性肿瘤之一，由于发病隐匿，且缺乏有效的筛查及早期诊断措施，约 70% 的患者在确诊时已属晚期。卵巢癌易复发、病死率高，严重威胁女性健康。据报道，我国卵巢癌患者 *BRCA1/BRCA2* 突变率为 28.45%，其中 *BRCA1* 突变率为 20.82%，*BRCA2* 突变率为 7.63%。携带 *BRCA1* 或 *BRCA2* 突变的肿瘤细胞，当细胞内 DNA 因为化疗药物或其他因素导致其断裂损伤时，需要依赖聚腺苷二磷酸核糖聚合酶（poly ADP-ribose polymerase，PARP）进行 DNA 损伤修复，维持染色体的稳定。当 PARP 抑制剂抑制了 PARP 的活性使修复功能无法正常工作时，肿瘤细胞内 DNA 修复无法完成，可导致肿瘤细胞死亡，称为协同致死（synthetic lethality）。PARP 抑制剂是第一种成功利用这个概念获得批准在临床使用的抗癌药物。2014 年第一个 PARP 抑制剂奥拉帕尼（olaparib，Lynparza）被批准时伴随诊断采用的是基于第一代测序的 *BRCA* Analysis CDx 的基因检测。2016 年当第二个 PARP 抑制剂（rucaparib，Rubraca）获批时，FDA 批准的伴随诊断是基于高通量测序检测的 FoundationFocus CDxBRCA。这是 FDA 批准的首个基于高通量测序的伴随诊断检测。虽然最新批准的尼拉帕尼（niraparib，Zejula）可以使无论有无 *BRCA* 突变的患者均受益，无须伴随诊断，但前期的临床试验显示，当患者存在 *BRCA* 突变，接受尼拉帕尼治疗后中位无进展生存期为 21 个月，安慰剂组为 5.5 个月；而无 *BRCA* 突变的患者，接受尼拉帕尼治疗后中位无进展生存期为 9.3 个月，安慰剂组为 3.9 个月。目前，卵巢癌基于 *BRCA* 突变的分子分型已经写入 NCCN 指南。

（二）明确耐药原因，指导精准治疗

在靶向药物的治疗过程中，耐药几乎是不可回避的一个问题。以目前非小细胞肺癌中广泛使用的 *EGFR* 酪氨酸激酶抑制剂（*EGFR*-TKI）为例，尽管带有 *EGFR* 敏感突变的患者使用 *EGFR*-TKI 的有效率达到 70% 以上，但仍存在原发耐药的患者。其中部分患者是由于并存 *EGFR* T790M 突变，或者抑癌基因 *PTEN* 的缺失或 *PIK3CA* 突变导致 *PI3K/AKT* 通路的异常激活等。全面的检测可在早期发现潜在的原发耐药原因，选择合适的治疗方案，避免延误治疗时机。*EGFR*-TKI 继发耐药最常见的机制为 *EGFR* 基因 T790M 点突变、*MET* 扩增、*KRAS* 突变、*PIK3CA* 突变等，这些也可以通过高通量测序技术同时进行检测。

据不完全统计，约 45% 的结直肠癌患者存在 *KRAS* 突变（12 和 13 密码子），临床试验证实这些突变会影响 EGFR 单抗治疗效果。因此，NCCN 指南指出，在使用 EGFR 单抗（如西妥昔单抗、帕尼单抗）之前需要检测 *KRAS* 基因。随后，多项临床试验确定了包括 *KRAS* 或 *NRAS* 等各种 RAS 类似的疗效提示价值。FDA 批准的基于高通量测序的 Praxis Extended RAS 探针即是针对 *KRAS*、*NRAS* 的 53 个特定突变设计，用于结直肠癌 FFPE 标本，协助评估 EGFR 单抗的使用。随后批准的 MSK-IMPACT 及 F1CDx 高通量检测也都包含以上位点，有助于明确耐药原因，并选择后续治疗方案。

（三）基于高通量测序 ctDNA 液体活检的应用

近年来，以 ctDNA 为代表的“液体活检”成为肿瘤研究的热点。研究表明，ctDNA 对肿瘤靶向治疗基因检测、早期治疗应答评估和耐药监测的实时评估等都具有临床应用价值[50, 51]。基于既往研究显示，外周血 ctDNA 中 *EGFR* 突变可以预测 *EGFR*-TKI 疗效，欧洲药品管理局于 2014 年批准，难以获取肿瘤组织样本的患者可采用外周血作为补充，评估 *EGFR* 突变状态，并以此筛选可能从吉非替尼治疗中受益的非小细胞肺癌患者。国家食品药品监督管理总局（CFDA）在 2015 年也批准吉非替尼说明书进行更新，补充了如果无法采用肿瘤标本进行检测，可以使用从血液标本中的 ctDNA 进行评估。对于耐药患者，也有研究证实在 *EGFR*-TKI 耐药非小细胞肺癌患者中，检测外周血 *EGFR* T790M 可以指导后续治疗。同样，对结直肠癌、黑色素瘤患者采用血液监测 ctDNA，可比传统方法提前 5 ～ 10 个月发现 *KRAS* 突变、*BRAF* V600E 等耐药突变位点[52 ～ 54]。有学者提出，在不久的将来，ctDNA 检测结果有可能作为传统肿瘤 TNM 分期的有力补充，形成新的 TNMB 分期系统，其中的 B 即为 ctDNA 检测结果[55]，但是 ctDNA 检测的临床有效性目前尚处于研究阶段。

（楚玉星　戴平平　杨　玲）

参考文献

[1] Chen W，Zheng R，Baade PD，et al. Cancer statistics in China，2015. CA Cancer J Clin，2016，66（2）：115-132.

[2] Lelieveld SH，Spielmann M，Mundlos S，et al. Comparison of exome and genome sequencing

technologies for the complete capture of protein-coding regions. Hum Mutat，2015，36：815-822.

[3] Alexandrov LB，Nik-Zainal S，Wedge DC，et al. Signatures of mutational processes in human cancer. Nature，2013，500：415-421.

[4] Chilamakuri CS，Lorenz S，Madoui MA，et al. Performance comparison of four exome capture systems for deep sequencing. BMC Genomics，2014，15：449.

[5] Clark MJ，Chen R，Lam HY，et al. Performance comparison of exome DNA sequencing technologies. Nat Biotechnol，2011，29：908-914.

[6] Samorodnitsky E，Jewell BM，Hagopian R，et al. Evaluation of hybridization capture versus amplicon-based methods for whole-exome sequencing. Hum Mutat，2015，36：903-914.

[7] Chung MJ，Lin W，Dong L，et al. Tissue requirements and DNA quality control for clinical targeted next-generation sequencing of formalin-fixed，paraffin-embedded samples：a mini-review of practical issues. Journal of Molecular and Genetic Medicine，2017.

[8] Williams C，Pontén F，Moberg C，et al. A high frequency of sequence alterations is due to formalin fixation of archival specimens. The American Journal of Pathology，1999，155（5）：1467-1471.

[9] Robasky K，Lewis NE，Church GM. The role of replicates for error mitigation in next-generation sequencing. Nature Reviews Genetics，2014，15（1）：56-62.

[10] Newman AM，Bratman SV，To J，et al. An ultrasensitive method for quantitating circulating tumor DNA with broad patient coverage. Nature medicine，2014，20（5）：548.

[11] Newman AM，Lovejoy AF，Klass DM，et al.Integrated digital error suppression for improved detection of circulating tumor DNA. Nature Biotechnology，2016，34，547-555.

[12] Illumina. Effects of Index Misassignment on Multiplexing and Downstream Analysis. 2017.

[13] DePristo MA，Banks E，Poplin R，et al. A framework for variation discovery and genotyping using next-generation DNA sequencing data. Nat Genet，2011，43：491-498.

[14] Nielsen R，Paul JS，Albrechtsen A，et al. Genotype and SNP calling from next-generation sequencing data. Nat Rev Genet，2011，12：443-451.

[15] McKenna A，Hanna M，Banks E，et al. The Genome Analysis Toolkit：a MapReduce framework for analyzing next-generation DNA sequencing data. Genome Res，2010，20：1297-1303.

[16] Cibulskis K，Lawrence MS，Carter SL，et al. Sensitive detection of somatic point mutations in impure and heterogeneous cancer samples. Nat Biotechnol，2013，31：213-219.

[17] Zhao M，Wang Q，Wang Q，et al. Computational tools for copy number variation（CNV）detection using next-generation sequencing data：features and perspectives. BMC Bioinformatics，2013，14 Suppl 11：S1.

[18] Li J，Lupat R，Amarasinghe KC，et al. CONTRA：copy number analysis for targeted resequencing. Bioinformatics，2012，28：1307-1313.

[19] Alkan C，Coe BP，Eichler EE. Genome structural variation discovery and genotyping. Nat Rev Genet，2011，12：363-376.

[20] Middha S，Zhang L，Nafa K，et al. Reliable pan-cancer microsatellite instability assessment by using targeted next-generation sequencing data. JCO Precision Oncology，2017，1-17.

[21] Salipante SJ，Scroggins SM，Hampel HL，et al. Microsatellite instability detection by next generation sequencing. Clin Chem，2014，60（9）：1192-1199.

[22] Carbone DP，Reck M，Paz-Ares L，et al. First-line nivolumab in stage Ⅳ or recurrent non-small-cell lung cancer. N Engl J Med，2017，376（25）：2415-2426.

[23] Hellmann MD，Ciuleanu TE，Pluzanski A，et al. Nivolumab plus ipilimumab in lung cancer with a high tumor mutational burdenr. N Engl J Med，2018，378：2093-2104.

[24] Chalmers ZR，Connelly CF，Fabrizio D，et al. Analysis of 100，000 human cancer genomes reveals the landscape of tumor mutational burden. Genome Medicine，2017，9（1）：34.

[25] Wyllie AH. Glucocorticoid-induced thymocyte apoptosis is associated with endogenous endonuclease

activation. Nature, 1980, 284 (5756): 555-556.
[26] Chandrananda D, Thorne NP, Bahlo M.High-resolution characterization of sequence signatures due to non-random cleavage of cell-free DNA. BMC Medical Genomics, 2015, 8 (1): 29.
[27] Li MM, Datto M, Duncavage EJ, et al. Standards and guidelines for the interpretation and reporting of sequence variants in cancer: a joint consensus recommendation of the Association for Molecular Pathology, American Society of Clinical Oncology, and College of American Pathologists. J Mol Diagn, 2017, 19 (1): 4-23.
[28] Sakai K, Arao T, Shimoyama T, et al. Dimerization and the signal transduction pathway of a small in-frame deletion in the epidermal growth factor receptor. The FASEB Journal, 2006, 2 (2): 311.
[29] Carey KD, Garton AJ, Romero MS, et al. Kinetic analysis of epidermal growth factor receptor somatic mutant proteins shows increased sensitivity to the epidermal growth factor receptor tyrosine kinase inhibitor, erlotinib. Cancer Research, 2006, 66 (16): 8163-8171.
[30] Eck MJ, Yun CH. Structural and mechanistic underpinnings of the differential drug sensitivity of EGFR mutations in non-small cell lung cancer. Biochimica et Biophysica Acta (BBA) -Proteins and Proteomics, 2010, 1804 (3): 559-566.
[31] Yun CH, Mengwasser KE, Toms AV, et al. The T790M mutation in EGFR kinase causes drug resistance by increasing the affinity for ATP. Proceedings of the National Academy of Sciences, 2008, 105 (6): 2070.
[32] Eck MJ, Yun CH. Structural and mechanistic underpinnings of the differential drug sensitivity of EGFR mutations in non-small cell lung cancer. Biochimica et Biophysica Acta (BBA) -Proteins and Proteomics, 2010, 1804 (3): 559-566.
[33] Niederst MJ, Hu H, Mulvey HE, et al. The allelic context of the C797S mutation acquired upon treatment with third-generation EGFR inhibitors impacts sensitivity to subsequent treatment strategies. Clinical Cancer Research, 2015, 21 (17): 3924.
[34] Yang Z, Yang N, Ou Q, et al. Investigating novel resistance mechanisms to third-generation EGFR tyrosine kinase inhibitor osimertinib in non–small cell lung cancer patients. Clinical Cancer Research, 2018, 24 (13): 3097-3107.
[35] Arap W, Knudsen ES, Wang JYJ, et al. Point mutations can inactivate in vitro and in vivo activities of p16 INK4a/CDKN2A in human glioma. Oncogene, 1997, 14 (5): 603-609.
[36] Parry D, Peters G. Temperature-sensitive mutants of p16CDKN2 associated with familial melanoma. Molecular and Cellular Biology, 1996, 16 (7): 3844-3852.
[37] Richards S, Aziz N, Bale S, et al. Standards and guidelines for the interpretation of sequence variants: a joint consensus recommendation of the American College of Medical Genetics and Genomics and the Association for Molecular Pathology. Genet Med, 2015, 17 (5): 405-424.
[38] Kalemkerian GP, Narula N, Kennedy EB, et al. Molecular testing guideline for the selection of lung cancer patients for treatment with targeted tyrosine kinase inhibitors: American Society of Clinical Oncology endorsement summary of the College of American Pathologists/International Association for the Study of Lung Cancer/Association for Molecular Pathology Clinical Practice Guideline Update. Journal of Oncology Practice, 2018, 14 (5): 323.
[39] Benson AB, Venook AP, Al-Hawary MM, et al. NCCN guidelines insights: colon cancer, version 2. Journal of the National Comprehensive Cancer Network, 2018, 16 (4): 359-369.
[40] Ettinger DS, Wood DE, Akerley W, et al. NCCN guidelines insights: non–small cell lung cancer, version 4. Journal of the National Comprehensive Cancer Network, 2016, 14 (3): 255-264.
[41] Thress KS, Paweletz CP, Felip E, et al. Acquired EGFR C797S mutation mediates resistance to AZD9291 in non–small cell lung cancer harboring EGFR T790M. Nature Medicine, 2015, 21 (6): 560-562.
[42] Wang S, Tsui ST, Liu C, et al. EGFR C797S mutation mediates resistance to third-generation inhibitors in T790M-positive non-small cell lung cancer. Journal of Hematology & Oncology, 2016, 9 (1): 59.

[43] Helena AY, Tian SK, Drilon AE, et al. Acquired resistance of EGFR-mutant lung cancer to a T790M-specific EGFR inhibitor: emergence of a third mutation (C797S) in the EGFR tyrosine kinase domain. JAMA Oncology, 2015, 1 (7): 982-984.

[44] Niederst MJ, Hu H, Mulvey HE, et al. The allelic context of the C797S mutation acquired upon treatment with third-generation EGFR inhibitors impacts sensitivity to subsequent treatment strategies. Clinical Cancer Research, 2015, 21 (17): 3924-3933.

[45] Hainsworth JD, Mericbernstam F, Swanton C, et al. Targeted therapy for advanced solid tumors on the basis of molecular profiles: results from MyPathway, an open-Label, phase Ⅱ a multiple basket study. Journal of Clinical Oncology, 2018, 34 (4_suppl): JCO2017753780.

[46] Zehir A, Benayed R, Shah RH, et al. Mutational landscape of metastatic cancer revealed from prospective clinical sequencing of 10, 000 patients. Nature Medicine, 2017, 23 (6): 703-713.

[47] Paez JG1, Jänne PA, Lee JC, et al. EGFR mutations in lung cancer: correlation with clinical response to gefitinib therapy. Science, 2004, 304: 1497-1500.

[48] Lynch TJ, Bell DW, Sordella R, et al. Activating mutations in the epidermal growth factor receptor underlying responsiveness of non-small-cell lung cancer to gefitinib. N Engl J Med, 2004, 350: 2129-2139.

[49] NCCN Clinical Practice Guidelines in Oncology. Non-Small Cell Lung Cancer. Version3. 2018. National Comprehensive Cancer Nerwork. https: //www. nccn. org/professionals/physician_gls/pdf/nscl.pdf. 2018.

[50] Crowley E, Di Nicolantonio F, Loupakis F, et al. Liquid biopsy: monitoring cancer-genetics in the blood. Nat Rev Clin Oncol, 2013, 10 (8): 472-484.

[51] Heitzer E, Ulz P, Geigl JB. Circulating tumor DNA as a liquid biopsy for cancer. Clin Chem, 2015, 61 (1): 112-123.

[52] Diaz LA Jr, Williams RT, Wu J, et al. The molecular evolution of acquired resistance to targeted EGFR blockade in colorectal cancers. Nature, 2012, 486 (7404): 537-540.

[53] Murtaza M, Dawson SJ, Tsui DW, et al. Non-invasive analysis of acquired resistance to cancer therapy by sequencing of plasma DNA. Nature, 2013, 497 (7447): 108-112.

[54] Thierry AR, Mouliere F, El Messaoudi S, et al. Clinical validation of the detection of KRAS and BRAF mutations from circulating tumor DNA. Nat Med, 2014, 20 (4): 430-435.

[55] Yang M, Forbes ME, Bitting RL, et al. Incorporating blood-based liquid biopsy information into cancer staging: time for a TNMB system? Ann Oncol, 2018, 29 (2): 311-323.

第十四章
高通量测序在临床药物基因检测中的应用

个体化用药是个体化医学的重要组成部分。药物基因的遗传变异在很大程度上决定了用药的个体差异。目前，临床药物基因检测已被应用于指导患者制订最佳用药方案。由于目前具有临床意义的药物基因变异位点众多，因此在检测上高通量测序技术可以充分体现其优越性。

本章首先概述了药物基因组学的发展历程，强调了临床药物基因检测在临床药物安全性和有效性上的指导应用，并比较了传统的药物基因分型检测和高通量测序检测的差异。随后，本章较为详细地介绍了临床药物基因及其检测意义，重点阐述了临床药物基因高通量测序检测的流程、检测方法的设计和建立、测序平台的选择、检测数据的分析、药物基因检测的结果报告和解释、检测方法的性能确认和质量保证。同时，列举了国内外临床药物基因检测指南，指出目前药物基因高通量测序在临床推广应用的现状和存在的问题。最后，对高通量测序在临床药物基因检测中的应用前景做了展望。

第一节　概　述

现代药物的设计和制备技术日益完善。但是，同一种药物，即使给予相同剂量，不同个体在疗效和安全性上仍会表现出很大的差异（25% ～ 80%）[1]。在临床药物治疗中，30% ～ 60% 的患者对治疗无效，由此可能造成巨大的经济损失[1]。一个典型的例子是阿达木单抗（一种用于治疗类风湿关节炎的肿瘤坏死因子 -α 抑制剂），2015 年度其销售额高达 140 亿美金，但有研究表明该药只对 40% 的患者有效。另外，据报道，严重药物不良反应（adverse drug reaction，ADR）导致的住院率可高达 6% ～ 7%。经过数十年的研究，人们发现除年龄、饮食、疾病状态、药物相互作用等非基因因素外，基因变异可解释 20% ～ 30% 药物的代谢、效能和不良反应的差异。药物基因组学（pharmacogenomics）主要研究引起药物个体差异的基因变异，这些变异不仅可改变药物的药代动力学（pharmacokinetics），即药物的吸收（absorption）、分布（distribution）、代谢（metabolism）和排泄（elimination）过程；其还可改变药物的药效动力学（pharmacodynamics），即通过修饰其作用靶点或干扰生物代谢途径重塑药理效应的敏感性。传统上，药物基因组学范畴的基因变异为胚系 DNA 变异，这种变异为原发产生或是遗传自父母，导致基因编码产物的功能改变。在肿瘤患者中，遗传获得的变异和体细胞突变都会影响患者对治疗药物的反应。

一、药物基因组学的发展历程

药物基因组学的起源无从考证。公元前 510 年，古希腊哲学家毕达格拉斯曾记录一些人在食用蚕豆后发生致命的溶血性贫血。2000 年后，人们才认识到这种称为蚕豆病的疾病是由于 6- 磷酸葡萄糖脱氢酶（glucose-6-phosphate dehydrogenase，G6PD）的遗传性缺乏导致的[2]。服用拉布立酶和抗疟药伯氨喹等会引起相同的症状[2]。1909 年，丹麦药剂师 Wilhelm Johannsen 在研究芸豆时首创遗传学名词基因型（genotype）和表型（phenotype）。1959 年德国遗传学家 Friedrich Vogel 第一次使用遗传药理学（pharmacogenetics）这个词。20 世纪 60 ～ 80 年代，人们研究了数种药物与家族遗传因素的关系，并将其推向分子遗传学的研究方向[3]。1987 年，研究人员首先克隆出细胞色素酶 P450 2D6（cytochrome P450 2D6，*CYP2D6*）基因，这是第一个被克隆和深入研究的人类药物代谢多态性基因[4]。1990 年，包括硫代嘌呤甲基转移酶（thiopurine methyltransferase，*TPMT*）在内的几种药物代谢基因的潜在临床应用价值已被阐明[5]。*TPMT* 缺陷的患者在服用抗白血病药物 6-巯基嘌呤和免疫抑制剂硫唑嘌呤时有骨髓抑制的风险。人类基因组计划（Human Genome Project，HGP）和基因组水平级变异检测技术的改进，大大缩短了与药物作用相关的基因变异的鉴定时间，遗传药理新发现在这一时期快速增加。与此同时，药物基因组学的概念进入药理学的字典。这些大量发现的药物基因需要独立验证（基因变异如何改变药理作用）才能转化进入临床应用。而基因变异的频度通常与人群种族密切相关，这也进一步增加了其临床转化的复杂度。例如，影响抗凝药华法林疗效的 *CYP2C9* 基因和维生素 K 环氧化物还原酶复合物 1（vitamin K epoxide reductase complex 1，*VKORC1*）基因的多态性频度在高加索白种人和中国人之间显著不同[6]。另外，人们还发现许多药物受同一基因上的多个变异（其中一部分是稀有变异），或多个基因变异的影响[7]。目前许多正在进行中的大型研究项目均致力于将基因组研究转化为临床诊断，包括英国 10 万人基因组计划（Genomics England 100 000 Genomes Project）、美国国立卫生研究院（National Institutes of Health，NIH）的药物基因组研究网络（Pharmacogenomics Research Network，PGRN）及我国重点研发计划“精准医学研究”等在内的研究成果将会应用于临床用药方案的制订（选择最合适的药物和给药剂量）。

二、临床药物基因检测

临床药物基因检测，其检测的内容为药物在体内代谢、转运及作用的靶点基因的遗传变异情况及其表达水平变化。药物基因相关的遗传变异主要包括单核苷酸变异（SNV）、插入 / 缺失（Indel）、拷贝数变异（CNV）和结构变异（SV）。原则上，能检测上述遗传变异的技术都能应用于临床药物基因检测。早期建立且目前仍在广泛应用的单基因变异检测技术有基于 PCR 的基因变异检测技术（如 PCR- 限制性片段长度多态性分析、等位特异 PCR 和荧光定量 PCR）及测序技术（如 Sanger 测序、焦磷酸测序和单碱基延伸测序）。随后发展的基因芯片技术则在以往技术的基础上进一步提高了药物基因检测的通量，如 Affymetrix DMET 芯片可以同时检测 10 个药物基因的 185 个变异。这些目前主流的药物基因检测技术主要可用于少数已经明确并经过验证的药物基因变异位点检测，但是无法检测稀有或未知的变异，因此对于新增变异位点的检测十分不便。上文提到，一种药物的代谢受多个基因多个变异的影响。研究发现一个人的药物代谢基因平均拥有的 SNV 超过 100 个，其中 90% 的 SNV 频度低于 1%。这些位点并未纳入目前的临床药物基因常规检测，但是这些稀有变异又决定了这些药物基因 30% ～ 40% 的功能变化 [7]。如影响华法林疗效的主要药物基因变异除了我们熟知的 *CYP2C9* *2、*3 和 *VKORC1*-1639G ＞ A 外，还有 *CYP2C9**5、*6、*8、*11，*CYP4F2**3 和 *CYP2C* rs12777823 等。因此，如果想充分理解药物基因变异对药效改变造成的影响，有必要将这些稀有变异也纳入考虑范围。新兴发展的高通量测序技术由于可以实现对单个基因、全外显子甚至全基因组的所有变异信息进行全面分析，因此能满足多个药物基因、多个变异的一次性检测。目前，随着高通量测序成本的降低及测序时间的缩短，其也被成功应用到临床药物基因检测中，包括基于药物基因组合（gene panel）的测序、全外显子测序及全基因组测序等。

三、临床药物基因检测的实施

目前的基因检测技术已经足够强大，因此药物基因组学的重心已经从发现候选基因转移到人群中某种药物 - 基因型 - 表型（如毒性、药理效应）在基因组水平上的研究。一旦某种药物 - 药物基因组学关系被发现和验证，下一步的目标就是转化为临床应用，但目前看来仍需克服多种困难。药物基因组学的转化需要满足以下条件：能改进医疗水平（提高用药安全和疗效）、有指导用药的系统方案（如给药剂量算法）、患者药物基因信息与电子医疗记录的整合以及应用药物基因组学指导临床用药具有实际可操作性。

第二节 药物相关基因及其临床检测的意义

药物相关基因在与其对应药物的药代动力学和药效动力学中扮演着重要的角色。这里主要介绍重要的临床用药相关基因及其分类，并概述药物相关基因检测的临床意义。

一、药物相关基因

由于药物相关基因数量众多，基因变异位点复杂，美国斯坦福大学建立了名为 PharmGKB 的药物基因组学知识资源库 [8]。PharmGKB 囊括了目前本领域学术团体发布的基因信息指导的用药指南、各国药物监管机构的药品说明书（均标明药物基因）、最新

的药物 - 基因相关性信息、药物基因型 - 表型信息等。PharmGKB 还在持续收集整理人类基因变异对药物反应的证据，以推进药物基因的临床应用实践。

临床药物基因组学应用联盟（Clinical Pharmacogenetics Implementation Consortium，CPIC）目前收录了 127 个有重要临床意义的药物基因，涉及 223 种药物[9]。表 14-1 列出了被 CPIC 评为 A 级（最高证据等级）的临床药物基因及其对应的药物。

表 14-1　被 CPIC 评为 A 级的临床药物基因及其对应的药物

基因	药物
HLA-B	阿巴卡韦，巯嘌呤，卡马西平，芬妥英
CYP2C19	阿米替林，氯吡格雷，伏立康唑，顺铂，艾司西酞普兰
CYP2D6	阿米替林，可待因，氟伏沙明，去甲阿米替林，昂丹司琼，羟考酮，帕罗西汀，他莫昔芬，曲马朵，托烷司琼
UGT1A1	阿扎那韦，伊立替康
TPMT	硫唑嘌呤，甲硫嘌呤，巯鸟嘌呤
DPYD	卡培他滨，替加氟，氟尿嘧啶
HLA-A	卡马西平
CACNA1S	地氟烷，异氟烷，七氟烷，琥珀酰胆碱
RYR1	异氟烷，七氟烷，地氟烷
CFTR	依伐卡托
CYP2C9	芬妥英，华法林
G6PD	拉布立酶
SLCO1B1	辛伐他汀
CYP3A5	他克莫司
CYP4F2	华法林
VKORC1	华法林
IFNL3	聚乙二醇干扰素 -α-2a，聚乙二醇干扰素 -α-2b，利巴韦林

临床药物基因检测涉及的基因主要可以分为药物代谢酶基因、药物转运体基因、药物作用靶点基因和其他药物基因四类。

（一）药物代谢酶基因

肝脏中的细胞色素 P450 同工酶（CYP）家族参与主要的药物Ⅰ相和Ⅱ相代谢，多态性是其重要特征。遗传变异可导致药物代谢酶活性出现个体差异，而对于某种药物，可将人群分为超快代谢者（ultrarapid metabolizer，UM）、快代谢者（rapid metabolizer，RM）、正常代谢者（normal metabolizer，NM）、中间代谢者（intermediate metabolizer，IM）和慢代谢者（poor metabolizer，PM）5 种表型。以华法林相关的 *CYP2C9* 基因多态性检测为例，*CYP2C9**2（rs1799853，430C ＞ T，Arg144Cys）和 *CYP2C9**3（rs1057910，1075A ＞ C，Ile359Leu）可导致 CYP2C9 酶活性降低，*CYP2C9**3 纯合子个体酶活性仅为该位点野生型个体的 4% ～ 6%。华法林是临床一线抗凝药物，其疗效和不良反应存在很大的个体差异，治疗窗窄，易发生严重出血事件。*CYP2C9**3 纯合子和杂合子基因型个体 S- 华法林的口服清除率分别下降 90% 和 66%，因此华法林的给药剂量需相应降低。美国 FDA 华法林药品标签上推荐在用药前进行 *CYP2C9* 基因检测。测定 *CYP2C9*2*、**3* 等位基因可以指导华法林的起始用药剂量，结合国际标准化比值（international normalized ratio，INR），估计维持剂量，确保用药安全。

（二）药物转运体基因

药物转运体参与药物的吸收、分布和排泄。以 *SLCO1B1* 多态性检测为例，*SLCO1B1* 基因编码的有机阴离子转运多肽 1B1（OATP1B1）在肝细胞基底膜中发挥摄取和清除内源性物质和药物的作用。当 *SLCO1B1* 基因发生 521T > C（Val174Ala）变异时，OATP1B1 对其底物的摄取能力将显著降低，从而使得他汀类心血管药物的血药浓度升高。由于他汀类药物可导致肝功能下降和横纹肌溶解症等不良反应，因此携带有 521C 等位基因的患者在应用辛伐他汀后肌病的发生风险将显著增加。为降低他汀类药物严重不良反应的发生风险，建议临床上根据 *SLCO1B1* 基因型选择他汀类药物进行治疗。

（三）药物作用靶点基因

药物靶点是指药物在体内的作用结合位点，包括基因位点、受体、酶及离子通道等。以 *VKORC1* 多态性检测为例，维生素 K 氧化还原酶是华法林的作用靶点。*VKORC1* 基因启动子区（-1639 G > A）的单核苷酸突变 rs9923231 可影响 *VKORC1* 的表达，从而导致华法林用药剂量产生个体差异。与该位点 AA 基因型患者相比，-1639GA 和 GG 基因型患者平均华法林给药剂量分别增加 52% 和 102%。美国 FDA 华法林药品标签上推荐在用药前进行 *VKORC1* 基因检测，建议结合 *VKORC1* 和 *CYP2C9* 基因型考虑华法林的初始用药剂量。

（四）其他药物基因

其他药物基因包括 *HLA-B* 等位基因和 *G6PD* 基因等。以 *HLA-B*1502* 等位基因检测为例，某些患者服用抗癫痫药卡马西平后会发生名为 Stevens-Johnson 综合征（Stevens-Johnson syndrome，SJS）或中毒性表皮坏死松解症（toxic epidermal necrolysis，TEN）致死性的皮肤损伤。研究发现 *HLA-B*1502* 等位基因与卡马西平所致 SJS/TEN 相关。美国 FDA 对此发出警告并建议亚裔人群在服用卡马西平前进行 *HLA-B*1502* 等位基因检测。*HLA-B*1502* 等位基因携带者应尽量避免服用卡马西平。

二、临床检测意义

利用药物基因组学可以了解独立个体对药物反应的情况，并估计其可能的最适治疗方案。同时，药物基因组学也成为新药研发的重要工具。目前，美国 FDA 已在批准的 200 余种药品标签上增加了相关的药物基因组信息 [10]，包括：①药物暴露和临床反应的不确定性；②不良反应的风险；③基因型指导的剂量调整；④药物作用机制；⑤药物靶点和反应的多态性；⑥药物临床试验设计特征。临床上对药物相关基因进行检测可为特定的患者选择合适的治疗药物和剂量，制订个体化的治疗方案，提高药物治疗的安全性和有效性，避免药物不良反应的发生。因此，临床药物基因检测是实施个体化用药的前提。

第三节　临床药物基因高通量测序检测

临床药物基因的高通量测序检测，基本检测流程与其他高通量测序检测应用类似，主要包括从标本采集、文库制备、测序、数据分析到最后的结果报告和解释等步骤。本节首先介绍药物基因高通量测序检测方法的建立，包括测序平台和测序策略的选择，重点介绍药物基因组合靶向测序的方法。然后对药物基因变异生物信息学分析的方法和软件的选择进行阐述。最后，对临床药物基因检测的结果报告和用药指导进行讨论，其中对规范药物基因命名和表型术语描述进行着重探讨。

一、检测流程

临床药物基因的高通量测序检测流程（图 14-1），以目前主流的二代测序为例，主要包括：标本采集、核酸提取、测序文库制备、文库扩增、上机测序、数据分析及结果报告和解释。

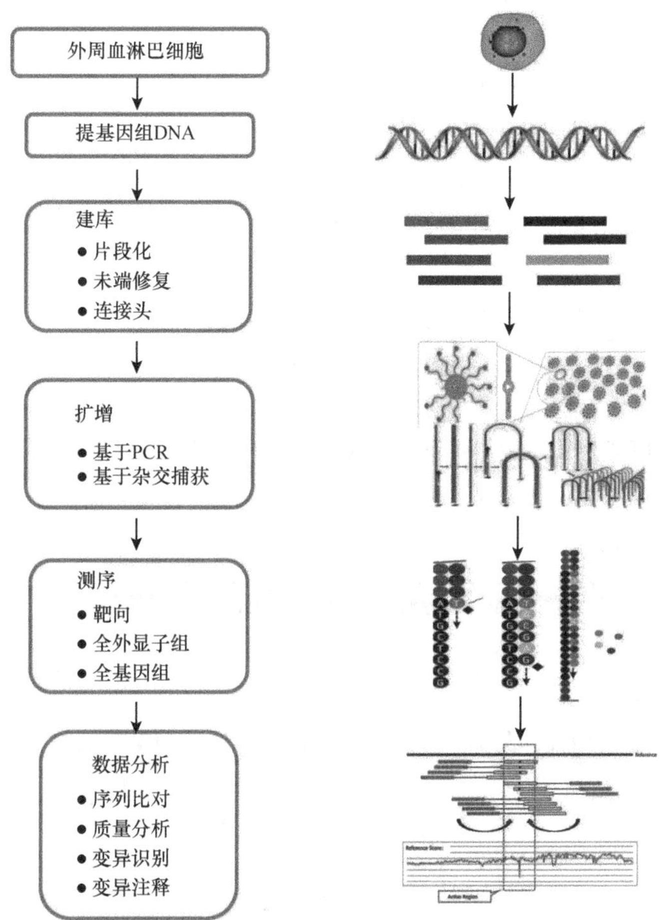

图 14-1　临床药物基因高通量测序检测流程（基于二代测序平台）

二、检测方法的建立

高通量测序检测方法的开发和建立，包括样本处理过程（“湿桌实验”）和序列分析过程（“干桌实验”）。需要建立和优化的主要内容包括：①基本工作流程（“干、湿实验”全部检测条件）；②关键质量参数和控制点；③生物信息学分析的参数和阈值设定；④整个工作流程中每个步骤的标准操作程序。

（一）药物基因高通量测序检测平台及选择

1. 药物基因变异的特点及对测序平台的要求 药物基因变异主要为 SNV、Indels 及 SV。目前，高通量测序平台应用最广泛的是第二代边合成边测序技术。虽然其通量高，但读段短（～400bp）是该技术很大的缺陷。二代测序对 SNV 和一些小片段 Indel 的检测问题不大，但是对于基因组多态性高度集中的区域、重复元件、同源度很高的区域、结构变异及测序目标附近的假基因，往往不能准确测定。*CYP2A6* 和 *CYP2D6* 就是这种相当复杂的药物基因。

以 *CYP2D6* 基因为例，其编码的 CYP2D6 是一个非常重要的药物代谢酶，参与约 25% 的常用药物（如 β 受体阻滞剂、抗心律失常药、阿片类药、抗肿瘤药，以及相当一部分精神类药物）的代谢 [11]。*CYP2D6* 基因具有高度多态性，目前已经鉴定出 100 多个等位基因变异 [12]。*CYP2D6* 基因的变异（图 14-2）包括单核苷酸多态性（SNP）、Indel、基因重排（gene arrangement）、杂种基因（如 *CYP2D7/2D6*），以及拷贝数变异 [11]。其中 *CYP2D6* 基因拷贝数变异还存在整个基因缺失（*CYP2D6 *5*）或复制及扩增的情况，基因扩增还可能同时携带 SNP[11]。另外，还存在两个与 *CYP2D6* 基因高度同源并与其位

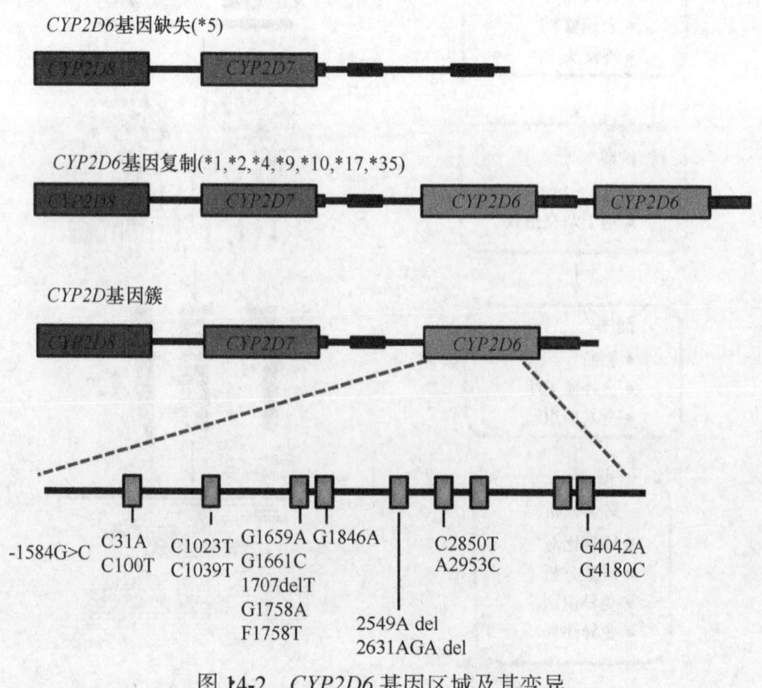

图 14-2 *CYP2D6* 基因区域及其变异

置相邻的假基因：*CYP2D7* 和 *CYP2D8*。药物基因分型（genotyping）要同时结合 SNP 和 CNV 分析，这使得对 *CYP2D6* 进行准确的分型变得相当困难[11]。目前主流的二代测序平台 Illumina 和 Ion Torrent 的准确度分别可以达到 99% 和 97% 以上，但 Ion Torrent 技术对于连续相同碱基序列（homo-polymeric sequences）的测定存在问题，这样的重复序列在 *CYP2D6* 基因中相当普遍。对于 *CYP2D6* 基因，读段短的二代测序平台最大的问题是能否特异、准确地识别目标区域的变异。普遍使用的目标区域富集技术（如寡核苷酸捕获、扩增）并不能绝对特异地退火到 *CYP2D6*、*CYP2D7* 或 *CYP2D8* 区域，其后的短读段比对也有很大的可能错误地比对到 *CYP2D7* 和（或）*CYP2D8* 基因。这些因素最终都将导致 *CYP2D6* 基因变异识别（variant calling）的不准确。平均读段为 10 ～ 15kb 的三代测序技术可以解决上述问题。目前已有使用三代平台将包括 *CYP2D6* 基因上游启动区、外显子、内含子、下游区域全长 6.6kb 序列测序的成功案例[13]。

NGS 方法的建立，其中很关键的步骤是选择何种测序技术。有数个商业测序平台可选用，在测序数据量、读段长度、运行时间、数据的质量和准确性上各不相同。例如，靶向测序的应用，靶向区域的大小、检测的变异类型、需要的测序深度、上样量、周转时间及成本都是选择何种测序仪需要考虑的因素。

2. 二代测序平台　以 Illumina 和 Ion Torrent 为代表，尽管有读段短的缺陷，但是两者都可以应用于药物基因的 NGS 检测。Illumina 平台采用可逆终止法边合成边测序技术，可避免重复序列和同聚物导致的测序错误，主要包括 HiSeq 测序仪和 MiSeq 测序仪。HiSeq 测序仪可用于全基因组测序、外显子和目标区域捕获测序，MiSeq 测序仪适用于扩增子测序或小基因组测序。但 Illumina 平台需要更多的 DNA，测序的时间更长。Ion Torrent 平台基于半导体技术，具备简单、快速、成本低和内建数据分析模板等优点，适用于中小通量（＜ 50 个基因）的靶向测序、扩增子测序、全外显子测序及小基因组测序。但是其对同聚物区域的检测错误率增加。现有的药物基因高通量测序多是应用Illumina平台完成的。

3. 三代测序平台　三代测序技术以 Oxford Nanopore 的单纳米孔测序和 Pacific Biosciences 的单分子实时测序为代表。尽管三代测序平台拥有对 *CYP2D6* 等个别基因的分析优势，但目前尚不适合用于多基因同时检测，因此三代测序平台在药物基因检测中可以用于弥补二代测序平台的不足。

（二）药物基因高通量测序检测策略

1. 全基因组测序　全基因组测序的优势在于能获得个体基因组变异的所有信息。虽然目前发现的药物基因的变异大多是 SNP，其可造成氨基酸替代并最终导致药物代谢酶或转运体活性降低或表达失活，但是也有相当一部分药物基因变异位于除编码区以外的位置（如启动子区或其他非编码区域）。因此在测序成本允许的条件下，获得个体全基因组序列的信息（包括已知和未知临床意义的变异）是最理想的选择[14-16]。

2. 全外显子测序　由于人外显子序列仅占人基因组序列的 1%，因此全外显子测序获得的信息远少于全基因组测序。但是外显子组测序的优点在于对目前的测序成本来说，其性价比更高。对于外显子组测序，二代测序平台首先需要对外显子组捕获、富集，依赖于目标区域富集技术（如寡核苷酸捕获或扩增）。目前商品化靶向富集试剂盒的探针效率存在很大差异，并且对某些区域序列的捕获效率低，会造成一定比例的漏检[17, 18]。

3. 基于药物基因组合的测序 由于全基因组测序检测及分析、结果解释的成本很高，且需要海量数据的储存。因此，基于药物基因组合（panel）的高通量测序，目前来说是最经济，也是最有可能进入临床应用的检测方式。采用高通量测序技术对有临床意义的药物基因进行分型，仅需要对一小部分基因组序列进行测序，便可在保证测序深度和覆盖度的同时产生高质量的测序数据，并大大降低数据处理成本。因此，基于药物基因组合的高通量测序检测是本章讨论的重点。

基因组合的选择取决于 NGS 检测的目的，组合的大小与测序成本、测序深度、数据分析和结果解释的难度都与之密切相关。一般推荐纳入有明确临床意义的基因。

在建立方法时，首先需要将文库制备步骤可能产生的误差纳入考虑范围（表 14-2）。

表 14-2 NGS 检测文库制备的优化

误差来源	设计优化
DNA 纯度和完整性	优化文库质量
扩增错误	使用高保真聚合酶
捕获偏倚	优化富集，应用长片段 PCR
引物偏好	采用重叠覆盖区域策略

测序深度又称覆盖深度，其可直接影响数据分析中变异识别的灵敏度和特异性。很多因素都会影响测序深度，包括测序平台及序列的复杂度（检测区域与其他区域的同源性、重复元件、假基因及高 GC 含量）。由于药物基因变异（属于胚系变异）总是处于杂合或纯合的状态，其与体细胞突变相比更容易被检测到，因此一般来说仅需大于 30× 的测序深度即可。

对于每种变异（SNV、Indel、CNV 及 SV）建立的检测方法，实验室都需要用参考细胞系（如 HapMap 细胞系 NA12878）来评估所设定的质量参数和阈值。首先，实验室可以检测正常的参考细胞系（NA12878），将测序结果与该细胞系的其他测序结果（储存于数据库 International Genome Sample Resource）相比较。对于每种变异类型，需要建立相应的敏感性或阳性预测值（positive predictive value，PPV）。然后，对混合参考细胞系（如 NA12878 和 NA12877）进行检测。

一个基于药物基因组合测序的典范是 NIH 资助的 PGRN-Seq 项目[19]。PGRN-Seq 采取靶向捕获的方式，针对有临床意义的 84 个药物基因（表 14-3，许多是 CPIC 提出的 actionable 基因），对 9000 名患者进行高覆盖度测序。这 84 个基因编码药物代谢酶、药物转运体和药物靶点，捕获测序的序列包括基因的外显子及其上游 2kb 序列和下游 1kb 序列。PGRN-Seq 项目组与 Nimblegen 合作设计出全部的捕获探针，名为 PGRN-Seq。标本在 Illumina HiSeq 2000 测序仪上测序，采用配对 - 末端 100bp 读段，24-plex 捕获策略，平均覆盖度为 496×（表 14-4）。对每个位点，用 Burrows-Wheeler 对原始数据与 hg19 参考序列比对，变异识别和过滤用 GATK（Genome Analysis Toolkit）和 ATLAS 程序。对相同的患者标本进行检测，与 FDA 批准的基于芯片平台用于药物基因分型的 Illumina

ADME 和 Affymetrix DMET 比较，PGRN-Seq 数据分别有 100% 和 97% 的一致性。据估算，PGRN-Seq 测序成本比全基因组测序便宜 8 ～ 10 倍，比全外显子测序便宜 2 ～ 3 倍，而且数据储存和分析的成本更低。由于能获得高质量的二代测序数据，在检测通量和成本之间能得到较好的平衡，同时还能发现一些稀有变异，PGRN-Seq 非常适用于药物基因组学研究和临床药物基因检测。

表 14-3　PGRN-Seq 靶向测序的 84 个药物基因

基因	染色体	编码区 + 额外序列（bp）	基因功能 / 作用
ABCA1	9	9982	作用靶点
ABCB1	7	7480	药物吸收
ABCB11	2	7074	药物吸收
ABCC2	10	7766	药物吸收
ABCG1	21	5265	药物吸收
ABCG2	4	5028	药物吸收
ACE	17	7224	作用靶点
ADRB1	10	4438	作用靶点
ADRB2	5	4246	作用靶点
AHR	7	5591	药物代谢
ALOX5	10	5081	作用靶点
APOA1	11	3816	作用靶点
ARID5B	10	6607	疾病
BDNF	11	3804	作用靶点
CACNA1C	12	9936	作用靶点
CACNA1S	1	8622	作用靶点
CACNB2	10	5349	作用靶点
CES1	16	4763	药物代谢
CES2	16	4920	药物代谢
COMT	22	3939	药物代谢
CRHR1	17	4300	作用靶点
CYP1A2	15	4575	药物代谢
CYP2A6	19	6052	药物代谢
CYP2B6	19	4512	药物代谢
CYP2C19	10	5648	药物代谢
CYP2C9	10	4509	药物代谢
CYP2D6	22	4530	药物代谢
CYP2R1	11	4524	药物代谢
CYP3A4	7	4564	药物代谢
CYP3A5	7	4561	药物代谢

续表

基因	染色体	编码区 + 额外序列（bp）	基因功能 / 作用
DBH	9	4854	作用靶点
DPYD	1	6170	药物排泄
DRD1	5	4345	作用靶点
DRD2	11	4360	作用靶点
EGFR	7	7009	作用靶点
ESR1	6	5065	作用靶点
FKBP5	6	4414	作用靶点
G6PD	X	4690	药物导致的疾病
GLCCI1	7	4676	药物导致的疾病
GRK4	4	4801	作用靶点
GRK5	10	4837	作用靶点
HLA-B	6	3000	毒性
HLA-DQB3	6	3000	毒性
HMGCR	5	5743	作用靶点
HSD11B2	16	4238	药物代谢
HTR1A	5	4273	作用靶点
HTR2A	13	4428	药物导致的疾病
KCNH2	7	6921	药物导致的疾病
LDLR	19	5655	作用靶点
MAOA	X	4644	作用靶点
NAT2	8	3877	药物代谢 / 排泄
NPPB	1	3417	药物导致的疾病
NPR1	1	6186	作用靶点
NR3C1	5	5421	作用靶点
NR3C2	4	5955	作用靶点
NTRK2	9	5664	作用靶点
PEAR1	1	6202	作用靶点
POR	7	5103	药物导致的疾病
PTGIS	20	4543	作用靶点
PTGS1	9	4844	作用靶点
RYR1	19	18 541	药物导致的疾病
RYR2	1	18 324	药物导致的疾病
SCN5A	3	9255	药物导致的疾病
SLC15A2	3	5278	药物排泄
SLC22A1	6	1709	药物排泄
SLC22A2	6	4712	药物排泄

续表

基因	染色体	编码区＋额外序列（bp）	基因功能 / 作用
SLC22A3	6	4715	药物排泄
SLC22A6	11	4732	药物吸收
SLC47A1	17	4781	药物吸收
SLC47A2	17	4877	药物吸收
SLC6A3	5	4919	作用靶点
SLC6A4	17	4945	疾病
SLCO1A2	12	5476	药物吸收
SLCO1B1	12	5132	药物吸收
SLCO1B3	12	5165	药物吸收
SLCO2B1	11	5186	药物吸收
TBXAS1	7	4657	药物代谢
TCL1A	14	3357	疾病
TPMT	6	3770	药物代谢
UGT1A1	2	4622	药物排泄
UGT1A4	2	6806	药物排泄
VDR	12	4316	药物吸收
VKORC1	16	3504	作用靶点
ZNF423	16	6887	作用靶点

注：上述基因由 PGRN-Seq 项目成员提名并讨论决定。编码区＋额外序列包括外显子、上游 2kb 和下游 1kb 序列的碱基数。

表 14-4　PGRN-Seq 测序参数

Plex 水平	平均读段长度（Mb）	特异的比对（Gb）	平均质量分数	Q30 百分数（%）	平均中靶率（%）	平均测序深度	平均测序深度 ＞20×（%）	平均测序深度 ＞40×（%）
24	16.7	1.37	36.7	92.1	94.7	496×	94.8	93.4

三、数据分析

（一）分析流程

NGS 数据分析的内容主要包括：碱基识别、读段比对、变异识别和变异注释。对每一个分析步骤，都有许多商业或实验室自行建立的方法和资源可供选用。选择何种算法和软件，需要综合考虑所用的测序原理和仪器、检测的变异类型及实验室的生物信息学能力。

对高通量测序检测药物基因变异的数据进行分析，本质上是对胚系变异进行分析。这里以哈佛大学的 GATK 为例[20]。GATK 是一个命令行软件工具集合包，用于分析 SAM/BAM/CRAM 和 VCF 等格式的高通量数据，非常适用于变异识别。GATK 源代码公开，目前的版本是 GATK4.0.8.1，其官网[21]上可以下载。GATK 主要适用于 Illumina 平台产生的外显子/基因组合的测序数据，以及全基因组测序数据，其对胚系变异和体细胞变异有不同的优化数据处理流程，对 SNP、Indel 及 CNV 变异也具有不同的处理路径。下面以 SNP 和 Indel 变异分析为例说明（图 14-3）。

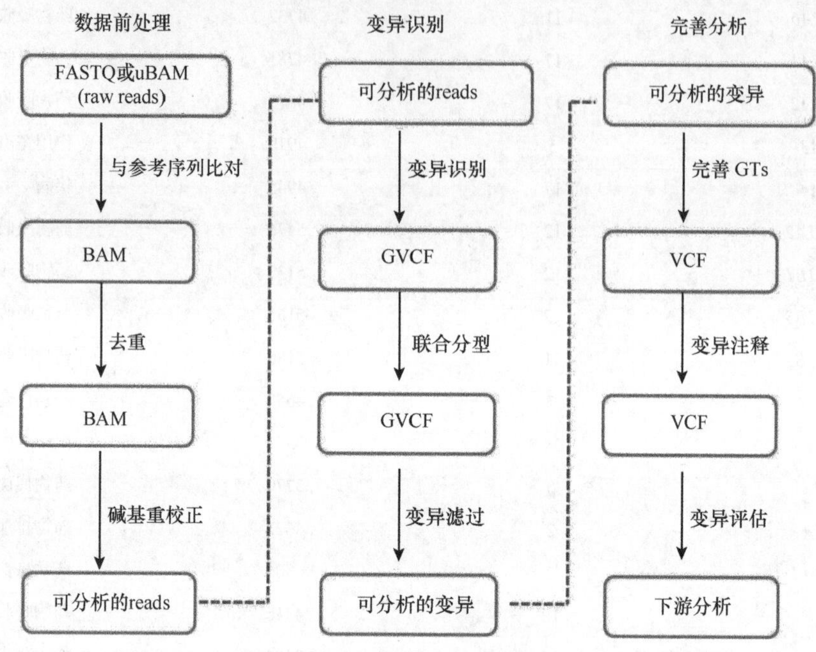

图 14-3　GATK 最佳实践分析胚系 SNP 和 Indel 变异的流程

1. 数据前处理　用 BWA 软件与参考序列比对→用 Picard 软件标记重复→碱基质量分数重新校准。原始的测序数据一般是一个或几个 FASTQ 文档，不能直接用于变异分析。即使拿到的是一个 BAM 文档（已经和参考序列比对过的数据文档），也需要对数据进行前处理，以获得准确的分析结果。GATK 最佳实践流程是首先将原始数据与参考序列比对，产生一个 SAM 或 BAM 格式的文档。然后去重，以减少由于 PCR 扩增等数据产生过程中引入的偏差。由于下一步变异识别所使用的算法严重依赖于每条读段中每个碱基的质量，因此在最后还需对碱基质量分数（base quality score）进行重新校准。

2. 变异识别　用 HaplotypeCaller 产生每个标本的基因组变异识别格式（Genomic Variant Call Format，GVCF）文档→执行联合分型→滤过变异。然后进行变异分析，即通过比对发现待测序列在哪些位点与参考序列不同，对每个标本在该位点的基因型进行计算。但其中一部分观察到的变异可能是由于比对过程或测序过程中引入假阳性结果。因此，在这一阶段最大的挑战是如何在检测的敏感性（使假阴性结果最小化）和特异性（使假阳性结果最小化）之间保持平衡。GATK 最佳实践流程推荐分两步完成：变异识别和变异滤过。前者使检测敏感性最大化，后者的目标是根据测序的目的（诊断、研究）调整特异性。

对于 DNA 标本，变异识别可以进一步分为单标本识别（single-sample calling）和多标本联合基因分型（joint genotyping）两个步骤，这样做的目的是方便标本组群的批量处理。

首先对每个标本运行 HaplotypeCaller，产生 GVCF 过渡文档，然后对多个标本的 GVCF 进行联合分型步骤，产生多标本 -VCF，对其敏感性和特异性进行平衡调整。联合分析的优点：①提高低频变异检出的敏感性；②完全区分纯合子参考序列的位点和缺乏测序数据的位点；③更有利于过滤掉假阳性结果。

最好的滤过变异的方式是使用变异质量分数重校正（variant quality score recalibration，VQSR）。VQSR 应用机器智能识别出不可能是真实的变异注释特征。但这种方法的缺点在于需要一个较大的变异数据（来自 30 个以上外显子或一个基因组）和一系列已知的变异位点。

3. 完善分析　完善分型→变异注释→变异评估。

（二）药物基因高通量测序检测数据分析软件

药物基因高通量测序检测数据常用的分析软件见表 14-5。

表 14-5　药物基因高通量测序检测数据常用的分析软件

功能	软件
SNP 分析	Atlas2[22]
	gotCloud[23]
	GATK[20]
Indel 分析	Atlas2[22]
	Dindel[24]
	GATK
CNV 分析	XHMM[25]
	CONSERTING[26]
HLA 等位基因分析	OptiType[27]
基因型识别	UnifiedGenotyper[20]
变异注释	SNPEff[28]
	Variant Effect Predictor[29]
	PharmCAT[30]

四、结果报告和应用

（一）药物等位基因命名的规范

对临床药物基因检测发现的变异的表述，目前存在几种不同的命名系统。原则上，无论哪个实验室进行基因检测，其检测结果的报告和解释应该都是一致的。但是，目前的药物基因分型检测在不同的实验室其检测的位点数和单倍型（haplotype）通常是不同的，这会使检测结果的报告和解释产生混乱，影响药物基因检测在临床的推广应用。因此，药物等位基因的命名亟待标准化。

1. 药物基因命名系统 单倍型（图 14-4），是单倍体基因型（haploid genotype）的简称，指在一条染色体上连锁遗传的多个 SNP 位点的组合。在药物基因组学文献上，单倍型、等位基因（allele）、等位基因变异（allelic variation）这三个词是互用的。人类染色体除了性染色体，其余都是双拷贝的，因此药物基因检测的结果通常以二倍型（diplotypes），即两个单倍型表示。但是单倍型和二倍型的分配都是以 SNP 位点基因分型的检测结果为基础，检测 SNP 位点能力的差异在很大程度上决定其分配。例如，*CYP2D6*4* 单倍型由 100C ＞ T、1846G ＞ A、4180G ＞ C 这 3 个 SNP 位点定义，而 *CYP2D6*10* 单倍型由 100C ＞ T、4180G ＞ C 这 2 个 SNP 位点定义，如果一个实验室不能检测 1846G ＞ A 位点，就会将一个原本是 *CYP2D6*4* 单倍型的等位基因报告成 *CYP2D6*10* 单倍型。在药物基因组学中，需要将检测到的变异（SNP）转换成单倍型或等位基因，再组合成二倍型，才能用于表型（UM，RM，NM，IM 或 PM）预测。

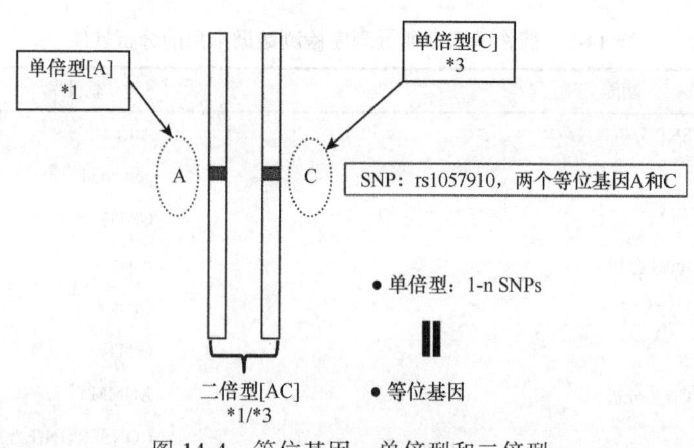

图 14-4 等位基因、单倍型和二倍型

以 *CYP2C9*3* 单倍型为例说明

对于人 DNA 测序、遗传诊断及体细胞突变的基因分型所发现的变异，国际上一般使用人类基因组变异协会（Human Genome Variation Society，HGVS）命名系统进行规范命名。HGVS 是专门为临床诊断设计的。该命名系统根据参考序列描述变异，指出变异在基因组的位置，以及 DNA、RNA 和蛋白质的具体改变 [31]。但 HGVS 的缺陷在于没有指定参考序列，可以使用不同的参考序列描述变异，可能导致表述的混乱。

与 HGVS 系统不同，药物基因有许多不同的命名系统。这些命名系统是在描述药物 ADME（absorption，distribution，metabolism and excretion）基因的单倍型中建立起来的。该领域最常见且应用最广泛的是 20 世纪 90 年代建立的星号（*）系统 [32]。通常，**1* 表示默认的参考（野生型或代谢酶全功能型）等位基因或单倍型，其他命名如 **2*、**3* 用来定义包含 1 个或多个 SNP 的单倍型。**1* 等位基因的定义是基于该位点最早被研究的部分人群的检测结果，但并不一定是全人类最普遍的等位基因。在某些情况下，**1* 不是参考等位基因。例如，*NAT2*4* 才是 *NAT2* 基因的参考等位基因，因为它是不同种族中最普遍的功能性等位基因[33]。实验室根据检测到的用于定义等位基因的 SNP 来报告药物基因变异，若未检测到 SNP 通常会报告为缺省变异（**1*）。在这种情况下，如果一个药物基因变异的检测结果为缺省变异，并不能完全排除该检测体系未覆盖的检测位点变异存在的可能性。换言之，缺省变异的可靠性会随着检测 SNP 位点数量的增加而提高。

表 14-6 列出了由数个命名委员会建立并维护的药物基因的单倍型和命名系统。PharmGKB 也包含详细的药物基因的单倍型。需要注意的是，许多药物基因（如 *VKORC1*）没有单独的命名系统。此外，很多药物基因（如 *VKORC1*）的变异在文献上有多种不同命名的描述[34]。

表 14-6　药物基因单倍型数据库

基因或基因家族	资源	网络链接
细胞色素 P450	Human CYP Allele Nomenclature Database[35]	https：//www.pharmvar.org/
细胞色素 P450	SuperCYP[36]	http：//bioinformatics.charite.de/supercyp/
UGT	*UGT* Nomenclature[37]	http：//www.pharmacogenomics.pha.ulaval.ca/cms/ugt_alleles/
TPMT	*TPMT* Nomenclature[38]	http：//www.imh.liu.se/tpmtalleles?l5en
NAT	*NAT* Allele Nomenclature Database[39]	http：//nat.mbg.duth.gr
HLA	*HLA* Nomenclature[40]	http：//hla.alleles.org/nomenclature/index.html

2. 目前药物基因命名系统存在的问题　个体某个药物基因预期表型（predicted phenotype）的推断依赖于其基因型的检测。对同一个标本，不同的命名系统和不同的药物基因检测体系设计可能造成结果的不一致。例如，美国疾病预防控制中心的基因检测参考物质合作计划（Genetic Testing Reference Material Coordination Program，GeT-RM）组织不同实验室对相同的标本进行药物基因分型，由于命名系统和方法设计的差异，导致结果的可比性很差[41]。一些实验室用星号系统表示等位基因或单倍型，而另一些实验室则用其他命名系统或氨基酸替代表示。由于设计检测的单倍型不同，对于同一个标本的同一个等位基因，不同实验室给出了不同的单倍型结果（表 14-7）。在某些情况下，可能造成错误的基因型分配及表型预测（图 14-5）。这些不一致将导致错误的结果解释，进而导致无法进行结果比较。另外，药物基因检测结果的报告和解释的不一致，可能造成更深远的影响。对同一个患者，由于不同的检测体系和命名造成的不一致，会使临床医师感到困惑，因此无法做出正确的用药决策。这也在相当程度上阻碍药物基因检测的临床应用。正确明了的药物基因检测结果表述对于患者的医疗记录也是十分重要的，因为这些检测结果可能伴随患者终身（通常认为一个人的胚系变异只需要检测一次）。综上所述，药物基因命名标准化、检测位点的透明化及明确的单倍型定义是非常必要的。

表 14-7 GeT-RM 中 6 个实验室用 6 种方法对 *VKORC1* 基因多态性检测结果的不同表示[41]

	可检测的等位基因					
	实验室 1	实验室 2	实验室 3	实验室 4	实验室 5	实验室 6
Coriell 细胞系	**2/H1*，**2A*，**2B*，**3*，**3F*；*BHT3*，**4*，**7RE*，*BHT2RE*，*BHT4*，*H2/H5*，*H4*，*H6*，*H7A*，*H7B*，*H8*，*H9*	*H1*，*H2*，*H3*，*H4*，*H6*，*H7*，*H9*，*V29L*，*V45A*，*R58G*，*V66M*，*R98W*，*L128R*	*rs9923231*（*c.-1639G＞A*）	**2*（*rs9923231 c.-1639G＞A*）	*rs9923231*（*c.-1639G＞A*）	**2*，**3*，**4*
NA11839	**2B/*3*；*H2/H5/H7B*	*H2/H7*；*H6/UNK*，*H1/UNK*，*H3/UNK*，*H4/UNK*，*UNK/UNK*	*GA*	**1/*2*	*AG*	**2/*3*
NA12236	*H2/H5/H2/H5*	*H2/H2*	*AA*	**2/*2*	*AA*	**2/*2*
NA17679	*BHT2RE/H7B*	*H7/H9*；*H6/UNK*	*GG*	**1/*1*	*GG*	**3/*4*

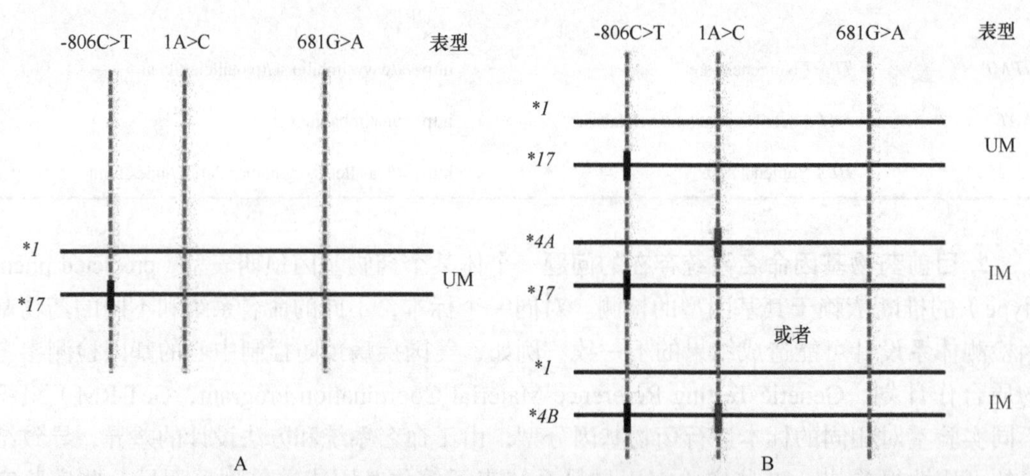

图 14-5 由于检测位点能力的差异造成预期表型的错误推测

A. 若只能检测 *CYP2C19*2*（c.681G＞A）和 *CYP2C19*17*（c.-806C＞T），则该个体的预期表型为 UM；B. 若还能检测 *CYP2C19*4*（c.1A＞G），则该个体的预期表型则为 IM。▬ 表示 **4*，━ 表示 **2*，**17*

由于 NGS 的普及应用，在不久的未来，我们有理由相信药物基因检测都会应用 NGS 技术完成。而在已经完成的 NGS 项目中，人们发现了大量与药物代谢和转运相关的稀有无义变异，这些变异不存在于目前的药物基因数据库中。用现有的药物基因命名系统（星号系统等）也很难对这些稀有变异进行单倍型定义。

为解决药物基因命名系统存在的问题，国际药物基因命名协作组推荐使用 HGVS 命名系统描述药物基因变异和单倍型，同时建议给出使用的参考序列、SNP 参考号（reference SNP cluster identifiers，rs IDs）、在检测报告中列出可检测位点及明确描述使用的检测原（表 14-8）[41]。协作组还建议停止使用传统的命名系统，但为了药物基因使用的延续性考虑和文献表述的可比性，可以在报告上以备注的方式用星号系统描述变异[41]。

例如，*CYP2C19*4*，对应的 rs IDs 为 rs28399504，HGVS 命名为

- NC_000010.10：g.96522463A > G
- NC_000010.11：g.94762706A > G
- NG_008384.2：g.5001A > G
- NM_000769.1：c.1A > G
- NM_000769.2：c.1A > G
- NP_000760.1：p.Met1Val

表 14-8　HGVS 批准的参考序列类型

类型	符号	含义
DNA	g.	基因组参考序列
	m.（HGVS 推荐使用）	参考转录序列
	c.	编码 DNA 参考序列
	n.	非编码 DNA 参考序列
RNA	r.	RNA 参考序列
蛋白质	p.	蛋白质参考序列

HGVS 推荐使用 LRG（Locus Reference Genomic）序列表示编码的 DNA 参考序列，专门用于临床诊断。LRG 序列不随参考序列的版本变化而改变，且包含基因的临床意义。用人基因组参考序列描述变异的意义不明确，如 NC_000006.11：g.117198495_117198496del，用 LRG 序列表示则为 LRG_199t1：c.57_58del.。协作组推荐使用 LRG 或 RefSeqGene（与 LRG 类似）序列作为描述药物基因变异的参考序列。

3. 药物基因变异转换为 HGVS 命名　用 HGVS 命名一个基因变异十分费时，而且使用不同的参考序列可能造成一个变异有多个名称（如上述 *CYP2C19*4* 的 HGVS 命名）。为此，协作组建立了一个将星号系统等传统药物基因命名系统转换为 HGVS 标准命名的单倍型定义表格。这些表格由 PharmGKB 不断更新，并可以在 PharmGKB 网站上下载（图 14-6）。此外，ClinVar 数据库可给出以 rs IDs 表示变异的 HGVS 命名，反过来可以用 Mutalyzer[42] 将 SNP 转换为 HGVS 命名。

GENE: CYP2C19	2017-6-20					
	Nucleotide change to gene from http://www.cypalleles.ki.se/cyp2c19.htm	-1041G>A	-806C>T	-13G>A	1A>G	7C>T
	Effect on protein (NP_000760.1)	5' region	5' region	5' region	M1V	P3S
	Position at NC_000010.11 (Homo sapiens chromosome 10, GRCh38.p2)	g.94761665G>A	g.94761900C>T	g.94762693G>A	g.94762706A>G	g.94762712C>T
	Position at NG_008384.2 (CYP2C19 RefSeqGene; forward relative to chromosome)	g.3960G>A	g.4195C>T	g.4988G>A	g.5001A>G	g.5007C>T
	rsID	rs7902257	rs12248560	rs367543001	rs28399504	rs367543002
Allele	Allele Functional Status					
*1	Normal function	G	C	G	A	C
*2	No function					
*3	No function					
*4A	No function				G	
*4B	No function		T		G	

图 14-6　药物基因 HGVS 命名与星号命名转换的表格工具（选自 *CYP2C19* 转换表）

（二）药物基因表型术语描述的规范

目前在文献和临床实际应用中，还存在药物基因表型描述混乱的情况。例如，关于 *TPMT*3A* 等位基因的功能有多种描述，如低活性、低功能、无效等位基因、无活性、不可检测的活性等。关于 *TPMT *3A/*3A* 表型的预测也有不同的描述，如 TPMT 纯合缺陷、TPMT 低活性等。这会造成医生、实验室人员及患者对实验结果的疑惑。为此，CPIC 组织了 58 位专家（医生、学者、实验室人员、药物基因临床实践者及临床信息员），经过 5 轮讨论后确定了规范的药物基因表型术语[43]（表 14-9）。这有助于对药物基因检测结果的理解和解释，减少描述的混乱，利于电子医疗系统药物基因数据的共享。

表 14-9 术语标准化——表型

表形	术语	功能定义	基因定义	示例（二倍型 / 等位基因）
药物代谢酶（*CYP2C19*，*CYP2D6*，*CYP3A5*，*CYP2C9*，*TPMT*，*DPYD*，*UGT1A1*）	超快代谢者	酶活性高于 RM	2 个功能增强的等位基因，或 ＞2 个功能正常的等位基因	*CYP2C19*17/*17* *CYP2D6*1/*1XN*
	快代谢者	酶活性介于 UM 和 NM 之间	功能增强和正常的等位基因组合	*CYP2C19*1/*17*
	正常代谢者	全功能酶活性	2 个功能正常的等位基因	*CYP2C19*1/*1*
	中间代谢者	酶活性介于 PM 和 NM 之间	功能正常和减弱 / 无功能的等位基因组合	*CYP2C19*1/*2*
	慢代谢者	弱或无酶活性	功能减弱和（或）无功能的等位基因组合	*CYP2C19*2/*2*
转运体（*SLCO1B1*）	功能增强者	转运功能高于正常功能	≥1 个功能增强等位基因	*SLCO1B1*1/*14*
	功能正常者	全转运体功能	2 个功能正常的等位基因	*SLCO1B1*1/*1*
	功能减弱者	转运功能弱于正常功能	功能正常和缺乏 / 减弱等位基因的组合	*SLCO1B1*1/*5*
	功能缺乏者	弱或无转运体性	功能减弱和（或）缺乏等位基因的组合	*SLCO1B1*5/*5*
高危基因型（*HLA-B*）	阳性	检测到高危等位基因	纯合子或杂合子高危等位基因	*HLA-B*15：02*
	阴性	未测到高危等位基因	0 拷贝高危等位基因	

（三）结果报告和解释

因为临床医师工作繁忙，他们没有时间也不可能了解所有的医学进展。因此复杂的基因检测报告的解释相当重要。如果没有正确和合理的结果报告与解释，即使基因分型检测无误，也可能无法让临床医师获取有效的信息来指导用药。

对于临床基因检测的报告内容，有一系列相关的管理文件和专业指南可以参考[44-46]。对于药物基因检测，一般要求报告患者姓名 / 标本号、检测日期、实验室名称 / 联系方式（地址电话）、检测方法、检测结果（基因型）、结果解释、用药建议等。另外，协作组建议检测报告必须明确：①检测到的具体的基因变异和单倍型；②列出可以检测的变异和基因型（分型检测需给出检测位点、测序检测需给出测序区域）；③需要对检测给予一定的描述，如不能检测的变异类型等；④最好能在实验室网站上对公众开放检测的描述信息，或者在 NIH 网站进行基因检测注册。

等位基因 / 单倍型的识别基于具体的检测位点的组合。目前各实验室的药物基因检测位点往往不同，所以不仅要报告患者的分型结果，还要报告具体的检测位点和基因型。临床药物基因检测结果的解释需要对全部检测位点进行综合考虑。因为药物基因单倍型可以包含一个或多个变异位点，所以弄清楚哪些变异位点被检测到和哪些变异位点没有被检测到是很重要的。在实际检测中，对于一份标本，实验室通常只报告他们能检测的变异。

GTR 注册要求实验室对基因检测进行明确、详细的描述，包括方法学、适应证、检测目标（基因、变异位点）、检测的性能特征、局限性、实验室的认可 / 认证情况。GTR 有助于基因检测的标准化。

高通量测序可以获得基因组中大量的变异信息，要求在报告中列出全部可以检测的变异位点不切实际，但是有必要列出定义单倍型的重要变异位点。对于高通量测序检测发现的与参考序列不同但是无明确临床意义的变异，可以用 HGVS 标准命名并在报告附表中列出，也许在将来可以解释这些变异。

协助组还建议在报告中指出具体的 rs IDs、检测的基因区域、其他变异类型（如拷贝数变异）和等位基因 / 单倍型是如何定义的。报告最好能清楚地说明检测的局限性，描述不能检测，但是有临床意义的其他变异位点、单倍型及变异类型。方法学设计和局限性也需要公开。实验室还可以在报告中提出，由于检测范围之外变异存在的可能性、药物相互作用及其他基因和环境因素的影响，基于基因检测的预期表型可能与实际表型不符。利用检测范围和局限性的描述信息，可以对检测结果进行深入详尽的评估。

（四）用药指导

临床药物基因检测的最终目的是用于指导临床用药的选择和给药剂量的调整。为方便应用，PharmGKB 制作出根据单倍型推测表型及用药指导的在线工具[47]。在等位基因下拉框中选择检测的单倍型，PharmGKB 会自动给出基因型、表型和用药建议（图 14-7）。目前有 36 个药物 - 基因对可以进行此种操作（表 14-10）。

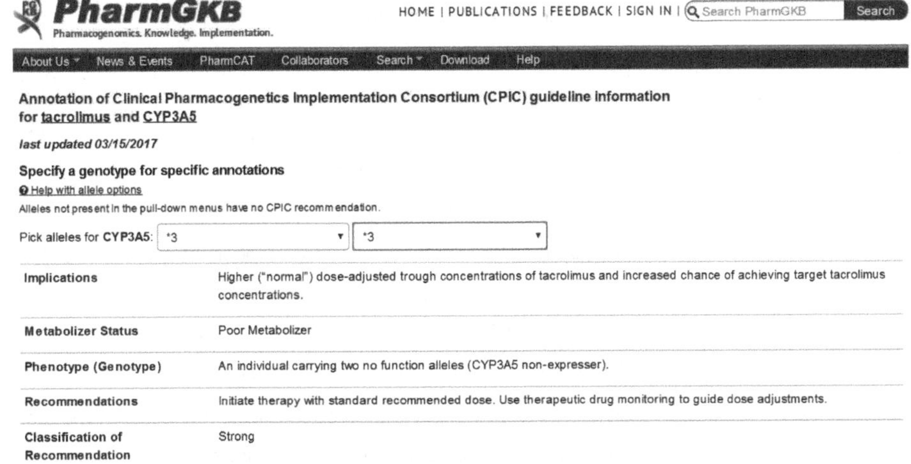

图 14-7　PharmGKB 制作的根据单倍型推测表型及用药建议在线工具[47]（以 *CYP3A5* 为例）

表 14-10 PharmGKB 的 36 个药物－基因 CPIC 指南

药物	指南	更新日期
阿巴卡韦（abacavir）	Annotation of CPIC Guideline for abacavir and HLA-B	09/30/2014
巯嘌呤（allopurinol）	Annotation of CPIC Guideline for allopurinol and HLA-B	06/12/2015
阿米替林（amitriptyline）	Annotation of CPIC Guideline for amitriptyline and CYP2C19，CYP2D6	03/15/2017
阿扎那韦（atazanavir）	Annotation of CPIC Guideline for atazanavir and UGT1A1	03/15/2017
硫唑嘌呤（azathioprine）	Annotation of CPIC Guideline for azathioprine and TPMT	03/15/2017
卡培他滨（capecitabine）	Annotation of CPIC Guideline for capecitabine and DPYD	03/15/2017
卡马西平（carbamazepine）	Annotation of CPIC Guideline for carbamazepine and HLA-B	05/21/2013
西酞普兰（citalopram）	Annotation of CPIC Guideline for citalopram，escitalopram and CYP2C19	03/15/2017
氯丙咪嗪（clomipramine）	Annotation of CPIC Guideline for clomipramine and CYP2C19，CYP2D6	03/15/2017
氯吡格雷（clopidogrel）	Annotation of CPIC Guideline for clopidogrel and CYP2C19	03/15/2017
可待因（codeine）	Annotation of CPIC Guideline for codeine and CYP2D6	05/02/2017
地昔帕明（desipramine）	Annotation of CPIC Guideline for desipramine and CYP2D6	03/15/2017
多塞平（doxepin）	Annotation of CPIC Guideline for doxepin and CYP2C19，CYP2D6	03/15/2017
艾司西酞普兰（escitalopram）	Annotation of CPIC Guideline for citalopram，escitalopram and CYP2C19	03/15/2017
氟尿嘧啶（fluorouracil）	Annotation of CPIC Guideline for fluorouracil and DPYD	03/16/2017
氟伏沙明（fluvoxamine）	Annotation of CPIC Guideline for fluvoxamine and CYP2D6	03/15/2017
丙咪嗪（imipramine）	Annotation of CPIC Guideline for imipramine and CYP2C19，CYP2D6	03/15/2017
依伐卡托 (ivacaftor）	Annotation of CPIC Guideline for ivacaftor and CFTR	06/02/2017
甲硫嘌呤（mercaptopurine）	Annotation of CPIC Guideline for mercaptopurine and TPMT	03/15/2017
去甲替林（nortriptyline）	Annotation of CPIC Guideline for nortriptyline and CYP2D6	03/15/2017
昂丹司琼（ondansetron）	Annotation of CPIC Guideline for ondansetron and CYP2D6	03/15/2017
帕罗西汀（paroxetine）	Annotation of CPIC Guideline for paroxetine and CYP2D6	03/15/2017
聚乙二醇干扰素 α-2a（peginterferon alfa-2a）	Annotation of CPIC Guideline for peginterferon alfa-2a，peginterferon alfa-2b，ribavirin and IFNL3	02/25/2016
聚乙二醇干扰素 α-2b（peginterferon alfa-2b）	Annotation of CPIC Guideline for peginterferon alfa-2a，peginterferon alfa-2b，ribavirin and IFNL3	02/25/2016
芬妥英（phenytoin）	Annotation of CPIC Guideline for phenytoin and CYP2C9，HLA-B	03/15/2017
拉布立酶（rasburicase）	Annotation of CPIC Guideline for rasburicase and G6PD	05/09/2014
利巴韦林（ribavirin）	Annotation of CPIC Guideline for peginterferon alfa-2a，peginterferon alfa-2b，ribavirin and IFNL3	02/25/2016
舍曲林（sertraline）	Annotation of CPIC Guideline for sertraline and CYP2C19	03/15/2017
辛伐他汀 (simvastatin）	Annotation of CPIC Guideline for simvastatin and SLCO1B1	03/15/2017
他克莫司 (tacrolimus）	Annotation of CPIC Guideline for tacrolimus and CYP3A5	03/15/2017

续表

药物	指南	更新日期
替加氟（tegafur）	Annotation of CPIC Guideline for tegafur and DPYD	03/16/2017
巯鸟嘌呤（thioguanine）	Annotation of CPIC Guideline for thioguanine and TPMT	03/15/2017
曲米帕明（trimipramine）	Annotation of CPIC Guideline for trimipramine and CYP2C19，CYP2D6	03/15/2017
托烷司琼（tropisetron）	Annotation of CPIC Guideline for tropisetron and CYP2D6	03/15/2017
伏立康唑（voriconazole）	Annotation of CPIC Guideline for voriconazole and CYP2C19	03/15/2017
华法林（warfarin）	Annotation of CPIC Guideline for warfarin and CYP2C9，CYP4F2，VKORC1	02/08/2017

第四节　临床药物基因高通量测序检测的性能确认和质量控制

临床药物基因高通量测序检测的方法在建立之后，需要按照相关国际准则和指南进行充分的性能确认，才能进一步应用于临床常规检测。由于高通量测序技术十分复杂、步骤繁多，影响最终检测结果的因素也很多。因此在日常实际检测工作中，需要从标本的核酸提取到数据分析全过程进行严格的内部质量控制。此外，实验室还需要定期参加相关的室间质量评价计划。

一、性能确认

确认，是指通过提供客观证据对特定的预期用途或应用要求已得到满足的认定。ISO15189：2012《医学实验室－质量和能力的要求》5.5.1.3 规定实验室应对以下来源的检验程序进行确认：非标准方法、实验室设计或制订的方法、超出预期范围使用的标准方法、修改过的确认方法。目前市面上尚无监管部门批准的临床药物基因高通量测序检测程序。换言之，实验室在建立药物基因高通量测序检测的方法后，必须确认准确度（accuracy）、精密度（precision）、分析灵敏度（analytical sensitivity）、分析特异性（analytical specificity）、可报告范围（reportable range）及参考范围（reference range）等参数后，才能用于检测临床患者的标本。专业组织明确了这些分析性能参数在高通量测序检测中的含义[48-50]。

性能确认的过程，是在一定的实验条件下，用数量合理的、不同类型的标本证明所建立的检测方法能准确地检测出预期用途所声称的序列信息。目前药物基因高通量测序检测尚无性能验证的相关指南，实验室可以参考美国分子病理协会和美国病理家协会发布的肿瘤基因组合高通量测序检测的性能验证指南进行方案设计和实施[51]。进行性能验证之后，所建立的方法应当被“锁定”，不得更改。高通量测序检测平台、软件、数据库和生物信息学分析流程在持续发展中，并且升级频率很高，实验室需要对受更改或升级影响的关键分析过程重新进行性能确认。

还需指出的是用于药物基因高通量测序检测性能验证的标本。美国疾控中心的 GeT-RM 计划先后建立了 244 种用于药物基因检测的参考物质（细胞株和 DNA），涵盖常用的 28 个药物基因[52，53]。这些经过确认的参考物质也可用于性能确认。

二、质量控制

不同于传统的检测技术，高通量测序检测的质量控制、质量保证、质量参数的衡量随着所用测序平台和方法复杂度的变化而呈现出巨大的挑战。因此，实验人员应当对检测建立相应的质量控制手段，并在每一批次检测中加以实施，具体见第八章。质量控制的设计应保证对每个患者标本、每个批次的检测都能达到之前所建立的性能参数。可以对检测的每一步设计质控。

质控品主要用于查找错误来源，避免检测错误对患者造成伤害。高通量测序质控品主要有 3 类：①参考细胞系，应用最广的是 HapMap 细胞系，如 NA12878、NA19240、NA18507 及 NA19129，这些细胞系可以从 Coriell 细胞库购买；②合成的 DNA 片段，其应用起来比较灵活，还可以掺入细胞使用；③特定基因序列已经明确的细胞系，如上述 GeT-RM 药物基因细胞系。实验室可根据具体的检测原理和预期用途使用合适的质控品。对于靶向测序，建议在文库制备时检测“无模板”的质控品，以监测试剂污染。

室间质量评价又称能力验证，用于评估实验室特定检测项目的能力。通常的做法是，室间质量评价组织者发放一定数量的质评样本给各参加实验室，然后实验室将其测定结果在规定的时间内报告至组织者进行评估。在室间质量评价不可用的情况下，一种重要替代形式为实验室间标本比对。对于组织者来说，提供高通量测序检测的室间质量评价具有很大的挑战性，因为不可能找到涵盖临床检测中所有可能发现的基因变异的标本。为此，产生了一种称为基于方法学的能力验证用于高通量测序检测[54-56]。其做法是，只评估实验室对具有代表性的基因变异（如 SNV 和 Indel）的检测能力，而不是全部变异位点。作为测序能力验证的补充，人们还建立了基于数据分析的室间质量评价[57]。目前，国际上已经开展了高通量测序检测胚系变异和体细胞变异的室间质量评价。相信在不久的将来，相关机构会组织开展临床药物基因高通量测序检测的室间质量评价。实验室应参加相适宜的室间质量评价计划。

第五节　国内外临床药物基因检测指南

为了推广药物基因检测的临床应用，多个学术团体制订了指南。最有影响力的是 CPIC 指南。CPIC 针对临床意义最明确的药物基因，制订了 36 个药物 - 基因指南（见表 14-10）。指南的内容包括药物描述、主要影响基因描述、相关基因描述、基因检测和检测结果的解释。对每种药物的基因组学信息，CPIC 指南会持续收集相关研究证据。指南的制订和更新发表于 *Clinical Pharmacology & Therapeutics*。

另一个比较有影响力的团体是皇家荷兰协会药学促进 - 药物基因工作组（Royal

Dutch Association for the Advancement of Pharmacy-Pharmacogenetics Working Group, DPWG）。DPWG 制订了 57 个药物 - 基因指南（表 14-11）。

表 14-11　DPWG 制订的 57 个药物 - 基因指南

药物	指南	更新日期
阿巴卡韦（abacavir）	Annotation of DPWG Guideline for abacavir and HLA-B	08/10/2011
醋硝香豆素（acenocoumarol）	Annotation of DPWG Guideline for acenocoumarol and CYP2C9	08/10/2011
	Annotation of DPWG Guideline for acenocoumarol and VKORC1	08/10/2011
阿米替林（amitriptyline）	Annotation of DPWG Guideline for amitriptyline and CYP2D6	08/10/2011
阿立哌唑（aripiprazole）	Annotation of DPWG Guideline for aripiprazole and CYP2D6	08/10/2011
阿托莫西汀（atomoxetine）	Annotation of DPWG Guideline for atomoxetine and CYP2D6	08/10/2011
硫唑嘌呤（azathioprine）	Annotation of DPWG Guideline for azathioprine and TPMT	08/10/2011
卡培他滨（capecitabine）	Annotation of DPWG Guideline for capecitabine and DPYD	08/10/2011
卡维地洛（carvedilol）	Annotation of DPWG Guideline for carvedilol and CYP2D6	08/10/2011
西酞普兰（citalopram）	Annotation of DPWG Guideline for citalopram and CYP2C19	08/10/2011
氯丙咪嗪（clomipramine）	Annotation of DPWG Guideline for clomipramine and CYP2D6	08/10/2011
氯吡格雷（clopidogrel）	Annotation of DPWG Guideline for clopidogrel and CYP2C19	08/10/2011
氯氮平（clozapine）	Annotation of DPWG Guideline for clozapine and CYP2D6	08/10/2011
可待因（codeine）	Annotation of DPWG Guideline for codeine and CYP2D6	05/02/2017
多塞平（doxepin）	Annotation of DPWG Guideline for doxepin and CYP2D6	08/10/2011
度洛西汀（duloxetine）	Annotation of DPWG Guideline for duloxetine and CYP2D6	08/10/2011
艾司西酞普兰（escitalopram）	Annotation of DPWG Guideline for escitalopram and CYP2C19	08/10/2011
埃索美拉唑（esomeprazole）	Annotation of DPWG Guideline for esomeprazole and CYP2C19	08/10/2011
氟卡尼（flecainide）	Annotation of DPWG Guideline for flecainide and CYP2D6	08/10/2011
氟尿嘧啶（fluorouracil）	Annotation of DPWG Guideline for fluorouracil and DPYD	08/10/2011
氟哌噻吨（flupenthixol）	Annotation of DPWG Guideline for flupenthixol and CYP2D6	08/10/2011
格列本脲（glibenclamide）	Annotation of DPWG Guideline for glibenclamide and CYP2C9	08/10/2011
格列齐特（gliclazide）	Annotation of DPWG Guideline for gliclazide and CYP2C9	08/10/2011
格列美脲（glimepiride）	Annotation of DPWG Guideline for glimepiride and CYP2C9	08/10/2011
氟哌啶醇（haloperidol）	Annotation of DPWG Guideline for haloperidol and CYP2D6	08/10/2011
系统用药的激素类避孕药（hormonal contraceptives for systemic use）	Annotation of DPWG Guideline for hormonal contraceptives for systemic use and F5	08/10/2011
丙咪嗪（imipramine）	Annotation of DPWG Guideline for imipramine and CYP2C19	08/10/2011
	Annotation of DPWG Guideline for imipramine and CYP2D6	08/10/2011
伊立替康（irinotecan）	Annotation of DPWG Guideline for irinotecan and UGT1A1	08/10/2011
兰索拉唑（lansoprazole）	Annotation of DPWG Guideline for lansoprazole and CYP2C19	08/10/2011
甲硫嘌呤（Mercaptopurine）	Annotation of DPWG Guideline for mercaptopurine and TPMT	08/10/2011
美托洛尔（metoprolol）	Annotation of DPWG Guideline for metoprolol and CYP2D6	08/10/2011
米氮平（mirtazapine）	Annotation of DPWG Guideline for mirtazapine and CYP2D6	08/10/2011

续表

药物	指南	更新日期
吗氯贝胺（moclobemide）	Annotation of DPWG Guideline for moclobemide and CYP2C19	08/10/2011
去甲阿米替林（nortriptyline）	Annotation of DPWG Guideline for nortriptyline and CYP2D6	08/10/2011
奥氮平（olanzapine）	Annotation of DPWG Guideline for olanzapine and CYP2D6	08/10/2011
奥美拉唑（omeprazole）	Annotation of DPWG Guideline for omeprazole and CYP2C19	08/10/2011
羟考酮（oxycodone）	Annotation of DPWG Guideline for oxycodone and CYP2D6	08/10/2011
泮托拉唑（pantoprazole）	Annotation of DPWG Guideline for pantoprazole and CYP2C19	08/10/2011
帕罗西汀（paroxetine）	Annotation of DPWG Guideline for paroxetine and CYP2D6	08/10/2011
苯丙羟基香豆素（phenprocoumon）	Annotation of DPWG Guideline for phenprocoumon and CYP2C9	08/10/2011
	Annotation of DPWG Guideline for phenprocoumon and VKORC1	08/10/2011
芬妥英（phenytoin）	Annotation of DPWG Guideline for phenytoin and CYP2C9	08/10/2011
普罗帕酮（propafenone）	Annotation of DPWG Guideline for propafenone and CYP2D6	08/10/2011
雷贝拉唑（rabeprazole）	Annotation of DPWG Guideline for rabeprazole and CYP2C19	08/10/2011
利巴韦林（ribavirin）	Annotation of DPWG Guideline for ribavirin and HLA-B	08/10/2011
利培酮（risperidone）	Annotation of DPWG Guideline for risperidone and CYP2D6	08/10/2011
舍曲林（sertraline）	Annotation of DPWG Guideline for sertraline and CYP2C19	08/10/2011
他克莫司（tacrolimus）	Annotation of DPWG Guideline for tacrolimus and CYP3A5	08/10/2011
他莫昔芬（tamoxifen）	Annotation of DPWG Guideline for tamoxifen and CYP2D6	08/10/2011
替加氟（tegafur）	Annotation of DPWG Guideline for tegafur and DPYD	08/10/2011
巯鸟嘌呤（thioguanine）	Annotation of DPWG Guideline for thioguanine and TPMT	08/10/2011
甲苯磺丁脲（tolbutamide）	Annotation of DPWG Guideline for tolbutamide and CYP2C9	08/10/2011
曲马朵（tramadol）	Annotation of DPWG Guideline for tramadol and CYP2D6	05/02/2017
文拉法辛（venlafaxine）	Annotation of DPWG Guideline for venlafaxine and CYP2D6	08/10/2011
伏立康唑（voriconazole）	Annotation of DPWG Guideline for voriconazole and CYP2C19	08/10/2011
珠氯噻醇（zuclopenthixol）	Annotation of DPWG Guideline for zuclopenthixol and CYP2D6	08/10/2011

另外，加拿大药物安全协作网络（Canadian Pharmacogenomics Network for Drug Safety，CPNDS）制订了 5 个药物－基因指南。2015 年，国家卫生计生委个体化医学检测技术专家委员会制订并发布了《药物代谢酶和药物作用靶点基因检测技术指南（试行）》，以为临床药物基因检测提供指导。该指南从药物代谢酶和药物作用靶点基因出发，对适应人群、标本采集、检测、结果报告与解释及质量控制等内容进行了阐述，并对 *CYP2C19* 等 26 个药物基因检测项目进行了介绍。韩国实验室医学会（Korean Society of Laboratory Medicine，KSLM）也针对医疗保险覆盖的药物基因（*CYP2C9*、*VKORC1*、*CYP2C19*、*CYP2D6*、*NAT2*、*UGT1A1*、*TPMT*、*EGFR*、*HER2* 和 *KRAS*）发布了检测指南[58]。

第六节　药物基因检测的临床推广应用

毋庸置疑，临床药物基因检测具有重要的应用价值[59]，但是当前药物基因检测的临床应用远远落后于其基础研究。目前文献已报道了数千个药物基因标志物，但是常规临床应用的只有其中一小部分。很大一部分原因是药物基因检测未能满足国际通行的用于评估基因检测安全性和有效性的 ACCE 框架[60]要求。ACCE 从以下几方面评估一项基因检测：①分析有效性（analytic validity）；②临床有效性（clinical validity）；③临床实用性（clinical utility）；④相关的伦理、法律和社会影响。其中，临床实用性这个条件很难满足。通常要用随机对照试验（RCT）来阐明临床实用性。RCT 研究费用高，且可能因为伦理学原因（如能引起致命皮损的卡马西平）、潜在的严重 ADR 或有可替代实用的药物而无法实施。除了 ACCE 框架，还有许多其他因素阻碍药物基因检测的临床应用[61]。例如，相当一部分处方医生不接受药物基因检测。原因可能是临床医师缺乏足够的药物基因组学知识，或者由于某些客观因素不能将药物基因组学转化为临床应用（如复杂的药物基因命名系统、预期表型报告缺乏标准等）。其他阻碍因素包括药物基因检测费用过高、检测的不确定性及费用报销问题。

为了使药物基因检测在临床上的应用更为广泛，需要本领域的教育机构、临床实验室及政策制定者共同努力，克服障碍。全球药物相关组织机构正在为此努力[62]。欧洲药物基因组学执行联合会（European Pharmacogenetics Implementation Consortium）旨在利用药物基因组学信息改进临床用药疗效。皇家荷兰药剂师协会（Royal Dutch Pharmacists Association）为推广药物基因检测的临床应用做了大量工作。欧洲的大型项目 Ubiquitous Pharmacogenomics利用药物基因组学研究数据使治疗更加有效，使所有的欧洲公民都能从中受益。Ubiquitous Pharmacogenomics 将克服药物基因检测在临床推广的主要问题，将药物基因检测结果整合入患者的电子医疗记录，用大型 RCT（8000 例受试者）评估现有的药物基因分型检测平台对药物治疗的效用，进一步用高通量测序技术发现新的与药物反应相关的变异并阐明药物 - 基因的相互关系。在美国，NIH 的 PGRN 组织并实施了药物基因组学临床转化项目，共享 CPIC 药物基因组学指南在临床的最佳实践[63, 64]。电子医疗记录和基因组网络（Electronic Medical Records and Genomics Network，eMERGE）的药物基因组项目对 9000 名参与者的 84 个药物基因进行了高通量测序，将药物基因信息整合进入电子医疗记录，评估这些数据是否能改进医疗服务，并使患者及其家庭受益[65]。

第七节　展　　望

近年发展起来的高通量测序技术使得对药物基因组进行全面分析成为现实，而且也终将取代传统的基于单个基因分型的药物基因检测。不同于传统的位点受限的药物基因变异检测，采用高通量测序技术对健康个体进行药物基因分型称为先行（pre-emptive）检测。毫无疑问，这将会发现大量功能未知的基因变异。要对这些新发现的变异全部进行体内和体外功能研究不太现实，由于需要耗费大量经费，因此可行的解决的办法是通过软件分析来推测其可能的临床意义，但目前的软件算法和功能预测方法还需要进一步完善。有学者提出，可行的策略是对药物反应异常患者的基因组用高通量测序进行回顾性分析，对发现的变异进行功能验证。这些经过验证的变异信息应被收集到公共数据库中，汇集的基因 - 变异信息将用于指导个体化用药。

以往，临床医师习惯于根据患者的个体特点（如年龄、肝功能、肾功能及药物相互作用）和个人喜好进行处方决策。现在，将患者自身特点与药物基因信息结合的临床决策支持（clinical decision support，CDS）将为临床医师提供更多循证医学证据。在本领域各方面的不懈努力下，药物基因组学的临床应用将会加速推广。

（林贵高）

参考文献

[1] Spear BB，Heath-Chiozzi M，Huff J. Clinical application of pharmacogenetics. Trends Mol Med，2001，7：201-204.

[2] Sim SC，Kacevska M，Ingelman-Sundberg M. Pharmacogenomics of drug-metabolizing enzymes：a recent update on clinical implications and endogenous effects. Pharmacogenomics J，2013，13：1-11.

[3] Gonzalez FJ，Skoda RC，Kimura S，et al. Characterization of the common genetic defect in humans deficient in debrisoquine metabolism. Nature，1988，331：442-446.

[4] Ingelman-Sundberg M. Pharmacogenomic biomarkers for prediction of severe adverse drug reactions. N Engl J Med，2008，358：637-639.

[5] Yates CR，Krynetski EY，Loennechen T，et al. Molecular diagnosis of thiopurine s-methyltransferase deficiency：Genetic basis for azathioprine and mercaptopurine intolerance. Ann Intern Med，1997，126：608-614.

[6] Miao L，Yang J，Huang C，et al. Contribution of age，body weight，and cyp2c9 and vkorc1 genotype to the anticoagulant response to warfarin：proposal for a new dosing regimen in chinese patients. Eur J Clin Pharmacol，2007，63：1135-1141.

[7] Kozyra M，Ingelman-Sundberg M，Lauschke VM. Rare genetic variants in cellular transporters，metabolic enzymes，and nuclear receptors can be important determinants of interindividual differences in drug response. Nat Genet，2017，19：20-29.

[8] https：//www.pharmgkb.org.

[9] https：//cpicpgx.org/genes-drugs.

[10] https：//www.fda.gov/Drugs/ScienceResearch/ResearchAreas/Pharmacogenetics/ucm083378.htm.

[11] Yang Y，Botton MR，Scott ER，et al. Sequencing the cyp2d6 gene：From variant allele discovery to clinical pharmacogenetic testing. Pharmacogenomics，2017，18：673-685.

[12] http：//www.cypalleles.ki.se/cyp2d6.htm.

[13] Buermans HP，Vossen RH，Anvar SY，et al. Flexible and scalable full-length cyp2d6 long amplicon pacbio sequencing. Hum Mutat，2017，38：310-316.

[14] Ng D，Hong CS，Singh LN，et al. Assessing the capability of massively parallel sequencing for opportunistic pharmacogenetic screening. Genet Med，2017，19：357-361.

[15] Yang W，Wu G，Broeckel U，et al. Comparison of genome sequencing and clinical genotyping for pharmacogenes. Clin Pharmacol Ther，2016，100：380-388.

[16] Feero WG. Clinical application of whole-genome sequencing：Proceed with care. JAMA，2014，311：1017-1019.

[17] Hovelson DH，Xue Z，Zawistowski M，et al. Characterization of adme gene variation in 21 populations by exome sequencing. Pharmacogenet Genomics，2017，27：89-100.

[18] Asan，Xu Y，Jiang H，et al. Comprehensive comparison of three commercial human whole-exome capture platforms. Genome Biol，2011，12：1-12.

[19] Gordon AS，Fulton RS，Qin X，et al. PGRNseq：a targeted capture sequencing panel for pharmacogenetic research and implementation. Pharmacogenet Genomics，2016.

[20] Van der Auwera GA，Carneiro MO，Hartl C，et al. From fastq data to high confidence variant calls：The genome analysis toolkit best practices pipeline. Curr Protoc Bioinformatics，2013，43：1101-1133.

[21] https：//software.broadinstitute.org/gatk.

[22] Challis D，Yu J，Evani US，et al. An integrative variant analysis suite for whole exome next-generation sequencing data. BMC Bioinformatics，2012，13：8.

[23] Jun G，Wing MK，Abecasis GR，et al. An efficient and scalable analysis framework for variant extraction and refinement from population-scale DNA sequence data. Genome Res，2015，25：918-925.

[24] Albers CA，Lunter G，MacArthur DG，et al. Dindel：accurate indel calls from short-read data. Genome Res，2011，21：961-973.

[25] Fromer M，Moran JL，Chambert K，et al. Discovery and statistical genotyping of copy-number variation from whole-exome sequencing depth. Am J Hum Genet，2012，91：597-607.

[26] Chen X，Gupta P，Wang J，et al. Conserting：integrating copy-number analysis with structural-variation detection. Nat Methods，2015，12：527-530.

[27] Szolek A，Schubert B，Mohr C，et al. Optitype：precision hla typing from next-generation sequencing data. Bioinformatics，2014，30：3310-3316.

[28] Cingolani P，Platts A，Wang le L，et al. A program for annotating and predicting the effects of single nucleotide polymorphisms，SnpEff：SNPs in the genome of drosophila melanogaster strain w1118；iso-2；iso-3. Fly，2012，6：80-92.

[29] McLaren W，Gil L，Hunt SE，et al. The ensembl variant effect predictor. Genome Biol，2016，17：122.

[30] Klein TE，Ritchie MD. PharmCAT：a pharmacogenomics clinical annotation tool. Clin Pharmacol Ther，2018，104：19-22.

[31] Richards S，Aziz N，Bale S，et al. Standards and guidelines for the interpretation of sequence variants：a joint consensus recommendation of the American College of Medical Genetics and Genomics and the Association for Molecular Pathology. Genet Med，2015，17：405-424.

[32] Robarge JD，Li L，Desta Z，et al. The star-allele nomenclature：retooling for translational genomics. Clin Pharmacol Ther，2007，82：244-248.

[33] Hein DW，Boukouvala S，Grant DM，et al. Changes in consensus arylamine N-acetyltransferase gene nomenclature. Pharmacogenet Genomics，2008，18：367-368.

[34] Rieder MJ，Reiner AP，Gage BF，et al. Effect of VKORC1 haplotypes on transcriptional regulation and warfarin dose. N Engl J Med，2005，352：2285-2293.

[35] http：//www.cypalleles.ki.se/.

[36] http：//bioinformatics.charite.de/supercyp/.

[37] http：//www.pharmacogenomics.pha.ulaval.ca/cms/ugt-alleles-nomenclature/.

[38] http：//www.imh.liu.se/tpmtalleles?l5en.

[39] http：//nat.mbg.duth.gr.

[40] http：//hla.alleles.org/nomenclature/index.html.

[41] Kalman LV，Agundez J，Appell ML，et al. Pharmacogenetic allele nomenclature：international workgroup recommendations for test result reporting. Clin Pharmacol Ther，2016，99：172-185.

[42] https：//www.mutalyzer.nl/snp-converter.

[43] Caudle KE，Dunnenberger HM，Freimuth RR，et al. Standardizing terms for clinical pharmacogenetic test results：consensus terms from the Clinical Pharmacogenetics Implementation Consortium（CPIC）. Genet Med，2017，19：215-223.

[44] International Organization for Standardization. ISO 15189：Medical laboratories–requirements for quality and competence.

[45] http：//www.cap.org.

[46] American College of Medical Genetics and Genomics. Standards and Guidelines for Clinical Genetics Laboratories. 2008.

[47] https：//www.pharmgkb.org/guidelines.

[48] Clinical and Laboratory Standards Institute. Nucleic Acid Sequencing Methods in Diagnostic Laboratory Medicine；Approved Guideline.（MM09-A2）2014.

[49] Gargis AS，Kalman L，Berry MW，et al. Assuring the quality of next-generation sequencing in clinical laboratory practice. Nat Biotechnol，2012，30：1033-1036.

[50] Pont-Kingdon G，Gedge F，Wooderchak-Donahue W，et al. Design and analytical validation of clinical DNA sequencing assays. Arch Pathol Lab Med，2012，136：41-46.

[51] Jennings LJ，Arcila ME，Corless C，et al. Guidelines for validation of next-generation sequencing-based oncology panels：a joint consensus recommendation of the Association for Molecular Pathology and College of American Pathologists. J Mol Diagn，2017，19：341-365.

[52] Pratt VM，Zehnbauer B，Wilson JA，et al. Characterization of 107 genomic DNA reference materials for CYP2D6，CYP2C19，CYP2C9，VKORC1，and UGT1A1：a Ge T-RM and Association for Molecular Pathology Collaborative Project. J Mol Diagn，2010，12：835-846.

[53] Pratt VM，Everts RE，Aggarwal P，et al. Characterization of 137 genomic DNA reference materials for 28 pharmacogenetic genes：a Ge T-RM Collaborative Project. J Mol Diagn，2016，18：109-123.

[54] Kalman LV，Lubin IM，Barker S，et al. Current landscape and new paradigms of proficiency testing and external quality assessment for molecular genetics. Arch Pathol Lab Med，2013，137：983-988.

[55] Schrijver I，Aziz N，Jennings LJ，et al. Methods-based proficiency testing in molecular genetic pathology. J Mol Diagn，2014，16：283-287.

[56] Richards CS，Palomaki GE，Lacbawan FL，et al. Three-year experience of a CAP/ACMG methods-based external proficiency testing program for laboratories offering DNA sequencing for rare inherited disorders. Genet Med，2014，16：25-32.

[57] Duncavage EJ，Abel HJ，Merker JD，et al. A model study of in silico proficiency testing for clinical next-generation sequencing. Arch Pathol Lab Med，2016，140：1085-1091.

[58] Kim S，Yun YM，Chae HJ，et al. Clinical pharmacogenetic testing and application：laboratory medicine clinical practice guidelines. Ann Lab Med，2017，37：180-193.

[59] Hess GP，Fonseca E，Scott R，et al. Pharmacogenomic and pharmacogenetic-guided therapy as a tool in precision medicine：current state and factors impacting acceptance by stakeholders. Genet Res（Camb），2015，97：e13.

[60] https：//www.cdc.gov/genomics/gtesting/acce/index.htm.

[61] Cohen J，Wilson A，Manzolillo K. Clinical and economic challenges facing pharmacogenomics. Pharmacogenomics J，2013，13：378-388.

[62] Swen JJ，Nijenhuis M，de Boer A，et al. Pharmacogenetics：from bench to byte—an update of guidelines. Clin Pharmacol Ther，2011，89：662-673.

[63] Shuldiner AR，Relling MV，Peterson JF，et al. The pharmacogenomics research network translational pharmacogenetics program：overcoming challenges of real-world implementation. Clin Pharmacol Ther，2013，94：207-210.

[64] Bush WS，Crosslin DR，Owusu-Obeng A，et al. Genetic variation among 82 pharmacogenes：the PGRNseq data from the emerge network. Clin Pharmacol Ther，2016，100：160-169.

[65] Rasmussen-Torvik LJ，Stallings SC，Gordon AS，et al. Design and anticipated outcomes of the emerge-pgx project：a multicenter pilot for preemptive pharmacogenomics in electronic health record systems. Clin Pharmacol Ther，2014，96：482-489.

第十五章
高通量测序在病原微生物检测中的应用

随着测序技术的飞速发展，高通量测序 [也称下一代测序（NGS）] 技术已逐步应用于感染性疾病的诊断、治疗和监测。对于开展细菌和病毒分子检测的临床实验室而言，NGS 技术无疑在病原微生物的鉴定、分型、耐药突变检测及新型病原体鉴定等方面具有独特的优势和吸引力。本章就 NGS 技术在病原微生物检测中的预期用途、检测原理、检测流程、质量控制、性能确认及机遇和挑战等方面进行了详细的论述。

第一节　概　　述

由各种病原微生物引起的感染性疾病是临床面临的最常见疾病之一。这类疾病的诊断除了依赖患者典型的临床症状以外，实验室检查是确诊疾病及指导临床用药必不可少的依据。引起感染性疾病的病原微生物包括细菌、病毒、支原体、衣原体及真菌等。随着人群结构变化、环境污染及药物滥用等因素的影响，新的变异的病原体逐渐出现，并正在威胁人类的健康。

不同病原微生物的传播途径和在体内的感染过程不同，因此，相应的实验室检测方法有所差异。反映感染的一般指标包括血常规、C- 反应蛋白、降钙素原及各个器官和组织的影像学检查等。这些检测指标通常会提示感染的可能，但并不能作为确诊的依据。而有一部分实验室检查则直接以病原体为目的，是临床用以明确感染、指导治疗和判断预后的重要途径。常规检测病原体的方法一般从病原体本身和宿主两方面来设计考虑。对于病原体而言，形态学检查、抗原检测、核酸检测、代谢产物检测及毒素测定等均可作为确诊感染的重要依据；对于宿主而言，检测体内不同类别的特异性抗体是辅助临床判断感染阶段的重要途径。然而，直接从标本中观察病原体的形态和结构，如墨汁染色检测新生隐球菌和抗酸染色检测分枝杆菌等，由于采样的影响因素及对人员的技术要求不同，极易造成漏检。据此，细菌和真菌通常需先进行分离培养，再结合生化反应（如代谢产物检测）进行鉴定，并进一步进行药物敏感性试验。这种培养鉴定和药敏试验的模式是临床微生物实验室在过去很长一段时间里惯用的经典模式。目前，这种模式已经为临床解决了很多关键问题，然而其检测周期长、阳性率低、通量低等弊端往往难以满足临床日益增长的需求。基质辅助激光解析电离飞行时间质谱（matrix-assisted laser desorption/

ionization time of flight mass spectrometry，MALDI-TOF-MS）技术的推广和普及使临床微生物实验室产生了新格局，不仅有效缩短了检测周期，而且操作相对简便，极大地促进了微生物实验室检测的发展，在一定程度上满足了临床需求（图 15-1）[1]。另一方面，对于病毒、支原体和衣原体而言，通常难以像细菌一样进行分离培养，所以这类病原体的检测通常采用分子生物学方法如实时荧光聚合酶链反应（polymerase chain reaction，PCR）测定核酸。这种方法虽然灵敏和快速，但只限于已知病原体的检测，且检测结果提供的信息相对有限，难以解决由变异带来的医学问题。近些年不断有新型病原体出现，如严重急性呼吸综合征（severe acute respiratory syndromes，SARS）病毒、禽流感病毒和人流感病毒等。如何能及时准确地鉴定病原体，并采取有效措施控制疫情，是关乎公共卫生健康的重要问题之一。

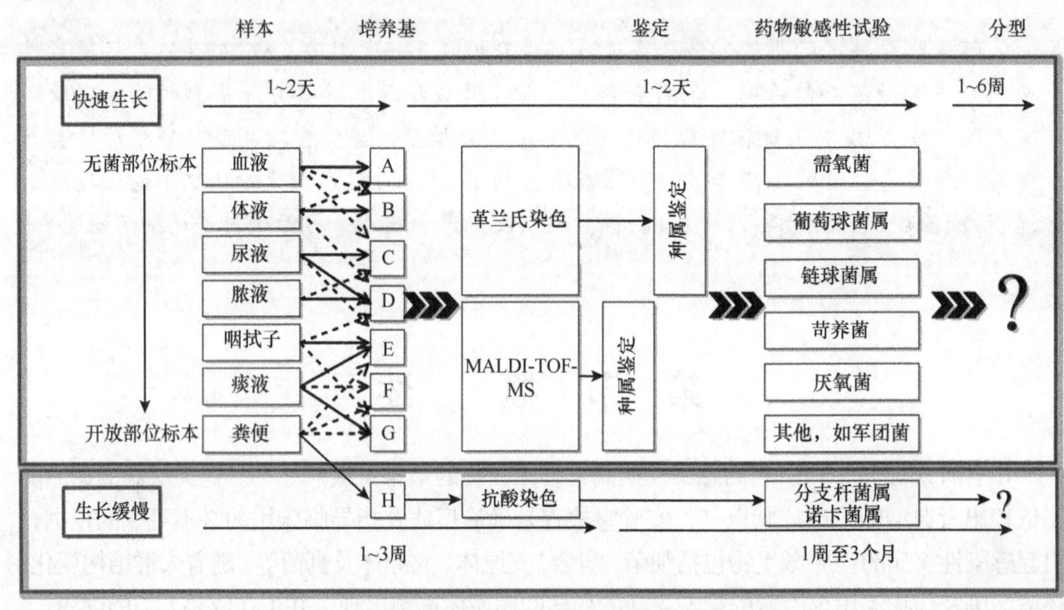

图 15-1　细菌病原体鉴定的经典流程 [1]

基于 NGS 技术的病原微生物鉴定是临床微生物实验室非常重要的发展方向。NGS 技术的应用不仅可以进一步简化检测流程，还能大大缩短标本周转时间，为患者正确使用抗生素或抗病毒药物治疗争取时间，是现今传统诊断方法学的一项有力辅助诊断措施（图 15-2）[1]。尤其是针对那些传统细菌和真菌生化反应难以鉴定的分离株，采用 NGS 技术进行 16S rRNA 基因或内转录间隔区（internal transcribed spacer，ITS）测序可以进行快速和准确地鉴定。此外，利用 NGS 技术的病原微生物全基因组测序（whole genome sequencing，WGS）在新型或疑难病原菌的鉴定、抗菌谱的检测、细菌分类学、传染病监测、流行病学调查和细菌的溯源进化等方面，以及转录组学和比较基因组学等现代生物学新兴学科中均体现出重要的应用价值 [2-7]。病原微生物的鉴定、药物敏感试验及流行病学分型几乎囊括了目前诊断性实验室和参考实验室的核心工作内容。就目前测序的成本而言，基于 NGS 技术的细菌靶向测序和 WGS 暂时不会完全取代现行的自动化鉴定手段，如采用 MALDI-TOF-MS 技术进行常规细菌鉴定。然而，对于常规方法难以鉴定的疑难菌如诺卡菌属和非结核分枝杆菌属，以及难以培养甚至无法分离培养的少见菌属，测序技术将发挥重要作用[8-10]。近期，有报道称，利用 NGS 技术成功地诊断了一例神经系统钩端螺旋体病，而此类疾病依靠常规诊断方法是无法检出的，从而证实 NGS 技术在病原微生物鉴定领域尤其是疑难微生物鉴定方面的应用潜能[11]。在药物敏感性试验方面，基于细菌表型的药物敏感性和基于细菌遗传型的药物敏感性是否存在一致性可能是探讨的关键问题之一。然而即使面临一定的问题和困难，NGS 技术已经在体外生长缓慢的结核分枝杆菌及人免疫缺陷病毒（human immunodeficiency virus，HIV）的药物敏感性检测方面崭露头角[12-15]。NGS 技术在细菌流行病学分型中的应用价值和前景也是毋庸置疑的，尤其在了解微生物在实验室间的交叉污染、病原体的传播途径及新型病原微生物的暴发流行监测等方面均体现了其快速、准确和高分辨率的特点，使其成为流行病学分型的一项有力分析手段[16]。

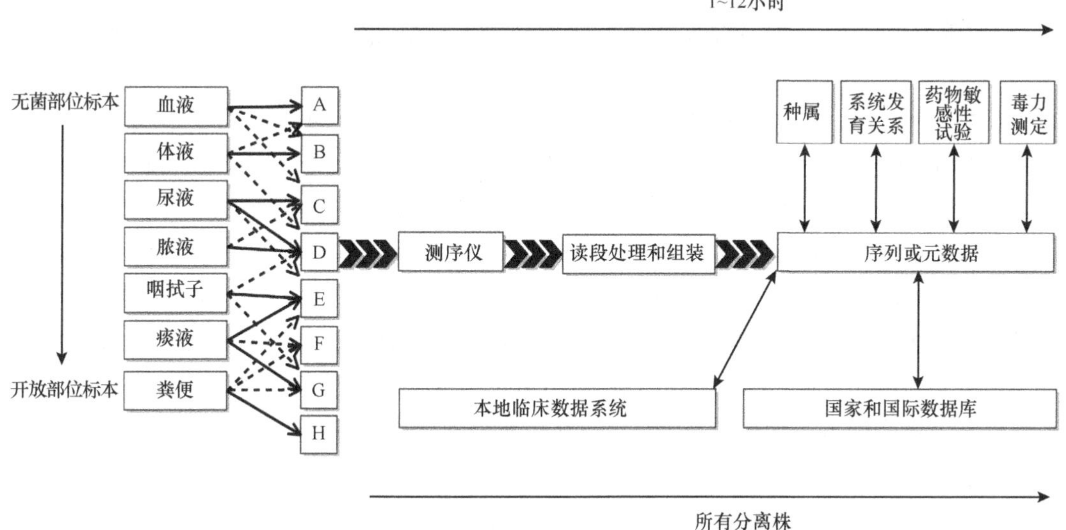

图 15-2　基于全基因组测序的临床微生物室工作流程[1]

在病毒学研究领域，NGS 技术主要应用于病毒的鉴定、分型及耐药突变检测[17]。目前，基于 NGS 技术的耐药突变检测在 HIV-1 中研究得较为透彻，是 NGS 技术在病毒学领域的研究典范[18-21]。此外，NGS 技术还迅速地渗透至其他病毒的有关临床研究中，如巨细胞病毒（cytomegalovirus，CMV）[22-24]、乙型肝炎病毒（hepatitis B virus，HBV）[25, 26]、丙型肝炎病毒（hepatitis C virus，HCV）[27-29]、人乳头瘤病毒（human papillomavirus，HPV）[30]及流感病毒[31]等。HPV 是宫颈癌发生发展的主要病因之一。有研究表明，除了宫颈癌，HPV 亦可作为部分头颈癌患者的生物标志物，且通常预示预后良好。以上两种肿瘤均为实体瘤，因此组织标本是进行 HPV 分型的最佳选择。近期，有研究者采用离子流 NGS 技术对石蜡包埋的组织标本进行 HPV 分型检测。研究结果表明，该方法不仅基因组 DNA 用量少（可低至 1.25ng），并且可以鉴定出 20 种 HPV 型别，其中包括 13 种致癌高危型，是一种灵敏和特异的分型方法[30]。在我国，深圳华大基因也已经向国家药品监督管理局申报了基于 NGS 技术的 HPV 分型试剂盒。NGS 技术不仅在病毒分型方面具有一定的应用潜能，其在耐药变异株的鉴定方面亦体现出优势。HCV 具有高度遗传变异性和多样性，不同型和亚型的HCV对干扰素和抗病毒治疗的反应存在差异。因此，快速而准确地识别病毒基因组的变异情况及其对抗病毒药物的耐药性，有助于临床合理、及时地为患者制订诊疗计划。有研究者利用NGS技术对HCV进行全基因组测序，测序结果不仅能准确分型，还能识别型或亚型的混合感染，同时还能鉴定耐药变异株。作者认为，这种基于NGS的检测技术几乎解决了HCV研究的全部核心问题，并能应用于其他病毒和细菌的研究[29]。

总而言之，基于NGS技术的病原微生物鉴定不仅可以大大缩短标本周转时间，还能及时为临床提供准确有利的诊疗依据。此外，它还在病原微生物其他相关领域具有广阔的应用前景，如发现新的编码基因甚至新的未知病原微生物，建立新的诊断方法如ELISA或PCR，监测突发传染性疾病等，为人们进一步深入地了解微生物世界提供了技术平台，同时也为未来的临床微生物学和公共卫生学的发展带来了机遇和挑战。

第二节　基于高通量测序的病原微生物检测原理

根据预期用途，基于高通量测序技术的病原微生物检测有两种方式[32-34]。第一种方式为靶向扩增子测序，即利用靶向的特异性引物进行PCR扩增反应，从而使基因组上的目的基因或序列（如细菌16S rDNA高变区）被选择性扩增和富集，再进一步进行测序分析。这种方式主要适用于目的基因已知的病原体分析，用于病原体的鉴定和耐药突变基因的检测，是目前NGS技术在临床实验室应用的主流方式。第二种方式为病原微生物全基因组测序，即利用酶解反应或机械力将基因组序列片段化，然后对这些片段进行测序，再利用生物信息学的手段将测序后的序列从头组装成完整的基因组。这种方式主要应用于未知病原微生物的鉴定、变异体的研究，以及功能学和分类学研究。以上两种测序原理示意图见图15-3。

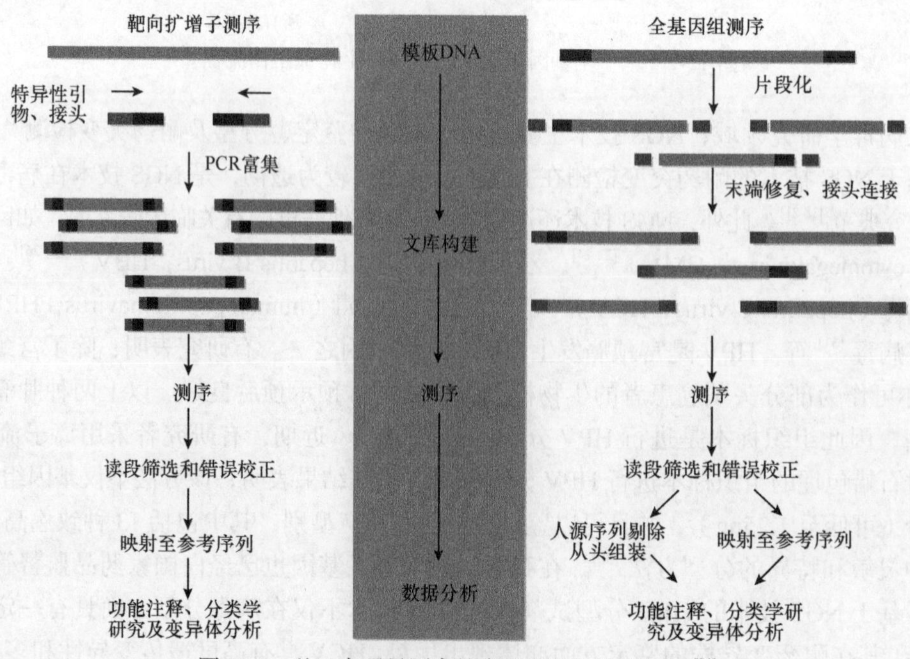

图15-3　基于高通量测序的病原微生物检测原理[34]

第三节　基于高通量测序的病原微生物检测流程

由于基于 NGS 技术的病原微生物检测的两种方法（靶向扩增子测序和全基因组测序）的原理不同，导致其检测流程也略有不同。靶向扩增子测序一般用于已知细菌或病毒的确证，对特定的 DNA 扩增片段进行测序分析，从而获得病原微生物分类或变异的鉴定信息。然而，有时临床遇到的情况往往更为复杂，病原微生物或不能进行培养分离，或需要苛刻的生长环境，或需要漫长的培养周期，从而不利于医生的正确决策和患者的及时诊治。基于 NGS 技术的全基因组测序则对复杂的非培养样本的分析和确证具有一定的优势。其利用 NGS 技术超高通量的特性，一次性可得到样本中所有的核酸序列信息，通过与数据库的比对分析，发现可疑的未知病原体，并能对其进行溯源性、耐药性及毒力基因分析等。

一、全基因组测序检测流程

病原微生物的全基因组测序分析检测流程可分为两个技术板块，即样本的处理和测序、数据的生物信息学分析。从具体的操作步骤来说，可细分为核酸准备（DNA 提取和 RNA 反转录）、文库构建、上机测序、数据处理和结果解释等步骤（图 15-4）[35]。

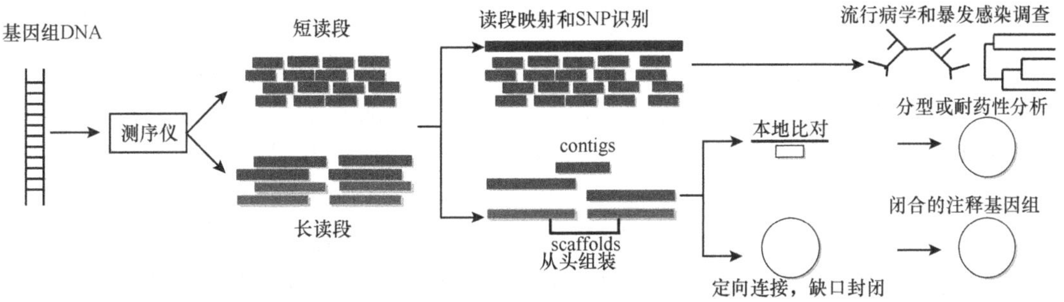

图 15-4　病原微生物高通量全基因组测序的检测流程 [35]

（一）DNA 提取和 RNA 反转录

通常来说，来自临床的生物样本成分复杂，并且存在生物多样性，一般分为以下两大类。

1. 无菌部位来源标本　主要包括体液样本和组织样本。体液样本一般包括血液、脑脊液、胸腔积液和腹水等。这些样本类型的特征为病原微生物含量低，同时宿主的核酸背景亦较低，一般可直接用于建库测序。但是，对于组织样本而言，存在大量的宿主核酸干扰，在进行建库之前应去除宿主基因组核酸和核糖体核酸等背景核酸[36]。

2. 开放性部位来源标本　主要包括粪便、痰液和拭子类等。这类标本成分复杂，不但含有目的病原微生物，还存在大量正常的寄生菌群，核酸背景复杂[36]。

不同的标本类型需采用不同的核酸制备策略，其主要原则为获得尽可能多的完整

DNA 或 RNA。另外，从不同分析需求的角度考虑，若分析的病原微生物为真菌，则还需进行破壁处理。若目的病原微生物为病毒，由于其基因组小，在样本中的含量低，采用分离培养的方式亦不具有可操作性，因此，采用适宜的方法富集病毒 DNA 是测序前非常关键的步骤 [2]。多种物理或酶解的方法均可应用于临床样本中病毒颗粒的富集 [37-39]，包括通过多次反复冻融破坏宿主细胞进而纯化病毒颗粒、采用适宜孔径的滤膜（0.45μm 或 0.22μm）过滤富集、超速离心富集及核酸酶酶解宿主基因组的方式等 [39-42]。在富集病毒颗粒的基础上再提取病毒颗粒中由衣壳保护的病毒核酸，采用分子生物学的方法如非特异性 PCR 扩增达到富集病毒基因组的目的。对于 RNA 病毒而言，核酸提取物中大部分为核糖体 RNA（rRNA），此时需要进行去除以提高后期的有效数据量 [43, 44]。

（二）文库构建

高通量测序文库构建通常需要核酸（DNA 或 cDNA）投入量为几百纳克至几微克，但在临床样本中通常会遇到病原微生物含量较低的情况，如来自无菌部位的体液样本。对此，各大测序公司竞相推出了适用于低浓度样本的文库制备试剂盒。对于更低浓度的样本，需先进行非特异性扩增以富集核酸，再用于建库测序。关于文库构建详见第二章，在此不再赘述。

（三）全基因组测序

对于测序方案的选择和制订，应根据分析类型，即究竟是有预期假设的病原微生物检测还是偏重未知病原微生物检测，考虑病原体的预期滴度、预计通量、实验耗时、样本数目和实验成本等方面的因素，灵活选择测序平台和测序方案。在无法做出判断的情况下，优先选择较高数据通量的测序平台和方案，以防后期无法进行分析 [34, 45-47]。

1. 实验成本 NGS 平台的成本费用产生自 3 个方面：仪器设备安装配置、试剂和耗材及生物信息学处理的费用。实验室可从每个测序批次、每个病原微生物基因组测序及每兆输出碱基产生的费用综合衡量。

2. 内部使用或外包服务 测序平台若为内部使用，则应在数据输出和分析方面加以优化和改进，尽量缩短样本周转时间，这需要在技术和数据处理上加大投资。而对于接收测序外包服务的实验室，虽然在样本周转时间上会有所延长，但是可以整合样本进行批量测序，从而达到节约成本的目的。

3. 测序通量 目前，某些测序平台可在几小时内对部分细菌基因组完成测序，而某些测序平台则可在 1 ～ 3 天对 50 ～ 100 个细菌基因组序列在一个批次内完成测序。在控制每个基因组测序成本的基础上也应适当考虑测序的通量问题。对于参考实验室而言，考虑到工作的目的和性质，应考虑采用更大通量的测序平台，以用于流行病学调查，同时应兼具分析小样本量的特性，以便应急使用。

4. 数据质量 测序结果的质量可以从每个碱基的质量和准确性评分来衡量。例如，采用 Phred-score 进行序列质量的评分，若评分为 20（Q20），则表示 100 个碱基中含 1 个错误碱基，即 1% 的错误率；若评分为 30（Q30），则表示错误率为 0.1%。虽然不同的测序用途可能对序列质量的要求略有不同，但目前 WGS 方法均力求达到 Q30 的质量评分。

（四）数据处理和结果解释

基于 NGS 技术的病原微生物检测，不管是用于临床诊断还是疾病防控，WGS 分析软件应尽可能快而准地从序列信息中获取对临床有意义的数据和线索[48]。理想情况下，WGS 分析软件需满足两大关键要素：首先，软件与测序平台互相独立，并且适用于多种数据格式；其次，分析软件可以分析任何物种，并且能够完成包括流行病学调查和药物敏感性分析等在内的多种分析任务。而实际上，最初的分析软件主要针对一部分关键病原微生物而开发使用，如 HIV、耐甲氧西林金黄色葡萄球菌（methicillin-resistant *Staphylococcus aureus*，MRSA）、结核分枝杆菌复合群（*Mycobacterium tuberculosis* complex，MTBC）等。随着技术的不断成熟和发展，数据分析软件亦随之更新换代，逐渐增加了更多的病原微生物[8]。通过序列比对和从头组装，实验室可以获取关于病原微生物的多种相关信息，甚至可以直接发现新型病原微生物。总的来说，目前临床微生物实验室或公共卫生实验室常规使用 WGS 获取的信息包括以下两个方面。

1. 读段映射和单核苷酸多态性识别 读段映射是指将测序得到的 DNA 片段（即 reads）定位在参考基因组上，并以基因组定位信息为桥梁，将测序得到的数据与基因注释结果相整合。在此基础上，进一步通过单核苷酸多态性（SNP）识别定位哪个基因组位点存在变异或具有相似性。这种分析模式主要适用于短读段输出测序平台，主要应用于病原微生物的系统进化分析，从而有助于流行病学和感染暴发的分析和研究。

2. 从头组装 基因组从头测序（de novo sequencing）是指在不依赖参考基因组的情况下对病原微生物进行基因组测序，从而绘制该微生物的全基因组序列图谱。例如，测序仪读取的读段可以通过重叠序列拼接成重叠群（contigs），再根据大片段文库末端配对关系，将重叠群进一步组装成 scaffolds。这种分析模式易于在长读段测序平台中进行。从头拼接的序列信息可以进一步通过两种方式进行分析：①利用本地比对工具或数据库（如 BLAST）进行分型鉴定和耐药性分析；② scaffolds 进一步通过引物步移（primer walking）等技术填补空缺，并组装成完整或闭合的基因组序列，可对病原微生物的分型鉴定、耐药性分析及感染暴发的流行病学监测等进行全面分析。另外，注释的基因组序列还可以作为参考基因组用于比较分析，或进行更细致和深入的研究。但由于这种方式对实验室技术的要求较高，且增加了一定的工作量，因此主要用于科学研究。

二、靶向扩增子测序检测流程

与病原微生物全基因组测序相比较，病原微生物靶向扩增子测序的流程相对简单，可概括为 PCR 扩增富集靶基因序列、上机测序、数据分析和结果报告 4 个部分，以下将对其特有的检测流程和环节进行介绍，与 WGS 重复的内容不再赘述。

（一）靶基因选择

16S rRNA 基因是最常用于细菌分类和鉴定的靶点。但对于有些 16S rRNA 基因同源性可达到 99% 甚至 100% 的细菌种类而言，可以选择其他的扩增靶点，如 *recA*，*rpoB*，*tuf*，*gyrA*，*gyrB* 和 *cpn60* 家族蛋白基因，此时引物设计不能采用通用引物而应该根据所要区分的菌种进行特征性设计 [49]。

真菌有 4 种核糖体基因，即 18S、5.8S、28S 和 5S，在 5.8S 和 18S 及 28S 之间的区域称为 ITS。ITS 和 28S 亚基的 D1/D2 区（约 600 个核苷酸）是最常用于真菌分类和鉴定的测序靶点。当 ITS 无法提供足够的分类鉴定信息时，可采用 β- 微管蛋白基因和延伸因子 -1α（elongation factor-1α，*EF-1*α）基因测序进行进一步分析 [49]。

（二）对照的设立

阳性对照和阴性对照应该贯穿于 DNA 提取、扩增和测序的全过程，以此来保证测序数据的有效性，并在分析解决故障和问题时提供依据和线索 [50]。

1. DNA 制备过程对照的设立 阴性对照可使用扩增起始时与样本相同的溶液或基质。扩增前后阴性对照均不应有基线水平的序列条带，尤其是目的扩增条带。阳性对照可由实验室根据自身的条件选择，一般选用平时少见且对人体无致病性的菌株或毒株，以免造成实验室污染。

2. 扩增过程对照的设立 扩增过程中使用的阳性对照一般为非致病性少见菌，但其序列相对容易鉴别。目前，很多商业化扩增试剂盒中均有配套的阳性对照，不仅可用于监测扩增过程，还可进一步用于后续的测序过程。

3. 测序过程对照的设立 阴性对照可使用水或其他适宜的缓冲液，并作为样本贯穿于测序过程。阴性对照的测序结果中不应出现序列信息。阳性对照可沿用扩增过程中使用的对照样本。

（三）参考序列的选择

为了保证鉴定的准确性，目的序列与参考序列之间至少应进行 300bp 的有效比对，且至少覆盖目的基因中存在变异的一个区域。一般首选标准菌株（type strain）作为参考序列，但少数基于表型特征进行分类的标准菌株可能存在分类差错，当比对结果无法解释时应考虑到这一点 [49]。

（四）序列比对

对于比对结果出现的低一致性分值（identity score）应进一步分析具体原因（错配、插入或缺失）。在进行真菌 ITS 区测序时，位于 ITS1 和 ITS2 区之间高度保守的 5.8S 区也会被测序，此时，在进行数据分析时，应该确认匹配的序列究竟是 ITS 区还是 5.8S 区 [49]。

（五）结果报告

根据 CLSI MM18-A 对于细菌和真菌靶向扩增子测序的结果报告建议，出具给临床的报告应包括但不限于：核酸提取的方法和试剂批号、测序的程序版本和测序试剂批号、序列质量指标可接受范围和实际指标值、手工编辑记录及编辑的序列信息、用于比对的数据库版本的名称、比对结果和解释，最终鉴定结果和建议等。来自临床的病原体往往较为复杂，因此在进行结果解释和建议时应谨慎。例如，当比对结果显示目的序列归属为某一种细菌或真菌，但无法与另一菌种很好地区分时，结果报告中应注明“根据 16S rRNA 或 ITS 基因测序结果，该分离株归属为 A 菌种，但 B 菌种无法排除”。当结果可疑时，可为临床提供系统发生树图谱，并结合相应的比对信息提出合理的建议[51]。

第四节　病原微生物高通量测序的检测性能和质量控制

实验室确保高通量测序方法有效运行的措施可从 3 个方面入手：检测程序的建立、性能确认和质量管理。检测程序建立阶段即对测试进行迭代循环算法，直到优化所有检测条件和生物信息学分析系统设置，建立整个检测流程的标准操作程序（standard operation procedure，SOP）。检测程序的性能确认是指利用一定数量和种类的临床样本（如具有代表性的临床致病病原微生物样本），在不同的检测条件下（如不同的操作者）验证检测系统的性能参数（如准确度和精密度等），进而验证检测系统是否能满足预期用途（如病原微生物鉴定、变异株识别等）。在性能确认过程中，同时应对全部测试过程建立有效的质量控制（quality control，QC）程序。建立质量控制程序的目的是保证测序的各个环节的有效性，确保数据传递的准确性[52, 53]。常用的高通量测序质量控制参数包括 DNA 的质量和数量、碱基识别和比对的质量值（quality score）、测序深度、读段（reads）覆盖范围的均匀性和一致性、GC 偏倚（GC bias）、链偏倚（strand bias），以及其他与预期用途相关的数据处理和分析过程中的质量控制参数等[53, 54]。

一、质量控制

质量控制应贯穿于测序前（DNA 分离纯化和文库制备）、测序中（测序批的质量参数设置）和测序后（数据分析）的各个步骤中，至少包含 5 个质量控制检查点：DNA 模板 QC、文库 QC、测序批 QC、原始数据（raw data）QC 和数据分析 QC。关于高通量测序技术应用的质量保证可参考本书第八章。

（一）DNA 模板 QC

采用适宜的参数对 DNA 的质量和数量进行 QC。例如，DNA 的纯度质量一般可采用 260/280nm 吸光度比值来衡量，而 DNA 的数量可采用荧光计进行定量。

（二）文库 QC

文库 QC 包括两个方面的内容，即 DNA 文库大小和 DNA 文库浓度。

（三）测序批 QC

可设置的 QC 参数包括：质量评分＞Q30 的碱基数百分比、簇密度（cluster density）及 phi X 质控品错误率等。

（四）原始数据 QC

应关注的 QC 点包括但不限于：整理和弃去低质量读段（如质量评分＜Q30 的序列）后的平均序列长度；含有≥75% 质量评分为 Q30 的碱基序列的最小读段长度。

（五）数据分析 QC

数据分析 QC 可包括但不限于：样本和阳性对照覆盖率均一性、16S 种类 ID 号、阳性对照毒力基因、SNP 检测、系统发生分析（应设置流行病学无相关性的对照病原体）等。

二、性能确认

病原微生物 NGS 分析的性能确认指标通常包括准确度、精密度、分析敏感性（检测限）和分析特异性，以及诊断敏感性和诊断特异性[54]。

（一）准确度

病原微生物 NGS 分析准确度的确认包括 3 个部分：测序平台准确度的确认、检测程序准确度的确认和生物信息学分析系统的准确度确认。

1. 测序平台的准确度 是指鉴定病原微生物基因组上单个碱基对的准确性，通常可采用测序平台输出的碱基识别结果与参考序列进行比对进行衡量。例如，将从测序平台获得的读段序列定位到参考序列上，并对 SNP 进行鉴定分析。为了防止突变累积造成误判，确认过程应进行平行样本的多次重复检测（如 5 个文库样本，每个样本重复检测 3 次）。

2. 测序程序的准确度 是指样本测序结果与参考实验室或已通过验证的其他实验室对同一株病原微生物参考序列测序结果的一致性比较。可以通过计算机模拟（in silico）多位点序列分型（multilocus sequence typing，MLST）、16S rRNA 基因物种鉴定、耐药基因检测和高质量 SNP 等分析技术，对测序型别、测序物种 ID（16S rRNA 基因物种鉴定 ID）、耐药基因及系统发生树等结果的一致性进行比较分析。测序程序的准确度确认只适用于具有相应 NCBI 或 CDC 参考基因组的病原微生物样本。

3. 生物信息学分析系统的准确度 可通过对典型病原微生物的原始测序读段进行系统发生树分析，并进一步比较分析确认结果与该微生物公认的系统发生树之间的一致性。

（二）精密度

精密度的确认包括批内精密度和批间精密度确认。批内精密度是指在同一检测条件下和同一批次内重复多次对样本进行测序分析，其测序结果和测序性能的一致性。批间精密度是指同一样本在不同条件下的测序结果和测序性能的一致性，如同一样本不同批次之间的一致性，以及不同样本制备方法之间的一致性等。批内和批间精密度验证方案示例如图 15-5 所示，该图表示每个样本在同一批次内重复测序 3 次，共进行 3 个不同批次（连续 3 天完成）测序，每个样本得到 5 次重复测序结果，分别计算批内和批间精密度。

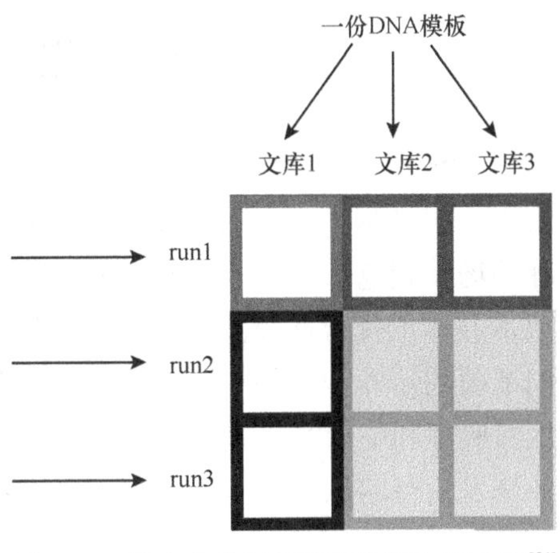

图 15-5　批内和批间精密度验证方案示例[54]

■表示批内精密度验证；■表示批间精密度验证

病原微生物高通量测序精密度可通过 3 个方面体现：16S rRNA 基因物种鉴定分析（16S rRNA 基因 ID）精密度、计算机模拟 MLST 精密度和基因分型分析精密度。

1. 基因分型分析精密度　一般可通过 SNP 的检出来体现。将所有的重复测序序列映射到参考序列上，比较 SNP 的鉴定差异性。

2. 计算机模拟 MLST 精密度　理论上来说，批内和批间重复测序序列应该对基因组所有管家基因序列正确测序，出具相同的序列类型。任何一个管家基因中任一核苷酸的改变将导致等位基因数量的改变，最终导致相应序列类型的错误，从而降低精密度。

3. 16S rRNA 基因物种鉴定分析精密度　从测序基因组序列中提取 16S rRNA 基因序列，然后利用核糖体数据库项目（Ribosomal Database Project，RDP）进行分析，得到批内和批间重复测序序列在 16S rRNA 基因 ID 鉴定的一致性百分率，即 16S rRNA 基因物种鉴定分析的批内和批间精密度。

（三）分析敏感性和分析特异性

分析敏感性和分析特异性可以通过 SNP 检测的敏感性和特异性来体现。SNP 检测的分析敏感性是指能够获得正确 SNP 识别的最小覆盖率。SNP 检测的分析特异性则是指测序分析系统的抗干扰能力，如将含有干扰序列或物质和不含有干扰序列或物质的测序序列分别映射到相同的病原体参考序列上来衡量测序检测系统的分析特异性。

（四）诊断敏感性和特异性

诊断敏感性是指能检出存在变异的基因组或基因组特定序列中变异序列的可能性；诊断特异性是指不能检出无变异序列基因组或基因组特定序列中变异序列的概率。对于病原微生物的全基因组测序分析，计算机模拟 MLST 的诊断敏感性和特异性及基因分型（SNP 分析）的诊断敏感性和特异性是验证的关键所在。

综上所述，基于 NGS 技术的病原微生物检测尚无统一和标准化的质量控制和性能确认程序，每个实验室应根据自身的特点，综合考虑，制订适宜的质量保证计划和参数，确认关键的性能指标，确保测序结果的准确，以期更好地助力微生物实验室和公共卫生实验室服务于临床和大众。

第五节　病原微生物高通量测序面临的挑战

虽然NGS技术被认为是一种极具应用前景的实验技术，但是目前其仍然未被广泛使用。随着测序成本的降低及测序技术的进步和发展，相较于其他分子生物学方法，如脉冲场凝胶电泳（pulsed field gel electrophoresis，PFGE）、MLST和DNA芯片技术等，NGS技术的优势逐渐凸显。然而，测序检测费用问题使其仍然无法取代常规的细菌鉴定，如细菌的培养和镜检、质谱鉴定和药物敏感性试验等。即便如此，国内已有少数公共卫生实验室和临床实验室引进了NGS平台，目前主要用于病原微生物分型、流行病学监测和暴发流行的探测，有助于制订传染病的防控程序。在不久的将来，NGS技术可能逐渐普及，但实验室在引进和应用测序平台时应明确基于NGS技术的病原微生物检测的局限性和问题所在[55]。

一、高通量测序技术的局限性

目前，病原微生物全基因组测序分析的一个重要组成部分是通过与参考基因组序列进行比对鉴定单核苷酸变异或SNP。因此，其分析的质量依赖于测序的质量、基因组组装的质量，以及参考基因组序列的选择和质量。目前基于SNP的比较分析多为选择性地排除了部分有关系统发育的数据，但是生物信息学家则建议，病原微生物的系统发育分析应该分析基因组序列的全部基因位点，不仅限于SNP的分析。然而，庞大的计算机资源和生物信息学分析技术要求使这样的想法在付诸实践的过程中面临困境。

与以研究为目的的高通量测序相反，应用于临床实践的比较基因组分析应关注和有效评估测序分析结果与临床诊断和治疗及公共卫生决策等方面的联系和对应关系。虽然高通量测序数据能够提供全面和详细的基因组信息，但是这些信息不一定全都能转化成正确的基因表达和转录信息。例如，*lukSF-PV*基因的存在不等同于杀白细胞毒素（panton-valentine leukocidin，PVL）的产生，也不代表临床感染侵袭性金黄色葡萄球菌。采用NGS技术检测翻译后RNA有助于检测基因表达和酶的过表达，但这种分析往往需要在DNA测序后再进行RNA测序分析，因此尚无法取代目前传统的表型筛查试验。此外，采用NGS技术进行耐药基因分析时，应考虑到基因型耐药和表型耐药的非对应关系。

基于NGS技术的病原微生物全基因组测序还存在一个重要的缺陷，即临床实验室缺乏验证和实验室间结果的可比性。目前，已发表的有关数据大多属于概念验证，但对于临床实验室而言，测序方法和数据分析均针对特定的病原体，并且可能是未知的，情况复杂多样。因此，临床微生物实验室或公共卫生实验室制订标准化措施和程序是高通量测序技术广泛应用的前提和基石。

二、质量控制和标准化

所有应用于临床诊断和公共卫生实验室的实验技术都需要建立严格的质量控制过程

和标准化的操作程序。但对于病原微生物的高通量测序分析而言，目前还没有一套成熟的质量控制系统和标准化程序可参照使用。众所周知，质量控制应贯穿于测序的前、中、后过程，而在每一个步骤中都有很多可控且对质量至关重要的参数。但是，如何在临床实践中根据实验室自身的条件和预期用途制订有效、切实可行的质控体系，是每个实验室在测序技术正式应用于临床样本前需要重点摸索和思考的环节。

国家或国际标准化也是亟待解决的问题，尤其是针对比较基因组分析。如何选择参考基因组、采用何种分型方法将是实现国家或国际范围内结果可比性的重点。然而，即便是对核心基因组（core genome）SNPs 的比对分析，各个实验室也会在测试样本分离株的选择上存在差异。除此之外，病原微生物高通量测序分析标准化的难点在于数据分析的标准化及结果解读的标准化。例如，来自两个分离株的病原菌测序序列的相似性达到何种程度可认为它们为同一种（identical）病原菌，达到何种程度可认为它们为有关的（related）病原菌。与此同时，实验人员之间对数据的理解和认知亦存在差异，对于 NGS 平台输出的复杂、庞大的基因组序列信息，具有丰富的临床和生物信息学知识的人员才可以正确解读。因此，最终检验报告的数据分析和结果解释将是标准化的重点和难点。

（汪　维）

参考文献

[1] Didelot X，Bowden R，Wilson DJ，et al. Transforming clinical microbiology with bacterial genome sequencing. Nat Rev Genet，2012，13：601-612.

[2] Barzon L，Lavezzo E，Militello V，et al. Applications of next-generation sequencing technologies to diagnostic virology. Int J Mol Sci，2011，12：7861-7884.

[3] MacLean D，Jones JD，Studholme DJ. Application of ‘next-generation’ sequencing technologies to microbial genetics. Nat Rev Microbiol，2009，7：287-296.

[4] Chan JZ，Pallen MJ，Oppenheim B，et al. Genome sequencing in clinical microbiology. Nat Biotechnol，2012，30：1068-1071.

[5] Dunne WM Jr，Westblade LF，Ford B. Next-generation and whole-genome sequencing in the diagnostic clinical microbiology laboratory. Eur J Clin Microbiol Infect Dis，2012，31：1719-1726.

[6] Bertelli C，Greub G. Rapid bacterial genome sequencing：methods and applications in clinical microbiology. Clin Microbiol Infect，2013，19：803-813.

[7] Torok ME，Peacock SJ. Rapid whole-genome sequencing of bacterial pathogens in the clinical microbiology laboratory—pipe dream or reality? J Antimicrob Chemother，2012，67：2307-2308.

[8] Koser CU，Ellington MJ，Cartwright EJ，et al. Routine use of microbial whole genome sequencing in diagnostic and public health microbiology. PLoS Pathog，2012，8：e1002824.

[9] Fraser CM，Fleischmann RD. Strategies for whole microbial genome sequencing and analysis. Electrophoresis，1997，18：1207-1216.

[10] Broomall SM，Ait Ichou M，Krepps MD，et al. Whole-genome sequencing in microbial forensic analysis of gamma-irradiated microbial materials. Appl Environ Microbiol，2015，82：596-607.

[11] Wilson MR，Naccache SN，Samayoa E，et al. Actionable diagnosis of neuroleptospirosis by next-generation sequencing. N Engl J Med，2014，370：2408-2417.

[12] Achtman M. Evolution，population structure，and phylogeography of genetically monomorphic bacterial pathogens. Annu Rev Microbiol，2008，62：53-70.

[13] Schurch AC，van Soolingen D. DNA fingerprinting of Mycobacterium tuberculosis：from phage typing to

whole-genome sequencing. Infect Genet Evol，2012，12：602-609.

[14] Schindele B，Apelt L，Hofmann J，et al. Improved detection of mutated human cytomegalovirus UL97 by pyrosequencing. Antimicrob Agents Chemother，2010，54：5234-5241.

[15] Wright CF，Morelli MJ，Thebaud G，et al. Beyond the consensus：dissecting within-host viral population diversity of foot-and-mouth disease virus by using next-generation genome sequencing. J Virol，2011，85：2266-2275.

[16] Schurch AC，Siezen RJ. Genomic tracing of epidemics and disease outbreaks. Microb Biotechnol，2010，3：628-633.

[17] Capobianchi MR，Giombini E，Rozera G. Next-generation sequencing technology in clinical virology. Clin Microbiol Infect，2013，19：15-22.

[18] Chang ST，Sova P，Peng X，et al. Next-generation sequencing reveals HIV-1-mediated suppression of T cell activation and RNA processing and regulation of noncoding RNA expression in a $CD4^+$ T cell line. Mbio，2011，2.

[19] Gall A，Ferns B，Morris C，et al. Universal amplification，next-generation sequencing，and assembly of HIV-1 genomes. J Clin Microbiol，2012，50：3838-3844.

[20] Rodgers MA，Wilkinson E，Vallari A，et al. Sensitive next-generation sequencing method reveals deep genetic diversity of HIV-1 in the Democratic Republic of the Congo. J Virol，2017，91.

[21] Di Giallonardo F，Zagordi O，Duport Y，et al. Next-generation sequencing of HIV-1 RNA genomes：determination of error rates and minimizing artificial recombination. PLoS One，2013，8：e74249.

[22] Kotton CN，Kumar D，Caliendo AM，et al. International consensus guidelines on the management of cytomegalovirus in solid organ transplantation. Transplantation，2010，89：779-795.

[23] Le Page AK，Jager MM，Kotton CN，et al. International survey of cytomegalovirus management in solid organ transplantation after the publication of consensus guidelines. Transplantation，2013，95：1455-1460.

[24] Kotton CN，Kumar D，Caliendo AM，et al. Updated international consensus guidelines on the management of cytomegalovirus in solid-organ transplantation. Transplantation，2013，96：333-360.

[25] Solmone M，Vincenti D，Prosperi MC，et al. Use of massively parallel ultradeep pyrosequencing to characterize the genetic diversity of hepatitis B virus in drug-resistant and drug-naive patients and to detect minor variants in reverse transcriptase and hepatitis B S antigen. J Virol，2009，83：1718-1726.

[26] Nishijima N，Marusawa H，Ueda Y，et al. Dynamics of hepatitis B virus quasispecies in association with nucleos（t）ide analogue treatment determined by ultra-deep sequencing. PLoS One，2012，7：e35052.

[27] Nasu A，Marusawa H，Ueda Y，et al. Genetic heterogeneity of hepatitis C virus in association with antiviral therapy determined by ultra-deep sequencing. PLoS One，2011，6：e24907.

[28] Escobar-Gutierrez A，Vazquez-Pichardo M，Cruz-Rivera M，et al. Identification of hepatitis C virus transmission using a next-generation sequencing approach. J Clin Microbiol，2012，50：1461-1463.

[29] Wei B，Kang J，Kibukawa M，et al. Development and validation of a template-independent next-generation sequencing assay for detecting low-level resistance-associated variants of hepatitis C virus. J Mol Diagn，2016，18：643-656.

[30] AN Jr，Schumaker LM，Mathias TJ，et al. Next-generation sequencing-based HPV genotyping assay validated in formalin-fixed，paraffin-embedded oropharyngeal and cervical cancer specimens. J Biomol Tech，2016，27：46-52.

[31] Yongfeng H，Fan Y，Jie D，et al. Direct pathogen detection from swab samples using a new high-throughput sequencing technology. Clin Microbiol Infect，2011，17：241-244.

[32] Radford AD，Chapman D，Dixon L，et al. Application of next-generation sequencing technologies in virology. J Gen Virol，2012，93：1853-1868.

[33] Carr KM，Rosenblatt K，Petricoin EF，et al. Genomic and proteomic approaches for studying human cancer：prospects for true patient-tailored therapy. Hum Genomics，2004，1：134-140.

[34] Lefterova MI，Suarez CJ，Banaei N，et al. Next-generation sequencing for infectious disease diagnosis and management：a report of the Association for Molecular Pathology. J Mol Diagn，2015，17：623-634.

[35] Kwong JC，McCallum N，Sintchenko V，et al. Whole genome sequencing in clinical and public health microbiology. Pathology，2015，47：199-210.

[36] 安小平，童贻刚 . 用于高通量测序未知病原体分析样本预处理方法及扩增方案概述 . 生物技术通讯，2015，26：286-290.

[37] He B，Li Z，Yang F，et al. Virome profiling of bats from Myanmar by metagenomic analysis of tissue samples reveals more novel mammalian viruses. PLoS One，2013，8：e61950.

[38] Baker KS，Leggett RM，Bexfield NH，et al. Metagenomic study of the viruses of African straw-coloured fruit bats：detection of a chiropteran poxvirus and isolation of a novel adenovirus. Virology，2013，441：95-106.

[39] Daly GM，Bexfield N，Heaney J，et al. A viral discovery methodology for clinical biopsy samples utilising massively parallel next generation sequencing. PLoS One，2011，6：e28879.

[40] Hall RJ，Wang J，Todd AK，et al. Evaluation of rapid and simple techniques for the enrichment of viruses prior to metagenomic virus discovery. J Virol Methods，2014，195：194-204.

[41] Oyola SO，Gu Y，Manske M，et al. Efficient depletion of host DNA contamination in malaria clinical sequencing. J Clin Microbiol，2013，51：745-751.

[42] Shagina I，Bogdanova E，Mamedov IZ，et al. Normalization of genomic DNA using duplex-specific nuclease. Biotechniques，2010，48：455-459.

[43] Song DH，Kim WK，Gu SH，et al. Sequence-independent，single-primer amplification next-generation sequencing of Hantaan virus cell culture-based isolates. Am J Trop Med Hyg，2017，96：389-394.

[44] Chrzastek K，Lee DH，Smith D，et al. Use of sequence-independent，single-primer-amplification（SISPA）for rapid detection，identification，and characterization of avian RNA viruses. Virology，2017，509：159-166.

[45] Harris SR，Torok ME，Cartwright EJ，et al. Read and assembly metrics inconsequential for clinical utility of whole-genome sequencing in mapping outbreaks. Nat Biotechnol，2013，31：592-594.

[46] Moran-Gilad J，Sintchenko V，Pedersen SK，et al. Proficiency testing for bacterial whole genome sequencing：an end-user survey of current capabilities，requirements and priorities. BMC Infect Dis，2015，15：174.

[47] Loman NJ，Misra RV，Dallman TJ，et al. Performance comparison of benchtop high-throughput sequencing platforms. Nat Biotechnol，2012，30：434-439.

[48] Gargis AS，Kalman L，Berry MW，et al. Assuring the quality of next-generation sequencing in clinical laboratory practice. Nat Biotechnol，2012，30：1033-1036.

[49] Petti CA. Detection and identification of microorganisms by gene amplification and sequencing. Clin Infect Dis，2007，44：1108-1114.

[50] Kwok S，Higuchi R. Avoiding false positives with PCR. Nature，1989，339：237-238.

[51] CLSI. CLSI MM18-A（Interpretive Criteria for Identification of Bacteria and Fungi by DNA Target Sequencing）. 2008.

[52] Gargis AS，Kalman L，Bick DP，et al. Good laboratory practice for clinical next-generation sequencing informatics pipelines. Nat Biotechnol，2015，33：689-693.

[53] Gargis AS，Kalman L，Lubin IM. Assuring the quality of next-generation sequencing in clinical microbiology and public health laboratories. J Clin Microbiol，2016，54：2857-2865.

[54] Kozyreva VK，Truong CL，Greninger AL，et al. Validation and implementation of clinical laboratory improvements act-compliant whole-genome sequencing in the public health microbiology laboratory. J Clin Microbiol，2017，55：2502-2520.

[55] Loman NJ，Constantinidou C，Chan JZ，et al. High-throughput bacterial genome sequencing：an embarrassment of choice，a world of opportunity. Nat Rev Microbiol，2012，10：599-606.

第十六章 高通量测序在表观遗传检测中的应用

高通量测序技术的出现促进了表观遗传学的发展，使得人们可以在全基因组范围内对DNA、组蛋白等的表观基因组修饰进行研究。目前高通量测序技术在表观遗传学领域的检测主要用于科学研究，且主要集中在DNA甲基化、组蛋白修饰及非编码RNA调控检测等方面，因此本章将从高通量测序技术在DNA甲基化、组蛋白修饰，以及非编码RNA检测的方法、原理、流程、影响因素及临床应用等方面进行介绍，同时也将对近年来高通量测序技术在表观遗传学研究领域中取得的最新进展进行介绍。

第一节 表观遗传学概述

经典遗传学认为遗传的分子基础是核酸，生命的遗传信息储存在核酸的碱基序列中，生物体表型特征的遗传是由于碱基序列的改变导致的，并且这种改变可以从上一代传递到下一代。然而，随着遗传学的发展，人们发现，生命遗传信息不是基因所能完全决定的。例如，科学家们发现，DNA修饰、组蛋白修饰及转录后调控也会造成基因表达模式的变化，并且这种改变可被细胞“记忆”并遗传至下一代。这种基因序列没有变化，只是其表达发生改变的遗传变化称为表观遗传修饰[1, 2]。表观遗传学（epigenetics）是研究在没有DNA序列变化的情况下，可以经过有丝分裂和减数分裂等遗传方式在细胞和个体世代间传递，从而引起基因表达或表型改变的遗传信息，它是不符合传统孟德尔遗传规律的核内遗传。遗传调控与表观遗传调控相互作用，共同控制着基因的转录、转录后加工、翻译及翻译后修饰等各个环节，从而保证了生命的周而复始。

表观遗传学研究的核心问题是同一个细胞核内，在DNA序列没有发生改变的情况下，从基因组向转录组传递遗传信息的调控方法。表观基因组学（epigenomics）则是在整个基因组水平上研究表观遗传修饰的学科，是表观遗传学新的研究领域。表观基因组学使人们对基因组的认识又增加了一个新观点：对基因组而言，不仅基因序列包含遗传信息，其修饰也可以记载遗传信息，如 DNA 的甲基化信息可以随着 DNA 遗传并影响子代基因的表达。通过人类表观基因组计划绘制出不同组织类型和疾病状态下的人类基因组甲基化可变位点，可以进一步加深研究者对于人类基因组的认识，为探寻与人类发育和疾病相关的表观遗传变异提供蓝图。

表观遗传学的现象很多，其研究内容主要包括两类：一类为基因选择性转录表达的调控，有 DNA/RNA 甲基化、基因印记、组蛋白共价修饰和染色质重塑；另一类为基因转录后的调控，包括基因组中非编码 RNA 调控、基因沉默、内含子及核糖开关（riboswitch）等。越来越多的研究表明，细胞的表观遗传学状态除了受到细胞发育状态的影响，也会受到环境因素的影响。例如，遗传背景完全相同的同卵双生双胞胎在同样的环境中长大后，他们在性格、健康等方面会有较大差异[3, 4]。此外，生存压力、饮食结构、药物、工业污染和其他潜在的外部因素都可能通过表观遗传（尤其是 DNA 甲基化）影响基因组表达，并且这些内部和外部影响因素都会给细胞留下"记忆"，即表观遗传学印记[5, 6]。

在表观遗传学研究历程中，人们越来越多地认识到表观遗传在人类健康和疾病中所起的作用。基因组表观遗传修饰的异常可以直接或间接地影响染色质的结构和基因的表达，与人类正常的生理过程和疾病的发生、发展都有密切的联系。从表观修饰改变的角度探索疾病的发生与发展，可能对肿瘤、神经性心理疾病、发育异常、心脑血管疾病等疾病的认识具有重要意义[7]。此外，与基因突变不同的是，许多表观遗传的改变是动态变化且可逆的，更适合成为医疗干预的靶点，可作为肿瘤、糖尿病、炎症、发育障碍、代谢性疾病、心血管疾病、自身免疫性疾病、疼痛、神经系统疾病的药物研发平台，为这些疾病的治疗提供了希望。目前，有关 DNA 甲基化检测大规模的验证研究也表明其在生物标志物的开发和临床诊断中具有可行性，可用于预测癌细胞对药物治疗的反应，有助于个体化治疗的开展。

但是到目前为止，我们对绝大多数细胞的整体表观遗传状态尚不甚了解。传统的表观遗传学检测方法存在通量低和灵敏度不够等局限，使得表观遗传学的发展相对缓慢。随着高通量测序技术的飞速发展[8]，测序成本及时间大幅度下降，表观遗传学也迎来了飞速发展的契机。以高通量测序技术为基础的表观基因组研究方法主要包括：全基因组重亚硫酸盐测序法（whole genome bisulfite sequencing，WGBS）、甲基化 DNA 免疫共沉淀测序（methylated DNA immunoprecipitation sequencing，MeDIP-Seq）、染色质免疫共沉淀测序（chromatin immunoprecipitation sequencing，ChIP-Seq）及各种 RNA 测序技术。这些方法的应用使研究人员能够在全基因组范围内对表观基因组修饰情况进行研究，对更加全面深入地了解各种表观遗传学标志异常及表观遗传学机制异常与人类疾病的关系具有重要意义。高通量测序运用于表观遗传的研究，目前主要集中在 DNA 甲基化、组蛋白修饰及非编码 RNA 调控等方面（图 16-1），下文将详细介绍高通量测序技术在这三方面研究中的应用。

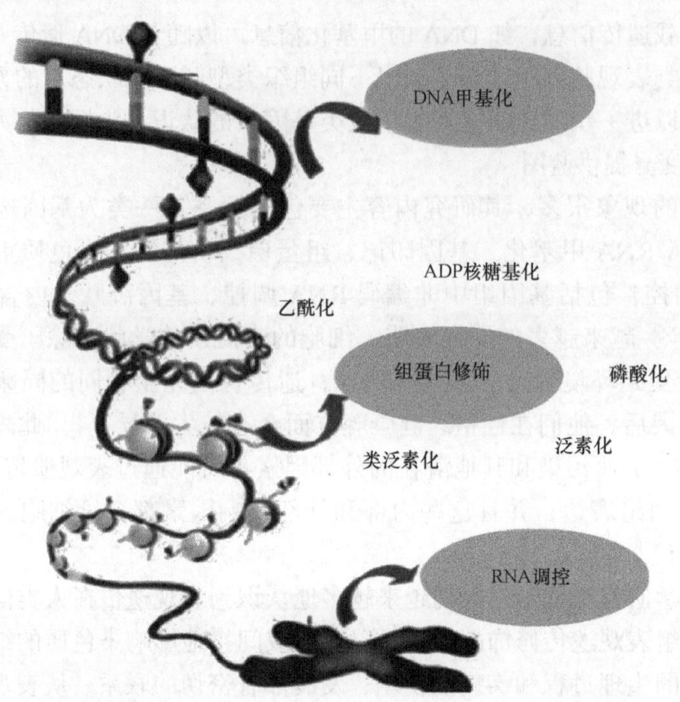

图 16-1 三种常见的表观遗传学修饰：DNA 甲基化、组蛋白修饰及非编码 RNA 调控 [9]

第二节 高通量测序在 DNA 甲基化检测中的应用

DNA 甲基化，通常称为基因组的“第五碱基”，主要是指在 DNA 甲基转移酶（DNA methyltransferases， DNMTs）的作用下，在基因组胞嘧啶的 C5 位共价键结合一个甲基基团，形成 5 甲基胞嘧啶（5-methylcytosine，5mC）的生化过程，此外还存在少量的 N6- 甲基腺嘌呤及 7- 甲基鸟嘌呤甲基化形式。DNA 甲基化在多个生理过程中有重要作用：X 染色体失活、基因表达、基因印记及维持染色体稳定性等 [10, 11]。在正常人类的 DNA 中，2% ～ 7% 的胞嘧啶被甲基化，其中，CpG（C-phosphate-G）二核苷酸是最主要的甲基化位点，它在基因组中呈不均匀分布，存在高甲基化、低甲基化和非甲基化区域。在基因组的某些区域，如基因的启动子区域、5′ 端非翻译区和第一个外显子区 CpG 序列密度非常高，成为鸟嘌呤和胞嘧啶的富集区，称为 CpG 岛（CpG island，CGI）。正常情况下，人类基因组约有 2800 万 CpG 位点 [12]，其中 70% ～ 80% 的 CpG 二核苷酸处于甲基化状态 [13]。与之相反，大小为 100 ～ 1000 bp 的 CpG 岛则总是处于低甲基化状态，并且与 56% 的人类基因组编码基因相关。一般情况下，启动子区 DNA 高甲基化与基因沉默相关，而低甲基化则与基因的活化相关联。大量的研究表明，抑癌基因的失活与该基因的启动子区域 CpG 岛过度甲基化有直接关系，相反，低甲基化可导致正常情况下受到抑制的癌基因活化，从而导致癌症的发生 [14]。

由于 DNA 甲基化与人类的生长发育和肿瘤等多种疾病关系密切，其已经成为表观遗传学和表观基因组学的重要研究内容，同时也是目前研究最透彻的表观遗传信号。获得全基因组范围内所有胞嘧啶位点的甲基化水平数据，对于表观遗传学的时空特异性研究具有重要意义。整个基因组中存在数以万计的 CpG 位点，全面理解 CpG 岛甲基化的生物学功能需要系统和高效的检测技术。一直以来，技术方法是制约 DNA 甲基化研究的瓶颈之一。传统 DNA 甲基化检测技术，包括限制性酶切、限制性酶切 -PCR、甲基化特异性 PCR、利用 5mC 特异性抗体亲和富集等，只能检测单个或少数特定位点，并不能对整个基因组范围内所有的甲基化位点同时进行直接定量检测，而高通量测序技术的出现带动了一系列新的衍生技术，使得全基因组单碱基分辨率的 DNA 甲基化研究成为可能，极大地促进了全基因组甲基化图谱的绘制。目前基于测序技术的 DNA 甲基化检测方法已有 20 种以上，其中高通量甲基化测序技术主要包括：全基因组重亚硫酸盐测序（WGBS）、简化代表性重亚硫酸盐测序（reduced representation bisulfite sequencing，RRBS）、甲基化 DNA 免疫共沉淀测序（MeDIP-Seq），以及以单分子实时测序（single-molecular real-time sequencing，SMRT）为代表的第三代测序技术。不同的甲基化测序方法的原理主要有 3 种：①重亚硫酸盐转换；②甲基化不敏感的限制性内切酶消化；③用特异性抗甲基化胞嘧啶或甲基化结合蛋白抗体亲和富集。不同的方法其敏感性及基因组覆盖度不同，本节主要介绍目前最常用的高通量甲基化测序方法。

一、全基因组重亚硫酸盐测序技术

（一）检测原理

全基因组重亚硫酸盐测序（WGBS）是将重亚硫酸盐转换法与高通量测序技术相结合的一种技术，可在全基因组范围内对甲基化进行精确检测，目前市场上应用的主要高通量测序平台均可应用该测序法。其主要原理是基于全基因组 DNA 的重亚硫酸盐转换，采用重亚硫酸盐处理样本 DNA，将 DNA 中未甲基化的胞嘧啶（C）转换为尿嘧啶（U），经 PCR 扩增后进一步变成胸腺嘧啶（T）而原本甲基化 C 则保持不变，从而有效地将表观遗传差异转换为序列差异，通过比较处理和未处理 DNA 序列的差异，就能确定哪些碱基是甲基化的；再结合高通量测序技术，能够对每一个 DNA 碱基的甲基化情况进行分析，并绘制单碱基分辨率的全基因组 DNA 甲基化图谱。

（二）检测流程

WGBS 检测 DNA 甲基化的流程见图 16-2，主要包括样本采集、核酸提取、DNA 文库制备（包括 DNA 样本片段化、末端修复、加“A”尾、加测序接头、重亚硫酸盐处理、PCR 扩增）、文库检测、上机测序和数据统计分析（包括序列比对、甲基化识别、差异甲基化位点分析及注释等）。不同的测序平台流程稍有不同，主要区别于在文库制备过程中检测方法及后续数据分析时算法的不同。

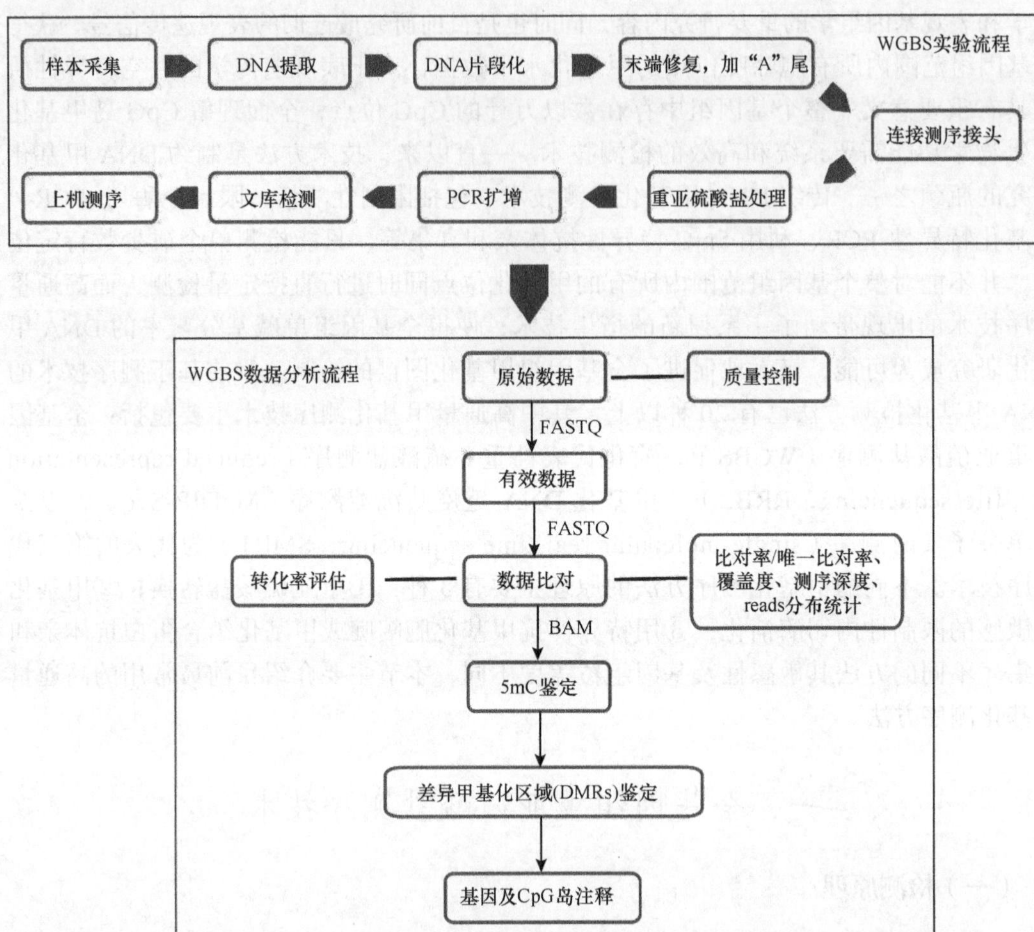

图 16-2 全基因组重亚硫酸盐测序检测流程

1. 样本采集 为确保检测结果的可重复性，推荐进行两个或以上样本的重复检测。样本类型可为血液、新鲜组织、石蜡切片、ctDNA 及培养细胞等。

（1）癌症：采集患者癌组织细胞、癌旁组织和配对的外周血或正常组织细胞。

（2）其他疾病：患病组织或外周血细胞。

2. DNA 文库构建 测序 DNA 文库是指连接测序接头的 DNA 片段，文库构建的关键是将基因组 DNA 随机打断成大小适中的片段。不同试剂盒 WGBS 建库方法略有不同，主要包括以下步骤。

（1）提取标本总 DNA，并进行质量检测：具体的样本需求量根据单个样品所需数据量而定。DNA 量太多会造成亚硫酸盐修饰不完全，DNA 量太少则会造成后续实验回收量不足。传统的 WGBS 方法所需样本量较高，DNA 量需达数微克以上，经过改良后仅需 50 ～ 100ng 样本即可进行检测。DNA 纯度要求 $OD_{260/280}$ 为 1.8 ～ 2.0，且无明显降解，同时应避免样品间的污染。

（2）基因组 DNA 片段化：基因组 DNA 检测合格后，将其随机打断成 100 ～ 500bp 的片段。获取 DNA 片段的方法包括机械剪切断裂如超声法或限制性内切酶酶切消化等，具体参照本书第二章。

（3）DNA 片段末端修复、3′端加“A”碱基，并连接甲基化修饰的测序接头，之后经电泳法等进行文库片段大小选择。

（4）重亚硫酸盐处理：随后进行重亚硫酸盐转化、脱盐处理及纯化，纯化时须仔细操作，减少样本损失。重亚硫酸盐处理的效率是 WGBS 成败的关键。在转换前的样本中加入未甲基化的噬菌体 λ DNA 作为阳性质控，以质量比 1% 的量掺入被测基因组 DNA，数据分析时通过与 λ DNA 的参考基因组进行比对，统计 λ DNA 的平均甲基化水平，最后得出重亚硫酸盐处理后非甲基化 C 转化成 U 的转化率（100% 减去 λ DNA 平均甲基化水平），以评估转换效率，监测重亚硫酸盐转换步骤的质量。

现有的 WGBS 文库构建流程是先制备文库，再进行重亚硫酸盐转化，然而重亚硫酸盐转化过程会导致约 90% 的 DNA 模板丢失，造成建库起始量高但有效数据量低[15]。改善重亚硫酸盐文库构建效率的一种方法是“预重亚硫酸盐处理”，即先进行重亚硫酸盐转化再构建文库，这种策略能够有效地规避重亚硫酸盐处理对预文库的损伤，提高模板利用率，降低建库起始量，同时提高测序文库丰富度，增加有效测序数据[16, 17]。

（5）PCR 扩增：先通过 qPCR 分析优化 PCR 扩增循环数，使文库制备时的 PCR 重复最少，通常 10 ～ 15 个循环进行 PCR 扩增。

（6）对构建的文库进行检测，包括文库定性及定量检测：文库片段大小及文库浓度。文库片段大小检测可采用琼脂糖凝胶电泳或微流控芯片技术（如 Agilent 2100 芯片）；文库浓度检测可采用 NanoDrop 分光光度计、Qubit 荧光计或 qPCR 技术，根据定量结果决定样本的上样量。两者检测合格后准备上机测序。

3. 高通量测序 目前市场上主要的高通量测序平台均可完成甲基化测序要求，如 Illumina 平台、Ion Torrent 平台等，可选择单端或双端测序（如 Illumina 2×100 或 150bp reads），测序操作根据不同测序平台的标准操作程序进行。理论上所有的 CpGs 均可被测序，但实际操作中会有部分位点难以覆盖或覆盖度低（1× ～ 10×）。测序数据量：为保证甲基化检测结果的准确性，推荐有效测序深度 30× 以上，即有效数据量达到 90GB 以上[18]。

4. 数据分析 如何从测序的数据中获得有效的信息是甲基化测序研究中的重要问题。WGBS 测得的数据为 FASTQ 格式，需要经过生物信息学分析才能获得胞嘧啶甲基化的信息。

（1）测序数据的质量控制：测序下机的原始数据包含有一部分质量不高的 reads 及测序接头等。首先使用 FASTQC 软件查看数据质量：包括 GC 含量（约 20%）及 PCR 重复（应＜ 20%）；随后使用 Trimomatic 或 Cutadapt 软件去除接头序列、过滤低质量 reads、过滤 N 含量过多的 reads，分析碱基质量分布和碱基类型分布。碱基类型分布检查用于检测有无 AT、GC 分离现象。数据质量满足要求即可进行后续分析。

（2）序列比对分析：过滤之后的数据，首先需要与参考基因组进行比对。质控点：数据比对后需要统计比对率（至少应＞ 70%）、唯一比对率、不同区域的甲基化率（在人类基因组的 CpG 区域甲基化率应＞ 60%，其他区域甲基化率应接近 0）。如果在文库构建时加入了 λ DNA 质控品，则还需将测序数据比对到 λ 噬菌体参考基因组并统计 λ DNA reads 的甲基化率（应接近 0）。

WGBS序列的比对与其他高通量测序数据的比对有所不同。由于经重亚硫酸盐处理，未发生甲基化的C变成了T，需使用甲基化测序特有的比对软件Bismark/BS-Seeker2/LAST/Bsmap等将测序数据比对到参考基因组，不同平台数据处理过程均有其各自的算法[19-22]。目前最常用的WGBS比对工具有两种：一种是以Bismark为代表的“three letter”方法，另一种是以Bsmap为代表的“wild card”方法。Bismark：以Bowtie为基础，将所有参考基因组和read上的C变成T（另一条链G变成A），再来做比对，因为所有序列只剩下3个碱基，故名“three letter”，该方法使用3个碱基比对，降低了序列复杂度和特异性，可能导致比对率降低，但是唯一比对的序列更准确。Bsmap：则以SOAP算法为基础，不转换基因组序列，而是允许序列中的C和T比对到基因组上的C，但是C不能比对到T，提高了比对速度和比对效率，尤其是在一些重复区域，但是可能导致高甲基化read的比对率高于低甲基化的read（更多的T），从而引入偏倚。

（3）甲基化位点识别：将测序reads比对到参考基因组，从而获得每个胞嘧啶的甲基化reads数和非甲基化reads数，利用软件如Bismark、MethTools等对甲基化进行统计分析，获得甲基化位点分布信息，计算甲基化水平。

（4）个性化分析：包括甲基化C中CG/CHG/CHH的分布比例统计、不同基因功能元件上甲基化位点分布统计、差异甲基化位点分析、差异甲基化区域分析、差异甲基化区域注释、差异甲基化区域相关基因的GO/KEGG分析。常用的分析软件包括MethylKit、CpG-MPs、QDMR、swDMR和Bis-SNP等。

（三）影响因素

样品DNA质量和长度、重亚硫酸盐处理过程、扩增效率、测序深度、测序质量等都会影响最终的结果。基于重亚硫酸盐转换的甲基化测序中，重亚硫酸盐孵育时间、温度、DNA浓度、解链温度等均会影响转换效率，造成假阳性或假阴性信号。重亚硫酸盐转换步骤也是测序产生偏倚的关键，由于该步骤易产生选择性DNA降解，或者转换不全造成的偏倚经后续PCR扩增会进一步放大，造成结果解读时高估检测序列的甲基化水平，在建库过程中，选用无扩增步骤的建库方法或GC偏好性低的PCR聚合酶、优化重亚硫酸盐处理条件可以有效减少偏倚的产生[23]。

（四）WGBS的优缺点

WGBS是目前甲基化测序的金标准，能够在全基因组范围内以单碱基分辨率检出甲基化位点，可避免酶切不完全可能导致的假阳性问题，具有极高的检测灵敏度。此外，目前已有单细胞全基因组甲基化测序，能够精确解析单细胞中每一个胞嘧啶的甲基化状态。但WGBS方法在操作上也存在一定的局限性，其在操作过程中亚硫酸盐处理条件过于剧烈，可能导致DNA发生降解，从而降低后续分析技术的灵敏度。另外，在碱基转化处理时，存在序列转换不全或转换过度的可能，从而导致人为的序列改变，在测序过程中加入已知甲基化和未知甲基化的DNA序列作为对照，可以有效地评估DNA转化效率，降低人为改变序列的可能。

由于人类基因组过于庞大，WGBS 对人全基因组进行测序成本较高，因此其主要用于全面的 DNA 甲基化图谱分析。随着测序成本的不断下降，利用 WGBS 测序技术进行小样本量间全基因组范围的精细差异分析，将会在疾病的甲基化致病机制研究中发挥越来越重要的作用。但是 WGBS 测序产生的大量数据为数据分析带来一定的挑战，这限制了其在临床检测中的应用。而对样本进行靶向甲基化测序则能够减少数据量，提高测序效率，降低测序成本。

二、简化代表性重亚硫酸盐测序技术

（一）检测原理

RRBS 又称基于酶切消化的重亚硫酸盐测序，是将限制性长度选择、重亚硫酸盐转化、PCR 扩增及克隆技术相结合的一项甲基化测序方法。该方法在重亚硫酸盐处理前使用限制性内切酶 *Msp* Ⅰ（酶切位点为 C^CGG）对样本核酸进行系统性酶切处理，去除 CG 含量低的 DNA 片段，从而使用较小的数据量富集到尽可能多的含 CpG 位点的 DNA 片段，降低研究成本，且能提高测序深度，从而增加检测准确性。

（二）检测流程

RRBS 检测流程基本与 WGBS 一致，不同的是样本 DNA 在重亚硫酸盐处理前需用限制性内切酶消化处理，通常为 *Msp* Ⅰ 内切酶。主要检测流程包括样本采集、核酸提取、测序文库制备（限制性酶切消化，末端修复、重亚硫酸盐转换、PCR 扩增）、文库检测、上机测序及数据统计分析 [24]。

RRBS 测序时，样本 DNA 经限制性内切酶 *Msp* Ⅰ 酶切消化后会产生长短不一的 DNA 片段，筛选 40 ～ 220bp 的片段用于下游测序步骤，因此，相比于 WGBS 方法，其可显著减少测序数据。通常 RRBS 方法可以捕获到约 80% 的 CpG 岛和 60% 启动子区域，但对基因组中重复序列和增强子序列的捕获效率较低。该方法所需 DNA 样本量较小，一般 500ng 左右即可。但是数据分析过程中需要注意的是，*Msp* Ⅰ 酶切消化后产生的黏性末端在文库制备加“A”尾前，需要引入外源的胞嘧啶，在随后的甲基化统计时，需先去除这部分数据。为得到较准确的测序结果，约需 10Mb 测序 reads 用于 RRBS 下游的数据分析。其与 WGBS 数据分析的不同之处在于，其比对序列主要包括启动子区和 CpG 岛的覆盖分析及甲基化分析，随后进行 DMR 及 DMR 相关分析。比对软件中 RRBSmap 是基于 WGBS 测序中 Bsmap 软件，专门为 RRBS 测序设计的比对方式，针对特定酶切片段，减小了参考基因组，提升了比对速度 [25]。

RRBS 是一种准确、高效和经济的 DNA 甲基化研究方法，通过酶切富集启动子及 CpG 岛区域，并进行重亚硫酸盐测序，可同时实现 DNA 甲基化状态检测的高分辨率和测序数据的高利用率 [26]。该方法在 DNA 甲基化研究中应用广泛，常用于对全基因组已知的感兴趣区域进行高深度、高精度甲基化检测验证和新的甲基化位点挖掘，同时该技术也可用于比较不同细胞、组织、样本间高精度 DNA 甲基化修饰模式的差异。与 WGBS 相比，

RRBS 主要选择有代表性的高密度甲基化区域进行检测，其测序量虽然大大减少，但在其覆盖范围内，如 CpG 岛、启动子区域和增强子元件区域，仍可达到单碱基分辨率。同时，重复性好，RRBS 多样本的覆盖区域重复性可达到 85% ～ 95%，可对不同细胞、组织、样本间的高精度 DNA 甲基化修饰模式进行多个样本间的差异分析，是一种准确、稳定、高效、高性价比的 DNA 甲基化研究方法。但是 RRBS 检测时存在酶切效率的问题，如果酶切不完全，即有些甲基化位点并未被切开，会导致结果的不全面性。此外，它只能获得特殊酶切位点的甲基化情况，因此检测阴性不能排除样品 DNA 中存在甲基化的可能。

三、甲基化 DNA 免疫共沉淀测序技术

（一）检测原理

MeDIP-Seq 是基于抗体富集原理进行测序的全基因组甲基化检测技术，主要用于比较不同细胞、组织、样本间的 DNA 甲基化修饰模式的差异。其原理是将不同样本的 DNA 抽提后，超声波裂解为多个片段，然后用甲基化 DNA 免疫共沉淀技术，通过 5- 甲基胞嘧啶抗体特异性富集基因组上发生甲基化的 DNA 片段，随后使用高通量测序技术对捕获的片段进行测序，比较不同样本间相同 DNA 片段序列的差异，从而鉴定出样本中的甲基化位点[27]。

（二）检测流程

MeDIP-Seq 整体检测流程与 WGBS 类似，不同之处是样本无须进行重亚硫酸盐处理，而是在 DNA 文库构建时，将双链 DNA 变性解链为单链之后，需将 DNA 片段与 5- 甲基胞嘧啶抗体反应，通过抗原抗体反应富集目的片段，从而构建出甲基化 DNA 文库。主要包括样本采集、核酸提取、测序文库制备（DNA 片段化、末端修复、加“A”尾、双链 DNA 变性、抗体富集、PCR 扩增）、文库检测、上机测序及数据统计分析。推荐获取 60Mb 测序 reads[27]，其数据统计分析与 WGBS 方法稍有不同。

MeDIP-Seq 的质量控制步骤包括 DNA 片段化后进行定量及片段大小评估；5- 甲基胞嘧啶抗体捕获后用 qPCR 方法评估抗体富集特异性及效率；测序文库制备后用 qPCR 方法对得率及文库大小进行质控。

数据统计分析包括测序后 reads 的质量控制、序列比对分析、甲基化富集区域峰值检测、个性化分析（DNA 甲基化区域邻近基因注释、样本组间数据比较和差异 DNA 甲基化区域的确定、差异 DNA 甲基化区域功能分析）等。

1. 测序数据的质量控制 测序下机的原始数据包含一部分质量不高的 reads 及测序接头等。需去除接头污染序列、过滤低质量 reads，并查看数据质量情况，数据质量满足要求即可进行后续分析。

2. 序列比对分析 过滤之后首先需要与参考基因组进行比对，利用软件 MAQ/SOAPaligner/SOAP2 等将测序数据比对到参考基因组，统计测序深度、reads 分布、覆盖度及 shift size 计算，通过与基因组匹配的 read 来识别甲基化峰，不同平台数据处理过程均有其各自的算法。

3. 确定甲基化富集区域　根据甲基化富集区信号峰值（Peak）的不同进行分析，利用软件如 MACS/PeakSeq/FindPeaks 等对甲基化富集区分布进行统计分析，获得甲基化位点信息。根据富集峰相对于基因的位置，可分为五类：启动子峰、上游峰、内含子峰、外显子峰、基因间峰。

4. 个性化分析　包括 DNA 甲基化区域注释如邻近基因区域及功能注释区域保守性检测、甲基化区域内碱基序识别如已知转录因子基序识别及 de novo 基序搜索、多样本组间数据比较和差异 DNA 甲基化区域的确定、差异 DNA 甲基化区域功能分析。

MeDIP-Seq 方法具有针对性，可有效降低测序费用，其直接对甲基化片段进行测序和定量，分析数据也相对容易，对复杂基因组 DNA 甲基化检测具有优势，且能快速高效地评估全基因组范围内的 DNA 甲基化。但是缺点是：①缺少单一 CpG 二核苷酸的信息，因其不能有效地富集低 CpG 含量的 DNA 片段，故依据基因组不同区域 CpG 密度的不同需要用软件进行校正；②抗体可能存在交叉反应，富集的序列并非目的序列，会出现检测结果不可验证。

除利用 5- 甲基胞嘧啶的抗体来捕获甲基化 DNA 外，甲基化 CpG 结合蛋白也能很好地富集高甲基化 DNA 片段（如 CGIs），并结合高通量测序对富集到的 DNA 片段进行测序，这种方法称为甲基化 DNA 富集结合高通量测序（methylated DNA binding domain sequencing，MBD-Seq），可检测全基因组范围内 100 ～ 1000bp 的甲基化位点，需注意的是通过 MBD 捕获的为双链甲基化 DNA 片段。MBD-Seq 技术的特点是对于提取 DNA 量较少的样本如新鲜冰冻组织及石蜡包埋样本均适用。MeDIP-Seq 及 MBD-Seq 均无法获得单碱基分辨率的甲基化信号，只能通过富集 peak 来判断某区域是否存在甲基化，无法得到绝对的甲基化水平，因此适合于样本间的相对比较。

以上 3 种方法对 DNA 甲基化的检测各有优缺点，依据检测需要如检测通量、分辨率、基因组大小、成本、生物信息学专家、样本量大小、覆盖度等需求不同选择不同的方法，其比较见表 16-1。例如，针对一些基因组较小的物种进行全基因组 DNA 甲基化模式研究时，如需要得到高分辨率、高特异性及高敏感度等较高要求的信息时可以选择 WGBS 方法，反之可选择 RRBS 法或 MeDIP-Seq 法。

表 16-1　3 种 DNA 甲基化测序方法的比较

技术类型	WGBS	RRBS	MeDIP-Seq
基本原理	重亚硫酸盐处理	*Msp* Ⅰ酶切消化 重亚硫酸盐处理	抗体富集
分辨率	单碱基	局部单碱基	50 ～ 100bp
GC 偏好性	无	无	有
鉴定灵敏度	非常高	较高	低
基因组覆盖度	95%	8% ～ 10% CpGs	17.80%
主要覆盖范围	全基因组	启动子和 CpG 岛	高 GC 区域
DNA 需求量	10ng ～ 5μg	10ng ～ 2μg	50ng ～ 5μg
主要应用	大规模或小规模的 DNA 甲基化高分辨率研究，甲基化图谱绘制	位点特异性的 DNA 甲基化研究	快速、大规模、低分辨率的 DNA 甲基化研究

四、其他检测方法

第三代测序技术的出现使甲基化的直接测定成为可能。常用的测序方法包括单分子实时（single molecule，real-time，SMRT）测序和单分子纳米孔测序 [28, 29]。SMRT 测序是由 Flusberg 等提出的一种直接检测 DNA 甲基化的方法，其原理是利用 DNA 聚合酶进行边合成边收集荧光信号的方法进行测序。4 种核苷酸（A/C/G/T）分别标记不同颜色的荧光信号，当核苷酸掺入时产生不同的荧光脉冲，核苷酸类型可由光的波长和峰值来判断；当模板上碱基带有修饰时，DNA 聚合酶的动力学将有所改变，根据这些动力学特征能直接检测 DNA 模板上的核苷酸修饰，包括 5-mC、N6- 甲基腺嘌呤、5- 羟甲基化胞嘧啶。单分子纳米孔测序是基于单分子纳米孔测序仪能直接分辨出未修饰的胞嘧啶和甲基化胞嘧啶，其原理是外切酶消化后的单链 DNA 以单个碱基的方式经过纳米小孔，基于这一过程中不同碱基产生的电流信号的变化和碱基滞留时间实现测序，并能检测修饰的碱基。这两项技术的发展无疑大大加速了表观遗传学研究的步伐，但目前其价格高及通量较低限制了其进一步应用。

综上可见，基于高通量测序的 DNA 甲基化检测方法众多，检测平台多样，为甲基化测序的发展提供了有力支持。实验室在选择检测平台时应综合考虑成本、检测目的、样本核酸量及检测样本数量等因素。但该检测在现应用阶段也存在一些难题，如目前尚无标准化、流程化的分析程序，包括分析前样本的处理、分析中的技术问题，以及进一步的数据分析和结果解释。此外，检测过程中影响因素多，需要充分分析和规避各种影响因素，保证检测质量。

五、DNA 甲基化检测在疾病研究中的应用

DNA 甲基化在不同疾病中表现出不同的模式，包括广泛的低甲基化、区域性高甲基化、抑癌基因高甲基化及促癌基因低甲基化等，通常与疾病亚型、预后和药物反应等临床信息相对应，在通过恰当的检测和验证之后，这种关联性有望用于临床诊断和个性化治疗决策中。影响人类健康的主要疾病如心血管疾病、肿瘤、糖尿病（1 型和 2 型）及自身免疫性疾病等疾病的发病机制均可能与基因组的甲基化改变密切相关，因此 DNA 甲基化的检测必然会为相关疾病的诊治提供信息（表 16-2）。值得注意的是，表观遗传的变异具有可逆性的特点，在疾病的治疗或预防中较基因组序列的改变更具可操作性，因此也成为目前多种疾病预防和治疗中的研究重点。2007 年以来，得益于高通量测序技术的发展，DNA 甲基化水平在临床上的研究越来越受到重视，其作为多种疾病潜在的诊断和预后标志物的研究已取得较多成果。

表 16-2　DNA 甲基化测序研究的部分疾病总结

疾病名称		研究位点	检测意义
肿瘤	乳腺癌	*BRCA1*、*SNCG*	肿瘤诊断、转移检测
	结肠癌	*MLH1*、*HOXA2*、*GATA2*	疾病筛查，健康人群风险评估
	前列腺癌	*MASPIN*、*GSTP1*	肿瘤诊断
	肝癌	ctDNA 甲基化预测模型	早期诊断、预后、疗效预测

续表

疾病名称		研究位点	检测意义
心血管疾病		*AAD1*	甲基化模式性别差异
		DNA 甲基化谱	与发病风险相关
糖尿病		*HIF3A*	发病风险评估
		Pdx1	发病风险评估
自身免疫病	系统性红斑狼疮	*PRF1*、*CD70*、*CD154*、*AIM2*	致病机制研究，CpG 岛去甲基化修饰，基因转录激活
	类风湿关节炎	*L1*、*CHI3*、*L1*、*CASP1*、*DR3*、*STAT3*	基因转录或抑制，促进疾病进展

（一）肿瘤

过去肿瘤一直被认为与基因突变密切相关，但是近年来，通过对肿瘤细胞表观遗传模式的研究，人们发现表观遗传学改变在肿瘤的发生和发展过程中具有重要的作用，尤其以 DNA 甲基化改变最为常见。目前 DNA 甲基化应用于肿瘤的研究主要集中于肿瘤的早期诊断及预后评估方面。

1. 肿瘤的诊断 研究表明，抑癌基因 CpG 岛高甲基化发生于肿瘤形成早期，是继基因突变之后导致肿瘤发生的主要“动力”，已经成为肿瘤早期诊断的分子标志物。

研究表明，DNA 甲基化标志物可被用于口腔癌及结直肠癌的早期检测[30, 31]。*GSTP1* 基因在 80% ～ 90% 的前列腺癌患者中呈高甲基化状态，因此可作为前列腺癌诊断的甲基化标志物。DNA 甲基化普遍存在于肺癌发生的各个阶段，甚至出现在疾病发生很早之前，因此其可以作为肺癌早期诊断的有效标志物。在结直肠腺瘤中已发现 *p16INK4a*、*p14ARF* 和 *MGMT* 基因 CpG 岛的高甲基化，这些现象都说明甲基化是导致肿瘤发生的使动因素，因此可通过对异常甲基化的检测及早发现疾病或对健康人群患病风险进行评估。利用高通量测序技术，肿瘤的甲基化模式研究得到了快速发展。Volker 等采用全基因组甲基化测序发现启动子区甲基化水平的改变影响多个成神经管细胞瘤相关基因的表达，可能是肿瘤发展的重要机制[32]。此外，通过高通量测序方法分析肿瘤患者血液样本中 ctDNA 组织特异性的 CpG 甲基化模式，利用甲基化差异信号能够检测早期肺癌及结直肠癌[33]，并能够溯源肿瘤的具体位置，进一步证实了甲基化生物标志物在临床中的应用价值和前景，为肿瘤早期诊断提供了新方向。

2. 肿瘤预后评估 肿瘤甲基化模型可用于预测疗效和预后，是临床及基础肿瘤研究关注的热点。因甲基化而沉默的抑癌基因是一种很有发展潜力的预测肿瘤预后的标志物。*DAPK*、*p16INK4a* 和 *EMP3* 的高甲基化已被证实与肺癌、结直肠癌和脑部恶性肿瘤的侵袭性相关。采用 WGBS 技术在转移性乳腺癌 ctDNA 中进行甲基化模式检测并证实 21 个 DNA 高甲基化位点与乳腺癌的复发风险有关[34]。在一项最新的研究中，研究者们根据建立的甲基化模型，利用 WGBS 技术对 1098 例肝癌患者和 835 例健康人的 ctDNA 甲基化位点进行检测，寻找到 10 个早期诊断的位点作为预测模型，显示出高达 84.8% 的诊断敏感性和 93.1% 的特异性，利用该方法使肝癌患者的漏检率比传统的肝癌标志物甲胎蛋白方法漏检率降低 50% 以上，对肝癌的早期诊断及提高预后具有重要作用，此外还能准确预测肿瘤的分期、疗效和复发 [35]。一般来说，ctDNA 中的甲基化信号非常弱，基于高通量测序的甲基化分析技术，可以有效提高血浆中肿瘤甲基化检测灵敏度，并显著降低背景噪声，相信随着高通量测序技术的普及，ctDNA 甲基化谱的临床应用研究将成为肿瘤精准医疗的重要内容。

（二）心血管疾病

心血管疾病是危害人类健康的主要疾病，目前已成为全球首位死因，且有逐年上升的流行趋势。近年来很多研究发现，DNA 甲基化在心血管疾病，如动脉粥样硬化、冠心病、高血压和心力衰竭等疾病的发生发展中发挥重要作用。冠心病相关的全基因组甲基化研究发现，与冠状动脉粥样硬化相关基因高甲基化 CpG 位点相比，其低甲基化 CpG 位点更有意义，这些低甲基化 CpG 位点主要参与调控炎症、免疫及发育过程。在观察原发性高血压患者 *AAD1* 基因启动子区的 DNA 甲基化水平时，发现女性患者中 *AAD1* 基因的 CpG1 位点甲基化水平较男性显著降低。更有研究发现，在妊娠高血压和正常血压人群的后代中，通过观察外周血单核细胞 DNA 甲基化与基因表达模式，发现了 6 个特异性甲基化差异表达，提示 DNA 甲基化调控可能参与介导妊娠高血压，从而增加了后代血管疾病的风险。此外，关于 DNA 甲基化对心肌肥厚、心力衰竭及心律失常等疾病的发病机制研究也有一些文献证实，但是由于检测方法、目标人群不同，所检测的 DNA 组织来源不同，目前研究结果也不尽相同。

（三）糖尿病

糖尿病是常见的代谢异常性疾病，研究表明生活习惯可通过表观遗传学的改变影响代谢性疾病的患病风险，主要机制为表观遗传的异常可影响细胞的分化、染色体结构的位置、亲本基因组印迹、重复序列抑制等生理过程。基于甲基化高通量测序方法，研究者发现脂肪组织和血细胞中 *HIF3A* 基因甲基化水平与高代谢相关。由于启动子区甲基化的增加，*Pdx1* 的表达水平显著下降，糖尿病发生风险增加，表明高通量测序技术分析基因甲基化状态对糖尿病的风险评估可能具有临床价值 [36]。

1 型糖尿病的早期检测有利于及时干预治疗，有效改善患者预后。研究者利用高通量测序技术对糖尿病患者外周血 DNA 中的胰岛素基因甲基化状态进行检测，发现与其他组织相比，外周血中未甲基化的胰岛素基因 DNA 主要来源于胰岛 B 细胞，且未甲基化的胰岛素基因 DNA 的增加与胰岛 B 细胞数量减少或死亡有关；此外早期 1 型糖尿病患者未甲基化胰岛素基因水平显著高于正常对照组，表明对其进行检测有利于 1 型糖尿病的早期检出 [37]。与传统基于 PCR 的检测方法比较，利用高通量测序技术检测可显著提高灵敏度和特异性，成本也较低，且能同时检测多个相邻 CpGs 位点，提示高通量测序技术能够更加全面地研究 DNA 甲基化的作用，并在临床上促进患者的诊断和治疗。

（四）自身免疫病

近年来，DNA 甲基化的改变被越来越多地被证实与多种自身免疫病相关，其中大部分研究集中于系统性红斑狼疮（systemic lupus erythematosus，SLE）和类风湿关节炎（rheumatoid arthritis，RA）。目前 SLE 和 RA 的致病机制尚未完全明确，但是很多学者认为表观遗传学的改变在疾病发生发展中起着重要作用。SLE 的主要特征为自身抗体对胞核或胞质抗原的免疫应答。多项基于高通量测序的甲基化检测研究表明，启动子区整体的高甲基化水平造成 SLE 组织中多个基因如 *PRF1*、*CD70*、*CD154*、*IFGNR2* 等的过表达，通过破坏机体的免疫耐受等机制促使疾病发生 [38]。RA 是一种病因未明、以炎性滑膜炎为主的慢性系统性疾病，滑膜细胞基因组的甲基化水平差异可能与该疾病炎症及基质破坏有关。此外，RA 中外周血单核细胞基因组也呈广泛的甲基化状态，RA 相关的基因如 *CHI3*、*L1*、*CASP1*、*DR3*、*STAT3* 等的高甲基化状态与 RA 的致病性相关，其中 *DR3* 的高甲基化会导致细胞内抗凋亡蛋白的下调，促进疾病进展 [39]。分析 RA 中 DNA 甲基化状态可用于疾病的发生机制研究，或许能够为其临床诊断和治疗提供有效信息。

第三节　高通量测序在组蛋白修饰检测中的应用

组蛋白修饰包括蛋白乙酰化、甲基化、磷酸化、核糖化、泛素化和类泛素化等，是一类重要的表观遗传调控机制 [40, 41]。这些修饰不但是特异的，而且是可逆的。组蛋白主要有 H1、H2A、H2B、H3、H4 等形式，其中甲基化主要发生在组蛋白赖氨酸和精氨酸残基上，每个赖氨酸残基可以有 1 ～ 3 个甲基化，形成单甲基化、二甲基化和三甲基化，精氨酸残基可有单甲基化和双甲基化 [42]。组蛋白乙酰化主要发生在 H3、H4 的 N 端较保守的赖氨酸位置上，具有多样性和较高的动态性。相对而言，组蛋白的甲基化修饰方式是最稳定的，所以最适合作为稳定的表观遗传信息。组蛋白修饰在基因转录调控、DNA 修复、可变剪接及染色体压缩等细胞生理过程中起到非常重要的作用，可通过影响组蛋白与 DNA 双链的亲和性，改变染色质的疏松或凝集状态，或通过影响其他转录因子与结构基因启动子的亲和性来发挥基因调控作用。染色质中各组蛋白位点的修饰标记构成另外一套遗传密码，称为组蛋白密码，共同参与调节基因的表达活性。通常，转录活跃区域具有较高水平的乙酰化与 *H3K4*、*H3K36*、*H3K79* 甲基化，而转录抑制区域具有较低水平的乙酰化与 *H3K9*、*H3K27*、*H4K20* 的高甲基化。目前已经发现组蛋白修饰与多种重大疾病的发生发展具有密切相关，因此针对组蛋白修饰的研究将有助于疾病的早期诊断与治疗靶点开发。

目前研究主要集中在组蛋白甲基化和乙酰化修饰上。传统的组蛋白修饰鉴定技术主要为染色质免疫共沉淀（chromatin immunoprecipitation，ChIP）和染色质免疫共沉淀－芯片杂交（chromatin immunoprecipitation-chip，ChIP-chip）。随着高通量测序技术的推广应用，染色质免疫共沉淀测序目前已经成为全基因组范围内检测组蛋白修饰的重要方法，这为深入研究组蛋白修饰在转录调节中的作用提供了新的证据。

一、染色质免疫共沉淀技术

ChIP 技术也称结合位点分析法，是研究体内蛋白质与 DNA 相互作用的有力工具。该检测方法基于抗原抗体反应的特异性，利用特定抗体捕获目标蛋白与 DNA 的复合物。ChIP 技术检测流程一般包括细胞固定、染色质断裂、染色质免疫沉淀、交联反应的逆转、DNA 的纯化及鉴定。具体为首先将细胞采用甲醛交联固定蛋白质-DNA 复合物后超声裂解或酶处理，使细胞内染色质分离成为一定长度范围内的小片段，然后用目的蛋白特异性抗体免疫共沉淀靶蛋白-DNA 复合物，从而实现对特定靶蛋白与 DNA 片段进行富集，通过对目标片段的纯化，以及后续的检测来获得 DNA 与蛋白质相互作用的序列信息。

ChIP 是在全基因组范围内检测 DNA 与蛋白质体内相互作用的标准方法，可用于组蛋白特异性修饰位点的研究。目前，随着人类基因组测序工作的基本完成，组蛋白和整个基因组相互作用的研究逐渐成为热点，在 ChIP 技术的基础上也发展出高通量的组蛋白修饰检测技术，如 ChIP 技术结合芯片技术或新一代测序技术是目前检测组蛋白修饰最常用的方法。

二、染色质免疫共沉淀 - 芯片杂交

ChIP 技术与基因芯片相结合建立的 ChIP-chip 技术最初是用于检测目的蛋白与 DNA 的相互关系，后来被广泛应用到组蛋白修饰的研究。该方法首先基于上述 ChIP 技术，利用抗组蛋白抗体将目标 DNA- 组蛋白复合物富集出来后进行 PCR 扩增，在扩增的过程中引入荧光基团，再将扩增的 DNA 片段与基因芯片进行杂交，之后对芯片进行扫描，并对扫描信号进行分析处理，从而获得 DNA 与组蛋白相互作用的信息。

ChIP-chip 技术的优点是可以在体内进行反应，可直接或间接（通过蛋白质与蛋白质的相互作用）鉴别基因组与蛋白质的相关位点，为分析组蛋白的修饰提供了一个极为有力的工具。但该技术的局限性在于，由于芯片体积的限制，DNA 序列只能是某些一致的特定片段，容易出现分析偏好性；此外，该技术须事前了解目的区域的 DNA 序列情况以合成所需的探针，即仅能作用于探针可及的基因组序列，而在序列未知的情况下，芯片技术并不能真正全面地在全基因组范围内检测组蛋白修饰的分布。

三、染色质免疫共沉淀测序技术

将 ChIP 技术与高通量测序技术相结合的 ChIP-Seq 技术能够对所有组蛋白修饰对应的 DNA 结合位点进行检测，从而在全基因组范围内获得与组蛋白相互作用的 DNA 位点，具有准确性高、覆盖范围广等特点，目前已广泛应用于组蛋白修饰位点的研究。

（一）技术原理

ChIP-Seq 首先通过染色质免疫共沉淀技术特异性地富集目的蛋白结合的 DNA 片段，随后对富集的 DNA 片段进行纯化，加上通用接头进行 PCR 扩增构建测序文库，然后使用高通量测序技术对富集到的 DNA 片段进行测序。通过将获得的数百万条 DNA 序列精确定位到基因组上，从而获得 DNA 与蛋白质相互作用的序列信息。

（二）检测流程

ChIP-Seq 检测流程见图 16-3，包括样本采集、DNA- 蛋白质交联固定、DNA 超声打断、免疫共沉淀、DNA 片段回收、测序文库构建、高通量测序、生物信息学分析。

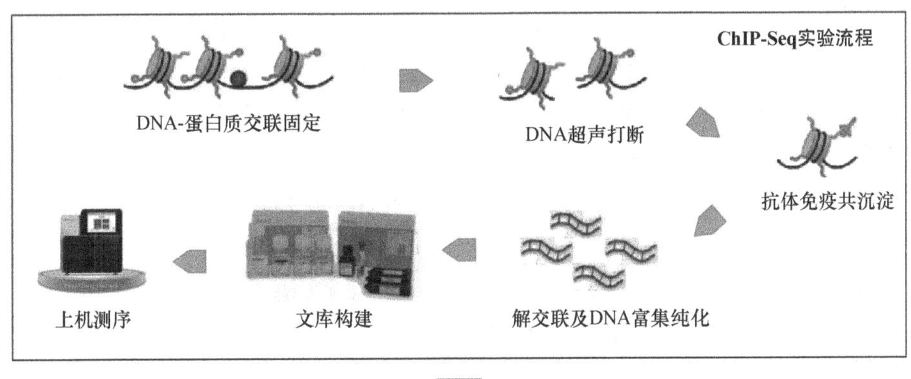

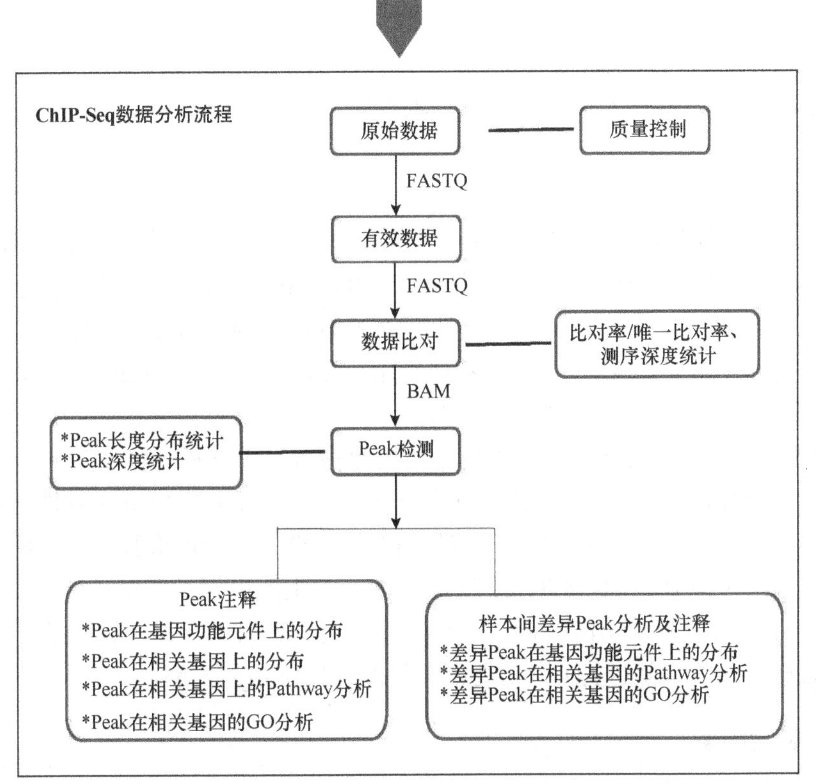

图 16-3　ChIP-Seq 检测流程

1. 样本采集

（1）需采集人血或组织细胞，细胞量需达到 10^7 个。

（2）组织样本需进行评估。

2. DNA- 蛋白质交联

（1）甲醛处理细胞，使 DNA- 蛋白质相互作用而被交联固定。

（2）裂解细胞，得到全细胞裂解液。

（3）使用超声或核酸酶消化将基因组 DNA 打断至 100 ～ 500bp。

（4）抗体免疫共沉淀：在细胞裂解液中加入特异性抗体和磁珠进行孵育。

（5）采用合适的实验条件进行洗脱，并解交联。

（6）通过 qPCR 验证 ChIP 结果，经验证的 DNA 样本即可用于测序文库的构建。为构建测序文库，至少需要 5 ～ 10ng ChIP 富集的 DNA，因此需准确定量免疫共沉淀得到的 DNA。使用 qPCR 方法定量，具有较高的灵敏度和动态范围。如果没有得到足够量的 DNA，可将几次 ChIP 反应所得产物混合后用来构建一个测序文库。

3. 测序文库构建

（1）将 ChIP 后的 DNA 样品进行 DNA 片段的末端修复，3′ 端加 A 碱基，连接测序适配子接头。

（2）PCR 扩增及 DNA 产物的片段大小选择。

（3）将构建好的测序文库进行检测，检测合格的测序文库准备上机测序。

4. 高通量测序

（1）测序平台的选择：目前商业化的各种高通量测序平台都可用于 ChIP-Seq，具体可根据实验目的、成本等情况综合选取。

（2）数据量的选择：测序数据量需根据实验的设计和目的进行选择，以满足实验需求为准。

5. 数据分析

（1）测序数据质量控制：首先，测序下机数据需去接头污染及去低质量 reads，随后使用生物信息学分析软件评估测序质量，获得的有效数据的量达到实验要求即可进行后续分析。

（2）序列比对：将符合要求的 ChIP 测序的有效数据与参考基因组序列进行比对，并对测序数据进行第二次质控，包括测序数据的比对率、测序唯一 reads 在全基因组的分布、平均测序深度、GC 偏倚等。

（3）测序峰值鉴定及基因元件分析：使用生物信息学分析软件鉴定测序峰值，将与蛋白质发生相互作用的 DNA 结合位点进行精确定位，如常用的 MACS 软件进行峰识别，根据测序得到的 reads 在基因组上的分布是随机的特点，经泊松检验统计分析后，一般默认 P 值小于 10^{-5}（即 $P < 10^{-5}$）时可有效识别基因组上蛋白因子富集峰。

（4）测序峰值注释及功能分析：对测序峰值相关基因进行筛选，以推断蛋白修饰对邻近基因表达的影响，并进行 GO 功能聚类分析及 Pathway 分析。

（三）影响因素

高效的 ChIP-Seq 过程需要优化几个关键的变量：①甲醛交联的温度和时间需要优化。

如果蛋白质和 DNA 交联过于紧密，则在测序之前无法将染色质有效地打碎成片段，通常情况下，最好在 37℃与 1% 的甲醛共培育 10 分钟，然后在此基础上进一步优化。②染色质打碎过程中，不同的测试系统（细胞的类型、组织的类型）中染色质打碎成片段的参数也需要严格优化。③使用的抗体的量和特异性，最好选用从多家抗体厂商获得的，经过 ChIP 实验验证的抗体。

与 ChIP-chip 相比，ChIP-Seq 具有更高的准确性和更大的覆盖范围等优势，是全基因组范围的免疫沉淀与测序分析；且基于抗体富集目标区域，可有效降低检测数据量，具有高的性价比 [43]。尽管 ChIP-Seq 相对于 ChIP-chip 有了较大的进步，但缺乏有效和特异性的抗体仍然是目前 ChIP 类实验最大的障碍。目前商业化的抗体大多为多克隆抗体，不同的抗体质量不一，因此，ChIP-Seq 得到的数据结果不可避免地产生差异。而单克隆抗体则只能识别一个抗原表位，ChIP 实验捕获目标蛋白的效果会差很多。此外，ChIP 实验自身也存在着一些问题，如一些表观遗传学修饰会被其他蛋白掩盖，导致抗体无法检测到这类修饰的情况 [43]。因此，要想开展一个结果可靠的 ChIP-Seq 实验，重复性好且标准化的抗体是关键。DNA 元件百科全书（Encyclopedia of DNA Elements，ENCODE）和 modENCODE 联盟建立了 ChIP-Seq 检测组蛋白修饰时抗体检测敏感性及特异性分析的指南，分析了 246 个组蛋白修饰检测相关抗体的性能 [44]。此外，还应注意测序过程中各个环节的差别，如 DNA 质量、获取的片段长短不同导致的扩增效率差异、测序深度、基因组的重复程度，以及测序和比对过程中的错误都会引入系统误差造成假阳性，进行严格的质量控制才能保证检测结果的准确性。

四、组蛋白修饰检测在疾病研究中的应用

在真核生物中，染色质由组蛋白和缠绕 DNA 组成的核小体排列而成，目前已发现超过 100 种组蛋白修饰形式，通常组蛋白 H3K9、H3K2、H3K27 和 H4K20 甲基化与基因转录抑制相关，而 H3K4 和 H3K36 的三甲基化与染色质的可接近性相关，组蛋白乙酰化与基因活化及 DNA 复制相关，组蛋白的去乙酰化和基因的失活相关。组蛋白的修饰可以通过改变染色质的状态及可接近性，在多种疾病中调控基因的表达。组蛋白修饰研究的领域主要为组蛋白甲基化和乙酰化。ChIP-Seq 是目前用于研究疾病表观基因组学的关键技术，已在多种疾病相关组蛋白修饰研究中广泛应用（表 16-3）。得益于 ChIP-Seq 技术的发展，已发现组蛋白修饰与多种重大疾病的发生发展密切相关 [45]，因此针对组蛋白修饰的研究将有助于疾病的诊断与治疗靶点研究。

表 16-3 ChIP-Seq 用于部分疾病中组蛋白修饰的检测

疾病名称	检测位点	样本类型	研究结果
黑色素瘤	H2A.Z.2	细胞系	H2A.Z.2 介导肿瘤细胞增殖，增加肿瘤细胞化疗及靶向治疗敏感性
结直肠癌	H3K4me1	细胞系	增强子区染色质状态的变化与肿瘤形成相关
多发性骨髓瘤	H3K27ac H3K4me1	细胞系	组蛋白修饰和 DNA 甲基化与多发性骨髓瘤致病性相关

续表

疾病名称	检测位点	样本类型	研究结果
胶质瘤	H3K4me3	原发肿瘤	基因沉默 / 激活，胶质瘤转录谱改变
室管膜瘤	H3K27me3	原发肿瘤	不同的 H3K27me3 峰值可用于区分不良预后
弥漫性大 B 细胞瘤	H3K27me3	细胞系	EZH2 抑制剂可降低整体的 H3K27me3 水平，并重新激活基因表达
自闭症	H3K4me3	神经元	H3K4me3 甲基化水平异常造成神经发育异常的基因表达
帕金森病	H3K27ac H3K4me3	脑组织	靶基因表达改变，帕金森病敏感性增加
系统性红斑狼疮	H3K4me3	外周血单个核细胞	免疫应答基因存在广泛 H3K4me3 峰值富集
1 型糖尿病	H3K9ac/H3K14ac	细胞系	高糖血症通过增加 H3K9ac/H3K14ac 水平造成并发症相关基因表达

随着检测技术的发展和认识的深入，翻译后的组蛋白修饰被认为在癌症的发展过程中起关键作用，参与致癌作用的各个阶段，同时也被认为是癌症发生发展的可能标志物。据报道，癌细胞的一个显著特征是组蛋白乙酰化和甲基化修饰的缺失。例如，组蛋白去乙酰化酶经常被认为在前列腺癌和胃癌中过度表达；组蛋白去乙酰化酶 1 被证明与视网膜母细胞瘤蛋白的抑制有关。组蛋白修饰状态和临床结果具有相关性，大量研究表明，组蛋白修饰可以预测各种癌症的预后。例如，非小细胞肺癌组织低水平的 H3K9 乙酰化、H3K9me3 和肿瘤复发呈正相关，患者的组蛋白修饰模式发现，乙酰化占主导地位的患者预后较好，但甲基化占主导地位与不良预后相关。在胶质瘤干细胞中，部分基因启动子区 H3K27me3 的丢失导致基因异常活化，致病性增强。

除了在肿瘤中应用，ChIP-Seq 组蛋白修饰检测在非肿瘤疾病中也有广泛研究。在糖尿病中，组蛋白去乙酰化酶抑制剂被证明可改善胰岛 B 细胞功能，从而减缓糖尿病相关并发症的发生。此外，糖尿病临床治疗药物胰高血糖素样肽 -1（glucagon-like peptide-1，GLP-1）和葡萄糖依赖性促胰岛素激素（glucose dependent insulin stimulating hormone，GIP）发挥作用的机制为增加组蛋白 H3 乙酰转移酶活性并降低组蛋白去乙酰化酶活性。在系统性红斑狼疮中，H3K4me3 宽峰与免疫应答基因相关。在自闭症中，ChIP-Seq 鉴定的 H3K4me3 的增加或降低同样存在于其他神经发育异常疾病中 [46]。

ChIP-Seq 技术虽然用于疾病研究取得了一定进展，但用于临床疾病鉴定表观遗传改变或药物靶点仍有许多问题待解决 [43, 47]。首先，质量管理是进行数据分析的关键步骤，可参考国际人类表观基因组联盟、ENCODE 及 modENCODE 联盟建立的高质量 ChIP-Seq 数据分析标准。其次，为了更好地理解组蛋白修饰等改变与疾病之间的联系，ChIP-Seq 测序数据需要进一步与遗传学及临床数据结合。ChIP-Seq 技术本身也需要进一步提高，减少初始样本量，开发用于不同样本间定量比较的标准，对于细胞含量低的样本如少于 10^4 个细胞的样本需要建立更可靠的操作程序等。

第四节　基于高通量测序的非编码 RNA 检测

非编码 RNA（noncoding RNA，ncRNA）是指不能翻译为蛋白质的功能性 RNA 分子，其在基因表达中发挥重要的调控作用。根据 ncRNA 长度，将 ncRNA 分为长链非编码 RNA（long noncoding RNA，lncRNA）和小非编码 RNA，其中常见的小非编码 RNA 有微小 RNA（micro RNA，miRNA）、环形 RNA（circular RNAs，circRNA）及小干扰 RNA（small interference RNA，siRNA）等[48, 49]。近年来，大量的研究表明，ncRNA 在表观遗传学的调控中扮演着越来越重要的角色，可通过参与转录调控、RNA 的加工和修饰、mRNA 的稳定性和翻译、蛋白质的降解和转运、染色体的转录与失活、基因的表达与关闭、细胞的发育等来调控生物体的胚胎发育、组织分化、器官形成等基本生命活动，并参与某些疾病（如肿瘤、神经性疾病等）的致病机制过程[50]。随着高通量测序技术的发展，越来越多有功能的 ncRNA 被发现，人们对 ncRNA 在人类疾病发生发展中的研究不断深入。其中，lncRNA 和 miRNA 是真核细胞生物中两类很重要的非编码 RNA，不仅自身的表达受到表观遗传的调节，而且还能对表观遗传的其他方面发挥重要的调控作用。

高通量 RNA 测序（RNA sequencing，RNA-seq）为非编码 RNA 的检测提供了有力工具，与先前的 RNA 测序技术如大规模平行信号测序系统相比，RNA-seq 在非编码 RNA 测序研究方面具有覆盖面更广和准确性更高等优势。其主要原理是先将样本中富集的所有 RNA 或部分目的 RNA 反转录成双链 cDNA，cDNA 一端或两端添加测序接头后进行高通量测序，从而得到一群短序列 reads，在此基础上对序列进行拼接组装，可得到目的转录体的序列[51]。通过高通量测序技术，可快速鉴定特定条件下表达的 lncRNA 和 miRNA。本节将就 lncRNA 及 miRNA 两种非编码 RNA 的高通量测序检测方法进行叙述。

一、lncRNA 高通量测序检测

lncRNA 是长度＞200 个核苷酸的非编码 RNA，占 ncRNA 的 80% 左右，其本身缺少明显的开放阅读框，不编码蛋白质，广泛存在于各种生物体内，具有组织特异性表达和丰度低等特点。lncRNA 大多数由 RNA 聚合酶Ⅱ转录后经过剪接和多聚腺苷酸化加工而成，通常具有 5′ 加帽结构和 3′ 多聚 A 尾 [poly（A）] 结构，但其中有 40% 的 lncRNA 不携带 poly（A）。lncRNA 序列保守性较差，仅在 RNA 的二级结构和启动子区域有进化保守性。相比于其他非编码 RNA，lncRNA 序列较长，可形成更为复杂的空间结构而与蛋白质因子相互作用，故携带的信息量更为丰富；lncRNA 也提供了较大的空间位置，可同时与多个分子结合。研究发现，lncRNA 可在表观遗传学水平（包括 DNA 甲基化、组蛋白修饰、染色质重构）、转录及转录后水平调节基因的表达、蛋白质运输和 mRNA 降解，从而参与各种基本生命活动和疾病的发生发展过程[52]。借助高通量测序技术结合先进的生物信息学分析，可一次性获得样本中几乎全部的 lncRNA 信息，为全面、深入地研究 lncRNA 的功能提供了新的工具。目前，利用 RNA-seq 数据鉴定 lncRNA 已逐渐成为代替传统微阵列、cDNA 测序的重要技术手段。

（一）技术原理

由于只有部分 lncRNA 的 3′ 端带有 poly（A），其他 lncRNA 则缺少 poly（A），因此针对 poly（A）的 oligo（dT）磁珠富集方法不能全面捕获 lncRNA。通常 lncRNA 的高通量测序采用去除核糖体 RNA（ribosome RNA，rRNA）的方法来富集 lncRNA。在处理样本时采用去除 rRNA 的反向富集方法不仅可以最大限度地保留 lncRNA 的种类，同时还可以最大限度地富集到所有的转录组 mRNA，随后可反转录为 cDNA 进行测序文库的构建，上机测序。

（二）检测流程

lncRNA 的检测流程如图 16-4 所示，主要包括样本采集、总 RNA 提取、去除 rRNA、链特异性测序文库构建、上机测序及数据分析。

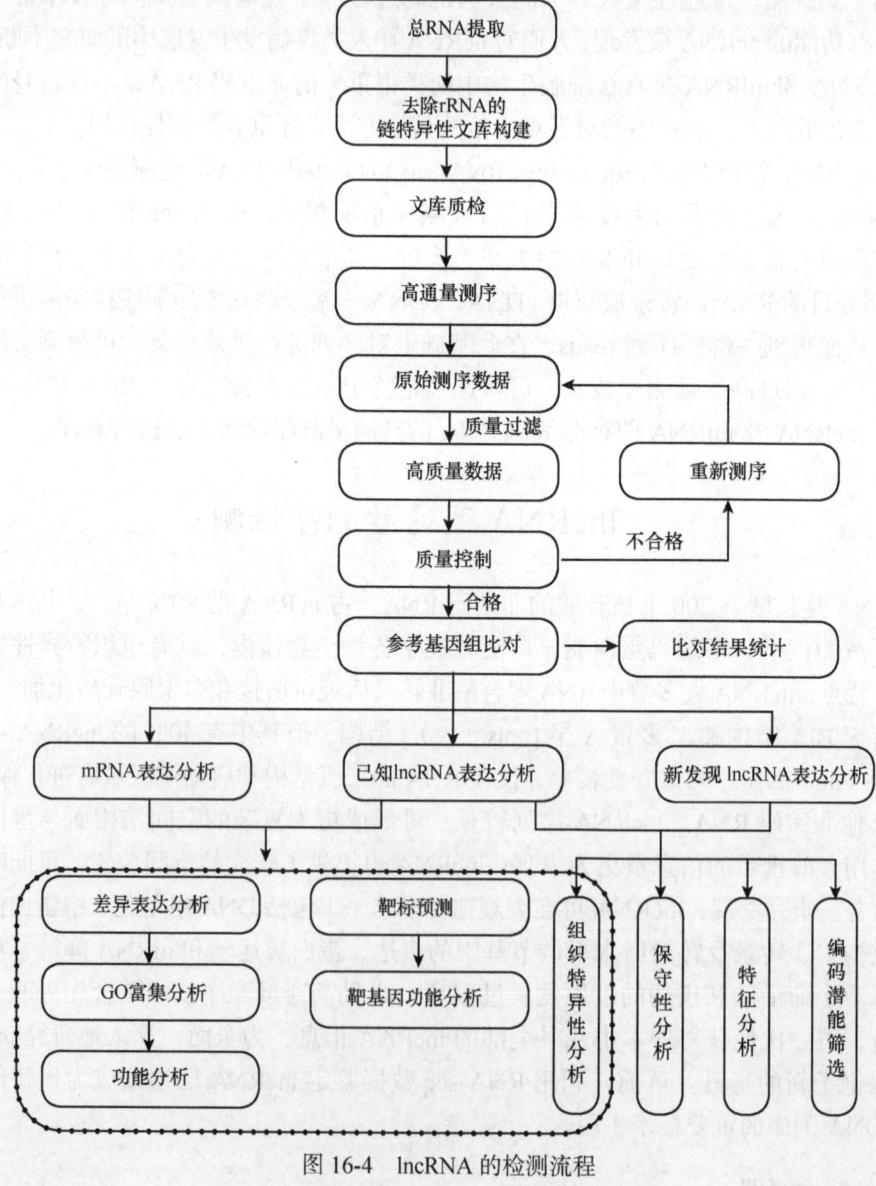

图 16-4　lncRNA 的检测流程

1. 样本采集

（1）样品类型：组织、细胞或高质量总 RNA。

（2）样品质量：不同高通量测序平台的建库方法和建库试剂盒对样本质量要求不同，以 Illumina TruSeq Stranded Total RNA 文库制备试剂盒为例，要求总 RNA 样品量 0.1 ～ 1μg；RNA 样品浓度≥ 200ng/μl，RNA 无明显降解，提取的总 RNA $OD_{260/280}$ 值为 1.8 ～ 2.2，$OD_{260/230}$ 值为 1.8 ～ 2.2；28S/18S ≥ 1.0，RIN ≥ 7.0。RNA 总量太低则会影响后续连接效率及建库产量。

（3）癌症标本：癌旁和癌组织配对样本，应具有 3 个以上生物学重复。

2. 样本处理

（1）样本总 RNA 提取后进行质量检测，包括浓度及纯度检测。

（2）通过 rRNA 去除试剂盒去除 rRNA。

（3）使用超声方法将 RNA 打断成 200 ～ 300bp 片段。

3. 文库构建

（1）以超声打断的 RNA 短片段为模板，用随机引物反转录合成 cDNA 的第一条链。

（2）合成 cDNA 的第二条链，将 dTTP 替换为 dUTP，再经过纯化、末端修复、加 3′ A 碱基和连接接头。

（3）降解 cDNA 的第二条链，将处理好的 cDNA 进行 PCR 扩增，富集文库片段。该步骤加入的 *Taq* 酶在遇到 cDNA 第二条链的 U 碱基后，将阻止其继续延伸，从而去除 cDNA 的第二条链，保留第一条链继续扩增，完成文库制备。

（4）文库质量检测，包括文库大小及有效浓度，检测合格后准备上机测序。值得注意的是，对于测序文库的构建，针对不同的测序平台及测序要求，应使用对应的文库构建试剂盒。根据实验要求不同可选择双端测序文库或单端测序文库，以及链特异性文库或链非特异性文库。

4. 高通量测序　文库检测合格后，不同文库按照有效浓度及目标下机数据量的需求将样本混合后上机测序。根据测序平台选择最佳上样量和数据量，通常，对于 lncRNA 及 miRNA 等小 RNA 的测序，由于样本复杂性较低，2 ～ 10Mb reads 即可满足要求 [53, 54]。

5. 生物信息学分析　不同测序技术的数据分析方式有所差别，主要包括以下几个步骤。

（1）测序数据质量控制：高通量测序获得的原始数据包含上百万的短 reads。在对其分析之前需要对原始数据进行测序质量评估（如 FASTQC、NGSQC）、reads 的 GC 含量分析、重复 reads、分析污染数据、低质量数据的过滤（如 FASTX-Toolkit、Trimmomatic），以获取高质量的过滤后数据（FASTQ 格式文件）[51]，详见本书第四章。

（2）序列比对：是将 FASTQ 文件中的每一条高质量 read 与参考基因组进行比对，获得每条 read 在参考基因组上的位置、正负链等信息。目前常用的转录组分析 FASTQ 数据比对软件有 Bowtie2、Tophat、HISAT、STAR 等 [51, 55]。比对后将生成储存 reads 比对信息的 SAM 或 BAM 文件。此外，与核糖体 RNA 数据库比对可评价去除 rRNA 的效率。mRNA 分析参考本书第十八章。

（3）转录本拼接：目的是通过测序的短片段还原出原始基因或转录本序列，根据是否依赖参考基因组，转录本拼接又可分为依赖参考基因组的序列拼接和 de novo 拼接。对于 lncRNA 的数据分析，目前主要使用依赖参考基因组的序列拼接方法。目前常用的依赖参考基因组的序列拼接软件有 Cufflinks、StringTie 和 Scripture。该步骤利用序列比对获得的 BAM 文件作为输入，利用储存的 reads 比对信息，根据软件算法对转录本进行拼接。

（4）lncRNA 的鉴定与注释：通过转录本拼接，可以得到特定样本中转录组转录本的集合，其中包含 mRNA、lncRNA 和一些其他未知转录本。通过与 mRNA 数据库及已知 lncRNA 数据库进行比较，可对 mRNA 和部分已知 lncRNA 进行注释。此外，还可以通过生物信息学分析软件对未知 lncRNA 进行鉴定，这类软件主要通过预测转录本的编码能力，并根据转录本的长度、外显子个数、ORF 大小等信息进行综合判断。

1）转录本注释软件：主要有 Cuffcompare。

2）lncRNA 数据库：常用的 lncRNA 数据库有 NONCODE、lncRNAdb、GENCODE 等。

3）编码能力预测：人类 lncRNA 的含量非常巨大。近年来随着高通量测序技术的出现，越来越多的未知转录本被发现，因此，需要通过软件鉴定其编码能力，以此判断该转录本是否为 lncRNA。其中准确性较高的软件有 CNCI、PhyloCSF、CPC、COME 等。

（5）差异表达分析：根据对照组 - 实验组配对样本的实验设计，研究的主要目的是差异表达基因的分析，希望从整个转录组水平寻找那些在对照组和实验组有显著表达量变化的基因或转录本。由于测序实验误差的存在，因此需要多个生物学重复来对基因表达量组间差异进行校正。差异表达分析包括基因或转录本定量及后续的组间统计检验。

1）转录本定量：根据 lncRNA 转录本的注释信息，就可以根据测序 reads 比对的信息将 reads 合理地分配给不同的基因和转录本。由于基因组中存在多基因家族、假基因、重复序列多转录本等情况，使得很多测序 reads 无法唯一地分配给某个特定的基因或转录本。因此需要使用一些计算机算法构建模型，使基因或转录本的定量更加准确。目前，基因水平定量最常用的软件是 HTSeq-count。转录本水平定量的软件主要是 Cufflinks 和 StringTie。

2）差异统计检验：根据转录本或基因的定量信息，以及各生物学重复样本组间的比较，使用一些统计方法即可对差异表达进行统计并检验校正。目前常用的统计算法主要有 edgeR、DESeq、Cuffdiff、Ballgown。

（6）lncRNA 功能分析和预测：目前，除了少数 lncRNA 的功能已知，大部分 lncRNA 的功能都是未知的。因此需要对鉴定出的 lncRNA 功能进行预测，从而有助于 lncRNA 功能的研究。目前针对 lncRNA 功能预测的方法主要分为以下几个方面。

1）lncRNA 与蛋白质结合。

2）通过转录组中 mRNA、lncRNA 表达量数据进行共表达分析，构建共表达网络，建立基因转录调控模型，从而对 lncRNA 的功能进行预测。目前通过构建共表达网络对 lncRNA 进行预测的工具主要有 ncFANs 和 WGCNA。

从 RNA 样品到最终数据获得，样品检测、建库、测序每个环节都会对数据质量和数量产生影响，而数据质量又会直接影响后续信息分析的结果。因此，获得高质量数据是保证生物信息学分析正确、全面、可信的前提。

利用新一代高通量测序技术进行 lncRNA 测序，并结合生物信息学方法进行 lncRNA 分析，有助于更快发现那些具有重要调控功能的 lncRNA，分析其与特定生物学过程的关系。该方法可以更加高效地获取样本中几乎全部 lncRNA 序列及位置信息，且突破了常规

lncRNA 芯片检测技术的使用范围限制，不局限于对已知 lncRNA 的研究，还可对未知的 lncRNA 进行预测及功能分析，极大地促进了 lncRNA 的深入研究。

二、miRNA 高通量测序检测

miRNA 是在真核生物中发现的一类内源性的非编码 RNA，其长度为 21 ～ 25bp，通常为 22bp 左右，是由较长的初级转录产物经过一系列核酸酶剪切加工而产生的。miRNA 在生物体内分布广泛，多数具有高度保守性、表达时序性和组织特异性。成熟的 miRNA 通过和靶基因 mRNA 碱基配对引导沉默复合体（RNA-induced silencing complex，RISC）介导 mRNA 的降解或抑制 mRNA 的翻译，从而在转录后水平调控蛋白表达，诱导染色质结构的改变，参与各种调节途径，包括发育、病毒防御、造血过程、器官形成、细胞增殖和凋亡等 [56, 57]。研究充分证实，miRNA 在循环中具有稳定性好的特点，是其具备作为临床检测指标的条件之一。在高通量测序技术出现之前，针对 miRNA 的研究方法主要有表达文库克隆、荧光定量 PCR 技术、Northern blot 技术及 miRNA 芯片技术等，主要是从已知的基因组序列中预测，但是遗憾的是并不是所有的生物都有全基因组序列，且 miRNA 序列短、同源性高，用基因芯片等技术检测较困难。随着高通量测序技术的出现，研究人员能够直接对样本中所有特定大小的小片段 RNA 分子进行测序，结合生物信息学分析软件可以在无任何 miRNA 序列信息的前提下研究 miRNA 的表达谱，并可鉴定出新的 miRNA，比较 miRNA 的表达丰度等。

（一）技术原理

成熟 miRNA 的长度主要为 21 ～ 25bp，片段太短则不能直接用于高通量测序。根据其 5′ 和 3′ 末端分别有自由的磷酸基团和羟基可用于核酸序列的连接的特点，可通过对 miRNA 片段连接测序接头延长序列长度，并通过片段大小进行筛选来构建 miRNA 测序文库，进行高通量测序。可以将不同样品中的 miRNA 加上不同接头，实现多样本同时测序，不同的接头序列在中间位置有一个可变区域，可以利用这个可变区域及其两侧固定的序列将来自不同样品的 miRNA 数据分开。

（二）检测流程

miRNA 高通量测序检测的主要流程见图 16-5。

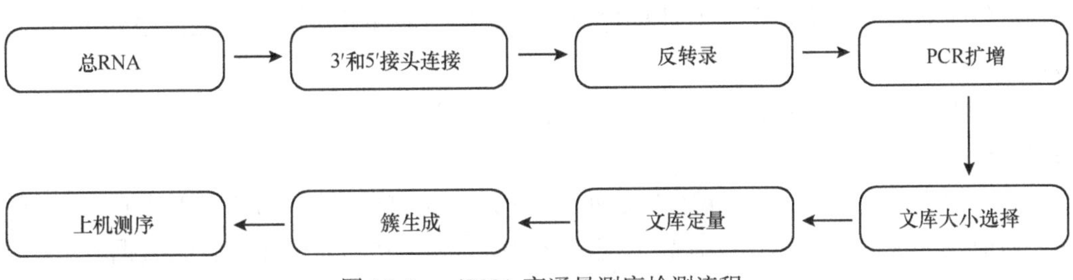

图 16-5 miRNA 高通量测序检测流程

1. 样本采集

（1）样品类型：组织、细胞或高质量总 RNA。

（2）样品质量：不同高通量测序平台的建库方法和建库试剂盒对样本质量要求不同，以 Illumina TruSeq Small RNA 文库制备试剂盒为例，RNA 样品总量≥ 1μg；RNA 样品浓度≥ 200ng/μl；RNA 无明显降解，提取的总 RNA $OD_{260/280}$ 值为 1.8 ～ 2.2，28S/18S ≥ 1.0，RIN ≥ 8.0。

（3）癌症标本：癌旁和癌组织配对样本，应具有 3 个以上生物学重复。

2. 文库构建

（1）提取总 RNA。

（2）使用 T4 连接酶分别在 3′ 和 5′ 端连上接头序列。

（3）随后进行反转录 PCR 扩增。

（4）文库分离纯化：由于 miRNA 的长度主要集中在 21 ～ 25bp，加上接头序列后长度范围为 145 ～ 157bp。因此进行片段选择时常选用 PAGE 胶电泳对特定大小的 miRNA 进行准确分离纯化。

（5）文库质量检测：文库分离纯化完成之后，采用 Agilent 2100 生物分析仪对纯化后的文库进行检测，分析文库的片段大小、纯度和大概浓度。

（6）文库检测合格后，使用荧光定量 PCR 对文库浓度进行精确定量，从而准确推测测序过程中数据的产出量。

3. 高通量测序

（1）测序平台的选择：目前商业化的高通量测序仪都可进行 miRNA 测序。

（2）测序参数：由于 miRNA 为单链小片段 RNA，一般选择单端测序，测序读长为 50bp，这样既可以保证测序质量又能够降低测序成本。一般情况下，miRNA 的测序数据量要求为 2 ～ 10MB 的过滤后数据 [53, 54]。测序深度的选择与实验需求的灵敏度及 miRNA 的丰度有关。

4. 生物信息学分析 miRNA 的数据分析过程见图 16-6，包括数据质量分析、序列比对、miRNA 的分类注释、新的 miRNA 预测、miRNA 靶基因预测、样本间 miRNA 的差异表达分析、差异表达 miRNA 靶基因的功能富集、差异表达 miRNA 及其靶基因的互作网络分析等。其中数据质量分析、序列比对方法详见第四章。

（1）测序数据质量控制：使用 FastQC 对原始数据进行测序质量评估，使用数据过滤软件（如 FASTX-Toolkit、Cutadapt）去除测序接头及低质量数据的过滤，以获取高质量的数据（FASTQ 格式文件），对数据进行格式转换，去除冗余序列，统计序列过滤前后的计数和长度分布。

（2）数据比对：使用 Bowtie 软件将测序数据比对到参考基因组上，常用的数据库为 miRBase。

（3）miRNA 表达定量：miRNA 序列出现的 reads 数可以反映 miRNA 表达的高低，reads 的值越高说明其表达丰度越高，使用 miRDeep2 等软件处理比对后的数据 [58]，计算 miRNA 的表达量。

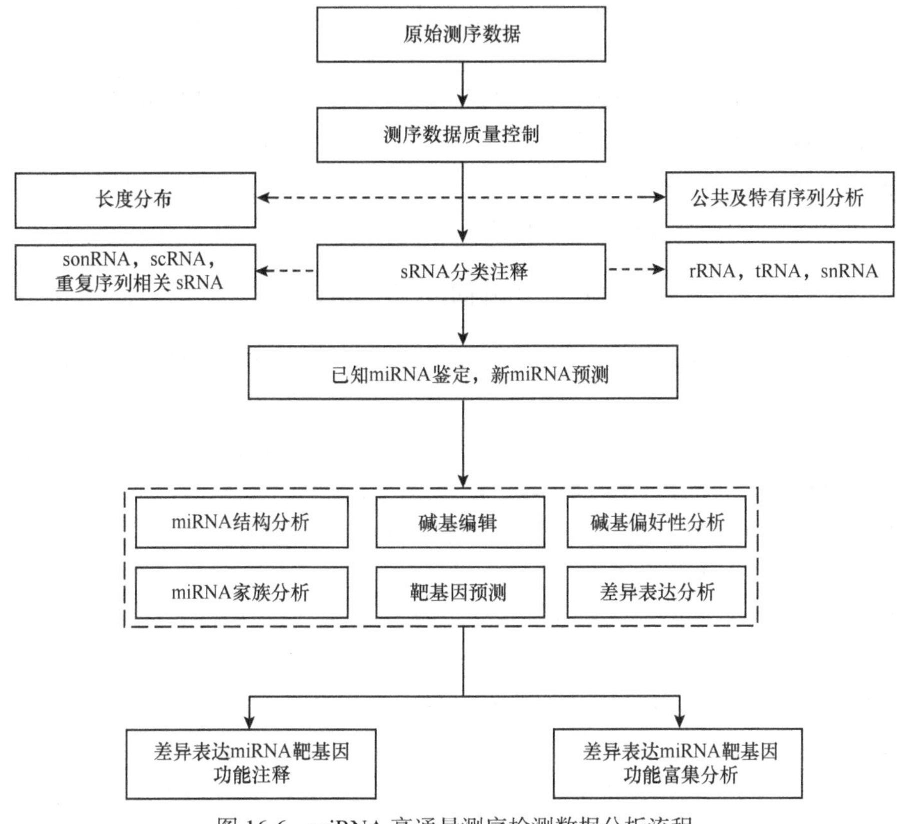

图 16-6　miRNA 高通量测序检测数据分析流程

（4）miRNA 预测：与已知 miRNA 数据库比对后，若未比对上，则可通过软件进行 miRNA 预测，寻找新的 miRNA。

（5）miRNA 靶基因预测：miRNA 在生物体内通过与靶基因互补结合而抑制其功能，进而发挥生物学功能。使用 miRNA 靶基因预测软件可对 miRNA 的靶基因进行预测，目前对 miRNA 靶基因预测的软件很多，常用的软件包括 miRanda、TargetScan 等。

（6）样本间差异表达分析：使用 DESeq 或 edgeR 软件包对样本间 miRNA 的差异表达进行分析，并进行统计检验。

（7）miRNA 验证：通常经过高通量测序筛选到的差异表达 miRNA 还需要进一步实验验证，最常用的方法就是通过体外荧光定量 PCR 检测同一样本中 miRNA 的表达量差异变化是否与测序结果一致。

基于高通量测序技术的 miRNA 检测，具有高灵敏度，理论上可以检测单个细胞中一个拷贝的 miRNA；此外还具有高分辨率，可以检测 miRNA 单个碱基的差异。不受先验信息的干扰，可一次获得数百万条 miRNA 序列，能够快速鉴定出不同组织、不同发育阶段、不同疾病状态下已知和未知 miRNA 及其表达差异，为研究 miRNA 对细胞进程的作用及其生物学影响提供了有力工具。

三、非编码RNA检测在疾病研究中的应用

功能性非编码RNA在基因表达中发挥重要的作用，能调节多种细胞的基因表达，在肿瘤细胞中非编码RNA的改变也被发现与肿瘤形成、发展和转移密切相关。高通量测序技术在非编码RNA研究中的应用十分广泛，不但可以筛选用于肿瘤诊断的miRNA分子标记，还可用于lncRNA和miRNA的功能研究。

（一）lncRNA高通量测序检测在疾病研究中的应用

lncRNA广泛参与机体各项生理和病理过程，具有多种重要的调控功能，其中最重要的功能是从表观遗传学层面调控蛋白编码基因的表达。例如，首次在人成纤维细胞的*HOX*基因中发现的HOX转录反义RNA（HOX transcriptional antisense RNA，HOTAIR），lncRNA能够调控*HOXD*基因位点的染色质甲基化状态，继而沉默*HOXD*基因座的转录[59]。除了参与调节蛋白编码基因的表达，lncRNA调节异常还与人类许多疾病尤其是恶性肿瘤的形成和转移相关。

lncRNA的研究具有重要的临床价值，可为包括肿瘤在内的许多复杂疾病的诊断和治疗提供新的依据和靶点，然而目前检测手段较为单一。在恶性肿瘤中普遍存在异常的lncRNA表达谱。利用实时荧光PCR、基因芯片测序等方法检测lncRNA较常用，但其检测多限于已知的lncRNA。采用高通量测序技术研究疾病中lncRNA的作用模式，对疾病的致病机制研究及寻找新的药物靶点具有重要意义。lncRNA在肿瘤中功能复杂多样，既存在促癌因子，也存在抑癌因子，部分lncRNA可促进肿瘤远处转移和引起预后不良。临床研究表明，肝癌、乳腺癌、前列腺癌及结直肠癌等肿瘤组织中HOTAIR的表达水平与肿瘤的转移、复发及预后紧密相关，胶质瘤中HOTAIR过表达导致肿瘤细胞增殖，促进肿瘤的发生[60, 61]。利用高通量RNA-seq技术分析肿瘤样本中差异表达的lncRNA或lncRNA表达模式，可为临床肿瘤研究提供潜在的生物标志物[62]。例如，利用Illumina测序平台进行RNA测序，研究者们发现新的非编码RNA PCAT-1转录抑制因子与前列腺癌的进展相关，有望成为前列腺癌治疗的新靶点[63]。

此外，近年lncRNA在糖尿病、心血管病等慢性病中的研究较多。RNA测序研究发现，超过1100种lncRNAs在人胰岛B细胞中异常表达，参与调节胰岛B细胞的发育，并与糖尿病的病理、生理过程密切相关。在糖尿病肾病中，lncRNA-seq表明lncRNA表达模型与糖尿病肾病的进展相关，是糖尿病肾病潜在的诊断或治疗标志物。

因此，不断发现新的lncRNA，并找到新的功能和意义，有助于研究者发现疾病尤其是肿瘤更早、更好的预测指标。使用新一代测序技术建立的具有lncRNA特征的目录库，有助于研究者进一步认识并预测lncRNA的功能，同时通过个体试验分析来确定lncRNA的作用机制，寻找其在疾病诊断或治疗中的作用，可为临床多种疾病提供有效信息。

（二）miRNA 高通量测序检测在疾病研究中的应用

20 世纪 90 年代初，研究者们通过线虫发育时间突变体分析首次发现了 miRNA[64]，经过多年研究发现，miRNA 在疾病表型中起着独特的重要作用，因此有关 miRNA 的研究迅速成为生命科学领域的研究热点。高通量测序技术使得 miRNA 的测序和表达研究更加容易。近年来，利用高通量测序结合生物信息学分析可以预测新的 miRNA、建立 miRNA 表达谱、比较 miRNA 表达丰度及发现其他非编码 RNA 等。通过测序技术，研究相继发现循环 miRNA 可作为肿瘤、脏器损伤、系统性红斑狼疮及高血压等疾病的生物标志物。

miRNA 的检测目前在肿瘤研究中应用最多，已经在多种癌组织中检测到 miRNA 的异常表达，并且其在肿瘤的增殖、分化、侵袭转移、治疗反应中扮演着重要角色，是肿瘤发生发展的机制之一。采用 miRNA 高通量测序技术进行 miRNA 表达谱分析，可以辅助癌症的早期诊断或肿瘤分期分型，以便尽早采取合适的治疗方案 [65]。其中最受关注的是 miRNA 作为生物标志物应用于肿瘤早期诊断的价值。通过高通量测序技术对肺腺癌的 miRNA 表达谱进行分析发现 miRNAs 作为标志物用来鉴定有磨玻璃样结节的肺腺癌患者，在肺癌的筛查中具有重要作用。采用 Illumina NextSeq 500 测序技术分析肾上腺肿瘤患者的 miRNA 表达谱，发现 miR-483-3p 可作为肾上腺癌的标志物，此外 15 种 miRNAs 在肿瘤组织中高表达，有望作为肾上腺癌的诊断标志物 [66]。通过 RNA 测序对前列腺癌患者转移性及未转移的肿瘤细胞进行 miRNA 差异表达分析，发现不同 miRNAs 的表达水平不同，其中 miR-16、miR-34a 和 miR-205 均与前列腺癌的转移有关，可作为转移性前列腺癌潜在的生物标志物 [67]。采用新一代测序技术进行 miRNA 表达谱分析，Gallach 等发现 miR-21 和 miR-188 同时高表达的非小细胞肺癌患者无病生存期和总生存期更短，预后较差，表明高通量测序技术可以鉴定特异性异常表达的 miRNA，在肿瘤的预后判断方面具有潜在的应用价值 [68]。

近年来大量研究证实，miRNA 广泛参与心脏发育和心血管疾病的发生发展，在心肌梗死、高血压及心力衰竭等疾病研究中均被推荐为检测标志物。采用高通量芯片方法对高血压患者进行 miRNA 筛选，发现存在多个 miRNA 差异表达，其中 miR-296、let-7e 等在高血压患者中升高明显，可作为高血压的标志物 [69]。采用高通量测序系统对食盐敏感或抵抗原发性高血压患者的 miRNA 表达谱进行分析，发现两组存在 36 个 miRNAs 差异表达，在食盐敏感的高血压患者中，hsa-miR-361-5p 与饮食因素相结合具有显著的诊断价值 [70]。

由此可见，miRNA 作为潜在的疾病标志物和治疗靶点有着较好的应用前景。运用高通量测序技术，可以同时筛选鉴定多个 miRNA 调控，寻找各种疾病的确切靶点。然而 miRNA 检测要达到临床应用水平，尚有一系列困难需要克服：目前缺乏标准的管家 miRNA 用于组织内和细胞外检测比较；miRNA 样本采集方式不同会影响结果的准确性；检测方法的敏感性和特异性等。

（易　浪）

参考文献

[1] Feinberg AP, Tycko B. The history of cancer epigenetics. Nature Reviews Cancer, 2004, 4 (2): 143-153.

[2] Riddihough G, Zhan LM. Epigenetics. What is epigenetics? Introduction. Science, 2010, 330 (6004): 611.

[3] Singh SM, Murphy B, O' Reilly R. Epigenetic contributors to the discordance of monozygotic twins. Clinical Genetics, 2002, 62 (2): 97-103.

[4] Baranzini SE, Mudge J, Van Velknburgh JC, et al. Genome, epigenome and RNA sequences of monozygotic twins discordant for multiple sclerosis. Nature, 2010, 464 (7293): 1351-1356.

[5] Jirtle R L, Skinnet MK. Environmental epigenomics and disease susceptibility. Nature Reviews Genetics, 2007, 8 (4): 253-262.

[6] Winnefeld M, Lyko F. The aging epigenome: DNA methylation from the cradle to the grave. Genome Biology, 2012, 13 (7): 165.

[7] Kargul J, Irminger-Finger I, Laurent GJ. Epigenetics regulation of disease: there is more to a gene than its sequence. The International Journal of Biochemistry & Cell Biology, 2015, 67: 43.

[8] Goodwin S, Mcpherson JD, Mccombie WR. Coming of age: ten years of next-generation sequencing technologies. Nature Reviews Genetics, 2016, 17 (6): 333-351.

[9] Wang XD, Baumgartner C, Shields DC, et al. Application of Clinical Bioinformatics. New York: Springer, 2016.

[10] Reik W, Santos F, Dean W. Mammalian epigenomics: reprogramming the genome for development and therapy. Theriogenology, 2003, 59 (1): 21-32.

[11] Bird A. DNA methylation patterns and epigenetic memory. Genes & Development, 2002, 16 (1): 6-21.

[12] Stirzaker C, Taberlay PC, Statham AL, et al. Mining cancer methylomes: prospects and challenges . Trends in Genetics, 2014, 30 (2): 75-84.

[13] Bird A. The essentials of DNA methylation. Cell, 1992, 70 (1): 5-8.

[14] Burstein HJ, Schwartz RS. Molecular origins of cancer. The New England Journal of Medicine, 2008, 358 (5): 527.

[15] Grunau C, Clark SJ, Rosenthal A. Bisulfite genomic sequencing: systematic investigation of critical experimental parameters . Nucleic Acids Research, 2001, 29 (13): E65-5.

[16] Miura F, Ito T. Highly sensitive targeted methylome sequencing by post-bisulfite adaptor tagging. DNA Research, 2015, 22 (1): 13-18.

[17] Miura F, Enomoto Y, Dairiki R, et al. Amplification-free whole-genome bisulfite sequencing by post-bisulfite adaptor tagging. Nucleic Acids Research, 2012, 40 (17): e136.

[18] Ziller MJ, Hansen KD, Meissner A, et al. Coverage recommendations for methylation analysis by whole-genome bisulfite sequencing. Nat Methods, 2015, 12 (3): 230-232.

[19] Krueger F, Andrews SR. Bismark: a flexible aligner and methylation caller for Bisulfite-Seq applications. Bioinformatics, 2011, 27 (11): 1571-1572.

[20] Xi Y, Li W. BSMAP: whole genome bisulfite sequence MAPping program. BMC Bioinformatics, 2009, 10: 232.

[21] Chatterjee A, Stockwell PA, Rodger EJ, et al. Comparison of alignment software for genome-wide bisulphite sequence data. Nucleic Acids Research, 2012, 40 (10): e79.

[22] Kunde-Ramamoorthy G, Coarfa C, Laritsky E, et al. Comparison and quantitative verification of mapping algorithms for whole-genome bisulfite sequencing. Nucleic Acids Research, 2014, 42 (6): e43.

[23] Olova N, Krueger F, Andrews S, et al. Comparison of whole-genome bisulfite sequencing library preparation strategies identifies sources of biases affecting DNA methylation data . Genome Biology,

2018，19（1）：33.

[24] Gu H，Smith ZD，Bock C，et al. Preparation of reduced representation bisulfite sequencing libraries for genome-scale DNA methylation profiling. Nature Protocols，2011，6（4）：468-481.

[25] Xi Y，Bock C，Muller F，et al. RRBSMAP：a fast，accurate and user-friendly alignment tool for reduced representation bisulfite sequencing. Bioinformatics，2012，28（3）：430-432.

[26] Meissner A，Gmirke A，Bell GW，et al. Reduced representation bisulfite sequencing for comparative high-resolution DNA methylation analysis. Nucleic Acids Research，2005，33（18）：5868-5877.

[27] Taiwo O，Wilson GA，Morris T，et al. Methylome analysis using MeDIP-seq with low DNA concentrations. Nature Protocols，2012，7（4）：617-636.

[28] Jain M，Olsen HE，Paten B，et al. The Oxford Nanopore MinION：delivery of nanopore sequencing to the genomics community. Genome Biology，2016，17（1）：239.

[29] Rhoads A，Au KF. PacBio sequencing and its applications. Genomics，Proteomics & Bioinformatics，2015，13（5）：278-289.

[30] Akhtar-Zaidi B，Cowper-Sal-Lari R，Corradin O，et al. Epigenomic enhancer profiling defines a signature of colon cancer. Science，2012，336（6082）：736-739.

[31] Morandi L，Gissi D，Tarsitano A，et al. CpG location and methylation level are crucial factors for the early detection of oral squamous cell carcinoma in brushing samples using bisulfite sequencing of a 13-gene panel. Clinical Epigenetics，2017，9：85.

[32] Hovestadt V，Jones DT，Picelli S，et al. Decoding the regulatory landscape of medulloblastoma using DNA methylation sequencing. Nature，2014，510（7506）：537-541.

[33] Guo S，Diep D，Plongthongkum N，et al. Identification of methylation haplotype blocks aids in deconvolution of heterogeneous tissue samples and tumor tissue-of-origin mapping from plasma DNA. Nature Genetics，2017，49（4）：635-642.

[34] Legendre C，Gooden GC，Johnson K，et al. Whole-genome bisulfite sequencing of cell-free DNA identifies signature associated with metastatic breast cancer. Clinical Epigenetics，2015，7：100.

[35] Xu RH，Wei W，Krawczyk M，et al. Circulating tumour DNA methylation markers for diagnosis and prognosis of hepatocellular carcinoma. Nat Mater，2017，16（11）：1155-1161.

[36] Bays H，Scinta W. Adiposopathy and epigenetics：an introduction to obesity as a transgenerational disease. Current Medical Research and Opinion，2015，31（11）：2059-2069.

[37] Lehmannn-Werman R，Neiman D，Zemmour H，et al. Identification of tissue-specific cell death using methylation patterns of circulating DNA. Proceedings of the National Academy of Sciences of the United States of America，2016，113（13）：E1826-1834.

[38] Zhang Z，Shi L，Dawany N，et al. H3K4 tri-methylation breadth at transcription start sites impacts the transcriptome of systemic lupus erythematosus. Clinical Epigenetics，2016，8：14.

[39] Nakno K，Whitaker JW，Boule DL，et al. DNA methylome signature in rheumatoid arthritis. Annals of the Rheumatic Diseases，2013，72（1）：110-117.

[40] Martin C，Zhang Y. Mechanisms of epigenetic inheritance. Current Opinion in Cell Biology，2007，19（3）：266-272.

[41] Ruthenburg AJ，Li H，Patel DJ，et al. Multivalent engagement of chromatin modifications by linked binding modules. Nature Reviews Molecular Cell Biology，2007，8（12）：983-994.

[42] Lennartsson A，Ekwall K. Histone modification patterns and epigenetic codes. Biochimica et Biophysica Acta，2009，1790（9）：863-868.

[43] Park PJ. ChIP-seq：advantages and challenges of a maturing technology. Nature Reviews Genetics，2009，10（10）：669-680.

[44] Landt SG，Marinov GK，Kundaje A，et al. ChIP-seq guidelines and practices of the ENCODE and modENCODE consortia. Genome Res，2012，22（9）：1813-1831.

[45] Yan H，Tian S，Slager SL，et al. ChIP-seq in studying epigenetic mechanisms of disease and promoting precision medicine：progresses and future directions. Epigenomics，2016，8（9）：1239-1258.
[46] Shulha HP，Cheung I，Whittle C，et al. Epigenetic signatures of autism：trimethylated H3K4 landscapes in prefrontal neurons. Archives of General Psychiatry，2012，69（3）：314-324.
[47] Goren A，Ozsolak F，Shoresh N，et al. Chromatin profiling by directly sequencing small quantities of immunoprecipitated DNA. Nat Methods，2010，7（1）：47-49.
[48] Kaikkonen MU，Lam MT，Glass CK. Non-coding RNAs as regulators of gene expression and epigenetics. Cardiovascular Research，2011，90（3）：430-440.
[49] Amaral PP，Dinger ME，Mercer TR，et al. The eukaryotic genome as an RNA machine. Science，2008，319（5871）：1787-1789.
[50] Portela A，Esteller M. Epigenetic modifications and human disease. Nature Biotechnology，2010，28（10）：1057-1068.
[51] Conesa A，Madrigal P，Tarazona S，et al. A survey of best practices for RNA-seq data analysis. Genome Biology，2016，17：13.
[52] Wang KC，Chang HY. Molecular mechanisms of long noncoding RNAs. Mol Cell，2011，43（6）：904-914.
[53] Metpally RP，Nasser S，Malenica I，et al. Comparison of analysis tools for miRNA high throughput sequencing using nerve crush as a model. Frontiers in Genetics，2013，4：20.
[54] Campbell JD，Liu G，Luo L，et al. Assessment of microRNA differential expression and detection in multiplexed small RNA sequencing data. RNA，2015，21（2）：164-171.
[55] Dobin A，Davis CA，Schleshinger F，et al. STAR：ultrafast universal RNA-seq aligner. Bioinformatics，2013，29（1）：15-21.
[56] Bartel DP. MicroRNAs：target recognition and regulatory functions. Cell，2009，136（2）：215-233.
[57] Filipowicz W，Bhattacharyya SN，Sonenberg N. Mechanisms of post-transcriptional regulation by microRNAs：are the answers in sight? Nature Reviews Genetics，2008，9（2）：102-214.
[58] An J，Lai J，Lehman ML，et al. miRDeep*：an integrated application tool for miRNA identification from RNA sequencing data. Nucleic Acids Research，2013，41（2）：727-737.
[59] Rinn JL，Kertesz M，Wang JK，et al. Functional demarcation of active and silent chromatin domains in human HOX loci by noncoding RNAs . Cell，2007，129（7）：1311-1323.
[60] Kogo R，Shimamura T，Mimori K，et al. Long noncoding RNA HOTAIR regulates polycomb-dependent chromatin modification and is associated with poor prognosis in colorectal cancers. Cancer Res，2011，71（20）：6320-6326.
[61] Gupta RA，Shah N，Wang KC，et al. Long non-coding RNA HOTAIR reprograms chromatin state to promote cancer metastasis. Nature，2010，464（7291）：1071-1076.
[62] Brunner AL，Beck AH，Edris B，et al. Transcriptional profiling of long non-coding RNAs and novel transcribed regions across a diverse panel of archived human cancers. Genome Biology，2012，13（8）：R75.
[63] Prensner JR，Iyer MK，Balbin OA，et al. Transcriptome sequencing across a prostate cancer cohort identifies PCAT-1，an unannotated lincRNA implicated in disease progression. Nature Biotechnology，2011，29（8）：742-749.
[64] Lee RC，Feinbaum RL，Ambros V. The C. elegans heterochronic gene lin-4 encodes small RNAs with antisense complementarity to lin-14. Cell，1993，75（5）：843-854.
[65] Salim A，Amjesh R，Chandra SS. An approach to forecast human cancer by profiling microRNA expressions from NGS data. BMC Cancer，2017，17（1）：77.
[66] Koperski L，Kotlatek M，Swierniak M，et al. Next-generation sequencing reveals microRNA markers of adrenocortical tumors malignancy. Oncotarget，2017，8（30）：49191-49200.

[67] Watahiki A，Wang Y，Morris J，et al. MicroRNAs associated with metastatic prostate cancer. PloS One，2011，6（9）：e24950.

[68] Gallach S，Jantus-Lewintre E，Calabuig-Farinas S，et al. MicroRNA profiling associated with non-small cell lung cancer：next generation sequencing detection，experimental validation，and prognostic value. Oncotarget，2017，8（34）：56143-56157.

[69] Li S，Zhu J，Zhang W，et al. Signature microRNA expression profile of essential hypertension and its novel link to human cytomegalovirus infection. Circulation，2011，124（2）：175-184.

[70] Qi H，Liu Z，Liu B，et al. micro-RNA screening and prediction model construction for diagnosis of salt-sensitive essential hypertension. Medicine，2017，96（17）：e6417.

第十七章 高通量测序在免疫组库测序中的应用

T淋巴细胞和B淋巴细胞是人体最主要的免疫细胞，分别负责细胞免疫和体液免疫。当机体受到抗原刺激后，其可活化、分裂增殖并发生特异性免疫应答。在任意指定时间点，个体内所有特异性不同的T淋巴细胞和B淋巴细胞克隆的总和便组成了人体的免疫组库（immune repertoire）。免疫组库越丰富，机体便越能有效抵抗细菌、病毒等病原体侵袭；反之，则越容易感染疾病。由于第一代测序技术的限制，免疫组库研究一直没有突破性的进展，直到2000年以后高通量测序的出现才为大家深入了解免疫组库提供了契机。高通量测序技术在大大降低测序成本的同时，还显著提高了测序速度，为免疫组库的研究带来了革命性的进展。

本章将从检测原理、检测流程、实验室质量控制及预期应用等方面对高通量测序检测在免疫组库研究中的应用进行介绍。旨在让读者通过阅读本章全面了解免疫组库高通量测序的概念、检测原理与流程，尤其是单细胞测序在免疫组库中的应用。

第一节 概 述

淋巴细胞（包括T细胞和B细胞）在体内分布广泛，参与着机体各种免疫应答。T/B细胞（包括抗体）功能的发挥主要是TCR和BCR与抗原的识别。免疫组库是运用高通量测序技术来研究TCR或BCR编码基因多样性的一项技术，通过该技术可以反映T/B细胞克隆变化与疾病的关系，此研究方法目前在肿瘤、自身免疫性疾病、感染性疾病及移植等多个领域得到广泛应用。本节将从免疫组库的概念及免疫组库发展背景与研究方法两方面进行阐述，重点掌握免疫组库的概念。

一、免疫组库的概念

人体免疫系统是机体抵御病原菌侵犯最重要的保卫系统，而淋巴细胞是免疫系统的基本成分，在体内分布广泛，包括T细胞、B细胞、树突状细胞和巨噬细胞等。这些专职免疫细胞具有独特的结构和功能，并含有独特的免疫细胞亚群和功能分子。其中T淋巴细胞和B淋巴细胞是最主要的免疫细胞，分别负责细胞免疫和体液免疫。当机体受到抗原刺激后，其可活化、分裂增殖并发生特异性免疫应答。由于T细胞和B细胞都是抗原识别细胞，每一个细胞克隆可识别一种抗原决定簇，所以这种识别是有特异性的。其中，B细胞受体（B cell receptor，BCR）是膜Ig分子，它可识别天然蛋白质抗原分子表面的构象抗原决定簇。而T细胞受体（T cell receptor，TCR）为异二聚体分子。TCR和BCR由多条肽链组成，具有抗原结合特异性，每条肽链的互补决定区（complementary-determining region，CDR）氨基酸组成和排列顺序呈现高度多样性，构成容量巨大的TCR和BCR库，即免疫组库。需注意的是，抗体组库（antibody repertoire）是BCR的游离形式，属于B细胞组库的一部分。因此，免疫组库的概念是指任意指定时间点，个体内的所有特异性不同的T淋巴细胞和B淋巴细胞克隆总和，尤指各自特异性不同的抗原结合受体的集合，包括T细胞受体和B细胞受体。研究表明，免疫组库越丰富，机体使越能有效抵抗细菌、病毒等病原体侵袭；反之，则越容易感染疾病。目前新兴的免疫组库研究重点主要集中在CDR基因的多样性上。

（一）T细胞组库

T细胞通过TCR与抗原呈递细胞（antigen-presenting cells，APC）的抗原肽/主要组织相容性复合体（major histocompatibility complex，MHC）特异地结合（图17-1，见彩图31）。大多数TCR由α和β肽链组成，少数为γ和δ肽链组成。每条肽链又可分为可变区V区、恒定区C区、跨膜区和胞质区等几部分，而α和β两条肽链的V区（V_α、V_β）又各有3个高变区CDR1、CDR2、CDR3，其中以CDR3变异最大，直接决定了TCR的抗原结合特异性。容量庞大的TCR库赋予个体几乎无限的抗原识别和应答能力，保证个体在多变的环境中能和外来抗原发生有效的免疫应答。

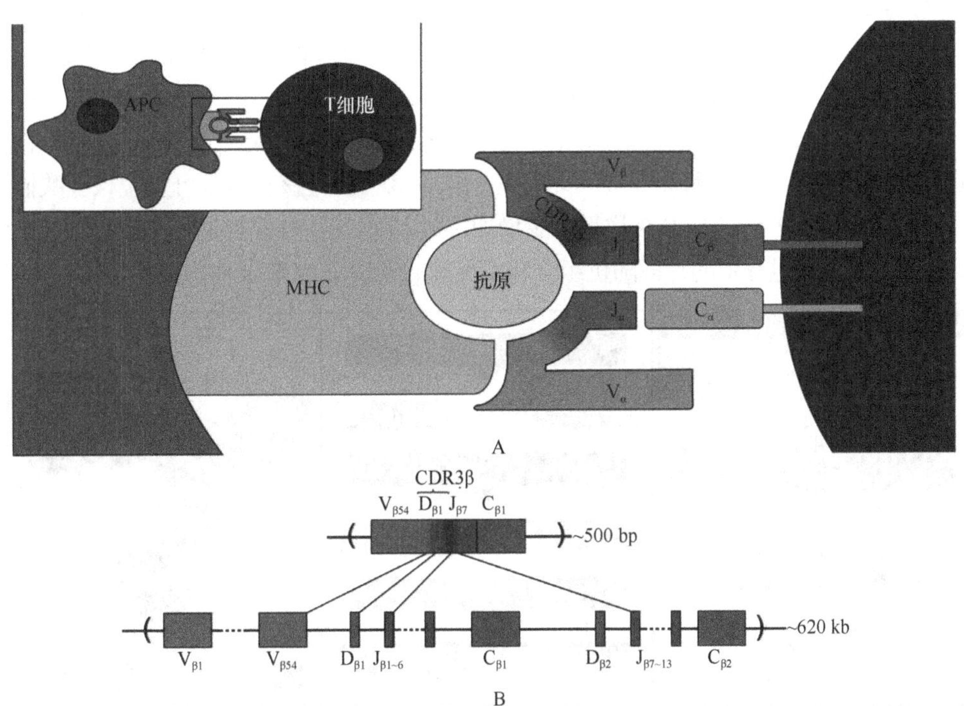

图17-1　TCR-抗原-MHC相互作用（A）及TCR分子V、D、J片段的重排（B）示意图[1]

编码TCR分子α、β、γ和δ肽链的基因座分别命名为TCRA、TCRB、TCRG和TCRD。每个基因组上还有V、D、J、C基因片段。TCR重排发生在T细胞发育的早期，重排的过程与BCR十分类似，多种原因决定着TCR显著的多样性：①TCR分子V、D、J片段之间的随机重排原理，人的T细胞TCRB V-D-J可随机组合近1600种，TCRA V-J可随机组合近3000种；②在V-D、D-J、V-J片段连接过程中，接头处核苷酸常可发生核苷酸丢失、插入现象，这使得TCR多样性至少增加千倍。TCR CDR3是T细胞识别抗原的主要部位，狭义上来讲，TCR CDR3序列分析即可代表T细胞组库研究。目前，TCR CDR3组库研究已被广泛应用于恶性肿瘤、自身免疫病和感染性疾病等多个领域。

（二）B细胞组库

1. 细胞表面BCR BCR是B细胞识别抗原的一种膜表面免疫球蛋白，具有抗原结合特异性。BCR由两条重链和两条轻链连接而成，其中重链分为可变区V区、恒定区C区、跨膜区及胞质区；而轻链则只有V区和C区。V区由VH和VL两个结构域组成，它们各由3个互补决定区（CDR1、CDR2和CDR3）组成。CDR的氨基酸组成和排列顺序呈现高度多样性，构成了容量巨大的BCR库，赋予个体识别各种抗原和产生特异性抗体的巨大潜能。这3个CDR均参与抗原的识别，可直接识别完整和天然的蛋白质抗原、多糖或脂类抗原，共同决定BCR的抗原特异性。

每个B细胞均能产生特异的膜表面免疫球蛋白，从而特异性地结合抗原，这种特异性是由B细胞分化早期骨髓中免疫球蛋白重链和轻链基因重排决定的。每个B细胞携带的免疫球蛋白基因V、D、J片段的重排都具有独立性和随机性（图17-2，见彩图32），所以导致每个B细胞克隆表达的BCR都具有独特的抗原特异性，目前认为主要有3个原因决定着BCR显著的多样性：①BCR重链V、D、J片段之间的随机重排可高达6000多种（50×23×6），BCR轻链V、J之间随机重排组合可有200多种；②在V-D、D-J、V-J片段连接过程中，接头处核苷酸常可发生核苷酸丢失的现象，这使得BCR重链V-D-J多样性至少增加百倍，而轻链V-J多样性也至少可增加几十倍；③接头处核苷酸常可发生核苷酸插入的现象，这也使得BCR重链VDJ多样性至少增加百倍，而轻链VJ多样性可至少增加几十倍。总之BCR基因重排过程中的片段随机组合和不准确的连接使BCR具有极高的多样性。

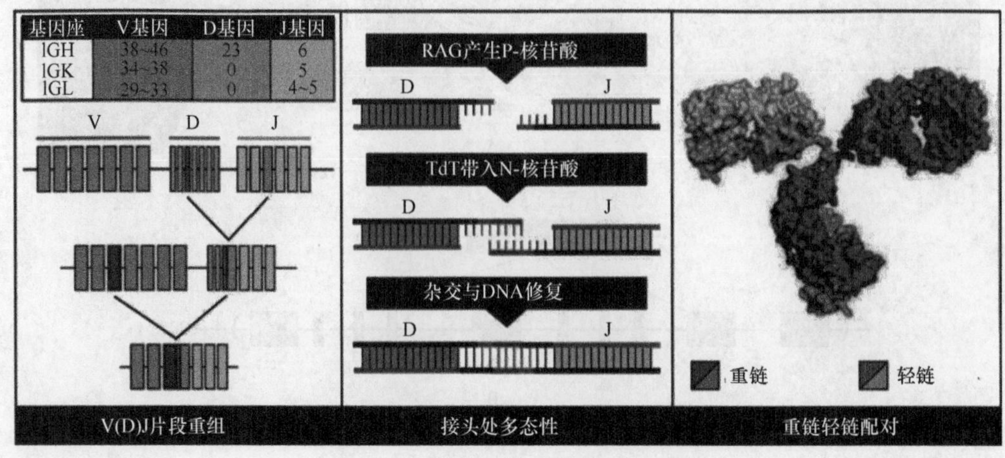

图17-2 B细胞组库多样性的产生[2]

2. 抗体组库　某时间点机体免疫系统中全部 B 细胞编码的抗体分子信息称为抗体组库。抗体组库是 BCR 的游离形式，属于 B 细胞组库的一部分。抗体是由两条重链和两条轻链经二硫键和非共价键连接而成的单体分子。机体能够产生多种多样特异性抗体的机制与膜表面 BCR 多样性机制类似，包括重链和轻链的随机配对、V-J 和 V-D-J 的随机重组、V-J 和 V-D-J 等位基因重组时连接处的碱基突变（插入、缺失等）及体细胞高频突变。完成基因重组的 B 细胞在发育和分化的每个阶段轻、重链的 V 区都有可能发生高频率的碱基突变，进一步增加抗体的多样性。以上机制使抗体组库的容量远远大于 B 细胞本身的数量，目前全部抗体组库的容量仍然无法估计。

综上所述，免疫组库拥有 6 种主要的肽链，分别为 BCR 的轻链和重链、TCR 的 α、β、γ 和 δ 链。BCR 与 TCR 通过 V、D、J 基因的重排形成了各种重组序列片段，再加上各种基因片段连接处的不准确性，合理解释了人类基因组及蛋白质组学已揭示的有限基因数目编码几乎无限蛋白种类的原因。虽然免疫组库中每一种免疫蛋白彼此间结构差异很小，但其亚型种类繁多。正是这种多样性对健康起着至关重要的作用，免疫蛋白的亚型越多，越能有效抵抗病原体，亚型越少则越容易感染疾病。除此之外，年龄、环境、疾病诱发及用药等因素也影响免疫组库的多样性。

二、免疫组库的发展背景与研究方法

1987 年诺贝尔生理学或医学奖授予日本分子生物学家利根川进，他发现了身体免疫细胞组是如何利用数量有限的细胞生成特定的抗体，以抵抗成千上万种不同的病毒和细菌。基因重排这一抗体多样性产生的遗传学原理使人们逐渐意识到机体内应该存在一个相当数量的免疫细胞库。目前，T 淋巴细胞与 B 淋巴细胞组库研究方法多种多样，可以利用不同的分析技术，在多种生物学水平（细胞膜、分泌蛋白、转录产物、基因等）上检测不同的淋巴组织，甚至单个细胞。例如，可以通过免疫荧光法或流式细胞术追踪，对某特定表型细胞进行分类；通过单克隆抗体，在单个细胞水平定量细胞的表达组库；T 淋巴细胞与 B 淋巴细胞组库研究还可以通过对血清 Ig 蛋白或其他特定细胞提取物进行蛋白质组学研究来实现；最后，也是最重要的方法是通过分子生物学方法在基因组 DNA 水平或转录水平进行免疫组库的定性与定量分析。第一代 Sanger 测序有高成本、低通量的缺点，因此由于该技术的限制，免疫组库研究一直没有突破性的进展。直到 2000 年后高通量测序技术的出现，才为大家深入了解免疫组库提供了契机。高通量测序技术在大大降低测序成本的同时，还显著提高了测序速度，为免疫组库的研究带来了革命性的进展。

（一）非测序技术

1. 流式单细胞组学分析　流式细胞术进行免疫组库分析主要是指使用特异的荧光标记单克隆抗体定量某种特定的 T 细胞受体或 B 细胞受体。这种技术的优势是组合式地检测多种细胞表面受体。目前，常规的流式细胞仪能同时检测 10 多种细胞表面标志物，最新的流式细胞仪可同时检测 20 种细胞表面标志物，甚至还有报道称流式细胞仪可以同时检测 70 ～ 100 种不同的细胞表面分子。但是这种方法的缺点在于过分依赖特异的单克隆抗体，因此系统性地研究免疫组库显得困难重重。而且流式细胞术虽能从蛋白质水平分析特定的BCR和TCR表达并对其准确定量，但是却无法整体明确B细胞与T细胞各亚家族的克隆性分布，因此应用于B细胞与T细胞免疫组库研究有明显的局限性[3]。

2. 血清免疫球蛋白的蛋白组库分析 不断发展的蛋白质组学技术也为免疫组库，特别是抗体组库分析提供了较为灵敏的方法。这种蛋白质水平的分析主要是探讨转录及转录后的修饰。

3. PANAMA印迹技术 该方法是一种半定量的免疫印迹法，可以实现待测血清（或细胞培养液上清）中抗体反应性的鉴定。简要地说，必须先获取特定的抗原（一般包括多种抗原），这些抗原通过SDS-PAGE技术转移到尼龙纤维膜上，然后与待测血清或细胞培养液上清共孵育，最后通过酶标二抗显色，呈现深浅不一的反应条带。计算机辅助对条带进行扫描和密度分析，得到具体个体特异性的密度谱。当抗原的来源多种多样，即抗原特异性足够丰富时，则可以获得一个较为庞大的免疫组信息库。目前，该技术已在小鼠IgM组库中成功应用，所用抗原为内源性的各种配体和多种外源性的抗原。该技术也可应用于IgG组库分析，分析特定病理状态或临床状态下的IgG分子反应性。现已有多个研究成功运用PANAMA印迹技术实现了血清自身反应性抗体组库分析[3]。

4. 抗原芯片技术 该方法是一种将抗原生物芯片和数据聚类分析技术相结合的新型技术。有研究运用该技术平台成功评估了糖尿病易感人群的血清抗体组库水平，表明该技术具有一定的预测和诊断价值。该技术大概的流程是：先将各种各样的抗原，包括蛋白质、多肽、核苷酸、磷脂等包被至微小的玻璃载体上，然后与待测糖尿病患者血清或糖尿病模型小鼠血清共孵育。待测血清中各种针对固相抗原的特异性抗体量通过与对照组比较进行评分。数据聚类分析技术的引入主要是挑选出那些显著高于对照组且具有统计学意义的特异性抗体。通过这种技术，科学家们已经在小鼠中鉴定出了糖尿病易感血清抗体谱和糖尿病抵抗血清抗体谱。类似的相关研究也成功运用该技术，通过特定的抗体组库分析，可鉴别糖尿病患者与健康人群[3]。

5. 免疫谱型分析 Pannetier等于20世纪90年初开始逐渐推广应用免疫谱型分析技术，他们首次将CDR3多态性和长度分布引入TCR免疫组库研究，该研究发现，TCRβ链至少包含2000个不同的V-J组合，因此推测实际的TCR免疫组库可能包含数百万种CDR3序列，而健康者外周血T细胞CDR3长度分布呈恒定的高斯分布，可能与T细胞发育过程中的重排机制密切相关。该技术的原理是：以TCR V区基因片段设计各家族上游引物，TCR C区设计下游引物，扩增TCR CDR3区，利用测序胶扫描技术（GeneScan等软件）、毛细管电泳技术（PeakScan等软件）分析CDR3区PCR扩增产物、各V基因家族序列的长度和多、寡、单克隆偏向性来判断所代表的相应T、B细胞增殖情况。这种基于分析CDR3区长度和多态性的技术自推广应用以来，推动了T细胞受体和B细胞受体CDR3组库在多种生理和病理状态下的基础和应用研究。该方法能很好地观察到CDR3谱系漂移，不仅能够提供T、B细胞应答库的组成信息（不同家族出现偏峰、表达频率的变化等），结合测序还能观察到部分序列组成，但缺点是成本高、操作复杂[3]。

6. RT-PCR定量组库分析 与免疫谱型分析技术同时发展的还有定量PCR技术。实时荧光定量PCR技术的发展使得免疫组库的精准分析成为可能，但由于技术的低通量性，每次实验只能分析几十到几百个 T、B 细胞受体特性，与实际免疫组库的巨大数据相比，这种低通量技术只为我们提供了冰山一角的信息量[3]。

7. 基因芯片分析　该方法是另一种可选的免疫组库分析策略，由 Cascalho 研究团队首次开发推广。该方法的原理是：芯片上随机布满了寡核苷酸序列，检测过程中与淋巴细胞受体特异性的 cDNA 特异性杂交结合，杂交位点的数目即可反映淋巴细胞受体的多样性，已知多样性水平的寡核苷酸则可作为标准品，对受检标本多样性进行定量。该技术可直接评价淋巴细胞受体整体的多样性水平，也已成功应用于 T、B 淋巴细胞组库分析。近期还出现了更为灵敏的新型基因芯片，可在单细胞水平检测 T 细胞受体组库[3]。

（二）第一代测序

20 世纪 70 年代，Frederick Sanger 等发明了双脱氧链末端终止法的双脱氧测序，称为第一代测序技术。这一技术随后成为最常用的基因测序技术。在过去很长一段时间内，Sanger 测序一直在 DNA 测序领域占据主要地位，人类基因组的测序也正是基于该技术完成的。Sanger 测序这种直接测序方法具有高度的准确性等特点。目前依然对于一些临床上小样本遗传疾病基因的鉴定具有很高的实用价值，也广泛地应用于免疫组库研究中。但是这种依据电泳条带读取 DNA 双链碱基序列的测序方法成本高、检测通量低，对于没有明确候选基因的免疫组库分析是难以完成的，因此难以满足免疫组库研究的需求。

（三）高通量测序

高通量测序是对传统 Sanger 测序的革命性改变。其一次能对几十万到几百万条核酸分子进行序列测定，使得对一个物种的转录组和基因组进行全貌细致的分析成为可能，成为解读生命的一种新型有效的途径。

在 2009 年以前，各实验室主要采用免疫谱型分析等来监测 CDR3 谱，从而提供有限的信息。高通量测序的诞生在基因组学研究领域是具有里程碑意义的事件，使得免疫组库的研究经历了从低通量到高通量的时代变革，一次测序即可获得数以百万计的 CD3 可变区域序列，获取的数据量更加接近人体免疫组库谱的真实数量，使免疫组库的研究进入了大数据时代。下文将详细介绍高通量测序技术在免疫组库研究中的应用。

第二节　免疫组库高通量测序分析

本节为本章的核心内容，将从检测流程、实验室质量控制和预期用途 3 个方面进行阐述，需重点掌握免疫组库高通量测序的检测流程和实验室质量控制。

一、检 测 流 程

免疫组库高通量测序的大体检测流程见图 17-3。

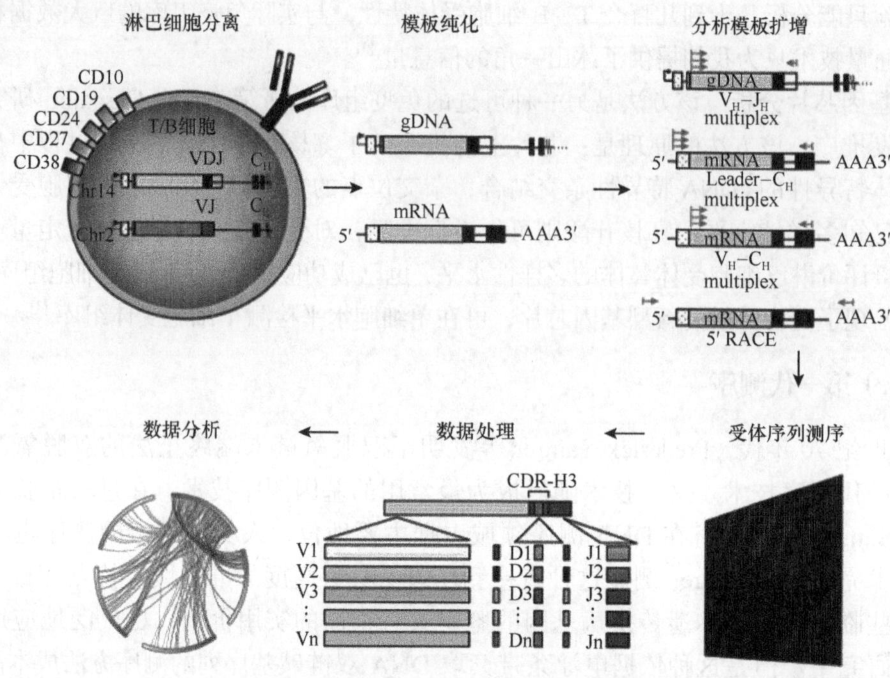

图 17-3 免疫组库高通量测序的技术路线 [4]

（一）标本制备与运输

外周血、骨髓、皮肤及滑膜等组织来源的 DNA 或 RNA 均可成为免疫组库的研究对象。制备好的 DNA 或 RNA 样品应保存在 TE 缓冲液或超纯水中，置于无污染容器内。管口使用封口膜封好，并标记。理论上 -80℃低温冷冻箱可长期保存 DNA 标本，但标本仍有降解的可能。为防止样品降解对测序的影响，很多测序公司只接受冻存时间不超过 3 个月的 DNA 标本，RNA 标本则要求冻存时间不超过 1 个月。运输中需使用足量的干冰，并选用较快的运输方式，以降低运输过程中样品降解的可能。

（二）检测分析

1. 分析模板的选择与获取 免疫组库高通量测序的分析模板选择基因组 DNA 还是 RNA，这是测序时需要考虑的第一个问题。测序分析时人们往往都偏向于选择基因组 DNA，这是因为 DNA 容易获取、含量丰富、提取简便、稳定性强、不易降解且易保存。另外，由于每一种免疫细胞受体序列在一个细胞中会有两个相同的染色体位点，因此在 PCR 反应中，一种特定的 DNA 模板的量也能同时反映相应的淋巴细胞数目。但是 DNA 作为免疫组库测序模板也有不容忽视的缺点：①扩增过程中使用了大量的引物对以尽可能地扩增整个受体组库，但是引物之间不可能完美地匹配扩增，易产生非真实性的重组序列；② J-C 区之间存在的大量内含子使其下游引物必须位于 J 区；③ PCR 扩增的敏感性由细胞的拷贝量决定。比较而言，RNA 需取自新鲜的标本，其产物多为产出性的 CDR3 序列，下游引物可选自 C 区，具有高度的敏感性。分析 RNA 模板的受体组库，如使用 5′-cDNA 末端快速扩增（rapid amplification of cDNA ends，RACE）法进行扩增，使用一对引物即可从低丰度的转录本中快速扩增 cDNA 的 5′ 末端，可最大限度地避免 PCR 扩增偏向性。RNA 作为免疫组库测序模板的缺点是，RNA 表达量在细胞间是有区别的，即获得的模板量并不与细胞量成严格的比例。

2. 受体序列扩增　PCR 方法多种多样，就免疫组库研究而言，虽然 10ml 血液中可能有 500 万个 B 细胞及 2000 万个 T 细胞，但考虑到免疫细胞的多样性，这 10ml 血液中可能每种特定的淋巴细胞仅有几个，所以扩增的方法需要敏感性极强、包容性好、最大限度地覆盖不同的免疫细胞。多重 PCR 和 RACE 是目前免疫组库研究应用最广泛且占主导地位的两种序列扩增方法[5]。

传统多重 PCR 自 20 世纪 80 年代首次报道以来，得到了飞速的发展，并广泛应用于生物研究的多个领域。其原理简单、操作简便，但是使用起来有明显的局限性：该方法涉及多个引物对和靶序列，当反应体系中不断增加引物对时，可增加非特异性扩增的概率，引物之间的相互干扰也不容忽视，结果表现为多重 PCR 体系中多个靶序列扩增不兼容、非特异性扩增过多及可重复性差等问题。其中多个靶序列扩增条件不兼容导致的扩增效率不佳对结果的影响最大。就单靶序列反应来说，采用专业的引物设计软件进行引物设计时，常使用 Tm 值进行评价，成功率约为 85%。如果通过反复优化反应条件，包括扩增程序中每个步骤的温度、反应液离子浓度及 dNTP 浓度等，扩增的成功率能在一定程度上提高。但是优化工作做得越多，扩增条件就越特异，那么这种扩增条件下，其他靶序列的扩增就难以进行；如果未经优化，同时能扩增多个靶序列的概率就会很低。因此多重 PCR 应用于免疫组库研究，模板数量及扩展效率难以确定，使得扩增产物常发生漂移，违背了真实的分布状态。

RACE 技术是一种基于 mRNA 反转录和 PCR 技术建立起来的，以部分已知区域序列为起点，扩增基因转录本的未知区域，从而获得 mRNA（cDNA）完整序列的方法。简单地说就是一种从低丰度转录本中快速增长 cDNA 5′ 和 3′ 末端，进而获得全长 cDNA 的简单而有效的方法。该方法具有快捷、方便、高效等优点，可同时获得多个转录本。同时，其能从低丰度的转录本中快速扩增 cDNA，且能最大限度地避免 PCR 扩增偏向性。但是该方法操作相对繁琐，实验过程易打断，从而会丢失部分序列，因此重复性较多重 PCR 差（表 17-1）。

表 17-1　多重 PCR 与 RACE 比较

	多重 PCR	RACE
原理	同普通 PCR	基于 mRNA 反转录和 PCR 技术
扩增对象	CDR3	CDR
待测样品类型	DNA、RNA 均适用	C 区序列已知的 RNA
优点	序列不被打断，数据完整	有效扩增低丰度的转录本，能最大限度地避免 PCR 扩增偏好性
缺点	存在 PCR 扩增偏好性，非特异性扩增	操作相对繁琐，实验过程中易打断而丢失部分数据，重复性较多重 PCR 差

目前免疫组库研究所用的扩增引物可自行设计后交由公司合成。由于不同研究所用的引物并没有标准化的设计指导，因此数据间不具备可比性。为了解决这一问题，来自欧洲7个国家的47家研究机构共同参与设计了一套标准化的检测克隆性Ig和TCR基因重排的BIOMED-2 PCR方案，为免疫组库研究提供了一套高效、经济的引物组合，包含18个多重PCR反应共107个不同引物[6]。目前很多相关研究仍沿用此方案提供的引物组合。另外也可购买一些公司的专利引物产品。

3. 测序 最早的免疫组库研究采用的是454平台，其能提供约500bp的平均读段，是世界上第一个可以提供超高通量基因组和长片段DNA测序的商业化系统设备，可读取完整的BCR及TCR的VDJ片段。2009年*Science*发表的斑马鱼抗体组库研究就是使用的该测序平台。与454平台相比，Illumina Hiseq测序平台虽然读段较短，但是通量大、费用较低，对于复杂庞大的免疫组库研究有独特的优势。因此对于重点关注CD3序列的TCR研究，推荐使用Illumina Hiseq测序平台。而对于需要检测VDJ全长的免疫组库研究，长读段的Illumina Miseq测序平台更为适用[8]。各平台具体检测原理详见第三章。

虽然长时间以来，免疫组库测序对象一直是混合淋巴细胞，但是对混合细胞进行检测存在很多不容忽视的问题。例如，抗体组库研究中，混合B细胞标本增加了特异性增殖B细胞克隆分析的难度，设计V区正向引物时，难以覆盖所有的抗体基因序列，而多个正向引物的混合又增加了PCR偏好性。而且更为关键的是，混合细胞得到的混合mRNA标本虽然可以得到抗体的H链和L链序列信息，但是体内H链和L链的配对信息却无法得知。针对这一问题，新的单细胞技术应运而生。

在单细胞测序发展中，Smart测序（switching mechanism at 5′ end of the RNA transcript and sequencing）技术具有里程碑式的重要意义。单细胞制备系统能够自动完成Smart测序步骤。只需要加入制备好的细胞悬液，仪器会自动分离并裂解细胞，将mRNA反转录为cDNA，再对cDNA进行扩增。扩增后得到的cDNA继而进行测序步骤（图17-4A）。根据报道，利用该单细胞测序技术，一天内可以完成来自7×10^4个活化记忆B细胞的（6～7）$\times10^3$个不同V_H ：V_L对的测序工作，且能获得＞96%的准确度。SCRB测序（single-cell RNA barcoding and sequencing）技术是另一种单细胞测序技术，采用的是PCR扩增。该技术结合了单细胞分选体系，如流式细胞术，通过单细胞分选系统把单细胞分配到微孔中（图17-4B）。SCRB测序整合了特异性的细胞条码，以分辨扩增分子的来源，能更准确地定量转录本，该技术一次能完成50 000个B细胞的测序。最近Georgiou实验室建立了快速、廉价、高通量的单细胞油滴PCR技术（图17-4C），该项技术的特点是既可以获得体内重链与轻链的配对信息，同时又能实现高通量。应用该技术每次实验可以分析多达2×10^6个B细胞，提高了测序的广度与深度。

近来，欧洲分子生物学实验室等机构的研究人员还开发出了一种计算方法，能够从单个T细胞的RNA测序数据中重建配对TCR序列，将T细胞特异性与功能反应相关联，因此单细胞测序技术同样适用于T细胞免疫组库研究。

4. 信息学分析 如何从数据海洋中挖掘出有用的信息，是免疫组库研究工作中面临的巨大挑战。一般来讲，免疫组库生物信息学分析流程大致如下：首先是基本数据的统计，包括数据过滤（对原始数据进行去除接头污染序列及低质量reads的处理）、数据搭建

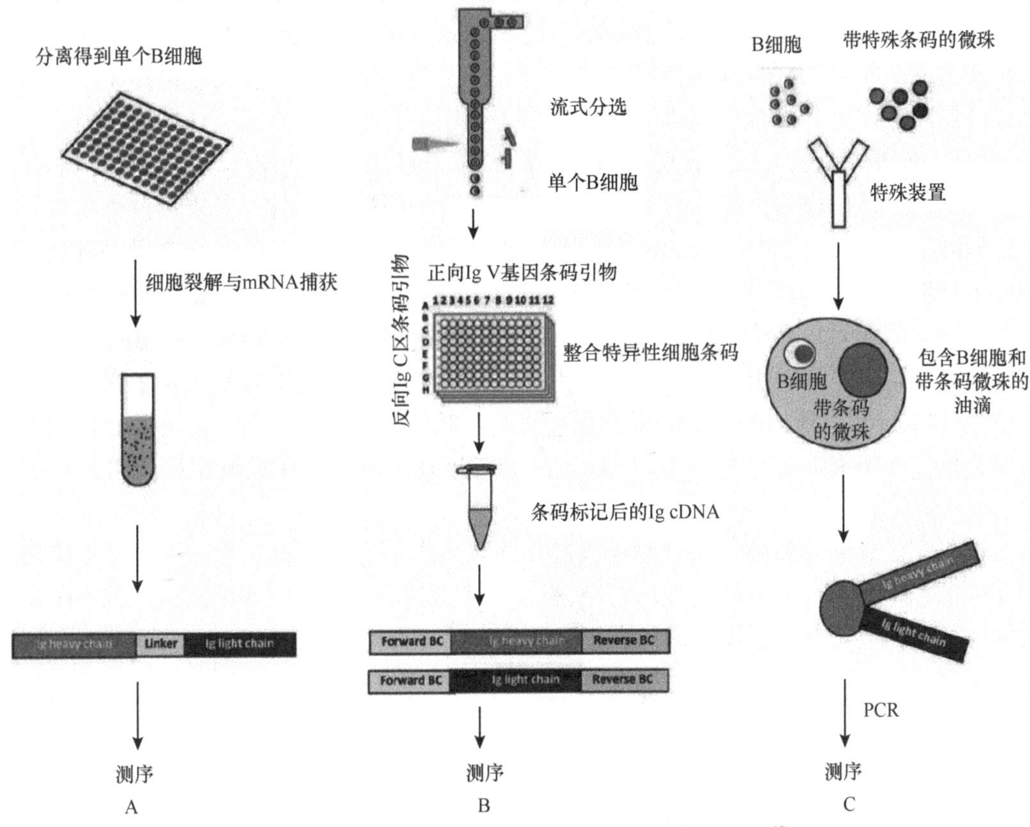

图 17-4 单细胞测序方法在免疫组库研究中的应用[7]

A. Smart 测序技术；B. SCRB 测序技术；C. 单细胞油滴 PCR 技术

（数据拼接、消除测序背景及有效数据构建）及数据统计（数据产出统计及测序数据的成分和质量评估）；第二步，进行数据对比分析，与数据库 V/D/J 基因片段反复比对，寻找最佳 V/D/J 比对结果，并对比去掉无效序列（未比对、假基因、终止子、无开放阅读框）和引物序列；第三步，进行序列结构分析，确定 CDR3 序列的组成及序列碱基成分，并绘制 CDR3 长度分布情况图，分析序列的碱基插入和缺失；第四步，进行 V/D/J 取用频率分析统计，统计标本中最佳 V/D/J 比对结果次数，并根据频率绘制条形图等。斯坦福大学基因组技术中心研究团队为免疫组库项目得到的数据分析写了很多独特的软件，结果以二维图和三维图形式呈现，二维图中每个点代表一个 VDJ，三维图中的每个柱代表一个 VDJ。这样一个标本内免疫组库的表达情况就一目了然了。

二、实验室质量控制

（一）免疫组库高通量测序错误与偏倚的来源

免疫组库高通量测序错误与偏倚的来源主要有以下两方面[9]。

1. 方法学本身 包括文库制备方法（如多重 PCR 或 cDNA 末端快速扩增）与高通

量测序平台本身。多重 PCR 存在扩增偏向性问题，cDNA 5′ 末端快速扩增以部分已知区域序列为起点，使用一对引物扩增 cDNA 的 5′ 末端，能很大程度地避免扩增偏向性，但是即便这样，扩增偏好性和偏倚扩增也不能完全避免。除此之外，高通量测序平台本身也难以避免地产生各种检测错误。现如今多个测序平台都可以应用于免疫组库测序，如 Illumina、Pacific Biosciences 及 Ion Torrent 平台等。与基因组学和转录组学相似，Illumina 在免疫组库测序中应用广泛。每个高通量测序平台测序过程中引入的错误种类和数目都不太相同。在错误种类上，Ion Torrent 错误类型是插入和缺失，Illumina 主要是颠换。以 Illumina 的 Miseq 为例，据报道该检测平台的错误率相对较低，但是最近也有报道显示检测 150bp 的配对短序列，Illumina 的 Miseq 无错误测序率仅为 80%，可想而知这个平台检测免疫组库序列时引入的错误率将更高，因为免疫组库完整的可变区序列往往更长（350 ～ 420bp）。所以相比 Miseq 错误率更高的其他测序平台，不一定不适合免疫组库测序分析。而能阅读长序列的（ > 1kb）的 Pacific Biosciences 在免疫组库配对长序列阅读中有一定优势。

2. 免疫组库测序策略 基础的免疫组库研究多采用混合细胞标本，因此并不能获取可变区的配对信息（α/βTCR，V_H ：V_L 等），通过这种方法并不能得到真实的 TCR 与 BCR 序列信息，更难以根据测序信息推测其功能。

（二）纠正错误与偏倚的策略

提高免疫组库分析准确度的方法有很多。首先是良好的实验习惯与技能，如最大可能地减少 DNA、RNA 标本的降解与污染；其次是保证文库构建的质量，力保原始检测标本正确有效扩增。由于很多情况下原始 DNA 标本和 RNA 标本的标本量不够或纯度很低，而标本需要进行反转录和（或）PCR 扩增，因此反转录酶和 DNA 聚合酶的质量非常关键，高保真度的酶可有效提高免疫组库测序的准确度。

免疫组库测序过程中不断累积的错误会使我们得到不可靠的虚假克隆和可变区序列，因此依据质量评分标准进行严格小心的测序结果过滤，可以较好地去除假阳性读取，提高免疫组库多样性评估质量。另外合理去除低频克隆也是减少假阳性读取的有效方式。除了以上通用的方法，还有以下策略用于纠正免疫组库分析中的错误与偏倚。

1. 重复测序纠正错误 技术性的重复是纠正错误的一个途径。例如，可以对原始标本进行两次独立的文库构建，得到的测序结果进行相互比对，只有两份结果中均存在的 CD3 序列才被保留。有研究显示，该方法可减少 10 ～ 40 倍的单一克隆，但仍能有效保留约 95% 的读取结果。但是也有学者用该方法进行完整可变区测序时，却只能保留约 50% 的读取结果。该方法缺点是花费高，且容易丢失真实存在的罕见序列。

2. 序列聚类分析纠正错误 对高度相似的序列进行聚类分析是纠正错误的另一个途径，其优势在于能利用几乎全部高通量测序读取结果。免疫组库分析中，常常会根据 CD3 序列 [或完整的 V（D）J 序列]，按照一定的规则（距离度量标准）进行聚类分析。最后通过比对，聚类序列中均含有的序列则代表真实的序列（图 17-5）。该方法对 T 细胞组库的 CD3 分析十分有效，但是对于 Ig 测序效果则不佳。这是因为在 Ig 的 V（D）J 基因测序中，虽然很多克隆拥有相同的 CD3 序列，但是由于体细胞高频突变，V（D）J

其他部位可能存在突变热点。因此 Ig 测序时，如果只针对 CD3 进行测序错误纠正，很有可能会去掉一些真实存在的体细胞变异。最近，有一款新研发的免疫组库信息分析软件 MiXCR，能有效鉴别真实的体细胞变异和测序错误，但是该软件的鉴别能力与纠错能力还需要后期进行比较。

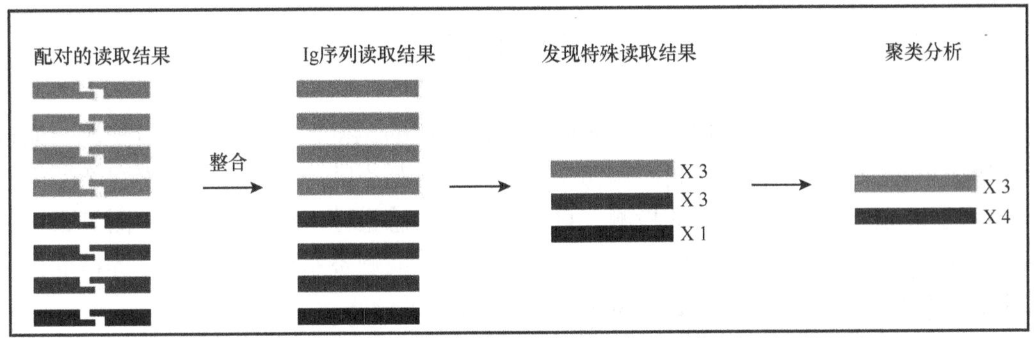

图 17-5　聚类分析纠正测序错误 [10]

3 个深灰色读取结果和唯一一个黑色读取结果通过聚类分析显示来自同一个抗体，最后归为同一个簇（cluster）

3. 使用独特的分子识别纠正错误与偏倚　目前为止功能最为强大的纠错工具是基于独特分子识别的方法。该方法不但能纠正错误还能纠正扩增偏倚，与前面方法不同的是，该方法需要增加一个额外的文库准备步骤，即对单分子的 RNA 或 DNA 加一段变性的核酸序列作为识别标签。在免疫组库分析中，最常用的方法是在基因特异性引物一侧伸出一截识别标签，然后进行 mRNA 反转录，获得带标签的 cDNA，cDNA 5′ 末端在快速扩增中也可掺入识别标签。获得带标签的 cDNA 后，其他文库构建步骤与常规无异。测序程序结束后，根据标签不同可对读取结果进行分类，相同标签的读取结果来自相同的 mRNA。因此只需要简单地对标签相同的序列分组，获取共用的序列信息，便可轻松去掉测序错误。该方法的另一个优势是，不再需要对庞大的原始数据进行分析，而只需要统计带标签的读取结果，从而降低了测序的偏倚。但是该方法也有不足，最大的不足是，标签的引入增加了测序序列的长度，以 Illumina Miseq 为例，其能读取 2×300bp 的长度，但是全长的 V（D）J 再加上一段额外的标签序列，想在这个平台实现高质量的测序有较大的难度。由于该纠正方法本身也会带来一些技术性的错误，因此精准的实验控制也非常有必要，如控制上样量，以确保变性标签序列过量状态等。

4. 使用 spike-in 质控纠正错误与偏倚　免疫组库高通量测序目前还没有第三方的天然 DNA/RNA 参考标准品。目前常用的方法为使用掺入数百条已知序列的、非人类核酸序列的合成 DNA 序列作为 spike-in 质控品，按一定比例与待测标本混合后一起建库和测序，其读取结果可与待测标本区分开来，从而可监测测序全过程产生的误差。内参序列低偏好性被正确扩增读取则认为实验结果可靠。

（三）性能验证

免疫组库分析平台尚无统一标准化的性能验证程序，实验室可根据自身实际情况合理制订性能验证计划。例如，免疫组库分析中可通过读取结果与已知参考序列（可为

spike-in 质控品，也可为 CDR3 长度分布、核苷酸分布已知的生物标本）进行比对而评价其分析准确度；已知质控品随待测标本一起检测，每个标本在同一批次内重复测序，一共进行几个不同批次的测序，根据每个标本得到重复测序结果，分别计算批内和批间精密度。总之，实验室可根据自身实际情况，验证关键的性能指标，确保分析平台结果的可靠性。

三、预期用途

免疫组库拥有广阔的应用领域，人们可以对机体的免疫大数据进行分析挖掘。通过与健康人群免疫组库比较，找到疾病相关的特异性序列克隆，因此免疫组库在新型生物标志物的发现、微小残余疾病的检测、自身免疫病、感染性疾病、移植后监测等领域都具有应用价值，同时其还能为疫苗评估、单克隆抗体的制备和免疫靶向治疗等精准医疗带来革命性的改变。下面对免疫组库的应用进行简单举例。

（一）健康人群免疫组库

正常人的 T 细胞免疫组库研究于 2009 年已开启，TCR β 链 CDR3 基因序列长度、多样性、碱基的取用、高频率表达的序列得到了准确的评估，T 细胞受体 β 链 V 基因 和 T 细胞受体 β 链 J 基因取用、配对、特征性也得到了深入详尽的分析。正常人的 B 细胞免疫组库也有相似的研究 [11, 12]。

高通量测序技术平台较为详尽地分析了健康志愿者 T/B 细胞受体的多样性，显示出的健康人组库特征分析为其他各种疾病免疫组库研究提供了正常人的参考数据。

（二）疾病相关研究

1. 肿瘤 高通量测序技术分析 T 细胞免疫组库可应用于临床疾病免疫状态的监测及预后评估等方面 [13]。CDR3 受体库分析如今也被应用到血液病等微小残留病的克隆跟踪诊断。白血病微小残留病变是指在白血病经诱导化疗获得完全缓解后或是骨髓移植治疗后，体内仍残留有少量白血病细胞的状态。这些残存的细胞即成为白血病复发的根源，并且由于复发的这些细胞易对药物产生耐药性，复发后的治疗相当困难，因此微小残留病灶的检测显得尤为重要。研究发现高通量测序免疫组库研究能确定微小残留病灶的存在，利用高通量测序监测 T 淋巴细胞异常克隆增生引起的淋巴瘤、同种异体造血细胞移植后微小残余病灶恶性克隆 CDR3 序列所占比例具有高特异性和敏感性。因此 T 细胞免疫组库高通量分析已成为一种新型的个性化检测方式，可用来指导临床治疗与监测。

与 T 细胞免疫组库相同，B 细胞免疫组库分析同样可应用于血液病等微小残留病的克隆跟踪诊断。不足 0.1ml 的血样便可提供患者动态的免疫组库特征，同时还可清晰地监测到 B 细胞受体组库中 VDJ 的优先重组情况。当某些克隆比例增多时，其可能是机体对某种抗原免疫应答的结果，但也可能是细胞出现恶化的早期标志。相信随着对 BCR CDR3 组库多样性更全面、更深入的了解，其检测应用将不仅局限于血液病相关的研究中，更可在其他更多临床疾病中得到运用，成为临床筛查、诊断疾病及疗效检测的新型检测方法。

2. 自身免疫病 在自身免疫病方面，免疫组库研究相对较多，也取得了较大的进展。

例如，类风湿关节炎（rheumatoid arthritis，RA）患者 T 细胞受体组库研究结果显示，早期 RA 患者关节滑膜液中的优势克隆数显著高于确诊的 RA 患者。RA 患者的关节滑膜液中 T 细胞优势克隆扩增的特异性显著高于外周血。因此针对早期 RA 患者，可在炎症受累部位如受累关节进行自身反应性克隆治疗，预防该疾病的进一步发展 [14]。

多发性硬化症（multiple sclerosis，MS）是以中枢神经系统白质炎性脱髓鞘病变为主要特点的自身免疫病。通常认为是 T 细胞在其发生发展中发挥着重要作用，在脱髓鞘病灶内也可检出 $CD4^+$T 细胞和 $CD8^+$T 细胞，但其具体病因和发病机制尚不清楚。利用高通量测序平台对正常人和 MS 患者外周血 $CD4^+$T 细胞和 $CD8^+$T 细胞免疫组库特点进行分析，发现患者较正常人 $CD4^+$T 细胞和 $CD8^+$T 细胞的个别基因段存在 TRB V/J 取用频率上的差异，为 MS 诊断提供了新的思路 [15]。

3. 感染性疾病 机体针对潜伏病毒的 $CD8^+$T 细胞免疫应答可持续数十年，但是这种反应启动并维持的机制我们并不了解。科学家们猜想，在应答的早期可能出现某些特征性的免疫组库高频增殖克隆，并持续整个病程。为了证明这个猜想，研究者们对两名肾移植术后感染人巨细胞病毒和 EB 病毒的患者（移植前为血清学阴性，移植器官来源于人巨细胞病毒和 EB 病毒感染阳性的供者）进行了外周血免疫组库研究。结果发现在感染早期，患者体内便出现了几乎所有的病毒特异性 $CD8^+$T 细胞克隆，而且这种病毒特异性的高频增殖克隆在随访的 5 年内一直持续存在，且未出现其他新的病毒特异性克隆。这一研究结果提示，在抗病毒的免疫应答中，人 T 细胞组库一直维持一个比较稳定的特征模式，整个抗感染过程没有显著变化。近日，中国学者对 H7N9 感染患者进行了外周血免疫组库研究，通过高通量测序技术，分析了 T、B 细胞免疫组库变化与临床预后之间的关系，发现幸存者多见高 B 细胞多样性和低 T 细胞多样性 [16]。

从以上免疫组库发展及应用的介绍中可以看到，高通量测序在免疫组库研究中的成功应用使得免疫组库研究具有效率高、深度深、基因多样性更丰富、数据反映更准确等优势。最近几年，T/B 细胞受体库随着其检测技术的进步，容量和准确度都在不断提升和完善。高通量测序的免疫组库分析技术已经成为免疫学的热门方法，促进了肿瘤、移植免疫、自身免疫病等多种相关免疫学的研究，在基因克隆水平上对疾病的发病机制做了新的诠释，为不同疾病的诊断和治疗提供了新的策略。但到目前为止，免疫组库分析的应用潜力还未充分挖掘，其技术仍有一些有待克服的难题，其推广应用也受到一些现实条件的约束。比较突出的一个问题是生物信息学分析，虽然目前测序速度有了很大的提高，但是免疫组库分析的海量测序数据的整理与分析仍是一个较为复杂、棘手的问题。另外，目前的测序平台还不太适合小规模的测序，并且新一代的测序仪器价格高、普及难度大。对于未来免疫组库的发展方向，首先应建立全面的健康人群免疫组库，只有有了正常的基线才能更容易找到致病的克隆。然后建立各种疾病人群特异的免疫组库，与正常人群免疫组库相比较，利用单细胞测序技术，有目标性地挑出可疑的致病克隆，实现高效的测序服务于临床。

（李文丽）

参考文献

[1] Woodsworth DJ，Castellarin M，Holt RA. Sequence analysis of T-cell repertoires in health and disease. Genome Med，2013，5：98.

[2] Finn JA，Crowe JE Jr. Impact of new sequencing technologies on studies of the human B cell repertoire. Curr Opin Immunol，2013，25：613-618.

[3] Six A，Mariotti-Ferrandiz ME，Chaara W，et al. The past，present，and future of immune repertoire biology - the rise of next-generation repertoire analysis. Front Immunol，2013，4：413.

[4] Weinstein JA，Jiang N，White RA，et al. High-throughput sequencing of the zebrafish antibody repertoire. Science，2009，324：807-810.

[5] Rosati E，Dowds CM，Liaskou E，et al. Overview of methodologies for T-cell receptor repertoire analysis. BMC Biotechnol，2017，17：61.

[6] van Dongen JJ，Langerak AW，Brüggemann M，et al. Design and standardization of PCR primers and protocols for detection of clonal immunoglobulin and T-cell receptor gene recombinations in suspect lymphoproliferations：report of the BIOMED-2 Concerted Action BMH4-CT98-3936. Leukemia，2003，17：2257-2317.

[7] Robinson WH. Sequencing the functional antibody repertoire—diagnostic and therapeutic discovery. Nat Rev Rheumatol，2015，11：171-182.

[8] Liu X，Wu J. History，applications，and challenges of immune repertoire research. Cell Biol Toxicol，2018.

[9] Friedensohn S，Khan TA，Reddy ST. Advanced methodologies in high-throughput sequencing of immune repertoires. Trends Biotechnol，2017，35：203-214.

[10] Safonova Y，Bonissone S，Kurpilyansky E，et al. IgRepertoireConstructor：a novel algorithm for antibody repertoire construction and immunoproteogenomics analysis. Bioinformatics，2015，31：i53-i61.

[11] Freeman JD，Warren RL，Webb JR，et al. Profiling the T-cell receptor beta-chain repertoire by massively parallel sequencing. Genome Res，2009，19：1817-1824.

[12] Boyd SD，Gaëta BA，Jackson KJ，et al. Individual variation in the germline Ig gene repertoire inferred from variable region gene rearrangements. J Immunol，2010，184：6986-6992.

[13] Gazzola A，Mannu C，Rossi M，et al. The evolution of clonality testing in the diagnosis and monitoring of hematological malignancies. Ther Adv Hematol，2014，5：35-47.

[14] Klarenbeek PL，de Hair MJ，Doorenspleet ME，et al. Inflamed target tissue provides a specific niche for highly expanded T-cell clones in early human autoimmune disease. Ann Rheum Dis，2012，71：1088-1093.

[15] Emerson R，Sherwood A，Desmarais C，et al. Estimating the ratio of $CD4^+$ to $CD8^+$ T cells using high-throughput sequence data. J Immunol Methods，2013，391：14-21.

[16] Hou D，Ying T，Wang L，et al. Immune repertoire diversity correlated with mortality in avian influenza A（H7N9）virus infected patients. Sci Rep，2016，6：33843.

第十八章 高通量测序在转录组学中的应用

转录组研究是基因功能和结构研究的基础，其能够从整体水平研究基因功能和结构，揭示特定生物学过程及疾病发生过程中的分子机制。转录组测序作为一种新的转录组研究手段，利用高通量测序技术能够更快速、准确地为人们提供更多的生物体转录信息。转录组测序利用高通量测序技术对组织或细胞中 RNA 反转录而成的 cDNA 文库进行测序，通过生物信息学分析可计算不同 RNA 的表达量、发现新的转录本、进行转录本定位、分析可变剪切、检测基因融合等。凭借其高通量、全转录组覆盖，以及能够获得大量未知序列的优势，转录组测序已广泛应用于生物学研究、基础医学研究、临床研究和药物研发等领域。随着高通量测序技术的不断发展，目前转录组测序也已逐步走向临床疾病的分子诊断当中，如通过分子表达谱特征对癌症进行病理分型，有助于指导临床治疗和预后监测；通过转录组测序技术检测癌症患者的融合基因，指导临床用药。

本章主要针对转录组测序技术的原理、方法、检测流程及其临床应用等方面进行介绍。尽管转录组测序主要应用于基础研究，但随着技术的发展，以及对转录组研究的深入，相信不久的将来，转录组测序技术也将成为临床分子诊断领域不可或缺的一项检测技术。

第一节　概　　述

遗传学中心法则表明，DNA 是生物体内遗传信息的载体。遗传信息在精密的调控下从 DNA 转录成 RNA，再传递到蛋白质。因此，RNA 被认为是 DNA 与蛋白质之间生物信息传递的“桥梁”。随着人类基因组计划（HGP）和 DNA 元件百科全书（Encyclopedia of DNA Elements，ENCODE）计划的完成，人们发现在人类基因组中大部分 DNA 都可以转录成 RNA，但是仅有约 1.5% 的核苷酸序列用于蛋白质的编码。这部分不编码蛋白质的非编码 RNA（ncRNA）过去被认为是基因组转录噪声。随着对基因组研究的深入，越来越多的证据表明这些非编码 RNA 虽然不翻译蛋白质，但能够以 RNA 的形式在体内调控基因的表达，从而发挥重要作用。

一、转录组与转录组学

转录组（transcriptome）是指在某一特定的生理条件下，细胞、组织或生物体内所有转录产物的集合，即转录出来的所有RNA总和，包括编码RNA（即mRNA）和ncRNA（如tRNA、rRNA、miRNA、lncRNA、circRNA）等多种不同类型的RNA分子。与基因组的静态特点不同，转录组具有动态特征，同一细胞或组织在不同的生长时期及生长环境下，基因表达情况不完全相同，具有时空特异性。转录组研究能够从整体水平研究基因功能及基因结构，揭示特定生物学过程，以及疾病发生过程中的分子机制。了解转录组是解读基因组功能元件和揭示细胞及组织中分子组成所必需的，并且对理解机体发育和疾病具有重要作用。转录组学（transcriptomics）是一门从整体水平上研究转录组基因表达和转录调控的学科。转录组学的研究目的不仅是对基因表达水平变化进行研究，也包括对转录本的种类、定位、注释、可变剪接，以及每个基因转录本在基因组中的结构和功能进行研究。随着后基因组时代的到来，转录组学、蛋白质组学、代谢组学等各种功能基因组学研究相继出现，其中转录组学是率先发展起来且应用最广泛的领域。转录组学研究改变了早期单个基因的研究模式，将基因组学研究带入了高速发展的时代。

二、转录组学研究方法

20世纪90年代中叶前，传统的用于基因表达定性和定量分析的分子生物学方法，如mRNA差异显示技术、cDNA文库测序法、基因表达系列分析（serial analysis of gene expression，SAGE）只能同时对少数几个基因的表达情况进行研究，很难获得整个转录组基因功能的全景图谱。生物体的生理和病理过程通常是成百上千的基因共同作用的结果，研究人员需要一种能够对整个转录组进行基因功能研究的高通量方法。目前用于转录组研究的方法主要包括基于杂交技术的表达谱基因芯片（gene expression microarray）技术和高通量RNA测序（RNA sequencing，RNA-seq）技术。

（一）表达谱基因芯片技术

表达谱芯片是用于研究基因组功能的一种生物芯片，其基本原理是利用分子生物学中的核酸分子原位杂交技术，即把大量预先设计好的已知序列的寡核苷酸探针集成在基片（如玻片、硅片、尼龙膜等）上，形成可与目的分子（如基因）相互作用的固相表面，经过标记的若干核苷酸序列与芯片特定位点的探针杂交，通过放射自显影或激光共聚焦显微镜扫描检测杂交信号，对细胞或组织中的大量基因信息进行分析。其检测过程一般包括样本制备及探针标记、分子杂交、杂交信号检测、数据分析等步骤（图18-1，见彩图33）。根据检测目的分子的不同，表达谱基因芯片可分为mRNA芯片、miRNA芯片和lncRNA芯片等。表达谱芯片主要应用于基因表达分析方面，可以在很短的时间内同时研究不同样本中上万个基因或非编码RNA的表达变化，从而得到特异的基因表达谱，揭示基因之间表达变化的相互关系。表达谱基因芯片的产生为分子生物学研究提供了一个巨大的技术平台，1995 年 *Science* 首次报道了 Schena 等 [1] 用表达谱基因芯片技术同时检测拟南芥多个基因的表达水平。表达谱基因芯片还可用于肿瘤的诊疗方面，将大量的功能基因制成表达谱芯片，从而可对不同肿瘤组织样本的基因表达进行分析，可将某些基因与疾病联系起来，寻找与疾病发生发展相关的致病基因。通过对大量肿瘤标本的基因表达谱聚类分析，找到不同癌症亚型之间的分子特征，从而应用于肿瘤及亚型判断的分子诊断。此外，表达谱基因芯片还可用于药物的研发和筛选。

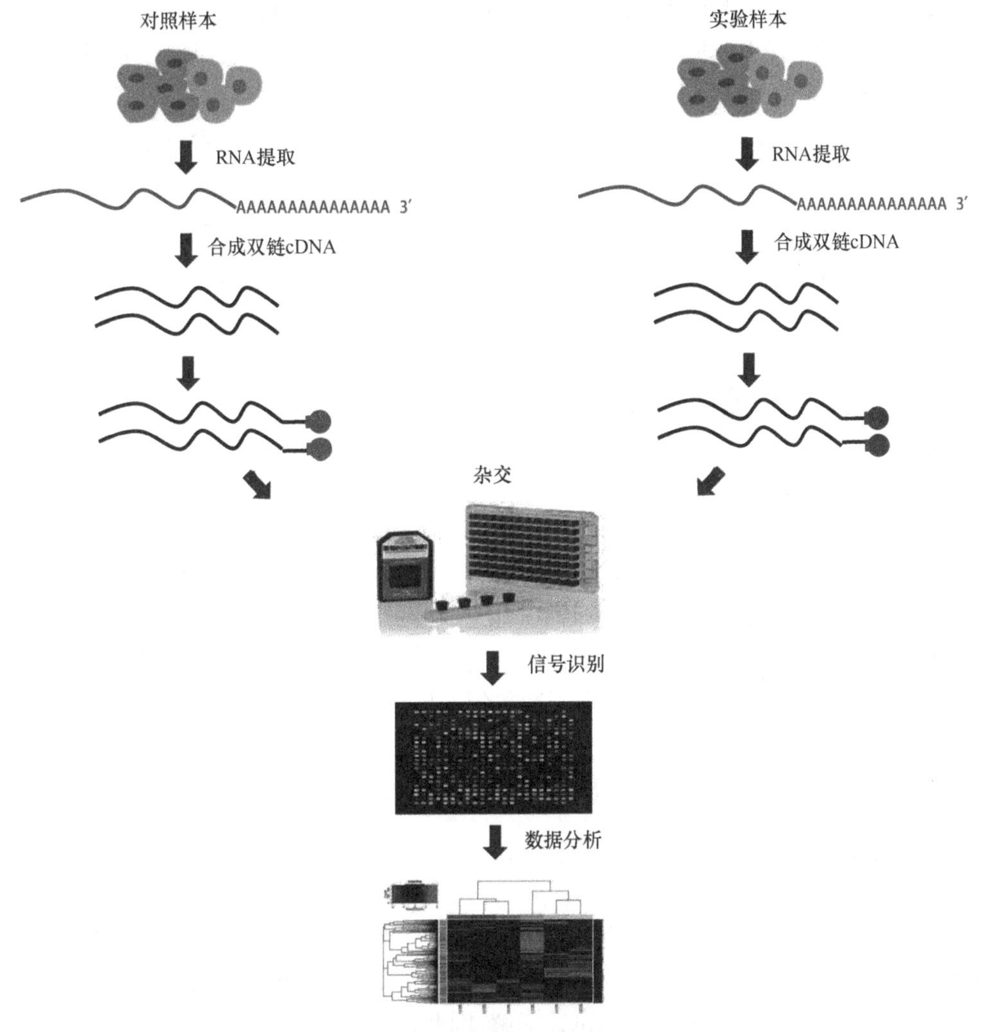

图 18-1 表达谱芯片实验流程

虽然目前有很多成熟的商业化表达谱基因芯片平台，但表达谱基因芯片的发展也有一定的局限性，如仅能对已知序列基因的表达量进行分析、特异性低、易受交叉杂交等其他因素的干扰等，在某种程度上限制了该技术的发展。

（二）高通量 RNA 测序技术

在高通量测序技术普及之前，研究人员需要构建繁琐的 cDNA 文库，通过 Sanger 测序获得大量EST序列来研究相关基因的表达情况；随后，基因表达芯片的高通量及低成本优势逐渐取代了传统研究方法。随着高通量测序技术的出现，RNA-seq技术以其更低成本、更高通量、更宽检测阈值的绝对优势，成为转录组研究的主流技术，也迅速将生命科学领域的RNA研究推到了一个前所未有的高度。RNA-seq是近年发展起来的利用高通量测序技术进行转录组分析的技术。

相对于传统的表达谱基因芯片技术，RNA-seq无须预先针对已知序列设计探针，即可对研究物种的整体转录组进行检测，在分析转录本的结构和表达水平的同时，还能发现未知转录本和稀有转录本，精确地识别可变剪切位点，检测融合基因，提供更为全面的转录组信息。通过了解在某种特定条件下转录组中的转录本组成，以及每一个转录本的表达量，可以了解基因组上不同的功能模块，进而了解生物的发育过程，以及疾病与人体之间的关系。此外，RNA-seq也帮助我们对基因组上的非编码区域有了更深入的认识，如发现新的长非编码RNA（lncRNA）及环形RNA（circular RNA，circRNA）。RNA-seq技术是深入研究转录组复杂性的强大工具，目前已广泛应用于生物学、医学研究和药物研发等。

第二节　高通量转录组测序

RNA-seq即将各种类型的转录本使用高通量测序技术进行检测的方法。首先需要根据不同类型RNA分子的特性将目标RNA从转录组中提取出来，如mRNA-seq实验时可使用带有寡核苷酸poly（T）的磁珠将mRNA富集出来。随后将富集到的RNA反转录为cDNA，然后进行文库制备，并使用高通量测序技术进行检测。主要流程包括总RNA提取、目标RNA分子富集、文库构建、上机测序、生物信息学分析等步骤。下面将以mRNA-seq实验文库构建为例，详细介绍从样本制备到上机测序的主要流程。

一、RNA-seq检测流程

（一）样本采集

临床肿瘤组织、外周血、腹水细胞学样本等含有RNA的样本都可作为RNA-seq的样本来源。样本的采集应按照建立的标准操作流程（standard operating procedure，SOP）进行，防止污染。RNA易受核酸酶的作用而迅速降解，因此标本采集完成送到实验室之后应-20℃以下保存或立即进行RNA提取。

（二）RNA提取

RNA提取质量的优劣主要取决于样本本身的质量，所以在取样时应严格遵守SOP进行。针对RNA提取方法，一般使用Trizol或相关试剂盒提取总RNA，之后根据研究目的对目标RNA分子进行富集。RNA样本还应彻底去除蛋白质污染并进行DNase处理。RNA样本要求（参考Illumina TruSeq RNA文库制备试剂盒）如下。

1. 需要量　RNA ≥ 0.1 ～ 1.0μg。

2. 浓度　RNA ≥ 80 ng/μl。

3. 纯度　$OD_{260/280}$ = 1.8 ～ 2.2；$OD_{260/230}$ ≥ 2.0；RIN ≥ 7.0，28S：18S ≥ 1.0。

（三）样本运输

1. 组织样本　一般建议用 1.5 ml 的 Eppendorf 管或 2 ml 的冻存管装载。需放于干冰中运输，时间不要超过 72 小时。

2. 血液样本　可用 5 ～ 10 ml 抗凝管存储，但为了防止抗凝管在运输过程中受到碰撞而破裂，需要将抗凝管放在泡沫或棉花中固定，并彼此隔开。禁止将样本在室温状态下放置；全血样本要在生物冰袋条件下运输，且在 12 小时内送达。

3. RNA 样本　建议尽量用 1.5 ml Eppendorf 管装载样本，需放于干冰中运输，时间不要超过 72 小时，请勿反复冻融。

在样本运输过程中用封口膜将管口密封好。为了防止样本管在运输过程中受到挤压破裂，导致样本损失，最好将样品管装在 50 ml 离心管（或其他支撑物）中，里面还可以添加棉花、吸水纸等固定。

（四）文库制备

1. mRNA 富集　纯化 RNA 提取成功后，常用带有寡核苷酸 poly（T）的磁珠从总 RNA 中富集带有 poly（A）尾的 mRNA。

2. 片段化及 cDNA 合成　对于筛选富集到的 mRNA，通过片段化试剂将所得 mRNA 随机打断成 200bp 左右的片段，这样就得到了下一步 cDNA 合成需要的模板。

3. cDNA 合成　在反应体系中加入 DNA 聚合酶、RNase H 及 PCR 的各组分，在随机引物的基础上将 RNA 片段反转录合成 cDNA 第一条链，随后合成 cDNA 第二条链。

4. 末端修复及添加测序接头　使用 T4 DNA 聚合酶对合成的 cDNA 进行末端修复，此过程中若干个 A 碱基会添加到 cDNA 模板双链的 3′ 端，之后，在末端连接上用于 PCR 扩增和测序所需要的末端接头。

5. PCR 扩增　PCR 的主要目的在于为下一步测序提供 cDNA 的一个基准量，以防止某些 cDNA 在测序过程中无法形成扩增簇。cDNA 文库构建后便可以上机测序，最终获得样本 RNA 的序列信息。

（五）上机测序

以人的 RNA-seq 为例，根据所使用高通量测序仪型号，可选择单端（1×75）或双端（2×75 或 2×100）测序。为保证检测的准确性，测序数据量应达到 30 百万～ 100 百万双端测序（paired-end sequencing）reads。

mRNA-seq 过程中文库制备的基本流程如图 18-2 所示。

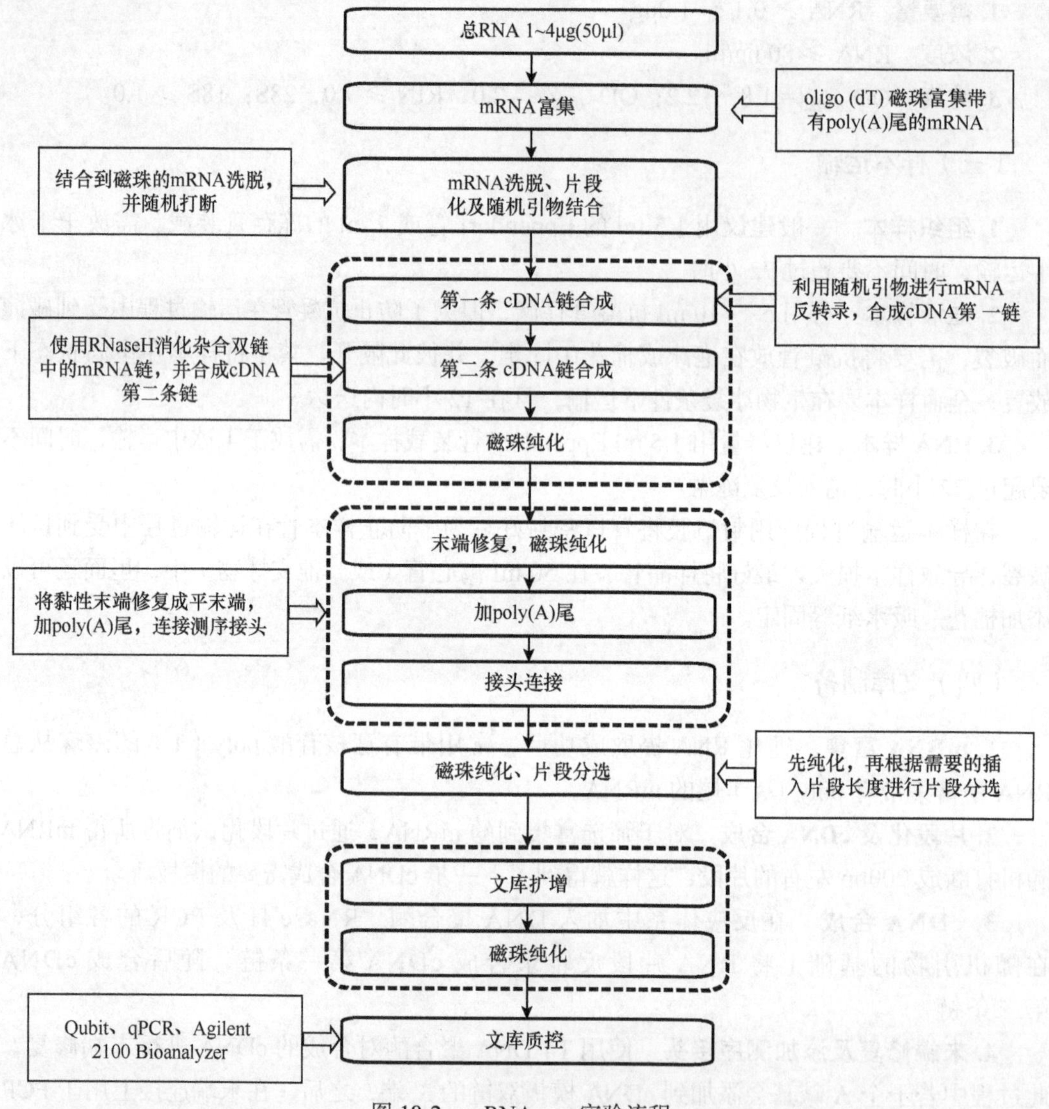

图 18-2 mRNA-seq 实验流程

除上述针对 mRNA 的文库构建外，根据研究目的及 RNA 的种类不同，RNA-seq 还有其他多种建库方式（表 18-1）。一般情况下，根据研究目的，同时结合测序成本等多方面因素选择建库方式。rRNA 占细胞 RNA 总量的 70% ～ 80%，文库构建过程中一般会将 rRNA 去除，这时得到的 RNA 是许多不同种类 RNA 的混合物，如 mRNA、lncRNA、circRNA 等。如果关注的重点在 mRNA，可以使用带有 poly（T）的磁珠将带 poly（A）尾的 RNA 富集起来，lncRNA 的转录本是线性的，但是其 3′ 端可能带有 poly（A）尾，也可能没有，因此，针对 lncRNA 的建库方法一般选取去除 rRNA 的建库方式。circRNA 本身是环状的，因此它的末端不需要 poly（A）尾的保护，现阶段针对 circRNA 的建库方法首先去除 rRNA 及带有 poly（A）尾的 RNA，之后使用 RNase R 消化去除线性 RNA，这样富集得到的 RNA 再按照上述方法进行文库制备。如果从总 RNA 中只提取长度为

21 ～ 23 个碱基的 RNA，则得到全部的 miRNA 转录本，相应的方法也称作 miRNA-seq。lncRNA-seq 和 miRNA-seq 详细检测流程见第十六章“高通量测序在表观遗传检测中的应用”。

表 18-1 RNA-seq 建库类型及富集方法

RNA-seq 类型	富集方法	富集 RNA 种类
mRNA-seq	poly（T）磁珠富集	mRNA 和带有 poly（A）尾的 lncRNA
lncRNA-seq	去除 rRNA	所有 mRNA 和 lncRNA
miRNA-seq	小分子 RNA 分离	small RNA
circRNA-seq	去除 rRNA，RNase R 消化	circRNA

二、RNA-seq 生物信息学分析

转录组测序完成后，得到的是转录组中所有转录本的序列信息，还需要经过生物信息学分析将高通量测序数据包含的信息解读出来（图 18-3），包括测序数据的质量控制、数据比对、转录本拼接及后续的个性化分析。

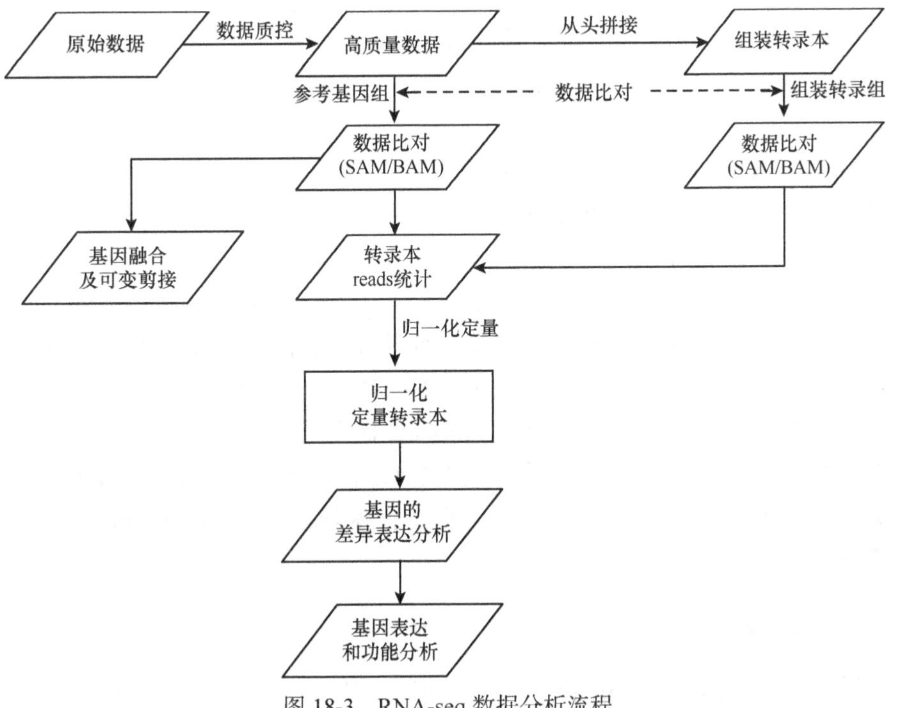

图 18-3 RNA-seq 数据分析流程

（一）原始数据质量控制

为获得准确的分析结果，高质量的测序数据是根本，因此高通量测序数据的分析首先要进行质量控制。详细内容见本书第四章“高通量测序的生物信息学分析原理及特点”。

（二）测序数据比对

序列比对是将质控后的数据中的高质量测序 reads 与参考基因组进行比对，获得每条 read 在参考基因组上的位置坐标、正负链等信息，进而进行后续相关的基因表达分析、转录本结构分析等。一般情况下，测序 reads 在参考基因组上的比对率在 80% 以上，比对到多个位置的 reads（multiple mapped reads）占总体的百分比通常不会超过 10%。

基于高通量测序技术，每个测序数据中都存在大量的 reads，如何将这些 reads 快速并准确地比对到参考基因组是一项非常重要的工作，为了解决这个问题，人们研究了不同的算法并研发出不同的比对软件，然而不同算法的比对都具有各自的局限性。此外 RNA-seq 的模板序列是基因转录后经过剪接获得的 RNA 序列，因此 RNA-seq 数据的比对存在一些难点，如外显子与外显子连接处（junction）位置的确定，比对的插入、缺失、错配等情况的发生可造成比对的难度增大，甚至有部分 reads 存在多个完美的匹配位置，并且该工作对硬件的要求也相对较高。常用的转录组分析比对软件有 Tophat2[2]、Bowtie2[3]、STAR[4]、HISAT[5] 等。

TopHat2 是基于 Bowtie2 的高通量测序比对工具，广泛应用于 RNA-seq 序列比对分析中，该软件与下游 Cufflinks[6] 分析软件组合使用成为转录组分析流程的经典方法。其最大的优点是速度快，并且可以鉴定基因的剪切位点（splice site）。剪切位点一般用于鉴定可变剪接、融合基因等。例如，用 Tophat 鉴定可变剪接：Tophat 首先采用 Bowtie2 将测序 reads 与整个参考基因组进行比对，找到匹配的序列，然后将未比对上的 reads 分割成非重复的小片段，将分割后的小片段重新比对到参考基因组上，根据已知的剪接模式（GT-AG、GC-AG 和 AT-AC），以及相同 reads 两边的片段之间的距离来判定是否存在潜在可变的剪接位点，用 Bowtie2 将未比对上的 reads 重新比对这些潜在可变剪接位点，最终确定新剪接位点。

HISAT 与 Tophat2 类似，都是由约翰霍普金斯大学计算生物学中心的 Steven Salzberg 团队开发。该软件利用大量 FM 索引，覆盖整个基因组，然后将小的索引结合几种比对策略，实现 RNA-seq reads 的高效比对。虽然 HISAT2 利用大量索引运行，但是其占用的内存相对 Tophat2 并没有增加，而运行速度却较 Tophat2 提高了数十倍，大大减少了 reads 比对参考基因组的时间，并且 HISAT2 结合下游分析软件 StringTie 和 Ballgown 的分析流程于 2016 年发表于 *Natur Protocol*，该套分析流程已有逐渐取代经典的 Tophat+Cufflinks 组合流程的趋势[7]。

（三）转录本拼接

序列拼接是生物信息学分析中一个经典问题，其目的是通过测序的短片段还原出原始的基因或转录本序列信息。转录组序列拼接的方法主要有依赖参考基因组的序列拼接和不依赖参考基因组的从头拼接。

1. 依赖参考基因组的序列拼接 显著特点是需要提供该物种或近缘物种的基因组序列，利用比对到参考基因组上的 reads 信息进行转录本的组装。该方法的优点在于具有较高的可靠性和灵敏度，缺点则是必须依赖于已知基因组信息。测序深度、基因表达丰度、片段比对到基因组上的准确度等均可影响转录本组装的完整性与可靠性。测序得到的 reads 丰度高，在基因组上的比对位置准确，由此得到的转录本组装结果可靠性则较高。目前常用的依赖参考基因组的序列拼接软件主要包括 Cufflinks[7]、Scripture[8] 及 StringTie[9]，它们在算法与实现上的流程类似。如果 RNA-seq 测序数据具有多个样本，由于转录组表达具有时空特异性，所以一般是对每个样本进行独立拼接，再在单个样本构建的转录本集合的基础上整合成更加完整的转录组信息。

2. 不依赖参考基因组的从头拼接　如果测序的物种并无可用的参考基因组序列，则需要采用从头组装（de novo assembly）的序列拼接手段，即不依赖于物种的参考基因组序列信息，根据测序得到的测序 reads 之间的重叠区域信号进行延伸并最终拼接得到完整转录本。从头拼接组装的优点是不需要提供参考基因组序列（用于缺少参考基因组序列物种的转录组分析），而缺点则在于组装出的转录本完整性较差，此外对于低表达的区域，覆盖度太低，很难组装出来。因此在转录本组装前，如果存在多个样本，推荐将多个样本测序文件合并之后再进行组装。目前用于此类组装的软件有 Trinity[10, 11]、SOAPdenovo-Trans[12]、Velvet-Oases[13] 及 Trans-AbySS[14] 等。其中 Trinity 是一款经典的用于无参考基因组的转录组序列拼接工具，其已被证明在酵母、小鼠等物种的拼接中均表现出了良好的拼接效率及全长转录本拼接的能力。

（四）非编码 RNA 的鉴定

长链非编码 RNA（lncRNA）是一类转录本长度超过 200nt、不编码蛋白质的 RNA[15]。大量研究表明，lncRNA 在表观遗传学调控、转录水平、转录后水平发挥着重要的调控作用。随着第二代测序技术的不断发展，该技术被广泛用于 lncRNA 的鉴定、表达分析、功能预测。长链非编码 RNA 有着独特的生物特性，这些生物特性主要体现在结构、表达和功能等层面。

长链非编码 RNA 的结构：大部分长链非编码 RNA 与编码 RNA 相似，具有 5′ 端帽子结构和 3′ 端 poly（A）尾巴，但同时也存在一定数目的长链非编码 RNA 并不带有 poly（A）尾巴。长链非编码 RNA 的剪接现象类似于编码 RNA，但其外显子数目比编码基因少，以两个外显子居多，42% 的长链非编码 RNA 具有两个外显子，而只有 6% 的长链编码基因有两个以上外显子。长链非编码 RNA 的表达量相比 mRNA 更低，更倾向于在某种组织或细胞内特异性表达，不同的组织均存在大量特异表达的长链非编码 RNA。通过测序后转录本拼接，可以得到生物体特定状态下的所有转录本集合（包括 mRNA 和 ncRNA），将拼接出的转录本与目前数据库中已知的基因转录本信息比对，既可以得到已知的长链非编码 RNA 转录本，也可以鉴定出新的 lncRNA 转录本。后者常需要使用转录本编码能力预测软件，对未知信息的转录本编码能力（coding potential）进行评估，并结合 lncRNA 的结构特点从中挑选新的长链非编码 RNA。

近年来，测序技术的发展使得大量 lncRNAs 被发现，相应的 lncRNA 鉴定软件也被相继开发。其中性能较好的软件有 PhyloCSF[8]、CNCI[16]、CPC[17] 等（表 18-2），这些软件的特征各有不同，但在各自的测试数据集上都得到了很好的鉴定效果。目前，鉴定 lncRNA 的软件正确率都比较高，人类的 lncRNA 鉴定准确率在 98% 左右。因此，对于鉴定 lncRNA，较高的准确率对后续研究极具参考意义。

表 18-2 常见的 lncRNA 鉴定软件

软件名称	研究单位	链接
PhyloCSF	麻省理工学院	https：//github.com/mlin/PhyloCSF
CNCI	中国科学院计算技术研究所	https：//github.com/www-bioinfo-org/CNCI
CPC	北京大学	http：//cpc.cbi.pku.edu.cn/
CPAT	梅奥诊所医学院	http：//rna-cpat.sourceforge.net/

（五）基因和转录本定量及差异表达分析

1. 基因和转录本定量 基因或转录本定量（quantification）的前提是确定基因或转录本的注释信息，这个信息既可以来源于公共数据库，也可以从 RNA-seq 获得的测序样本中鉴定，即前述的转录本拼接。如果是已有参考基因组的物种，注释信息一般标明基因或转录本在基因组上的详细定位信息、RNA 序列信息等（人的转录组注释信息 GTF 文件可从各数据库下载获得）；如果是未进行基因组测序的物种，则需要通过 de novo 转录本拼接来获得，但是该注释信息只有每一条转录本的序列信息。利用转录组注释信息，将 RNA-seq 测序得到的 reads 合理定位到不同的基因和转录本。由于多基因家族、假基因、重复序列的出现，使得许多测序 reads 无法唯一地分配给某个特定的基因，而在转录本水平上，由于不同的转录本常共享外显子区域，因此转录本水平上的 RNA-seq 定量难度更大。在基因水平定量，最常用的计数软件 HTseq-count 将比对位置中含有一个以上注释基因的区域标记为不明确，去除比对到此区域的测序 reads，只用那些能明确指示其基因来源的测序 reads 进行计算，得到每个基因上的绝对测序 reads 数值（read count），注意 HTseq-count 的策略虽然也能应用于转录本定量，但无疑这种策略会损失很多区域的信息。所以专门设计用于转录本水平定量的软件采用的策略则有所不同，利用目前被广泛使用的 Cufflinks 及 StringTie，通过似然函数对转录本水平的表达量不确定性进行建模，通过生成模型来模拟测序过程，并把同一个基因的不同转录本视作混合模型中的不同组分，通过最大化似然函数，获得各转录本表达量的最大似然估计，并通过对各转录本的表达量进行加和，得到基因水平的表达量值。

需要注意的是，基因或转录本上的测序 reads 数不能直接用于表达量的计算。因为 RNA-seq 测序过程中是把长转录本打断成片段，并随机测序，使得更长的转录本有更多的机会被测到，因此累积到更多的测序 reads。另外，由于每个测序样品的起始 RNA 量不同，文库量不同，测序数据量不同，测序深度也会极大地影响每个基因或转录本上的测序 reads 数，原始的 counts 值好比没做内参的 qPCR，不适合直接作为表达量用于样本间的比较。为了方便基因间、样本间的表达量比较，测序 read 数还需要进行归一化（normalization）[18]，以消除上述影响因素（见图 18-3）。目前，最常用的表示表达量的方法是，把基因或转录本上的测序 read 数校正到每百万比对上的总 read 数和每千个碱基长度上，具体用 RPKM 还是 FPKM，取决于测序方法，前者应用于单端测序，后者应用于双端测序。更精细的归一化方法还包括 TMM（trimmed mean of M-values）、DESeq 校正、上四分位数校正（upper quartile normalization）等。

（1）FPKM

$$\text{FPKM}=\frac{\text{total exon fragments}}{\text{mapped reads(millions)}\times\text{exon length(kb)}}$$

total exon fragments：某个样本比对到特定基因的外显子上的所有 reads。

mapped reads（millions）：某个样本的所有 reads 总和。

exon length（kb）：某个基因的长度（外显子长度的总和）。

FPKM 以 reads 数为计算单位，对基因长度（基因间的比较）和总数据量（样本间的比较）做校正。FPKM 与 RPKM 计算方法基本一致。不同点是 FPKM 计算的是 fragments，而 RPKM 计算的是 reads。

（2）DESeq 校正

校正因子 = 样本表达中位数 / 所有样本表达量中位数

异常高表达的基因会显著影响细胞中总 mRNA 的数量。类似的，如果样本受到不同程度的外源 RNA 污染，如病毒、真菌等，也会显著影响样本总 mRNA 数，导致 RPKM 或 FPKM 值误差。对于这样的问题，DESeq 尝试对数据进行校正（校正因子），使处于中间位置的基因表达量基本相同，即使用处于中间位置的基因表达量值作为参照，减少高表达基因的作用。

（3）TMM：与 DESeq 类似，在去除高表达基因和差异最大的基因后，TMM 也要找到一个加权系数，使剩余的基因在被校正后差异倍数尽可能小。TMM 的加权系数是基于两两样本比较后推算获得的（即两组样本比较将产生与这次比较相关的加权系数）。然后将所有基因除以这个加权系数，从而保证大部分居中的基因表达量最相似。

2. 差异表达分析　第二代测序数据的一大典型特点是离散数值表征（discrete character data），所以在对第二代测序数据的差异表达分析时应从原始的测序 read 数（raw read count）出发，使用离散型数据分布进行建模，如泊松分布等[19, 20]。对高通量测序数据进行建模的基本思路是，假设每个测序 read 都是从转录本碎片化的片段库中独立抽样出来的，因此对某个特定的基因，其能比对得到的测序 read 数应服从二项分布，并可以用泊松分布近似。为了解决生物学重复间方差过大的问题，主流的差异分析软件引入了负二项分布（negative binomial），增加了一个过度离散参数，对取样过程中的生物学变异水平进行计算。但是，当样本量较小时，对每个基因在每个实验条件下都准确估计这两个参数是非常困难的。常见的差异分析软件均采用层次模型（hierarchical model），借用其他信息辅助参数估计。例如，edgeR 在样本数较少时，会假设这个过度离散参数对不同基因都是一致的，这就可以借助所有基因的信息来估计这个通用的参数。而 DESeq 则借助于与一个基因具有相似表达量水平的其他基因来估计方差。一旦参数估计完成，就可以根据构建的统计模型，对基因在组间的表达量水平的差异程度进行检验，常用的方法包括对数似然比检验（log-likelihood ratio test）、Fisher 精确检验等。

除了基于原始测序 read 数的方法外，Cuffdiff 和 Ballgown 差异表达分析软件则关注于转录本水平的表达差异，希望找出差异表达的特定剪切体。这种类型的工具除了需要考虑生物学重复的过度离散性之外，还需要考虑测序 read 在不同剪切体转录本之间分配的不确定性。因此，Cuffdiff 同时考虑表达水平和转录本的剪切结构，一方面用负二项分布对测序 read 数的过离散状态进行计算，另一方面引入 Beta 分布计算测序 read 数分配到不同转录本的不确定性，运用两者相结合的混合分布模型，在转录本定量的同时完成转录本水平的差异表达分析。

（六）功能分析

功能分析主要是针对感兴趣的基因，如挑选出的差异表达基因、与长链非编码 RNA 相关的蛋白质编码基因等。通过功能分析可预测这些基因可能参与的生物学功能，帮助指明后续的研究方向。功能分析主要包括基因本体（gene oncology，GO）富集分析与通路（pathway）分析。GO 是基因功能标准分类体系，研究基因集合在 GO 中的分布情况有可能阐明差异基因富集的生物学功能。GO 可分为分子功能（molecular function）、生物过程（biological process）和细胞组成（cellular component）3 个部分。GO 分析根据挑选出的差异基因，计算这些差异基因同 GO 分类中某几个特定分支的超几何分布关系。GO 分析会对每个有差异基因存在的 GO 返回一个 P 值，小的 P 值表示差异基因在该 GO 中出现了富集。GO 分析对实验结果有提示作用，通过差异基因的 GO 分析，可以找到富集差异基因的 GO 分类条目，寻找不同样本的差异基因可能和哪些基因功能的改变有关。根据 GO 富集的 P 值和包含的基因数，可对 GO 富集结果进行可视化展示（图 18-4A）。

通路分析是指在生物体内，不同基因相互协调实现其生物学功能，通过通路显著性富集可确定差异表达基因参与的最主要信号通路。京都基因与基因组百科全书（Kyoto Encyclopedia of Genes and Genomes，KEGG，http://www.kegg.jp/）是有关代谢通路的主要公共数据库。通路显著性富集分析以 KEGG 通路为单位，应用统计检验找出差异表达基因中显著性富集的通路。通路分析根据挑选出的差异基因，计算这些差异基因同通路的超几何分布关系。通路分析会对每个有差异基因存在的通路返回一个 P 值，小的 P 值表示差异基因在该通路中出现了富集。通路分析对实验结果有提示作用，通过差异基因的通路分析，可以找到富集差异基因的通路条目，寻找不同样品的差异基因可能和哪些细胞通路的改变有关。与 GO 分析不同，通路分析的结果更间接，这是因为，通路是蛋白质之间的相互作用，通路的变化可以由参与这条通路的蛋白表达量或蛋白的活性改变而引起。通路图（图 18-4B）可直观展示某些基因在其中的变化关系，便于了解某一通路中基因之间可能的相互作用关系。

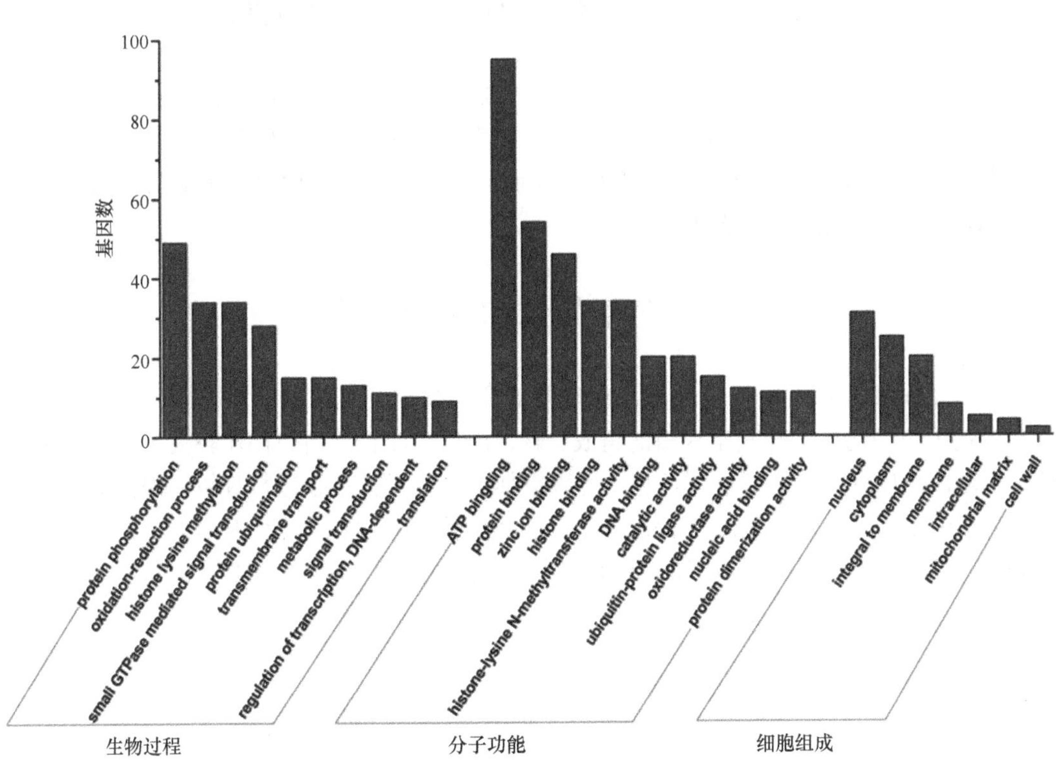

A

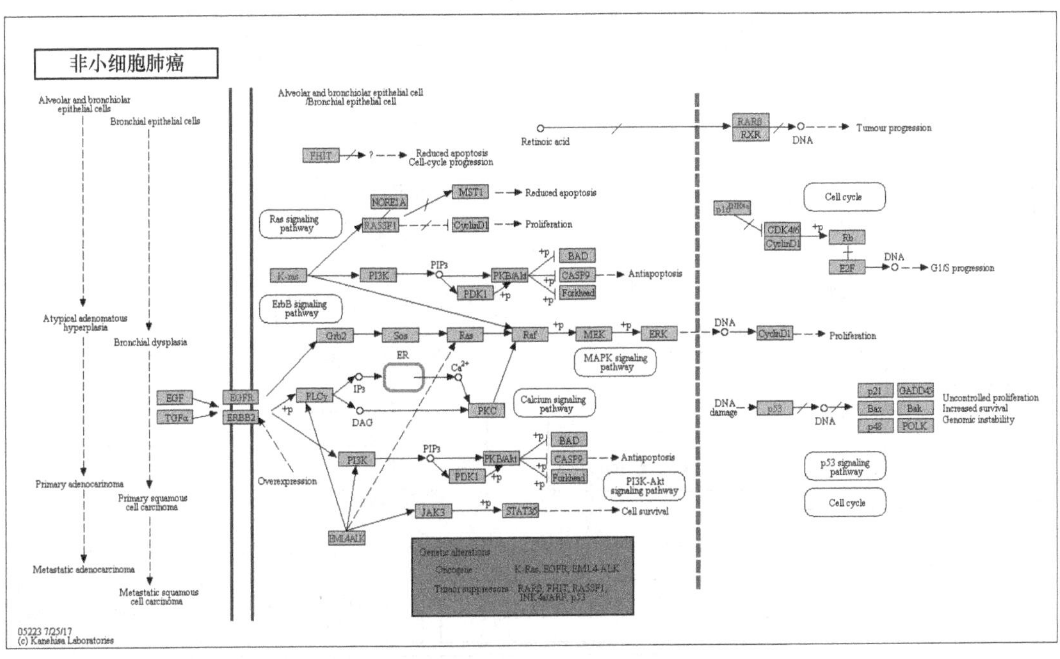

B

图 18-4　GO 富集分析与 KEGG 通路

A. GO 富集分析；B. KEGG 通路

第三节　转录组测序数据分析流程

根据研究目的不同，RNA-seq 有不同的数据分析流程，各分析流程既有相同之处，也有不同之处。根据所研究的物种有无参考基因组，可将 RNA-seq 数据分析流程大致分为：有参考基因组转录组分析和无参考基因组转录组分析。为方便理解，本节将通过实例对 RNA-seq 数据分析流程进行简要的介绍。

一、有参转录组分析流程

相对于无参考基因组的转录组，有参考基因组的转录组分析更加准确、简单，因为有参考基因组的物种一般其基因组的组成、转录组基因注释等研究都比较完善。根据已有的参考基因组序列和基因组注释信息，可以更加准确地对转录组进行分析。根据测序类型及研究目的不同，有参考转录组的数据分析流程各不相同，Luo 等 [21] 整合经典的 Tophat + Cufflinks 组合，结合其团队开发的 lncRNA 鉴定及功能预测软件 CNCI 和 ncFANs，开发

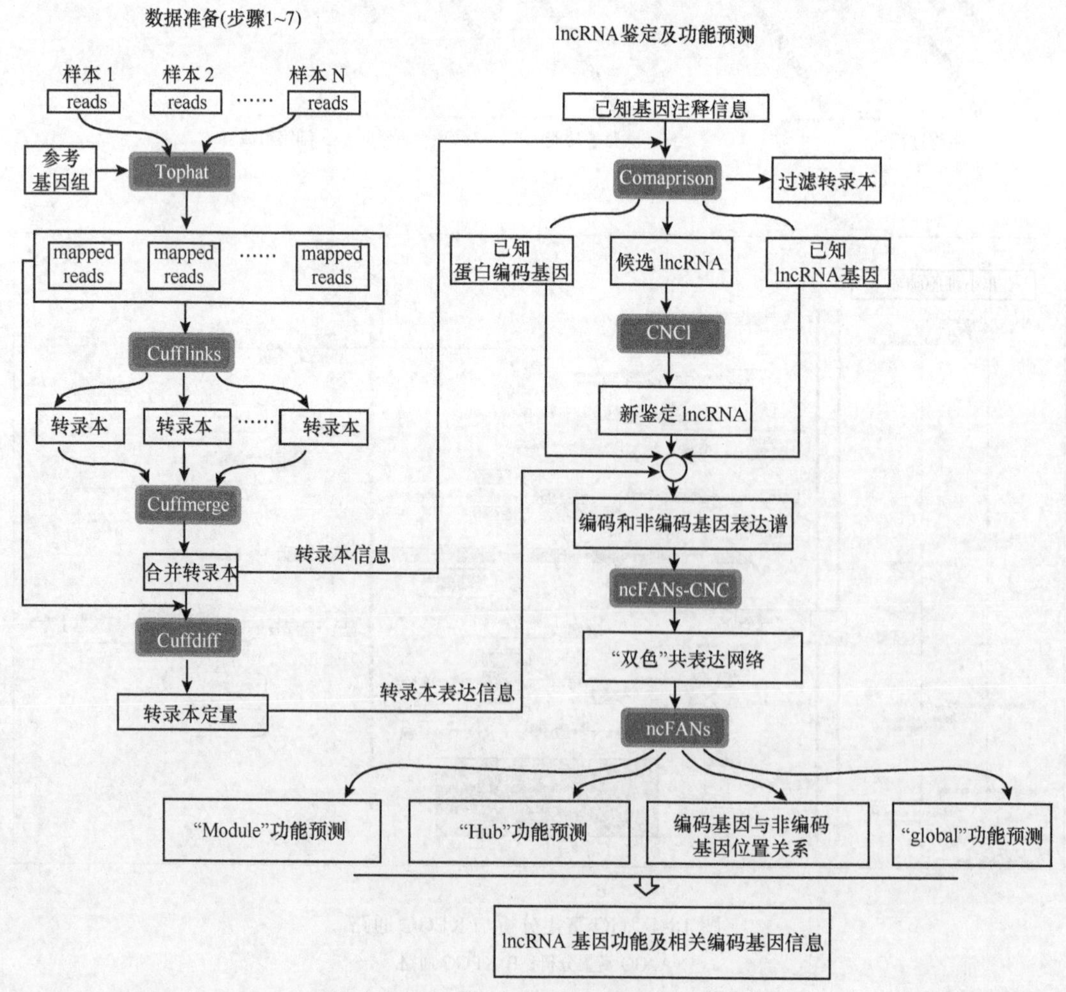

图 18-5　lncRNA 鉴定及功能预测分析流程

了一套完整的 lncRNA 分析流程（图 18-5）。该流程包括转录本组装、lncRNA 鉴定、差异表达分析、lncRNA 功能分析。下面将以小鼠不同组织 RNA-seq 测序数据的 lncRNA 鉴定分析为例进行介绍。该分析流程均为命令行操作，操作人员需要有一定的 RNA-seq 数据分析经验。

（一）软件和数据准备

1. 软件　根据表 18-3 中的下载地址下载相应的软件并安装。

表 18-3　lncRNA 鉴定及功能预测分析流程所用软件及下载地址

软件名称	下载地址
CNCI	http：//www.bioinfo.org/np/
ncFANs	http：//www.bioinfo.org/np/
TopHat	http：//ccb.jhu.edu/software/tophat/index.shtml
Cufflinks	http：//cole-trapnell-lab.github.io/cufflinks/
Bowtie2	http：//bowtie-bio.sourceforge.net/index.shtml
Samtools	https：//sourceforge.net/projects/samtools/files/samtools/
MCL	http：//micans.org/mcl/src/
faToTwoBit	http：//hgdownload.cse.ucsc.edu/admin/exe/linux.x86_64/
R	http：//www.r-project.org
SRA Toolkit	http：//ftp-trace.ncbi.nlm.nih.gov/sra/sdk/2.3.4-2/

2. 数据　本次数据分析流程所用的样本为小鼠 8 个不同组织（每个组织两个重复）的 RNA-seq 测序原始数据（表 18-4），数据来源为 SRA 数据库（PRJNA177791）。

表 18-4　RNA-seq 原始数据样本信息

样本编码	组织来源	样本名称
SRR594393	脑 _1	SRR594393.sra
SRR594394	结肠 _1	SRR594394.sra
SRR594396	肾 _1	SRR594396.sra
SRR594397	肝 _1	SRR594397.sra
SRR594398	肺 _1	SRR594398.sra
SRR594399	骨骼肌 _1	SRR594399.sra
SRR594400	脾 _1	SRR594400.sra
SRR594401	睾丸 _1	SRR594401.sra
SRR594402	脑 _2	SRR594402.sra
SRR594403	结肠 _2	SRR594403.sra
SRR594404	肾 _2	SRR594404.sra
SRR594405	肝 _2	SRR594405.sra
SRR594406	肺 _2	SRR594406.sra
SRR594407	骨骼肌 _2	SRR594407.sra
SRR594408	脾 _2	SRR594408.sra
SRR594409	睾丸 _2	SRR594409.sra

此外，在数据分析过程中还需要用到小鼠编码基因和 lncRNA 的注释信息文件（GTF 格式）：mouse_refseq_coding.gtf 及 mouse_NONCODE_lincRNA.gtf（下载地址：http：//www.bioinfo.org/np/）。

（二）数据分析流程

原始数据下载完成之后，首先要对其进行解压，现以 SRR594393 号样本为例进行介绍。使用下述 1 ～ 4 步操作命令，分别对所有样本进行处理，最终得到 16 个转录本集合。

1. 原始数据解压

$ fastq-dump --split-3 SRR594393.sra

输出结果为：SRR594393_1.fastq 和 SRR594393_2.fastq。

2. 建立数据比对索引文件

$ bowtie2-build refGenome/mouse_mm9.fa refGenome/mm9

输出结果为以 mm9 为后缀的参考基因组索引文件。

3. 使用 Tophat 将原始测序数据比对到参考基因组

$ tophat -p 8 --library-type fr-firststrand refGenome/mm9 –o tophat-SRR594393 SRR594393_1.fastq SRR594393_2.fastq

输出结果为 tophat-SRR594393 文件夹，包含有 accepted_hits.bam 等文件。

4. 使用 Cufflinks 进行转录本组装

$ cufflinks -p 8 --library-type fr-firststrand -o cufflinks_SRR594393 tophat-SRR594393/accepted_hits.bam

输出结果为 cufflinks_SRR594393 文件夹，包含有 transcripts.gtf 等文件。该步骤对单个样本进行转录本组装。

5. 转录本组装列表文件准备

$ ls cufflinks_*/transcripts.gtf ＞ assemblies.list

数据结果为各样本组装转录本文件（transcripts.gtf）的路径列表。

6. 使用 Cuffmerge 将单个样本组装的转录本进行合并

$ cuffmerge -g mouse_coding_genes.gtf -s refGenome/mouse_mm9.fa -p 8 -o merge_outdir assemble.list

将单个样本组装的转录本使用 Cuffmerge 整合，以获得更加全面、完整的转录本集合。输出结果为 merge_outdir 文件夹，包含有完整转录本集合 merged.gtf 等文件。

7. 使用 Cuffdiff 对不同组织样本进行两两比较，求出差异表达基因及转录本

$ cuffdiff -o cuffdiff_outdir --library-type fr-firststrand -b refGenome/mouse_ mm9.fa -p 8 –L mouse_1_brain，mouse_1_colon，mouse_1_kidney，mouse_1_ liver，mouse_1_lung，mouse_1_skm，mouse_1_spleen，mouse_1_testes，mouse_2_brain，mouse_2_colon，mouse_2_kidney，mouse_2_liver，mouse_2_lung，mouse_2_skm，mouse_2_spleen，mouse_2_testes -u merge_outdir/merged.gtf tophat-SRR594393 /accepted_hits.bam tophat-SRR594394/accepted_hits.bam tophat-SRR594396 /accepted_hits.bam tophat-SRR594397/accepted_hits.bam tophat-SRR594398 /accepted_hits.bam tophat-SRR594399/accepted_hits.

bam tophat-SRR594400 /accepted_hits.bam tophat-SRR594401/accepted_hits.bam tophat-SRR594402 /accepted_hits.bam tophat-SRR594403/accepted_hits.bam tophat-SRR594404 / accepted_hits.bam tophat-SRR594405/accepted_hits.bam tophat-SRR594406 /accepted_hits. bam tophat-SRR594407/accepted_hits.bam tophat-SRR594408 /accepted_hits.bam tophat-SRR594409/accepted_hits.bam

利用 Cuffdiff 软件对样本进行差异表达分析，输出结果为 cuffdiff_outdir 文件夹，包含有差异表达基因列表、各样本基因表达量 FPKM 及 read count 等文件。

下述 8 ～ 9 步骤为小鼠 lncRNA 的鉴定。

8. 将合并的转录本组装文件（merged.gtf）与已知基因注释进行比较

$ faToTwoBit refGenome/mouse_mm9.fa refGenome/mouse_mm9.2bit

$ python CNCI_package/compare.py -c mouse_refseq_coding.gtf –n mouse_ NONCODE_lincRNA.gtf -i merge_outdir/merged.gtf -o cnci_out

$ Rscript CNCI_package/draw_class_pie.R cnci_out/compare_1_infor.txtcnci_out / compare_1_infor.pdf

输出结果为 cnci_out 文件夹，包含 known_coding.gtf，known_lincRNA.gtf，undefinable. gtf，potentially_novel.gtf，以及各种类型转录本的比例图。

各输出文件解释如下：

known_coding.gtf：已知编码基因转录本集合。

known_lincRNA.gtf：已知长非编码 RNA 转录本集合。

undefinable.gtf：无法分类转录本集合（可能为组装过程中产生的错误转录本）。

potentially_novel.gtf：新的未知转录本集合，包含新的未知 lncRNA。

9. 使用 CNCI 软件对 lncRNA 进行鉴定

$ python CNCI_package/CNCI.py -f cnci_out/potentially_novel.gtf -g -m ve –o cnci_out_d refGenome/mouse_mm9.2bit -p 8

$ python CNCI_package/filter_novel_lincRNA.py -i cnci_out/CNCI.index -g cnci_out/potentially_novel.gtf -o cnci_out

$ Rscript CNCI_package/draw_class_pie.R cnci_out/compare_2_infor.txt cnci_out/compare_2_infor.pdf

该步骤将组装的未知转录本（potentially_novel.gtf）的编码能力进行分析，并结合 lncRNA 的特点（如转录本长度 ≥ 200bp、外显子个数 ≥ 2 等）对 lncRNA 进行鉴定。从而将未知转录本分为：①新的 lncRNA；②新的编码基因；③不确定转录本（同时具有编码基因和非编码 RNA 的特点）；④过滤掉的非编码 RNA（根据转录本长度、外显子个数、CNCI 打分值等进行过滤）。

下述 10 ～ 13 步骤为使用 ncFANs 软件构建共表达网络对 lncRNA 的功能进行预测。

10. 准备构建共表达网络的基因列表（包括编码和非编码基因）

$ mkdir ncFANs_out

$ cd ncFANs_package

$ python extract_gene_list.py -i ../cnci_out/novel_lincRNA.gtf -c ../cnci_out /known_ coding.gtf -n ../cnci_out/known_lincRNA.gtf -o ../ncFANs_out/gene_list

11. 获取编码基因和非编码基因的表达量值并进行归一化处理

```
$ cut –f 1，10，14，18，22，26，30，34，38，42，46，50，54，58，62，66 \
../cuffdiff_outdir/genes.fpkm_tracking > ../ncFANs_out/genes_exp_fpkm
$ cut -f 1，2，7，12，17，22，27，32，37，42，47，52，57，62，67，72 \
../cuffdiff_outdir/genes.count_tracking > ../ncFANs_out/genes_count
$ Rscript get_VST.R ../ncFANs_out/genes_count ../ncFANs_out/genes_exp_vst
```

该步骤最终得到各样本归一化后的基因表达量集合文件（gene_exp_vst）。

12. 构建编码基因与非编码基因共表达网络

```
$ perl filter_gene_list.pl -g ../ncFANs_out/gene_list -e ../ncFANs_out/genes_exp_vst -o ../ncFANs_out -m -s 3 -t 0
$ perl cnc.pl -g ../ncFANs_out/filtered.gene.list -e ../ncFANs_out/filtered.expression.txt -o ../ncFANs_out/network -r 0
$ Rscript barplot.R ../ncFANs_out/network/network_1 ../ncFANs_out/network/network_1.jpg
```

ncFANs 利用皮尔森相关系数（Pearson’s correlation coefficient，PCC）分析计算蛋白编码基因与非编码基因之间的相关性，同时还对得到的每一对基因之间的相关系数的生物学和拓扑学特征进行分析，最终构建出双色共表达网络，图 18-6（见彩图 34）编码基因（绿点）与非编码基因（黄点）通过共表达构建出一个网络，在该共表达网络中，一组相互关系较紧密的基因组成的网络称为“Module”，其中的基因一般具有相似的功能。因此，ncFAN 判断该 Module 中的 lncRNA 与其中的编码基因具有相同的功能。而当一个

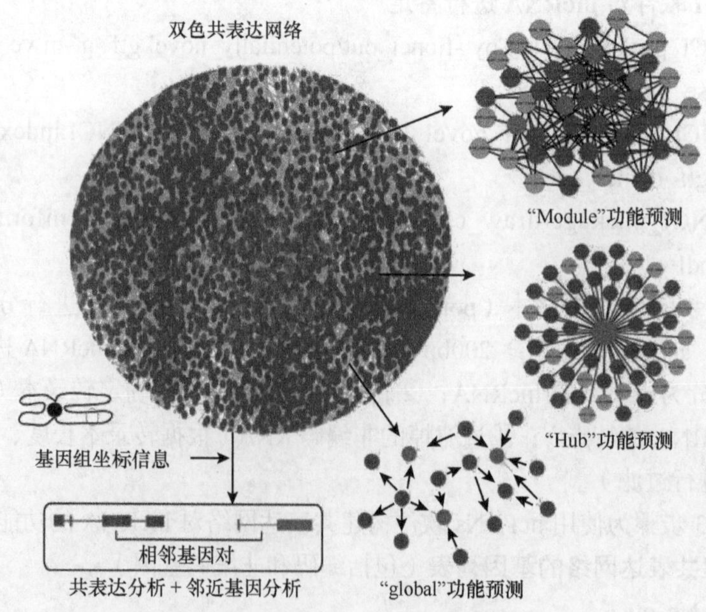

图 18-6 双色共表达网络预测 lncRNA 功能

lncRNA 与一群蛋白编码基因相互关系较紧密时，则被称为“Hub”，因此，ncFANs 判断该 lncRNA 与这群蛋白编码基因具有相似的功能。最后再通过全局打分，以及综合利用编码基因与非编码基因之间的位置关系对每一个 lncRNA 的功能进行预测。

13. 建立功能注释文件并对 lncRNA 的功能进行预测

$ cut -f 3，5 ../my_input_data/gene_association.mgi | grep “GO” | awk -F “\t” ‘NF==2’ | sort | uniq| sed ‘1i\gene_symbol\tgo_id’ > ../my_input_data/mouse_gene2go.txt

$ python build_custom_go.py -c ../cnci_out/compare_1_infor.txt -g ../my_input _data/mouse_gene2go.txt -o ../ncFANs_out/custom_go

$ perl function_predict.pl -n ../ncFANs_out/network/network_1 -g2go ../ncFANs _out/custom_go -bp -m 30 -mc 10 -hc 10 -o ../ncFANs_out/function_1/ -g

$ perl convert_id.pl -m ../cnci_out/compare_1_infor.txt -e ../ncFANs_out /function_1/Module_edge/8_edge -o ../ncFANs_out/function_1/Module_edge/8_ edge_symbol

该步骤生成预测出的 lncRNA 功能列表，分为基于“module”“hub”“global”3 种预测方法。此外，研究人员还可以从中获得 lncRNA 与编码基因的基因组坐标信息，选取邻近的编码-非编码基因对进行更加深入的机制研究。ncFNAs 的结果还提供了“module”“hub”“global”的共表达网络数据，研究人员可通过可视化工具 Cytoscape[22] 直观查看 lncrNA 与编码基因之间的相互关系。

二、无参考转录组分析流程

一般研究较少的非模式生物没有参考基因组序列，当要对这类物种的转录组进行测序研究时，只能采用从头组装转录本的方法进行研究。目前对于无参考转录组数据的分析常规方法是：首先利用 RNA-seq 数据进行从头拼接，随后对拼接完成的转录本进行注释及定量，最后进行差异表达分析。转录组从头拼接一直以来都是无参考转录组分析的一大难题，目前用于转录组从头拼接的软件有很多。下面将以最经典的转录组从头拼接软件 Trinity 为例介绍无参考转录组分析的基本流程。

（一）软件和数据准备

1. 软件　根据表 18-5 中的下载地址下载相应的软件并安装。

表 18-5　Trinity 分析流程所用软件及下载地址

软件名称	下载地址
Trinity	https：//github.com/trinityrnaseq/trinityrnaseq/wiki
Bowtie2	http：//bowtie-bio.sourceforge.net/index.shtml
Samtools	https：//sourceforge.net/projects/samtools/files/samtools/
R	http：//www.r-project.org
SRA Toolkit	http：//ftp-trace.ncbi.nlm.nih.gov/sra/sdk/2.3.4-2/

2. 数据 本次数据分析流程所用的样本为小鼠 8 个不同组织的 RNA-seq 测序原始数据（表 18-6），数据来源为 SRA 数据库（PRJNA177791）。

表 18-6 RNA-seq 原始数据样本信息

样本编码	组织来源	样本名称
SRR594393	脑	SRR594393.sra
SRR594394	结肠	SRR594394.sra
SRR594396	肾	SRR594396.sra
SRR594397	肝	SRR594397.sra
SRR594398	肺	SRR594398.sra
SRR594399	骨骼肌	SRR594399.sra
SRR594400	脾	SRR594400.sra
SRR594401	睾丸	SRR594401.sra

（二）数据分析流程

本流程以小鼠 RNA-seq 测序数据为例对无参考转录组分析进行简单介绍，包括转录本从头组装、转录本定量、差异表达分析。详细的分析流程及参数设置请参考 Trinity 软件操作手册 [10]。

1. 原始数据解压

```
$ fastq-dump --split-3 SRR594393.sra
```

输出结果为：SRR594393_1.fastq 和 SRR594393_2.fastq。

2. 原始数据合并 Trinity 推荐将所有测序样本原始数据文件合并之后进行转录本组装。

```
$ cat SRR*_1.fastq > Combined_1.fastq
$ cat SRR*_2.fastq > Combined_2.fastq
```

3. 转录本拼接

```
$TRINITY_HOME/Trinity.pl --seqType fq --JM 100G --left Combined_1.fastq --right Combined_2.fastq --SS_lib_type RF --CPU 12 --seqType fq —-output ./trinity_out_dir
```

输出文件：Trinity.fasta。该文件为组装出的每条转录本的集合，并以 FASTA 的格式存储。

4. 转录本拼接信息统计

```
$ TRINITY_HOME/util/TrinityStats.pl Trinity.fasta > assembly_report.txt
```

输出文件：assembly_report.txt，包括转录本数量、GC 含量、N50 等，用于评估转录本组装情况。

5. 使用 RSEM 计算转录本表达量

```
$ TRINITY_HOME/util/align_and_estimate_abundance.pl --transcripts Trinity.fasta --seqType fq --left SRR594393_1.fq --right SRR594393_2.fq --est_method RSEM --aln_method bowtie --trinity_mode —prep_reference
```

输出文件：SRR594393.sorted.bam——比对结果文件。

SRR594393.isoforms.results——转录本表达量文件。

SRR594393.genes.results——基因表达量文件。

该步骤需要对每个样本的表达量进行计算。

6. 使用 edgeR 进行差异表达分析

$ $TRINITY_HOME/util/RSEM_util/merge_RSEM_frag_counts_single_table.pl SRR594393.isoforms.results SRR594394.isoforms.results SRR594396.isoforms.results SRR594397.isoforms.results SRR594398.isoforms.results SRR594399.isoforms.results SRR594400.isoforms.results SRR594401.isoforms.results > mouse_isoforms.counts.matrix

$TRINITY_HOME/Analysis/DifferentialExpression/run_DE_analysis.pl--matrix mouse_isoforms.counts.matrix --method edgeR --output edgeR_dir

输出文件：*.edgeR.DE_results。为各样本之间两两比较的差异表达结果文件（表 18-7）。

表 18-7　edgeR 差异表达分析结果

转录本	logFC	logCPM	*P* 值	FDR
Comp13323_c0_seq1	11.2	12.5	2.13e-22	1.22e-18
Comp12345_c0_seq1	8.7	11.3	5.72e-20	1.10e-16

前面通过举例介绍了有参考基因组转录组和无参考基因组转录组的分析流程，目的是通过对这两个实际分析案例的学习，使大家对 RNA-seq 数据分析流程有初步的认识。需要明确的是分析流程不是固定不变的，只有真正对分析流程有深刻的了解，才能根据自己的研究目的选择合适的分析软件来完成自己的分析要求。同时还需要理解 RNA-seq 的原理，只有知道数据是怎么来的才能更好地进行分析。

第四节　转录组测序的临床应用

转录组测序的临床应用主要集中在疾病相关基因功能的研究或分子标志物的发现，转录组测序对于疾病发病机制研究，以及疾病的诊断、预后等发挥了重要作用。目前转录组测序的临床实践应用主要包括基因表达模式分析和融合基因的检测。

一、基因表达模式分析

在癌症和其他复杂疾病发生和发展过程中，细胞内的基因表达模式可发生显著改变。RNA-seq 可以在全基因组范围内，通过对照正常样本和疾病样本中表达模式发生显著变化的基因及其功能分析，从而帮助临床医师或从事相关研究的研究人员快速、全面掌握所研究疾病中基因表达模式的改变，对疾病的诊断和治疗提供重要解决方案。基因表达模式分析在临床肿瘤中的应用有分子分型、临床预后等。

肿瘤的分型对于治疗的选择至关重要，目前临床上肿瘤的分型主要依靠病理学检查，传统的病理学检测是建立在形态学基础上的，这种病理分型检测被广泛使用，但存在着很大局限性，例如，病理类型相同的肿瘤可能具有不同的临床表现和药物治疗反应。此外，因检查人员不同，病理学检测有时难以区分细胞形态相似的肿瘤亚型。基因表达模式分析可以对不同肿瘤亚型的表达谱进行研究，从分子水平进行准确分型，并且避免了病理医生个人主观因素的干扰。1999 年 Golub 等 [23] 最早将基因表达模式分析用于疾病的分子分型，研究人员通过对白血病患者的基因表达模式进行分析，能够在没有任何临床诊断和病理信息的情况下准确地将急性淋巴细胞白血病与急性髓细胞白血病区分开来。Perou 与 Sorlie 等 [24, 25] 根据雌二醇受体（ER）的表达情况，发现 ER 阳性和 ER 阴性的乳腺癌在分子水平上是两种完全不同的疾病。该分型目前已用于临床乳腺癌患者的治疗指导，是临床医师选择治疗方案、判断患者预后的重要指标。

肿瘤的转移和复发是影响恶性肿瘤预后的主要因素。目前对于患者的预后预测主要依靠病理指标，但准确性较低。如果能够更准确地对患者的预后情况进行预测，采取早期干预治疗措施，则能够提高患者生存率。研究人员发现，通过分析癌组织基因的表达模式可用于癌症的预后判断。其中 Van't Veer 等 [26] 通过对 78 名女性乳腺癌患者的近 5000 个基因的表达模式进行分析，得到了一个由 70 个基因组成的预后指数，该预后指数对乳腺癌患者预后预测的准确率高于传统的组织病理检测。随后基于此研究，研究人员开发了第一个商品化多基因预后预测试剂盒——MammaPrint，并获得了美国 FDA 批准用于临床。

二、融合基因检测

融合基因（fusion gene）是指两个基因的全部或一部分序列相互融合为一个新的基因的过程。其有可能是染色体易位、中间缺失或染色体倒置所致的结果。融合基因的产生改变了基因的蛋白编码序列或调控序列，使基因功能发生变化，对机体的影响较大。基因融合可以引起恶性血液疾病及肿瘤的发生。研究发现，在多种癌症中都存在着基因融合的现象，如典型的 *BCR/ABL* 融合基因可以导致白血病，此外还有在前列腺癌中经常发现的 *TMPRSS2/ERG* 融合基因，在非小细胞肺癌中经常发现的 *EML4/ALK* 融合基因等。融合基因对癌症的治疗、诊断预后、机制研究等都有重要的作用。

目前对融合基因检测的方法有实时荧光 PCR、荧光原位杂交，但这两种方法都是针对已知染色体重排位点设计引物或探针，可以检测融合基因位点，且只能检测已知的融合基因位点，无法发现新的染色体重排，并且一次只能对一个或几个位点进行检测。利用高通量测序技术进行转录组测序可以在较低成本下对全基因组范围内的融合基因进行检测，其分辨率和通量比传统方法高得多，并且还能够发现新的融合基因。虽然 DNA 测序也可以对融合基因进行检测，但由于融合基因大多发生在内含子区域，需要对大量的内含子区域进行测序检测，成本较高；而转录组测序只需要对外显子转录出的 mRNA 进行测序，因此成本较低。对于融合基因的检测，mRNA-seq 是一种非常高效的方法，能为大量样品的筛查提供一种相对经济高效的途径。

近年来白血病分子特征的研究取得了明显进展，尤其是对染色体易位形成的融合基因，有一些已作为诊断不同类型白血病的分子生物学特异性标志和确定诊断的唯一依据。2007 年卫生部颁布的《医疗机构临床检验项目目录》，其中有白血病融合基因检查，主要涉及6种融合基因，包括*BCR/ABL*、*PML/RARA*、*AML1/MPSI/EVI1*、*DEK/CAN*、*AML1/MTG8*、*E2A/PBX1*。融合基因检测对白血病治疗和预后判断具有重要意义，有*PML/RARA*、*CBFB/MYH11*、*AML1/ETO*融合基因的急性白血病患者预后较好，化疗完全，缓解率高，可长期缓解或治愈，不主张早期做造血干细胞移植。而对于有MLL异常、*MYC/IgH*融合基因的AML，*BCR/ABL*融合基因的ALL对化疗反应差、复发率高，建议其有条件积极行造血干细胞移植。有了融合基因的检测，初始治疗时可指导科学合理地选择长期治疗方案，避免不必要的治疗不足或过度治疗。

总的来说，在过去的几年中，转录组测序技术在人类疾病的基因转录表达定量分析、可变剪接等对疾病的机制研究中发挥了重要作用。然而和其他所有新生技术一样，转录组测序技术也面临着一系列新问题：①随着测序成本的不断降低，得到的测序数据信息量也在不断地增加，庞大的数据量给测序数据的生物信息学分析带来挑战。例如，如何能够更加快速准确地从大量测序数据中挖掘出疾病信息，获得高质量的检测结果。②转录组层面的基因表达、转录调控等信息与疾病的关系仍然不是很清楚，如何能够更加深入地研究转录调控与疾病的关系，明确疾病在转录水平的发生机制，对于转录组测序技术在疾病诊断、治疗中的发展尤为重要。③目前的高通量测序技术大都需要较多的样品起始量，这使得来源极为有限的生物样品分析受到限制，因此如何对单细胞或少量细胞进行转录组测序是一个亟待解决的问题。最近这方面的研究也取得了一定进展，如近年来出现的单细胞转录组测序技术，能够以单细胞（或极微量细胞）为起始，特异性针对单细胞中的mRNA进行反转录，并以MALBAC技术扩增出20～500ng高质量双链cDNA，经过高通量测序进行转录组研究[27]。虽然转录组测序技术还面临着种种困难，但作为一种刚刚起步的新技术，凭借着其既能提供单碱基分辨率的转录组注释，又能提供全基因组范围的基因表达谱分析，而且其成本通常比芯片和传统的Sanger测序要低，转录组测序已经显示出其他转录组学技术无可比拟的优势。相信随着相关学科的进一步发展和测序成本的进一步降低，转录组测序技术有望很快走向临床应用。

（李子阳）

参考文献

[1] Schena M，Shalon D，Davis RW，et al. Quantitative monitoring of gene expression patterns with a complementary DNA microarray. Science，1995，270（5235）：467-470.

[2] Kim D，Pertea G，Trapnell C，et al. TopHat2：accurate alignment of transcriptomes in the presence of insertions，deletions and gene fusions. Genome Biology，2013，14（4）：R36.

[3] Langmead B，Salzberg SL. Fast gapped-read alignment with Bowtie 2. Nature Methods，2012，9（4）：357-359.

[4] Dobin A，Davis CA，Schlesinger F，et al. STAR：ultrafast universal RNA-seq aligner. Bioinformatics，2013，29（1）：15-21.

[5] Kim D，Langmead B，Salzberg SL. HISAT：a fast spliced aligner with low memory requirements. Nature Methods，2015，12（4）：357-360.

[6] Trapnell C，Williams BA，Pertea G，et al. Transcript assembly and quantification by RNA-Seq reveals unannotated transcripts and isoform switching during cell differentiation. Nature Biotechnology，2010，28

（5）：511-515.
[7] Trapnell C，Roberts A，Goff L，et al. Differential gene and transcript expression analysis of RNA-seq experiments with TopHat and Cufflinks. Nature Protocols，2012，7（3）：562-578.
[8] Guttman M，Garber M，Levin JZ，et al. Ab initio reconstruction of cell type-specific transcriptomes in mouse reveals the conserved multi-exonic structure of lincRNAs. Nature Biotechnology，2010，28（5）：503-510.
[9] Pertea M，Pertea GM，Antonescu CM，et al. StringTie enables improved reconstruction of a transcriptome from RNA-seq reads. Nature Biotechnology，2015，33（3）：290-295.
[10] Haas BJ，Papanicolaou A，Yassour M，et al. De novo transcript sequence reconstruction from RNA-seq using the Trinity platform for reference generation and analysis. Nature Protocols，2013，8（8）：1494-1512.
[11] Grabherr MG，Haas BJ，Yassour M，et al. Full-length transcriptome assembly from RNA-Seq data without a reference genome. Nature Biotechnology，2011，29（7）：644-652.
[12] Xie Y，Wu G，Tang J，et al. SOAPdenovo-Trans：de novo transcriptome assembly with short RNA-Seq reads . Bioinformatics，2014，30（12）：1660-1666.
[13] Schulz MH，Zerbino DR，Vingron M，et al. Oases：robust de novo RNA-seq assembly across the dynamic range of expression levels. Bioinformatics，2012，28（8）：1086-1092.
[14] Robertson G，Schein J，Chiu R，et al. De novo assembly and analysis of RNA-seq data. Nature Methods，2010，7（11）：909-912.
[15] Chen LL，Carmichael GG. Long noncoding RNAs in mammalian cells：what，where，and why?. Wiley Interdisciplinary Reviews RNA，2010，1（1）：2-21.
[16] Sun L，Luo H，Bu D，et al. Utilizing sequence intrinsic composition to classify protein-coding and long non-coding transcripts. Nucleic Acids Research，2013，41（17）：e166.
[17] Kong L，Zhang Y，Ye ZQ，et al. CPC：assess the protein-coding potential of transcripts using sequence features and support vector machine. Nucleic Acids Research，2007，35（Web Server issue）：W345-349.
[18] Robinson MD，Oshlack A. A scaling normalization method for differential expression analysis of RNA-seq data. Genome Biology，2010，11（3）：R25.
[19] Seyednasrollah F，Laiho A，Elo LL. Comparison of software packages for detecting differential expression in RNA-seq studies. Briefings in Bioinformatics，2015，16（1）：59-70.
[20] Huang HC，Niu Y，Qin LX. Differential expression analysis for RNA-seq：an overview of statistical methods and computational software. Cancer Informatics，2015，14（Suppl 1）：57-67.
[21] Luo H，Bu D，Sun L，et al. Identification and function annotation of long intervening noncoding RNAs. Briefings in Bioinformatics，2017，18（5）：789-797.
[22] Kohl M，Wiese S，Warscheid B. Cytoscape：software for visualization and analysis of biological networks. Methods in Molecular Biology，2011，696：291-303.
[23] Golub TR，Slonim DK，Tamayo P，et al. Molecular classification of cancer：class discovery and class prediction by gene expression monitoring. Science，1999，286（5439）：531-537.
[24] Perou CM，Sorlie T，Eisen MB，et al. Molecular portraits of human breast tumours. Nature，2000，406（6797）：747-752.
[25] Sorlie T，Perou CM，Tibshirani R，et al. Gene expression patterns of breast carcinomas distinguish tumor subclasses with clinical implications. Proceedings of the National Academy of Sciences，2001，98（98）：10869-10874.
[26] Van't Veer LJ，Dai H，van de Vijver MJ，et al. Gene expression profiling predicts clinical outcome of breast cancer. Nature，2002，415（6871）：530-536.
[27] Chcpman AR，He Z，Lu S，et al. Single cell transcriptome amplification with MALBAC. PloS One，2015，10（3）：e0120889.

附录

附录 1　国家卫生计生委临床检验中心 2016 年全国肿瘤游离 DNA（ctDNA）基因突变检测室间质量评价调查活动安排及注意事项

肿瘤游离 DNA（ctDNA）基因突变检测对肿瘤靶向治疗、早期治疗应答评估和耐药监测的实时评估等都具有一定的临床应用价值。由于组织样本的局限性，临床上逐渐开始使用患者血浆中的游离 DNA 进行肿瘤基因突变的检测，为了解我国临床实验室（EQA 参与者信息）ctDNA 基因突变检测的开展现状及质量状况，国家卫生计生委临床检验中心（以下简称临检中心）现开展该项目室间质量评价的预研。请各临床实验室使用日常所用试剂和程序进行检测。活动结束后，将向各参加实验室回报预期结果和质评小结，供实验室改善工作质量参考。并评价各参加实验室的检测成绩，发放相应证书。

注意：为保证及时回报结果，截止日期（2016 年 9 月 30 日）（截止日期）**后收到的结果将不予统计分析。**

一、样本信息（样本信息）

1. 本次共发放 12 个质评样本，编号（系列号）分别为 1601、1602、1603、1604、1605、1606、1607、1608、1609、1610、1611、1612。

2. 16NC 号样本，代表临床上来自患者外周血或正常组织样本中提取的基因组 DNA。

3. 1601 ～ 1612 号样本，为已提取的血浆游离 DNA，游离 DNA 浓度为 3 ～ 5ng/μl，样本量为 25μl；16NC 号样本，为已提取的人基因组 DNA，浓度为 30 ～ 50ng/μl，样本量为 25μl（样本的详细描述）。

4. 要求实验室检测 1601 ～ 1612 号样本中肿瘤游离 DNA **体细胞（somatic）**突变。

二、样本处理方法

1. 样本接收：收到样本后，应立即检查样本的批号、数量是否与活动安排相符，检查样本是否破损、融化，如发现问题请立即与临检中心联系。**对采用多种方法进行检测的实验室，临检中心只发放一套样本。如样本量不能够满足所有方法的检测，可与临检中心联系，申请补寄。**

2. 样本保存：收到样本后，请将样本置于 -20℃或以下条件保存。

3. 样本检测（样本处理方式）：检测时室温复融，充分混匀后，**按照临床从血浆中提取后的游离 DNA 样本对待，具体步骤按照实验室日常检测程序进行**（分析方法说明）。

4. 本质评样本适用于所有检测方法（适用的方法学）。由于检测方法的差异较大，使用 ARMS、数字 PCR 的实验室请填写“国家卫生计生委临床检验中心 2016 年全国肿瘤游离 DNA（ctDNA）基因突变 ARMS 和数字 PCR 检测室间质量评价调查活动回报表”；使用高通量测序的实验室请填写“国家卫生计生委临床检验中心 2016 年全国肿瘤游离 DNA（ctDNA）基因突变高通量测序检测室间质量评价调查活动回报表”；ARMS、数字 PCR 和高通量测序以外的检测方法，根据方法原理，实验室可自行选择填写相应回报表。

5. 如实验室采用多种方法进行检测，需分别填写回报表（每种方法均需填写一份回报表）。临检中心将分别对每一种方法的检测结果进行评价。

三、结果回报（回报说明）

1. 电子邮箱：请登录 ncclmys2012@163.com，密码：nccl123456。下载**“国家卫生计生委临床检验中心 2016 年全国肿瘤游离 DNA（ctDNA）基因突变 ARMS 和数字 PCR 检测室间质量评价调查活动回报表”或“国家卫生计生委临床检验中心 2016 年全国肿瘤游离 DNA（ctDNA）基因突变高通量测序检测室间质量评价调查活动回报表”**的电子版，填写完整后，发送至 ncclmys@163.com。

2. 本次室间质评调查活动中的专业问题可与临床免疫室联系：

电话：（010）58115053

联系人：李金明，张瑞（联系方式）

国家卫生计生委临床检验中心（EQA 组织者信息）

2016 年 9 月（日期）

附录 2　国家卫生计生委临床检验中心 2016 年全国肿瘤游离 DNA（ctDNA）基因突变高通量测序检测室间质量评价调查活动回报表

医院机构或企业名称____________科室名称____________

检测日期（检测日期）2016 年____月____日　结果发出日期 2016 年____月____日

检测者____________　实验室主任____________

联系电话____________　e-mail____________

（EQA 参加实验室信息）

（一）检测范围（检测范围）

1. 全基因组测序 □

2. 全外显子测序 □

3. 靶向测序 □

如为靶向测序，请将检测基因名称填入下表（按照基因首字母顺序，从左向右填写，仅填写基因名称即可，无需填写突变）（必须填写，否则不予评分）（结果是否完整）

基因名称[1]	外显子[2]	突变类型[3]

[1] 请按照基因名称的首字母顺序填写。

[2] 如可检测该基因的全部外显子，则填写“全部外显子”；如仅能检测部分外显子，则描述可检测哪些外显子，例如：第 18，19 号外显子。

[3] 可填写“点突变 / 缺失 / 插入 / 融合 / 拷贝数变异”。

不要列举突变位点！！要求实验室必须检出所列检测范围内所有指导意义明确的体细胞突变（**FDA** 和 **CFDA** 批准的伴随诊断试剂、写入国内外诊疗指南如 **NCCN** 指南、Ⅱ期或Ⅲ期药物临床试验）。

（二）核酸提取（本次质评检测不涉及核酸提取，实验室仅描述日常检测提取的方法和试剂）

1. 核酸提取方法：柱提法　□磁珠法　□其他（请详述）__________

2. 试剂：

（1）试剂名称：__________

（2）试剂厂家：__________

3. 您实验室对提取游离 **DNA** 的要求（至少需填写浓度或量的要求）？

____

4. 测定游离 **DNA** 浓度的试剂和仪器：__________

检测浓度（仅填写 **1601** 号样本的浓度结果）：________ **ng/μl**

5. 测定游离 **DNA** 片段分布的试剂和仪器（如不涉及，可不填写）：__________

检测结果：__________

6. 质评样本是否符合您实验室的检测要求？__________

（三）靶向富集方法（仅限靶向测序填写）

1. 杂交捕获法 □

2. 多重 **PCR** 法□

3. 其他 □　请详述__________

（四）高通量测序

1. 高通量测序试剂（请准确描述）

（1）试剂名称：__________

（2）试剂厂家：__________

2. 高通量测序仪器

（1）仪器名称（按首字母顺序排列）

☐ BGISEQ-100

☐ BGISEQ-1000

☐ BioelectronSeq 4000

☐ DA8600

☐ Hiseq 2000

☐ Hiseq 2500

☐ Ion torrent PGM

☐ Ion Proton

☐ NextSeq CN500

☐其他（请详述）________________

（2）仪器厂家：________________

（五）数据分析

1. 数据分析软件（数量不限，若不够请自行加行）：

软件 1：　☐商业软件　☐公共软件　☐自建软件

名称__________　分析用途__例如：去重______

软件 2：　☐商业软件　☐公共软件　☐自建软件

名称__________　分析用途__________

2. 参考基因（reference genome）： __例如：GRCh37__

3. 数据库（数量不限，若不够请自行加行）：

数据库 1：　☐自建数据库　☐公共数据库

名称__________

数据库 2：　☐自建数据库　☐公共数据库

名称__________

4. 质量指标

例如：

测序质量值（**Q score**）：________________

比对质量值（**mapping quality**）：________________

最低测序深度（**minimum coverage threshold**）：________________

请自行补充：________________

5. 本次检测中所有样本、可检测的基因均符合以上质量指标？

☐是　　☐否，请详述________________

（六）除核酸提取、高通量测序和数据分析以外，检测中使用到的其他试剂和仪器（因不同方法其检测步骤不同，请实验室按照检测步骤顺序描述。例如，片段化、末端修复、靶向富集、加标签、克隆生成等）

例：富集

试剂名称________________

仪器名称________________

（七）检测结果（检测结果）

1. 突变结果：

填写示例：

（1）点突变、短片段缺失、短片段插入

NM_005228.3（EGFR）：c.2237_2254del18（p.Glu746_Ser752delinsAla）

（2）融合基因

KIF5B exon24-ALK exon20 fusion

（3）拷贝数变异

ERBB2 拷贝数变异

如使用其他格式，不予评分。（结果是否完整）

2. 一份样本可能包含一种以上的突变，实验室如检测多个突变，可加行。

3. 您实验室最低检测下限（最低检测等位基因百分比）：________________

如果检测拷贝数变异，请说明最低可检出的拷贝数：________________

（最低检测限）

样本号（质评样本信息，质评样本批次，样本编号）	变异类型[4]	突变结果[5]	突变频率[6]
1601			
1602			
1603			
1604			
1605			
1606			
1607			
1608			
1609			
1610			
1611			
1612			

[4] 变异类型可填写：点突变、缺失、插入、融合基因、拷贝数变异。

[5] 按照"（七）检测结果，1. 突变结果"中的要求填写。如使用其他格式，不予评分。

[6] 点突变、短片段缺失、短片段插入、融合基因填写突变等位基因百分比；拷贝数变异，填写 average copy numbers。

感谢您对本次质评调查的支持与配合！

附录 3 国家卫生卫计委临床检验中心 2016 年全国肿瘤游离 DNA（ctDNA）基因突变 ARMS 和数字 PCR 检测室间质量评价调查活动回报表

医院机构或企业名称__________科室名称__________

检测日期 2016 年____月____日 结果发出日期 2016 年____月____日

检测者__________ 实验室主任__________

联系电话__________ e-mail__________

（一）检测范围

基因名称 [1]	突变位点 [2]

[1] 请按照基因名称的字母顺序填写。

[2] 按照 HGVS（Human Genome Variation Society）格式填写，例如：NM_005228.3（*EGFR*）：c.2237_2254del18（p.Glu746_Ser752delinsAla）。如不能区分具体突变位点，请清楚地说明您可以检测的突变，例如：KRAS 12 密码子所有点突变。

实验室填写的检测范围至少能够区分代表同一临床意义的位点，如不符合此要求，或者对检测范围描述不清的，不予评分。

（二）核酸提取（本次质评检测不涉及核酸提取，实验室仅描述日常检测提取的方法和试剂）

1. 核酸提取方法： □ 柱提法 □ 磁珠法 □其他（请详述）__________

2. 试剂：

（1）试剂名称：__________

（2）试剂厂家：__________

3. 您实验室对提取游离 DNA 的要求（至少需填写浓度或量的要求）？

____

4. 测定游离 DNA 浓度的试剂和仪器：__________

检测浓度（仅填写 1601 号样本的浓度结果）：__________**ng/μl**

5. 测定游离 DNA 片段分布的试剂和仪器（如不涉及，可不填写）：

____

检测结果__________

6. 质评样本是否符合您实验室的检测要求？__________

（三）核酸检测

1. 方法：

□ ARMS □数字 PCR □其他（请详述）__________

2. 试剂（请准确描述）

（1）试剂名称：______

（2）试剂厂家：______

3. 仪器

（1）仪器名称：______

（2）仪器厂家：______

（四）检测结果

1. 突变结果：

（1）点突变、短片段缺失、短片段插入

按照 HGVS（Human Genome Variation Society）格式填写，例如：NM_005228.3（*EGFR*）：c.2237_2254del18（p.Glu746_Ser752delinsAla）。如不能区分具体突变位点，请清楚地说明您可以检测的突变，例如：*KRAS* 12 密码子所有点突变。

（2）融合基因和拷贝数变异

可仅填写基因的名称，以及变异类型。

2. 一份样本可能包含一种以上的突变，实验室如检测多个突变，可加行。

3. 您实验室最低检测下限（最低检测等位基因百分比）：______

如果检测拷贝数变异，请说明最低可检出的拷贝数：______

样本号	基因名称	变异类型 [1]	突变位点 [2]	突变频率 [3]	野生型检测值 [4]	突变型检测值 [4]
1601						
1602						
1603						
1604						
1605						
1606						
1607						
1608						
1609						
1610						
1611						
1612						

[1] 变异类型可填写：点突变、缺失、插入、融合基因、拷贝数变异。

[2] 报告的阳性结果不可超出您填写的检测范围，否则不予评分，融合基因和拷贝数变异可不填写此项。

[3] 数字 PCR 必须填写，ARMS 法可不填写。点突变、短片段缺失、短片段插入、融合基因填写突变等位基因百分比；拷贝数变异，填写 copy numbers。

[4] 选填。

感谢您对本次质评调查的支持与配合！

附录 4　国家卫生卫计委临床检验中心 2016 年全国肿瘤游离 DNA（ctDNA）基因突变检测室间质量评价调查活动总结

肿瘤游离 DNA（ctDNA）基因突变检测对肿瘤靶向治疗、早期治疗应答评估和耐药监测的实时评估等都具有一定的临床应用价值。由于组织样本的局限性，临床上逐渐开始使用患者血浆中的游离 DNA 进行肿瘤基因突变的检测。

为了解我国临床实验室 ctDNA 基因突变检测的开展现状及质量状况，国家卫生计生委临床检验中心（以下简称临检中心）现开展该项目室间质量评价的预研，并要求各临床实验室使用日常所用试剂和程序进行检测。本次质评具体情况如下：

一、样本情况

1. 基本情况

本次共发放 12 个质评样本，编号分别为 1601、1602、1603、1604、1605、1606、1607、1608、1609、1610、1611、1612。为已提取的血浆游离 DNA，游离 DNA 浓度为 3 ～ 5ng/μl，样本量为 25μl。

16NC 号样本，为已提取的人基因 DNA，代表临床上来自患者外周血或正常组织样本中提取的基因组 DNA，浓度为 30 ～ 50ng/μl，样本量 25μl。

12 个质评样本中，进行评价的样本为 10 个，分别为 1601、1602、1603、1604、1606、1607、1609、1610、1611、1612。

2. 关于不评价样本的说明

游离 DNA 检测及质评样本制备较为复杂，本次质评样本涉及点突变、短片段缺失、插入、融合基因和拷贝数变异，对不同的突变类型，采用多种技术方案进行制备。为了解实验室目前检测游离 DNA 中基因突变的最低检测下限，质评样本中突变等位基因百分比为 0.1% ～ 8%。根据实验室回报结果的情况，本次质评中对等位基因百分比低于 0.5% 的突变不予评价。1605 和 1608 号为干扰样本，不纳入本次 PT 成绩评价。

3. 质评样本突变等位基因百分比的定值

由于目前没有基因突变等位基因百分比定量的“金标准”方法，预期结果中采用如下方法来确定等位基因百分比：

（1）质评样本制备时，突变基因和野生基因混合时，有预期浓度范围。

（2）临床实验室回报的结果中，如该突变有 5 个以上数字 PCR 定值结果，采用数字 PCR 结果的中位数（中位数应在样本制备的预期浓度范围内）；如没有足够的数字 PCR 定值结果，采用 NGS 结果的中位数（中位数应在样本制备的预期浓度范围内）。

4. 预期结果

本次评价的基因突变，具体信息见附表 4-1。

附表 4-1　2016 年全国肿瘤游离 DNA（ctDNA）基因突变检测室间质量评价调查活动样本信息

样本号	NGS 结果	突变频率	方法
1601	NM_005228.3（*EGFR*）：c.2369C ＞ T（p.Thr790Met）	1.61%	数字 PCR
	NM_005228.3（*EGFR*）：c.2573T ＞ G（p.Leu858Arg）	2.58%	数字 PCR
1602	NM_005228.3（*EGFR*）：c.2369C ＞ T（p.Thr790Met）	2.86%	数字 PCR
1603	NM_005228.3（*EGFR*）：c.2235_2249del15（p.Glu746_Ala750del）	2.32%	数字 PCR
1604	NM_005228.3（*EGFR*）：c.2310_2311insGGT（p.Asp770_Asn771insGly）	1.00%	NGS
1606	NM_005228.3（*EGFR*）：c.2369C ＞ T（p.Thr790Met）	6.81%	数字 PCR
1607	NM_033360.3（*KRAS*）：c.35G ＞ A（p.Gly12Asp）	3.65%	NGS
1609	NM_005228.3（*EGFR*）：c.2235_2249del15（p.Glu746_Ala750del）	2.18%	数字 PCR，和 1603 为重复样本
1610	*EML4* exon20-*ALK* exon20 fusion	0.61%	NGS
1611	*EML4* exon6-*ALK* exon20 fusion	0.50%	NGS
1612	*ERBB2* 拷贝数变异	4 个拷贝	NGS

二、检测项目和要求

1. 本次质评的检测项目是肿瘤游离 DNA（ctDNA）基因突变检测。

2. 本次室间质量评价调查活动在向每个参加实验室发送检测样品的同时，附有给实验室的活动说明“国家卫生卫计委临床检验中心 2016 年全国肿瘤游离 DNA（ctDNA）基因突变检测室间质量评价调查活动安排及注意事项”、“国家卫生卫计委临床检验中心 2016 年全国肿瘤游离 DNA（ctDNA）基因突变 ARMS 和数字 PCR 检测室间质量评价调查活动回报表”及“国家卫生卫计委临床检验中心 2016 年全国肿瘤游离 DNA（ctDNA）基因突变高通量测序检测室间质量评价调查活动回报表”。

三、实验室回报结果情况

共计有 74 家实验室回报质评结果，共计收到结果 74 份，其中有效结果 68 份（即回报结果完整、在截止日期内回报的结果、提交原始数据的结果）。

本次质评中所有实验室使用的方法，包括高通量测序、ARMS 和数字 PCR 法。

四、评价原则

“肿瘤游离 DNA（ctDNA）基因突变检测”室间质量评价的评价原则如下：

由于本次质评中全部为临床意义明确的位点，报告错误突变位点将对临床决策造成重大影响，因此检测的错误仅包括假阴性结果和假阳性结果两种情况。

1. 假阴性结果：在检测范围内基因突变均要求正确报告，未报告即为假阴性结果。

2. 假阳性结果：预期结果（附表 4-1）以外的基因突变结果报告，均为假阳性结果。

3. PT 成绩计算：10 个质评样本，每个样本 10 分，满分 100 分。每个样本参评实验室检测结果与预期结果完全相符，即为 10 分，不相符，即为 0 分。

4. 合格的判定标准：室间质量评价主要是计算参评实验室对质评样本的测定结果与预期结果的符合程度，根据符合率来判断参评实验室的能力是否合格（合格标准为 ≥ 80%）。定性结果根据参评实验室阴阳性结果与预期结果是否符合，计算符合率。对检测项目的评价为：某项目测定结果可接受样本数 / 某项目样本总数 ×100= 本次某项目测定得分，如果该项目得分 ≥ 80% 则为合格。未按时回报结果者判为不合格，该次得分为 0 分。

五、PT 成绩情况

PT 成绩合格的实验室，发放质评合格证书，高通量测序法合格证书中注明实验室的检测突变类型和检测方法；ARMS 和数字 PCR 法合格证书中注明实验室的检测基因和检测方法。

PT 成绩不合格的实验室，发放质评参加证书。

如实验室回报结果不完整，或未在截止日期内回报结果，或未提交原始数据文件，按照未参加本次质评对待。

本次质评中，实验室 PT 成绩情况见附表 4-2。

附表 4-2 实验室 PT 成绩情况

检测方法	不同 PT 成绩实验室数					合格 / 不合格实验室数	
	总计	100 分	80 ～ 100 分（含 80）	60 ～ 80 分（含 60）	＜ 60 分	合格	不合格
NGS	43	17	17	3	6	34	9
ARMS	14	10	1	2	1	11	3
数字 PCR	11	7	4	0	0	11	0
合计	68	34	22	5	7	56	12

六、各样本的结果统计

各质评样本的实验室符合率、假阳性实验室数和假阴性实验室数见附表 4-3 ～附表 4-6。

附表 4-3 各质评样本的总体检测情况

样本号	实验室百分比		
	符合	假阳性	假阴性
1601	89.7%（61/68）	10.3%（7/68）	1.5%（1/68）
1602	94.1%（64/68）	5.9%（4/68）	0.0%（0/68）
1603	72.1%（49/68）	26.5%（18/68）	2.9%（2/68）
1604	77.9%（53/68）	10.3%（7/68）	11.8%（8/68）
1606	91.2%（62/68）	8.8%（6/68）	0.0%（0/68）
1607	94.1%（64/68）	5.9%（4/68）	0.0%（0/68）
1609	92.6%（63/68）	5.9%（4/68）	1.5%（1/68）
1610	80.9%（55/68）	14.7%（10/68）	5.9%（4/68）
1611	79.4%（54/68）	17.6%（12/68）	4.4%（3/68）
1612	95.6%（65/68）	4.4%（3/68）	0.0%（0/68）

注：部分实验室同时存在假阳性和假阴性结果。

附表 4-4 各质评样本的检测情况（NGS）

样本号	实验室百分比		
	符合	假阳性	假阴性
1601	86.0%（37/43）	14.0%（6/43）	0.0%（0/43）
1602	93.0%（40/43）	7.0%（3/43）	0.0%（0/43）
1603	58.1%（25/43）	39.5%（17/43）	4.7%（2/43）
1604	67.4%（29/43）	16.3%（7/43）	16.3%（7/43）
1606	88.4%（38/43）	11.6%（5/43）	0.0%（0/43）
1607	97.7%（42/43）	2.3%（1/43）	0.0%（0/43）
1609	88.4%（38/43）	9.3%（4/43）	2.3%（1/43）
1610	76.7%（33/43）	16.3%（7/43）	9.3%（4/43）
1611	79.1%（34/43）	16.3%（7/43）	7.0%（3/43）
1612	93.0%（40/43）	7.0%（3/43）	0.0%（0/43）

附表 4-5 各质评样本的检测情况（ARMS）

样本号	实验室百分比		
	符合	假阳性	假阴性
1601	92.9%（13/14）	7.1%（1/14）	7.1%（1/14）
1602	92.9%（13/14）	7.1%（1/14）	0.0%（0/14）
1603	92.9%（13/14）	7.1%（1/14）	0.0%（0/14）
1604	92.9%（13/14）	0.0%（0/14）	7.1%（1/14）
1606	92.9%（13/14）	7.1%（1/14）	0.0%（0/14）
1607	85.7%（12/14）	14.3%（2/14）	0.0%（0/14）

续表

样本号	实验室百分比		
	符合	假阳性	假阴性
1609	100.0%（14/14）	0.0%（0/14）	0.0%（1/14）
1610	92.9%（13/14）	7.1%（1/14）	0.0%（0/14）
1611	71.4%（10/14）	28.6%（4/14）	0.0%（0/14）
1612	100.0%（14/14）	0.0%（0/14）	0.0%（0/14）

附表 4-6　各质评样本的检测情况（数字 PCR）

样本号	实验室百分比		
	符合	假阳性	假阴性
1601	100.0%（11/11）	0.0%（0/11）	0.0%（0/11）
1602	100.0%（11/11）	0.0%（0/11）	0.0%（0/11）
1603	100.0%（11/11）	0.0%（0/11）	0.0%（0/11）
1604	100.0%（11/11）	0.0%（0/11）	0.0%（0/11）
1606	100.0%（11/11）	0.0%（0/11）	0.0%（0/11）
1607	90.9%（10/11）	9.1%（1/11）	0.0%（0/11）
1609	100.0%（11/11）	0.0%（0/11）	0.0%（0/11）
1610	81.8%（9/11）	18.2%（2/11）	0.0%（0/11）
1611	90.9%（10/11）	9.1%（1/11）	0.0%（0/11）
1612	100.0%（11/11）	0.0%（0/11）	0.0%（0/11）

七、对本次质评调查活动的说明

本次室间质评样本主要包含非小细胞肺癌靶向相关的基因突变，突变等位基因百分比为 0.1% ～ 8%。本次质评评价的是实验室进行 ctDNA 基因突变检测的能力。

尽管本项目质评样本采用的是已提取的游离 DNA，但需要强调的是，血浆游离 DNA 提取对肿瘤游离 DNA 检测非常重要，由于 DNA 片段化，不同的提取试剂对小片段 DNA 的结合效率差别很大，因此不同试剂提取游离 DNA 效率存在很大差异，实验室应对提取效率进行充分评价。本次质评仅对肿瘤游离 DNA 检测的质量进行实验室间比对，而未能涵盖核酸提取过程。

本次质评共计 74 家实验室回报质评结果，收到结果 74 份，其中有效结果 68 份（即回报结果完整、在截止日期内回报的结果、提交原始数据的结果）。结果无效的主要原因是部分实验室未提交原始数据，此外，还存在以下情况：实验室提交的原始数据中与回报结果有明显不符（例如，VCF 文件中没有出现回报结果中的突变）、现场数据分析结果突变位点频率与回报结果中相差较大、不同实验室原始数据结果均来源于同一测序仪等。希望将来各临床实验室能报告真实检测结果，我们在以后的正式质评中也将视情况采取要求提交原始数据及现场检查的方式来监测实验室回报结果的真实性。

实验室回报的方法学包括 NGS、ARMS 和数字 PCR，回报的实验室百分比分别为

63.2%（43/68）、20.6%（14/68）和 16.2%（11/68）。实验室总体检测情况良好，符合率为 82.4%（56/68），50.0% 的实验室 PT 成绩为 100 分。其中，采用数字 PCR 法的实验室符合率 100%（11/11），高于 NGS [79.1%（34/43）] 和 ARMS 方法 [78.6%（11/14）]。

错误的情况包括假阴性结果和假阳性结果两个方面。

1. 假阴性结果：尽管本次质评要求实验室报告最低检测下限，且从理论上说，可只要求实验室检出突变等位基因百分比高于最低检测下限的样本。但是，这种做法只适用于实验室定量报告可比性良好的情况。

从本次实验室回报结果情况来看，目前各实验室，特别是 NGS 法，实验室报告的突变等位基因百分比完全没有可比性。例如，对融合基因，实验室 A 和 B 报告的突变百分比其设定的最低检测下限分别为 1% 和 0.05%，但是对 1611 号样本 *EML4* exon6-ALK exon20 fusion（预期结果中突变百分比为 0.50%）均报告阳性，突变百分比分别为 6.65% 和 0.75%。因此对实验室 A，如果允许突变百分比低于 0.50% 的样本可不检出，显然是不合适的。

本项目质评要求，等位基因百分比≥ 0.5% 的突变均应检出，在此基础上，在检测范围内基因突变均要求正确报告，未报告即为假阴性结果。实验室报告的假阴性结果主要分布在 19del（突变百分比 2.32%）、20 插入（突变百分比 1%）及融合基因（突变百分比 0.5% ～ 1%），ARMS 出现 1 个假阴性结果，数字 PCR 法没有报告假阴性结果，所有突变中，NGS 实验室在 20 插入突变的假阴性率最高，为 16.3%（7/43）。

2. 假阳性结果：假阳性结果是本次质评中实验室错误的最主要原因，且具有明显的随机性。例如，1603 和 1609 为重复样本，假阳性率分别为 26.5%（18/68）和 5.9%（4/68）。1609 号样本中出现 2 例 G12D 假阳性结果，而 1603 号完全没有 G12D 的假阳性结果。实验室报告的假阳性结果有临床常见的突变，如 T790M、V600E、G719D，还有较少见的突变，如 NM_001163213.1（*FGFR3*）：c.685G ＞ A（p.Val229Ile）、NM_000251（*MSH2*）：c.107delT（p.L36fs）、NM_000400（*ERCC2*）：c.G335A（p.R112H）等。实验室假阳性结果出现的原因通常包括：实验室污染、操作交叉污染（如 1603 号样本为 19del 阳性，而实验室在 1602 号报告 19del 假阳性结果）、NGS 检测错误、未进行完全的背景过滤等。在临床检测中，突变的阳性率远低于室间质评的样本，假阳性的风险可能相对降低，但是，由于游离 DNA 检测的敏感性高于组织样本的检测，如何避免实验室污染的影响、如何区别弱阳性和假阳性结果仍然是实验室面临的困难之一。

总之，本次室间质评调查一定程度上反映了我国目前肿瘤游离 DNA 基因突变检测的现状及存在问题。各临床实验室应充分分析本实验室错误的原因。肿瘤游离 DNA 基因突变检测与肿瘤体细胞突变的高通量测序检测一样，结果的可靠性对于临床决策及精准医学研究都具有十分重要的意义。

附录 5　单基因病样品采集须知

1. 样本类型及采集要点

（1）外周血

1）采集管抗凝剂：EDTA 或柠檬酸钠（即枸橼酸钠）。建议使用塑料材质的 EDTA

抗凝管，以避免出现低温爆管状况。

2）采集操作：按照外周血标准采集操作进行，取受检者（成人）不低于5ml外周血，分装2管；取受检者（婴幼儿）不低于2ml外周血；完毕后，充分颠倒混匀，避免凝固。

3）样本提取：成人不低于5ml；婴幼儿不低于2ml。

4）样品外观：无明显凝固现象。

5）运输：采集后建议冰袋/干冰运输，以避免DNA降解。新鲜外周血寄送前可短期保存在4℃或-20℃，长期应保存于-80℃。冻存的外周血需在-20℃保存，保存时间不超过2年，反复冻融不超过5次，需冰袋/干冰运输。

【注意事项】

1）不可使用肝素抗凝的采血管进行取样。

2）颠倒混匀时动作不要太剧烈，防止溶血。

3）禁止将样本在室温状态下长期放置。

4）运输过程中容器应包装于有缓冲填塞物（如报纸等）的硬纸盒或硬塑箱内，避免挤压、跌落，以起到保护作用。

（2）基因组DNA

1）提取操作：按血液样本DNA提取操作流程提取DNA。

2）样本质量：浓度不小于30ng/μl；DNA总量不低于3μg（全外显子测序样本不低于8μg）；$OD_{260/280}$值为1.6～2.2，无降解，无RNA污染。

3）运输：提取DNA后如即刻寄送，建议选择干冰运输；对于冻存的DNA样本，-20℃保存不超过2年，反复冻融不超过5次；不建议运送冻存DNA。

【注意事项】

1）禁止将样本在室温状态下长期放置。

2）样本应不含肝素，无明显降解，蛋白含量低，RNA污染低。

（3）新鲜组织

1）新鲜组织样本（包括肌肉组织、流产组织）量不低于100mg（蚕豆大小），采集后应立即液氮冷冻保存，干冰运输。

2）样本要求新鲜，无腐烂变质。不接收石蜡组织切片样本。

3）流产组织使用生理盐水或PBS缓冲液冲洗上面的母血。取完后寄送，可以短期保存在4℃或-20℃，长期应保存在-80℃。

（4）羊水

1）提取操作：受检者通过医院医生抽取10ml羊水样本，使用无菌管盛装。

2）样本要求：采集的样本尽快寄送，选择干冰运输。

（5）脐血

1）采集管抗凝剂：EDTA或柠檬酸钠。建议使用塑料材质EDTA抗凝管，以避免出现低温爆管状况。

2）采集操作：受检者通过医院专业医生采集，取受检者不低于2ml血样；完毕后，充分颠倒混匀，避免凝固。

3）运输：采集后建议冰袋/干冰运输，以避免DNA降解。新鲜外周血寄送前可短期保存在4℃或-20℃，长期应保存于-80℃。

（6）绒毛

1）提取操作：受检者通过医院医生抽取100mg绒毛样本，使用无菌管盛装。

2）样本要求：采集的样本尽快寄送，选择干冰运输。

2. 样本不合格判定标准

（1）样本保存管上的标签信息和送检单信息不一致、字迹模糊难以辨认或信息不完整。

（2）没有签署知情同意书或（和）送检单必填项填写不完整。

（3）样本保存管存在污染、破裂、开盖或其他样本外溢情况。

（4）样本质量没有达到最低要求。

（5）样品有明显凝血现象。

（6）样本采血管抗凝剂不正确。

中英文名词对照

中文	英文
	A
吸收	absorption
准确性	accuracy
先天性软骨发育不全	achondroplasia，ACH
三磷酸腺苷	adenosine triphosphate，ATP
药物不良反应	adverse drug reactions，ADRs
等位基因	allele
等位基因脱扣	allele drop-out，ADO
等位基因变异	allelic variation
美国医学遗传学会	American Board of Medical Genetics
美国医学遗传学和基因组学委员会	American Board of Medical Genetics and Genomics，ABMGG
美国病理学会	American Board of Pathology
美国医学遗传学与基因组学协会	American College of Medical Genetics and Genomics，ACMG
美国临床肿瘤学会	American Society of Clinical Oncology，ASCO
分析敏感性	analytical sensitivity
分析特异性	analytical specificity
抗体组库	antibody repertoire
抗原呈递细胞	antigen-presenting cell，APC
美国应用生物系统公司	Applied Biosystems，ABI
辅助生殖技术	assisted reproductive technology，ART
英国临床遗传科学协会	Association for Clinical Genetic Science，ACGS
美国分子病理协会	Association for Molecular Pathology，AMP
共济失调 - 毛细血管扩张症	ataxia-telangiectasia，A-T
ATP 硫酸化酶	ATP sulfurylase

B

B 细胞受体	B cell receptor，BCR
碱基识别质量值	base calling quality scores
碱基识别	base calling
生物信息学	bioinformatics
生物信息学分析流程	bioinformatics pipeline
生物安全柜	biosafety cabinet
体重指数	body mass index，BMI
桥式 PCR	bridge PCR

C

加拿大医学遗传学学院	Canadian College of Medical Geneticists，CCMG
加拿大药物安全协作网络	Canadian Pharmacogenomics Network for Drug Safety，CPNDS
癌症个体化深度测序	cancer personalized profiling by deep sequencing，CAPP-seq
毛细管阵列电泳	capillary array electrophoresis，CAE
毛细管电泳	capillary gel electrophoresis
COSMIC 数据库	Catalogue of Somatic Mutations in Cancer
游离 DNA	cell-free DNA，cfDNA
胎儿游离 DNA	cell-free fetal DNA，cffDNA
疾病预防控制中心	Centers for Disease Control and Prevention，CDC
美国医疗保险和医疗补助服务中心	Centers for Medicare and Medicaid Services，CMS
有证参考物质	certified RM
电荷耦合元件图像传感器	charge-coupled device，CCD
化学降解法	chemical degradation method
染色质免疫共沉淀	chromatin immunoprecipitation，ChIP
染色质免疫共沉淀测序	chromatin immunoprecipitation sequencing，ChIP-Seq
染色质免疫共沉淀 - 芯片杂交	chromatin immunoprecipitation-chip，ChIP-chip
染色体微阵列分析	chromosomal microarray analysis，CMA
循环一致性测序	circular consensus sequencing，CCS
环形 RNA	circular RNA，circRNA
环化单分子扩增和重测序技术	circulating single-molecule amplification and resequencing technology，cSMART

循环肿瘤DNA	circulating tumor DNA，ctDNA
管理CLIA专家委员会	CLIA Advisory Committee，CLIAC
临床可用性	clinical actionability
美国临床实验室标准化研究所	Clinical and Laboratory Standards Institute，CLSI
临床生物信息学分析人员	clinical bioinformatician
临床咨询人员	clinical consultant
临床实验室改进法案修正案	Clinical Laboratory Improvement Amendment，CLIA
临床药物基因组学应用联盟	Clinical Pharmacogenetics Implementation Consortium，CPIC
临床特异性	clinical specificity
临床有用性	clinical utility
临床有效性	clinical validity
簇密度	cluster density
直系同源基因簇	Clusters of Orthologous Groups，COG
编码序列	coding sequence，CDS
变异系数	coefficient of variation，CV
美国病理学家协会	College of American Pathologists，CAP
结直肠癌	colorectal cancer，CRC
组合探针锚定连接	combinatorial probe anchor ligation，cPAL
联合探针-锚定分子合成法	combinatorial probe-anchor synthesis，cPAS
互补决定区	complementary-determining region，CDR
互补型金属氧化半导体	complementary metal-oxide-semiconductor，CMOS
全染色体筛查	comprehensive chromosome screening，CCS
限制性胎盘嵌合	confined placental mosaicism，CPM
先天性肾上腺皮质增生症	congenital adrenal cortical hyperplasia，CAH
背景DNA	constitutional DNA
拷贝数变异	copy number variant，CNV
覆盖度	coverage
CpG岛	CpG island，CGI
阳性判断值	cut-off value
细胞色素酶P450 2D6	cytochrome P450 2D6，CYP2D6
巨细胞病毒	cytomegalovirus，CMV

D

基因组结构变异数据库	Database of Genomic Structural Variation，dbVar
从头组装	de novo assembly
从头测序	de novo sequencing
脱氧核苷三磷酸	deoxynucleoside triphosphate，dNTP
覆盖深度	depth of coverage
检出率	detection rate，DR
双脱氧链终止法	dideoxy chain-termination method
双脱氧核苷三磷酸	dideoxynucleoside triphosphate，ddNTP
靶向数字分析	digital analysis of selected regions，DANSR
直接针对消费者	direct to consumer，DTC
DNA 上样量	DNA input
DNA 纳米球	DNA nanoball，DNB
DNA 聚合酶	DNA polymerase
DNA 甲基转移酶	DNA methyltransferases，DNMTs
基于 DNA 的无创产前筛查	DNA-based noninvasive prenatal screening
干血斑	dried blood spot，DBS
干桌实验过程 / 干实验	dry bench process
杜氏进行性肌营养不良	Duchenn muscular dystrophy，DMD

E

电子医疗记录和基因组网络	Electronic Medical Records and Genomics Network，EMERGE
延伸因子 -1α	elongation factor-1α，EF-1α
乳液 PCR	emulsion polymerase chain reaction，emPCR
DNA 元件百科全书	Encyclopedia of DNA Elements，ENCODE
表皮生长因子受体	epidermal growth factor receptor，EGFR
表观遗传学	epigenetics
表观基因组学	epigenomics
雌激素受体	estrogen receptor，ER
欧洲生物信息学研究所	European Bioinformatics Institute，EBI
欧洲药物基因组学执行联合会	European Pharmacogenetics Implementation Consortium
人类外显子数据库	Exome Aggregation Consortium，ExAC

外显子组测序项目	Exomes Sequencing Project，ESP
外显子缺失	exon deletion
表达序列标签	expressed sequence tag，EST
室间质量评价	external quality assessment，EQA

F

家族性结肠息肉病	familial polyposis coli，FPC
联邦食品、药品和化妆品法案	Federal Food，Drug and Cosmetic Act，FFDCA
荧光原位杂交	fluorescence in situ hybridization，FISH
荧光活化细胞分选	fluorescence-activated cell sorting，FACS
果蝇数据库	FlyBase
美国食品药品监督管理局	Food and Drug Administration，FDA
福尔马林固定石蜡包埋	formalin-fixed and paraffin-embedded，FFPE
片段文库	fragment library
移码突变	frameshift mutation

G

GC 偏倚	GC bias
GC 含量	GC content
表达谱基因芯片	gene expression microarray
基因表达谱数据库	Gene Expression Omnibus，GEO
基因重排	gene rearrangement
基因检测参考物质合作计划	Genetic Testing Reference Material Coordination Program，GeT-RM
基因检测注册表	Genetic Testing Registry，GTR
基因变异	genetic variation
基因组测序计划	Genome Sequencing Program，GSP
基因组考察序列	genome survey sequence，GSS
基因组学	genomics
英国 10 万人基因组计划	Genomics England 100 000 Genomes Project
基因型	genotype
基因分型	genotyping
胚系突变	germline mutation
孕周	gestational age

胰高血糖素样肽 -1	glucagon-like peptide-1，GLP-1
葡萄糖依赖性促胰岛素激素	glucose dependent insulin stimulating hormone，GIP
6- 磷酸葡萄糖脱氢酶	glucose-6-phosphate dehydrogenase，G6PD
异硫氰酸胍盐	guanidinium isothiocyanate，GITC

H

单倍体基因型	haploid genotype
健康保险流通与责任法	Health Insurance Portability and Accountability Act，HIPAA
半合子	hemizygous
乙型肝炎病毒	hepatitis B virus，HBV
丙型肝炎病毒	hepatitis C virus，HCV
遗传性非息肉病性结直肠癌	hereditary nonpolyposis colorectal cancer，HNPCC
杂合子	heterozygous
高通量测序	high-throughput sequencing，HTS
连续相同碱基序列	homo-polymeric sequences
纯合子	homozygous
HOX 转录反义 RNA	HOX transcriptional antisense RNA，HOTAIR
人类基因突变数据库	Human Gene Mutation Database，HGMD
人类基因组计划	Human Genome Project，HGP
人类基因组变异协会	Human Genome Variation Society，HGVS
人类免疫缺陷病毒	human immunodeficiency virus，HIV
人类微生物组计划	Human Microbiome Project，HMP
人类参考蛋白质数据库	Human Reference Protein Database，HPRD
人乳头瘤病毒	human papillomavirus，HPV
杂交仪	hybridization oven

I

一致性分值	identity score
免疫组库	immune repertoire
计算机模拟	in silico
原位杂交	in situ hybridization，ISH
原位 PCR	in situ PCR，IS-PCR
体外诊断产品	in vitro diagnostic device，IVD

体外受精 - 胚胎移植	in vitro fertilization-embryo transfer，IVF-ET
无关突变	incidental findings
插入 / 缺失	insertion/deletion，Indel
染色体间易位	inter-chromosomal translocation，CTX
中间代谢者	intermediate metabolizer，IM
室内质量控制	internal quality control，IQC
内转录间隔区	internal transcribed spacer，ITS
国际肿瘤基因组联盟	International Cancer Genome Consortium，ICGC
国际肿瘤疾病分类	International Classification of Disease for Oncology，ICD-O
国际标准化比值	international normalized ratio，INR
染色体内易位	intra-chromosomal translocation，ITX
实验室内 TAT	intra-laboratory TAT
离子敏感场效应晶体管	ion-sensitive field-effect transistor，ISFET
	J
联合基因分型	joint genotyping
	K
韩国实验室医学会	Korean Society of Laboratory Medicine，KSLM
京都基因与基因组百科全书	Kyoto Encyclopedia of Genes and Genomes，KEGG
	L
实验室信息管理系统	laboratory information management system，LIMS
实验室自配试剂	laboratory-developed tests，LDTs
LOVD 数据库	Leiden Open Variation Database，LOVD
空白限	limit of blank，LoB
检测限	limit of detection，LoD
线性修正	linear correction
位点特异的数据库	Locus-specific Database，LSDB
LOESS 回归	LOESS regression
长链非编码 RNA	long noncoding RNA，lncRNA
长程测序	long range sequencing，LRS
荧光素酶	luciferase
	M
主要组织相容性复合体	major histocompatibility complex，MHC

枫糖尿病	maple syrup urine disease，MSUD
比对质量值	mapping quality，MAPQ
大规模平行测序	massively parallel sequencing，MPS
配对末端文库	mate-paired library
母体嵌合	maternal mosaicism
基质辅助激光解析电离飞行时间质谱	matrix-assisted laser desorption/ionization time of flight mass spectrometry，MALDI-TOF-MS
联邦食品、药品和化妆品医学产品法案修正案	Medical Device Amendments to the Federal Food，Drug and Cosmetic Act，FD&CA
宏基因组学	metagenomics
耐甲氧西林金黄色葡萄球菌	methicillin-resistant *Staphylococcus aureus*，MRSA
甲基化 DNA 富集结合高通量测序	methylated DNA binding domain sequencing，MBD-Seq
甲基化 DNA 免疫共沉淀测序	methylated DNA immunoprecipitation sequencing，MeDIP-Seq
微小 RNA	microRNA，miRNA
微生物组质量控制	Microbiome Quality Control，MBQC
微流体	microfluidics
微卫星不稳定	microsatellite instability，MSI
错配修复	mismatch repair，MMR
分子倒置探针	molecular inversion probe，MIP
小鼠基因组信息学	Mouse Genome Informatics，MGI
多位点序列分型	multilocus sequence typing，MLST
多重置换扩增的双末端	multiple displacement amplification-pair end，MDA-PE
多发性硬化症	multiple sclerosis，MS
多重连接探针扩增	multiplex ligation-dependent probe amplification，MLPA
结核分枝杆菌复合群	*Mycobacterium tuberculosis* complex，MTBC

N

美国国立癌症研究所	National Cancer Institute，NCI
美国国立综合癌症网络	National Comprehensive Cancer Network，NCCN
美国国家人类基因组研究所	National Human Genome Research Institute，NHGRI
日本国立遗传研究所	National Institute of Genetics，NIG
美国国家标准和技术协会	National Institute of Standards and Technology，NIST

美国国立卫生研究院	National Institutes of Health，NIH
美国国家遗传咨询师协会	National Society of Genetic Counselors，NSGC
阴性符合率	negative percent agreement，NPA
阴性预测值	negative predictive value，NPV
下一代测序	next generation sequencing，NGS
无模板对照	no template control，NTC
非小细胞肺癌	non small-cell lung cancer，NSCLC
非编码 RNA	noncoding RNA，ncRNA
无创胚胎染色体筛查	noninvasive chromosome screening，NICS
无创产前筛查	noninvasive prenatal screening，NIPS
无创产前检测	noninvasive prenatal testing，NIPT
正常代谢者	normal metabolizer，NM
正常染色体值	normalized chromosome value，NCV
有核红细胞	nucleated red blood cells，NRBCs

O

客观缓解率	objective response rate，ORR
人类孟德尔遗传数据库	Online Mendelian Inheritance in Man，OMIM
总符合率	overall percentage agreement，OPA
总生存期	overall survival，OS

P

对读测序模块	paired-end module
双端	paired-end，PE
双端测序	paired-end sequencing
杀白细胞毒素	panton-valentine leukocidin，PVL
阵列式流动槽技术	patterned flow cell technology，PFCT
个人基因组测序仪	personal genome machine，PGM
药效动力学	pharmacodynamics
遗传药理学	pharmacogenetics
药物遗传学和药物基因组学数据库	Pharmacogenetics and Pharmacogenomics Knowledge Base，PharmGKB
药物基因组学	pharmacogenomics
药物基因组研究网络	Pharmacogenomics Research Network，PGRN

药代动力学	pharmacokinetics
表型	phenotype
碱基质量值	Phred quality score
pH 敏感型晶体管	pH-sensitive field effect transistor，pHFET
自动化加样系统	pipetting robot
加样器	pipettor
加减测序法	plus-minus sequencing
聚腺苷二磷酸核糖聚合酶	poly ADP-ribose polymerase，PARP
聚丙烯酰胺凝胶电泳	polyacrylamide gel electrophoresis，PAGE
聚合酶链反应	polymerase chain reaction，PCR
慢代谢者	poor metabolizer，PM
种群特异性等位基因频率	population-specific allele frequencies
阳性结果 / 突变结果	positive calls/variant calls
阳性符合率	positive percent agreement，PPA
阳性预测值	positive predictive value，PPV
精密度	precision
精准医学	precision medicine
预期表型	predicted phenotype
妊娠相关蛋白	pregnancy -associated plasma protein-A，PAPP-A
胚胎植入前遗传学诊断	preimplantation genetic diagnosis，PGD
胚胎植入前遗传学筛查	preimplantation genetic screening，PGS
胚胎植入前遗传学检测	preimplantation genetic testing，PGT
进入市场前批准	premarket approval，PMA
引物步移	primer walking
能力验证	proficiency test，PT
无进展生存期	progression-free survival，PFS
人工镜检	provider-performed microscopy，PPM
脉冲场凝胶电泳	pulsed field gel electrophoresis，PFGE
焦磷酸测序	pyrosequencing

Q

质量控制	quality control，QC
质量指标	quality metrics

质量值	quality score

R

随机对照试验	randomized controlled trial，RCT
cDNA 末端快速扩增	rapid amplification of cDNA ends，RACE
快代谢者	rapid metabolizer，RM
原始数据	raw data
读段	read
接收机工作特性	receiver operating characteristic，ROC
习惯性自然流产	recurrent spontaneous abortion，RSA
简化代表性重亚硫酸盐测序	reduced representation bisulfite sequencing，RRBS
参考物质	reference material
参考范围	reference range
相对染色体剂量	relative chromosome dosage，RCD
相对单倍型剂量	relative haplotype dosage，RHDO
相对变异量	relative mutation dosage，RMD
去除重复的 reads	removal of duplicate reads
重复性	repeatability
可报告范围	reportable range
重现性	reproducibility
视网膜母细胞瘤	retinoblastoma，Rb
可逆性末端终结	reversible terminator
类风湿关节炎	rheumatoid arthritis，RA
核糖体数据库项目	Ribosomal Database Project，RDP
核糖体 RNA	ribosome RNA，rRNA
RNA 测序	RNA sequencing，RNA-seq
RNA 诱导的沉默复合体	RNA-induced silencing complex，RISC
滚环扩增	rolling circle amplification，RCA
英国皇家病理学院和生物医学科学研究所	Royal College of Pathologists and the Institute of Biomedical Science
皇家荷兰协会药学促进 - 药物基因工作组	Royal Dutch Association for the Advancement of Pharmacy-Pharmacogenetics Working Group，DPWG
皇家荷兰药剂师协会	Royal Dutch Pharmacists Association

S

酵母基因组数据库	Saccharomyces Genome Database，SGD
杂交测序	sequencing by hybridization，SBH
边连接边测序	sequencing by ligation，SBL
边合成边测序	sequencing by synthesis，SBS
严重急性呼吸综合征	severe acute respiratory syndromes，SARS
鸟枪法	shotgun method
单分子实时	single molecule real-time，SMRT
单核苷酸变异	single nucleotide variation，SNV
单链构象多态性	single strand conformation polymorphism，SSCP
SCRB 测序	single-cell RNA barcoding and sequencing
单端测序	single-end sequencing
单端	single-end，SE
单核苷酸多态性数据库	Single Nucleotide Polymorphism Database，dbSNP
单核苷酸多态性	single nucleotide polymorphism，SNP
单位点 GC 偏倚修正模型	single-position GC-bias-correction model
单标本识别	single-sample calling
单胎和多胎妊娠	singleton and multiple gestations
小干扰 RNA	small interference RNA，siRNA
体细胞突变	somatic mutation
标准操作程序	standard operation procedure，SOP
体外诊断分析前方法及程序的标准化及改进项目	standardisation and improvement of generic pre-analytical tools and procedures for in vitro diagnostics，SPIDIA
星标系统	star-based system
Stevens-Johnson 综合征	Stevens-Johnson syndrome，SJS
链偏倚	strand bias
结构变异	structure variation，SV
超高密度扫描	super-density scanning
Smart 测序	switching mechanism at 5’end of the RNA transcript and sequencing
系统性红斑狼疮	systemic lupus erythematosus，SLE

T

T 细胞受体	T cell receptor，TCR

靶向测序	targeted sequencing
特定外显子区域靶向捕获测序	targeted exon next generation sequencing
致死性成骨发育不全	thanatophoric dysplasia，TD
扩增仪	thermocyclers
硫代嘌呤甲基转移酶	thiopurine methyltransferase，TPMT
第三代测序	third generation sequencing，TGS
中毒性表皮坏死松解症	toxic epidermal necrolysis，TEN
转换 / 颠换比值	transition/transversion ratio，Ti/Tv
滋养外胚层	trophectoderm，TE
肿瘤突变负荷	tumor mutation burden，TMB
报告周转时间	turnaround time，TAT
	U
基因检测网络	UK Genetic Testing Network，UKGTN
超快代谢者	ultrarapid metabolizer，UM
覆盖均一性	uniformity of coverage
不间断电源	uninterrupted power supply，UPS
唯一比对 reads 数	unique mapped reads
美国卫生和公共服务部	United States Department of Health and Human Services，HHS
通用测序试剂	universal sequencing reagents
加州大学圣克鲁斯分校	University of California Santa Cruz，UCSC
非翻译区	untranslated region，UTR
	V
范德比特 - 英格拉姆肿瘤中心	Vanderbilt-Ingram Cancer Center，VICC
双胎消失综合征	vanishing twin syndrome
变异质量分数重校正	variant quality score recalibration，VQSR
变异区域	variant regions
维生素 K 环氧化物还原酶复合物 1	vitamin K epoxide reductase complex 1，VKORC1
	W
湿桌实验过程 / 湿实验	wet bench process
全外显子组测序	whole exome sequencing，WES
全基因组扩增	whole genome amplification，WGA

全基因组重亚硫酸盐测序	whole genome bisulfite sequencing，WGBS
全基因组测序	whole genome sequencing，WGS
	Z
斑马鱼信息网络	Zebrafish Information Network，ZFIN
零模波导孔	zero-mode waveguide，ZMW
	其他
千人基因组计划	1000 Genomes Project
5- 甲基胞嘧啶	5-methylcytosine，5mC

彩　　图

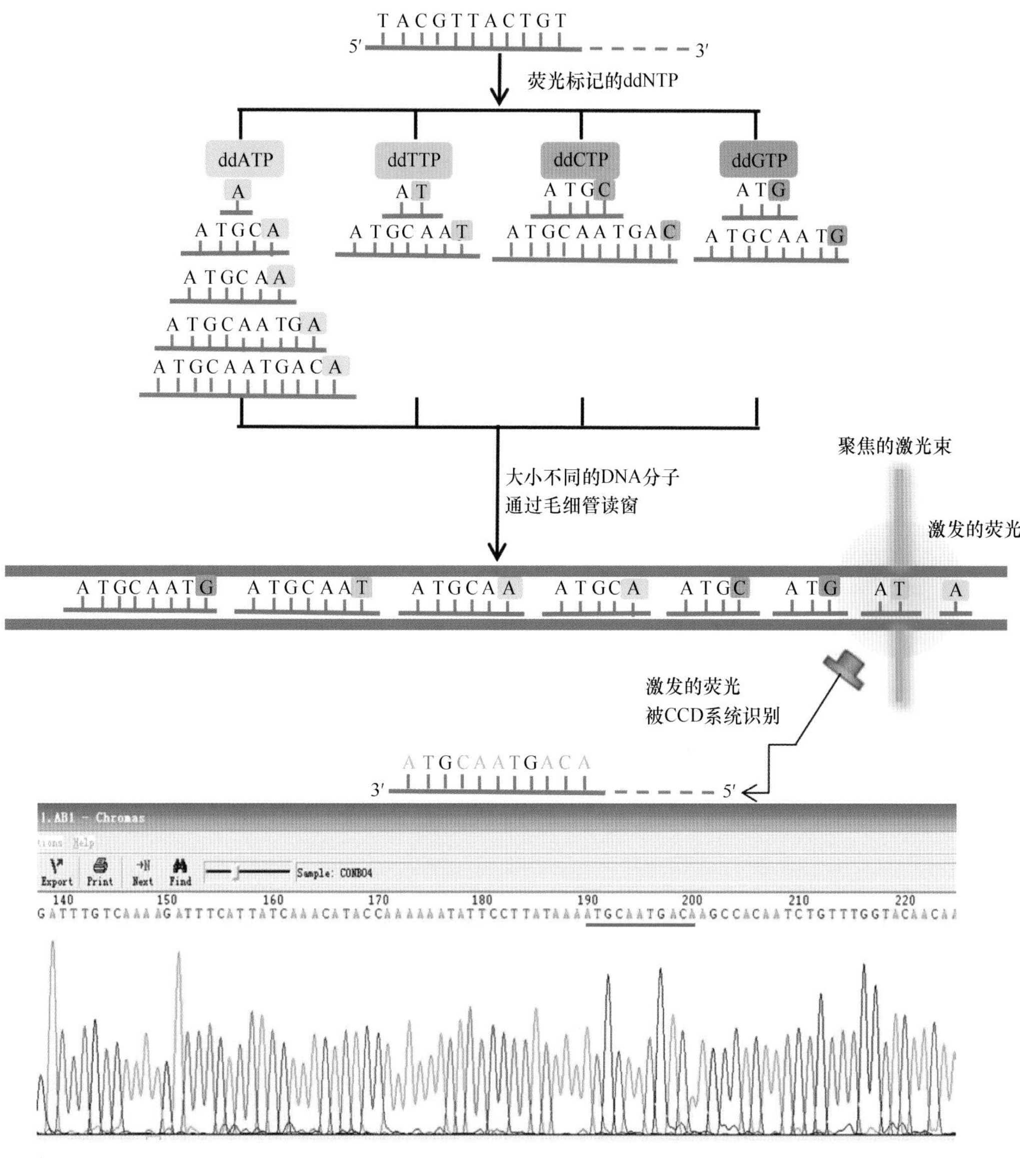

彩图 1　ABI Prism 310 基因分析仪检测及结果示例

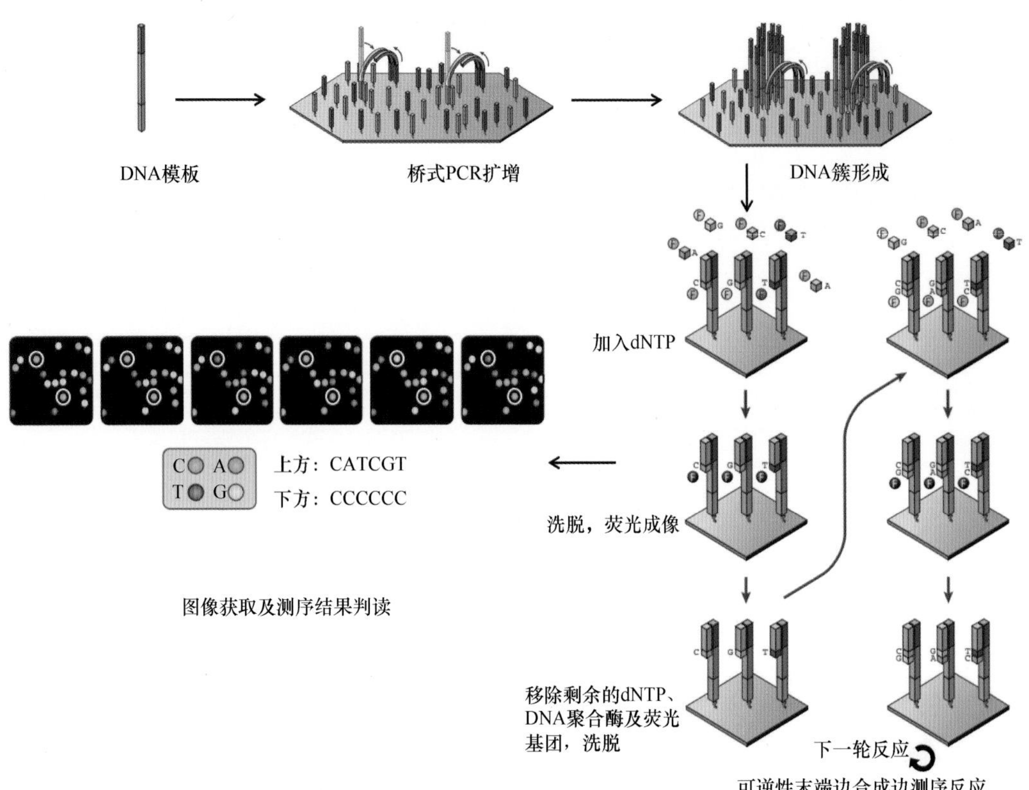

彩图 2　Illumina/Solexa 边合成边测序测序原理

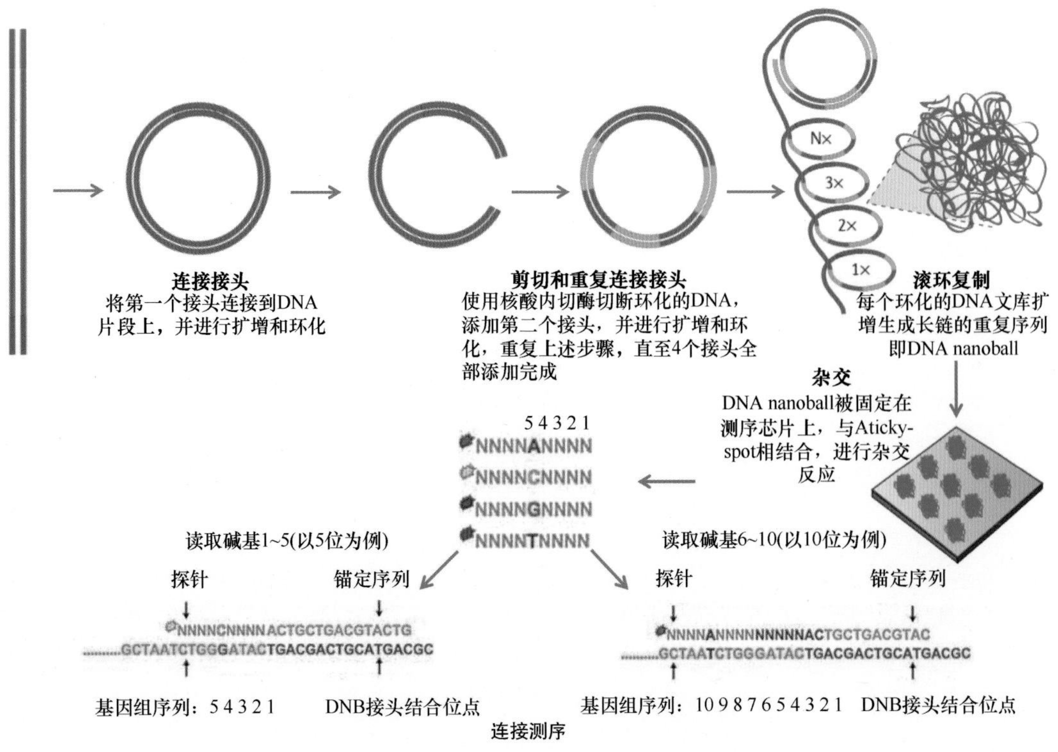

彩图 3　Complete Genomics/BGI 边连接边测序原理

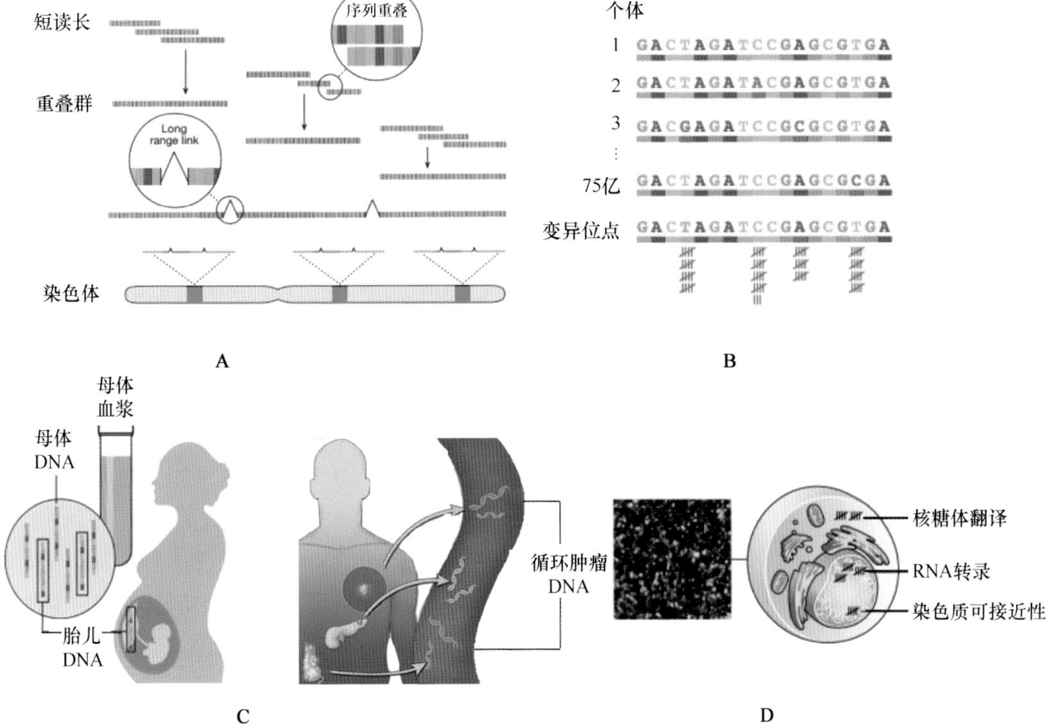

彩图 4　DNA 测序技术的应用

A. 基因组织装；B. 个人基因组重测序；C. 临床应用；D. 分子计数器

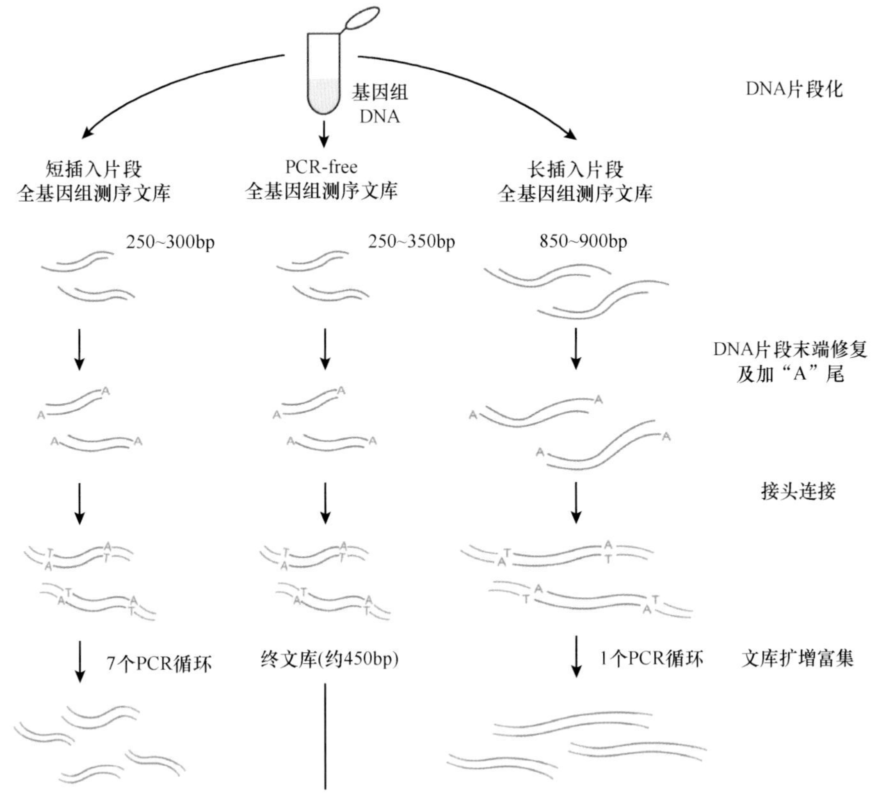

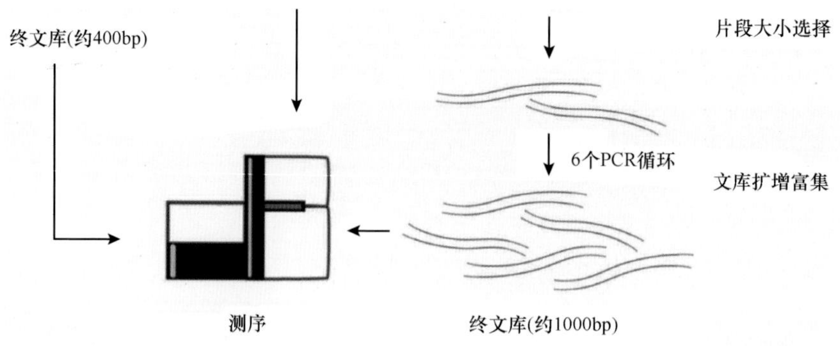

彩图 5　常见全基因组测序文库构建流程

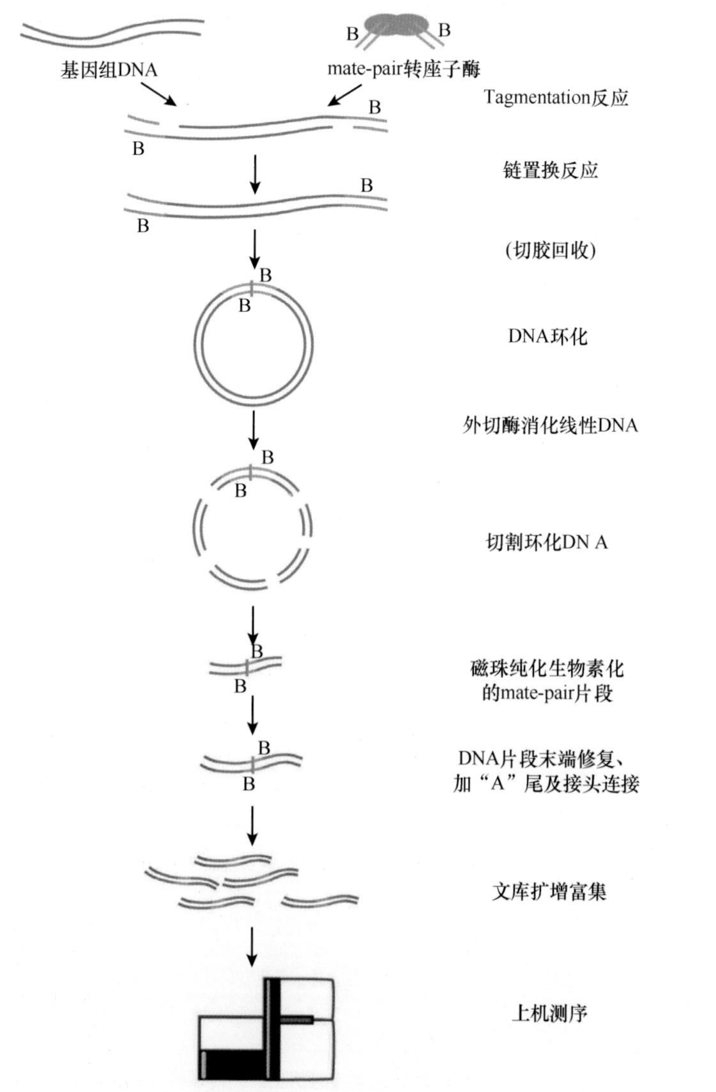

彩图 6　mate-pair 文库构建流程

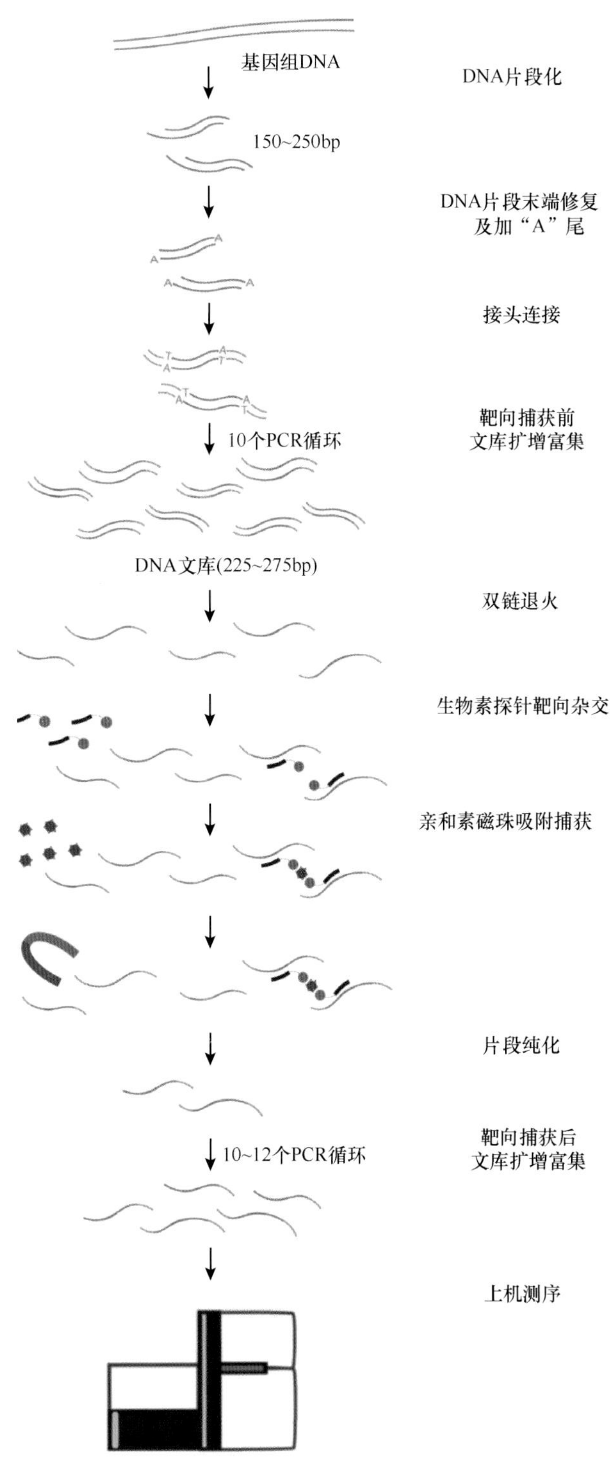

彩图 7　全外显子测序文库 / 靶向杂交捕获文库构建流程

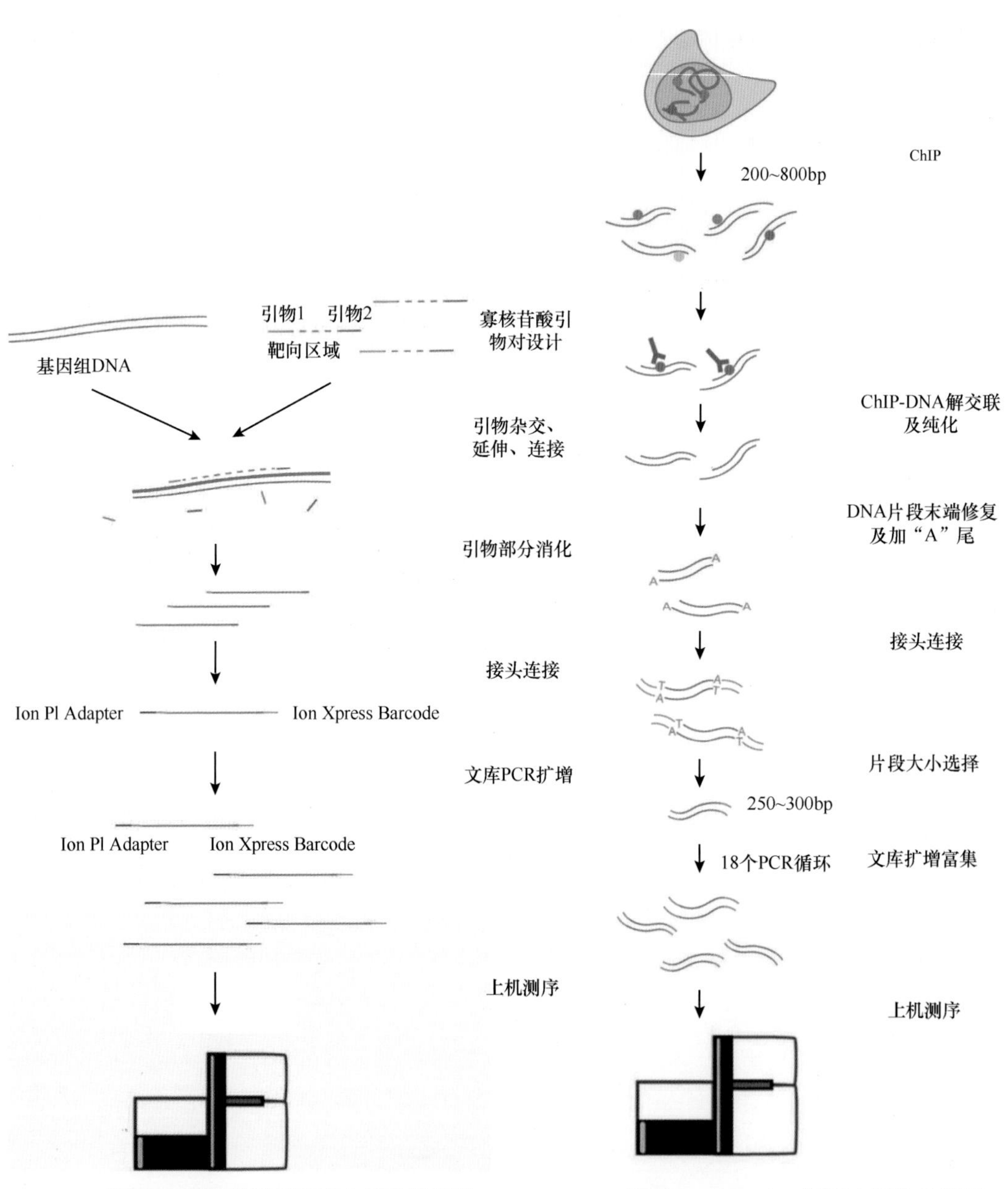

彩图 8　靶向扩增子测序文库构建流程

彩图 9　ChIP-Seq 测序文库构建流程

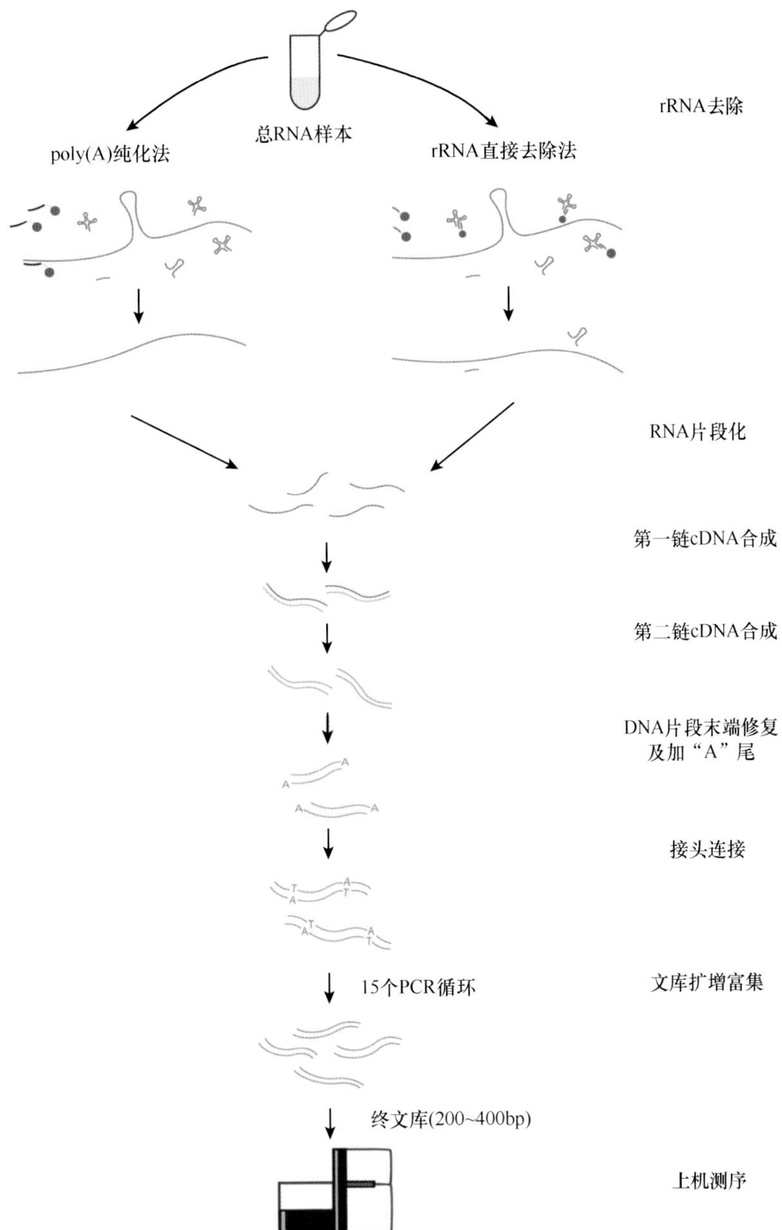

彩图 10　转录组测序文库构建流程

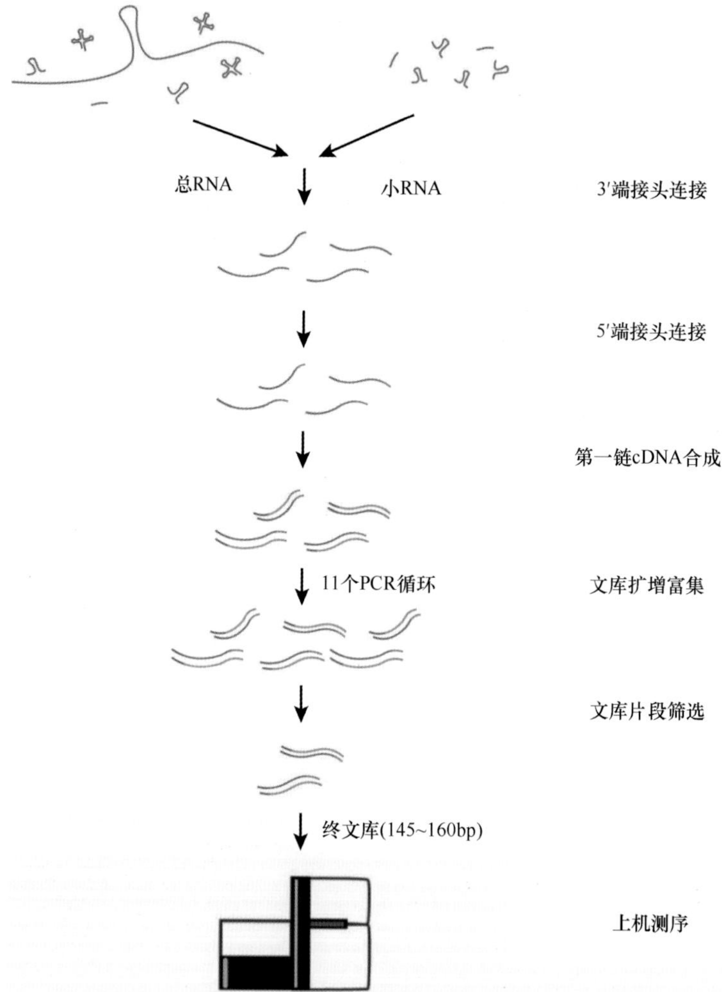

彩图 11　小 RNA 测序文库构建流程

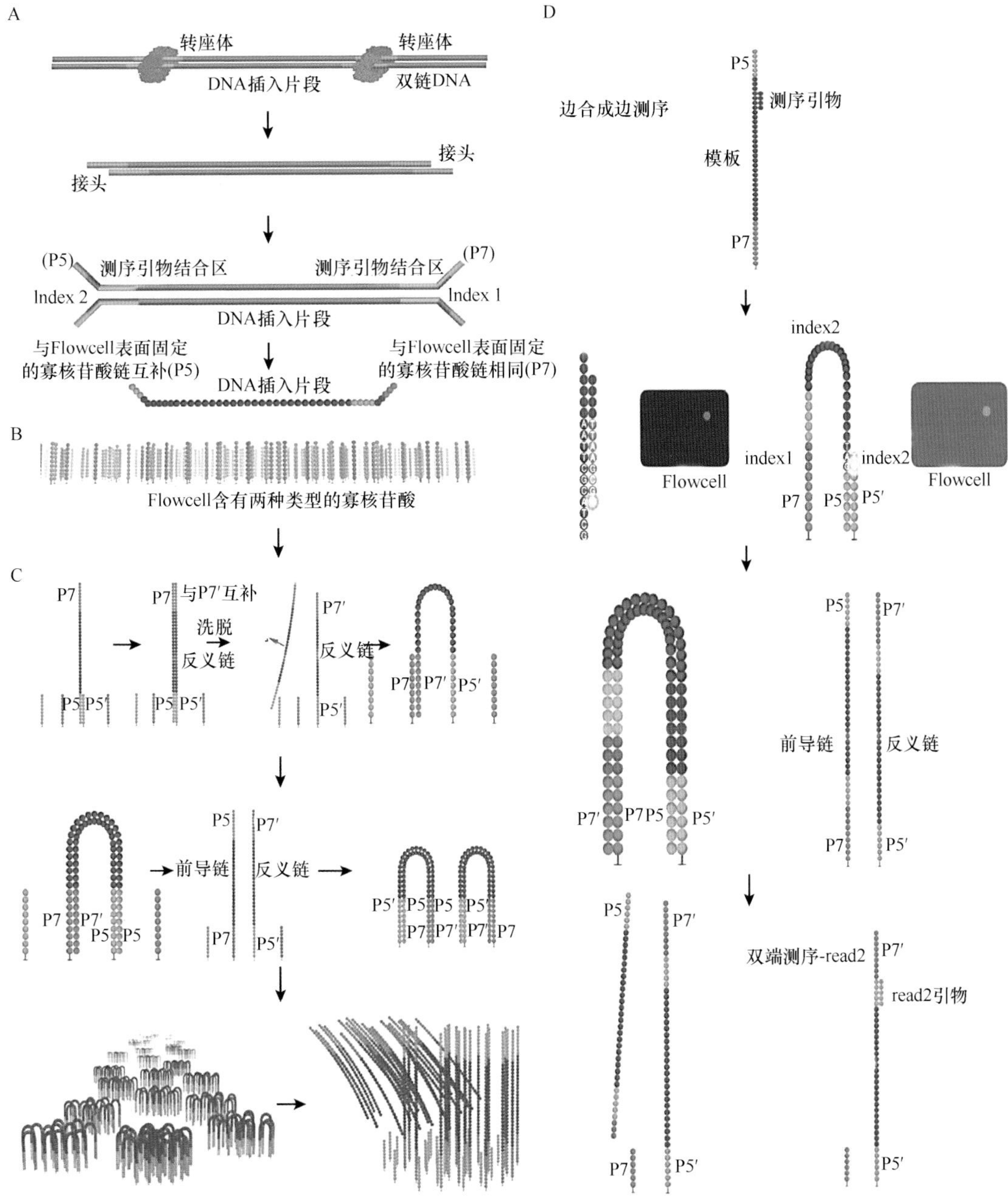

彩图 12　Illumina 测序原理示意图

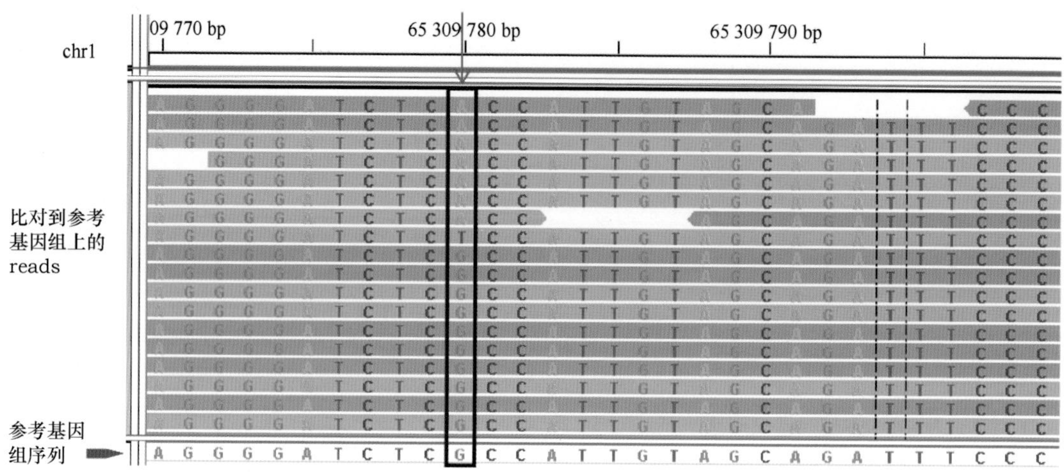

彩图 13　SNV 数据分析原理

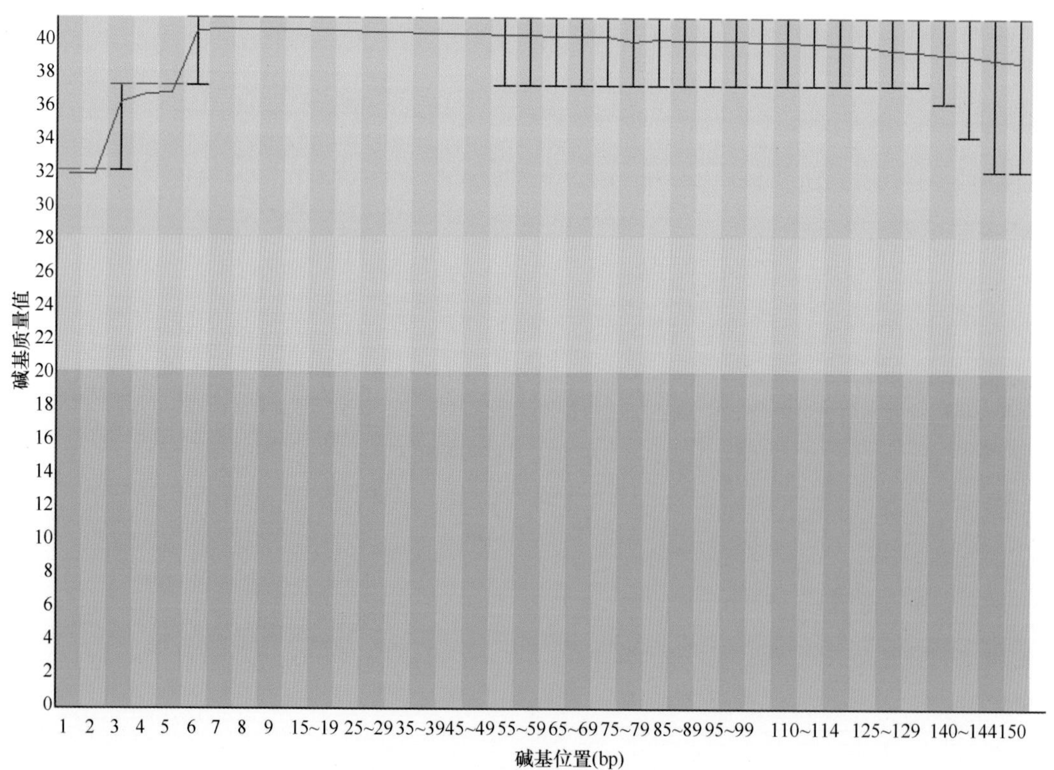

A

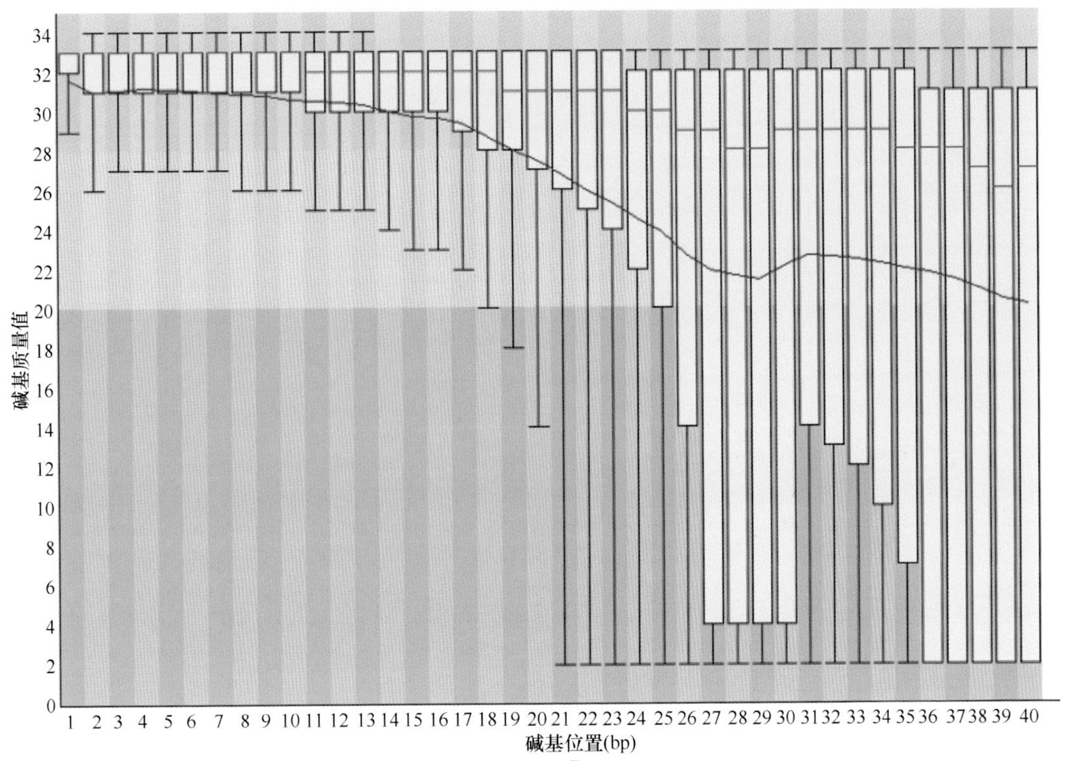

B

彩图 14　碱基质量分布图

箱线图（box-whisker plot）：柱形区域表示 25 % ～ 75% 的范围，下面和上面的线分别表示 10% 和 90% 的点。蓝线表示均值，红线表示中位数。碱基的质量值越高越好。背景颜色将图分成三部分：碱基质量很好（绿色）、碱基质量一般（黄色）及碱基质量差（红色）

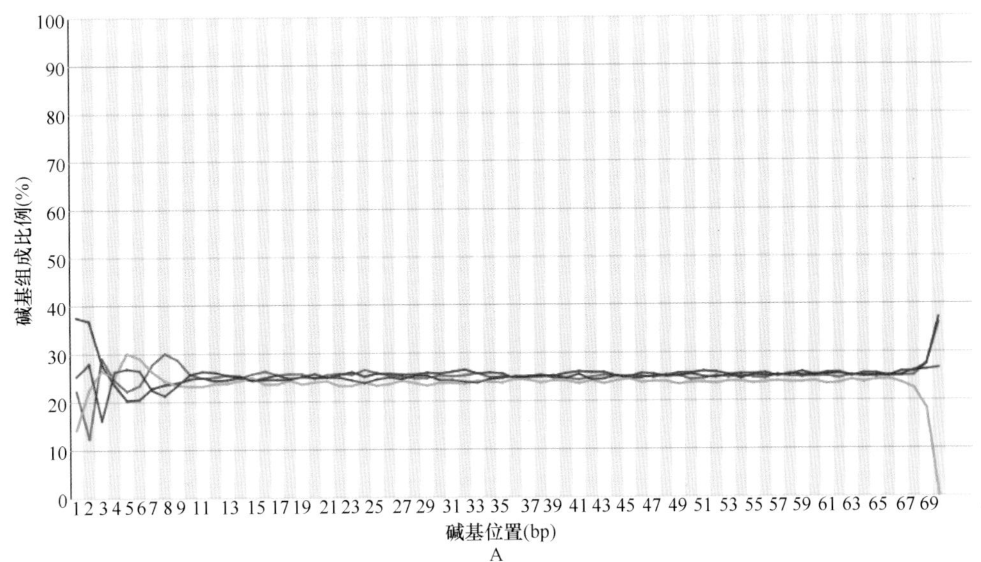

A

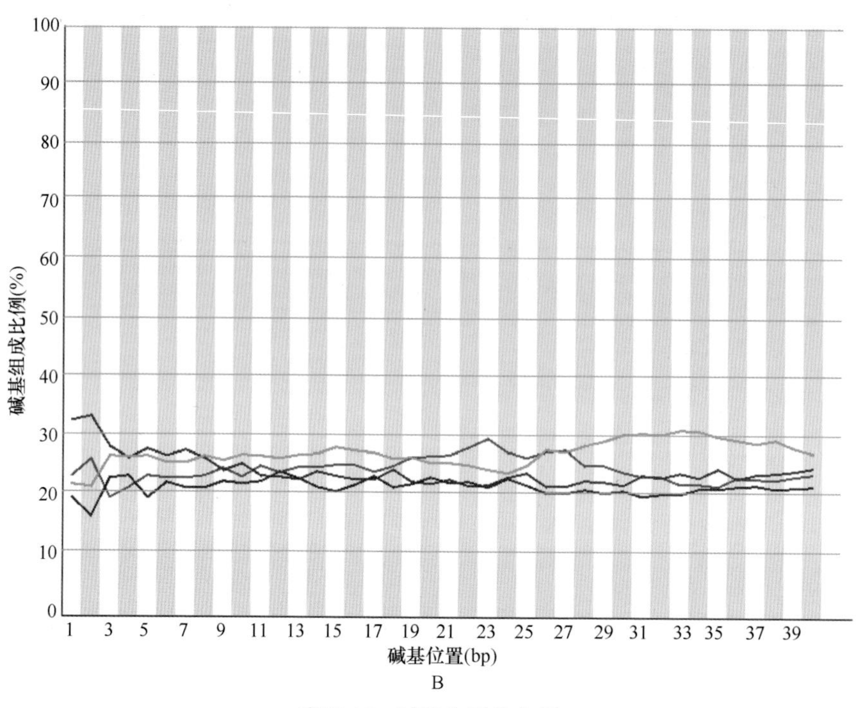

B

彩图 15　碱基含量分布图

红线为 G（%），蓝线为 A（%），绿线为 T（%），黑线为 C（%）

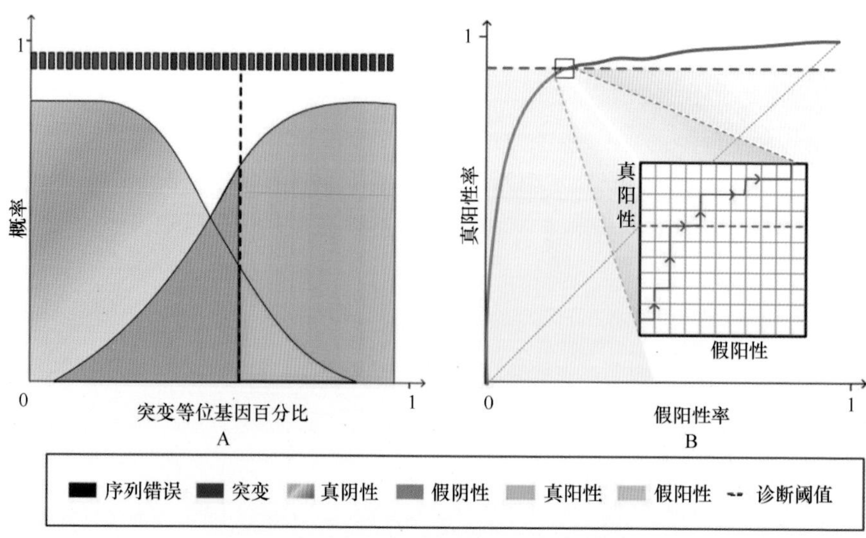

彩图 16　NGS 定性检测 cut-off 值的设定

A. 体细胞变异检测；B. ROC 曲线

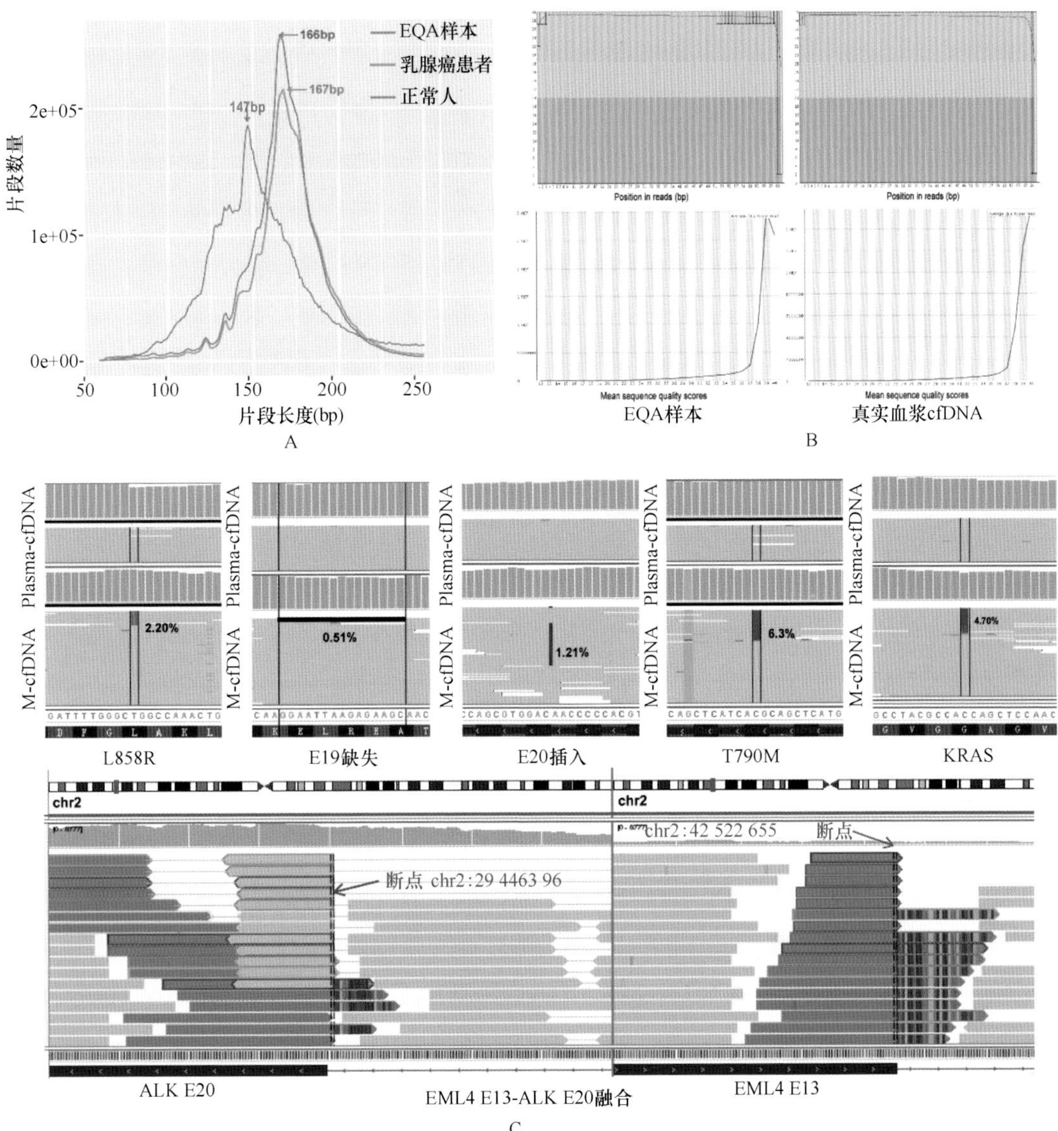

彩图 17　质评样本和肿瘤患者血浆样本的一致性比较

A. 游离 DNA 片段分布比较，可见质控品和肿瘤患者血浆、正常人血浆呈一致分布；B. 测序 reads 和质量值比较，可见质控品和肿瘤患者血浆结果一致；C. 测序突变结果分析，可见突变结果与预期相符

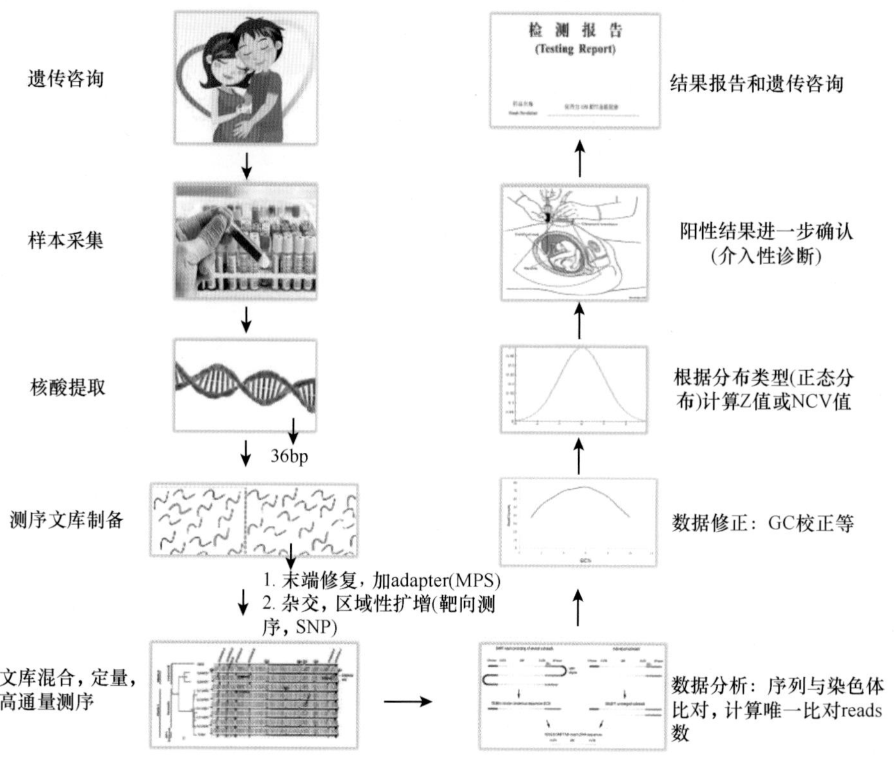

彩图 18　染色体非整倍体无创产前筛查的检测流程

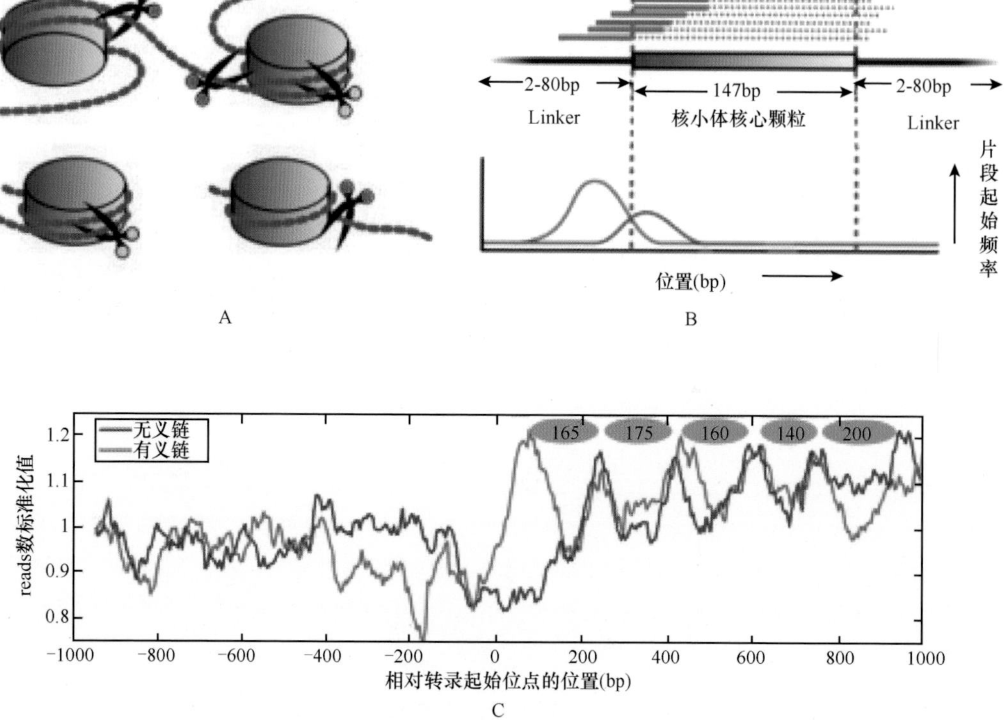

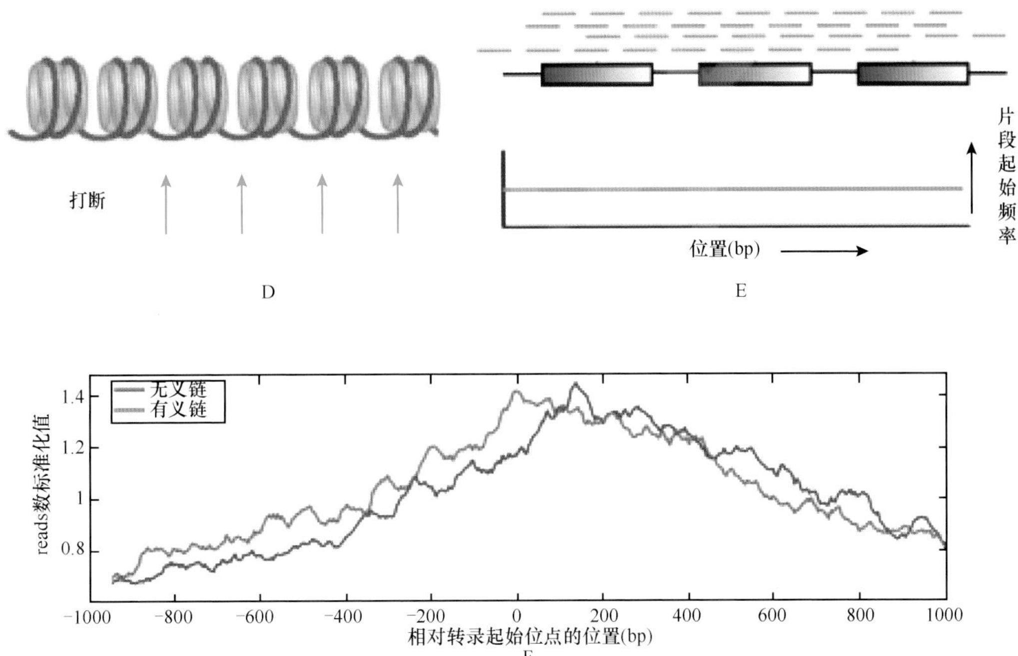

彩图 19　孕妇血浆游离 DNA 和打断人基因组 DNA 比较

A ～ C. 孕妇血浆 cfDNA。A. 产生机制，绿剪刀表示可消化，黄剪刀表示组蛋白保护未能消化，红剪刀表示缠绕松弛后消化；B. 相对于组蛋白的血浆 cfDNA 分布，绿色表示母体 cfDNA，红色表示胎儿游离 DNA；C. 高通量测序分析血浆 cfDNA 与转录起始位点（TSS）关系，有义链（红色）峰表示核小体起点，无义链（蓝色）峰表示核小体终点，相邻的峰间隔距离与核小体大小相符。D ～ F. 打断人基因组 DNA。D. 产生机制；E. 相对于组蛋白的 DNA 分布；F. DNA 与 TSS 无特定模式

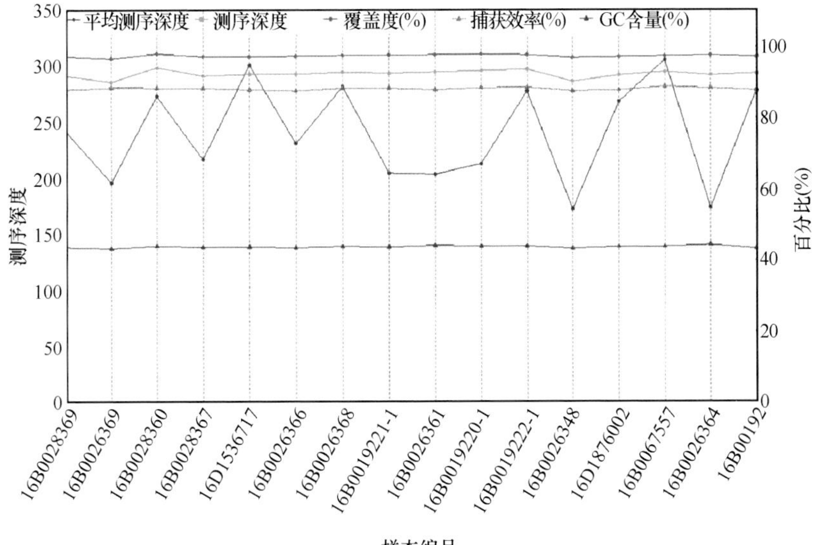

彩图 20　测序深度分布示意图

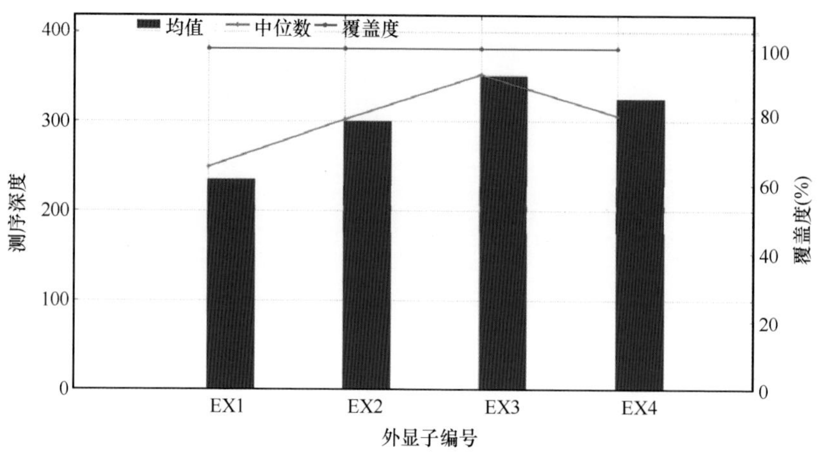

彩图 21　*RPL1* 基因外显子测序

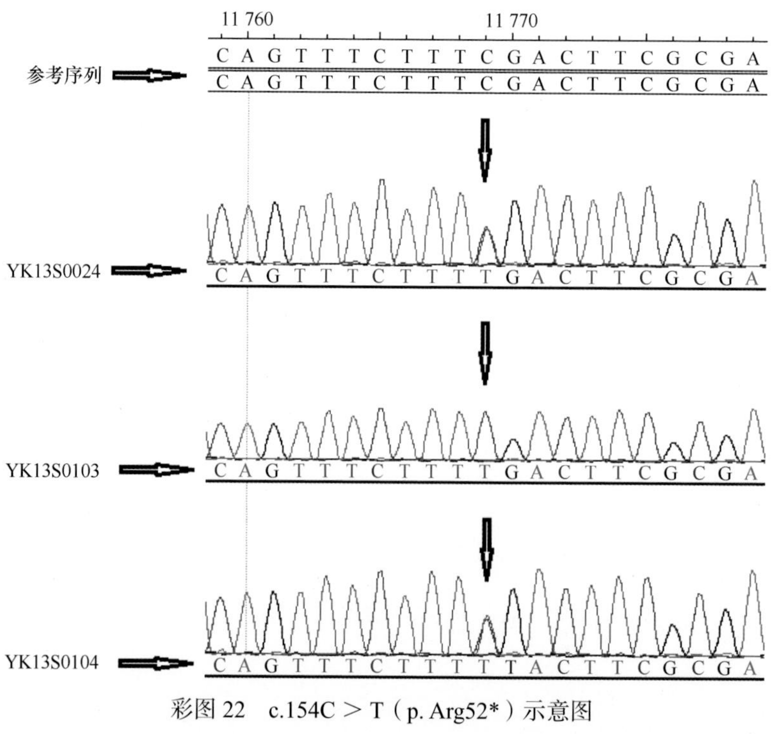

彩图 22　c.154C ＞ T（p. Arg52*）示意图

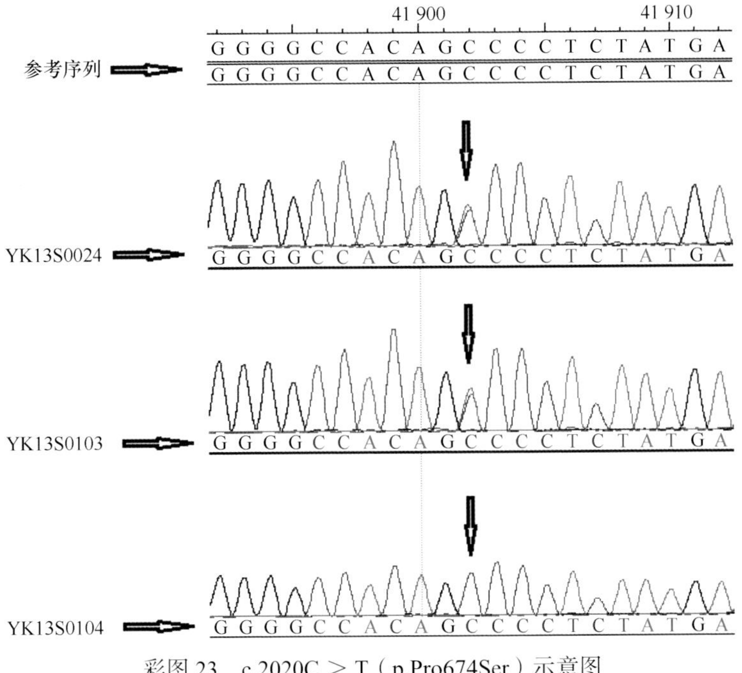

彩图 23　c.2020C ＞ T（p.Pro674Ser）示意图

第一列为比对后的一致性序列，是软件比对各个序列后形成的，通常由A、T、C、G和R=A/G，Y=C/T，M=A/C，K=G/T，S=C/G，W= A/T，H= A/C/T，B= C/G/T，V=A/C/G，D=A/G /T，N=A/C/G/T 构成。峰图中每种颜色的峰代表一种碱基，红色峰代表T，蓝色峰代表C，黑色峰代表G，绿色峰代表A。某一位置只有单一颜色的峰代表该位置为纯合的某种碱基，如果与参考序列一致，则表示此位置无突变；如果与参考序列不一致，则表示此位置有纯合突变；如果某一位置除了出现参考序列对应位置碱基颜色的峰，还出现现另一颜色的峰，则表示该位置有杂合突变

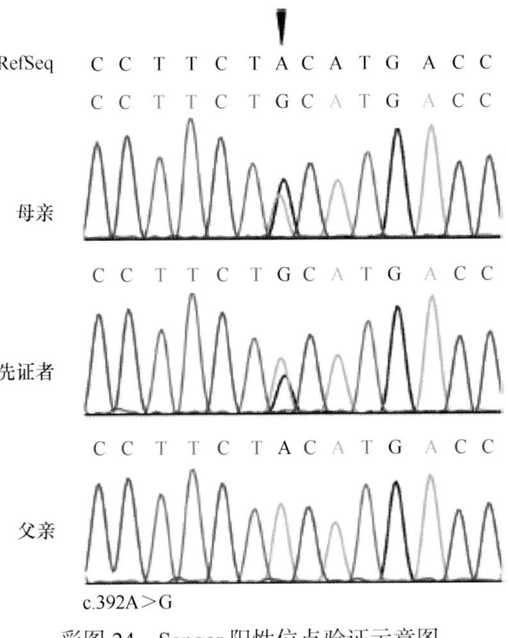

彩图 24　Sanger 阳性位点验证示意图

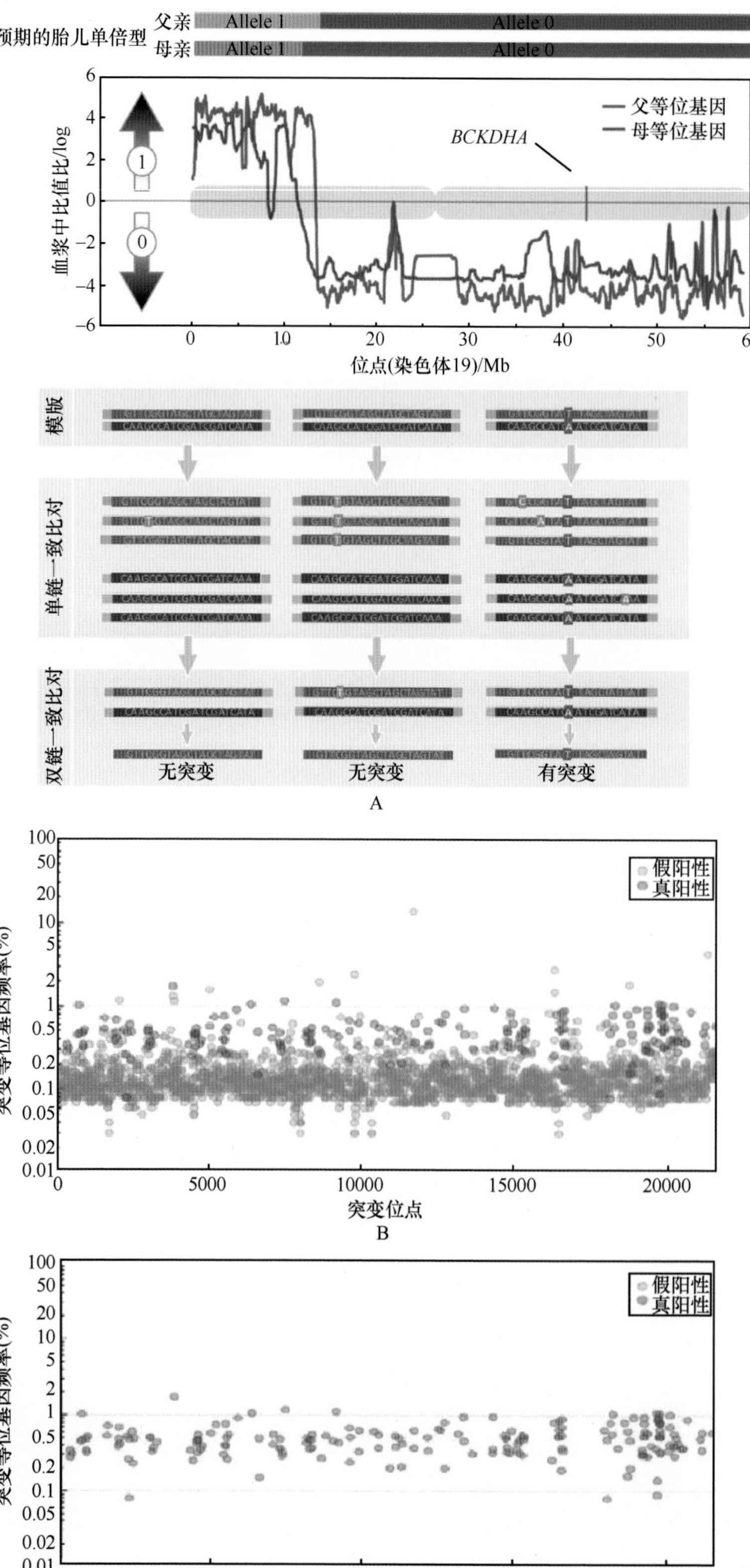

彩图 25　胎儿遗传性单倍体发生概率示意图

X 轴表示 19 号染色体上的位点；Y 轴表示胎儿单倍体不同组合的比值比的对数值，数值越高，胎儿继承单倍体的概率就越大

彩图 26　分子标签策略纠错降噪示意图

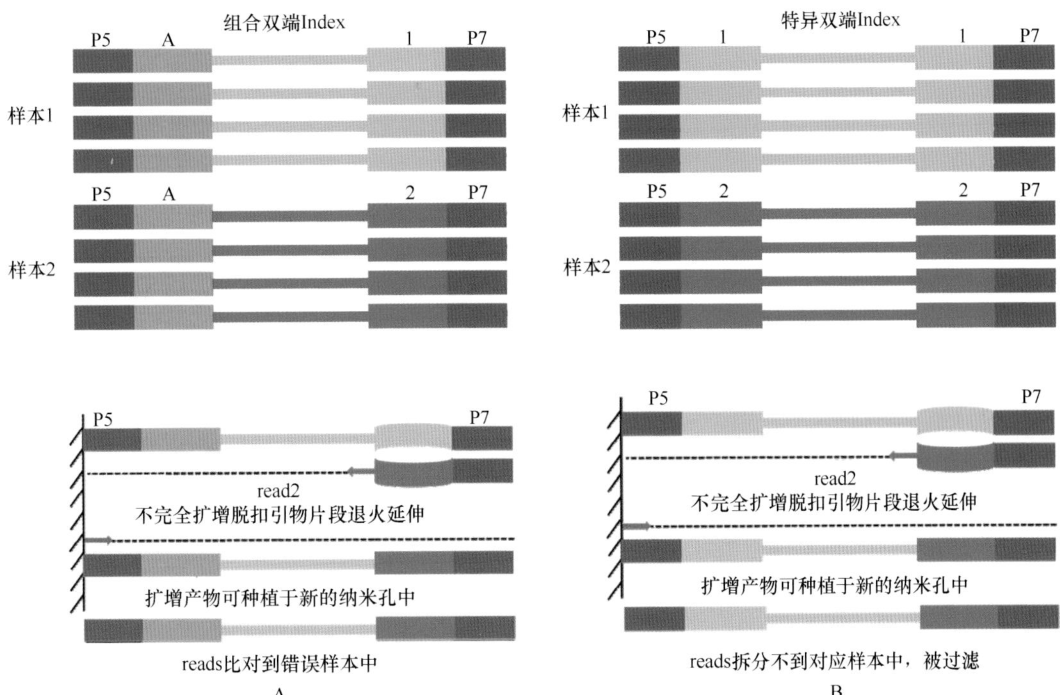

彩图 27　不同类型 Index 建库策略下 Index Hopping 发生情况

A. 以组合双端 Index 为例，建库策略下 Index Hopping；B. 特异双端 Index 建库策略下 Index Hopping

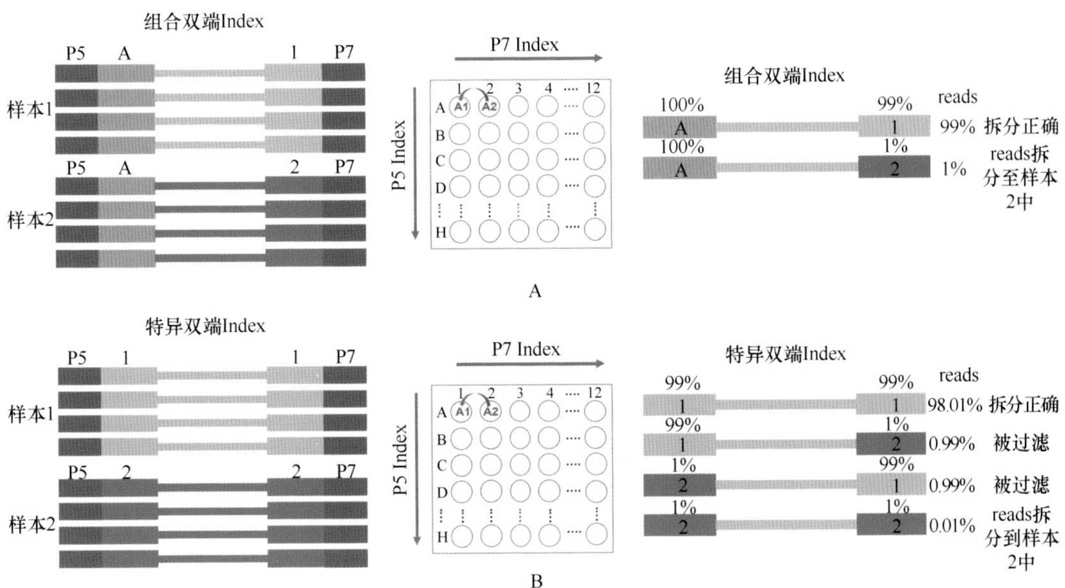

彩图 28　不同类型 Index 建库策略下 Index Hopping 污染引入率

A. 组合双端 Index 建库策略下 Index Hopping 污染引入率；B. 特异双端 Index 建库策略下 Index Hopping 污染引入率

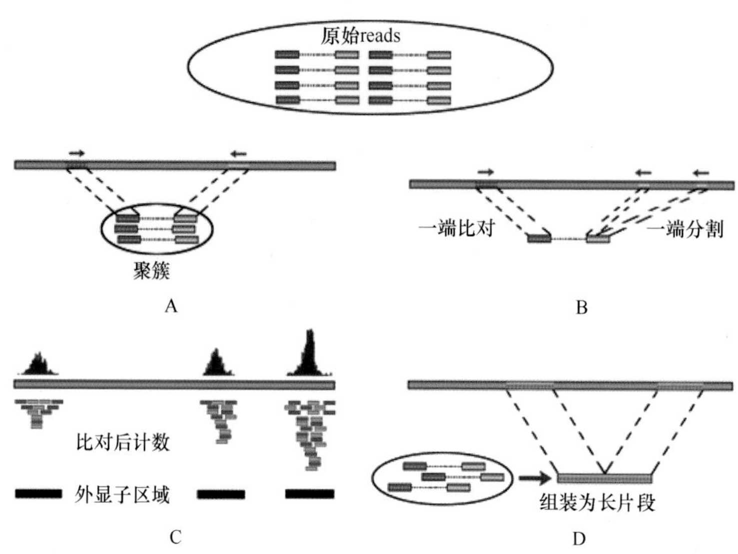

彩图 29　NGS 检测 CNV 变异原理

A. 双末端比对；B. 片段分割；C. 深度计算；D. de novo 组装

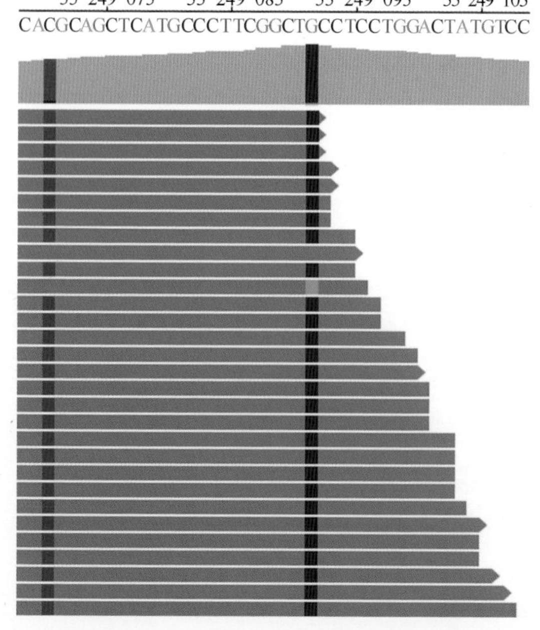

彩图 30　T790M/C797S 顺式构型突变

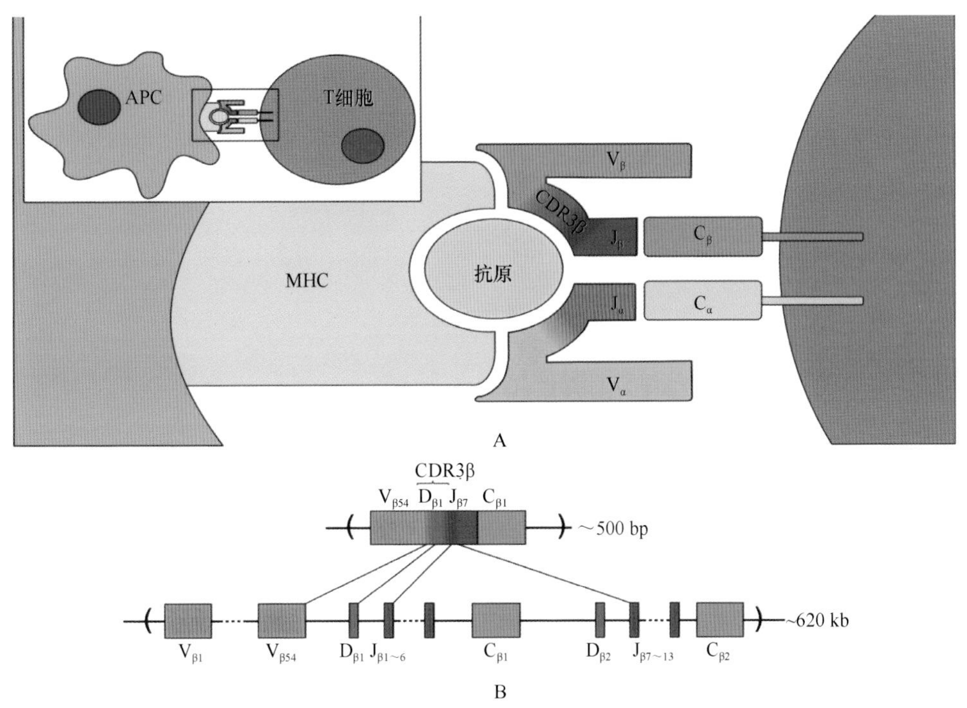

彩图 31　TCR- 抗原 -MHC 相互作用（A）及 TCR 分子 V、D、J 片段的重排（B）示意图[1]

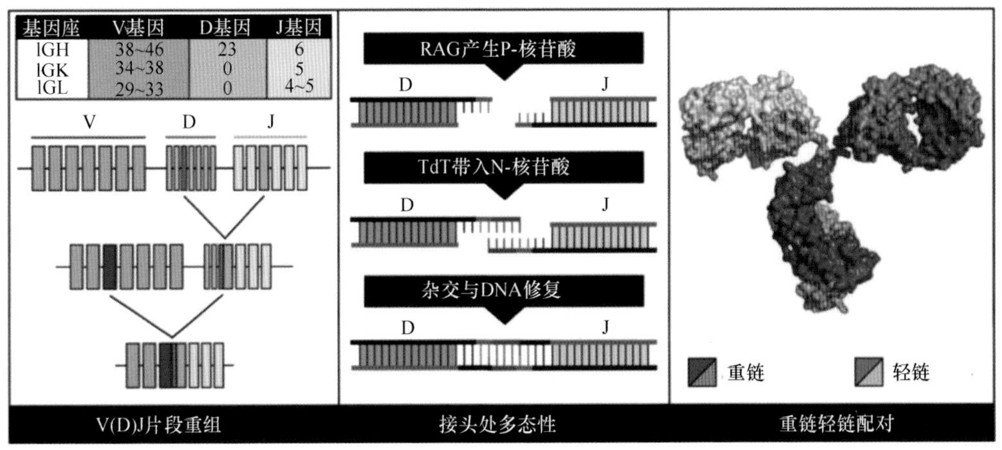

彩图 32　B 细胞组库多样性的产生[2]

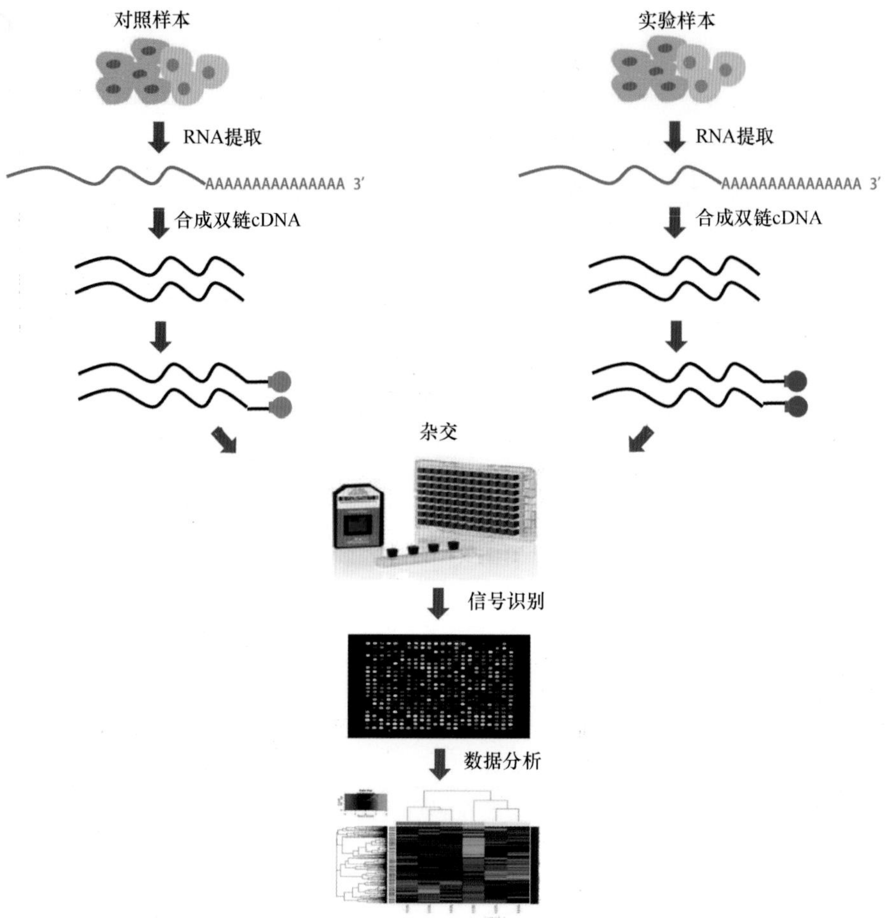

彩图 33　表达谱芯片实验流程

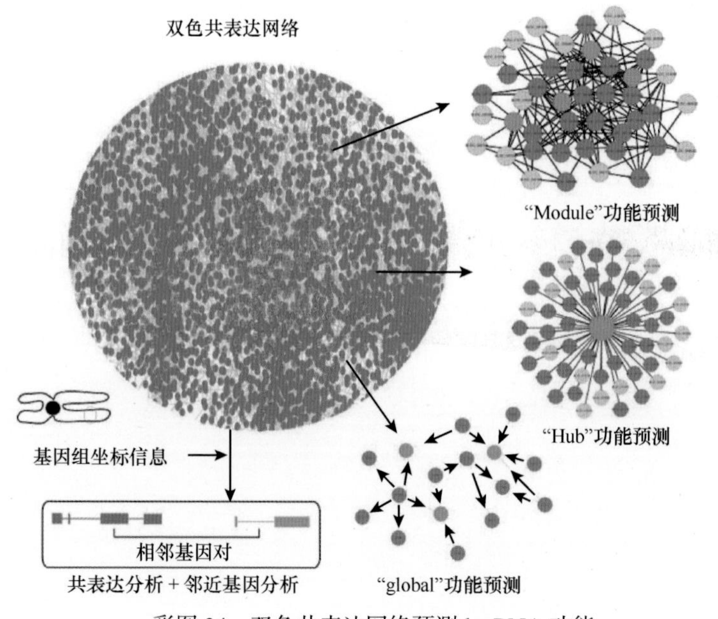

彩图 34　双色共表达网络预测 lncRNA 功能